U0260315

作者简介

宁宜宝
中国兽医药品监察所研究员

1956年6月出生，湖北省大悟县人，1976年6月加入中国共产党，1976年7月至1978年3月，担任湖北省大悟县新城公社大畈大队党支部副书记兼财经主任；1978年3月至1981年12月，在华中农学院兽医专业学习，连续四年任系学生会主席；1982年1月至2016年6月，在中国兽医药品监察所工作。1985年3—7月，在北京语言学院进修英语；1987年9月至1988年2月，在中共中央党校国家机关分部学习；2009年10月11—20日，在中国延安干部学院第四期高级专家理论研究班研修。曾历任中国兽医药品监察所支原体室副主任，检测技术研究室主任，北京兽药研究所副所长兼研究生处处长；曾任国家猪瘟参考实验室主任，农业部转基因兽用微生物环境安全监督检验测试中心常务副主任，农业部兽药创新与生物安全评价重点开放实验室和农业部兽用生物制品创制与评价重点开放实验室主任，二级研究员，研究生导师。

所获荣誉：农业部有突出贡献中青年专家，全国优秀农业科技工作者，全国优秀科技工作者，被中国畜牧兽医学会授予感动中国畜牧兽医科技创新领军人物；中央直接联系高级专家，享受国务院政府特殊津贴专家。

主要业绩：主持国家、省部级科研项目30多项。作为第一完成人，主持研究成功了鸡毒支原体活疫苗、鸡毒支原体灭活疫苗、猪瘟活疫苗（传代细胞源）、猪支原体肺炎活疫苗（RM48株）、高致病性猪繁殖与呼吸综合征活疫苗（GDr180株）、猪繁殖与呼吸综合征嵌合病毒活疫苗（PC株）等兽用疫苗和鸡毒支原体、滑液支原体2种血清抗体检测试剂盒，其中8种兽用生物制品获得国家新兽药证书。创立了近20种兽用疫苗检测新方法。这些兽用疫苗的广泛应用，为中国畜禽传染病的有效防控发挥了重大作用，产生了巨大的经济和社会效益；主持创建了兽用制品和病原检测新技术近 20 种。在国内主持创建了首个转基因兽用微生物环境安全监督检验技术平台和动物源细菌耐药性检验检测技术平台，并对主要动物源病原细菌耐药状况进行了系统调查研究。

获国家级科技进步二等奖一项（第一完成人），省部级和行业进步一、二、三等奖 15 项；发表学术论文 230 余篇，主编和参编学术专著 10 余部，获得国家发明专利近 20 项；指导培养博士研究生 6 名，硕士研究生 16 名。

出国培训和学术交流：2006 年 2 月至 2006 年 8 月，作为高级访问学者，在美国艾奥瓦州立大学从事基因工程疫苗研究，荣获该大学颁发的访问教授和 DVM 证书；先后到美国食品药品管理局、美国农业部、澳大利亚农业与兽药局、德国风险评估研究所、英国卫桥和国家标准物质中心、加拿大细菌耐药性检测研究所、瑞典细菌耐药性检测中心和丹麦哥本哈根大学细菌耐药性研究所学习考察；多次代表国家前往美国、挪威、韩国和菲律宾、奥地利、日本和以色列等国家参加国际会议或进行学术交流访问。

社会兼职：曾任全国防控高致病性禽流感指挥部专家，突发公共卫生事件国家级应急专家，国家进出口管制专家；农业部突发重大动物疫情应急指挥中心专家，农业部动物卫生风险评估专家，农业部兽药典委员会委员，农业部新兽药评审专家，农业部高级职称评审专家；亚洲支原体组织秘书长，世界禽病学会会员，中国畜牧兽医学会理事，中国畜牧兽医学会生物技术学分会理事，中国生物化学与分子生物学学会农业生物化学与分子生物学分会理事等。

宁宜宝　主编

兽用疫苗学

Veterinary Vaccinology

中国农业出版社
北　京

图书在版编目（CIP）数据

兽用疫苗学 / 宁宜宝主编 . —2 版 . —北京：中国农业出版社，2019.10

ISBN 978-7-109-24453-5

Ⅰ.①兽… Ⅱ.①宁… Ⅲ.①兽医学－疫苗 Ⅳ.①S859.79

中国版本图书馆 CIP 数据核字（2018）第 180208 号

中国农业出版社出版

地址：北京市朝阳区麦子店街 18 号楼

邮编：100125

责任编辑：张艳晶　刘　玮

版式设计：杨　婧　　责任校对：巴洪菊

印刷：中农印务有限公司

版次：2019 年 10 月第 1 版

印次：2019 年 10 月北京第 1 次印刷

发行：新华书店北京发行所

开本：787mm×1092mm　1/16

印张：44　　插页：1

字数：1100 千字

定价：288.00 元

第二版编委会

主　　编： 宁宜宝

副 主 编： 范学政　李慧姣　赵启祖　蒋桃珍　赵　耘　王忠田

编写人员（以姓氏笔画为序）：

王　栋　王乐元　王明丽　王忠田　王洪俊
支海兵　毛开荣　邓　永　印春生　宁宜宝
江焕贤　孙惠玲　李　宁　李慧姣　杨京岚
杨承槐　沈青春　宋　立　张龙现　张纯萍
张培君　陈光华　陈金顶　范学政　郑　杰
赵　耘　赵启祖　姜北宇　秦玉明　徐　璐
康　凯　章振华　蒋桃珍　程水生　魏财文

审校人员： 宁宜宝　范学政　李慧姣　赵启祖　郑　明
王忠田　杨京岚　沈青春　印春生　赵　耘
秦玉明　杨承槐　徐　璐　魏财文　李　宁
王　琴

第一版编委会

主　　编： 宁宜宝

副 主 编： 李慧姣　赵启祖　郑　明

编写人员（以姓氏笔画为序）：

王　栋　王忠田　支海兵　毛开荣　印春生
宁宜宝　刘业兵　江焕贤　孙惠玲　李　宁
李慧姣　杨京岚　杨承槐　沈青春　宋　立
张纯萍　张培君　陈光华　陈金顶　范学政
郑　杰　赵　耘　赵启祖　姜北宇　秦玉明
徐　璐　康　凯　章振华　蒋桃珍　程水生
魏财文

审校人员： 宁宜宝　郑　明　李慧姣　赵启祖　王　琴

第二版序

中国是畜牧业养殖大国，畜禽饲养量占世界首位，畜牧业的发展不仅给亿万农民提供了致富和就业的机会，而且有效解决了城乡居民肉蛋奶的供求问题，极大提高了城乡居民的生活水平。然而，由于中国畜禽饲养密度大，饲养管理水平较低，动物传染病不仅种类多，而且发生频率高，老的传染病病原在不断发生变异，新的传染病也时常出现，一场大的新的传染病往往可以毁掉养殖业多年取得的成果，动物传染病仍然是威胁中国养殖业健康发展最为关键的因素。多年传染病防控经验证明，兽用疫苗在预防动物传染病方面起着非常重要的作用，是保障畜牧业健康发展最有力的武器。中国畜牧业的快速健康发展，很大程度上得益于中国兽用疫苗产业的快速发展和大批兽用疫苗科技成果的推广应用。目前，兽用疫苗免疫接种仍是中国预防控制动物传染病最为重要的技术措施。由此可见，要保障畜牧业健康发展，就必须提升兽用疫苗行业的科技发展水平。

中国兽用疫苗行业是随着养殖业快速发展而迅速崛起的一个产业。改革开放以来，中国兽用疫苗行业技术水平由低到高，品种从少到多，产品质量由劣到优，基本能满足动物传染病防控的需要；随着兽药 GMP 的推进，兽用疫苗产业化技术工程也经历了从小到大、从落后到先进的发展历程；从业队伍不断壮大，技术人员素质显著提高，已形成了从研发、生产到应用的较为完整的产业体系。目前，中国兽用疫苗生产能力和生产规模已位居世界前列。

宁宜宝等编著的《兽用疫苗学》第二版是在 2009 年第一版基础上完成的。在保留了第一版的基本结构外，新增加了近十年的兽用疫苗新品种、新标准、新工艺和检测新技术等内容，进一步丰富完善了该书的知识体系。同时，作者对中国兽用疫苗的发展历程、现状、存在的问题和未来的发展方向也进行了系统论述。该书内容丰富，知识系统全面，是集理论与实践于一体的一本兽用疫苗专著，对教学、科研、生产和应用都有很好的指导和参考作用，具有很高的学术和应用价值。

中国工程院院士
华中农业大学教授
中国兽医协会会长

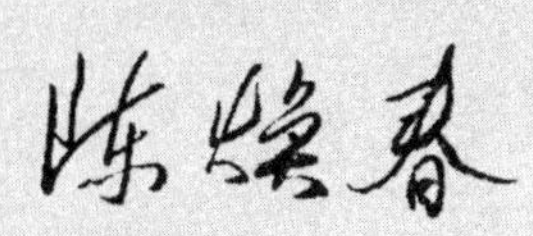

2018 年 10 月 30 日

第一版序

兽用疫苗在预防动物疫病方面的特殊作用是众所周知的。到目前为止，中国动物传染病，特别是重大动物传染病的预防控制措施主要是依靠疫苗免疫接种。实践证明，动物疾病控制得好与坏与畜牧业发展的成与败有直接关系，而兽用疫苗在动物传染病控制中的作用至关重要。近些年来，新的畜禽传染病不断出现，常见传染病由于病原的结构变异和致病特性的变化也变得越来越难控制，这些新的变化对兽用疫苗的品种、质量提出了新的要求，迫切需要我们及时研究新的疫苗和改进传统疫苗，因此，如何总结国内外兽用疫苗多年来发展积累理论知识和实践经验，更好地利用现代科学技术指导兽用疫苗研究和生产，全面提升中国兽用疫苗的产量和质量，不断增加新品种，使疫苗在动物疫病防控中发挥更好的作用，仍然是兽用疫苗行业面临的主要任务。

宁宜宝等编写的《兽用疫苗学》一书从兽用疫苗的研究、生产到应用，集中了兽医微生物学、免疫学、疫苗制造工艺学、动物传染病学、畜牧学和管理学等多学科的知识，对中国兽用疫苗发展的历程、目前的状况，疫苗研究与生产的技术、质量控制标准和方法，以及疫苗的科学应用等方面进行了全面系统的介绍和论述，科学地提出了疫苗发展方向和需要解决的问题。该书内容广泛，知识系统全面，是一本集理论与实践于一体的学术专著，具有很高的学术价值，是兽用疫苗教学、科研、生产和应用等方面难得的一本参考用书。希望通过此书的出版，进一步促进和完善中国兽用疫苗学科的发展，研究开发出更多更好的疫苗，为更好地防控中国动物疾病做出应有的贡献。

中国工程院院士
华中农业大学教授
中国畜牧兽医学会理事长
陈焕春

2008年8月20日

第二版前言

改革开放40多年来，随着养殖业的快速发展，党和政府对畜牧业高度重视、投入不断加大，兽药行业从业人员队伍不断壮大，中国兽用疫苗行业发生了翻天覆地的变化，具体表现在：

● 兽用疫苗产量显著增加。1952年，中国的兽用生物制品产量仅有1.2亿头（羽）份，1977年兽用疫苗年生产量还不到20亿头（羽）份，而到2018年，兽用疫苗产量达到1 600多亿头（羽）份，中国已成为兽用疫苗生产和应用的大国。

● 兽用疫苗品种显著增多。1952年，中国的兽用生物制品只有36种，其中兽用疫苗仅有18个品种，到1986年兽用生物制品已达129种。2007年，已经获得农业部批准注册的兽用生物制品达到410多种，到2016年年底，已达到660多种，成为发展最快时期。截至2015年，仅统计到的77家兽用疫苗生产企业就共拥有产品批准文号1 592个，其中，禽用疫苗产品批准文号936个，猪用疫苗产品批准文号462个，牛、羊用疫苗产品批准文号128个，宠物及其他动物用疫苗产品批准文号46个，兔用疫苗产品批准文号20个。

● 生产环境显著改善。改革开放前，中国没有一家兽药生产企业达到兽用GMP标准，到2003年，中国通过GMP验收的企业也不到10家，而到2018年，全国已有近100家兽用疫苗生产企业通过了农业部GMP验收，即从厂房设施、人员素质、原材料和生产环境等硬件及生产管理软件上都达到兽药GMP的标准。

● 生产规模显著提高。2016年，正式投入生产的77家生产企业年设计的疫苗生产能力可达5 200亿头（羽）份，其中，活疫苗生产能力为4 100多亿头（羽）份，灭活疫苗生产能力达670多亿毫升。比改革开放前全国28家企业约500亿头（羽）份的生产规模增加了10倍多。

● 科技创新能力大幅度提高。截至2016年，中国有国家级兽用疫苗研究单位8个，据不完全统计，从事兽用疫苗研究相关的国家和省、部级重点开放实验室30多家，农业大专院校40多所，省级兽医研究所近40家。除此以外，77家兽用生物制品企业中大部分建有自己的研发机构，研发人员达2 486人，其中28.3%具有中级专业技术职称，11%

具有高级职称，科研队伍明显壮大；企业年度研发资金投入达9.8亿元，占年销售额的9.15%，达到历史最高；兽用疫苗新产品的品种数量不断增加，仅2010—2016年，获得农业部颁发新兽药证书的疫苗产品就有183个，科研成果层出不穷。在成果先进性方面，中国不但有一些传统疫苗如猪瘟活疫苗、猪喘气病活疫苗等居国际领先水平，而且部分基因工程疫苗如禽流感基因重组灭活疫苗、猪繁殖与呼吸综合征基因嵌合病毒活疫苗、猪圆环病毒大肠杆菌亚单位疫苗等也达到国际先进技术水平。

●生产工艺明显改善。在活疫苗生产工艺方面，生产企业在种毒制备、新型细胞系使用、抗原繁殖与收获及疫苗检验等多方面都建立了统一标准，在鸡胚接种、疫苗收获、分装、冻干、抽真空、压盖和贴标签等环节基本实现了自动化，细菌生物器发酵培养，病毒细胞微载体或全悬浮培养已在部分产品中推广使用，并有效地解决了疫苗耐热冻干保护剂的问题；在灭活疫苗方面，建立了鸡胚自动接种、细胞载体或全悬浮培养、疫苗收获、抗原浓缩、分装和乳化的自动化工艺，高效低黏度疫苗免疫佐剂的突破和免疫增强剂的推广使用，大大提高了灭活疫苗的免疫效力。

●产品质量合格率不断上升。由于近些年兽药GMP的全面实施，各生产企业加强了质量控制，加之农业部实行了兽用疫苗出厂批签发制度，从全国各生物药厂上报的产品质量月报和中国兽医药品监察所各年度疫苗产品抽样检查的结果看，产品合格率持续保持在相当高的水平上，且在逐年上升。近些年来，兽用疫苗产品合格率持续稳定在95%以上。

然而，在进入21世纪后短短十多年内，随着高致病性禽流感、猪链球菌2型疾病、亚洲I型口蹄疫、高致病性猪蓝耳病、流行性腹泻、小反刍兽疫和非洲猪瘟等重大动物传染病的发生和流行，加上一些原本已经得到控制的疾病因为病原的变异或其他免疫抑制性疾病出现，导致部分动物传染病传统疫苗免疫效果显著降低或无效，疾病防控变得更加困难，迫切需要有针对性地提高原有疫苗质量和研究新型疫苗。因此，根据新发传染病的出现和原有传染病病原的变异状况，研究和推广使用安全有效的兽用疫苗依然是摆在中国兽医科学工作者面前的一项重要任务。

本人曾主持和参与了国家级研究课题30多项，多数课题与兽用疫苗有关，主持研究成功了近10种动物用疫苗；担任农业农村部（原农业部）兽药评审专家20多年，且经常深入兽用疫苗企业进行调研和指导工作，对中国兽用疫苗历史和现状有比较系统的了解。参与此书编写的人员基本都是长期从事兽用疫苗研究、质量检验、评审和管理一线的专家，他们在兽用疫苗的研究、生产、质量控制和应用等方面具有非常丰富的实践经验和系统的理论知识。该书不仅介绍了国内外兽用疫苗研究的历史和现状，而且还对现有兽用疫苗的研究进展、存在的问题和发展方向做了系统的描述，不仅全面介绍了兽用疫苗研究、制造和使用等方面的技术内容，而且对兽用疫苗的申报、评审、注册和质量监督管理等方面的政策法规也做了系统的介绍，涉及面广，内容丰富。

《兽用疫苗学》既包含系统的理论知识，又具有丰富的实践经验，自2008年第一版出版发行以来，已成为兽用疫苗行业科研、教学、生产和临床使用的重要参考指导书，受到读者普遍好评。10年过去了，兽用疫苗行业发生了很大变化，新的兽用疫苗品种、制造工艺和检测技术不断出现，兽药管理法规和部分兽用疫苗质量标准也出现了新的变化，为了更好地满足广大读者的需求，我们再次编写出版这本书。新版《兽用疫苗学》在第一版的基础上增加了近几年兽用疫苗的新产品、生产新工艺、检测新技术和新修订的疫苗产品质量标准，内容更加丰富。本书出版得到了天津瑞普生物技术股份有限公司、齐鲁动物保健品有限公司经费上的大力资助，特此致谢！

感谢本书所有引用资料的作者。

由于编著者水平有限，书中难免会存在缺陷和错误，殷切希望广大读者多提宝贵意见。

宁宜宝

2018年08月

第一版前言

从新中国成立到现在，特别是改革开放30年来，随着养殖业的快速发展，党和政府对畜牧业的高度重视和投入的不断加大，兽药行业从业人员队伍的壮大，中国兽用疫苗行业发生了翻天覆地的变化。具体表现在：①疫苗产量显著增加。1952年，中国的兽用生物制品产量仅有1.2亿头（羽）份，在1977年，疫苗年生产量还不到20亿头（羽）份，2007年，疫苗产量达1 208亿头（羽）份，疫苗产量较30年前增至60多倍，中国已成为兽用疫苗生产和应用的大国；②疫苗品种显著增多。1952年，中国的兽用生物制品只有36种，其中兽用疫苗仅有18个品种，1986年达129种，截至2007年，中国已经批准生产的兽用生物制品达到410多种，较1952年增加了10多倍；③生产环境有了较大改善。改革开放前，中国没有一家兽药GMP生产企业，在2003年中国通过GMP验收的企业不到10家，而到2007年底，全国已有65家兽用疫苗生产企业（车间）通过了GMP验收。在生产规模上，目前这65家生产企业的年设计生产能力可达4 000亿头（羽）份，比改革开放前的28家约600亿头（羽）份的生产规模增加了近6倍；④科技创新能力大幅度提高。到目前为止，中国有国家级兽用疫苗研究机构7个，国家和部级动物疫病重点实验室16个，农业大专院校40多所，省级兽医研究所近40家，除此以外，近70家兽医生物制品企业中大部分建有自己的研发机构，科研水平显著提高，科研队伍明显壮大。中国不但多数传统疫苗居国际领先水平，在基因工程疫苗研究方面也取得了重大进展，达到国际先进水平；⑤生产工艺明显提高。在活疫苗生产工艺方面，生产企业在种毒制备、抗原繁殖、收获及疫苗检验等多方面都建立了统一标准，在疫苗分装、冻干、抽真空、压盖和贴标签等环节基本实现了自动化，并有效地解决了疫苗冻干保护剂的问题；在灭活疫苗方面，研究成功了疫苗佐剂，解决了抗原浓缩与疫苗乳化工艺的问题，大大提高了灭活疫苗的免疫效力；⑥产品合格率在不断上升。从近几年对全国各生物药厂的产品质量月报和抽样检查的结果看，产品合格率在逐年上升，中国兽医药品监察所1997—2005年对兽用疫苗的监督抽查检验结果也表明，产品合格率在逐年提高。

然而，在进入21世纪短短几年时间内，随着高致病性禽流感的暴发，猪链球菌2型疾病、亚洲Ⅰ型口蹄疫、高致病性猪蓝耳病和小反刍兽疫的突然出现和流行，加上一些原本已经得到控制的疾病因为抗原的变异或其他免疫抑制性疾病出现，导致部分原有的动物传染病变得更加难以控制，使得中国动物传染病的防控形势异常严峻。中国动物传染病预防控制的经验告诉我们，必须坚持预防为主的方针。研究、生产和使用安全有效的兽用疫苗是摆在我们兽医科学工作者和养殖人员面前的一项重要任务。

近年来，作者主持和参与了国家级研究课题20多项，主持研究成功了多种疫苗，参与本书编写的人员基本都是长期从事兽用疫苗科研、质量检验、评审和管理一线的专家，他们对兽用疫苗的研究、生产、质量控制和应用等方面有着丰富的实践经验和系统的理论知识。本书不仅介绍了国内外兽用疫苗研究的历史和现状，还对现有疫苗的研究进展、存在的问题、发展方向作了系统的描述，不仅全面介绍了兽用疫苗研究、制造和使用等技术方面的内容，而且对兽用疫苗申报、评审、注册和质量监督管理等方面的政策法规也作了介绍，涉及面广，内容丰富。

本书在编写和出版过程中得到了国家首席兽医师于康震研究员、中国兽医药品监察所冯忠武所长、高光副所长、杨劲松副所长等领导及中国农业出版社陈江凡副总编的大力支持和帮助，在此一并致谢!

感谢本书所有使用资料的作者。

由于编著者水平有限，本书难免会存在缺陷和错误，殷切希望广大读者提出宝贵意见。

宁宜宝

2008年8月30日

目录

第七章 多联多价疫苗 586

附录 兽用生物制品生产检验的方法、标准和规定 635

第一章　总　　论

第一节　中国兽用疫苗的发展历程与前景展望

疫苗是由完整的微生物（天然或人工改造的）或微生物的分泌成分（毒素）或微生物的部分基因序列经生物学、生物化学或分子生物学等技术加工制成的用于预防控制疾病发生的一种生物制品，由于它具有药物的某些特性，又不同于一般的药品，因此常将其称为一种具有免疫生物活性的特殊药品。根据疫苗的特性和制造工艺不同，可以划分为不同的种类，例如，根据制造疫苗的微生物种类不同，可以将其分为细菌疫苗、病毒疫苗和寄生虫疫苗；根据制造疫苗原材料来源不同，可以将其分为动物组织疫苗、培养基疫苗、鸡胚疫苗和细胞疫苗等；根据制造疫苗用菌（毒）种自然属性不同，可以将其分为常规疫苗和基因工程疫苗；根据疫苗是否具有感染活性来分，主要分为活疫苗和灭活疫苗等。除此之外，还可以根据佐剂类型、疫苗的物理性状及投放途径不同划分为不同的种类。但通常我们是以前四种来划分的。由于疫苗对人类和动物传染病具有独特的免疫预防作用，从发现疫苗那天起，人们就利用这一特性来预防疾病，并取得了显著的成效。纵观疫苗的整个发展历程可以看出，疫苗的发展历史实际上是一部人与疾病做斗争的历史，由此可见：疫苗是人类认识世界和改造世界的智慧结晶，从它的发现到广泛应用于人类和动物疾病的预防控制，从一个侧面反映了生物技术领域科学的发展过程。

一、疫苗和兽用疫苗的发展历程

疫苗“vaccine”一词是由牛痘疫苗衍生而来，其中“*vacca*”在拉丁文中是牛的意思。人们对疫苗的认识，实际上是从天花（variola）开始的。早期的人们发现，患过天花的病人痊愈后可以产生抵抗力，不再感染天花，因此，很早人们就用天花病人的干痂给人免疫，这就是最早期、最原始的疫苗。中国最早的记载为公元前590年，当时人们将天花患者的脓疱结痂研磨成粉，通过管子吹入健康人的鼻孔。在印度波斯曾采用皮肤接种的方法，他们将患者的病料接种到划破的皮肤上，在波斯还有吞食痂皮的记载。但这种原始的接种措施并不能有效控制天花的流行。

1774年，在Yetminster的Dorchester西北的Dorset村出现天花大流行，而当地的奶牛饲养者Benjamin Jesty发现，他的两个挤奶人员给患有牛痘的牛挤奶时手被感染上了牛痘，并没有严重的发热症状，以后也没有得天花。他和他的家人通过划破手背接种牛痘，虽然有发热，但很快就恢复了。此后，虽然他的家人和患天花的病人接触，但都没有发生天花感染。

然而，真正将牛痘用于人接种的还是英国医生爱德华·琴纳（Edward Jenner）（1749—1823）。1796 年，他开始第一次用牛痘给人接种，他将挤奶人员手上典型的牛痘溃疡材料接种于 8 岁儿童的手背上，几天后，在接种的局部出现溃疡，但没有引起全身症状，6 周后，症状消失，而且产生了免疫力。为了证明这一点，他又观察了 10 个接触牛痘的人，这些人在感染天花以后均无反应。试验证明：轻微的牛痘反应可以使人预防天花感染。1802 年，琴纳成为知名爵士，英国皇家琴纳研究所也于 1803 年成立，他出任第一任所长。

琴纳的论文发表后，美国哈佛大学医生 Benjamin Waterhouse 写信给英国索要疫苗，他给 5 岁的孩子 Daniel 和 6 个家庭佣人接种疫苗，然后对这些接种过牛痘的人感染天花，均没有发病，结果证明疫苗接种对抵抗天花感染是有效的。随后，牛痘疫苗在美国许多地区使用，实践证明，牛痘可有效地预防天花。当时的美国总统杰斐逊任命他为美国国家疫苗学研究所的联邦疫苗代理人。

琴纳的工作全凭经验，他并不知道接种牛痘预防天花的机制，而真正开展此项研究并取得成就的是由法国的巴斯德开始的。巴斯德既不是医生，也不是兽医，但他对疾病产生和恢复的机制很感兴趣，他在这方面做了大量的探索性工作，他的工作为以后的免疫学研究奠定了基础。有些成就至今还产生着重要影响。

实际上，巴斯德对疫苗的研究好多是从预防动物疾病的兽用疫苗开始的。巴斯德开始用减毒的微生物制成疫苗——禽霍乱疫苗。从鸡体内新分离的禽霍乱巴氏杆菌对鸡是高致病力的，用其感染健康鸡可以引起死亡。当他休假 2 周以后再使用 2 周前的培养物给鸡接种时，发现接种鸡并不产生明显症状，禽霍乱巴氏杆菌对鸡的致病力明显降低。巴斯德另一个偶然的发现是，他想用强毒细菌给鸡接种时，健康鸡不够用，他的实验室技术人员将以前注射过减毒疫苗存活下来的鸡提供给他使用，结果接种强毒后，接种过减毒疫苗存活下来的鸡只产生了轻微的症状而全部存活了下来。1880 年，巴斯德发表了相关的研究文章，禽霍乱疫苗也很快被广泛推广应用。

1880 年兽医学家 T. Tousaint 使用炭疽杆菌感染动物的血制造羊用疫苗时，发现用加热或以碳酸处理后变得更安全和更易被接受。巴斯德注意到这种方法，并采用了减毒培养物制造疫苗，他进行了温度、氧及其他物理因素对细菌影响的试验。他的医学界、兽医学界合作者 Roux 和 Chamberland 以前发现，炭疽杆菌培养物保存在 42～43℃一周可以降低毒力，并失去形成孢子的能力，这种疫苗曾用于很多农场的动物。1881 年 5 月 5 日，巴斯德、Roux 和 Chamberland 将减毒疫苗免疫了 24 头绵羊、1 头山羊和 6 头牛，5 月 17 日再免疫轻度减毒的培养物，另外的 24 头绵羊、1 头山羊和 4 头牛不接种作为对照。5 月 31 日用炭疽杆菌攻击。6 月 2 日全部对照组的羊死亡，4 头对照牛严重发病，而免疫组的动物没有症状。这一成功试验结果公布后，一些国家开始使用这种疫苗来预防控制动物疾病，其中法国使用了几年活的减毒炭疽活疫苗后，羊的发病率从 10%降到 1%，牛的发病率从 5%降至 0.35%。

巴斯德 1883 年制造了相似的用于预防猪丹毒的疫苗，虽然结果基本上都是好的，但在免疫过程中发现有的猪出现死亡。在此基础上，后来其他人制造了毒力更弱的活疫苗和灭活的疫苗成功地用于预防猪丹毒。

1885 年巴斯德成功地制造出了狂犬病减毒活疫苗，巴斯德刚要研究更为复杂的疫苗的时候不幸残疾，但他并没有放弃对狂犬病的研究。他首次将这种在病犬的脑、脊髓增殖的很小病原体命名为“病毒（virus）”，意思是简单的毒物。他将病毒在兔体内连传数代，病毒对兔的毒力增加了，但对犬的毒力降低了。由于病毒对犬的毒力降低了，接种的期限缩短为6d，此时病毒处于静止状态。将这种静止状态的病毒再一次经空气干燥进一步减毒。他用干燥14d后的家兔脊索作为疫苗给犬第一次免疫，然后每天分别以干燥13d、12d的脊索再次给犬接种。这种复杂的免疫程序被批准使用于被疯犬咬过的犬，1884年宣布免疫犬成功。

1840年以后，西方国家先进的兽医学及其技术逐渐传入中国。20世纪20年代，一批早期从国外学成归来的学子把现代兽医科学知识带回国内，使我们对动物传染病的预防控制方法开始了新的认识。中国兽用生物制品研究和生产始于1918年的青岛商品检验局血清所和1919年的北平中央防疫处。一批兽医科技工作人员首先在中国尝试建立实验室，在非常困难的条件下开展兽用疫苗、抗血清和诊断试剂的研制。到1924年，中国已能生产少量的兽用抗血清和疫苗，并用这些生物制剂诊断和预防动物疫病，为动物传染病的预防控制提供了一个全新的理念，产生了一定的积极作用。随着兽用生物制品的研究和生产规模的逐渐扩大及实际应用的增多，中国兽用疫苗在动物疾病防控中的积极作用开始显现。1931年，中国建立了第一个兽医生物药品厂——南京兽医生物药品厂，此后5年，又建立了成都兽医生物药品厂。到1936年，在中国生产的兽用生物制品主要有以下几种类型。

疫苗类：牛瘟疫苗、狂犬病疫苗、炭疽疫苗、牛肺疫疫苗、猪肺疫疫苗等。

抗血清类：抗牛瘟血清、抗猪瘟血清、抗猪肺疫血清、抗牛出血性败血症（简称“出败”）血清、抗禽霍乱血清等。

诊断制剂：马鼻疽菌素、牛结核菌素、炭疽沉降素等。

在这个时期，兽用疫苗及诊断制剂的品种甚少，产量也非常小，没有统一的产品质量标准，在疫苗生产工艺上，主要以发病动物脏器为抗原制成灭活疫苗，生产条件很简陋，生产技术也很原始。

1937年进入全面抗日战争后，国难当头，民不聊生，使得正在兴起的中国民族兽医生物制品业受到了严重影响，资金奇缺，从事此项工作的专业人员少，有时连固定的场所都没有，发展缓慢。此间，由于没有疫苗，畜禽疫病流行严重。仅以牛瘟流行情况为例，每三五年就大流行一次，以1938—1941年的初步统计记载，在川、康、青、藏、甘等部分地区死牛100万头以上。鸡的死亡更多，病死率高达60%以上。为了控制这些烈性动物传染病，就是在那种极其艰苦的条件下，在战火纷飞的年代，中国兽医工作者不计个人得失，积极创造条件开展工作，使得中国兽医生物制品的研究与生产得以维系。如原中央农业实验所兽医系从华北迁至四川荣昌，恢复兽医疫苗等生物制品的生产。为了控制马的传染病，军兽医部门在贵州扎佐成立军马疫病防治所，生产军马所需生物制品。1941年，成立了中央畜牧实验所，并设立荣昌血清厂，生产的品种有牛瘟脏器苗、猪瘟疫苗、鸡新城疫苗、猪出败疫苗及抗猪瘟血清、抗猪出败血清、抗猪丹毒血清等，产量仍然很小。

1945年，为了控制畜禽疾病流行，政府相继成立了西南、东南、华北、华西、西北五个兽疫防治机构，负责生产各辖区内及陕、甘、宁、青、内蒙古和绥远等区的兽疫防治所需生物制品。虽然在一定范围内扩大了产品种类和生产量，但因设备简陋、物资缺乏，又没有统一的质量标准，从事研究与生产的技术人员缺少，仍然停留在低的技术水平上。由于品种单一，疫苗质量不规范，动物传染病的防疫效果不明显。

中华人民共和国成立后，党和政府十分重视动物疫病的防控工作，积极培训兽医生物制品研究和生产的技术人员，加强生产技术的交流，研究新产品，改进生产工艺。1952年国家批准成立了农林部兽医生物制品监察所，主管全国兽医生物制品的质量标准制定，产品质量监督检验，标准品的制备和分发，兽医菌毒种的收集、保存和分发及兽医生物制品的研究、技术推广和指导等工作。在苏联兽医生物制品专家的帮助下，通过调查研究，举办生物制品人员培训班，在中国已有兽医生物制品生产和检验质量标准的基础上，制订出了中国第一部《兽医生物药品制造与检验规程》和生物药品监察制度，制订了包括鼻疽菌素、结核菌素和布鲁氏菌病诊断抗原在内的36个产品的生产与检验规程，初步统一了中国生物制品的质量标准，规定不经检验合格的产品不得出厂，保证了兽用疫苗等生物制品的质量。虽然当时的生产、检验水平依然较低，但终究有章可依。在此后短短4～5年时间，中国生物制品年产量就达到1.2亿mL，较1948年增加了3倍以上。

1949年后，相继成立了中国农业科学院哈尔滨兽医研究所和中国农业科学院兰州兽医研究所，主要从事兽用疫苗和诊断试剂的研究，使中国兽医生物制品的科研力量明显增强。在生产方面，进入50年代，除进一步充实、调整、改善了原有的南京、成都、兰州、江西、广西、开封、哈尔滨7个兽医生物药品厂外，在“大跃进”推动下，全国大部分省、市都建立了自己的兽医疫苗制造厂，到1958年，中国兽医生物药品制造厂总数达到28个，遍布全国主要省份。厂房设施明显改善，产品品种和产量显著增加，技术力量普遍提高。在此期间，为了帮助疫苗生产厂家提高生物制品生产和检验技术，农林部兽医生物制品监察所还专门选派专家到各个兽医生物制品厂驻厂指导，在各厂设立监察室；定期举办全国和区域性的技术和管理培训班，总结交流经验，这对提高疫苗产品质量、培训技术人员起到了非常积极的作用。

20世纪50年代初，为了尽快提高疫苗制造技术，中国除了邀请苏联专家来华指导外，还选派了一批兽医生物制品专家赴苏联和民主德国进修、学习和考察，引进他们先进的疫苗制造技术和管理经验，同时一些兽医研究单位和各生物药品厂联合攻关，积极开展疫苗研究。中国农业科学院哈尔滨兽医研究所和农业部兽医生物制品监察所等单位在短期内创造性地研究出了安全有效的牛瘟兔化弱毒疫苗，并用此疫苗在全国开展普遍预防接种，于1956年在全国消灭了牛瘟。继研究出牛瘟兔化弱毒疫苗之后，1956年，农业部兽医生物制品监察所的技术专家又在世界上首先研究成功了猪瘟兔化弱毒疫苗，并在生物药品厂成批生产和推广使用，在全国范围内大力推广春秋两季全面疫苗注射免疫，有效地控制了猪瘟的流行。另外，他们将鸡痘病毒通过鹌鹑传代研制成功了鸡痘鹌鹑化弱毒疫苗。口蹄疫O型乳兔组织苗及口蹄疫A型鸡胚化弱毒苗的研究成功和大批量投入生产，为控制口蹄疫起到了积极作用。这些以通过异种不敏感动物传代减毒，使强毒病原在适应异种动物的同时，对本动物毒力逐步减弱，并使毒株保持了良好的免疫原性。牛瘟兔化弱毒疫苗和猪瘟兔化弱毒疫苗的研究成功，为中国牛瘟的消灭和猪瘟的有效控制提供了强有力的技术保障，它使中国的兽用生物制品研究和生产技术水平前进了一大步。

在通过异种不敏感动物获得毒力弱、免疫原性良好的病毒疫苗株的同时，微生物诱变技术在细菌疫苗研制领域也取得重大进展，先后培育成功了一批免疫性良好的制苗用弱毒株。如中国农业科学院哈尔滨兽医研究所和江苏农业科学院兽医研究所通过在培养基中加入锥黄素培养诱导，结合动物生物诱变的方法选育出了猪丹毒GC42和G4T10弱毒株；中国兽医药品监察所用加化学诱变剂（如醋酸铊等）或以逐步提高培养温度等方法，成功选育了仔猪副伤寒C500弱毒菌株和羊、猪链球菌弱毒株；将猪肺炎支原体强毒株经乳兔传代减毒，培育成功了猪喘气病弱毒疫苗株；国内一些单位还先后研究获得了多株禽霍乱弱毒株，猪肺疫E0630弱毒株和猪、羊布鲁氏菌弱毒株等。并用这些人工培养的弱毒疫苗株研究出了一大批弱毒活疫苗，为动物疫病的预防控制发挥了重要作用。

在疫苗制造工艺方面，随着活疫苗种类的逐渐增多和产量的不断增加，为提高疫苗质量和延长疫苗保藏时间，冷冻真空干燥技术在全国得到了广泛的应用。由于冻干技术和疫苗冻干保护剂的成功应用，生产出了多种质量良好的冻干疫苗。其中，猪丹毒、猪肺疫二联冻干疫苗，猪瘟、猪丹毒、猪肺疫三联冻干疫苗及用喷雾干燥技术研制出的羊七联干粉灭活疫苗等多联疫苗投入生产使用，一针防多病，推进了全面防疫工作的开展。在灭活疫苗方面，明矾、氢氧化铝胶佐剂的使用，提高了疫苗质量和免疫期，把生产技术提高到一个新的阶段。

20世纪60年代末，在大瓶通气培养生产细菌疫苗的基础上，改用发酵罐培养，进一步提高了工艺，菌苗产品的品种和数量成倍增长，质量也明显提高，基本上满足了动物疫病防疫的需要。

20世纪70年代，国家对兽医生物制品生产结构适当地进行了调整，诊断制品主要由成都兽医生物药品厂和吉林兽医生物药品厂生产供应，抗血清主要由成都兽医生物药品厂与兰州兽医生物药品厂生产。至1972年，产品种类达到85种，产量达38亿余毫升。另外，还有12种试制产品。与此同时，细胞培养技术开始在兽医生物制品研究和生产中得到应用，并取得了一批成果。中国农业科学院哈尔滨兽医研究所用驴白细胞减毒株研究成功了马传染性贫血弱毒活疫苗和诊断抗原，该成果又一次在同类产品中领先于国际水平。中国兽医药品监察所用细胞培养和传代诱变技术，选育成功了鸭瘟病毒、羊痘病毒等制苗弱毒株，并研制成功了疫苗产品。在制苗工艺上，采用猪肾、牛睾丸原代细胞，鸡胚成纤维原代细胞和生产猪瘟弱毒活疫苗、鸡新城疫弱毒活疫苗、鸡痘弱毒活疫苗、口蹄疫活疫苗、马立克氏病活疫苗以及牛环形泰勒虫白细胞疫苗等。疫苗制造厂逐渐采用细胞替代动物生产疫苗，由动物水平提高到了细胞水平，大大提高了疫苗产量、优化了生产工艺。

20世纪80年代，中国进入了全面改革开放高速发展阶段。农业产业结构发生了重大变化，养殖业已成为广大农民脱贫致富奔小康的主导产业。随着畜牧业的快速兴起，动物传染病成为影响畜禽健康养殖的一大主要障碍，由于养殖密度过大，饲养环境差，传染病传播速度和频率明显加快，原有已得到控制的一些动物疫病又重新抬头，新的疾病不断出现，原有兽用生物制品的品种和产量已远远不能适应畜牧业飞速发展的需要。在此期间，除了全国28家兽医生物药品厂改进生产条件和技术，提高产量和质量外，全国一些大专院校和兽医科研机构也积极开展兽用疫苗的研究和开发。除了提高传统方法研究和生产疫苗以外，还积极探索用现代生物技术方法研究基因工程疫苗，一大批新的兽用疫苗产品先后投入使用，对中国动物疾病防控起到了重要作用，兽用疫苗的研究和生产进入了快速发展期。

在疫苗发展的同时，与疫苗相关的诊断方法和试剂也得到了发展，逐步建立和完善了疫苗评价和疾病诊断的血清学方法和试剂，如凝集反应试验、沉淀反应试验、琼脂扩散试验，免疫电泳、补体结合试验和中和试验等，它们作为抗原或抗体的检测手段，主要应用于疫苗免疫后的抗体水平测定、传染病的诊断和流行病学调查。70年代后期，由于免疫荧光技术、酶联免疫吸附试验等方法的出现，使疫苗的血清学评价方法得到了更加广泛的应用。

综上所述可以看出：中国兽用生物制品的研究与生产走过了一条漫长而曲折的道路，与世界发达国家相比，中国兽用疫苗的研究晚了近半个世纪，虽然起步于20世纪20年代，但真正的发展还是1949年后才开始的，它贯穿几代人的不懈努力，凝聚着中国科技工作者的智慧和心血，也为其今后的快速发展提供了宝贵的知识和经验。

二、中国兽用疫苗的现状与展望

改革开放以来，中国畜牧业持续快速发展，到2010年，生猪年饲养量持续稳定在10多亿头，鸡140多亿只，肉类、禽蛋、水产品的总产量已分别居世界第一。畜牧业产值占农业总产值的1/3以上，同时还带动了饲料、兽药和畜产品加工业的发展，养殖业已成为亿万农民脱贫致富奔小康的主导产业。中国畜牧业的快速发展，对兽用生物制品的需求量越来越大，带动了兽用生物制品工业的跨越式发展，随着国家、地方政府和制药企业对兽用生物制品行业的投入迅速增加及中国兽用疫苗研制、生产和检验技术水平的进步，兽用生物制品行业发生了极大的变化。一些严重危害畜牧业生产和人类健康的动物疫病，如猪瘟、禽流感、口蹄疫、伪狂犬病、鸡传染性支气管炎、狂犬病、高致病性猪繁殖与呼吸综合征、鸡新城疫、鸡传染性法氏囊病、布鲁氏菌病等疾病的疫苗不仅品种齐全，数量充足，而且产品质量也在逐步提高。由于实施了积极的疫苗免疫接种政策，使一些重大烈性动物传染病基本上得到了有效的控制和逐步净化，继1956年消灭了牛瘟以后，1996年中国又消灭了牛肺疫。另外，猪瘟、猪丹毒、猪肺疫、伪狂犬病、禽流感、新城疫、传染性法氏囊病、传染性支气管炎和马立克氏病等疾病均得到了有效控制。炭疽、马传染性贫血、马鼻疽已多年未见流行。中国研制的猪瘟活疫苗不但为控制猪瘟发挥了至关重要的作用，而且在其他国家，特别是在东欧的猪瘟防控和消灭中做出了重要贡献。中国动物传染病预防控制的经验告诉我们，要保证畜禽养殖业的持续健康发展和公共卫生安全，必须坚持预防为主的方针，因此，研究、生产和推广使用安全有效的兽用疫苗是摆在兽医科学工作者和养殖人员面前的一项长期而艰巨的任务。

20世纪80—90年代，随着兽用疫苗广泛地投入使用，一些严重危害畜禽健康的传染病初步得到有效控制。但在进入21世纪短短十几年时间内，随着高致病性禽流感、猪链球菌2型疾病、新型口蹄疫、高致病性猪繁殖与呼吸综合征、新发猪流行性腹泻、小反刍兽瘟疫和非洲猪瘟等新发传染病的出现和流行，给中国畜禽养殖又造成了重大经济损失。对于新发动物传染病来说，兽用疫苗的研究和使用一直是跟在疾病后面走，新发病的早期危害无法得到有效预防控制。另外，一些早已得到有效控制的故有传染病由于病原分子结构发生变异，或一些新发免疫抑制性传染病破坏了动物的免疫系统或干扰了机体免疫功能，原本有效的疫苗效力降低或变得无效，导致部分原有的动物传染病变得更加难以控制。新发传染病的不断出现和故有动物传染病病原结构的变异，使得中国动物传染病的防控形势异常严峻。出现以上情况的原因，专家分析认为，从大的方面来讲，一是地球上存在大量微生物，一旦环境遭到破坏或其适存条件发生改变，它们就会从野生动物体内传播给人或动物，或重新组合，发生物种突变，产生新的危害人类和动物的病原体；二是全球化趋势和人类生活节奏的加快，持续不断地破坏着微生物与其寄主之间的平衡，为物种突变提供了适宜的土壤；三是片面强调疫苗的防病作用，动物疫苗滥用造成的免疫压力诱导了一些容易发生变异的病原体发生分子结构变异。从动物传染病预防控制的小的方面讲，近几年来，一方面是由于畜禽数量的增长过快，而我们的饲养管理方式普遍还是停留在落后的水平上，多数饲养场内部养殖密度过大，畜禽场之间间隔太小，饲养环境差，布局不合理，生物安全意识差，人员和车辆来往消毒管理措施不到位，饲养人员普遍缺乏动物传染病预防控制知识。另一方面是在传染病预防用疫苗研发上投入少，缺乏针对某些重大传染病疾病流行病学的系统调查研究，急于将疫苗产品投放市场，缺乏疾病防控的整体观念和长期规划，片面注重眼前的经济利益；在科研工作中，低水平重复研究多，高质量疫苗产品少，安全有效的兽用疫苗研究和推广使用远跟不上新疾病的出现；在疫苗生产方面，生产工艺相对落后，重视追求高产量，降低价格，轻视提高疫苗质量的生产工艺改进；在疫苗应用方面，免疫程序不合理，只注重疫苗价格，不注重疫苗质量，免疫次数或剂量不合理，甚至不根据疾病种类和血清型滥用疫苗。动物疫病不但对畜牧业产生了巨大的危害，而且一些人畜共患病还严重危及人类的健康安全。动物疫病的暴发与流行依然是当前威胁畜牧业生产和公共卫生安全最为重要的因素。据统计，目前中国猪死亡率10%左右，鸡死亡率20%左右，牛、羊死亡率3%～5%，每年因动物疫病死亡造成的直接经济损失高达1 000亿元以上，加上疾病引起的生产性能下降、饲料和人工浪费、药物消耗及政府在疾病扑灭、控制中花掉的费用等造成的经济损失达近2 000亿元。由此可见，动物疫病严重地危害着畜禽的健康，给中国畜牧业发展造成了巨大的经济损失，如何实现健康养殖，把疾病控制在最小范围，是中国畜牧业发展需要解决的一项紧迫任务。

中国长期动物疫病防控的实践经验表明，应用疫苗免疫接种是预防控制畜禽疫病暴发和流行的主要措施。畜牧业的快速发展和动物疾病的不断增加，对兽用疫苗在品种、数量和质量上都提出了更高的要求。提高兽用生物制品质量，加强新产品的研究开发和改进、提高老产品的质量，生产优质高效的兽用疫苗，建立合理的免疫程序，科学使用疫苗进行免疫接种，是控制中国动物疫病发生与流行，保证畜牧业持续稳定发展的根本任务，兽用疫苗在保护畜牧业的健康发展中发挥着越来越重要的作用。从1949年到现在，特别是改革开放以来的40年时间内，随着养殖业的快速发展，党和政府对畜牧业的高度重视和投入的不断加大，兽药行业从业队伍的迅速壮大，中国兽用生物制品行业发生了翻天覆地的变化。新技术、新方法和新材料的不断出现和广泛推广应用，为中国兽用疫苗的技术进步提供了力量源泉。畜牧业的发展带动了兽用生物制品的技术进步，后者的进步反过来又促进了畜牧业的繁荣。

（一）中国兽用疫苗目前的状况

1949年以来，特别是改革开放40年来，由于畜牧业的飞速发展，对兽用生物制品无论是从品种、数量，还是从质量上都提出了新的要求，随着现代制药技术的推广应用和兽药GMP的全面实施，兽用生物制品企业的疫苗研发、生产、检验技术和管理水平得到了显著提高，中国的兽用生物制品事业发生了前所未有的变化，具体表现在以下几个方面。

1. 在兽用疫苗技术进步方面

（1）在疫苗数量和品种方面

1）疫苗产量显著增加　1952年，中国的兽用生物制品产量仅有1.2亿头（羽）份，在改革开放前的1977年，中国兽医生物药品厂有28家，年疫苗生产量还不到20亿头（羽）份，产量小，品种单一。20年后的1997年，中国生物药品厂还是28家，总量上升到403

亿头（羽）份，在这些疫苗中，禽用疫苗头份数占95%以上，在数量上是1977年的20多倍。2014年，中国通过GMP验收的动物疫苗生产企业达到近100家，其中正式投入生产兽用疫苗的企业达80家以上，疫苗产量达1 600多亿头（羽）份，共计1 592个产品获得了农业部颁发的生产文号，是改革开放前的80多倍，这些还不包括每年从国外进口的近200亿头（羽）份的兽用疫苗。中国兽用疫苗工业发展速度快，令人振奋。这一方面体现了中国养殖业的快速发展，以及在动物疫病预防控制中，兽用疫苗发挥着越来越重要的作用，同时也反映了中国兽用疫苗制造业与改革开放前相比发生了根本性的变化。随着中国兽药企业GMP的全面实施，生产水平的提高和生产能力显著增强，中国的兽用生物制品行业已经成为一个极具潜力的新兴产业。

2）疫苗品种明显增多　1952年，中国的兽用生物制品有36种，其中兽用疫苗仅有18个品种，产品品种少，没有统一的质量标准和生产检验规程。到1986年，批准生产的兽用生物制品品种达129种，建立了完备的疫苗生产检验规程和质量标准，但发展速度仍然比较慢。1987—2007年的20年间，共计批准兽用新生物制品268个品种，其中疫苗183种，诊断试剂89种，其他制品14种，2011—2016年农业部批准注册的新兽药达183种，截至2016年，中国已经批准生产的兽用生物制品达到660多种。在中国自行研制的疫苗产品中，猪瘟兔化弱毒活疫苗、猪支原体肺炎活疫苗、高致病性禽流感基因工程疫苗、高致病性猪繁殖与呼吸综合征嵌合体弱毒活疫苗和马传染性贫血弱毒活疫苗均属中国首创，居国际领先水平。

（2）在生产条件和疫苗质量方面

1）生产环境有了较大改善　近些年来，农业部已相继出台了一系列兽药管理政策和技术规范，对兽用生物制品厂提出了按GMP管理的要求，到2015年年底为止，全国已有近100家兽用生物制品生产企业通过了农业部GMP验收。生产企业在数量上较改革开放前的28家增加了2倍多。在生产规模上，目前100家生产企业的年设计生产能力超过6 000亿头（羽）份，远远超过了改革开放前28家约500亿头（羽）份的生产规模，兽用疫苗的生产环境和生产能力得到了显著的提升。

2）活疫苗冻干工艺明显提高　为了解决兽用活疫苗冻干和长期保藏的问题，从事兽用活疫苗生产的企业均采用先进的疫苗自动分装和冷冻真空干燥设备，针对每个疫苗产品的特性，分别制订了合适的冻干曲线，在疫苗分装、冷冻真空干燥、抽真空、压盖和贴标签等环节基本实现了自动化，较好地解决了活疫苗冷冻真空干燥的生产配套设备和工艺技术问题，有效地克服了早期非冻干湿苗保存期短、运输困难的弊端。部分企业还在部分兽用活疫苗冻干过程中已使用耐热的疫苗冻干保护剂替代常规的牛奶蔗糖保护剂，有效地解决了病毒活疫苗由冷冻低温保存到冷藏保存的技术问题。

3）灭活疫苗的配苗佐剂和乳化工艺进一步优化　佐剂是提高灭活疫苗免疫效力和延长疫苗保存期的重要组成部分。由于氢氧化铝胶、矿物油、蜂胶和含免疫增强剂的水性佐剂等灭活疫苗佐剂的研究成功和推广使用，大大提高了灭活疫苗的免疫效力，也解决了疫苗的长期保存问题。由于矿物油佐剂价格低廉，性能稳定，佐剂作用强，制作工艺简单，在兽用疫苗行业得到广泛推广应用。在灭活疫苗的灭活乳化工艺方面，各企业均采用大容量、自动化的疫苗灭活和乳化设备，用此设备生产灭活疫苗不但灭活效果好，不易散毒，而且有效克服了细菌污染问题。由于乳化过程是全自动的，程序设置后乳化效果容易控制，批间差异小，工艺稳定，油水乳化质量均一，疫苗乳化效果好，既提高了疫苗产品质量，又大大降低了劳动强度。先进设备的使用，有效解决了灭活疫苗工厂化大生产的关键工艺问题。

4）生产疫苗用原材料、检验用培养基及实验动物逐渐实现标准化和规范化　在病毒疫苗生产原材料方面，一是普遍使用无特定病原（SPF）鸡胚（细胞）替代普通鸡胚（细胞）生产禽用活疫苗。在认识到用普通鸡蛋制造疫苗易导致活病毒疫苗外源病原严重污染的危害后，疫苗生产厂家已全部使用 SPF 鸡蛋替代普通鸡蛋制作禽用活病毒疫苗，有效解决了鸡胚源疫苗外源病原污染的问题；二是选用符合要求的细胞系生产高质量病毒疫苗。为了解决原代细胞和动物组织生产病毒疫苗抗原含量低、免疫效果差的问题，在保证制苗细胞安全性的情况下，使用适合病毒高滴度增殖的细胞制造疫苗，既有效提高了疫苗抗原含量和免疫效力，又解决了生产工艺落后和外源病原污染的问题。在细菌疫苗生产方面，普遍使用高质量的成品培养基，保证了生产工艺的稳定性，提高了产品质量。随着国家对疫苗生产用菌、毒种和细胞的要求更加严格和规范化，生产企业在进行疫苗生产时，都根据各种兽用疫苗的制造和检验规程，建立相应的生产用菌、毒种的种子批，并对其进行严格检验；对生产用传代细胞系，建立相应的细胞库，并对细胞系做系统鉴定，严格控制种毒和细胞的污染外源病原，保证菌、毒种和生产细胞符合兽用疫苗生产要求的各项生物学特性。

在疫苗质量检验方面，除了检验用培养基已基本实现标准化以外，检验用动物如 SPF 鸡，SPF 或清洁级鼠、兔等已在疫苗检验中普遍使用，保证了检测结果的准确性，在一些暂无级别的大动物用于试验时，也要求做严格的外源病原和敏感性检验，相关病原和抗体阴性，敏感性高才能用作实验动物。除此以外，对疫苗检验动物的饲养环境的级别也做了严格限定，特别是对需要做强毒攻击的检验动物，防止强毒逃逸和扩散是生物安全控制的重要内容。

5）疫苗质量监管更加严格，产品合格率在不断上升　中国建立了一整套疫苗质量监管的法规和制度，包括从疫苗研制、生产、检验到销售各个环节。为了加强生物安全管理，防止人为散毒，农业农村部对利用高致病性病原微生物从事疫苗研究的单位实行条件许可和准入制，对达不到微生物生物安全条件的单位和个人不允许从事此类微生物的疫苗研究，疫苗研究实行备案制，特别是用一类动物疫病病原进行疫苗研究时，必须报经农业农村部批准，否则，即使研究出疫苗产品，农业农村部也不受理作为新兽药审理批准。在疫苗生产检验过程中，要严格按照兽用生物制品生产检验规程进行生产和检验。中国兽医药品监察所对所有生产产品实行批签发制度，未经签发的产品一律不准上市，同时实行产品抽检制度，对不合格产品实行追回制度，并对此类有不良记录的企业实行产品跟踪检验监督和专项分析检查。随着管理法规的不断规范和企业产品质量意识的提高，产品质量正在逐步提高，目前中国兽用生物制品的质量总的来说是好的。从近几年对全国各生物药厂的产品质量月报和中国兽医生物制品监察所抽样检查的结果看，产品合格率在逐年上升，到 2015 年年底，兽用疫苗的产品合格率持续保持在 98%左右。

除此以外，近些年来，在细胞培养技术方面，特别是细胞全悬浮培养和载体细胞培养技术方面取得了显著进步，该技术在中国重大动物疫病疫苗，如口蹄疫、禽流感、猪瘟等疫苗的生产中已得到广泛应用。农业农村部规定，在对新建兽用疫苗生产企业细胞疫苗生产线进行 GMP 验收时，企业必须具备细胞悬浮培养的疫苗生产设备，在政策上为兽用细胞疫苗生产的技术升级提出了要求。在细菌疫苗生产的技术方面，利用生物反应器发酵生产的工艺技术已普遍被生产企业采用，这大大提高了疫苗产量和质量。同时，灭活疫苗抗原浓缩技术的广泛应用，有效解决了多联多价疫苗制造的技术难题。

（3）在利用现代生物技术研究和生产基因工程兽用疫苗方面　在人类与传染病的“斗争”中，科学技术，特别是基因技术正发挥着越来越重要的作用。1995 年，人类破译了第一个细菌基因组的基因序列。到目前，人类已经掌握了数十种动植物、190 多种细菌和 1 600多种病毒的基因密码。基因组学技术的应用，使微生物学和传染病研究经历了一场深刻的革命。2003 年，在 SARS 病毒发现后的一个月内，人类就破译了其基因序列。2004 年，中国及时完成了在中国出现的高致病性禽流感 H5N1 的病毒分离和全基因序列测定。2006 年，中国又成功破译了猪链球菌 2 型和高致病性猪繁殖与呼吸综合征病毒的全基因序列，搞清了这些严重危害人类和造成动物死亡的病原变异的特点。近几年，随着宏基因组和全基因测序关键技术的突破，以前需要数十天乃至数月才能完成的细菌或病毒全基因测序和分析的工作，现在只要少至几小时，多至几天就能完成，费用也显著降低。同时，利用现代生物技术，中国已先后成功研制出了多种基因工程兽用疫苗，并在畜禽场广泛推广使用。这些成果表明，人类已能利用现代分子生物学技术对新出现的病原体进行实时识别、测序和功能研究，并根据各自基因的功能研究相应的兽用疫苗，有效应对新发传染病和故有传染病的病原变异。

由于已有动物传染病病原自然变异和新发传染病病原的不断出现，用传统方法制备的常规疫苗在安全和免疫效力方面的局限性越来越明显，特别是用一些难以人工培养、免疫原性差、毒力不易传代致弱和抗原容易发生变异的微生物制作疫苗，用常规方法往往难以达到预期的结果，而用现代分子生物技术制备的基因工程疫苗在这方面具有一定的优势。另外，利用分子生物学技术研究标记疫苗，由于特异的插入或缺失一段可以产生抗体的标示基因，通过与之配套的特异性抗体检测试剂盒，在临床上可以鉴别野毒感染和疫苗免疫，对疫病的根除有非常积极的意义。由此可见，利用现代生物技术研究开发新型疫苗是必然趋势。同时利用现代生物技术改造传统疫苗也是疫苗发展的方向。

近些年来，在利用现代分子生物学实验技术和实验设备研究和生产兽用疫苗方面做了大量探索性研究工作，其中，在兽用基因工程疫苗的研究方面已取得了较大的进展，对中国兽用疫苗的技术进步发挥了重要的引领作用。目前，一些基因工程疫苗已获农业农村部批准，投放市场使用，对疾病的预防控制产生了积极的作用。在基因工程疫苗研究方面，中国与发达国家之间没有实质性差距，有些疫苗品种已达到国际领先或先进水平。国家“863”计划的启动，对推动中国在动物用基因工程疫苗与诊断试剂的研究与开发方面发挥了重要作用。近几年，中国动物用基因工程疫苗研究呈现出加速发展的态势，一些兽用基因工程疫苗、分子生物学诊断试剂盒和分子生物学病原基因检测方法已获得新兽药证书并投入使用，对中国兽用疫苗的研究和应用产生了深远的影响。

近几年来，中国在动物疫病基因工程疫苗研究与开发方面涉及的疫病病原有禽流感病毒、鸡新城疫病毒、禽传染性喉气管炎病毒、鸡传染性法氏囊病病毒、鸡马立克氏病病毒、猪伪狂犬病病毒、猪瘟病毒、口蹄疫病毒、猪繁殖与呼吸综合征病毒、猪圆环病毒 2 型、猪传染性胸膜肺炎放线杆菌、大肠杆菌、猪囊虫等。研究与开发的基因工程疫苗种类包括：基因工程亚单位疫苗、基因工程重组活载体疫苗、基因缺失疫苗、DNA 疫苗等。在中国，第一个商品化的基因工程疫苗是仔猪腹泻大肠杆菌 K88/K99 二价基因工程疫苗，它的研究成功和推广使用，拉开了中国动物基因工程疫苗研究的序幕。目前已获得新兽药证书，进入商业化生产和应用的基因工程疫苗有：大肠杆菌 K88/K99 二价基因工程疫苗、伪狂犬病基因缺失疫苗、猪繁殖与呼吸综合征嵌合病毒活疫苗、猪瘟 E_2 蛋白重组杆状病毒灭活疫苗、禽流感重组新城疫二联疫苗、禽流感重组灭活疫苗、禽流感 DNA 疫苗、禽流感重组鸡痘病毒活载体疫苗、传染性喉气管炎重组鸡痘病毒活载体疫苗、O 型口蹄疫病毒基因工程亚单位疫苗和多肽疫苗及重组新城疫灭活疫苗等。同时，还有一批基因工程疫苗研究取得了明显的进展，如猪传染性胸膜肺炎亚单位疫苗、猪生长抑素基因工程疫苗、鸡马立克氏病基因工程活载体疫苗、鸡球虫基因工程疫苗、幼畜腹泻双价基因工程苗、猪伪狂犬重组猪瘟活载体疫苗和布鲁氏菌病基因标记疫苗等。

此外，饲料用转基因微生物的研究在中国也取得成功，如转植酸酶酵母已被批准在中国商业化生产和应用。近年来以转基因植物为表达系统的可食性疫苗也已成为中国的研究热点。

基因工程兽用疫苗的产业化是中国发展的方向，此外，如何进一步提高基因工程兽用疫苗免疫效力，使其达到或超过常规传统疫苗的免疫保护效果，使之在中国动物疫病的预防和控制中发挥更大的作用，是中国科学工作者所面临的重要任务。

（4）生物技术在诊断试剂和诊断方法的应用方面　在广泛推广使用酶联免疫吸附试验（ELISA）和免疫荧光抗体（FA）技术的基础上，单克隆抗体、核酸探针和聚合酶链反应（PCR）等技术也应运而生。

1）单克隆抗体　在疫病鉴别诊断、病原分类鉴定、疫苗毒株与野毒株的区分上，单克隆抗体发挥着巨大的作用。这些年国内已研究出大量的单克隆抗体，据不完全统计，中国已分别建立了针对哺乳动物的 12 种病毒、禽类的 9 种病毒、各种动物的 12 种病原细菌、10 种寄生虫及一些微生物毒素和其他可能用于疫病诊断的数百个杂交瘤细胞株，单克隆抗体的种类已覆盖了大多数畜禽传染病。

在这些单克隆抗体中，一些已在推广应用之中，其中，包括抗马传染性贫血病毒的单克隆抗体，可用于免疫马和自然发病马的鉴别诊断；鉴别强、弱毒的鸡新城疫病毒单抗和猪瘟病毒单抗；用于多价疫苗型鉴别的马立克氏病病毒单克隆抗体、传染性囊病病毒单克隆抗体；区别基因缺失疫苗株和野毒株的猪伪狂犬病毒单克隆抗体等。

2）核酸探针　该技术是 20 世纪 80 年代初期发展起来的一种基因诊断技术，与传统病原分离和血清学方法相比，它具有简便、快速、特异性高的优点。特别是一些难于分离培养的病原微生物如结核分支杆菌、支原体、立克次体、密螺旋体等使用核酸探针，通过原位杂交和原位 PCR 扩增技术等判定组织中是否存在病原微生物的特殊区段基因，就可以确定被检测动物是否被感染。

3）聚合酶链反应（PCR）及其相关的抗原快速检测技术　PCR 技术是诞生于 20 世纪 80 年代的一项体外酶促扩增 DNA 新技术，具有特异性强、敏感性高、操作简便、节省时间等优点，现已用于生物学科的各个领域，它可以将被检样品中微生物的单拷贝基因序列扩增到毫克水平。各种临床样品，如血液、组织细胞、黏液、固定保存的病理样本都可用 PCR 进行检测。PCR 以及更为敏感的套式 PCR，荧光定量 PCR，检测多个目的基因的复合 PCR 技术结合核酸探针、基因序列分析和 LAMP 等技术，在不做病原分离培养的条件下，直接检测细菌或病毒的核酸来确定疾病的病原，在动物疫病的病原检测中发挥着重要作用。

此外，近年发展起来的免疫胶体金试纸条检测技术、基因芯片和全基因或宏基因测序技术以其快速、大通量和全基因分析等优点越来越受到青睐。

2. 存在的主要问题 改革开放以来，随着畜牧业快速发展，中国兽用生物制品事业发生了巨大的变化，兽用疫苗种类从无到有，从少到多，品种基本齐全；企业生产规模从小到大，从低到高，产品产量已远超市场需要；质量标准不断规范，产品质量在逐步提高，中国兽用疫苗基本能满足畜禽疫病预防控制的需要。但是，中国兽用疫苗的发展面临两大主要难点。第一是中国自身的问题，从疫病预防控制方面来讲，中国畜禽饲养量大，饲养环境差，饲养密度大，动物传染病多而复杂，早期已有的传染病由于病原结构发生变异又以新面貌出现，使得原有疫苗免疫效力降低或无效，需要研究新疫苗，或提升已有疫苗的质量标准；新的动物传染病不断显现，很多新发传染病没有疫苗，疫病防控常处于被动应付的局面。疫苗需求和供给不平衡；从企业数量和规模上讲，中国现有的生产能力已远超过实际需要，2016年，中国的兽用疫苗使用量是1 600亿头（羽）份，加上国外进口的，接近2 000亿头（羽）份，而我们现在的生产能力已超过6 000亿头（羽）份，实际上，有一半以上的企业或生产线是多余的，内部竞争将是异常激烈。第二是来自国外的，早期国外兽用疫苗生产企业主要把国外生产的产品销往中国，近些年，一些国外公司到中国来建厂或收购中国的兽用疫苗生产企业，直接在中国研发和生产兽用疫苗，并在中国销售和使用，国际竞争同样非常激烈。面对国际国内兽用生物制品行业日益激烈的竞争和挑战，对中国的兽用疫苗生产企业来说，既是机遇，也是挑战。这对中国的兽用生物制品企业来讲，无论是从产品的品种和质量上，还是从战略谋划、思维方式上都提出了新的要求。与发达国家相比，中国的兽用疫苗企业起步晚，竞争意识差，一些深层的问题已日益显露出来，直接影响着中国兽用生物制品企业的生存和发展，面临前所未有的挑战，需要认真加以解决，这些问题总体来讲表现在以下几个方面。

（1）缺乏参与国际市场竞争的意识和能力 GMP改造以前，中国生物制品企业，除了生产禽流感、口蹄疫和猪瘟疫苗的一些企业外，总的来讲生产规模不大，批量小，生产环境较差，生产工艺落后，绝大多数企业的绝大多数产品的生产过程仍是靠原始的手工操作，生产效率低。2005年全面实行GMP准入条件后，虽然扩大了企业生产规模，改善了生产、检验条件和管理方式，但多数企业仍存在产品单一或没有自己的特色产品的情况，生产处于不饱和状态，造成场地设施闲置。企业缺乏参与市场竞争的意识和竞争力。特别是国际市场，目前中国除禽流感和猪瘟疫苗少量出口东南亚市场外，其他产品基本只是在国内市场使用，在国外企业纷纷将自己生产的兽用生物制品进入中国市场或在中国建厂生产兽用疫苗的情况下，中国至今还没有几个兽用生物制品企业将其疫苗产品打入国际市场，特别是发达国家市场。

（2）产品质量有待改进和提高，产品结构不合理

1）在活疫苗方面 主要存在以下几个方面的问题：一是疫苗抗原滴度低，免疫效果差。以中国传统的猪瘟牛睾丸原代细胞活疫苗为例，由于牛睾丸原代细胞易污染BVDV，细胞本身不太适合猪瘟病毒增殖，导致使用原代细胞制造的猪瘟活病毒滴度低，和发达国家相比，《中华人民共和国兽药典》规定的每头份猪瘟病毒含量只有发达国家的1/4，实践证明，用此疫苗免疫的猪抗体水平低，猪瘟野毒持续感染带毒现象普遍，猪瘟得不到有效预防控制。二是活疫苗外源病原污染普遍。活病毒疫苗中外源病原污染的主要原因是使用制造疫苗

的种毒、鸡胚、细胞和血清污染了外源病原造成的，如用非 SPF 鸡胚生产的禽用活疫苗，用污染支原体的细胞、带有外源病原的血清生产的活病毒疫苗均易导致外源病原污染等。活疫苗污染外源病原既会导致其他疾病的传播，又会干扰疫苗的免疫效果。三是冻干疫苗保存期间的存活力降低太快。这与冻干保护剂和保藏温度有关，冻干保护剂是否适合于疫苗菌、毒株的存活特性，是引起疫苗活性降低快慢最为主要的因素之一；疫苗冷链保存系统不完善，导致疫苗保存温度过高，也是引起疫苗活性下降过快的主要原因之一。四是活病毒疫苗稀释剂的问题，疫苗稀释剂不合要求或质量不过关会明显降低疫苗活性。如用不合乎要求的稀释剂会明显降低马立克氏病疫苗的病毒存活时间，从而影响疫苗的免疫效力。

2）在灭活疫苗方面　存在的问题主要表现在以下几个方面：一是疫苗佐剂的问题。首先，中国目前使用的矿物油标准不规范，尽管提倡使用达标的医用石蜡油生产疫苗，但用其生产的疫苗普遍存在稠度大、注射动物不良反应重、保存期内易出现分层的问题。由矿物油佐剂引起的免疫不良反应仍是当前疫苗使用中经常出现的问题。试验表明，用此类佐剂制成的疫苗注射猪、牛等大动物会引起严重的不良反应，严重时会引起注射动物死亡。其次，研究表明：不同的油佐剂对不同疫苗的免疫增强效果相差甚远，用一种佐剂远远不能解决所有灭活疫苗的免疫效力和安全性问题，中国目前使用的质量较好的佐剂绝大多数是从国外进口的。应该根据疫苗的特性和使用的动物对象研究好注射、易吸收、反应低、效力高的免疫佐剂。二是抗原方面的问题。在中国，灭活疫苗的抗原浓缩和纯化技术虽有很大进步，但还没有根本解决，给动物多联疫苗的大批量生产带来了困难，也是目前解决疫苗安全性方面需要关注的问题。三是油佐剂灭活苗的乳化工艺还须进一步完善，有的油乳剂疫苗在保存期内破乳分层，有的稠度太大，给注射带来麻烦。

3）在生产工艺方面　中国同发达国家存在着明显的差距。在细菌疫苗生产方面，发酵技术不过关，培养菌数低，疫苗成本高；在用细胞培养的病毒疫苗方面，使用的细胞培养方法多数还是使用转瓶机，这种方法不但劳动强度大、批量小、产量低、批间差异大，而且容易造成污染。而发达国家多年前就普遍使用先进的大容量生物反应器和细胞悬浮培养或微载体培养技术培养病毒抗原，大大提高了抗原产量，降低了劳动成本，克服了细菌污染。无论是抗原的纯净性、产量含量和稳定性等方面都有很大提高。近些年来，中国一些企业也已采用大容量生物反应器、悬浮培养和微载体培养技术进行细菌和病毒疫苗的制造。

4）在制苗用原材料方面　中国存在最主要的问题有以下几点：在细菌疫苗方面，制造疫苗使用的培养基缺乏统一的标准，对配制培养基的原辅材料没有严格的质量控制标准。在病毒疫苗方面，对种毒、鸡胚、细胞、制苗用水等原材料缺乏严格完善的质控标准，有的是有标准，但执行上缺乏可操作性。特别是在鸡胚、细胞和血清上，中国禽用疫苗的羽份数已占到所有疫苗数量的 80%以上，然而，仍有一些兽用生物药厂还不使用 SPF 鸡胚制造病毒活疫苗，或使用缺乏定期有效外源病原检测的 SPF 鸡，有一些病毒，如鸡淋巴白血病病毒、传染性贫血因子、网状内皮增生症病毒等和支原体都可垂直感染鸡胚，造成疫苗的污染。另外，细胞中支原体污染仍然是一个非常严重的问题，如果使用污染的细胞生产疫苗，那么疫苗中支原体等污染将是不可避免的。血清中污染支原体和 BVDV 的事件也时有发生。要防止疫苗污染外源病原，需要建立血清外源病原检测标准。近些年来，由于逐渐加强了对原材料和半成品的检验，一些厂家的疫苗中支原体污染率明显降低，但由于工作疏忽造成的污染仍时有发生，活病毒疫苗中外源病原污染仍然是一个非常值得关注的问题。

5）在疫苗质量检验方面　一是缺乏标准物质，特别是细菌疫苗的检测。二是缺乏统一标准的实验动物，同一批疫苗产品，在一些地区检验不合格，换一个地方检验就合格了，不同的是在不同地区实验动物品种发生了变化。例如，用于猪瘟活疫苗效力检验的兔子，由于不同品种兔子对猪瘟病毒的敏感性不同，用不同品种的兔子检测的结果有时差异很大；试验证明，不同品种的猪对猪链球菌2型细菌的敏感性也存在很大差异，严重影响疫苗的效力检验结果。三是一些疫苗缺乏特异敏感的检验方法，如支原体污染检验时间太长，有些难以生长的支原体很难在培养基中生长，造成漏检。四是一些疫苗半成品中间检验还没有真正落实到位，有的生产厂家只做成品检验而不做半成品检验。五是活疫苗中外源病毒的检验还没有真正全面具体实施。六是成品疫苗的检测方法过多依赖动物，特别是大动物，造成疫苗检测实施上的难度过大，急需研究切实可行的替代方法。

6）在产品品种结构方面　经过这几年市场经济的冲击，各兽用生物制品企业对自己的产品做了局部调整，分别出现以禽用疫苗、猪用疫苗、牛羊用疫苗为主体的地区特色格局，但就全国而言，产品结构的不合理现象仍然十分严重，产品老化、科技含量低、品种不配套仍是主要问题，常规产品大量低水平地重复生产，产品技术含量低、一些厂家通过打价格战在市场上竞争，严重干扰了行业的技术进步和发展。寄生虫疫苗仍是中国疫苗业的薄弱环节。另外，在中国畜禽疫病流行非常复杂的情况下，市场上急需的快速、敏感性强、操作简便的诊断试剂品种大多数依赖进口。缺乏系统的流行病学背景资料，以致造成疫苗免疫接种的盲目性。

（3）研究开发投入不足，低水平重复，创新能力差，缺乏市场竞争后劲　虽然部分企业开始组建自己的研发机构，培养和招聘科研人员，但要研究出安全高效的新产品来，短时间内还有一定的困难，产、学、研脱节现象在中国也比较严重，大专院校、科研单位注重论文，完成国家的课题任务，对产业化开发关注不够，一些成果只有前期工作，缺乏后期配套。企业本身由于受条件的限制，不能有效地与科研单位联合做好后期的研发和转化工作，没有实现科研资源的有效利用。同时还有一个更重要的原因是重生产、销售，轻技术推广和疫苗售后技术服务工作。

在发达国家，新产品的研发是企业主要任务之一，兽用生物制品行业更是如此，在产、学、研结合方面有很好的成功经验，市场竞争就是技术的竞争、产品的竞争。没有好的产品，没有新的技术成果，企业就没有活力，就很难在竞争中站住脚。

（4）兽用生物制品企业GMP管理还须加强　兽用生物制品企业GMP是提高本行业整体水平的关键步骤，经过这几年的努力，中国已有100多家生产企业通过了GMP验收，从厂房设备来讲，毫不夸张地说，中国兽用生物制品企业在国际上是一流的。但兽药GMP是一个系统工程，不仅要有必要的硬件建设，而且还要有管理软件系统工程的配套和支持。如何应用好这些先进的厂房设备，提高管理水平，实现真正意义上的GMP，还有很多工作要做。只有通过产前、产中和产后配套的严格的生产和质量管理措施，高效地使用好先进的厂房设备，生产出高质量的生物制品，才能在市场竞争中站住脚跟，使前期的投入得到应有的回报。

（5）行业内缺乏统一协调，无序竞争激烈　与发达国家相比，中国的疫苗产品在参与竞争力上还有很大差距，如何保住国内市场，逐步占据国际市场，是未来发展所面临的主要问题。和发达国家的产品相比，中国的劣势主要表现在以下几点：①产品质量低。②技术含量高的新产品少。③产品品种不配套。④技术服务不到位。从价格上说，中国的产品和国外的产品具有明显的优势，但却没有发挥好这个优势。一是一味追求低价位，使得生产企业不得不使用价低质劣的原材料生产疫苗或降低疫苗的抗原含量，导致疫苗的质量降低，免疫效力下降；二是片面追求低价竞争，使企业的利润空间越来越小，大大挫伤了企业进行技术改造、提高产品质量的积极性；三是价格战导致生物制品企业的无序竞争。近10年来，国外一些知名企业的产品纷纷落户中国，销售额逐年大幅度上升。据不完全统计，目前国外产品在中国的销售量占中国疫苗使用量的1/8以上，由于其产品新、技术含量高，价格远远高于中国同类产品。

（6）生物安全方面存在问题　兽用疫苗是一种具有免疫活性作用的特殊药品，利用得当，它可在疾病预防控制方面发挥重要的作用，相反，如果没有控制好，将致病性的菌毒种扩散出去，那将带来严重的生物安全问题，甚至引起灾难性的后果。生产环境是生物安全直接的影响因素，在不符合生物安全条件下进行强毒的分离、增殖和收获及制造疫苗，随时都有可能导致散毒，特别是一些重大传染病。因此，规范生产条件，一些特殊疫苗如禽流感疫苗的生产制造必须在负压条件下进行病毒的增殖、收获和处理。口蹄疫疫苗的生产和检验则须在P3级条件下进行，这样才能保证强毒在人工操作过程中扩散不到周围环境中去。目前，虽然中国在兽用疫苗生产中的生物安全管理方面出台了一系列的法规和政策，但仍有一些非法企业和个人置国家政策法规于不顾，铤而走险，在缺乏生物安全防护措施的条件下非法生产烈性动物传染病的疫苗产品，导致强毒扩散或由于疫苗效力不合格而导致疫情暴发。一些养殖企业自己分离病原，自己生产疫苗，这极易导致病原扩散。

（7）现有疫苗品种和质量与疾病预防控制的实际需要之间存在较大距离　中国实行的是预防为主的动物疫病预防控制策略，疫苗免疫接种是疫病控制的主要手段。总体讲，在常用疫苗产量方面，尽管在质量上还有待改进和进一步提高，但是在数量上还是供大于求。针对新发传染病，快速地确定病原是一个非常困难的问题，开展相关疫苗研究也是一项艰难的任务；因传染病流行特点、病原结构发生变化，传统兽用疫苗的质量有待提高。就冻干苗而言，必须确保疫苗的纯净和有效抗原含量，解决冷链保存条件，提高疫苗保存期的有效存活性；在灭活疫苗方面，一要解决抗原浓缩纯化的技术问题，二要提高油佐剂的安全性和免疫增强作用，同时要解决制苗用血清的细菌毒素导致的不良反应问题。中国目前使用制苗的某些矿物油在安全上还存在问题，抗原浓缩技术尚未完全过关。

在重大动物疫病疫苗方面，还有待进一步开发新品种，提高产品质量，如高致病性蓝耳病疫苗、口蹄疫疫苗、禽流感疫苗等。有一些新病目前尚无疫苗，如非洲猪瘟，有待研究开发。

在实际情况下，疫苗免疫效果好坏与动物的健康状况和疫苗免疫程序也同样有着密切的关系。研究表明：多病原混合感染，特别是免疫抑制性疾病病原混合感染直接影响着疫苗的免疫效力；另外，一种疫苗免疫的效果如何，除了疫苗本身的质量以外，还与疫苗免疫程序有着非常重要的关系，像猪瘟、新城疫、口蹄疫和禽流感的免疫接种，应该充分考虑到母源抗体水平，建立合理的免疫程序。这样才能提高疫苗的免疫保护效果。

（8）市场管理有待加强，流通领域需要规范　像生产领域一样，流通领域的管理也是非常重要的。流通领域的管理重在规范和监督。从规范的角度来讲，就是要在流通领域实施兽药销售管理规范（GSP），规范销售企业的准入标准和销售行为。在市场监管方面，重点是防止假、冒、伪、劣兽用疫苗产品进入流通领域。值得庆幸的是二维码识别系统已在疫苗生产和流通领域全面铺开，为打击假冒产品提供了技术手段。

3. 针对当前存在的问题应采取的措施 根据目前存在的问题和中国兽用生物制品的长远发展规划，为了提升中国兽用生物制品的整体水平和竞争力，建议重点采取以下措施。

（1）切实落实兽用生物制品行业 GMP 达标后的规范化管理 达不到 GMP 标准的企业，不准从事兽用疫苗的生产，从源头上提升生物制品行业生产、检验和管理技术水平。对国外在中国申请兽用疫苗注册的企业，按照 WTO 规则，实行统一的标准，也应按中国的要求实行 GMP 准入制度，达不到 GMP 要求的企业生产的产品，不得进入中国市场。在中国销售兽用生物制品的企业要定期进行考察和评估，对不达标的，要提出整改意见，限期达标。

（2）国家应加大投入，重点扶持 对兽用生物制品企业应加大投入，重点扶持一批有发展前途的龙头企业、有优势产品的企业和根据国家动物疾病预防控制需要，重点支持特控产品（如口蹄疫、高致病性禽流感疫苗）的生产企业，使其成为中国兽用生物制品企业的主体和参与国际竞争的主体。

（3）全面提高产品质量，确保生物安全 提高产品质量必须从源头抓起。一是规范和提高疫苗制造和检验用原材料的质量标准，从疫苗制造用菌毒种、培养基、细胞、鸡胚、血清、水和疫苗检验用动物及监测方法等方面严格把关；二是改进和完善生产工艺，积极引进吸收发达国家先进的生产技术和设备，提高产品质量；三是严格进行疫苗检验，防止不合格的疫苗流入市场；四是规范生产和检验条件，所有疫苗必须在 GMP 车间生产，在符合要求的设施中检验，防止散毒，要严格防止重大动物疫病、人畜共患病的致病性病原污染从生产、检验厂区逃逸，导致疾病传播。

（4）加大研发力度，提高技术水平和管理水平，增强企业后劲 国家应鼓励企业参与国家科技进步发展计划，加大重大动物疫病兽用生物制品产业化示范工程的立项和支持力度，促进企业技术进步，使企业成为科技进步的主体。企业本身应该从每年的产品疫苗销售额中提取 5%左右的金额作为研发基金，开展新产品的研发和老产品的技术升级。研发形式可以多种多样，走产、学、研相结合的路是目前用得比较多的一种形式，它可以充分发挥大专院校、科研单位的科研优势和生产企业的生产优势，缩短新产品走向市场的时间。大型企业可以自己为主建立科研机构、培养研发队伍，发挥企业灵活的管理、用人机制，重点开展周期短、见效快的新产品研发。各企业应严格加强 GMP 的管理，制订严格的岗位责任制和不同产品的岗位操作细则，把住每一个生产环节，把容易出现的问题化解在每一个工艺流程中，提高产品的合格率和劳动生产效率，节约产品成本。

（5）加强产品质量监控，规范市场 加强兽用生物制品质量监督管理，打击假冒伪劣产品。兽用生物制品不同于一般的药品，产品质量的好坏直接影响疫情能否得到有效的控制，特别是重大动物疫病的预防用生物制品更是如此。假冒伪劣产品给社会带来的危害远远超过产品本身的价值，轻者是疫病得不到预防控制，重者会导致疫情的扩散。因此，除了加强生产检验过程的质量控制以外，加强市场监管也是非常重要的一项工作，要对所有产品严格实施二维码标识和市场监管，严防假、冒、伪、劣兽用疫苗产品进入市场。

（6）加大技术推广和产品售后技术服务力度，与养殖者建立更加密切的联系，增加企业的信誉度 企业在销售自己的产品时，也是在推销自己的信誉。在做疫苗推广使用时，做好售后的信息反馈和技术服务是非常重要的。疫苗质量固然非常重要，但仅有好的疫苗，如果保存和使用不当，也会降低疫苗的作用。因此，加强饲养人员和防疫人员的技术培训和使用过程中的技术指导也是非常重要的一件工作。

（二）兽用疫苗的发展趋势

当前，中国兽用疫苗的发展进入了一个新的快速发展时期，随着兽用疫苗在动物疫病控制中的重要作用日益凸显，随着科研、生产条件的改善和技术队伍的壮大，随着现代生物技术在兽用疫苗领域的出现和广泛应用，兽用疫苗将面临前所未有的发展机遇和挑战。纵观中国畜牧业的发展前景，兽用疫苗的发展趋势主要表现在以下几个方面。

1. 改善和提高现有传统疫苗的质量，改进品种结构

（1）由于超强毒和变异毒株的出现，用目前的鸡马立克氏病、鸡传染性法氏囊病、伪狂犬病和猪流行性腹泻等的传统疫苗预防接种难以起到很好的免疫保护作用，常造成免疫失败；高致病性禽流感病毒、高致病型猪蓝耳病病毒的变异和毒力增强，导致一种疫苗很难长期有效地抗击经常变异的强毒株攻击。研究者必须根据传染病的流行特点和病原变异特性研究更加有效的疫苗，这在相当一段时间内将是主要任务。另一方面是一些毒力偏强的活疫苗将被严格限制使用或禁止使用，如毒力偏强的鸡传染性喉气管炎减毒活疫苗、传染性脑脊髓炎活疫苗、新城疫活疫苗、禽霍乱活疫苗、传染性囊病活疫苗和高致病性猪繁殖与呼吸综合征活疫苗等，这些疫苗接种动物后有的易引起严重的不良反应，造成疾病流行和传播；有的疫苗破坏动物免疫系统，引起机体免疫抑制或免疫耐受，导致动物对其他疫苗不能产生有效的免疫应答。虽然这些疫苗在某些紧急情况下，对同种疾病病原感染和疾病的控制可以起到一定的作用，但将其作为一种常规疫苗使用，这些安全性问题是不能接受的。作为活疫苗，首先要保证其安全性符合要求，必须把疫苗安全性放在第一位。为了防止因使用疫苗引起的安全性问题，一些发达国家严格禁止使用高中毒力的疫苗。因此，通过新技术研制出毒力更弱、更为安全有效的活疫苗是疫苗发展的方向。

（2）多联高效疫苗因可以减少疫苗接种次数、节约劳动成本和降低接种动物的应激反应，将越来越受欢迎。根据疾病预防控制的长期战略构想，就传统疫苗而言，将会逐渐扩大高效灭活疫苗的使用，减少活疫苗特别是中等毒力活疫苗的使用范围。由于新的传染病不断出现，疫苗品种将越来越多，动物接种疫苗的种类和次数也越来越多，多针次、大剂量、多品种的灭活疫苗反复免疫接种已造成畜禽产生应激反应、过敏反应，明显影响动物的生产性能；同时，多次接种会增加劳动强度，加大生产成本。因此，迫切需要研究开发多联多价的高效疫苗，几种疫苗联合同时使用，以达到一针防多病的目的。多联高效灭活疫苗生产的关键技术是提高抗原浓度和纯度（包括提高培养物中抗原产量或解决抗原浓缩技术）、改进免疫佐剂品种和提高佐剂质量、添加免疫增强剂和优化乳化技术等。如何将传统疫苗制造技术和现代生物技术结合起来，解决灭活疫苗中存在的问题是当前面临的一个重要课题。另外，随着生物技术，特别是分子生物学技术在兽用疫苗研究上的应用，多价重组活载体基因工程疫苗的研究和应用将成为中国兽用多联疫苗的主要发展方向。与传统的灭活多联疫苗相比，这种疫苗的主要优点是成本低、不良反应少，容易生产、保存、运输和使用方便。

（3）细菌疫苗、寄生虫虫苗及调节体内正常菌群及免疫机能的微生态制剂的研制开发将成为新的热点。由于原发或继发感染，目前由支原体、大肠杆菌、沙门氏菌、放线菌、链球菌、布鲁氏菌、结核杆菌等细菌性疾病和以球虫、锥虫和肝片吸虫为主的寄生虫病给养殖业造成的危害变得越来越严重。由于滥用药物导致细菌、寄生虫耐药性菌、虫株的出现，药物治疗效果越来越不尽如人意。中国兽医药品监察所对畜禽大肠杆菌、沙门氏菌的耐药性调查结果表明：20 世纪 90 年代以后，随着动物用药种类和剂量的加大，造成细菌的严重耐药，经对全国不同地区、不同动物分离的大肠杆菌、沙门氏菌对 20 多种常用药的耐药性测定，结果显示 80%以上的细菌呈现多重耐药。其中，大肠杆菌的耐药性最为严重。调查结果反映：细菌耐药性已成为当前细菌疾病治疗中的一个特别值得注意的问题，特别是一些人畜共患病，如果耐药性菌株感染到人后没有有效的药物治疗，将会导致严重的公共卫生安全问题。如近些年来，结核病、布鲁氏菌病明显增加，治疗难度加大，2005 年发生在中国四川省的猪链球菌病就是细菌性疾病的一个显著例子。另外，大剂量、长时间投药，除了引起细菌产生耐药性，同时也加重了动物体内药物残留，影响食品安全。为了有效解决动物体内药物残留的问题，市场上迫切需要安全有效的细菌类疫苗用于预防接种，从而减少大量不必要的药物使用。再者，为了减少耐药菌株的产生及药物治疗对细菌性活疫苗免疫效力的影响，在加强生物安全控制的同时，应适度提倡使用能调整动物肠道正常菌群、提高机体抗病力的微生态制剂。

（4）生产新工艺、新型细胞系的使用，有效提高了传统兽用疫苗的质量，扩大了产能，降低了成本。近些年来，发展较快的有生物反应器的细菌培养技术，微载体、片状载体和全悬浮的细胞培养技术，新型细胞系的病毒增殖技术。口蹄疫通过使用大容量生物反应器全悬浮细胞培养技术，大大降低或完全取消培养基中的血清，生产出了高效价、高纯度的口蹄疫疫苗，显著改善了疫苗质量；由于 ST 细胞系的使用，大大提高了猪瘟活疫苗的病毒产量和产品质量，免疫效力显著提高，有效克服了用兔脾脏、淋巴结组织和牛睾丸原代细胞生产的猪瘟活疫苗的病毒含量低、易污染外源病毒，导致疫苗免疫效果差的弊端；用 ST 细胞系生产伪狂犬病活疫苗可以达到猪瘟疫苗同样的效果。目前，用于兽用活疫苗生产的除 ST 细胞系以外，还有 MDCK，Vero，BHK21，Marc-145，PK 等细胞系。

2. 新品种疫苗的研究与开发是当务之急 近些年来，一些严重危害养殖业的传染病，如非洲猪瘟、新型高致病性禽流感、猪传染性胸膜肺炎、伪狂犬病、猪生殖呼吸系统综合征、传染性脑脊髓炎、猪细小病毒病、仔猪流行性腹泻、小反刍兽疫、断奶仔猪多系统衰竭综合征、猪链球菌病及新型口蹄疫等相继在中国出现和流行，不但给中国养殖业造成了巨大的经济损失，也对社会公共卫生安全带来了严重的威胁。对那些严重危害畜禽健康和人民健康安全的疾病，必须根据实际情况，有针对性地开展疫苗研究。通过疫苗的免疫接种达到预防控制疾病的目的，为进一步的疫病净化和根除提供技术保证，这是中国兽用生物制品行业目前面临的一项紧迫任务。为了预防控制这些已有的疾病和更多的新发传染病，根据各种疾病的流行特点和免疫机制研制出安全、有效、经济实用的疫苗，将成为当前和今后相当一段时间内兽用疫苗研究的方向。

3. 与疫苗直接相关的新型佐剂、免疫增强剂、活疫苗耐热保护剂的研究开发将成为研究热门 优良的免疫佐剂和免疫增强剂是提高传统疫苗和基因工程疫苗免疫效力必不可少的，特别是基因工程疫苗，因其免疫原性相对较弱，更需要好佐剂予以辅之。

（1）新型佐剂

1）脂质体 Banghan 于 1956 年第一次将磷脂（phospholipid）溶于液相介质制成的脂质体，现已成为生物领域研究的热门。在当前新疫苗研究和制备工作中，已有许多细菌、病毒和寄生虫采用脂质体作为疫苗的佐剂，它的另一优点是脂质体还可成为疫苗的载体。

2）MF59佐剂　它由4.3%的角鲨烯、0.5%的吐温80和0.5%的Span85组成。在抗原中加入MF59佐剂的疫苗有很多种，如猿猴和人艾滋病病毒，丙型、乙型肝炎病毒，疱疹病毒和疟疾原虫抗原等，MF59不但可以刺激体液免疫，还可以激发细胞的免疫活性。

3）免疫刺激复合物佐剂　由皂角Quil A的糖苷、抗原及磷脂胆碱或乙胺构成的免疫刺激复合物佐剂也是一个研究方向。抗原多为病毒颗粒及其纯化抗原。免疫刺激复合物佐剂的作用有三点：即刺激B细胞反应，增加抗体产生；诱导T细胞反应，刺激产生CD4和CD8 T淋巴细胞；Quil A单独使用有毒性，但在形成免疫刺激复合物时，其不良反应大大降低。

4）油佐剂　可代谢油、良好的表面活性剂加上先进的乳化工艺制备的油佐剂以其黏稠度低、无毒副作用将备受欢迎，还有近几年出现的添加免疫增强剂的水性佐剂，它将逐渐取代黏稠度高、有毒副作用的现有矿物油佐剂，此类佐剂仍是目前灭活疫苗的主要使用佐剂。除此以外，还有细菌佐剂、细胞因子佐剂、核酸佐剂和纳米佐剂等。

5）化学合成佐剂，抗原聚合物缓释佐剂和温度敏感胶　这类佐剂以其不良反应低、易消化吸收、佐剂作用强等特性将成为下一代佐剂的发展方向。特别在解决大动物用佐剂的安全性方面将会发挥一定作用。

（2）免疫增强剂　近年来，随着免疫学研究的深入，人们发现动物机体系统是一个复杂的双向调节系统。许多体液因子在免疫系统的发育和效应过程中发挥着重要的调节作用，根据功能不同分别称之为免疫调节剂、免疫增强剂和免疫抑制剂，与兽用生物制品有关的主要是前两种。

根据其来源可将免疫增强剂分为生物产物和人工合成化合物两大类，进一步可细分为生理产生、微生物来源的物质，植物来源物质及人工合成的化合物。属于生物来源的有干扰素、转移因子、真菌多糖、细菌内毒素、细菌脂多糖、分支杆菌细胞壁及其亚单位胞壁酸二肽；化学合成的有左旋咪唑、异丙肌苷、多聚核苷酸、聚氨基酸、表面活性剂及多种人工合成的酯类；属于植物来源的有植物多糖和糖苷类物质。在这些物质中，以对植物多糖、糖苷物质和某些生理因子，如法氏囊活性肽、胸腺素和白细胞介素的研究最为活跃。据悉，蜂胶也有良好的免疫增强作用。

（3）活疫苗耐热保护剂　目前，中国活疫苗耐热保护剂的技术问题尚未完全解决，冻干活病毒疫苗多数仍须在−15℃以下保存，因此，热稳定疫苗保护剂的研究与技术推广是非常急需的。中国兽医药品监察所已成功地研究出鸡传染性法氏囊炎、鸡新城疫、马立克氏病等病毒活疫苗的耐热保护剂，试验证明，用耐热保护剂制成的冻干活病毒疫苗在2～8℃保存24个月后，病毒活性无明显下降，免疫力无明显变化，完全达到美国同类产品的水平。这一重大突破为中国活疫苗实现在2～8℃下保存、运输提供了可靠的保证。

4. 以现代分子生物学和免疫学技术为基础，研究开发以基因工程疫苗为主的兽用新型疫苗是未来的发展方向　动物疫苗经历了三个发展阶段：即古典疫苗阶段、传统疫苗阶段和现在的基因工程疫苗阶段。Berg于1972年首次在体外构建了来自不同种属基因组成的重组DNA分子，这标志着人类已从分子水平上认识遗传物质发展到能从分子水平上操纵遗传物质的开始，随着DNA重组现代生物技术的出现，为研制新型基因工程疫苗提供了崭新的方法。近些年来，疫苗研究人员从病毒或细菌中提纯和制备有免疫保护作用的蛋白质或多糖成分来制备基因工程疫苗，或用大肠杆菌、酵母菌作为载体来表达有效的蛋白质成分来研究基因工程疫苗，或用病毒作载体研制多联疫苗。虽然目前基因工程疫苗研究处在发展阶段，但由于基因工程疫苗的潜在优势，其研究成功的疫苗已在一些疫病预防控制中得到广泛应用，取得显著进展。

尽管传统疫苗仍然是目前使用最多的疫苗，但其局限性也日益显露出来。与传统疫苗相比，基因工程疫苗具有以下优点：①疫苗安全性和免疫效力可以人为控制；②根据一些病原容易发生变异的特性，通过反向遗传的方法随时快速更换或插入新的变异基因；③生产费用相对较低；④能解决一些微生物不能或难以用传统方法生产疫苗的难题；⑤通过疫苗人工设立的标示识别基因，可区分野毒株和疫苗株，有助于疫病的诊断和扑灭。尽管如此，基因工程疫苗的研究和推广使用仍然有一些制约因素，其中一个重要的因素是疫苗研究技术难度大、花费昂贵、周期长。另一方面，从生物安全的角度来讲，对用新技术改造的微生物对人类、环境和本动物潜在的风险还有待进一步认识，特别是用改造过的有感染活性的微生物作为疫苗给动物免疫接种。公众对一些基因工程微生物应用的生物安全性的关注也可能会限制市场对这些新技术疫苗的接受程度，特别是食源动物。尽管如此，基因工程疫苗以其独特的技术优势，特别是在解决传统方法难以解决的疫苗研究和生产方面，在未来的疫苗发展中，将会发挥越来越重要的作用。

随着生物技术的不断进步，分子生物学、分子免疫学、分子遗传学研究的不断深入与基因工程技术的广泛应用，近年来中国兽用疫苗研制发生了显著的变化。以重组 DNA 为代表的兽用基因工程疫苗的优越性日趋显现，产品也明显增多。通过基因修饰、重组和载体表达等基因工程技术的独特优势，解决了一些传统疫苗研究和生产技术不能解决的问题，从而提高了疫苗的质量。这些疫苗以基因工程疫苗为主体，包括亚单位疫苗、基因缺失疫苗、活载体疫苗、基因嵌合重组疫苗合成肽疫苗、DNA 疫苗、转基因植物可食疫苗和抗独特型抗体疫苗。

（1）基因工程亚单位疫苗（genetic engineering subunit vaccine） 又称生物合成亚单位疫苗或重组亚单位疫苗。它是用仅含疾病病原微生物的一种或几种基因蛋白质（亚单位）制成的疫苗。研制亚单位疫苗的第一步是鉴定病原的保护性抗原，这也是最关键的一步。因此，在研制亚单位疫苗时，首先要明确编码具有免疫活性的特定抗原的 DNA，一般选择病原体表面糖蛋白编码基因；而对于易变异的病毒（如 A 型流感病毒）则可选择各亚型共有的核心蛋白的主要保护性抗原基因序列。其次，应用重组 DNA 技术研制亚单位疫苗，还必须有合适的表达系统用来表达目的基因产物。每一系统的目标都是为了达到所需基因产物的高水平表达。疫苗的研制过程是从病原微生物的培养物中提纯这种保护性抗原或将这种保护性抗原的基因人工插入一个表达质粒中进行生产表达，然后提纯这种保护性抗原用以制造疫苗。用作基因表达的质粒有很多种，包括细菌、真菌、病毒、昆虫细胞、哺乳动物细胞和转基因植物或植物病毒。可以根据抗原的特性选用合适的质粒。大肠杆菌是用来表达来自原核细胞的外源基因最常用的细胞，其表达方式主要有以下两种：一是直接将外源基因连接在大肠杆菌启动子的下游，只特异性地表达该插入基因的蛋白产物，此方法的优点是能保证表达抗原特异的免疫原性；另一种是表达融合蛋白，这需要保留大肠杆菌转录和翻译的起始信号，而将外源基因和细菌本身的基因融合在一起，表达出一个杂交的新的蛋白。这种方法的优点是可以利用细菌蛋白的一些特点来帮助融合蛋白表达产物的鉴定或纯化。有些融合蛋白的抗原免疫原性并不一定会受到影响，例如，致病性大肠杆菌的纤毛蛋白能够在非致病性大肠杆菌中高效表达，且其表达产物具有良好的免疫原性。然而，用大肠杆菌来表达真核细胞的基因则达不到预期的设想，甚至失败。因此，不用细菌来表达真核细胞的基因产物。然而，用真核细胞酵母作为载体则成功高效表达出了乙型肝炎表面抗原，并研制出了乙型肝炎基因工程亚单位疫苗。

与常规疫苗相比，亚单位疫苗有以下优点：由于抗原特异性强、纯度高，可以降低疫苗中抗原总量，减少不相关抗原引起的不良反应；疫苗不含有感染性组分，因而无须灭活，也无致病性；该类疫苗不含致病因子的核酸成分，安全可靠，还能除去或降低全菌体疫苗引起的免疫抑制反应或炎性成分导致的炎性反应。同时，亚单位疫苗最大的优点是便于实现工厂化大生产，大量的表达载体能够生产出大量安全、有效和廉价的抗原。亚单位疫苗的缺点是它们不能在体内复制，这就意味着它们不能定居在黏膜表面帮助产生黏膜抗体；由于它们不能在细胞内复制，故不能产生细胞介导免疫反应；载体表达的抗原比较单一，抗原谱较窄，它们在动物体内产生的免疫保护也比较窄，因此对一些同时存在几个不同血清亚型的致病微生物来说，它们只能对一个或少数几个亚型产生免疫保护。一方面，对很多疾病来说，当以提纯或非复制的疫苗形式给动物注射单一抗原或少量的抗原时，产生的免疫保护反应范围比较窄。另一方面，保护性免疫原发生抗原变异和漂移也会影响疫苗对田间野毒菌毒株的保护效力。亚单位疫苗通常需要有效的佐剂以增强免疫反应。

有一种方法可以提高提纯亚单位疫苗的免疫原性，就是将亚单位抗原装配成类病毒颗粒。类病毒颗粒是一种由高度重复亚单位抗原组成的颗粒，其结构很像病毒表面。这些高度重复抗原颗粒已显示出既可以引起强的B-细胞反应，也可引起有效的T-细胞反应。因此，在引起免疫反应中，抗原量固然重要，抗原的物理结构同样也很重要。轮状病毒VP6亚单位蛋白经组装成VLP5后，明显地提高了其免疫原性。

直接从病原提取纯化的亚单位疫苗的制作成本较高，生产的抗原量有限，通过基因重组技术，利用异源宿主系统高效表达外源基因为亚单位疫苗的开发提供了一条可行的途径。

上海复旦大学成功地将口蹄疫病毒的抗原性多肽基因*VP*3克隆到大肠杆菌内，研究成功了O型口蹄疫病毒基因工程亚单位疫苗。还有大量的亚单位疫苗已经研究成功或正在研究之中，基因工程亚单位疫苗主要有细菌性疾病亚单位疫苗、病毒性疾病亚单位疫苗和激素亚单位疫苗3类。

1）细菌性疾病亚单位疫苗　鉴定和分离致病菌关键的免疫原和毒力因子是研究细菌性亚单位疫苗的基础，现已研制出包括产肠毒素性大肠杆菌病、放线杆菌病、炭疽病、链球菌病、牛布鲁氏菌病及猪支原体肺炎等细菌性疾病亚单位疫苗，都能对相应的疾病产生有效的免疫保护，甚至对不同血清型的疾病也有交叉保护作用。

2）病毒性疾病亚单位疫苗　研制病毒性亚单位疫苗比细菌性亚单位疫苗简单，病毒病原体只编码少数几种基因产物，几乎所有病毒基因组已经被克隆和完全测序，有的还在被克隆和测序的过程中。这为病毒性疾病亚单位疫苗的研制提供了有利条件。近期，病毒类亚单位疫苗的研制发展很快，目前在中国已商品化或在中试研制阶段的病毒性疾病的亚单位疫苗主要有：口蹄疫、猪圆环病毒Ⅱ型病、狂犬病、猪瘟、兔病毒性出血热、鸡传染性法氏囊炎、狂犬病、禽流感、鸡传染性贫血因子和马立克氏病病毒等多种亚单位疫苗。

3）激素亚单位疫苗　通过激素调控促进动物生长是生物技术研究的重要课题之一。动物的生长主要受生长激素的调节，而生长激素的分泌受到生长抑制素的抑制。所谓生长抑制素疫苗是以生长抑制素作免疫原，使免疫动物的生长抑制素水平下降，生长激素释放增多，使牛、羊等家畜获得显著的增重效果。杜念兴等将化学合成的生长抑制素基因（14 肽）克隆到 pUC12 质粒中，在大肠杆菌中表达，进而将该基因与 *HbsAg* 基因融合，用痘苗病毒载体在 Vero 细胞中表达，表达产物具有良好的免疫原性。

在亚单位疫苗研究方面，VLP 疫苗是近些年讨论比较多的一种疫苗，该疫苗以大肠杆菌、酵母和昆虫表达为主，目前上市和正在研究的主要有：猪圆环病毒、口蹄疫病毒、兔瘟病毒、猪细小病毒、禽流感病毒、新城疫病毒和禽传染性法氏囊病毒等。

（2）基因缺失疫苗（gene defect vaccine） 这类疫苗是用基因工程技术将与强毒株毒力相关的基因切除或失活构建的活疫苗。通过基因操作的方式，在保持微生物其他结构不变的前提下，人为缺失或突变与毒力相关的基因，使其在保持原来的抗原性同时失去对动物的致病性，是发展活疫苗的理想途径之一。这类疫苗突出的优点是基因操作相对比较简单，疫苗在丧失毒力的同时其感染宿主并诱发免疫保护力的特性没有发生变化，目前，成功应用于生产的主要有猪伪狂犬病基因缺失疫苗。这类疫苗研究领域十分活跃，具有广阔的发展前景。

要研究基因缺失疫苗，首先，必须鉴定除去或灭活一个基因（或几个基因），它们对复制和产生免疫是非必需的。如果基因缺失疫苗作为一种标记疫苗使用，缺失的编码蛋白基因在任何野毒株感染免疫动物时引起长期的抗体反应是很重要的。这些基因缺失的微生物既可用于生产活疫苗，也可用于生产灭活疫苗。和常规的减毒活疫苗相比，基因缺失疫苗可能更安全。常规减毒活疫苗是由人工减毒的微生物制成的，通常毒力减弱的基因基础不清楚，这些致弱的活毒（菌）株的毒力能否返强也不完全清楚。另外，由于致弱突变积累的同时，可能基因表达免疫保护原的突变也在积累，导致弱毒株引起的免疫反应没有现行流行株引起的特异。基因缺失疫苗毒力减弱的基因背景清楚，对毒力返强的能力可以进行准确预测，从而控制其毒力返强。在进行基因缺失操作时，可以同时缺失几个毒力基因，但不要靠得太近，以减少重组的发生而导致疫苗株毒力返强。当标记基因出现在无毒的疫苗株中时，是为了在诊断时能区分野毒株感染和疫苗株免疫，这一点很重要。另外，由于引起免疫抑制或超敏反应的基因被缺失了，使疫苗变得更加安全。

用作疫苗制造的基因缺失微生物还应具有复制能力，因此，它更能比较好地模仿病原的特性，更有效地刺激黏膜免疫或细胞介导免疫。通过在黏膜表面增殖，可以使疫苗在黏膜表面产生免疫，疫苗株在细胞内增殖，可以提高疫苗刺激 $CD8^+$ T -淋巴细胞以帮助预防感染。基因缺失疫苗作为一种标识疫苗已有效用在疾病根除计划中。用基因缺失疫苗免疫的动物不产生抗缺失基因编码蛋白的抗体。因此，在检测免疫动物和野毒感染的动物时，可以根据在大多数情况下，接种动物产生的抗体不含缺失的基因疫苗的缺失蛋白这一特点进行区别检验。这要求建立和使用与之匹配的特异、敏感的诊断试剂和判定方法，以检测那种缺失蛋白的特异性抗体。在疾病根除计划中，所有被批准使用的基因缺失疫苗应该缺失同一个基因，以减少在检测免疫动物时与感染的野毒混淆。

基因缺失疫苗在动物体内的确存在与野毒株重组而使疫苗株毒力返强的可能。这种情况仅仅在田间有野毒株存在的情况下才会发生。根据已有的经验，在与野毒株发生杂交时，基因缺失株的毒力即使发生返强，其毒力一般也不会超过当时田间野毒株的毒力。另外的一种结果是如果两种缺失不同基因的基因缺失疫苗在同一个动物体内增殖，它们可能重组而产生一种强毒株，该毒株是在此之前动物体内不曾有过的。两个伪狂犬病病毒疫苗株在羊和猪体内的试验已证明了这一点。这就是为什么对某一特定的病原微生物来说，要求所有的基因缺失疫苗必须缺失相同基因的原因所在。特别是在同一地区使用的疫苗就显得尤为重要。因为两个基因缺失疫苗间重组的基因序列不清楚，因而，也无法进行鉴别诊断，这是我们在制订根除计划时首先就需要考虑的问题。这种基因缺失疫苗株也可作为其他病原基因的载体，研究出多联疫苗。

华中农业大学、四川农业大学已成功研究了猪伪狂犬病病毒三基因和双基因缺失疫苗。猪伪狂犬病病毒糖蛋白 *E* 基因缺失（gE^{-}）及胸腺核苷酸激酶基因突变失活（TK^{-}）株，使野毒猪伪狂犬病病毒的致病性显著减弱。其免疫力不仅与常规的弱毒疫苗相当，而且由于其 *gE* 基因的缺失，使其成为一种标记性疫苗。即用该疫苗免疫的猪在产生免疫力的同时不产生抗 gE 抗体，而自然感染的带毒猪具有抗 gE 抗体。正是因为它具有这一特殊的优点，所以正在实施根除猪伪狂犬病计划的国家，只允许用这种 gE^{-} 基因工程伪狂犬病活疫苗，而不再允许使用常规的伪狂犬病活疫苗。牛传染性鼻气管炎病毒的基因缺失苗和鸡白痢基因缺失疫苗也已研究成功。

（3）活载体疫苗（live vector vaccine）　这是将某特异病原的保护性抗原基因编码插入另外一种非致病性载体微生物使之表达而制成的活疫苗。即用基因工程方法，将一种病毒或细菌免疫相关基因整合到另一种载体病毒或细菌基因组 DNA 的非复制必需片段中构成重组病毒或细菌。在被接种的动物体内，特定免疫基因可随重组载体病毒或细菌的复制而适量表达，从而刺激机体产生相应的免疫抗体。在这种疫苗中，抗原决定簇的构象与致病性病原体抗原的构象相同或者非常相似。以病毒或细菌为载体导入外来病原的保护性基因，制成的重组活载体疫苗保留了载体本身活的特性，如果以弱毒活疫苗的菌、毒株为载体，插入其他病原的保护性基因，它就可以发挥多联疫苗的作用，有的人工构建的活载体菌、毒株可以同时表达多种抗原，制成多价或多联疫苗，这既解决了现有多联灭活疫苗的制造工艺难、成本高和注射困难的难题，又能一针防多病。同时由于活载体疫苗具有活疫苗的特性，因而用其接种动物后，既可启动机体细胞免疫，又可产生体液免疫，克服了亚单位疫苗和灭活疫苗的不足，同时也不存在毒力返强的问题。基因工程疫苗发展的历史经验证明：人工活载体疫苗在基因工程疫苗中具有特别的优势，在未来的疫苗发展中将起主导作用。

在进行活载体疫苗研究时，首先，要解决的问题是鉴定病原的保护性抗原基因，这些基因必须是高度保守基因，可与同一种类微生物的所有或大多数强毒株有交叉反应。其次，要选择好启动子，使目的基因实现高效表达，并引起适当的免疫反应类型。构建的载体必须是稳定的，当疫苗载体在动物体内复制时，插入的抗原基因不会丢失。在疫苗株中不要留下治疗抗生素抗药性标示基因，这应该是基因工程的一条规则。抗生素耐药基因经常用于在细菌疫苗载体研发中帮助筛选重组的微生物。抗生素抵抗因子的使用导致抗生素的抗性，不利于细菌疾病的药物治疗。

相对常规疫苗来说，活载体疫苗有很多潜在的优点。因为它们应用的是很安全的非致病质粒，而且，仅仅含有一个或少数几个疾病病原基因，因此安全性好，而且没有毒力返强和导致动物产生免疫抑制的问题。当将疫苗置于外来动物疾病和世界贸易障碍性疾病来考虑时，活载体疫苗的以上特性就显得非常重要。对于一些体外繁殖能力极弱或不能繁殖的病原微生物来说，用活载体来生产疫苗可以有效地克服疫苗生产的难点。如果活载体疫苗能到达黏膜表面复制，那么它们有可能会产生良好的黏膜免疫。如果载体能在细胞内复制，那么，它们将有可能产生 $CD8^{+}$ T-细胞介导免疫。当鼻内或口腔接种时，载体可能有效地在黏膜表面复制，因而，避免了肌内或皮下注射的不利因素。如果能将多种微生物的基因重组到一个载体上，那么就可以仅用一个载体生产多联活载体疫苗。活载体疫苗也可作为非常好的标记疫苗来用于进行疾病根除计划，因为它们只含有野毒株的部分抗原。可以研制相应的疾病诊断检测试剂盒，检测活载体疫苗中不存在的抗原抗体或检测插入活载体株的特异性标记抗原的抗体，以区别检测的抗体是疫苗免疫产生的还是野毒感染产生的。

活载体疫苗的一个不利方面是它会受到母源抗体的中和。近些年的研究表明：鸡体内存在的禽痘母源抗体、新城疫母源抗体和禽流感母源抗体对相应的活载体疫苗的免疫效力都会产生明显的中和作用。如果活载体疫苗广泛使用，母体产生的母源抗体会中和活载体疫苗，活载体构建的重组疫苗株同样会受到母源抗体的抑制。

中国研究成功的活载体疫苗主要有病毒活载体疫苗和细菌活载体疫苗两大类。

1）病毒活载体疫苗　中国农业科学院哈尔滨兽医研究所构建的禽流感 H5 亚型的血凝素基因与人型 H1N1 病毒重组的新型流感病毒灭活疫苗、禽流感 H5 亚型的血凝素基因重组的鸡痘病毒疫苗、禽流感 H5 亚型的血凝素基因重组新城疫 Lasota 株活载体疫苗，鸡传染性喉气管炎病毒 *gB* 基因重组禽痘病毒疫苗均已获得农业部颁发的新兽药证书。除此之外，能表达猪瘟病毒囊膜糖蛋白 E1 的重组 PRV（TK^{-}），能表达鸡新城疫病毒的血凝素或融合蛋白的重组 FPV，能表达马立克氏病病毒（MDV）糖蛋白 B 抗原的重组禽痘病毒，能表达鸡新城疫病毒囊膜糖蛋白、Ⅰ型 MDV 糖蛋白 B 抗原或传染性法氏囊病病毒 VP2 抗原的重组火鸡疱疹病毒（HTV），能表达狂犬病囊膜糖蛋白的重组痘苗病毒，能表达狂犬病囊膜糖蛋白的重组犬疱疹病毒等活载体疫苗也已取得有效进展。

值得注意的是，复制性活载体疫苗都有一个共同的缺陷，即畜禽体内的抗载体病原的抗体会干扰或完全抑制活载体的复制，从而影响了插入基因的表达。因此，这类疫苗不能用于已有抗活载体抗体的畜禽和二次免疫。

2）细菌活载体疫苗　此种疫苗将病原体的保护性抗原或表位插入已有细菌基因组或其质粒的某些部位使其表达，或将病原体的保护性抗原或其表位在细菌的表面表达。中国军事医学科学院研究的猪大肠杆菌基因工程疫苗，就是将猪致病性大肠杆菌的 K88、K99 柔毛质粒导入非致病性大肠杆菌而表达成功的。宁夏大学研究出的犊牛、羔羊腹泻双价基因工程疫苗已获批准商业化生产。还有一些细菌活载体疫苗进入安全评价阶段。

活载体疫苗的研究非常活跃，其优点是：①活载体疫苗可同时启动机体细胞免疫和体液免疫，避免了灭活疫苗的免疫缺陷；②活载体疫苗可以同时构成多价以至多联疫苗，既能降低生产成本，又能简化免疫程序，还能克服不同病毒弱毒疫苗间产生的干扰现象；③疫苗用量少，免疫保护持续时间长、效果好；④不影响该病的监测和流行病学调查。然而其缺点是不能忽视的：①Katz 等的研究表明，猪 PRV 基因缺失疫苗株可与野生型强毒株进行基因重组，从而使重组病毒毒力增强，而猪 PRV 基因缺失疫苗株和野生型强毒株均可在非靶动物浣熊体内存活并繁殖，这就为两个毒株间的基因重组，进而导致毒力增强提供了先决条件；②痘苗病毒能在哺乳动物体内复制，而与天花病毒类似的痘苗病毒在动物上应用会进化出对人类有致病性的新病毒，引起未种痘病毒疫苗人群感染，并使极少数感染者发病，因而重组痘病毒疫苗难以商品化；③活载体疫苗在二次免疫时还会诱发针对载体的排斥反应等。

（4）DNA 疫苗（DNA vaccine）　又称基因疫苗（gene vaccine）或核酸疫苗（nucleic vaccine），是将保护性抗原的基因插入环状的 DNA 片段细菌质粒而制成的。它是将一种或多种抗原编码基因克隆到真核表达载体上，将构建的重组质粒直接注入体内而激活机体免疫系统，因此，也有人称之为 DNA 免疫。它是将外源病原的保护性抗原基因与细菌的 DNA 或病毒的 DNA 连接后直接导入动物体内，在机体内表达相应抗原，诱导机体免疫系统产生针对相应抗原的免疫保护作用。它所合成的抗原蛋白类似于亚单位疫苗，区别只在于 DNA 疫苗的抗原蛋白是在免疫对象体内产生的。研究发现，对肌肉直接进行 DNA 注射能够得到表达的蛋白产物，并指出这可能为疫苗发展提供了新的途径。有学者将携带流感病毒核心蛋白编码基因的质粒注入小鼠肌肉，使小鼠产生了对多种流感病毒的免疫保护，开辟了基因疫苗研究的新时代。

基因疫苗与重组亚单位疫苗一样，都是利用单一蛋白质抗原分子来诱导免疫反应，因此首先要明确编码具有免疫活性的特定抗原的 DNA；其次是选择合适的质粒载体，细菌质粒本身没有很强的免疫原性，这对保证质粒在体内长期稳定地表达有重要意义。DNA 疫苗大多采用质粒作载体。常用的质粒载体启动子多为来源于病毒基因组的巨细胞病毒（CMV）早期启动子，具有很强的转录激活作用；另外，疫苗 DNA 中还可包含一些合适的增强子、终止子、内含子、免疫激活序列及多聚腺苷酸信号等。

DNA 疫苗的接种途径有好几种，包括肌内、皮下、皮内注射，粒子轰击技术，口服和鼻内滴注等。最有效的注射方法之一是使用基因枪将 DNA 疫苗包被的微型金粒高压注射到皮内，此方法可大大减少 DNA 疫苗的需求量。质粒 DNA 必须转入细胞内通过哺乳动物细胞转录成信使 RNA，然后翻译成蛋白质才能发挥疫苗的效力作用，这种蛋白质可以引起抗体和 T-细胞介导免疫反应。

基因疫苗的优势主要表现在以下几点：①易于构建和制备，稳定性好，成本低廉，适于规模化生产。和常规活疫苗相比，DNA 疫苗要稳定得多，保存和使用温度要求比较宽。这种有利条件对发展中国家很重要，在这些国家疫苗使用前一直在冰箱冷冻保存是困难的。②免疫原的单一性，只有编码所需抗原基因导入细胞得到表达，载体本身没有抗原性。而重组的病毒活载体疫苗除了目的基因表达外，还有庞大而复杂的免疫蛋白。③和常规活疫苗相比，DNA 疫苗更加安全，它们的毒力不会返强，在免疫动物体内不会变成强毒。④一些研究表明，DNA 疫苗产生的免疫期比常规疫苗可能更长，因为存在于细胞内的质粒在相当长的一段时间内持续表达疫苗抗原，这种时间可以长达数年甚至动物的整个生命周期。⑤抗原合成和递呈过程与病原的自然感染相似，通过 MHCⅠ类和Ⅱ类分子直接递呈免疫系统。特别是特异性 $CD8^+$ 淋巴细胞（CTL）的免疫反应，这是灭活疫苗和亚单位疫苗不能比拟的。工程基因作为选择细胞因子进入质粒也是可能的。当这些细胞因子与疫苗抗原一起表达时，可刺激产生更强、更有目的的免疫反应，并帮助产生针对特异病原微生物的适当免疫反应类型（例如，黏膜免疫、Th_1 反应、Th_2 反应或细胞毒 T-细胞反应）。

DNA 疫苗的局限性与活载体疫苗相似，对那些引起疾病的病原来说，它们只对所有或大多数强毒病原固有的高度保守的已被鉴定过的一个或少数几个能够引起免疫保护的基因有效。虽然已经证明 DNA 疫苗能够引起良好的保护免疫，但是，在所有的免疫动物中存在引起免疫反应不一致的问题。

DNA 疫苗存在以下安全隐患：①质粒随带的基因有可能整合到免疫动物的染色体中，引起插入突变；或由于基因整合到精子或卵母细胞，导致动物种系改变；②外源 DNA 有可能通过插入体内敏感细胞活化致癌基因，插入激活宿主细胞原致癌基因或插入灭活抑制基因引起肿瘤细胞形成，或强启动子引起插入基因的过度表达，引起肿瘤变化，不过这种概率很低；③外源抗原的长期表达可能导致不利的免疫病理反应；④有可能形成针对注射 DNA 的抗体和出现不利的自身免疫紊乱；⑤所表达的抗原可能产生意外的生物活性。解决这些安全问题是研究核酸疫苗的焦点。

美国研究成功马西尼罗病毒 DNA 疫苗，已批准使用。中国研究成功的禽流感 DNA 疫苗也已成功注册。目前正在研究的 DNA 疫苗主要有：牛疱疹病毒 DNA 疫苗、牛病毒性腹泻病毒 DNA 疫苗、伪狂犬病病毒 DNA 疫苗、马和猪的流感病毒 DNA 疫苗、猫免疫缺陷病毒 DNA 疫苗、狂犬病病毒 DNA 疫苗、禽流感病毒 DNA 疫苗、新城疫病毒和猪繁殖与呼吸综合征 DNA 疫苗等。

（5）合成多肽疫苗（synthetical peptide vaccine） 这是用化学合成法人工合成病原微生物的保护性多肽并将其连接到大分子载体上，再加入佐剂制成的疫苗，也称为表位疫苗（epitope vaccine）。通常是用化学合成法人工合成类似于抗原决定簇的小肽（20～40 个氨基酸）。合成肽疫苗分子是由多个 B 细胞抗原表位和 T 细胞抗原表位共同组成的，大多需与一个载体骨架大分子相偶联才能产生免疫保护作用。从蛋白的一级结构结合单克隆抗体分析等技术可以推导出该蛋白的主要表位，并用化学方法合成这一多肽作为抗原。它们的特点是纯度高、稳定，可进行工厂化大生产。由于疫苗本身不含致病成分，因此，在生产和使用中显得特别安全。这类疫苗要解决的问题同样是如何提高疫苗的免疫效力问题，因为合成肽疫苗缺乏足够的免疫原性，很难如蛋白质抗原那样诱导机体的多种免疫反应；B 细胞和 T 细胞抗原表位很难发挥协同作用；缺乏足够多的 B 细胞抗原表位的刺激。近些年来，研究人员将多肽片段连接到不同辅助 T 细胞（Th）表位上，可以大大提高其免疫原性，在一些疫苗中已部分地解决了疫苗免疫效力的问题，为多肽疫苗的研究开辟了一片新的天地。

中牧实业股份有限公司研究成功的口蹄疫病毒（FMDV）合成肽疫苗是将 VP1 基因的第 141～160 位氨基酸片段连接在能刺激淋巴细胞分化的辅助 T 细胞（Th）表位上，大大提高了其免疫原性，并不需偶联到载体蛋白即可产生中和抗体，在猪体内有良好的免疫保护效果。该产品已在中国投入大批量生产。这是在合成肽疫苗研究领域的一个重大突破。

（6）转基因植物可食疫苗（transgenic plants edible vaccines） 此种疫苗利用分子生物学技术，将病原微生物的抗原编码基因导入植物，并在植物中表达出活性蛋白，人或动物食用含有该种抗原的转基因植物，激发肠道免疫系统，从而产生对病毒、寄生虫等病原的免疫能力。

病原基因可以克隆到植物病毒，利用植物病毒感染植物生产大量疫苗抗原。也可将单克隆抗体生产的基因编码到转基因植物中去。转基因植物合成、装配高浓度的单克隆抗体，用以治疗动物疾病。用于转基因的植物包括玉米、马铃薯、苜蓿、菠菜、番茄和烟草。转基因植物甚至能组装重链和轻链，形成免疫球蛋白 A。J 链和分泌性成分一起形成分泌性 IgA，这是非常重要的，因为动物吃了含有高浓度的分泌性 IgA 的植物对肠道病原有特异的抑制作用。转基因植物和植物病毒可用于生产大量廉价的抗原和单克隆抗体（有时将其称为植物抗体）。这些高浓度的抗原或单克隆抗体可以直接投放到口腔黏膜表面，这项技术对需提纯抗原产生保护性抗体反应的那些疾病是非常有用的，黏膜表面上的单克隆抗体能减轻那些疾病的临床症状。因为转基因植物的这些抗原在动物体内是不能复制的，因此它们不能有效地引起细胞免疫，因而转基因植物和植物病毒对那些需要细胞毒 T-细胞来保护的疾病来说是不能产生有效免疫保护的。融于饲料中的植物保护抗原作为可食疫苗是很有吸引力的，因为它们容易生产、储藏和使用。然而，将植物性抗原混入饲料存在的问题是不易控制和保证动物摄取的抗原剂量。

与常规疫苗相比较，转基因植物疫苗具有独特的优势：①可食用性，使用方便。将表达抗原的植物直接饲喂动物，给药过程非常方便，避免了复杂的免疫程序。②生产成本低廉，易大规模生产。只需适宜的场地、水、肥和少量农药，不需严格的纯化程序。③使用安全，没有其他病原污染。其他疫苗在大规模细胞培养或繁殖过程中，很容易发生病原微生物特别是支原体的污染，而转基因植物疫苗不存在这一问题，植物病毒不感染人和动物。④转基因植物能对蛋白质进行准确的翻译后加工修饰，使三维空间结构更趋于自然状态，表达的抗原与动物病毒抗原有相似的免疫原性和生物活性。⑤投递于胃肠道黏膜表面，进入黏膜淋巴组织，能产生较好的免疫效果。传统的非经肠道疫苗几乎不能产生特异的黏膜免疫。尽管转基因植物生产基因工程疫苗有许多优点，但就目前技术而言，仍存在疫苗在植物中的表达水平较低、提纯困难、口服时在胃肠道中有被消化的可能等问题。

利用转基因植物生产人用或兽用疫苗已受到科技界和国际社会的高度重视，被很多国家和地区列为重点发展的高科技项目之一，因此有广阔的应用前景。

转基因植物或植物病毒已被研究作为抗原生产防治猪传染性胃肠炎病毒、口蹄疫病毒、狂犬病病毒、大肠杆菌耐热肠毒素和兔出血症等疾病的疫苗。

（7）抗独特型抗体疫苗（antiidiotype antibody vaccine）　抗独特型抗体疫苗是免疫调节网络学说发展到新阶段的产物。抗独特型抗体可以模拟抗原物质，刺激机体产生与抗原特异性抗体具有同等效应的抗体，由此制成的疫苗称为抗独特型疫苗或内影像疫苗（internal image vaccine）。1974 年 Ferne 提出免疫网络调节学说，当机体针对某种抗原的抗体达到一定水平时，其免疫系统会视此抗体分子（Ab1）为靶子产生抗体（Ab2），并与之结合加以抑制。由此类推，当 Ab2 超过一定水平时，又会有抗 Ab2 的抗体产生等。由于 Ab2 和抗原都能与 Ab1 结合，所以二者在结构上是镜像关系，这种抗体分子就是抗特异型抗体。利用杂交瘤技术制备大量的抗独特型抗体，作为疫苗可以刺激产生抗相应抗原的抗体。抗独特型疫苗有许多优点：①安全、稳定。②用杂交瘤细胞在体外产生大量单克隆抗独特型抗体比较容易，花费小，生产周期短，浓缩纯化简便，不存在其他类型疫苗抗原来源困难，也没有合成多肽基因克隆表达抗原的缺陷型构象等问题，在某种程度上可以弥补重组疫苗和合成肽疫苗的不足。③此种疫苗较非活化病毒能诱导更多的活性 T、B 细胞反应。④该疫苗仅启动其携带内影像抗原决定簇的抗体反应。⑤能模仿选择性抗原决定簇使其被工程化。

同时，独特型疫苗也存在着许多问题：①由于只针对单一抗原决定簇，所以不会有其他不良反应，但这也是此种疫苗的缺点，它产生的免疫保护范围比较单一，疫苗免疫不能提供完全的保护。②最困难的是在很多可能的抗独特型抗体中选择特异的抗独特型抗体。③很难预料抗独特型疫苗产生免疫反应还是免疫耐受。④抗独特型抗体是异种蛋白，重复免疫可导致过敏反应。⑤由于抗独特型网络的复杂性，当一些抗独特型抗体活化保护性免疫时，另一些抗独特型抗体可能启动病理性反应。

新疆农业科学院研制了具有较强特异性的抗牛布鲁氏菌单克隆抗体 A7，将该单抗提纯后免疫家兔，使其产生高效价的抗独特型抗体，后者经提纯和加适当佐剂免疫豚鼠和牛，均产生了布鲁氏菌凝集抗体，免疫动物能有效抵抗相应强毒的攻击。另外，在马立克氏病 gB 抗原、传染性法氏囊病毒、传染性喉气管炎病毒、伪狂犬病病毒、牛疱疹病毒-Ⅰ、狂犬病病毒、新城疫病毒、弓形虫和呼肠孤病毒等的抗独特型抗体的研究较为活跃。

与传统的疫苗相比，由于抗独特型抗体较天然的病毒抗原免疫诱导的中和抗体水平低，故抗独特型抗体在应用时，也需要与一定的载体如钥孔虫戚血蓝蛋白或 LPS 进行偶联，或交联后附以佐剂并采用适当的剂量进行免疫。此外，抗独特型抗体疫苗制造方法较为复杂、有异种蛋白不良反应。抗独特型抗体疫苗在应用到实际之前虽尚需做很多工作，但具有传统疫苗不能取代的作用。

基因工程疫苗的研究尚处在起步发展阶段，随着 DNA 重组技术的日趋成熟和完善，通过免疫佐剂等其他新技术的配套应用，动物用基因工程疫苗在未来动物疫病控制中将会发挥越来越重要的作用。

兽用疫苗在动物疫病防控中发挥着重要作用，人们对兽用疫苗的关注不仅在数量和品种上，而更重要的是在质量上。进一步提高兽用疫苗产品的安全性、免疫效力，通过免疫接种、隔离饲养、淘汰带毒或发病动物，净化种畜禽乃至消灭重大动物传染病和人畜共患病是研究人员工作的最终目的。随着时间的推移和科学技术的进步，中国兽用疫苗的研究水平、生产技术、生产环境、管理方法、原材料供应以及成品质量检测将发生巨大变化：生产条件 GMP 化、生产工艺自动化、企业管理科学化、生产检验原材料标准化、动物性原材料 SPF 化，产品质量高效、安全、无外源病原污染是兽用疫苗科技进步的必然结果。

（宁宜宝）

第二节　兽用疫苗的免疫学原理

一、免疫系统

免疫系统（immune system）是指动物机体内参与对抗原的免疫应答，执行免疫功能的一系列器官、组织、细胞和分子。动物的免疫系统是随动物的进化而逐步发展和完善的。无脊椎动物没有免疫系统，仅具有天然防御功能的吞噬细胞、体液中的凝集素、溶菌酶和抗菌因子等。低等脊椎动物开始形成淋巴样组织，随着脊椎动物的进化，免疫系统形成，并不断完善，到哺乳类动物，免疫系统最完善。

（一）免疫器官

免疫器官包括中枢免疫器官和外周免疫器官。

1. 中枢免疫器官　中枢免疫器官是源生免疫细胞或诱导淋巴细胞成熟的器官，包括骨髓、胸腺和禽类的法氏囊。

（1）骨髓（bone marrow）　骨髓是各类免疫细胞发生的场所，同时也是 B 淋巴细胞分化成熟的场所。骨髓造血干细胞具有分化成不同血细胞的能力，故被称为多能造血干细胞。骨髓多能造血干细胞首先分化为髓系祖细胞和淋巴系祖细胞。髓系祖细胞最终分化成熟为粒细胞、单核细胞、红细胞、血小板。一部分淋巴系祖细胞经血液迁入胸腺，发育成熟为具有免疫功能的T细胞；另一部分则在骨髓内继续分化为B细胞或自然杀伤细胞（NK细胞），然后经血液循环迁至外周免疫器官（图1-1）。

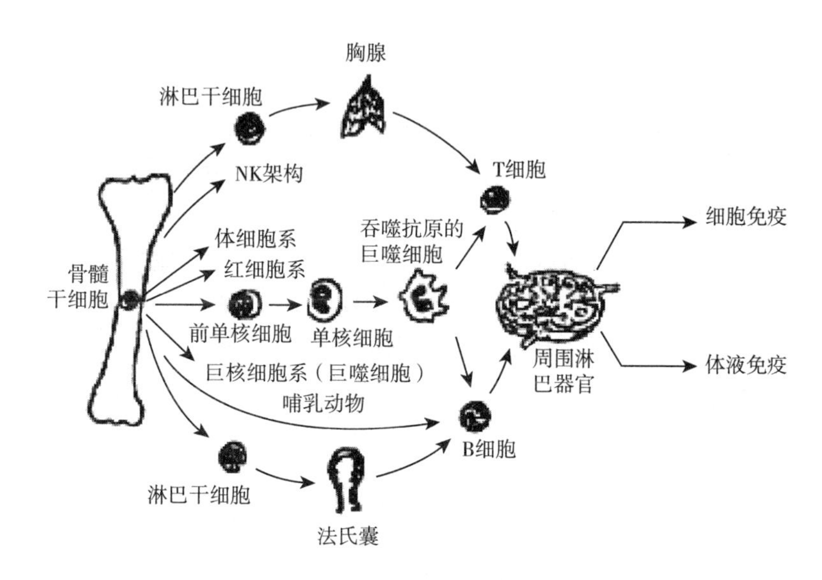

图1-1　免疫细胞源生示意图

另外，骨髓也是B细胞应答的场所，尤其在再次免疫应答中。外周免疫器官生发中心的记忆B细胞在特异性抗原刺激下被活化，经淋巴和血液进入骨髓，分化成熟为浆细胞，并产生大量抗体（主要是IgG，其次为IgA），释放至血液循环。在外周免疫器官发生的再次应答中，其抗体产生过程持续时间短；在骨髓中发生的再次应答中，可缓慢、持久地产生大量抗体，成为血清抗体的主要来源。这表明骨髓是发生再次体液免疫应答的主要部位。因此，骨髓既是中枢免疫器官，又是外周免疫器官。若骨髓受破坏，将导致机体严重的免疫缺陷。

（2）胸腺（thymus）　畜禽胸腺位于胸腔前部纵隔内，向颈部伸延。幼畜、幼禽胸腺随年龄增大而增长，到性成熟期为最大，以后逐渐退化萎缩。长期应激，严重营养不良，长期患病，都会导致胸腺迅速萎缩。

胸腺在免疫中的重要作用是诱导淋巴干细胞成熟为T细胞。即骨髓的淋巴干细胞经血流到达胸腺，在胸腺素（thymosin）及细胞因子诱导下分化增殖，大部分凋亡，少部分成熟为胸腺诱导（thymus derived）细胞，简称为T细胞。T细胞随淋巴和血流迁移到外周免疫器官，参与细胞免疫应答，也辅助和调节体液免疫应答。

动物幼年期，胸腺对T细胞成熟至关重要，此时切除胸腺可造成严重的细胞免疫缺陷。成年动物切除胸腺的后果没那么严重，切除几个月后细胞免疫功能才逐渐减弱。长期应激，严重营养不良，患慢性传染病都将影响胸腺的功能，引起细胞免疫缺陷。

（3）法氏囊（bursa of Fabricius）　法氏囊位于鸡泄殖腔背侧，性成熟前长到最大，以后逐渐退化萎缩、消失。法氏囊是禽类特有的淋巴器官。骨髓的淋巴干细胞到达法氏囊被诱导成熟为囊诱导（bursa derived）细胞，也简称B细胞，其特性和免疫作用与哺乳动物骨髓中成熟的B细胞相同。B细胞经淋巴和血液循环移到外周免疫器官，参与体液免疫应答。雏鸡法氏囊被切除或破坏，B细胞成熟受到影响，接种抗原不能产生抗体。性成熟前的幼鸡，感染传染性法氏囊病病毒，法氏囊受破坏、萎缩，将严重影响体液免疫应答，使接种疫苗免疫无效。

2. 外周免疫器官 外周免疫器官是各种免疫细胞分布，并与抗原进行免疫应答的器官，包括淋巴结、脾脏，黏膜免疫系统和鸡的哈德腺等。

（1）淋巴结（lymph node） 哺乳类动物机体有许多淋巴结分布于全身各部位淋巴管的路径上，定居着大量巨噬细胞、T细胞和B细胞，其中T细胞占75%，B细胞占25%。禽类只有水禽在颈胸和腰共有两对淋巴结，其余禽类无淋巴结，仅有分散的淋巴组织。淋巴结和淋巴组织起过滤捕捉淋巴液中的抗原，并在其中进行免疫应答的作用。

家畜的淋巴结分皮质区、髓质区及两个区域间的副皮质区（猪淋巴结的构造相反）。皮质中主要聚居B细胞，B细胞受抗原刺激后不断分裂增殖，形成生发中心（图1-2）。皮质区也有一些T细胞，分散于各生发中心之间。副皮质区中主要定居T细胞。髓质区主要是巨噬细胞、树突细胞和浆细胞。

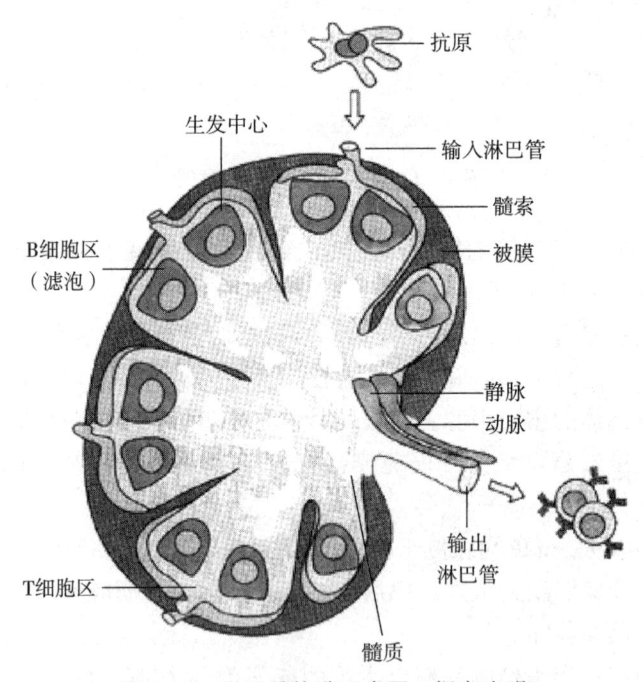

图1-2 淋巴结构造示意图（据高晓明）

进入淋巴结的抗原，被髓质内的巨噬细胞、树突细胞捕捉、吞噬、加工，传给副皮质区的T细胞，引起分化增殖，进行细胞免疫应答，并辅助皮质区的B细胞对抗原进行体液免疫应答。

（2）脾脏（spleen） 脾脏由红髓和白髓两部分组成，红髓中分布网状细胞、巨噬细胞、浆细胞和各种血细胞；白髓包括淋巴鞘和脾小结，淋巴鞘主要聚居T细胞，脾小结内有B细胞，受抗原刺激后也形成生发中心（图1-3）。在脾脏中B细胞占65%，血流中的大部分抗原在脾脏中被巨噬细胞吞噬、加工、传递给T细胞，辅助B细胞进行体液免疫应答。脾脏是家畜的造血、贮血、滤血和淋巴细胞分布及进行免疫应答的器官。

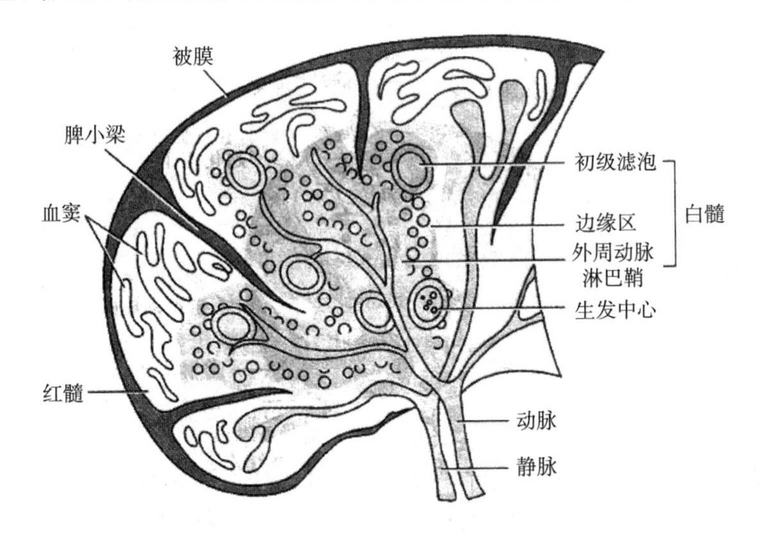

图1-3　脾脏构造示意图（据高晓明）

（3）黏膜免疫系统（mucosal lymphoid system，MLS）　亦称黏膜相关淋巴组织（mucosa-associated lymphoid tissue，MALT），是无被膜的淋巴组织，主要指呼吸道、肠道及泌尿生殖道黏膜固有层和上皮细胞下散在的淋巴组织，以及某些带有生发中心的器官化的淋巴组织，如扁桃体、小肠的派氏集合淋巴结（Peyer's patch）、阑尾等。MALT是病原微生物等抗原性异物入侵机体的主要门户，也是机体重要的防御屏障。据研究，这一系统中分布的T细胞、B细胞总量比脾脏和淋巴结中分布的还要多，疫苗抗原到达黏膜淋巴组织，引起免疫应答，大量产生IgA抗体，分泌在黏膜表面，形成第一道特异性免疫保护防线，尤其对经呼吸道、消化道感染的病原微生物，黏膜免疫的抗感染作用至关重要。

（4）禽哈德腺（Harder gland）　又称瞬膜腺，位于眼窝中腹部，眼球后的中央，它除分泌眼泪，润滑、保护瞬膜外，也分布有T细胞、B细胞，是对抗原进行免疫应答的部位，鸡新城疫Ⅱ系弱毒疫苗等滴眼就主要在哈德腺进行免疫应答，产生抗体。

（二）免疫细胞

免疫细胞泛指所有参与免疫应答或与免疫应答有关的细胞及其前体，主要包括造血干细胞、淋巴细胞、抗原提呈细胞、粒细胞、肥大细胞和红细胞等。

1. 淋巴细胞　机体中的淋巴细胞包括T细胞、B细胞和自然杀伤细胞（NK细胞）。

（1）T细胞　T淋巴细胞（T lymphocyte）简称T细胞，介导细胞免疫应答。

1）T细胞的发育及分布　畜禽机体T细胞来源于骨髓多能干细胞。干细胞从血流进入胸腺后，在胸腺素、白细胞介素7（IL-7）等诱导下经过分化、增殖，98%凋亡，2%左右成熟为T细胞。在胸腺成熟后的T细胞经血流转移，主要分布于淋巴结和脾脏的胸腺依赖区。外周免疫器官中的T细胞也可以经淋巴管→胸导管→血液循环回到外周免疫器官，如此反复循环，称为淋巴细胞的再循环（图1-4）。由于再循环，T细胞在外周血液中占淋巴细胞总数的60%～70%，在胸导管中则高达95%。再循环使T细胞更好发挥细胞免疫和辅助、调节体液免疫作用。

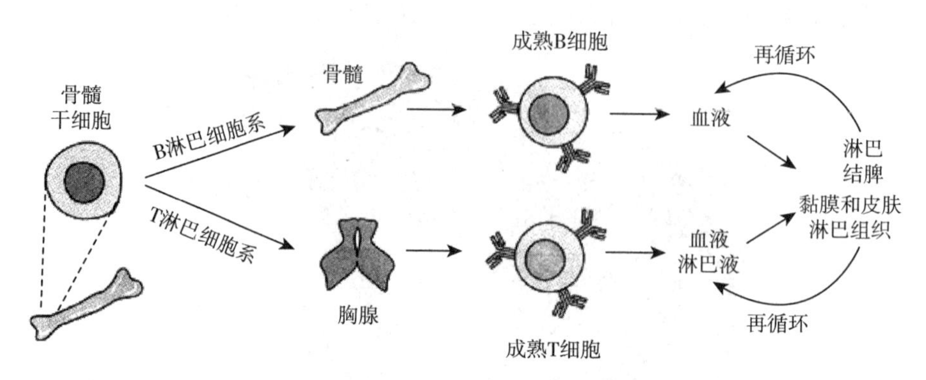

图 1-4　T、B 淋巴细胞的发育过程示意图（据高晓明）

2）成熟 T 细胞的重要表面受体和表面抗原

① T 细胞抗原受体（T cell antigen receptor，TCR）：TCR 为 T 细胞特异性识别抗原的受体，也是所有 T 细胞的特征性表面标志。TCR 由 α 链及 β 链组成，与免疫球蛋白分子结构类似，其膜外部分含有 2 个免疫球蛋白样结构域，一个为膜近端的恒定区，另一个为膜远端的可变区。α 链和 β 链的可变区分别由基因片段重排后所编码，从而形成具有不同特异性的 TCR 分子，由此决定 T 细胞识别抗原的多样性和特异性，并对环境中千变万化的抗原产生特异性应答。TCR 通常仅能识别抗原提呈细胞（antigen presenting cell，APC）膜表面主要组织相容性复合体（major histocompatibility complex，MHC）分子/抗原多肽复合物，而不能直接识别可溶性抗原分子，此乃其与 B 细胞识别抗原的主要不同之处。TCR 的膜内端很短，不具备传递信号的条件，在抗原识别过程中，CD3 分子负责将抗原信号传入 T 细胞内，在其他共刺激分子（如 CD28）的协同作用下，使之活化（图 1-5）。

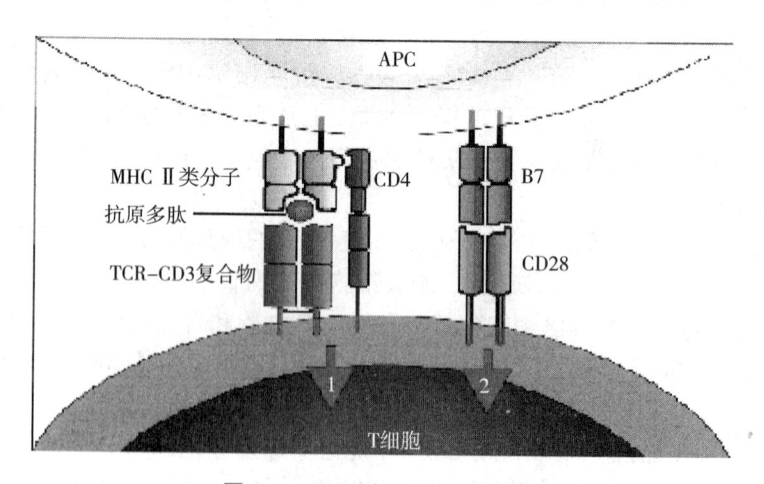

图 1-5　TCR 识别抗原示意图

② 细胞因子受体（CKR）：多种细胞因子可参与调节 T 细胞的活化、增殖和分化。细胞因子通过与 T 细胞表面的相应受体结合而发挥调节作用，包括多种细胞因子 IL-1、IL-2、

IL－4、IL－6及IL－7的受体。

③ 丝裂原受体（mitogen receptor）：有些物质能刺激细胞发生有丝分裂，称为丝裂原，不同丝裂原对T细胞和B细胞的作用有一定选择性。可诱导T细胞增殖的丝裂原主要有刀豆素A（concanavalin A，ConA）和植物血凝素（phytohemagglutinin，PHA）等。临床上常用PHA刺激外周血T细胞，以观察T细胞增殖程度，称为淋巴细胞转化试验，是一种体外检测细胞免疫功能的方法。

④ 病毒受体：T细胞表面分子除了作为TCR识别抗原的共受体，与APC表面MHCⅡ类分子的非多态区结合外，有的亦是病毒受体，故病毒可选择性感染T细胞，导致获得性免疫缺陷综合征的发生。

⑤ T细胞的表面抗原（surface antigen）：参与T细胞抗原识别、信号传导及激活的抗原主要有MHC抗原和分化抗原。

a. MHC抗原：所有T细胞均表达MHCⅠ类分子，T细胞被激活后还可表达MHCⅡ类分子，故后者亦可视为T细胞活化标志。MHC抗原参与T细胞对抗原肽的识别与应答过程，详见本节二、（三）。

b. 分化抗原（cluster of differentiation，CD）：不同分化增殖时期的T细胞，其细胞膜表面出现的标志性的蛋白抗原，称为表面抗原，又称分化抗原（cluster of differentiation，CD）。T细胞膜上重要的表面抗原有CD2、CD3、CD4、CD8等，在特异性识别和激活以及与其他免疫细胞相互作用中分别发挥不同的生物学作用。

CD2是单链多肽分子，出现于成熟的T细胞膜上，是红细胞受体（erythrocyte receptor，简称E受体），猪、牛、羊、马、骡等家畜的T细胞在试管内与绵羊红细胞混合，通过E受体可黏结上几个红细胞，形成玫瑰花环（图1－6）。B细胞没有E受体，因而应用E花环试验，可以区分T细胞和B细胞，并检测动物血液中T细胞的数量。

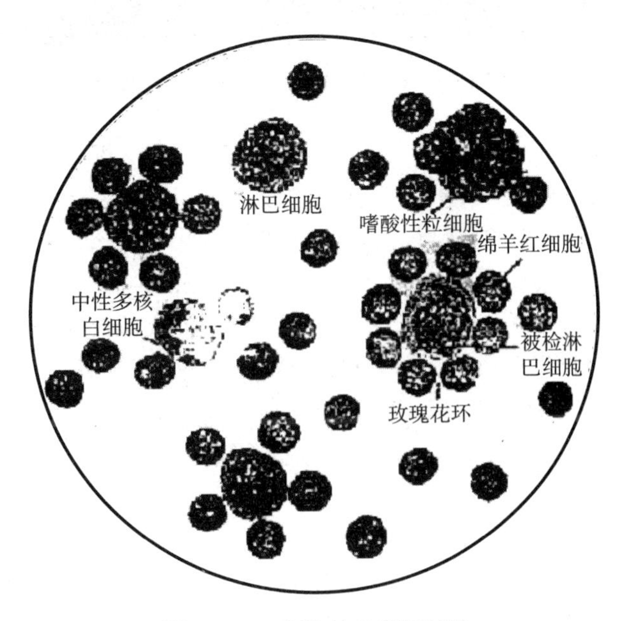

图1－6　T细胞的E花环试验

CD3是至少有5种肽链组成的大分子，表达于成熟T细胞膜上，与TCR联成复合体（图1-5），在TCR识别抗原后，起到向细胞核传导抗原信号的作用。

CD4是单链糖蛋白分子，存在于辅助性T细胞（helper T，T_h）膜上，是T_h细胞的重要表面标志。当T_h的TCR识别MHCⅡ分子限制的抗原时，CD4则与MHCⅡ分子结合（图1-7），并起抗原信号传导作用。CD4也是人免疫缺陷病毒（HIV）的受体。

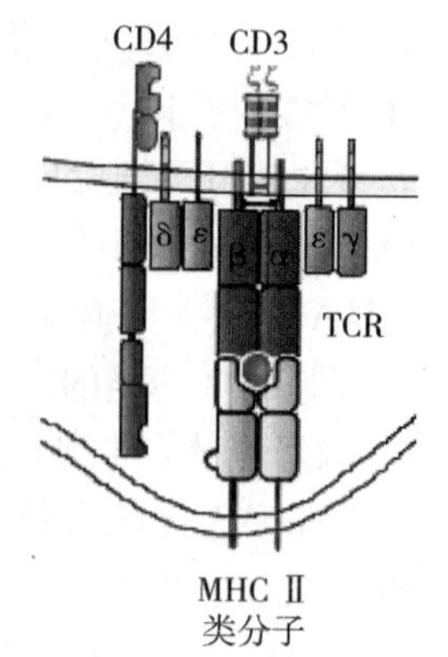

图1-7 TCR-CD分子复合体示意图

CD8是两条肽链组成的二聚体糖蛋白，存在于细胞毒性T细胞（Tc）膜上，是Tc的重要表面标志。当Tc的TCR识别MHCⅠ分子限制的抗原时，CD8与MHCⅠ分子结合（图1-8），并起抗原信号传导作用。

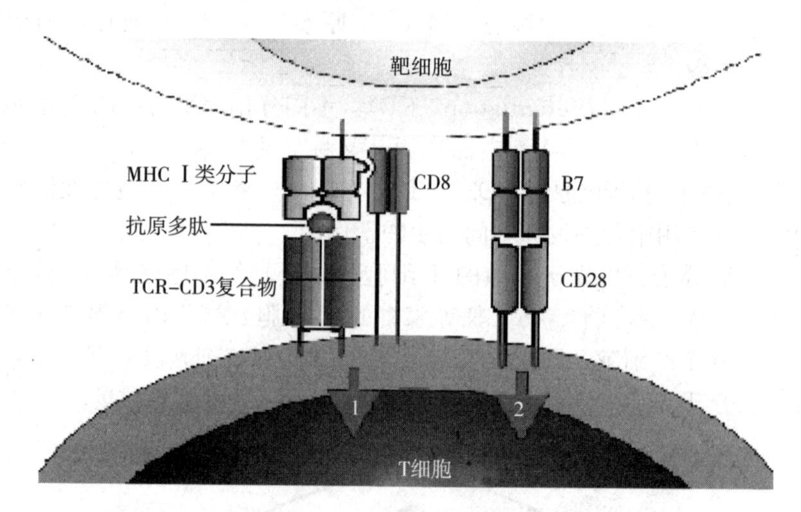

图1-8 CD与MHC分子结合示意图

3）T细胞的亚群及其功能 T细胞是不均一的细胞群体，根据其表面标志及功能特点，可分为不同亚群。首先，根据TCR双肽链的构成不同，可将T细胞分为TCRαβ$^+$T细胞（TCR-2 T细胞）和TCRγδ$^+$T细胞（TCR-1 T细胞）。其次，根据TCRαβ$^+$T细胞的功能特点，可分为调节性T细胞，包括辅助性T细胞（helper T lymphocyte，Th）和抑制性T细胞（suppressor T lymphocyte，Ts）；效应性T细胞（effector T lymphocyte），包括细胞毒性T细胞（cytotoxic T lymphocyte，CTL或cytotoxic T cell，Tc）和迟发型超敏反应T细胞（delayed type hypersensitivity T lymphocyte，T_{DTH}）。此外，根据T细胞表面所表达的CD分子，可将其分为不同亚类。例如，根据CD4分子与CD8分子的表达与否可分为CD4$^+$T细胞和CD8$^+$T细胞。

（2）B细胞

1）B细胞的来源及分布 哺乳动物的B细胞是由骨髓内的淋巴干细胞直接在骨髓内成熟为B细胞的。禽类的B细胞则由骨髓的淋巴干细胞到达法氏囊内，被诱导成熟为B细胞。B细胞成熟后，定居于外周免疫器官中相应部位（图1-4）。淋巴结中B细胞约占淋巴细胞数量的 25%，脾脏中 B 细胞数量约占淋巴细胞数量的 60%。少数 B 细胞参加再循环，故在畜禽血液中 B 细胞数量仅占淋巴细胞数量的 20%～30%。B 细胞是体内产生抗体（免疫球蛋白）的细胞，并具有抗原提呈功能。B 细胞的特征性表面标志为膜表面免疫球蛋白，即 B 细胞的抗原识别受体。

2）B 细胞的重要受体

① B 细胞抗原受体（B-cell antigen receptor，BCR）：是嵌入细胞膜类脂分子中的表面膜免疫球蛋白（mIg），是 B 细胞的特征性表面标志（图 1-9）。BCR 的功能是特异性识别不同抗原分子，使 B 细胞活化并分化为浆细胞，进而产生不同特异性的抗体，发挥体液免疫功能。外周血中多数 B 细胞同时表达 mIgM 和 mIgD，少数表达 mIgG、mIgA 或 mIgE。mIg 均为单体，也有部分 B 细胞同时表达 mIgM、mIgD 和 mIgG 或 mIgA。mIg 的类别随 B 细胞发育阶段而异：未成熟的 B 细胞仅表达 IgM；成熟 B 细胞同时表达 IgM 和 IgD；接受抗原刺激后，B 细胞 mIgD 很快消失；记忆 B 细胞不表达 mIgD。

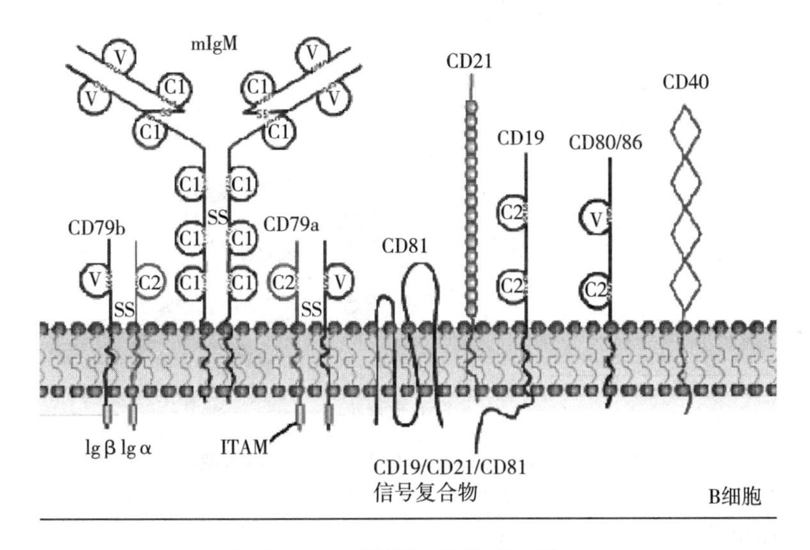

图 1-9 B 细胞的抗原受体示意图

SmIgM、IgD 分子的基本结构［详见本节一、（三）、2、（1）］，每个分子由两条较长的肽链（称为重链，H 链）和两条较短的肽链（称为轻链，L 链）构成。H 链、L 链又由可变区（V 区）和恒定区（C 区）组成。H 链的 V 区（VH）和 L 链的 V 区（VL）共同构成直接与相应抗原决定簇特异识别结合的构型。SmIg 的 H 链和 L 链分别由 B 细胞染色体中的 H 链基因和 L 链基因编码合成。

在 B 细胞应答中，BCR 特异性识别抗原分子中的 B 细胞表位；Igα 和 Igβ 参与受体与细胞内信号传递分子间的偶联，介导酪氨酸激酶的活化，从而将 BCR 的特异性识别信号传递至胞内，它们类似于 T 细胞的 TCR-CD3 复合物。

② 细胞因子受体：多种细胞因子参与调节 B 细胞活化、增殖和分化。B 细胞表面可表达 IL-1、IL-2、IL-4、IL-5、IL-6、IL-7 及 IFN-γ 的受体。细胞因子通过与 B 细胞表面的相应受体结合而发挥调节作用。

③ 补体受体：多数 B 细胞表面表达可与补体 C_3b 和 C_3d 结合的受体，受体与相应配体

结合后，可促进B细胞活化。另外，在试管内，将绵羊红细胞、绵羊红细胞的免疫血清（含IgG）、豚鼠血清（含大量补体）以及家畜的B细胞混合作用后，IgG与红细胞结合，补体受IgG激活后产生C_3b，C_3b一端与红细胞结合，另一端与B细胞的C_3b受体结合，也可形成在一个B细胞上黏结几个红细胞的玫瑰花环（图1-10），称为EAC玫瑰花环试验。该试验可用于检测B细胞。

④ Fc受体：多数B细胞表达IgG Fc受体，可与免疫复合物中的IgG Fc段结合，有利于B细胞捕获和结合抗原，并促进B细胞活化和抗体产生。在试管内，将绵羊红细胞、绵羊红细胞的免疫血清（含大量IgG）及家畜的B细胞混合作用后，IgG与红细胞结合，IgG的Fc段与B细胞膜上的Fc受体结合，可在一个B细胞表面黏结上几个红细胞，形成玫瑰花环（图1-10）。这种试验称为EA玫瑰花环试验，该试验也可用于检测B细胞。

⑤ 丝裂原受体：多种丝裂原可与B细胞表面丝裂原受体结合，使之被激活并增殖分化为淋巴母细胞，可用于检测B细胞功能状态。美洲商陆（PWM）对T细胞和B细胞均有致有丝分裂作用；脂多糖（LPS）是常用的小鼠B细胞丝裂原。

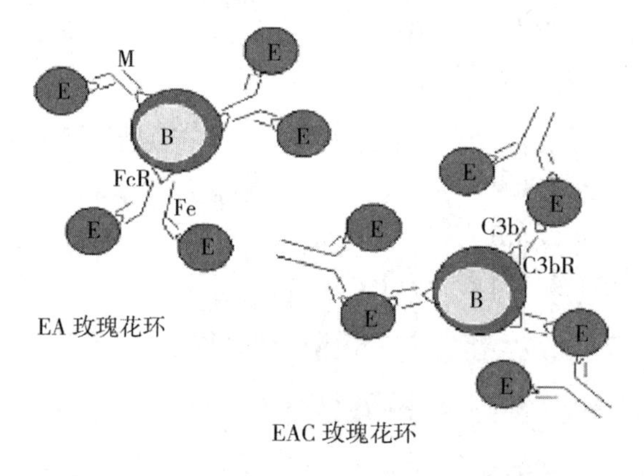

图1-10 EA玫瑰花环与EA玫瑰花环示意图

3）细胞表面抗原

① MHC抗原：B细胞表面表达MHCⅠ类和MHCⅡ类抗原。MHCⅡ类抗原能增强B细胞与T细胞间的黏附作用；MHCⅡ类分子的交联过程参与信号传导，可促进B细胞活化，还参与B细胞处理和提呈抗原。

② CD抗原：B细胞表达多种CD抗原（分子），它们参与B细胞的活化、增殖和分化。在B细胞分化发育的不同阶段，CD抗原的表达不完全相同。CD抗原（分子）主要有CD19、CD20、CD21、CD40和CD80（B7）。

4）B细胞的亚群及功能　B细胞的亚群尚不确定，目前按其成熟程度和细胞表面是否有CD5表面抗原，分为B_1、B_2两个亚群。

B_1亚群在体内出现较早，是由胚胎期或出生后早期的前体细胞分化而来，其发生不依赖于骨髓细胞。B_1亚群主要产生低亲和力抗体，对防止肠道细菌感染具有重要作用，也能产生多种针对自身抗原的抗体，与自身免疫病的发生有关。

B_2亚群即通常所称的B细胞，是参与体液免疫应答的主要细胞类别。它是由骨髓中多能造血干细胞分化而来，属于形态较小、比较成熟的B细胞，在体内出现较晚，定位于淋巴器官。成熟 B 细胞大多处于静止期，在抗原刺激及 Th 细胞辅助下，被激活成为活化的 B 细胞，经历细胞增殖、抗原选择、免疫球蛋白类型转换、细胞表面某些标志的改变以及体细胞突变，最终分化为浆细胞，即抗体形成细胞。B_2 亚群可产生高亲和力抗体，行使体液免疫功能。此外，B_2 亚群还具有抗原提呈和免疫调节功能。

（3）自然杀伤细胞（natural killer cell，简称 NK 细胞） 是不同于 T 细胞、B 细胞的第三类淋巴细胞，它们不表达特异性抗原识别受体，在其胞浆内有许多嗜苯胺颗粒，故又称为大颗粒淋巴细胞。NK 细胞无须抗原预先致敏即可直接杀伤某些靶细胞，包括肿瘤细胞、病毒或细菌感染的细胞以及机体某些正常细胞。因此，NK 细胞具有抗肿瘤、抗感染、免疫调节等功能。此外，NK 细胞亦参与移植排斥反应、自身免疫病和超敏反应的发生。

1）NK 细胞的膜表面标志　近年发现，NK 细胞表面具有两类受体：一类是可激发 NK 细胞杀伤作用的受体，称为杀伤细胞活化受体（killer activatory receptor，KAR）；另一类是能够抑制 NK 细胞杀伤作用的受体，称为杀伤细胞抑制受体（killer inhibitory receptor，KIR）。

2）NK 细胞的杀伤作用　NK 细胞可杀伤病毒感染细胞和突变的肿瘤细胞，而对宿主正常组织细胞一般无胞毒作用，即具有识别正常自身组织细胞和体内异常组织细胞的能力。

为何 NK 细胞只识别杀伤机体内病毒感染细胞和肿瘤细胞？研究认为，这与 NK 细胞膜上的杀伤细胞抑制受体（KIR）的作用有关。KIR 的配体是正常细胞表面的 MHCⅠ类分子，机体内所有正常的有核细胞膜上都表达 MHCⅠ类分子。KIR 与 MHCⅠ类分子结合，NK 细胞的杀伤作用就受到抑制，所以不杀伤正常细胞。而病毒感染后的细胞，其 MHCⅠ类分子与病毒的蛋白肽段形成了 MHCⅠ-病毒肽复合体，不能与 NK 细胞膜上的 KIR 结合；肿瘤细胞则不表达 MHCⅠ类分子，NK 细胞的 KIR 也不能与之结合，所以 NK 细胞通过 KAR 对感染病毒的细胞及肿瘤细胞（统称靶细胞）识别、激活，便发挥杀伤作用（图 1－11）。激活的 NK 细胞可分泌 γ 干扰素（IFN－γ）、肿瘤坏死因子（TNF）和颗粒酶，介导靶细胞发生凋亡。研究证明，白细胞介素（IL－2）、IFN－γ 可大大增强 NK 细胞的杀伤活性。

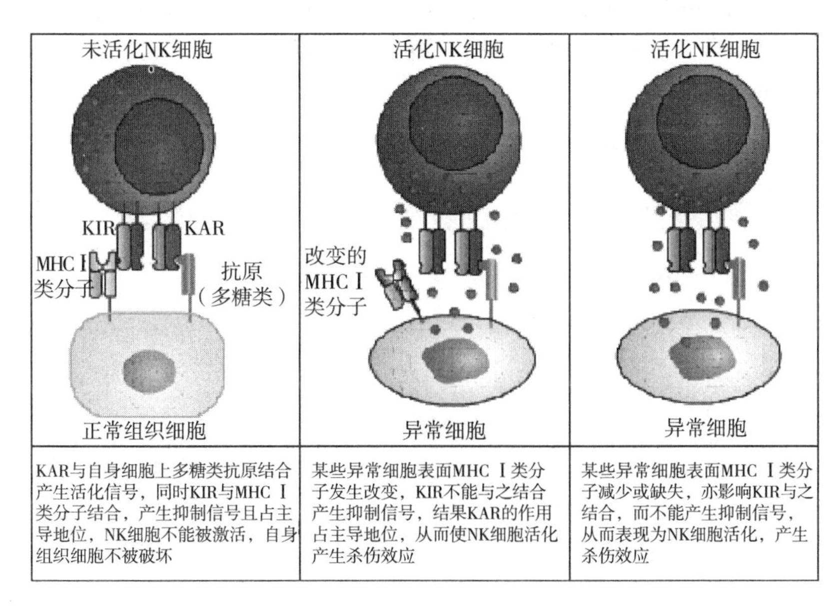

图 1－11　NK 细胞 KIR 和 KAR 的作用示意图

此外，NK 细胞表达 Fc 受体，可通过抗体依赖的细胞介导的细胞毒性作用杀伤相应靶细胞。即抗体 IgG 与带相应抗原的靶细胞特异性识别结合后，IgG 的 Fc 段与 NK 细胞的受体（CD16）结合，也可发挥 NK 细胞对靶细胞的杀伤作用，这种杀伤作用称为抗体依赖的细胞介导的细胞毒性作用（antibody - dependent cell - mediated cytotoxicity，简称 ADCC）（图 1 - 12）。

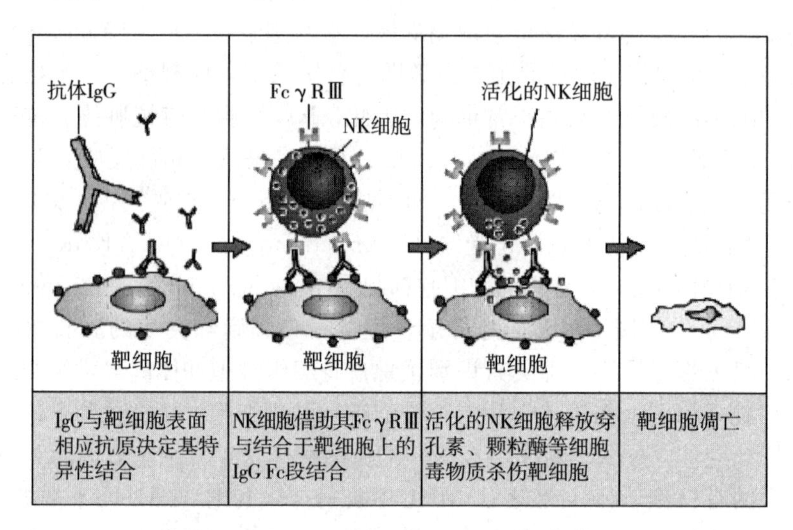

图 1 - 12　NK 细胞介导的 ADCC 作用示意图

2. 抗原提呈细胞　指能摄取、加工、处理抗原，并将抗原提呈给抗原特异性淋巴细胞的一类免疫细胞。APC 与淋巴细胞之间膜蛋白的结合，是淋巴细胞活化、增殖、发挥效应的始动因素。APC 可分为两类：①“专职”APC，包括巨噬细胞、树突状细胞和 B 细胞，它们均可组成性表达 MHC Ⅱ类分子；②“非专职”APC，包括内皮细胞、上皮细胞和激活的 T 细胞等，它们在某些因素刺激下可表达 MHC Ⅱ类分子，并具有抗原提呈功能。另外，所有表达 MHC Ⅰ类分子并具有提呈内源性抗原能力的细胞，广义上也属于 APC。表 1 - 1 列出几类主要的专职 APC。

表 1 - 1　专职 APC 的类别、分布

细胞名称	简称	体内分布
DC 细胞		
滤泡树突状细胞	FDC	淋巴滤泡
并指状细胞	IDC	同上，淋巴组织胸腺依赖区
胸腺树突状细胞	TDC	胸腺
朗格汉斯细胞	LC	表皮粒层及基层胃肠上皮层
间质性树突状细胞		实质性器官间质的毛细血管附近
隐蔽细胞	VC	淋巴结输入管
单核/巨噬细胞	Mϕ	全身组织，器官
B 细胞		外周血，淋巴结

（1）单核/吞噬细胞系统（mononuclear phagocyte system，MPS） 包括骨髓内的前单核细胞（pre-monocyte）、外周血中的单核细胞（monocyte，Mon）和组织内的巨噬细胞（macrophage，Mϕ）。它们是机体重要的免疫细胞，具有抗感染、抗肿瘤、参与免疫应答和免疫调节等多种生物学功能。由于此类细胞具有黏附玻璃及塑料表面的特性，故又称黏附细胞（adherent cell）。

1）表面标志 Mϕ 表达 MHCⅠ类和 MHCⅡ类抗原，其中，MHCⅡ类抗原的表达可受多种因素影响，且与 Mϕ 功能状况有关。Mϕ 表面还表达 IgG 的 Fc 受体，补体 C_3b 的受体、细胞因子受体等，这些受体与 Mϕ 吞噬、识别抗原以及 ADCC 等功能有密切关系。

2）酶和分泌产物 单核吞噬细胞能产生多种酶类分布在胞内外，如各种溶酶体酶、溶菌酶、髓过氧化物酶等。巨噬细胞还可产生和分泌多种生物活性物质，如各种单核因子、激素样物质、凝血因子等。此外，巨噬细胞还分泌某些非肽类的小分子活性因子，如一氧化氮（NO）等。这些酶类和分泌产物与 Mϕ 多种生物功能有关，诸如 Mϕ 杀灭被吞噬的病原体，参与免疫应答以及免疫调节作用等。

3）Mϕ 主要生物学功能 体内 Mϕ 一般处于静止状态。病原体或细胞因子等可激活 Mϕ，并使 Mϕ 功能明显增强。Mϕ 的主要生物学功能为：①吞噬杀伤作用，Mϕ 具有很强的吞噬和杀伤能力，是参与机体非特异性免疫防御的重要免疫细胞。Mϕ 可作为效应细胞直接消除各种异物，杀伤肿瘤细胞和胞内寄生的病原体。②抗原提呈作用，Mϕ 是重要的抗原提呈细胞，可参与摄取、加工、处理、提呈抗原并激发免疫应答（图 1-13）。③免疫调节，Mϕ 通过提呈抗原，产生和分泌各种细胞因子（如 IL-1、IL-3、IL-6、TNF-α、IFN-α、IFN-γ 等）及某些神经肽（β-内啡肽等），参与免疫应答和免疫调节。此外，Mϕ 还具有致炎症，调节生血、止血以及组织修复和再生等生理作用。

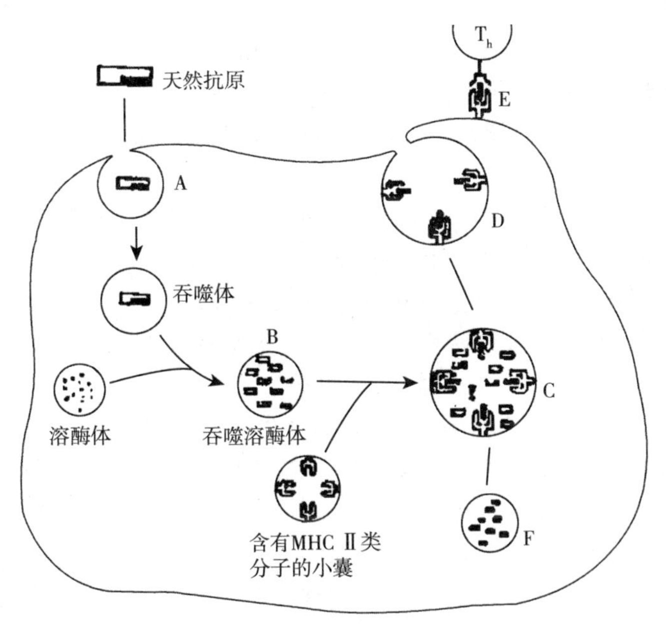

图 1-13 巨噬细胞对抗原摄取、加工、递呈示意图（据龙振洲）

A. 内吞；B. 细菌抗原在吞噬溶酶体中降解；C. 抗原肽与 MHCⅡ类分子结合成复合物；D. 抗原肽-MHC-Ⅱ类分子复合物的转运与表达；E. T_h 的 TCR 联合识别抗原肽-MHC-Ⅱ类分子复合物；F. 未与 MHC Ⅱ类分子结合的肽链彻底降解

(2) 树状突细胞(dendritic cell, DC) DC是一大类重要的专职APC,其细胞膜向外伸展形成许多树状突起,表达有高密度的MHCⅡ类分子,可通过胞饮作用摄取抗原异物,或通过其树突捕获和滞留抗原异物(图1-14)。体内DC的数量较少,但分布很广,其抗原递呈能力远强于Mϕ、B细胞等其他抗原提呈细胞。

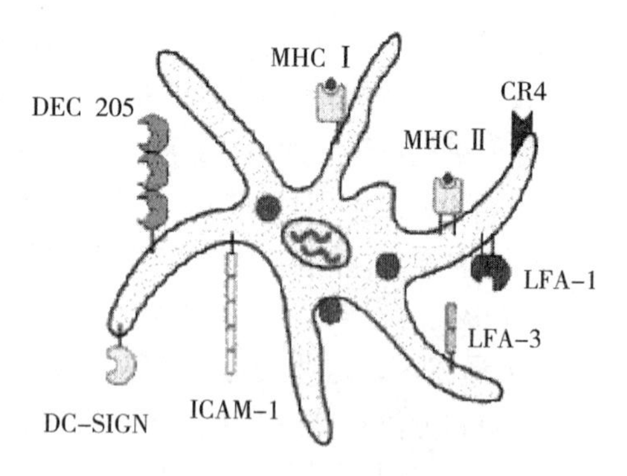

图1-14 树状突细胞示意图

1) DC来源、分化与发育 DC主要来源于骨髓造血干细胞。在不同的微环境(包括细胞因子作用)中,不同分化阶段的淋巴系干细胞、髓系干细胞、单核细胞前体和胸液腺细胞前体等可分别分化发育成各种类型的DC,并定居于机体不同部位,发挥不同的生物学功能。

DC由不成熟前体细胞向成熟细胞转变的过程,可受多种因素的影响,并同时伴有DC表面标志及功能的改变。细胞因子是调节DC成熟过程的重要因素。

来源于骨髓的DC前体经血液循环进入非淋巴组织,分化为非成熟的DC,定居于上皮组织、胃肠道、生殖和泌尿管道、气道以及肝、心、肾等实质脏器的间质。这种非成熟的DC具有很强的摄取、处理和加工抗原的能力,但其提呈抗原的能力很弱。在微环境中炎性因子(如TNF-α、IL-1)和抗原物质刺激下,DC逐渐成熟,并通过输出淋巴管和/或血液循环进入局部淋巴结。在DC成熟过程中,其功能发生变化,即捕获和处理抗原的能力逐渐降低,但提呈抗原的能力则明显增强,表现为协同刺激分子表达水平增高,产生IL-1等细胞因子的能力增强。

2) 分布与分类 DC广泛分布于机体所有组织和器官中,根据其分布部位不同可分为三类:①淋巴样组织中的DC,包括滤泡DC、并指状DC和胸腺DC;②非淋巴样组织中的DC,包括朗格汉斯细胞和间质DC;③循环的DC,不同部位的DC其生物学特征及其命名各异。

3) DC的生物学特征 不同来源或分布于不同组织的成熟DC均具有下列共同特征:①形态上呈树突样;②表达高水平MHCⅡ类抗原和多种辅助分子(如CD54、CD58、CD80、CD86等),但缺乏CD14和非特异性酯酶的表达;③胞浆内存在特异性Birbeck颗粒状结构;④吞噬功能较低;⑤可有效诱导静息性幼稚T细胞发生增殖。

4) DC的生物学功能 ①抗原提呈:DC可通过多种途径捕获可溶性抗原,DC借助膜表面不同受体可有效地捕获低浓度的相应抗原;DC具有强大的液相吞饮功能。另外,DC也是参与诱导免疫耐受的重要细胞。②参与T细胞发育、分化和激活,胸腺DC在胸腺细胞的阳性及阴性选择中起重要作用,从而清除自身反应性胸腺细胞或诱导T细胞无能。DC对外周T细胞分化也发挥重要作用,DC分泌IL-12,可诱导Th1细胞分化;此外,DC可分泌多种细胞因子,参与激活T细胞的增殖。③参与B细胞发育、分化及激活,外周淋巴器官B细胞依赖区的DC可参与B细胞发育、分化、激活以及记忆B细胞形成和维持。④免疫调节作用:DC可分泌多种细胞因子参与免疫功能的调节,如小鼠DC可分泌IL-6和IL-12等。DC还可分泌多种趋化性细胞因子,介导其他免疫细胞的趋化作用。

(3) B细胞 也是一类重要的专职APC。B细胞组成性表达MHCⅡ类分子,能有效提

呈抗原给 $CD4^+$ Th 细胞。B 细胞可借助其表面 BCR 摄取抗原，其机制为：BCR 与抗原分子表面的特异性决定簇结合，发生受体介导的内吞作用，被吞入的抗原在 B 细胞内被处理、加工，以与 MHCⅡ类分子结合成复合物的形式被提呈给 $CD4^+$ T 细胞。B 细胞能提呈许多种类的抗原，包括半抗原、大分子蛋白质、微生物抗原及自身抗原等。

3. 粒细胞、肥大细胞和红细胞

（1）粒细胞和肥大细胞　它们在免疫应答的效应阶段，配合抗体，发挥一定的作用。中性粒细胞在细菌感染的炎症初期，可非特异性地吞噬消灭细菌。此外，中性粒细胞膜上也有 IgG 的 Fc 受体，也能在 IgG 参与下发挥 ADCC 作用，帮助消除抗原。嗜酸性粒细胞可在抗寄生虫感染方面起作用。嗜碱性粒细胞和肥大细胞有 IgE 受体，是参与Ⅰ型变态反应的细胞。

（2）红细胞　研究证实，哺乳动物和人的红细胞在机体内具有清除循环免疫复合物的功能。红细胞膜上具有 C_3b 受体（简称 C_3bR），又称Ⅰ型补体受体（简称 CR_1），起免疫黏附作用。

血液循环中的抗体与抗原结合的复合物称为循环免疫复合物（circulating immune complex，CIC），CIC 与补体 C_3b 肽链的一端结合，另一端与红细胞上的 C_3bR 粘连。红细胞粘连的 CIC，当循环到脾脏、肝脏时，抗原抗体复合物通过抗体的 Fc 与 Mϕ 受体结合，从红细胞表面转移到 Mϕ 表面，被 Mϕ 吞噬消除，红细胞则继续在血液中循环，粘连转运其他 CIC。虽然血液中的白细胞（包括粒细胞、单核细胞、B 细胞）也有 C_3bR，也尽管每个白细胞上的 C_3bR 个数有 21 000～47 000 个，而每个红细胞上才约 950 个，但是，血液中红细胞总数是白细胞总数的 1 000 倍，所以红细胞清除 CIC 的作用也十分重要。于是在 1982 年美国 Sigel 等提出了“红细胞免疫系统”的概念，引起了许多学者对红细胞免疫功能的试验研究。

（三）免疫分子

机体内参与免疫应答的各种蛋白分子，称为免疫分子。免疫分子是机体免疫系统的重要组成部分，在机体内分布广泛，可归纳为淋巴细胞膜上的免疫分子与体液中的免疫分子两大类。

1. 淋巴细胞膜上的免疫分子　包括 T 细胞抗原受体（TCR）、B 细胞抗原受体（SmIgM、SmIgD）、白细胞分化抗原（CD）、主要组织相容性（MHC）分子及其他膜分子等。

（1）T 细胞抗原受体（TCR）　见本节一、（二）、1、（1）。

（2）B 细胞抗原受体（SmIgM、SmIgD）　见本节一、（二）、1、（2）。

（3）白细胞分化抗原（cluster of differentiation，CD）　是白细胞（包括淋巴细胞、单核细胞、巨噬细胞、粒细胞等）、血小板、血管内皮细胞、成纤维细胞、上皮细胞及神经内分泌细胞等，在分化的不同群，成熟的不同阶段，以及活化过程中，出现或消失的细胞表面标志性膜蛋白分子，是应用单克隆抗体测定、归类，统一以分化群（CD）命名和编号的。人类白细胞分化抗原已发现 CD1～CD230 多种。对猪、牛、羊、马等动物的白细胞分化抗原研究也在进行，同样采用 CD 命名，与人类 CD 同源的也与人类 CD 相同编号。

白细胞分化抗原的意义：淋巴细胞、单核细胞、巨噬细胞、粒细胞，及各自不同分化阶段的细胞都有一些特征性的 CD 分子，借此可以从 CD 分子水平上鉴定细胞。许多 CD 分子还具有一定功能，如 CD3、CD4、CD8 等，在免疫细胞间或免疫细胞与介质间相互识别，在免疫应答中起重要作用。

（4）MHC 分子　各种动物和人类，每一个个体，组织细胞核的某对（小鼠第 17 对）染色体上都含有一个具有大量等位基因、功能相似的基因区域，因这一基因区中含有编码主要组织相容性抗原的基因，故称为主要组织相容性复合体（major histocompatibility complex MHC）。各种动物的 MHC 各有名称，如小鼠的称为 H_2、猪的原称 SLA（现称为 Sudo）等。MHC 的基因分为Ⅰ、Ⅱ和Ⅲ类，分别编码表达Ⅰ、Ⅱ和Ⅲ类蛋白分子。

1）MHCⅠ类分子　是 MHCⅠ类基因编码产生的一条重链（a）和另一个 β_2 微球蛋白组成的蛋白分子，广泛分布于各种有核细胞表面（图 1－15）。不同动物个体，同一动物不同个体的组织细胞都具有个体特有的 MHCⅠ类分子，主要由它导致同种不同个体组织移植后的免疫排斥反应，故 MHCⅠ类分子称为移植抗原（transplantation antigen），又称组织相容性抗原（histocompatibility antigen）。

MHCⅠ类分子除了引起组织移植排斥反应外，尚在细胞毒性 T 细胞（Tc）杀伤带内源性抗原（病毒抗原、肿瘤抗原）的靶细胞时，起限制性识别作用。例如，细胞受病毒核酸感染后，细胞质内将产生病毒的蛋白抗原，即为内源性抗原，内源性抗原肽将与 MHCⅠ类分子结合成 MHCⅠ/肽复合体，转移到细胞表面，这种细胞称为靶细胞。Tc 细胞通过 TCR 与 MHCⅠ类分子结合的内源性抗原肽特异识别，并通过 CD8 分子与 MHCⅠ类分子作用，发挥对靶细胞的杀伤功能。

2）MHCⅡ类分子　是由 MHCⅡ类基因编码的，由 α、β 两条肽链组成的蛋白质（图 1－16）。主要表达分布在抗原递呈细胞（如巨噬细胞、树状突细胞、B 细胞等）细胞膜上。在免疫应答中，当抗原递呈细胞向 T 细胞递呈抗原时，MHCⅡ类分子起限制性识别作用，同时通过 CD4 分子与 MHCⅡ类分子的 β 链结合，启动免疫应答。故 MHCⅡ类分子又称为免疫相关抗原（immuno－associated antigen，Ia），MHCⅡ类基因又称免疫应答基因（immune response gene，*Ir* 基因）。

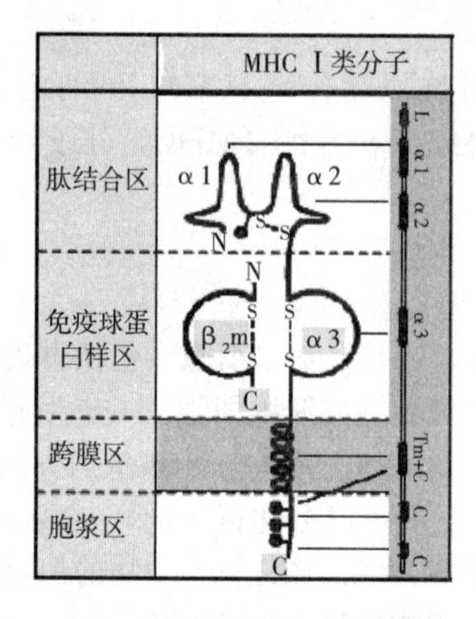

图 1－15　MHC Ⅰ类分子结构示意图

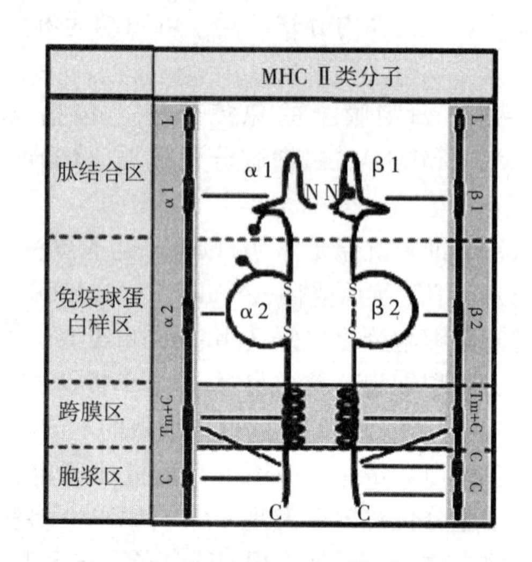

图 1－16　MHC Ⅱ类分子结构示意图

3）MHC Ⅲ类分子　包括补体成分 C2、C4、Bf、肿瘤坏死因子（TNF）等，这些分子产生后均分布于血清中，在机体免疫中各自发挥作用。

（5）其他膜分子　参与免疫的细胞膜分子还有许多。例如，T 细胞的 E 受体、PHA 受体；B 细胞、单核/吞噬细胞等的 Fc 受体、C_3b 受体；各种免疫细胞的细胞因子受体，多种激素（如雌激素、甲状腺素、肾上腺皮质激素、肾上腺素、前列腺素 E、生长激素、胰岛素）受体，神经递质（如组织胺、乙酰胆碱、5-羟色胺、多巴胺等）受体，神经肽（如内啡肽、脑啡肽、P 物质等）受体。

2. 体液中的免疫分子

（1）免疫球蛋白（immunoglobulin，Ig）分子　1968 年和 1972 年世界卫生组织和国际免疫学会联合会的专门委员会先后决定，将具有抗体活性或化学结构与抗体相似的球蛋白统称为免疫球蛋白。20 世纪初，将疫苗等抗原免疫动物后产生的，存在于免疫血清中，能与抗原特异反应的物质，统称为抗体。经研究表明，免疫血清中的抗体是球蛋白，故称其为免疫球蛋白，是 B 细胞受抗原刺激后，增殖分化成浆细胞，由浆细胞合成、分泌于体液中的 Ig，Ig 在体液免疫中消灭相应抗原起重要作用，但在一定条件下也引起Ⅰ、Ⅱ、Ⅲ型变态反应。

免疫球蛋白可分为分泌型免疫球蛋白（secreted Ig，SIg）和膜型免疫球蛋白（membrane Ig，mIg）。前者主要存在于血液及组织液中，具有抗体的各种免疫功能；后者是 B 细胞表面的抗原受体。

1）免疫球蛋白的结构

① 免疫球蛋白的基本结构：如图 1-17 所示，由两条相同的轻链（light chain，L 链）和两条相同的重链（heavy chain，H 链）组成。L 链与 H 链之间、H 链与 H 链之间、H 链与 H 链之间，由二硫键连接成一个单体 Ig 分子，呈“Y”字形。每条 L 链由210～230 个氨基酸组成，每条 H 链由 420～446 个氨基酸组成，H 链中含有糖基，故 Ig 属于糖蛋白。

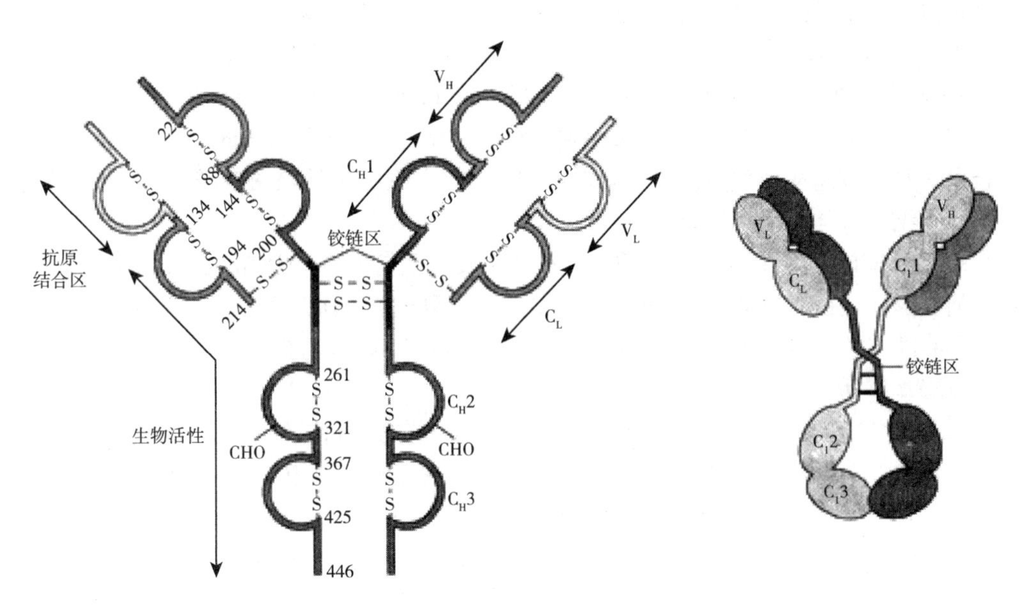

图 1-17　Ig 的基本结构示意图

L链从N端起1～108个氨基酸的组成是可变的，即随不同特异性的Ig而不同，称为L链的可变区（variable region，V_L），H链从N端起1～107或130个氨基酸的组成同样是可变的，称为H链的可变区，简称V_H。在V_L和V_H中各有3个区域的氨基酸组成和排列变化更大，称为高变区（hypervariable region，HVR）。V_L和V_H的3个高变区的氨基酸共同构成与抗原决定簇（表位）特异互补结合的构型（图1-18）。

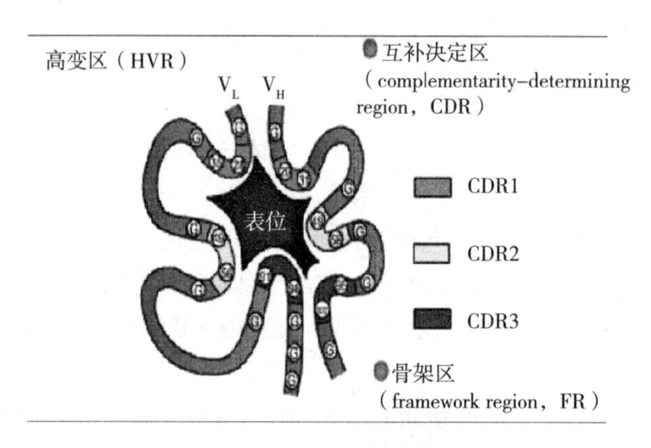

图1-18 高变区与抗原表位结合示意图

L链中其余1/2段的氨基酸组成比较稳定，称为L链的恒定区（constant region，C_L）。所有Ig的C_L氨基酸组成仅发现两种类型，分别称为κ型和λ型。每一个Ig分子的两条C_L均是同一个型，即同是κ型或同是λ型。

H链中其余3/4段的氨基酸组成和排列也较稳定，称为H链恒定区，简称C_H。所有Ig的C_H氨基酸组成仅发现五类（class），按它们表现的抗原性分别称为μ、γ、α、ε和δ型。依此将Ig相应分为五类：IgM（μ）、IgG（γ）、IgA（α）、IgE（ε）和IgD（δ）。

H链和L链内每约110个氨基酸区段有一个链内二硫键连接，形成一个具有典型免疫球蛋白折叠（Igfold）的球状结构域（domain）。所有Ig的轻链内有V_L、C_L两个结构域，IgG、IgA和IgD的H链内有V_H、CH_1、CH_2和CH_3四个结构域（图1-17）；IgM和IgE的重链则多一个CH_4结构域。各个结构域表现一定的功能，例如，IgG和IgM的CH_2有补体结合点，平时被隐蔽，当Ig的V_L与V_H与相应抗原决定簇特异结合后，补体结合点暴露，可识别结合补体C_1，引起补体系统的激活。

在CH_1和CH_2之间，有一段约含30个氨基酸的肽链，称为铰链区（hinge region）。此区富含脯氨酸，具有伸缩性，利于Ig的张合，与不同位置和距离的相应抗原决定簇结合，同时暴露CH_2的补体结合点。铰链区中所含的二硫链，对木瓜蛋白酶和胃蛋白酶的作用敏感，易被酶水解断裂。

② Ig的水解片段：用木瓜蛋白酶，可将IgG H链的链间二硫键近N端处切断为3个片段（图1-19）。2个相同的片段，每个片段含有一条完整的L链和一段H链的部分，这2个片段能与相应的抗原决定簇结合，称为抗原结合片段（fragment antigen binding，Fab）。另一段含有两条CH的一半，可以结晶，称为可结晶片段（fragment crystallization，Fc）。Fc段包括CH_2、CH_3、CH_4，保留了H链的抗原性，以及介导识别、激活补体，结合细胞Fc受体等作用。

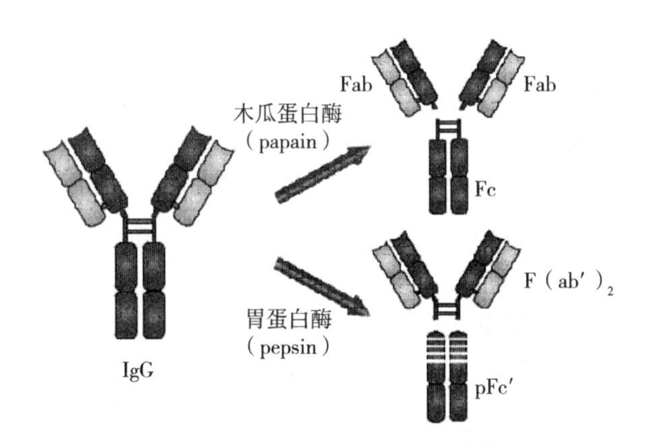

图 1-19　Ig 水解片段示意图

用胃蛋白酶，则可将 Ig 的 H 链的链间二硫键近 C 端处切断，成为一个含 2 个 Fab 段的大片段，称为 F（ab′）$_2$片段（图 1-19）。F（ab′）$_2$片段能与两个抗原决定簇特异结合。其余的 H 链被消化成碎片，失去了任何生物活性。

通过对 Ig 水解片段的研究，了解了上述 Ig 的结构和各部位的生物学活性。应用胃蛋白酶水解还可去除抗毒素血清中 Ig 的 Fc 段，保留 F（ab′）$_2$，获得抗毒素精制品。抗毒素精制品保留了中和毒素的作用，但消除了使用完整抗毒素分子可引起机体发生过敏性血清病的危险。

2）五类免疫球蛋白的主要特性

① IgM：是抗原初次进入机体后体液免疫应答中最先产生的抗体，它由 5 个单体分子，通过称为 J 链的肽链聚合在一起（图 1-20）。分子量 900ku，是分子量最大的 Ig，称为巨球蛋白。

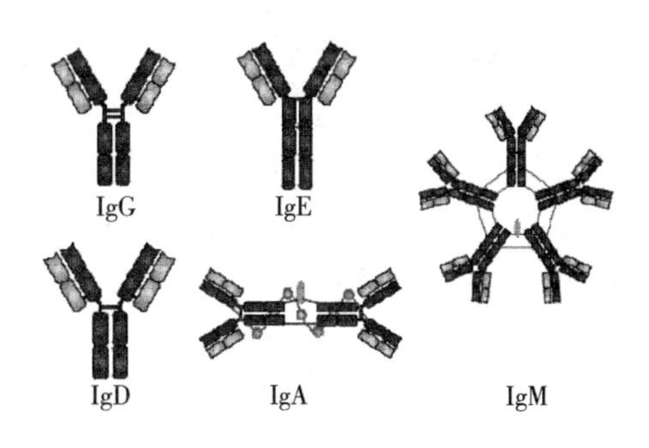

图 1-20　五类 Ig 分子示意图

IgM 因为是五聚体，所以主要存在于血管内，它们有 5～10 个抗原结合价（Ig 每一个与相应抗原决定簇结合的部位，称为一价），并有 10 个补体结合点，所以尽管 IgM 的产生数量不多，但在激活补体、中和病毒、凝集作用和调理作用等方面的效力比 IgG 高得多。IgM 是血管内消除大颗粒抗原的主要抗体。在一定条件下 IgM 也参与Ⅱ型或Ⅲ型变态反应。B 细胞膜上固定的 IgM 是 7s 的单体，起抗原受体作用，识别结合抗原决定簇。

② IgG：大量产生于抗原再次进入机体引起的再次免疫应答期，单体 Ig（图 1-20）在血液中含量最高，占 Ig 总量的 70%～80%。因其分子小，分子量 150ku，可广泛分布到全身的体液中，人体和兔的 IgG 可通过胎盘从母体进入胎儿，但其他动物的 IgG，因母体胎盘与胎儿胎盘的结构层数多，不能通过胎盘。IgG 具有激活补体、中和病毒或毒素、调理作用等多种活性，是全身抗感染的主要抗体。IgG 也参与Ⅱ型、Ⅲ型变态反应，某些肿瘤抗原诱导产生的 IgG，可能是肿瘤的封闭因子。

③ IgA：有两种存在形态，一种是单体，分子量 170ku，存在于血清中，称为血清型

IgA。另一种是双体，分子量 420ku，由 J 链联结两个单体，并结合一个称为分泌片（secretory component，SC）的蛋白，分布于各种黏膜表面，称为分泌型 IgA（secretory IgA，SIgA）（图 1－20）。

血清型 IgA 由骨髓内浆细胞产生，进入血液循环中，在血清中的含量不多，生物学作用尚不太清楚。

分泌型 IgA 由黏膜免疫系统中的浆细胞产生，是呼吸道、消化道、腺管、泌尿生殖道等黏膜表面抗感染的重要抗体，具有中和病毒和凝集颗粒性抗原作用，但没有激活补体作用和调理作用，在黏膜表面发挥防御作用的方式可能是通过阻止细菌或病毒黏附于黏膜上皮表面而发挥“免疫排除”作用。

④ IgE：是主要由上皮表面附近的浆细胞产生的单体 Ig（图 1－20），分子量 190ku，在血清中的含量极微，不耐热，加热 56℃ 30min 将被破坏。IgE 的 Fc 易与肥大细胞和嗜碱性粒细胞上的 Fc 受体结合，引起Ⅰ型超敏反应（过敏反应），故曾称为亲细胞性抗体和反应素。花粉微粒蛋白、某些蠕虫蛋白和某些昆虫毒液蛋白，特别容易刺激机体产生 IgE。动物个体在抗原作用下产生 IgE 的能力与遗传有关，易产生 IgE 的个体，易发生过敏反应，称为特应性个体，双亲都是特应性的，其后裔大多数也呈特应性，双亲仅有一方是特应性的，其特应性后代的多少各异。IgE 抗体引起过敏反应对机体虽然有害，但在蠕虫免疫中，对驱逐排除肠道中的蠕虫是有重要意义的。

⑤ IgD：分子量 180ku，血液中 IgD 的含量极微且极不稳定，功能尚不清楚，成熟 B 细胞膜表面的 IgD 起识别抗原决定簇的作用。

（2）补体系统（complement system） 补体（complement，C）是存在于正常人和动物血清与组织液中的一组经活化后具有酶活性的蛋白质。早在 19 世纪末即证实，新鲜血液中含有一种不耐热的成分，可辅助和补充特异性抗体，介导免疫溶菌、溶血作用，故称为补体。目前已知补体是由 30 余种可溶性蛋白、膜结合性蛋白和补体受体组成的多分子系统，故称为补体系统。在补体系统激活过程中，可产生多种生物活性物质，引起一系列生物学效应，参与机体的抗感染免疫，扩大体液免疫效应，调节免疫应答。同时，也可介导炎症反应，导致组织损伤。

人和其他哺乳动物正常血清中都有补体系统，但豚鼠血清的补体系统成分最完全，补体的生物学活性和作用也最好，故常用新鲜豚鼠血清或其冻干制品作为体外试验用的补体。

1）补体系统的组成 完整的补体系统由近 20 种蛋白组成，其中最基本的是 11 种球蛋白，分别命名为 C_1、C_2、C_3、C_4、C_5、C_6、C_7、C_8、C_9。其中 C_1 又由 3 种亚单位蛋白 C_{1q}、C_{1r} 和 C_{1s} 组成。

2）血清中补体特性 正常血清中的补体有如下重要特性：①性质极不稳定。生物学活性极易受温度、酸、碱等作用而降低，56～60℃，作用 30min 可使之完全灭活。②补体系统一般不表现活性，只有经过系统地激活后才起各种生物学作用。③补体系统激活后的各种生物学作用是非特异性的。

3）补体系统的激活 补体激活途径有两种，一种是从 C_1 开始的经典激活途径（classical pathway）（图 1－21），另一种是从 C_3 开始的替代激活途径（alternative pathway）（图 1－21）。

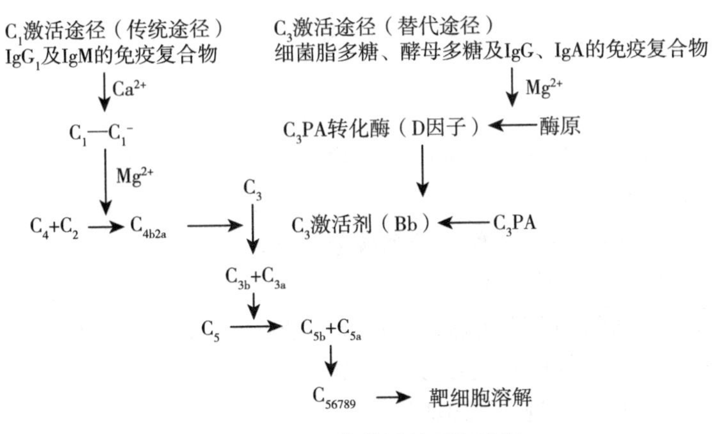

图 1-21　补体激活的两条途径

4）补体系统的生物学作用

① 溶解细菌细胞或中和病毒：通过经典或替代激活途径，最后使细菌溶解，或使病毒失去感染力。

② 调理作用：补体激活中的 C_3 裂解产物 C_{3b}，一端与细菌结合，另一端可与吞噬细胞膜上的 C_{3b}受体结合，起调理作用，促进吞噬细胞吞噬消化细菌。

③ 趋化作用：补体激活过程产生的 C_{3a}、C_{5a}和 C_{567}都能吸引吞噬细胞向微生物侵入部位移动，以接近微生物，发挥吞噬作用。

④ 过敏毒素作用：C_{3a}和 C_{5a}还可使肥大细胞或碱性粒细胞脱颗粒，释放组胺，导致平滑肌收缩和血管通透性增高，表现过敏作用。

（3）细胞因子（cytokine，CK）　主要是由活化的免疫细胞（单核/巨噬细胞、T 细胞、B 细胞、NK 细胞等）或间质细胞（血管内皮细胞、表皮细胞、成纤维细胞等）所合成、分泌，具有调节细胞生长、分化成熟、调节免疫应答、参与炎症反应、促进创伤愈合和参与肿瘤消长等功能的多肽类活性分子。

1）细胞因子的共性　细胞因子众多，它们表现几个重要的共性。

① 理化特性：绝大多数细胞因子为分子量小于 25ku 的糖蛋白，多数以单体形式存在，少数如 IL-5、IL-12、M-CSF 和 TGF-β 等以双体形式发挥生物学作用。大多数编码细胞因子的基因为单拷贝基因（IFN-α 除外），并由 4～5 个外显子和 3～4 个内含子组成。

② 产生特点：

a. 多细胞来源：一种因子可由多种细胞在不同条件下产生，一种细胞也可产生多种不同细胞因子。如 IL-1 除由单核/巨噬细胞产生外，某些条件下 B 细胞、NK 细胞、成纤维细胞、内皮细胞、表皮细胞等也可分泌 IL-1。

b. 自分泌或旁分泌：一种细胞所产生的细胞因子作用于其本身，称为自分泌；若作用于邻近细胞，称为旁分泌。

c. 瞬时性：细胞内无细胞因子前体储存，接受刺激后从激活基因开始至合成、分泌，刺激结束后细胞因子的产生随即停止。

d. 多数细胞因子由抗原或丝裂原激活的细胞产生，静止的细胞一般不产生细胞因子。

③ 生物学作用特点：

a. 通过与相应受体结合而发挥作用：细胞因子受体与细胞因子间具有高亲和力，是抗原-抗体亲和力的100～1 000倍，比MHC与抗原多肽的亲和力大10 000倍以上。

b. 微量高效性：一般在皮克水平即有明显生物学作用。

c. 局限性：在生理状态下，多数细胞因子以旁分泌或自分泌形式作用于产生细胞本身或邻近细胞，仅在产生的局部发挥作用。但在一定条件下，某些细胞因子（如IL-1、IL-6、TNF-α等）也可以内分泌方式作用于远端靶细胞。

d. 多效性和重叠性：一种细胞因子可作用于多种靶细胞，产生不同功能，此为多效性。如IL-6可诱导B细胞增殖和产生抗体；可诱导肝细胞产生急性期蛋白。另外，不同细胞因子可作用于同一靶细胞，产生相同或相似的功能，此为重叠性。如IL-2、IL-4、IL-7、IL-9和IL-12均可维持和促进T细胞增殖。

e. 多样性和网络性：细胞因子在体内构成十分复杂的调节网络，并显示功能的多样性，表现为：诱导或抑制另一细胞因子的产生；调节同一细胞因子受体表达；或诱导、抑制其他细胞因子受体表达；与激素、神经肽、神经递质共同组成细胞间信息分子系统，调节体内细胞因子平衡；介导和调节免疫应答，参与炎症反应，促进细胞增殖、分化成熟，刺激造血等多种功能。

f. 非特异性：细胞因子多由免疫细胞在特定抗原或丝裂原刺激下所产生，但其对靶细胞发挥功能却为非特异性，也不受MHC限制。

④ 细胞因子功能受多种因素调节：多种因素可通过不同机制影响细胞因子功能，例如，调节细胞因子及其受体表达、细胞因子与受体结合、细胞因子受体的胞内信息传导等。这些因素包括神经-内分泌网络、细胞因子自身及其他细胞因子、抗原/丝裂原刺激、各种药物等。

2）细胞因子生物学作用

① 介导非特异免疫，促进炎症反应：由单核/巨噬细胞分泌的细胞因子具有强大的抗病毒、抗细菌感染作用。如Ⅰ型IFN、IL-15、IL-12可抑制细胞合成DNA和RNA病毒复制的酶，从而干扰病毒复制，促进NK细胞增殖并增强其对病毒感染细胞的杀伤能力。TNF-α、IL-1、IL-6和趋化性细胞因子可促进血管内皮细胞表达黏附分子，促进炎症细胞在感染部位浸润、活化和释放炎症介质。

② 调节免疫应答：在免疫应答过程中，细胞因子发挥重要的调节作用。免疫细胞通过分泌细胞因子而相互刺激或抑制。IFN-γ可诱导MHCⅡ类分子表达，促进抗原提呈；IL-10可抑制抗原递呈；IL-2、IL-4、IL-5、IL-6等均可促进T细胞、B细胞活化、增殖和分化，而TGF-β则起抑制作用。

③ 刺激造血：多种细胞因子形成一个控制造血的复杂网络，参与调控多能造血干细胞分化为成熟血细胞的各个阶段。

④ 形成神经-内分泌-免疫系统调节网络：细胞因子与神经肽/神经递质、激素均是神经-内分泌-免疫系统网络的关键信息分子，参与对机体整体生理功能的调节。一方面，某些细胞因子可促进神经细胞分化、成熟、再生、移行和神经递质、内分泌激素的释放等；另一方面，神经系统和内分泌系统也可抑制或促进某些细胞因子（如IL-1、TNF）的合成和分泌。

⑤ 调节细胞凋亡：细胞因子可直接、间接诱导或抑制细胞凋亡。TNF－α 在体外可诱导肿瘤细胞、树突状细胞、大鼠肝细胞和小鼠胸腺细胞凋亡；IL－2、TNF、IFN－γ 可通过促进 Fas 抗原表达而间接诱导细胞凋亡；IL－2、IL－7 可抑制 T 细胞凋亡促进增殖。

3）细胞因子的分类及功能　细胞因子按照其生物学功能，主要分为下列几类。

① 白细胞介素（interleukin，IL）：由单核吞噬细胞和淋巴细胞分泌的，能诱导造血干细胞生长分化，淋巴细胞分化增殖及分泌的细胞因子，称为白细胞介素，按其发现的次序编号为 IL－1、IL－2、IL－3……

② 集落刺激因子（colony stimulating factor，CSF）：这类因子由 T 细胞、上皮细胞、成纤维细胞等产生，其功能主要是促进造血干细胞增殖、分化，及刺激单核/吞噬细胞和粒细胞的活性。CSF 又分为粒细胞集落刺激因子（G－CSF）和巨噬细胞集落刺激因子（M－CSF），各诱导造血干细胞分化发育为粒细胞和巨噬细胞；红细胞生成素（erythropoietin，EPO），主要诱导造血干细胞分化发育为红细胞。

③ 干扰素家族（interferon，IFN）：Issacs 等（1957）发现病毒感染细胞产生一种小分子蛋白质，被正常细胞吸收后，可使细胞具有抵抗病毒感染、干扰病毒复制的作用，因而命名为干扰素。此后不断进行人和各种家畜家禽干扰素的研究。目前根据干扰素产生细胞不同分为 3 类：a. IFN－α，白细胞受病毒或其他诱导剂（polyI：C 等）作用而产生。b. IFN－β，成纤维细胞受病毒或诱导剂作用而分泌。c. IFN－γ，T 细胞受病毒或其他抗原刺激活化后产生。三种干扰素可在产生动物种内起作用，而且生物学活性基本相同：a. 广谱抗病毒作用，其干扰病毒的原理如图 1－22 所示；干扰素产生后，被邻近细胞吸收，该细胞核中的基因在干扰素诱导下，指导合成一种抗病毒蛋白，抑制各种病毒核酸的复制。b. 抗肿瘤作用，有些肿瘤是由肿瘤病毒持续感染细胞引起的，干扰素的持续作用，可不断使细胞产生抗病毒蛋白，干扰肿瘤病毒的复制。此外干扰素能激活和增强 Mϕ 和 NK 细胞对肿瘤细胞的杀伤作用，c. 调节免疫作用，据试验，小剂量干扰素可明显提高 T 细胞、B 细胞的功能；大剂量则可抑制 T 细胞、B 细胞的 DNA 合成，抑制细胞免疫和体液免疫。

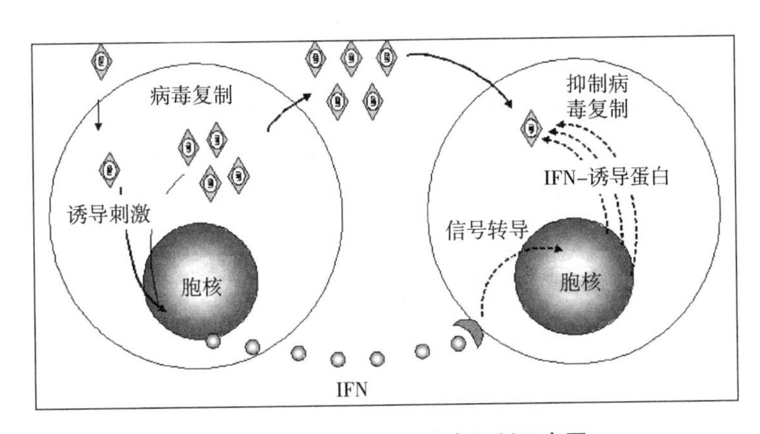

图 1－22　干扰素干扰病毒机制示意图

④ 其他细胞因子：包括肿瘤坏死因子（TNF）、转化生长因子（TGF－β）、表皮生长因子（EGF）、成纤维细胞生长因子（FGF）、神经细胞生长因子（NGF）、血管内皮生长因子（VEGF）、肝细胞生长因子（HGF）、血小板衍生的生长因子（PDGF）等。

研究细胞因子不但有助于从分子水平阐明免疫应答及调节机制，有助于疾病预防、诊断和治疗，而且研究细胞因子制剂具有广阔的临床应用前景，人类医学方面已批准 IFN、IL－1、IL－3、IL－4、IL－6、TNF、TGF 等 10 多种细胞因子进行临床试验。兽医学方面也在努力开展畜、禽干扰素等细胞因子药物的研究及临床试用。

二、抗原的处理和提呈

T 细胞受体（TCR）只能识别抗原分子中很小的片段，抗原提呈细胞最重要的功能就是将抗原分子降解并加工处理成多肽片段，以抗原肽- MHC 复合物的形式，表达于抗原提呈细胞的表面（此过程统称为抗原处理），在与 T 细胞接触的过程中，被 T 细胞识别，从而将抗原信息传递给 T 细胞（此过程统称为抗原提呈）。如果体内有足够数量的辅助性 T 细胞（Th）获得这样的信息，就会进一步活化 B 淋巴细胞，而产生特异性体液免疫反应，或活化其他 T 细胞，而引起机体产生特异性细胞免疫反应。绝大部分抗原需经过抗原提呈细胞的加工处理才能被 T 细胞识别，不同抗原提呈细胞对于不同性质抗原的加工处理过程也有一定的差别。

（一）抗原的摄取

抗原常根据来源分为两大类：来源于细胞外的抗原称为外源性抗原（exogenous antigen），如被吞噬细胞吞噬的细菌、细胞、蛋白质抗原等，需经过抗原提呈细胞摄取至细胞内才能被加工、处理并以抗原肽- MHCⅡ类复合物的方式提呈给 T 细胞。未成熟 DC，尤其是皮肤中的朗格汉斯细胞（Langerhans cell，LC）以及单核-巨噬细胞具有很强的摄取抗原的能力。细胞内合成的抗原称为内源性抗原（endogenous antigen），如被病毒感染细胞合成的病毒蛋白和肿瘤细胞内合成的蛋白等，内源性抗原在细胞内合成后直接被细胞加工、处理并以抗原肽- MHCⅠ类复合物的方式提呈给 $CD8^+$ T 细胞。

（二）抗原的加工处理

T 细胞通常不能识别可溶性游离抗原，只能识别细胞表面与 MHC 结合的抗原肽。外源性抗原和内源性抗原都需经过不同途径的加工处理，与 MHC 分子结合成复合体，转移到细胞表面再提呈给 T 细胞。两类 MHC 分子可以看作是抗原肽的载体，分别提呈外源性和内源性抗原。根据参与的 MHC 分子不同，将抗原在细胞内的加工处理分为 MHCⅠ类途径和 MHCⅡ类途径，两条途径的差别见表 1－2。

表 1－2　MHCⅠ类和 MHCⅡ类途径抗原处理比较

特　征	MHCⅠ类途径	MHCⅡ类途径
抗原的主要来源	内源性抗原	外源性抗原
降解抗原的酶	蛋白酶体	溶酶体
处理抗原的细胞	所有有核细胞	专职性抗原提呈细胞
抗原与 MHC 分子结合部位	内质网	溶酶体及内体
参与的 MHC 分子	MHCⅠ类分子	MHCⅡ类分子
提呈对象	$CD8^+$ T 细胞（主要是 Tc）	$CD4^+$ T 细胞（主要是 Th）

1. MHCⅠ类途径对抗原的加工处理　内源性抗原主要通过MHCⅠ类途径加工处理，其具体过程还不完全清楚。由于所有有核细胞（也包括前述的专职性抗原提呈细胞）均表达MHCⅠ类分子，因此，所有有核细胞均具有通过MHCⅠ类途径加工处理抗原的能力。完整的抗原必须首先在胞浆中降解成多肽，已知细胞内蛋白酶体在内源性抗原的降解中发挥着重要的作用。抗原在胞浆经蛋白酶体降解形成多肽后，首先转移至内质网（ER）腔内与新组装的MHCⅠ类分子结合。现已明确两个同源基因参与了该过程，它们编码的抗原加工相关转运体或抗原肽转运体（transporter associated with antigen processing or transporter of antigenic peptides，TAP）是一种异二聚体（TAP 1/2），TAP 1和TAP 2各跨越内质网膜6次共同形成一个“孔”样结构，依赖ATP对多肽进行主动转运。在内质网中，结合了抗原肽的MHCⅠ类分子再经高尔基体转运到细胞膜上（图1-23）。

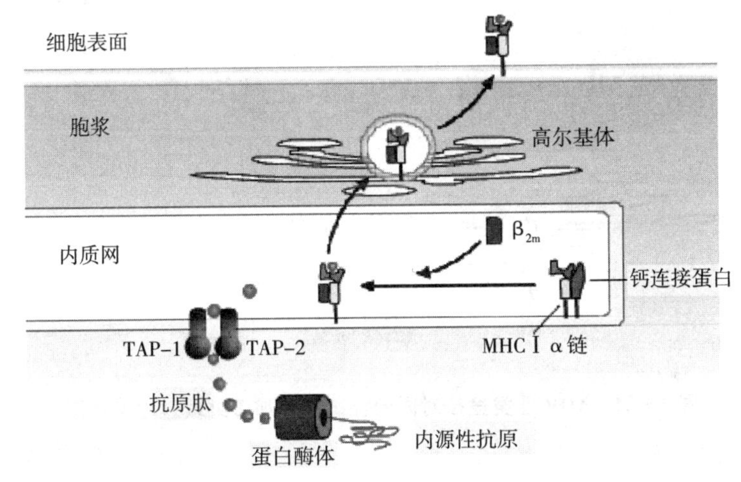

图1-23　MHCⅠ类途径对内源性抗原的加工处理过程示意图

2. MHCⅡ类途径对抗原的加工处理　外源性蛋白抗原进入体内后首先与抗原提呈细胞结合，数分钟后被内吞，然后运送到胞浆内的一种膜性细胞器——内体（endosome）中，内体精确的超微结构及生化特征尚不清楚，进入内体的蛋白质在酸性环境中被附着于内体膜上的蛋白酶水解为多肽片段，并随内体转运至溶酶体，溶酶体的超微结构及内含的酶类已了解得较清楚。溶酶体及内体是抗原提呈细胞加工处理抗原的主要场所。蛋白抗原经加工处理后降解为多肽，多数为含有10～30个氨基酸残基的短肽，其中仅有小部分与MHCⅡ类分子结合的多肽具有免疫原性。哺乳动物的细胞不能将多糖和脂类加工处理成为能与MHC分子结合的分子，因而它们不能被MHC限制的T淋巴细胞识别且不能诱发细胞介导的免疫应答。

在内质网中新合成的MHCⅡ类分子是与一种称为恒定链（invariant chain，Ii）的辅助分子连接在一起形成的$(\alpha\beta Ii)_3$九聚体。Ii的主要功能是：①促进MHCⅡ类分子二聚体的形成，包括组装和折叠；②促进MHCⅡ类分子二聚体在细胞内的转运，尤其是从内质网向高尔基体的转运；③阻止MHCⅡ类分子在内质网内与某些内源性多肽结合。

MHCⅡ类分子在与抗原肽结合前由内质网转移到内质体腔，形成富含MHCⅡ类分子的MHCⅡ，在腔内Ii被降解，但在MHCⅡ类分子的抗原肽结合沟槽内留有一小片段，即

Ⅱ类分子相关的恒定链多肽（class Ⅱ - associated invariant chain peptide，CLIP），再由HLA - DM分子辅助，使CLIP与抗原肽结合沟槽解离，MHCⅡ类分子才能与抗原多肽结合，形成稳定的抗原肽- MHCⅡ类分子复合物，然后转运至细胞膜（图1 - 24）。部分外源性抗原也可不通过Ii依赖性途径与MHCⅡ类分子结合，而是直接与胞膜表面的空载MHCⅡ类分子结合后，被吞噬进入细胞内，在内体中抗原被降解为多肽，随后与再循环至胞内的空载的成熟MHCⅡ类分子结合，形成稳定的抗原肽- MHCⅡ类分子复合物，转运至细胞膜（图1 - 24）。

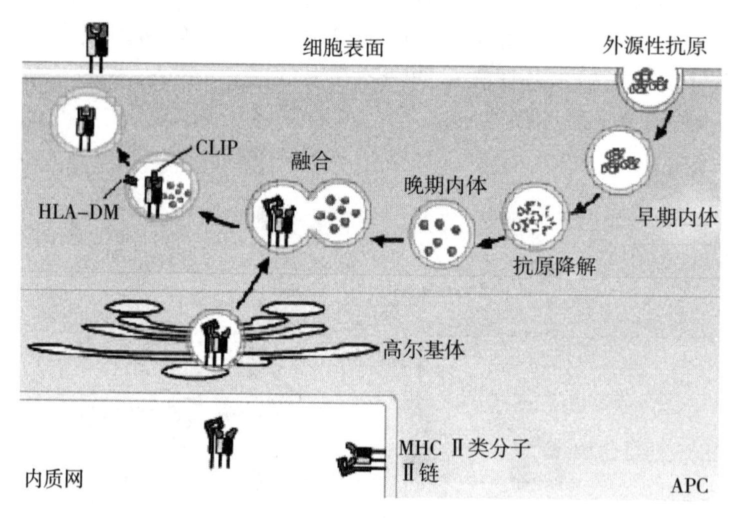

图1 - 24　MHCⅡ类途径对内源性抗原的加工处理过程示意图

（三）抗原的提呈

天然的、变性的、化学修饰的抗原，均可能被抗原提呈细胞加工或酶解处理后转变为抗原肽而提呈给T细胞。$CD4^+$ T辅助细胞识别抗原提呈细胞上与MHCⅡ类分子结合的某种多肽，而$CD8^+$细胞毒性T细胞识别靶细胞表面MHCⅠ类分子结合的抗原肽复合体。因此，抗原提呈是指转移至细胞表面的抗原肽与MHC分子结合的复合体被提呈给T淋巴细胞，并与其表面的TCR结合为TCR -抗原肽- MHC三元体，从而活化T细胞的全过程。但并非所有肽段均能与MHC分子结合，即使已经形成抗原肽- MHC复合体，某些个体的T细胞库中也不一定存在能表达识别此复合体受体的T淋巴细胞。

1. 抗原提呈的基本过程　表达抗原肽- MHC复合体的细胞与相应的T细胞接触后，T细胞表面的TCR同时识别MHC和结合于MHC分子沟槽里的抗原肽，并传递抗原信息而导致T细胞活化。多种分子参与了此过程，细胞表面的黏附分子（如ICAM - 1、ICAM - 3等）及其配体（如LFA - 1等）介导了细胞之间的接触，若缺乏黏附分子及其配体的作用，表达抗原肽- MHC复合体的细胞和T细胞之间就会很快解离。表达抗原肽- MHC复合体的细胞和T细胞通过黏附分子及其配体结合后，必须同时接受抗原信息和协同刺激信号才能有效活化和增殖，提供协同刺激信号的分子也称为共刺激分子（如B7.1、B7.2等）。如果仅仅获得抗原信息，而缺乏协同刺激信号，T细胞则不能有效活化或发生失能。

T细胞的两个重要亚群Th和Tc分别表达$CD4^+$分子和$CD8^+$分子，这两种分子在

TCR-抗原肽-MHC 三元体形成过程中也发挥着重要作用，$CD4^+$ 及 $CD8^+$ 分子是 TCR 与 MHC 分子结合的辅助受体，其中，$CD4^+$ 分子与 MHCⅡ类分子结合，$CD8^+$ 分子与 MHCⅠ类分子结合，从而增加了 T 细胞与相关分子结合的敏感性和牢固性。

无论抗原通过 MHCⅠ类途径还是 MHCⅡ类途径加工处理，其提呈过程均可分为 4 个阶段：细胞间的黏附、抗原特异性活化、协同刺激作用、细胞因子信号的参与。

2. MHC 分子对抗原的交叉提呈现象　现已证实，MHC 分子对抗原的提呈存在交叉提呈现象，即 MHCⅠ类分子也能提呈外源性抗原，而内源性抗原也能通过 MHCⅡ类途径加以提呈，目前认为这种交叉提呈并不是抗原提呈的主要方式。

APC 提呈抗原供 TCR 识别并导致 T 细胞激活是一个受到严格调节的复杂过程。其中的某些细节尚未弄清，有待进一步探讨。

三、免疫应答

免疫应答（immune response，Ir）是指机体免疫系统受抗原刺激后，淋巴细胞特异性识别抗原分子，发生活化、增殖、分化或无能、凋亡，进而表现出一定生物学效应的全过程。淋巴细胞特异性识别抗原的能力受遗传基因控制，并在个体发育过程中逐渐形成。应该提及：免疫应答和免疫反应的概念有区别，后者主要是指免疫应答的产物（抗体和致敏淋巴细胞）与相应抗原特异性结合所发生的反应。

在机体内存在两种免疫应答，一种是机体接触病原体后，首先并迅速起防御作用的天然免疫应答，亦称为非特异性免疫应答，是生物体在长期种系发育和进化过程中逐渐形成的一系列防御功能。参与非特异性免疫的细胞主要包括皮肤黏膜上皮细胞、吞噬细胞、NK 细胞等。另一类是接受抗原刺激后产生的特异性免疫应答，是在非特异性免疫应答的基础上建立的，又称获得性免疫应答。参与特异性免疫应答的细胞主要包括 T 细胞、B 细胞和抗原提呈细胞。本节主要介绍特异性免疫应答。

特异性免疫应答根据其效应机制，可分为 B 细胞介导的体液免疫应答和 T 细胞介导的细胞免疫应答。在某些特定条件下，抗原也可诱导免疫系统对其产生特异性不应答状态，即形成免疫耐受。

（一）免疫应答的基本过程和特征

机体的免疫应答过程十分复杂，随着研究的不断深入，对免疫应答的认识从细胞水平向分子水平、基因水平不断深化，目前仍有许多问题尚未清楚。就免疫应答的基本过程而言，可人为地划分为 3 个阶段：识别阶段、反应阶段和效应阶段。实际上，三者是紧密相关和不可分割的连续过程。

1. 识别阶段（recognition stage）　进入机体的外源性 TD 抗原，被 APC 捕捉（随机或通过 Fc 受体结合抗体抗原复合物）、内吞、酶解成抗原肽（T 细胞决定簇），与 MHCⅡ类分子结合成复合体，在 MHCⅡ限制下与相应辅助性 T 细胞（Th）的 TCR 识别结合，完成 Th 对抗原的识别。

外源性 TD 抗原表位（B 细胞决定簇），可直接与相应 B 细胞的表面免疫球蛋白（SmIg）特异识别结合，完成 B 细胞对抗原的识别。

机体内靶细胞产生的内源性抗原肽（T 细胞决定簇），与 MHCⅠ类分子结合成复合体，在 MHC Ⅰ 的限制下与未活化的前体细胞毒性 T 细胞（P－Tc）的 TCR 识别结合，完成 P－Tc 对内源性抗原的识别。

2. 反应阶段（reaction stage） 识别抗原后的 Th、P－Tc 和 B 细胞，在双信号的作用下，基因被激活，进行转化、增殖、分化、产生效应细胞或效应物质。第一信号是识别的抗原信号，Th、P－Tc 的第二信号为 APC 上的配体（B7 分子等）与 T 细胞表面受体（CD28 分子等）结合，产生的协同刺激信号。在双信号作用下，Th 转化，在 IL－12 诱导下增殖分化为 Th_1；在 IL－4 诱导下则增殖分化为 Th_2；P－Tc 转化增殖为效应 Tc。Th_2 分泌的 IL－4、IL－5、IL－10 等，与 B 细胞膜上的相应受体结合，使 Bc 获得第二信号，增殖分化并进行免疫球蛋白（Ig）基因的类别转换，形成各类浆细胞，分泌 IgM、IgG、IgA 或 IgE 等抗体，存在于体液（血液、淋巴液、组织液）中。

识别抗原后的 Th、P－Tc 和 B 细胞，若只有抗原的第一信号，缺乏第二信号作用，则将发生凋亡，或成为“无能状态”。

3. 效应阶段（effect stage） Th_1 在同种抗原作用下，产生多种细胞因子，活化、召集大量单核巨噬细胞、白细胞，形成炎症反应，消除抗原；同时也造成炎症部位组织损伤。因机体再次接触抗原后，炎症反应一般在 24h 后发生，48～72h 达高峰，故称为迟发型超敏反应（delayed type hypersensitivity，DTH）。因此，Th_1 在功能上是迟发型变态反应性 T 细胞（T_{DTH}），旧称致敏淋巴细胞。

活化的效应 Tc 分泌穿孔蛋白、颗粒酶，表达 FasL 蛋白等，共同特异作用靶细胞使靶细胞溶解或凋亡。Th_1（T_{DTH}）与 Tc 共同完成细胞免疫应答。

浆细胞产生的各类体液抗体，在补体、吞噬细胞、NK 细胞等协同作用下，消除相应抗原，完成体液免疫应答。但在一定条件下，也可引起Ⅰ、Ⅱ、Ⅲ型超敏反应，造成机体功能紊乱或组织损伤。

Th_1 和 B 细胞受抗原作用后，活化增殖过程中，分别将产生一些长寿的记忆细胞，保留于机体内，当同种抗原再次进入机体时，记忆细胞将迅速产生强烈的再次免疫应答。

TI 抗原诱导的免疫应答过程比较简单。无须 APC 的递呈、Th 的辅助，其表面重复排列的 B 细胞决定簇，直接与 B 细胞 SmIg 识别结合，导致多个 SmIg 分子交联，直接引起 B 细胞增殖，分泌少量 IgM，且无记忆细胞产生，故同种 TI 抗原再次进入机体时，不发生再次免疫应答。

（二）细胞免疫应答

细胞免疫应答是抗原进入机体后刺激 T 细胞（包括 T_h、T_C）产生的免疫应答过程，又称 T 细胞介导的免疫应答（T cell mediated immunity，TMI）。细胞免疫应答的效应机制是 T_C 对靶细胞的杀伤和 T_{DTH} 释放的细胞因子致炎症作用。

1. Tc 对靶细胞的杀伤 Tc 对带有内源性抗原的靶细胞起特异杀伤、直接杀伤和重复杀伤作用，在抗病毒感染、抗肿瘤免疫中发挥重要作用。

Tc 杀伤靶细胞的机制是：Tc 通过 TCR 和靶细胞上在 MHC Ⅰ 类分子控制下的内源性抗原特异结合，并在协同刺激分子的作用下，T_C 分泌穿孔蛋白使靶细胞膜发生不可逆性溶解，大量水分进入胞内，细胞质向外流失，细胞裂解；同时 Tc 表达颗粒酶和称为 FasL 蛋白，引起靶细胞内的 DNA 酶活化，使 DNA 裂解，导致靶细胞凋亡（图 1－25）。Tc 完成对靶细胞的杀伤后保持完整，又可特异杀伤其他靶细胞，一个 Tc 细胞在数小时内可杀伤几十个靶细胞。

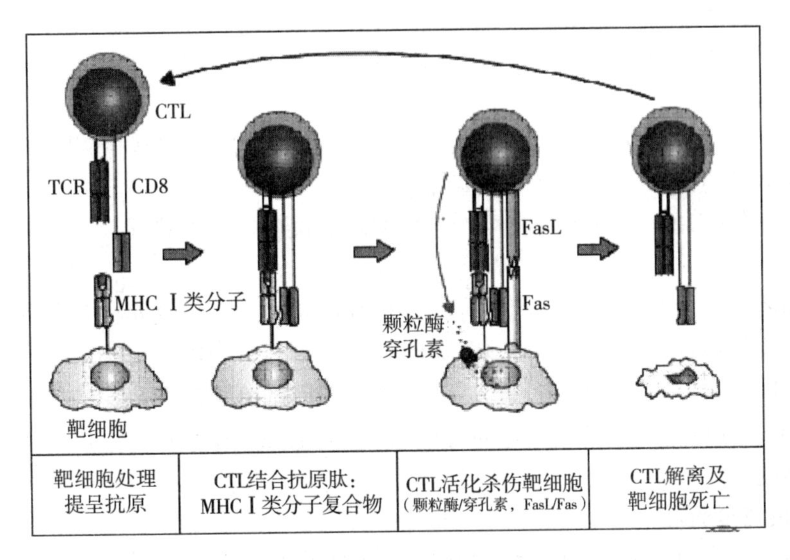

图 1-25　Tc 杀伤靶细胞的机制示意图

2. T_{DTH}释放细胞因子致炎症作用　T_{DTH}受同种TD抗原作用后，释放许多具有生物学活性的可溶性蛋白质，旧称淋巴因子（lymphokine，LK），现统称细胞因子。细胞因子是细胞免疫的重要介质，已发现50多种，以其生物学作用命名，主要的淋巴因子及其作用见表1-3。多数细胞因子非特异性地召集、活化单核巨噬细胞、白细胞，造成炎症反应，共同发挥消灭抗原的作用。

表 1-3　主要的淋巴因子及其作用

淋巴因子	作　用
巨噬细胞移动抑制因子（MIF）	抑制巨噬细胞随机移动，使其停聚于炎症部位，发挥吞噬作用
巨噬细胞趋化因子（MCF）	吸引巨噬细胞移行至抗原存在的局部
巨噬细胞聚集因子（MAggF）	使巨噬细胞聚集于抗原存在的局部
巨噬细胞活化因子（MAF）	激活和增强单核吞噬细胞内溶酶体中的酶，消化胞内菌和杀灭瘤细胞的能力
淋巴细胞生长因子类（IL-2、BCGF、IL-3等）	诱导淋巴细胞的DNA合成过程，促进其增殖
趋化因子类（CFs）	分别吸引各种不同粒细胞向抗原存在部位移动
白细胞移动抑制因子（LIF）	抑制中性粒细胞的随机移动，停聚于抗原存在部位
淋巴毒素（LT）	对肿瘤细胞和病毒感染的靶细胞有选择性发挥杀伤作用
γ干扰素（IFN-γ）	阻止病毒在靶细胞内复制；激活NK细胞，加强巨噬细胞的溶菌能力
Ia抗原诱导因子	诱导巨噬细胞表达Ia抗原
转移因子（TF）	使已致敏机体内的其他正常淋巴细胞转化，发挥特异性细胞免疫的能力，也可将之转移给其他未免疫的动物个体，使获得细胞免疫力
皮肤反应因子	引起血管扩张，增加血管通透性
有丝分裂原因子	非特异性地使淋巴细胞等进行有丝分裂，以扩大免疫应答

3. 细胞免疫的作用

(1) 抗感染 T细胞效应主要针对胞内感染的病原体，包括抗细菌、抗病毒、抗真菌、抗寄生虫感染等。

(2) 抗肿瘤 其机制包括Tc细胞的特异性杀伤作用、巨噬细胞和NK细胞的ADCC效应，以及细胞因子直接或间接的杀瘤效应等。

(3) 免疫损伤作用 T细胞效应可参与Ⅳ型超敏反应、移植排斥反应、某些自身免疫病的发生和发展。

机体的细胞免疫应答也可引起同种异体移植物的排斥反应。这是因为同种动物不同个体组织细胞的组织相容性抗原（MHCⅠ），除同卵双生的两个个体之间相同以外，其他个体之间都不同。不同的个体间进行组织移植后，受体的淋巴细胞识别非自身的供体组织细胞上的MHCⅠ类分子，进行细胞免疫应答，通过激活的Tc细胞直接杀伤，淋巴因子引起的炎症反应将移植物排斥。

（三）体液免疫应答

特异性体液免疫应答主要由B细胞介导。抗原进入机体后，引起B细胞的免疫应答，产生抗体，大量集中于血液，也存在于淋巴液、组织液中，通过中和作用或补体、吞噬细胞等协助，特异性地消除抗原的过程，称为体液免疫应答，又称B细胞介导的免疫应答（B cell mediated immunity，BMI）。体液免疫可通过免疫血清从已免疫的个体转移给未免疫的个体。体液免疫应答的效应机制是各类抗体的作用。

1. 抗体 抗体是浆细胞合成分泌的各类免疫球蛋白（Ig）的总称，是体液免疫中发挥免疫效应的免疫活性物质。

(1) 抗体产生的一般规律

1) 初次应答（primary response） 一种TD抗原第一次进入动物机体，引起的抗体产生过程，称为初次应答（图1-26）。抗原第一次进入机体，经一定时间后才能在血清中测出抗体，此段时间称为阴性期或诱导期，细菌、病毒、异种动物红细胞等颗粒性抗原一般为3～7d，类毒素、异种血清蛋白等可溶性抗原2～3周。阴性期实际是抗原由APC摄取处理，递呈给Th细胞，Th转化、分化为Th_2，辅助已识别抗原的B细胞，B细胞分化、增殖为浆细胞，分泌抗体，并产生部分记忆细胞的过程。

阴性期之后，分化成熟的浆细胞大量增加，分泌于血清中的抗体呈直线上升，称为对数上升期。此后浆细胞的数量趋于稳定，抗体产生与代谢相平衡，称为稳定期。最后抗体含量不断减少，为下降期。

若初次进入机体的TD抗原量较少，产生的抗体只是少量IgM；若抗原量较多，当IgM水平达到高峰后，也产生一些IgG。TD抗原引起初次应答的特征是，阴性期较长，产生的抗体水平不高，维持时间不长，但机体内产生了记忆细胞。另外，初次应答所产生的抗体主要是IgM类抗体，且亲和力较低。

2) 再次应答（secondary response） 在初次应答后几周，当血液中的抗体水平降低，甚至消失后，同种TD抗原再次进入机体，引起的抗体产生过程称为再次应答（图1-26）。再次应答的特征是：开始血清中的原有抗体水平出现暂时性下降，或已消失抗体的机体出现短暂的阴性期，之后，抗体迅速上升到高峰，维持较长时间，且主要是IgG。这是由于记忆细胞对再次进入的抗原迅速应答，大量增殖成分泌IgG的浆细胞。

再次应答的强弱取决于两次抗原注射的间隔长短。间隔过短则应答弱，因为初次应答后存留的抗体可与再次注入的抗原结合，形成抗原-抗体复合物而被迅速清除；间隔过长应答也弱，因为记忆细胞并非永生。再次应答的免疫学效应可持续数月或数年，故机体一旦被感染，可在相当长时间内具有抵御相同病原体感染的免疫力。

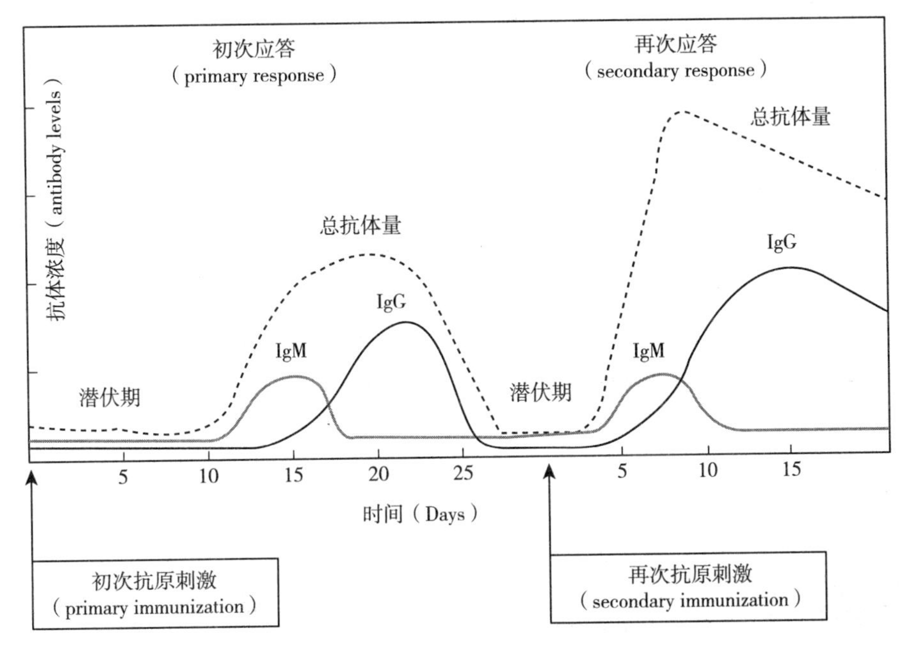

图 1－26　抗体产生规律示意图

（2）抗体的分类

1）抗体依据分子结构中重链恒定区的氨基酸组成和结构不同表现的抗原性的差异分为 IgM、IgG、IgA、IgE 和 IgD 五类。

2）单体的抗体根据其两个 Fab 是否都能与抗原结合分为完全抗体与不完全抗体。

① 完全抗体（complete antibody）：两个 Fab 都能与抗原决定簇结合的抗体称为完全抗体，又称双价抗体。它们在生理盐水中与比例适合的相应抗原反应结果可出现沉淀现象或凝集现象。

② 不完全抗体（incomplete antibody）：此类抗体仅有一个 Fab 可与抗原结合，又称单价抗体。其只能与相应抗原结合，不能出现沉淀反应或凝集反应。免疫血清中若单价抗体含量太多，也将与完全抗体竞争封闭抗原表面的决定簇，遮断抗原与完全抗体的沉淀反应或凝集反应。

3）根据抗原的来源分为异种抗体、同种抗体、自身抗体和异嗜抗体。

① 异种抗体（heteroantibody）：异种抗原免疫动物所产生的抗体，例如，抗菌抗体、抗病毒抗体、抗异种动物红细胞抗体、抗异种动物血清蛋白抗体等。

② 同种抗体（alloantibody 或 homoantibody）：同种、属动物不同个体间的天然存在的抗体。例如，A 血型的人，其血清中天然存在的抗 B 血型的抗体。或同种属不同个体之间的抗原相互免疫所产生的抗体。

③ 自身抗体（autoantibody）：动物机体对自身隐蔽抗原或变性蛋白免疫反应所产生的抗体。

④ 异嗜抗体（heterophile antibody）：由异嗜性抗原刺激机体产生的抗体，称为异嗜性抗体。

4）根据抗体与抗原反应的类型分为沉淀抗体、凝集抗体、补体结合抗体、中和抗体、溶血素、调理素和溶菌素等。

5）根据抗体的均一性，分为多克隆抗体和单克隆抗体。

① 多克隆抗体：各种抗原免疫动物获得的免疫血清中含有多克隆抗体。因为抗原都含有多种B细胞决定簇，每种决定簇可各自诱导机体内相应的B细胞克隆，产生特异抗体，所以，动物免疫血清是结构很不均一的多克隆抗体的混合物。

② 单克隆抗体：意指一个B细胞受一种B细胞决定簇作用后，分化、增殖的浆细胞分泌的结构均一的抗体。但目前只有应用淋巴细胞杂交瘤技术才能制得单克隆抗体。其制备过程如图1-27所示：把受抗原刺激过的B细胞与能无限生长的骨髓瘤细胞融合，形成杂交瘤细胞，经克隆化的一个杂交瘤细胞大量繁殖后产生的抗体，即单克隆抗体。单克隆抗体是高度均一、特异的抗体，在生命科学中，尤其在疾病的免疫学诊断、预防和治疗中被广泛研制和运用。

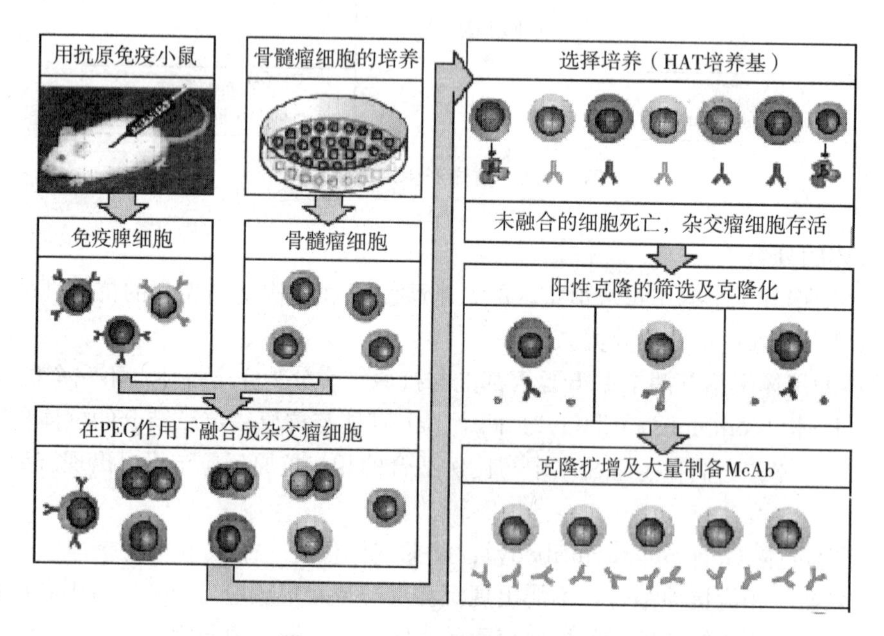

图1-27 单克隆抗体制备过程

（3）抗体的生物学作用 体液免疫在抗感染方面的作用主要是抗体发挥消灭存在于细胞外病原微生物的作用。不同类别的抗体发挥不同的作用。

1）中和作用 病毒的中和抗体与病毒表面的抗原决定簇结合后，可阻止病毒吸附于易感细胞的受体，使病毒失去感染力（图1-28）。毒素的中和抗体与毒素分子表面的抗原决定簇结合后，使毒素也失去毒性。

2）激活补体作用 抗红细胞抗体、抗菌抗体中的IgG、IgM，与相应的红细胞或细菌结合后，引起补体系统的传统激活，导致红细胞或细菌的溶解（图 1－28）。

3）免疫调理作用和 ADCC 作用　单核/吞噬细胞、白细胞及 NK 细胞表面均有抗体 IgG 的 Fc 受体，细菌或靶细胞与相应抗体 IgG 结合后，Fc 段与吞噬细胞的 Fc 受体结合，加强吞噬细胞对细菌的吞噬和消化，称为免疫调理作用（图 1－28）。抗体 Fc 段与 NK 细胞的 Fc 受体结合，则发挥 ADCC 作用。

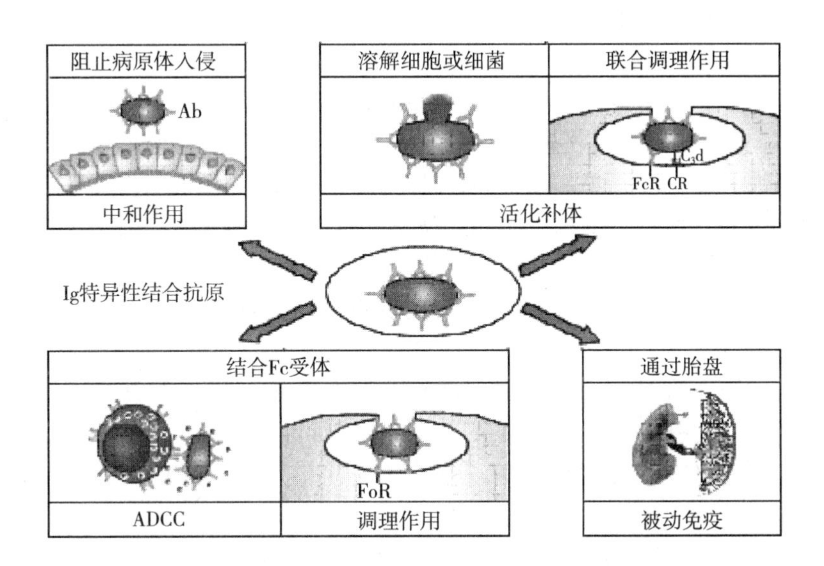

图 1－28　抗体的生物学作用示意图

此外，抗体 IgE 常引起Ⅰ型过敏反应，IgG、IgM 和 IgA 在一定条件下也参与Ⅱ、Ⅲ型变态反应，引起免疫病理性损伤。

（四）免疫应答的影响因素

机体免疫应答的类型、强弱及结果，受机体和抗原两大方面因素的影响。

1. 机体方面　动物不同种类品系、个体，同一个体不同发育阶段（年龄），营养、健康状况等对免疫应答都有影响。

（1）遗传因素　试验证明，兔和豚鼠比大鼠、小鼠容易引起细胞免疫应答。同为豚鼠，近交品系 2 对人工抗原二硝基苯与 L－赖氨酸的多聚物（DNP－PLL）有免疫应答，品系 13 对 DNP－PLL 则无免疫应答。两个品系杂交的第一代（F_1）所有个体对 DNP－PLL 都有免疫应答，杂交的第二代（F_2）中有的个体有应答，有的没有，两者比例为 3∶1。机体免疫应答受 MHCⅡ和 MHCⅠ基因控制。

（2）年龄因素　胚胎期的免疫系统逐渐发育，尚未成熟，胎儿肝脏产生的甲胎球蛋白具有抑制免疫应答的作用，所以胚胎早期的免疫应答功能很弱，淋巴细胞与抗原接触主要引起免疫耐受。胎儿的免疫防护主要靠胎盘屏障，人、灵长类和兔的胎儿尚可经胎盘获得母体 IgG 抗体的特异性保护。

幼龄期免疫系统发育仍未完全成熟，特异性免疫主要靠从母畜乳汁，尤其初乳中获得的“母源抗体”。当幼畜体内母源抗体水平还很高时，再接种相应疫苗，将发生母源抗体与疫苗的特异性反应，既消耗了抗体，又抑制了疫苗的作用，造成更易受感染的危险。所以，给幼畜第一次接种疫苗，通常安排在母源抗体水平下降到适当的时期进行。

成年健康动物，免疫系统发育健全，免疫应答功能最好。但若接种过某种疫苗，体内产生的抗体水平还很高时，再接种同种疫苗，抗体和疫苗也将互相作用而消耗，反而降低免疫效果。因此，同种疫苗给动物接种间隔时间也要安排适当。

老年期动物，因T细胞功能衰退，细胞免疫应答功能、免疫监视功能趋于低下，容易发生肿瘤。另外可能由于调节体液免疫的因素减弱，B细胞易对自身组织进行免疫应答，故较容易发生自身免疫病。

（3）营养、应激、健康等因素　严重营养不良，尤其缺乏蛋白质，维生素A、维生素C，微量元素硒、锌、铁等，将严重影响免疫器官和细胞的成熟，或迅速退化，明显降低机体的免疫应答功能。处于冷、热、噪声、惊吓、搬迁、运输、饥渴等应激状态的动物，因肾上腺素等内分泌失调，影响免疫系统功能，将明显抑制机体的免疫应答。患病机体，如患传染性法氏囊病的鸡，B细胞成熟受影响，疫苗免疫将无效。

2. 抗原方面　抗原的性质、物理状态、免疫途径、免疫剂量、间隔时间等对免疫应答效果也有明显影响。

（1）抗原的性质　研究显示，与免疫动物亲缘关系远的抗原和灭活的抗原，易激活B细胞，主要引起体液免疫应答。亲缘关系近的抗原，如同种异体移植物抗原、内源性的肿瘤抗原，则易引起T细胞的细胞免疫应答。细胞内寄生的细菌、原虫、持续感染的病毒等以细胞免疫应答为主。

（2）抗原的物理状态　类毒素、异种蛋白血清等可溶性抗原引起的免疫应答过程较慢，抗体空白期较长，通常需要2～3周。病毒、细菌等颗粒性抗原引起的免疫应答较快，接种后3～7d血清中即出现抗体。抗原加入佐剂后将大大提高其免疫原性和免疫效果。

（3）抗原接种途径　经皮下、肌内注射的抗原，主要沿淋巴进入淋巴结进行免疫应答。静脉接种的抗原主要到达脾脏进行免疫应答。气雾免疫的抗原主要在呼吸道黏膜局部进行免疫应答。加弗氏佐剂的抗原则主要在淋巴结和肉芽肿组织内进行免疫应答。某些弱毒疫苗可经口服免疫进入消化道，主要在肠道黏膜局部进行免疫应答。但大多数疫苗，尤其灭活疫苗不宜经口服接种，因疫苗在消化道将被消化降解失去免疫原性。

（4）免疫剂量和间隔时间　适当的抗原剂量引起良好的免疫应答，使用时应按疫苗的使用说明进行。大多数抗原在太高剂量时将诱导T细胞、B细胞产生免疫耐受，抗原剂量越大，引起的耐受性越巩固持久。免疫耐受形成后，继续注入小剂量同种抗原将延长耐受性。有些抗原，如牛血清蛋白，高剂量或低剂量均可引起免疫耐受。

抗原接种的间隔时间。动物接种疫苗与试验动物制备高免血清时接种抗原的间隔时间有所不同。给动物接种疫苗应按动物体内前次免疫产生的抗体维持情况而定出适当的间隔时间。制备高免血清时，通常颗粒性抗原和加佐剂后的抗原，隔2周接种1次，而且每次接种的抗原量应比前一次增多，这样保证接种进入机体后，经抗原抗体反应，仍剩足够的抗原引起再次免疫应答。

（五）免疫应答的调节

免疫应答是一个十分复杂的生物学反应过程，涉及许多不同的细胞、分子，甚至不同的系统。有赖于这些不同细胞和分子间的相互作用，免疫系统才能行使其免疫防御、免疫自稳和免疫监视功能。不适当的免疫应答，如对自身抗原产生免疫应答、对病原体产生耐受或过强的免疫应答等，都会对机体造成损伤。因此，免疫系统在长期进化过程中形成了多层面、多系统的调节机制，以控制免疫应答的质和量。这一调节机制包括正、负反馈两个方面，并涉及整体、细胞和分子等多个水平。

1. 基因水平的免疫调节　人们早就注意到，不同个体对同一抗原的免疫应答能力各异。例如，不同遗传背景的豚鼠对白喉杆菌的抵抗力不同，且有遗传性；不同 MHC 单元型小鼠对特定抗原的应答能力各异，对某一抗原呈高反应性的小鼠品系对其他抗原可呈低反应性。上述事实表明，机体免疫应答受遗传（基因）控制。其中，MHC 是调节免疫应答的重要遗传学机制。

2. 细胞水平的免疫调节　研究最多的是 Mϕ 和 T 细胞的调节作用。Mϕ 在免疫应答中的主要功能是捕获抗原，加工处理抗原并在 MHC Ⅱ类分子控制下将抗原递呈给相应的 Th 细胞。启动免疫应答，但受过度的抗原刺激，也将分泌一些因子，起抑制、调节免疫应答作用（图 1－29）。T 细胞在免疫应答中起着重要的调节作用。近年研究表明，Th 亚群又分为 Th_1、Th_2 两个亚群，Th_1 辅助 T 细胞的细胞免疫应答，Th_2 辅助 B 细胞的体液免疫应答，Th_1 与 Th_2 通过分泌的细胞因子起互相调节作用。

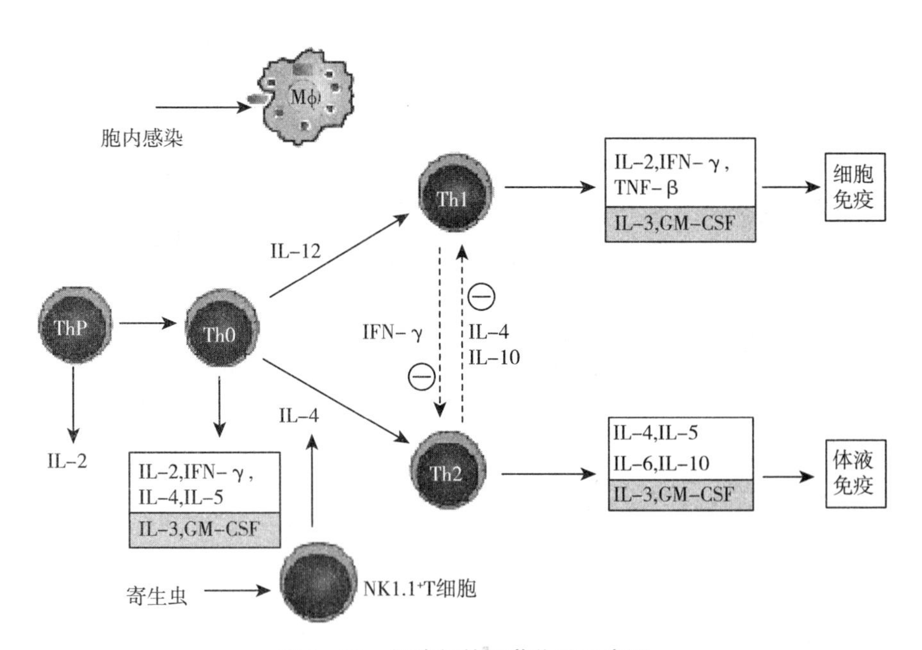

图 1－29　细胞间的调节作用示意图

3. 分子水平的免疫调节　虽然 Mϕ 给 T 细胞递呈抗原需要细胞间的直接接触，才能激活 T 细胞，但是，免疫应答及其调节又是通过免疫分子在起作用。例如，Mϕ 表达的 MHC Ⅱ分子、B7 分子等，与 Th 细胞表达的 TCR、CD28 等相互作用，Th 才能获得抗原信号和协同刺激信号（图 1－30）。这两种信号在向 Th 细胞内转导过程中又受激活性受体和抑制性受体的协调，Th 才能激活。激活后的 Th 受 IL－12 等作用向 Th_1 分化，Th_1 分泌多种细胞因子体现细胞免疫。激活的 Th 受 IL－4 等作用向 Th_2 分化，Th_2 分泌 IL－4、IL－10 等促进 B 细胞增殖，辅助体液免疫。

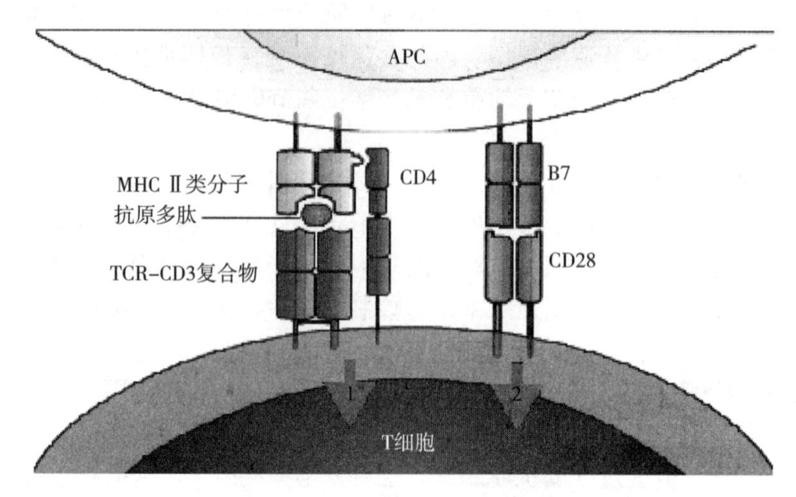

图 1-30　Mϕ 表达的 MHC 分子与 T 细胞相互作用示意图

4. 独特型网络的免疫调节　抗体与相应抗原结合，清除抗原，起着反馈抑制的调节作用，在免疫应答调节上也有重要意义。抗体分子的可变区上存在着独特型（idiotype，Id）抗原，当体内抗原水平达到一定阈值时，将刺激另一组 B 细胞产生抗独特型抗体（anti idiotype，AId），Id 与 AId 所组成的免疫网络，在免疫调节上也很重要（图 1-31）。

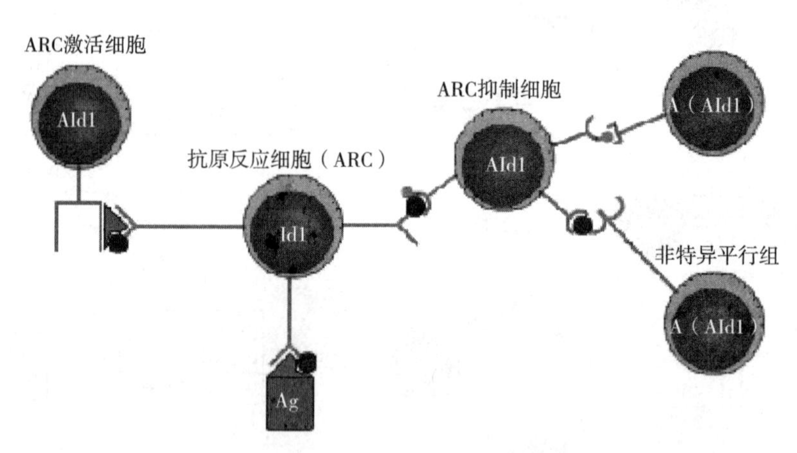

图 1-31　免疫网络调节示意图

5. 神经-内分泌系统与免疫系统的相互调节　神经-内分泌系统与免疫系统形成一个相互调节的网络，网络中的信使和渠道是促肾上腺皮质激素（ACTH）和内啡肽（End），它们既可由垂体产生，又可由淋巴细胞产生。ACTH 可刺激肾上腺皮质产生和释放糖皮质类固醇激素作用于免疫系统，抑制抗体生成。End 既可与神经细胞上的受体结合，发挥镇痛作用，又可与淋巴细胞上的受体结合，增强淋巴细胞的有丝分裂和 NK 细胞活性，以及抑制抗体产生，于是有学者提出，免疫系统中的淋巴细胞如神经细胞，接受抗原刺激，引起免疫应答的同时产生多肽因子，给神经系统发生信号，再由神经内分泌系统产生相应的生理或病理反应，而神经内分泌系统又通过共同的多肽因子将信息反馈给免疫系统，调节免疫应答（图 1-32）。

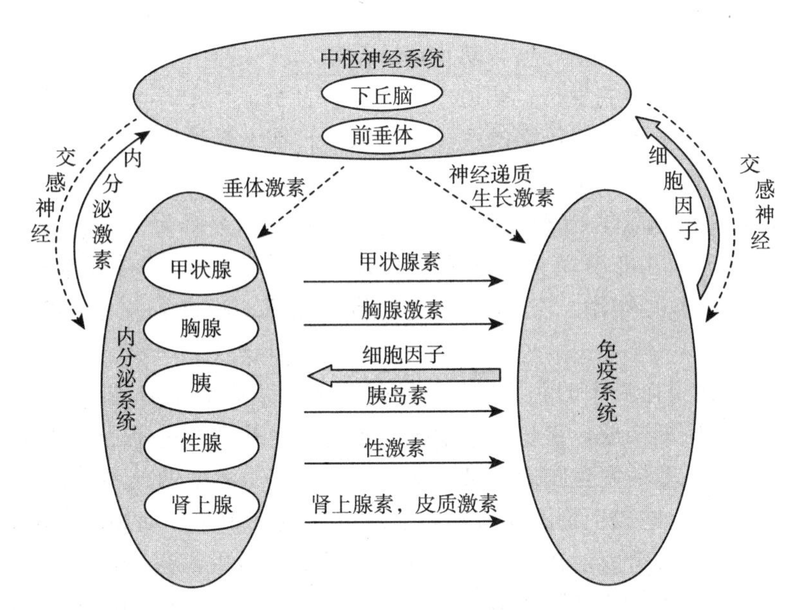

图1-32　神经-内分泌系统与免疫系统的相互调节示意图

四、抗感染免疫

抗感染免疫是指畜禽机体受病原微生物或寄生虫入侵、感染的同时，发挥天然防御机制和特异性免疫应答机制，抵抗感染，消灭病原体的过程。机体抗感染的结局取决于机体天然防御和免疫应答功能，以及入侵病原体的毒力和数量。可能病原体被消灭，感染消除；或感染扩散，发生传染病，甚至机体死亡。本节主要介绍机体天然非特异性免疫防御机制和机体抗各类病原体感染的免疫机制。

（一）天然非特异性免疫防御机制

机体的天然非特异性免疫防御机制包括生理屏障、吞噬作用、体液因素作用和细胞因子等作用。

1. 生理屏障

（1）皮肤与黏膜屏障　皮肤和黏膜通过三方面的作用共同构成机体的第一道天然防线。

1）机械阻挡　体表皮肤由多层细胞构成，能阻挡一般病原微生物的侵入。但是一些侵袭力强的细菌，例如，布鲁氏菌、钩端螺旋体，可以侵入正常的皮肤。消化道、呼吸道、泌尿生殖道等黏膜由单层柱状细胞构成，其机械阻挡作用不如皮肤，但黏膜分泌的黏液，以及呼吸道黏膜的纤毛运动等，有助于排除微生物。当黏膜受冷或被有害物质或气体损伤时，易发生呼吸道或消化道感染性疾病。

2）化学作用　皮肤汗腺分泌的乳酸能抑制病原菌，皮脂腺分泌的脂肪酸有杀灭细菌和真菌的作用，泪腺、唾液腺、乳腺及鼻气管黏膜分泌的溶菌酶能溶解革兰氏阳性菌，黏多糖能灭活一些病毒，胃黏膜分泌的盐酸有很强的杀菌作用，肠黏膜分泌的多种蛋白酶也有消化杀菌作用。

3）生物学作用　正常动物皮肤上、口腔、咽喉、肠道和阴道内寄居的正常菌群，一方面占据表面，另一方面产生代谢产物，防止病原微生物的入侵。例如，皮肤上的丙酸菌，产生脂类，可抑制化脓性细菌的生长，肠道内的大肠杆菌分泌大肠菌素及分解糖后产生的酸，厌氧菌产生的脂肪酸能抑制沙门氏菌的生长。临床上长期大量使用广谱抗菌药可导致正常菌群失调，造成菌群失调症或二重感染。

（2）内部屏障　病原微生物若突破了皮肤、黏膜等体表屏障，进入淋巴液到达淋巴结，或进入血液到达脾脏都会受到过滤阻挡作用。此外，血管内皮细胞也将起阻止微生物通过血管壁侵入组织的作用，尤其到达脑或胎盘部位，将受到血脑屏障和胎盘屏障的阻挡作用。

1）血脑屏障　是指血液中的病原微生物不易侵入脑组织和脑脊液。血脑屏障主要由脑毛细血管壁和神经胶质膜构成，是防止中枢神经系统发生感染的重要防卫机构。幼龄动物血脑屏障尚未完全成熟，容易发生脑内感染，例如，仔猪容易发生伪狂犬病。

2）胎盘屏障　指病原微生物不易通过胎盘从母体侵入胎儿。动物胎盘屏障由母体胎盘和胎儿胎盘多层组织结构组成，在正常情况下，一般病原微生物很少能通过胎盘感染胎儿，但也有些病毒会由母体胎盘感染胎儿引起流产、早产或死胎。例如，牛白血病病毒多数在妊娠第9个月感染胎儿，猪乙型脑炎在妊娠中后期感染胎儿。有些细菌则可引起胎盘炎而导致胎儿感染和流产，如布鲁氏菌。

2. 吞噬作用　动物机体内广泛分布着各种吞噬细胞，包括血液中的中性白细胞和单核细胞，各种组织中的巨噬细胞。吞噬细胞将对入侵的病原微生物发挥吞噬、消化杀灭作用。吞噬细胞吞噬病原微生物的过程见本节一、（二）、2、（1）所述。

3. 体液因素作用　健康动物体液中含有多种物质，常与其他因素配合发挥非特异的杀菌或抑菌作用，如表1-4所示。

表1-4　正常体液中的杀菌抑菌物质

物　质	来源或存在部位	化学性质	作用对象
补体	血清	球蛋白	革兰氏阴性菌、病毒
溶菌酶	吞噬细胞溶酶体、泪液、唾液、乳汁	碱性多肽	革兰氏阳性菌
乙型溶素	血清	碱性多肽	革兰氏阳性菌
吞噬细胞杀菌素	中性粒细胞	碱性多肽	革兰氏阳性菌
白细胞素	中性粒细胞	碱性多肽	多种细菌
血小板素	血小板	碱性多肽	革兰氏阳性菌
正铁血红素	红细胞	碱性多肽	革兰氏阳性菌
精素精胺碱	胰、肾、前列腺	碱性多肽	革兰氏阳性菌
乳素	乳汁	蛋白质	革兰氏阳性菌

4. 细胞因子　机体产生的各种细胞因子也在天然防御感染中起重要作用。

（1）单核因子　单核/吞噬细胞分泌的IL-1、IL-6、IL-8、IL-12和TNF-α等细胞因子，均具有重要的天然防御作用，一般病原体侵入机体后，单核/吞噬细胞一方面发挥吞噬作用，另一方面产生单核因子。其中的 TNF－α、IL－1 和 IL－6 是一组“内源性致热源”（endogenous pyrogen），可直接刺激机体下丘脑及体温调节中枢，使体温升高，既抑制病原体的繁殖，又增强免疫就答。TNF－α、IL－1 和 IL－6 还可以作用于肝细胞，大量产生急性期蛋白，急性期蛋白中的 C 反应蛋白（CRP）和甘露糖结合蛋白（MBP）都能引起补体系统激活，溶解某些病原体。

TNF－α 还具有刺激小血管扩张、内皮细胞表达黏附分子的作用，促使白细胞和血小板的黏附。局部感染时，TNF－α 产生增加，可促使血流中的 IgG、补体、免疫细胞等经局部血管壁移出，集中于感染部位起消灭病原体的作用。但是在全身感染时，肝、脾等处巨噬细胞产生大量 TNF－α，作用于全身小血管，可导致全身小血管扩张，血管通透性增加，大量血浆丧失，发生休克，致多器官衰竭而死亡。

IL－8 是一种白细胞趋化因子，具有招引中性粒细胞移行至感染部位，发挥吞噬消化的作用。

IL－12 能诱导 Th 细胞向 Th_1 分化，促进细胞免疫应答；并能激活 NK 细胞，发挥自然杀伤作用。

（2）干扰素（IFN）　干扰素具有干扰病毒复制，增强 NK 细胞杀伤功能，增强细胞 MHC Ⅰ类分子表达，促进感染细胞将病毒抗原肽递呈给 Tc 细胞等作用。

（3）趋化因子　细菌、病毒等病原体侵入宿主后，能刺激巨噬细胞、内皮细胞、皮肤角质细胞、成纤维细胞和平滑肌细胞等产生小分子多肽，招引巨噬细胞、各类粒细胞、淋巴细胞移行至病原侵入的炎症部位，发挥吞噬作用并进行免疫应答。

（二）抗各类病原体感染免疫

1. 抗细菌感染免疫　致病菌，这里指的是广义的各种原核微生物，包括细菌、螺旋体、支原体、立克次体、衣原体等。它们可分为胞外菌（extracellular bacteria）和胞内菌（intracellular bacteria）。畜禽的致病菌大多数是胞外菌。它们寄居在宿主体内细胞外的组织间隙、血液、淋巴液和组织液中。例如，葡萄球菌、链球菌、破伤风梭菌、致病性大肠杆菌等。胞内菌又分为专性（obligate）胞内菌和兼性（facultative）胞内菌。专性胞内菌在宿主体内或在体外培养，都只有在细胞内才能生存和繁殖，如立克次体、衣原体。兼性寄生菌在宿主体内主要寄生于细胞内生长繁殖，但在体外可用无活细胞的人工培养基培养繁殖。例如，结核杆菌、布鲁氏菌、李斯特菌等。胞内菌的致病机制及机体对它们的抗感染机制都有所不同。

（1）抗胞外菌的感染免疫　胞外菌对宿主的致病机制主要是两个方面：一是产生毒素，革兰氏阳性菌主要分泌具有毒性的蛋白质，为外毒素。外毒素毒性强，免疫原性强，不同细菌产生的外毒素的作用机制不一样。革兰氏阴性菌的毒素是内毒素。毒性成分是细胞壁上的脂多糖（LPS）的类脂质 A。因各种革兰氏阴性菌 LPS 的组成相似，所以感染引起的毒性作用都相似，表现为发热、白细胞增多，严重时出现内毒素性休克等。胞外菌致病机制的第二方面是在感染部位造成组织破坏，引起炎症反应。

1）天然防御机制　侵入体内的胞外菌将受到中性粒细胞、单核细胞、巨噬细胞的吞噬、杀灭，但是有荚膜的细菌，其荚膜有抵抗吞噬的作用。金黄色葡萄球菌分泌的凝固酶，可使宿主血浆中的纤维蛋白原转变为纤维蛋白，包绕在菌体表面，也起抗吞噬作用。

革兰氏阳性菌细胞壁中的肽聚糖，可激活补体替代途径，使细菌裂解，但是肺炎球菌荚膜中的唾液酸可抑制补体替代途径的激活。补体激活过程中产生的C_{3b}将促进吞噬细胞对细菌的吞噬作用。C_{3a}、C_{5a}能招引活化淋巴细胞，促进对细菌的免疫应答。LPS能刺激血管内皮细胞、巨噬细胞产生TNF-α、IL-1、IL-6、IL-12及趋化因子，发挥各种天然防御作用。

2）特异性免疫机制　机体对胞外菌主要通过体液免疫应答，产生特异抗体，发挥抗体的作用将细菌消除。胞外菌的细胞壁、荚膜等多糖是TI抗原，能直接刺激相应B细胞产生特异的IgM抗体。胞外菌的蛋白抗原是TD抗原，需APC加工、递呈，在Th_2细胞帮助下，刺激相应B细胞，产生特异的IgM、IgG、分泌型IgA（SIgA）或IgE抗体。机体通过特异抗体发挥作用：①调理细菌，促进吞噬作用（IgG）；②激活补体系统作用（IgM、IgG）；③中和外毒素作用（IgG）；④与致病菌的黏附素（如菌毛）特异性结合，阻止细菌在黏膜表面定植（SIgA）等，达到特异性消灭入侵的胞外菌。

3）胞外菌逃避机体防御功能的机制　胞外菌可通过不同机制逃避机体天然免疫和特异性免疫效应。

① 胞外菌逃避天然免疫的机制：某些胞外菌能在吞噬作用的不同环节抵抗吞噬细胞的吞噬与杀伤。例如，白喉杆菌外毒素能麻痹吞噬细胞，阻止其移动和趋化；肺炎链球菌荚膜能抵抗吞噬细胞摄入；福氏志贺菌可诱导吞噬细胞凋亡；致病性葡萄球菌产生的杀白细胞素可杀伤吞噬细胞。某些胞外菌能抑制补体活化或灭活补体活性片段，对抗补体的溶菌、调理及炎症介质作用。例如，化脓性链球菌M蛋白能结合H因子，可抑制补体旁路途径激活；B群和C群脑膜炎球菌荚膜中的唾液酸亦具有抑制补体活化的功能；铜绿假单胞菌分泌的弹性蛋白酶能灭活C_{3a}、C_{5a}等，使之丧失趋化与炎症介质作用；鼠疫耶尔森菌产生的胞浆素原活化因子能降解C_{3b}与C_{5a}，阻止调理与趋化作用。

② 胞外菌逃避特异性免疫的机制：胞外菌逃避特异性免疫的方式有多种。其一，通过抗原调变，避开特异性抗体的作用。例如，淋球菌通过基因转换使菌毛蛋白抗原不断改变，从而逃避机体对菌毛黏附的抑制效应；回归热螺旋体在感染过程中，其外膜蛋白抗原可因基因重排而发生变异，使宿主已产生的特异性抗体失去作用，外膜蛋白抗原的不断变异是导致临床上回归型发热的根本原因。其二，胞外菌能通过某些方式直接消除特异性抗体的作用。例如，流感杆菌、淋球菌、溶脲脲原体等能产生IgA蛋白酶，降解宿主黏膜表面的SIgA抗体，使之失活，故宿主黏膜表面虽表达高水平SIgA，仍不能阻止此类胞外菌入侵；金黄色葡萄球菌产生的A蛋白（SPA）能与特异性IgG的Fc段结合，使其不能发挥调理作用。此外，某些胞外菌尚可诱生无效抗体，封闭其菌体的抗原表位，从而阻止有效抗体的结合。

（2）抗胞内菌的感染免疫

1）天然防御机制　吞噬细胞对胞内菌能吞噬，但不能消化它们。在特异性免疫应答产生前，主要靠NK细胞杀灭胞内菌。NK细胞可被胞内菌活化，或胞内菌刺激巨噬细胞分泌IL-12，活化NK细胞，杀灭胞内菌，也可分泌IFN-γ，激活巨噬细胞，杀灭吞入的胞内菌。

2）特异性免疫机制　机体必须通过细胞免疫应答消除细胞内的细菌。

细胞免疫应答的作用，一是产生的淋巴因子尤其是IFN-γ激活巨噬细胞后可杀灭吞入的胞内菌；二是细胞毒性 T 细胞（Tc）杀伤裂解胞内菌感染的细胞，释放出细菌，经特异抗体调理后，再由吞噬细胞吞噬消灭，或激活补体使细菌裂解。

机体对胞内菌进行细胞免疫应答过程中，因巨噬细胞活化，细胞因子产生，在杀灭病菌的同时，也会产生传染性变态反应，形成肉芽肿，导致组织坏死、纤维化，功能受损。例如，结核病，就是由结核杆菌感染，以及机体对结核杆菌进行细胞免疫应答引起的。

3）胞内菌逃避机体防御功能的机制

① 胞内菌逃避天然免疫的机制：胞内菌能经不同方式逃避细胞内杀菌作用。例如，结核杆菌能阻止溶酶体与吞噬体融合；李斯特菌能产生特殊的溶素（lysin），逃避吞噬体的“扣押”；嗜肺军团菌通过与 CR1 和 CR3 结合进入吞噬细胞，不引起呼吸暴发，可避免 ROI 产生而杀伤细菌；麻风杆菌等以无杀伤力的非专职吞噬细胞（如神经鞘细胞等）为寄居细胞等。寄生于胞内的病菌亦可免受补体等体液抗菌物质的杀伤作用。

② 胞内菌逃避特异性免疫的机制：胞内寄生的细菌可免受抗体攻击。胞内菌逃避细胞免疫的途径亦有多种。例如，伤寒沙门菌能通过改变宿主免疫应答类型而逃避细胞免疫的作用，其机制是该菌内毒素能诱导 Th_2 细胞形成，使宿主倾向于产生对该菌无害的体液免疫应答，类似情况还见于瘤型麻风患者。李斯特菌被巨噬细胞吞噬后，能抑制巨噬细胞处理抗原，抑制特异性细胞免疫的形成。

2. 抗病毒的感染免疫　病毒是严格寄生于宿主活细胞内的病原体。病毒通过与宿主细胞表面受体结合吸附，然后病毒核酸穿入宿主细胞内，利用宿主细胞的酶、核酸和蛋白质进行复制。多数无囊膜病毒复制后在细胞内积聚，待细胞破裂释放；有囊膜的病毒以出芽方式释放出细胞；有的病毒核酸进入宿主细胞后与宿主核酸整合，呈潜伏的慢性感染。

（1）天然免疫机制　宿主感染病毒，病毒直接刺激感染细胞产生 IFN－α 和 IFN－β，起干扰病毒复制的作用；NK 细胞可自然杀伤已感染病毒的靶细胞；IFN－α 和 IFN－β 也能增强 NK 细胞对病毒感染细胞的杀伤力。

（2）特异性免疫机制　机体抗病毒感染必须通过体液免疫应答和细胞免疫应答的联合作用，才能彻底消灭入侵的病毒。

体液免疫应答产生的特异抗体主要对感染早期尚未进入细胞内的病毒，以及感染细胞释放出的病毒起效应作用。抗体发挥中和作用、调理作用、激活补体作用等消灭病毒。

细胞免疫应答中的 Tc（CTL），对感染进入细胞内的病毒，尤其潜伏的慢性感染病毒起效应作用。CTL 使靶细胞溶解或凋亡，散出的病毒受体液中特异抗体的作用失去活性，最终被吞噬细胞吞噬等清除。CTL 也能分泌 IFN－γ 因子对病毒起抑制复制等作用。

机体对某些病毒的特异性免疫应答也可造成组织损伤。例如，马传染性贫血病毒感染的血细胞，受 CTL 作用，可被大量杀伤溶解而导致贫血。又如猪瘟病毒感染猪体后，特异性免疫抗体（IgG）与病毒结合的免疫复合物，可引起Ⅲ型变态反应，导致全身性血管炎。

病毒也可以不同方式逃避或干扰宿主的特异性免疫应答。流感病毒、口蹄疫病毒经常发生变异，改变抗原，逃避原有抗体或 CTL 的攻击，导致传染病不断的流行。腺病毒等能抑制 IFN－α 和 IFN－β 在细胞内诱生的抗病毒蛋白（AVP）作用，使病毒复制不受干扰。许多病毒感染则以不同机制造成宿主机体的免疫抑制。例如，鸡传染性法氏囊炎病毒感染破坏法氏囊，抑制体液免疫；腺病毒感染细胞后合成一种蛋白，与内质网中的 MHC Ⅰ类分子结合，阻止 MHC Ⅰ类分子与内源性病毒抗原肽的复合物转位到细胞膜表面，CTL 不能识别杀伤该种靶细胞。此外，痘病毒、单纯疱疹病毒分别能产生与补体 C_{4b} 或 C_{3b} 结合的蛋白，抑制补体的传统激活和替代激活途径。

（3）病毒逃避宿主防御功能的机制　某些病毒侵入机体后，可经多种途径逃避宿主防御机制。

1）隐匿在“保护区”　病毒为胞内寄生微生物，侵入机体后主要停留在胞内，并由此避开抗体等体液性抗病毒物质的作用。1 型单纯疱疹病毒（HSV - 1）在引起原发感染后，病毒通常长期隐伏在三叉神经节中，可逃避机体免疫效应机制的攻击。若机体免疫力降低（如发热、某些细菌或病毒感染），潜伏病毒可活化并增殖，沿三叉神经扩散而引起疱疹。某些病毒感染细胞后，其基因组可与宿主细胞染色体整合，以前病毒形式隐伏于胞内，从而逃避免疫系统识别。

2）抵抗吞噬细胞　中性粒细胞能吞噬病毒，但其通常不能杀死摄入的病毒，病毒却可在胞内增殖，并随细胞游走而扩散。某些病毒能感染巨噬细胞，在胞内存活、低度增殖中，这些细胞可将病毒播散至其他部位。

3）抗原变异　某些病毒在传播过程中，其外部衣壳或包膜上的抗原成分可发生变异。如流感病毒可因包膜表面血凝素和神经氨酸酶变异而形成新的病毒亚型，而机体针对原病毒亚型所产生的特异性免疫不能抵御新亚型感染（图 1 - 33）。因此，每当流感病毒因抗原变异而出现一种新亚型，便可引起一次流感大流行。某些病毒感染机体过程中，其包膜糖蛋白的某些氨基酸序列可不断发生改变，此种病毒系引起持续性感染的原因之一。

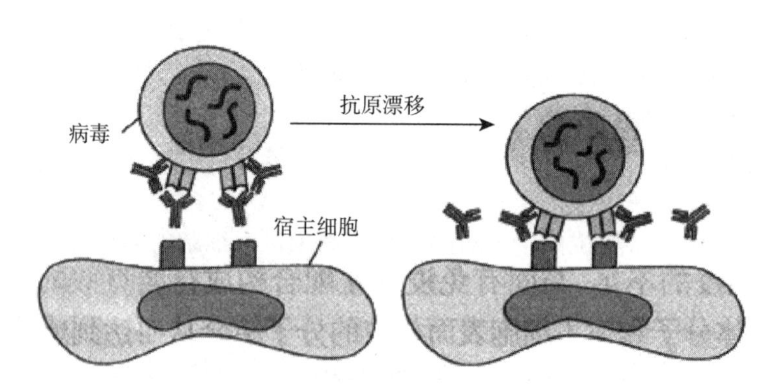

图 1 - 33　病毒的抗原变异与特异性免疫应答

4）抑制或损伤免疫功能　某些病毒（如鸡法氏囊病毒）主要感染并损伤机体的免疫器官，使机体不能有效发挥抗病毒作用。这种对机体免疫功能的抑制和损伤，也是病毒持续感染的重要原因。

5）诱导免疫耐受　机体在胚胎期或幼龄期受某些病毒感染后，可能对该病毒形成免疫耐受。出生或成年后，机体免疫系统即将该病毒视为“自己”，不对其产生免疫应答。

机体抗细菌和抗病毒特异性免疫特征归纳于表 1 - 5。

表 1－5　机体抗细菌和抗病毒特异性免疫的特征

病原体类型及感染类型			免疫特征	举　例
细菌感染	胞外菌所致急性感染	毒血症	体液免疫，主要为抗毒素（IgG）的中和作用	白喉杆菌、破伤风杆菌、肉毒杆菌等细菌的外毒素
		侵袭性感染	体液免疫为主。主要通过抗体（IgG）或抗体（IgM 与 IgG）与补体的联合，增强吞噬细胞的吞噬、杀菌功能以清除病原体。SIgA可限制病原体侵袭黏膜	化脓性球菌、鼠疫杆菌、炭疽杆菌、流感杆菌、霍乱弧菌、痢疾杆菌等
	胞内菌所致慢性感染		细胞免疫为主。通过 $CD4^+$ Th_1 细胞释放的细胞因子激活巨噬细胞以清除胞内寄生菌，$CD8^+$ Tc 细胞特异性杀伤胞内菌寄生细胞	结核杆菌、麻风杆菌、布鲁氏菌、李斯特菌、伤寒杆菌等胞内寄生菌
病毒感染	杀细胞性病毒感染		体液免疫为主。循环抗体（IgG、IgM）能阻止病毒经血流或细胞外扩散，局部抗体（SIgA）能阻止病毒对黏膜的侵袭	脊髓灰质炎病毒、腺病毒、鼻病毒等
	非杀细胞性病毒感染		细胞免疫为主。主要通过 $CD8^+$ Tc 细胞的特异性杀伤作用和 $CD4^+$ Th_1 细胞释放细胞因子激活巨噬细胞等作用，实现免疫保护效应。中和抗体、α－干扰素或 β－干扰素可限制病毒扩散，SIgA 对局部感染有保护作用	单纯疱疹病毒、水痘－带状疱疹病毒、巨细胞病毒、流感病毒、麻疹病毒等
	整合感染		主要见于肿瘤病毒。对病毒在细胞间的扩散，尚无有效的免疫效应机制	人类嗜 T 细胞病毒Ⅰ型、Ⅱ型（HTLV－Ⅰ、HTLV－Ⅱ）

3. 抗真菌的感染免疫　感染畜禽的真菌有毛癣菌、念珠菌和曲霉菌等。对真菌的免疫研究甚少。

（1）天然防御机制　完整的皮肤、黏膜能有效阻挡真菌的入侵。皮肤分泌的脂肪酸能杀灭真菌。中性粒细胞能有效吞噬消化入侵体内的真菌。但念珠菌的甘露聚糖可抑制中性粒细胞的消化作用。巨噬细胞吞噬杀灭真菌的作用不如中性粒细胞强；NK 细胞有抑制深部感染真菌（如隐球菌）的作用。真菌的一些成分能激活补体的替代途径，但不能导致真菌细胞的破裂，而激活过程中产生的 C_{5a}、C_{3a} 可招引中性粒细胞到真菌感染区。

（2）特异性免疫应答机制　真菌感染中机体以细胞免疫应答为主。念珠菌感染常于黏膜开始，细胞免疫应答起阻止其向组织内扩散的作用。真菌感染也可诱生特异性抗体，但对抗真菌感染的作用不大，抗体可用作血清学诊断。至于饲料中污染霉菌产生的黄曲霉毒素等是含碳、氢、氧的简单化合物，无免疫原性。

4. 抗寄生虫的感染免疫　寄生虫世代在宿主体内寄生、繁殖，长期适应形成了多种逃避宿主免疫的机制：①有的寄生部位可避免与抗体等免疫效应物质接触。如原虫寄生在细胞内，阿米巴形成包囊，蠕虫寄生在肠腔。②有的寄生虫体表面带宿主成分而伪装，如曼氏血吸虫在肺寄生时期，虫体外层带宿主的 ABO 血型糖脂等。③寄生虫都有复杂的生活史，不同时期虫体表面的抗原不同，由此给研制寄生虫疫苗带来很大的困难。④有的寄生虫表面抗原不断脱落、更换，如锥虫、血吸虫等。⑤有的能抵抗免疫效应，如肺内期的血吸虫幼虫能抵抗补体、抗体、CTL 的作用；一些蠕虫分泌的酶可降解结合在虫体表面的抗体，抵抗

ADCC 作用。

原虫寄生于宿主细胞内，宿主抗原虫的免疫与抗病毒和胞内菌免疫的机制相似，以细胞免疫应答为主。蠕虫在宿主体内寄生于细胞外的组织中，宿主的免疫应答以体液免疫、IgE 抗体的效应为主。蠕虫刺激 Th 细胞向 Th_2转化，分泌 IL－4 和 IL－5。IL－4 诱导 B 细胞向分泌 IgE 的浆细胞分化，大量分泌 IgE；IL－5 则促进嗜酸性粒细胞的发育分化。IgE 的 Fab 与蠕虫表面抗原结合，Fc 与嗜酸性粒细胞的 Fc 结合，嗜酸性粒细胞被激活，脱出胞浆中的颗粒，释放出颗粒中的碱性蛋白，主要针对杀死发育中的幼虫，对蠕虫的成虫作用不显著。

宿主对寄生虫特异性免疫应答也可造成组织损伤。例如，一些寄生虫的慢性感染，在免疫应答中产生的抗体与寄生虫脱出的抗原形成抗原抗体复合物，可导致Ⅲ型变态反应，出现血管炎或肾小球肾炎。

五、变态反应

变态反应是指已免疫的机体，再次接触相同抗原时出现生理功能紊乱或组织损伤的再次免疫反应。引起变态反应的抗原称为变应原（allergen）。变应原可以是完全抗原或不完全抗原，前者如异种血清、蛋白质、花粉、微生物和寄生虫等，后者如青霉素等一些药物。根据变态反应的发生机制，通常将其分为Ⅰ、Ⅱ、Ⅲ、Ⅳ四个类型。

（一）Ⅰ型变态反应

Ⅰ型变态反应又称过敏反应（anaphylactic reaction）、速发型变态反应（immediate allergy）。其特点是致敏机体内产生大量 IgE 抗体，再次接触同种变应原后，发生反应迅速，几秒至几分钟内可出现症状，主要是功能紊乱，无组织损伤，症状消失也快，是否发病与机体的遗传有关，具有明显个体差异。

1. 发生机制 遗传敏感的机体第一次即使受浓度极低的变应原刺激，在免疫应答中，都易产生 IL－4，使 Th 向 Th_2分化，Th_2产生 IL－13，诱导浆细胞分泌 IgE 抗体，IgE 易与肥大细胞和碱性粒细胞结合，这使机体处于敏感状态。当相同变应原再次进入机体时，与细胞表面的 IgE 结合，激活肥大细胞和碱性粒细胞，将胞浆中的异染颗粒脱出于胞外，从颗粒中释放出大量组织胺、白三烯、激肽等生物活性物质，引起毛细血管扩张，血管壁通透性增加，平滑肌收缩，腺体分泌增加。严重者迅速发生全身过敏性休克，呼吸困难、窒息。轻者迅速发生局部皮肤荨麻疹、瘙痒，或呼吸道过敏性鼻炎、哮喘，或胃肠道的恶心、呕吐、腹痛、腹泻，以及眼结膜炎、流泪等症状。

2. 临床病征

（1）食物变态反应　食物变态反应的临床病征表现于消化道和皮肤。轻微的肠反应只表现粪便变软，严重者呕吐、痉挛、剧烈或出血性腹泻。皮肤反应表现在脚、眼、耳、腋窝或肛门周围瘙痒，或荨麻疹性、红斑性皮炎。据统计，犬的过敏性皮炎 30%是由食物变态反应引起的。通常引起过敏反应的食物是牛乳、鱼、肉、蛋、小麦粉等。此外，野燕麦、白三叶草和苜蓿等常是马的变应原，鱼粉和苜蓿常是猪的变应原。为检出饲料中的变应原，可更换一切可疑饲料，在这基础上逐项加入可疑饲料，直至再现过敏症状时，即可查出变应原。

（2）吸入变态反应　犬和猫的变应性皮炎，主要是吸入霉菌、植物花粉、灰尘、动物皮屑、木棉和毛纺织品等变应原引起的。马的喘息病，可能有一部分是因吸入灰尘中的霉菌，引起支气管、肺部的过敏反应引起的。

（3）疫苗、免疫血清和药物的变态反应　给动物注射疫苗或免疫血清，都可能引起过敏反应，曾出现过接种狂犬疫苗出现严重过敏反应的病例。重复注射免疫血清、抗毒素时常出现过敏反应，称为血清过敏症。通常，药物分子小，无过敏原性，但有些药物，如青霉素，在体内降解后的产物青霉酰胺，与过敏体质机体内的组织蛋白结合后，可引起产生 IgE 的免疫应答，这一机体再次接触青霉素时即可发生程度不同的过敏反应，这在人类中常见，在动物中也有出现。例如，给动物饲喂被青霉素污染的牛乳时，可因过敏出现严重的腹泻。

3. 诊断与防治

（1）诊断　过敏反应都有比较典型的症状，临床上并不难诊断，重要的是检出已致敏的个体和引起过敏反应的变应原，以便有效地预防和治疗过敏性疾病。

直接皮肤试验是最常用的诊断方法。例如，在测定某种过敏原时，将变应原高度稀释（青霉素 100IU/mL，抗毒素血清 1∶100～1∶1 000），取稀释的变应原 0.1mL 给试者皮内注射，15～30min 后观察结果，如果注射部位皮肤红晕、水肿，直径 1cm 以上者为阳性，此法敏感、简便。

（2）预防　最理想的预防是预先通过试验查明变应原，避免敏感机体再接触变应原。若难于避免再接触变应原，可采取脱敏（desensitization）注射方法防止过敏症状的发生。例如，在注射异种免疫血清时，可采取将总量分成小剂量，隔 20～30min 连续多次注射的方法，可避免过敏症状出现。其原理是：小剂量变应原注入已致敏机体，与肥大细胞和碱性粒细胞表面的少量 IgE 结合，释放少量组胺等活性物质，不致发生临床症状，活性物质很快失活，经短间隔，多次注射变应原，使体内 IgE 消耗完，最后注射完剩余的血清便不致发病。必须注意这种脱敏是暂时的，该机体以后再注射免疫血清，IgE 将再产生，机体将重建敏感状态。

（3）治疗　已出现过敏征象的动物，可用应用药物，或切断或干扰过敏反应发展的环节。

（二）Ⅱ型变态反应

Ⅱ型变态反应又称细胞溶解型（cytolytic type）或细胞毒型（cytotoxic type）变态反应，是 IgG、IgM 抗体与相应细胞上的抗原特异结合，在补体、单核/吞噬细胞等参与下，造成的细胞溶解反应。

1. 发生机制　Ⅱ型变态反应的发生，是因机体血液内天然存在血型抗体通常为 IgM，与输进的相应红细胞特异结合，或因进入体内的抗原或半抗原，如磺胺类、青霉素等药物，与血细胞或血浆蛋白结合成完全抗原，诱导产生的抗体 IgM 或 IgG，与相应的靶细胞（带药物半抗原的血细胞）结合，经补体系统参与并激活，或单核/吞噬细胞通过 FC 受体发挥 ADCC 作用，造成细胞溶解。

2. 常见疾病及防治　Ⅱ型变态反应性疾病常见的有输血反应、新生幼畜溶血症，药物引起的溶血和传染病引起的贫血。

（1）输血反应　输血反应指给病人输血时，若输入的血型与受血者的血型不同，输进去的红细胞大量迅速溶解，病人表现痉挛、发热、血红蛋白尿、咳嗽、呼吸困难、腹泻等，严重者甚至死亡。

（2）新生幼畜溶血症　经产母畜生下的幼畜，若在吸吮初乳几小时后，开始时出现虚弱、委顿、黄疸和血红蛋白尿，严重者未见黄疸便死亡，这称为初生幼畜溶血症。这是由于母畜怀孕的胎儿血型不同所致。例如，Aa 血型阴性的母马，怀孕 Aa 阳性的胎儿，第一胎分娩过程中，可能胎儿 Aa 阳性的红细胞因胎盘血管损伤易进入母畜血液循环，刺激母体产生抗 Aa 抗体应答，若第二胎的胎儿又是 Aa 阳性，则抗 Aa 抗体将大量浓集于初乳，幼驹吸吮初乳后，Aa 抗体通过肠黏膜进入血循环与 Aa 阳性红细胞结合，在补体、单核/巨噬细胞等参与下，迅速发生溶解。

本病常见于新生骡驹，有 8%～10%的骡驹发病，这是由于公马与母驴之间的血型抗原差异大。纯种马驹发病少，仅占 0.05%～1%。

对新生幼畜溶血症应及早诊断和预防。诊断时应检查怀孕母畜血清中的血型抗体。如果预料可能出现新生幼畜溶血症时，幼畜出生后 24～36h 内，禁止吸吮其亲生母畜的初乳，由其他母畜哺乳。以后才让幼畜少量采食其亲生母畜的乳汁，并仔细观察有无不良征象。急性病例必须进行输血，最好输洗过的亲生母畜红细胞，方法是采 3～4L 母畜抗凝血，离心去血浆，用生理盐水洗一次后分 2 次，中间隔 6h，缓慢输给幼畜。

（3）药物引起的血细胞减少症　青霉素、氯霉素、奎宁、L-多巴、磺胺药、氨基水杨酸和某些中药成分，可吸附于红细胞、粒细胞或血小板表面，变成完全抗原，引起Ⅱ型变态反应溶血性贫血，粒细胞减少，或血小板减少。有这些药物变态反应患者应避免用这些药物，已使用的应停止用药。

（4）感染引起的溶血性贫血　一些病原体，例如，沙门氏菌脂多糖可吸附于细胞，马传染性贫血病毒、边虫、锥虫和巴贝斯焦虫等感染的红细胞，带有异种抗原，将诱发Ⅱ型变态反应，导致溶血性贫血。

（三）Ⅲ型变态反应

Ⅲ型变态反应是由 IgG、IgM、IgA 抗体与可溶性抗原形成中等大小的免疫复合物引起的，以血管炎及邻近组织损伤为特征的变态反应，所以又称免疫复合物型变态反应（immune complex allergy）。

1. 发生机制　机体血液中可溶性抗原与抗体的比例不同，形成的抗原抗体复合物的大小也不同，大的复合物易被吞噬细胞吞噬消化；小的复合物随血循环到肾脏时，易通过肾小球滤过，从尿中排出；中等大小的复合物既不易被吞噬，也不易从尿中排除，却容易沉积在血管底基底膜，激活补体，吸引中性粒细胞集中，在吞噬免疫复合物时释放出溶酶体酶，造成血管基底膜组织的损伤，形成血管炎。

2. 常见疾病

（1）局部Ⅲ型变态反应　皮下注射可溶性抗原多次以后，在注射部位可出现炎症反应，表现水肿、出血、血栓形成，甚至坏死，这种现象最先由 Arthus 发现，故称为 Arthus 反应（试验性局部过敏反应）。其是局部Ⅲ型变态反应的结果。

（2）血清病　给动物第一次注射大量免疫血清约 10d 后，往往出现全身性皮肤红斑，水肿、荨麻疹，淋巴结肿大，关节肿胀，蛋白尿和中性白细胞减少等症状，持续数日后逐渐消退，这种反应称为血清病。是全身性Ⅲ型变态反应的结果。

（3）自然发生的Ⅲ型变态反应　具有Ⅲ型变态反应性质的动物疾病已发现不少，见表 1-6。例如，犬的“蓝眼病”发生于感染犬传染性肝炎病毒的犬，是因病毒或疫苗到达眼前房中，与抗体形成免疫复合物，中性白细胞吞噬免疫复合物过程中释放一种损害角膜上皮细胞的酶，导致角膜水肿，混浊，病犬约80%可自愈。又如犬的葡萄球菌性Ⅲ型变态反应引起的慢性皮炎，常表现为脂溢性皮炎、皮肤深层或趾间的疖瘤、毛囊炎和脓疱病等。

表1-6　有显著Ⅲ型超敏反应成分的传染病

病原或疾病	主要病变
猪丹毒杆菌	关节炎、皮肤疹块
马腺疫链球菌	紫癜
金黄色葡萄球菌	皮炎
犬传染性肝炎	眼色素层炎、肾小球肾炎
猫白血病	肾小球肾炎
猫传染性腹膜炎	腹膜炎、肾小球肾炎
貂阿留申病	肾小球肾炎、贫血、动脉炎
猪瘟	肾小球肾炎
牛病毒性腹泻	肾小球肾炎
马病毒性动脉炎	动脉炎
马传染性贫血	贫血、肾小球肾炎
犬恶丝虫	肾小球肾炎

（四）Ⅳ型变态反应

Ⅳ型变态反应又称迟发型变态反应（delayed allergy）。它与抗体无关，是机体初次接触抗原后，在细胞免疫应答中形成的 T_{DTH} 细胞与再次进入机体的同种抗原引起的反应。反应发生较慢，机体再次接触同种抗原后一般需48～72h才出现以单核细胞浸润和细胞变性、坏死为特征的局部性炎症。

1. 发生机制　Ⅳ型变态反应的发生过程与细胞免疫应答过程基本一致，产生的各种淋巴因子，使血管通透性增强，单核细胞、淋巴细胞集聚于抗原存在部位，单核细胞吞噬、消化抗原的同时，释放出溶酶体酶，引起邻近组织局部炎症、坏死。

2. 常见疾病

（1）传染性变态反应　胞内寄生菌（如结核杆菌、布鲁氏菌、马鼻疽杆菌等）感染过程中引起的迟发型变态反应称为传染性变态反应。例如，结核杆菌侵入动物体内，一方面可在单核吞噬细胞内繁殖，另一方面引起细胞免疫应答，T_{DTH} 受结核杆菌抗原作用产生各类淋巴因子，集中并活化大量巨噬细胞，包围、吞噬、消化结核杆菌，在局部形成结节。结节的外层含大量巨噬细胞，有的已死亡，有的互相融合成多核巨细胞，结节内部则包含大量死亡的结核杆菌和少数活菌，以及坏死组织。结节的持续发展可变成肉芽肿或钙化灶。

已感染上述病原微生物的动物机体，可用相应病原体的抽提抗原作皮内接种，经过一段时间，可在注射部位引起迟发型变态反应，来进行这些传染病的诊断和检疫。例如，结核杆菌的抽提物称为结核菌素。当小量结核菌素皮内或眼结膜囊内接种已感染结核杆菌的动物后，可在48～72h或15～18h出现局部红肿或眼流出脓性分泌物，未感染动物则呈阴性反应。这称为结核菌素试验，常用于奶牛结核病的检疫普查。

（2）变态反应性皮炎　某些过敏体质的机体与油漆、染料、碘酒、青霉素、磺胺药、农药、塑料等小分子半抗原物质接触后，这些小分子半抗原与表皮蛋白结合成完全抗原，引起机体细胞免疫应答，当再次接触相应变应原后，经24～96h出现皮炎，表现局部皮肤红肿、硬结、水疱、奇痒，由于抓伤，可至皮肤脱落、糜烂和继发感染化脓。犬常发生这类皮炎。

（3）异体组织移植排斥反应　不同动物或同种动物不同个体之间进行组织器官移植，移植的组织器官将被受体通过细胞免疫应答而发生炎症、坏死，称为异体组织移植排斥反应。这是由于供体和受体的组织相容性抗原（MHCⅠ类分子）不同，移植的组织成为变应原，引起受体发生Ⅳ型变态反应的结果。所以，要进行异体移植时，事先要进行组织配型试验，并在移植时给受体用免疫抑制药物，控制受体的细胞免疫应答功能。

六、免疫学试验技术

为了研究，检测动物机体的细胞免疫和体液免疫，诊断传染病等，建立和发展了许多免疫学试验技术和方法。

（一）细胞免疫检测技术

检测机体的细胞免疫状况，通常检测外周血中T细胞的数量和功能。一般的实验室，检测T细胞的数量常用E玫瑰花环试验和T细胞酸性α醋酸萘酯酶测定。检测T细胞的功能则常用淋巴细胞转化试验、巨噬细胞移动抑制试验、T细胞活化试验等。先进的实验室已应用现代流式细胞仪、单克隆抗体、细胞因子等检测$CD8^+$ T细胞，$CD4^+$ T细胞及Th_1、Th_2的数量及功能等。

1. E玫瑰花环试验（erythrocyte rosettes test）　人、猪、牛、羊等的T细胞上有许多绵羊红细胞受体（CD2），马、犬的T细胞有豚鼠红细胞受体。将动物外周血中的淋巴细胞和上述红细胞洗涤，两者按细胞数1∶（30～50）的比例混匀，4℃中过夜后染色，高倍镜观察，可见到一个淋巴细胞周围结合3个以上红细胞的玫瑰花环（图1-10），该淋巴细胞便是T细胞，通常计算200个淋巴细胞中含的玫瑰花环数，算出E玫瑰花环形成率。因动物个体差异和各实验室试验条件不同，各动物E玫瑰花环形成率的正常值范围较宽，马38%～66%，牛32%～63%，猪30%～40%。

2. 酸性α醋酸萘酯酶测定　又称酯酶染色法，是一种鉴别T细胞和B细胞，并进行T细胞计数的较简便的方法。其原理是：在T细胞的胞质内具有酸性α醋酸萘酯酶（acid α-naphthyl acetate esterase，ANAE），在弱酸性条件下，能水解醋酸萘酯产生醋酸离子和α萘酚。后者与六偶氮副品红偶联，最后生成红色反应物，沉积于T细胞的胞质内，经甲基浆复染后，红色沉淀物呈红黑色。用油镜观察，可见T细胞具绿色大圆形核，在胞质边缘或其中有一个或多个红黑色的粗大颗粒。B细胞形态一样，但无明显红黑色的颗粒。

3. 淋巴细胞转化试验（lymphocyte transformation test）　淋巴细胞转化试验是体外检测T细胞功能的常用方法之一。其原理是：T细胞膜上具有PHA、ConA等非特异性丝裂原的受体，当淋巴细胞在体外与PHA（或T细胞与特异性抗原）共同培养时，T细胞受到刺激，转化为代谢旺盛、蛋白质和核酸合成增加、细胞体积变大的淋巴母细胞，转化率的高低，反映机体细胞免疫功能的高低。

淋巴细胞转化试验方法有两种，形态学法和^3H胸腺嘧啶核苷（^3H-thymidine，简称

^3H-TdR）掺入法。形态学法的试验结果直接用油镜检查 200 个淋巴细胞和计算转化率，此法简便，无须特殊设备，但判断过渡型细胞（表 1-7）时常带主观性，因而准确度较差。

掺入法是在试验中加入^3H-TdR，转化细胞中均会掺入^3H-TdR，试验结果用液体闪烁计数器测定，以试验管（加 PHA）与对照管（不加 PHA）的每分钟的脉冲数（cpm）计算刺激指数（SI）。此法结果准确，但需专门仪器。

表 1-7　淋巴细胞转化前后的形态特点

形态特征	淋巴细胞类型		
	转化的淋巴母细胞	过渡型	未转化的淋巴细胞
细胞大小（直径，μm）	20～35	12～16	6～8
核与胞浆比例	降低	较大	最大
核位置	中央或稍偏	偏一侧	几乎占全部胞浆
核仁	清晰可见	见核仁样结构	无
染色体	疏松呈网状，有时呈分裂象	疏松	紧密
胞浆空泡	明显，有	有或无	无
胞浆伪足	明显，有	有或无	无
胞浆嗜碱性	明显	有	不明显

4. 巨噬细胞移动抑制试验（migration inhibitory test，MIT）　本试验也是体外检测 T 细胞功能的常用试验。其原理是：T_{DTH}受特异性抗原刺激后，将分泌各种淋巴因子，其中有 Mϕ 移动抑制因子（MIF），具有抑制 Mϕ 游走的作用。试验可于组织培养小室内进行，也可于琼脂凝胶中进行，前者称毛细管法，后者称琼脂糖法。以前者为例，在试验小室内T_{DTH}因加入特异性抗原后产生 MIF，抑制装于毛细管内的 Mϕ 的移动，Mϕ 游出管口形成的细胞团面积小；在对照小室中因未加特异性抗原，T_{DTH}不产生 MIF，毛细管中 Mϕ 的游动不受抑制，游出管口的面积大，用显微镜绘图器测出游出细胞团的面积，可计算出移动指数（migration index，MI）或移动抑制指数（migration inhibition index，MII）。

5. T 细胞活化试验（MTT 检测法）　T 细胞受植物血凝素（PHA）、刀豆素 A（Con A）或抗原激活，向淋巴母细胞转化，DNA、RNA、蛋白质的合成增加，最终细胞分裂增殖。在 T 细胞增殖过程中，细胞线粒体脱氢酶产生增加。MTT 是一种甲氮唑盐，是细胞线粒体脱氢酶的底物，受酶的分解，产生蓝黑色甲嗜（formazane）产物，该产物的多少与活化 T 细胞数成正比，可用酶标检测仪（595nm）测量该产物的光密度，作为 MTT 检测法的检测指标，能反映试验中的 T 细胞转化功能，其结果与^3H-TdR 掺入法平行。该试验不用同位素，是一种敏感、较准确的细胞免疫检测方法。

（二）抗原抗体试验

检测机体的体液免疫或进行传染病的免疫学诊断，主要用已知抗原检测免疫动物血清中的特异抗体，或以已知抗体检验相应抗原，这些试验称为抗原抗体试验。因传统试验采用血清进行，所以又称血清学试验。

抗原抗体试验按照参加反应的抗原、抗体性质、反应原理、结果不同，可分为五大类，每类中又有各种试验方法，见表1-8。前四类是传统血清学试验，标记抗体技术是近几十年发展起来的新技术，应用越来越广，而且朝着特异、敏感、微量、试剂盒、自动化的方向不断发展。

表1-8 抗原抗体试验一览表

试验类别	试验方法	敏感性	定性	定量	定位	抗原分析
沉淀试验	环状沉淀试验	+	+			−
	琼脂免疫电泳	+	+	−−	−−	++
	对流免疫电泳	++	+	−−	−−	−
	琼脂双扩散	+	+	+	−	+
	琼脂单扩散	+	+			−
凝集试验	玻片凝集反应	+	+			
	试管凝集反应	++	+	−+	−−	
	间接血细胞凝集反应	++	+	+	−	
有补体参与的试验	补体结合反应	+++	+	+	−	−
中和试验	病毒中和反应	++++	+	+	−	−
标记抗体技术	荧光标记抗体技术	++++	+	−	+	−
	酶标记抗体技术	++++	+	+	+	+
	放射免疫测定法	+++++	+	+	+	−

1. 体外抗原抗体试验的一般规律

（1）严格的特异性 抗原与抗体结合具有严格的特异性，这是免疫学诊断的基础。但是，如果两种抗原存在着相同的抗原决定簇，或者抗原决定簇的结构有某些相似性，这两种抗原与它们的免疫血清也会发生交叉反应，在肠道杆菌中较常出现。为了避免交叉反应的发生，多克隆的免疫血清可经吸收试验，获得单因子血清，或者采用高度特异的单克隆抗体。

（2）反应的可逆性 抗原抗体的结合是分子表面的结合，是非共价键的结合，这种结合由四种力所决定，即离子键、氢键、疏水力和范德华力，在一定条件下（pH<3或温度高于60℃）可发生解离。利用这一规律可进行亲和层析，提纯免疫纯的抗原或抗体。

（3）反应的阶段性 抗原与相应的抗体相遇即能发生特异性结合，这是反应的第一阶段，第一阶段反应快，但肉眼观察不到。要进行第二阶段的反应，才能被观察判定。五类抗原抗体试验的区别主要在于第二阶段反应的条件和结果不同。

（4）抗原抗体结合的比例 在抗原抗体特异性反应时，只有在两者分子比例合适时才出现最强的反应。当抗原抗体分子比例在合适的范围，抗原抗体充分结合，抗原抗体复合物形成快而多称为抗原抗体反应的等价带。在等价带前后分别为抗体过剩则无抗原抗体复合物形成，这种现象称为带现象。出现在抗体过量时，称为前带；出现在抗原过剩时，称为后带（图1-34）。

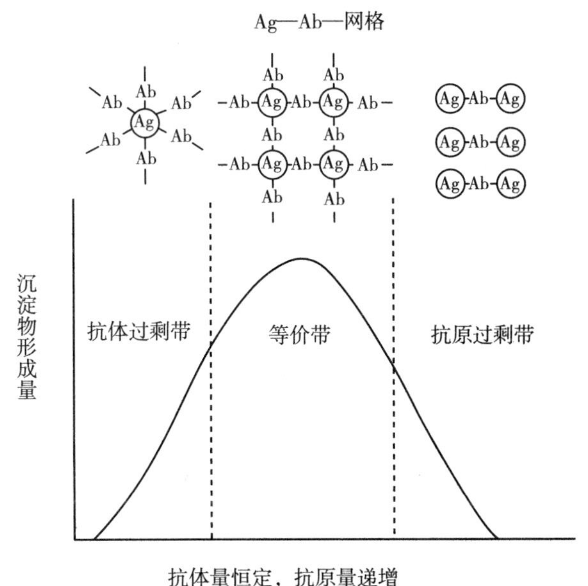

图 1-34　抗原抗体结合比例关系示意图

（5）抗原抗体试验的影响因素

1）免疫血清的质量　采血的动物应空腹。吃饱饲料的动物，采取的血清中存在较大量的食糜蛋白，将影响抗原抗体定量检测的准确性。采血时应防止溶血和污染细菌。血清中含大量血色素蛋白也将干扰抗原抗体反应，污染细菌的血清则应废弃。

采集好的无菌血清最好新鲜进行试验。若需保存应加适量防腐剂（0.004%汞或0.001%叠氮钠），置2～8℃保存。避免在0℃以下冻结保存及反复冻融使用，这样抗体效价易降低，且抗体结构易改变而发生非特异性反应。

2）电解质　在适当浓度电解质参与下，细胞状态抗原或可溶性抗原与相应抗体结合后，可降低抗原抗体复合物的电势，使它们完成第二步反应产生凝集或沉淀。一般用0.85% NaCl作为稀释液，即已适合。但进行禽类血清学试验时，用6%～8%的盐水稀释血清，试验效果更好。

3）温度　在4～50℃中抗原抗体反应都可进行，随温度升高可以增加抗原抗体分子运动及接触的机会，加速反应的进行，抗原抗体反应常在37℃中进行。

4）酸碱度　抗原抗体反应常用的pH为6.0～8.0。如果pH低，靠近蛋白抗原或抗体的等电点，则抗原或抗体会发生自身凝集，出现假阳性反应。为维持抗原抗体反应适宜的pH，可用PBS等缓冲液作抗原、抗体的稀释液和试验中的洗涤液。

抗原抗体试验是特异、敏感的试验，受多种因素的影响，为确保试验的准确性，试验中应严格按照试验条件，并设立阳性、阴性、空白等对照。

2. 各类抗原抗体试验简介

（1）沉淀试验（precipitation test）　可溶性抗原与相应的免疫血清，在有电解质和抗原、抗体比例适合条件下，第一步反应，抗原与抗体特异性结合形成小的复合物，接着第二步反应，小的复合物再联结成大的复合物，出现肉眼可见的沉淀现象，称为沉淀反应。参加反应的抗原称为沉淀原，免疫血清称为沉淀素。试验中常发生抗原过多而不能进行第二步反应，不出现沉淀现象，称为前带现象，故常稀释抗原。常用的试验方法有如下几种。

1）环状沉淀试验（ring precipitation test） 试验在小玻管中进行，先将已知的0.2mL沉淀素加入管的底部，再仔细加入待检的抗原溶液约0.2mL，使其与沉淀素成为界限分明的两层，静置几分钟后，两层界面处出现白色沉淀环者为阳性。本试验常用于检验毛皮中有无炭疽杆菌抗原，又称Ascoli氏试验（图1-35）。

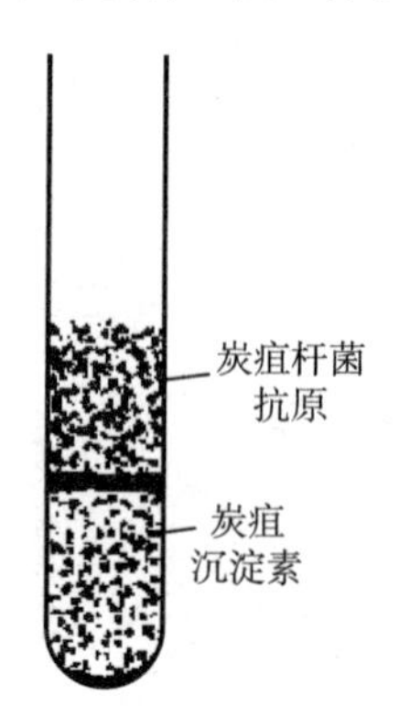

图1-35 环状沉淀试验示意图

2）免疫扩散试验（immunodiffusion test） 这是在琼脂凝胶中进行的沉淀试验。1%左右的琼脂凝胶内部呈网状结构，可溶性抗原和血清抗体可在凝胶中自由扩散，两者相遇，因有电解质存在，在比例适合处将结合成肉眼可见的白色沉淀线。目前常用的试验方法有双向扩散试验。

双向琼脂扩散（简称琼扩）：把加热融化的1%琼脂在玻片上浇成2～3mm厚的薄层，冷凝后打孔、封底，抗原、抗体分别加入相邻的两孔中，置湿盒中37℃过夜扩散。若抗原、抗体相对应，则于两孔之间比例适合处结合，出现白色沉淀线。

双向琼脂扩散试验可分析溶液中的抗原，由于不同抗原的分子量大小不同，扩散速度也不同，故可在不同位置与相应抗体反应，出现不同的沉淀线（图1-36）。本法还能鉴定两种抗原是完全相同或部分相同，若试验抗原和对照抗原与相同抗体反应，出现的沉淀线完全融合，即抗原相同（图1-36）；沉淀线有刺线即部分相同（图1-36），相交叉则不相同。本方法灵敏度低，但很简便实用。

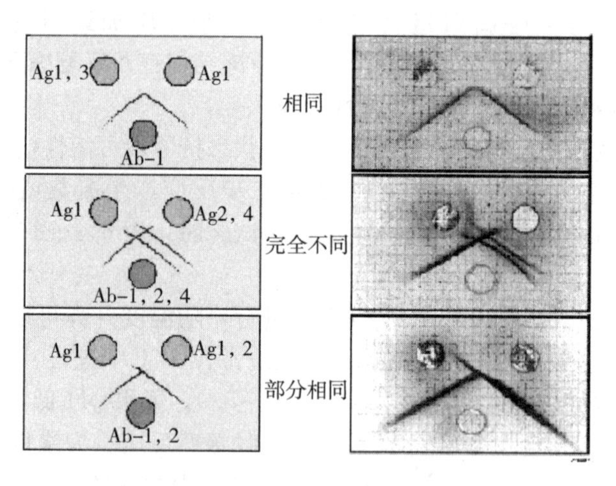

图1-36 双向琼脂扩散

3）免疫电泳试验（immunoelectrophoresis test） 沉淀试验也可在1%左右的琼脂凝胶中在电场作用下进行，称为免疫电泳试验。目前应用的试验方法有对流免疫电泳法。

对流免疫电泳（counter immunoelectrophoresis）：在1%琼脂凝胶中，在电场的作用下，抗原、抗体向其相对的方向移动，当两者相遇，将反应形成白色沉淀线。方法是用pH8.6离子强度0.05M的巴比妥缓冲液配制1%琼脂，熔化、倒板、打孔、封底，如图1-37所示将抗原加入近负极孔中，抗体加入近正极孔中，置电泳槽中进行电泳，1h左右即可观察结果。由于通电时在 pH8.6、离子强度 0.05M 的巴比妥缓冲液配制的琼脂凝胶中将产生一股向负极移动的电渗流。而抗原在 pH8.6 的缓冲液中带负电荷多，受电渗流作用后仍向正极泳动；但抗体带负电荷少，在琼脂凝胶中电渗流作用下，反而向负极泳动，故抗原抗体对流，两者相遇，将结合成沉淀线（图 1-37）。对流免疫电泳试验，限制了抗原、抗体自由地向多方向扩散，加速了泳动速度，所以比琼脂扩散试验提高了敏感度，节约了时间。

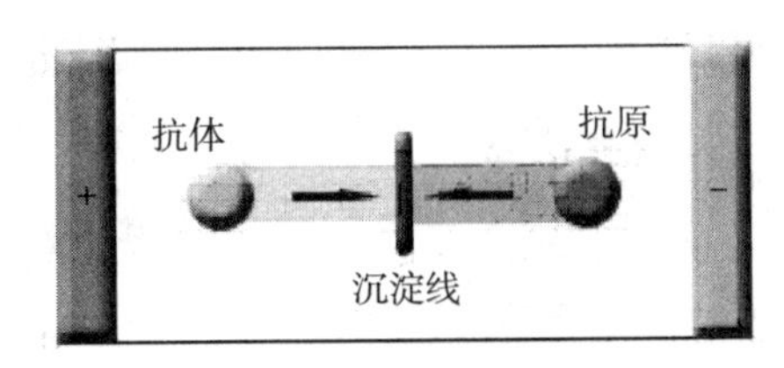

图 1-37　对流免疫电泳示意图

（2）凝集试验（agglutination test）　颗粒性抗原（细菌、红细胞等）与相应抗血清在电解质存在下，比例适合时，经过两步结合反应，将出现肉眼可见的颗粒抗原凝集现象，称为凝集反应。参加凝集反应的抗原又称凝集原，抗血清又称凝集素。凝集试验常因抗体过多，不能完成第二步反应，不出现凝集现象，称为后带现象，所以通常稀释抗体。常用的凝集试验方法有三种。

1）玻片凝集试验（slide agglutination test）　玻片凝集试验是在洁净的玻片上滴加抗原、抗血清各 1 滴，混匀，若抗原抗体相对应，比例适合，1～3min 内将出现颗粒凝集现象（图 1-38）。本试验简单、快速，常用于细菌鉴定和血型鉴定。

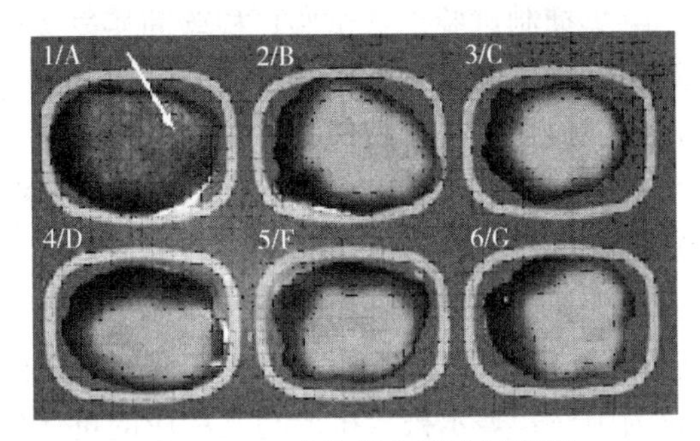

图 1-38　玻片凝集试验示意图

2）试管凝集试验（tube agglutination test）　本试验是在一排试管中将抗血清连续稀释后，每管加入等量抗原，待反应结束后，观察管底的凝集现象。试管凝集试验方法较繁，反应时间需几个小时或过夜，但结果比较准确，能测定抗血清的凝集效价。

3）间接凝集试验（indirect agglutination test）　微量可溶性抗原或抗血清，与相应抗体或抗原结合，不能出现肉眼可见的沉淀反应。但是将抗原或抗体吸附在与抗原抗体反应无关的惰性颗粒表面，然后与相应抗体或抗原在有电解质存在的条件下，可通过抗原抗体的特异结合间接使颗粒出现明显的凝集现象，所以称为间接凝集试验，又称为被动凝集试验。用于吸附抗原或抗体的颗粒称为载体，已吸附抗原或抗体的载体称为致敏载体。为区分起见，将已知抗原致敏载体，检测抗体的试验，称为正向间接凝集试验，习惯上称为间接凝集试验；用已知抗体致敏的载体，检测抗原的试验则称为反向间接凝集试验。

间接凝集试验中常用的载体是绵羊红细胞、聚苯乙烯乳胶或炭粉，因而相应地称为间接红细胞凝集试验（简称间接血凝试验）、间接乳胶凝集试验和间接炭素凝集试验。在血清学试验中，最常用的是间接血凝试验和反向血凝试验。前者以抗原致敏红细胞检测抗体，如图 1－39 所示；后者以抗体致敏红细胞检测抗原。

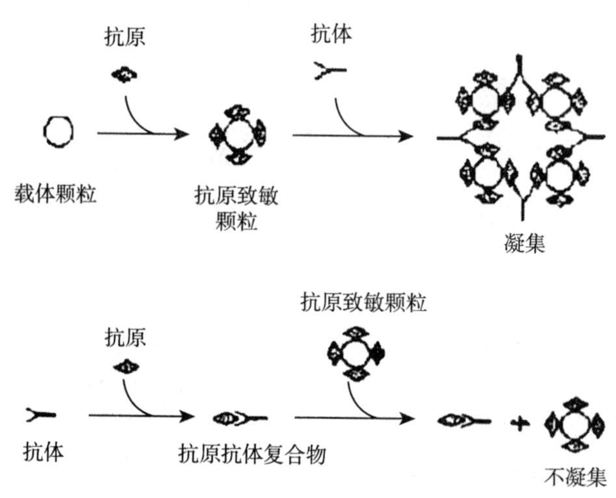

图 1－39　间接凝集反应与间接凝集抑制反应原理示意图

间接凝集抑制试验（indirect agglutination inhibition test）：若将待检抗体先与相应可溶性抗原作用，再加入抗原致敏载体，由于抗体已与可溶性抗原结合，不能再与抗原致敏载体发生间接凝集，此称为间接凝集抑制试验。该试验可检验间接凝集试验的特异性。

间接凝集试验和间接凝集抑制试验常常在微量反应板上同时进行，它们可检出微量的抗原或抗体，既可定性又可定量。但检测一种抗原、抗体，就须研制一种致敏载体。

（3）补体参与的试验　此类试验中常用的是补体结合试验。补体结合试验包括 3 个系统：一为被检系统，即已知的标准抗原（或血清）和待检的血清（或抗原）；二为指示系统，包括绵羊红细胞和溶血素；三为补体系统（新鲜豚鼠血清或其冻干品）。试验时先将被检系统中的抗原、抗体和补体进行反应，然后加入指示系统，观察绵羊红细胞是否溶解。如果不溶血，判断为补体结合反应为阳性，表示被检抗原与其相应的抗体发生了结合，并结合了补体；反之，如出现溶血，判断为阴性，表示被检系统中抗原与抗体不反应，不结合补体，补体参加指示系统进行反应（图 1－40）。本试验灵敏度和特异性均较高，但在正式试验前，要先进行标准抗原或血清、溶血素及补体的效价滴定，试验较费时。

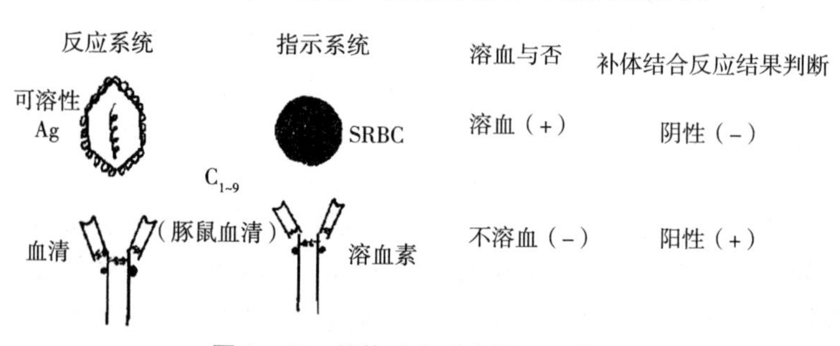

图 1－40　补体结合反应原理示意图

(4) 中和试验（neutralization test）　中和试验是在易感动物，鸡胚或鸭胚，动物细胞培养中进行的一类血清学试验，包括毒素中和试验和病毒中和试验。抗毒素与相应毒素作用后，使毒素的毒力消失，称为毒素中和试验，常用于毒素的鉴定。抗病毒血清与相应病毒作用后，使病毒失去感染力，称为病毒中和试验，该试验则常用于病毒病诊断中的病毒鉴定、抗病毒抗体的检测等。

(5) 标记抗体技术　是指用荧光素、酶或放射性同位素标记的抗体或抗原，进行的抗原抗体反应。标记抗体技术将标记物检测的敏感性与抗原抗体反应的特异性结合了起来，大大提高了抗原抗体试验的敏感性。

1) 荧光抗体技术　是将荧光素与抗体结合制成荧光抗体，荧光抗体保持了与其相应抗原特异结合的特性，又有荧光反应的敏感性。荧光抗体与相应抗原作用后，在荧光显微镜下观察，出现荧光的部位，能对抗原进行定性和定位。常用的荧光素有异硫氰酸荧光黄（fluorescein isothiocyanate，FITC）和罗丹明B（rhodamine B），常用试验方法有直接法和间接法（图1-41）。

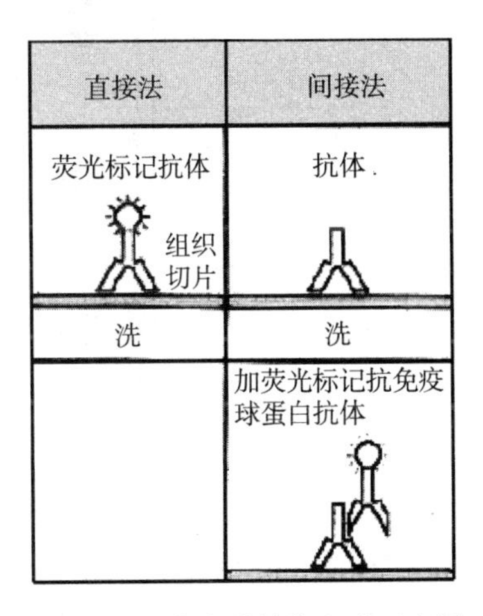

图1-41　荧光抗体染色法示意图

① 直接法：用荧光素标记已知抗体直接检查相应抗原。本法特异性高，受非特异荧光的干扰少。缺点是每检查一种抗原就必须制备一种与之相应的荧光抗体。

② 间接法：是用荧光素标记抗球蛋白，如标记羊抗兔的Ig，或称为标记抗抗体。当待检抗原与已知兔抗血清发生特异性结合后，经洗涤，洗去游离的兔抗体，再加入羊抗兔正常γ球蛋白的荧光抗体，洗涤后，置荧光显微镜下观察，若出现荧光，则表示有特异抗原存在。间接法的优点是只需标记第二抗体（如羊抗兔正常γ球蛋白荧光抗体）就能用于多个抗原抗体系统的检测，只要第一抗体是兔源抗体。本法比直接法更敏感，应用更广泛，但要更加注意排除非特异性荧光的出现。

2) 酶标记抗体技术　又称酶免疫测定技术（enzyme immunoassay，EIA），EIA是用酶标记抗体与相应抗原反应后，加入底物，底物被酶分解后的产物再作用于供氢体，最后产生有色产物。EIA将抗原抗体反应的特异性与酶催化反应的高敏感性结合起来，大大地提高了试验的敏感度。在EIA中常用的酶是辣根过氧化物酶（horseradish peroxidase，HRP），底物是过氧化氢（H_2O_2），供氢体是3，3-氨基联苯胺、邻苯二胺（OPD）或3，3′，5，5′-四甲基联苯胺（TMB），反应后的有色产物呈棕黄色或蓝色，可用肉眼或显微镜观察，或酶标仪检测。

EIA的试验方法有：免疫酶组织化学法、酶联免疫吸附试验（enzyme linked immunosorbent assay，ELISA）和酶联免疫斑点法（enzyme linked immunospot assay，ELISPOT）等。

免疫酶组织化学法：是将待检的患病毒病动物组织，冰冻切片，贴于载玻片上，加酶标记特异抗体、底物和供氢体（3，3-二氨基联苯胺）（直接法）；或加特异抗血清、酶标抗抗体、底物和供氢体（间接法）。若组织标本中出现颜色反应，表明组织中存在相应病毒。

ELISA：是在酶标反应板中进行的酶标抗体试验，已广泛用于抗原、抗体的定量测定，且方法不断改进，有各种改良法。ELISA 的基本方法有两种：间接法和双抗体夹心法。目前最常用的是间接法（图 1-42）。

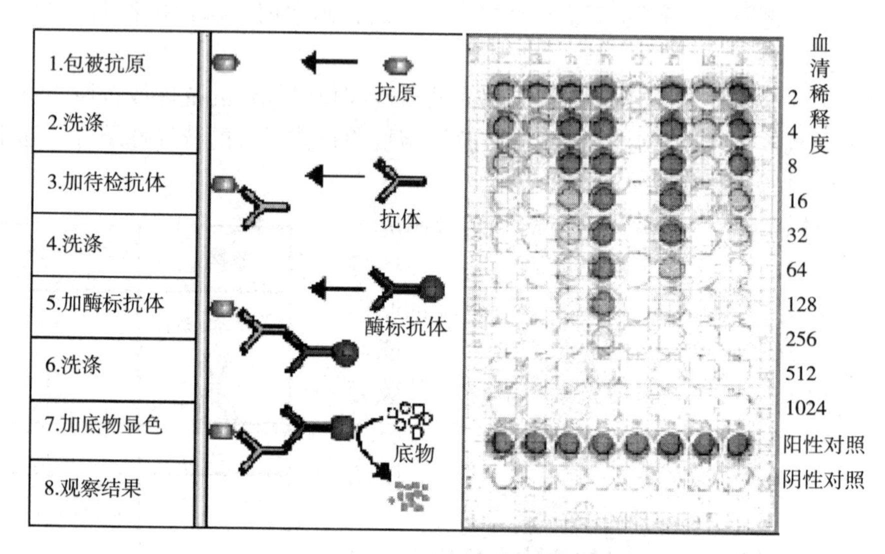

图 1-42 间接 ELISA 基本方法示意图

① 间接法：本法用于检测抗体，基本试验步骤是将已知抗原吸附（包被）于酶标反应板上，洗涤；加入待检抗体，37℃作用，洗涤；加入酶标抗体，37℃作用，洗涤；加入酶的底物（H_2O_2）和供氢体（TMB 或 OPD），作用后加硫酸中止反应，产生棕黄色可溶性的产物。用酶标仪测 OD 值。以试验孔的 OD 值为 P，对照孔的 OD 值为 N，计算 P/N 值，判定结果。

② 双抗体夹心法：本法用于测定抗原。基本试验步骤是：将已知特异抗体包被在酶标反应板上，洗涤；加入待检抗原，37℃作用，洗涤；加入酶标抗体，37℃作用，洗涤；加入底物和供氢体。经一定时间后中止反应。以酶标仪测 OD 值，计算 P/N 值，判断结果。

ELISA 的酶标反应板，常由聚苯乙烯塑料制成，具有吸附抗原、抗体的特性，试验时在板的孔中进行，所需试验材料少，操作简便，由于 ELISA 试验特异、敏感、安全、方便，故被广泛应用。

ELISPOT：源自 ELISA，又突破传统 ELISA 法，是定量 ELISA 技术的延伸和新的发展。它结合了细胞培养技术和 ELISA 技术，可以模拟体内环境，跟踪检测细胞因子的产生，是检测细胞功能的独特手段。常被应用在疫苗和药品的研发与检测、传染病的研究和检测等。其原理是将特异性的细胞因子抗体包被在 ELISPOT 培养板上，再将体内被抗原激活后或者在体外培养中被培养液中含有的特异性抗原/刺激剂激活后的淋巴细胞转入已包被好的 ELISPOT 培养板中，这些活化的淋巴细胞所分泌的细胞因子，在孵育的过程中可在分泌细胞原位被 ELISPOT 培养板上包被的特异性细胞因子抗体所捕获。将细胞和过量的细胞因子洗除后，加入辣根过氧化物酶（HRP）或碱性磷酸酶（AKP）标记的细胞因子检测抗体，孵育后洗去多余/未结合的检测抗体，加入相应酶的底物（DAB 或 BCIP /NBT），作用后可形成不溶的颜色产物即斑点（SPOT）。每个斑点是激活的淋巴细胞分泌的细胞因子区域，代表一个活性淋巴细胞。试验结果可在显微镜下观察或使用酶联免疫斑点自动图像分析仪来进行计数分析。该方法可在单细胞水平检测淋巴细胞对特异性抗原的反应能力及计数特异性抗原刺激下分泌性淋巴细胞产生的情况（图 1-43）。

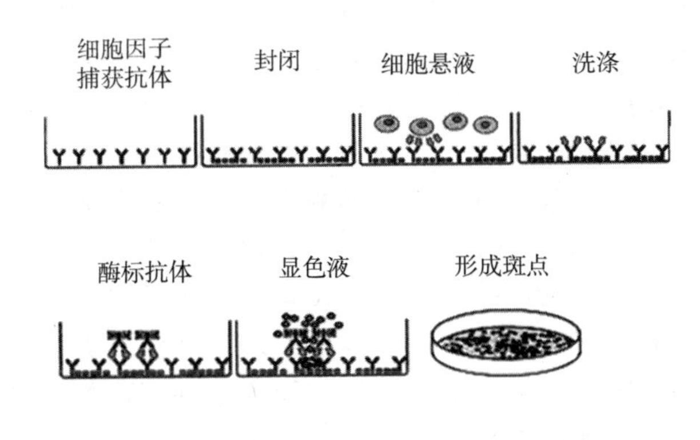

图 1-43　酶联免疫斑点法（ELISPOT）示意图

3）放射免疫测定法（radioimmunoassay，RIA）　RIA 是用放射性同位素标记抗原或抗体后进行的抗原抗体测定。它将放射性同位素的敏感性与抗原抗体反应的特异性结合起来，是一种灵敏度极高的检测手段。本法要求高纯度的抗原或抗体，需要液相闪烁仪器，有一定的放射性危害，应注意防护。RIA 已用于激素、药物、酶、血液成分、核苷酸类以及微生物、肿瘤抗原等的检测。

（陈金顶　赵启祖）

第三节　兽用疫苗的免疫接种

一、兽用疫苗免疫接种的基本原则

兽用疫苗免疫接种是预防控制动物传染病的一个非常重要手段，如何使用疫苗，更好地发挥兽用疫苗在动物疫病预防控制中的有效作用，这是兽用疫苗使用中特别值得关注的问题。

（一）选择合适的疫苗

疫苗的质量好坏、类型是否合适，对动物疫病免疫效果至关重要。在进行疫苗选择时，应注意以下几个方面：

1. 所选用的兽用疫苗应该与所要预防的动物传染病类型相一致　由于动物疾病种类繁多，即使是同一种疾病，也有许多不同的血清型或基因型。一般来讲，一种疫苗只能预防一种疾病，同一种疾病，其血清型或基因型不同，疫苗的保护效果也有很大差异，特别是灭活疫苗，如果血清型不对，免疫效果就会明显降低，有时甚至根本就没有免疫保护效果。因此，首先一定要确定所要预防的动物疾病种类及相应的血清或基因类型，并根据动物传染病流行的特点，流行范围及易感动物的品种、年龄，不同传染病的流行的周期性、季节性，结合本饲养场畜禽的具体情况，选择与之相对应的疫苗进行适时的免疫接种，才能对接种动物起到应有的免疫保护效果。

2. 要选择安全和免疫效果好的疫苗 对弱毒活疫苗来说，安全性和免疫保护效力与疫苗制造用菌、毒种的毒力和免疫原性有关。因为活疫苗可以在动物体内繁殖，既可产生体液免疫，又可产生细胞免疫，如呼吸道口服接种，还可产生黏膜免疫，免疫效果通常比灭活疫苗好，而活疫苗如果制苗菌、毒株毒力偏强，就会使接种动物致病。因此，在选择活疫苗时，在考虑免疫保护效果的同时，要优先考虑疫苗的安全性。通常情况下，要选择毒力温和又具有良好免疫原性的疫苗。用这样的疫苗免疫接种时，动物产生的免疫反应一般比较轻，同时又能保证疫苗对接种动物具有良好的免疫效果。在选择灭活疫苗时，除了要注意疫苗的安全性，重点关注免疫效果。因为一般情况下，由于灭活疫苗没有活的病原微生物，不会造成动物发病。然而，虽然灭活疫苗制苗的细菌、病毒株已丧失了感染性，但由于佐剂或疫苗本身含有毒素的原因，注射疫苗时同样会引起不同程度的不良反应。由于灭活疫苗不能在动物体内繁殖，很难产生细胞免疫和黏膜免疫。通常来讲，灭活疫苗的免疫效果不及弱毒活疫苗。所以，选择灭活疫苗时，更多的是要关注疫苗的免疫保护效果。由于灭活疫苗不能产生细胞免疫反应，因而，对同种病原引起的传染病，灭活疫苗对不同血清型或不同基因型产生的交叉免疫保护的能力远不如活疫苗。在选择使用灭活疫苗时，这一点要特别引起注意。

（二）确保疫苗接种人员的专业素质

参与实施疫苗接种的人员，必须具有相关的兽医知识和疫苗接种的技能，必须了解接种疫苗的相关背景资料，熟悉疫苗的性质、预防疾病的种类和血清型，熟悉疫苗的接种途径和接种方法，了解相关注意事项。在接种疫苗前要仔细阅读说明书，掌握疫苗说明书中要求的内容；了解母源抗体对接种疫苗的影响，了解其他疫苗同时或先后接种对该疫苗的免疫干扰作用和安全性，选择适当的接种日（年）龄，并建立合理的免疫程序；对需要冷冻保存的疫苗，要保证冷链系统的有效性和连续性，正确保存疫苗。在免疫接种时要对注射部位进行严格消毒，防止由于消毒不彻底引起的感染。要每注射一只（头）动物更换一根注射针头；要正确实施疫苗接种，对由于接种会引起严重不良反应的疫苗，要做好应急准备工作，一旦发现过敏现象出现，要及时注射抗过敏药物，正确报告和处理疫苗接种后引起的不良反应。养殖场人员自行接种时，必须在兽医的指导下进行。

（三）严格掌握免疫程序

制定科学、合理的免疫程序，并严格按免疫程序进行疫苗接种，只有这样，才能更好地发挥疫苗的作用，有效的控制传染病的发生与流行，减少不良反应的发生。兽医人员和疫苗接种人员必须充分掌握各种疫苗的免疫接种时间和间隔期。特别在接种容易受到母源抗体干扰的疫苗时，要在明确母源抗体滴度高低状况的情况下，制订合适的免疫接种方案，尽量避开母源抗体对疫苗的干扰作用。

免疫程序一经建立，应保持相对稳定，不要随意变更接种剂量、次数和间隔时间等，否则会影响接种疫苗的免疫效果。此外，要按照传染病流行季节和接种疫苗后抗体维持时间的长短，确定疫苗的接种时机。如新城疫弱毒疫苗，对蛋鸡和种鸡，必须进行 3 次以上免疫接种才能达到应有的免疫效果；就猪瘟疫苗而言，一般情况下，30 日龄前后进行首免，70 日龄前后进行二免才能有效预防控制猪瘟。

（四）正确掌握疫苗接种禁忌期

长途运输、怀孕期和产蛋期接种疫苗要谨慎，以免引起严重的不良反应，导致流产和产蛋量下降。已经潜伏感染某些传染病病原，特别是潜在感染一些烈性传染病的动物，如感染猪瘟、高致病性猪繁殖与呼吸综合征等带毒猪，在接种疫苗时应特别慎重，有时接种会激发疾病暴发，确实需要接种疫苗时，要注意逐头更换注射针头，以免因注射针头带毒导致病原传播和疾病流行。在注射油佐剂灭活疫苗时，不宜在年龄太小时接种，由于早期免疫系统尚未健全，不能很好地产生免疫抗体。

（五）保证冷链要求

冷链式运输是保证疫苗质量必不可少的条件。疫苗从工厂生产出来到实际使用，即在储藏、运输到使用过程中均应置于相应的疫苗冷藏、冷冻系统中保存，以维持疫苗的生物学活性，特别是对活疫苗。

一些疫苗是由活细菌和活病毒生产的，这类疫苗对温度比较敏感，特别是需要长期保存的活疫苗，温度过高会缩短存活率，从而降低疫苗的免疫效果；即使是由蛋白质、脂类或多糖组成的灭活疫苗或亚单位疫苗，也多不稳定。如果保存温度过高或阳光照射，受光和热作用可使蛋白质变性，或使多糖抗原降解，失去应有的免疫原性，导致疫苗效力降低或失效，甚至会形成有害物质导致接种时产生不良反应。一般来说，温度越高，活性抗原就越容易破坏。根据疫苗特性不同，保存温度条件也不尽相同，经冷冻干燥的活疫苗通常需要在－18℃以下冷冻保存，如果使用耐热保护剂，则可在2～8℃冷藏保存；而灭活疫苗则在2～8℃条件下冷藏保存。由于耐热冻干保护剂的使用，一些活疫苗也可在2～8℃冷藏保存。

（六）使用前要认真检查疫苗

接种前应严格检查将要使用的疫苗，凡超出保存期、物理性状发生变化、变色、冻干疫苗收缩、无真空、灭活疫苗油水破乳、有异物、污染的疫苗，一律不能使用。疫苗要避免阳光直接照射，使用前方可从冷藏容器中取出。已开启的活疫苗必须在0.5～1h内用完，未用完的应立即废弃。因为开瓶过久，不但影响疫苗效果，而且还会因疫苗没有防腐剂，极易引起细菌污染。故疫苗稀释后，应尽快使用完毕。

二、免疫接种程序的制订

（一）制订免疫程序的科学依据

免疫程序的制订应考虑到流行病学因素、免疫学因素和具体实施等条件。

1. 流行病学因素　不同国家和地区应根据传染病流行病学的特点，传染病流行强度、传染病起止日龄或月龄，不同年龄的发病率、周期性和季节性，结合本地区具体情况制订适合本地区的免疫程序。

2. 免疫学因素　应考虑机体免疫反应性，不同年龄对不同抗原的免疫应答，各种疫苗产生最好免疫应答的接种次数和合理的间隔时间，疫苗的免疫原性、免疫持续时间，各种疫苗同时接种机体的反应性和免疫应答。同时还要考虑机体的免疫应答能力，决定于机体免疫系统的发育完善程度，以及母源抗体的消失时间等。

3. 具体实施条件　各地实施条件相差很大，特别偏远的农村地区，由于交通不便和基层兽医队伍不健全，在制订免疫程序时应特殊考虑。

免疫程序不是一成不变的，当动物机体普遍得到免疫，或某些传染病的流行规律发生变化和已经得到控制时，免疫程序就要做相应的调整，同时随着新疫苗的研制成功和投入使用，疫苗的免疫程序也应作相应的适当调整，所以，疫苗免疫程序是随着疾病谱的变化、流行规律的变化和新疫苗的问世以及使用而在不断地调整。

（二）免疫接种程序的内容

免疫程序的内容包括免疫初始年龄、疫苗必须接种的次数、每两次接种之间的恰当间隔时间、是否需要加强免疫以及几种疫苗联合免疫等问题。

不同疫苗对动物的首次免疫时间是有差异的，这些跟疾病流行特点有关。有的疫苗必须在动物早期免疫，如鸡马立克氏病活疫苗，通常是在 18 日龄鸡胚免疫或 1 日龄免疫，这主要是为了避免雏鸡早期感染鸡马立克氏病病毒而导致免疫失败。零时免疫不吃初乳的仔猪对猪瘟来说也是非常重要的，同样是避免猪瘟野毒在疫苗接种前感染导致免疫失败。有些疫苗由于毒力偏强，必须推迟接种时间，如鸡传染性喉气管炎疫苗，接种时间太早会引起雏鸡发病。日龄太小的动物由于免疫功能还没有完全成熟，对灭活疫苗接种产生的免疫反应并不好，特别是鸡，往往需要把时间推迟一些。

免疫接种次数的多少跟疫苗的免疫效力有密切的关系。就活疫苗来说，免疫力弱、免疫持续期短的疫苗，免疫接种次数相对就多一些，而免疫力好、免疫持续期长的疫苗，免疫接种次数应相对少一些。一般情况下，用于早期免疫使用的活疫苗（除鸡马立克氏病活疫苗外），由于毒力低，免疫效力弱一些，一般需要免疫接种两次以上。而对灭活疫苗来说，由于免疫期短一些，通常需要接种两次以上。免疫接种次数多少跟动物饲养时间长短也有一定的关系，如肉鸡，通常同种疫苗只接种一次，而对于种（蛋）鸡和大动物来说，通常需要接种两次以上。除动物和疫苗的原因外，母源抗体高低也是影响疫苗接种次数多少的原因之一。如鸡新城疫活疫苗、猪瘟活疫苗，首次免疫通常会受到母源抗体的干扰，如果第一次免疫接种的时间正好在母源抗体高峰期，免疫效果会受到明显的影响，必须进行再次免疫接种。

同种疫苗两次免疫接种相隔的时间长短也是有差异的。考虑到疫苗相互之间的干扰作用和疫苗本身接种时间不一样，一些活疫苗不宜同时接种，如鸡毒支原体 F－36 株活疫苗不宜与鸡新城疫中等毒力疫苗同时使用。一些不良反应较重的疫苗不应同时一起使用，以免造成更大的危害。

三、疫苗免疫引起免疫不良反应和免疫失败的原因

疫苗在预防控制畜禽疾病中起着非常重要的作用。疫苗的广泛使用大大减少了动物传染病引起的经济损失乃至大量死亡，确保了畜牧业的健康发展，另外，动物疫苗通过控制动物传染病，如狂犬病、布鲁氏菌病、禽流感、猪链球菌病和炭疽等，明显改善了人类的健康和食品安全，对公共卫生有着重要意义。毋庸置疑，动物疫苗对现代社会将会产生越来越重要的影响。没有有效的疫苗用以控制食源动物烈性传染病，就不可能有今天这样丰富的动物产品，肉、蛋和奶的供应就难以保障。然而，尽管我们有成功的疫苗，但是，有时疫苗免疫接种也会对接种动物产生一些不良反应，严重时甚至造成动物死亡。当对动物制订免疫方案

时，兽医人员和养殖业人员要充分考虑免疫接种引起的不良反应和免疫失败的问题。必须选择安全、有效的疫苗，合适的免疫方法和接种途径，以使疫苗产生理想的免疫保护效果。这里重点讨论为什么有时一些疫苗免疫会产生一些不良反应，以及为什么有时接种疫苗会出现免疫失败。

疫苗要产生免疫保护力，它必须能够刺激动物产生免疫反应。为了刺激免疫动物产生有效的免疫反应，在注射部位和全身通常必然会有一些轻微的免疫刺激反应。这些反应是由于抗原递呈细胞产生各种淋巴因子时动物体内淋巴细胞聚集而引起的大范围反应。另外，活疫苗接种机体后会进行一定程度的增殖，进而引起可见的临床反应。

要保证疫苗的安全性和免疫效力，重要的是生产厂家在生产和检验过程中要严格按照兽医生物制品规程的要求去生产和检验，必须按照"纯净、安全、有效和质量可控"的原则去评价疫苗。所谓疫苗的安全性，就是在按生产厂家的使用说明书使用时，不会出现超出产品本身应有的局部和全身不良反应。这有两层意思，第一，它不是表示疫苗不应该产生反应，而是说疫苗不应该产生的过重的局部和全身反应。因为我们已经知道疫苗在刺激动物机体产生免疫反应的过程中可能会产生温和的局部和全身反应；第二，是指按照疫苗安全的定义，只有当按照生产厂家的使用说明书或标签说明使用时，安全才会有保障。例如，有一些疫苗只用于某些种类的健康动物，健康的定义就是各项重要活动或指标都正常，无临床疾病表现。

保护效力的定义是疫苗制品免疫动物后产生的一种特殊免疫保护能力。当按照生产厂家的说明书或标签使用时可以产生相应的免疫保护效果。因此，在使用疫苗时一定要认真阅读使用说明书，特别值得注意的是同一种疫苗对不同日龄、有无母源抗体的动物免疫接种产生的免疫效果可能差异很大。另外，不同的免疫程序也会产生不同的免疫保护效果。

通常情况下，由于接种疫苗导致动物出现不良反应主要有以下原因：活疫苗中有外源病原污染，活疫苗毒力偏强，灭活疫苗灭活不彻底，大动物对灭活疫苗的矿物油佐剂过度敏感，疫苗中含有细胞碎片、血清或内毒素等成分，多种疫苗同时接种，患免疫抑制性疾病的畜禽接种疫苗，处于潜伏感染或发病的动物接种疫苗，疫苗导致的细胞因子过度释放，动物对疫苗抗原或成分过敏和接种剂量过大或接种部位不合适等。

（一）疫苗引起的不良反应

当疫苗免疫后的几天到几周内动物出现临床不良反应时，重要的是确定这种不良反应是不是由于注射疫苗引起的，或是注射疫苗后偶然发生的。动物在免疫接种后通常出现一些不良反应，因此，注射疫苗后偶尔出现与疫苗免疫接种不相关的临床不良反应也是意料之中的事。为什么疫苗接种后动物会出现一些不良反应，原因很多，重要的是区别不良反应是不是由疫苗引起的。与疫苗有关的不良反应主要有以下几种。

1. 由于活疫苗中污染外源病原引起的不良反应　疫苗中外源病原污染常常导致不良反应的发生。在 20 世纪 70 年代后期，由于个别批次猪瘟活疫苗中污染了强毒猪瘟病原，导致疫苗免疫接种后出现猪瘟疫情，造成了很大的经济损失；鸡用活病毒疫苗中由于污染了鸡毒支原体，常在免疫鸡新城疫、鸡传染性支气管炎疫苗时出现严重的慢性呼吸道疾病，还有鸡马立克氏病活疫苗中污染网状内皮增生症病毒或鸡传染性白血病病毒，常造成鸡马立克疫苗免疫失败，导致相关疾病的发生。在中国，外源病原对疫苗的污染还是一个需要进一步解决的问题，特别是在活病毒疫苗方面，如果我们不使用 SPF 鸡胚生产疫苗，就很难保证疫苗不受污染，因为有一些病原是可以经过鸡蛋垂直传播的，用普通鸡蛋制造疫苗就无法保证不受污染。用污染了其他病原的组织细胞或血清制造疫苗，同样会出现这样的问题，如在制造猪瘟疫苗时，其细胞和犊牛血清必须进行牛病毒性腹泻病毒等外源病原污染检测。根据这种情况，一方面生产厂家要使用合格的原材料生产疫苗，另一方面生产厂家要加强疫苗中外源病原的检验，保持活疫苗的纯净性。

2. 由于灭活疫苗抗原灭活不完全导致的不良反应 这是常常会出现的问题，国外有用福尔马林对口蹄疫病毒灭活不全导致发生口蹄疫的报道（Beck 和 Strohmmaier，1987；King 等，1981）和 Venezuelan 马脑炎病毒疫苗灭活不完全，用此疫苗后发生疾病的报道（Kinney 等，1992）。在中国，由于抗原灭活不全引起疾病的事件也有发生，如禽霍乱灭活疫苗由于灭活不完全导致禽霍乱疾病发生等。

3. 由于活疫苗接种动物的日龄、免疫途径和接种对象改变引起的不良反应 人工培育的活疫苗生产菌（毒）株通常是通过生物或物理诱变的方法使其毒力减弱，且弱毒株在经过本动物回传 5 代后其弱毒的特性必须保持稳定不变。尽管毒力返强的现象很少见，但弱毒活疫苗有可能使已出现免疫抑制的动物产生疾病。一种情况是尽管是同一种弱毒活疫苗，都是免疫同一种健康动物，但日龄不一样，表现的情况也不一样，如中等毒力的鸡新城疫、传染性支气管炎活疫苗，对日龄偏小的鸡是有致病力的，免疫后会出现疾病症状。鸡喉气管炎疫苗和鸡传染性脑脊髓炎活疫苗也是这样，对成年鸡是安全的，但接种小日龄的鸡则会引起疾病。另一种现象是同一种活疫苗，免疫接种途径不一样，引起的免疫不良反应也是不一样的，如鸡新城疫、传染性支气管炎和鸡毒支原体等活疫苗，在采用饮水、滴鼻或点眼接种时，对接种鸡是安全的，但是如果喷雾接种时，常出现呼吸道症状。也曾有将规定只能肌内注射的猫鼻气管活疫苗改用鼻内接种，结果引发了猫病毒性鼻气管炎事例。还有一些例子是改变活疫苗的免疫对象，也会引起发病甚至引起接种动物死亡。如鸡毒支原体 F 株对鸡是安全的，但对火鸡则是致病的，对鹌鹑也存在一定的致病性；对猪安全的口蹄疫活疫苗可引起牛感染发病；对猪安全的猪伪狂犬病疫苗对羔羊则可引起严重的不良反应；犬瘟热活疫苗可引起灰狐狸和小熊猫感染；狂犬病活疫苗可引起宠物臭鼬的狂犬病等。

4. 由于注射疫苗引起的免疫抑制反应 试验证明，使用中等偏强毒力的活疫苗会引起鸡的免疫抑制反应，这种疫苗注射后，常导致鸡法氏囊的严重萎缩，因为法氏囊是鸡的早期重要免疫器官，它的过度病理性萎缩引起免疫功能受到影响甚至严重破坏，体内淋巴细胞的数量会大大减少，其功能也将会受到严重影响，导致免疫抑制。中国对鸡传染性法氏囊病活疫苗的使用明确规定，严格限制和禁止使用中等偏强毒力毒株生产的鸡传染性法氏囊病活疫苗，这类疫苗给鸡接种，虽有可能使法氏囊病得到一些控制，但会对鸡法氏囊造成损伤，引起鸡新城疫、鸡传染性支气管炎和鸡马立克氏病等，导致疫苗免疫失败，致使鸡新城疫和呼吸道疾病控制难度加大。还有试验证明，牛病毒性腹泻活疫苗可抑制牛中性粒细胞的功能，常可以发现注射牛病毒性腹泻活疫苗后，特别是如果接种动物出现免疫应激时，更易引发细菌性肺炎。还有高致病猪繁殖与呼吸综合征病毒活疫苗，如果毒力太强，不但不会起到免疫保护的作用，还会破坏巨噬细胞等免疫细胞而造成免疫抑制。另外，免疫过度频繁，免疫剂量过大，也会造成免疫抑制。

5. 由于细胞因子过度释放引起的免疫不良反应　白细胞介素1（IL－1）、IL－6和肿瘤坏死因子α（TNF－α）是强劲的前炎性细胞因子，这些前炎性细胞因子能引起大范围的临床反应，包括引起局部急性炎症，能通过肝脏引起急性期蛋白的快速合成和分泌，能够通过丘脑下部的作用减少发热和不适感，它们能降低增重和饲料转化效率，在很大程度上引起低血糖和减少心脏输出率而导致扩散性的血管内血液凝结。革兰氏阴性菌产生的内毒素是最强的前细胞因子的产生者。还有一些其他细菌成分也能产生前炎性细胞因子，如果它们是从降解的细菌细胞释放出来的，通常这些成分是最具活性的，动物接种了灭活后的细菌会过度地引起细胞因子的释放，导致临床症状的产生。最常见的是注射了灭活的细菌疫苗，如注射了鸡传染性鼻炎灭活疫苗、猪（鸡）大肠杆菌灭活疫苗、禽霍乱灭活疫苗等，特别是接种了细菌多价灭活疫苗后常常出现不同程度的临床不良反应，轻则一过性的精神委顿，重则体温升高、食欲骤减，疫苗注射部位肿胀、发炎，有时甚至出现死亡。一些用矿物油佐剂制成的病毒疫苗接种动物后，其中的佐剂引起细胞因子的过度释放，导致疫苗注射动物的临床不良反应，这种反应在猪、牛大动物中比较常见。最常见的是牛和猪接种口蹄疫灭活疫苗后，有时出现不同程度的不良反应。在灭活疫苗的免疫反应中，产生少量的前炎性细胞因子对引起免疫保护反应是有好处的，然而，如果疫苗中细菌内毒素过多，使用的佐剂不当，免疫后前炎性细胞因子过度产生，就会导致免疫接种动物出现轻度至严重的临床反应。

6. 疫苗抗原引起的超敏反应　动物对疫苗抗原能产生四种不同免疫介导的超敏反应。由Ⅰ型免疫超敏反应（直接型）导致的全身过敏反应是最受关注的疫苗不良反应。这种不良反应是由IgE抗体与疫苗主要成分作用引起的，与所有的超敏反应一样，当动物首次接种一种抗原时，不会出现超敏反应（除非体内有被动传播的抗体），只是在接种动物体内产生了足够的使其过敏的抗体或记忆T细胞时，才会出现反应。

局部的Ⅰ型超敏反应可能是IgE与疫苗的抗感染因子引起的。在试验条件下接种牛呼吸合胞体病毒表明可以引起特异性针对该病毒的IgE抗体，当免疫动物受到气溶胶喷雾攻击时，则出现过敏症状。

当使用的疫苗含有正常细胞抗原时，会引起Ⅱ型变态反应（细胞毒型）。例如，使用含有红细胞抗原的疫苗能够引起抗红细胞抗体导致免疫介导溶血性贫血。

Ⅲ型（免疫复合型）超敏反应可能发生在免疫时有针对疫苗抗原的特异性循环抗体存在时。由于补体结合和中性粒细胞聚集到注射部位，可引起注射部位的Arthus反应。这是常见的在注射部位的局部炎性反应，特别是注射带有免疫增加剂的灭活疫苗时更常见。有时超敏性可能是疫苗复合物中的一种成分引起的。这种疫苗产生的抗体在动物受到感染后，当抗体结合到复制的感染性病原时，可能导致免疫复合型超敏反应。市场上使用多年的溶血性巴氏杆菌疫苗效力不高，甚至能够增加试验感染或自然感染溶血性巴氏杆菌动物的病变程度。巴氏杆菌攻击后，通过疫苗引起的免疫反应至少有两种超敏机制可加重肺炎。第一，如果大量的溶血性巴氏杆菌通过人工或自然途径侵入肺脏，由疫苗免疫产生的高浓度的补体结合抗体能快速激活补体，可以引起Ⅲ型超敏反应导致肺部急性炎症和严重肺炎。第二，抗细胞表面抗原的抗体将在肺部作用溶血性巴氏杆菌通过肺泡巨噬细胞和中性粒细胞加强吞噬作用，因为对激活的巨噬细胞没有足够的白细胞毒素中和抗体或细胞介导免疫，因而，巨噬细胞不能有效地杀死、消化存在于肺泡之中的细菌，这些存活的细菌能够产生白细胞毒素破坏巨噬细胞。这种破坏将导致巨噬细胞释放水解酶到肺组织。

除以上原因外，不良反应的产生还与以下原因有关。

（1）疫苗本身的原因　抗原不纯引起的过敏反应；不适当的佐剂，如大动物对劣质矿物油更敏感；疫苗微生物之间相互干扰。

（2）疫苗使用方面的原因　疫苗稀释液不合适；疫苗使用过程中没按要求换针头，导致疾病传播；免疫程序不当，接种疫苗的时间不对；免疫接种途径不合适等。

（3）动物本身的原因　动物本身不健康；动物机体免疫力低下；动物本身为过敏体质。

（4）环境原因　炎热和气候寒冷的天气；饲养密度过大；饲养管理方式落后。

（二）疫苗免疫失败的原因

通常的情况下，按照《兽用生物制品规程》生产的疫苗，经过生产厂家的安全和效力严格检验，合格的疫苗应该是有效的。然而，我们所说的有效是相对的，疫苗不可能在任何条件下都是100%免疫有效，因为实际应用的环境、条件及接种动物与实验室的试验结果有一定的差距，在任何情况下，特别是在各种复杂条件下，都要求疫苗完全对接种动物有效是不现实的。

疫苗生产厂家对疫苗进行检验时，所选用实验动物是健康的，没有各种应激因素，没有母源抗体的干扰，环境条件符合动物生活习性，加之饲养管理比较科学，感染剂量是一定的，检验结果是可重复的。然而，如果动物本身有其他病原感染，有应激因素产生或饲养管理不善，特别是接种动物有母源抗体的干扰，疫苗的免疫效果肯定会有差异。疫苗与感染病原的抗原差异也是特别值得注意的因素。

引起疫苗免疫失败的潜在原因主要有：疫苗抗原含量不足或免疫效力太差，疫苗抗原血清型或基因型与流行毒株不一致，疫苗中有外源病毒污染，多种疫苗同时免疫时出现相互干扰，患免疫抑制或免疫耐受疫病的动物，感染的病原毒力太强或剂量过大，动物已发生了病原持续感染，动物已感染免疫抑制性疫病的病原，母源抗体的干扰，免疫程序不合理，免疫后产生免疫力的时间不足和免疫接种方法或接种部位不对等。下面着重将几种影响疫苗免疫效力的因素分别进行说明。

1. 产生免疫的时间不足　疫苗接种后通常需要几天到几周的时间产生免疫效力。如果接种动物在接种时或接种后几天内感染相应病原，由于动物还未产生或者没有产生足够的免疫力，就会出现临床疾病而导致免疫失败。这种情况通常是疫苗接种后很短的时间内出现的，如果再晚些时候出现，则由于动物已经开始产生免疫力，病程会明显缩短，症状也较轻。

2. 由于疫苗的原因造成的免疫失败

（1）由于疫苗保存和使用不当导致的免疫失败　使用失效疫苗或错误使用疫苗，接种健康动物不可能产生预期的免疫效果，正确保存和合理使用疫苗对维持疫苗的活性是非常重要的。疫苗保存温度过高，可能会引起疫苗失活，即使保存在适当的温度下，超过保存期也会引起疫苗失活。因此，过了保存期的疫苗不能使用，使用化学消毒剂的活性处理过的注射器和针头如果没有清洗干净，残留的化学物质也会降低活疫苗中的细菌或病毒的活性。使用不当的疫苗稀释剂或用一种稀释剂混合多种疫苗也可造成活疫苗中细菌或病毒失活。多数冻干的活疫苗有自己独特的疫苗稀释剂，最典型的例子是马立克氏病活疫苗，不同的稀释剂对疫苗的病毒活性影响很大，即使是同一配方的不同批次的稀释剂，有时差异也非常显著。一些疫苗的稀释剂含有防腐剂，对活疫苗有灭活作用，由于这个原因，通常不建议用一个注射器同时稀释多种疫苗。

（2）疫苗本身抗原含量不足或制苗菌株的免疫原性不好　抗原含量高低直接影响疫苗的免疫效果，如果抗原含量不足，就不能产生良好的免疫效果，无论是活疫苗，还是灭活疫苗，都会遇到这样的问题。有的制苗用菌（毒）株本身的免疫原性不佳也不会产生良好的免疫效果。

3. 与疫苗免疫失败相关的宿主因素　因为动物对接种的疫苗不能产生有效的免疫反应而导致免疫失败。在幼龄动物，由于影响疫苗产生免疫反应的母源抗体存在，导致疫苗免疫失败，由于各种原因造成的早期免疫抑制和免疫耐受也能引起免疫失败。如猪瘟病毒持续感染母猪所产带毒仔猪，由于在胚胎时期形成了免疫耐受，当接种疫苗时不能产生有效的免疫反应，常出现免疫失败。

来源于初乳的母源抗体在被动免疫反应上的作用是人们最熟悉的。这种抗体在幼年动物体内循环流动，在疫苗产生免疫反应之前可以中和和排斥接种的疫苗抗原。在疫苗产生免疫反应前，母源抗体能中和外来病原微生物而在某段时间内起到一定的保护作用，这就意味着即使幼年动物频繁的免疫接种，仍然会因母源抗体的中和作用而不能产生有效的免疫效力从而出现病原感染，导致免疫动物发病。在母源抗体消失和疫苗免疫反应还未产生的空窗期是最容易发生感染引发疾病的，如鸡传染性法氏囊病和鸡新城疫常会出现这样的问题。试验证明，大量的强毒病原感染可以突破母源抗体的保护屏障而诱发动物发病。因此，对畜禽圈舍经常清扫消毒，在疫苗主动免疫产生的早期防止自然感染野毒是非常重要的。

对待鸡传染性法氏囊病和新城疫等禽类疾病，有经验的养殖场兽医人员是通过不断检测母源抗体水平，建立合理的疫苗免疫程序来解决的。在母源抗体下降到一定水平时，就进行疫苗免疫接种，这样既可避开母源抗体的干扰，又能缩短母源抗体和疫苗免疫的间隔期。有报道使用低致病力的鸡传染性法氏囊病病毒抗原抗体复合物在 1 日龄时给鸡接种，以解决母源抗体的干扰和早期产生免疫效力，收到了较好的效果。对猪瘟，尽管母源抗体有一定的保护作用，但在实际情况下，实施初乳前的疫苗免疫接种，收到了良好的效果。

在不同动物中母源抗体保护作用是不一样的，有的有保护作用，有的则没有保护作用，如由鸡毒支原体和猪肺炎支原体所引起的母源抗体则没有保护作用。在实际工作中，要区别对待，防止误以为所有母源抗体都可引起免疫保护，延误了疫苗免疫接种时间。

对大家畜来说，为了避免母源抗体的干扰，免疫接种时间同样是非常重要的。如果疫苗免疫得太早，由于母源抗体的干扰，免疫效果肯定会受到影响，产生的免疫效果也就不会太好，如果等到群体中所有畜禽母源抗体都消失后再免疫疫苗，就会造成一个空档期，使畜禽长时间对病原处于易感的状态，有可能造成疾病的暴发。要确定一个合适的免疫接种时间，最好的办法就是经常测定母源抗体的滴度。一些养殖场由于时间和经费等原因，单凭经验来制订免疫程序，如果不同来源的动物的免疫抗体水平不一样，就会出现要么免疫接种早了，要么接种晚了。

由于不同因素，包括应激、营养不良、合并感染、免疫功能尚未成熟或衰退，也能引起免疫失败。如果免疫抑制发生在疫苗接种时间，疫苗就不可能引起良好的免疫反应，如果免疫抑制发生在疫苗接种后的某一时间，尽管开始产生了足够的免疫保护力，但由于后来免疫效力降低了，也可造成感染而发病。利用免疫抑制药物（如肾上腺皮质激素）治疗也会导致免疫抑制而发生疾病感染。

4. 由于免疫期太短产生的免疫失败 一般来说，疫苗免疫后的免疫高峰期通常为免疫接种后2～6周，维持一段时间后，免疫力逐渐下降，要维持良好的免疫效力，通常是在第一次免疫接种以后每隔一段时间再接种一次疫苗，但如果动物在疫苗接种时出现应激反应，它们就不能产生强有力的起始免疫反应，或在应激免疫后数月感染了大量高致病性病原，这些动物就会因没有持续的足够的免疫力而抵抗感染发病。中国在对鸡新城疫的免疫接种就是这样，在第一次免疫接种后的1～2个月就要进行第二次免疫接种，一只蛋种鸡一年要接种3～4次疫苗，如果不及时再接种，就会因免疫力下降而感染鸡新城疫强毒导致疾病的发生。对待一些免疫期短的疫苗，最实际的方法就是在抗体滴度下降到一定水平时再次接种疫苗。

5. 由于疫苗抗原和野毒株抗原结构差异而产生的免疫失败 对某种类型的传染病原，特别是一些容易受到细菌表面成分产生的抗体攻击的细菌（大肠杆菌）和易发生基因变异的RNA病毒（如冠状病毒、流感病毒），它们经常在抗原结构上发生变异，导致同一种疫苗对这些变异的细菌或病毒免疫效力降低甚至造成免疫失败，因为在动物免疫中，体液免疫的抗体介导保护是有效的，动物体内产生的抗体必须特异性地结合到细菌或病毒表面的重要抗原位点上。细胞介导免疫通常不像抗体介导免疫那样有菌株特异性。要确定疫苗免疫失败是不是由于疫苗株与野毒株之间抗原性差异引起的，必须要对野毒株和疫苗株的基因序列进行比较。菌（毒）株之间的抗原差异导致的免疫失败或免疫效力降低的问题，灭活疫苗比活疫苗表现得更为明显。

6. 多种疫苗同时免疫接种由于相互干扰造成的免疫失败 有一些疫苗在单独免疫动物时是有效的，但如果将其和其他有干扰作用的疫苗混合到一起再免疫接种，或同时免疫接种，由于相互的干扰作用，导致其中一种，甚至几种疫苗免疫效力下降或免疫失败。试验证明，单独用鸡毒支原体活疫苗免疫和用鸡毒支原体-鸡传染性支气管炎-鸡新城疫活疫苗同时免疫接种，在同时接种三种疫苗的试验组，鸡毒支原体活疫苗、新城疫活疫苗的免疫效力均有降低。

（三）小结

动物机体免疫系统对异源病原微生物或蛋白的刺激而产生的轻度局部和全身反应对疫苗产生免疫保护力是有利的。偶尔出现的疫苗严重不良反应通常是使用不当或在疫苗生产检验过程中把关不严造成的，也有保存不当导致疫苗失效引起的。而更多的是使用者不按标签说明书的要求，特别是接种了不健康的畜禽造成的。生产厂家和使用人员要明确疫苗不良反应的原因，把好每一道关，把疫苗不良反应降低到最低程度。

由于疫苗原因导致的免疫失败有多种原因。然而，饲养人员的饲养知识和疾病防控知识是其中非常重要的一个内容。饲养员和防疫员一定要熟知疫苗接种时间和接种方法，减少应激因素，加强环境消毒和控制，提高畜禽机体对疾病的抵抗能力。

兽用疫苗在保护动物健康、人类健康和食品安全方面发挥了重要的作用，只有科学合理使用疫苗和加强饲养管理，才能最大程度上保证疫苗的安全性，提高疫苗的免疫效力。

（宁宜宝）

参 考 文 献

陈慰峰，2005. 医学免疫学［M］. 4 版 . 北京：人民卫生出版社 .

高晓明，2006. 医学免疫学［M］. 北京：高等教育出版社 .

黄青云，2003. 畜牧微生物学［M］. 北京：中国农业出版社 .

龙振洲，1995. 医学免疫学［M］. 2 版 . 北京：人民卫生出版社 .

宁宜宝，冀锡霖，1989. 鸡胚制活病毒疫苗中霉形体污染的研究报告［J］. 中国兽医杂志 6：2 - 4.

钱国英，2012. 免疫学与免疫制剂［M］. 杭州：浙江大学出版社 .

王明俊，1997. 兽用生物制品学［M］. 北京：中国农业出版社 .

张延龄，张辉，2004. 疫苗学［M］. 北京：科学出版社 .

周光炎，2013. 免疫学原理［M］. 北京：科学出版社 .

Brown F，1993. Review of accident caused by incomplete inactivation of viruses，*Dev. Biol. Stand.*，81：103 - 107.

Carrillo C，Wigdorovitz A，Oliveros J C，1998. Protective immune response to Food - and - mouth disease virus with VP1 expressed in transgenic plant［J］. J virology，72：1688 - 1690.

Cullor J S，1994. Safety and efficacy of gram - negative bacterial vaccines［D］. Proc of annual convention (26th)：13 - 18.

Ellis J A，Yong，C. 1997. Systemic adverse reactions in young Simmental calves following administration of a combination vaccine［J］. *Can. Vet. J.*，38：45 - 47.

Ian R. Tizard，1996. veterinary immunobiology. 5th ed. Philadelphia：W. B. Saunders Company.

Janeway C A，1999. Immunobiology. 4th ed［M］. New York：Current Biology Publication.

O' Hagon D，1997. Recent advances in vaccine adjuvants for systemic and mucosal administration［J］. J Pharm Pharmacol，49：1 - 10.

Pastoret P，1999. Veterinary vaccinology［J］. C R Acad Sci，322：967 - 972.

Roit I，1997. Essential Immuology. 9thed［M］. Oxford：Blackwell Science.

Straw B，1986. Injection reaction in Swine［J］. Anim. Health Nutr，41：10 - 14.

Yamanouchi K，Barret T，Kai C，1998. New approaches to the development of virus vaccines for veterinary use［J］. Rev Sci Tech Off Int Epiz，17：641—653.

第二章　中国兽用疫苗的管理及质量控制

兽用疫苗是将经过全面鉴定的细菌、病毒、寄生虫等接种于特殊基质进行培养，收获其抗原单位或亚单位，或用人工合成的抗原单位或亚单位制成活的或灭活的、无毒的、具有特异性和免疫原性的生物制品，用于预防靶动物的疾病。活疫苗可以是用低毒力、温和型野外病原分离物制备，也可以是用改变毒力，即通过动物、组织、细胞、鸡胚培养或人工培养基培养等方法传代降低分离物的毒力（毒力致弱），保留其免疫原性，或通过基因重组技术构建的微生物制备而成。灭活疫苗可以是用化学或其他方法灭活病原微生物的培养物或基因重组技术改造的微生物培养物，经纯化或浓缩，加佐剂或防腐剂制备而成，也可以是灭活的毒素或从培养物中提取亚单位（微生物抗原部分）或通过 rDNA 方法产生的亚单位或用化学方法人工合成类似天然抗原的多肽等制成。

改革开放以来，中国畜禽疫病得到了有效地控制，畜产品质量与产量显著提高。但随着畜牧业生产方式向集约化、规模化、专业化方向的转变，畜禽疫病，尤其是重大动物疫病如禽流感、口蹄疫、高致病性猪蓝耳病等的发生造成严重的经济损失，严重制约着中国畜禽业的发展。畜禽疫病的发生带来的不仅是经济损失，而且影响到食品安全、公共卫生安全和动物产品的出口，乃至成为社会、政治问题，因此必须采取切实有效措施加以管理和控制。

兽用疫苗是畜禽疫病的防控的重要手段之一，尤其是中国养殖业的生物安全管理差，通过使用疫苗来控制畜禽传染病的传播。质量优良的疫苗能有效预防和控制疾病，提高家畜（禽）的生产性能，为人类带来经济效益。相反可能对动物造成伤害，对环境造成污染，乃至威胁人类的健康。因此，加强对兽用疫苗的监督管理，强化兽用生物制品的质量控制及标准制订工作尤为重要。

第一节　中国兽用疫苗的监督管理

一、监督管理的相关政策法规和办法

为了加强兽药监督管理，保证兽药质量，有效预防和治疗动物疾病，促进养殖业健康发展，保障公共卫生安全和人体健康，国务院于 1987 年制定并发布了《兽药管理条例》，并于 2004 年 4 月 9 日经中华人民共和国国务院（简称国务院）令第 404 号公布，2014 年 7 月 29

日国务院令第653号进行了部分修订和2016年2月6日国务院令第666号进行了部分修订。《兽药管理条例》对在中华人民共和国境内从事新兽药的研制、兽药生产、经营、进出口及兽药使用等提出了明确的要求，进一步规范了兽药的管理。2016年4月22日农业部发布了《关于促进兽药产业健康发展的指导意见》（农医发〔2016〕15号），明确了指导思想、基本原则和主要目标，对于促进兽药产业转方式、调结构、提升产业竞争力具有重要意义，以达到保障养殖业稳定健康发展、保障动物源性食品安全和维护公共卫生安全的目的。同时，农业部制定了一系列与《兽药管理条例》配套的兽药管理政策法规及管理办法。

（一）兽用疫苗注册管理有关的法规和办法

1.《兽药注册办法》（农业部令第44号） 对新兽药的注册、进口兽药的注册、兽药变更注册、进口兽药再注册、兽药复核检验、兽药标准物质的管理等进行了规定。

2.《新兽药研制管理办法》（农业部令第55号） 对临床前研究管理、临床试验审批等提出了要求。

3.《兽药注册资料要求》（农业部公告第442号） 对各类兽药的注册分类、注册资料项目、注册资料说明、注册资料项目表及进口注册资料的项目及说明等提出了要求。

4.《兽药非临床研究质量管理规范》（农业部公告第2336号）（简称兽药GLP） 对从事兽药非临床研究的试验单位（兽药非临床安全性评价研究机构）在实验室条件下，用试验系统进行的各种毒性试验及评价兽药安全性有关的其他试验进行规范管理，以提高兽药非临床研究质量，确保试验资料的真实性、完整性和可靠性，保证兽药的安全性，包括组织机构和人员、试验设施、仪器设备和试验材料、标准操作规程、研究工作的实施及资料档案等部分。

5.《兽药临床试验质量管理规范》（农业部公告第2337号）（简称兽药GCP） 是临床试验全过程的标准规定，确保试验数据的真实性、完整性和可靠性，保证兽药安全有效，包括方案设计、组织实施、检查监督、记录、分析总结和报告等。

（二）兽用疫苗生产管理有关的法规和办法

兽药生产管理有关的法规及办法主要有《兽药生产质量管理规范》（简称兽药GMP）（2002年农业部令第11号发布）、《兽药产品批准文号管理办法》（农业部令第4号）、《兽药标签和说明书管理办法》（农业部令第22号）（2004年7月1日农业部令第38号修订，2007年11月8日农业部令第6号修订）等。

1.《兽药GMP》 对兽药生产和质量管理进行了规范，包括机构与人员、厂房与设施、设备、物料、卫生、验证、文件、生产管理、质量管理、产品销售与收回、投诉与不良反应报告、自检等部分。

2.《兽药产品批准文号管理办法》 是农业部根据兽药国家标准、生产工艺和生产条件批准特定兽药生产企业生产特定兽药时核发的兽药批准证明文件，对兽药产品批准文号的申请和核发、兽药现场核查和抽样进行管理。

3.《兽药标签和说明书管理办法》 规范了兽药标签和说明书的内容、印制和使用规定。

（三）兽用疫苗经营管理有关的法规和办法

涉及兽药经营和使用管理有关的法规及办法包括：《兽药经营质量管理规范》（简称兽药GSP）（2010年农业部令第3号）和《兽用生物制品经营管理办法》（2007年农业部令第3号）。

1.《兽药GSP》 对兽药经营企业的质量管理进行了规范，包括总则、场所与设施、机构与人员、规章制度、采购与入库、陈列与储存、销售与运输、售后服务、附则等方面。

2.《兽用生物制品经营管理办法》 对从事兽用生物制品的分发、经营进行规范管理。

（四）生物安全管理有关的法规和办法

随着动物疫病的不断暴发，特别是近年来重大动物疫病的发生，为进一步加强病原微生物实验室的生物安全管理、保护实验室工作人员和公众的健康，国务院及其农业部相继制定了一系列生物安全管理有关的法规和办法。这些兽药管理法规和办法的颁布，进一步加大了对兽用生物制品的监督管理力度，对于提高中国兽用生物制品的质量、保证生物安全等起着非常重要的作用。

1.《病原微生物实验室生物安全管理条例》（2004 年国务院令第 424 号）（2016 年国务院气节 666 号修订；2018 年国务院会第 698 号修订）对实验室及其从事与病原微生物菌（毒、虫）种、样本有关的研究、教学、检测、诊断等试验活动的生物安全进行管理。

2.《农业转基因生物安全管理条例》（2011 年国务院令第 588 号） 对利用基因工程技术改变基因组构成，用于农业生产或农产品加工的动植物、微生物及其产品的研究、试验、生产、加工、经营和进出口活动进行规范管理。

3.《高致病性动物病原微生物实验室生物安全管理审批办法》（农业部令第 52 号） 规范了高致病性动物病原微生物实验室资格、试验活动、运输的审批管理。

4.《动物病原微生物菌（毒种）保藏管理办法》（农业部令第 16 号） 对菌（毒、虫）种和样品的收集、保藏、供应、销毁及对外交流等进行了规定。

二、中国兽用疫苗的监督管理

（一）兽用疫苗研究与开发管理

《兽药管理条例》对新兽药的研制有明确规定，新的兽用生物制品的研制应当在临床试验前向国务院兽医行政管理部门提出申请，需要使用一类病原微生物的，还应当按照《病原微生物实验室生物安全管理条例》和《高致病性动物病原微生物实验室生物安全管理审批办法》等有关规定，在实验室阶段前取得国务院畜牧兽医行政管理部门的批准，具备规定的条件（如 P3 实验室等），并在取得相应资格证书的实验室进行试验。临床前研究应当执行兽药 GLP 的有关管理规定。从事兽用疫苗研究开发的机构必须具有与试验研究项目相适应的人员、场地、设备、仪器和管理制度；所用试剂和原材料应当符合国家有关规定和要求，并应当保证所有试验数据和资料的真实性。

兽用新生物制品的研制必须严格遵守《新兽药研制管理办法》（农业部令第 55 号）的规定，须经过临床前研究和临床试验。为了严格控制兽药非临床试验的各个环节，即严格控制可能影响试验结果准确性的各种主客观因素，降低试验误差，确保试验结果的真实性，研制单位或个人必须严格遵守兽药 GLP 规定。兽药 GLP 主要是指对兽用生物制品在临床前（实验室）研究阶段，包括生产与检验菌（毒、虫）种和细胞株的生物组织等起始材料的系统鉴定，如菌（毒、虫）种的选育和鉴定，毒力、抗原型、免疫原性、遗传稳定性、保存条件、特异性试验等研究，生产工艺的探索研究，产品的效力和安全性评价、免疫持续期和保存期的试验及免疫学研究等在内的实验室研究方法进行规范，使之具有科学性、准确性。兽药非临床研究阶段是兽药质量控制中不可缺少的一环，《新兽药研制管理办法》明确规定了新兽药临床前研究及新兽药安全性评价必须执行兽药GLP，并参照农业部发布的有关技术指导原则进行试验。该规范的实施将会对中国新兽药的研发产生重要影响。

《新兽药研制管理办法》第十二条规定：承担临床试验的单位应具有农业部认定的相应试验资格，兽药临床试验应当执行兽药GCP，并参照国务院兽医行政主管部门发布的兽药临床试验技术指导原则进行。

兽药临床试验是指在完成兽药实验室研究以后，对符合新兽药相关规定的制品，进行动物试验研究制品的效力、不良反应等，以确定兽用生物制品生产工艺的稳定性及在临床应用时的给药剂量、给药途径、制定合理的免疫程序等提供依据。受试动物的编码、随机化分组方法、试验类型的设计、试验结果统计分析等都会对最终试验结果产生影响。因此，作为新制品进入生产环节的必要步骤，兽药临床试验阶段的质量控制对整个兽药质量控制过程具有重要意义。

兽用疫苗的临床试验，应当向农业农村部提出申请，按照要求提供相关资料。申请者提供的资料应真实和完整，农业农村部对申报的资料和试验方案进行审查，必要时到现场核查临床前研究阶段的原始记录、试验条件、生产工艺及产品的试制情况。通过审查的将批准进行临床试验，确定试验区域和试验期限。

临床试验至少用3～5批制品对生产条件下的使用对象动物进行试验，进一步评价其在田间条件下的安全性和效力。试验用的制品必须在已取得《兽药生产许可证》的兽用生物制品生产企业进行，中试连续生产5批疫苗，以定型生产工艺。临床试验用的疫苗仅供临床试验用，不得销售，不得在未批准的区域使用，不得超过批准期限使用。

研究单位在完成临床前研究和临床试验取得满意结果后，可按照《兽药注册办法》及《兽用生物制品注册分类及注册资料的要求》整理资料，提出新制品制造及检验试行规程（草案），连同有关技术资料报农业农村部审查和审批。符合规定的，发给《新兽药证书》，已取得《兽药生产许可证》和《兽药GMP合格证》的，同时发给兽药批准文号。国务院畜牧兽医行政管理部门在批准新兽药申请的同时，发布该兽药的注册标准、标签和说明书，并设立新兽药的监测期。

（二）兽用疫苗的生产管理

开办兽用疫苗生产企业，必须符合国家兽药行业发展规划和产业政策，具备相应人员、厂房、设备设施及环境要求，符合兽药GMP规定的其他生产条件。所有兽用生物制品不得在非兽药GMP条件下生产（体外用的诊断试剂中试可以在相应资质的实验室进行），未取得批准文号的产品也不得生产，否则将按照规定严肃处理。

兽药GMP是兽用生物制品生产企业进入兽用生物制品行业的准入条件，《兽药管理条例》中明确规定了兽药生产企业应当按照兽药GMP要求组织生产。中国自1989年开始对兽药的生产实施GMP管理，同年农业部颁布了《兽药生产质量管理规范（试行）》，1994年发布了《兽药生产质量管理规范实施细则》，1996年起开始实行兽药GMP验收工作，2006年1月1日起强制实施兽药GMP管理。

《兽药管理条例》规定必须按照兽药国家标准和批准的生产工艺进行疫苗生产，生产的产品必须符合农业部（现农业农村部）发布的国家兽药标准。生产兽用疫苗所需的原材料和包装材料应符合国家标准或兽药质量要求，每批产品出厂前应经过质量检验合格并经国家批准签发，强制免疫所需的兽用生物制品，如重大动物疫病（口蹄疫、禽流感等）疫苗的生产，由农业农村部指定的企业生产。

为强化兽药质量安全监管，确保疫苗产品安全有效，2015 年 1 月 21 日农业部发布公告第 2210 号公告，全面实施以兽药“二维码”标识为核心的兽药追溯系统，要求 2015 年 7 月 31 日前，实现重大动物疫病疫苗全部赋“二维码”出厂、上市销售，已赋兽药“二维码”的重大动物疫病疫苗产品，不再加贴现行的防伪标识。1996 年农业部发布了《兽用生物制品管理办法》（农业部令第 6 号），要求新开办兽用生物制品生产企业必须经农业部审批后按兽药 GMP 规定设计和施工，验收合格后核发《兽药生产许可证》，方可生产兽用生物制品。现有兽用生物制品厂应按兽药 GMP 要求进行技术改造。为进一步为加强兽用生物制品的管理工作，适应加入 WTO 的需要，2001 年农业部以第 2 号令发布了《兽用生物制品管理办法》，禁止任何未取得生产兽用生物制品《兽药生产许可证》的单位和个人生产兽用生物制品。《兽用生物制品管理办法》还规定兽用生物制品生产企业所生产的兽用生物制品必须取得产品批准文号。

中国实施兽药 GMP 管理以来，取得了明显的成效。所有生产兽用生物制品的企业均按兽药 GMP 要求新建车间或进行改造，并按照要求通过兽药 GMP 验收，生产重大动物疫病疫苗的企业率先通过了兽药 GMP 的验收。至 2006 年 1 月 1 日起，所有生产兽用疫苗的企业均强制性执行兽药 GMP 管理，中国兽用生物制品行业已步入新起点，企业的生产条件，无论是硬件方面还是软件管理方面都得到了极大的改善和提高。

（三）兽用疫苗的经营与使用管理

为了加强兽用生物制品的经营、使用管理，2005 年 9 月 28 日农业部发布兽药 GSP（征求意见稿），农业部办公厅农牧办〔2004〕39 号文件规定，国家将从 2009 年 10 月 31 日起强制实施兽药 GSP。即自 2009 年 11 月 1 日起，未通过兽药 GSP 检查验收的兽药经营企业不得再从事兽药经营活动。兽药 GSP 对兽用疫苗经营企业的场所与设施、机构与人员、规章制度、采购与入库、陈列与储存、销售与运输、售后服务等作了具体的规定。要求疫苗经营企业的负责人应当熟悉国家兽药管理方面的法律、法规规定及所经营兽药的专业知识，并应当接受县级以上兽医行政管理部门组织的培训。兽药质量管理人员应当具有兽药、兽医等相关专业大专以上学历或者兽药、兽医等相关专业助理以上专业技术职称，并应当接受县级以上兽医行政管理部门组织的专业培训，经考核合格后持证上岗，必须具有兽用生物制品的专业知识的专职人员，不得兼职。

疫苗经营企业应当具有固定的营业场所、仓库和办公用房。企业的营业地点应当与《兽药经营许可证》载明的地点一致。企业营业场所的面积和所需设施、设备应当与经营的兽药品种、规模相适应，有保证疫苗质量的冷库（柜）等仓库和相关设施、设备，并建立购销记录和疫苗保存记录。运输中应当采取必要的保温或者冷藏措施，保证疫苗所需温度等环境条件。

为加强兽用生物制品经营管理，保证兽用生物制品质量，根据《兽药管理条例》，农业部制定了《兽用生物制品经营管理办法》（农业部令第 3 号），并于 2007 年 3 月 29 日经农业部审议通过、发布，自 2007 年 5 月 1 日起施行。《兽用生物制品经营管理办法》对从事兽用生物制品的分发、经营进行规范管理。农业农村部负责全国兽用生物制品的监督管理工作。国家强制免疫用生物制品名单由农业农村部确定并公告，由农业农村部指定的企业生产，且对农业农村部定点生产企业实行动态管理，国家强制免疫用生物制品依法实行政府采购，省级人民政府兽医行政管理部门组织分发。具备规定条件的养殖场可以向农业农村部指定的生产企业采购自用的国家强制免疫用生物制品。发生重大动物疫情、灾情或者其他突发事件时，国家强制免疫用生物制品由农业农村部统一调用，生产企业不得自行销售。

疫苗经营企业应当制定采购管理制度，把疫苗质量作为选择产品和供货单位的主要条件，确保购进的疫苗符合质量要求。对于重大动物疫病疫苗的采购，采用国家招标统一采购。

《兽用生物制品管理办法》（农业部令第 2 号）规定预防用兽用生物制品由动物防疫机构组织供应。具备一定条件的养殖场也可自购本场用的预防用兽用生物制品，要求使用者必须在兽医的指导下使用兽用生物制品，并必须按照说明书、瓶签的内容及农业部发布的其他使用规定使用兽用生物制品。《兽用生物制品规程》要求每瓶制品均需粘贴标签，注明制品名称、批准文号、批号、注册商标、规格、保存条件、有效期、企业名称等。《兽药标签和说明书管理办法》（农业部令第 22 号）要求，兽用生物制品的说明书应列有以下内容：制品名称（通用名、商品名、英文名、汉语拼音），主要成分及含量（型、株及活疫苗的最低活菌数或病毒含量，防腐剂或其他添加物的名称和含量），性状，作用与用途，用法与用量（使用途径，冻干疫苗稀释液的名称、成分及所加体积，不同动物的使用量），不良反应，注意事项（在制品运输和保管过程中应注意的事项如防冻、防晒、防破碎等，冻干疫苗稀释后的使用期，正常使用或过量使用后的反应、急救措施，废弃包装物的处理方法，使用前、中、后动物饲喂等方面应注意的事项，使用人员可能受到的影响和应急措施等），停药期，贮藏与有效期，规格（制品体积和头份数），包装，批准文号，生产企业（包括地址和联系电话）等内容。应在突出位置标明："仅在兽医指导下使用"（预防用制品）或"仅供兽医诊断使用"（诊断制品）或"仅供兽医治疗使用"（治疗制品）。

此外，农业部公告第 2210 号规定所有兽用疫苗全部赋"二维码"标识，建立了兽用疫苗的追溯系统，2015 年 7 月 1 日起，在全国部分省（自治区、直辖市）启动兽药经营环节、监管环节追溯管理试点。2016 年 1 月 1 日起，全面启动实施兽药经营和监管环节追溯管理工作，推进兽药经营进销存信息管理，实现兽药生产、经营、监管信息的互联互通。

（四）兽用疫苗的进出口管理

国家对进口兽用生物制品实行注册管理制度。按照《兽药管理条例》和《进口兽药管理办法》的规定，首次向中国出口的兽用生物制品，由出口方驻中国境内的办事机构或其委托的中国境内代理机构向农业农村部兽医局申请注册，提供注册资料和物品，包括提供菌（毒、虫）种、细胞、标准品等有关材料，经兽药评审机构组织评审。在审查过程中，可以考察向中国出口疫苗的企业是否符合兽药生产质量管理规范的要求。申请资料初审通过的，对产品进行质量复核，产品复核合格和复审合格的，发给《进口兽药注册证书》，并发布该进口产品的质量标准。

凡外国企业生产的兽用生物制品首次进入中国销售的，必须向国务院兽医行政管理部门申请检验、登记，取得《进口兽药登记许可证》。每次进口必须取得农业农村部核发的《进口兽药许可证》，由国内代理商代理销售。国家禁止进口来自疫区可能造成疫病在中国境内传播的兽用生物制品和重大动物疫病疫苗。

向中国境外出口疫苗，农业农村部可以为进口方提供疫苗出口需要的证明文件。对国内防疫急需的疫苗，国家限制或禁止出口。

进口兽用生物制品的单位必须按照《进口兽药许可证》载明的品种、生产厂、规格、数量和口岸进货，由接受报验的口岸兽药监察所进行核对、抽样，并在2个工作日内报中国兽医药品监察所。中国兽医药品监察所在7个工作日内出具“允许销售（使用）通知书”，由口岸兽药监察所核发并监督进口单位执行兽药产品赋码工作。

（五）兽用疫苗的市场监督管理

兽用生物制品是一种特殊的商品，是动物防疫工作的重要物质基础，事关动物疫病防控效果，事关生物安全和公共卫生安全。加强兽用生物制品的监督管理，是做好动物疫病防治工作的前提和基础。近年来，农业农村部持续加大兽药监管工作的力度，在法规体系方面，建立了以《兽药管理条例》为核心的兽药管理法规体系，形成了以《中华人民共和国兽药典》为核心的兽药技术标准体系，确立了兽药注册、监督检验、生产经营许可、监督执法等系列管理制度，构建了行政管理、监督执法和技术支撑相协调，较为完整的兽医行业相关管理体制。在监管方面，形成了贯穿审批、生产、经营、使用、监督等各环节的监管措施。审批环节，严格注册审查，加快兽药安全评价进程，严格兽药审批，确保产品安全、有效、质量可控。生产环节，全面实施兽药GMP，保证兽药生产条件，提高兽药批准文号申报门槛，规范兽医诊断制品生产活动。经营环节，推进实施兽药GSP，初步建立了守法、诚信、规范经营的新秩序。使用环节，规范兽药处方，在全国范围内建立兽用处方药管理制度和兽药不良反应报告制度，加大抗菌药治理，从源头把好兽药安全使用关。监督环节，实施兽药质量监督抽检公布红黑榜，采取兽药质量监督检验、批签发、飞行检查、驻厂监督、检打联动和从重处罚兽药违法行为等监管措施，检验检测工作的预警和技术支撑作用进一步增强，兽药质量稳步提高，兽药使用逐步规范。

为整顿和规范经济秩序，打击假药劣药，加大依法惩罚的力度，农业农村部将兽用生物制品的监管列为兽药管理的重点工作之一，陆续制定了《兽药市场专项整治方案》，全面部署了兽药打假治劣工作，强化兽药生产、经营、使用环节监管工作，大力推行兽药GMP和兽药GSP管理制度，提高兽药管理水平，规范兽药经营活动，严格兽药市场准入。坚持“标本兼治，着力治本”，净化兽药市场，保证动物疫病防治用药需要，促进养殖业持续稳定健康发展，维护公共卫生安全和人民身体健康。重点查处非法制售兽医生物制品行为，对兽医生物制品生产企业、经营企业、养殖场、农业科研教学单位、兽医诊疗机构非法制售禽流感等重大动物疫病疫苗开展拉网式检查，将临床试验和没有生产批准文号的疫苗产品作为监控重点。对重大动物疫病疫苗供应、经营和使用单位进行检查或核查，坚决取缔造假窝点。同时，打击走私进口兽用生物制品行为，重点检查规模化养殖企业，对未办理《进口兽药登记许可证》《进口兽药许可证》的走私疫苗，一律收缴销毁，依法查处，并查清走私疫苗供应链、走私线索，深入查办。

此外，为加强兽药管理，进一步整治和规范兽药市场，加大对兽药打假力度，严厉打击兽药违法行为，保障动物产品质量安全，根据《兽药管理条例》有关规定，2014年3月3日农业部发布了第2071号公告（兽药违法行为从重处罚公告），对无兽药生产许可证生产兽用疫苗的，按照《兽药管理条例》第五十六条“情节严重的”规定处理，按上限罚款，并没收生产设备；对持有兽药生产许可证的兽药生产者，生产未取得兽药产品批准文号的兽用疫苗的，按照《兽药管理条例》第五十六条“情节严重的”规定处理，按上限罚款，并吊销兽药生产许可证：对兽药生产者未在批准的兽药GMP车间生产兽药，经限期整改而逾期不改正的，按照《兽药管理条例》第五十九条“情节严重的”规定处理，按上限罚款，并吊销兽药生产许可证。对上述规定违法情形的生产者主要负责人和直接负责的主管人员按照《兽药管理条例》第五十六条规定处理，终身不得从事兽药的生产活动。

2016年8月，农业部兽药产品批准文号核发系统与国家兽药基础信息查询系统、国家兽药追溯系统成功对接，实现了文号数据在线查询系统、追溯系统中的自动更新。通过实施兽药“二维码”制度，推进兽药产品追溯系统建设，逐步实现兽药生产、经营和使用环节全程可追溯监管。加大监督执法的力度，规范兽药市场，为优良企业的健康发展营造良好的氛围，保证兽药GMP企业生产的产品在市场上参与公平竞争，整体提升中国兽药行业的国际市场竞争能力，不仅是我们推行兽药GMP的主要目的，也是推动行业健康发展势在必行的事情。

（六）兽用生物制品生产许可证和产品批准文号管理

中国对兽用生物制品生产实行双重许可，即生产许可制度和产品批准文号制度。生产许可制度是指兽用生物制品生产企业必须获得农业部核发的兽药生产许可证，并在符合兽药GMP条件的厂房中生产。产品批准文号制度是指所生产的产品必须获得农业部核发的产品批准文号。

农业部自2005年1月1日起开始办理新的兽药生产许可证，各省级兽医行政部门不再换发、核发兽药生产许可证。新开办兽用生物制品生产企业，需按要求向农业部提出申请核发兽药生产许可证，农业部对生产企业符合生产条件的证明材料进行审查，经审查合格的，发给兽药生产许可证，兽药生产许可证有效期为5年。兽药生产企业变更生产范围、生产地点的，应向农业部申请换发兽药生产许可证。变更企业名称、法定代表人的，应在办理工商变更登记手续后，再换发兽药生产许可证。

按照《国务院关于取消和调整一批行政审批项目等事项的决定》（国发〔2015〕11号）要求，农业部办公厅下发了关于兽药生产许可证核发下放衔接工作的通知（农办医〔2015〕11号），“兽药生产许可证核发”事项（以下简称许可事项）自2015年2月24日起下放至省级人民政府兽医行政主管部门，农业部停止受理许可事项申请，省级兽医行政主管部门全面承接许可事项申请的受理、材料审查、现场审核及许可证核发等具体工作。

通知要求省级兽医行政主管部门要高度重视兽药行政许可工作，要严格按照《中华人民共和国行政许可法》和《兽药管理条例》有关规定，参照农业部第1704号公告以及农业部建立的许可事项有关管理制度，加快制订发布办事指南，完善制度内容，规范工作程序，公开、公平、公正开展审批工作。尽快建立省级兽药GMP检查员库，健全完善兽药GMP检查员队伍，夯实材料审查和现场审核工作基础。在开展许可事项材料审查、现场检查等工作时，省级兽医行政主管部门要严格执行《兽药管理条例》《兽药生产质量管理规范》以及《兽药GMP检查验收评定标准》等有关规定、规范和标准。

兽药生产企业生产兽用生物制品，自2016年5月1日起，应当按照《兽药产品批准文号管理办法》（农业部令2015年第4号）的要求取得农业部核发的产品批准文号。兽药产品批准文号是农业部根据兽药国家标准、生产工艺和生产条件批准特定兽药生产企业生产特定兽药产品时核发的兽药批准证明文件。申请企业将必要的申请资料和检验样品送交农业部，样品送兽药检验机构进行检验，农业部对检验结果和申报资料进行审查，合格后，核发产品批准文号，公布标签和说明书。农业部在核发新兽药的产品批准文号时，可以确定不超过5年的监测期。在监测期内，不再批准其他企业生产或进口该新兽药。

三、兽用生物制品批签发管理

（一）批签发管理依据和意义

兽用生物制品的批签发是指国家依据农业农村部批准的现行有效的质量标准或规程，对国内生产和进口的兽用疫苗、血清制品、微生态制品、生物诊断试剂及其他生物制品的每批产品在进行销售前实行的强制性审核、检验和批准制度。未取得批签发合格通知的兽用生物制品，不得销售和使用。

根据《兽药管理条例》第十九条规定：兽药生产企业生产的每批兽用生物制品，在出厂前应当由国务院兽医行政管理部门指定的检验机构审查核对，并在必要时进行抽查检验；未经审查核对或者抽查检验不合格的，不得销售。同时在第四十七条规定：依照条例规定应当抽查检验、审查核对而未经抽查检验、审查核对即销售、进口的，按照假兽药处理。在农业部批复的中国兽医药品监察所职能中明确该所负责全国兽用生物制品批签发工作。为加强兽用生物制品质量管理，保证兽用生物制品安全有效，由此农业部特制定了《兽用生物制品批签发管理办法》，以规范兽用生物制品批签发管理，进一步加强兽用生物制品质量管理，保证兽用生物制品的安全有效。

兽用生物制品是特殊的药品，极可能存在安全、效力、稳定性、一致性问题，对使用对象和环境造成伤害或污染，因此在产品销售前实行国家批签发管理，以加强兽药质量监督。同时许多国际组织如WHO、OIE等也有要求，世界一些发达国家包括欧盟、美国、日本均实行这一制度，因此实施批签发管理制度也是中国加入WTO后兽用生物制品走出国门，走向世界的先决条件。

（二）批签发管理历程

中国于1996年4月25日农业部令第6号令规定对农业科研、教学单位新开办的生物制品车间和三资企业生产的兽用生物制品实施批签发管理制度。2001年9月17日农业部令第2号颁布实施后，逐步在生物制品生产企业推行批签发管理。按照三个阶段逐步实施。第一阶段：2002年1月1日开始，对已经实施批签发企业的产品、口蹄疫疫苗、全部进口兽用生物制品实施批签发；第二阶段：2002年6月1日开始，对《兽用生物制品标准》（2001年版）目录中Ⅱ、Ⅳ、Ⅴ、Ⅵ类兽用生物制品（即除活疫苗外）实施批签发，共计131个品种；第三阶段：2003年1月1日开始，对全部兽用生物制品实施批签发。因此，中国从2003年开始，在全国范围内全面实施兽用生物制品批签发管理制度。

（三）批签发管理中各部门职责

农业农村部兽医局主管全国兽用生物制品批签发和监督管理工作。中国兽医药品监察所在生产企业产品检验结果准确、真实的前提下负责对国内生产企业和境外销售企业或代理机构拟销售的产品进行批审核，提出审核意见或批检验，出具检验报告，并根据审核意见和检验结果作出是否同意销售的决定；负责进口兽用生物制品批签发样品的日常保管和进口检验及对全国兽用生物制品生产企业、境外企业销售或代理机构进行不定期检查。省、自治区、直辖市兽药监察所负责辖区内生产企业的质量监督。设专人对辖区内生产企业的批签发产品进行抽样、封样，建立批签发样品记录，并对批签发样品的真实性、可靠性负责。生产企业应对兽用生物制品的产品质量负责。必须严格按照《兽药生产质量管理规范》和《兽用生物制品规程》的要求组织生产。对生产原材料、生产过程、检验过程、销售过程进行严格、全面的质量控制。建立产品的批生产、批检验和批销售记录，负责记录和申报资料的真实性。产品质量检验报告实行质量负责人、技术负责人、法人（或其授权人）三级审核、签字制度。负责本企业兽用生物制品批签发样品的日常保管。未经中国兽医药品监察所同意，任何单位或个人不得动用封存的批签发样品。兽用生物制品进口所在地省级兽医行政管理部门负责进口兽用生物制品的审核和抽样。进口兽用生物制品批签发产品的抽样、封样按照《兽药进口管理办法》执行。

（四）批签发管理程序

按照《兽用生物制品批签发管理办法》（暂行）要求，国内生产企业首次实施批签发时，须向中国兽医药品监察所提供以下资料（在实施批签发后如有变更，需及时将变更资料报送中国兽医药品监察所）：①企业的基本情况（包括企业的名称、通信地址、法定代表人、关键部门的联系人、联系电话、传真、网址、电子邮件地址、批准生产的产品目录等）；②兽药生产许可证复印件；③工商执照复印件；④批签发产品的批准文号及批文复印件；⑤批签发产品的标签、说明书（对现行《兽用生物制品质量标准》尚未收载的产品，须提供经农业部批准的产品质量标准及标准批文复印件）。

批签发时，生产企业填写样品抽样单，由省所抽样人员认真检查被抽取产品的生产批准文件、批生产记录、批检验记录、检验报告等有关资料，核对被抽产品的库存量，检查产品标签和说明书是否符合要求。查对无误后开始抽样。抽样按照农业部发布的《兽药质量监督抽样规定》进行。一般活疫苗每个批号抽样 20 瓶（疫苗带有稀释液的，同时抽取稀释液 10 瓶），灭活疫苗每个批号抽样 10 瓶。抽样后按要求进行封样，并填写批签发样品抽样单和签名，分别由生产企业或境外企业销售或代理机构、省所和中国兽医药品监察所保存。

封样后的样品由生产企业负责保藏在指定的样品库中，建立详细的批签发样品出入库记录、温度记录和制冷设备运行及维修记录，必要时送中国兽医药品监察所保存。未经中国兽医药品监察所同意，任何单位或个人不得动用封存的批签发样品。在失效期后一年，样品保存单位负责将样品进行无害化处理，并建立销毁记录。生产企业负责将抽样单（1 份）、生产与检验报告（一式 2 份），有特殊要求的还须填写检验跟踪表（1 份）报中国兽医药品监察所。

中国兽医药品监察所在收到申报资料 7 个工作日内完成审核、签发。审核内容包括：申报资料是否齐全，项目填写是否规范，有无相关人员签字，是否加盖生产企业或检验单位印章；检验采用的标准，检验的项目、方法和结果是否齐全，是否符合标准规定；对有特殊要求的产品，审核其生产、检验过程中使用的菌毒种、细胞、实验动物等原材料及生产工艺和相关检验方法是否与农业农村部批准的质量标准或规程一致。

需对批签发产品进行检验的，中国兽医药品监察所根据具体品种确定检验项目，在收到样品 2 个月内完成检验，根据检验结果提出同意或不同意销售的意见。生产企业、境外企业销售或代理机构对不同意销售的批签发有异议时，可在 15 个工作日内以书面形式向中国兽医药品监察所提出技术复审申请。中国兽医药品监察所在收到生产企业、境外企业销售或代理机构提交的技术复审申请后，及时对申诉的项目进行再审核或再检验，复审工作完成后3个工作日内提出书面复审意见，做出是否批签发决定。

（李慧姣）

第二节　中国兽用疫苗的质量标准及质量控制

《兽药管理条例》规定国务院兽医行政管理部门负责全国的兽药监督管理工作，并对兽用生物制品的研制、生产、经营、进出口、使用和监督管理实施监督。中国兽医药品监察所（农业部审评中心）为农业部领导下的承担兽药评审，兽药和兽医器械质量监督、检验，兽药残留监控，菌（毒、虫）种保藏，以及兽药国家标准制修订，标准品和对照品制备标定工作的国家级兽药评审检验监督机构。省级兽药监察所负责本辖区内兽用生物制品的质量监督工作。各兽用生物制品生产企业均设立质量管理机构，负责本企业兽药生产全过程的质量管理和检验。对原材料、标签、半成品和成品进行检验和判定，制修订企业内控标准和检验操作规程。生产企业必须建立每批产品的批生产记录、批检验记录、批销售记录，严格按照兽药GMP、兽用生物制品规程及产品质量标准的要求，对生产原材料、生产过程、产品检验、销售过程进行严格的质量控制。

与世界上发达国家相比较，中国的兽用生物制品质量标准仍需进一步完善，标准体系建设有待加强，检测技术和方法亟待提高，监督管理有待规范。随着科学技术的不断进步，生产工艺和检测技术的不断改进和提高，兽药相关法律法规、质量标准的不断修订、补充和完善，标准体系建设的不断完善，必将促使中国的兽用生物制品质量标准与国际接轨，更好地适应中国加入WTO后的新形势，使中国的兽用生物制品更好地为畜牧业发展服务。

一、中国兽用生物制品的质量标准

《中华人民共和国兽药典》（简称《中国兽药典》）、《中华人民共和国兽用生物制品规程》（简称《规程》）、《中华人民共和国兽用生物制品质量标准》及其汇编（简称《标准》），以及农业部发布的兽用生物制品质量标准公告（简称公告）是中国兽用生物制品制造及检验的国家标准，是对兽用生物制品实施质量监督的依据。国家根据《中国兽药典》《规程》《标准》和公告对兽用生物制品实施质量监督，禁止生产、销售和使用不符合国家标准的兽用生物制品。2005年版《中国兽药典》2000年版《规程》和2001年版《标准》中明确规定了生产检验用菌（毒、虫）种、生产检验用动物、细胞的质量标准及各种产品的检验技术标准与质量要求。

（一）《中国兽药典》

《中国兽药典》（2015年版）是按照第五届中国兽药典委员会确定的设计方案和要求编制完成后，经过第五届中国兽药典委员会全体委员大会审议通过，并经农业部批准颁布实施的第五版兽药典。它是中国兽药的国家标准，是国家对兽药质量监督管理的技术法规，是兽药研制、生产（进口）、经营、使用、检验和监督管理活动应遵循的法定技术标准。

《中国兽药典》（2015年版）于2016年8月23日（农业部公告第2438号）发布，自

2016 年 11 月 15 日起施行。《中国兽药典》（2015 年版）包括凡例、正文及附录，正文共收录 2 030 个品种，其中一部收载化学药品、抗生素、生化药品及药用辅料共 752 种；二部收载药材和饮片、植物油脂和提取物、成方制剂和单味制剂共 751 个；三部收载兽用生物制品 131 种。自《中国兽药典》（2015 年版）施行之日起，2005 年版兽药典、兽药国家标准（化学药品、中药卷，第一册）及农业部公告等收载、发布的同品种兽药质量标准同时废止。2016 年 11 月 15 日起申报兽药产品批准文号的企业和兽药检验机构应按照《中国兽药典》（2015 年版）要求进行样品检验，并在兽药检验报告上标注《中国兽药典》（2015 年版）兽药质量标准。此前申报的，兽药检验报告标注的执行标准可为原兽药质量标准，也可标注《中国兽药典》（2015 年版）兽药质量标准。三部（兽用生物制品）主要内容分通则、正文和附录部分。通则规定了兽用生物制品检验一般规定；标签、说明书与包装规定；贮藏、运输和使用规定；组批与分装规定；生产菌毒种管理规定及生物安全管理规定。正文为各个制品的检验项目与质量标准，包括灭活疫苗、活疫苗、抗体和诊断制品。附录为通用的检验方法、培养基与有关溶液的配制、原材料和包材的检验与质量标准。

（二）《中华人民共和国兽用生物制品规程》

《规程》是中国兽用生物制品制造及检验的国家标准。中国的兽用生物制品标准化工作始于 1952 年，第 1 版《兽医生物药品制造及检验规程》颁布后，经过 7 次修改和补充，制品品种逐步增加，质量标准不断完善和提高。

2000 年版《规程》是在 1992 年第 7 版《规程》基础上，根据第四届兽用生物制品规程委员会确定的修订原则和收载品种进行修订和完善的，经第四届兽用生物制品规程委员会扩大会议审议通过，并经农业部批准颁布实施，为第八版《规程》。2000 年版《规程》收载的品种共 106 种，分总则、正文和附录部分。在总则中规定了兽用生物制品命名原则；国家标准品的制备和标定；生产菌（毒、虫）种和标准品管理规定；防止散毒办法；生产检验用动物暂行标准；生产检验用细胞标准；制品组批与分装规定；标签、说明书与包装规定；制品检验的有关规定；制品贮藏、运输和使用办法。正文包括灭活疫苗、活疫苗、抗血清、诊断制品在内的 106 种产品的制造和检验规程。附录中列出了通用的检验方法、培养基与有关溶液的配制、原材料和包材的检验与质量标准及污水监测方法，供兽用生物制品的生产、使用、管理和研制单位等参照。2000 年以后批准的制品没有再进行规程的汇编工作。

（三）《中华人民共和国兽用生物制品质量标准》

《标准》是中国兽用生物制品检验的国家标准。2001 年版《标准》是为了配合《规程》的执行和满足中国兽用生物制品生产、应用、管理、研究、教学和国际交流的需要，在 1992 年版《标准》和 2000 年版《规程》的基础上，增加了农业部 2000 年年底以前批准的其他新制品品种编制而成的，并经农业部批准颁布实施，为中国第二版《标准》。

2001 年版《标准》收载的品种共 188 个，包括 2000 年版《规程》品种 104 种，2000 年年底以前农业部批准的尚未纳入《规程》的新制品 84 种。分凡例、总则、灭活疫苗、活疫苗、抗血清、诊断制品、其他制品和附录等几个部分。

1999—2008 年共有 5 册兽用生物制品质量标准汇编，即兽用生物制品质量标准汇编[1999—2003、2004—2006、2006—2008（上册、中册、下册）]。内容包括灭活疫苗、活疫苗、抗血清、诊断制品及其他制品的检验项目与质量标准。

（四）兽用生物制品质量标准公告

为2009年以来农业部发布的兽用生物制品质量标准公告（单篇）（2009、2010、2011、2012），包括灭活疫苗、活疫苗、抗血清、诊断制品及其他制品的检验项目与质量标准。

二、兽用生物制品原材料质量控制

兽药GMP对原材料从供应商的评估到采购、检验、保管、使用有明确的规定和要求。兽用生物制品研究、生产与检验所用的原材料有生物源原材料和非生物源原材料。生物源原材料主要包括实验动物、鸡（鸡胚）及其原代细胞、传代细胞、菌毒种、胰酶、胎牛血清及牛血清白蛋白；非生物源原材料主要有注射用白油（轻质矿物油）和乳化剂、包装瓶和胶塞、化学药品及试剂等。

（一）生产、检验用鸡、鸡胚的质量控制

生产用鸡胚的质量对于保障禽用活疫苗的质量至关重要，一旦生产用的鸡胚污染了外源病原，尤其是蛋传递的病原，如IBDV、LLV、MDV、CAV、REV和ReoV等，则禽用活疫苗中也就污染了外源病原。特别是LLV、CAV、REV和ReoV的感染最重要，它们不仅能通过水平（接触）传播，而且能通过垂直（经蛋）传递，这些蛋传递的病原污染的禽用疫苗会随着疫苗的使用可能引起人为的疾病传播。因此，加强鸡胚的SPF化是保证产品的纯净、安全与有效的重要因素之一。《中国兽药典》等国家标准明确规定，所有禽用活疫苗及其种毒制备所用的鸡、鸡胚必须符合SPF级标准，必须经17种病原（13种病毒、2种细菌、2种支原体）的检测，结果为阴性方可使用。为了加强兽用疫苗质量的监督管理，农业部于2006年11月22日发布了《农业部关于加强兽用生物制品生产检验原料监督管理的通知》（农医发〔2016〕10号），明确要求2008年1月1日起，农业部将对GMP疫苗生产企业疫苗菌（毒）种制备与鉴定、活疫苗生产以及疫苗检验使用无特定病原体（SPF级）鸡、鸡胚情况进行全面监督检查。对达不到标准要求的，将根据《兽药管理条例》规定进行处理。

（二）生产、检验动物的质量控制

兽用生物制品的研究、生产、检验离不开各种实验动物。实验动物的质量直接关系到产品的质量和生物安全性。我们这里所指的实验动物不仅包括实验动物本身，还包括实验动物的饲养环境、管理、微生物监控及疫病防制。

生产、检验用动物应按照《实验动物管理条例》进行管理。目前中国对实验动物实行质量监督和质量合格认证制度。实验动物分为四级：一级为普通动物；二级为清洁动物；三级为无特定病原（SPF）动物；四级为无菌动物。按照实验动物的来源、品种、品系不同和试验目的不同，分开饲养，饲喂质量合格的全价饲料。一级实验动物的饮水，应符合城市生活饮水的卫生标准。二、三、四级实验动物的饮水应符合城市生活饮水的卫生标准并经灭菌处理。实验动物的垫料应按照不同等级的需要，进行相应的处理，达到干燥、吸水、无毒、无虫、无感染源、无污染。对引入的实验动物，必须进行隔离检疫。

生产、检验用动物及其组织、胚胎的质量应符合《兽用生物制品规程》的有关规定。其中菌（毒、虫）种的制备与鉴定、制品的制造与检验用兔、豚鼠、地鼠、大鼠应符合国家一级（普通级）标准，即在开放的环境条件下饲养，自然繁殖，不明确所含携带微生物群落，

不患有人畜共患病和典型的寄生虫。小鼠应符合二级（清洁级）标准，即在屏障系统内饲养繁殖，不含在动物间传播的病原体，疾病控制在最低程度。禽类制品毒种的制备、鉴定、活疫苗的制备及外源病毒检验所用鸡、鸡胚应符合三级（SPF 级）标准，SPF 鸡的生产应符合屏障环境要求，不含 17 种病原（13 种病毒、2 种细菌、2 种支原体）。生产、检验用猪应无猪瘟病毒、猪细小病毒、伪狂犬病病毒、口蹄疫病毒、弓形虫感染和体外寄生虫；犬应无狂犬病病毒、皮肤真菌感染和体外寄生虫；羊应无边界病、布鲁氏菌病、皮肤真菌感染和体外寄生虫；牛应无黏膜病、布鲁氏菌病、焦虫病和其他体外寄生虫；马应无马传染性贫血、马鼻疽病和体外寄生虫。所有制品用的实验动物除符合上述相应规定外，还应无本制品的特异性病原和抗体。

（三）生产检验用细胞、血清等质量控制

生产、检验用细胞系应建立原始细胞库、主细胞库和工作细胞库系统，应有完整记录，包括细胞原始来源（核型分析、致瘤性）、群体倍增数、传代谱系、制备方法、最适保存条件及控制代次，并执行细胞种子批制度，进行系统鉴定。主细胞库细胞鉴定内容包括：显微镜检查、细菌和霉菌检验、支原体检验、外源病毒检验、细胞鉴别、胞核学检查及致瘤和致癌性检验，应符合有关规定。外源病毒检验时被检细胞面积不少于 75cm^2，维持期不少于 14d，期间至少传代 1 次。在整个维持期内，定期对细胞单层进行检查，不应出现细胞病变（CPE）。在培养结束时，检查不应出现红细胞吸附现象。非禽源细胞系还须进行荧光抗体的检查，应无特定的病原污染。对不同传代水平的细胞系进行胞核学检查时，最高代次的细胞中应存在主细胞库细胞中的染色体标志，其染色体模式数不得高于主细胞库细胞的 15%。由于细胞系一般源于动物的肿瘤组织或正常组织传代转化而来，传到一定代次后具有一定的致瘤性，因此，可用无胸腺小鼠、小鼠或乳鼠检查细胞的致瘤性或致癌性，必要时进行病理组织学检查，应无致瘤性或致癌性。

原代细胞应来自健康动物（鸡应为 SPF）的正常组织。每批细胞同传代细胞系一样，均应作显微镜观察、细菌和霉菌检验、支原体检验、外源病毒检验及细胞鉴别，并应符合规定。

兽用生物制品的生产还须用血清、胰酶及牛血清白蛋白等，这些原材料具有生物活性，其生物安全较难控制。对于牛源血清、细胞，不应带有牛病毒性腹泻黏膜病病毒、猪圆环病毒、细小病毒等外源病毒污染。禽源细胞特别是不要污染禽白血病病毒、网状内皮增生症病毒及贫血病毒等外源病毒的污染。进口的牛血清应来自无疯牛病的国家和地区。

（四）生产、检验用菌（种）毒的管理

生产兽用生物制品的菌（毒、虫）种，直接关系产品的质量。合格的菌（毒、虫）种能生产出安全、高效的产品，从而有效地预防和控制、诊断、治疗动物疾病。制备疫苗的菌（毒、虫）种必须符合《规程》规定的标准。要求菌（毒、虫）种的历史与来源清楚，分离、鉴定（特别是毒力鉴定）过程资料完整，生物学性状明显，遗传性状稳定，纯净（粹），免疫原性良好，安全可靠。

中国兽用生物制品生产的菌（毒、虫）种实行种子批制度和分级管理制度。种子分三级：原始种子、基础种子和生产种子，原始种子由中国兽医药品监察所或其委托的单位负责保管；基础种子由中国兽医药品监察所或其委托的单位负责制备、鉴定、保管和供应；生产种子由生产企业自行用基础种子进行复壮繁殖、鉴定和保管。生产用菌（毒、虫）种为疫苗

生产的源头，因此，细菌、支原体等原种应规定其培养特性、生化特性、血清学特性、毒力和免疫原性等，并作纯粹检查，应符合规定。病毒性原种应作细菌、霉菌、支原体和外源病毒污染的检查，尤其是不得有外源病毒（如禽白血病病毒）的污染，并规定其生物学特性、理化特性、血清学特性、最小感染量（致死量、毒力）、最小免疫量（免疫原性）、安全性等，弱毒的原始种毒还应作毒力返强试验。基础种子形成匀质的种子批，冻干或冻结保存在规定的保存条件下。每批基础种子均应严格按规定进行鉴定，以保证其同质性、安全性、有效性和纯净性，鉴定经过和结果应详细记录于专用表册中，鉴定人签字后经主管领导审核存档，合格后方可发放。超过有效期的不得使用，应重新制备、鉴定。应严格控制种毒的使用代次，种毒传代次数过多，可能导致免疫原性或毒力的降低。按规定，病毒的基础种子一般控制在 5 代以内；生产种子一般控制在 3 代以内；细菌的基础种子传代一般不超过 10 代。产品传代次数一般控制在 2 代以内。控制种子的代次或限制种子的传代次数有助于维持产品的一致性，保证其免疫原性或毒力。

用于兽用生物制品生产和检验的菌（毒、虫）种须经国务院兽医主管部门批准。凡获得产品批准文号的制品，其生产和检验所需的菌（毒、虫）种的基础种子均有国务院兽医主管部门制定的保藏机构和受委托保藏单位负责制备、检定和供应。

各级菌（毒、虫）种的制备与鉴定用动物、组织或细胞及有关原材料，应符合国家颁布的相关法规的规定，制苗用菌（毒、虫）种的制备应在空气净化的密闭工作室内进行，工作环境应符合国家的有关规定。不同菌（毒、虫）种不得在同一室内同时操作，强毒与弱毒应分在不同室内进行。烈性病原和人畜共患传染病的强毒病原体的操作，应符合《病原微生物实验室安全管理条例》的规定，根据病原的生物安全级别在相应级别的生物安全实验室内进行，室内必须保持负压，并注意操作人员的防护，空气经高效过滤排出，污物经原位消毒后处理。菌（毒、虫）种的制备和鉴定的详细经过和结果应记录在专用表册中，鉴定人签字后经主管人审核存档。菌种中心委托的分管单位应将鉴定记录复印件和结果报国家兽医微生物菌种中心审核。

兽医微生物菌（毒、虫）种由国家兽医微生物菌种中心及分管单位统一供应，其他单位和个人不得对外供应。任何单位索取生产、检验用基础菌（毒、虫）种，须持有相应级别机构出具的正式公函，说明菌种名称、型别、数量及用途。索取一、二类菌种时，必须由省、自治区、直辖市兽医行政主管部门对试验条件和基本情况进行审核并同意后，报国务院兽医行政管理部门批准，方可供应。有产品批准文号者，可由生产企业直接向国家兽医微生物菌种中心或其委托分管单位领取，其他任何单位不得分发或转发生产用菌（毒、虫）种。

（五）其他原材料的质量控制

制备疫苗用的化学药品及试剂必须符合《中华人民共和国药典》和《中华人民共和国兽药典》等标准，注射用白油（轻质矿物油）和乳化剂、包装用管制玻璃瓶及丁基橡胶瓶塞等必须符合《兽用生物制品规程》的有关规定。对于进口的非生物源原材料必须符合进口国的药典标准。非生物源材料中的注射用白油（轻质矿物油）和乳化剂是生产灭活疫苗的主要原材料，考虑到生产成本，中国多采用非药用标准的国产白油和乳化剂作为疫苗佐剂。与国外油佐剂比，国产油佐剂稠环芳烃、杂质及易碳化物等含量较高，配制的灭活疫苗（油包水）往往黏稠度较大，造成注射困难，不良反应较强（过敏），引起注射部位红肿、化脓等，甚至影响到食品安全。

三、兽用疫苗的检验技术及要求

兽药生产企业质量管理部门负责兽药生产全过程的质量管理和质量控制，制定物料、半成品和成品的内控标准和检验操作规程，审核不合格品处理程序。按照国家标准，对物料、半成品和成品进行取样、检验，并决定是否使用，对成品进行抽样、检验、留样，并出具检验报告。兽用生物制品检验技术和检验水平的高低在某种程度上决定着成品的质量，因此，检验技术和检验水平的提高尤为重要，必须提高检测技术水平，否则将合格产品误判为不合格产品，反之将不合格产品错判为合格产品，都会造成巨大的损失。

（一）常规物理学检验技术

通过观察制品的外观颜色、性质、稳定性、剂型、黏度等检查制品的性状，以判断制品的内在质量。

真空密闭、玻璃容器盛装的冻干制品的真空度检查是使用高频火花真空测定器测定制品的真空度，冻干制品的水分含量测定采用的是真空烘干法或费休氏法进行。冻干制品的真空度和水分含量决定了产品的保存时间。

（二）常规免疫-血清学技术

兽用生物制品中使用的微生物都具有抗原性，因此，利用抗原与抗体特异性结合的原理，建立了许多血清学技术，兽用生物制品的特异性检验、效力检验和外源病毒的检验中常采用免疫-血清学技术。

（1）血凝与血凝抑制试验　血凝试验（HA）是利用具有血凝性的病毒选择性地凝集动物红细胞的特性来测定病毒的效价，用于具有血凝性病毒（如 NDV、细小病毒等）活疫苗的病毒含量测定及活疫苗中血凝性病毒污染的检测。血凝抑制试验（HI）是利用具有血凝性的病毒凝集动物红细胞的特性被相应抗体抑制使其不能再凝集红细胞的现象来测定与该病毒相对应抗体的效价，用于具有血凝性病毒疫苗（如减蛋下降综合征、鸡传染性支气管炎、猪细小病毒病、猪乙型脑炎、犬细小病毒灭活疫苗及 ND 疫苗）免疫动物后血清抗体的检测（效力检验）。

（2）间接血凝、胶乳凝集和反相间接血凝试验　间接血凝试验是将病原微生物的可溶性抗原成分连接到红细胞表面，制备成可产生凝集反应的颗粒性抗原成分（致敏红细胞），当与对应的抗体成分定量混合后，产生肉眼可见的凝集反应，用于猪囊虫病灭活疫苗、仔猪大肠菌 K88、K99 双价基因工程灭活疫苗的效力检验或间接血凝诊断试剂的检验（口蹄疫细胞中和试验抗原的型特异性鉴定）。胶乳凝集试验中的载体颗粒为胶乳，胶乳凝集试验用于猪伪狂犬病诊断试剂盒的检验。相反将免疫球蛋白连接到红细胞表面，制备成可产生凝集反应的颗粒性抗体成分（致敏红细胞），当与对应的抗原成分定量混合后，产生肉眼可见的凝集反应即为反相间接血凝试验，用于测定疫苗的抗原含量或相关诊断试剂的检验。

（3）中和试验　是一种常用的免疫学试验方法，既可用于定性试验，又可用于定量试验；既有固定血清-稀释病毒方法（α 法），又有固定病毒-稀释血清方法（β 法）。主要用于疫苗的效力检验、血清抗体效价测定、病毒性活疫苗的外源病原检验和鉴别检验等。将特异性血清与相应疫苗病毒混合，使病毒失去感染宿主的能力（中和）。用血清-病毒混合物接种靶动物、鸡胚或细胞培养，观察其是否感染来判断疫苗的效力、疫苗病毒的特异性或是否污染外源病原。动物中和试验主要用于牛瘟、猪瘟疫苗（兔）、口蹄疫疫苗（乳鼠）等活疫苗的鉴别检验及其检验用动物的筛选、梭菌疫苗的效力检验和定型血清效价测定（小鼠毒素中和试验）。鸡胚中和试验主要用于禽用病毒性活疫苗的特异性检验（鉴别检验）、病毒性活疫苗的外源病毒检测及疫苗的效力检验。细胞中和试验主要用于猪伪狂犬病疫苗、猪传染性胃肠炎-猪流行性腹泻疫苗、牛流行热灭活疫苗、犬多联活疫苗、鸡传染性法氏囊病细胞源活疫苗的效力检验，牛病毒性腹泻/黏膜病及牛传染性鼻气管炎抗原的特异性检验及其抗体效价测定、病毒性活疫苗的特异性检验及外源病原检测等。

（4）补体结合试验 在补体结合试验反应系统中，当抗原与抗体发生特异反应时，抗原-抗体复合物结合一定量的补体，而指示系统（致敏红细胞）的溶血作用也需要补体的参与。因此，在补体结合试验中根据指示系统溶血程度可知反应系统中抗原与抗体的关系。在兽用生物制品的检验中，补体结合试验主要用于马传染性贫血活疫苗的抗原性检验、禽用活疫苗及其种毒中禽白血病病毒污染的检测及布鲁氏菌病、副结核病、衣原体病、钩端螺旋体病、伊氏锥虫病、牛传染性胸膜肺炎、鼻疽等补体结合试验抗原的检测。

（5）琼脂扩散试验 用于口蹄疫病毒感染相关（VIA）抗原、马传染性贫血（简称马传贫）琼脂扩散抗原、牛白血病琼脂扩散抗原、蓝舌病琼脂扩散抗原及阳性血清的特异性检验和效价测定。可溶性抗原和相应抗体在含有电解质的琼脂凝胶中扩散相遇，特异性地结合形成肉眼可见的沉淀反应带。

（6）酶联免疫吸附试验（ELISA） 包括ELISA、间接ELISA、双抗体夹心ELISA，是根据已知疫病的特异性标准阳性血清或抗原能与相应疫病的诊断抗原或抗体于酶联板中或玻片上发生特异性结合，在酶标记抗体和酶底物的参与下，呈现颜色反应，目前已有多种产品，例如，用于马传染性贫血（EIA）、蓝舌病（BT）、猪传染性胸膜肺炎（App）、大肠杆菌病（*E. Coli*）、猪旋毛虫病（STS）、牛副结核病、猪瘟7种疫病的酶联诊断试剂的特异性检验和（或）效价测定、马传贫活疫苗的效价测定。斑点试验（Dot - ELISA）是根据已知疫病特异性标准阳性血清能与相应疫病的斑点酶联诊断试剂于硝酸纤维膜、混合纤维素酯膜、尼龙膜等固相材料上发生特异性结合反应，在酶标记单克隆抗体和酶底物的参与下，呈现颜色反应的原理，用于日本血吸虫病和EIA Dot - ELISA诊断试剂的特异性、非特异性检验和效价测定。

（7）荧光抗体染色技术 将抗体标记上荧光素，利用抗原抗体反应的特异性，在荧光显微镜下观察荧光来检查未知抗原。常用于猪瘟荧光抗体的特异性检验、马立克氏病多价活疫苗的效价测定、非禽源细胞（或细胞系）及其制品的外源病毒的检验。

（8）对流免疫电泳 用于检测水貂阿留申病对流免疫电泳抗原与阳性血清的特异性。

（9）胶体金免疫检测技术 胶体金是免疫测定极好的标记物，它积聚在含抗原的部位，呈橘红色，很容易观察。胶体金免疫检测技术已用于鸡传染性法氏囊病诊断试剂的检测。

（10）生物素-亲和素系统结合荧光抗体染色技术和酶联免疫吸附试验 用于一些诊断制品的检测。

（三）常用生物技术

（1）单克隆抗体技术 生物技术在兽用生物制品质量检验中应用最多的是单克隆抗体技术，尤其是在诊断制品和疫苗的检验中广泛使用。日本血吸虫病、马传贫、猪瘟等诊断制品均采用单克隆抗体技术进行制品的特异性检验。许多疫苗尤其是多价疫苗，如马立克氏病多价活疫苗的病毒含量测定（蚀斑计数）和鉴别检验、鸡传染性法氏囊病多价疫苗的病毒含量测定和鉴别检验等也采用单克隆抗体技术（荧光抗体染色技术或酶联免疫染色技术）进行，以区别不同型或亚型的病毒。

（2）PCR 扩增技术　随着检验技术的发展，PCR 扩增技术逐步在兽用生物制品的检测中被采用，如用于仔猪大肠菌 K88、K99 双价基因工程灭活疫苗和仔猪大肠菌 K88、LTB 双价基因工程活疫苗工程菌的鉴定。该技术具有特异性强、敏感性高、操作简便、快速等优点。特别是随着基因工程产品的不断增加，PCR 扩增技术越来越多地被用在兽用生物制品的检验中，如 PCR 扩增技术用于种毒的鉴定，病毒性活疫苗中外源病毒污染的检测等。

（3）核酸探针技术　选择病毒特异的核酸序列，用标记物（放射性或非放射性的）标记。核酸探针技术可用于菌毒种的鉴定、疫苗和诊断制品的检验。

（4）核酸杂交技术　核酸杂交技术是分子生物学的基本技术之一，可用于病毒病的特异、敏感和快速诊断。

四、兽用疫苗成品的质量标准及其控制

（一）兽用生物制品的质量要求

评价兽用生物制品的质量应考虑其安全性、有效性、均一性、稳定性、方便性与经济性等方面。

1. 安全性　兽用生物制品的安全性至关重要，除考虑对使用对象（本动物）的毒副作用，还应考虑对生产和使用人员的安全性（如感染）、对环境的安全性（如散毒）及对产品的使用者的安全性（如残留）。

2. 有效性　兽用生物制品是用来预防、诊断或治疗动物传染性疾病的药品，效力不好的制品不能有效地预防和治疗畜禽疾病，或造成疾病的误诊，往往会造成重大经济损失。理想的制品应具备高效、速效、长效和多效的特点。

3. 均一性　同一批中的任何一瓶产品的质量与其他任何一瓶的质量完全相同。兽用生物制品的均一性不仅在出厂时是均一的，同时在贮藏、运输和使用时都要保证药品的均一性。

4. 稳定性　兽用生物制品不仅要求在有效期内保持稳定，有较长的保存期，同时要求在使用中保持稳定，以保证产品的质量。稳定性好的制品便于运输和使用，或延长了保存期。由于兽用生物制品一般为热敏感的产品，不耐热，需要冷藏，因此，对制品的稳定性要求更高，必须按要求保存或存放。冻干耐热保护剂可以增加冻干制品的稳定性，有利于制品的保存。

5. 方便性　随着畜禽养殖业的发展，生产方式由原来的散养、小规模转变为集约化、规模化和专业饲养，个体给药方式已不能适应需要，因此，药物的使用应方便、简单，尤其要便于群体给药，如喷（气）雾、饮水、口服、拌料、滴鼻、点眼等途径比较方便。

6. 经济性　给饲养动物使用兽用生物制品，必然会增加直接成本和间接成本，而养殖业需要考虑的是经济效益问题，即用药成本、饲养成本等。因此，兽用生物制品必须经济，才能大量推广使用。

（二）兽用生物制品的质量检验

见第三章第七节。

（李慧姣）

第三节 兽用疫苗生产的GMP管理

一、兽药GMP的基本概念和要求

（一）GMP的概念

GMP为药品生产质量管理规范（Good Manufacturing Practice for Drugs）的简称。GMP起源于美国，它是从药品生产实践中获取经验教训的总结。人类社会在经历了医药业迅速发展的同时，也发生了一些严重的药害事故，特别是20世纪50年代中期，西欧国家发生了“世界最大的药物灾难反应事件”，造成近12 000人“海豹畸形”。为此，美国政府于1960年第二次修订了《联邦食品药品化妆品法》。美国国会1963年颁布了第一部GMP，并正式由美国FDA组织实施。1967年，世界卫生组织（WHO）在《国际药典》（1967年版）的附录中收载了GMP。1969年，第22届世界卫生大会上，WHO建议各成员的药品生产采用GMP制度，以确保药品质量和参加“国际贸易药品质量签证体系”。1975年11月，WHO正式公布GMP。迄今为止，全世界已有100多个国家和地区实施了GMP制度，美国、日本、瑞典、欧盟等已将GMP列为法规，要求药品生产企业必须符合GMP规定。国际上药品的概念已包含兽药，因此，国外的兽药生产企业也是按照GMP标准进行管理和生产。

（二）兽药GMP的概念

《兽药GMP》是《兽药生产质量管理规范》的简称。《兽药GMP》是兽药生产的优良标准，是在兽药生产全过程中，用科学合理、规范化的条件和方法来保证生产优良兽药的整套科学管理体系。实施《兽药GMP》的目的就是要对兽药生产的全过程进行质量控制，以保证生产的最终产品质量安全、有效、均一、质量可控。

《兽药GMP》是兽药生产企业进入本行业的准入条件，是对兽药生产全过程实施监督管理，保证产品质量的一种行之有效、科学而严密的管理制度，也是国际通行的兽药生产、质量管理制度和基本准则，是兽药产品参与国际贸易的通行证。因此，兽药GMP管理制度对保证兽药质量、规范兽药生产活动起至关重要的作用。

中国兽药GMP管理始于1989年，同年农业部颁布了《兽药生产质量管理规范（试行)》，1994年发布了《兽药生产质量管理规范实施细则》，要求1995年7月1日起凡新建兽用生物制品生产企业必须按GMP要求新建取证，此前已取得《兽药生产许可证》的企业必须在2005年12月31日前按GMP要求改造取证。1996年起开始实行兽药GMP合格认证工作。为进一步规范中国兽药生产活动，保证兽药质量，提高兽药生产水平和行业国际竞争力，2002年3月19日农业部修订发布了《兽药生产质量管理规范》（第11号令），并于2002年6月19日起施行。农业部公告第202号明确规定自2002年6月19日至2005年12月31日为兽药GMP实施过渡期，自2006年1月1日起强制实施《兽药GMP》。

(三)《兽药GMP》的主要内容与基本要求

1.《兽药GMP》的主要内容 中国现行《兽药GMP》的内容分正文和附录两个部分，正文共有14章，即总则、机构与人员、厂房与设施、设备、物料、卫生、验证、文件、生产管理、质量管理、产品销售与收回、投诉与不良反应报告、自检和附则，共95条；附录包括总则及无菌兽药、非无菌兽药、原料药、生物制品和中药制剂的生产质量管理的特殊要求。

第一章总则，说明了制定《兽药GMP》的法规依据是《兽药管理条例》，同时明确《兽药GMP》是兽药生产和质量管理的基本准则，适用于兽药制剂生产的全过程、原料药生产中影响成品质量的关键工序。第二章机构与人员，明确机构是兽药生产和质量管理的组织保证，人员则是兽药生产和质量管理的执行主体，机构和人员是实施《规范》的基础，因此，企业应建立生产和质量机构，明确相应职责，企业各级管理人员及生产操作和质量检验人员的素质、上岗资格及培训均应达到要求。第三章厂房与设施，是兽药生产企业实施《规范》的先决条件，规定了企业生产环境、厂区布局、一般生产区、洁净厂房、仓储、质量检验及生产设施应达到的要求。第四章设备，规定企业必须具备与生产产品相适应的生产和检验设备，并规定设备管理和计量检定等方面的要求。第五章物料，对生产所需的原辅材料、包装材料的质量与使用及原辅材料、包装材料与成品的储存等方面提出要求，做出明确规定。兽药生产从原材料进厂到成品出厂，是物料流转的过程，涉及企业生产和质量管理的所有部门。良好的物料管理系统是实施兽药GMP的基础。第六章卫生，规定企业的厂区、厂房、人员的卫生要求。第七章验证，是指在兽药生产中，用以证实在兽药生产和质量控制中所用的厂房、设施、设备、原辅材料、生产工艺、质量控制方法以及其他有关的活动或系统，确实能达到预期目的的有文件证明的一系列活动，厂房、设施、设备及生产工艺等需经验证方可投入生产。第八章文件，是指一切涉及兽药生产和管理的书面标准和实施的记录、文件管理，规定企业应有的各类文件及其起草、修订、审查、批准、撤销、印刷及管理的要求，是企业质量保证体系的重要部分。第九章生产管理，规定了生产文件的制定和生产过程的控制与要求，对生产全过程及影响生产质量的各种因素进行严格控制，保证最终产品质量。第十章质量管理，明确了质量管理机构，规定了质量管理部门在兽药生产企业中的地位以及质量管理部门的各项主要职责。第十一章产品销售与收回，规定了有关销售的各项管理要求，重点是对售出的产品应有可追溯性，并及时回收有缺陷的产品。第十二章投诉与不良反应报告，规定兽药生产企业应建立兽药不良反应监察报告制度，对兽药出现不良反应、质量问题及安全问题应及时收集并上报有关部门。第十三章自检，规定兽药生产企业应制订自检工作程序和自检周期，并定期组织自检。自检是企业必须执行的行为，以衡量企业是否持续符合要求。第十四章附则，是对《兽药GMP》涉及有关专业术语进行注解。附录列入了不同类别兽药生产和质量管理特殊要求的补充规定。

《兽药GMP》要求兽药生产企业要有训练有素的生产、管理人员；有与生产产品相适应的厂房、设施和设备及卫生环境；有合格的原材料、包装材料；有经过验证的生产方法；有可靠的检验方法和监控手段；有完善的售后服务体系。要把影响兽药质量的人为差错，减少到最低程度；要防止一切对兽药的污染和交叉污染，防止产品质量下降的情况发生；要建立和健全完善的质量保证体系，确保《兽药GMP》的有效实施。

2.《兽药GMP》的基本要求 影响兽药质量的因素，既有人员素质、生产方法、检验监控技术等内在原因，又有生产环境、厂房设施、设备、原辅材料等外部原因。《兽药GMP》对生产中影响质量的主要因素提出了基本的控制要求（图 2-1）。

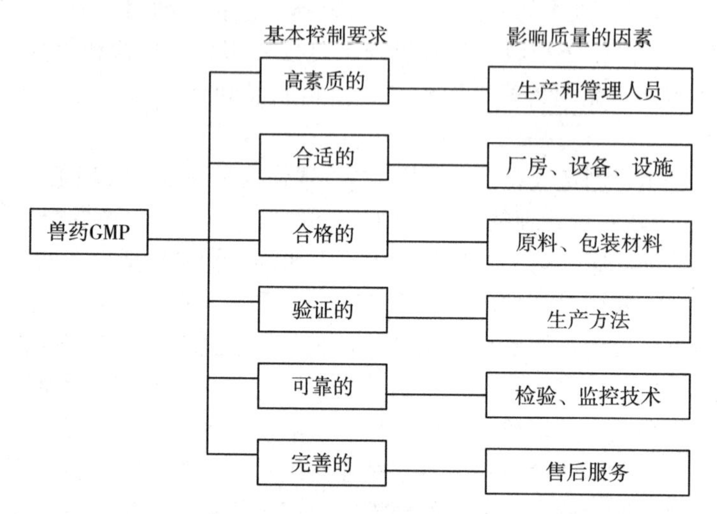

图 2-1 兽药 GMP 对生产中影响质量的主要因素提出的基本控制要求

二、兽用疫苗生产的 GMP 管理

（一）兽用生物制品生产对洁净室（区）空气洁净度的要求

1. 洁净室（区）空气洁净度的划分 根据静态时洁净室（区）空气中尘粒数/m^3、微生物数和换气次数的不同，可将洁净室（区）空气的洁净度分为四个级别（表 2-1）。

表 2-1 洁净室空气的洁净度级别

洁净度级别	尘粒最大允许数（m^3）（静态）		微生物最大允许数（静态）		换气次数
	≥0.5μm	≥5μm	浮游菌/（个/m^3）	0.5h 沉降菌数/Φ90 平皿	
100 级	3 500	0	5	0.5	附注 2
10 000 级	350 000	2 000	50	1.5	≥20 次/h
100 000 级	3 500 000	20 000	150	3	≥15 次/h
300 000 级	10 500 000	60 000	200	5	≥10 次/h

注：（1）尘埃粒子数/m^3，要求对≥0.5μm 和≥5μm 的尘粒均测定，浮游菌/m^3 和沉降菌数/皿，可任测一种。（2）100 级洁净室（区）0.8m 高的工作区的截面最低风速：垂直单向流 0.25m/s；水平单向流 0.35m/s。（3）洁净室的测定参照 GB 50591—2010《洁净室施工及验收规范》执行。

2. 洁净室（区）的管理要求

（1）洁净室（区）内人员数量应严格控制，对进入洁净室（区）的临时外来人员应进行指导和监督。

（2）洁净室（区）与非洁净室（区）之间必须设置缓冲设施，人、物流走向合理。

（3）100 级洁净室（区）内不得设置地漏，操作人员不应裸手操作，手部应及时消毒。

（4）传输设备不应在 10 000 级的强毒、活毒生物洁净室（区）以及强致敏性洁净室（区）与低级别的洁净室（区）之间穿越，传输设备的洞口应保证气流从相对正压侧流向相对负压侧。

（5）100 000 级及其以上区域的洁净工作服应在洁净室（区）内洗涤、干燥、整理，必要时应按要求灭菌。

（6）洁净室（区）内设备保温层表面应平整、光洁，不得有颗粒性物质脱落。

（7）洁净室（区）鉴定或验收检测，要求两种粒径的尘埃粒子数以及浮游菌数或沉降菌中任一种结果均必须符合静态条件下的规定数值，此外还应定期监测动态条件下的洁净状况。

（8）洁净室（区）的净化空气如可循环使用，应采取有效措施避免污染和交叉污染。

（9）洁净室（区）的噪声不应高于 60dB（A），其中局部 100 级的房间不宜高于 63dB（A），局部 100 级区和全室 100 级的房间应不高于 65dB（A）。

（10）洁净室的换气次数和工作区截面风速，一般应不超过其级别规定的换气次数和截面风速的 130%，特殊情况下应按设计结果选用。

（11）空气净化系统应按规定清洁、维修、保养，并做记录。

（二）兽用疫苗生产与质量管理

兽用生物制品系指用天然或人工改造的微生物（细菌、病毒、衣原体、钩端螺旋体等）及其代谢产物、寄生虫、动物血液或组织等为原材料，采用生物学、分子生物学或生物化学等相应技术制成的生物制剂，用于预防、治疗或诊断畜禽疫病。按照性质和制造方法可分为疫（菌）苗、类毒素、抗血清、诊断制剂和微生态制剂等。按照用途可分为预防用生物制品、诊断用生物制品和治疗用生物制品。其中，疫苗作为预防用生物制品，可分为：灭活疫苗、活疫苗（又称弱毒疫苗）、重组亚单位疫苗、合成肽疫苗、基因缺失疫苗、重组活载体疫苗和核酸疫苗等。由于兽用生物制品的种类不同、生产工艺不同，生产过程中的要求有所不同。

1. 兽用疫苗生产工艺流程与区域划分

（1）细菌疫苗（含基因工程重组制品）工艺流程及区域划分（图 2－2）

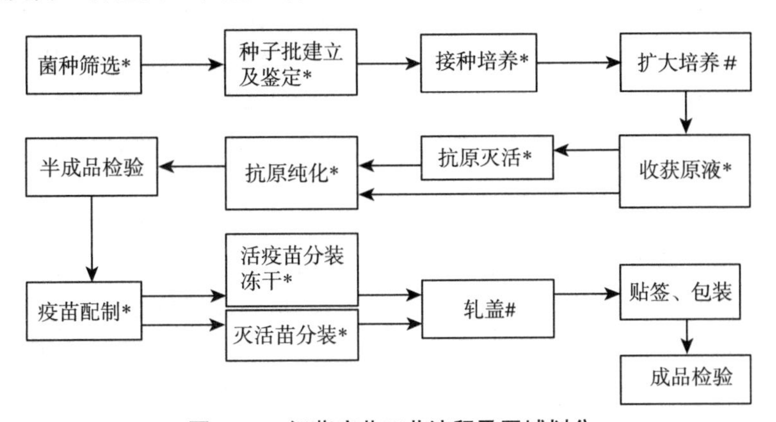

图 2－2 细菌疫苗工艺流程及区域划分

注：*：为 10 000 级下的局部 100 级。

#：为 100 000 级区。

（2）病毒疫苗（含基因工程重组制品）工艺流程及区域划分（图 2-3）

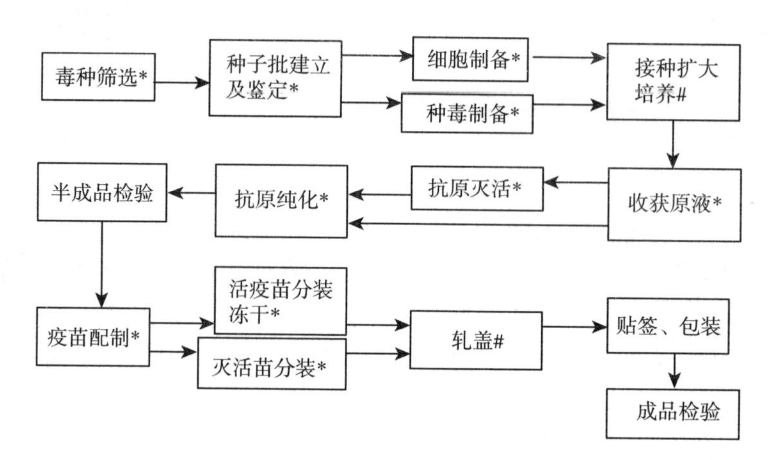

图 2-3 病毒疫苗工艺流程及区域划分

注：*：为 10 000 级下的局部 100 级。

#：为 100 000 级区。

2. 兽用疫苗生产与质量控制

（1）生产、检验用所有原辅材料质量必须符合《中国兽药典》等国家标准的规定。对所有原辅材料的供应商要进行全面审查与评估，每批材料均应进行检验，合格后签订供货协议。必须制订原辅材料管理办法，并严格实施。

（2）生产、检验用细胞系应建立原始细胞库、主细胞库和工作细胞库系统，对主细胞库细胞进行系统鉴定，应符合有关规定。生产检验用血清等按照规定进行检验，质量符合要求方可使用。

（3）生产、检验用动物及其组织、胚胎的质量应符合《中国兽药典》《兽用生物制品规程》等国家标准的规定。禽类制品毒种的制备、鉴定、活疫苗的制备及外源病毒检验所用鸡、鸡胚的质量必须符合 SPF 级标准，菌（毒、虫）种的制备与鉴定、制品的制造与检验用兔、豚鼠、地鼠、大鼠应符合国家一级（普通级）标准，小鼠应符合二级（清洁级）标准。生产、检验用猪应无猪瘟病毒、猪细小病毒、伪狂犬病病毒、口蹄疫病毒、弓形虫感染和体外寄生虫；犬应无狂犬病病毒、皮肤真菌感染和体外寄生虫；羊应无边界病、布鲁氏菌病、皮肤真菌感染和体外寄生虫；牛应无黏膜病、布鲁氏菌病、焦虫病和其他体外寄生虫；马应无马传染性贫血、马鼻疽病和体外寄生虫。所有制品用的实验动物除符合上述相应规定外，还应无本制品的特异性病原和抗体。

（4）制备疫苗的菌（毒）种菌（毒、虫）种必须符合《规程》规定的标准。要求菌（毒）种菌（毒、虫）种的历史与来源背景清楚，分离、鉴定（特别是毒力鉴定）过程资料完整，生物学性状明显，遗传性状稳定，纯净（粹），免疫原性良好，安全可靠。制苗用菌（毒、虫）种的制备应在空气净化的密闭工作室内进行，工作环境应符合国家的有关规定。不同菌（毒、虫）种不得在同一室内同时操作，强毒与弱毒应分在不同室内进行。烈性病原和人畜共患传染病的强毒病原体的操作，应符合《病原微生物兽医实验室生物安全管理条例》的规定，根据病原的生物安全级别在相应级别的生物安全实验室内进行，室内必须保持负压，并注意操作人员的防护，空气经高效过滤排出，污物经原位消毒后处理。

（5）生产用器具应严格清洗，高压或干热灭菌后方可使用。

（6）病毒抗原生产时，应尽量限制小牛或胎牛血清的用量。细菌抗原的生产，所用培养基应适合所培养细菌的生长，严禁在培养基中添加对动物有害的物质。

（7）生产灭活疫苗时，应加适宜的灭活剂对抗原原液或纯化抗原进行灭活，灭活前和灭活后的区域应严格分开，应限制灭活剂含量。

3. 岗位操作管理

（1）无菌培养基、培养物（抗原半成品）或成品等物料的传递，应尽可能在预先灭菌的封闭系统中进行。设备、玻璃器皿、半成品、成品等在运出生产区前，必须对表面进行有效的消毒。

（2）含生物活性的液体或固体废弃物应在原位消毒后方可离开生产区，否则装入密闭容器或通过运输管道运出，含高致病性病原微生物的污物，必须经原位消毒灭菌。

（3）进入生产区的物品应加以限制，与生产无关的物品不得进入，且不得长时间停留物品，进入洁净区的物品必须经消毒或灭菌处理。

（4）同一生产区内、同一时间只能生产一种制品，更换另一品种前须彻底消毒处理。

（三）兽用疫苗生产和质量管理的特殊要求

1. 从事生物制品生产的全体人员（包括清洁人员、维修人员）均应根据其生产的制品和所从事的生产操作进行卫生学、微生物学等专业和安全防护培训。生产和质量管理负责人应具有兽医、药学等相关专业知识，并有丰富的实践经验，以确保在生产、质量管理中履行其职责。

2. 兽用生物制品生产中细胞的制备，半成品制备中的接种、收获及灌装前不经除菌过滤制品的合并、配制、灌封、冻干、加塞、添加稳定剂、佐剂、灭活剂等要求在 10 000 级背景下的局部 100 级空气洁净度级别的环境中进行；半成品制备中的培养过程，包括细胞的培养、接种后鸡胚的孵化、细菌培养及灌装前需经除菌过滤制品、配制、精制，添加稳定剂、佐剂、灭活剂，除菌过滤、超滤及体外免疫诊断试剂的阳性血清的分装、抗原-抗体分装等要求在 10 000 级下进行；100 000 级下可进行鸡胚的孵化、溶液或稳定剂的配制与灭菌、血清等的提取、合并、非低温提取、分装前的巴氏消毒、轧盖及制品最终容器的精洗、消毒等；发酵培养密闭系统与环境（暴露部分需无菌操作）；酶联免疫吸附试剂的包装、配液、分装、干燥等操作。各类制品生产过程中涉及高危致病因子的操作，其空气净化系统等设施还应符合特殊要求。

3. 生产过程中使用某些特定活生物体阶段，要求设备专用，并在隔离或封闭系统内进行；操作烈性传染病病原、人畜共患病病原、芽孢菌应在专门的厂房内的隔离或密闭系统内进行，其生产设备须专用，并有符合相应规定的防护措施和消毒灭菌、防散毒设施。对生产操作结束后的污染物品应在原位消毒、灭菌后，方可移出生产区；如设备专用于生产孢子形成体，当加工处理一种制品时应集中生产。在某一设施或一套设施中分期轮换生产芽孢菌制品时，在规定时间内只能生产一种制品；聚合酶链反应试剂的生产和检定必须在各自独立的环境进行，防止扩增时形成的气溶胶造成交叉污染；以动物血、血清或脏器、组织为原料生产的制品必须使用专用设备，并与其他生物制品的生产严格分开。

4. 兽用生物制品的生产应避免厂房与设施对原材料、中间体和成品的潜在污染；生产过程中污染病原体的物品和设备均要与未用过的灭菌物品和设备分开，并有明显标志；用于加工处理活生物体的生产操作区和设备应便于清洁和去除污染，能耐受熏蒸消毒；使用密闭系统生物发酵罐生产的制品可以在同一区域同时生产，如单克隆抗体和重组 DNA 产品等；各种灭活疫苗（包括重组 DNA 产品）、类毒素及细胞提取物的半成品的生产可以交替使用同一生产区，在其灭活或消毒后可以交替使用同一灌装间和灌装、冻干设施，用弱毒（菌）种生产各种活疫苗，可以交替使用同一生产区、同一灌装间或灌装、冻干设施，但均必须在一种制品生产、分装或冻干完成后进行有效的清洁和消毒，清洁和消毒的效果应定期验证；生产车间的洁净区和需要消毒的区域，应选择使用一种以上的消毒方式，定期轮换使用，并进行检测，以防止产生耐药菌株。

5. 操作有致病作用的微生物应在专门的区域内进行，并保持相对负压；有菌（毒）操作区与无菌（毒）操作区应有各自独立的空气净化系统。来自病原体操作区的空气不得再循环或仅在同一区内再循环，来自危险度为二类以上病原体的空气应通过除菌过滤器排放，对外来病原微生物操作区的空气排放应经高效过滤，滤器的性能应定期检查；使用二类以上病原体强污染性材料进行制品生产时，对其排出污物应有有效的消毒设施；生物制品生产、检验过程中产生的污水、废弃物、动物粪便、垫草、带毒尸体等应具有相应设施，进行无害化处理。

6. 从事人畜共患病生物制品生产、维修、检验和动物饲养的操作人员、管理人员，应接种相应疫苗并定期进行体检；在生产日内，没有经过明确规定的去污染措施，生产人员不得由操作活微生物或动物的区域进入操作其他制品或微生物的区域。与生产过程无关的人员不应进入生产控制区，必须进入时，要穿着无菌防护服；从事生产操作的人员应与动物饲养人员分开。

7. 兽用生物制品应严格按照农业部批准的《兽用生物制品规程》或制品规程规定的工艺方法组织生产；对生物制品原辅材料、半成品及成品应严格按照《兽用生物制品规程》或《兽用生物制品质量标准》的规定进行检验并应按照“制品组批与分装规定”进行分批和编写批号；兽用生物制品的国家标准品应由中国兽医药品监察所统一制备、标定和分发。生产企业可根据国家标准品制备其工作标准品。

8. 需建立生产用菌毒种的原始种子批、基础种子批和生产种子批系统。种子批系统应有菌毒种原始来源、菌毒种特征鉴定、传代谱系、菌毒种是否为单一纯微生物、生产和培育特征、最适保存条件等完整资料；生产用细胞需建立原始细胞库、基础细胞库和生产细胞库系统，细胞库系统应包括：细胞原始来源（核型分析、致瘤性）、群体倍增数、传代谱系、细胞是否为单一纯化细胞系、制备方法、最适保存条件控制代次等。生产用菌毒种子批和细胞库，应在规定保存条件下，专库存放，并只允许指定的人员进入。

9. 兽用生物制品生产用物料须向合法和有质量保证的供方采购，应对供应商进行评估并与之签订较固定的供需合同，以确保其物料的质量和稳定性；主要原辅料（包括血液制品的原料血浆）必须符合质量标准，并由质量保证部门检验合格签证发放；动物源性的原材料使用时要详细记录，内容至少包括动物来源、动物繁殖和饲养条件、动物的健康情况。用于疫苗生产、检验的动物应符合《兽用生物制品规程》规定的“生产、检验用动物暂行标准”，生产、检验用动物室应分别设置。检验动物应设置安全检验、免疫接种和强毒攻击动物室。

（四）兽用生物制品生产的其他要求

1. 兽用生物制品生产过程中验证内容

（1）设备验证　包括空气净化系统、工艺用水系统、工艺用气系统、灭菌设备、药液滤过及分装（灌封）系统。

（2）工艺验证　包括生产工艺、主要原辅材料变更、设备清洗生产工艺及其变更。

2. 水处理及其配套系统的设计、安装和维护应能确保供水达到设定的质量标准。

3. 印有与标签内容相同的兽药包装物，应按标签管理。

4. 兽药零头包装只限两个批号为一个合箱，合箱外应标明全部批号，并建立合箱记录。

5. 兽药放行前应由质量管理部门对有关记录进行审核，审核内容应包括：配料、称重过程中的复核情况，各生产工序检查记录，清场记录，中间产品质量检验结果；偏差处理；成品检验结果等。符合要求并有审核人员签字后上报批签发，批准后方可放行。

三、兽药 GMP 检查验收管理

根据《兽药管理条例》和《兽药 GMP》的规定，开展兽药 GMP 检查验收活动。农业农村部负责全国兽药 GMP 管理工作和国际兽药贸易中 GMP 互认工作，负责制定兽药 GMP 及其检查验收评定标准，负责全国兽药 GMP 检查验收工作的指导和监督。具体工作由农业农村部兽药 GMP 工作委员会办公室（简称兽药 GMP 办公室）承担。省级人民政府兽医主管部门负责本辖区兽药 GMP 检查验收申报资料的受理和审查、组织现场检查验收、省级兽药 GMP 检查员培训和管理及企业兽药 GMP 的日常监管工作。

（一）企业申报资料要求

新建、复验、原址改扩建、异地扩建和迁址重建企业，在申请兽药 GMP 检查验收时填报《兽药 GMP 检查验收申请表》电子文档和部分资料的书面材料。包括：

1. 新建企业

（1）企业概况。

（2）企业组织机构图（须注明各部门名称、负责人、职能及相互关系）。

（3）企业负责人、部门负责人简历；专业技术人员及生产、检验、仓储等工作人员登记表（包括文化程度、学历、职称等），并标明所在部门及岗位；高、中、初级技术人员占全体员工的比例情况表。

（4）企业周边环境图；总平面布置图；仓储平面布置图；质量检验场所平面布置图及仪器设备布置图。

（5）生产车间概况及工艺布局平面图（包括更衣室、盥洗间、人流和物流通道、气闸等，人流、物流流向及空气洁净度级别）；空气净化系统的送风、回风、排风平面布置图；工艺设备平面布置图。

（6）生产的关键工序、主要设备、制水系统、空气净化系统、检验仪器设备及产品工艺验证报告。

（7）检验用仪器仪表、量具、衡器校验情况报告。

（8）申请验收前 6 个月内由空气净化检测资质单位出具的洁净室（区）检测报告。

（9）生产设备设施、检验仪器设备目录（需注明规格、型号、主要技术参数）。

（10）所有兽药 GMP 文件目录、具体内容及与文件相对应的空白记录、凭证样张。

（11）兽药 GMP 运行情况报告。

（12）（拟）生产兽药类别、剂型及产品目录（每条生产线应当至少选择具有剂型代表性的2个品种作为试生产产品；少于2个品种或属于特殊产品的，可选择1个品种试生产，每个品种至少试生产3批）。

（13）试生产兽药国家标准产品的工艺流程图、主要过程控制点和控制项目。

2. 原址改扩建、复验、异地扩建和迁址重建企业 除提供上述（1）～（13）项资料外，还须提供以下资料：

（1）《兽药生产许可证》和法定代表人授权书。

（2）企业自查情况和GMP实施情况。

（3）企业近3年产品质量情况，包括被抽检产品品种与批次，不合格产品品种与批次，被列为重点监控企业的情况或接受行政处罚的情况，以及整改实施情况与整改结果。

（4）已获批准生产的产品目录和产品生产、质量管理文件目录（包括产品批准文号批件、质量标准目录等）；所生产品种的工艺流程图、主要过程控制点和控制项目。

（二）现场检查程序和要求

企业申报资料经审查合格后，由省级人民政府兽医主管部门向申请企业发出《现场检查通知书》，同时通知企业所在地市、县人民政府兽医主管部门和检查组成员，并在规定时间内组织现场检查验收。检查组成员为农业农村部兽药GMP检查员，设组长1名。申请企业所在地市、县人民政府兽医主管部门可选派1名观察员参加验收活动，但不参加评议工作。

现场检查由检查组组长组织，首次会议确认现场检查方案、检查范围、检查路线、落实检查日程、宣布检查纪律和注意事项。申请企业介绍兽药GMP实施情况，提供相应的资料，并指派联系人向检查组介绍现场情况及答疑。

检查组对照《兽药GMP》及《兽药GMP检查验收评定标准》进行检查，必要时应予以取证，并对申请企业（车间）有关人员的技能操作、理论基础、规章制度和兽药法规、兽药GMP的主要内容和要点进行考核。根据检查、考核等情况进行综合评定，填写缺陷项目表，撰写现场检查报告，做出“推荐”“推迟推荐”“不推荐”的综合评定结论。

末次会议由检查组组长主持，向企业宣布综合评定结论和缺陷项目。企业对综合评定结论和缺陷项目有异议的，可以向省级人民政府兽医主管部门反映或上报相关材料。

（三）企业整改要求

1. 对做出“推荐”评定结论，但存在缺陷尚须整改的，申请企业提出整改方案并组织落实。整改工作完成后应将整改报告寄送检查组组长，进行审核，并填写《兽药GMP企业整改情况审核表》，必要时可以进行现场核查。整改报告和《兽药GMP企业整改情况审核表》报省级人民政府兽医主管部门。

2. 对做出“不推荐”评定结论的，由省级人民政府兽医主管部门向申报企业发出检查不合格通知书，自发出通知书3个月后，企业可以再次提出验收申请。连续两次做出“不推荐”评定结论的，1年内不再受理该企业的兽药GMP检查验收申请。

（四）兽药GMP企业的审批与管理

省级人民政府兽医主管部门收到所有兽药GMP现场检查验收报告并经审核符合要求的，应将验收结果在本部门网站上进行公示，公示期不少于15个工作日。公示期内，任何单位及个人均可如实反映有关问题。公示期满未收到异议的，将有关材料报农业农村部。

农业农村部收到资料后对资料进行审定，符合要求的，做出批准决定，发布公告并核发《兽药GMP证书》，同时向企业发出《兽药GMP现场检查工作意见反馈表》。不符合要求的，将处理意见通知申请企业和兽药 GMP 办公室。

公示期满无异议或异议不成立的，省级人民政府兽医主管部门根据有关规定和检查验收结果核发《兽药 GMP 证书》和《兽药生产许可证》，并予公开。

（李慧姣）

第四节　中国兽用疫苗的注册与审批

一、中国兽用疫苗的注册审批机构及其职责

与世界上大多数国家一样，中国对包括兽用疫苗在内的所有新兽药实行注册审批制度。只有经过农业农村部审批并获得《新兽药注册证书》的兽用制品才能投入生产。

中国兽用疫苗的注册审批工作由国务院兽医行政管理部门负责，具体职能由农业农村部畜牧兽医局承担。为了进一步落实《行政许可法》的各项要求，提高兽用疫苗注册审批工作效率，农业农村部办公厅专门设立了农业农村部行政审批综合办公室（以下简称“综合办”），统一接受申请人的申请，并负责申报资料的转送、审批意见和结果的通知等。

为了做好兽药的注册审批工作，农业部于 2006 年 6 月成立了农业部兽药评审中心（简称评审中心）（与中国兽医药品监察所合署办公），专门负责国内新兽药和进口兽药注册资料的技术评审工作。

兽用疫苗的注册检验由中国兽医药品监察所承担。

总的来说，兽用疫苗的注册审批工作由农业农村部（包括综合办和兽医局）、评审中心和中国兽医药品监察所 3 个机构共同完成。

二、兽用疫苗注册审批程序

按照农业部公告第 1704 号发布的《农业部行政审批综合办公办事指南》，新兽药申请人和进口兽药代理申请人向综合办递交兽药注册资料后，即进入技术审查阶段。

兽用疫苗的技术审查分为形式审查、初审和复审三个阶段。形式审查由评审中心相关部门承办人负责完成，必要时组织有关专家完成。初审和复审，由评审中心组织有关专家完成。

综合办将接收的注册资料转交评审中心相关部门进行形式审查。评审中心在 10 个工作日内完成形式审查，并提出是否受理的建议。对建议受理的注册资料，综合办向申请人开具《受理通知书》，并将受理通知书抄送评审中心；对建议不受理的注册资料，综合办将注册资料退回。

评审中心下设化药评审处和生药评审处。生药评审处负责兽用疫苗的评审工作。

评审中心在接到《受理通知书》和完整的注册资料后，根据申报的兽药产品种类及每个产品的申报时间等具体情况组织初审。参加初审的人员包括从农业部兽药审评专家库中挑选的部分专家和办公室工作人员，必要时邀请其他有关专家参加初审。初审会可随时召开。

初审会上形成的初审意见，由评审中心通知申请人。初审中除就申报资料和试验数据等提出具体修改和补充意见外，还可能根据资料的真实情况提出现场核查的要求。对初审未获通过的申报资料，由评审中心报请农业部兽医局退审。

对初审会评审认为符合要求的或根据初审会意见补充的各项试验数据和资料符合要求、现场核查情况和注册检验结果也均符合要求的疫苗，由评审中心提交复审会进行审议。复审会由农业部兽药审评专家库中的专家和特邀代表参加，可随时组织召开。复审会由临时指定的评审组组长主持，采取记名投票的形式决定产品是否通过复审，同意的票数占与会专家人数的 2/3 以上时，方能通过。

对通过复审的产品，由评审中心要求申请人完成试行规程（草案）、质量标准、说明书和标签的最终修订和确认定稿。完成上述工作后，由评审中心提请农业部审批。

农业部兽医局在接到审评意见后的 60 个工作日内做出是否审批的决定。对决定批准的产品，颁发《新兽药注册证书》；对决定不批准的产品，则做出退审决定。《新兽药注册证书》和退审通知书均由综合办转交申请人。

审评过程中，如果初审会或复审会提出要求，评审中心将按照农业部公告 2368 号要求组织有关人员，在申请人所在地省级兽医主管部门的配合下按照《兽药注册研制现场核查要点》对申请人进行现场核查。

如上所述，中国兽用疫苗的审批实行评审、检验和审批的模式，技术评审过程中实行评审专家库中专家组集体负责制。这种模式与欧美兽药审批模式以及中国人用药品的审批模式均有所不同。欧美国家均由一个专门机构负责完成兽用疫苗审批过程中的评审、检验和审批工作，技术评审中采取专职评审形式。中国人用药品的审批也实行评审、检验和审批三权分立的模式，但在技术评审中采取专职评审形式。

三、兽用疫苗注册资料的形式审查要求

兽用疫苗的申报资料通常用 A4 纸打印，装订成册，统一编写目录和页码。

申报资料项目可按照《预防用兽用生物制品申报资料项目要求》（公告第 442 号）准备，不适用的项目除外。

编写申报资料时，应避免出现明显的前后矛盾之处以及重要的数据和文字错误。

申报公函、不侵犯知识产权保证书等应是正式公函原件，其他资料可使用复印件。经过多次复印的证明性文件、参考文献等，要注意字迹清晰可见。

试行规程（草案）、质量标准、说明书和标签等，要按有关最新要求起草。质量标准起草说明中，不能仅对试行规程（草案）和质量标准进行简单复述，要尽可能详细地逐一阐明各主要标准的制定依据。

研究报告包括实验室试验和临床试验两大部分。

每个主要试验均要有详细的单项研究报告，按照《预防用兽用生物制品申报资料项目要求》中所列项目顺序或试验过程的先后顺序进行编排。安全和效力研究报告要符合有关格式要求。有关试验方法应尽可能详细描述。对特殊的试验方法，要详细列出操作步骤和判定标准。涉及动物攻毒试验时，要制定明确的动物筛选标准及动物的发病判定标准。

研究报告不要以发表的文献作为主体，可以将发表的文献作为附件附在研究报告后，以

备查考。

中间试制报告中，除详细说明生产工艺和半成品检验等情况外，还要提供由具体从事中试产品检验的部门出具的检验报告（列出具体检验结果，不能简单地表述为“合格”“符合规定”等），并由中试单位加盖公章。研究单位整理加工的中试产品检验报告可能被视为无效报告。

对于基因工程活疫苗，要先获得农业转基因生物安全委员会评价合格的《农业转基因生物安全证书》。

四、兽用疫苗的审评要点

兽用疫苗的注册资料通常包括 8 大项、27 小项。

第一大项注册资料为一般资料，包括 1～4 小项。

第二大项注册资料为生产与检验用菌（毒、虫）种的研究资料，包括 5～10 小项。

第三大项注册资料为生产用细胞的研究资料，包括 11～13 小项。

第四大项注册资料为主要原辅材料选择的研究资料，即为第 14 小项。

第五大项注册资料为生产工艺的研究资料，包括 15～18 小项。

第六大项注册资料为产品的质量研究资料，包括 19～24 小项。

第七大项注册资料为中间试制研究资料，即为第 25 小项。

第八大项注册资料为临床试验研究资料，包括 26～27 小项。

下文分别针对注册资料中 27 个小项的评审要点进行阐述。

（一）兽用疫苗注册资料项目 1：兽用疫苗的名称

兽用疫苗的名称包括通用名、商品名、英文名、汉语拼音。通用名的命名按照《兽用生物制品通用名命名指导原则》进行。商品名的命名要符合农业部发布的《兽药商品名命名原则》。必要时，提出对通用名等的命名依据。无须使用商品名时，可以填写“无”。英文名和汉语拼音，均应与通用名完全对应。

兽用疫苗的通用名命名，要符合科学、简练、明确的原则，并使每个具有不同特性的疫苗具有唯一性通用名。

兽用疫苗的通用名采用规范的汉字进行命名，标注微生物的群、型、亚型、株名和毒素的群、型、亚型等时，可以使用字母、数字或其他符号。采用的病名、微生物名、毒素名等应为其最新命名或学名。采用的译名应符合国家有关规定。

兽用疫苗的通用名一般采用“病名 ＋ 制品种类”的形式命名。例如，马传染性贫血活疫苗，猪萎缩性鼻炎灭活疫苗，猪瘟、猪丹毒、猪多杀性巴氏杆菌病三联活疫苗。

在某些情形下，不能采用上述一般命名方法进行命名，此时，可视具体情况，按照下列有关原则进行命名。

通用名中涉及微生物的型（血清型、亚型、毒素型、生物型等）时，采用“微生物名＋×型（亚型）＋制品种类 ”的形式命名。例如，牛口蹄疫病毒 O 型灭活疫苗。

由属于相同种的两个或两个以上型（血清型、毒素型、生物型或亚型等）的微生物制成的一种疫苗，采用“微生物名＋若干型名 ＋ X 价 ＋ 制品种类”的形式命名。例如，牛口蹄疫病毒 O 型、A 型二价灭活疫苗。

当疫苗中含有两种或两种以上微生物，其中一种或多种微生物含有两个或两个以上型（血清型或毒素型等）时，采用“微生物名1＋微生物名2（型别1＋型别2）＋X联＋制品种类”的形式命名。例如，鸡新城疫病毒、副鸡嗜血杆菌（A型、C型）二联灭活疫苗。

对用转基因微生物制备的疫苗，采用“微生物名（或毒素等抗原名）＋修饰词＋制品种类＋（株名）”的形式命名。例如，猪伪狂犬病病毒基因缺失活疫苗（C株），禽流感病毒H5亚型重组病毒灭活疫苗（Re-1株），禽流感病毒H5亚型禽痘病毒载体活疫苗（FPV-HA-NA株），大肠杆菌ST毒素、产气荚膜梭菌β毒素大肠杆菌载体灭活疫苗（EC-2株）。

类毒素疫苗，采用“微生物名＋类毒素”的形式命名。例如，破伤风梭菌类毒素。

当一种疫苗应用于两种或两种以上动物时，采用“动物＋病名（微生物名等）＋制品种类”的形式命名。例如，猪、牛多杀性巴氏杆菌病灭活疫苗，牛、羊口蹄疫病毒O型灭活疫苗。

当按照上述原则获得的通用名不足以与已有同类制品或与将来可能注册的同类制品相区分时，可以按照顺序在通用名中标明动物种名、株名（一般标注在制品种类后，通用名中含有两个或两个以上株名时，则分别标注在各自的微生物名后，加括号）、剂型（标注在制品种类前）、佐剂（标注在制品种类前）、保护剂（标注在制品种类前）、特殊工艺（标注在制品种类前）、特殊原材料（标注在制品种类后，加括号）、特定使用途径（标注在制品种类前）中的一项或几项，但应尽可能减少此类内容。例如，犬狂犬病灭活疫苗（ERA株），鸡新城疫病毒（La Sota株）、鸡传染性支气管炎病毒（M41株）二联灭活疫苗，鸡马立克氏病冻结活疫苗（HVT FC－126株），鸡多杀性巴氏杆菌病蜂胶佐剂灭活疫苗（G190株），鸡新城疫耐热保护剂活疫苗（La Sota株），牛流行热亚单位疫苗，猪口蹄疫病毒O型合成肽疫苗，鸡传染性支气管炎细胞源活疫苗（H120株），猪瘟耐热保护剂活疫苗（兔源），犬狂犬病口服活疫苗，猪胸膜肺炎放线杆菌1、4、7型三价油佐剂灭活疫苗，鸡马立克氏病病毒Ⅰ型活疫苗（Rispens/CVI988株）。

（二）兽用疫苗注册资料项目2：证明性文件

兽用疫苗的注册资料中包括下列各项证明文件（对于有的产品而言，个别证明性文件可能不是必需的）：

（1）申请人合法登记的证明文件、中间试制单位的《兽药生产许可证》《兽药GMP证书》、基因工程产品的安全审批书、实验动物合格证、实验动物使用许可证、临床试验批准文件等证件的复印件。

（2）申请的新制品或使用的配方、工艺等专利情况及其权属状态的说明，以及对他人的专利不构成侵权的保证书。

（3）研究中使用了一类病原微生物的，应当提供批准进行有关实验室试验的批准性文件复印件。

（4）直接接触制品的包装材料和容器合格证明的复印件。

（三）兽用疫苗注册资料项目3：制造及检验试行规程（草案）、质量标准及其起草说明

制造及检验试行规程（草案）、质量标准要按要求起草。试行规程（草案）中一般要详细描述菌毒种的鉴定、保管和供应单位，生产和检验用菌毒种的各项鉴定方法和标准，菌毒种的代次范围、保存条件和有效期，疫苗半成品的制备和检验，成品的制备和检验，疫苗的

作用和用途，用法和用量，注意事项，规格，贮藏和有效期。质量标准的书写格式可以参照《中华人民共和国兽药典》中有关疫苗的质量标准书写。拟定的质量标准是疫苗有效期内必须达到的最低标准，而不是出厂时的标准。因此，拟定质量标准时，不能一味提高标准，以标榜所报疫苗与同类疫苗相比的优越性。同时，新疫苗的质量标准亦不能低于国家已经颁布的同类疫苗的质量标准。

起草说明中要详细阐述各项主要标准的制定依据和国内外生产、使用情况。质量标准后附上各个主要检验项目的标准操作程序，各项标准操作程序要详细，并具有可操作性。

（四）兽用疫苗注册资料项目4：说明书、标签和包装设计样稿

兽用疫苗的注册资料中要提供所报疫苗的说明书、标签和包装设计样稿。兽用疫苗的说明书和标签要严格按照国家有关规定（《兽药标签和说明书管理办法》和有关公告）书写和制作，尤其需要注意不要扩大疫苗的使用对象、夸大作用和用途。说明书和标签中的各项规定，可以视为对用户的郑重承诺。因此，说明书和标签上的每项规定都必须有坚实的试验数据来支持。

（五）兽用疫苗注册资料项目5：生产用菌（毒、虫）种来源和特性

兽用疫苗注册资料中要详细报告生产用菌毒种原种的代号、来源、历史（包括分离、鉴定、选育或构建过程等），感染滴度，血清学特性或特异性，细菌的形态、培养特性、生化特性，病毒对细胞的适应性等研究资料。

（六）兽用疫苗注册资料项目6：生产用菌（毒、虫）种种子批建立的有关资料

世界各国兽用疫苗的生产用菌（毒、虫）种均实行种子批管理制度。但是，中国有关科研人员的种子批概念较为淡薄，表现为申报资料中关于种子批的试验项目不全，种子批报告简单、不全面、欠规范。

种子批通常包括原始种子、基础种子和工作种子。其中，工作种子的制备和鉴定，由生产企业承担，科研单位在疫苗研制之初就应完成原始种子和基础种子的制备和鉴定。这既是保证疫苗质量的要求，也是保护菌种资源的必要手段。

注册资料中需提供生产用菌（毒、虫）种原始种子批、基础种子批建立的有关资料，包括各种子批的传代方法、数量、代次、制备、保存方法。只有按照规定项目和方法进行检验并证明为合格的种子，才能用于疫苗生产。

原始种子是指具有一定数量、背景明确、组成均一、经系统鉴定证明免疫原性和繁殖特性良好、生物学特性和鉴别特征明确、纯净的病毒（细菌、虫）株；基础种子是指由原始种子制备、处于规定代次水平、一定数量、组成均一、经系统鉴定证明符合有关规定的活病毒（菌体、虫）培养物；生产种子是指用基础种子制备的、处于规定代次范围内的、经鉴定证明符合有关规定的活病毒（菌体、虫）培养物。

建立原始种子批的目的是确保在制品的持续生产期内，能充分供应质量均一的种子。原始种子批建立的基本原则为对选定的菌（毒、虫）株进行纯培养，并将培养物分成一定数量、装量和成分一致的小包装（如安瓿），于液氮中或其他适宜条件下保存。对原始种子批要按照有关要求做系统鉴定。通常情况下，要对原始种子的繁殖或培养特性、免疫原性、血清学特性、鉴别特征和纯净性进行鉴定。

基础种子由原始种子经适当方式传代扩增而来，增殖到一定数量后，将相同代次的所有培养物均匀混合成一批，定量分装（如安瓿），保存于液氮中或其他适宜条件下备用。按照规定项目和方法进行系统鉴定合格后，方可作为基础种子使用。基础种子批要达到足够的规模，以便保证相当长时间内的生产需要。通常情况下，将基础种子传代至规定最高代次以上第 3 代，取不同代次水平的培养物进行含量、免疫原性试验，考察其繁殖特性和免疫原性的稳定性。必要时，还要考察基础种子的遗传稳定性。

生产种子由基础种子经适当方式传代扩增而来，达到一定数量后，均匀混合，定量分装，保存于液氮或其他适宜条件下备用。根据特定生产种子批的检验标准逐项（一般应包括纯净性检验、特异性检验和含量测定等）进行检验，合格后方可用于生产。并须确定生产种子在特定保存条件下的保存期。生产种子批应达到一定规模，并含有足量活病毒（或细菌、寄生虫或虫卵），以确保满足一批或一个亚批疫苗的生产。

对基础种子的系统鉴定一般包括含量测定、安全或毒力试验［主要考察基础种子对靶动物的致病性，为制定相应标准提供依据，并为试验设施和生产设施的设计、培养物灭活前应采取的生物安全防范措施等提供依据。设计和实施安全试验时，可参照《兽用生物制品实验室安全试验技术指导原则》进行。对人工构建的基因工程菌（毒）株，要按照《农业转基因生物安全管理条例》和《农业转基因生物安全评价管理办法》有关规定进行安全或稳定性试验］、免疫抑制试验（该试验对部分疫苗可能不适用）、毒力返强试验（该试验对部分疫苗可能不适用）、免疫原性（或最小免疫剂量）试验［对于活疫苗，用不同剂量的菌（毒、虫）种分别接种动物；对于灭活疫苗，用最高代次基础种子制备疫苗菌（毒）液，取不同含量的细菌（病毒）悬液，按成品生产工艺制备抗原含量不同的疫苗，或用固定含量的细菌（病毒）液制备疫苗后，取不同稀释度的疫苗，分别接种不同组动物；在接种后的适宜时间进行攻毒或采用已经证明与免疫攻毒方法具有平行性关系的替代方法进行免疫效力检验，统计出使 90%免疫动物获得保护的细菌（病毒）量就是最小免疫量。如果疫苗使用对象包括多种动物或多种日龄动物，则应针对各种靶动物进行免疫原性（最小免疫剂量）试验］、纯净性检验（按现行《中华人民共和国兽药典》中的有关方法进行检验，必要时可自行建立方法并加以验证。基础种子中应无细菌、霉菌、外源病毒污染，无杂菌污染，无支原体污染。对于禽用疫苗毒种，除了要按现行《中华人民共和国兽药典》中的方法进行外源病毒检测外，还应采用适宜方法进行禽网状内皮组织增生症病毒和鸡传染性贫血因子等外源病毒检测）、鉴别检验［采用适宜方法（如荧光抗体试验、毒种的血清中和试验、菌种的试管凝集试验、菌种的玻片凝集试验或菌种的生长特性检验）鉴别疫苗株，并尽可能与相关毒株相区别］、血清学特性鉴定（采用通行的分型方法。进行种特异性鉴定时，可用血清中和试验；若进一步进行血清型或亚型鉴定时，则用型或亚型特异性单克隆抗体进行中和试验、免疫荧光试验或用其他已知的具有型或亚型特异性的试验进行）、稳定性试验（确定基础种子在特定保存条件下的保存期）。

（七）兽用疫苗注册资料项目 7：生产用菌（毒、虫）种基础种子的全面鉴定报告

基础种子是兽用疫苗生产中最重要的生物源性原材料。为了确保兽用疫苗终产品的质量，必须首先保证基础种子的质量。因此，注册资料中要提供基础种子的各项鉴定资料。包括：外源因子检测、鉴别检验、感染滴度、免疫原性、血清学特性或特异性、纯粹或纯净性、毒力稳定性、安全性、免疫抑制特性等。

外源因子检测中，应注意检测方法和检测对象的全面性。应通过采用不同的方法，利用其检出对象的互补性，最终排除各种外源因子污染的可能性。

鉴别检验中，一般采用血清中和试验方法或荧光抗体方法。有时，鉴别检验可以与外源因子检测试验合并完成。

毒力稳定性试验，通常只适用于活疫苗的菌毒种试验，此时亦称为毒力返强试验。毒力返强试验的进行，要符合有关试验研究技术指导原则的要求，否则，其结果可能不会得到评审专家的认同。

（八）兽用疫苗注册资料项目 8：生产用菌（毒、虫）种最高代次范围及其依据

在菌毒种的传代过程中，菌毒种的免疫原性等特性势必会发生一定程度的改变，因此，任何疫苗的菌毒种都不能无限地进行传代。在国家发布并实施的每种疫苗的制造和检验试行规程中均会限定生产用菌毒种的最高使用代次范围。当然，这种代次范围的规定，同样要建立在研制单位已有的试验数据基础上。因此，注册资料中应提供用不同代次的菌毒种进行试验的报告，以便为试行规程中限定的代次范围提供必要的支持。

（九）兽用疫苗注册资料项目 9：检验用强毒株代号和来源

在进行疫苗基础种子的免疫原性鉴定和疫苗的免疫效力试验中，一般都需要使用强毒株进行动物攻毒试验。了解用于攻毒的强毒株的毒力强弱是判定疫苗免疫效果的前提。因此，注册资料中需要详细说明用于攻毒试验的菌毒株代号和来源。

检验用强毒株的资料包括试行规程（草案）中规定的强毒株以及研制过程中使用的各个强毒株。

对已有国家标准强毒株的，可以使用国家标准强毒株。

（十）兽用疫苗注册资料项目 10：检验用强毒株纯净、毒力、含量测定、血清学鉴定等试验的详细方法和结果

对用于攻毒试验的强毒株，除了要说明其代号、来源外，还要对其进行全面鉴定。鉴定的最终目标是要确保其特征性能（鉴别特征和血清学特性）、纯净性、病毒含量和致病性。

（十一）兽用疫苗注册资料项目 11：生产用细胞的来源和特性

生产用细胞是疫苗生产中除基础种子外最重要的生物源性原材料，对疫苗终产品的质量有直接影响。因此，对生产用的细胞（主要指细胞系），首先要了解并报告其基本特性，包括生产用细胞的代号、来源、历史（包括细胞系的建立、鉴定和传代等），主要生物学特性、核型分析等研究资料。

（十二）兽用疫苗注册资料项目 12：生产用细胞的细胞库

对生产用的细胞，要按照种子批管理制度建立种子批。与生产用菌毒种的种子批一样，细胞库的工作种子由生产企业负责繁殖和鉴定，原始种子和基础种子由研制单位繁殖和鉴定。因此，在注册资料中要提供生产用细胞原始细胞库、基础细胞库建库的有关资料，包括各细胞库的代次、制备、保存及生物学特性、核型分析、外源因子检验、致癌/致肿瘤试验等。细胞库的鉴定要符合有关指导原则中的要求。

（十三）兽用疫苗注册资料项目 13：生产用细胞的代次范围及其依据

在细胞的传代过程中，细胞本身的某些特性会发生一定程度的改变，因此，任何疫苗生产用细胞都不能无限地进行传代。在每种疫苗的制造和检验试行规程中均要规定生产用细胞的最高传代代次范围。当然，这种代次范围的规定，也必须建立在已有的试验数据基础上。因此，注册资料中要提供用不同代次的细胞进行试验（主要是细胞核学和致瘤性试验）的报告，以便为试行规程中限定的使用代次范围提供必要的支持。

（十四）兽用疫苗注册资料项目14：主要原辅材料的来源、检验方法和标准、检验报告等

对生产中使用的原辅材料，如国家标准中已经收载，则应采用相应的国家标准，如国家标准中尚未收载，则建议采用有关国际标准。值得强调的是，对犊牛血清等牛源材料，其来源要符合国家有关规定，尤其是进口血清，要避免从已公布有疯牛病的国家或地区进口。

（十五）兽用疫苗注册资料项目15：主要制造用材料、组分、配方、工艺流程等

在注册资料中，要该详细说明最终产品中所含组分的名称、配比以及产品的生产工艺流程等。为了便于审查，可以采取表格和图示法来介绍疫苗配方和工艺流程等。

（十六）兽用疫苗注册资料项目16：制造用动物或细胞的主要标准

当疫苗生产中使用动物或细胞时，就应在试验的基础上事先制定这些动物或细胞的标准，以便在大生产中加以质量控制。

（十七）兽用疫苗注册资料项目17：构建的病毒或载体的主要性能指标（稳定性、生物安全）

如果疫苗生产中使用的是人工构建的病毒或其他载体，则应对这些病毒或载体进行鉴定，以便了解其主要特性，对其稳定性和生物安全性能等进行评价，从而对其应用于兽用疫苗生产的潜力做出全面而准确的评价。

（十八）兽用疫苗注册资料项目18：疫苗原液生产工艺的研究

当疫苗生产中采用了新工艺时，注册资料要提供关于这些生产工艺的研究资料。可能包括优化生产工艺的下列主要技术参数：

（1）细菌（病毒或寄生虫等）培养时的接种量、培养或发酵条件、灭活或裂解工艺的条件（有的疫苗可能不适用）。

（2）活性物质的提取和纯化。

（3）对动物体有潜在毒性物质的清除（有时可能不适用）。

（4）联苗中各活性组分的配比和抗原相容性研究资料。

（5）乳化工艺研究（有的疫苗可能不适用）。

（6）灭活剂、灭活方法、灭活时间和灭活检验方法的研究（有的疫苗可能不适用）。

（十九）兽用疫苗注册资料项目19：成品检验方法的研究及其验证资料

当疫苗的成品检验方法（通常指效力检验方法）与常规方法有所不同时，就应对其申报的新方法进行研究，以便对该新方法在把握产品质量方面的可靠性进行验证，必要时，还必须与常规方法进行平行对比试验，以证明新方法与常规方法之间存在必要的相关性。

（二十）兽用疫苗注册资料项目20：与同类制品的比较研究报告

当申请注册的新疫苗属于第三类制品时，就必须按规定提供该产品与同类制品的比较研究报告。视菌（毒、虫）株、抗原、主要原材料或生产工艺改变的不同情况，尤其是根据申请人刻意强调的新产品优势，可能包括下列各项中的一项或多项内容：

（1）与原制品的安全性、免疫效力、免疫期、保存期比较研究报告。

（2）与已上市销售的其他同类疫苗的安全性、免疫效力、免疫期、保存期比较研究报告。

（3）联苗与各单苗的免疫效力、保存期比较研究报告。

（二十一）兽用疫苗注册资料项目21：用于实验室试验的产品检验报告

实验室试验包括很多项目，且持续时间长，投入的财力和人力大。为了保证实验室试验的结果可靠，需要确保用于实验室试验的样品符合一定的质量要求。因此，在进行各项实验室试验前，要对试验样品进行必要的检验。

（二十二）兽用疫苗注册资料项目22：实验室产品的安全性研究报告

任何疫苗都要符合安全、有效和质量可控的要求。其中，保证疫苗的安全是最基本要求。因此，国家在疫苗的安全性方面提出了很多试验要求。包括：

（1）用于实验室安全试验的实验室产品批数、批号、批量，试验负责人和执行人，试验时间和地点，主要试验内容和结果。

（2）对非靶动物、非使用日龄动物的安全试验（有的疫苗可能不适用）。

（3）疫苗的水平传播试验（有的疫苗可能不适用）。

（4）对最小使用日龄靶动物、各种接种途径的一次单剂量接种的安全试验。

（5）对靶动物单剂量重复接种的安全性。

（6）至少3批制品对靶动物一次超剂量接种的安全性。

（7）对怀孕动物的安全性（有的疫苗可能不适用）。

（8）疫苗接种对靶动物免疫学功能的影响（有的疫苗可能不适用）。

（9）对靶动物生产性能的影响（有的疫苗可能不适用）。

（10）根据疫苗的使用动物种群、疫苗特点、免疫剂量、免疫程序等，提供有关的制品毒性试验研究资料。必要时提供休药期的试验报告。

值得注意的是，上述要求只是为我们进行疫苗的安全性考察提供了一些思路，并不是说，只有在上述各项试验中获得正结果的疫苗才能使用。比如，在疫苗的水平传播试验中，试验结果证明，疫苗毒在免疫动物与未免疫动物之间能够水平传播。根据此结果，并不能证明疫苗是不安全的。相反，该疫苗的此特性对于提高群体免疫的效果往往是有利的。

在进行实验室安全试验时，应注意下列问题：

（1）实验室及动物实验室的生物安全条件，要符合国家有关实验室生物安全标准。

（2）实验室安全试验中所用实验动物应是普通级或清洁级易感动物。用鸡进行试验时，要使用SPF级动物。

（3）禽类疫苗的实验室安全试验多使用本动物，其他疫苗的实验室安全试验中除使用靶动物外，还须用敏感的小型实验动物（如啮齿类动物）进行试验。

（4）试验中要尽可能使用敏感性最高的品系。

（5）使用最小使用日龄的动物进行试验。

（6）每批制品的实验室安全试验中所用动物不少于10只（头），来源困难或经济价值高的动物不少于5只（头），鱼、虾应不少于50尾。

（7）实验室安全试验中所用实验室制品的生产用菌（毒、虫）种、制品组成和配方等，应与规模化生产的产品相同。试验性产品要经过必要的检验，且结果符合要求。试验性产品中主要成分的含量要不低于规模化生产时的出厂标准。

（8）在试验开始前，要制订详细的实验室安全试验方案。试验方案内容包括受试制品的种类，试验开始和结束的日期，试验动物的年龄、品种、性别等特征，疫苗的配方，对照组的设置，每组动物的数量，实验动物来源、圈舍、试验管理和观察方式，结果的判定方法及标准等。

(9) 在进行一次单剂量接种的安全试验时，按照推荐的接种途径，用适宜日龄的靶动物，接种1个剂量，至少观察14d。评估指标包括临床症状、体温、局部炎症、组织病变等。对可用于多种动物的疫苗，要分别用各种靶动物进行安全试验。

(10) 对实际使用中可能进行多次接种的疫苗，均要进行单剂量重复接种安全试验。其试验方法与一次单剂量接种的安全试验相似，但在第1次接种后14d，以相同方法、相同途径再接种一次，再次接种后继续观察至少14d。

(11) 进行一次超剂量接种的安全试验时，方法与单剂量接种安全试验相仿，但接种剂量为免疫剂量的数倍至几十倍（甚至上百倍）不等。通常情况下，灭活疫苗的安全试验剂量为使用剂量的2倍，活疫苗的安全试验剂量为使用剂量的10～100倍。

(12) 对用于妊娠动物的疫苗，要用妊娠期动物进行安全试验，考察该疫苗对妊娠过程和胎儿健康的影响。另外，有些病原可能导致生殖系统的不可逆损伤，在这类疫苗的安全试验中，须对幼龄动物接种后，一直观察到产仔或产蛋，以考察其对生殖功能的影响。

(13) 有些病原可感染多种动物或多个日龄段的动物，在这类疫苗的安全试验中，除须考察疫苗对靶动物和使用日龄动物的安全性外，还应对非使用对象动物和非使用日龄动物进行实验室安全试验，以考察对靶动物群使用该疫苗后，对非靶动物群可能引起的安全风险。

(14) 有些病原可使动物的免疫系统受到损害，对预防该类疫病的疫苗还须进行免疫抑制试验，以评估该疫苗是否存在免疫抑制现象。

(15) 疫苗水平传播试验适用于某些毒力较强的活疫苗，评估使用该类疫苗免疫后，对周围区域内饲养的同品种易感动物的潜在危害性及对环境的污染，为正确使用该疫苗提供科学依据。

(16) 对靶动物生产性能的影响试验适用于肉用商品代经济动物及产蛋鸡的疫苗。使用这类疫苗后，通过观察记录动物的生长发育、增重、饲料报酬、出栏率、产蛋鸡的产蛋率等，评估疫苗对动物生产性能的影响。

(17) 对利用基因工程技术研制的疫苗，要按农业农村部有关规定进行试验，并履行安全评价手续。

(18) 用于制备疫苗的一些非生物源性物质，如矿物油佐剂、铝胶佐剂等，用于食品动物后，可能对人类的生命健康造成危害，这类制品的安全试验中须包括靶动物的残留试验，以便为制定该制品的休药期提供必要的支持性数据。

起草兽用疫苗安全试验报告时，应注意下列问题。

安全试验报告的结构和内容应包括：首篇［封面标题，包括试验用制品的通用名、试验名称、试验编号、试验开始日期、试验完成日期、试验负责人（签名）、试验单位（盖章）、统计学负责人签名及单位盖章（如果有）、申报单位联系人及联系方式、报告日期、原始资料和样本/标本保存地点；目录，列出整个报告的内容目录和对应页码；报告摘要，对所完成的试验进行摘要性介绍；动物和动物设施相关资料，须申明完成的试验严格遵守国家关于实验动物福利的有关规定，并提供《实验动物生产许可证》和《实验动物使用许可证》的复印件（如果适用）；试验人员，列出试验负责人和主要参加人员的姓名、单位、在试验中的作用及其主要背景等，包括主要试验者及参加人员、统计学分析的负责人（如果有）、试验报告的撰写人等；缩略语，试验报告中所用缩略语的全称］，试验报告的正文［引言，介绍受试制品研发的背景、依据及合理性，针对的靶动物，目前国内外同类制品的研制、使用情况等；试验目的，说明本试验所要达到的目的；试验管理，对试验管理和符合兽药 GLP、兽药 GCP 的情况进行描述，如试验人员的培训、试验负责人对试验过程的监督、发生严重不良反应的报告制度、实验室质量控制情况、保证数据达到准确可靠的质量控制过程、统计/数据管理情况、试验中发生的问题及其处理措施等；试验设计，包括试验总体设计方案、试验设计及对照组的选择、试验动物的选择与管理、研究指标和统计处理方案；生物安全事项，针对试验过程中可能出现的生物安全问题（如病原体的扩散、操作人员的感染等），应提出特别的注意事项；材料和方法，针对试验设计中的各个方面，详细介绍试验过程中实际执行的情况，详细描述试验用制品在试验中的应用过程及其相关事宜；结果，报告试验动物的表现，与安全性评价有关的全部试验结果，如动物的用药剂量、用药时间和次数，以合理的方式对常见的不良反应和各种安全指标的改变进行归类，以合适的统计分析比较各组间的差异，分析影响不良反应发生频率的可能因素，严重的不良反应和其他重要的不良反应，给出安全性小结；讨论，通过以上部分的数据、图表、说明、论证和分析，对试验中的安全性结果进行总结，讨论并权衡试验制品的利益风险；结论，根据试验结果，得出简洁的结论；参考文献，列出试验报告的有关参考文献；人员签名，在试验报告的结尾部分由试验负责人、试验执行人、报告起草人签署姓名和日期]。

（二十三）兽用疫苗注册资料项目 23：实验室产品的效力研究报告

疫苗的效力高低是其实际效果的决定因素。要正确判断某种疫苗的使用效果，须进行一系列效力试验。提交的效力研究报告包括：

（1）用于实验室效力试验的实验室产品的批数、批号、批量，试验负责人和执行人，试验时间和地点，主要试验内容和结果。

（2）至少 3 批制品通过每种接种途径、分别对每种靶动物进行接种的效力研究。

（3）抗原含量与靶动物免疫攻毒保护结果相关性的研究（有的疫苗可能不适用）。

（4）血清学效力检验结果与靶动物免疫攻毒试验结果相关性的研究（有的疫苗可能不适用）。

（5）实验动物效力检验与靶动物效力检验结果相关性的研究（有的疫苗可能不适用）。

（6）不同血清型或亚型间的交叉保护试验研究（有的疫苗可能不适用）。

（7）免疫持续期研究。

（8）子代通过母源抗体获得被动免疫力的效力和免疫期研究（有的疫苗可能不适用）。

（9）接种后动物体内抗体消长规律的研究。

（10）关于免疫接种程序的研究。

起草实验室效力试验时，应注意下列问题：

（1）实验室及动物实验室的生物安全条件　要符合国家有关实验室生物安全标准。

（2）实验动物的要求　实验室效力试验中所用实验动物为符合有关国家标准的普通级或清洁级易感动物，鸡用疫苗效力试验中要使用 SPF 鸡。

实验室免疫效力试验须使用靶动物进行。如果在规模化生产的每批产品出厂时的效力检验中使用小型实验动物（如啮齿类动物）替代靶动物进行，则在实验室效力试验中除使用靶动物以外，还要使用这种替代动物进行。

每批制品的实验室效力试验中所用动物不少于 10 只（头），来源困难或经济价值高的动物不少于5只（头），鱼、虾不少于50尾。

（3）实验室效力试验中所用疫苗的生产用菌（毒、虫）种、制品组成和配方等，应与将来的规模化生产相同　试验性疫苗须经过必要检验，且结果须符合要求。试验性疫苗中主要成分的含量接近或低于产品试行规程中规定的最低标准。

为了同时证明产品试行规程中所规定的基础种子使用代次范围的合理性，通常用处于最高代次水平的病毒（或细菌）悬液制备疫苗后进行效力试验。一旦试验结果证明最高代次水平的疫苗具有令人满意的免疫效果，则可认为规定范围内的基础种子均具有令人满意的免疫原性。

如果将来的规模化生产中疫苗出厂"效力检验"采取与参考疫苗进行对比的方法，则在实验室效力试验中，除使用实验室制品进行效力试验外，还用参考疫苗进行系统的效力试验。

（4）在多数实验室效力试验中可能会使用攻毒用强毒　对已经有国家标准强毒株的，则使用该标准强毒株，必要时增加使用当时的流行株。对没有国家标准强毒株的，则使用自行分离的强毒株，但要在报告中详细报告其来源、历史和有关鉴定结果。

使用一类病原微生物的，要按有关规定事先获得农业农村部批准。

（5）试验设计　在试验开始前，要制订详细的实验室效力试验方案，其内容应包括受试疫苗的种类，试验开始和结束日期，试验动物年龄、品种、性别等特征，疫苗配方，对照组设置，每组动物数量，实验动物来源、圈舍、试验管理和观察方式，判断动物个体是否发病或保护的判定标准，最终结果的判定方法及标准等。

（6）靶动物免疫攻毒试验　该试验是考察所有兽用疫苗效力的最基本内容。其基本方法是：用实验室疫苗接种一定数量的动物，经一定时间后，用攻毒用强毒株对上述免疫动物和一定数量的、条件完全相同、但未接种疫苗的对照动物一起进行攻毒，在攻毒后一定时间内，观察动物的发病及死亡情况，统计免疫组及对照组动物发病率或死亡率，并最终评估疫苗的效力；必要时，在观察期结束时，将所有动物扑杀，进行剖检及病理组织学检查，对有些疫苗而言，还要进行病原分离，最后根据免疫组动物和对照组动物的大体剖检变化、病理组织学病变或病原分离情况评估疫苗的免疫效力。

靶动物免疫攻毒试验的具体方法包括定量免疫定量强毒攻击法、变量免疫定量强毒攻击法、定量免疫变量强毒攻击法及抗血清被动免疫攻毒法等。实际工作中可以根据疫苗的具体情况选择其中的一种最佳方法。

① 定量免疫定量强毒攻击法：这种方法是以定量的待检疫苗接种动物，经一定时间后，用定量的强毒攻击，观察动物接种后所建立的主动免疫力。

② 定量免疫变量强毒攻击法：这种方法是把动物分为两大组，一组为免疫组，另一组为对照组，两大组内又各分为若干个小组，每个小组内的动物数相等。免疫动物均用同一剂量的疫苗进行接种，经一定时间后，与对照组动物同时用不同稀释倍数的强毒进行攻击，观察、统计免疫组与对照组的发病率、死亡率、病变率或感染率，计算免疫组与对照组的 LD_{50}（或 ID_{50}），比较免疫组与对照组动物对不同剂量强毒攻击的耐受力。

③ 变量免疫定量强毒攻击法（PD_{50}试验）：将疫苗稀释为各种不同的免疫剂量，并分别接种不同组的动物，间隔一定时间后，各免疫组均用同一剂量的强毒攻击，观察一定时间，用统计学方法计算能使50%的动物得到保护的免疫剂量（PD_{50}）。

（7）疫苗抗原（细菌或病毒）含量与靶动物免疫攻毒保护力相关性研究（最小免疫剂量试验） 疫苗内细菌（或病毒）含量与免疫攻毒保护率之间，通常存在一定的平行关系，此时，就可以根据最小免疫剂量试验结果建立疫苗成品的细菌（或病毒）含量标准，对符合细菌（或病毒）含量标准的疫苗，就不再需要进行免疫攻毒试验。最小免疫剂量的试验方法如下：用不同剂量的疫苗分别接种动物，经一定时间后进行攻毒，或采用已经证明与免疫攻毒方法具有平行关系的替代方法进行免疫效力试验，统计出使动物获得较好保护力（通常应达到80%～100%）的最低疫苗接种量，就是最小免疫剂量。如果疫苗使用对象包括多种动物或多种日龄动物，则要针对各种靶动物分别测定最小免疫剂量。

（8）免疫产生期及免疫持续期试验

① 基本试验方法：用实验室产品接种一定数量的动物，同时用足够数量的未接种动物作为对照。接种后，每隔一定时间，用攻毒用强毒株对一定数量的免疫动物和对照动物同时进行攻毒，或采用已经确认与免疫攻毒保护率具有平行关系的血清学方法测定血清学阳转水平，观察其产生免疫力的时间、免疫力达到高峰期的时间及高峰期持续时间，一直测到免疫力下降至保护力水平以下。以接种后最早出现良好免疫力的时间为该制品的免疫产生期，以接种后保持良好免疫力的最长时间为免疫持续期。

② 如果该疫苗的说明书中不推荐进行一次以上的疫苗接种，则意味着该疫苗接种后可以获得终身保护。由于动物的生命期因类别、品种、品系及分布地区的不同而有所差异，因此，对声明的免疫期应详细陈述，并提交充分数据。

③ 如果是季节性疾病，只要能够证明该疫苗的免疫力能持续到下一年中的疾病自然发生期末。不论是否进行加强免疫接种，均应提出在疫苗接种后一年内的免疫力情况。

④ 为获得免疫期数据而进行的试验须在人工控制的实验室条件下进行。若有关试验很难在实验室条件下进行，则可能只完成田间试验。在进行田间免疫期试验的过程中，要确保疫苗接种的靶动物不发生并发性田间感染，因为自然康复的田间感染将加强动物的免疫力。通常有必要设立未接种的靶动物，与接种过的靶动物接触，用作对照（哨兵动物），以监测动物是否受到田间感染。

⑤ 主动免疫的免疫期：即由基础接种提供的保护作用持续时间。通常须在所推荐的加强接种开始时间前，对接种过的动物进行攻毒来确定。

⑥ 被动免疫的免疫期：即由免疫种畜（禽）的子代通过被动获得的抗体而提供免疫保护作用的持续时间。通常应在分娩或产蛋前进行免疫接种，在间隔一定时间后，对免疫种畜（禽）子代在其自然易感期内进行攻毒来确定。还应设计试验，以获得有关数据来支持所声明的子代免疫期。

⑦ 免疫期试验成本高，耗时长，还涉及动物保护问题。因此，为减少在免疫期试验中频繁地进行动物攻毒试验，可以考虑用最低数量的免疫动物进行攻毒，或采用替代的判定指标或参数（如抗体水平），而不采用攻毒试验来衡量疫苗接种后的免疫力。为了使这种替代指标或参数被认可，须提供充分的试验依据，证明这种指标或参数在靶动物的保护作用中起着关键作用，且该指标或参数与靶动物免疫保护力间存在良好的定性和定量关系。

⑧ 通常情况下，不需要用非靶动物进行免疫期试验。

⑨ 对某些鱼用疫苗，如果难以在实验室条件下进行长期试验，此时，有必要通过设计合理的田间免疫期试验来弥补实验室免疫期试验的不足。

（9）血清学效力检验与靶动物免疫攻毒保护力相关性研究　当成品的效力检验中采用血清学方法测定免疫动物抗体反应，而不采用免疫攻毒试验时，就应该事先进行这样的平行关系试验，以证明选用该血清学方法的合理性，并为建立判定标准提供依据。具体试验方法是：用不同剂量的疫苗免疫接种动物，以便获得具有不同抗体水平的动物，根据抗体水平的高低，将动物分为若干组，用已经选定的强毒株按照预定剂量进行攻毒。对抗体水平与攻毒保护率之间的关系进行分析。

（10）不同血清型或亚型间的交叉保护力试验　有些传染病病原存在多个血清型（如传染性支气管炎病毒）或血清亚型（如口蹄疫病毒），对预防这类传染病的制品，应进行交叉保护力试验。其方法为：分别用不同血清型或血清亚型的菌（毒、虫）种制备疫苗，接种一定数量的动物，在产生免疫力后，分别用不同血清型或血清亚型的强毒株进行攻毒，观察其交叉保护力。通过本试验筛选疫苗菌（毒、虫）株，并为合理使用疫苗提供依据。

（11）实验动物效力检验与靶动物效力检验结果相关性研究　一些疫苗的效力检验用靶动物（主要是大动物）来源困难、费用高，可使用敏感小动物代替，但须进行本动物与敏感小动物免疫攻毒保护力平行关系的试验研究，证明具有平行关系后，方可用敏感小动物代替靶动物。在疫苗成品检验中，使用敏感小动物进行效力检验的结果难以判定时，须改用靶动物进行效力检验，但使用靶动物效检不合格者不能再用小动物重检。

（12）子代通过母源抗体获得被动免疫力的效力和免疫期试验　某些疫苗的使用对象为怀孕母畜或种禽，但其主要作用是使怀孕母畜或种禽获得高水平的抗体，通过初乳或卵黄使其子代获得被动免疫力，保护这些子代在出生后的疾病易感期内不感染发病。对这些疫苗的效力试验，不仅要测定怀孕母畜及种禽获得的免疫力，还要测定其后代的抗攻毒保护力及免疫期。

（13）不同接种途径对靶动物的效力试验　兽用疫苗的接种途径主要包括注射（皮下、皮内、肌内、腹腔、穴位），口服（滴口、饮水、拌料等），点眼/滴鼻，气雾，刺种，浸泡等。根据疫苗种类及其特点，可选用最有效的接种途径。对采用特殊接种途径的疫苗，应对采用该途径与常规途径接种的动物所产生的免疫效力进行对比试验。

（14）疫苗接种后动物体内抗体消长规律的研究　此项研究与免疫产生期及持续期试验有关，有时可以合并进行。用疫苗接种动物后，定期采血、测定免疫动物产生抗体的最早时间、抗体高峰期、抗体持续期，为制订合理的免疫程序提供依据。

（二十四）兽用疫苗注册资料项目 24：至少 3 批产品的稳定性（保存期）试验报告

在进行兽用疫苗稳定性试验时，应注意下列问题。

（1）稳定性试验中所用实验室产品的生产过程、配方、保存条件及使用的包装容器等，要与将来工业化生产的疫苗一致。存在不同包装规格时，应选择最小规格和最大规格的产品进行稳定性试验。

（2）对疫苗样品的测试内容包括：性状（兽用疫苗稳定性试验中应考察的性状指标并无统一规定，研制单位根据具体产品的特性选择对保存条件敏感的性状指标进行测试，以辨别产品在保存期间发生的变化，如溶液和悬液的颜色、pH、黏度、剂型、浑浊度，粉剂的颜色、质地和溶解性，重溶后的可见颗粒物等。考察的内容不少于成品检验标准中的性状检验内容）、真空度（对冻干疫苗，在稳定性试验中，须进行真空度测定）、效力检验（疫苗效力是稳定性试验中需要考察的最重要指标。此处的效力检验方法应与成品效力检验方法一致。

通常情况下，活疫苗常采用病毒或细菌含量测定方法，灭活疫苗常采用免疫攻毒方法或经过验证的血清学方法）、其他内容（如产品的纯净性、冻干产品水分含量等）。

在保存期内，制品中的添加物（如稳定剂、防腐剂、乳化剂）或赋形剂可能发生降解，如果在初步的稳定性试验中有迹象表明这些材料的反应或降解对疫苗质量有不良影响，稳定性试验中就要对这些方面进行监测。

（3）稳定性试验中所用各批实验室制品要尽可能由不同批次的半成品制备而成。

（4）兽用疫苗一般分装于防潮容器中。因此，只要能够证明所用容器（处于保存条件下时）对高湿度和低湿度都能提供足够的保护，则通常可以免除在不同湿度下进行稳定性试验。如果不使用防潮容器，则应该提供不同湿度下的稳定性数据。

（5）兽用疫苗的稳定性试验应在实时/实温条件下进行。在加速和强化条件下获得的稳定性试验数据，通常不作为最终确定疫苗有效期的依据。但是，加速稳定性试验数据有助于提供证明有效期的支持数据，并为将来其他新疫苗的开发提供指导。

（6）首次开启疫苗瓶后或冻干疫苗重溶后的稳定性，在说明书上须注明冻干疫苗在开瓶、溶解后的保存条件和最长保存时间，这些规定须有试验依据。

（7）对预期保存期不到12个月的兽用疫苗，在前3个月内，每个月进行一次检测，以后每3个月检测一次；对预期保存期超过12个月的，在保存的前12个月内，每3个月进行一次检测，在第2年中每6个月进行一次检测，以后每年进行一次检测。

（二十五）兽用疫苗注册资料项目25：中间试制报告

中间试制报告由中间试制单位出具，包括以下内容。

（1）中间试制的生产负责人和质量负责人姓名、试制时间和地点。

（2）生产的疫苗批数（连续5～10批）、批号、批量。

（3）每批中间试制产品的详细生产和检验报告。

（4）中间试制中发现的问题等。

（二十六）兽用疫苗注册资料项目26：临床试验研究资料

临床试验中使用至少3批经检验合格的中间试制产品进行较大范围、不同品种的使用对象动物试验，以进一步观察疫苗的安全性和效力。

要特别注意的是，临床试验中每种靶动物的数量要符合有关最新要求。根据农业部公告第2326号规定，目前的动物数量要求是：牛1 000头；马属动物、鹿300匹（只）；猪5 000头，种猪500头；羊3 000只；中小经济动物（狐狸、水貂、獭、兔、犬等）1 000头（只）；鸡、鸭10 000只，鹅、鸽2 000只；宠物犬猫200只；鱼10 000尾。申请制品为一类新兽药的，临床试验动物数量加倍。上述未规定的其他类别动物或样品数量一般情况下应不少于100例。临床上特别不容易获得的野生动物、稀有动物的数量应满足统计学要求。

在设计临床试验方案时，要注意下列问题。

（1）试验方案包括开始、攻毒和结束试验的日期，试验地点，试验主持人、执行人、观察人、记录人姓名，以便审批机构的工作人员在必要时对试验进行考察和核查。

（2）试验方案的内容包括试验标题，试验的唯一性标识［包含试验方案编号、状态（即属于草案、最终稿还是修订本）以及制订日期，并在标题页上注明］，试验联系人姓名和联系方法，试验地点，试验目的，试验进度表［包括动物试验的预期开始日期、使用受试中试产品和对照疫苗的时间段、用药后的观察期、停药期（有时不适用）和预期的结束时间］，试验设计（包括试验分组、对照的设置、随机化方法、试验场所和单位的选择等），试验材料（包括所使用的中试产品，所使用的安慰剂及其配方，进行检测试验的毒种和试剂及其来源等），动物选择（包括动物饲养单位的基本情况，试验动物的品种、品系、年龄、性别、饲养规模、疫病控制、疫苗接种等情况），动物的饲养和管理，用药计划（包括使用途径、注射部位、剂量、用药频率和持续时间），试验观察（检查）的方法、时间和频率，试验期间需要进行的检测项目、检测方法和内容（包括取样时间、取样间隔和取样数量，样品的保存条件和方法），试验结果（有效与无效，安全与不安全）的统计、分析、评价方法和判定标准，试验动物的处理方式，试验方案附录［包括试验所涉及检测试验的操作规程（SOP），试验中将要使用的所有试验数据采集表和不良反应记录表格，中试产品说明书，参考文献及其他有关的补充内容］，试验过程中发生意外情况时的应急措施。

在进行临床试验时，要注意下列一般要求。

（1）对所用试验动物，在试验前要确定是否曾接种过针对同种疾病的其他单苗或联苗。在近期是否发生过同种疾病。为确证这种免疫或感染状态，在进行试验前应当对试验动物进行特异性抗体检测，并评估其是否对试验产生影响。

（2）在开始试验后，一般不再对试验动物接种针对同种疾病的其他单苗或联苗。

在进行临床效力试验时，要注意下列特殊要求。

（1）所选择的动物种类要涵盖说明书中描述的各种靶动物，并选择使用不同品种的动物进行试验。对动物年龄没有特殊规定的，还要选择使用不同年龄段的动物（幼龄动物和成年动物）进行试验。

（2）临床效力试验中使用的产品批数、试验地点的数量、养殖场和动物数量，要符合《兽药注册办法》中的有关规定。可有目的地使用接近失效期的产品进行试验。

（3）可以同时使用低于推荐使用剂量的（如 1/2 剂量、1/4 剂量）疫苗进行临床效力试验。

（4）接种动物后，要定期随机选择动物对其生理状态和生产性能进行评价，并定期通过免疫学或血清学方法对特异性免疫应答反应进行测定和评价。

（5）对可以通过攻毒试验确定产品保护效力的，须随机选择一定数量的［一般不少于 20 只（头），个体大或经济价值高的动物一般不少于 5 只（头），鱼、虾不少于 50 尾］动物进行攻毒保护试验，以证明在整个保护期内疫苗均都可提供保护。

（6）如果疫苗对被接种动物的后代会产生保护，应当通过免疫学、血清学方法或攻毒试验对其后代的被动免疫保护力进行检测。

进行临床安全试验时，还要注意下列特殊要求。

（1）所选择的动物种类须涵盖说明书中描述的各种靶动物，并选择使用不同品种动物进行试验。对动物年龄、生理或生产状态没有特殊规定的，还要选择使用不同年龄段的动物（幼龄动物、成年动物）、处于特殊生产状态（如处于妊娠期、产蛋期、泌乳期等）的动物进行临床安全试验。

（2）临床安全试验中使用的产品批数、试验地点的数量、养殖场和动物数量，须符合《兽药注册办法》中的有关规定。

（3）可以同时使用高于推荐使用剂量（如 2 倍、10 倍剂量）的疫苗进行临床安全试验。

（4）接种动物后，须定期随机选择动物对其生理状态和生产性能进行测定或评价。

（5）为了发现不良的局部或全身反应，须以足够的频率和时间观察试验动物。

（6）必要时，要定期随机选择一定数量［一般动物不少于20只（头），个体大或经济价值高的动物一般不少于5只（头），鱼、虾不少于50尾］的动物进行剖检，观察可能由于接种疫苗而引起的局部或全身反应。对灭活疫苗，还应定期检查注射部位的疫苗及其佐剂吸收情况。

（7）临床试验中还须有目的地就疫苗对环境及其他非靶动物的安全性影响进行评价。

撰写临床试验报告时，应注意下列问题。

（1）临床试验报告是在完成临床试验的基础上完成的综合性的记述。最终试验报告包括材料和方法的描述、结果的介绍和评估、统计分析。试验报告格式要符合有关要求。

（2）试验报告的内容包括试验标题和唯一性标识，基本信息（包括试验目的、试验主持人、主要完成人、试验完成地点、试验的起止日期），材料和方法［试验材料包括所使用的中试产品、动物、检测试剂、设备设施的来源和控制指标，试验方法包括试验设计（试验分组、对照的设置、随机化方法、试验场所和单位的选择等），动物选择、饲养和管理，用药计划（包括使用途径、注射部位、剂量、用药频率和持续时间），试验观察（检查）的方法、时间和频率，试验期间需要进行的检测试验（包括取样时间、取样间隔和取样数量，样品的保存，检测试验的内容和方法），试验结果（有效与无效，安全与不安全）的统计、分析、评价方法和判定标准，试验动物的处理方式］，试验结果（详尽地描述试验结果，无论是满意的结果还是不满意的结果，包括试验中的所有数据记录表），试验结果的评估及试验结论（对全部试验结果进行评价，并根据试验结果得出结论），附件（包括批准的试验方案，补充报告，支持试验结论的试验文件及其他有关的补充内容等）。

（二十七）兽用疫苗注册资料项目27：临床试验期间进行的有关改进工艺、完善质量标准等方面的工作总结及试验研究资料

五、进口兽用疫苗的注册和审批

进口兽用疫苗的注册和审批，与国内制品注册和审批基本相似，只是在注册资料要求上有一定差别。

进口注册疫苗的注册资料项目包括下列9项。

（1）一般资料　①兽用疫苗名称；②证明性文件；③生产纲要、质量标准，附各项主要检验的标准操作程序；④说明书、标签和包装设计样稿。

（2）生产用菌（毒、虫）种的研究资料。

（3）检验用强毒株的研究资料。

（4）生产用细胞的研究资料。

（5）主要原辅材料的来源、检验方法和标准、检验报告等。牛源材料符合有关规定的资料。

（6）生产工艺的研究资料。

（7）产品的质量研究资料。

（8）至少3批产品的生产和检验报告。

（9）临床试验报告。

在编制进口兽药注册资料时，应注意下列问题：

（1）证明性文件　包括①生产企业所在国家（地区）政府和有关机构签发的企业注册证、产品许可证、GMP合格证复印件和产品自由销售证明。上述文件必须经公证或认证后，再经中国使领馆确认；②由境外企业驻中国代表机构办理注册事务的，要提供《外国企业常驻中国代表机构登记证》复印件；③由境外企业委托中国代理机构代理注册事务的，须提供委托文书及其公证文件，中国代理机构的《营业执照》复印件；④申请的制品或使用的处方、工艺等专利情况及其权属状态说明，以及对他人的专利不构成侵权的保证书；⑤该疫苗在其他国家注册情况的说明，并提供证明性文件或注册编号。

（2）用于申请进口注册的试验数据，须是申请人在中国境外获得的试验数据。未经许可，不能为了进口注册的目的在中国境内进行试验。

（3）全部申报资料须使用中文并附原文，原文非英文的资料须翻译成英文，原文和英文附后作为参考。中、英文译文须与原文内容一致。

（4）进口注册资料的其他要求与国内新制品注册资料的相应要求一致。

（陈光华）

第五节　兽用基因工程疫苗的生物安全管理

动物用转基因微生物产品主要是指经过人工修饰基因的基因工程疫苗、饲料添加微生物等。转基因技术打破了不同微生物之间天然杂交的屏障，实现了微生物间的基因转移，获得了新的生物学性状。基因重组技术为人类有效地利用微生物的遗传特性，研究开发动物用基因工程疫苗和饲料用生物制剂提供了技术保障。同时，由于未知及不确定等因素，转基因微生物在研究开发利用中可能对人类、动物、微生物及其生态环境带来不利影响或潜在风险，甚至灾难等生物安全问题。

一、开展兽用转基因微生物安全管理的意义

广义的“生物安全”是指在一个特定的时空范围内，由于自然或人类活动引起的新的物种迁入，并由此对当地其他物种和生态系统造成危害，造成环境的变化对生物多样性构成威胁，形成对人类和动物健康、生存环境和社会生活有害的影响，一般包括外来生物入侵、重大生物灾害、转基因生物安全问题和生物武器等。国际《生物安全议定书》所指修饰过的活生物体安全就是指转基因生物安全。近年来，转基因微生物的安全性问题已成为国际社会普遍关注的焦点。

转基因微生物安全是一个科学问题，是基于转基因微生物及其产品而可能导致的潜在风险，新的基因、新的目标性状、新的遗传转化方法、新用途的转基因微生物，以及在长期使用与累积过程中，都有可能带来新的风险。

转基因微生物安全管理，是以科学为基础的风险分析过程，包括风险评估、风险管理和风险交流三个方面。实施管理的目的是保障人类和动物健康、微生物安全，保护生态环境，保障和促进兽用转基因微生物技术研究及其产业的健康发展。

风险评估（即安全评价）是兽用转基因微生物安全管理的核心，是指通过科学分析，判

断每一转基因微生物是否存在危害或安全隐患，预测危害或隐患的性质和程度，划分安全等级，提出安全控制措施和科学建议，进行利弊分析。风险评估是利用现有的所有与转基因生物安全性相关的科学数据和信息，系统地评价已知或潜在与转基因生物相关的、对人类健康和生态环境可能产生负面影响的危害。这些科学研究试验、检验、定性或量化的数据和信息，主要来源于产品研发单位、科学文献、常规技术信息、独立科学家、管理机构、检测检验机构、国际组织及其他利益团体等。

风险管理是兽用转基因微生物安全管理的关键。主要是针对风险评估中所确认的危害或安全隐患，采取对应的安全控制措施。风险管理以风险评估为依据。风险管理的过程，既是一个安全监管、安全控制的过程，又是一个利益平衡的过程。风险管理的主要内容，是在考虑风险评估结果的基础上，将风险降低到可接受程度的措施，并通过安全监管、安全控制措施的贯彻实施，维护和保障自然环境、人类和动物的生物安全。立法和监控是风险管理的两个基本要素。

风险交流是兽用转基因微生物安全管理的纽带。是相关各方互动的信息交流过程，其中，不同国家间、不同领域和行业间的交流对有效落实风险评价和风险管理是必不可少的。

二、中国兽用基因工程疫苗的研发情况

由于自然变异和新病原的不断出现，常规疫苗在安全和效力方面的局限性越来越明显，特别是一些难以人工培养、免疫原性差或毒力偏强的微生物疫苗，利用生物技术手段进行改造或开发新型疫苗是必然趋势。近几年，在以基因工程疫苗为代表的动物用转基因微生物的研究方面，取得了很大进展。并且呈现出加速发展的态势，多种基因工程疫苗已经问世并已投入使用，还有一大批处于安全性评价的不同阶段。涉及的动物病原主要有禽流感病毒、鸡新城疫病毒、鸡传染性喉气管炎病毒、鸡传染性法氏囊病病毒、鸡马立克氏病病毒、猪伪狂犬病病毒、猪瘟病毒、口蹄疫病毒、猪繁殖与呼吸综合征病毒、猪圆环病毒 2 型、猪流行性腹泻病毒、猪传染性胸膜肺炎放线杆菌、大肠杆菌、猪肺炎支原体等。研究与开发的基因工程疫苗种类包括：亚单位疫苗、合成多肽疫苗、基因嵌合疫苗、抗独特型抗体疫苗、基因缺失疫苗和重组活载体疫苗。到目前为止，中国农业农村部已批准生产和批准进行生物安全评价的兽用转基因微生物产品已达百余种，基因工程疫苗在中国的动物疫病预防控制中已发挥着越来越重要的作用。此外，饲料用转基因微生物的研究在中国也取得成功，如转植酸酶酵母已通过农业农村部转基因生物安全评价，并已商业化生产和应用。近年来以转基因植物为表达系统的可食性疫苗也已成为研究热点。

三、转基因生物安全管理法规

（一）国际上有关生物安全管理的法规

在 20 世纪 70 年代中后期少数发达国家开始建立生物安全管理的法规，到 90 年代，美国、加拿大、澳大利亚、日本等国及欧盟陆续建立起比较完善的生物安全管理法规体系。在管理方式上各国虽然存在一定的差异，尚无统一的国际标准，但安全评估所遵循的科学原理与基本原则是相似的。目前，有关生物安全的国际间协调也在进行中，并达成了一些共识性

文件，如《卡塔赫纳生物安全议定书》、CAC（国际食品法典委员会）转基因食品安全评估原则等。

1. 美国 美国是最早制定生物技术安全管理制度的国家。早在1976年，美国国立卫生研究院颁布《重组DNA分子研究准则》，将重组DNA试验按照潜在危险程度分为生物安全1～4级，设立生物安全委员会等机构提供咨询服务。

2. 欧盟 欧盟对转基因生物及其产品的安全管理是基于研发过程中是否采用了转基因技术。法规主要包括两大类：一类是横向系列的法规；另一类是与产品相关的法规。相对而言，欧盟在转基因微生物的生物安全方面的管理更为严格。

3. 日本 日本的转基因生物安全法规分为试验安全法规、环境安全法规、食品安全法规和食品标识制度四大类。试验安全，由文部省制定试验阶段安全指南，对实验室及封闭温室内转基因植物的研究进行规范。环境安全，1989年由农林水产省发布农业转基因生物环境安全评价指南，该指南主要指导研究开发人员对转基因生物的潜在风险进行评估。食品安全，1991年由库生省发布转基因食品安全评价指南（试行），2001年4月起转为正式实施。

尽管各国关于转基因生物安全的法律措施各有特点，但都将转基因微生物安全管理作为政府新的重要管理职能，通过立法形式，并指定或设立专门机构负责转基因生物安全管理，以平衡、调节各方面的利益关系。

4. 国际相关组织 联合国及其他国际相关组织一直在进行转基因生物安全的国际间协调，在《生物多样性公约》和《卡塔赫纳生物安全议定书》中，分别对转基因生物及其产品管理的风险评估原则进行了规定。

（二）中国转基因生物安全管理法规

随着转基因生物技术研发、推广和应用，中国政府十分重视转基因生物安全管理问题，先后制定了一系列管理法规、规章，确定了主管部门，设立了管理机构，逐步建立健全了监督管理体系、安全评价制度和技术体系。

中国最早的基因工程管理规章是1993年12月原国家科委颁布的《基因工程安全管理办法》。1996年7月，农业部发布了《农业生物基因工程安全管理实施办法》，并于同年11月开始实施。2001年5月，国务院颁布了《农业转基因生物安全管理条例》（简称《条例》），《条例》规定对农业转基因生物实行分级安全评价制度、标识管理制度、生产许可制度、经营许可制度、加工审批制度和进口安全审批制度，将农业转基因生物安全管理延伸到研究、试验、生产、加工、经营和进出口活动的全过程。转基因动植物、微生物及其产品，含有转基因微生物及其基因工程疫苗和饲料添加剂等产品是《条例》管理的主要对象。《条例》所称转基因生物安全，是指防范农业转基因生物对人类、动植物、微生物和生态环境构成的危险或者潜在风险。

2002年，农业部分别发布了《农业转基因生物安全评价管理办法》《农业转基因生物进口安全管理办法》和《农业转基因生物标识管理办法》三个配套规章，并于同年3月20日起开始实施。2004年5月24日，国家质量监督检验检疫总局62号令发布并实施《进出境转基因产品检验检疫管理办法》。2006年1月27日，农业部以第59号令发布了《农业转基因生物加工审批办法》。

（三）中国转基因微生物研究与试验的审批

1. 国家农业转基因生物安全委员会负责农业转基因生物的安全评价工作 农业转基因

生物安全委员会由从事农业转基因生物研究、生产、加工、检验检疫以及卫生、环境保护等方面的专家组成。

2. 检验检测 国务院农业行政主管部门根据农业转基因生物安全评价工作的需要，可以委托具备检测条件和能力的技术检测机构对农业转基因生物进行检测。转基因兽用微生物生物安全检验检测中心设在中国兽医药品监察所。

3. 研发单位农业转基因生物安全小组 从事转基因微生物研究与试验的单位，应当具备与安全等级相适应的安全设施和措施，确保农业转基因生物研究与试验的安全，并成立农业转基因生物安全小组，负责本单位农业转基因生物研究与试验的安全工作。

4. 试验分类

中间试验——指在控制系统内或者控制条件下进行的小规模试验。

环境释放——指在自然条件下采取相应安全措施所进行的中规模试验。

生产性试验——指在生产和应用前进行的较大规模的试验。

生产性试验结束后，可以向农业农村部申请转基因安全证书。

四、转基因微生物生物安全评价的具体要求

（一）评价制度

为了防范农业转基因生物对人类、动植物、微生物和生态环境构成的危险或者潜在的风险，国家对农业转基因生物实行分级管理评价制度。转基因微生物安全评价以科学为依据，以个案审查为原则，实行分级分阶段管理。根据安全等级，分阶段向农业农村部报告或者提出申请。安全评价分为四个阶段进行，即中间试验、环境释放、生产性试验和申请领取转基因安全证书。

（二）评价步骤与内容

转基因生物安全评价是评价兽用转基因微生物对人类、动植物、微生物和生态环境构成的危险或者潜在风险。

按照对人类、动物、微生物和生态环境的危险程度，中国将转基因微生物分为以下四个等级。安全等级Ⅰ：尚不存在危险；安全等级Ⅱ：具有低度危险；安全等级Ⅲ：具有中度危险；安全等级Ⅳ：具有高度危险。安全评价及安全等级是根据以下五个步骤确定的。

（1）确定受体微生物的安全等级。

（2）确定基因操作对受体微生物安全等级影响的类型。

（3）确定转基因微生物的安全等级。

（4）确定生产活动对转基因微生物安全性的影响。

（5）确定转基因微生物产品的安全等级。

（三）检测要求

根据安全评价工作的需要，农业农村部行政管理部门可以委托具备条件和能力的技术检测机构对农业转基因生物进行检测。主要包括三方面的内容：

（1）与外源基因表达和遗传稳定性相关的检测，主要是目标性状检测。

（2）环境安全评价所需的试验与检测。

（3）食用安全评价所需的试验与检测。

（四）安全评价检测的方式

可分为以下三种：

（1）由研发单位（申请单位或申请人）在提出安全评价申请时或申请前，根据《安全评价办法》附录及申请书要求的内容和指标，自行到兽用转基因微生物安全检测与监测机构进行检测，并将检测报告提交国家农业转基因生物安全委员会。

（2）在国家农业转基因生物安全委员会进行评审后，申请单位（申请人）根据农业农村部的批复意见及通知要求，到兽用转基因微生物安全检测与监测机构进行检测，并在下一次评审或转入下一阶段试验时，将检测报告提交国家农业转基因生物安全委员会。

（3）由农业农村部农业转基因生物安全管理办公室根据安全评价的需要，委托兽用转基因生物安全检测监测机构进行的验证性、复核性检测。

（五）申报程序

1. 一般申报程序

（1）开展安全等级Ⅰ、Ⅱ的兽用转基因微生物试验研究的，由本单位生物安全管理小组负责安全管理。

（2）申请安全等级Ⅲ、Ⅳ的兽用转基因微生物试验研究和所有安全等级的中间试验的，应递交国家农业转基因生物安全委员会审查。

（3）申请农业转基因生物环境释放、生产性试验和生产应用安全证书的，应填写农业转基因生物安全评价申报书，并准备相应的技术资料，经取得实施所在省（自治区、直辖市）农业行政主管部门审核同意的意见后，递交农业农村部行政审批综合办公室。

2. 简化申报程序 根据农业转基因生物安全评价管理实践和安全评价的熟悉性原则，按照转基因动物用微生物的特点，将其分为不同类型，区别对待，分类管理，根据动物用微生物的特点，对于在可控条件下应用或失活的转基因微生物产品，如诊断试剂盒、基因工程亚单位疫苗、部分基因工程重组活载体疫苗、用于动物饲料的转基因微生物产品等的安全评价实行简化程序。

同时，农业农村部对转基因兽用疫苗和诊断试剂的新兽药申报注册也做了相应规定，对于转基因活疫苗和DNA疫苗，必须经过转基因生物安全评价并取得转基因安全证书，在完成新兽药注册所需要的相关试验后才能受理进行新兽药注册，而转基因微生物分泌表达的无感染活性的基因工程亚单位疫苗、转基因灭活疫苗和诊断试剂盒可以不进行转基因生物安全评价直接申报新兽药注册。

（1）诊断试剂盒　利用基因工程技术制备的重组抗原蛋白作为诊断用抗原制备的诊断试剂盒，在申报中间试验安全评价后，可跨越环境释放和生产性释放阶段，直接申请安全证书，也可直接申报新兽药注册。

（2）基因工程亚单位疫苗　利用基因工程技术表达抗原制备的基因工程亚单位疫苗，在申报中间试验安全评价后，可直接申请安全证书，也可直接申报新兽药注册。

（3）基因工程重组活载体疫苗

1）利用已知的、安全的常规活载体制备的基因工程重组活载体疫苗，在申报中间试验安全评价后，可跨越环境释放和生产性释放阶段的安全评价。如果将该重组微生物灭活，也可直接进行新兽药注册。

2）利用新型的、安全性不明的活载体制备的基因工程重组活载体疫苗，应按中间试验、环境释放、生产性试验和安全证书申请四个阶段申报安全性评价。如果将该重组微生物灭活后制成疫苗，可直接进行新兽药注册。

（4）基因缺失疫苗、DNA 疫苗　应按中间试验、环境释放、生产性试验和安全证书申请四个阶段申报安全评价。如果将该基因缺失微生物灭活后制成疫苗，可直接进行新兽药注册。

（5）基因工程激素类疫苗及治疗剂　应按中间试验、环境释放、生产性试验和安全证书申请四个阶段申报安全评价，并严格把关，从严掌握。

（6）用于动物饲料的转基因微生物

1）利用纯化的转基因微生物的代谢产物制成的产品，在申报中间试验安全评价后，可跨越环境释放和生产性释放阶段，直接申请安全证书。

2）利用活的转基因微生物制成的产品，应按中间试验、环境释放、生产性试验和安全证书申请四个阶段申报安全评价。

3. 主要动物用转基因微生物及其产品申请安全性评价的相关技术资料

（1）基因工程亚单位疫苗和基因工程灭活疫苗　基因工程亚单位疫苗应重点评价受体微生物、基因操作、重组微生物的安全性，其产品本身的安全性不存在问题。利用重组微生物、基因缺失微生物制备基因工程灭活疫苗应重点评价受体微生物、基因操作和转基因微生物的安全性，基因重组和基因缺失对受体微生物的致病性及其表型可能造成的影响、转基因微生物的安全性。

（2）基因工程重组活载体疫苗　应重点评价受体微生物、基因操作和重组微生物及其产品的安全性。评价试验内容主要包括重组微生物的稳定性、重组微生物中外源基因的稳定性、外源基因在免疫动物体内的表达和消长情况、重组微生物对免疫动物的安全性等。

（3）基因缺失活疫苗　重点评价祖代微生物、基因操作和缺失微生物的安全性。安全性评价试验内容主要包括缺失微生物的稳定性、缺失微生物的致病性和对免疫动物的安全性、缺失微生物与野生型微生物重组的可能性、缺失微生物的排毒、传播能力及其对环境的安全性。

（4）DNA 疫苗　应评价质粒 DNA 的安全性、重组质粒 DNA 在免疫动物体内的存留时间与对宿主染色体整合的潜在可能性、DNA 疫苗免疫接种时的局部反应性和全身性毒性、DNA 疫苗潜在的致肿瘤性。

五、安全评价原则、技术指标要求

（一）安全评价原则

（1）以促进兽医基因工程技术在动物疫病预防和治疗等方面的发展和应用，同时保障人类健康和生态环境的平衡为基本原则。

（2）采取个案分析，实事求是的原则。

（3）从受体微生物的安全性、基因操作的安全性和动物用转基因微生物及其产品的安全性等三方面内容和对动物、人类与环境的安全性三个角度进行评价。从对动物安全的角度，着重评价动物用转基因微生物及其产品对靶动物和非靶动物的安全性；从人类健康角度，着重评价对人类、畜禽以及形成的食物链（食品）的影响；从生态环境角度，着重评价动物用转基因微生物及其产品对自然生态环境和畜牧业生态环境的影响。

（4）涉及危害人类、动物健康和生态环境平衡的动物用转基因微生物及其产品，应对其安全性进行更为严格的评价。

（5）从事动物用转基因微生物研究的机构或个人应逐级申报。国外公司在中国申请注册的动物用转基因微生物及产品，应按阶段进行安全性评价。

（6）国家农业转基因生物安全委员会负责动物用转基因微生物及其产品的安全评价。动物用转基因微生物及其产品在获得农业转基因生物安全证书后，还需按兽用新生物制品进行申报审批，获得兽用新生物制品证书后方能进行商品化生产和应用。

（7）从事动物用转基因微生物研究的机构或个人应按照《农业转基因生物安全管理条例》及相关配套管理办法的规定履行安全性评价的申报手续，填写安全性评价申报书并提供相应的技术资料。

（8）申报动物用转基因微生物安全性评价的机构或个人应首先按规定的试验规模和内容，严格根据《农业转基因生物安全评价管理办法》规定的阶段，获得安全性审批后，方可进行相应阶段的试验，申报下一阶段的试验时，应提供其前一阶段经合法批准的试验中获得的安全性评价试验资料。

（9）动物用转基因微生物及其产品的安全性试验一般一次批准 1～2 年，安全证书一般一次批准 3～5 年。

（二）安全评价内容及其技术指标

1. 安全性评价的总体内容

（1）受体微生物的安全性评价与安全等级的确定　评价内容包括：所用受体微生物（包括细菌、病毒）可接触到的环境；受体微生物的生物学背景与特性，受体微生物的学名和分类地位，分布、繁殖方式，在环境中的定殖、存活以及传播能力、途径和影响因素，致病性和产生毒素及毒性物质的能力，在国内外的应用情况；受体微生物对人类、动物和其他微生物的影响和潜在的危险程度，受体微生物受人类和动物其他病原体的侵染情况；受体微生物对生态环境的影响和潜在的危险程度；受体微生物的质粒状况，发生遗传变异的可能性及其潜在危险程度；对受体微生物的监测方法和监控技术。受体微生物的安全性等级。

（2）基因操作的安全性评价内容与等级确定　评价内容包括：目的基因的来源、结构、免疫学与生物学功能和用途；基因操作所用载体的名称、来源、特性、结构及安全性，载体所带的抗性标记基因及其特性；重组 DNA 分子结构、构建方法、复制特性和安全性；转基因方法；目的基因在受体微生物及宿主体内的表达及其遗传稳定性。

从事动物用转基因微生物的研究人员应对基因操作进行准确评价，应明确转基因的方法、所用载体的特性、目的基因的来源及其免疫学与生物学功能，目的基因在受体微生物及宿主体内的表达与稳定性。依据对以上内容的评价，确定基因操作的安全类型。

（3）动物用转基因微生物及其产品的安全性评价内容与等级确定　评价内容包括：动物用转基因微生物的分子生物学特性；在自然界的存活能力；遗传物质转移到其他生物体的能力和可能后果；与其他病原微生物重组的能力和可能产生的后果；动物用转基因微生物应用的目的和范围；动物用转基因微生物的监测方法和监控手段。

动物用转基因微生物及其产品对动物的安全性——在靶动物和非靶动物体内的生存前景；对靶动物和可能的非靶动物高剂量接种后的影响；与传统产品相比较，其相对的安全性；宿主范围与载体的漂移度与免疫动物与靶动物以及非靶动物接触时的排毒和传播能力；动物用转基因微生物回复传代时的毒力返强能力；对接种动物的安全性；对免疫动物子代的安全性。

动物用转基因微生物及其产品对人类的安全性——人类接触和感染的可能性及其危险性；广泛应用后对人类的潜在危险性。

动物用转基因微生物及其产品对生态环境的安全性——动物用转基因微生物在环境中释放的范围；影响动物用转基因微生物在外界环境中的存活、增殖和传播的理化因素；感染靶动物和非靶动物的可能性或潜在的危险性。

2. 安全性评价的阶段及其要求 动物用转基因微生物的安全性评价分为中间试验、环境释放、生产性试验和申请安全证书四个阶段。

（1）中间试验 申报中间试验的项目名称应包括目的基因名称、动物用转基因微生物及产品名称、试验所在省（自治区、直辖市）名称和试验阶段名称四个部分。一份报告书中菌株不超过 20 个，且是由同一种受体微生物（受体菌株不超过 5 个）、相同的目的基因、相同的基因操作所获得的，而且每个转基因菌株都应有明确的名称或编号，试验地点不超过 3 个省（自治区、直辖市），每省不超过 2 个点，试验动物总规模（上限）为大动物（马、牛）20 头，中小动物（猪、羊等）40 头，禽类（鸡、鸭等）200 羽，鱼 2 000 尾。试验地点应明确试验所在的省（自治区、直辖市）、县（市）、乡、村；试验年限一般为 1～2 年。

申报中间试验应提供以下相关附件资料：目的基因的核苷酸序列和推导的氨基酸序列；目的基因与载体构建的图谱；试验地点的位置图和试验隔离图；试验设计（包括进行安全性评价的主要指标和研究方法等，如转基因微生物的稳定性、竞争性、生存适应能力、外源基因在靶动物体内的表达和消长关系等）。

（2）环境释放 环境释放的项目名称应包括目的基因名称、动物用转基因微生物及产品名称、试验所在省（自治区、直辖市）名称和试验阶段名称四个部分。一份申报书中菌株不超过 5 个，且是由同一种受体微生物、相同的目的基因、相同的基因操作所获得的，每个菌株都应有明确的名称或编号，并与中间试验阶段的相对应；试验地点不超过 3 个省（自治区、直辖市），每省不超过 3 个点，试验动物总规模（上限）为大动物（马、牛）100 头，中小动物（猪、羊等）500 头，禽类（鸡、鸭等）5 000 羽，鱼 10 000 尾。试验地点应明确试验所在的省（自治区、直辖市）、县（市）、乡、村；一次申请环境释放的期限一般为 1～2 年。

申请环境释放应提供以下相关附件资料：目的基因的核苷酸序列和推导的氨基酸序列；目的基因与载体构建的图谱；中间试验阶段的安全性评价试验总结报告；毒理学试验报告（如果必要的话）；试验地点的位置图和试验隔离图；试验设计（包括进行安全性评价的主要指标和研究方法等，如转基因微生物的稳定性、竞争性、生存适应能力、外源基因在靶动物体内的表达和消长关系等）。

（3）生产性试验 生产性试验的项目名称应包括目的基因名称、动物用转基因微生物及产品名称、试验所在省（自治区、直辖市）名称和试验阶段名称四个部分。一份申报书只能申请 1 种动物用转基因微生物，且名称应与前期试验阶段的名称和编号相对应；试验地点应在批准过环境释放的省（自治区、直辖市）进行，但不能超过 2 个省（自治区、直辖市），每省不超过 3 个点，试验动物总规模（上限）为大动物（马、牛）1 000 头，中小动物（猪、羊等）10 000 头（只），禽类（鸡、鸭等）20 000 羽，鱼 100 000 尾。试验地点应明确试验所在的省（自治区、直辖市）、县（市）、乡、村；一次申请生产性试验的期限一般为 1～2 年。

申请生产性试验应提供以下相关附件资料：目的基因的核苷酸序列和推导的氨基酸序列；目的基因与载体构建的图谱；环境释放阶段审批书的复印件；中间试验和环境释放全面评价试验的总结报告；食品安全性检测报告（如果必要的话）；目的基因或动物用转基因微生物向环境中的转移情况报告；试验地点的位置图和试验隔离图；试验设计（包括进行安全性评价的主要指标和研究方法等，如转基因微生物的稳定性、竞争性、生存适应能力、外源基因在靶动物体内的表达和消长关系等）。

（4）申请安全证书　安全证书的申请项目应包括目的基因名称、转基因微生物名称；一份申报书只能申请 1 种动物用转基因微生物，其名称应当与前期试验阶段的名称或编号相对应；一次申请安全证书的使用期限一般不超过 5 年。

申请安全证书应提供以下相关附件资料：目的基因的核苷酸序列和推导的氨基酸序列；目的基因与载体构建的图谱；目的基因的分子检测或鉴定技术方案；重组 DNA 分子的结构、构建方法；各试验阶段审批书的复印件；各试验阶段安全性评价试验的总结报告；目的基因或转基因微生物向环境中转移情况的报告；稳定性、生存竞争性、适应能力等的综合评价报告：对非靶标生物影响的报告；食品安全性检测报告（如果必要）；该类动物用转基因微生物在国内外生产应用的概况；其他相关资料。

3. 试验方案　试验方案应明确：试验所在地区及畜禽场的名称及其周围的环境资料，试验所在区域的生态类型与动物种类，试验所在区域的动物疫病流行情况，试验所在区域生态环境对动物用转基因微生物存活、繁殖、扩散和传播的有利或不利因素，特别是环境中其他生物从动物用转基因微生物获得目的基因的可能性。有明确的试验起止时间，确定的试验动物、动物数量和试验区域大小，参加试验的人员情况，相应的隔离和环境监控措施。提出用于监测试验区域和周围环境中动物用转基因微生物的适当方法和程序，监测方法应当敏感性高和特异性强；详细记录监测结果，提出动物用转基因微生物及其产品稳定的生产工艺、包装规格和贮存条件，明确动物用转基因微生物及其产品的接种剂量和途径，使用产品总量，剩余产品的处理方法；提出试验动物的饲养和试验后的处理方法，应提出试验所在区域的消毒措施，提出试验实施过程中出现意外事故的应急处理措施，明确试验结束后的监控措施和年限。

兽用转基因微生物的生物安全评价是一项复杂的工作，它既牵涉政策法规，又涉及实验室的检测技术和评定标准；既要积极鼓励该产业的发展，还要将风险降低到最低程度。由于我们对转基因微生物潜在风险的认识还不是十分清楚，因此，兽用转基因微生物的生物安全评价检测还需进一步研究和完善。只有通过不断地兴利除弊，才能使兽用转基因微生物在动物疾病控制中发挥更好的作用。

（宁宜宝）

参 考 文 献

李忠明，2001. 当代新疫苗［M］. 北京：高等教育出版社.

宁宜宝，2003. 中国兽用生物制品技术的现状与展望［J］. 中国禽业导刊 3：9－14.

农业部办公厅．农业部行政审批综合办公指南（兽药行政许可部分）．2011－12－31.

农业部办公厅．兽药注册审评工作程序．2005－05－10.

农业部兽医局，2006. 兽药管理政策法规选编［M］. 北京：中国农业出版社．

中国化学制药工业协会，中国医药工业公司，2001. 药品 GMP 实施指南［M］. 北京：化学工业出版社.

中国生物制品标准化委员会，2001. 中国生物制品规程（二〇〇〇年版）［M］. 北京：化学工业出版社．

中国兽药典委员会，2015. 中华人民共和国兽药典（三部）［M］. 北京：中国农业出版社．

中华人民共和国国务院．兽药管理条件．2004－04－09.

中华人民共和国农业部．兽药GMP检查验收办法（中华人民共和国农业部公告第2262号）．2015－05－25.

中华人民共和国农业部，2002. 兽药 GMP 培训指南［M］. 北京：中国农业出版社．

中华人民共和国农业部，2000. 中华人民共和国兽用生物制品规程．

中华人民共和国农业部，2001. 中华人民共和国兽用生物制品质量标准［M］. 北京：中国农业科技出版社．

中华人民共和国农业部．兽药注册办法．2004－11－24.

中华人民共和国农业部．兽药注册分类及资料要求．2004－12－22.

中华人民共和国农业部．兽用生物制品试验研究技术指导原则．2006－07－12.

中华人民共和国农业部．新兽药研制管理办法．2005－08－31.

Yamanouchi K，Barret T，Kai C，1998. New approaches to the development of virus vaccines for veterinary use ［J］. Rev Sci Tech Off Int Epiz，17：641－653.

第三章　兽用疫苗生产和检验的常用技术

第一节　兽用疫苗生产的常用技术

一、常规兽用疫苗生产用菌毒种的选育技术

有效预防动物传染性疫病，最有效的方法之一是接种安全有效的疫苗。要研制出安全有效的疫苗，必须进行疫苗生产用菌种、毒种或虫种的选育。菌（毒、虫）种的选育是一项事关疫苗研制成败的工作，必须认真对待。

（一）兽用疫苗菌（毒）种

疫苗研制和生产用菌（毒）种一般需符合以下标准。

（1）历史清楚　疫病流行地区、发病动物种类、病原分离鉴定材料清楚完整，病原传代、保藏和检查方法明确。

（2）生物学性状明显　菌种的形态、培养特征、生化特性，血清学特性、免疫学特性明显，菌（毒）种人工感染动物后的临床表现、病理变化特征明显等。

（3）遗传学上相对均一与稳定　菌（毒）种遗传性状的改变主要表现在形态特征，毒力和免疫原性等方面。提高或保持菌（毒）种均一性和稳定性的方法，就是经常进行挑选，纯化。例如，羊痘鸡胚化毒种在经羊体传 2～4 代复壮，纯化后方能用于制苗。

（4）反应原性与免疫原性优良　优良的反应原性与免疫原性是生物制品菌（毒）种标准的重要指标。反应原性高，即使微量抗原进入机体即能产生强烈的免疫反应，在血清学上会出现很高的特异性。优良的免疫原性物质能使免疫动物发生尽可能完善的免疫应答，从而获得坚强的免疫力。通常也可通过浓缩、提纯或导入佐剂等方法提高反应原性、免疫原性不高的菌（毒）种制品的免疫效果与免疫反应。

（5）毒力应在规定范围内　用于制造弱毒疫苗的菌（毒）种毒力，在保证免疫原性的前提下要尽可能弱；而其他制品用的强毒力毒种，要保证免疫靶动物安全。强毒株细菌的毒性物质还含有毒素物质，在未处理前毒力极强，对动物是不安全的，所以必须对致病力进行测定。

（二）强毒力菌（毒）种选育

强毒力菌（毒）种广泛用于抗血清制备、灭活疫苗和疫苗制品的效力检验，也用于人工

育成弱毒株，以及微生物学、免疫学和动物传染病学等的研究。强毒力菌（毒）种常常是在疾病流行时从患病的动物体内分离的，在疾病流行初中期，临床症状和病理变化典型而又未经任何治疗的病例，可分离到毒力强且抗原性良好的自然毒株，如中国的石门系猪瘟病毒、多杀性巴氏杆菌 C44－1 等。从患病动物分离到病原后，首先需进行纯度的检测，或者进行纯化，以保证分离物不含其他微生物，然后进行致病性的检测，最后检测其抗原性。

分离到自然强菌株和病毒株后，应该从中筛选出符合标准的菌株和病毒株，供生产疫苗之用。其筛选程序是：

（1）致病力测定　常用易感实验动物，本动物或鸡胚。如猪丹毒菌用鸽或者小鼠，禽流感病毒用鸡胚，法氏囊病毒用细胞来检测。检测时，常以能够使一半实验动物致死的细菌的量或者病毒量来表示，即半数致死量（LD_{50}），或者使一半的鸡胚发生死亡的量，有鸡胚半数致死量（$CELD_{50}$）、鸡胚半数感染量（$CEID_{50}$），以及用于感染组织培养的易感细胞测定最小致死量（MLD）或半数细胞致病变量（$TCID_{50}$）。进行毒力测定时，应当同时设有阳性对照和阴性对照。阳性对照是接种了已知致病力的同种微生物的动物、鸡胚或者细胞。阴性对照是不接种或者只接种生理盐水等对照动物、鸡胚或者细胞。只有阴、阳性对照均成立结果才为有效。测定时，将接种物进行梯度稀释，每一稀释度接种一定数量的动物、鸡胚或者细胞，然后统计规定时间内发生的变化或者死亡数来计算各种半数感染量或者半数致死量。

（2）抗原性测定　菌（毒）株的抗原性包含抗原与相应抗体结合发生特异性反应的反应原性和刺激机体及致敏淋巴细胞的免疫原性。反应原性多采用血清学方法测定，以抗体滴度效价表示；免疫原性多采用对免疫动物用定量强毒力菌（毒）株种培养液攻击测定，以保护率表示。测定时也要同时设阴、阳性对照。攻击接种所用的剂量应保证使未接种的阴性对照动物发生可见的临床症状或者是致死剂量。根据保护率的多少来判断菌（毒）株的免疫原性。

（3）稳定性测定　对适应于在培养基、鸡胚或易感细胞上增殖培养，传代菌（毒）株的毒力（致病力）和抗原性还要进行稳定性测定，以证明后代特性不变，才有使用价值。

（4）根据致病力和稳定性测定　筛选出毒力强、抗原性好、性状稳定的菌（毒）株，经增殖后进行冻干保存，冻干菌（毒）种贮存于－20℃以下，可保存多年。

（三）弱毒力菌（毒）种选育

弱毒力菌（毒）种用于弱毒活疫苗、部分诊断制品或抗血清的制造。弱毒力菌（毒）种的主要特征是致病力较弱或无致病力，免疫原性优良，能使免疫动物获得坚强的免疫力。据此，就必须从自然界筛选，或以人工改变野生型强毒株的遗传特性进行培育获得。

天然弱毒株或人工培育弱毒株，均由于基因组上核苷酸碱基顺序的改变，而导致遗传性状突变的结果，获取弱毒力菌（毒）种的传统方法主要有以下几种。

（1）自然弱毒株　某些传染病的病原在自然界中存在着具有良好免疫原性的自然弱毒株，可以应用于生产活疫苗，例如，鸡新城疫 La Sota 株、D10 弱毒株是从自然鸡群、鸭群中分离到的。

（2）选择同源不同种的微生物种　选择与病原有一定血缘关系，在分类上同属不同种，但具有一定交叉免疫原性，而天然宿主又不相同的菌（毒）株作为疫苗株。如用火鸡疱疹病毒预防鸡马立克氏病，山羊痘细胞致弱株预防绵羊痘和羊接触传染性脓疱皮炎，以及早年曾使用过的以牛病毒性腹泻病毒接种防止猪瘟感染，当然最著名的是英国人詹纳以牛痘病毒防止人类天花这个古典而造福人类的人尽皆知的例子，至今在中国仍然有人把接种痘苗疫苗称之为“种牛痘”。

（3）人工传代致弱　在培养基、组织细胞、鸡胚内和非宿主动物体内连续传代减弱病原的致病性，以之制作活疫苗。至目前为止，用于预防人类和畜禽传染病的活疫苗的菌种和病毒种，大部分都以这种方式培育，在动物传染病的控制与消灭过程中，这类疫苗起着重要的作用。中国的猪瘟兔化弱毒株是其中最为成功的例子，它是将猪瘟病毒强毒通过兔体传400余代后培育而成的弱毒株，鸭瘟鸡胚化弱毒株是通过鸭胚9代和鸡胚23代后育成的。通过驴白细胞传代致弱的马传染性贫血疫苗株，通过乳兔肺致弱的猪支原体肺炎疫苗株，通过兔、山羊、绵羊致弱的牛传染性胸膜肺炎放线杆菌疫苗株等都是兽医生物制品中极为成功的例子。此外还有猪丹毒弱毒株（GC42）是强毒株经豚鼠370代和鸡42代传代而获得的。禽霍乱弱毒株（G190E40）是强毒株经豚鼠190代和鸡胚40代传代获得的。鸡痘弱毒株是强毒株经鹌鹑传代获得的。

（4）改变体外传代的环境或者在体外培养的培养基中加入化学诱变剂而致弱　在体外培养传代病原体时，改变培养的温度（升高或者降低），或者在培养基中加入不利于微生物生长但有可能有利于某些突变株发育的某些化学成分，或者几种方法联合应用从而获得致弱株。如猪丹毒弱毒株（G4T10）是强毒株经豚鼠370代和含有0.01%～0.04%吖啶黄血液琼脂培养基上传10代获得的。猪肺疫弱毒株（EO630）是强毒株在含海鸥牌洗衣粉培养基上传630代而获得的。口服猪肺疫弱毒株（679～230）是强毒株（C44-1）在血液琼脂培养基上逐渐提高温度至42℃连续传代39代，再在恒温下培养传至230代而获得的。口服猪肺疫弱毒株（C20）是强毒株与黏液杆菌共同培养传代89代，继而将89代猪多杀性巴氏杆菌通过豚鼠传14代，再通过鸡20代盲传获得的。

（四）寄生虫疫苗

1. 寄生虫致弱疫苗　寄生虫致弱疫苗是最早期的寄生虫疫苗，又称第一代寄生虫疫苗。寄生虫多为带虫免疫，处于带虫免疫状态的动物对同种寄生虫的再感染均表现不同程度的抵抗力。因而，可以将强毒虫体以各种方法致弱，再接种易感宿主，以提高宿主的抗感染能力。寄生虫毒力致弱的方法主要有以下几种。

（1）筛选天然弱毒虫株　每一种寄生虫种群的不同个体或不同株的致病力不同，但其基因组成可能相同。有些致病力很弱的个体是天然致弱虫株，是制备寄生虫疫苗的好材料。

（2）人工传代致弱　有些寄生虫，特别是那些需要中间宿主的寄生虫（如巴贝斯虫和锥虫），在易感动物或培养基上反复传代后，其致病力会不断下降，但仍保持抗原性。故可以通过传代致弱获得弱毒虫株，用于制备寄生虫疫苗。

体内传代致弱：牛巴贝斯虫弱毒疫苗就是用牛巴贝斯虫在犊牛体内反复机械地传代15代以上，使虫体的毒力下降到不能使被接种牛发病的程度。鸡球虫的早熟株则是通过在鸡体内的反复传代，使球虫的生活史变短，在鸡体内的生存时间减少，从而达到减低毒力的目的。

体外传代致弱：即将虫体在培养基内反复传代培养，最后达到致弱虫体的目的。如艾美尔球虫的鸡胚传代致弱苗和牛泰勒虫的淋巴细胞传代致弱苗。此外，还有用放射线致弱和药物致弱，但很少使用。

2. 寄生虫抗原疫苗 由于致弱寄生虫疫苗存在诸多的缺陷，目前人们都将重点转移到寄生虫抗原疫苗。制备寄生虫抗原疫苗是先提取寄生虫的有效抗原成分，加入相应的佐剂，再免疫动物。该类虫苗制备关键是确定和大量提取寄生虫的有效保护性抗原。

（1）传统寄生虫抗原苗 一般认为寄生虫可溶性抗原（包括分泌抗原，即ES抗原）的免疫原性较好，制备方法简便。如制备蠕虫可溶性抗原常规方法是将其以机械方法粉碎，提取可溶性部分或虫体浸出物，再通过浓缩处理即可。该方法遇到的一个重要问题是虫体来源有限。此外，该类抗原中绝大部分为非功能抗原，因而免疫效果并不理想。随着寄生虫（尤其是原虫）体外培养技术建立，很多寄生虫（如巴贝斯虫、锥虫和疟原虫）可以在体外大量繁殖，从而为提取大量的虫体ES抗原奠定了基础，如巴贝斯虫培养上清疫苗。ES抗原获得的方法是将虫体在体外培养，然后收集培养液，浓缩后即可获得抗原。

（2）分子水平寄生虫抗原苗 制备有效寄生虫疫苗的关键是获得大量的功能抗原。功能抗原是能刺激机体产生特异性免疫保护的抗原。随着分子生物学的发展，越来越多的生物技术引入寄生虫学研究，促进了寄生虫抗原的分离、纯化、鉴定及体外大量合成。运用分子克隆技术可以获得大量纯化的寄生虫功能抗原，从而可以制备出新一代寄生虫疫苗，包括亚单位疫苗、人工合成肽苗、抗独特型抗体疫苗及基因工程疫苗等。

二、常规细菌疫苗生产技术

（一）细菌培养的基本技术

细菌种类繁多，代谢方式各异，营养需求也不尽相同，但生长繁殖的基本条件相似，细菌培养技术是生物制品的基础，既要了解细菌的生长繁殖和营养要求，又要掌握细菌培养的基本技术。

1. 细菌生长繁殖的基本规律 细菌需要在一定的营养成分、适宜的温度和酸碱度、有氧或无氧等环境中才能生长繁殖。细菌靠扩散与吸附作用摄取营养，借助菌体酶系统分解营养物质产生能量以维持生长。细菌在培养基和适宜的环境中的繁殖方式是按二分裂法进行的，有一定的规律性。即当培养基中接种少量细菌后，细菌先膨大而后开始分裂，整个过程分四个时期，即：①迟缓期，接种的细菌处于静止适应状态，仅表现菌体缓慢地膨大，其时间长短随细菌的适应能力而异；②对数增殖期，当细菌适应环境后，即以恒定的速度增殖（分裂生长），且表现为培养时间与菌数直接呈对数关系。细菌生长的速度决定于细菌的倍增时间，一般细菌倍增时间为15～20min；③稳定期，随着营养物质的消耗，pH的变化，代谢毒性物质的积累，细菌生长速度逐渐缓慢，进入相对稳定期，即细菌的增加数与死亡数保持平衡状态，活菌数相对恒定；④衰退期，新增菌数减少，死亡菌数增加，活菌数逐渐下降。

2. 工业化大生产细菌培养方法 可供大生产培养细菌的方法较多，如大扁瓶固体培养基表面培养、液体静止培养、液体深度通气培养、透析培养等，这些培养方法则根据生产制品的性质选择使用。

（1）固体培养基表面培养法 是将溶化的肉汤琼脂培养基分装于大扁瓶中，灭菌后平放使其凝固，经培养观察无污染，在无菌室接入种子液，使均匀分布于表面，平放温室静止培养，收集菌苔制成菌悬浮液，用于制备抗原、灭活菌苗或冻干菌苗。

（2）液体静止培养法　适用于一般菌苗生产，培养容器可用大玻璃瓶，也可用培养罐（或称发酵罐）。按容器的深度，装入适量培养基，一般是容器深度的1/2～2/3为宜。经高压蒸汽灭菌之后，冷却至室温接入种子，保持适宜温度静置培养。本培养法简便，需氧菌和兼性厌氧菌均可用，但生长菌数不高。

（3）液体深度通气培养法　由于能加速细菌的分裂繁殖，缩短培养时间，收获菌数较高的培养物，适于大量的培养，目前此法已成为菌苗生产中的主要培养方法。该培养方法是在接入种子液的同时加入定量的消泡剂，先静置或者小气量培养2～3h，然后逐渐加大通气量，直至收获。采用通气培养必须注意的几个问题：根据被培养的细菌对营养的要求，在培养过程中注意补充营养物质，如适当地添加葡萄糖补充碳源，适当添加蛋白胨或必要的氨基酸补充氮源，才能更好发挥通气培养作用，增加菌数，提高制品的质量。

通气供氧方式，空气中的氧分子是以溶氧状态供细菌生长需要的，故供氧量多少与通气大小、通气方式有直接关系。细菌对氧的需要，在不同的生长发育阶段有所不同，各种细菌繁殖过程中需氧量亦不一样。因此，对所培养细菌的生长特性要先摸索试验，掌握一定规律后，再进行大规模生产。

控制最适生长的pH，细菌深度通气培养时pH变化较快，保持培养过程的最适pH很重要。一般规律是当细菌在生长繁殖对数期时pH下降，以后随通气量加大，培养液中氧离子浓度降低，pH上升，因而除控制通气量之外，常加葡萄糖以补充细菌生长所需的碳源，也有当pH下降时加碱调整使pH维持稳定。如在培养猪丹毒菌液pH下降时，加入氢氧化钠或氨水以保持pH的稳定，可提高培养活菌数。

注意调节培养温度，大罐培养通入的空气多是经贮存罐多次过滤，再均匀分散进入培养液的，故空气不会明显影响培养温度。但是培养罐夹层有的是直接用蒸汽加热来保持温度，最好用自控调节的温水循环控制温度，以使最适培养温度上下不超过1℃。在生物制品的生产过程中，除了基本设施的完善，其中不能忽视的问题是培养基的原材料标准，菌（毒）种的选育、筛选，细菌培养技术。

（二）培养基

标准培养基是人工制备的一种液体或固体营养物质，是维持与扩大繁殖细菌的基础。主要原材料包括水、肉浸汁、蛋白胨、琼脂、酵母浸汁及其他盐类等，应有统一的选择标准。一般化学药品原则上需用分析纯以上的等级，动物性原材料（肉、肝、胃）最好是没有经过冷冻保存的，长期冷藏有变质的不能使用。

1. 牛肉浸汁　是当前兽医生物制品生产中用量较大的基础培养基。制备培养基用的牛肉，原则上应来源于新宰杀的健壮牛，但由于用量较大往往也用冻结保存的牛肉。新鲜的牛肉无异味，无病变，表面和切面呈淡红色或红色，潮润，有弹性，pH5.8～6.2，NH_2和NH_3不超过45mg/dL，浸出液透明清晰，煮沸后有固有的香味。如有臭味、表面黏腻、出血等病变，切面失去淡红色、弹性消失、煮沸的肉汤呈浑浊者，均不能用于制造培养基。冷冻保存的牛肉没有变质方可使用。

2. 制造肉、肝、胃消化汤培养基　除牛肉质量按上述要求符合规定外，所用的牛、羊、猪肝脏均应新鲜，无异味，无病变，有弹性，浸出液煮沸后呈半透明淡黄色或橙黄色液体，pH为6.0～6.5，如果pH过低，可能糖已经被分解，如过高表明已经腐败。制备消化液用的猪胃，更加需要新鲜，胃黏膜完整，无异味及剥落情况，有出血变色及溃疡烂斑者不能使用。经冻结保存的可使用，但必须无腐败变质，否则存于胃黏膜的胃朊酶损失破坏，降低或无分解蛋白作用。在配胃消化液时如猪胃不新鲜，则可酌加0.1%～0.2%的胃蛋白酶，以达到与用新鲜胃同样目的。

3. 蛋白胨 是天然蛋白质经蛋白酶（胃蛋白酶或胰蛋白酶）或酸水解后的水解产物，质量好的蛋白胨为淡黄色或橙黄色粉末，易溶于水，呈左旋性。制造培养基应用含胨量在75%以上的蛋白胨，1%水溶液 pH 应在5.0～7.0，含总氮13%～15%，含氨基氮1%～3%，加热后，水溶液不发生沉淀和凝固。

4. 明胶 是由动物的皮、骨及白色组织中的胶原，经部分水解而得，具水溶性，冷却后是半透明固体，30℃以上融化。制造明胶培养基应用化学纯品，烧灼残渣（硫酸盐）在3%以下，砷含量0.0003%以下，重金属（以 Pb 计）不大于0.01%。

5. 琼脂 是在石花菜中提取出来的一种半乳糖胶，属胶体多糖类物质，一般不被细菌分解利用，故无营养作用。其特点是在98℃以上能溶于水，在低于45℃以下则凝固成凝胶状态，因此，它是作为固体培养基赋形的理想凝固剂。制造培养基的琼脂，标准为含水分18%以下，灰分4%以下，热水不溶物0.5%以下，凝胶强度29.42MPa（$300kgf/cm^2$）以上。

（三）常规细菌疫苗生产程序

常规细菌疫苗包括活疫苗和灭活疫苗两种。下面以鸡传染性鼻炎油乳剂灭活疫苗为例，对常规细菌疫苗的生产技术进行描述。

1. 种子批的建立

（1）基础种子批的建立　从农业农村部认定的单位获得副鸡嗜血杆菌制苗用菌种，通过适当方式进行传代（副鸡嗜血杆菌用5～6日龄 SPF 鸡胚卵黄囊接种，培养24h后收获卵黄液），达到某一特定代次，增殖到一定数量纯检合格后，将该代次的所有培养物混合成一批，分成一定数量，冻干保存，或者保存于－70℃。按照农业农村部有关要求，对基础种子进行含量测定、安全试验、免疫原性试验和纯净性检验等。

（2）生产种子批的建立　取一定数量的基础种子（副鸡嗜血杆菌为冻干的卵黄），按照拟订的增殖方法进行传代增殖，副鸡嗜血杆菌用鸡血清鸡肉汤传代，检验合格者冻存于－70℃。

2. 抗原生产 取一定数量的生产用种子，接种大批适当培养基，培养基种类依培养细菌而异，副鸡嗜血杆菌的生产用培养基为半合成培养基，培养适当时间后，抽样进行纯检、细菌计数，加入适当量的灭活剂（一般为福尔马林，终浓度为0.1%～0.25%）灭活。待灭活检验合格后（副鸡嗜血杆菌用鸡血清鸡肉汤琼脂平皿划线，在37℃ 5%CO_2条件下培养72h，无菌落生长判定为灭活合格），按照疫苗的最终含菌量要求进行细菌浓缩，浓缩的方法有离心法和超滤法等。如果是制备氢氧化铝胶疫苗，则可以加入适量的氢氧化铝胶。

3. 疫苗生产

（1）油相配制　取疫苗用白油、司本-80（或司本-85）和硬脂酸铝按照一定比例充分混合后，高压灭菌。吐温-80（或吐温-85）单独高压灭菌备用。

（2）水相配制　取抗原与一定量的吐温-80混合。

（3）乳化　用胶体磨或匀浆泵将油相和水相按照一定比例充分混合乳化。

4. 疫苗的检验

（1）疫苗的安全性检验　用至少3批实验室制备的疫苗进行单剂量接种、单剂量重复接种（一般是在第一次接种后2周以相同方法再接种一次）和超剂量接种（灭活疫苗一般为免疫剂量的2～4倍，活疫苗一般为免疫剂量的10～100倍），接种后观察2周，每批疫苗应该接种10～20只鸡，大动物的安全性检验每批疫苗应该接种4～6头。试验应设相应的对照组。观察期间的评估指标包括临床症状、体温、注射局部的反应等。考虑到有些病原可以感染多种动物或者多个日龄段的动物，其安全试验除考虑制品对靶动物和使用日龄动物的安全性外，还应该使用非靶动物和非使用日龄动物，以考察可能出现的安全风险。基因工程疫苗产品的安全评价，应按照农业农村部有关规定进行，并履行安全评价手续。

（2）疫苗的效力试验　效力试验一般应该使用靶动物，其级别至少达到清洁级易感标准，必要时应该使用SPF级动物。小动物每批疫苗至少免疫10只，大动物每批疫苗至少免疫5头，按照拟订的免疫剂量接种动物，非免疫对照组动物可接种同样剂量的生理盐水。免疫后2～4周，用标准强毒株进行攻毒，其剂量一般为$100EID_{50}$或者$100ELD_{50}$。攻毒后观察2周，应观察动物的精神状态、临床症状、体温和死亡等情况。观察期结束时，将所有参试动物扑杀，进行病理组织学检查，必要时进行生产性能检查或病原分离。根据免疫动物和对照动物的发病（死亡）情况、临床症状、生产性能的变化、病理组织学变化或病原分离结果进行综合分析，以判定疫苗的免疫效力。

（3）免疫产生期及免疫持续期试验　用3批实验室制品接种一定数量的动物，同时用足够数量的未接种动物作为对照，疫苗接种后2、3、4周（免疫产生期，活疫苗应该在接种后3～14d）和3、6、9、12、15个月（免疫持续期）用标准强毒对一定数量的免疫动物和对照动物同时进行攻毒，攻毒后观察1～2周。以接种后最早出现规程规定的免疫效力的时间为该制品的免疫产生期，以接种后保持规程规定的免疫效力的最长时间为该制品的免疫持续期。因为免疫持续期试验时间长、成本高，攻毒还牵涉到生物安全，故对某些免疫反应和免疫原性很好、判定标准简便的制品，可采用抗体效价代替攻毒。但必须提供足够的数据表明免疫抗体效价与攻毒保护力的平行关系。

三、常规病毒疫苗生产技术

（一）细胞培养的一般过程

1. 准备工作　准备工作对开展细胞培养十分重要，工作量也较大，应给予足够的重视，准备工作中某一环节的疏忽可导致试验失败或无法进行。准备工作的内容包括器皿的清洗、干燥与消毒，培养基与其他试剂的配制、分装及灭菌，无菌室或超净台的清洁与消毒，培养箱及其他仪器的检查与调试等。

2. 取材　在无菌环境下从机体取出某种组织细胞，经过一定的处理（如消化分散细胞等）后接入培养器血中，这一过程称为取材。如果是细胞株的扩大培养，则无取材这一过程。从机体取出组织细胞的首次培养称为原代培养。

理论上讲，各种动物和人体内的所有组织都可以用于培养，但实际上幼体组织（尤其是胚胎组织）比成年个体的组织容易培养，分化程度低的组织比分化程度高的组织容易培养，肿瘤组织比正常组织容易培养。取材后应立即处理，尽快培养，因故不能马上培养时，可将组织块切成黄豆大的小块，置 4℃的培养液中保存。取组织时应严格保持无菌，同时也要避免接触其他的有害物质。取病理组织和皮肤及消化道上皮细胞时容易带菌，为减少污染可用抗生素处理。

3. 培养 将取得的组织细胞接入培养瓶或培养板中的过程称为培养。如系组织块培养，则直接将组织块接入培养器皿底部，几个小时后组织块可贴牢在底部，再加入适当培养基。如系细胞培养，一般应在接入培养器皿之前进行细胞计数，按要求以一定的量（以每毫升细胞数表示）接入培养器皿并直接加入培养基。细胞进入培养器皿后，立即放入培养箱中，使细胞尽早进入生长状态。

正在培养中的细胞应每隔一定时间观察一次，观察的内容包括细胞是否生长良好、形态是否正常、有无污染、培养基的 pH 是否过高或过低（由酚红指示剂指示），此外对培养温度和 CO_2 浓度也要定时检查。

一般原代培养进入培养后有一段潜伏期（数小时到数十天不等），在潜伏期细胞一般不分裂，但可贴壁和游走。过了潜伏期后，细胞进入旺盛的分裂生长期。细胞长满瓶底后要进行传代培养，将一瓶中的细胞消化悬浮后分至 2～3 瓶继续培养。每传代一次称为“一代”。二倍体细胞一般只能传几十代，而转化细胞系或细胞株则可无限地传代下去。转化细胞可能具有恶性性质，也可能仅有不死性而无恶性。

（二）细胞原代培养

1. 原理 将动物机体的各种组织从机体中取出，经各种酶（常用胰蛋白酶）、螯合剂（常用 EDTA）或机械方法处理，分散成单细胞，置合适的培养基中培养，使细胞得以生存、生长和繁殖，这一过程称原代培养。

2. 仪器、材料及试剂

（1）仪器 CO_2 培养箱（调整至 37℃）、细胞培养瓶、青霉素瓶、小玻璃漏斗、平皿、吸管、吸头、移液管、移液器、纱布、手术器械、血细胞计数板、离心机、水浴箱等。

（2）材料 SPF 鸡胚、胎鼠或新生鼠等。

（3）试剂 1640 培养基（含 20%优质小牛血清）、0.25%胰酶、Hank's 液、DMEM、碘酒等。

3. 操作步骤（以 SPF 鸡胚为例）

（1）胰酶消化法

① 取 10 日龄的 SPF 鸡胚，先后用碘酒棉和酒精棉消毒气室部位，无菌取出鸡胚，去头、四肢和内脏，置于小烧杯中。

② 用手术剪剪成 $2mm^3$ 大小的组织块，再用 Hank's 液洗涤 3 次。

③ 视组织块量加入 5～6 倍的 0.25%胰酶液，转移至锥形瓶中，37℃水浴消化 5～30min，每隔 5min 观察一次，直至细胞分离。

④ 倒掉胰酶，用不含血清的 Hank's 液洗涤 2～3 次。

⑤ 加入适量的营养液（DMEM）和血清，吹打分散细胞，用 12 层纱布过滤。用细胞计数板计数。

⑥ 将细胞调整到 10^6～10^7 个/mL 的细胞悬液，分装到细胞瓶或平皿，37℃下培养，制成 CEF 单层细胞。

（2）组织块直接培养法　自上方法第3步后，将组织块转移到培养瓶。翻转瓶底朝上，将培养液加至瓶中，培养液勿接触组织块。37℃静置3～5h，轻轻翻转培养瓶，使组织块浸入培养液中（勿使组织漂起），37℃继续培养。

（3）注意事项

① 自取材开始，保持所有组织细胞处于无菌条件。细胞计数可在普通环境中进行。

② 超净台中，组织细胞、培养液等不能暴露过久，以免溶液蒸发。

③ 超净台外操作的步骤，各器皿需用盖子或橡皮塞盖住，以防止细菌落入。

④ 无菌操作的注意事项：

A. 操作前要将手洗净，进入超净台后手要用75%酒精或0.2%新洁尔灭擦拭。试剂瓶等瓶口也要擦拭。

B. 点燃酒精灯，操作在火焰附近进行，耐热物品要经常在火焰上烧灼，金属器械烧灼时间不能太长，以免退火，待冷却后才能夹取组织，吸取过营养液的用具不能再烧灼，以免烧焦形成碳膜。

C. 操作动作要准确敏捷，但又不能太快，以防空气流动，增加污染机会。

D. 不能用手触抹已消毒器皿的工作部分，工作台面上用品要布局合理。

E. 瓶子开口后要尽量保持45°斜位。

F. 吸溶液的吸管等不能混用。

附：Hank's液配方

KH_2PO_4 0.06g，NaCl 8.0g，$NaHCO_3$ 0.35g，KCl 0.4g，葡萄糖1.0g，$Na_2HPO_4 \cdot H_2O$ 0.06g，加H_2O至1 000mL。

注：Hank's液可以高压灭菌，4℃下保存。

（三）细胞传代培养

1. 原理　细胞在培养瓶长成致密单层后，已基本上饱和，为使细胞能继续生长，同时也将细胞数量扩大，就必须进行传代（再培养）。

传代培养也是一种将细胞种保存下去的方法。同时也是利用培养细胞进行各种试验的必经过程。悬浮型细胞直接分瓶就可以，而贴壁细胞需经消化后才能分瓶。

2. 材料和试剂

（1）细胞　贴壁细胞株。

（2）试剂　0.25%胰酶、MEM或DMEM培养基（含10%优质小牛血清）等。

（3）仪器和器材　倒置显微镜、培养箱、培养瓶、吸管和废液缸等。

3. 操作步骤

（1）将长满细胞的培养瓶中原来的培养液弃去。

（2）加入0.5～1.0mL 0.25%胰酶溶液，使瓶底细胞都浸入溶液中。

（3）瓶口塞好橡皮塞，放在倒置镜下观察细胞。随着时间的推移，原贴壁的细胞逐渐趋于圆形，在还未漂起时将胰酶弃去，加入10mL培养液终止消化。

观察消化也可以用肉眼，当见到瓶底发白并出现细针孔空隙时终止消化。一般室温消化时间为1～3min。

（4）用吸管将贴壁的细胞吹打成悬液，分到另外2～3个细胞培养瓶中，添加培养液置37℃下继续培养。第二天观察贴壁生长情况。

附：消化液配制方法

称取 0.25g 胰酶蛋白酶（活力为 1∶250），加入 100mL 无 Ca^{2+}、Mg^{2+} 的 Hank's 液溶解，滤器过滤除菌，4℃保存，用前可在 37℃水浴下回温。

胰酶溶液中也可加入 EDTA，使最终浓度达 0.02%。

（四）细胞的冻存和复苏

1. 原理 在不加任何条件下直接冻存细胞时，细胞内和外环境中的水都会形成冰晶，导致细胞内发生机械损伤、电解质升高、渗透压改变、脱水、pH 改变、蛋白变性等，能引起细胞死亡。如向培养液加入保护剂，可使冰点降低。在缓慢的冻结条件下，能使细胞内水分在冻结前透出细胞。贮存在－196℃以下的低温中能减少冰晶的形成。

复苏时速度要快，使之迅速通过细胞最易受损的－5～0℃，细胞仍能生长，活力受损不大。

常用的保护剂为二甲亚砜（DMSO）和甘油，它们对细胞无毒性，分子量小，溶解度大，易穿透细胞。

2. 操作步骤

（1）冻存

① 消化细胞（同上所述），将细胞悬液收集至离心管中。

② 1 000r/min 离心 10min，弃上清液。

③ 沉淀加含保护液的培养液，计数，将细胞调整至 5×10^6 个/mL 左右。

④ 将悬液分至冻存管中，每管 1mL。

⑤ 将冻存管口封严。如用安瓿则需火焰封口，封口一定要严，否则复苏时易出现爆裂。

⑥ 贴上标签，写明细胞种类、冻存日期。冻存管外拴一金属重物和一细绳，以便取出时方便。

⑦ 按下列顺序降温：室温→4℃（20min）→冰箱冷冻室（30min）→低温冰箱（－80℃ 1h）→气态氮（30min）→液氮。

注意：操作时应小心，以免液氮冻伤。定期检查液氮，随时补充，绝对不能挥发殆尽。

（2）复苏

① 准备 37℃水浴锅，如果没有，需要准备烧杯，内装 2/3 杯 37℃的温水。

② 从液氮中取出冻存管迅速置于温水中，并不断搅动。使冻存管中的冻存物在 1min 之内融化。

③ 打开冻存管，将细胞悬液吸到离心管中。

④ 1 000r/min 离心 10min，弃去上清液。

⑤ 沉淀加 10mL 培养液，吹打均匀，再离心 10min，弃上清液。

⑥ 加适当培养基后将细胞转移至培养瓶中，37℃培养，第 2 天观察生长情况。

3. 试剂和器材

（1）器材 液氮罐、冻存管（塑料螺口专用冻存管或安瓿瓶）、离心管、吸管、离心机等。

（2）试剂 0.25%胰酶、MEM 培养基、含保护剂的培养基（即冻存液）、胎牛血清等。

附：冻存液配制

基础培养基加入血清终浓度应不低于 30%，再加入 DMSO 成甘油，终浓度为 10%。甘油或 DMSO。保护剂的种类和用量视不同细胞而不同。配好后 4℃下保存。

（五）培养细胞的细胞生物学

1. 体内、外细胞的差异和分化

（1）差异　细胞离体后，失去了神经体液的调节和细胞间的相互影响，生活在缺乏动态平衡的相对稳定环境中，日久天长，易发生如下变化：分化现象减弱；形态功能趋于单一化或生存一定时间后衰退死亡；或发生转化获得不死性，变成可无限生长的连续细胞系或恶性细胞系。因此，培养中的细胞可视为一种在特定条件下的细胞群体，它们既保持着与体内细胞相同的基本结构和功能，也有一些不同于体内细胞的性状。实际上从细胞一旦被置于体外培养后，这种差异就开始发生了。

（2）分化　体外培养的细胞分化能力并未完全丧失，只是因为环境的改变，使得细胞分化的表现和在体内不同。细胞是否分化关键在于是否存在使细胞分化的条件，如杂交瘤细胞能产生特异的单克隆抗体，这些均属于细胞分化行为。

2. 体外培养细胞的分型

（1）贴附型　大多数培养细胞贴附生长，属于贴壁依赖性细胞，细胞形态大致分成以下四型：

① 成纤维细胞型：胞体呈梭形或不规则三角形，中央有卵圆形核，胞质突起，生长时呈放射状。除真正的成纤维细胞外，凡由中胚层间充质起源的组织，如心肌、平滑肌、成骨细胞、血管内皮细胞等常呈本型状态。另外，凡培养中细胞的形态与成纤维类似时皆可称之为成纤维细胞。

② 上皮型细胞：细胞呈扁平不规则多角形，中央有圆形核，细胞彼此紧密相连成单层膜，生长时呈膜状移动，处于膜边缘的细胞总与膜相连。起源于内、外胚层的细胞，如皮肤表皮及其衍生物、消化管上皮、肝脏上皮、肺泡上皮等皆为上皮型形态。

③ 游走细胞型：呈散在生长，一般不连成片，胞质常突起，呈活跃游走或变形运动，方向不规则。此型细胞不稳定，有时难以和其他细胞相区别。

④ 多型细胞型：有一些细胞，如神经细胞难以确定其规律和稳定的形态，可统归于此类。

（2）悬浮型　见于少数特殊的细胞，如某些类型的癌细胞及白血病细胞。胞体圆形，不贴于支持物上，呈悬浮生长。这类细胞容易大量繁殖。

3. 培养细胞的生长和增殖过程　体内细胞生长在动态平衡环境中，而组织培养细胞的生存环境是培养瓶、培养皿或其他容器，生存空间和营养是有限的。当细胞增殖达到一定密度后，则需要分离出一部分细胞和更新营养液，否则将影响细胞的继续生存，这一过程叫传代。每次传代后，细胞的生长和增殖过程都会受到一定程度的影响。另外，很多细胞特别是正常细胞，在体外的生存也不是无限的，存在着一个发展过程。所有这一切，使组织细胞在培养中有着一系列与体内不同的生存特点。

培养细胞生命期　是指细胞在培养中持续增殖和生长的时间。正常细胞培养时，无论细胞的种类和供体的年龄如何，在细胞全生存过程中，大致都经历以下三个阶段。

（1）原代培养期　原代培养也称初代培养，即从体内取出组织接种培养到第一次传代阶段，一般持续 1～4 周。此期细胞呈活跃的移动，可见细胞分裂，但不旺盛。初代培养细胞与体内原组织在形态结构和功能活动上极其相似。细胞群是异质的（heterogeneous），也即各细胞的遗传性状互不相同，细胞相互依存性强。

（2）传代期　初代培养细胞一经传代后便称为细胞系（cell line）。在全生命期中此期的持续时间最长。在培养条件较好情况下，细胞增殖旺盛，并能维持二倍体核型，呈二倍体核型的细胞称二倍体细胞系（diploid cell line）。为保持二倍体细胞性质，细胞应在初代培养期或传代后早期冻存。当前世界上常用的细胞均在十代内冻存。如不冻存，则需反复传代以维持细胞的适宜密度，以利于生存。但这样就有可能导致细胞失掉二倍体性质或发生转化。一般情况下，当传代 10～50 次时，细胞增殖逐渐缓慢，以致完全停止，细胞进入第三期（衰退期）。

（3）衰退期　此期细胞仍然生存，但增殖很慢或不增殖；细胞形态轮廓增强，最后衰退凋亡。在细胞生命期阶段，少数情况下，在以上三期任何一点（多发生在传代末或衰退期），由于某种因素的影响，细胞可能发生自发转化（spontaneous transformation）。转化的标志之一是细胞可能获得永生性（immortality）或恶性性（malignancy）。细胞永生性也称不死性，即细胞获得持久性增殖能力，这样的细胞群体称无限细胞系（infinite cell line），也称连续细胞系（continuous cell line）。在早期文献中无限细胞系也称已建立细胞系（established cell line）。无限细胞系的形成主要发生在第二期末，或第三期初阶段。细胞获不死性后，核型大多变成异倍体（heteroploid）。细胞转化亦可用人工方法诱发，转化后的细胞也可能具有恶性性质。细胞永生性和恶性性非同一性状。

4. 组织培养细胞一代生存期　所有体外培养细胞，包括初代培养及各种细胞系，当生长达到一定密度后，都需做传代处理。传代的频率或间隔与培养液的性质、接种细胞数量和细胞增殖速度等有关。接种细胞数量大、细胞基数大，相同增殖速度条件下，细胞数量增加与饱和速度相对要快（实际上细胞接种数量大时比数量小时细胞增殖速度快）。连续细胞系和肿瘤细胞系比初代培养细胞增殖快，培养液中血清含量多比血清含量低时细胞增殖快。以上情况都会缩短传代时间。

所谓细胞“一代”一词，系指从细胞接种到分离再培养时的一段时间，这已成为细胞培养的一种习惯说法，它与细胞倍增一代非同一含义。如某一细胞系为第 153 代细胞，即指该细胞系已传代 153 次。它与细胞世代（generation）或倍增（doubling）不同；在细胞一代中，细胞能倍增 3～6 次。细胞传一代后，一般要经过以下三个阶段。

（1）潜伏期　细胞接种培养后，先经过一个在培养液中呈悬浮状态的悬浮期。此时细胞胞质回缩，胞体呈圆球形。接着是细胞附着或贴附于底物表面上，称贴壁，悬浮期结束。各种细胞贴附速度不同，这与细胞的种类、培养基成分和底物的理化性质等密切相关。初代培养细胞贴附慢，可长达 10～24h 或更多；连续细胞系和恶性细胞系快，10～30min 即可贴附。细胞贴附现象是一个非常复杂和与多种因素相关的过程。支持物能影响细胞的贴附；底物表面不洁不利贴附，底物表面带有阳性电荷利于贴附。另外在贴附过程中，有一些特殊物质如纤维连接素（fibronectin），又称 LETS（larger external transformation substance），细胞表面蛋白（cell surface protein，CSP）等也参与贴附过程。这些物质都是蛋白类成分，它们有的存在于细胞膜的表面（如 CSP），有的则来自培养基中的血清（LETS）。近年又从各种不同组织和生物成分中提取出了很多促贴附物质。贴附是贴附类细胞生长增殖条件之一。

细胞贴附于支持物后，还要经过一个潜伏阶段，才进入生长和增殖期。细胞处在潜伏期时，基本无增殖，少见分裂相。细胞潜伏期与细胞接种密度、细胞种类和培养基性质等密切相关。初代培养细胞潜伏期长，24～96h或更长，连续细胞系和肿瘤细胞潜伏期短，仅6～24h；细胞接种密度大时潜伏期短。当细胞分裂相开始出现并逐渐增多时，标志细胞已进入指数增生期。

（2）对数生长期　这是细胞增殖最旺盛的阶段，细胞分裂相增多。对数生长期细胞分裂相数量可作为判定细胞生长旺盛与否的一个重要标志。一般以细胞分裂指数（mitotic index，MI）表示，即细胞群中每1 000个细胞中的分裂相数。体外培养细胞分裂指数受细胞种类、培养液成分、pH、培养箱温度等多种因素的影响。一般细胞的分裂指数介于0.1%～0.5%，初代细胞分裂指数低，连续细胞和肿瘤细胞分裂指数可高达3%～5%。pH和培养液血清含量变动对细胞分裂指数有很大影响。对数生长期是细胞一代中活力最好的时期，因此是进行各种试验最好的和最主要的阶段。在接种细胞数量适宜的情况下，对数生长期持续3～5d后，随细胞数量不断增多，生长空间渐趋减少，最后细胞相互接触汇合成片。细胞相互接触后，如培养的是正常细胞，由于细胞的相互接触能抑制细胞的运动，这种现象称接触抑制（contact inhibition）。恶性细胞无接触抑制现象，因此，接触抑制可作为区别正常细胞与癌细胞的标志之一。肿瘤细胞由于无接触抑制能继续移动和增殖，导致细胞向三维空间扩展，使细胞发生堆积（piled up）。细胞接触汇合成片后，虽发生接触抑制，但只要营养充分，细胞仍然能够进行增殖分裂，因此，细胞数量仍在增多。当细胞密度进一步增大、培养液中营养成分减少、代谢产物增多时，细胞因营养的枯竭和代谢物的影响，则发生密度抑制（density inhibition），导致细胞分裂停止。细胞接触抑制和密度抑制是两个不同的概念，不应混淆。

（3）停滞期　细胞数量达饱和密度后，细胞逐渐停止增殖，进入停滞期。此时细胞数量不再增加，故也称平顶期（plateau）。停滞期细胞虽不增殖，但仍有代谢活动，继而培养液中营养渐趋耗尽，代谢产物积累，pH降低。此时需做分离培养即传代，否则细胞会中毒，发生形态改变，重则从底物脱落死亡，故传代越早越好。传代过晚（已有中毒迹象）能影响下一代细胞的机能状态。在这种情况下，虽进行了传代，因细胞已受损，需要恢复，至少还要再传1～2代，通过换液淘汰死亡细胞和使受损轻微的细胞得以恢复后，才能再用。结果反而耽误了时间，因此在试验中应特别予以注意。

（六）建立细胞系或细胞株

各种已被命名和经过细胞生物学鉴定的细胞系或细胞株，都是一些形态比较均一、生长增殖比较稳定和生物性状清楚的细胞群。因此，凡符合上述情况的细胞群也可给以相应的名称，即文献中常称之为已鉴定的细胞（certified cells）。已鉴定的细胞可用于各种试验研究和生产生物制品。当前世界上已建的各种细胞系（株）数不胜数，中国也建有百种以上，并在不断增长中。

1. 体外培养细胞的种类和命名　体外培养细胞的名称，随培养细胞技术的发展和细胞种类的增多而演变。最早采用的名称为细胞株（cell strain），以后又出现细胞系（cell line）一词。

（1）初代培养　又称原代培养，即直接从体内取出的细胞、组织和器官进行的第一次培养物。一旦已进行传代培养（subculture）的细胞，便不再称为初代培养，而改称为细胞系。

（2）细胞系　初代培养物开始第一次传代培养后的细胞，即称之为细胞系。如细胞系的生存期有限，则称之为有限细胞系（finite cell line）；已获无限繁殖能力能持续生存的细胞系，称连续细胞系或无限细胞系（infinite cell line）。无限细胞系大多已发生异倍化，具异倍体核型，有的可能已成为恶性细胞，因此本质上已是发生转化的细胞系。无限细胞系有的只有永生性，但仍保留接触抑制和无异体接种致癌性；有的不仅有永生性，异体接种也有致瘤性，说明已恶性化。这两种不同性质的无限细胞系，在国内外文献中使用时，其名词已不十分严格。为概念上的明确，对有恶性的无限细胞系采用“恶性转化细胞系”一词可能更准确。对那些只具永生性而无恶性的细胞系，则用无限细胞系或转化细胞系即可。当前流传的NIH3T3、Rat-1、10T1/2等均属这类细胞系。

由某一细胞系分离出来的、在性状上与原细胞系不同的细胞系，称该细胞系的亚系（subline）。

（3）克隆细胞株　从一个经过生物学鉴定的细胞系用单细胞分离培养或通过筛选的方法，由单细胞增殖形成的细胞群，称细胞株。再由原细胞株进一步分离培养出与原株性状不同的细胞群，亦可称之为亚株（substrain）。

（4）二倍体细胞　细胞群染色体数目具有与原供体二倍细胞染色体数相同或基本相同（2n细胞占75%或80%以上）的细胞群，称二倍体细胞培养。如仅数目相同，而核型不同的，即染色体形态有改变者，为假二倍体。二倍体细胞在正常情况下具有有限生命期，属有限细胞系。但随供体年龄和组织细胞的不同，二倍体细胞的寿命长短各异。人胚肺成纤维细胞可传（50±10）代，人胚肾只有8～10代，人胚神经胶质细胞可传15～30代。由不同年龄供体取材建立的二倍体细胞系可供研究衰老之用。为保持二倍体细胞能长期被利用，一般在初代或2～5代即大量冻存作为原种，用时再进行繁殖，并继续冻存，可供长期使用或延缓细胞的衰老。

（5）遗传缺陷细胞　从有先天遗传缺陷者取材（主要为成纤维细胞）培养的细胞，或用人工方法诱发突变的细胞，都属遗传缺陷细胞。这类细胞可能具有二倍体核型，也可呈异倍体。

（6）肿瘤细胞系或株　这是现有细胞系中最多的一类，中国已建细胞系主要为这类细胞。肿瘤细胞系多由癌瘤建成，多呈类上皮型细胞，常已传几十代或百代以上，并具有不死性和异体接种致瘤性。

对已建成的各种细胞系或细胞株习惯上都给以名称；细胞的命名无严格统一规定，大多采用有一定意义缩写字或代号表示。现举以下几种代表性的细胞名称供参考：①CHO：中国地鼠卵巢细胞（Chinese hamster ovary）；②宫-743：宫颈癌上皮细胞。

2. 建立细胞系（或株）的要求　关于什么样的体外培养细胞群，可被确认为是已被鉴定的细胞（certified cells），国际上尚无统一的规定，一般依具体情况而定。在只用作初代培养细胞，只要供体性别、年龄等均一，取材部位及组织种类等条件稳定，做鉴定的项目无须很多，有几项能说明细胞相关性状的即可。如能长期保存并可供其他研究室使用，特别是做反复传代的细胞，习惯上有以下一些要求（在刊物上报道时应加以说明）。

（1）组织来源　应说明细胞供体所属物种，来自人体、动物或其他；供体的年龄、性别、取材的器官或组织；如系肿瘤组织，应说明临床病理诊断、组织来源，以及病例号等。

（2）细胞生物学检测　应了解细胞一般和特殊的生物学性状，如细胞的一般形态、特异结构、细胞生长曲线和分裂指数、倍增时间、接种率、特异性；如为腺细胞，是否有特殊产物，包括分泌蛋白或激素等；如为肿瘤细胞，应力求证明细胞确系来源于原肿瘤组织而非其他，为此需做软琼脂培养、异体动物接种致瘤性和对正常组织浸润力等试验。

（3）培养条件和方法　各种细胞都有自己比较适应的生存环境，因此，应指明使用的培养基、血清种类、用量以及细胞生存的适宜 pH 等。

3. 已建立细胞系或株的鉴定、管理和使用　近些年，当一个细胞系或细胞株建成后，中国常通过组织专家开鉴定会的形式予以鉴定，从学术角度考虑，此举实非必要。按国际惯例，只要认真负责地把有关资料在杂志或刊物上报道，详细介绍上述各项目即可。

中国已建成小规模细胞贮存机构，待获进一步发展，这对中国细胞培养必将有更大促进作用。美国、英国和日本等国已建有细胞库。美国已有美国标准细胞库（ATCC）、人遗传突变细胞库（HGMR）和细胞衰老细胞库（CAR）等，其中 ATCC 不仅是美国也是世界最大的细胞库。ATCC 下属有一组协作实验室和一个由众多专家组成的咨询委员会。ATCC 也是美国国立癌症研究所（NCI）和美国卫生研究所（NIH）中的资源库，尤与 NCI 有密切的关系。ATCC 也是世界卫生组织 WHO 的国际培养细胞文献中心。ATCC 现液氮冻存有 4 000多个已鉴定的细胞系，其中包括来自正常人和各种疾病患者的皮肤成纤维细胞系和来自不同物种的杂交瘤细胞株。ATCC 接纳来自世界各国已经鉴定的细胞予以贮存，同时也向世界各国的研究者或实验室提供研究用细胞。ATCC 接纳入库细胞时，必须符合其入库标准，ATCC 入库细胞要求检测项目如下：

（1）培养简历　组织来源日期、物种、组织起源、性别、年龄、供体正常或异常健康状态、细胞已传代数等。

（2）冻存液　培养基和防冻液名称。

（3）细胞活力　复苏前后细胞接种存活率和生长特性。

（4）培养液　培养基种类和名称（一般要求不含抗生素），血清来源和含量。

（5）细胞形态　类型，如为上皮或成纤维细胞等，复苏后细胞生长特性。

（6）核型　二倍体或多倍体，标记染色体的有无。

（7）无污染检测　包括细菌、真菌、支原体、原虫和病毒等的检测。

（8）物种检测　检测同工酶，主要为 G6PD 和 LDH，以证明细胞有否交叉污染以及反转录酶检测。

（9）免疫检测　一两种血清学检测。

（10）细胞建立者　建立者姓名；检测者姓名。

（七）鸡胚培养及接种

1. 鸡胚的选择和孵化　应选择健康无病鸡群或 SPF 鸡群的新鲜受精蛋。为便于照蛋观察，以来航鸡蛋或其他白壳蛋为好。用孵化箱孵化，要注意温度、湿度和翻蛋。孵化最低温度为 36℃，一般为 37.5～38.5℃，相对湿度为 60%。每日最少翻蛋 3 次。现多使用具有自动翻蛋功能的孵化器。

发育正常的鸡胚照蛋时可见清晰的血管及鸡胚的活动。不同的接种材料需不同的接种途径，不同的接种途径需选用不同日龄的鸡胚。卵黄囊接种，用 5～7 日龄鸡胚；绒毛尿囊膜接种，用 10～12 日龄的鸡胚；绒毛尿囊腔接种，用 9～11 日龄的鸡胚；血管注射，用 12～13 日龄的鸡胚；羊膜腔和脑内注射，用 10 日龄的鸡胚。

2. 接种前的准备

（1）病毒材料的处理　怀疑污染细菌的液体材料，加抗生素（青霉素 1 000IU 和链霉素 1 000μg/mL）置室温 1h 或 4℃冰箱 12～24h，高速离心，取上清液，或经细菌滤器滤过除菌。如为患病动物组织，应剪碎、匀浆、离心后取上清液，必要时加抗生素处理或过滤除菌。若用新城疫Ⅳ系，则用生理盐水将其稀释 100～1 000 倍。

（2）照蛋　以铅笔划出气室、胚胎位置及接种的位置，标明胚龄及日期，气室朝上立于蛋架上。尿囊腔接种选 9～12 日龄的鸡胚，接种部位可选择在气室中心或远离胚胎侧气室边缘，要避开大血管。

3. 鸡胚的接种（以新城疫病毒的绒毛尿囊腔接种为例）　在接种部位先后用 5%碘酊棉及 75%酒精棉消毒，然后用灭菌锥子打一小孔，一次性 1mL 注射器吸取新城疫病毒液垂直或稍斜插入气室，刺入尿囊，向尿囊腔内注入 0.1～0.3mL。注射后，用熔化的蜡封孔，置温箱中直立孵化 3～7d。孵化期间，每 6h 照蛋一次，观察胚胎存活情况。弃去接种后 24h 内死亡的鸡胚，24h 以后死亡的鸡胚应置 0～4℃冰箱中冷藏 4h 或过夜（气室朝上直立），一定时间内不能致死的鸡胚也放冰箱冻死。

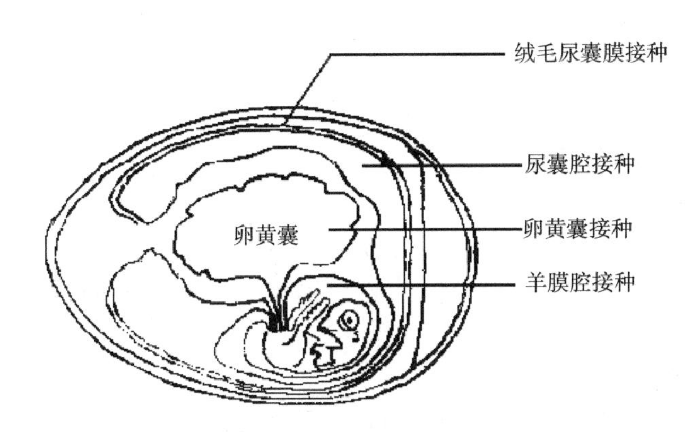

4. 鸡胚材料的收获　原则上接种什么部位，收获什么部位。绒毛尿囊腔接种新城疫病毒时，一般收获尿囊液和羊水。将鸡胚取出，无菌操作轻轻敲打并揭去气室顶部蛋壳及壳膜，形成直径 1.5～2.0cm 的开口。用灭菌镊子夹起并撕开或用眼科剪剪开气室中央的绒毛尿囊膜，然后用灭菌吸管从破口处吸取尿囊液，注入适当的容器如灭菌青霉素瓶或试管内。然后破羊膜收获羊水，收获的尿囊液和羊水应清亮，如果浑浊说明有细菌污染。收获的病毒经无菌检验合格者冷冻保存。用具消毒处理，鸡胚置消毒液中浸泡过夜或高压灭菌，然后弃掉。

需要注意，鸡胚接种需严格的无菌操作，以减少污染。操作时应细心，以免引起鸡胚的损伤。病毒培养时应保持恒定的适宜条件，收毒结束，注意用具、环境的消毒处理。如果接种的是高致病性禽流感病毒，其鸡胚的处理必须高压或者焚化。接种和收获高致病性禽流感病毒必须在 P3 级实验室和生物安全柜内进行。

（八）常规病毒疫苗的生产和检验程序

常规病毒疫苗包括活疫苗和灭活疫苗两种，其生产程序与细菌性活疫苗（灭活疫苗）基本相同。以鸡胚接种为例，用所建立和检验合格的基础种子或者工作种子接种鸡胚，培养适当的时间后收获尿囊液，进行效价测定，通常采用 EID_{50} 或者 HA 效价，将效价合格的毒液混合，灭活疫苗需加入适量的灭活剂（通常为 0.1%～0.25%的福尔马林），灭活一定时间后检测灭活效果，用灭活彻底的毒液制备灭活疫苗。制备好的灭活疫苗按照农业农村部有关新兽药注册的要求进行安全检测和效力测定，其方法可以参考细菌疫苗的生产程序。

病毒活疫苗有一项重要的检测指标——外源病原检测，所有外源病毒必须为阴性。冻干的活疫苗需进行剩余水分和真空度检测。新分离的病毒研制活疫苗时需进行毒力返强试验，以评估疫苗的基础种子经靶动物连续传代后的毒力或遗传稳定性，以确保疫苗接种靶动物后不会导致毒力增强。在靶动物的传代次数一般不少于连续 5 次，将第一次接种后一定时间的靶动物进行病毒分离和鉴定，并将分离鉴定的病毒采用最可能引起毒力返强的途径进行继代，每一次继代后的病原重分离与鉴定，与第一次传代相同。需仔细观察每一次继代后接种动物是否出现由于疫苗株毒力返强所导致的临床症状和病理变化。需对最后一次传代中的动物与第一次传代中动物的临床症状和病理变化进行仔细的比对，必要时，应对最后一次传代中的分离物进行表型和基因型鉴定，并与基础毒种进行比对，以评估其遗传稳定性和毒力返强的可能性。一般而言，具有毒力返强特性的毒株不能用于制备活疫苗。

四、寄生虫培养技术

寄生虫因其复杂的生活史（有性和无性繁殖，寄生和自由生活）和寄生于特定的宿主（种属特异性）等特点，其培养与增殖方法相对困难，不同类型的寄生虫培养方法也不尽相同。

（一）寄生虫的发育特点

1. 吸虫的发育 畜禽吸虫病主要由复殖目吸虫感染而引起。复殖目吸虫的生活史复杂，不但有世代的交替，也有宿主的转换。发育过程一般经历虫卵、毛蚴、胞蚴、雷蚴、尾蚴、囊蚴和成虫各期。成虫产出虫卵，排到宿主体外的自然环境里，在合适的温度、湿度和氧气条件下，经过一定时期后孵出毛蚴。毛蚴在水中游动，当遇到中间宿主（多为淡水螺类）即主动地钻入体内，很快形成胞蚴，并在中间宿主体内进行无性繁殖，一个胞蚴发育成几个或多个雷蚴，然后再由雷蚴发育为更多的尾蚴，尾蚴成熟后由中间宿主螺体内逸出到水中。某些种类的吸虫，尾蚴可主动经皮肤感染终宿主；而大多数吸虫，尾蚴必须在外界脱去尾巴形成囊蚴，被终末宿主吞食后而感染；而有些吸虫的尾蚴被第二中间宿主吞食后在其体内发育为囊蚴，终末宿主吞食了含有囊蚴的第二中间宿主而被感染。尾蚴或囊蚴感染终宿主后，在宿主体内要经过不同程度的移行，到达其固定的寄生部位逐渐发育为成虫。

2. 绦虫的发育 感染人、畜的绦虫一般为假叶目和圆叶目绦虫。绦虫生活史较复杂，除个别寄生在人和啮齿动物的绦虫可不需要中间宿主外，寄生在家畜的各种绦虫的发育都需要一个或两个中间宿主，才能完成其整个生活史。绦虫在终末宿主体内通过异体受精、异体节受精或自体受精后产生虫卵，虫卵被中间宿主吞食后释放出六钩蚴，六钩蚴移行到相应组织，发育为中绦期幼虫（原尾蚴、实尾蚴、囊尾蚴、似囊尾蚴）。中绦期幼虫被终末宿主吞食，在胃肠内经消化液作用，蚴体逸出，头节外翻，并用附着器吸着肠壁，发育为成虫。

3. 线虫的发育 线虫有卵生、卵胎生及胎生3种生殖方式。雌雄线虫交配受精，大部分线虫为卵生，少数为卵胎生或胎生。卵生时，有的虫卵内的胚胎尚未分裂，有的处于早期分裂状态，有的处于晚期分裂状态。卵胎生的虫卵内已形成幼虫。胎生是指雌虫直接产出幼虫。线虫的发育一般都要经过5个幼虫期，中间有4次蜕化，即第一期幼虫蜕化变为第二期幼虫，依次类推，最后一次即第4次蜕化后变为第五期幼虫，然后发育为成虫。根据线虫在发育过程中需要或不需要中间宿主将线虫分为直接发育型和间接发育型。前者是指幼虫在外界环境中直接发育到感染性阶段，又称为土源性线虫，其发育类型包括蛲虫型、毛尾线虫型、蛔虫型、圆线虫型和钩虫型。间接发育型线虫又称为生物源性线虫，其幼虫需在中间宿主（如昆虫和软体动物等）体内才能发育到感染性阶段，该类线虫有旋尾线虫型、原圆线虫型、丝虫型、龙线虫型和旋毛虫型5种发育类型。

4. 棘头虫的发育 雌虫交配受精后产生虫卵，虫卵被甲壳类动物和昆虫等中间宿主吞咽后，在中间宿主肠内孵化，其后幼虫钻出肠壁，固着于体腔内发育，先变为棘头体，尔后发育为感染性幼虫（棘头囊）。终末宿主因摄食含有棘头囊的节肢动物而受感染，在某些情况下，鱼、蛙、蛇、蜥蜴等脊椎动物可作为搬运宿主或储藏宿主。

5. 昆虫的发育 昆虫的种类极多，已知的有100万种以上，但在兽医上具有重要意义的，仅有双翅目、虱目、食毛目和蚤目中的一部分。昆虫一般为完全变态的发育方式，经过虫卵、幼虫、蛹和成虫4个阶段。但虱为不完全变态，其发育过程包括卵、若虫和成虫。

6. 原虫的发育 原虫的繁殖方式包括无性生殖和有性生殖。无性生殖包括二分裂、出芽生殖、内出芽生殖和裂殖生殖等；有性生殖包括接合生殖和配子生殖。寄生性原虫的发育史各不相同。如球虫，在一个宿主体内进行生长繁殖，以直接的方式侵入宿主体内；一些原虫如血孢子虫，需要两个宿主，其中一个是它发育中的终末宿主，也是它的传播媒介。

（二）寄生虫体外培养技术

1. 日本分体吸虫体外培养

（1）尾蚴的收集 将人工或自然感染日本血吸虫的钉螺20～30个置于有去氯水的烧杯内，杯上罩尼龙网防止钉螺外爬。烧杯置于20～28℃，使尾蚴逸出。为了保证尾蚴在体外培养的活力，一般在钉螺进水后2h内收集。收集前，先用吸管将去氯水沿杯壁缓慢加入，使水面稍高于杯口，用25mm×12mm的盖玻片浸泡酒精擦干，粘贴正反两面的盖玻片，装入盛有洗涤液的离心管中，置于有冰块的烧杯里冰浴5～10min，经1 500r/min离心3min，使尾蚴沉入管底。取出玻片，用吸管将尾蚴转入装有洗涤液的干净离心管内，重复离心洗涤几次。

（2）尾蚴转变为童虫 以尾蚴做起始物体外培养，应先将尾蚴转变为童虫后再进行培养。人工将尾蚴转变为童虫的方法有：①机械转变；②培养液孵育；③血清孵育；④药物孵育。

1）皮肤型童虫收集 按常规方法将小鼠捆缚固定于鼠解剖板上，腹部拔毛，去毛面积为20mm×20mm，将活尾蚴转入盖玻片表面，计数，覆盖于腹部拔毛处感染，每只小鼠感染尾蚴1 000～2 000条。30min后去掉盖玻片，取棉花将四周边缘的水擦干，用手术刀片将皮肤划开后，以眼科镊轻轻镊起，剥离被感染的皮肤，将剥离的皮肤放入每毫升含0.1mg肝素的欧氏液（Earls）中洗涤2次，洗去鼠毛与凝血，然后换入欧氏液中，用眼科剪将皮肤剪碎呈粟米粒状后，置 37℃温箱中孵育 2h。取出孵育的皮肤组织液，用 130 目尼龙网过滤，弃渣，将滤过液离心，沉淀即为皮肤型童虫。

2）肺型童虫收集　常规感染小鼠。每只感染尾蚴 1 000～5 000 条，感染时间 20～30min。将感染 72h 后的小鼠固定于解剖板上，剥开皮毛，剖开胸膛，暴露心脏。于心尖部左侧左心室处先用 5 号针头扎一针眼，以利于灌注时减压，再从右心室插针灌注。灌注液使用每毫升含 0.1mg 肝素的欧氏液，一般灌注 10mL 左右，以肺脏膨胀发白为度。剪下肺脏，在含肝素的欧氏液中洗涤 2 次，再换入新欧氏液中，将肺组织剪碎呈粟米粒状。将剪碎的肺组织连同欧氏液置于 37℃温箱中孵育 2h。童虫即可从肺组织中游离于欧氏液中。孵育后的肺组织经 130 目尼龙网过滤弃渣，滤液离心，弃上清液，童虫沉积于管底。

3）肝门型童虫收集　常规方法感染家兔，18d 后无菌操作，用灌注液按常规方法在背主动脉插管灌注，门静脉开口取虫，将取出的虫体迅速移入盛有预温的洗涤液的培养皿中，洗涤液与灌注液的配制同上。

（3）童虫体外培养　将 500～600 条童虫接种到装有 4～5mL 培养液（841 培养基）的培养瓶内，在 37℃、5%CO_2 培养箱内培养 48h 左右，每瓶加 1 滴兔红细胞。在童虫培养的第 1 周内，培养液中的兔血清经灭活后使用，1 周后用加有 10%新鲜兔血清的培养基进行培养。在培养的后期，每瓶中放 15～20 条血吸虫，将培养瓶斜置，使虫体相对集中。每周换培养液 2 次。

2. 肝片吸虫体外培养

（1）囊蚴的分离　将人工感染肝片吸虫的小截锥实螺置于自来水中诱发尾蚴逸出，并使其在玻璃纸上成囊，24h 后用刀片轻轻刮下囊蚴，置 4℃蒸馏水中储藏（一般可达 10 个月），蒸馏水中需加 100IU/mL 青霉素和 100μg/mL 链霉素。

（2）脱囊　将囊蚴置螺口试管中，加 10mL 预热的激活液后立即旋紧管盖，37℃孵育 1h，此间，应提供适宜的温度，高浓度 CO_2 和还原条件。脱囊完成后用蒸馏水悬浮，静置沉淀，反复洗涤，去除对尾蚴有毒性的激活液，将囊蚴移至新管。新管中加 5mL 预热的逸出液，37℃孵育 2～2.5h，孵育约 40min 时即有脱囊。2h 后脱囊率达 70%～85%。

（3）脱囊后尾蚴的培养　用 10mL 洗涤液清洗刚脱囊的后尾蚴，反复洗 5 次，以去除可能存在的细菌等。尾蚴接种至培养管中，15～20 条/管，加 2mL 培养液，并加入红细胞，使得红细胞终浓度达 2%。向管中通入无菌 8%CO_2 约 0.5min，旋紧螺盖，再用封口胶封口。每隔 3～4d 换培养液和红细胞，随时观察虫体生长发育情况。

3. 细粒棘球绦虫体外培养

（1）六钩蚴至棘球蚴的体外培养　培养六钩蚴的研究很少，其原因是试验中接触成虫和虫卵有遭自身感染的危险。

从犬小肠中检获成虫，置 37℃，在 0.85% NaCl 液中切成 1mm^{3}大小，上清中的虫卵经 90 目筛网过滤，离心浓缩，用灭菌生理盐水或蒸馏水洗 2 次后置于 1∶5 000 洗必泰（双氯苯双胍己烷）1h，虫卵置 Krebs - Ringer 磷酸缓冲液中 4℃储存。

虫卵的孵化和六钩蚴的活化是将虫卵置孵化液（1%胰酶+1% $NaHCO_3$ +5%羊或兔胆汁于蒸馏水中）中培养 30min。将 5 000 个活化的六钩蚴置 50mL 培养瓶（充满培养液）中 37～39℃培养，每 3～4d 换 1 次培养液，若 pH 降低，将虫体转至更大的（250mL）培养瓶中继续培养或收集。在含牛血清、兔红细胞的培养液中，棘球蚴在培养 120d 后直径可达

16mm（最大 20mm），生长率接近动物体内。

（2）原头节至成虫的体外培养　用 38℃的消化液（胃蛋白酶溶于 Hank's 液中，HCl 调 pH 至 2.0 微孔滤膜除菌）将原头节从育囊中分离出来并去除死亡虫体。消化时用可旋转或振荡的容器，当所有原头节从育囊中分离出来后（15～45min）即停止消化。虫体置 38℃ Hank's 液中洗涤 4 次，每次 15min。将原头蚴转至 50～100mL 外翻液中（每毫升 Parkers 858 培养液中含犬胆汁 0.05%或 0.02%牛磺胆酸钠），38℃孵育 18～24h，移去大部分外翻液，使原头节在剩余的溶液中沉积，随后吸取 0.1mL（约含 10 000 条原头节）接种至培养瓶中，38℃，10%O_2+5%CO_2+85%N_2条件下培养，每 2d 换一次培养液。用于培养的原头节应检查其活力，死的通常呈棕色，活虫则为透明，成功的培养需 60%以上有活力的原头节。

4. 旋毛虫体外培养

（1）从肌幼虫到成虫的体外培养　迄今为止，有关从肌幼虫到成虫的体外培养的所有报道中，以 Berntzen 的体外培养最为成功，技术方法如下：用两步消化法制备纯净幼虫，将纯净幼虫在灭菌的 Tyrode's 溶液中离心洗涤 10 次。在 100mL Tyrode's 溶液中加入 0.5mg 的链霉素、100 万 IU 青霉素及 5 000IU 制霉菌素，将已洗涤 10 次的脱囊肌幼虫放在此消毒液中，37℃孵育 30min，然后用不含抗生素的灭菌 Tyrode's 溶液洗 5 次，这样灭菌后的脱囊肌幼虫即可被引入培养系统。将脱囊肌幼虫置于 102B 培养液（pH 为 7.4），37℃培养，气相条件为 85% N_2、5% CO_2及 10%O_2。

（2）新生幼虫的体外培养

1）成虫及新生幼虫收集方法　要开展新生幼虫体外培养，需先获得足够数量的新生幼虫。可采用贝尔曼氏法的原理和方法来收集成虫，即将感染有成虫的小肠置于单层纱布上浸于 37℃的生理盐水中孵育 1.5～2h，再从尖底烧杯的底部收集成虫。为了更加方便实用，在实际应用中可直接将感染旋毛虫成虫的小肠剪成 3～5cm 的片段，置于生理盐水中于 37℃孵育 2～3h，此时大部分成虫均已从肠上皮细胞中钻出。挑出小肠片段及大的脱落黏膜后，以自然沉淀法收集成虫，用灭菌生理盐水反复洗涤、沉淀，以收集纯净的成虫。将成虫置于添加有 20%小牛血清的 199 培养液中，在 37℃、5% CO_2及 95%相对湿度的培养箱中培养 24～48h。用 200 目铜网将成虫与新生幼虫分开，然后将含新生幼虫的滤液离心沉淀即可收集到大量新生幼虫。

2）新生幼虫的体外培养　培养液使用 199 培养液，添加 20%胎牛血清，将收集的新生幼虫培养于 37 ℃、95%相对湿度及 5%CO_2的培养箱，定期观察生长发育及存活情况。

5. 圆线虫体外培养

（1）第三期幼虫（L3）的收集、分离和纯化　收集干净而无其他寄生虫感染的动物粪便，在室温下培育，至虫卵发育至 L3 阶段，用贝尔曼法分离。分离时可依次改换隔离层的孔径，从一般纱布到 400 目不锈钢网。经贝尔曼法分离后的虫体悬浮液内仍有一些小颗粒杂质。再把虫体移入一大平皿内，加水，置 4℃冰箱中过夜，一些颗粒可漂浮于液体表面，从而可以除去。再把虫体悬浮液加热到 39℃，移至离心管内低速离心 3min，此时虫体浮于液体内，留上清，弃沉淀，可获得更为纯净的虫体。

（2）人工脱鞘　人工脱鞘方法有化学处理法和生物学处理法。化学处理法是利用单一的化学物质脱鞘，如用次氯酸或次氯酸钠溶液。生物学处理法是仿照虫体在动物体内的脱鞘过程来进行的，如用十二指肠液、仿瘤胃液等配合在适当的气相等条件下进行脱鞘。生物学法脱鞘过程慢，条件控制较难，脱鞘率不高，但对虫体本身无不利影响。化学处理法脱鞘，时间快且脱鞘率高，但如果时间控制不当，会对虫体以后的发育有不良影响。试验中常用次氯酸钠脱鞘法。

将净化的L3移入试管内，加适量0.06%的次氯酸钠水溶液后，无菌封口膜封口，38℃下作用20～30min，在此期间每2～3min振荡数次，同时在倒置显微镜下观察虫体脱鞘情况。脱鞘完毕后，用无菌生理盐水洗4次。

（3）培养方法

1）奥氏奥斯特线虫　L3脱鞘后，分两步培养。第一步，RFN液，pH为7.3，气相95%空气，5% CO_2，培养2d；第二步，API－1，pH 4.5，气相85% N_2、10% CO_2、5% O_2，培养6d；调节培养基pH至6后，继续培养。培养至28～29d时，可出现成熟的雌雄虫。

2）捻转血矛线虫　L3用次氯酸钠脱鞘，培养基为API－1 40mL＋Fildes营养剂1.28mL＋OGC 8mL，pH为6.4，气相85% N_2、10%CO_2、5%O_2，培养7d，然后调pH至6.8，继续培养。虫体可发育为成熟的雌雄虫。

3）哥伦比亚食道口线虫　L3用次氯酸钠脱鞘，培养基组成为15% CEE 50＋20%犊牛血清＋65% M199，气相条件为70%空气、30% CO_2。虫体可发育到L4晚期。

6. 牛巴贝斯虫体外培养

（1）培养基　以M199或RPMI 1640作为基础培养基（Hank's液配制），补充40%健康成年牛血清（或水牛血清）、15mmol HEPES或TES以及青霉素（100 IU/mL）和链霉素（100μg/mL）。

（2）培养方法　自然感染牛或摘除了脾脏的人工感染牛，待红细胞染虫率达0.1%～0.2%时，无菌颈静脉采血，置于有玻璃珠的瓶内，不停摇动，脱纤维。离心，将压积红细胞重悬于上述完全培养基内，使血细胞比容为9%（5%～10%均可）。用盐酸将上述红细胞悬液的pH调至7.0，再分注于培养板或培养瓶内，容量为0.62mL/cm^2，即液深6.2mm。将培养板（瓶）置含5% CO_2的培养箱内，37～38℃静置培养，每24h置换一次培养基，换液时切勿扰动红细胞层。每48～72h传代1次。用新制备的健康牛红细胞悬液将含虫培养物稀释3～25倍，使红细胞染虫率降至0.5%～1.0%后培养。逐日观察红细胞的颜色，当由鲜红色转变为暗红色或黑红色时，应立即传代。定期吸取少许红细胞培养物，制备薄血片，自然干燥后，甲醇固定，姬姆萨染色法染色，镜检。检查500～1 000个红细胞，计算染虫率，并观察虫体形态。

7. 环形泰勒虫裂殖体体外培养

（1）用感染组织建立培养

1）原代含虫培养物的准备　4月份在疫区牛舍内采集饱血后自动脱离牛体的璃眼蜱的若蜱。此种若蜱多潜藏于牛舍墙缝内。将若蜱置28℃温箱孵育4周使之蜕化为饥饿成蜱。取成蜱50～100只，置布袋内，固定于健康牛肋凹部，让其叮咬。8d后摘下蜱全部予以焚毁，逐日观察人工感染牛临床变化。攻蜱后约13d，病牛淋巴结由硬肿渐变为软肿，扑杀牛只，取发热初期肿大的淋巴结或脾脏，检查裂殖体感染率，制备原代含虫细胞培养物。用人工感染牛或自然感染病牛肿大淋巴结的穿刺物或外周血单核细胞制备原代培养物，效果较好。死亡未超过2h病牛的淋巴结、脾、骨髓、肺、肝和肾组织也可以作为培养材料。

2）淋巴细胞的分离与培养　将病牛侧卧保定，按常规无菌采取肿胀的肩前、股前淋巴结，在无菌工作台内除去其被膜和附着的结缔组织，剪碎淋巴结，以0.5%胰酶消化。然后加入20～30倍量的平衡盐溶液，用粗口吸管反复吹打5～10min。静置10min，取上清1 200r/min离心5～10min，弃上清，加入培养液，把细胞数调整为1×10^6个/mL。分注入培养瓶，容量为培养瓶容积的1/10。37～38℃静置培养，24～48h后换液；4～7d后待细胞长成单层，用0.02%EDTA消化5min，按常规传代培养。

3）淋巴结穿刺物的培养　术部按常规消毒，将16号针头与灭菌注射器连接，穿刺肿胀的淋巴结（肩前或股前淋巴结），吸取1～2mL穿刺物，注入适量完全培养基中。用注射器反复抽吸排出10余次，使组织块分散为单个细胞，制成2×10^6个/mL的细胞悬液，分注培养瓶（瓶容积1/10量）或培养板（24孔板每孔1mL）。按上述相同方法培养、换液和传代。

4）感染牛外周血单核细胞的培养　用密度梯度离心法或溶解法（溶解法适用于由大量血液分离白细胞，是监测牛裂殖体携带状况的敏感方法）分离外周血单核细胞，培养法与上述相同。

5）转瓶培养法　大规模培养时可用转瓶培养法。将用于传代的含虫细胞悬液注入3 000mL或5 000mL的中性玻瓶内，容量为瓶容积的1/6～1/5。大瓶置转瓶机上37～38℃温室内培养，转速为30r/h。培养48h后，收集培养液，贴壁细胞以0.02%EDTA使之分散，然后收集，将两者合并，离心沉淀，收获含虫细胞悬液，可用于抗原制备或传代培养。

（2）子孢子体外感染外周血单核细胞的培养

1）环形泰勒虫子孢子的制备　将采集已感染环形泰勒虫的成年璃眼蜱装于布袋内，套在健康家兔耳上，扎紧袋口，防止逃脱。在兔体饲养3d后，取出蜱，用1%烷基苯甲基二甲基铵氯化物清洗1次，再用70%酒精洗涤3次。将蜱移入另一无菌容器内，用含青霉素（200IU/mL）、链霉素（200μg/mL）、制霉菌素（100μg/mL）和MEM漂洗4次，最后一次将蜱在上述溶液中浸洗5～20min。弃去液体，将蜱移入盛有预冷的含BSA（牛血清白蛋白）的MEM无菌乳钵内，仔细研磨后，吸取上清液；重新加入MEM，再研磨；如此重复3～4次，直至MEM用量达每4只蜱1mL为止（即100只蜱用25mL），合并所有蜱组织悬液。将蜱组织悬液在4℃ 150r/min，离心5min，回收含子孢子的上清液；沉淀置匀浆管内，再加入3～5mL MEM，反复研磨，再离心，收集上清。用两层灭菌纱布过滤，取2mL滤液2 500r/min离心15min，沉淀涂片、染色、镜检，观察子孢子的形态和含量。

2）子孢子感染外周血单核细胞　制备牛外周血单核细胞，注入24孔培养板，每孔0.25mL。将上述子孢子悬液用培养液稀释一定浓度后，每孔接种0.25mL。置于含5%二氧化碳培养箱内，37℃培养16～24h，再加入0.5mL培养液；培养48h后，再加入1mL培养液。而后，根据pH变化和代谢情况换培养液。为此可在第4、8、12天取50μL培养物制备细胞离心标本，测定细胞染虫率和转化率。一旦30%以上细胞感染，即应频繁换液，每周至少3次，并进行扩大培养。

8. 球虫体外培养　目前，还不能用成分完全明确的人工培养基进行球虫子孢子的培养，通常采用鸡胚培养法。

（1）子孢子的分离　将孢子化卵囊混悬于0.02 mol/L L-半脱氨酸溶液中，置50%CO_2温箱中38℃孵育过夜。离心，向沉淀物中加含0.25%胰蛋白酶的PBS，再加入5%～10%

的胆汁，使 pH 为 7.3，置 39℃温箱中孵育，不时地检查子孢子的释出率，至释出率达 80%以上时停止孵育，一般需时 10～50min。离心，去上清，沉淀用 PBS 洗涤 3 次。沉淀物用生理盐水悬浮。

（2）子孢子的纯化　经上述方法获得的子孢子悬浮液中还掺杂有卵囊和孢子囊碎壳，必须将它们分离出来，以得到纯净的子孢子悬浮液。常用玻璃珠层析柱法、DEAE－52 纤维素层析柱法和密度梯度离心法等方法。

（3）鸡胚培养　选择重量在 50～60g 的白壳蛋，孵育至 9～12 日龄，绒毛尿囊膜（CAM）发育完全，此时可经绒毛尿囊膜和尿囊腔途径接种子孢子。有学者成功地使柔嫩艾美尔球虫在鸡胚中完成了全部发育史。

（4）影响球虫生长发育和致病力的因素　①不同虫种和同种不同虫株，其对鸡胚的适应性、生长发育情况等都有不同；②接种的子孢子剂量大小，一般认为 1×10^4 个变位艾美尔球虫子孢子、（1～6）$\times10^4$ 个毒害艾美尔球虫子孢子、（2～9）$\times10^4$ 个柔嫩艾美尔球虫子孢子接种鸡胚，球虫繁殖效果较好；③卵囊的保存时间与其感染性有密切关系，一般来说，保存时间越长，子孢子的感染性越低；④鸡蛋的品种和鸡胚的性别有一定影响，有的品种耐受性高，不同性别的鸡胚耐受性不同；⑤接种日龄也有影响，报道表明柔嫩艾美尔球虫接种鸡胚绒毛尿囊膜时，9 日龄的鸡胚比 12 日龄的耐受力弱；⑥培养温度、接种途径以及某些化学物质均能影响球虫在鸡胚胎中的生长发育。

9. 弓形虫体外培养

（1）速殖子组织培养

1）绵羊胎肾原代细胞培养　取孕期 130d 的绵羊胎肾，用镊子和剪刀取出肾皮质组织，轻轻剪碎，用 1%胰蛋白酶消化悬液 1h。离心除去胰蛋白酶，将肾细胞重新悬浮于 Hank's 液，离心，用含 10%小羊血清的 MEM 将肾细胞稀释成 5%细胞悬液，接种于细胞培养瓶。37℃、5%CO_2 培养 3d 后形成肾细胞单层。然后按培养细胞与弓形虫数量 12∶1 接种速殖子。

2）猪肾传代细胞培养　猪肾传代细胞用 199－Hank's 培养液（45 份 199 培养液、45 份 Hank's 液、10 份小牛血清、每毫升含 200IU 青霉素、200μg 链霉素和 50 U 卡那霉素，pH 7.2）培养。每个 100mL 培养瓶内接种 4×10^6 个猪肾细胞，37℃培养 2d 可长成单层，接种 50 万～200 万个弓形虫。6～7d 后虫数可增加 20～50 倍。

3）金黄地鼠肾细胞长期传代培养　取刚断奶的地鼠肾，用 0.25%胰蛋白酶 37℃一次消化法获得分散的肾细胞，加入由 0.5%水解乳蛋白液、7%小牛血清、0.5%$NaHCO_3$、青霉素、链霉素等组成的生长液。最终细胞数达每毫升 50 万左右时分装培养瓶，在 37℃培养 5d。倒去生长液，接种小鼠弓形虫腹水 0.15mL，加入维持液，37℃培养至细胞出现病变时，取出放室温维持到 2 周左右传代。

4）小鼠淋巴瘤细胞株长期传代培养　小鼠淋巴瘤细胞株（YAC－1）用含 10%马血清的 RPMI 培养液培养。将取自小鼠腹腔的弓形虫速殖子悬浮于上述细胞培养液中，接种到新鲜的 YAC－1 细胞，使终浓度为每毫升含弓形虫 4×10^5 个、YAC－1 细胞 2×10^5 个，37℃、5%CO_2 培养。48h 后大多数淋巴瘤细胞内有弓形虫，这时可进行传代培养。

5）人咽瘤细胞株（HEp－2）大量培养　将 HEp－2 异倍体细胞培养到 4 日龄时，用胰蛋白酶消化细胞培养物，离心后的沉淀悬浮于 200mL 含 5%胎牛血清的 MEM 中，将此细胞悬液移入 4 个 Roux 培养瓶内，37℃培养 4～6h，然后在每个培养瓶中接种（2.5～5）$\times 10^6$ 个弓形虫速殖子。培养 2～3d 后细胞单层开始显示出细胞病变，细胞自瓶底脱落，这时可做首次收获。更新培养液后再置 37℃培养，在以后数天可再收获 2～3 次。将含弓形虫和细胞的培养物离心，用沉淀物制备弓形虫悬液。如此收获的弓形虫量可达原接种量的 150～200 倍。

（2）速殖子鸡胚培养　弓形虫可通过卵黄囊、尿囊腔、羊膜腔或绒毛尿囊膜、静脉等任何途径感染鸡胚，最常采用的是接种于绒毛尿囊膜。方法如下。

取孵化 10～12d 的鸡胚，用 1mL 注射器或毛细管吸取待接种材料 0.1～0.2mL 滴于绒毛尿囊膜上，将鸡胚轻轻旋转使接种物扩散到人工气室之下的整个绒毛尿囊膜。人工气室朝上，35～36℃培养数天。在人工气室处用镊子扩大开口处，轻轻夹起绒毛尿囊膜，用消毒剪刀将感染的尿囊膜剪下，置于加有灭菌生理盐水的平皿中，可用于制造抗原或继续传代。

10. 寄生虫细胞培养技术

（1）猪囊尾蚴细胞培养　取猪囊虫感染猪肉，在无菌条件下剥离囊尾蚴 8～10 个，将其剪成碎片。

1）原代培养　先在培养瓶一侧瓶壁内加 1 滴犊牛血清，涂布均匀，然后将剪碎的虫体组织块按 1mm 左右间隔贴附于涂有血清的瓶壁上，静置 1～2min，翻转培养瓶，使虫体组织附着的一面向上，加入培养液。置 37 ℃温箱中，培养 3～4h；再将培养瓶翻转，使紧贴瓶壁的组织块在营养液中生长，培养 48h 后，可见组织块的一面或多面有大量细胞生长；经 72h 后逐渐形成细胞岛，2 周后形成细胞单层。细胞多数呈瓜子形。

2）传代培养　原代培养形成单层细胞后进行传代。移去原代培养物中的组织碎片，用滴管直接沿瓶壁吹打，分散细胞制成悬液，然后等量移种在两个容积相等的培养瓶内，再添加新的培养液。此后每周更换营养液 1 次。

（2）蜱细胞体外培养　一般认为雌、雄蜱发育期的器官和组织，均可应用于体外细胞培养。有学者认为用若蜱末期或刚刚蜕皮的成蜱组织进行细胞培养效果更好，尤其是半饱血的若蜱和雌蜱较易于解剖，且这些蜱正处于发育盛期，代谢活跃，有的可能即将产卵，体内激素分泌较多，对细胞生长有刺激作用，故接种培养后细胞增殖能力较强，有利于向器皿表面贴附。

蜱细胞培养大致可分为 3 个阶段：材料处理、原代培养和传代培养建立细胞系。根据蜱的种类和不同培养目的，可选取其内脏、胚芽、胚胎卵和血淋巴等进行解剖、分离。在解剖和研磨组织细胞之前，应进行蜱体表消毒。

（3）蚊细胞培养　蚊是人类与动物多种疾病的天然传播媒介。蚊细胞体外培养既可为蚊携带的病原体（寄生虫、细菌、虫媒病毒等）的体外培养研究提供试验条件，又可用于蚊的生理、生化、灭蚊试验等研究，也可用于细胞遗传学的研究。已成功利用蚊细胞生产疫苗和生化活性物质。

培养细胞一般来自蚊幼虫组织、胚胎组织和成蚊卵巢组织。由于各种组织细胞分化程度不同，其原代培养的方法、步骤也不尽相同。目前普遍认为，卵巢组织是建立蚊细胞系最合适的组织来源，而幼虫组织是建立蚊细胞系最方便的组织来源。原代培养成功与否，取决于组织细胞活力、组织与细胞分散手段、培养基的正确选择及其他培养条件的合理控制等因素。

1）中华按蚊幼虫细胞的培养　中华按蚊产卵 24h 后收集蚊卵，进行消毒，消毒后的蚊卵放在无菌平皿内的潮湿滤纸上，28℃成熟 1d 备用。将蚊卵置于含 Earle 液的培养瓶内培养，至幼虫孵出。用无菌滤纸收集幼虫，剪碎幼虫，Earle 液洗涤 2 次，用培养液悬浮碎片，接种到培养瓶内，28℃培养，每周换液 1 次，至形成单层细胞后传代。

2）中华按蚊卵巢细胞的培养　新羽化雌蚊置 4℃冰箱中 1h 制动，取出，去翅和腿，放入试管，依次用含 0.05% $HgCl_2$ 的 70%酒精浸泡 10min、$NaHClO_3$ 2min、70%酒精 10min 进行消毒，然后用灭菌 Hank's 液洗涤 3 次。取消毒后雌蚊，无菌条件下解剖，取出卵巢。用解剖针将卵巢撕开，放入装有培养基的螺口培养瓶中，在 28℃、5% CO_2 培养箱中培养，可见卵巢不停地、有节奏地收缩。卵泡增大，在 1.5 个月内不断有细胞贴壁。待原代细胞长满单层后传代培养。

原代培养的细胞长成致密单层后，就需进行传代。细胞悬液可通过机械刮取或机械吹打得到，亦可采用胰酶消化法，但有些蚊种的细胞在胰酶作用后则失去传代能力，故使用胰酶时应具体考虑。

五、抗原分离与纯化技术

兽医生物制品的种类较多，其核心内容之一是抗原的制备。抗原主要来源包括动物器官组织、微生物等生物体及其代谢产物，其主要成分为蛋白质、多糖、脂类以及其他有生物活性的大分子或小分子有机物等。随着现代生物技术的发展，一些新型兽医生物制品制备需要借助 DNA 重组技术，通过基因克隆和表达、分离纯化和浓缩技术，获得具有抗原性或免疫原性的蛋白质、多肽或核酸，其中，分离纯化技术是该类产品制造工艺的核心，是决定产品的安全、效力、收率和成本的技术基础。

抗原分离纯化技术分为实验室研制、中间试验和常规生产 3 个规模。实验室研制主要涉及基础或应用研究探索性的分离纯化工作，所提取的成分一般用于评价其潜在兽药前景的动物试验等；中间试验是指新制品工艺开发中小量试验生产规模的分离纯化工作，以摸索和优化工艺条件为目的，试生产的产品用于新兽药审评和临床试验；常规生产规模所生产的产品用于市场销售和临床应用。

抗原分离纯化方法的基本原理有两类：①根据混合物中不同组分分配系数，利用盐析、沉淀、层析和萃取等方法将不同组分分配至两个或若干个物相中，达到分离目的；②根据混合物中不同组分质量，将混合物置于单一物相中，采用超速离心与超滤技术等，通过物理力场的作用使各组分分配到不同区域中。实际使用时，可根据目的蛋白分子大小、形状、电荷、溶解性、酸碱度及与配基亲和性等因素，选择不同分离纯化方法。

（一）抗原分离纯化原则

兽医生物制品抗原成分主要来源于病原体、宿主细胞或其分泌产物，与生物活细胞或其分泌产物中其他很多成分混合在一起。因此，目标抗原成分的分离纯化也比较复杂，在设计纯化工艺时应考虑如下因素：①抑制宿主细胞或分泌产物中酶的活性，防止其消化降解目的抗原成分，保持其生物活性；②去除细胞或分泌产物中非目标产物成分，尽量保持较高回收率；③优化选择与组合使用多种分离纯化技术方法，达到最佳提纯效果；④选用适宜的检测方法对分离纯化过程进行质量控制；⑤验证分离纯化工艺和采用的分离纯化的介质和设备等；⑥实验室分离纯化试验阶段、中间试验和生产工艺放大中都要贯彻 GLP 和 GMP 的原则。

抗原纯化工艺设计原则：①技术路线和工艺流程尽量简单化；②完整工艺流程可划分为不同的工序，各工序目的产物的纯度要求应科学合理，对杂质的去除应有针对性；③注意时效性，应优化可缩短各工序纯化时间的加工条件；④尽量采用成熟技术和可靠设备，尽可能采用低成本的材料与设备；⑤采用适宜方法检测纯化不同阶段产物的产量和活性，对纯化过程进行监控和记录。

（二）常用处理液与要求

抗原提取过程一般都在液相或液相与固相转换中进行，在组织细胞破碎、药用成分释放、提取物澄清、浓缩与稀释、沉淀、吸附、离心、层析、脱盐和洗脱等加工处理过程中均需要适宜的溶液。

1. 水 生物制品中对生产用水有着严格的要求，一般均采用去离子水或蒸馏水，其标准为：电导率小于 3μS/cm，细菌数小于 0.1CFU/mL，内毒素含量不高于 0.25EU/mL，pH 为 5.0～7.0，重金属含量低于 0.000 05%。

2. 酸碱度 酸碱度在工艺处理溶液中有重要作用。不同纯化工艺对溶液的酸碱度有不同要求，盐析和沉淀处理中 pH 接近生物大分子的等电点时，生物大分子易于聚合析出。当需要增加生物大分子溶解度时，则需控制溶液的 pH 偏离其等电点。吸附和层析等提纯过程中，通过改变溶液 pH 达到吸附、结合与解离、洗脱的目的。另外，不同蛋白对环境酸碱度的耐受性可能有所不同，例如，人 α 型干扰素的等电点为 5～6，在酸性条件下十分稳定，而 γ 型干扰素的等电点则偏碱性（pH 8.6 以上），多糖类物质则在碱性环境中较为稳定，因此，应采用合适的酸碱度，以保护目的蛋白的生物活性。

3. 缓冲盐系统 纯化过程中抗原大分子的性状与工艺处理溶液的酸碱度相互影响和作用。多数工艺处理溶液是以缓冲盐溶液为基础配制的，缓冲盐溶液维持溶液的 pH 在一定范围内，不受稀释或加入其他物质的干扰。目前，常用的缓冲系统及其 pK_a 为：乳酸 3.86、乙酸 4.76、琥珀酸 5.64、组氨酸 6.0、Bis - tris 6.5、磷酸 7.2、氨水 9.25、硼酸 9.23、碳酸 10.3、甘氨酸 9.8 和三乙醇胺 7.75 等。

4. 酶抑制剂 蛋白酶类一般多存在于哺乳动物细胞的溶酶体、微生物质膜与细胞壁之间。细胞破碎处理过程中，溶酶体等细胞器在内的细胞结构可同时被破碎，各种酶类和生物大分子同时释放出来，可能对目的蛋白的生物活性产生破坏作用。因此，工艺早期使用的工艺处理溶液中应加入一定酶抑制剂以抑制宿主来源的酶类。例如，二异丙基氟磷酸盐（DFP）、苯甲基磺酰氟和亮抑蛋白酶肽为丝氨酸酶抑制剂；乙二胺四乙酸为金属活化蛋白酶抑制剂，抑胃酶肽为酸性蛋白酶抑制剂。

5. 金属离子螯合剂 重金属离子可增强分子氧对蛋白质巯基的氧化作用，并可与蛋白质等生物大分子的一些基团结合而改变其生物活性。因此，生物材料粗提液中重金属离子可损害目的蛋白的生物活性。为了避免其危害，可采螯合剂螯合双价重金属离子，如终浓度为 10～25mmol/L 乙二胺四乙酸（EDTA），对钙离子有较强的螯合作用，同时还是金属活化蛋白酶活性抑制剂和缓冲剂。但是要注意，在很多情况下，一些蛋白质在钙离子存在的条件下更稳定，此时，应注意在配制含钙、镁等纯化工艺所需二价金属离子的加工处理溶液时避免同时使用 EDTA。

6. 去垢剂 基因工程重组蛋白抗原在宿主细胞内表达后，既有分泌到细胞外的，也有非分泌型积累在细胞内的。细胞内非分泌型目的生物大分子除游离在细胞质里的情况外，还可以与细胞和细胞器质膜等结合，提取时细胞破碎后需要加入适当去垢剂使之解离下来。此外，加入去垢剂可以防止生物活性分子聚合，阻止目的抗原与其他杂质成分结合，并将其从分离介质上洗脱下来等。常用的非离子型去垢剂有曲拉通 X-100（TritonX-100）、Noni-detP-40、Lubrol PX 和吐温-80（Tween-80），阴离子型去垢剂有脱氧胆酸盐和十二烷基硫酸钠（SDS）等。

7. 防腐剂 细胞培养液因其营养丰富容易滋生微生物，生理盐水、中性磷酸盐缓冲溶液、乙酸盐缓冲溶液和碳酸盐缓冲液等工艺处理溶液也利于细菌等微生物繁殖。纯化工艺流程中有的中间体加工周期较长，或等待放行检测结果而在工序间暂时储存和停留，或某些加工条件如 35℃保温处理等均可能存在微生物生长。因此，有些工艺处理溶液中需要加入适量的防腐剂以抑制微生物的生长。常用的防腐剂有 0.001 mol/L 叠氮钠、0.005%汞、甲醛、三氯甲烷和苯酚等。

8. 其他试剂 主要包括沉淀用乙醇、聚乙二醇和萃取用溶剂等有机溶剂和各种原料试剂，如无机酸、有机酸、碱、盐类、缓冲盐类、去垢剂、酶类抑制剂等，这些试剂是制备纯化所需工艺处理溶液的基础，均需符合相关行业制定的有关标准。

此外，配置上述工艺处理溶液，一般需要进行除菌过滤与消毒灭菌。对加热敏感的溶液一般用除菌过滤的方式进行除菌处理，常用 0.22μm 或 0.45μm 孔径的滤膜滤器除菌，滤器材质、加工容量等性能和规格众多，应根据加工溶液体积、黏稠度选择适用类型和规格的滤器，注意避免使用其材质可与溶液成分产生化学反应或改变滤器除菌性能的滤器。滤器使用前后均要做起泡点试验以检测其完整性。耐热溶液可用蒸汽湿热灭菌法进行消毒处理，使被消毒溶液升温至 121℃并保持一定时间（如 20～30min）可以达到消毒目的。消毒或除菌后的溶液还需按照相应规程规定的方法，检测其各项理化指标、成分含量和无菌试验等，合格者方可投入纯化加工。不立即使用的工艺处理溶液需保存在规定的温度、光照等条件下备用，每种溶液均应规定其有效期限。

（三）分离纯化步骤与常用技术

生物制品抗原成分差异较大，但分离纯化的主要工艺步骤具有以下共性：①将目的生物成分从起始原材料中释放出来；②从提取物中去除固体杂质成分；③去除可溶性杂质成分；④除去水或其他类别的溶剂，富集或浓缩目标抗原成分；⑤去除残留杂质和污染物成分，使目的蛋白成分能够达到所需的纯度；⑥对目的蛋白成分进行必要的后加工处理（如修饰、加入稳定剂等），以保护或提高生物活性等。

蛋白分离纯化工艺在实验室研究、中间试验和规模生产等阶段有不同要求。实验室研究阶段，主要是通过试验研究寻找最佳纯化路线和筛选优化纯化工艺条件，需要查阅有关文献、积累分析涉及原材料、产物的性质与特点等数据资料，设计试验方案，选择适用设备仪器、试剂及方法等。中间试验阶段，目的是为新药审评和临床试验提取制备高纯度的试验目标抗原成分、验证工艺。常规生产阶段，目的在于为商业生产而提供大量合格的目标蛋白成分，需要准备必要的操作文件、合格足量的原辅材料和工艺处理溶液。生产用器皿、容器、设备及其管道和舱室、环境需经消毒灭菌等处理。抗原分离纯化的一般步骤如下：

1. 原材料的预处理

（1）原材料来源　兽医生物制品目的蛋白成分主要来源于动物器官组织、细胞培养产物和微生物发酵培养产物等。其中，动物器官组织主要包括鸡胚胎、兔、猪、牛、羊等动物的脾脏、淋巴结、肝脏、肺脏和脑组织等。转基因动物体内外源药物基因表达产物富集的特定器官与组织，特别是乳汁等体液或分泌液等。细胞培养产物主要包括用于病毒培养动物传代细胞、原代细胞和昆虫细胞，如 Marc－145、BHK_{21}、PK_{15}、ST、非洲绿猴肾细胞（Vero 细胞）等动物传代细胞、牛睾丸细胞、鸡胚成纤维细胞等动物原代细胞和 SF＋昆虫细胞等。微生物发酵培养产物主要包括真菌（酵母）发酵培养产物和细菌发酵培养产物等。生物制药领域中，以重组酿酒酵母为宿主系统制造药品的技术已较为成熟。甲基营养型毕赤酵母和汉逊酵母表达系统需要的培养基成分简单，外源基因表达效力较高，逐渐受到青睐。大肠杆菌表达系统更为简单，成本低廉，但当外源蛋白质在重组大肠杆菌中高效表达时常形成包涵体，呈不可溶、无生物活性的聚集体，需要进行蛋白复性等后续处理。

（2）原材料预处理的目的和原则　原材料预处理的目的是将目的抗原成分从起始原材料（如器官、组织或细胞）中释放出来，同时保护目的蛋白的抗原活性。

蛋白分子大多具有特有的生物活性，很容易被原材料中的酶类消化降解，应采用适当的物理化学手段尽可能保护其生物活性，防止其降解和失活。2～8℃条件下组织或细胞内的多数酶类的活性受到抑制。添加适宜的酶抑制剂，可有效地抑制组织或细胞内多数酶类的活性。

原材料多为营养丰富的生物材料，是各类微生物生长的良好培养基，易产生微生物污染，微生物生长过程中可破坏待提取的药物成分，分泌多种酶类及代谢产物，释放内毒素等。因此，可加入适宜的防腐剂以抑制微生物的生长，但在选择防腐剂种类时需慎重，避免与目的抗原成分、容器或设备内壁发生化学反应，从而改变蛋白性质或活性，以及对以后的加工提取过程造成不利影响。保持低温状态可以抑制微生物的生长。凡接触原材料的各种器具、容器均应经过除菌处理，直接接触原材料的加工设备的内壁、管道和舱室等也应保持无菌和低温状态。所采用的各种处理溶液原则上均应经过灭菌或除菌处理，预先冷却至相应的工艺温度状态。

（3）器官与组织的粉碎　对于以动物组织、器官为来源的原材料，需要先将大块的原材料粉碎或绞碎成细小颗粒或匀浆，以利于抗原成分的释放或溶出。动物脏器组织冷冻后再用绞肉机或切刨机粉碎，可以在实现粉碎目的的同时有利于保存抗原蛋白的生物活性。粉碎少量组织时，可使用高速组织捣碎机或匀浆器等小型实验室设备以机械法粉碎。工业生产中通常采用电磨机、球磨机、粉碎机和绞肉机等设备，便于处理较大量的原材料。

（4）细胞破碎　细胞破碎技术是指利用外力破坏细胞膜和细胞壁，使细胞内容物包括目标药物成分释放出来的技术。细胞破碎技术是分离纯化细胞内合成的非分泌型药物成分的基础。细胞破碎效果的检测方法主要是通过显微镜直接观察，活细胞呈一亮点，而死细胞和破碎细胞则呈现为黑影。用美蓝染色则更容易分辨。用 Lorry 法测量细胞破碎后上清中的蛋白质含量也可以评估细胞的破碎程度。

细胞破碎的方法可分为机械破碎法和非机械破碎法。机械破碎法又可分为高压匀浆破碎法、高速搅拌珠研磨破碎法和超声波破碎法等。非机械破碎法可分为渗透压冲击破碎法、冻融破碎法、酶溶破碎法、化学破碎法和去垢剂破碎法等。

高压匀浆破碎法是指利用高压迫使细胞悬液高速通过针型阀，经过突然减压和高速冲击特制撞击环使细胞破碎的技术。高速搅拌珠研磨破碎法是将玻璃小珠与细胞一起高速搅拌，带动玻璃小球撞击细胞，作用于细胞壁的碰撞作用和剪切力使细胞破碎。高压匀浆破碎法和高速搅拌珠研磨法均有特制的设备，适合大规模的细胞破碎。超声波破碎法就是当声波达到150 W、20 kHz 时，使液体产生非常快速的振动，在液体中产生空穴效应从而使细胞破碎的技术。即超声波引起的快速振动使液体局部产生低压区，这个低压区使液体转化为气体，即形成很多小气泡。由于局部压力的转换，压力重新升高，气泡崩溃。崩溃的气泡产生一个振动波并传送到液体中，形成剪切力使细胞破碎。超声波破碎法操作便捷，在实验室中应用广泛，但由于其产热太高而不适合大规模破碎。

冻融破碎法是将细胞放在低温下冷冻，然后在室温中融化，如此反复多次，使细胞壁破裂的细胞破碎技术。原理一是在冷冻过程会促使细胞膜的疏水键结构断裂，从而增加细胞的亲水性；原理二是冷冻时细胞内的水结晶，形成冰晶粒，使细胞膨胀而破裂。反复冻融的次数根据细胞的易碎程度而定。新鲜细胞要比冷冻储存的细胞对反复冻融更为敏感。影响冻融破碎细胞效果的主要因素有冷冻温度（一般在 20℃以下）、冷冻速度、细胞年龄及细胞悬浮液的缓冲液成分等。本方法缺点是会使一些蛋白质变性，从而影响活性目标蛋白质的回收率。机械破碎细胞前常常需要对细胞进行冻融预处理，这样可以提高破碎细胞的效果。

化学破碎法即用化学试剂处理微生物细胞可以溶解细胞或部分细胞壁成分，从而使细胞释放内容物的方法。应用酸或碱处理微生物可以溶解细胞壁使胞内产物溶出。用碱处理细胞，可以溶解除细胞壁以外的大部分组分。大规模破碎中可以考虑用碱来溶解细胞。其优点首先是费用便宜，另外这个方法对任何大小的细胞都适用。使用碱破碎细胞必须要求所提取的蛋白质类药物成分对高 pH（10.5～12.5）耐受 30min 以上，待细胞溶解后加入酸中和。该技术的另一个优点是可以“灭菌”，它能保证没有活的细菌残留在制品中，适合用于制备无菌制品。

酶溶破碎法是利用酶反应方法，分解细胞壁上的特殊连接键，从而破坏细胞壁结构，达到破碎细胞、使细胞内含物流出的目的。破碎细菌细胞和真菌菌体常用的酶为从鸡蛋清中提取出来的溶菌酶，它可以水解细胞壁上肽聚糖部分 β-1，4 葡萄糖苷键。另外，还可使用蛋白酶、脂肪酶、核酸酶、透明质酸酶等。反应条件主要是控制 pH 和温度。在酶溶前还可进行其他处理，如辐射、改变渗透压、反复冻融及加入金属螯合剂 EDTA 等，以改变细胞状态，增强酶溶效果。本方法作用条件温和，且能特异性降解细胞壁结构，能较好地保持蛋白质生物活性，但对不同的微生物所用的水解酶种类不同，微生物在不同的生理条件下对酶的敏感性也不同，且大多数水解酶在市场上不易得到，所以大规模使用受到限制。

此外，离子型去垢剂和非离子型去垢剂都可用于细胞破碎工艺。去垢剂主要作用于细胞壁上的脂蛋白成分。去垢剂在低离子强度和适合的 pH 下与脂蛋白发生作用，结合脂蛋白形成分子团。由于膜结构上脂蛋白被溶解，细胞产生渗透性，使细胞内蛋白质流出。常用的去垢剂有 Triton-100 和 0.05％SDS 等。

一般而言，高强度剪切力有时可以使蛋白质变性，多数非机械破碎法则相对来说比较温和，细胞可能被全部破碎，或是细胞膜部分被通透而释放目标蛋白质等活性药物成分，但非机械破碎法往往不能破坏 DNA，从细胞内释放出来的 DNA 会发生聚合，大大增加液体的黏度。动物细胞没有细胞壁结构，比较容易破碎，而真菌和细菌（如酵母、大肠杆菌等）的细胞膜外有坚韧的细胞壁结构，破碎难度较大。大规模破碎细胞，特别是破碎大量培养后的微生物细胞，宜采用研磨、撞击等机械破碎法。基因工程制药中常采用高压匀浆破碎法。高压匀浆破碎器可在 50～70 MPa 压力下，使高浓度细胞悬液高速通过细小孔隙，发生机械剪切、撞击以及高压急剧释放等综合作用下使细胞破碎。

实例：高压匀浆破碎法破碎酿酒酵母。

设备和试剂：①Emulsilex C5 高压匀浆器；②双缩脲试剂；③用 10mmol/L 硫酸钾缓冲液（pH 7.0）制备 45%（湿重/体积）酿酒酵母细胞悬浮液。

方法：①将 200 L 酵母细胞悬浮液装入产品罐中。开泵，加压至 700 kPa，预装泵和针型阀。②调节压力至 103 000 kPa。③调节流速至 70 cm/min。④重复破碎 2～5 次，以达到最大破碎效果。每次破碎间取样保留。⑤12 000 g、4℃离心 30min。⑥上清液稀释 10 倍，加入双缩脲试剂检测蛋白质含量。一般重复破碎 3 次时即可达到较好的破碎效果。

2. 颗粒性杂质的去除 动物器官或组织匀浆或细胞破碎液中有大量组织细胞碎片及颗粒性杂质，必须对其进行澄清处理，除去细胞碎片。常用技术有离心技术和过滤技术。离心技术可以将提取液中较高密度的不溶性组织细胞碎片及颗粒性杂质沉淀至远心端，同时可以将提取液中较低密度的不溶性杂质颗粒（如脂类及低密度脂蛋白等）浮升至近心端，但不能去除提取液中中等密度的不溶性组织细胞碎片及颗粒性杂质。选用适当型号、孔径和材质的滤器亦可以除去离心方法不易去除的等密度的不溶性组织细胞碎片及颗粒性杂质，但提取液过滤中后期经常出现滤膜被堵塞问题，致使过滤效果下降。目前，普遍采用切向流滤膜过滤技术，可在一定程度上减小堵塞作用。综合运用离心技术和过滤技术处理提取液，能够达到更佳的澄清效果。

3. 可溶性杂质的去除与目的抗原成分的纯化 分离纯化的最终目的是去除各种杂质，并将目标药物成分进行富集与浓缩。经过澄清处理后提取液中的各种成分均呈溶解状态，相对于目的蛋白成分，其他成分则属于杂质性质，需采用适宜的方法给予去除。这些可溶性杂质既有源于原材料如细胞的组成成分，也有加工过程中人为加入的工艺处理溶液或添加物中的成分。典型的可溶性杂质主要有多肽与蛋白质类、脂类、多糖类、多酚类、核酸类、脂多糖、盐类及去垢剂等。这些成分的去除有较大难度，需要采取不同方法处理，积累各种可溶性杂质的数据和资料，摸索出合适的纯化技术路线。

（1）盐析沉淀技术 粗制提取液一般不能直接用于密度区带超速离心或层析等精制纯化工艺，单纯制备型离心不一定适用于所有粗制提取液的澄清处理。初级分离工序中可选用经典的盐析沉淀方法。该方法可以澄清粗制提取液，并能浓缩目的蛋白，去除部分杂质，包括蛋白酶和不用去垢剂解离吸附在质膜上的蛋白质。其技术要点：①避开目的蛋白等电点的条件下，加入不同浓度（通常为高浓度、饱和浓度或超饱和浓度，抑或未经溶解的原试剂本身）的沉淀剂，如硫酸铵和聚乙二醇等，低温条件下充分混合均匀；②采用离心方法，将细胞碎片及各类大分子可溶性杂质沉淀出来，分离获取上清液；③将获得的上清液 pH 调整至目的抗原蛋白的等电点值，再通过改变盐析沉淀条件，将目的蛋白成分沉淀下来；④离心后去除上清液，取沉淀，用适宜工艺处理溶液溶解，即可以用于兽医生物制品生产，或进一步采用层析方法进行精制纯化。中国鸡传染性法氏囊病精制卵黄抗体的纯化即采用盐析沉淀技术提取 IgY。

（2）过滤与超滤纯化技术 过滤技术常用于组织细胞匀浆和粗制提取液的澄清及工艺处

理溶液在制品、半成品乃至成品等液体的除菌。过滤澄清能去除组织细胞匀浆或粗制提取液中的细胞碎片等各种颗粒性杂质。过滤除菌能去除溶液中的微生物，而不影响溶液中药物成分的活性。兽医生物制品中的免疫血清、细胞营养液、酶及基因工程抗原等不耐高温的液体只有通过过滤才能达到除菌目的。过滤除菌方法还用于发酵罐细胞供氧、管道化的压缩空气除菌。目前，过滤除菌技术已广泛应用于生物制品学领域。但由于过滤过程中，经常出现滤膜被堵塞问题，过滤技术应用受到一定限制。

超滤技术是以特制超滤膜质材料为分离介质，利用滤膜的筛分性能，以超滤膜两侧压差作为传质推动力，在把提取液从滤膜高压一侧推至低压一侧过程中，将直径大于滤膜孔径的分子截流在高压一侧，从而克服了滤膜经常被堵塞的问题。目前，商售的各种超滤器滤膜材料和配套设备发展已较成熟，在生物制品领域已得到广泛应用，如超滤除乙醇、浓缩和精制人血浆白蛋白、浓缩和提纯抗血友病因子、透析除硫酸铵生产胎盘血制剂、提纯破伤风类毒素以及口蹄疫疫苗、狂犬病疫苗、流行性乙型脑炎疫苗和禽用多联灭活疫苗的抗原浓缩纯化等。

超滤的基本原理：超滤的工作原理主要有滤膜、切向流和浓差极化等方面。

1）滤膜　滤膜的工作效率取决于膜的类型、滤膜的孔径、膜的不对称结构和超滤膜的截面系数等因素。

①膜的类型：滤膜一般由高分子聚合物构成，如醋酸纤维素、三醋酸纤维素、聚丙烯腈和聚酰胺等。常见的为平面膜组成的膜包和中空纤维组成的超滤柱。膜包是以多层平面膜重叠在一起，膜间有隔板或隔网，可使压入的溶液与滤后的超滤液分开，而压入的溶液是以切向流方式跨过膜表面，小于膜孔径的分子随水分或其他溶剂透过滤膜而被分离出去。中空纤维可分为外压式及内压式两种。溶液在压力驱动下经纤维外壁渗入纤维内腔的为外压式，与此相反，溶液先进入纤维内腔，在压力驱动下经纤维内壁皮层渗出纤维的为内压式。

②滤膜的孔径：滤膜因其孔径和功能的不同可分为反渗透膜、超滤膜及微孔膜。超滤膜孔径多以截留分子质量来标识，表明该滤膜所截留物质的分子质量大小。常见的有 1kPa、10kPa、30kPa、50kPa、100kPa 和 300kPa 等。大于孔径的分子不能通过膜而被完全截留，小于孔径的分子则可自由通过。但超滤膜的孔径并不是均一的，而是有一定的孔径分布，其过滤效果并不是绝对过滤，而是有一定的截留率，如 98%和 95%等。

③膜的不对称结构：为了增加膜的通量、提高过滤速度和减缓极化现象出现，膜的孔径一般制成不对称结构和随机分布型。膜的表面为一层质密而薄的皮层，皮层有孔，可发挥超滤作用并决定膜的分离能力。皮层下有一层次结构，较皮层具有更大的孔道，具有支持皮层及其膜孔作用。通过皮层的分子可以自由地通过该次结构。

④超滤膜的截留系数：超滤膜截留或切割分子的能力是以截留系数 δ 表示。膜对某物质 i 的截留系数可写作 $\delta_i=1-(CP/C)$，该公式中 CP 和 C 是指某物质在膜的透过侧与截留侧的浓度。如某物质被膜完全截留，则透过侧的浓度（即超滤液的浓度）是 0（$CP=0.00$），故截留效率是 100%，亦即$\delta=1.00$。如某物质是小分子，完全能通过膜而不被截留，则 i 在透过侧的浓度不受膜的影响（$CP=C$），故其截留系数为 0。超滤膜这种有选择的截留与切割的效果除有浓缩作用外，尚有精制作用。

超滤膜的截留或切割功能以分子质量表示，理想的超滤膜应该能够非常严格地截留与切割不同分子质量的物质。如标明 30kPa 的膜，理想的结果应该是分子质量大于 30kPa 的物质完全被截留，分子质量小于 30kPa 的物质可完全自由地通过，但实际生产中达不到这种理想效果。一般而言，如果要完全截留某物质，超滤膜的截留分子质量至少要小于此物质分子质量的 1/3；如果完全滤过切割某物质，膜的切割分子质量至少要大于此物质分子质量的 3 倍。此外，生物大分子的形状也会影响截留效果，分子形状为球形或直链结构的同分子质量物质，其截留特性完全不同。因此，实际生产中应通过不同孔径的滤膜截留试验，确定合适孔径的滤膜。

2）切向流　在常规的过滤方式中，被截留的物质沉积到滤材上。随着过滤的进行，压差逐渐增大，过滤流量逐渐降低。这种过滤被称为“死端过滤”。为了防止这种死端过滤，超滤过程常采用切向流方式，即超滤过程中溶液在压力驱动下进入系统，但液流不是直接压向膜面，而是切向流过膜面形成膜切流，即所谓切向流。切向流可以清扫膜表面，减少溶质或胶体粒子在膜表面的截留沉积。流速取决于入口及出口的压力梯度。

当液流横跨过膜表面时，低分子物质在压力驱动下透过膜面随水分或其他溶剂流出成为超滤液，此压力称为通透膜压力梯度（TMP）。超滤液流的压力一般是大气压力。在超滤中进口压力通常高于出口压力，在膜表面各点所承受的压力显然是不同的，进口处高于出口处。通过膜的超滤液流量称为通量。由于切向流的存在，该通量可以在较长时间内保持稳定。如改变进口及出口压力，横切流速会有相应改变，同时也影响 TMP。如进口的压力不变或增加，降低出口的压力，跨过膜面的液流速度增加，清扫膜表面堆积物的作用增强，但此时 TMP 则降低，通量自然也减少。反之 TMP 升高，通量加快增多，但由于流速降低，清扫作用也减少。经一段时间后，膜表面的堆积物自然会增厚，反而会使通量降低，随之也影响膜的切割效率。故超滤不同的溶液时，对压力与通量要做适当的调整，以达到理想的效果。

3）浓差极化　超滤系统中所截留的是分子质量高于滤膜截留分子质量的大分子物质，通常被截留物在膜表面堆积并逐渐形成污染层，称为凝胶层。被截留物在凝胶层的浓度为该物质通过超滤方法所能达到的极限浓度，而从溶液主体至凝胶层之间存在浓度梯度，这种现象称为浓差极化。

超滤过程中，影响通量的因素包括：施加压力、原液浓度、超滤膜本身阻力以及凝胶层的形成等，其中，超滤膜的阻力通常可视为固定不变的。为了防止浓差极化现象过早出现，保持超过滤过程中的切割效果，应适当调整原液浓度与施加的压力，保证既能达到理想的最高通量，又能保持一定的切向流速，以清扫膜面，减缓凝胶层的形成。

超滤技术具有浓缩、精制及洗滤等多种作用。如以截留的浓缩液为产品时，可达到浓缩悬浮粒子及大分子物质的目的；在浓缩大分子物质时，同时切割去掉小分子物质，达到精制或洗滤的目的；以滤过液为产品时，可对含小分子溶质的溶液进行澄清或除菌。

超滤的操作方法：超滤前应根据产品的特性，确定使用的目的，并根据溶液的成分、浓度、黏度、pH 及工作温度等指标，选用合适的超滤装置，通过预试验确定超滤压力、切向流速等技术参数，确保超滤技术在实际使用中达到最佳效果。

① 掌握超滤膜的性能，正确安装超滤装置：不同材质的超滤膜其化学稳定性不同，对溶液的吸附量也不同。不同类型的超滤装置其耐压性能不同，截留分子质量不同，超滤膜的使用范围也不同。避免选择能与超滤液体中的成分发生化学反应的超滤膜材质。安装超滤装置时注意输液管道，进、出口压力表和阀门连接要牢固无渗漏，安装后可通过完整性试验进

行验证。

② 超滤膜清洗消毒处理和检测：超滤膜清洗消毒处理后，应根据生产工艺要求进行必要的检测，如 pH 和蛋白质残留试验检测等。为避免目标蛋白成分失活，有些具有特殊活性的产品在料液超滤时，必须用相应的工艺处理缓冲液进行循环平衡后才能使用。

③ 配置合乎要求的加工溶液：生产工艺中需进行超滤的粗体液必须经澄清过滤去除大颗粒杂质，以避免堵塞超滤膜孔而降低超滤效率。生产中使用超滤操作时间较长时，为避免对最终产品带来不利影响，可预先进行除菌过滤，然后再进行超滤加工。

④ 超滤操作参数的优化：当选择了合适的膜和系统后，为了充分发挥膜的性能，节省时间，还需对超滤的操作参数进行适当优化。其主要工作是确定合适的压力差（Δp）和 TMP，$\Delta p=p_{进}-p_{出}$。超滤膜厂商一般提供滤膜的最佳切向流范围。切向流与 Δp 呈正比关系，对不同料液达到最佳切向流时 Δp 并不相同。因此，需首先测定不同 Δp 时的切向流，然后以切向流对 Δp 作图，找出最佳切向流时对应的 Δp。找到最佳 Δp 后，在保持 Δp 不变条件下，设定不同的 $p_{进}$、$p_{出}$，从而得到不同的 TMP。

⑤ 超滤膜的清洗和储存：新膜和使用过的膜都必须用干净去离子水或注射用水冲洗干净，然后充满与生物分子相同的缓冲或生理溶液，确保 pH 与离子强度稳定、温度稳定，并去除空气及气泡，保证整个系统（包括膜、管道、泵等）均处于合适的状态。超滤膜使用后必须清洗干净，以保证处理各批物料的效果可靠与稳定，并延长膜的使用寿命。选择清洗剂必须综合考虑有效性、与膜的化学兼容性、价格便宜和操作易行等因素。供货商一般有专门的清洗剂、清洗方法及步骤供用户选择和参考。最常用的清洗剂与清洗条件有 0.3～0.5 mol/L NaOH（25～45℃）、0.5 mol/L NaOH ＋［（200～400）$\times 10^{-6}$］NaCl（25～45℃），能有效溶解与水解大多数的蛋白质、脂类和多种糖化合物，清洗时间 30～60min。0.1～0.5mol/L 硝酸、柠檬酸和磷酸（25～35℃），适用于去除 DNA、多糖和无机类污染物，清洗时间 30～60min。超滤膜在不用时必须湿态保存。短时间不用时可封闭在去离子水或缓冲液中，如长时间不用，需储存于一定浓度 NaOH 溶液中，并加入必要的防腐剂（如叠氮钠）。

（3）超滤技术优缺点　优点：①膜材料本身无毒性，耐酸碱（醋酸纤维素膜除外），对所滤溶液和产品无害；②加工过程为纯物理截流和滤过作用，工艺条件温和，对生物大分子活性损伤小；③超滤装置整体为密闭系统，可减少污染机会；④操作中不需要改变溶液的 pH 及离子强度，无须加热或加入化学药品，收集最后产品方便，可提高产品的收率，一次处理可完成浓缩及精制工作；⑤设备简单经济，安装操作方便，不需经常维修，清洗、消毒方便，超滤膜可重复使用，成本不高。

缺点：由于滤膜制造技术的限制，膜的分离能力还不够强。针对一种成分较多而又分子质量接近的溶液，仅采用超滤技术难以达到分离的目的。在实际工作中超滤方法需要与其他分离技术手段配套使用。

4. 超速离心技术　是根据提取液中目的分子与杂质成分的沉降系数、质量、密度、大小和形状的差异，在超速离心设备提供的强大离心场中，将目的物成分与其他杂质分开的技术。目前，常用超速离心技术主要有差速离心和密度梯度离心技术。

（1）差速离心　利用目的分子与杂质成分的密度和大小等的不同，在离心场中沉降速度有差异，采用逐渐增加离心速度或高、低速交替离心，在不同离心速度和时间下分批分离的方法，用于病毒纯化。本技术与盐析沉淀技术结合，可用于很多蛋白和生物制品的生产，如人胎盘白蛋白和球蛋白、人脑膜炎球菌多糖体疫苗和鸡传染性卵黄抗体等。

（2）密度梯度离心　溴化钾、氯化铯、蔗糖等溶液在超速离心场中能形成稳定密度梯度，而提取液中目的物分子与其他成分密度不同，各成分在密度梯度介质中沉降或上浮至与其等密度区，目标蛋白成分在其等密度区形成富集区带，通过分布收集富含目的物分子的区带达到分离效果。如血源乙型肝炎疫苗生产过程中采用离心技术分离 22nm 的乙肝表面抗原（HBsAg）。

5. 层析与吸附技术　层析与吸附技术是利用纯化生物分子与多种杂质分子因相应性质差异在固定相（层析或吸附介质）和流动相（缓冲溶液）间存在分配差异，达到分离目的。制备型层析系统主要通常包括层析柱、储液器、输送泵、输送管道、分步收集器与监测记录仪等设备，其中层析柱管壁是由塑料、玻璃或不锈钢等材质制成的垂直管状容器，用来装填固定相介质，输送泵控制输入平衡和洗脱用于工艺处理缓冲液的流速或流量等。近十多年来，新型层析吸附介质性能不断改进和提高，配套的分步收集器、监测记录仪和计算机软件控制系统不断完善，该技术在生物制药领域已经成为应用最为广泛的一类精制纯化技术。中国口蹄疫和鸡传染性法氏囊病基因工程亚单位疫苗生产过程中，也已经采用该技术纯化目的抗原。目前，常用层析技术见表 3－1。

表 3－1　常用层析技术

层析分离技术	适用被分离物质性质
凝胶过滤或分子筛作用	大小和性质
离子交换层析	静电荷
沉淀与等电聚焦层析	等电点
亲和层析	生物结合功能
免疫吸附	抗原-抗体结合性
化学吸附（共价层析）	游离巯基含量

层析介质装填在柱状容器中，待纯化提取液一般多经柱上端的液料散布器流经层析介质，液相在流穿介质过程中，各成分包括目的产物分子按其理化、生物学性质及与层析介质间相互作用产生分配差异（如吸附、离子交换等），以及流动相条件的改变（如更换缓冲液以达到吸附、离子交换与洗脱等目的），从而不同分子蛋白分离开，在层析柱下端分段流出并被分布收集。

层析介质装填必须非常均匀，如果介质在柱体内形成沟槽必然会破坏液相的平流推效应，将直接影响分离效果。制备大型层析柱难度较大，需要采用介质散布装填器等设备，以提高层析柱装填质量。采用本方法纯化抗原时，抗原提取液应经过离心、沉淀或过滤等澄清处理，防止进入层析柱料液里存在的颗粒性杂质堵塞柱床、损伤层析柱体造成生产损失。目前，还有一种变通的吸附方法，即将相应吸附介质与含有可被吸附目的蛋白成分的提取液混合，充分吸附后，通过离心法洗去未吸附的杂质，再通过改变洗脱条件将被分离成分从吸附介质上洗脱下来。该提纯方法省去了介质装填程序，操作步骤简便，吸附与洗脱等工艺条件容易掌握。

经典的蛋白纯化方法费时、产量低、特异性差。近年来发展起来的重组蛋白技术能够相对简单地生产出高产量的纯化蛋白。重组蛋白表达系统包括原核生物（如大肠杆菌）、昆虫细胞（杆状病毒）、酵母（酿酒酵母和毕赤酵母）以及各种哺乳动物细胞培养系统。重组DNA技术实现了融合蛋白的构建，可在目的蛋白序列上添加特异性亲和标签，例如，6×His、Flag、c-myc、谷胱甘肽S-转移酶（GST）、HA和绿色荧光蛋白（GFP）等。这些亲和标签被用于亲和层析，从而简化了重组融合蛋白的纯化过程。GST标签亲和力较强，并且有可逆性，可用于大规模蛋白纯化和生产，但其本身有较高的免疫原性，可以诱导较强的免疫应答。GST可以和融合蛋白分离，但这种分离不太完全，而且费用昂贵。6×His标签以6个组氨酸残基整合像镍这样的金属离子为基础，可以通过固定的镍柱亲和层析方法进行纯化。重组蛋白在天然和变性的状态下都可以纯化，其分离纯化规模可大可小，经济有效，而且6×His相对来说无免疫原性，通常不会影响融合蛋白的结构和生物学功能。目前，很多表达载体含有6×His标签，包括大肠杆菌、昆虫细胞和哺乳动物细胞表达载体等。目前，该技术已经广泛用于兽医诊断抗原的制备。

6. 流化床吸附和扩张床技术 目前，基因工程产品不断增多。表达基因工程目的蛋白的宿主细胞经大规模培养后，细胞收获液及其匀浆体积较大，除含目标蛋白分子外，还存在完整细胞、细胞碎片及各种小分子可溶性杂质。由于DNA、蛋白质等成分的存在，使料液黏稠度较大，目的产物提取难度加大。流化床和扩张床吸附技术的主要优点为压降小，可直接处理含细胞或细胞碎片等颗粒性杂质和黏稠度较高的粗提液，无须专门去除固体颗粒的离心与微滤等加工步骤，能节省时间和减少工序。

（1）流化床吸附　流化床内填充的吸附介质或离子交换介质等在纯化过程中处于流化状态，待加工料液洗涤与洗脱等工艺处理溶液从床底端以较高的流速上行循环输入，使吸附介质产生流化作用。此过程中目标产物分子与介质间产生吸附或离子交换等作用，工艺处理溶液的上冲效应使介质、细胞或其碎片处于离散状态，通过进一步的上冲流化洗涤作用使细胞、细胞碎片等杂质颗粒和未吸附可溶性杂质被清除。流化床即可进行分批纯化，也可实现连续加工，该方法对吸附剂和设备结构设计的要求相对较低，介质、加工物、加工处理液和产物的连续输入和排出操作较易实现。其缺点是床内固相与液相的反向混合剧烈，吸附剂的利用效率比固定床和扩张床低。

（2）扩张床技术　是在流化床和固定床技术基础上发展起来的吸附技术，具有固定床纯化效率高和流化床可以直接加工粗提液的优点。扩张床使用特制的凝胶或含晶体核心的吸附介质，扩张床下端进料分布盘经特殊设计，在进料循环过程中使流动相以平推流的方式流穿吸附介质，起到稳定流化床的作用。扩张床技术可以在一次进料循环中即实现高效吸附。扩张床的吸附介质按大小在柱床中形成密度梯度，平推流使液相流穿扩张床，其压降作用通过柱底端的进料分布盘来实现。

操作步骤：①装柱和平衡：装填吸附介质，介质颗粒经过平衡沉淀后柱床高度为一定值，从柱底按一定的流速持续上行泵入平衡缓冲液，使柱床膨胀2～3倍，一段时间后介质粒子按大小和密度形成稳定的梯度。②进料和吸附：以同样流速泵入粗提液，因粗提液中含有蛋白质、核酸与去垢剂等成分，具有较高的黏稠度，此时，柱床体积略有增加。③流洗：粗提液与介质产生吸附作用，一定时间后用相应平衡缓冲液流洗柱床，洗去细胞、组织碎片和没有被介质吸附的蛋白质、核酸和其他各类小分子可溶性杂质。④柱床压缩与洗脱：扩张床上部圆盘下降压缩床体，此时再按固定床常规方法如改变 pH 和盐浓度等条件，洗脱、收集目标产物。柱床介质可以再生利用，柱床介质平衡后，可用于新一轮蛋白纯化。

扩张床技术可以直接从粗提液中分离目标成分，省略了离心、过滤等澄清处理工序，将固液分离、吸附和浓缩集成为一道工序，简化了操作步骤，缩短了纯化时间，纯化产物回收率大幅提高，同时，设备、人力、净化厂房面积和公用设施和能耗等成本大大减低，具有重要应用价值。

（四）工艺设计与优化

生物制品有效成分的分离纯化工艺主要包括：组织细胞破碎、目的抗原释放与溶出、细胞碎片等颗粒性杂质的去除、可溶性小分子杂质和降解成分的去除、目的抗原成分的富集浓缩等工序。因此，为了获得纯化的目的蛋白和药用成分，需要综合应用不同的分离纯化设备和技术。同时，对每一操作单元或工序进行生产工艺条件优化。如盐析或沉淀：沉淀剂种类、浓度、pH；超速离心：介质种类和梯度、离心速度和时间；层析：吸附与洗脱液成分、离子强度和 pH、温度、吸附与洗脱时间和峰型等参数区间和操作条件等。工序间具有复杂的相互影响作用，前一工序加工产物的质量，包括 pH、盐浓度和颗粒杂质多少等，对后一工序的处理有直接影响。必须保证上一工序工艺处理条件和产物的质量适于下一工序的加工需要，例如，进入层析柱的物料应无颗粒性杂质，以防止其堵塞装填介质，其 pH 或离子强度出现任何差错都可能影响下一层析效果，造成产品损失或质量降低等不良后果。当然，产品成本会随着工序的增加而增加。因此，设计生产工艺时，应尽量做好工序间的衔接工作，从以下 4 个方面综合考虑，优化影响工艺流程整体纯化效果的加工条件。

1. 收率与纯度之间的平衡　目的蛋白的纯度是衡量其质量优劣的重要指标，其纯度的高低与产品安全性直接相关。纯度要求的提高意味着纯化工艺成本的提高和产物收率的降低。因此，应结合对产品的质量要求、加工成本、技术可行性、可靠性和市场需求等，找出纯化工艺加工产物纯度和产量间的平衡点，实现工艺的最优化。

2. 经济性考虑　纯化工艺流程中，制品的价值或纯化加工的成本是随工艺流程增加和提高的。因此，在设计工艺流程时，应将涉及在制品处理体积大、加工成本低的工序尽量前置。层析介质价格比较昂贵，该工序宜放在工艺流程的后段，进入层析工段的半成品体积应尽可能小，以减少层析介质的使用量。随产物纯度的提高，对工艺流程下游加工所用的设备、试剂的要求亦提高，应选择质量和性能可靠的设备，使用高质量的试剂，并确保所用工艺处理溶液合格，以免造成纯化产品的损失。

3. 工艺放大与中试　实验室工艺探索是最终实现大规模商业生产工艺的第一步，小规模纯化工艺的中间试验研究是放大到大规模生产纯化工艺的基础。虽然工艺放大过程中一般还需要改变一些操作细节或条件，但小量工艺开发中优化的工艺条件和工序综合效果可为工艺放大设计和定型积累数据并提供经验。

疏水层析柱的长度比较重要，实验室研究中初步确定后，工艺放大时，理论上一般采用加大层析柱直径，而层析柱高度保持不变。但是，由于制备型层析柱直径的加大，层析介质装填过程中其均匀性会受到影响，分离纯化效果会降低。因此，尽管工艺放大前各工序及总体工艺流程已经过优化，放大后由于设备、物料体积、加工时间和具体工艺条件发生了改变，各工序内部各因素间以及各工序间的相互影响，放大后无论是局部还是整体工艺条件均应进行重新优化。小规模纯化工序间对样品的稀释、过滤和离心等操作较为容易和简单，但放大后会增加处理时间、工作量和成本。放大过程应减少工序间对在制品的稀释或浓缩等调整性加工，同时，应尽量缩短纯化工序加工时间的操作和运行条件，减少被纯化药物成分产率和活性的损失。

某些纯化工艺放大后不能重复放大前加工性能和效果，例如，酵母细胞小量实验室研究可以采用玻璃珠震荡法或酶消化法破碎，而在大量生产中采用该实验室方法，则达不到生产目的，而采用高压破碎器即可达到破碎效果。

4. 纯化过程中对产品的检测 检测各工序在制品、半成品中杂质去除程度、残留物含量和目标药物成分的纯度、含量与活性等是纯化工艺的重要组成部分。根据检测在工艺里所起作用可将其分为在线检测、数据检测和放行检测等。

（1）在线检测 是指在工艺运行过程中通过对在制品取样并用适当仪器和方法测试样品相应指标，以了解工艺运行状况，并对其进行调整和控制。

（2）数据检测 纯化过程中往往在进一步加工之前需要测试在制品的某些指标的具体数值，据此确定下一道工序的工艺参数后才能继续加工，这种检测即为数据检测。例如，在提取大肠杆菌表达的口蹄疫病毒抗原时，首先采用细胞破碎和离心方法获得粗制品，在其进入层析工序前，需要测试该粗制品蛋白浓度和体积，计算出口蹄疫粗蛋白的总量，按照层析柱的加工容量和性能，推算应该进入层析柱的该粗制品的数量以及平衡、洗脱所需各工艺处理溶液的体积等。

（3）放行检测 一道纯化工序结束后，其产物是否可以进入下一道工序继续分离处理，应根据加工工艺的要求，对工序间在制品设定质量标准，抽样检验在制品有关质量指标，其结果符合标准后才能允许其进入后一道工序继续加工，这种检测就是放行检测。

六、清洗与灭菌技术

（一）清洗

条件良好、经费充足的实验室进行组织培养时，为减少污染，最好使用高规格的一次性培养器皿。经费不足、无法使用高规格的一次性培养器皿的实验室，在进行组织培养试验时，对各种玻璃器皿，特别是培养瓶和盛培养基的器皿，一定要严格清洗，以防油污、重金属离子、酸、碱等有害物质残留在瓶内，影响培养物的生长。使用过的玻璃器皿应及时清洗，先将污物如培养基、培养物消毒后倒掉，再浸入水中，浸泡洗涤。玻璃器皿的洗涤，可根据器皿的污染程度和性质，采用不同的方法，通常有碱洗法和酸洗法。凡有微生物污染的器皿，必须先进行高压消毒，以杀死菌体，否则会产生孢子飞扬，污染环境，给组织培养带来严重困难。器皿洗净后，应烘干或晾干，放在规定的地方，便于取用。

（二）灭菌

常用的灭菌方法可分为物理灭菌和化学灭菌两类，物理方法如干热（烘烧和灼烧）、湿热（常压或高压蒸煮）、射线处理（紫外线、超声波、微波）、过滤、清洗和大量无菌水冲洗等措施；化学方法是使用升汞、甲醛、过氧化氢、高锰酸钾、来苏儿、漂白粉、次氯酸钠、抗生素、酒精化学药品处理。

1. 高压灭菌 高压灭菌的原理是在密闭的蒸锅内，其中的蒸气不能外溢，压力不断上升，使水的沸点不断提高，从而锅内温度也随之增加。在 0.1MPa 的压力下，锅内温度达

121℃。在此蒸气温度下，可以很快杀死各种细菌及其高度耐热的芽孢。注意完全排出锅内空气，使锅内全部是水蒸气，灭菌才能彻底。高压灭菌放气有几种不同的做法，但目的都是要排净空气，使锅内均匀升温，保证灭菌彻底。常用方法是：关闭放气阀，通电后，待压力上升到0.05MPa时，打开放气阀，放出空气，待压力表指针归零后，再关闭放气阀。三次放气后，关阀再通电，压力表上升达0.1～0.15Mpa时，维持15～20min。对高压灭菌后不变质的物品，如无菌水、接种用具，可以延长灭菌时间或提高压力。而培养基要严格遵守保压时间，既要保压彻底，又要防止培养基中的成分变质或效力降低，不能随意延长时间。对于一些布制品，如试验服、口罩等也可用高压灭菌。洗净晾干后用耐高压塑料袋装好，高压灭菌20～30min。高压灭菌前后的培养基，其pH下降一般0.2～0.3单位。高压后培养基pH的变化方向和幅度取决于多种因素。在高压灭菌前用碱调高pH至预定值的则相反。培养基中成分单一时和培养基中含有高或较高浓度物质时，高压灭菌后的pH变化幅度较大，甚至可大于2个pH单位。环境pH的变化大于0.5单位就有可能产生明显的生理影响。高压灭菌通常会使培养基中的蔗糖水解为单糖，从而改变培养基的渗透压。在8%～20%蔗糖范围内，高压灭菌后的培养基约升高0.43倍。培养基中的铁在高压灭菌时会催化蔗糖水解，可使15%～25%的蔗糖水解为葡萄糖和果糖。培养基值小于5.5，其水解量更多，培养基中添加0.1%活性炭时，高压下蔗糖水解大大增强，添加1%活性炭，蔗糖水解率可达5%。

2. 灼烧灭菌（用于无菌操作的器械） 在无菌操作时，当高压灭菌的镊子、剪子、解剖刀等需重复使用时，可将它们浸入95%的酒精中，使用之前取出在酒精灯火焰灼烧灭菌，冷却后立即使用。操作中可采用250mL或500mL的广口瓶，放入95%的酒精，以便插入器械。

3. 干热灭菌（玻璃器皿及耐热用具） 干热灭菌是利用烘箱加热到160～180℃的温度来杀死微生物。由于在干热条件下，细菌的营养细胞的抗热性大为提高，接近芽孢的抗热水平，通常采用170℃持续90min来灭菌。干热灭菌的物品要预先洗净并干燥，工具等要妥善包装，以免灭菌后取用时重新污染。包装可用耐高温的塑料或者纸张。灭菌时应渐进升温，达到预定温度后记录时间。烘箱内放置物品的数量不宜过多，以免妨碍热对流和穿透，到指定时间断电后，待充分冷凉，才能打开烘箱，以免因骤冷而使器皿破裂。

4. 过滤灭菌（不耐热的物质） 在培养某些细菌和病毒时，为了增加细菌数和病毒含量，需添加辅酶、还原型辅酶或者某些维生素等成分，因它们不耐热，故不能用高压灭菌处理，通常采用过滤除菌方法。可用无菌的孔径0.20～0.45μm的硝酸纤维素膜过滤除菌，当溶液通过滤膜后，细菌的细胞和真菌的孢子等因大于滤膜直径而被阻，在需要过滤灭菌的液体量大时，常使用抽滤装置，使用前将滤膜及其滤器高压灭菌；液量小时，可用一次性注射器用过滤器过滤除菌。接收和分装滤液的器皿需高压灭菌。

5. 紫外线和熏蒸灭菌（空间）

（1）紫外线灭菌　在接种室、超净台、生物安全柜或接种箱里用紫外灯灭菌。紫外线灭菌是利用辐射因子灭菌，细菌吸收紫外线后，蛋白质和核酸发生结构变化，引起细菌的染色体变异，造成死亡。紫外线的波长为200～300nm，其中以260nm的杀菌能力最强，但是由于紫外线的穿透物质的能力很弱，所以只适于空气和物体表面的灭菌，而且要求距照射物以不超过1.2m为宜。

（2）熏蒸灭菌　用加热焚烧、氧化等方法，使化学药剂变为气体状态扩散到空气中，以杀死空气和物体表面的微生物。这种方法简便，只需要把消毒的空间关闭紧密即可。常用熏蒸剂是甲醛，熏蒸时，房间关闭紧密，按 5～8mL/m^3 用量，将甲醛置于广口容器中，加 5g/m^3 高锰酸钾氧化挥发。熏蒸时，房间可预先喷湿以加强效果。冰醋酸也可进行加热熏蒸，但效果不如甲醛。化学消毒剂的种类很多，它们使微生物的蛋白质变性，或竞争其酶系统，或降低其表面张力，增加菌体细胞质膜的通透性，使细胞破裂或溶解。一般说来，温度越高，作用时间越长，杀菌效果越好。另外，由于消毒剂必须溶解于水才能发挥作用，所以要制成水溶状态，如升汞与高锰酸钾。还有消毒剂的浓度一般是浓度越大，杀菌能力越强，但石炭酸和酒精例外，酒精的浓度以 70%～75%杀菌能力最强。

（3）喷雾灭菌（物体表面）　物体表面可用一些药剂涂擦、喷雾灭菌。如桌面、墙面、双手、植物材料表面等，可用 70%的酒精反复涂擦灭菌，1%～2%的来苏儿溶液以及 0.25%～1%的新洁尔灭也可以。

（王宏俊　张培君）

第二节　实验室生物安全控制技术

实验室工作人员所处理的试验对象含有致病的微生物及其毒素时，通过在实验室设计建造、使用个体防护装置、严格遵从标准化的工作及操作程序和规程等方面采取综合措施，确保实验室工作人员不受试验对象侵染，确保周围环境不受其污染。

一、微生物危害评估

当建设使用传染性或有潜在传染性材料的实验室前，必须进行微生物危害评估。应依据传染性微生物致病能力的程度、传播途径、稳定性、感染剂量、操作时的浓度和规模、试验对象的来源、是否有动物试验数据、是否具有有效的预防和治疗方法等诸因素进行微生物危害评估。

通过微生物危害评估确定对象微生物应在哪一级的生物安全防护实验室中进行操作，根据危害评估结果，制定相应的操作规程、实验室管理制度和紧急事故处理办法，必须形成书面文件并严格遵守执行。

二、实验室生物安全防护的基本原则

实验室生物安全防护的内容包括安全设备和个体防护装置和措施（一级屏障）、实验室的特殊设计和建设要求（二级屏障）、严格的管理制度和标准化的操作程序及规程。应将每一特定实验室从立项、建设到使用维护的全过程中有关生物安全防护综合措施的内容编入各实验室的生物安全手册中。必须设有专职的生物安全负责人。

1. 安全设备和个体防护　安全设备和个体防护是确保实验室工作人员不与致病微生物及其毒素直接接触的一级屏障。生物安全柜是最重要的安全设备，形成最重要的防护屏障。

实验室应按要求分别配备Ⅰ、Ⅱ、Ⅲ级生物安全柜。所有可能使致病微生物及其毒素溅出或产生气溶胶的操作，除实际上不可实施外，都必须在生物安全柜内进行。不可用超净工作台代替生物安全柜。必要时实验室应配备其他安全设备，如设施配有排风净化装置的排气罩等，或采用其他不使致病微生物逸出确保安全的设备。实验室所配备的离心机应在生物安全柜或其他安全设备中使用，否则必须使用安全密封的专用离心杯。必须给实验室工作人员配备必要的个体防护用品，如个人防护服、防毒面具、安全眼镜或眼罩。

（1）生物安全柜　处理危险性微生物时所用的箱型空气净化安全装置。又分为：Ⅰ类生物安全柜：至少装置一个高效空气过滤器对所排气体进行净化，工作时安全柜正面玻璃推拉窗打开一半。外部空气由操作窗吸进，而不可能由操作窗口逸出。工作状态时，保证工作人员不受侵害，但不保证试验对象不受污染。Ⅱ类生物安全柜：至少装置一个高效空气过滤器对所排气体进行净化，工作空间为经高效过滤器净化的无涡流的单向流空气。工作时安全柜正面玻璃推拉窗打开一半。工作状态下遵守操作规程时，既保证工作人员不受侵害，又保证试验对象不受污染。Ⅲ类生物安全柜：至少装置一个高效空气过滤器对所排气体进行净化，工作空间为经高效过滤器净化的无涡流的单向流空气。正面上部为观察窗，下部手套箱式操作口。箱内对外界保持负压。可确保人体与柜内物品完全隔绝。

（2）管理制度　在主实验室内应合理设置清洁区、半污染区和污染区，非试验有关人员和物品不得进入实验室。实验室的工作人员必须是受过专业教育的技术人员。在独立工作前须在中高级实验技术人员指导下进行上岗培训，达到合格标准，方可开始工作。实验室的工作人员必须被告知实验室工作的潜在危险并接受实验室安全教育，自愿从事实验室工作。实验室的工作人员必须遵守实验室的所有规章制度和操作规程。

2. 实验室设计及建造　实验室应设洗手池（靠近出口处）。实验室围护结构内表面应易于清洁。地面应防滑、无缝隙，不得铺设地毯。实验室中的家具应牢固。应有专门放置生物废弃物容器的台（架）。实验室台表面应不透水，耐腐蚀、耐热。实验室如有可开启的窗户，应设置纱窗。

三、标准微生物操作规程

工作过程中禁止非工作人员进入实验室。接触微生物或含有微生物的物品后，脱掉手套后和离开实验室前要按程序洗手。禁止在工作区饮食、吸烟、处理隐形眼镜、化妆及存储食物。使用机械移液器或橡胶吸头吸取液体，禁止口吸。制订尖锐器具的安全操作规程。

按照实验室安全规程操作，降低溅出和气溶胶的产生。每天至少消毒一次工作台面，活性物质溅出后要随时消毒。所有培养物、废弃物在运出实验室前须进行灭活（如高压）。需运出实验室灭活的物品必须放在专用密闭的容器内。制订有效的防鼠防虫措施。

1. 无特殊微生物操作规程　安全设施和个体防护：一般无须使用生物安全柜等专用安全设备。工作人员在实验室应穿工作服，戴防护眼镜。工作人员手上有皮肤破损或皮疹时应戴手套。

2. 特殊微生物操作规程　满足一级实验室（标准微生物操作规程）各款要求，在此基础上特别注意：制订出入制度。实验室入口贴上生物危险标志。制订实验室特定的生物安全操作规则。每年一次培训。

四、针具、利器使用注意事项

禁止用手处理破碎的玻璃器具。使用塑料器材代替玻璃器材。用过的针头禁止折弯、剪断、折断、重新盖帽，禁止用手直接从注射器取下。用过的针头必须直接放入防穿透的容料中。非一次性利器必须放入厚壁容器中，应运送到特定区域消毒，最好进行高压消毒。培养基、组织及其他具有潜在危险性的废弃物须放在防漏的容器中储存、运输及消毒、灭菌。人员暴露于感染性物质时，及时向实验室负责人汇报，并记录事故经过和处理方案。禁止将无关动物带入实验室。

五、实验室的分类、分级及适用范围

1. 分类

（1）一般生物安全防护实验室（不使用实验脊椎动物和昆虫）。

（2）实验脊椎动物生物安全防护实验室。

2. 分级 每类生物安全防护实验室根据所处理的微生物及其毒素的危害程度各分为四级。各级实验室的生物安全防护要求依次为：一级最低，四级最高。

3. 适用范围

（1）一般生物安全防护实验室

① 一级生物安全防护实验室：实验室结构和设施、安全操作规程、安全设备适用于对健康成年人已知无致病作用的微生物，如用于教学的普通微生物实验室等。

② 二级生物安全防护实验室：实验室结构和设施、安全操作规程、安全设备适用于对人或环境具有中等潜在危害的微生物。

③ 三级生物安全防护实验室：实验室结构和设施、安全操作规程、安全设备适用于主要通过呼吸途径使人传染上严重的甚至是致死疾病的致病微生物及其毒素，通常已有预防传染的疫苗。

高致病性禽流感病毒和口蹄疫病毒的研究（血清学试验除外）应在三级生物安全防护实验室中进行。

④ 四级生物安全防护实验室：实验室结构和设施、安全操作规程、安全设备适用于对人体具有高度的危险性，通过气溶胶途径传播或传播途径不明，目前尚无有效的疫苗或治疗方法的致病微生物及其毒素。与上述情况类似的不明微生物，也必须在四级生物安全防护实验室中进行。待有充分数据后再决定此种微生物或毒素应在四级还是在较低级别的实验室中处理。

（2）实验脊椎动物生物安全防护实验室 其适用微生物范围与同级的一般生物安全防护实验室相同。

4. 一般生物安全防护实验室的基本要求

（1）一级生物安全防护实验室

① 安全设备和个体防护：一般无须使用生物安全柜等专用安全设备；工作人员在试验时应穿工作服，戴防护眼镜；工作人员手上有皮肤破损或皮疹时应戴手套。

② 实验室设计和建造的特殊要求：每个实验室应设洗手池，宜设置在靠近出口处；实验室围护结构内表面应易于清洁。地面应防滑、无缝隙，不得铺设地毯；试验台表面应不透水，耐腐蚀、耐热；实验室中的家具应牢固。为易于清洁，各种家具和设备之间应保持一定间隙。应有专门放置生物废弃物容器的台（架）；实验室如有可开启的窗户，应设置纱窗。

（2）二级生物安全防护实验室

① 安全设备和个体防护

A. 可能产生致病微生物气溶胶或出现溅出的操作均应在生物安全柜（Ⅱ级生物安全柜为宜）或其他物理抑制设备中进行，并使用个体防护设备。

B. 处理高浓度或大容量感染性材料均必须在生物安全柜（Ⅱ级生物安全柜为宜）或其他物理抑制设备中进行，并使用个体防护设备。

上述材料的离心操作如果使用密封的离心机转子或安全离心杯，且它们只在生物安全柜中开闭和装载感染性材料，则可在实验室中进行。

C. 当微生物的操作不可能在生物安全柜内进行而必须采取外部操作时，为防止感染性材料溅出或雾化危害，必须使用面部保护装置（护目镜、面罩、个体呼吸保护用品或其他防溅出保护设备）。

D. 在实验室中应穿着工作服或罩衫等防护服。离开实验室时，防护服必须脱下并留在实验室内。不得穿着外出，更不能携带回家。用过的工作服应先在实验室中消毒，然后统一洗涤或丢弃。

E. 当手可能接触感染材料、污染的表面或设备时，应戴手套。如可能发生感染性材料的溢出或溅出，宜戴两副手套。不得戴着手套离开实验室。工作完全结束后方可除去手套。一次性手套不得清洗和再次使用。

② 实验室设计和建造的特殊要求

A. 生物安全防护二级实验室必须满足一级实验室的要求。

B. 应设置实施各种消毒方法的设施，如高压灭菌锅、化学消毒装置等对废弃物进行处理。

C. 应设置洗眼装置。

D. 实验室门宜带锁，可自动关闭。

E. 实验室出口应有发光指示标志。

F. 实验室宜有不少于每小时 3～4 次的通风换气次数。

（3）三级生物安全防护实验室

① 安全设备和个体防护

A. 实验室中必须安装Ⅱ级或Ⅱ级以上生物安全柜。

B. 所有涉及感染性材料的操作应在生物安全柜中进行。当这类操作不得不在生物安全柜外进行时，必须采用个体防护与使用物理抑制设备的综合防护措施。

C. 在进行感染性组织培养、有可能产生感染性气溶胶的操作时，必须使用个体防护设备。

D. 当不能安全有效地将气溶胶限定在一定范围内时，应使用呼吸保护装置。

E. 工作人员在进入实验室工作区前，应在专用的更衣室（或缓冲间）穿着背开式工作服或其他防护服。工作完毕必须脱下工作服，不得穿工作服离开实验室。可再次使用的工作服必须先消毒后清洗。

F. 工作时必须戴手套（两副为宜）。一次性手套必须先消毒后丢弃。

G. 在实验室中必须配备有效的消毒剂、眼部清洗剂或生理盐水，且易于取用。可配备应急药品。

② 实验室设计和建造的特殊要求

A. 选址　三级生物安全防护实验室可与其他用途房屋设在一栋建筑物中，但必须自成一区。该区通过隔离门与公共走廊或公共部位相隔。

B. 平面布局　三级生物安全防护实验室的核心区包括试验间及与之相连的缓冲间；缓冲间形成进入试验间的通道。必须设两道连锁门，当其中一道门打开时，另一道门自动处于关闭状态。如使用电动连锁装置，断电时两道门均必须处于可打开状态。在缓冲间可进行二次更衣；当实验室的通风系统不设自动控制装置时，缓冲间面积不宜过大，不宜超过试验间面积的 1/8；Ⅱ级或Ⅲ级生物安全柜的安装位置应远离试验间入口，避开工作人员频繁走动的区域，且有利于形成气流由“清洁”区域流向“污染”区域的气流流型。

C. 围护结构　实验室（含缓冲间）围护结构内表面必须光滑、耐腐蚀、防水，以易于消毒清洁。所有缝隙必须加以可靠密封；实验室内所有的门均可自动关闭；除观察窗外，不得设置任何窗户。观察窗必须为密封结构，所用玻璃为不碎玻璃；地面应无渗漏，光洁但不滑。不得使用地砖和水磨石等有缝隙地面；天花板、地板、墙间的交角均为圆弧形且可靠密封，施工时应防止昆虫和老鼠钻进墙脚。

D. 通风空调　必须安装独立的通风空调系统以控制实验室气流方向和压强梯度。该系统必须确保实验室使用时，室内空气除通过排风管道经高效过滤排出外，不得从实验室的其他部位或缝隙排向室外；同时确保实验室内的气流由“清洁”区域流向“污染”区域。进风口和排风口的布局应使试验区内的死空间降低到最低程度；通风空调系统为直排系统，不得采用部分回风系统。

E. 环境参数　相对于实验室外部，实验室内部保持负压。试验间的相对压强以－40～－30Pa 为宜，缓冲间的相对压强以－20～－15Pa 为宜。实验室内的温、湿度以控制在人体舒适范围为宜，或根据工艺要求而定。实验室内的空气洁净度以 GB 50073—2001《洁净厂房设计规范》中所定义的七级至八级为宜。实验室人工照明应均匀，不炫目，照度不低于 500lx；为确保实验室内的气流由“清洁”区域流向“污染”区域，实验室内不应使用双侧均匀分布的排风口布局。不应采用上送上排的通风设计。由生物安全柜排出的经内部高效过滤的空气可通过系统的排风管直接排至大气，也可送入建筑物的排风系统。应确保生物安全柜与排风系统的压力平衡；实验室的进风应经初、中、高效三级过滤；实验室的排风必须经高效过滤或加其他方法处理后，以不低于 12m/s 的速度直接向空中排放。该排风口应远离系统进风口位置。处理后的排风也可排入建筑物的排风管道，但不得被送回到该建筑物的任何部位；进风和排风高效过滤器必须安装在实验室，设在围护结构上的风口里，以避免污染风管；实验室的通风系统中，在进风和排风总管处应安装气密型调节阀门，必要时可完全关闭以进行室内化学熏蒸消毒；实验室的通风系统中所使用的所有部件均必须为气密型。所使用的高效过滤器不得为木框架；应安装风机启动自动连锁装置，确保实验室启动时先开排风机后开送风机。关闭时先关送风机后关排风机；不得在实验室内安装分体空调器。

F. 安全装置及特殊设备　必须在主实验室内设置Ⅱ级或Ⅲ级生物安全柜；连续流离心机或其他可能产生气溶胶的设备应置于物理抑制设备之中，该装置应能将其可能产生的气溶胶经高效过滤器过滤后排出。在实验室内必须设置的所有其他排风装置（通风橱、排气罩等）的排风均必须经过高效过滤器过滤后方可排出。其室内布置应有利于形成气流由“清洁”区域流向“污染”区域的气流流型；实验室中必须设置不产生蒸汽的高压灭菌锅或其他消毒装置；试验间与外部应设置传递窗。传递窗双门不得同时打开，传递窗内应设物理消毒装置。感染性材料必须放置在密闭容器中方可通过传递窗传递；必须在实验室入口处的显著位置设置压力显示报警装置，显示试验间和缓冲间的负压状况。当负压指示偏离预设区间必须能通过声、光等手段向实验室内外的人员发出警报。可在该装置上增加送、排风高效过滤器气流阻力的显示；实验室启动工作期间不能停电。应采用双路供电电源。如难以实现，则应安装停电时可自动切换的后备电源或不间断电源，对关键设备（生物安全柜、通风橱、排气罩以及照明等）供电；可在缓冲间设洗手池。洗手池的供水截门必须为脚踏、肘动或自动开关。洗手池如设在主实验室，下水道必须与建筑物的下水管线分离，且有明显标志。下水必须经过消毒处理。洗手池仅供洗手用，不得向内倾倒任何感染性材料。供水管必须安装防回流装置。不得在实验室内安设地漏。

③ 其他

A. 试验台表面应不透水、耐腐蚀、耐热。

B. 实验室中的家具应牢固。为易于清洁，各种家具和设备之间应保持一定间隙。应有专门放置生物废弃物容器的台（架）。家具和设备的边角和突出部位应光滑、无毛刺，以圆弧形为宜。

C. 所需真空泵应放在实验室内。真空管线必须装置高效过滤器。

D. 压缩空气等钢瓶应放在实验室外。穿过围护结构的管道与围护结构之间必须用不收缩的密封材料加以密封。气体管线必须装置在线高效过滤器和防回流装置。

E. 实验室中应设置洗眼装置。

F. 实验室出口应有发光指示标志。

G. 实验室内外必须设置通信系统。

H. 实验室内的试验记录等资料应通过传真机发送至实验室外。

（4）四级生物安全防护实验室　四级生物安全防护实验室分为：安全柜型实验室和穿着正压服型实验室。在安全柜型实验室中，所有微生物的操作均在Ⅲ级生物安全柜中进行。在穿着正压服型实验室中，工作人员必须穿着特殊的正压服式保护服装。

① 安全设备和个体防护

A. 在实验室中所有感染性材料的操作都必须在Ⅲ级生物安全柜中进行。如果工作人员穿着整体的由生命维持系统供气的正压工作服，则相关操作可在Ⅱ级生物安全柜中进行。

B. 所有工作人员进入实验室时都必须换上全套实验室服装，包括内衣、内裤、衬衣或连衫裤、鞋和手套等。所有这些实验室保护服在淋浴和离开实验室前均必须在更衣室内脱下。

② 安全柜型实验室设计和建造的特殊要求

A. 选址　实验室应建造在独立的建筑物内或实验室建筑物内独立的区域。

B. 平面布局　实验室核心区域安放有Ⅱ级生物安全柜的房间（安全柜室）和进入通道

组成。进入通道至少有三个部分，依次为外更衣室、淋浴室和内更衣室。任何相邻的门之间都有自动连锁装置，防止两个相邻的门被同时打开。对于不能从更衣室携带进出安全柜室的材料、物品和器材，应在安全柜室墙上设置具有双门结构的高压灭菌锅，并有浸泡消毒槽、熏蒸室或带有消毒装置的通风传递窗，以便进行传递或消毒。必须设置带气闸室的紧急出口通道；安全柜室四周可设置缓冲区，为环形走廊或缓冲房间，属核心区域的一部分。缓冲区建设要求同三级生物安全防护实验室。

C. 围护结构　安全柜房间和内侧更衣室的墙壁、地板、天花板等内部应形成密封的内壳。地板应整体密封，墙角成圆弧形。房间的内表面应防水、耐腐蚀。结构内所有的缝隙都应密封。尽量减小安全柜室和内更衣室门周围的缝隙，并可密封以利消毒。安全柜室地板上所有的下水管都直接通往液体消毒系统，下水道口和其他服务管线安装高效过滤器并防止害虫进入；进入实验室的门可自动关闭，可以上锁。所有在实验室内外传递物品的设备都必须为双开门结构，两门之间也必须有自动连锁装置；任何窗户都要求防破碎并密封；在实验室的墙洞上安装用于对正级生物安全柜和安全柜室传递出来的物品进行消毒的双开门高压灭菌锅。其外门在实验室外开启。缝隙必须良好密封。

D. 通风空调　必须安装精心设计建造的直排式通风系统。该系统进风和排风设计应确保定向的气流由最小危险区流向最大潜在危险区。进风口和排风口的布局应使实验区内的死空间降低到最低程度；必须监测相邻区域的压差和气流流向，并安装报警器。在外更衣室的入口处安装压强仪表盘，显示和监测实验室内各区的压强或压差和进风、排风的风量；必须设计安装通风系统的自动控制和警报装置，以确保实验室内不出现正压并保持各房间压强和压差正常。Ⅱ级生物安全柜的排风必须直接与排风管道相连。排风管道必须单独设置，不得与建筑物排风系统相连；环境参数：安全柜室必须保持负压程度最高，其相对压强不得高于－60Pa；安全柜室、内更衣室、淋浴室和外更衣室的相对压强依次增高，相邻房间之间应有压差，保持在10～15Pa。核心区域的空气洁净度以七级至八级为宜。实验室人工照明应均匀，不炫目，照度不低于500lx；进风为三级过滤系统，最后一级必须经过高效过滤器过滤；来自整个核心区域的排风必须连续经过两个高效过滤器处理。排风口应远离实验室区和进风口；进风和排风高效过滤器必须安装在实验室各房间设在围护结构上的风口里，以避免污染风管。高效过滤器风口结构必须在更换高效过滤器之前实现就地消毒，或采用可在气密袋中进行更换的过滤器结构，以后再对高效过滤器进行消毒或焚烧。每台高效过滤器安装前后都必须进行检测，运行后每年也必须进行一次检测。

E. 安全装置及特殊设备　安全柜室必须设置正级生物安全柜；高压灭菌锅的门必须自动控制，只有在灭菌循环完成后，其外门方可开启；必须提供双开门的液体浸泡槽、熏蒸消毒室或用于消毒的通风气闸室，对来自Ⅲ级生物安全柜和安全柜室的不能高压消毒的物品进行消毒，使其安全进出；如果有中央真空管线系统，不应在安全柜室以外的空间使用。在线的高效过滤器尽可能接近每个使用点或截门处。滤器应易于现场消毒或更换。其他通往安全柜室的气、液管线要求安装保护装置以防止回流；自内更衣室（含卫生间）、安全柜室水池下水、地漏以及高压消毒室和其他来源流出的液体在排往下水道之前，必须经过消毒，最好用加热消毒法。地漏必须有充满对被试验传染性物质有效的化学消毒剂的水封，它们直接通往液体消毒系统。下水道口和其他服务管线均应安装高效过滤器。自淋浴室和外更衣室、厕所排出的液体可以不经过任何处理直接排到下水道中。对液体废弃物的消毒效果必须经过证实；必须为实验室的核心区（安全柜室、内更衣室、淋浴室和外更衣室）的通风系统、警报器、照明、进出控制和生物安全柜设置可以自动启动的紧急电源。

F. 其他　工作台表面应无缝或为密封的表面，应不透水、耐腐蚀、耐热；实验室的家具应简单，为开放结构，且牢固。试验台、安全柜和其他设备之间留有空间以便能够清理和消毒。椅子和其他设施表面应铺上非纤维材料使之容易消毒。家具和设备的边角和突出部位应光滑、无毛刺，以圆弧形为宜；在安全柜室、内外更衣室近门处安装非手动操作的或自动洗手池；实验室与外部必须设有通信系统，宜设闭路电视系统；实验室内的试验记录等资料必须通过传真机发送至实验室外。

（5）穿着正压服型实验室设计和建造的特殊要求

① 选址　实验室应建造在独立的建筑物内或实验室建筑物内独立的区域。

② 平面布局　实验室核心区域安放有Ⅱ级生物安全柜的房间（主实验室）和进入通道组成。进入通道包括更衣区和消毒区。更衣区依次为外更衣室、淋浴室和内更衣室。消毒区为化学淋浴室，工作人员离开主实验室时首先经过化学淋浴消毒正压防护服表面。核心区任何相邻的门之间都有自动连锁装置，防止两个相邻的门被同时打开。对于不能从更衣室携带进出主实验室的材料、物品和器材，应在主实验室墙上设置具有双门结构的高压灭菌锅、浸泡消毒槽、熏蒸室或带有消毒装置的通风传递窗，以便进行传递或消毒。必须设置带气闸室的紧急出口通道。

③ 围护结构　与四级生物安全防护实验室的要求相同。

④ 通风空调　实验区必须保持负压程度最高，其相对压强不得高于－80Pa；实验区、化学消毒淋浴室、内更衣室、淋浴室和外更衣室的相对压强依次增高，相邻房间之间保持10～15Pa 的压差。核心区域的空气洁净度以七级至八级为宜。

⑤ 安全装置及特殊设备　主实验室必须设置至少为Ⅱ级的生物安全柜；进入主实验室的工作人员必须穿着正压防护服，由高效过滤器提供保护的生命保障系统供给呼吸用气。生命保障系统包括提供超量呼吸气体的正压供气装置，报警器和紧急支援气罐。工作服内气压相对周围环境为持续正压。必须为生命保障系统设置自动启动的紧急电源。

（王宏俊　张培君）

第三节　疫苗冻干保护剂及疫苗冷冻真空干燥技术

一、疫苗冻干保护剂

（一）冻干保护剂的概念

保护剂（protector）又称稳定剂（stabilizer）。冻干保护剂是指在冻干过程中及其后使制品的活性物质免受破坏的一类物质。疫苗冻干保护剂的特点：有免疫活性而无药理活性；能在冻干和保存时维持疫苗的稳定性；在初次干燥时，适宜的温度下疫苗不塌陷；低成本，易取得；易灭菌；可溶性好；外形美观。

（二）冻干保护剂的类型

1. 按化学成分分类

（1）复合物类　如脱脂乳、明胶、蛋白质及水解物、多肽、酵母浸液、肉汤、淀粉、糊精甲基纤维素、血清、蛋白胨液等。

（2）糖类　如蔗糖、乳糖、果糖、麦芽糖、棉籽糖、己糖、海藻糖等。

（3）盐类　如氯化钠、氯化钾、氯化铵、乳酸钙、谷氨酸钠等。

（4）醇类　如山梨醇、甘油、甘露醇、肌醇等。

（5）酸类　如氨基酸、柠檬酸、酒石酸、EDTA、磷酸等。

（6）聚合物类　如葡聚糖、聚乙二醇、聚乙烯吡咯烷酮等。

（7）抗氧化剂类　如维生素C和维生素E、硫脲等。

2. 按分子量及作用分类

（1）高分子化合物　如脱脂乳、明胶、血清、脱纤血液、羊水、蜂蜜、酵母浸汁、肉汤、蛋白胨、淀粉、糊精、果胶、阿拉伯胶、右旋糖苷、聚乙烯吡咯烷酮、葡聚糖、羧甲基纤维素等。

（2）低分子化合物　如谷氨酸、天门冬氨酸、精氨酸、赖氨酸、苹果酸、乳糖酸、葡萄糖、乳糖、蔗糖、棉籽糖、山梨醇等。

（3）抗氧化剂　如维生素C和维生素E、硫脲、碘化钾、钼酸铵等。

3. 冻干保护剂按功能和性质分类　见表3-2。

表3-2　冻干保护剂按功能和性质分类表

类别	基质举例	作　用
填充剂（赋形剂）	甘露醇、肌醇、山梨醇、葡聚糖、蔗糖、乳糖、甘氨酸、聚乙烯吡咯烷酮（PVP）、明胶以及胶体物质等	防止药性物质在抽空时与水蒸气一起飞散。在冻干微量活性物质时，若溶液浓度太低（<4%），当被干燥物质升华时，会与水蒸气一起飞散，干后变成绒毛状的松散结构，在冻干结束后，这种结构的物质就会消散。因此，冻干前在溶液中加些填充剂，使之形成团块结构
防冻剂	甘油、二甲亚砜、蔗糖、PVP等	防止和减少冷冻过程中冰晶的形成
缓冲剂	氯化钾、磷酸氢二钾、HEPES等	起pH缓冲作用，防止因酸碱剧烈变化导致细胞死亡
pH调整剂	磷酸、山梨醇、EDTA、氨基酸等	调整到活性物质的最适pH
抗氧化剂	碘化钾、硫代硫酸钠、半胱氨酸、硫脲、维生素D、维生素E、抗坏血酸（钠）、蛋白质水解物、丁基羟基茴香醚、二丁基羟基甲苯、没食子酸丙酯等	防止病毒或细菌与空气（氧）接触，降低它们的新陈代谢速率，可增加生物活性物质在冻干后储存期间的稳定性。能以某种方式（如吸收氧原子发生还原反应；释放氢离子将过氧化物破坏；抑制或阻止氧化酶类的活动等）防止对菌体有害的氨基羰基反应或氧化作用，保持细胞活性并提高稳定性
改善崩解温度剂	甘氨酸、甘露醇、葡聚糖、PVP、蔗糖、木糖醇、蛋白质混合物等	提高制品的崩解温度，提高升华效率，避免产品在升华过程中发生崩解
除自由基剂	硫脲、碘化钠等	消除自由基的积累，使细胞免受自由基的伤害
表面活性剂	吐温-80、蔗糖脂肪酸酯、triton X-100、CHAPS、SDS、脂肪醇聚氧乙烯醚	在冻结和脱水过程中降低冰水界面张力所引起的冻结和脱水变性，又能在复水过程中对活性组分起到润湿剂和除褶皱剂的作用

（三）保护剂的组成及作用机制

保护剂就其组成来讲是一种混合物，因此保护剂的作用机制比较复杂，不同保护剂作用也不同。保护剂的作用主要是防止活性物质失去结构水及阻止结构水形成结晶，而导致生物活性物质的损伤；降低细胞内外的渗透压差、防止细胞内结构水结晶，以保持细胞的活力；保护或提供细胞复苏所需的营养物质，有利于细胞活力的复苏和迅速修复自身。

1. 冻干保护剂的组成

（1）低分子物质　低分子量化合物可形成均匀悬液，使悬浮于耐热保护剂中的病毒或细菌在冷冻干燥过程中尽量保持存活状态，起直接保护病毒和细菌的作用，保持最终干燥制品对水分的最低含量要求。一些亲水且能透过细胞膜的低分子物质能渗入细胞内，抑制冰晶的生成和减缓冰晶的生长，可防止维持细胞膜稳定性所必需的膜内结合水结晶。还可促进高分子物质形成骨架，使冻干制品呈多孔的海绵状，从而增加溶解度，包括糖类（如葡萄糖、乳糖、蔗糖、棉籽糖等）和氨基酸类（如谷氨酸、天门冬氨酸、精氨酸、赖氨酸等）。

（2）高分子物质　高分子物质在冻干生物制品中主要起骨架作用，防止低分子物质的碳化和氧化；而且可促进冷冻干燥过程中的升华。保护活性物质不受加热的影响；使冻干制品形成多孔性、疏松的海绵状物，从而使溶解度增加。一些不能穿透细胞膜高分子物质如聚乙烯吡咯烷酮、血清白蛋白和右旋糖苷等，它们有很强的亲水特性和氢键形成能力。保护剂利用它们的氢键和亲水基形成一个稳定的水分子层，阻碍膜内结合水向外转移，保护了细胞的结构。但高分子保护剂单独使用时，在保存期间对细胞的保护效果却不明显，如果合适的高分子和低分子保护剂配合使用，将会加速干燥且能在干燥和保存期间维持较高的细胞存活率。如白蛋白、血清、明胶、脱脂乳、各种液体培养基、淀粉、酵母浸膏以及聚乙烯吡咯烷酮、羧甲基纤维素等合成聚合物。

（3）抗氧化剂　抗氧化剂具有抑制冻干制品中的酶化作用，从而促进、保持微生物等活性物质的稳定性，包括一些有机的和无机的物质，如维生素 C、维生素 E、硫脲、碘化钾、钼酸铵和硫代硫酸钠等。

2. 冻干保护剂的作用机制

（1）“水替代”假说　冻干保护机制中的“水替代”假说认为，当冷冻干燥时，保护剂可与生物大分子的失水部位形成氢键，替代保持生物大分子空间结构和生物活性所必需的水分子，从而减轻了生物大分子冻干损伤。

1）保护剂对细菌细胞膜的保护　水分子可通过氢键与细胞膜中磷脂的极性端相连，而且每个磷脂的极性端与其他磷脂分子的极性端被水分子隔开。当磷脂干燥脱水时，极性端的密度增加，使处于液晶态的脂膜变成凝胶态，导致细胞膜结构发生相变，在室温下复水时，处于凝胶态的干燥质膜又经历了从凝胶态到液晶态的转变，由于膜经历了状态的转变，某些区域产生缺陷，使得膜渗漏，造成细胞死亡。

冻干保护剂特别是糖类保护剂分子上的羟基具有与膜磷脂上的磷酸集团连接形成氢键的能力，从而阻止和限制细胞膜因脱水而融合，降低相变温度（Tm），使脂膜不易向凝胶相转变而保持液晶相，增加膜的流动性。Samuel 等利用傅立叶变换红外光谱法（FTIR）测量了 *E. coli* 和 *B. thuringiensis* 的膜相变温度，干燥时不加糖，*E. coli* 和 *B. thuringiensis* 的 Tm 高于室温，干燥时加入海藻糖或蔗糖，可使干燥细胞的 Tm 降至室温之下。

天然保护剂中的血浆脂蛋白和卵黄脂蛋白具有与细胞膜脂蛋白类似的β折叠结构，两者具有良好的亲和性，从而对膜脂蛋白具有良好保护作用。

2）保护剂对蛋白质的保护　由于蛋白质分子中存在大量的氢键，结合水通过氢键与蛋白质分子联结。当蛋白质在冷冻干燥过程中失去水分后，保护剂的羟基能够替代蛋白质表面上水的羟基，使蛋白质表面形成一层“水合层”，这样就可以保护氢键的联结位置不直接暴露在周围环境中，从而保持了蛋白质天然结构和功能的完整性。

（2）“玻璃态”假说　“玻璃态”假说认为，在含有保护剂溶液的干燥过程中，当浓度足够大且保护剂不发生结晶时，保护剂与活性组分混合物就会被玻璃化（vitrification）。玻璃化是指物质以非晶态形式存在的一种状态，其黏度极大，一般为 $10^{12}\sim10^{14}$（Pa·s），由于这种非晶体结构的扩散系数很低，故在这种结构中分子运动和分子变性反应非常微弱，不利的化学反应能够被抑制，从而提高被保存物质的稳定性。研究表明，单糖、双糖、多羟基化合物以及结构蛋白质、酶都能显示玻璃行为，只是玻璃化转变温度 Tg 不同。保护剂在蛋白质周围形成玻璃体，使蛋白质的链段运动受阻，阻止蛋白质的展开和沉淀，从而抑制了蛋白质结构亚能级与结构松弛之间的相互转换，维持蛋白质分子三维结构的稳定性。

有效保护剂的使用可以改变体系的 Tg 曲线，使体系的玻璃化转变温度升高，从而在较高的温度下使体系保持玻璃态而稳定。糖类在保护作用中效力的顺序由强到弱依次为海藻糖、麦芽糖、蔗糖和葡萄糖，这恰好与它们玻璃态转变温度由高到低的顺序一致。海藻糖能够促进玻璃体的形成，减少对蛋白质及细胞有破坏作用的冰晶的生成。若向体系中添加硼酸盐离子，则可通过与海藻糖分子间形成可逆的交联网状物来提高干燥基质的玻璃化转变温度，从而增强海藻糖的稳定效果。Kets 等向蔗糖溶液中添加柠檬酸钠也可获得比蔗糖的 Tg 值要高的玻璃化转变温度。Satoshi Ohtake 等研究了糖-磷酸盐混合物对脱水体系 DPPC（1，2-dipalmitoyl posphatidy choline）稳定性的影响，结果表明当有磷酸盐存在时，海藻糖-DPPC 体系、蔗糖-DPPC 体系、棉籽糖-DPPC 体系的 Tg 值均要比无磷酸盐存在时的 Tg 值要高。

目前，“水替代”假说和“玻璃态”假说并不能完全解释所有的冷冻干燥保护过程。例如，对 L-天门冬酰胺酶的研究表明，虽然四甲基葡萄糖和聚乙烯吡咯烷酮（PVP）都不能作为水替代物与蛋白质分子形成氢键，但它们在干燥过程中仍然能有效防止蛋白失活，“水替代”假说不能解释这一现象。同样，“玻璃态”假说也有一些不能解释的问题，如高温下海藻糖对生物制品的稳定性问题。总之，对冻干过程的保护机制仍需深入研究。

3. 影响冻干保护剂效能的因素

（1）保护剂种类　利用不同保护剂冻干的同一种微生物的保存期的存活率不同。如分别用 7.5%葡萄糖肉汤和 7.5%乳糖肉汤作保护剂冻干的沙门氏菌，在室温保存 7 个月后的细菌存活率分别为 35%与 21%。

（2）保护剂组分浓度　保护剂组分浓度可直接影响冻干制品的生物活性物质的存活率。Fry（1951）曾以大肠杆菌 D201H 加不同浓度葡萄糖作保护剂进行冻干，并测定冻干品的细菌存活率，证明以 5%～10%葡萄糖存活率最高。

（3）保护剂配制方法　配制方法的不同往往能影响保护剂的效果，例如，含糖保护剂灭菌温度不宜过高，否则由于糖的炭化会影响冻干制品的物理性状和保存效果，所以，均以

116℃灭菌 30min 或过滤除菌。

(4) 保护剂 pH　保护剂 pH 应与微生物生存时的 pH 相同或相近，过高或过低都能导致微生物的死亡。例如，明胶蔗糖保护剂的 pH 以 6.8～7.0 为最佳，否则会造成微生物大量死亡。

(5) 冻干曲线的设置　不同的冻干曲线同样影响保护剂效能的发挥。因此，每种新的冻干制品在批量生产前应进行系统的最佳保护剂选择试验，包括保护剂冻干前后的活菌数、病毒滴度和效价测定的比较试验，不同保存条件和不同保存期的比较试验，以及不同冻干曲线的优化试验。

(四) 常用的冻干保护剂

1. 各类微生物较适用的保护剂

(1) 病原细菌　12%蔗糖、20%脱脂乳、含 1%谷氨酸钠的 10%脱脂乳、1%谷氨酸钠溶液、5%牛血清白蛋白的蔗糖、磷酸或谷氨酸钠溶液等。而兽医领域病原细菌常用保护剂有：10%脱脂乳、灭活犊牛血清、5%蔗糖脱脂牛奶、5%蔗糖和 1.5%明胶、灭活马血清等。

(2) 病毒　明胶、血清、胨、清蛋白、谷氨酸钠、羊水、乳糖、葡萄糖、蔗糖、山梨醇、聚乙烯吡咯烷酮等。由这些物质不同浓度单独或混合使用。

(3) 厌氧菌　10%脱脂乳，7.5%葡萄糖血清，含 0.1%谷氨酸钠的 10%乳糖溶液。

(4) 支原体　12%蔗糖，3%脱脂乳和 5%葡萄糖混合液，1%牛血浆清蛋白，50%马血清，5%脱脂乳和 7.5%葡萄糖加马血清等。牛的支原体冷冻干燥所用保护剂：12%蔗糖或含 7.5%葡萄糖马血清及 1%牛血浆清蛋白等。

(5) 立克次体　冷冻干燥常用保护剂为 10%脱脂乳。

(6) 酵母菌　可用马血清或含 7.5%葡萄糖的马血清。也有使用脱脂乳和谷氨酸钠混合液或其中加蔗糖者。

2. 兽医生物制品常用冻干保护剂

(1) 5%蔗糖（乳糖）脱脂乳　蔗糖（乳糖）5 g 加脱脂乳至 100mL，充分溶解，100℃蒸汽间歇灭菌 5 次，每次 30min；或 110～116℃高压灭菌 30～40min，无菌检验阴性，4℃保存备用。用于羊痘鸡胚化弱毒羊体反应冻干苗、鸡新城疫Ⅰ系冻干苗和Ⅱ系冻干苗、鸡痘鹌鹑化弱毒冻干苗、鸭瘟鸡胚化弱毒冻干苗等。

(2) 明胶蔗糖　明胶 2%～3%（g/mL）、蔗糖 5%（g/mL）、硫脲 1%～2%（g/mL），先配成 12%～18%明胶、30%蔗糖、6%～12%硫脲原液，按比例配成明胶 2%～3%（g/mL）、蔗糖 5%（g/mL）、硫脲 1%～2%（g/mL）应用液，116℃高压灭菌 30～40min，无菌检验阴性，4℃保存备用。用于猪肺疫和猪丹毒弱毒冻干苗等。

(3) 40%蔗糖明胶　蔗糖 40g、明胶 12 g 加蒸馏水至 100mL，混合溶解，调 pH，116℃高压灭菌 30～40min，灭菌后 pH 为 6.8～7.0，无菌检验阴性，4℃保存备用。用于猪肺疫 EO630 弱毒冻干。

(4) 聚乙烯吡咯烷酮乳糖　聚乙烯吡咯烷酮 30～35 g、乳糖 10 g，加蒸馏水至 100mL，混合溶解，120℃高压灭菌 20min，无菌检验阴性，4℃保存备用。用于水貂犬瘟热细胞冻干苗等。

(5) SPGA　蔗糖 76.62 g、磷酸二氢钾 0.52 g、磷酸氢二钾（含 3 个结晶水）1.64 g、谷氨酸 0.83 g、牛血清白蛋白 10g，加无离子水至 1 000mL，混合溶解，除菌滤过，无菌检验阴性，4℃保存备用。用于鸡马立克氏病火鸡疱疹病毒苗等。表 3－3 为一些细菌制品冻干保护剂的组成及生意人冻干存活率。

表 3－3　一些细菌制品冻干保护剂的组成及相应的冻干存活率

细菌名称	保护剂配方	冻干存活率
盐生盐杆菌	15%氯化钠、4%水解乳蛋白、6%海藻糖、18%蔗糖	91.8%
双歧杆菌	脱脂牛奶+5%海藻糖	85.63%（4～8℃保存 24 个月）
双歧杆菌	20%海藻糖溶液	72%（45℃保存 10d）
两歧双歧杆菌	20%脱脂乳+8%蔗糖+1%甘油	73.2%
福氏志贺氏菌	8.2%蔗糖、0.07%谷氨酸钠、2.5%人血白蛋白、0.01mol/L 磷酸盐溶液溶解	60%～70%

近年来，国内一些单位在动物用活疫苗冻干保护剂研究多年取得了长足进展。中国兽医药品监察所已成功地研究出猪瘟、鸡新城疫、马立克氏病、鸡传染性支气管炎、鸡传染性法氏囊和鸡痘等病毒活疫苗的耐热冻干保护剂。

试验证明，这些用耐热保护剂制成的冻干活疫苗在 2～8℃保存 24 个月后，病毒滴度无明显下降，免疫效力无明显变化，完全达到进口同类产品的水平。这一重大突破为中国活疫苗实现在 2～8℃下运输保存提供了可靠的保证。表 3－4 为动物用耐热保护剂活疫苗与常规疫苗对比结果。

表 3－4　动物用耐热保护剂活疫苗与常规疫苗对比结果

疫苗名称	保护剂类型	冻干后病毒含量	37℃10d 病毒含量	2～8℃保存 24 个月病毒含量
鸡传染性法氏囊活疫苗（B87）	耐热保护剂活疫苗	$10^{4.3}$ ELD_{50}	$10^{4.1}$ ELD_{50}	$10^{3.9}$ ELD_{50}
	传统苗（5%蔗糖脱脂奶）	$10^{4.3}$ ELD_{50}	$10^{2.3}$ ELD_{50}	$10^{2.1}$ ELD_{50}
鸡痘活疫苗	耐热保护剂活疫苗	$10^{4.1}$ EID_{50}	$10^{3.7}$ EID_{50}	$10^{3.7}$ EID_{50}
	传统苗（5%蔗糖脱脂奶）	$10^{4.1}$ EID_{50}	$10^{2.5}$ EID_{50}	$10^{2.7}$ EID_{50}
鸡传染性支气管炎活疫苗（H52）	耐热保护剂活疫苗	$10^{5.1}$ EID_{50}	$10^{4.5}$ EID_{50}	$10^{4.3}$ EID_{50}
	传统苗（5%蔗糖脱脂奶）	$10^{4.1}$ EID_{50}	$10^{1.7}$ EID_{50}	10^{0} EID_{50}
鸡传染性支气管炎活疫苗（H120）	耐热保护剂活疫苗	$10^{4.9}$ EID_{50}	$10^{4.1}$ EID_{50}	$10^{4.3}$ EID_{50}
	传统苗（5%蔗糖脱脂奶）	$10^{4.3}$ EID_{50}	$10^{1.7}$ EID_{50}	10^{0} EID_{50}

（续）

疫苗名称	保护剂类型	冻干后病毒含量	37℃10d病毒含量	2～8℃保存24个月病毒含量
猪瘟淋脾毒活疫苗	耐热保护剂活疫苗	5万倍检验 2/2++	5万倍检验 2/2++	5万倍检验 2/2++
	传统苗（5%蔗糖脱脂奶）	5万倍检验 2/2++	5万倍检验 2/2--	5万倍检验 2/2--
猪瘟细胞毒活疫苗	耐热保护剂活疫苗	5万倍检验 2/2++	5万倍检验 2/2++	5万倍检验 2/2++
	传统苗（5%蔗糖脱脂奶）	5万倍检验 2/2++	5万倍检验 2/2--	5万倍检验 2/2--
鸡新城疫低毒力活疫苗（La Sota）	耐热保护剂活疫苗	$10^{8.9}$EID$_{50}$	$10^{7.7}$ EID$_{50}$	$10^{8.3}$ EID$_{50}$
	传统苗（5%蔗糖脱脂奶）	$10^{8.9}$ EID$_{50}$	$10^{6.1}$ EID$_{50}$	10^{0}EID$_{50}$
鸡马立克火鸡疱疹病毒活疫苗（F$_C$-126）	耐热保护剂活疫苗	7 800PFU/羽	3 947PFU/羽	5 150PFU/羽
	传统苗（SPGA）	6 600PFU/羽	1 914 PFU/羽	2 280 PFU/羽

二、疫苗冷冻真空干燥技术

（一）真空冷冻干燥的概念及原理

冷冻干燥即通常所说的冻干，是将含有大量水分的生物活性物质先行降温冻结成固体，再在真空和适当加温条件下使固体水分直接升华成水汽抽出，最后使生物活性物质形成疏松、多孔样固状物。

真空冷冻干燥技术是先将制品冻结到共晶点温度以下，使水变成固态的冰，然后在适当的温度和真空度下，使冰升华为水蒸气。再用真空系统的冷凝器（水汽凝结器）将水蒸气冷凝，从而获得干燥制品的技术。该过程主要可分为：预冻、一次干燥（升华干燥）、二次干燥（解吸干燥）和密封保存四个步骤。

（二）冷冻干燥的技术方法

1. 冻干设备与装置 物质的冻干在冷冻真空干燥系统中进行。冷冻真空干燥系统由制冷系统、真空系统、加热系统和控制系统四个部分组成。

（1）制冷系统 由冷冻机、冻干箱和冷凝器内部的管道组成。其功用是对冻干箱和冷凝器进行制冷，以产生和维持冻干过程中的低温条件。

（2）真空系统 由真空泵、冻干箱、冷凝器及真空管道和阀门组成。真空泵为该系统重要的动力部件，必须具有高度的密封性能，使制品达到良好的升华效果。

（3）加热系统 常利用电加热装置。加热系统可使冻干箱加热，使物质中的水分不断升华而干燥。

（4）控制系统　由各种控制开关、指示和记录仪表、自动控制元件等组成。其功用是对冻干设备进行手动或自动控制，使其正常运行，保证冻干制品的质量。

2. 冻干程序

（1）测量共熔点　生物制品在冻干前多配成溶液或混悬液，溶液随温度降低而发生凝固冻结，达到全部凝固冻结的温度称为凝固点或称共晶点。不同物质的凝固点不同。实质上物质的凝固点也就是该物的熔化点，故又称该温度为共熔点，准备冻干的产品在升华前，必须达到共熔点以下的温度，否则严重影响产品质量。

不同生物制品的共熔点不同，生物制品的共熔点依其组成成分不同而异，必须测定每种生物制品的共熔点才有可能按此共熔点进行冻干。测定共熔点的原理是根据导电溶液的电阻与温度相关，当温度降低时电阻加大，当降到共熔点时电阻突然增大，此时的温度即为该溶液物质的共熔点。正规测定法是将一对白金丝电极插入液态制品中，并插入一支热电阻温度计，并将电极、温度计、仪表与记录仪连接，然后将溶液物质冷冻至－40℃以下低温，直到电阻无穷大，随后缓慢升温至电阻突然降低的温度即为该溶液物质的共熔点。表3－5为一些物质的共熔点。

表3－5　一些物质的共熔点

物　质	共熔点（℃）
0.85％氯化钠溶液	－22
10％蔗糖溶液	－26
40％蔗糖溶液	－33
10％葡萄糖溶液	－27
2％明胶、10％葡萄糖溶液	－32
2％明胶、10％蔗糖溶液	－19
10％明胶、10％葡萄糖、0.85％氯化钠溶液	－36
脱脂牛乳	－26
马血清	－35

（2）产品预冻

1）制品的玻璃化　对于具有一定初始浓度的细菌制品，其预冻过程一般通过“两步法”来完成。第一步是以一般速率进行降温，让细胞外的溶液中产生冰，细胞内的水分通过细胞膜渗向胞外，胞内溶液的浓度逐渐提高；第二步是以较高速率进行降温，以实现胞内溶液的玻璃化。此法又称为“部分玻璃化法”。该过程可用图3－1来表示。

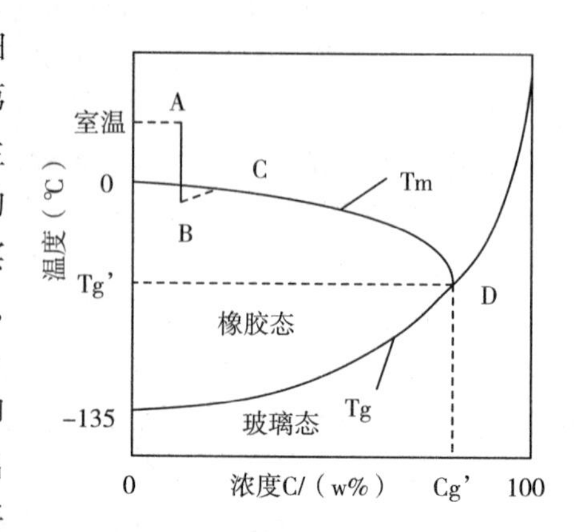

图3－1　溶液补充相图示意图

当初始浓度为A的溶液（A点）从室温开始冷却时，随着温度的下降，溶液过冷到B点后将开始析出冰，结晶潜热的释放又使溶液局部温度升高。溶液将沿着平衡的熔融线不断析出冰晶，冰晶周围剩余的未冻溶液随温度下降，浓度不断升高，一直下降到熔融线（Tm）与玻璃化转变曲线（Tg）的交点（D点）时，溶液中剩余的水分将不再结晶（称为不可冻水），此时的溶液达到最大冻结浓缩状，浓度较高，以非晶态基质的形式包围在冰晶周围，形成镶嵌着冰晶的玻璃体。

2）降温速率与预冻温度　预冻速度决定了制品体积大小、形状和成品最初晶格及其微孔的特性，由此造成不同的升华速率和干燥后制品的不同结构。预冻速度一般可控制在每分钟降温1℃左右。

冻干制品溶液的最佳冷冻速度是因制剂本身的特性不同而变化的。如蛋白多肽类药物的冻干，慢速冻结通常是有利的，而对于病毒、疫苗来说，快速降温通常是有利的。对结晶性制剂而言，冻结速度一般不要太快，冻结速度快虽然便于形成大块冰结晶体，维持通畅的升华通道，使升华速度加快，但如果结晶过大、晶核数量过少、制剂的结晶均匀性差，也不利于升华干燥。对于一些分子呈无规则网状结构的高分子药物，速冻能使其在药液中迅速定型，使包裹在其中的有机溶媒蒸汽在真空条件下迅速逸出，反而能使升华速度加快。

预冻温度须低于制品的玻璃态和橡胶态转变温度，以保证箱内所有的制品温度都低于共熔点，使其全部凝结成固体；对于许多溶液，它们的玻璃化转变温度一般要比共晶温度低10～30℃。至于预冻的最终温度是控制在低于共晶温度还是低于玻璃化转变温度，这主要取决于我们希望制品在冻结过程中所达到的固化状态。对于具有类似膜结构或活性成分制品的冷冻干燥，应尽量使其最终冻结温度低于玻璃化转变温度。另外，与晶态药品相比，玻璃化药品具有较高的溶解速度，而对于许多药品来讲，提高其在体内的溶解速度，就可提高该药的生物活性和药效。一般制品预冻温度在共熔点以下10～15℃保持2～3h，保证冷冻完全；多数疫苗的共熔点在－20～－15℃，因此，预冻温度要在－40～－35℃。目前最常用的一种冷冻方法是冻干机板层冷冻。

（3）一次干燥　一次干燥（升华干燥）是指低温下对制品加热，同时用真空泵抽真空，使其中被冻结成冰的自由水直接升华成水蒸气。待成品中看不到冰时，则可认为一次干燥已完毕，此时制品温度迅速上升，接近板温，制品中最初水分的90%以上已被除去。

1）一次干燥中制品温度的控制　在升华干燥过程中，制品吸收热量后所含水分在真空下升华成水蒸气，消耗大量热能，使得制品温度较板层温度低十几甚至几十度。多数动物用疫苗一次干燥应在－30℃或以上温度（低于产品塌陷温度尤其是共熔点温度）下进行，因此板层温度一般在－10～3℃。如果温度过高，会出现软化、塌陷等现象，造成冻干失败；如果温度过低，不仅给制冷系统提出了过高的要求，而且大大降低了升华过程的速率，费时又耗能。尽管在有些场合下，一次干燥的最大许可温度由制品的相变温度或共晶温度决定，但一般的情况下，预冻的制品中都有一定份额的无定形态，故应当将冻干的一次干燥过程控制在玻璃化转变温度Tg以下进行。

在干燥过程中，如制品干燥层温度上升到一定数值时，其部分干燥物质所形成的多孔性骨架刚度降低，干燥层内颗粒出现脱落，直至骨架塌陷，造成已被干燥部分的微孔通道被封闭，阻止升华的进行，使升华速率减慢，最终可导致冻干产品的残余水分含量过高，产品的复水性与稳定性差。此时的温度称为塌陷温度Tc。塌陷温度Tc是在冻干过程中样品所特有的一特征温度，是由制品材料及干燥层的多孔性结构所决定，还与制品的水分含量有关，随着水分含量的升高，塌陷温度将降低。Kasraian等认为，在多数情况下，塌陷温度Tc要比玻璃化转变温度Tg高20℃左右。在一次干燥过程中，冻结层温度要低于共晶点温度Te或玻璃化转变温度 Tg，干燥层的温度要低于塌陷温度 Tc。对于一个特定的冻干制品，其共晶温度、玻璃化转变温度可通过 DSC 测得，而塌陷温度可通过冻干显微镜测得。

目前大多数的操作，都是在整个升华干燥过程中保持加热温度不变。关于是否应当这样，存在两种不同的观点。一种观点认为，在升华干燥阶段，随着水分的升华，使制品浓度升高，其玻璃化转变温度也会提高，这样升华干燥过程中就可以适当逐渐提高温度，加快升华进行；另一种观点认为，在升华干燥阶段，升华的只是游离在网状结构空隙中的自由水，不会对物料实体的玻璃化转变温度产生影响，因此升华干燥过程中的加热温度仍应保持不变。实际上这两种情况都可能出现，是和冷却固化的情况有关的。

2）一次干燥中冷阱温度的控制　冷阱位于真空泵进口前，升华产生的水蒸气靠压差的作用到达冷阱，重新结成霜，如果没有冷阱或其温度不够低，就会导致冻干室内水蒸气压升高，制品升华界面压力和温度都会上升，使得制品融化。冷阱的温度要比制品升华界面的温度低得多，如 20K 或更多。对于多数制品的冷冻干燥，冷阱表面温度在－50～－40℃已能满足要求。

3）一次干燥中的真空度　一次干燥中真空度应维持在 100～120torr（13 332～16 000Pa）。一般说来，在升华干燥过程中真空度是维持不变的，但也可以采用循环压力法，即控制真空系统的压力在一定范围内上下波动，以期提高干燥速度。大量研究表明，在干燥过程中短期地略微提高干燥室压力（266～666Pa），同时干燥层表面温度维持在接近其允许值，可以缩短干燥时间。但干燥室压力必须低于升华界面压力，而升华界面的压力所对应的升华界面温度必须低于制品在相应浓度下的玻璃化转变温度。在升华过程中，有时可采用向冻干箱内充注气体，以形成对流传热，但这一部分空气量会降低真空度，因此，要对真空度进行控制，使其既能形成恰当的对流传热，又能使制剂表面始终处于匀速干燥的压力状态。

4）影响干燥效率的因素　在一次干燥过程中，除了制品温度、冷阱温度、干燥室压力影响干燥快慢以外，预冻速度也影响着升华效率。慢冻形成大冰晶，升华后形成大的孔隙，有利于升华进行，干燥速度快；速冻形成细小的冰晶，升华后留下细小的通道，干燥速度慢。但慢冻时，尤其是瓶装物料采用搁板预冻的情况下，冰晶首先在瓶子底部形成，溶质向顶部迁移，使上部溶液的浓度不断增大，以至于在表面形成一层硬壳，阻止升华进行，因此，要避免该现象的发生，一般采用快速冻结。另外，如果制品浓度大，冻结后形成的密度大，阻碍升华进行，使干燥效率降低。

近年来发现，在冻干配方中加入叔丁醇后，冻结时会形成针状结晶，冰晶升华后留下了管状通道，使水蒸气阻力大大减小，升华速率显著提高，节省了时间和能耗。

（4）二次干燥（解吸干燥）　是在较高的温度下对制品加热，使制品中被吸附的部分“束缚水”解吸变成“自由”的液态水再吸热蒸发成水蒸气的过程，加热量主要用于被束缚水的解吸作用和蒸发。由于升华干燥之后，在干燥制品的多孔结构表面和极性集团上结合水的吸附能量很大，因此，必须提供较高的温度和足够的热量才能实现结合水的解吸过程。该过程中，制品的含水量不断减少，其玻璃化转变温度是不断提高的，制品温度也可以逐渐提高，但其数值要低于玻璃化转变温度 Tg 或塌陷温度 Tc。在二次干燥过程中，板层温度至少每小时增加 5～10℃。成品温度应该迅速升至板层温度或以上，否则制品水分增多且易倒塌。

二次干燥目的虽然是使残存在多孔疏松状固体中的水被去除，但适当的水分（通常 1%～1.5%）对于保持疫苗结构完整性和活性也是必要的。制品水分过低，菌体表面亲水基团失去保护，会直接与氧接触，影响菌体的存活率。最终板层温度是成品水分含量的一个主要决定因素，其数值不能超过制品的最高允许温度，对于蛋白质药物其最高允许温度一般应低于 40℃，对于绝大多数动物用疫苗，最终板层温度应该在 25～35℃。一般细菌性产品最终板层温度为 30～35℃，病毒性产品为 25℃。影响制品水分的因素还有真空度的控制，当从一次干燥进入二次干燥时，必须尽可能提高真空度，这样有利于残余水分的逸出。在二次干燥阶段的初期，进行真空控制的目的不是为了提高水蒸气的全压，而是为了强化从搁板到制剂的热传导，降低制剂的残余水分。

对于二次干燥终点的判定，目前多采用剩余气体判断法。试验操作方法是：切断冻干箱与真空泵间的通道，观察在冻干箱内真空度的破坏速度。对于水蒸气，若压力变化速度为<5Pa/3min，则可大致认为其已达到干燥终点。这个方法还应通过取样分析制剂的水分残留量来验证确定。

以下对整个冷冻干燥过程用状态图进行说明。

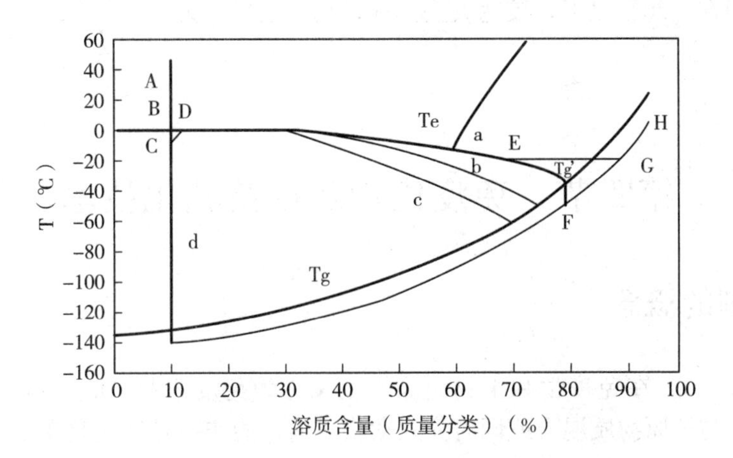

图 3-2　冷冻干燥过程在水溶液状态图上的表示

制品由常温 A 开始冷却；越过凝固点 B，过冷至点 C，形成晶核；制品温度返回凝固点 D；在整个结冰过程中，随着温度的下降，冻结水增加，未冻相的溶质浓度不断提高。当到达共晶点 Te 时，理论上应形成共晶体，但对大多数生物制品，溶质很少在温度 Te 下结晶。因此，如果温度继续降低，冰还会进一步形成，未冻相的溶质浓度还会进一步提高，致使溶液处于过饱和状态，即沿着 TeETg’线，直至 Tg’点，发生玻璃化转变。此时过饱和的未冻相就形成玻璃态，整个物料就成为既有冰晶，又有玻璃体的复杂固态结构。再进一步冷却，由点 Tg’到点 F，温度降至 Tg’以下，但浓度不变。理想的干燥过程应沿路径 FGH 进行，即干燥过程中物料的温度始终保持低于相应浓度的玻璃化转变温度 Tg’，这样分子的流动性极小，能够保持物料的稳定，避免出现塌陷等现象。如果冷却温度不够低，如冷却到点 E（E 点温度高于相应浓度的玻璃化转变温度）就开始加热，干燥过程就会沿路径 EGH 进行。在干燥的最初阶段，由于冰晶的存在，物料暂时不会出现塌陷；但只要有部分物料已被干燥，其中的冰晶已消失，而温度又在玻璃化转变温度 Tg 以上，再继续加热就可能出现塌陷等情况。

（5）密封保存　冻干结束后，通过板层液压升降系统，将半加塞的疫苗瓶在真空状态下密封，或者充惰性气体（氮气或氩气）的条件下进行。

1）包装材料的选择　玻璃的理化性质稳定，不易与药物反应，应用较多，棕色玻璃能阻挡波长小于470nm的光线透过，故光敏冻干品可用棕色玻璃包装。使用的胶塞应和管状玻璃瓶配套，检测的方法是将其密封后置45℃水浴24h，观察疫苗瓶中是否有水被吸入。胶塞应该在135℃干燥4h，如果胶塞通过高压灭菌（121℃40min）将使胶塞中的水分逐渐扩散到疫苗中，导致疫苗水分含量增加1%～5%，对冻干物质的框架结构起到破坏作用，因此，采用干烤（135℃4h）的胶塞来盖封冻干疫苗，对疫苗的长期保存和运输过程是非常必要的。

2）冻干品的储存　Frank认为，储存温度至少应该比玻璃化转变温度低20℃，也就是说，如果希望在常温下（25℃）保持冻干品的稳定性，那么制品的玻璃化转变温度Tg值应当高于45℃。冻干制品的储藏温度一般是室温。对于某些药品，要求储藏温度为4℃，特殊的要求－18℃。兽用冻干活疫苗通常在2～8℃保存，冻干产品密封后不能在低于－20℃温度下保存，因为在－20℃以下，胶塞失去弹性，真空很易失去。

（王　栋）

第四节　免疫佐剂及疫苗乳化技术

一、佐剂的概念

佐剂（adjuvant）在免疫学和生物制品学上又称为免疫佐剂（immunologic adjuvant），是指先于抗原或与抗原物质混合或同时注入动物体内，能非特异性地改变或增强机体对抗原的特异性免疫应答的一类物质。有时能非特异地改变或增强抗原物质特异性免疫应答和发挥辅助作用的佐剂，也可称为免疫增强剂。

二、佐剂的类型

佐剂种类很多，但对分类尚无一致的意见。

1. Bullanti佐剂分类

（1）微生物与亚细胞组成佐剂

① 分支杆菌：人、动物分支杆菌或其组分，如BCG、MER。

② 革兰氏阴性杆菌：百日咳杆菌及其内毒素等。

③ 革兰氏阳性杆菌：小棒状杆菌等。

④ 革兰氏阳性球菌：葡萄球菌、链球菌等。

⑤ 其他微生物与组分：酵母多糖等。

（2）非微生物物质佐剂　大分子物质，核酸（DNA、RNA），人工合成双链核苷酸

(poly I：C、Poly A：u）等；小分子物质，有机物类如维生素 A、类脂质等，无机物类如铍、铝胶及明矾等；化学药品，左旋咪唑等。

2. 山村雄一佐剂分类

（1）不溶性铝盐类胶体佐剂　如氢氧化铝胶、明矾、磷酸三钙等佐剂。

（2）油乳佐剂　如弗氏佐剂、矿物油白油佐剂等。

（3）微生物及其组分、产物佐剂　结核分支杆菌、百日咳杆菌、绿脓杆菌、布鲁氏菌、短棒状杆菌、链球菌、葡萄球菌、酵母菌及其内毒素（脂多糖）、黏肽等。

（4）核酸及其类似物佐剂　如 DNA、RNA、多核苷酸，以及合成核苷酸聚合体等。

（5）合成物佐剂　一些阳离子型表面活性剂，特别是具有氨基和长链烷基的化合物，是一种有强大佐剂活性的物质，如溴化十八烷基三甲基铵、氯化双十八烷基二甲基铵等。

3. 按佐剂作用分类

（1）储存佐剂（depot adjuvant）　能将抗原物质吸附或黏着而成为一种凝胶状态物，注入动物体后可较久地存留在体内，持续地释放出抗原物质起刺激作用，从而能显著地增高抗体滴度，提高免疫效果。如氢氧化铝胶、明矾、磷酸铝、EDTA、藻胶酸钠（sodium alginate）等。

（2）中枢作用性佐剂　或称非储存佐剂。凡直接与抗原物质一同对免疫系统细胞发挥增强免疫效应、提高免疫力的一类佐剂。如细菌组分及内毒素、脂质体、脂多糖、BCG 等，即使与抗原物质分别注入体内，仍能产生佐剂效应。

4. 按佐剂的剂型分类　将佐剂分为颗粒（如铝佐剂、钙佐剂、油包水佐剂、水包油佐剂、免疫刺激复合物 ISCOM、脂质体 liposome、纳米或微米级聚丙乙交酯 PLG 等）和液体（如 QS21、类脂 A、细菌毒素、细胞素等）两大类。

三、佐剂的免疫作用机制及效应

1. Cox 和 Coulter 将佐剂的免疫作用机制分为以下五类

（1）免疫调节作用　影响改变免疫系统的功能，细胞素的产生和功能。有的佐剂可加强整个免疫系统的功能；多数佐剂则加强某些细胞素，而抑制其他。

（2）促进抗原递呈作用　佐剂可与抗原作用，或与抗原递呈细胞（antigen presenting cell，APC）、B 细胞、滤泡型树突细胞（follicular dendric cell）作用而促进抗原的递呈，或较长期储备抗原。

（3）促进细胞毒淋巴细胞（CTL）的产生　使相关的抗原进入细胞液（cytosol）而激发 CTL。

（4）靶子（targeting）作用　佐剂将免疫原送至特定免疫有效细胞；佐剂通过某种方式与免疫原作用，如形成多分子的聚合物，使其易于被巨噬细胞和树突状细胞吞噬吸收。

（5）储存（depot）作用　有短期储存作用的佐剂（如铝佐剂）和长期储存作用的佐剂如聚丙乙交酯（poly lactide coglycolide，PLC）。该佐剂将抗原保持于注射部位，慢慢吸收，而达到长期刺激免疫的作用。

2. 佐剂的免疫作用可产生两方面的效应

（1）对抗原的作用　佐剂吸附抗原物质后增加了抗原的接触表面积，并改变活性基因的构型，抗原物质吸附于凝胶佐剂后缓慢释放，又增加了抗原刺激频度，从而持续地诱发免疫应答。佐剂抗原结合物被吞噬细胞吞噬后进行处理，获得较强的免疫原性，从而促进了T细胞的功能，并加强T细胞与B细胞的协同作用。如弗氏佐剂抗原物质被吞噬细胞吞噬后，增加了与淋巴细胞、浆细胞（产生正常抗体的细胞）间的接触。

此外，佐剂还可保护抗原物质不受酶系统的降解。

（2）对抗体的作用　佐剂能促使抗体分泌细胞（淋巴细胞、浆细胞）、吞噬细胞浸润聚集，促进其增殖，发挥产生抗体的作用。佐剂能改变抗体类型，如动物接种FCA（弗氏完全佐剂）后仅能产生IgM抗体，但在FCA与TT（破伤风类毒素）结合注入动物后就能产生特异性的IgG抗体。

佐剂对增高抗体效价、提高免疫力的效应十分明显。如用加佐剂吸附与不加佐剂相比，破伤风类毒素免疫豚鼠后的血清抗体滴度差异非常明显（表3-6）。

表3-6　吸附佐剂对破伤风类毒素抗体滴度的影响

免疫量（Lf）	戊二醛类毒素		甲醛类毒素	
	未加佐剂	加吸附佐剂	未加佐剂	加吸附佐剂
30	19	28	7	19
10	19	22	0.5	14
3.5	5	7	0.3	5

四、常用的疫苗佐剂

1. 油乳佐剂　油乳佐剂是储存佐剂之一，以矿物油、水溶液加乳化剂制成的一种免疫佐剂。分单相乳化佐剂和双相乳化佐剂两种，前者为水包油（O/W）或油包水（W/O）型乳化佐剂，通常W/O型佐剂较黏稠，在机体内不易分散，佐剂活性优良，为生物制品所采用的主要剂型，O/W型乳化佐剂较稀薄，在机体内易于分散，但佐剂活性很低，生物制品中不采用。后者是水包油包水或油包水包油型乳化佐剂。油乳佐剂的佐剂活性、安全性与油、乳化剂质量及乳化方法和技术密切相关。

（1）油乳剂的相关概念及原理

① 油乳剂简称乳剂（emulsion）：指一种液体或粉末微粒（滴）（分散相或内相）借助乳化剂、机械力作用，分散悬浮于另一种不相溶的液体（连续相或外相）中形成的分散体系。

② 乳化剂（emulsifier）：指油乳剂中分散相与连续相两相间的界面活性物质，具有促进和稳定两种互不相溶物形成乳剂。如弗氏佐剂中的羊毛脂，油乳佐剂中的Span-80、Arlacel-80、Tween-80、AtlsG-1471等。乳化剂又称表面活性剂，具有降低液体表面强力的作用，然而免疫学上的表面活性剂并非均是佐剂，只有阴离子型季铵化合物具有佐剂活性，被称为表面活性佐剂。

③ 乳化原理：乳化剂能降低分散物的表面张力，在微滴（粒）表面主形成薄膜或双片层，以阻止微滴（粒）的相互凝结。

（2）乳化剂的种类及选择方法

1）乳化剂种类　①天然乳化剂，多来源于植物、动物，如阿拉伯胶、海藻酸钠、卵黄、炼乳等。②合成乳化剂，如阴离子型的碱肥皂、月桂酸钠、十二烷基磺酸钠、硬脂酸等，多用于一般药剂乳化；阳离子型的氧化苯甲烃铵、溴化十六烷三甲基铵、氯化十六烷铵代吡啶等，多用于油乳佐剂；非离子型的多元醇或聚合多元醇的脂肪酸酯类、醚类物，如月桂酸聚甘油 酯、山梨醇酯、单油酸酯等，均具有一定的亲水性和亲油性基，多用于医药，化妆品乳化。

2）乳化剂的选择　商品乳化剂种类很多，根据使用目的不同可选择适当的乳化剂。通常可根据用途依据乳化剂的 HLB 值（亲水亲油平衡值）进行选择（表 3-7）。乳化剂的 HLB 值与其在水中的溶解度相关，亲水性强的在水中的溶解度大，HLB 值高，容易形成水包油（O/W）型油乳剂，亲油性强的在水中的溶解度小，HLB 值低，容易形成油包水（W/O）型油乳剂。已经证明，HLB 值 4～6 的乳化剂适用于制备 W/O 型油乳剂，HLB8～18 的乳化剂适用于 O/W 型油乳剂。常用的 Span-80 为去水山梨醇单油酸酯，HLB 值 4.3，水中溶解度低，易在水中分散，溶于多种有机溶剂，性质稳定，易形成 W/O 型油乳剂，Tween-80 为聚氧化乙烯去水山梨醇单油酸酯，HLB 值 15.0，易溶于水，易形成 O/W 型油乳剂。

表 3-7　一些商品乳化剂的亲水亲油平衡值（HLB）

商品名称	化学成分	类型	HLB 值
Span-85 或 Arlacel-85	去水山梨醇三油酸酯	非离子	1.8
Span-65 或 Arlacel-65	去水山梨醇硬脂酸酯	非离子	2.1
Arlacel-C 或 Arlacel-83	去水山梨醇倍半油酸酯	非离子	3.7
Span-80 或 Arlacel-80	去水山梨醇单油酸酯	非离子	4.3
Aldo-28	甘油单硬脂酸酯	负离子	5.5
Span-40 或 Arlacel-40	去水山梨醇单棕榈酸酶	非离子	6.7
Span-20 或 Arlacel-20	去水山梨醇单月桂酸醋	非离子	8.6
Tween-65	聚氧乙烯去水山梨醇三硬脂酸醋	非离子	10.5
Tween-85	聚氧乙烯去水山梨醇三油酸酯	非离子	11.0
Atlas G-2076	聚氧乙烯单棕榈酸酯	非离子	11.6
Atlas G-2127	聚氧乙烯单月桂酸醋	非离子	12.6
Tween-21	聚氧乙烯去水山梨醇单月桂酸酶	非离子	13.3
Tween-60	聚氧乙烯去水山梨醇单硬脂酸醋	非离子	14.9
Tween-80	聚氧乙烯去水山梨醇单泊酸醋	非离子	15.0
Atlac G-1471	聚氧乙烯山梨醇羊毛脂衍生物	非离子	16.0
Brij-35	聚氧乙烯月桂酯	非离子	16.9
Mhrj-53	油酸钠	负离子	18.0
Alas G-2159	油酸钾	负离子	20.0
Alas G-63	*N*-十六烷基-*N*-乙基吗啉基硫酸盐	正离子	25.0～30.0

（3）常用的油乳佐剂

1）白油乳佐剂　白油系一种矿物油，国外常用于制苗的商品有 Drakocel－6VR、Marcol－52、Lipolul－4，国产白油的型号分 5、7、10、15 号等，标准性状为：无色无味；50℃运动黏度 $7m^2/s$；紫外吸收值（250～350nm）＜0.1%；单环芳烃与双环芳烃含量＜0.5%；无多环芳烃，小鼠腹腔注射 0.5mL 观察 160d 或家兔皮下注射 2.0mL 观察 60d 正常。

白油油佐剂（疫苗）的配制，依据抗原性质、乳化方法而有所不同。常用的制备方法如下：

配方：

白油	94%
Span－80	6%
硬脂酸铝	2%
Tween－80	2%

制法：

① 按比例将白油和 Span－80 混合，再按总量加入 2%硬脂酸铝溶化混匀，116℃高压灭菌 30min，即为油相。

② 取抗原液（通常先经灭活），加入 2% Tween－80 混匀，即为水相。

③ 按油相与水相 1∶1（v /v）混合乳化。即将油相置组织捣碎容器内，慢速搅动油相，同时缓慢加入水相进行乳化，最后高速乳化制成 W/O 型油乳佐剂抗原制剂。在乳化过程中亦可根据乳剂黏稠度适当调整油、水相比。

④ 或者，将黏稠的 W/C 型油乳佐剂抗原制剂再加入 2%Tween－80 生理盐水后继续乳化成双相抗原制剂。也可直接制成双相油乳佐剂抗原制剂，双相抗原制剂黏度小、注射局部反应轻微、易吸收和佐剂效应高。

油乳剂检验项目为乳剂类型检查、黏度测定、稳定性测定、力度大小及分布检测等，生产实际中以黏度测定与稳定性测定为主。①黏度测定：最简易的方法是取出口内口径为 1.2mm 的吸管，在室温下吸乳剂 1mL，垂直放出 0.4mL 所需的时间作为黏度单位，以 0.4mL 2～6s 为合格，不得大于 10～15s。②稳定性测定：离心分层法，于半径 10cm 离心管装油乳剂，3 000r/min 离心 10～15min 不分层，相当于可保存 1 年以上不破乳。或将疫苗 37℃贮存加速老化 10～30d 不破乳。

2）弗氏佐剂　著名的弗氏佐剂分不完全佐剂与完全佐剂两种，迄今仍是免疫学上广泛应用的佐剂，但在生物制品上使用不广。

弗氏不完全佐剂成分：

液体石蜡油	3 份
无水羊毛脂	1 份
磷酸缓冲盐水（pH7.2）	4 份

制法：

① 将各成分混合均匀，116℃高压灭菌 30min。

② 加入 1% Tween－80 混匀。

③ 使用时与抗原物质等量混合。

弗氏完全佐剂，于不完全佐剂中加入无毒、灭活的分支杆菌 10mg/mL，或加入干燥 BCG 1～2mg/mL。使用时与抗原物质等量混匀。

2. 铝胶、蜂胶佐剂

（1）氢氧化铝胶佐剂　氢氧化铝胶又称铝胶，其佐剂活性与质量密切相关。质量优的铝胶分子细腻，胶体状态良好、稳定，吸附力强，含 $Al(OH)_3$ 约 2%（Al_2O_3 为 1.3%），保存 2 年以上吸附力不变。铝胶制造法甚多，如铝粉加烧碱合成法、明矾加碳酸钠合成法、明矾加氨水合成法、氯化铝与氢氧化钠合成法等。目前中国广泛采用明矾加氨水合成法生产铝胶佐剂，制法如下：

① 称取钾明矾 1 917g，加水至 3 750mL。

② 加热使溶，再加热煮沸后逐渐冷却至 58℃。

③ 于另一容器中装入 15 000mL 水，加热至 64℃，快速加入 2 500mL 含有 10%（W/V）的氨水，此时温度应保持 58℃，然后将 58℃明矾液倒入，搅拌 10min，保持 59℃。

④ 滤过，沉淀物呈灰白色、半透明状胶体，取胶体物进行 6 次洗涤。

⑤ 第 1 次，用 10 000mL 水加入 86mL 10%氨水洗涤。第 2 次，用 35 000mL 水加入 325mL 10%氨水洗涤。第 3 次，用 35 000mL 水加入 659mL 10%氨水洗涤。第 4 次，用 10 000mL水加入 172mL 10%氨水洗涤。第 5 次，用 36 000mL 水洗涤。第 6 次，用 36 000mL水洗涤。

⑥ 滤过，滤至铝胶重 9 000g 时，加入少量蒸馏水，搅拌均匀，121℃高压消毒 60min，即为铝胶原液。

（2）蜂胶佐剂　蜂胶是蜜蜂上颚腺分泌的天然有机和无机成分以及蜂蜡、花粉等组成的一种混合物。呈青褐色或深褐色，是蜂业副产品，目前已知其组分为树脂、蜂蜡、芳香油、花粉和 20 余种黄酮类物质，如 5，7 -二羟基、3，4 -二甲基黄酮、5 -羟基 4、7 -二甲基黄酮等，尚含有维生素 A、维生素 B、维生素 P 及多种氨基酸、酶、多糖和 30 余种元素。

蜂胶是一种广谱生物活性物质，具有增强免疫的作用，诸如明显增加血清 γ 球蛋白的效果，提高抗体效价等。

天然蜂胶杂质含量多而高，用于免疫佐剂需进行纯化。取蜂胶 1 份剪碎，加 4 份 95%乙醇溶解，18～25℃浸泡 24h，冷却离心取上清液即为纯化蜂胶，以干物质计算配成 30mg/mL 溶液 4℃保存。

蜂胶佐剂疫苗的制造，以禽霍乱蜂胶菌苗为例，取甲醛灭活菌液（0.3%甲醛，含菌 200 亿/mL），加蜂胶乙醇液 1 份（v/v）混合制成黄褐色、含菌 100 亿/mL 和蜂胶 15mg/mL 的佐剂菌苗。

3. 植物佐剂

（1）QS21　是皂角素的一种，用于兽用疫苗如口蹄疫疫苗、狂犬病疫苗等的佐剂。但当制成 ISCOMS 后，在含有 0.5%QuilA、0.1%胆固醇、0.1%磷脂以及抗原的磷酸盐缓冲液中，QuilA 的不良反应几乎消失。

多糖抗原一般须与蛋白载体结合才能有 T 细胞反应的免疫作用，当大肠杆菌的多糖抗原（60μg/剂量）与 QS21（15μg/剂量）合用，可明显增加某些小鼠的抗体滴度，主要为 IgG2b。

QS21 也与铝佐剂等其他佐剂不同，其佐剂作用似乎并非仅依靠吸附抗原而慢慢地长期刺激免疫系统，QS21 是液体状态的佐剂，可同时促进体液免疫和细胞免疫。以无 $CD4^+$ T 细胞的免疫缺陷小鼠试验，QS21 不刺激抗体的产生，但可刺激 CTL 细胞免疫反应。以

CD8 T细胞缺陷型小鼠试验，无CTL反应但促进抗体产生。动物试验证明，QS21可诱导、激活白介素-2（IL-2）和γ-干扰素（IFN-γ）的产生。

目前，QS21已有商售产品，为高压液相层析（HPLC）纯化后冷冻干燥的粉剂，纯度98%，内毒素含量≤10EU（内毒素单位）/mg，杂菌率≤10CFU/mg，残余水分≤5%；于−20℃可保存3年。使用方法如下。

① 用前在无内毒素容器内以不含Ca^{2+}、Mg^{2+}的磷酸盐缓冲液（PBS，pH7.2～7.5）将QS21粉剂配成1mg/mL，或以pH较低的生理盐水配制。在低pH情况下，QS21溶解度较差，但比较稳定；在碱性情况下，QS21易脱乙基而降低佐剂效应。

② 与疫苗配合。免疫前将适量QS21溶液加入抗原溶液中，调pH不超过7.0，除菌过滤。QS21的量以试验动物而异，通常小鼠10～20μg，家兔25～50μg，猴和狒狒50～100μg。与其他佐剂合用，如铝佐剂，将抗原先吸附于铝佐剂，再加入适量QS21。

（2）免疫刺激复合物 免疫刺激复合物广泛用于兽用佐剂的皂角苷QuilA的糖苷、抗原和磷酸胆碱或乙胺构成，颗粒直径通常为40nm，抗原多数为病毒颗粒及纯化抗原。通常胆固醇磷脂∶抗原∶QuilA的重量比例为1∶1∶5，此比例根据不同情况可能有所变动。

用于临床试验的ISCOMS流感疫苗的配制有两种方式：①流感病毒的蛋白抗原、胆固醇、1，2-二棕榈酰磷脂酰胆碱（1，2-dipalmitoylphosphatiddylcholine，DPPC）和ISCOPREPTM703［纯化QuilA皂苷ISCOTEP（瑞典，Uppsala）的原料］以1∶1∶1∶5比例和2%洗涤剂Mega-10混合，再以PBS将洗涤剂透析掉；②先按上述比例将ISCOMS佐剂配好，再混以抗原，两种类型最后的含量相同：ISCOPREPTM703 50μg，血凝抗原HA 15μg，微泡直径40nm。临床试验表明，ISCOM的流感疫苗能引起较快较高的抗体和T细胞免疫反应。

4. 微生物佐剂

（1）细菌内毒素类脂A 细菌内毒素的类脂A（lipid A）具有佐剂作用，但同时具毒性。近年有人将类脂A改造成单磷酸类脂A（monophosphoryl lipid A，MPL），大大降低了毒性，但仍保持佐剂作用。完全弗氏佐剂中的结核杆菌经纯化得到其佐剂成分主要有海藻糖6，6′-二霉菌酸酯（trehalose 6，6′-dimycolate，TDM）、细胞壁骨架［cell wall skeleton，CWS；包括重要成分胞壁二肽（muramyl dipeptide，MDP）的聚合体］。这些成分单独使用或配制成乳状液佐剂已商品化。LPS的佐剂活性作用于各类不同的细胞，最主要的是多形核白细胞及巨噬细胞，对亚群B淋巴细胞有激活作用，使它们分化分泌IgM，导致敏感B淋巴细胞的非特异激活作用，而且使由同时注射的抗原特异地刺激过的B淋巴细胞增生。另一不同性质，对长有肿瘤的动物，静脉或直接注射于肿瘤组织，可直接使肿瘤细胞坏死。

（2）毒素佐剂 毒素中最具代表性的佐剂是霍乱毒素（CT）和大肠菌不耐热毒素（LT），这两个毒素如用于黏膜免疫，不但本身具有高免疫性，也同时具有佐剂效用。CT、LT毒素在核酸序列上有80%的相似性，而且二者结构相似，都是由A、B两个区所组成，其中B区具有主要免疫学作用，由五个相同分子（分子量为1.16×10^4）以非共价键方式结合成环状结构B亚单位，与肠道表皮细胞受体有极高的亲和力。而A区（分子量为2.7×10^4）是毒素的生物学活性部分，具有酶活性，由A1及A2两个亚区以双硫键结合一起。

由于佐剂的目的是除了增进免疫效果外，最好还能减少抗原量以及稳定抗原性以维持较长的有效期。因此，近年来学者的研发方向，大都是注重以造成局部慢性发炎、增加淋巴细胞和吞噬细胞数目为主。较特别的是 CT 不会引起发炎反应。过去也有人想直接使用 CT 当作佐剂，而应用于其他疫苗之上，可惜的是 CT 毒性过高，只要 5μg 就可使人产生腹泻症状，25μg 就可使人产生和霍乱菌感染相似的严重症状。于是基因重组的 CT 和 LT（分别称为 rCT－B 和 rLT－B）便成为科学家的希望。

此外，近年报道了以破伤风毒素无毒的 C 末端部分（相对分子质量 50 000）Frg C，作为抗原在小鼠身上比较了单独使用或与活性 PT－9K/129G、CT 以及铝佐剂合用的滴鼻或皮下免疫，产生良好的效果。

（3）细胞因子类　细胞因子是机体在免疫反应时产生的一类免疫调节物质。机体的免疫系统在受到抗原和上述各种免疫佐剂的刺激后产生应答性的物质，这类物质统称细胞因子。这类细胞因子主要为白细胞介素－1、白细胞介素－2、白细胞介素－4、白细胞介素－12 及 γ－干扰素。

1）白细胞介素－1（IL－1）　又称淋巴细胞活化因子，是第 1 个细胞因子佐剂。IL－1 及其肽是 IL－2 产生的有力的增强剂，并能增强抗原特异性 T 辅助细胞活性。然而，尽管有过量的中和性抗 IL－2 抗体存在，抗体应答仍增强，所以 T 细胞辅助活性的提高可能不依赖于 IL－2 的增加。可能尚有其他不依赖 T 辅助细胞的机制，这些机制对 T 非依赖性抗原应答的增强尤为重要，可能涉及通过 IL－2 或直接由 IL－1 诱导 B 细胞增殖和分化。

IL－1 可引起许多与炎症有关的严重副作用，这是其用作疫苗佐剂的不足。因此，科学家对 IL－1 序列中 163～171 位的短肽很感兴趣。该肽不存在上述问题，但仍可保持 IL－1 的免疫刺激作用。因此，肽 163～171 已被成功地用于动物，以增强对如下抗原的特异性免疫应答。其中有 T 辅助细胞依赖的细胞抗原，不依赖 T 辅助细胞的多糖抗原，重组以及来自人病原体的合成抗原，并已成功地用于试验性肿瘤疫苗。

2）白细胞介素－2（IL－2）　是 T 细胞在抗原或促有丝分裂原刺激下所分泌的一种淋巴因子，可引起 T 细胞增殖和维持 T 细胞在体外持续生长、故曾称为 T 细胞生长因子（TCGF）。具有促进 T 细胞生长、诱导或增强细胞毒性细胞的杀伤活性、协同刺激 B 细胞增殖及分泌免疫球蛋白、增强活化的 T 细胞产生 IFN 和集落刺激因子（CSF）、诱导淋巴细胞表达 IL－2R、促进少突胶质细胞的成熟和增殖及增强吞噬细胞的吞噬杀伤能力等免疫生物学效应。

当 IL－2 用于灭活疫苗和正常接种对象时，其免疫原性的增强，取决于给予抗原后的连续注射。IL－2 与疫苗合用，然后注射 5d 或 17d 可增强对胸膜肺炎嗜血杆菌、狂犬病和单纯疱疹病毒的防御作用。虽然对上述感染的防御作用得到增强，但抗体应答并不增强。

3）白细胞介素－4（IL－4）　又称为 B 细胞刺激因子（BSF－1），是由辅助性 T 细胞（Th 细胞）经抗原或丝裂原刺激后产生的一类重要的淋巴因子，为蛋白性质的肽类。IL－4 对 T 淋巴细胞、B 淋巴细胞分化和成熟具有潜在的佐剂活性。它能激活 T 细胞、B 细胞、NK 细胞和自身受体 IL－4R，增强或抑制免疫球蛋白的合成，可能成为一种强有力的佐剂候选因子。

4）白细胞介素－12（IL－12）　是目前发现的唯一由 B 细胞产生的细胞因子，与 IL－2

有协同作用，曾被称为细胞毒性淋巴细胞成熟因子（CLMF）和天然杀伤细胞刺激因子（NKSF）。IL－12 与亚剂量的 IL－2 能协同诱导抗体产生细胞毒 T 淋巴细胞（CTL）。IL－12还能诱导 NK 细胞和 T 细胞产生 γ-干扰素（IFN－γ）。IL－12 活性高于 IL－2 和 IFN，在极低浓度时就有显著活性，对灭活疫苗、肿瘤和寄生虫抗原具有有效的佐剂活性。IL－12 的产生是一些细菌性佐剂发挥作用的机制。这些细菌成分激发巨噬细胞产生 IL－12。许多研究者建议，IL－12 可替代这些细菌佐剂，更为安全。而且 IL－12 应用于主要诱导细胞免疫应答的疫苗（如 HIV 疫苗）。

5）γ-干扰素（IFN－γ） 是由致敏 T 细胞（Th1 细胞和 NK 细胞等）在活的或灭活的病毒等干扰素诱生剂和某些细胞因子作用下所产生的一类高活性多功能的糖蛋白。具有抗病毒、抗肿瘤、免疫调节和免疫佐剂等多种免疫生物学活性。IFN－γ 的佐剂作用主要是诱导 MHC－Ⅱ的表达。当 IFN－γ 与抗原在同一位置同时使用时，佐剂效果最好。

（4）其他细胞壁成分 细胞壁的其他成分，从分支杆菌来说，早期从完整细菌提出的脂溶性蜡质 D，是一种高分子多肽糖脂，具有一定的佐剂活性，后来进一步弄清了细胞壁的基本结构，是由分支杆菌酸-阿拉伯半乳糖苷-黏肽三种成分构成，而起佐剂活性作用的是黏肽。1971 年，日本学者证明，以结核杆菌为首的分支杆菌菌体的活性因子，存在于细胞壁骨架中（CWS），而蜡质 D 是 CWS 的合成前体，或是其自流产物。与分支杆菌近缘关系的奴卡氏菌及棒状杆菌的 CWS，同样具有佐剂活性，但这些细胞壁成分的用量与适当的抗原量、使用方法等不同，有很大的差异。

含有 CWS 制成的油包水型乳剂，能刺激血流产生的抗体量增加，诱导细胞免疫形成，并且能持续相当长的时间，把 BCG－CWS 用少量矿物油处理后，在含有 0.2%的吐温-80 生理盐水中制成水包油型乳剂，对 T 杀伤细胞的产生有明显的作用。在有抑制肿瘤或使之消退活性的机体，能诱导产生全身性特异性的肿瘤免疫，并且还能用抑制肿瘤的转移。在小鼠和大鼠试验中，发现由于使用 BCG－CWS 完全地或部分地抑制化学致癌剂诱发的癌瘤。对恶性黑色素瘤、肺癌、白血病、消化系瘤等已试用 BCG－CWS 治疗，统计表明，有延长生存率的效果，特别对癌性胸膜炎病例，应用 BCG－CWS 胸腔内注射治疗，显著延长患者生存的时间。

用溶菌酶消化耻垢分支杆菌的细胞壁，提取的另一水溶性佐剂（Water Soluble Adjuvant，WSA），与蜡质 D 及 CWS 等高分子成分相反，是水溶性的，可能是不含分支杆菌酸的阿拉伯糖、半乳糖苷-黏肽单体。用它制取 W/O 乳剂，对刺激血中抗体产生和诱发迟发型变态反应，都显出很强的佐剂作用，但是单用 WSA 水溶液则无效。

由于细胞壁成分复杂，佐剂活性明显，研究者颇多。1974 年，Adam 等把耻垢分支杆菌的 WSA 通过凝胶粒及酶处理等方法，进行组分提取，得到多种具有佐剂活性的黏肽亚单位，而且发现不一定高分子黏肽结构就是黏肽的单位，就有很强的佐剂活性。Ellous 等（1974）用人工合成化学物质的方法，证明细菌细胞壁黏肽佐剂活性的最小结构单位是 N－乙酰胞壁酸-L 丙氨酸-D 异谷氨酰胺，即胞壁酰二肽（Muramyl Dipeptide，MDP）。MDP 分子量约 500，为水溶性。

除上述的佐剂之外，还有如链球菌和短小棒状菌体及其细胞壁、酵母多糖及植物与真菌多糖等，脂溶性维生素及其有关的化合物，都有免使佐剂活性。能使前 T 细胞分化为成熟的 T 细胞，因而也具有佐剂活性。

5. 人工合成佐剂

（1）脂质体载体佐剂　脂质体（liposome）系人工合成具有单层或多层单位膜样结构的脂质小囊，由1个或多个类似细胞单位膜的类脂双分子层包裹水相介质所组成。脂质体具有佐剂兼载体效应，诸如能明显地诱导抗体形成细胞提高抗体滴度，增高记忆免疫能力，增强细胞免疫应答，可作为半抗原载体以诱发特异性免疫应答，对多肽等亚单位抗原的佐剂作用更明显，可提高抗原的稳定性从而延长保存期。

脂质体佐剂疫苗的制备方法，如Ca－EDTA整合法、冻干法和改良逆相蒸发法等。目前，国外也研制出多种脂质体佐剂疫苗。

（2）类脂体　这是一类由不同种类的浓缩类脂双层体组成的佐剂。类脂多用磷脂或其两亲性脂类。

抗原与磷脂组成类脂体因抗原种类和磷脂成分不同可有不同的方法，但所有方法都有类脂的水合步骤。疏水性或亲水性的抗原均可组合在类脂体中，从而能够保证持久的免疫原性。抗原组成类脂体基本上有两种：①抗原被磷脂罩住，即包裹于类脂体内部液相部位；②黏附于类脂体外面的类脂体层内。抗原可以共价键结合于磷脂表面，这种结合可以为直接的共价结合，也可能通过中间的交联分子，两种方式都需要首先将磷脂变为活化的衍生物，多数情况下这类活化衍生物为磷脂酰乙醇胺。Sulfo－SMPB或SPDS亦可作为交联分子，还原了的抗原以20mmol/L dithiothreitol（DTT）处理，可直接或通过交联分子与活化的PE结合而形成类脂体疫苗。

另一种制造类脂体疫苗的方法为脱水—水合法，小的单层类脂颗粒与抗原混合，冷冻干燥，然后在控制的条件下与水作用，离心所得的颗粒以缓冲液冲洗后，再悬于磷酸盐缓冲液中。

（3）左旋咪唑、葡聚糖佐剂　左旋咪唑系免疫增强剂，葡聚糖可作为载体，两相结合后有明显的免疫佐剂效能。其制备程序与效果以鸡新城疫Ⅱ系佐剂疫苗为例加以说明。①于5%左旋咪唑液中加入葡聚糖微粒混匀，4℃浸泡24h后低温干燥制成佐剂载体。②于鸡新城疫Ⅱ系毒液中加入0.8%左旋咪唑、葡聚糖佐剂混匀，置4℃2h，即为鸡新城疫Ⅱ系佐剂疫苗。③或在液体苗液中加入保护剂后分装、冻干，制成冻干疫苗。④免疫效果，鸡胸肌内接种苗0.2mL（含苗1.5头份、左旋咪唑2.0mg、葡聚糖1.6mg）免疫2、4日龄雏鸡，HI抗体滴度高于普通苗显著（$p<0.01$）；极少受母源抗体干扰；抗体消长期明显长于普通苗；与普通苗具有相同的细胞免疫水平。

（4）ISA720　ISA720含有可代谢的油（角鲨烯<1%角鲨烷）和高度精制的乳化剂二缩甘露醇单油酸盐。ISA720的佐剂作用仅次于弗氏佐剂，比铝佐剂高数倍至近百倍，由于使用了可代谢的油及精制乳化剂，毒性比弗氏佐剂小得多；再次为SAF，也比铝佐剂有明显高的效果。

Toledo等最近将HIV的多肽以ISA720为佐剂用于HIV－1血清抗体阴性的人体试验，分别将1mg或0.2mg抗原与1mL ISA720配伍，肌内注射，每组8人，对照组为不含抗原，仅含ISA720。结果发现，含抗原的试验组有较重不良反应；仅含ISA720组不良反应较低，但也有轻度和中度局部反应，2人于第3次注射后发热38℃以上。得出结论，局部反应太重，须改进配伍。由以上可见，不同人以不同抗原、不同剂量使用ISA720，所得结果不同。

（5）SAF 是另一种仿弗氏佐剂的水包油佐剂，由 Syntex 公司制造，称为 Syntex ajuvant formulation（SAF）。Byars 等最早报道，以各种动物，包括灵长类试验证明，它可以促进体液和细胞免疫，佐剂作用可与弗氏佐剂相比，但不良反应比弗氏佐剂小。它的成分有：苏氨酰胞壁二肽（threonyl muramyldipeptide，T-MDP）、角鲨烷（squalane）、普卢兰尼克（Pluronic）L121 和吐温-80（Tween-80）。现改进用微流体机混合配制，称 FAS-m，它不像弗氏佐剂那样黏度大，基本呈液体状态，很易与抗原混合。动物试验证明，与流感疫苗、疟疾抗原等配合有较好的佐剂效果，与黑素瘤苗合用已用于临床。

（6）CpG 类 CpG DNA 是含有非甲基化 CpG（胞嘧啶鸟嘌呤二核苷酸）基序的脱氧核糖核酸 DNA。CpG 基序（CpG motif）是具有较强免疫活性的以非甲基化的 CpG 为基元构成的回文序列，其碱基排列为 5′-Pur-Pur-CpG-Pyr-Pyr-3′。最早提出细菌基因组 DNA 具有免疫效用的是一些日本学者。1992 年，这些学者又提出细菌 DNA 可激活 NK 细胞、诱导分泌干扰素（IFN），并可抑制肿瘤细胞的生长，但脊椎动物的 DNA 却无上述效用。而后，也有其他学者提出，细菌 DNA 不但可活化 B 细胞的增生，而且可促进免疫球蛋白分泌的效用。直到 1995 年 Krieg 等正式提出 CpG 双核苷才是 DNA 组成中具有刺激免疫反应的关键结构。在所有具有佐剂效用的生物或化学成分中，CpG 基序是近年来被学者广泛研究的重要课题。

CpG DNA 可同时诱导非特异性免疫及特异性免疫的反应，因此若结合抗原同时使用，便可诱导其佐剂的效用。值得注意的是 CpG DNA 在 Th_1 细胞方面会诱发比弗氏完全佐剂更强烈的免疫反应。和其他的佐剂相比，CpG 可诱导更快速的抗体分泌，并诱出比毒杀性 T 细胞更强烈的活性。CpG DNA 目前可应用于疫苗佐剂、过敏疾病的免疫治疗剂、抗肿瘤效用剂和基因治疗等方面。

近年已有很多使用 CpG DNA、CpG ODN 佐剂的报道。如合成的 CpG ODN 与肺炎球菌多糖结合疫苗合用有明显佐剂作用，不含 CpG ODN 的对照组小鼠主要产生 IgG1 和 IgM，而使用 CpG ODN 佐剂的试验组，不仅总抗体水平明显升高，而且产生 IgG2a、IgG3；CpG ODN 与铍类合用增强全身和黏膜免疫；与乙肝表面抗原合用，CpG DNA 有佐剂作用，对小鼠的毒性比铝佐剂、弗氏完全佐剂（FCA）、MPL 低。合成 CpG ODN 与多肽抗原使用可增强体液免疫和细胞免疫（CTL）。

（7）壳聚糖 JabbalGill 等将百日咳毒素（PT）、FHA 各 2μg 加 100μg 壳聚糖给小鼠滴鼻，表明壳聚糖能增强系统和黏膜免疫；而铝佐剂无黏膜免疫佐剂作用。最近 Seferian 等将壳聚糖制成两种剂型：①锌（Zn）-壳聚糖颗粒（ZCP），能与末端有组氨酸的重组抗原结合；②壳聚糖与抗原共同制成乳状液（ECC）。观察了对卵清蛋白和重组人绒毛膜性腺激素（human chorionic gonadotropin，γβHCG）的免疫影响，证明两种剂型均为优良佐剂。

（8）铁离子 铁在动物与人体广泛存在，制成佐剂可能较安全。Leibel 等用如下方法配制氢氧化铁。

1）4.19g 柠檬酸铁溶于 100mL 双蒸水，以 32% NaOH 调 pH 至 8.0，继续强烈搅拌 30min，36 000g 离心 1h，以水反复冲洗沉淀至无色。以 PBS 制成乳状液，0.45μm 滤膜过滤除菌。

2）0.25mol/L 氯化铁加 NaOH 调至 pH 7.0，产生的颗粒沉淀以强力匀浆器处理，最后颗粒直径>1 000nm。

与蜱类、虱子传播性脑炎病毒（tick bone encephalitis virus，TBEV）的甲醛灭活或活病毒、HIV 等抗原混合，以小鼠为试验对象，两种形式的铁佐剂均有佐剂作用。

（9）PLG 是广泛用于人体可生物代谢的缝合材料和多肽药物的传递系统。近年已试用作免疫抗原的传递系统，已有百日咳抗原、葡萄球菌外毒素 B 合用于口服、滴鼻或气雾免疫，也与 DNA 疫苗合用于口服或肌内注射，与多肽疫苗、重组 HIV 抗原等合用，均证明 PLG 安全，能增强体液和细胞免疫。

（王 栋）

第五节 干扰素

人类与动物机体存在固有免疫和适应性免疫应答及调节体系，具有抵御、清除入侵病原微生物等功能。干扰素（interferon，IFN）是一类能激活机体针对病毒等病原体发生快速免疫应答的关键细胞因子家族。干扰素在人、小鼠、猪、牛、羊、兔和犬等哺乳动物，以及禽类、鱼类和昆虫等低等动物体内普遍存在。IFN 已在病毒感染、自身免疫病和肿瘤性疾病的治疗以及兽医学抗病毒感染临床方面的应用显示了明显的疗效，因此，干扰素在体内的免疫学特性及其制品的研究越来越受到重视。

第一种干扰素是 1957 年 Alick Isaacs 和 Jean Lindenmann 等利用鸡胚绒毛尿囊细胞，研究流感病毒干扰现象时才了解到被流感病毒感染的细胞能产生一种因子，若该因子作用于其他未感染流感病毒的细胞，该细胞会对随后入侵的流感病毒发生抵抗，因而将这种因子命名为干扰素。对干扰素基因核酸序列分析结果表明，它早在 5 亿～10 亿年前即存在于生物体细胞中，是生物体内一类古老的保护因子。自 IFN 首次发现后，人们对编码 IFN 的基因及其相应受体、IFN 复杂的信号级联放大及调节体系、生物学活性等知识的了解呈爆炸性增长。现已知，IFN 是一类调节正常细胞功能的细胞因子家族；正常情况下，IFN 编码基因呈低水平表达状态；当机体受到病毒感染，或者受核酸、细菌内毒素和促细胞分裂素等作用后，人或动物细胞通过解除抑制物而大量表达分泌 IFN；它们具有抑制病毒增殖、抑制细胞分裂、抗肿瘤和免疫调节等一系列生物学功能。对于 IFN 对病毒-宿主相互关系影响的研究一直是细胞生物学、分子生物学、临床医学、免疫学和肿瘤学等生命科学各大领域的研究热点，目前已经取得巨大进展。

本节就 IFN 主要生物学性状、IFN 的免疫佐剂作用及 IFN 的医学应用三个方面进行介绍，以期能够更好地理解 IFN 的生物学活性及临床医学应用价值。本章节使用了由人类基因组图谱研讨会对干扰素基因的命名标准，例如，IFNA 指一个基因或位点，IFN-α 指蛋白质。

一、干扰素的主要生物学性状

（一）IFN 的种类与分型

国际 IFN 命名委员会规定，根据 IFN 的动物来源进行初分类，然后再根据 IFN 的抗原特性和分子结构的差异分成不同的型。在特定的型内，依据氨基酸序列或组成差异再分为亚型。现将 IFN 分成三种类型，即Ⅰ型、Ⅱ型和Ⅲ型干扰素。Ⅰ型 IFNs 包括 IFN－α（IFNA），IFN－β（IFNB），IFN－ω（IFNW），IFN－ε（IFNE），IFN－κ（IFNK），IFN－δ（IFND），IFN－ζ（IFNZ）和 IFN－τ（IFNT）。Ⅱ型 IFN 和Ⅲ型 IFN 每种只包含一个成员，分别是 IFN－γ（IFNG）和 IFN－λ（IFNL）。IFNL 也被称为 IL－28 和 IL－29。在哺乳动物中，IFN－α/β 是多基因家族，IFN－α 和 IFN－β 直接受病毒等感染的诱导；两者理化性状相似，又称Ⅰ型干扰素，由人类第 9 对染色体短臂上的基因编码；IFN－α 主要由单核巨噬细胞产生，B 细胞和成纤维细胞也能产生；IFN－β 主要由成纤维细胞产生。Ⅰ型干扰素主要的生物学作用是抑制病毒复制，上调 MHCⅠ类分子表达，促进 NK 细胞和 $CD8^+$ T 细胞的细胞毒作用等。但抗病毒作用强于免疫调节作用；Ⅱ型干扰素由单基因家族 IFN－γ 构成，又称免疫干扰素，自经活化的 T 淋巴细胞和自然杀伤细胞分泌产生，由人类第 12 对染色体长臂上的基因编码，免疫调节作用强于抗病毒作用。在猪、绵羊、马中发现了 IFND，仅在反刍动物中发现了 IFNT。此外，Ⅰ型干扰素有不同的表达谱，而且它们的抗病毒活性是病毒和细胞依赖性的。Ⅰ型和Ⅲ型干扰素在靶细胞中有相似的诱导机制、活化相同的信号通路、触发相同的生物学行为。在人类、鼠、鸡、猪和牛等在内的一些物种中，保留有Ⅲ型干扰素，但在另一些物种中已经丢失。犬与人和小鼠略有不同，除 IFNK 外，所有Ⅰ型 IFN 都聚集在 11 号染色体上，长度约 212kb。犬Ⅰ型 IFN 基因簇（到目前为止）由 15 个基因组成，分别为 12 个 IFNA（包括 2 个假基因）和 IFNB、IFNE、IFNK 各一个基因。在该基因座内的Ⅰ型 IFN 的排列可能反映了该家族成员的起源和进化。尤其是 IFNE 和 IFNB，定义了基因座的外部限制。所有的 IFNA 分布在这两种 IFN 之间。IFNK 位于该基因簇的 4.76Mb，其与其他哺乳动物相似。鉴于不同 IFNA 之间的核苷酸和氨基酸残基高度相似性，可能通过不均等重组的基因复制而形成，然后进化成各自家族。与系统发育中的经典 IFN 不同，Ⅲ型 IFN 已在人、小鼠、猪和牛等中发现。犬Ⅲ型 IFN 首先定位于 24 号染色体并鉴定有生物学活性。然而，在鸡中仅存在一个 IFN－λ。

人类目前对已明确产生的多种Ⅰ型干扰素分别以阿拉伯数字标注，人 IFNα 有 15 个亚型组成，即 IFN－α1、IFN－α2 等。其中以 IFN－α1、IFN－α2 和 IFN－α4 的产量较大。在人类中，基因编码的 IFNA 被发现是一个由至少 13 个无内含子基因聚集而成的家族，在 9 号染色体短臂上横跨约 400 kb 区域（细胞遗传学频段 9p22－9p21）。其中有 12 种有功能活性的人类 IFNA 基因产物。所有这些 IFN－α 蛋白质的初级、二级和三级结构具有高度同源性。它们均结合到相同的受体，并且通过相同的信号以类似的机制引起类似的生物学效应。目前，有试验数据证明，人类不同 IFN－α 的亚型生物学活性具有差异。人类 IFNA 基因亚型初级序列的较小变动也会引起 T 细胞、B 细胞和树突状细胞的不同抗病毒活性和免疫调节功能的改变。来自小鼠 IFNA 基因家族的数据表明，不同 IFN－α 蛋白与干扰素受体亚基的亲和力不同，导致产生的干扰素信号不同。观察发现，小鼠成纤维细胞转染不同类型的Ⅰ型 IFNA/B（如 IFNA1、IFNA4、IFNA5、IFNA6、IFNA9 和 IFNB）后，结果显示出不同程度的抗 HSV－1 和 HSV－2 作用。此结果表明，激活不同的下游基因将导致 IFN－α 亚型的抗病毒作用不同。一些研究还表明，细胞和配体特异性表达不同会导致 IFN－α 亚型之间产生不同的动力学，提示其他的下游反应机制也会引起Ⅰ型干扰素受体构象变化呈多样性。IFN－α 蛋白中氨基酸序列的高度相似性揭示其来源于一个共同的祖先基因。比如 IFNA 基因簇是包括多个相邻的类似重复片段的基因组区域，且所有重复片段均源自一个共同祖先。Woelk 等开展的一项研究对哺乳动物（黑猩猩、犬、鼠和恒河猕猴）的 156 个 IFNA 采用基因转换分析发现，它们的基因特异性集群现象很明显，证实基因转换和基因复制由特定的序列和片段确定。这项研究表明，这两种进化机制导致 IFNA 基因簇的进化。但在鼠 IFNA 中发现一些基因座间重组。

在猪、牛、马、犬和猫中也已经发现了Ⅰ型干扰素的亚型。例如，在牛中存在着 IFN-αⅠ和 IFN-αⅡ两种亚型，其中 IFN-αⅠ的基因序列与人类 IFN-αⅠ的同源性比与牛 IFN-αⅡ的同源性还要高。猪 IFN-α 有 17 个亚型，不同亚型基因同源性达到 90%以上。所有这些都结合在由 α 干扰素受体 1、2（IFNAR1、IFNAR2）链组成的Ⅰ型干扰素受体上。有数据显示，人类 IFNA 基因家族与 IFNA 亚型序列同源性为 70%～80%，并有 35%与 IFNB 亚型基因序列完全一致。因此，天然的干扰素是一类多种亚型的混合物，这意味着它们可能在生物学功能上与基因重组干扰素不完全相同，因为基因重组干扰素是由完全相同的某一种亚型的干扰素分子组成的。现在还有很多不清楚的问题，如为什么 IFN-α 会有一系列高度相关的亚型存在等。但是有一点可以确定，即这一天然防御体系是动态可调控的。

IFN-γ 是激活巨噬细胞的关键细胞因子，具有促进 Th_1 细胞分化，刺激抗原提呈分子表达等强大的免疫调节功能。由 T 淋巴细胞分泌的 IFN-γ 主要参与适应性免疫反应。IFN-γ 的合成主要由抗原递呈细胞分泌的细胞因子控制，最主要的细胞因子有 IL-12 和 IL-18。巨噬细胞识别病原体后开始分泌 IL-12 和趋化因子，在趋化因子的作用下 NK 细胞被募集到炎症部位，同时 IL-12 促使这些 NK 细胞表达 IFN-γ。IFN-γ 在抗肿瘤免疫反应中起着核心作用，同时对 IFN-α 和 IFN-β 介导的抗病毒活性起着放大作用。因此，Ⅰ型和Ⅱ型 IFN 通常共同作用，激活多种固有和适应性免疫反应在抗肿瘤免疫和清除病原体感染过程中起作用。另一方面，Ⅲ型 IFN 信号转导级联反应与Ⅰ型 IFN（IFN-α 和 IFN-β）非常相似，它们也发挥相似的生物学作用。Ⅰ型和Ⅲ型干扰素都有体外抗病毒活性，而且在病毒感染的细胞中，Ⅲ型干扰素通常与Ⅰ型干扰素同时表达。

Ⅲ型 IFN 家族即 IFN-λ 家族是 2003 年由两个独立研究组共同发现的，包括 4 个同源成员：IFN-λ1（也称 IL-29）、IFN-λ2（IL-28A）、IFN-λ3（IL-28B）以及新发现的 IFN-λ4，与Ⅰ型 IFN 和 IL-10 细胞因子相关。已知 IFN-λ4 只表达于少部分人群中，是 IFN-λ3 上游一个编码序列发生移码突变的结果，具有典型的抗病毒活性。与只存在 1 个外显子的Ⅰ型 IFN 不同，IFN-λ1 包含 5 个外显子和 4 个内含子，长 2.5kb，而 IFN-λ2 和 IFN-λ3 包含 6 个外显子和 5 个内含子，长 2kb，这与 IL-10 家族的基因非常相似。IFN-λ 分子由 A～F 6 个螺旋以不同长度的环相连接组成，其中 A、C、D、F 形成一个标准的上-上-下-下四螺旋束，构成 IFN-λ 的核心结构。IFN-λ1 的相对分子质量为 20～33ku，由含 22 个氨基酸的信号肽和 178 个氨基酸的成熟肽组成，含有 2 个二硫键并在65～67 位氨基酸残基上存在 1 个潜在的 N2 连接糖基化位点；IFN-λ2 和 IFN-λ3 的相对分子质量为 22ku，由含 22 个氨基酸的信号肽和 174 个氨基酸的成熟肽组成，含 3 个二硫键，但无糖基化位点。通过对 IFN-λs 的氨基酸序列进行对比分析发现，IFN-2 与 IFN-λ3 高度同源（96%），而 IFN-λ2 与 IFN-λ1 的氨基酸同源性仅为 81%。IFN-λ 与 IL-10 和 IL-22 的氨基酸同源性很低，但却具有相似的立体结构，因此，它们在功能上可能具有一定的相关性。

目前的研究表明，鱼类和高等脊椎动物的Ⅰ型IFN系统之间具有高度相似性，但也存在重要的差异。两者相似性如鱼类和高等脊椎动物的Ⅰ型IFN之间的主要区别是前者中存在内含子，后者则无内含子。经多重比对和系统发育分析表明，鱼IFN-α/β的Ⅰ型IFN和哺乳动物的是一类同源物。如重组的大西洋鲑Ⅰ型IFN具有明显的抗病毒活性，并对pH2稳定。此外，鱼Ⅰ型IFN可由病毒感染诱导产生或类似于哺乳动物由dsRNA诱导产生，且鱼和哺乳动物在JAK-STAT信号通路成员和IFN诱导的蛋白质之间为基因高度同源物。但不同于哺乳类Ⅰ型IFN不含有内含子，已鉴定的鱼类IFN都具有5个外显子和4个内含子，与哺乳类Ⅲ型IFN的基因结构相似（均有内含子）。由于鱼类IFN具有与IFN-λ和IL-10家族基因相似的外显子和内含子的特点，因此有学者认为，在进化上，鱼类IFN可能代表一类古老的基因。

鱼类基因组研究显示，斑马鱼和鱼类首先出现只有一个干扰素基因，但已显示拥有两个Ⅰ型IFN。大西洋鲑和鲇也似乎具有几种Ⅰ型IFN，尽管它们中的一些可能是假基因。脊椎动物Ⅰ型IFN和哺乳动物之间同源性低，但对大西洋鲑IFN三级结构分析表明，尽管鱼类Ⅰ型IFN和哺乳类Ⅰ型IFN在氨基酸序列同源性上较低，但具有相似的空间结构。Ⅰ型IFN也在一些高级脊椎动物中展示了新功能，例如，IFN-τ，其在反刍动物的妊娠过程中是重要的。鱼中Ⅰ型IFN的遗传表观数量低，可能说明了鱼在免疫进化中所处的阶段。类似于其他脊椎动物的硬骨鱼也仅具有一个IFN-γ基因，研究显示该基因具有与高级脊椎动物的IFN-γ基因相同的外显子/内含子结构。

鸡及其他禽类干扰素系统与哺乳动物干扰素系统相类似，也分为Ⅰ型、Ⅱ型和Ⅲ型干扰素，现已发现鸡Ⅰ型干扰素包括IFN-α、IFN-β，在禽类中尚未发现IFN-ω和IFN-τ。鸡IFN-α（ChIFN-α）与具有单链的ChIFN-β也为多基因家族，但该基因存在于Z（性）染色体的短臂上。虽然ChIFN-β与ChIFN-α显示出一定的同源性（57%），但由于抗ChIFN-α抗体不能中和ChIFN-β的抗病毒活性，表明它们是不同的细胞因子。ChIFN-γ基因存在于鸡的1号染色体上，与哺乳动物IFN-γ同源性较高（≥30%）。ChIFN-γ在体外显示明显的抗病毒活性。ChIFN-λ基因与人IFN-λ2具有更高的氨基酸同源性。哺乳动物和ChIFN-λ基因的基因组结构被划分为5个外显子区域；在哺乳动物中，与Ⅰ型ChIFN相比较，Ⅲ型IFN显示出与Ⅰ型IFN相类似的抗病毒活性。但ChIFN-β和ChIFN-λ增强一氧化氮水平较低。已观察到ChIFN-λ有与Ⅰ型ChIFN作用类似的方式抑制塞姆利基森林病毒（SFV）和流感病毒（PR8）的活性。然而，在小鼠模型中，ChIFN-λ的总体抗病毒活性低于其Ⅰ型ChIFN干扰素。

IFN对于许多DNA和RNA病毒均具有抑制活性，但IFN-α和IFN-β与同剂量的IFN-γ相比活性更强，而且IFN-α的亚型对于某一特定病毒的活性也不相同。尽管IFN的一些诱导功能与抑制病毒的复制相联系，但在这个过程中，IFN绝大部分单独的功能还不是很清楚，需要进一步探明，而且在同一时间内，有多个机制同时产生作用。

干扰素的抗病毒活性具有以下特点：

（1）高活性　大约1mg纯化的干扰素具有约2亿个活性单位，1～10个干扰素分子即可使一个细胞产生抗病毒状态。

（2）广谱性　干扰素几乎可以使所有种类病毒的增殖受到抑制，从而使细胞得到一定程度的保护，但不能杀灭病毒。

（3）选择性　干扰素作用于受感染细胞，而对正常宿主细胞无作用或作用微弱。

（4）间接性　干扰素不能直接使病毒灭活，而是通过诱导产生酶类等效应蛋白发挥作用。

（5）种属特异性　干扰素的种属特异性是相对的，在同种细胞中活性最高。

（6）不同的敏感性　同一个体的不同细胞对干扰素作用的敏感性不同，不同病毒对干扰素敏感性不同，同种病毒的不同株，甚至同株病毒的不同变种对干扰素的敏感性也不同。人干扰素的主要理化特性和生物学活性详见表3-8。

表3-8　人干扰素的主要理化特性和生物学活性

性　质	IFN-α	IFN-β	IFN-γ	IFN-λ
分型	Ⅰ型	Ⅰ型	Ⅱ型	Ⅲ型
染色体	9	9	12	19
分子量（ku）	20	22～25	20，25	20～33
活性分子结构	单体	二聚体	三或四聚体	四聚体
等电点	5～7	6.5	8.0	
已知亚型数	＞23	1	1	4
氨基酸数	165～166	166	146	178
对0.1%SDS的稳定性	稳定	部分稳定	不稳定	
热稳定性（56℃）	稳定	不稳定	不稳定	
pH2.0时稳定性	稳定	稳定	不稳定	
在牛细胞（EBTr）上活性	高	很低	不能检出	
诱导抗病毒状态的速度	快	很快	慢	快
与ConA结合力	小或无	结合	结合	
免疫调节活性	较弱	较弱	强	较强
抑制细胞生长活性	较弱	较弱	强	
主要产生细胞	浆细胞样树突状细胞、淋巴细胞、单核-巨噬细胞	成纤维细胞	活化T细胞、NK细胞	NK细胞、活化T细胞
主要诱发物质	病毒	病毒、PolyI：C等	抗原、PHA、ConA等	病毒
种间交叉活性	大	小	小	小

（二）干扰素受体与干扰素刺激基因

IFN是人和动物细胞受到适宜的刺激条件下产生的一种具有高度生物学活性的糖蛋白，它的产生受细胞基因组控制。由于细胞DNA中IFN基因的抑制物与IFN基因结合，抑制复制酶系统，所以一般情况下 IFN 基因处于抑制状态。当诱生剂作用于细胞膜后，使 IFN 基因脱抑制，IFN 操纵子开始转录，合成相应 mRNA，该 mRNA 迅速转移至细胞质，在核糖体上转译成 IFN 前体，切除信号肽后，成熟的 IFN 分泌到细胞外。

1. IFN 受体 IFN 的抗病毒的作用是通过与感染细胞的 IFN 受体结合，经信号转导机制等一系列生化反应，通过调控宿主细胞基因，使之合成抗病毒蛋白（antiviral protein，AVP）来实现对病毒的抑制作用，而对宿主细胞的蛋白质合成没有影响。人 IFN-α 和 IFN-β 具有相同的受体，是由 21 号染色体编码的，IFN-γ 结合的受体是由 6 号染色体编码的。这些受体都是由至少 2 个亚单位组成，而且要同时存在才能保证一个完整的 IFN 作用过程被诱导。当 IFN 分子与受体结合后，受体相关的酪氨酸激酶就会被活化，继而磷酸化细胞质内特殊的蛋白质。这些蛋白质会进入细胞核内，并结合到 IFN 诱导因子的启动顺序作用元件上。这个过程反应迅速，在 IFN 结合细胞受体的数分钟内，这些基因就会被转录。

有功能的Ⅰ型 IFN 受体由 2 个亚单位组成，分别是 IFNAR1 和 IFNAR2，两者都是Ⅱ类细胞因子家族成员。在同一物种中，Ⅰ型 IFN 能够结合受体并与其他已被占据的Ⅰ型 IFN 竞争。IFN 与相应受体的结合是起始信号转导级联反应、激活细胞中 IFN 生物学功能的第一步。经典的Ⅰ型 IFN 信号通路机制已经阐明，即当 IFN 与受体结合时激活受体相关 JAK1 和 TYK2，使 STAT1 和 STAT2 酪氨酸磷酸化，磷酸化的 STAT1 和 STAT2 形成二聚体并转移入核，装配 IFN 调节因子 9（IRF9）形成三聚体的 IFN 刺激因子 3（ISGF3）。ISGF3 与其同源 DNA 序列（IFN 刺激反应元件，ISREs）结合，直接激活 IFN 刺激基因（ISGs）的转录，使宿主细胞产生大量 AVP，进入抗病毒状态。AVP 抑制病毒的途径主要有抑制病毒的转录、翻译和核酸复制；降解病毒核酸；改变宿主细胞脂代谢等。细胞对 IFN 与受体结合的反应与细胞类型、所处环境以及在免疫反应呈动态调节过程。虽然Ⅲ型 IFN 不采用Ⅰ型 IFN 受体复合物转导信号，但它们最终都激活 Jak-STAT 信号级联系统。

现已知，哺乳动物中的三个型别 IFN 需要各自结合到不同的Ⅱ类细胞因子家族受体复合物上；Ⅰ型 IFN 家族的所有成员与 IFNAR1 和 IFNAR2 结合。Ⅱ型 IFN-γ 结合 IFNGR1 和 IFNGR2。Ⅲ型 IFN 结合独特的 IFNλR1 亚基和多功能 IL10R2 亚基，其可与其他Ⅱ类细胞因子 R1 链缔合。已经在鸡等动物体内鉴定并克隆出了Ⅰ型和Ⅱ型 IFN 受体复合物。因为它们以与人类相似的方式聚集在鸡染色体 1 号上，从而被证明为是与 IFNAR1、IFNAR2 和 IFNGR2 一致的Ⅲ型 IFN 受体复合物的一部分。信号转导级联在配体与其受体结合后被激活。三型 IFN 及受体详见图 3-3。

常见 3 种不同干扰素家族：Ⅰ型、Ⅱ型和Ⅲ型，各自结合不同的Ⅱ类细胞因子受体复合物。Ⅰ型 IFN 家族的所有成员与 IFNAR1 和 IFNAR2 结合；Ⅱ型 IFN 家族的唯一成员 IFN-γ 结合 IFNGR1 和 IFNGR2。Ⅲ型 IFN 结合独特的 IFNλR1 亚基和多功能 IL10R2 亚基，其可与其他Ⅱ类细胞因子 R1 链结合。

IFN 信号转导途径主要通过 JAK-STAT 途径介导。JAKs 是细胞内非受体酪氨酸激酶，其中有 4 个成员：JAK1、JAK2、JAK3 和 TYK2。JAK1 和 JAK2 激酶参与Ⅱ型 IFN 信号传导，JAK1 和 TYK2 涉及Ⅰ型和Ⅲ型 IFN 信号传导，由此，IFN-a / β 或 IFN-λ 的结合分别激活与 IFNAR2 和 IFNkR1 以及 IFNAR1 和 IL10R2 结合的 JAK1 和 TYK2。尽管

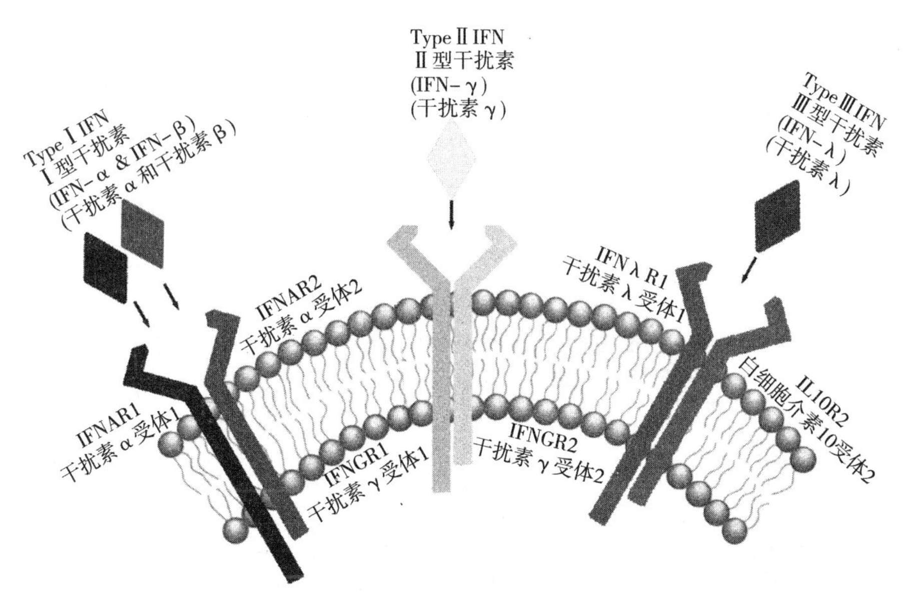

图 3-3 干扰素家族及其受体示意图（符修乐提供）

使用不同的受体复合物，但在Ⅰ型和Ⅲ型 IFN 之间存在不同的信号重叠，这就是抗病毒反应及结果相似的原因。在 IFN-λ 的信号转导途径中，STAT1 和 STAT2 的激活对 IFN 信号转导是非常重要的，而 STAT3 和 STAT5 起着激活介导 IL-10 和 IL-10 相关细胞因子信号转导的作用。有研究发现，JAK-STAT 通路在鸟类具有活性，表明该信号在转导通路中的保守性。对这些信号分子做进一步的研究可以确定鸡 IFN 所采用的精确干扰素信号级联途径。

研究发现，鱼类和高等脊椎动物的Ⅰ型 IFN 系统之间的另一个差异是它们使用的受体不同。在河豚的Ⅰ型 IFN 受体基因簇中没有发现 IFNAR，因此，可能在鱼中不存在。这表明 IFNAR 可能在 IFN-α/β 基因重排后在羊膜腔中进化。

Ⅲ型 IFNs 与其受体 IFNλR1/IL10R2 结合并通过 JAK/STAT 途径发出信号（图 3-4）。IFN-λ 结合后发生磷酸化导致 STAT 蛋白在转移到核之前形成同二聚体或异源二聚体，结合在 ISG 的启动子区，启动表达抗病毒蛋白 AVP。

2. IFN 刺激基因（IFN-stimulated genes，ISGs）**与抗病毒蛋白**（AVP） 研究显示，在病毒感染时的Ⅰ型 IFN 诱导表达和调节分两个主要阶段。在病毒感染的早期阶段，IRF-3 和 IRF-7 的磷酸化发生在特定丝氨酸残基处，导致 IRF-3 和 IRF-7 的同源二聚体化或异二聚体化。然后该二聚体转位到细胞核并诱导产生少量的Ⅰ型 IFN。在感染的晚期，受感染的细胞产生并释放子代病毒；同时，Ⅰ型 IFNAR 与新合成的 IFN 结合，并且通过 Janus 激活的激酶/信号转导和转录激活因子（JAK/STAT）途径诱导 ISG 的大量表达。通过微阵列分析显示，IFN 对宿主基因表达谱影响非常复杂，短时间内即有数百个基因被激活，这些基因即为 ISGs。已有研究证实，这些 ISG 干扰病毒生命周期的每个环节，即从病毒穿入到病毒的释放，它们具有多种抗病毒活性并且对机体的固有免疫应答至关重要。这些抗病毒效应不是任由一个 ISG 完成，而是由多个 ISG 协同作用最终达到抗病毒效果。IFN 还激活 IRF-7 基因的转录，其导致Ⅰ型 IFN 表达的增加并且有助于产生干扰素诱导的跨膜蛋白 3（IF-

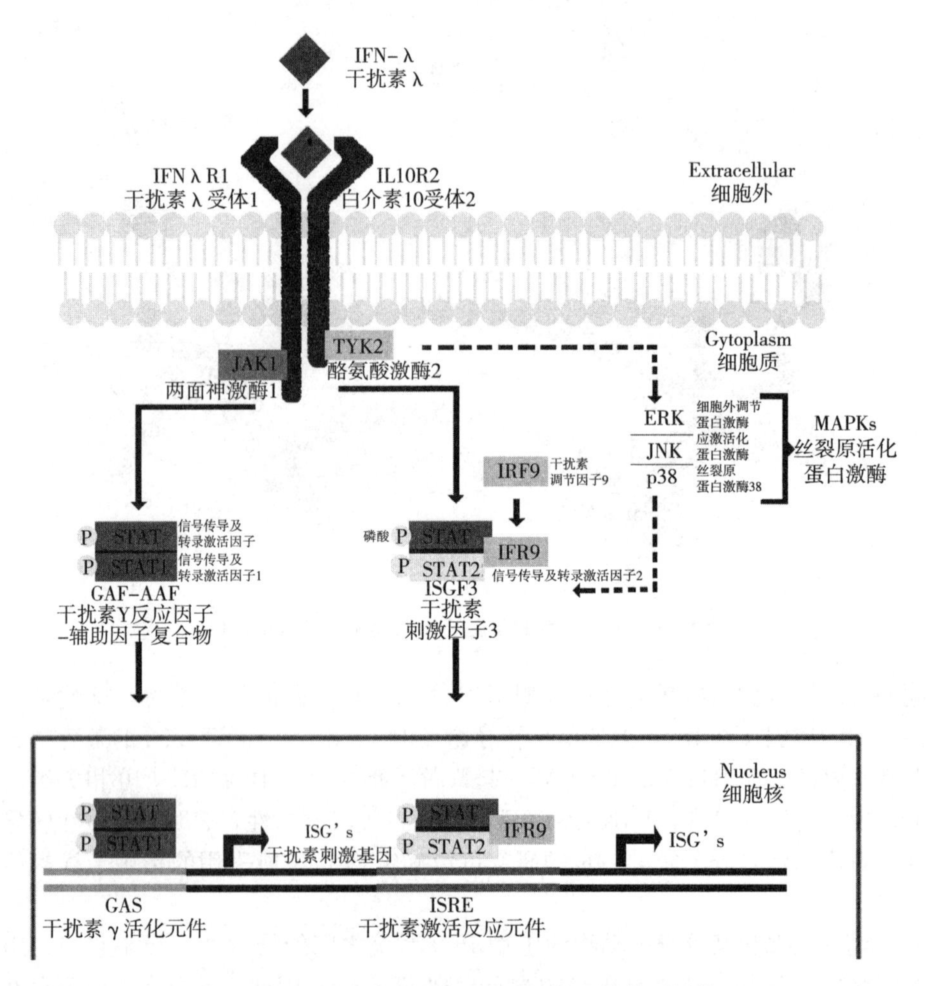

图 3-4 Ⅲ型干扰素信号通路示意图（符修乐提供）

ITM3）和 MxA 等 AVP。

多年来，研究人员对 ISGs 及其相应 AVP 抗病毒机制进行了大量研究，发现了黏病毒抗性蛋白 A（myxovirusresistance gene A，MxA）、核糖核酸依赖性蛋白激酶（protein kinase RNA-de-pendent，PKR）和 2′～5′-寡腺苷酸合成酶（2′～5′-oli-goadenylate synthetas，OAS）等多种对病毒复制增殖具有较强抑制作用的 AVP，然而，这些蛋白多在如病毒核酸复制、蛋白合成或出芽等的晚期过程发挥抗病毒的作用。近年来，研究人员发现一些能抑制病毒早期复制的干扰素 AVP，如干扰素诱导的跨膜蛋白（interferon inducible transmembrane proteins，IFITMs）就是其中之一。现已发现，IFITM 是一类干扰素诱导的小跨膜蛋白，可通过改变细胞膜的生物物理特性而阻止病毒进入胞质，进而发挥抗病毒作用。而另外一种 AVP 即 Viperin 蛋白（virus inhibitory protein，endoplasmic reticulum-associated interferon-inducible）的抗病毒机制研究较深入，其针对一些病毒抗性关键位点不一，在病毒感染的多个时期发挥作用，且能调节转录因子结合位点。研究显示，由于不同物种的免疫系统长期进化和病毒逃逸策略的作用，导致这些效应蛋白抗病毒活性存在种属差异。并且，由于体内精细的调节机制和细胞因子共同作用，导致 AVP 体内、体外活性具有差异。

（1）Mx 蛋白　作为经典的 AVP，是 IFN 诱导的 GTP 酶，其具有多种活性，能抑制病毒早期转录或核蛋白转运，包括通过阻断病毒复制周期的早期阶段、内吞作用和细胞凋亡，对多种 RNA 病毒感染有明显抑制作用，如人 MxA 蛋白对正黏病毒有强抑制作用；人类中存在两种不同的 MxGTP 酶：MxA 和 MxB。并且尽管都位于细胞质中，但仅 MxA 具有可检测到的抗病毒活性。最初发现 MxA 蛋白是通过抑制病毒 mRNA 合成而体现对小鼠中流感感染的抗性。*Mx* 基因是鸡中研究最多的 ISG 之一，已有研究发现鸡 Mx 是高度多态性的，尽管其抗病毒活性仍然有争议，但一些品种的鸡表现出对流感病毒和 VSV 的抗性。一些学者认为位置 631 处的一个特定多态性决定鸡 Mx 抗病毒活性。但最近的研究已经表明，鸡的两种 Mx 变体对流感病毒无抗病毒保护作用，且缺乏 GT-Pase 活性的原因在于鸡体内干扰素抗流感病毒的作用不依赖于 Mx，而是由其他 ISG 参与的抗病毒反应。

（2）蛋白激酶 R　PKR 作为细胞内传感器能检测长度大于 30 个核苷酸的 dsRNA，其在细胞或病毒攻击宿主后的合成来源类似于 Toll 样受体（TLR）和胞浆维甲酸诱导基因 1（RIG－I）/黑色素瘤分化相关基因 5（MDA5）。传感器包括 RIG－1、MDA－5、RNA 解旋酶、IFN 启动-刺激因子 1（IPS－1）和某些 Toll 样受体如 TLR3、TLR7、TLR8 和 TLR9。dsRNA 的被识别导致 PKR 自磷酸化和随后的真核翻译起始因子 2A（eIF2a）的磷酸化，抑制细胞和病毒 mRNA 的翻译。这种对感染细胞内蛋白质合成的抑制显示出其具有广谱抗 DNA 和 RNA 病毒的生物学活性。除了其抗病毒作用，PKR 还参与其他多种细胞代谢过程，如细胞分化、代谢、增殖和凋亡。在哺乳动物中，Ⅰ型 IFN 可诱导 PKR 表达，而 IFNλ 在体外对 PKR 没有影响。鸡 PKR 与人 PKR 具有 35％的氨基酸同源性，在体外可被聚肌胞苷酸（PolyI：C）强烈诱导并显示出抗 VSV 感染的作用。但 Daviet 等发现，在 H5N1 感染鸡后 24h，PKR 不足以抑制这种高致病性病毒的快速复制。将 PKR 抑制剂与 PolyI：C 或 CpG 联合处理会导致鸡单核细胞和巨噬细胞中的一氧化氮诱导量明显降低；表明在鸡单核细胞和巨噬细胞中，PKR 在由细菌和病毒作为激活剂介导的 TLR 适应性免疫应答效力的发挥上具有非常重要的作用。

（3）2′～5′-寡腺苷酸合成酶（OAS）　是 ATP 在 dsRNA 刺激下，IFN 诱导产生的酶［2′～5′-连接的寡腺苷酸（2～5A）］能与 RNA 酶 L 结合，切割病毒 RNA 和宿主 RNA 的转录物。在人类中，已经证实在 14 号染色体上存在三种 OAS 基因簇，产生几种 OAS 异构体。最近的研究发现，在鸡中只有一个 OAS 基因，然而可能存在两个等位基因：OASA 和 OASB。拥有 OAS－A/B 的鸡会产生两种类型的 OAS（58ku 和 54ku），而只有 OAS－A/A 的鸡只产生 1 种 OAS（58ku），其中 OAS－B 等位基因与 OAS－A 频率相当。鸡和哺乳动物 OAS 在氨基末端的氨基酸同源性为 49％，且这两种蛋白在合成 2′～5′-寡腺苷酸中具有活性，但是 OAS－B 活性大大低于 OAS－A。在抗病毒活性方面，鸡 OAS 在哺乳动物或鸡胚成纤维细胞中的表达分别诱导产生针对 WNV 和猪瘟病毒的直接抗病毒作用。

（4）IFITMs 蛋白　具有多种功能的蛋白，包括促进细胞黏附、抑制细胞的增殖、调节生殖细胞发育以及抗病毒功能。近期的研究发现，IFITMs 能有效抑制多种危害人类健康的病毒，包括甲型流感病毒、西尼罗河病毒和登革热病毒。但对于不同的病毒，IFITMs 的抗病毒活性也有所不同。如对于甲型流感病毒，IFITM3 表现出较强的抗病毒活性。另有研究表明，IFITM1 抗 HIV-1 和 HCV 的能力却强于 IFITM3。现已知，IFITMs 存在于人、鱼、蝙蝠、猪和小鼠等多种脊椎动物中，有研究发现 IFITMs 同样存在于多种细菌中。经对细菌及脊椎动物 IFITMs 的序列进行分析并发现，这些序列之间具有较高的相似性。最近，研究者对分支杆菌 IFITMs 抗甲型流感病毒的作用进行了研究并发现其确实具有类似于脊椎动物 IFITM3 的抗病毒功能，进一步说明细菌 IFITMs 与脊椎动物 IFITMs 存在一定的进化关系。

根据 IFITMs 序列的相似性和预测的功能，IFITMs 被分为三类。第一类包括人类和小鼠的 IFITM1、IFITM2 和 IFITM3 以及小鼠的 IFITM6 和 IFITM7 分子。由于三者都具有较强的抗病毒活性，因此又被统称为免疫相关的 IFITMs。研究发现，免疫相关的 IFITMs 在包括上皮细胞在内的多种细胞中均有较高的组成性表达，并且Ⅰ型和Ⅱ型干扰素会诱导其大量表达。研究还发现，IFITM2 和 IFITM3 具有很高的同源性，而 IFITM1 有别于前两者而独分一支。IFITMs 蛋白由两个外显子编码而成，具有 N 端、跨膜区 1、保守的胞内环、跨膜区 2 和 C 端五个结构域。关于 IFITMs 蛋白各部分功能的研究发现，IFITM3 的 N 端具有内吞信号修饰，而该修饰对蛋白在细胞内的准确定位起着至关重要的作用，并与其抗病毒活性密切相关。而 IFITM3 序列中对半胱氨酸的棕榈酰化在其完成抗病毒过程中发挥了重要作用；保守的酪氨酸和赖氨酸的泛素化作用有利于其细胞内定位和抗病毒活性。不同于 IFITM3，IFITM1 是利用 C 端来对其抗病毒活性和细胞内定位发挥作用。

对基因组研究分析发现，IFITM 基因簇在不同物种中位于不同的染色体上；人的 IFITM1、IFITM2、IFITM3、IFITM5 均位于第 11 号染色体，而鸡的这几种基因位于第 5 号染色体上；小鼠除 IFITM7 位于第 16 号染色体上，其他 IFITMs 基因均位于第 7 号染色体上。近期研究结果显示，同一物种的 IFITM1、IFITM2、IFITM3 和 IFITM5 构成的基因簇均位于同一染色体上，并且所有 IFITMs 蛋白均由 100～150 个氨基酸残基组成。在不同的物种间，除 IFITM10 外，IFITMs 基因保守性较低。推测此与为适应病毒突变以更有效发挥其抗病毒作用有关。

现已知，IFITMs 位于宿主细胞膜与核内体膜上，其中 IFITM1 主要位于细胞膜和早期核内体膜上，这与其在细胞膜或早期核内体膜处抑制病毒（如 HCV 与 HIV）入侵细胞的功能相吻合；而 IFITM2 和 IFITM3 位于晚期核内体膜和溶酶体膜，这更有利于其抑制通过内吞途径入侵宿主细胞的病毒。以上研究结果显示：不同 IFITMs 定位于不同的亚细胞结构，一定程度上解释了针对不同病毒 IFITM1 与 IFITM2 和 IFITM3 抑制效果的差异。

（5）Viperin 蛋白　是一类可被三个型别 IFN、PolyI：C、双链 DNA、双链 RNA 等多种病毒诱导产生的抗病毒蛋白，研究表明，Viperin 蛋白可针对不同病毒的关键结构不同，产生的抗病毒机制与作用方式也不同，既可与多种病毒或者宿主相关蛋白结合，也可与感染细胞内细胞器结合。现已知 Viperin 蛋白具有广谱抗病毒活性。各物种 Viperin 结构高度保守性，包括信号肽区和 S-腺苷甲硫氨酸区。N 端非保守的 α 螺旋结构域决定其细胞内定位；中部为包含酶活性的 4 个相对保守的基本基序（M1～M4），根据 M1 序列基序特点，属于 S-腺苷甲硫氨酸（SAM）酶超家族，称为 SAM 结构域；C 端为保守区，与抗病毒效应有关。

Viperin 蛋白通过 N 端和 α 螺旋区域可定位到细胞内质网上介导内质网晶格化，也可以定位到细胞内脂滴，通过调节胆固醇和类异戊二烯生物合成酶，可影响脂滴的形成、定位及脂质筏的形成，而且影响膜的流动性，最终抑制 HIV-1 和 IAV 的出芽过程。另外，研究表明，Viperin 能够通过正反馈作用调节 IFN 产生，该作用可能放大了 Viperin 的抗病毒能力。

在禽类的研究表明，用新城疫病毒处理原代鸭胚成纤维细胞均能够诱导鸭细胞的 Viperin 基因转录和表达，且当新城疫病毒感染鸭后，在脾、肾、肝、脑、血中鸭 Viperin 蛋白的 mRNA 水平被显著诱导上调。并且体内外试验表明，法氏囊病毒和流感病毒能够诱导鸡 Viperin 蛋白显著上升。Viperin 蛋白在各组织器官有较低的本底水平表达，受诱导后表达迅速增强，其诱导表达可分为干扰素依赖途径和干扰素非依赖途径。在干扰素依赖途径中，由 IFNR 介导而激活 JAK-STAT 信号转导途径，由活化的 ISGF3 而调控 Viperin 蛋白表达，并且该通路由 PRDI-I 结合因子介导负调。而后者是病毒核酸首先通过募集细胞内过氧化物酶体和线粒体上的 MASV（Mitochondrial antivial signaling）接头蛋白，接着激活 IRF1 与 IRF3，最后直接诱导 Viperin 上调表达而能够迅速抑制病毒。

二、干扰素的免疫佐剂作用

免疫佐剂（adjuvant）指能非特异性地增强免疫原的免疫原性，亦可改变免疫应答类型的物质。在疾病的预防（疫苗接种）、治疗（用于抗肿瘤和慢性感染等的辅助治疗）和科学试验（制备免疫血清等）中经常使用免疫佐剂以增强某些抗原的免疫原性，尤其对于免疫原性较弱的抗原以及免疫抗原剂量较少而不足以引起免疫应答时，免疫佐剂起的作用尤为重要。免疫佐剂可先于抗原或与抗原同时注入机体，目前免疫佐剂既常用于制备免疫血清和预防接种，也用于临床抗肿瘤和抗感染的辅助治疗。干扰素因可以促进机体的一系列抗病毒和抗微生物活性而成为特别值得关注的免疫佐剂。虽然疫苗目前对许多病毒性疾病有效，但是缺乏合适的佐剂来提高这些疫苗的功效。如全球动物重大传染病猪瘟和猪繁殖与呼吸综合征等疫苗接种后，部分猪群相应的中和抗体阳转率、抗体水平及母猪阻断率不理想，有 10%～15%接种猪出现不应答或低应答，即接种疫苗后不产生抗体或接种疫苗后中和抗体水平达不到免疫保护要求。因此，改变免疫策略，减少疫苗接种次数，缩短免疫时间以提高免疫应答水平，可有效提高疫苗覆盖率及全程接种率，并减少防疫员的工作量，在各项疫苗的实际应用中具有重要的意义。

国内外众多学者对Ⅰ型 IFN 作为免疫佐剂联合疫苗共同使用后的免疫效果开展了大量的研究工作。研究结果表明，Ⅰ型 IFN 具备作为免疫佐剂的性质，即能特异性地增强同时施用的疫苗诱导产生的体液免疫和细胞免疫应答效力，且自身无抗原性及无毒性。多项对干扰素作为免疫佐剂的作用及其机制研究表明，IFN 与疫苗一同使用，不仅提高了疫苗的免疫原性，而且还提高了疫苗效果，重要作用为：①可显著加强疫苗的抗体阳转率；②可明显提高机体内的中和抗体滴度；③缩短了抗体的产生时间；④增强细胞免疫应答。

（一）Ⅰ型 IFN 在 DNA 疫苗中的免疫佐剂作用

DNA 疫苗与减毒活疫苗的关键不同之处是编码抗原的 DNA 不能在人或动物体内复制；最大的优势是可以在体内有效诱导产生体液免疫和细胞免疫且稳定性好、成本低并能形成多种质粒的混合物或者构建复杂的质粒以形成多价疫苗。已有研究结果显示，DNA 疫苗对抗鲑弹状病毒是高度有效的，但对其他病毒效果不明显，如采用福尔马林灭活的病毒疫苗或采用病毒重组蛋白制成的疫苗均不能有效地对抗某些病毒性疾病。但将编码大西洋鲑Ⅰ型IFN三种质粒（IFNa1、IFNb或IFNc）与作为DNA疫苗的编码感染性鲑贫血病毒（ISAV）血凝素-酯酶（HE）基因混合后注射鲑前体苗。在7～10周后收获经免疫后的鲑血清以检测相应ISAV的抗体，并且用ISAV进行试验感染，以检测该疫苗的保护作用。结果显示，与三种IFN质粒加HE质粒一起递送的DNA疫苗均明显地增强了鲑抗ISAV感染导致的死亡，并能刺激针对该病毒的IgM抗体的增加。相比之下，单独的HE质粒苗仅能刺激产生较少量的抗体，对ISAV的攻击仅有轻微保护作用。该研究显示了Ⅰ型IFN表达质粒作为佐剂的效应，提供了改进DNA疫苗接种的新方法。而且这种方式适用于多种毒株，尤其对尚不能在细胞培养中增殖的病毒。DNA疫苗使用安全，并且比传统疫苗副作用更少；但其必须采用油性递送系统才能产生保护作用。

（二）Ⅰ型IFN在基因工程疫苗中的免疫佐剂作用

利用基因工程技术将编码病毒保护性抗原表达的目的基因导入原核或真核表达系统，纯化后制成的疫苗安全且经济，但存在免疫原性较弱等缺点，如加入Ⅰ型IFN作为疫苗佐剂，可提高疫苗免疫效果。在人干扰素应用中，IFN-α可作为狂犬病病毒疫苗免疫佐剂使用：在对狂犬病病毒免疫应答过程中，患者体内不但有体液免疫参加，而且有细胞的介导免疫应答参与。当狂犬病病毒进入机体以后，除主要侵害神经系统外，对淋巴组织也有较明显的影响，尤其是T细胞。而对B细胞影响较小。这与一些中和抗体水平不低的狂犬病患者未能免于死亡的现象相吻合。因此，在紧急防治狂犬病时，不仅要考虑提高特异性中和抗体水平，而且要设法改善特异性细胞免疫应答功能。有研究将人用狂犬病病毒疫苗与rHuIFNα-2a按一定比例混合，制成rHuIFNα-2a佐剂狂犬疫苗后免疫昆明小鼠，并于免疫前和免疫后的第4、7、14、30天和第60天采集血标本检测小鼠血清中和抗体及第15天时的脾脏淋巴细胞增殖率。结果发现，与无佐剂的狂犬病疫苗组相比，rHuIFNα-2a佐剂狂犬病疫苗组诱导产生的中和抗体出现时间提早4～10d，滴度高且可检测到特异性T淋巴细胞增殖率同时升高。结果证实，Ⅰ型IFN佐剂狂犬病病毒疫苗具有良好的提高免疫原的免疫原性和疫苗免疫效果。曾有卫生机构在1993—1996年期间，将干扰素-α作为佐剂与狂犬病疫苗联合应用做了大量临床试验观察，结果发现：对13 000例狂犬病疫苗的预防注射增加了1剂IFN-α者，均未发现该疫苗免疫接种失败病例。在4起狂犬集中咬伤事件中，33例首针注射疫苗时增加1剂IFN-α者，无一失败病例，而常规注射疫苗的10例患者中有4例发病死亡。

在口蹄疫病毒（FMDV）疫苗研究中，将rPoIFN-α与猪IgG-FMDV重组蛋白疫苗给猪肌内注射接种后检测rPoIFN-α的疫苗佐剂作用。结果发现，试验组猪FMDV特异性中和抗体与T细胞介导的免疫应答均为强阳性；而只用疫苗接种的对照组猪仅发生了一般水平的体液和细胞免疫应答。同时还发现，rPoIFN-α佐剂和抗原共免疫后的猪体内产生了高水平IL-2，证明该佐剂具有促进Th_0细胞向Th_1细胞成熟和分化的功能。ELISA检测的数据表明，该rPoIFN-α能与重组蛋白疫苗协同作用，刺激机体产生内源性IFN。观察攻毒试验结果发现，所有对照组猪均产生了病毒血症和相应的病理改变；而所有接受rPoIFN-α+IgG-FMDV的猪均获特异性保护。另外一项研究将rPoIFN-α与含有FMDV A24衣壳基因和3C蛋白酶编码区DNA的复制缺陷型腺病毒（Ad5）混合后接种猪以观察

rPoIFN－α在其中的佐剂效应。结果发现 rPoIFN－α能增强 Ad5 疫苗诱导的长期特异性保护效应。将猪Ⅰ型 IFN 和口蹄疫病毒 VP1 蛋白构建的活载体疫苗免疫小鼠、豚鼠和猪后均产生针对口蹄疫病毒的 100%的保护率。这几项研究结果均表明，rPoIFN－α是重组 FMDV 蛋白疫苗的强力佐剂。

在研究Ⅰ型 IFN 对新城疫（ND）灭活疫苗抗体滴度的影响时，将 20 只 20 日龄雏鸡随机分成 A、B、C 和 D（CK）组，每组 5 只。分别皮下注射新城疫灭活疫苗 0.5mL/羽，同时给雏鸡注射高（4U）、中（2U）和低（1U）剂量的Ⅰ型 IFN，对照组不加，检测雏鸡新城疫病毒抗体滴度，结果表明，免疫接种第 7 天后，高、中和低剂量组抗体水平开始上升，三个组剂量组之间无明显差异；第 14 天后中剂量组水平稍高，与其他 3 组均有显著差异，呈现一定的剂量差异；第 21 天后 3 组都升高，但中剂量组抗体水平最高，对照组与其他 3 组均有显著差异；在免疫第 28 天后 4 个组的抗体水平均下降，但中剂量组抗体水平仍最高。该研究的结论是：Ⅰ型 IFN 可提高新城疫病毒抗体效价，以中剂量添加效果最好。

为了评估酵母表达的猪圆环病毒 2 型（PCV2）Cap 蛋白在猪体的免疫特性以及 rPoIFN－α对其的免疫佐剂效果，将酵母表达的 PCV2 Cap 蛋白配比适量的铝胶或 rPoIFN－α制成亚单位疫苗。30 日龄仔猪分别接种铝胶佐剂亚单位疫苗和 rPoIFN－α佐剂亚单位疫苗，同时设攻毒对照与空白对照，首免后第 21 天加强免疫，二免后第 14 天用 PCV2 JS 株攻毒。铝胶佐剂亚单位疫苗免疫猪体后产生了 PCV2 特异性中和抗体。rPoIFN－α佐剂亚单位疫苗仔猪免疫后产生的 ELISA 检测抗体和中和抗体都显著高于铝胶亚单位疫苗组仔猪。攻毒对照组的 4 只仔猪攻毒后全都产生了病毒血症，并有较长时间的发热；铝胶亚单位疫苗组 4 头仔猪只有 1 头仔猪产生病毒血症，添加 rPoIFN－α亚单位疫苗组的仔猪攻毒后都没有产生病毒血症。综合分析结果表明，rPoIFN－α可显著增强 Cap 蛋白亚单位疫苗接种仔猪的体液免疫反应，提高 PCV2 Cap 蛋白亚单位疫苗免疫保护效果。

（三）Ⅱ型 IFN 作为疫苗免疫佐剂的作用

IFN－γ作为疫苗的免疫佐剂已得到了广泛的研究和应用；在应用时发现，其使用浓度并非越大越好，而且在与疫苗联用时，使用的时机不同所产生的免疫保护效果也有不同。一项在比较免疫接种加有不同剂量的鸡 IFN－γ与新城疫病毒减毒活疫苗混合物的试验研究发现，免疫前、后以及同时使用各组的鸡 IFN－γ对淋巴细胞刺激指数、巨噬细胞吞噬指数及 HI 抗体滴度的有明显影响。结果显示，ChIFN－γ联合新城病毒减毒活疫苗使用有助于提高疫苗的免疫效果，且使用最佳时机为新城疫病毒减毒活疫苗免疫后使用，使用剂量为 500 IU/羽。

在小鼠体内试验亦发现 IFN－γ可作为 HIV－1 DNA 疫苗的有效佐剂，除增强了特异性抗原的体液免疫应答外，还提高了抗原特异性 Th 细胞增殖水平。在研究 IFN－γ与猿猴 HIV（SHIV）的共表达在猕猴中的免疫增强作用时结果发现，所有接种的猕猴均检测出细胞因子分泌增加；IFN－γ产生细胞于接种后第 4 周数量明显增加。IFN－γ与 SHIV 的共表达可以调节 IFN－γ抗病毒免疫应答进入 Th_1 型细胞反应状态，可提供更多的免疫保护性。另外，将 IFN－γ基因与 HIV gp120 基因混合后免疫小鼠，结果表明 IFN－γ作为 DNA 佐剂显著提高了 HIV gp120 蛋白的体液和细胞免疫水平。

随着人与动物免疫抑制性传染病的日渐增多，迫切需要新型疫苗来增强动物机体的免疫力，IFN 以其安全性、有效性、工艺简单且能有效地增强或调节机体的特异性免疫越来越受到重视。采用 IFNs 作为免疫佐剂研究的累积分析表明，IFN 作为疫苗接种的免疫佐剂不仅改善了疫苗的免疫功效和安全性，而且激活了 Th_1 介导的细胞免疫应答效应。表明由 IFN 促成的与单核细胞/ DC之间的联合效应有机地衔接了机体的固有免疫和适应性免疫联合抗病毒关键机制。因此，采用 IFN 尤其是Ⅰ型 IFN 作为佐剂，将大大增加疫苗效力。IFN 免疫佐剂的联合应用也是今后疫苗发展的趋势，然而，IFN 针对不同抗原发挥作用也不一致，甚至可出现免疫异常现象。因此，对 IFN 免疫佐剂的作用机制、剂量、体内外增强作用及长期的不良反应等相关问题应进行深入研究，使其在预防人与动物疾病方面发挥更大的作用。

三、干扰素的医学应用

大多数研究中用的都是人干扰素，这是因为比较容易得到纯化的商品。但是现在应用基因重组技术已经能够生产高纯度、高效价的动物干扰素，如牛、猪、犬、猫等。因此可以预见，未来动物重组干扰素的应用价值会很快得到体现。Ⅰ型 IFN 因为具有抗病毒、抗肿瘤和免疫调节等多种活性，因此在临床应用中最为广泛。现在国际市场上已经有多种商品化Ⅰ型 IFN，它们可以是冻干的粉剂或水溶性悬液，也可以是天然的或基因重组的制品。重组的制品还可以被聚乙二醇化，从而使其半衰期延长 10 倍左右。

Ⅰ型 IFN 常用于以下一些人类疾病的治疗：艾滋病相关的 Kaposi 肉瘤、慢性乙肝和慢性丙肝、毛细胞白血病、多发性骨髓瘤、肝炎后肝硬化、生殖器疣、特发性过敏反应、多发性硬化症、咽部乳头状瘤、恶性黑色素瘤、何杰金氏淋巴瘤、单纯疱疹病毒感染、带状疱疹等。使用剂量依疾病和耐受性而异，成人一般为一周 3 次，每次 300 万～1 000 万 IU，持续数月。高剂量可能引起的不良反应包括发抖、发热、关节痛、丧失食欲、贫血、粒细胞减少、血小板减少、恶心、呕吐、皮疹、脱发等。动物中出现的不良反应有高热、丧失食欲和精神沉郁。此外，大剂量干扰素会诱导产生中和抗体，这在人和动物中都已经观察到。

在人类的医疗中，目前临床上使用的 IFN 给药途径包括肌内注射、皮下注射、静脉注射，以及口腔、鼻腔、腹腔和皮肤黏膜表面。由于消化酶会降解干扰素，故不予考虑胃内给药。静脉内给药传播迅速，但是排泄也快。因此，通常采用肌内注射或皮下注射。

IFN 静脉注射后，在血浆中的半衰期是 2～3h，而通过肌内或者皮下注射后，半衰期延长为 4～6h，而且通过后面一个注射途径能使 80%的注射剂量被吸收。IFN 在血浆中所能达到的水平是与注射剂量相关的。因为当血浆中的 IFN 浓度在低于可检测水平时，其全身效应依然可见，所以，IFN 的经典药代动力学参数与其抗病毒活性间的相关性是目前基础与临床医学研究的热点。目前，与聚乙二醇相连的 IFN 的长反应、慢释放的形式是可实现的。即针对使用干扰素存在的生物半衰期短、不要反复多次给药、容易诱发干扰素抗体的产生、患者耐受性差的问题，国内外已经研制出了干扰素与聚乙二醇（PEG）的交联物，被称为长效干扰素，如聚乙二醇干扰素（PegaSys、Peglntron）。PegaSys 是在 IFN－α2a 上结合了一个分子量为 40 000 的甲氧基聚乙二醇支链，Peglntron 是 IFN－α2b 与分子量为 12 000 的聚乙二醇相结合的产物。当干扰素分子聚乙二醇化以后，聚乙二醇分子就在干扰素分子外面形成一个分子屏障，降低其免疫原性，保护其免受酶的分解。药代动力学研究结果表明，聚乙二醇化的干扰素在人体内代谢速度缓慢，其血浆半衰期为 40～100h，而普通干扰素仅为 4h 左右。动物试验和Ⅰ、Ⅱ期临床试验的数据表明，聚乙二醇干扰素只需每周用药 1 次就能稳定地维持有效血药浓度，使病毒始终处于被抑制状态，避免了普通干扰素的“峰-谷”现象。注射次数的减少也使得患者的耐受性改善，从而提高临床疗效。长效干扰素对丙型肝炎患者的抗病毒疗效达 39%，明显优于普通干扰素。日本还研制出一种长效成淋巴细胞样 α-干扰素皮下应用制剂，每周使用 1 次，治疗慢性丙型肝炎有效，该剂型是将干扰素吸附于特定的胶原中，再包入包衣内制成，皮下注射后 1 周内逐渐溶解吸收。使用这种长效制剂时，治疗效果与普通干扰素每周 3 次用药相似，不良反应也类似。将这些药品通过皮下每周注射 1 次，其血液的含量即可维持在一个与每周注射 3 次标准 IFN 相当的水平。IFN 渗透到脑脊液以及呼吸分泌是很少的。临床研究发现，几乎没有药物与 IFN 发生明显的相互作用。

许多病毒已经演化出能逃逸或者抑制 IFN 介导的抗病毒作用。然而，尚没有完整案例证明感染的病毒在治疗期间通过特殊的突变而产生的抗 IFN 行为。HCV 对 IFN 治疗反应的变化是与 NS5A 蛋白的氨基酸替换有关，现在这个联系的重要性仍旧不是很清楚。尤其是 2209 和 2248 密码子的异源性可能会影响 IFN 结合到依赖双链 RNA 的蛋白激酶的能力，因此就会降低宿主的抗病毒反应。在 HCV 感染细胞，具有 IFN 耐药性的 HCV 能减少其表达并降低 TYK2、JAK 的活性，这两个蛋白质是 IFN 介导的细胞内信号的中间部分的 JAK-STAT 信号通路的两个成员。

IFN-α 制剂在治疗 HBV 和 HCV 中是有效的。但目前为止，慢性丙型肝炎病毒的标准疗法是用聚乙二醇化的干扰素 α 与利巴韦林（ribavirin，RBV）结合使用。然而这些方案耐受性都很差，并且往往都是无效的。而且用 PEG-IFN-α 和利巴韦林治疗会导致 40%～50%基因型为 1 和 80%基因型为 2 或 3 的 HCV 患者的持续病毒学应答（sustained virologic response，SVR）。Ⅰ型干扰素治疗慢性 HCV 感染患者产生的副作用可能与 IFN-αR 的普遍表达相关。但是 IFN-λ 受体的分布却受限制，因此预计使用 IFN-λ 治疗产生的副作用可能更少。此外，用 IFN-α 反复刺激肝细胞可导致细胞的无效应答，这种 IFN-α 的不应性被认为是某些 HCV 感染患者治疗无效的原因之一，但是 IFN-λ 却不诱导这种肝细胞的不应性，从而可能更好地适用于反复治疗。

重组 IFN-λ 的临床试验目前正在用于慢性 HCV 感染的治疗。在 1 期临床试验中，Muir 等研究比较了以下治疗方案，包括用聚乙二醇化干扰素 PEG-IFN-λ 或 PEG-IFN-λ + RBV 结合治疗 IFN-α 治疗后仍复发的患者（即用 PEG-IFN-α+利巴韦林治疗至少 12 周仍复发的患者）和用 PEG-IFN-λ+利巴韦林治疗初治患者。虽然在这项研究中（仅有 4 周之久）未考虑到 SVR 的因素，但多数患者都表现了抗病毒活性，这说明 PEG-IFN-λ 的耐受性良好，并且少有不良反应。在 2 期研究中，也已证实 IFN-λ 的副作用较温和。IFN-λ 现在已经进入 3 期临床试验，180mg IFN-λ1a 和利巴韦林的结合，对基因型 1 或 4 的 HCV 患者表现出抗病毒作用并维持了 24～48 周，对基因型 2 或 3 的 HCV 患者的抗病毒作用也维持了 12～24 周。IFN-λ 将成为 HCV 感染治疗的一个有效方案。

2009 年，全基因组关联研究确定了人类 IFN-λ3 基因区域的单核苷酸多态性（SNPs），包括 rs12979860 和 rs8099917，它们分别位于 IFN-λ3 基因上游的 3kb 和 8kb 处，并且与 HCV 患者对 peg-IFN-α 和利巴韦林治疗的应答以及 HCV 的自发清除相关联。自此，其他的 SNPs 相继在 IFN-λ3 的基因区域得到确定，并与 PEG-IFN-α/利巴韦林治疗的持续病毒学应答有关。然而，IFN-λ3 的多态性对 HCV 的清除效果的影响仍有待确定。最近，位于 IFN-λ3 上游 3 kb 处的一种新型转录物被认定为 IFN-λ4，是 IFN-λ3 基因发生一个移码突变的结果。研究发现，IFN－λ4 在人肝细胞中至少有三种作用：活化 IFN－λ 信号通路、抑制细胞增殖和诱导细胞死亡。但是目前为止，只有在 HCV 感染的肝细胞中检测到内源性 IFN－λ4 的表达，诱发 IFN－λ4 表达的其他生物学因素仍需进一步研究，其对 HCV 清除作用的具体机制也尚未明确。

IFN 具有预防和治疗疱疹病毒的活性，但是活性的限度及毒性都限制了这个研究的进行。IFN 与一种抗病毒制剂联合使用可能会有效地治疗顽固性单纯疱疹病毒角膜炎。IFN 拥有体内和体外的抗 HIV 活性，但是它的毒性使得给药很困难。IFN－α 被用于卡波氏肉瘤的治疗，并且对于 CD4 细胞计数超过 200/mm^3的患者，治疗效果最好。在预防呼吸病毒感染的研究中，证实 IFN 能有效地抵抗鼻病毒，但是鼻部给药的局部毒性极大地限制了这个方法。IFN－γ 能减少慢性肉芽肿患者的感染风险。

目前，将干扰素从口腔给药已经成为研究热点之一。有研究表明，口服的干扰素能与口腔和咽部的黏膜相关淋巴样组织细胞表面的受体结合，由此导致内源性 IFN－α 和 IFN－γ 以自分泌和/或旁分泌方式产生，从而刺激抗原特异性 $CD4^+$ 和 $CD8^+$ T 淋巴细胞扩增。最终通过调控 IL－12、TNF、IL－6 等其他细胞因子的合成，达到适当的全身免疫反应。

国内外兽医临床上对干扰素的应用研究已经取得了很大进展。Kazuo 等用重组牛 IFN－α（rBoIFN－α）提高牛免疫调节能力和白细胞功能而间接对牛呼吸道疾病具有预防作用。1994 年，重组猫 IFN－ω（商业名称为 INTERCAT）被批准作为兽医上第一个使用的治疗猫杯状病毒感染的抗病毒制剂。1995 年，Tateyama 等研究发现猫的干扰素与犬的极为相似，可结合犬细胞表面干扰素受体，从而激活了抗病毒免疫，增强对犬肿瘤细胞系的抑制作用。1997 年，日本批准重组猫 IFN－ω 用于治疗犬细小病毒感染。2002 年，Martin 等用重组 rFeIFN－ω 治疗 CPV－2 病毒感染的犬，治愈率达到 66.7%，这一结果说明 rFeIFN－ω 对犬病毒感染具有明显的治疗效果。

小剂量人Ⅰ型 IFN 经口服可以预防猫患猫白血病和猫免疫缺陷综合征，或减轻这些疾病的症状。用天然人Ⅰ型 IFN 治疗自然或试验感染猫白血病病毒（FeLV），可以显著地提高存活率，合适的剂量为 0.5 IU/d。Ⅰ型 IFN 能够明显改变病猫的血液细胞指数，包括提高血液中红细胞和单核细胞、血红蛋白和血细胞容积计数。但是也有相反的报道，曾有人给 FeLV 感染的病猫用重组的人Ⅰ型 IFN（rHuIFN－α2a）治疗，结果病猫与对照组相比，没有明显改善。

Ⅰ型 IFN 在治疗猫免疫缺陷综合征方面的作用已经得到证明。低剂量（每千克体重 10IU）的天然 HuIFN－α 能够改善症状，$CD8^+$ T 细胞逐渐上升，$CD4^+$ T 淋巴细胞的活性得到保障，随着白细胞计数的提高，病猫的感染得到控制。从感染猫疱疹病毒 1 型（FHV－1）的动物角膜制备的原代细胞培养，加入人Ⅰ型干扰素后可以减少细胞病变、降低病毒滴度。

Gilger 等对口服Ⅰ型 IFN 治疗犬的免疫性角膜结膜炎进行了观察，结果 20 个犬中有 11 个显示有疗效，表现为产泪增加，黏膜渗出减少，不适症状也随之减少。这样的处理可以成为手术或人工催泪的替代疗法。

用Ⅰ型 IFN 治疗和预防猪病的试验研究主要集中于消化系统感染，因为这是仔猪死亡的主要原因。因为有报道称，仔猪在受到传染性胃肠炎病毒（TGEV）感染后会快速引发和产生大量Ⅰ型 IFN，感染 6h 后小肠组织和肠系膜淋巴结中开始出现Ⅰ型 IFN，在 12～18h

达到高峰。在一次传播性胃肠炎的暴发中，将天然人Ⅰ型 IFN 以不同剂量（1.0、10.0、20.0 IU）给仔猪连续口服 4d，另一组给予安慰剂作为对照。在分析数据时，将仔猪分为 3 个不同年龄组，分别是新生、1～12d、13～20d。结果显示，干扰素对 1～12d 年龄组的仔猪最有效。在这个组中，3 种不同剂量都有提高动物存活率的效果，其中以 20.0IU 的效果最好，仔猪的存活率达到 50%，而对照组的存活率为 15.2%。发现 HuIFN－α2a 可以预防猪被 TGE 感染，但必须是在病毒感染之前就给予，如果是同时给予，就不能抑制病毒在十二指肠内的复制。在体外试验中，受 TGEV 感染的猪细胞培养中，干扰素可以抑制病毒蛋白和病毒 RNA 的合成。

给 3 周左右刚断奶的小猪直接口服 HuIFN－α 或将其加入奶中，可使这些仔猪的体重明显增加。对断绝初乳并试验感染猪轮状病毒的新生猪，给予 HuIFN－α 做试验性治疗，可以降低死亡率。用小块猪鼻黏膜组织体外培养试验显示，重组猪干扰素（rPoIFN－α1）有抗伪狂犬病病毒感染（PRV）的功效，其机制是 rPoIFN－α1 可以保护成纤维细胞免受该病毒的感染，并降低病毒在上皮细胞内的复制能力。

牛的多种致病病毒，如副流感病毒-3、牛痘病毒、牛传染性鼻气管炎病毒、牛呼吸道合胞病毒和蓝舌病病毒都能在受感染的牛体内诱导出内源性 IFN－α，并随之临床症状得到改善。不少体外试验都证实了，人或牛的Ⅰ型 IFN 对许多能引起小牛感染的病毒具有抗病毒作用。给自然感染或试验感染呼吸道疾病的饲养场动物口服低剂量 HuIFN－α，可以改善临床症状和降低病死率。经干扰素治疗的动物体重增加、发热时间缩短、减少了抗生素的应用。

气道炎症性疾病（IAD）是赛马中常见的疾病，常导致比赛时表现不佳，退出训练甚至提前退休。一项研究表明，给病马单一剂量的 rHuIFN－α，连续 5d，可明显减轻症状。用内窥镜和支气管肺泡灌洗液（BALF）细胞学检查发现，50IU 和 150IU 的剂量都有疗效，表现为第 8 天时，白细胞和巨噬细胞总数都下降了，BALF 中的总蛋白、白蛋白及促凝血活性也都降低。

另一项研究也是采用 5d 连续注射给药疗法，给 34 头有 IAD 症状（咳嗽、鼻涕等）的赛马 50IU 的天然 HuIFN－α 或 90IU 的 rHuIFN－α2b，结果发现，虽然试验组和对照组都部分或全部地消除了症状，但是试验组的复发率（2～4 周期间）比对照组明显要低。试验期间（4 周）内不咳嗽的动物在试验组的比例是 17/22，而在对照组的比例是 4/12。经对 BALF 的分析确认了先前结果，即试验组 BALF 中的白细胞数量大大低于对照组。

Fulton 等报道在饮用水中加入 IFN－α，可以降低家禽的生产成本。给 10～11 日龄鸡连续 7d 饮用含有重组的鸡Ⅰ型 IFN 的水，动物显示出很好的抗鸡马立克氏病病毒和抗鸡新城疫病毒能力。而重组的鸡Ⅰ型 IFN 或含有天然鸡Ⅰ型 IFN 的脾细胞培养上清液，都可以保护鸡在受到鸡传染性气管炎病毒（IBV）攻击后不发病。

迄今已经有众多的研究证明，给动物输入Ⅰ型 IFN 能够成功地预防和治疗多种不同的感染症，特别是病毒性感染。经口腔黏膜途径给予Ⅰ型 IFN 可以调节很多细胞功能，包括抗病毒、抗肿瘤和免疫调节。干扰素经口腔黏膜进入体内以后，不是被吸收后直接进入体循环，而是与局部淋巴样组织相互作用。一些细胞表面分子如 MHC 抗原的表达增加，促进细胞-细胞之间的沟通和诱导。这些细胞表面分子参与抗原提呈、抗体生成、细胞免疫、诱导耐受以及炎性反应等各种重要过程，其中经 IFN－α 诱导产生的 HuIFN－γ 或许起了关键的作用。

一直以来，IFN 被认为是机体固有抗病毒免疫的主要成员，但是随着对 IFN 与适应性免疫系统相互作用的逐渐认识，Ⅰ型和Ⅱ型 IFN 在固有免疫和适应性免疫中选择性作用的界定已经开始消失。而近来发现在自身免疫疾病中存在 IFN 合成的失调。这提示了对 IFN 诱导要求进行严格调控的重要性。因此，未来对 IFN 的研究将不会局限于抵抗病原生物体的入侵，而是会在更广阔的视野去理解 IFN 的生理功能，包括在自身免疫病中的发病分子机制。

（王明丽）

第六节　改进疫苗安全和效力的新技术

到 2016 年为止，中国已批准生产销售的动物疫苗有 660 种，对于这些产品，《中华人民共和国兽药典》对它们的纯净性、安全性和免疫效力都有明确的规定。通常讲，只要按《兽用生物制品规程》规定的方法去生产和检验，按照产品说明书的要求免疫接种动物，常规动物疫苗产品对接种动物一般都是安全的，能使接种动物产生相应的免疫保护力。但是，由于传统疫苗制造技术比较落后，中国的部分传统兽用疫苗质量标准还比较低，一些疫苗产品在安全和免疫效力方面还存在着某些不足，对于这些产品，需要利用现代生物技术来改进疫苗的研制与生产工艺，使用优质免疫佐剂，进一步提高疫苗的安全性和免疫效力。常规动物用疫苗主要有两大类，即灭活疫苗和弱毒活疫苗。一般来讲，前者是用免疫原性好的微生物经灭活剂灭活后加入一定的佐剂制成的，后者是用人工致弱或自然弱毒菌（毒）生产的。在灭活疫苗中存在的安全问题主要来源于细菌内毒素和矿物油佐剂，而免疫效力低下的问题较为复杂，既与制苗用微生物的抗原量和免疫原性有关，也与佐剂有关。活疫苗的不安全因素主要有以下几个方面：一是用于疫苗生产的菌（毒）种毒力偏强，这种疫苗接种后会直接导致动物出现特定的临床症状或组织损伤；二是疫苗中外源病原污染、异源血清蛋白和细胞碎片，特别是含有内毒素的血清蛋白，注射后主要会引起过敏反应。疫苗引起的免疫效力低下主要是由于制造疫苗用微生物的免疫原性欠佳，疫苗抗原量含量不足和母源抗体干扰等原因造成的。综上所述，不合适的制苗原材料和落后的疫苗生产工艺是导致疫苗质量低下的主要因素，要提高疫苗的安全性和免疫效力，必须从疫苗菌毒株培育技术、制造原材料和生产工艺上下功夫。从当前疫苗制造技术进步的发展方向来看，改进疫苗安全和效力的新技术主要表现在以下几个方面。

一、分子设计与基因工程技术

利用现代分子生物学技术改造、构建和表达微生物的目的基因（蛋白），从抗原成分的分子设计和基因改造上提高疫苗的安全性和免疫效力。近年来，随着分子生物学、免疫学、微生物学、遗传学及疫苗学的研究进展，动物疫苗的研究手段和生产技术也在发生变化。实践证明：利用分子生物学技术改造疫苗生产用菌（毒）种或表达抗原蛋白，可明显改变疫苗的安全性和提高免疫效力。这些用于改进疫苗的新技术主要是利用基因修饰技术构建疫苗菌

（毒）株生产疫苗。此类疫苗包括亚单位疫苗、基因缺失疫苗、活载体疫苗、DNA疫苗、转基因植物（或植物病毒）疫苗等。和传统疫苗相比，这些新型疫苗有着明显的优势，具体表现在：用分子生物学改进的新一代疫苗的目的明确，针对性强。利用分子设计和基因工程技术除去微生物中对接种动物的有害成分或表达有用的基因蛋白，以提高疫苗的免疫效力；通过改善疫苗的细胞免疫，诱导黏膜免疫，克服母源抗体的干扰；增加疫苗对异源菌（毒）株攻击的保护，拓宽疫苗的保护范围；增加疫苗抗原对动物的免疫刺激，延长免疫期，从而达到提高疫苗免疫效力的目的。通过基因改造技术，人工除掉或灭活疫苗制造用微生物的致病基因，消除或降低疫苗微生物对接种动物的致病性；通过基因工程表达的方法，有针对性的表达目的基因蛋白，消除引起接种动物免疫抑制或炎症的非特异蛋白成分，减少对接种动物产生免疫抑制和免疫损伤；改善免疫接种途径和降低免疫剂量，以减少疫苗对机体的副反应。以此增加疫苗的安全性。

近些年来，用分子生物学技术改进传统疫苗取得了很大进展，已成为现代动物用疫苗的一种发展趋势。和传统疫苗研究方法相比，分子生物学在一些方面有明显的优势。如用传统人工传代的方法培育一个弱毒疫苗菌（毒）株，少则需要几年的时间，多则需要几十年，而利用分子修饰技术，有针对性地对疫苗制造微生物的特定基因进行改造，只需在很短的时间就能实现这一目标。对一些难以培养的微生物来说，很难通过培养的方法来制造疫苗，而通过分子生物学技术将这些微生物的目的基因转染病毒或细菌载体，通过这些载体微生物的繁殖即可实现快速高效表达，达到生产疫苗的目的。用传统方法制造多联疫苗，工艺复杂，成本高，但通过分子生物学技术，可以将多种病原的保护性基因转移到一个载体上实现同步表达，从而达到用一种基因工程微生物制造多联疫苗的目的。转基因植物疫苗可以通过采食就可得到免疫接种的目的，可以减轻疫苗注射引起的应激反应。现代生物技术将主导未来疫苗的发展方向。

二、抗原缓释技术

疫苗抗原缓释技术的应用，可以提高纯化蛋白疫苗的免疫功效，延长免疫持续期，特别是在减少机体消化系统对疫苗抗原的破坏作用、提高口服疫苗的免疫效力方面有明显的作用。

抗原缓释技术是近些年发展起来的一种提高动物用疫苗免疫效力的新技术。其原理是将抗原制成聚合物，将这种聚合物接种到动物皮下，可以使抗原缓慢释放，从而起到增加抗原效能、延长疫苗免疫期的作用。这种疫苗对克服幼年动物早期母源抗体的干扰有很好的作用，一次免疫接种可起到两次以上的免疫接种的目的。用疫苗制成聚合物的另一优点是对口腔接种疫苗来说，可以克服胃酸等对抗原的消化破坏作用。由于聚合的过程是一个高温加工的过程，因而用于制成聚合物的抗原仅限于聚合过程中和接种动物缓释期间性能稳定的抗原，对大多数微生物来说，在抗原聚合物形成和缓释的过程中是不能存活的。因此，最好是使用对热相对稳定的提纯蛋白抗原制作缓释疫苗。

还有一种既能起到缓释抗原，又具免疫佐剂作用的物质是温度敏感胶，在低温时它以液态形状存在，而当将胶注射到动物体内后，由于温度的升高，它就变成胶状，这种胶对动物和人是安全的。当把温度敏感胶加入疫苗中后，它可以把抗原包裹起来，将其注射到动物机体内，动物的体温可以使其在注射部位变成胶状，形成抗原库，然后慢慢释放到组织中。这种用温度敏感胶制成的疫苗可以在较短期内被动物机体吸收，非常适用于鸡，特别是肉鸡的免疫接种，因为肉鸡饲养时间短，如果用油佐剂疫苗免疫不容易被鸡机体吸收，易造成食品安全问题。此种由温度敏感胶制成的疫苗已在中国部分地区鸡场中推广使用，取得了良好的效果。

三、新型免疫佐剂

新型疫苗免疫佐剂的使用，可减少传统矿物油佐剂疫苗的不良反应，提高灭活细胞免疫调节反应能力。

新型疫苗免疫佐剂具有四大功能，即具有形成抗原库，储存抗原的能力；具有保护疫苗微生物抗原决定簇的能力；有趋向抗原递呈细胞和黏膜组织的能力；有诱导 $CD8^+$ 细胞毒 T 细胞实施免疫调节的能力。

按佐剂的物理性状和来源来分，佐剂可以分为：植物佐剂、细菌佐剂、人工合成佐剂、铝佐剂、细胞因子佐剂、核酸佐剂和其他成分佐剂等。佐剂在疫苗免疫反应方面起着非常重要的效果，特别是在灭活疫苗和基因工程亚单位疫苗方面，良好的佐剂是提高疫苗免疫力必不可少的。

在近代生物化学、微生物学和免疫学的理论和方法的指导下，关于免疫佐剂的种类组成、作用方式及机制的研究发展很快。氢氧化铝胶是最早使用的免疫佐剂，它可使疫苗产生良好的体液免疫，但不能使其产生细胞免疫和局部黏膜免疫，对小分子量纯化抗原亦无佐剂效果，因此，这类佐剂主要是用在灭活细菌疫苗方面。现在普遍使用的矿物油佐剂尽管既可以提高细菌灭活疫苗和病毒疫苗的免疫效力，但也主要是增加疫苗产生体液免疫，尚不能证明在细胞免疫方面的免疫增强作用。

新佐剂的研制与选择应考虑以下因素：①疫苗的成分。是全颗粒病毒、全菌体，还是纯化的蛋白质、多肽、糖或重组的 DNA 抗原。应根据抗原特性来匹配不同的佐剂。②免疫途径。不同的疫苗成分及免疫途径对刺激机体的免疫系统有相同的也有不同的免疫特点。因此，应根据不同的免疫途径来选择合适的佐剂。不同的疫苗与不同的佐剂搭配使用才能起到好的佐剂效果。

最近几年研究较多的新型佐剂重点集中在增强无感染活性疫苗的细胞免疫和黏膜免疫能力上。有些佐剂以延伸到活疫苗。近些年在中国发展较快的是水性佐剂，可在一些灭活疫苗中使用，如猪支原体肺炎灭活疫苗、猪圆环病毒灭活疫苗Ⅱ型等，由于免疫增强剂的使用，有效弥补了水性佐剂的不足；在禽类疫苗中，温度敏感胶佐剂和蜂胶佐剂的使用，大大简化了疫苗传统制造工艺，和传统佐剂相比，这些佐剂对动物更加安全，接种更简便，免疫佐剂作用更强。

四、新型细菌发酵培养技术

生物发酵技术的升级换代，为细菌类微生物的培养开辟了一片新的天地。生物发酵技术在动物疫苗制造方面已经应用了数十年之久，为细菌疫苗产品的生产发挥了重要作用。但传统的发酵罐培养细菌，仅仅解决了疫苗生产过程中量的扩大问题，由于设施简单、易污染、活菌滴度不高的问题一直没有得到很好解决。随着电子信息和自动化技术在生物反应器上的应用，微生物，主要是细菌的生物发酵培养技术发生了很大的变化。由于培养基的配制、消毒、接种、加样和培养过程中培养物的搅拌、取样、pH 的调整、各种气体的供应和排放及收获等全过程全部实现了自动化，使实际操作变得简便可控。这种新型的生物反应器的投入使用，不但减少了杂菌污染，更重要的是大大提高培养物的活菌滴度，明显提高了疫苗抗原产量，由于操作上实现了程序化，优化了培养过程，减少了人为因素的影响，各批疫苗产品之间的差异明显缩小。特别是大型和特大型生物反应器的使用，使每批疫苗产量加大，大大节省了检验用动物和试剂的费用。加之抗原浓缩新技术的应用，既提高了疫苗质量，又节省了劳动成本。

五、现代细胞工程技术

细胞工程是生物工程的一个重要组成部分，许多病毒需要通过细胞来增殖，细胞工程的技术进步，为提高病毒疫苗产品产量和质量提供了有力保障。就兽用疫苗来说，细胞工程主要包括疫苗制造用细胞和细胞繁殖的工程技术。

（一）新型细胞系

使用适合病毒增殖、安全性好的细胞系，可有效提高传统兽用疫苗的产量，扩大产能，降低成本。例如，猪睾丸（ST）细胞系的使用，大大提高了猪瘟活疫苗的病毒产量和产品质量，免疫效力显著提高。有效克服了传统工艺用兔脾脏、淋巴结组织和牛睾丸原代细胞生产的猪瘟活疫苗的病毒含量低、易污染外源病毒，导致疫苗免疫效果差的弊端；用 ST 细胞系生产伪狂犬病活疫苗同样可以达到这样的效果。目前，用于生产兽用活疫苗的细胞系除 ST 细胞系外，还包括 MDCK、Vero、BHK21、Marc－145、PK 等细胞系。为提高传统疫苗的产量和质量开辟了一条新的途径。

（二）先进的细胞培养新工艺

在兽用病毒疫苗生产工艺方面，细胞的微载体技术、悬浮培养技术的出现，为细胞的大量培养提供了保障。通过微载体技术，可以极大地增加反应器细胞的培养表面积，细胞数量和病毒滴度一般可提高十几倍。由于病毒滴度高，可简化后期抗原浓缩工艺。自动化控制技术的应用，可对细胞反应器的培养环境进行有效监控和调节，使不同批间疫苗质量差异明显缩小。目前，在发达国家，一般大规模细胞培养都用微载体培养技术或无载体细胞悬浮培养技术。

近十年来，在中国兽用疫苗领域迅速发展起来的有生物反应器配套微载体、片状载体和全悬浮的细胞培养技术，有效取代了传统的转瓶细胞培养技术，由于大容量的生物反应器和载体技术的配套使用，显著提高了细胞繁殖表面积，细胞数量成倍增长，从而提高了疫苗的病毒含量和产品质量。在中国特别值得一提的是，口蹄疫疫苗通过使用大容量生物反应器全悬浮细胞培养技术，显著提高了该疫苗生产能力，加之培养基中血清的减少或使用无血清培养基，大大减少了疫苗的外源蛋白，提高了疫苗的纯净性，疫苗免疫效果明显提高。除此以外，禽流感疫苗、猪瘟疫苗、伪狂犬病疫苗、猪繁殖与呼吸综合征活疫苗均在此生产工艺上有重大突破性进展。

近年来，除以上新技术以外，抗原纯化技术、稀释剂的功能化也为疫苗的安全和效力的提高发挥一定的作用。

（宁宜宝）

第七节　兽用疫苗质量检测常规技术

一、培养基配制及质量标准

（一）概述

培养基是指由人工方法配合而成的，专供微生物培养、分离、鉴别、研究和保存用的混合营养物制品。微生物培养基的种类有很多，据不完全统计，常用的有 1 700 种以上。而且，随着生物科学的快速发展，培养基的种类也在不断增加，但至今为止，培养基还没有统一的分类方法，一般根据培养基的成分、物理性状、用途和性质进行分类。

1. 根据培养基的成分　可分为天然培养基、半合成培养基和合成培养基三大类。

（1）天然培养基　由成分难以确定的天然有机物组成，如蛋白胨、牛肉膏、肉浸液、血液、血清、马铃薯等，用此类材料配成的培养基很难做到不同批号之间质量的稳定一致，但其成本较低，细菌繁殖较好。

（2）半合成培养基　由天然有机物和化学成分已知的化合物组成，亦称为半综合培养基。

（3）合成培养基　由已知化学成分的化合物组成。合成培养基的配方成分都是已知的，所以只要配制过程按标准要求操作，各批培养基的质量可做到稳定一致。所有的组织细胞培养液均属于合成培养基。相对而言，合成培养基的成本较高。

2. 根据物理性状　可分为液体培养基、半固体培养基、固体培养基和干燥培养基。

（1）液体培养基　常用的液体培养基是肉汤培养基，一般微生物都能在此培养基中生长。

（2）半固体培养基　半固体培养基的配制方法很简单，只是在液体培养基中加入约 0.3%的琼脂粉，溶解后冷却即成。半固体培养基一般供细菌动力试验。

（3）固体培养基　在液体培养基中加入 1%～2%的琼脂粉溶解冷却后即成。固体培养基多用于微生物的分离、纯化。

（4）干燥培养基　由含水培养基脱水而成，所以也叫脱水培养基。也可将培养基配方中各成分经过适当处理，充分混匀后，制成干燥粉末即成。

3. 根据用途和性质　可分为基础培养基、增菌培养基、选择性培养基、鉴别培养基等。

（1）基础培养基　有时又称为基础液，因为营养要求相同的微生物需要的营养物质除少数几种不同外，其他大部分营养物质是共同的，因此，基础培养基可以作为微生物的一般培养基用。

（2）增菌培养基　分为通用增菌培养基和专用增菌培养基。通用增菌培养基系指供作培养细菌生长繁殖之用。其除含有一般细菌生长繁殖所需的最基本的营养成分外，还添加适合的生长因子和微量元素。专用增菌培养基又称为选择性增菌培养基，培养基中除含细菌固有的营养成分外，再加入某种抑制剂，抑制非目的菌的生长，而有利于目的菌的繁殖。

（3）选择性培养基　选择性培养基均含有营养物和抑菌剂，由于抑菌剂的选择性抑制作用，使所要分离的细菌得到较好的繁殖，而其他细菌被抑制。

（4）鉴别培养基　分为一般鉴别培养基和选择性鉴别培养基。用于区别不同微生物种类的培养基称为一般鉴别培养基，此类培养基一般不加抑菌剂而只含指示剂。在培养基中加入某种抑制剂和指示剂，以抑制某些细菌生长而促进某种病原菌的繁殖，并使菌落具有一定特征，以助鉴别、分离，这类培养基称为选择性鉴别培养基。

在兽用疫苗的研制、生产和质量检验中，都离不开培养基，培养基质量的好坏直接影响到疫苗的生产产量与质量，因此，培养基无疑是兽用疫苗的基础。由于培养基的品种繁多，不同微生物的营养要求存在差异，在此不可能将各种培养基的配制一一描述，本篇仅就兽用疫苗质量检验用培养基的配制和质量控制标准进行详解。

（二）无菌检验培养基的配制与质量控制标准

无论是活疫苗制品还是灭活疫苗制品都必须按规定进行无菌检验或纯粹检验。制造疫苗的各种原菌液、毒液和其他配菌用的组织乳剂、稳定剂及半成品也需作无菌检验或纯粹检验。目前，中国兽用疫苗无菌检验用的培养基主要包括两种，即硫乙醇酸盐流体培养基（Thioglycollate Medium，简称 T. G），主要用于厌氧菌的检查，同时也可以用于检查需氧菌；胰酪大豆胨液体培养基（Trypticase Soy Broth，简称 TSB），也称为大豆酪蛋白消化物培养基（Soybean-Casein Digestmedium），用于真菌和需氧菌的检查。

1. 硫乙醇酸盐流体培养基的配制及质控标准

（1）培养基配制

1）成分

胰酪蛋白胨	15g
葡萄糖	5g
L-半胱氨酸盐酸盐	0.5g
酵母浸出粉	5g
硫乙醇酸钠	0.5g
琼脂	0.75g
氯化钠	2.5g
新配制的 0.1%刃天青溶液	1.0mL
纯化水	加至 1 000mL

2）制备 除葡萄糖和 0.1%刃天青溶液外，将以上成分混合，加热溶解后，加入葡萄糖和 0.1%刃天青溶液，摇匀，将加热的培养基放至室温，以 1.0mol/L 氢氧化钠溶液调整 pH 至 6.9～7.3，分装于中性容器中，以 116℃灭菌 30min。若培养基氧化层（粉红色）的高度超过培养基深度的 1/3，需用水浴或自由流动的蒸汽加热驱氧，至粉红色消失后，迅速冷却，只限加热一次。

（2）质控标准

1）外观性状　流体，氧化层的高度（上层粉红色）不超过培养基深度的 1/3。

2）pH　为 6.9～7.3。

3）无菌检验　每批培养基随机抽取 10 支（瓶），5 支（瓶）置 35～37℃，另 5 支（瓶）置 23～25℃，均培养 7d，逐日观察，培养基应 10/10 无菌生长。

本培养基用作检验污染的外源微生物，即用于检验一般细菌。各类微生物的代谢活性不同，因此它们所需要的营养物质也有很大差别，如果培养基成分不合适，则细菌发育不良，故硫乙醇酸盐培养基检验需氧菌和厌氧菌，也是对一般菌来说的，其不可能对所有的细菌生长发育良好，尤其是那些在特定条件下生长的微生物。所以，在检验活菌或纯粹检验时需配一支适宜培养基。

2. 胰酪大豆胨液体培养基的配制及质控标准

（1）培养基配制

1）成分

胰酪蛋白胨	17g
葡萄糖	2.5g
大豆粉木瓜蛋白酶消化物（大豆胨）	3.0g
磷酸氢二钾	2.5g
氯化钠	5.0g
纯化水	加至1 000mL

2）制备　将以上成分混合，加热溶解后，以氢氧化钠溶液调整pH至7.1～7.5。分装于中性容器中，以116℃灭菌30min。

（2）质控标准

1）外观性状　澄清液体。

2）pH　为7.1～7.5。

3）无菌检验　每批培养基随机抽取10支（瓶），5支（瓶）置35～37℃，另5支（瓶）置23～25℃，均培养7d，逐日观察，培养基应10/10无菌生长。

3. 微生物促生长试验　见表3-9。

表3-9　质控菌种

需氧菌（Aerobic bacteria）	CVCC菌种编号	保底中心代号ATCC菌种编号
金黄色葡萄球菌（*Staphylococcus aureus*）	CVCC2086	ATCC6538
铜绿假单胞菌（*Pseudomonas aeruginasa*）	CVCC2000	/
厌氧菌（*Anaerobic bacteria*）		
生孢梭菌（*Clostridium sporogenes*）	CVCC1180	CMCC64941
真菌		
白假丝酵母菌（亦称白色念球菌）（*Candida albicans*）	CVCC3597	ATCC10231
巴西曲霉（黑曲霉）（*Aspergillus brasiliensis*）（*Aspergillus niger*）	CVCC3596	ATCC16404

注：CVCC：国家兽医级生孢菌种保藏中心；ATCC：美国典型微生物菌种保藏中心。

（1）培养基接种　用0.1%蛋白胨水将金黄色葡萄球菌、铜绿假单胞菌、生孢梭菌、白假丝酵母的新鲜培养物制成每1.0mL含菌数小于50CFU的菌悬液；用0.1%蛋白胨水将巴西曲霉的新鲜培养物制成每1.0mL含菌数小于50CFU的孢子悬液。取每管装量为9.0mL的硫乙醇酸盐流体培养基10支，分别接种1.0mL含菌数小于50CFU/mL的金黄色葡萄球菌、铜绿假单胞菌和生孢梭菌，每个菌株接种3支，另1支不接种作为阴性对照，置35～37℃培养3d；取每管装量为7.0mL的胰酪大豆胨液体培养基7支，分别接种1.0mL含菌数小于50CFU/mL的白假丝酵母、巴西曲霉，每个菌株接种 3 支，另一支不接种作为阴性对照，置 23～25℃培养 5d。

（2）结果判定　所有菌株接种管 3/3 有菌生长，阴性对照管无菌生长，判该培养基微生物促生长试验符合规定。

（三）其他检验培养基的配制与质量控制标准

营养肉汤和营养琼脂培养基　这两种培养基为细菌学中最基础的培养基，用途比较普遍，主要用于细菌的传代、分离、增菌、无菌检验及纯粹检验等。

（1）营养肉汤配制

1）成分

牛肉汤	1 000mL
蛋白胨	10g
氯化钠	5g

2）制备　取蛋白胨及氯化钠按以上比例加入牛肉汤中，煮沸溶解后，以氢氧化钠溶液调整 pH 至 7.4～7.6；继续煮沸 10～20min，补足失去水分，过滤后分装于中性容器中，以 116℃灭菌 30～40min。

下列菌株接种此培养基后，经 37℃培养，18～24h 后观察，结果见表 3－10。

表 3－10　菌株接种

菌株	菌号	生长情况
草纸阳性杆菌	ATCC7316	10^{-7}生长
溶血性链球菌	C55943	10^{-7}生长
大肠埃希代菌	C83549	10^{-8}生长

（2）营养琼脂配制

1）成分

牛肉汤	1 000mL
蛋白胨	10g
氯化钠	5g
琼脂粉	12g

2）制备　将以上成分混合，加热溶解，待琼脂完全溶化后，以氢氧化钠溶液调整 pH 至 7.4～7.6；以卵清澄清法或凝固沉淀法除去沉淀；分装于中性容器中，以 116℃灭菌 30～40min。

3）质量控制标准　见表 3－11。

表 3－11　质控标准

菌株	菌种编号	菌落大小	菌落形态	色素形成
藤黄八叠球菌	ATCC28001	0.6mm	光滑型	金黄色
绿脓杆菌	ATCC10110	2.3mm	次光滑型	绿色
大肠杆菌	C83549	3.0mm	光滑型	

（四）禽沙门氏菌检验培养基的配制及质控标准

1. S. S 琼脂培养基的配制

（1）成分

胰蛋白胨 5 g	牛肉浸粉 5 g
蛋白胨 10 g	硫代硫酸钠 8.5 g
乳糖 10 g	琼脂粉 12 g
胆盐 2.5 g	1%中性红溶液 2mL
柠檬酸钠 8.5g	0.01%煌绿溶液 3.3mL
柠檬酸铁 1 g	蒸馏水 1 000mL

（2）制备　将上述成分（除中性红和煌绿溶液外）混合，加热溶解；待琼脂完全溶化后，以氢氧化钠溶液调整 pH 至 7.1～7.2；将中性红和煌绿溶液加入，混合均匀，分装于容器中；以 116℃灭菌 20～30min。

2. 麦康凯琼脂培养基的配制

（1）成分

蛋白胨 20g	乳糖 10g
氯化钠 5g	胆盐 5g
1%中性红水溶液 0.5mL	琼脂粉 12g
蒸馏水	1 000mL

（2）制备　将上述成分（除中性红溶液外）混合，加热溶解；待琼脂完全溶化后，以氢氧化钠溶液调整 pH 至 7.4；将中性红溶液加入，混合均匀，分装于容器中；以 116℃灭菌 20～30min。

（五）支原体检验培养基的配制和质量控制标准

根据兽用疫苗的特点和支原体生长特性，规定 3 种支原体检验用培养基。一是改良 Frey 氏培养基，用于禽类疫苗的支原体检验；二是支原体培养基，用于非禽类疫苗的支原体检验；三是无血清支原体培养基，用于血清检验。

1. 培养基的配制

（1）改良 Frey 氏液体培养基

氯化钠	5.0g
氯化钾	0.4g
硫酸镁（含 7 个结晶水）	0.2g
磷酸氢二钠（含 12 个结晶水）	1.6g
磷酸二氢钾	0.2g
葡萄糖	10.0g
乳蛋白水解物	5.0g
25%酵母浸出液	100.0mL
（酵母浸出粉 5.0g）	
血清（猪或马）	100.0mL
1%辅酶Ⅰ（NAD）	10.0mL
1%L-半胱氨酸盐酸盐	10.0mL

2%精氨酸盐酸盐	20.0mL
1%醋酸铊溶液	10.0mL
8 万 IU/mL 青霉素	10.0mL
1%酚红	1.0mL
注射用水	加至 1 000.0mL

上述成分混合均匀后，用 1.0mol/L NaOH 调整 pH 至 7.6～7.8，用 0.2μm 微孔滤板（滤膜）过滤除菌 26mL/瓶，定量分装，放置－20℃保存。

（2）改良 Frey 氏固体培养基

1）成分

氯化钠	5.0g
氯化钾	0.4g
硫酸镁（含 7 个结晶水）	0.2g
磷酸氢二钠（含 12 个结晶水）	1.6g
磷酸二氢钾	0.2g
葡萄糖	10.0g
乳蛋白水解物	5.0g
酵母浸出粉	5.0g（或 25%酵母浸出液）（100.0mL）
琼脂	15g
1%醋酸铊溶液	10.0mL
注射用水	加至 1 000.0mL

上述成分加热完全溶解后，定量分装，116℃20min 高压灭菌，2～8℃保存。

2）辅助液

血清（猪或马）	10.0mL
1%辅酶Ⅰ（NAD）	1.0mL
1%L-半胱氨酸盐酸盐	1.0mL
2%精氨酸盐酸盐	2.0mL
8 万 IU/mL 青霉素	1.0mL

上述成分混合均匀后，用 0.2μm 微孔滤板（滤膜）过滤除菌，放置－20℃保存。

3）配制　将培养基的固体成分 100mL 加热溶解，当温度降到 60℃左右，加入辅助液，温度过高易破坏辅助液的营养成分，过低易出现凝块，缓慢加入辅助液，以免产生气泡，影响检验结果的判定。

（3）支原体液体培养基

PPLO 肉汤粉	21.0g
葡萄糖	5.0g
10%精氨酸盐酸盐	20.0mL
25%酵母浸出液	100.0mL（酵母浸出粉 5.0g）
10 倍 MEM 培养液	10.0mL
1%醋酸铊	10.0mL
8 万 IU/mL 青霉素	10.0mL

1%酚红	1.0mL
血清（猪或马）	100.0mL
注射用水	加至1 000.0mL

以上成分混合均匀后，用1.0mol/L NaOH调整pH至7.6～7.8，用0.2μm微孔滤板（滤膜）过滤除菌，定量分装，放置−20℃以下保存。

（4）支原体固体培养基

1）成分

PPLO肉汤粉	21.0g
葡萄糖	5.0g
25%酵母浸出液（酵母浸出粉5.0g）	100.0mL
琼脂	15g
1%醋酸铊	10.0mL
注射用水	加至1 000.0mL

上述成分加热完全溶解后，定量分装，116℃20min高压灭菌，2～8℃保存。

2）辅助液

10倍MEM培养液	1.0mL
血清（猪或马）	10.0mL
10%精氨酸盐酸盐	2.0mL
8万IU/mL青霉素	1.0mL

上述成分混合均匀后，用1mol/L NaOH调整pH至7.6～8.0，用0.2μm微孔滤板（滤膜）过滤除菌，放置−20℃保存。

3）配制　将培养基的固体成分100mL加热溶解，当温度降到60℃左右，加入辅助液，温度过高易破坏辅助液的营养成分，过低易出现凝块，缓慢加入辅助液，以免产生气泡，影响检验结果的判定。

（5）无血清支原体培养基

PPLO肉汤粉	21.0g
葡萄糖	5.0g
10%精氨酸溶液	10mL
10倍浓缩MEM培养液	10mL
25%酵母浸出液	100.0mL（酵母浸出粉5.0g）
8万IU/mL青霉素	10.0mL
1%醋酸铊溶液	10.0mL
1%酚红溶液	1.0mL
注射用水	加至1 000.0mL

上述成分混合均匀后，用1mol/L NaOH调整pH至7.6～8.0，用0.2μm微孔滤板（滤膜）过滤除菌，定量分装，放置−20℃保存。

2. 培养基质量控制　培养基制备完毕，都要进行以下几项检验。

（1）性状

1）改良Frey氏液体培养基　澄清、无杂质，呈玫瑰红色的液体。

2）改良 Frey 氏固体培养基　基础成分为淡黄色，加热溶解后无絮状物或沉淀。

3）支原体液体培养基　澄清、无杂质，呈玫瑰红色的液体。

4）支原体固体培养基　基础成分为淡黄色，加热溶解后无絮状物或沉淀。

5）无血清支原体培养基　澄清、无杂质，呈玫瑰红色的液体。

（2）pH　应为 7.6～7.8。

（3）无菌检验　应无菌生长。

（4）灵敏度检查和微生物促生长试验　制备好的培养基应测定其支持支原体生长能力，用已知特性的支原体标准菌株进行培养性能试验。

1）质控菌种及所适用的培养基　见表 3－12。

表 3－12　质控菌种及所适用的培养基

质控菌种	CVCC 菌种编号	ATCC 菌种编号	培养基
滑液支原体（*Mycoplasma synoviae*）	CVCC2960	/	改良 Frey 氏液体培养基 改良 Frey 氏固体培养基
猪鼻支原体（*Mycoplasma hyorhinis*）	CVCC361	ATCC17981	支原体液体培养基 支原体固体培养基 无血清支原体培养基

2）灵敏度检查　改良 Frey 氏液体培养基、支原体液体培养基、无血清支原体培养基采用灵敏度试验进行质量控制。将质控菌种恢复原量后接种待检的液体培养基小管 2 组，每组做 10 倍系列稀释至 10^{-10}，同时设 2 支未接种的液体培养基小管作为阴性对照，置 35～37℃培养 5～7d。以液体培养基呈现生长变色的最高稀释度作为其灵敏度，如果 2 组液体培养基灵敏度均达到 10^{-8} 及以上，且阴性对照不变色，判定该液体培养基灵敏度试验符合规定，其他情况判为不符合规定。

3）微生物促生长试验　改良 Frey 氏固体培养基和支原体固体培养基采用微生物促生长试验进行质量控制。将不大于 250CFU/mL 质控菌液培养物接种 2 个待检的固体培养基平板，同时设 2 个未接种的固体培养基平板作为阴性对照，均置 35～37℃、含 5%CO_2 培养箱中培养 5～7d。如果接种的固体培养基平板上有支原体菌落生长且个数在 1～50 个，且阴性对照没有任何菌落生长，判定该固体培养基微生物促生长试验符合规定，其他情况判为不符合规定。

① 变色单位计算方法：培养物在培养基中做 10 倍系列稀释至 10^{-10}，一个样品做 2 组，计算平均值，每次移液时更换吸管。稀释完毕后放 36～38℃培养 48～96h，以培养物颜色变黄的最后 1 管为最终管。

② 菌落形成单位计算方法：将培养物 10 倍系列稀释至 10^5 CFU/mL，10^3、10^4、10^5 每个低度滴加平皿各 3 个，每个滴入 0.1～0.2mL 菌液，均匀铺开，放 35～37℃含 5%CO_2 培养箱培养 3～7d，每个平皿应有 10～300 个支原体菌落生长，大部分菌落呈“煎蛋状”，中心生长点致密，色深，四周色淡，直径 50～200μm。

二、活疫苗的质量检测技术

兽用疫苗的质量控制，应从用于生产的菌种、毒种、虫种和原材料到半成品的检查，直至最终成品检验，应贯穿于疫苗生产的始终，实行全面的质量控制和管理，兽药 GMP 充分贯彻了这一理念。

目前，国际上通用的兽用活疫苗的检验项目包括物理性状检验、无菌或纯粹检验、支原体检验、鉴别检验、活菌计数或病毒含量测定、安全检验、外源病原检验、效力检验、剩余水分测定、真空度测定。不同性质制品的检验项目并不完全相同，如剩余水分测定和真空度测定只用于冻干制品。但纯净检验、安全检验和效力检验是所有活疫苗制品必须进行的项目。

（一）纯净检验

从理论上讲，任何一种活疫苗制品除含制苗用病毒或细菌外，应无其他任何外源微生物。鉴于疫苗生产技术所限，目前中国有些特殊制品内也允许有一定数量的非病原微生物的存在，但随着科学技术的发展，对制品的检验要求将会越来越严，允许一定数量非病原微生物存在的将会逐步取消。虽然同为纯净检验，但不同活疫苗的纯净检验所包含的内容有所不同，细菌类活疫苗纯净检验又称纯粹检验，病毒类活疫苗的纯净检验包括无菌检验、支原体检验和外源病毒检验 3 项内容。对于允许含一定数量外源微生物的疫苗，如果在无菌检验中检测出有菌污染时，还需进一步进行杂菌计数和病原性鉴定。

1. 无菌检验或纯粹检验

（1）检验用培养基

1）无菌检验　厌氧性及需氧性细菌的检验用含硫乙醇酸盐流体培养基（简称 T.G），胰酪大豆胨液体培养基（简称 TSB）用于真菌和需氧菌的检验。

2）纯粹检验　用适宜待检疫苗菌生长的培养基。

（2）检验

1）抽样　每批制品按生产量的 1%抽样，不能少于 5 瓶，最多不超过 10 瓶，抽样时应随机抽取样品，并注意样品的代表性；制造疫苗用的各种原菌液、毒液和其他配苗组织样品、稳定剂及半成品的无菌或纯粹检验，应每瓶（罐）分别抽样，抽样量为 2～10mL。

2）细菌培养液的检验　将待检样品接种 T.G 小管及适宜于本菌生长的其他培养基斜面各 2 管，每支 0.2mL，一支置 35～37℃培养，一支置 23～25℃培养，观察 3～5d，应纯粹。

3）病毒培养液、组织混悬液、灭活病毒液、稀释液及稳定剂的无菌检验　将待检样品接种 T.G 小管 2 支，每支 0.2mL，一支置 35～37℃，一支置 23～25℃培养；另取 0.2mL 接种 1 支 TSB 小管，置 23～25℃培养；所有接种管均培养 7d，应无菌生长。

4）灭活细菌液的无菌检验　用适宜于本菌生长的培养基 2 支，各接种 0.2mL，置 35～37℃培养 7d，应无菌生长。

5）成品的无菌检验　取待检品 1.0mL 或全部（样品量小于 1.0mL）接种于 50mL T.G 培养基中，置 35～37℃培养，3d 后吸取培养物，接种 T.G 小管 2 支，每支 0.2mL，一支置 35～37℃培养，一支置 23～25℃培养，另取 0.2mL 接种 1 支 TSB 小管，置 23～25℃培养；

均培养 7d，应无菌生长。

6）成品的纯粹检验　将待检样品接种 TG 小管和适宜于本菌生长的其他培养基各 2 支，每支 0.2mL，一支置 35～37℃培养，一支置 23～25℃培养；另取 0.2mL 接种 1 支 TSB 小管；置 23～25℃培养，均培养 5d，应纯粹。

（3）结果判定

1）每批抽检的样品全部无菌生长或无杂菌生长时，判定为无菌检验或纯粹检验合格。

2）如果纯粹检验发现个别瓶有杂菌生长，无菌检验发现个别瓶有菌生长或结果可疑时，可抽取 2 倍数量样品再进行检验，如果个别瓶仍有菌或杂菌生长，则应根据相关疫苗的标准判定为不合格或决定是否需要进行杂菌计数、病原性鉴定、沙门氏菌检验等。

2. 杂菌计数　污染杂菌的疫苗至少重新随机抽样 3 瓶，用普通肉汤或蛋白胨水分别按头（羽）份数做适当稀释，接种于含 4%血清及 0.1%裂解血细胞全血的马丁琼脂平皿上，每个样品接种 4 个平皿，每个平皿接种 0.1mL（禽苗的接种量不少于 10 羽份，其他产品的接种量依据产品的质量标准），放置 37℃培养 48h，再移至 25℃放置 24h，然后分别计算杂菌菌落（CFU）。如污染霉菌，亦作为杂菌计算。

任何 1 瓶每克组织（或每头/每羽）的非病原菌数，不应超过所检产品的规定数量。

3. 病原性鉴定

（1）需氧性病原菌的鉴定　将所有污染需氧性杂菌的液体培养管的培养物等量混合后，移植 1 支 T.G 或马丁肉汤小管培养基，放置 35～37℃培养 24h，取培养物用蛋白胨水稀释 100 倍，接种 18～22g 小鼠 3 只，每只皮下注射 0.2mL，观察 10d。

（2）厌氧性病原菌的鉴定　将所有液体污染杂菌的小管培养物，培养时间延长到 96h，取出后放置 65℃水浴箱中作用 30min 等量混合，再移植 T.G 小管或厌气肉肝汤小管培养基一支，接种 0.2mL，放置 35～37℃培养 24～72h，如有细菌生长，将杂菌培养物接种 350～450g 豚鼠 2 只，每只肌内注射 1mL，观察 10d。

如发现制品同时污染需氧性及厌氧性细菌时，则按上述要求同时注射小鼠和豚鼠。

（3）记录和计算　待检培养物接种动物后，在检验要求的期限内，每天观察小鼠或豚鼠的健康情况并记录观察结果。小鼠、豚鼠均应健活。如有死亡或局部化脓、坏死，证明有病原菌。

4. 禽沙门氏菌检验　将被检物用划线法接种于麦康凯琼脂平板或 S.S 琼脂平板 2 个，经 37℃培养 24～48h，挑选无色半透明、边缘整齐、表面光滑并稍突起的可疑小菌落 2～3 个，用沙门氏菌 O 抗原多因子血清做平板凝集试验。在 2min 内出现凝集者为阳性。

5. 支原体检验　由细胞、禽胚或动物组织制成的病毒性活疫苗，用于配制细胞培养液的各种畜禽血清均需进行支原体检验。病毒性活疫苗不得含有支原体。

（1）检验用培养基

1）检验禽源细胞和由禽胚组织或其细胞制成的活疫苗　用改良 Frey 氏培养基。

2）检验其他种类细胞和病毒活疫苗　用支原体培养基（见本节培养基配置及质量标准）。

3）检验血清　用无血清的支原体培养基。

（2）样品处理　每批制品取样 3～5 瓶，液体制品混合后备用；冻干制品，则加液体培养基复原成混悬液后混合，血清直接接种。

（3）疫苗类检测

1）接种与观察　每个样品需同时用以下 2 种方法检测。

① 液体培养基培养：取 5mL 疫苗混合物接种于盛 20mL 小瓶液体培养基中，再从小瓶中分别取 0.2mL 移植接种于 2 支小管液体培养基内，将小瓶与小管放 36～38℃培养，每日观察培养物有无颜色变黄或变红。如在 5d 尚未见变化，再从小瓶中取 0.2mL 移植于另 2 支管液体培养基内，继续培养观察 5d，如此重复 3 次。若仍无变化，在最后一次接种小管的培养物经 14d 观察后停止观察。在观察期内，如果发现小瓶或任何一支小管培养物颜色出现明显变化，pH 变化达±0.5 时，应立即移植于小管液体培养基和固体培养基，观察在液体培养基中是否出现恒定的 pH 变化，及在固体上有无典型的“煎蛋”状支原体菌落。

② 琼脂固体平板培养：在每次液体培养物移植小管培养的同时，取培养物 0.1～0.2mL 接种琼脂平板 2 付，放在含 5%～10%二氧化碳的潮湿环境下 36～38℃培养。此外，在液体培养基颜色出现变化、pH 变化达 ±0.5 时，也同时接种琼脂平板 2 付。各琼脂平板每5～7d 在低倍显微镜下观察有无支原体菌落出现，经 14d 观察，仍无菌落者停止观察。

2）对照　每次检验需同时设阴、阳性对照，在同条件下培养观察。禽类疫苗用滑液支原体作为对照，非禽类疫苗用猪鼻支原体作为对照。

（4）血清检测　取被检血清 50mL 代替培养基中的马或猪血清，按支原体培养基配方配成培养基，将其在 36～38℃培养条件下培养，并按疫苗类检测中琼脂固体平板培养方法稀释、移植、培养、观察小管培养基 pH 变化情况和琼脂平板有无菌落。

（5）结果判定

1）接种待检制品的任何一次琼脂平板上出现支原体菌落，判定疫苗或血清不合格。

2）阳性对照中至少有一个平板长菌落，而阴性对照中无菌落生长，则检验有效。

6. 外源病毒检验　目前，中国要求对兽用病毒性活疫苗，以及疫苗生产中的各级种毒，生产用细胞、血清类制品进行外源病毒检验。根据疫苗使用对象及疫苗生产用原材料不同，外源病毒检验又分为禽源制品及其细胞的外源病毒检验和非禽源制品及其细胞的检验。

（1）禽源制品及其细胞的外源病毒检验

1）样品处理

① 活疫苗或种毒：除另有规定者外，液体样品取 2～3 瓶混合，冻干样品取 2～3 瓶加入稀释液或 PBS 溶解后混合，用相应单特异抗血清在 37℃中和 1h 或在 4℃中和过夜，以完全中和样品中的活性成分作为检品。

② 血清类制品：在 2～5℃对样品用 PBS 进行透析过夜，除去防腐剂作为检品。

③ 细胞类：选用培养 5～7d 的细胞或经冻融 3 次后的细胞混合作为检品。

2）鸡胚检查法

① 尿囊腔内接种试验：选择发育良好的 9～11 日龄 SPF 鸡胚 10 枚，每枚尿囊腔内接种 0.2mL 检品（如为疫苗，至少含 10 个羽份；如为种毒，则为所生产疫苗推荐使用剂量的 10 倍），在 37℃培养 7d，弃去在接种后 24h 内死亡的鸡胚，但鸡胚至少成活 8/10，试验方可成立。培养结束时打开鸡胚，观察鸡胚有无异常，取尿囊液加入等量 1%（V/V）的鸡红细胞悬液，室温静置 15～30min 或 4℃静置 60min，观察有无红细胞凝集。当鸡胚发育正常、尿囊液无红细胞凝集性时，判定该批制品的本项检验合格。

② 绒毛尿囊膜接种试验：选择发育良好的10～12日龄SPF鸡胚10枚，每枚经绒毛尿囊膜途径接种0.2mL检品（如为疫苗，至少含10个羽份；如为种毒，则为所生产疫苗推荐使用剂量的10倍），在37℃培养7d，弃去在接种后24h内死亡的鸡胚，但鸡胚至少成活8/10，试验方可成立。培养结束时打开鸡胚，观察鸡胚及绒毛尿囊膜有无异常，取尿囊液加入等量1%（V/V）的鸡红细胞悬液，室温静置15～30min或4℃静置60min，观察有无红细胞凝集。当鸡胚发育正常、绒毛尿囊膜无异常、尿囊液无红细胞凝集性时，判定该批制品本项检验合格。

3）鸡接种检查法　用鸡胚接种检查无结果或结果可疑时，可用鸡检查一次。接种鸡检查时，样品不需处理。

用适于接种本疫苗日龄的SPF鸡20只，点眼、滴鼻接种10个使用剂量的疫苗，肌内注射100个使用剂量的疫苗。接种后21d，按上述方法重复接种1次。第1次接种后42d采血，进行有关病原的血清抗体检查（表3-13）。在42d观察期内，不应有疫苗引起的局部或全身症状和呼吸道症状或死亡。如果有死鸡，应进行病理学检查，以证明是否由疫苗所致。进行血清抗体检测时，除本疫苗所产生的特异性抗体外，不应有其他病原的抗体存在。

在42d内，不出现由疫苗引起的局部或全身症状和呼吸道症状或死亡，除本疫苗所产生的特异性抗体外，不存在其他病原的抗体，该批制品外源病毒检验判为合格。

表3-13　用鸡检查外源病毒时检查的病原及其检验方法

病　原	检验方法
鸡传染性支气管炎病毒	HI/ELISA
鸡新城疫病毒	HI
禽腺病毒（有血凝性）	HI
禽流感病毒	AGP/HI
鸡传染性喉气管炎病毒	中和抗体
禽呼肠孤病毒	AGP
鸡传染性法氏囊病病毒	AGP/ELISA
禽网状内皮增生症病毒	IFA/ELISA
鸡马立克氏病病毒	AGP
禽白血病病毒	ELISA
禽脑脊髓炎病毒	ELISA
鸡痘病毒	AGP/临床观察

注：HI：红细胞凝集试验；ELISA：酶联免疫吸附试验；AGP：琼脂凝胶扩散试验；IFA：间接荧光抗体试验。

4）细胞检查法

① 细胞观察：取2个培养24h左右的方瓶细胞（每个25cm^{2}左右），接种中和后的样品0.2mL（含2～20羽份），培养5～7d，观察细胞有无病变（CPE）。观察期间，细胞不出现CPE，判定该批制品本项检验合格。

② 红细胞吸附试验：取上述培养的细胞2瓶，去掉培养液，用PBS轻洗细胞面3次，加入0.1%（V/V）的鸡红细胞悬液覆盖细胞面，4℃放置60min后，用PBS轻洗细胞面1～

2次，在显微镜下检查红细胞吸附现象。培养细胞不出现红细胞吸附现象，则该批制品本项检验判合格。

5）禽白血病病毒污染检验 禽病毒性活疫苗禽白血病病毒的检测可采用国际通行的COFAL试验，也可以采用ELISA方法进行检测，但两种检测方法对样品的处理是一致的。

① 样品的处理及接种：种毒或疫苗均用M－199培养基（不含牛血清）复原，2～8℃，10 000～12 000g离心10min，然后取上清适量加入相应抗血清，置37℃左右中和60min，或做其他相应处理（处理方法见表3－14）作为接种样品。检测生产用细胞时，取最后的细胞悬液5.0mL作为样品。每个处理好的样品接种2个长成良好CEF单层的细胞瓶（$25cm^2$）中，37℃吸附60min，弃去接种物，加入细胞维持液。待培养5～7d后，按常规方法消化、收获细胞，将其中1/2细胞做上标记，置－60℃留作检验用（P_1），其余细胞分散到2个瓶中。培养7d后，按同样方法收获细胞，留样（P_2）。如此连续传第3代，收获（P_3）。同时设立的阳性对照（RAV－1和RAV－2）和正常细胞对照，按相同方法处理。

表3－14 样品复原量和接种量

制品	所需含量（羽份）	所需病毒液（mL）	处理及接种量
含鸡新城疫病毒的制品	200	0.8	加0.8mL抗鸡新城疫病毒单特异性血清进行中和，全部接种到细胞瓶中
含鸡马立克氏病病毒和腱鞘炎病毒的制品	500	5	经0.2um滤器过滤1～2次，取5mL滤液接种到细胞瓶中
含鸡痘病毒的制品	500	10	经0.65μm的滤器过滤1次和0.2μm的滤器过滤2次，滤液全部接种到细胞瓶中
含鸡传染性支气管炎病毒和传染性喉气管炎病毒的制品	500	2	直接接种到细胞瓶中
含禽脑脊髓炎病毒的制品	500	2	加2mL抗禽脑脊髓炎病毒单特异性血清进行中和，全部接种到细胞瓶中
含鸡传染性法氏囊病病毒的制品	500	2	加适量抗鸡传染性法氏囊病病毒单特异性血清进行中和，全部接种到细胞瓶中
细胞	/	/	取5mL细胞悬液，直接接种到细胞瓶中
血清	/	/	取2mL样品，直接接种到细胞瓶中

② COFAL试验：COFAL试验前将所有样品冻融3次，1 500r/min离心10～15min，取上清液作为检品。在96孔U型微量板中，按表3－15在样品孔和阳性对照孔中加入缓冲液0.025mL，其他对照孔A、B各加入0.025mL，C、D、E各孔加入0.05mL，F孔加入0.1mL缓冲液。

在A和D、E和H横排各孔中分别加入0.025mL样品，并用微量移液器从A→B→C和E→F→G进行连续倍比稀释，最后C孔和G孔中弃去0.025mL，D孔和H孔中混合后弃去0.025mL，其他对照孔中B、G各加病毒对照0.025mL。

在D和H排各孔中加入缓冲液0.025mL。

在 A、B、C 和 E、F、G 排各孔中加入灭活的兔抗 P27 血清 0.025mL，其他对照孔中 A、G 孔各加入 0.025mL，混合包板后，室温下作用 30～45min（其间配制补体）。

所有孔中均加入适当浓度的补体（全量）0.05mL，其他对照孔中 A、B、C、G 各加入全量补体 0.05mL，D 孔加入 1/2 浓度的补体 0.05mL，E 孔加入 1/4 浓度的补体 0.05mL。轻摇 96 孔板混匀后，密封置 4℃左右过夜。

表 3-15 96 孔板样板

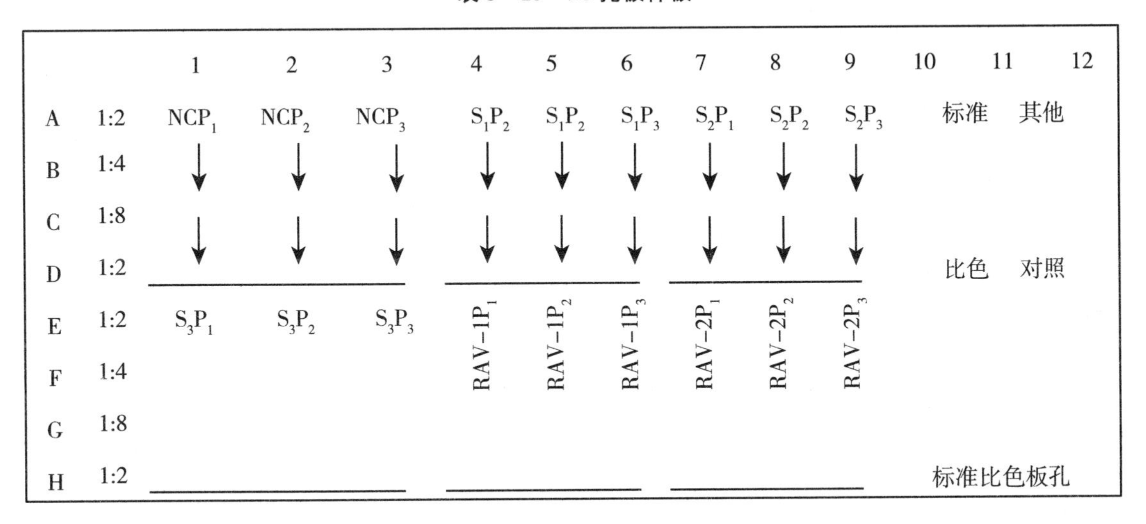

		1	2	3	4	5	6	7	8	9	10	11	12
A	1:2	NCP_1	NCP_2	NCP_3	S_1P_2	S_1P_2	S_1P_3	S_2P_1	S_2P_2	S_2P_3		标准	其他
B	1:4	↓	↓	↓	↓	↓	↓	↓	↓	↓			
C	1:8	↓	↓	↓	↓	↓	↓	↓	↓	↓			
D	1:2											比色	对照
E	1:2	S_3P_1	S_3P_2	S_3P_3	RAV-1P_1	RAV-1P_2	RAV-1P_3	RAV-2P_1	RAV-2P_2	RAV-2P_3			
F	1:4												
G	1:8												
H	1:2											标准比色板孔	

注：NC=正常细胞对照。P_1、P_2、P_3 分别为第一代、第二代、第三代培养物。S_1、S_2、S_3 分别为样品 1、样品 2、样品 3。

第 2 日试验如下：

A. 配制 2.8%的绵羊红细胞悬液　采取公绵羊血液脱纤，用生理盐水洗涤 3 次，每次以 2 000r/min 离心 10min，最后取下沉的红细胞配成 2.8%的悬液。

B. 致敏红细胞的配制　在 2.8%的绵羊红细胞中缓缓加入等量做适当稀释的溶血素，磁力搅拌混合 10min 后，放 37℃水浴 30min，期间搅动 2～3 次。

各孔内加入致敏红细胞悬液 0.025mL。

C. 制备标准比色板　将 2.8%的绵羊红细胞悬液用缓冲液稀释成 0.28%的绵羊红细胞悬液备用。另取 2.8%的绵羊红细胞悬液 1mL 加无菌去离子水 7mL，然后加 5 倍缓冲液 2mL，即为溶解红细胞悬液。按顺序加入下列试剂，第 12 管只加缓冲液 1mL。见表 3-16。

表 3-16 制作标准比色板

试管号	1	2	3	4	5	6	7	8	9	10	11	12
溶解红细胞液（mL）	0	0.1	0.2	0.3	0.4	0.5	0.6	0.7	0.8	0.9	1	缓冲液
2.8%绵羊红细胞悬液（mL）	1	0.9	0.8	0.7	0.6	0.5	0.4	0.3	0.2	0.1	0	
溶血率（%）	0	10	20	30	40	50	60	70	80	90	100	0

在 96 孔板的标准比色板孔中，从 0 溶血率开始，在第 11 列的 A→H 和第 10 列的H→F

相应孔内加入上述红细胞悬液 0.125mL，并用胶带密封 96 孔板，37℃水浴 30min，再 1 500r/min 离心 5～10min 或 4℃放置 3～6h。

判定 当各种对照（抗补体活性、溶血系统、补体系统、阳性对照、阴性对照等）成立时，被检样品的任何孔溶血率高于 50%（50%～100%）时判为阴性，低于 50%（0～50%）判为阳性。

③ ELISA 试验 进行该项试验时，按以下操作程序进行。

A. 加样 每孔加待检样品 100μL，同时按要求加阳性阴性对照样品。加样后用封口膜封板，放置 37℃作用 1h。

B. 洗涤 弃去样品，用工作洗涤液洗 4～5 次，300μL/次，每次洗板要尽量弃尽洗涤液。

C. 加酶标抗体 每孔 100μL，用封口膜封板后，放置 37℃作用 1h。

D. 洗涤 弃去样品，用工作洗涤液洗 4～5 次，300μL/次。

E. 加显色液 将试剂盒中的 A 液和 B 液等体积混合均匀后，每孔加 100μL，室温闭光作用 10min。

F. 加终止液 每孔加 100μL。

G. 读数 终止反应后，迅速置酶联读数仪用 650nm 波长读取各孔 OD 值。

H. 结果判断 当阴性对照 OD 值小于 0.2、阳性对照 OD 值大于 0.4 时，ELISA 试验结果成立；当正常细胞对照 OD 值小于 0.3、病毒对照 OD 值均大于 0.5 时，检验结果成立；待检样品 OD 值大于或等于 0.3 判为阳性，OD 值小于 0.3 判为阴性。

6）禽网状内皮组织增殖症病毒检验法 按常规方法制备鸡胚成纤维细胞（CEF）。

① 接种与培养：样品的处理同禽白血病病毒检验法，处理好的样品接种 1 个 25cm^{2}左右的 CEF 单层，置 37℃吸附 60min，弃去接种液，用含 3%牛血清的 M－199 培养液洗 CEF 单层 2 次，2.0mL/次，每瓶细胞加 7.0～8.0mL 含 3%牛血清的 M－199 培养液，37℃培养 7d。同时设立正常细胞作阴性对照。

② 病毒对照：将鸡网状内皮组织增生症病毒（REV）稀释至 10 $TCID_{50}$/mL，取 1.0mL 接种至 CEF 作为阳性对照。

③ 细胞培养的传代：细胞培养 7d 后，按常规方法消化、收获细胞，将其中 1/10 的细胞用 2.0mL 含 3%牛血清的 M－199 细胞培养液悬浮，接种 4 孔 48 孔板，每孔接种 0.5mL。剩余细胞置－15℃以下保存备用。接种细胞的 48 孔板置 5% CO_2，37℃培养 5d，然后进行荧光染色。

④ 荧光染色

A. 固定 弃去 48 孔板的细胞培养液，每孔加入约 0.5mL PBS（pH 7.2，下同）轻洗细胞表面 1 次，尽量弃尽 PBS，然后每孔加入 0.3mL 冷甲醇，置室温固定 10～15min，弃去甲醇，自然晾干 2～5min。

B. 加鸡抗 REV 特异性抗体 自然晾干后，用 PBS 洗细胞面 1 次，然后每孔加入 0.1mL 用 PBS（pH 7.2～7.4）进行适当稀释的鸡抗 REV 特异性抗体，置 37℃作用 1h。

C. 洗涤 弃去鸡 REV 特异性抗体，先用含 0.05%吐温-20 的 PBS 洗 3 次，每次每孔加入洗液 0.5mL，轻微振荡洗涤 1min。然后用 PBS 以同样的方法洗 2 次。

D. 荧光二抗染色 尽量弃尽洗液，每孔加入 0.1mL 用 PBS 进行适当稀释的 FITC 标记的兔抗鸡 IgG，置 37℃作用 1h。

E. 洗涤　方法同上。

F. 观察　在倒置荧光显微镜下用蓝色激发光（波长 490 nm）观察。被感染的 CEF 细胞呈现绿色荧光，有完整的细胞形态；周围未被感染的细胞不着色，视野发暗。

G. 结果判定　当阳性对照接种的 4 个孔中全部出现特异性绿色荧光，阴性对照接种孔均未出现特异性绿色荧光时，检验结果成立。被检样品接种的 4 个孔中，只要有 1 孔出现特异性绿色荧光，即判定该样品中 REV 阳性。

（2）非禽源细胞（或细胞系）、种毒及其制品的外源病毒检验

1）样品处理　种毒或活疫苗（除另有规定者外），液体样品取 2～3 瓶混合，冻干样品取 2～3 瓶加入稀释液或 PBS 溶解后混合，用相应单特异抗血清在 37℃中 1h 或在 4℃中过夜，以完全中和样品中的活性成分作为检品，接种细胞单层培养 4d，传第二代备用。对细胞或细胞系检验时，选用连续传 2 代后培养 4d 以上的单层细胞。血清类，在 2～5℃对样品用 PBS 进行透析过夜，除去防腐剂作为检品。细胞类，选用连续传 2 代后培养 4d 以上的细胞单层作为检品。

2）荧光抗体染色检查法　视被检样品的使用对象和细胞来源的不同，选用不同病毒的特异荧光抗体。

猪源细胞选用牛病毒性腹泻/黏膜病病毒（BVDV）、伪狂犬病病毒（PRV）、狂犬病病毒（RV）、猪细小病毒（PPV）和猪瘟病毒（CSFV）的特异荧光抗体。

牛羊源细胞选用牛病毒性腹泻/黏膜病病毒（BVDV）、伪狂犬病病毒（PRV）、狂犬病病毒（RV）、猪细小病毒（PPV）和蓝舌病病毒（BTV）的特异荧光抗体。

马源细胞选用马传染性贫血病毒的特异荧光抗体。

犬源细胞选用牛病毒性腹泻/黏膜病病毒（BVDV）、伪狂犬病病毒（PRV）、狂犬病病毒（RV）和猪细小病毒（PPV）荧光抗体。

① 试验法：检查每种病毒时，各用 2 组细胞单层。一组为被检组，至少取 4 个细胞覆盖率在 75%以上的细胞单层，总面积不少于 $6cm^2$。另一组为由中国兽医药品监察所提供的接种 100～300$FAID_{50}$特异病毒的细胞固定片，作为阳性对照。样品分别经丙酮固定后，以适宜的荧光抗体进行染色、镜检。

② 判定：若被检组出现任何一种特异荧光，为不合格。若阳性对照组不出现特异荧光或荧光不明显，为无结果，可以重检。若被检组出现不明显荧光，必须重检，重检仍出现不明显荧光，判为不合格。

3）绿猴肾传代细胞（Vero）检查法

① 试验法：用 3 瓶 Vero 细胞单层（总面积不少于 $100cm^2$），每瓶接种中和后的检品 1mL，连续传 2 代，每代 7d，观察细胞有无 CPE。

② 判定：观察期间，细胞不出现 CPE，判定该批制品合格。

4）红细胞吸附试验

① 试验法：取上述培养的细胞单层（每个 $6cm^2$）多个，去掉培养液，用 PBS 轻洗细胞面 3 次，加入 0.2%（V/V）的豚鼠红细胞、人 O 型红细胞和鸡红细胞的等量混合悬液覆盖细胞面，分别在 4℃和 20～25℃放置 30min 后，用 PBS 轻洗细胞面 1～2 次，在显微镜下检查红细胞吸附现象。

② 判定：培养细胞不出现红细胞吸附现象，判定该批制品合格。

5）细胞观察

① 试验法：取经传代后培养至少7d的细胞单层（每个6 cm^2）一个或多个，用适宜染色液对单层细胞进行染色，观察细胞单层，检查有无包涵体、巨细胞或细胞CPE情况。

② 判定：观察期间，细胞不出现包涵体、巨细胞或CPE，判定该批制品合格。培养细胞不出现红细胞吸附现象，判定该批制品合格。

（3）外源病毒的其他检测方法　随着分子生物学技术的发展，对于一些在特定细胞上培养无特异性病变，且无红细胞吸附现象的病毒可以采用聚合酶链式反应（PCR）进行检测。

（二）安全检验

疫苗的安全性是疫苗能否商品化的最重要指标，因此，疫苗的安全性检验是产品质量检验的关键项目之一。检验结果的准确性与检验动物、检验方法及判定标准密切相关，活疫苗产品的安全检验技术主要包括以下几个方面。

1. 安全检验动物的选择

（1）动物级别　鸡和小鼠应为SPF级；豚鼠和兔应为清洁级；鸭、鹅、犬、猪、羊、牛等为普通级，即健康易感动物。

（2）动物数量　每批制品安全检验使用动物应不少于10只（头），来源困难或经济价值高的动物应不少于5只（头），鱼、虾应不少于50尾。

（3）动物品系及日龄　应使用对疫苗敏感性最高的品系进行试验，同时应使用推荐最小使用日龄的动物进行试验。

2. 安全检验方法

（1）本动物安全检验　本动物安全检验即采用疫苗使用动物进行安全检验，目前绝大多数病毒性产品均使用健康易感的本动物进行安全检验。理论上讲，只有采用本动物进行安全检验，才能真正反映疫苗田间使用后是否安全。

1）单剂量接种的安全性试验　按照推荐的接种途径，用适宜日龄的靶动物，接种1个剂量，至少观察2周，评估指标应包括临床症状、体温、组织病变等。对于可用于多种动物的疫苗，应该用各种靶动物进行安全试验。

2）单剂量重复接种的安全性试验　如产品需对使用动物进行2次或2次以上接种，应在第1次接种后2周，以相同方法再接种一次，进行重复接种的安全性试验。

3）对怀孕动物及产蛋鸡安全性试验　对用于怀孕期动物或产蛋鸡的生物制品，应使用怀孕期动物或产蛋鸡进行安全试验，考察该制品对胎儿或产蛋的影响。另外，有些种类病原可导致生殖系统严重的不可逆损伤，对这些种类疫病制品的安全性试验采用接种幼龄动物后，一直观察到动物产仔或产蛋，考察其对生殖功能的影响。

4）超剂量接种的安全性试验　按规定的途径和剂量给动物接种被检活疫苗。除有特殊规定外，一般每只动物的接种量为10个使用剂量，同时设正常阴性对照。然后两组动物在规定的时间内隔离饲养观察。观察时间主要取决于疫苗产品自身的特征，通常为14～28d。不应出现规定条件以外的不良反应和异常。

对于活疫苗产品的成品进行安全检验，一般均采用超剂量接种进行安全性试验。

（2）用实验动物进行安全性检验　由于很多细菌具有较为广泛的宿主嗜性，甚至有些细菌对实验动物的敏感性比本动物更高，因此，许多细菌性活疫苗采用实验动物替代本动物进行安全检验。最常用的实验动物为小鼠、豚鼠和家兔。

1）接种剂量　采用实验动物进行安全检验的剂量是根据本动物与实验动物进行安全检验平行试验结果制订的，实验动物的接种剂量一般应相当于本动物使用 10～100 剂量进行安全检验。一般情况下，小鼠接种 1/5 使用剂量，豚鼠接种 1 个使用剂量进行安全检验，就相当于猪接种 10 个使用剂量进行安全检验。但不同疫苗产品对实验动物的敏感性不一样，实验动物的接种剂量就不能一概而论。

2）接种途径和观察　一般为皮下或肌内注射，观察日期依产品而定，一般为 7～21d。

（3）本动物和实验动物同时进行安全检验　有些疫苗除必须用本动物进行安全检验外，还需同时用实验动物进行安全检验，以确保疫苗的安全性。

1）根据疫苗的使用对象和特点，选用一定数目规定年龄无特异性抗体的健康易感本动物进行安全检验。按规定的途径和剂量给动物接种，接种疫苗后在指定的时间内饲养观察动物的健康存活情况。

2）根据疫苗种类的不同，选择一定数目指定年龄的健康实验动物，按规定的接种途径和剂量给动物接种被检疫苗，疫苗的接种量随产品而定。接种疫苗后在指定的时间内饲养观察动物的存活情况。

（4）本动物或实验动物任选其一的安全性检验　有些产品可采用本动物或实验动物任选其一检验方法进行疫苗的安全性检验，安全检验结果根据规定的标准判定。

（5）其他安全检验

1）对非靶动物的安全性　有些病原可感染多种动物，对这类病的生物制品进行安全检验，不仅应考察其对本动物安全性，还应考察其对非使用对象的安全性。如猪伪狂犬病活疫苗，除用猪进行安全检验外，还应进行牛、羊等动物的安全检验，防止病原扩散，保证生物安全。

2）基因工程疫苗的安全性检验　对利用基因工程技术研制的活疫苗，还应按农业农村部有关规定进行安全性检验。

3. 安全检验结果判定　除按各种制品的安全检验标准判定外，凡属下列结果应另做处理。

（1）在安全检验期内，如发生非特异死亡超过规定数量的，应做重检；如检验结果可疑而难以确定结论时，应以加倍动物进行重检。

（2）凡规定用本动物和实验动物同时进行安全检验的，全部动物安全检验合格判为产品合格。

（3）在用小动物检验不合格时，有的制品规定可用本动物重检，但若用本动物检验不合格者，判为不合格，不允许再用小动物重检。

（三）效力检验

效力检验是用已建立的方法和标准检测疫苗使用后的免疫保护效果。活疫苗的效力检验方法主要分为两大类，即体外检测法和体内检测法。体外检测法主要是病毒含量测定或活菌计数。体内检测法也称动物法，即对本动物或已经建立的实验动物模型进行疫苗接种，经过一定时间后，或采集血清进行抗体效价测定，根据抗体效价确定疫苗的效力；或用强毒进行攻击，根据免疫动物的保护情况来判定疫苗的效力。目前，大多数活疫苗均采用病毒含量测定或活菌计数评价疫苗的效力。

1. 体外检测法

（1）细菌/病毒/虫卵含量的标准确定

1）最小免疫剂量测定　疫苗内细菌（或病毒或虫卵）含量与免疫攻毒保护率之间，通常存在明显平衡关系，用不同剂量的疫苗分别接种动物，经一定时间后进行攻毒或采用已经证明与免疫攻毒方法具有平衡关系的替代方法进行免疫效力试验，统计出使动物获得较好保护力（通常应达到70%～100%）的疫苗量，就是最小免疫剂量。

2）疫苗效力检验细菌或病毒含量的确定　一般采用5～10倍最小免疫剂量中细菌或病毒的含量作为疫苗的效力检验标准，有些病毒性疫苗可能为最小免疫剂量的100倍。细菌或病毒含量标准应与使用的菌毒种本身的生物学特性相关。

（2）测定方法

1）细菌活菌计数

① 稀释：将疫苗用稀释液进行系列稀释，一般为10倍系列稀释至适宜稀释度，最终稀释度应选择在每个平皿菌落数为40～200个，最好在100个左右。

② 表面培养测定法：取适宜培养基琼脂平皿3付，每付平皿滴最终稀释菌液0.1mL，倾斜转动平皿使菌液散开，置36～37℃培养，待平皿盖晾干后（30～60min），翻转平皿，培养24～48h。

③ 混合培养测定法：取平皿3付，每付加入最终稀释菌液1mL，然后将融化并冷却至45℃的适宜培养基琼脂倾入平皿中，轻轻摇动平皿，使稀释菌液与培养基琼脂混匀，待琼脂凝固后，翻转平皿，置36～37℃培养24～48h。

④ 活菌数计算：用记号笔在平皿底面点数各平皿的菌落数，算出3付平皿的平均菌落数，根据平均菌落数算出最终稀释菌液每毫升的含菌数，再乘以稀释倍数，即为样品含活菌数。

2）支原体计数　用吸管或移液器吸取复溶或液体疫苗样品0.2mL，加至装有1.8mL支原体液体培养基的小试管中，充分混匀后，取0.2mL加入第2管，依次稀释至第10管，另取一管培养基作为对照，置36～37℃培养1～5d，观察各管培养基颜色的变化。出现颜色变黄的最高稀释度管为支原体滴度，用CCU（细胞变色单位）表示。如第6管培养物颜色变黄，则该样品的支原体滴度为10^6CCU/mL。

3）病毒滴度测定

① 用实验动物（或鸡胚）进行的病毒含量测定：疫苗按瓶签注明的头份用指定的稀释液稀释后，选择3个适宜稀释度，按规定的途径和剂量接种一定数目指定大小（或日龄）的实验动物（或鸡胚），在规定时间内观察，根据动物（或鸡胚）发病或死亡数来计算病毒的LD_{50}（ELD_{50}、EID_{50}），以此来判定疫苗的效力。

② 用细胞进行的病毒含量测定：抽取一定数量的样品用细胞维持液或指定的稀释液将疫苗适当稀释，取3个或4个适宜稀释度接种已形成良好单层细胞的细胞瓶，每一滴度接种4～5个细胞瓶，在一定条件下培养观察细胞病变情况或进行蚀斑计数，或进行荧光染色，以此来确定疫苗中的病毒含量（$TCID_{50}$），并判定效力。

4）虫卵计数　将疫苗进行适当稀释后在显微镜下对虫卵进行直接计数或采用一定的染色方法进行虫卵计数，根据虫卵数量判定疫苗的效力。

2. 动物检测法

1）本动物效力检验

① 免疫攻毒法：将疫苗以一定剂量（不同产品剂量不一样，一般小于使用剂量，下同）接种健康易感动物，经一定时间后，用规定剂量的强毒攻击，同时设攻毒对照。在一定的观察期内，攻毒对照成立，且免疫动物达到规定的保护数。

② 血清学检测法：将疫苗以一定剂量接种健康易感动物，免疫后一定时间，对免疫动物采血分离血清，检测有效保护抗体效价。根据抗体效价判定疫苗的效力。

③ 临床观察法：将疫苗以一定剂量接种动物后，在一定时间内观察接种动物的局部或全身反应，根据疫苗接种后的临床反应判定疫苗的效力。

2）实验动物效力检验

① 免疫攻毒法：将疫苗以一定剂量（不同产品剂量不一样，一般小于使用剂量，下同）接种实验动物，免疫一定时间后用强毒攻击，同时设攻毒对照，根据实验动物的免疫保护结果判定疫苗的效力。

② 临床观察法：将疫苗以一定剂量接种实验动物，根据接种动物的临床反应判定疫苗的效力。

除本动物攻毒效力检验外，用其他动物检测法进行疫苗效力检验的标准，都是根据与本动物攻毒试验之间的平行关系而确定的。有关与本动物攻毒试验平行关系的试验技术将在灭活疫苗效力检验方法中详述。

为保证生物安全，满足动物福利要求，以动物检测法进行的活疫苗制品的效力检验将逐步被体外检测法替代。

三、灭活疫苗的质量检测技术

灭活疫苗是以化学或物理方法灭活的细菌、病毒或毒素，或采用分子生物学等技术制备的多肽、蛋白质等为主要免疫原，以矿物油或氢氧化铝胶等为佐剂制备的疫苗制品。

灭活疫苗的质量检测项目主要包括物理性状检验、无菌检验、安全检验、效力检验、甲醛及汞类防腐剂含量测定、内毒素含量测定等。

（一）无菌检验

1. 含甲醛、苯酚、汞类等防腐剂和抗生素的疫苗 检验时先将样品 1mL 接种于 50mLT. G 培养基，放置 37℃培养 3d 后，移植到 2 支 T. G 小管、2 支 G. A 斜面、1 支 G. P 小管，接种量为 0.2mL/支。取 1 支 T. G 小管、1 支 G. A 斜面和 1 支 G. P 小管放置 25℃培养；另取 1 支 T. G 小管和 1 支 G. A 斜面放置 37℃培养。培养 5d 后，均应无菌生长。

2. 细菌性灭活菌苗检验 应选用 2 支适合于疫苗菌生长的琼脂斜面培养基，接种量为 0.2mL/支，应无疫苗菌生长。

（二）内毒素含量测定

目前，已有多个以大肠杆菌为载体表达的亚单位疫苗上市。由于革兰氏阴性菌菌体裂解后会释放大量的内毒素，如果疫苗中含有较高浓度的内毒素，会导致使用动物严重的副反应，因此，对这类疫苗应规定内毒素限量标准，内毒素标准可依据安全性试验结果而确定。

细菌内毒素检查用水应符合灭菌注射用水标准，其内毒素含量小于 0.015EU/mL（用于凝胶法）或0.005EU/mL（用于光度测定法），且对内毒素试验无干扰作用。试验所用的器皿须经处理，以去除可能存在的外源性内毒素。耐热器皿常用干热灭菌法（250℃，30min以上）去除，也可以采用其他确证不干扰内毒素检查的适宜方法。若使用塑料器械（如微孔板和与微量加样器配套的吸头鞘），应选用表明无内毒素并且对试验无干扰的器械。

目前规定的内毒素测定方法有两种，凝胶法和光度测定法。详细方法可参考《中国兽药典》。

（三）安全性检验

灭活疫苗的安全性检验与活疫苗基本相同，多数灭活疫苗采用本动物进行安全检验，一部分疫苗采用本动物和实验动物同时进行安全性检验，只有少数灭活疫苗采用实验动物进行安全检验。用于灭活疫苗安全检验动物的标准和要求与活疫苗相同，灭活疫苗的安全检验技术主要包括以下几方面。

1. 本动物安全检验　选取疫苗最小推荐使用日龄的健康易感动物，按规定的接种途径给动物接种被检的灭活疫苗，除有特殊规定外，一般每头/只动物的疫苗接种量为2个使用剂量。然后在规定的时间内（通常为2～3周）饲养观察。接种疫苗动物应不出现因疫苗注射而引起的局部或全身反应。

2. 本动物和实验动物同时进行安全检验

1）本动物安全检验　选取疫苗最小推荐使用日龄的健康易感动物，按规定的接种途径给动物接种被检的灭活疫苗，除有特殊规定外，一般每头/只动物的疫苗接种量为2个使用剂量。然后在规定的时间内（通常为2～3周）饲养观察。接种疫苗动物应不出现因疫苗注射而引起的局部或全身反应。

2）实验动物安全检验　选择一定数目指定日龄或体重的相应级别的实验动物，按规定的接种途径和剂量接种疫苗，疫苗的接种剂量因产品而定。接种后在指定的时间内观察饲养动物的存活情况。不应出现规定条件以外的其他不良反应或异常。

采用此方法进行安全检验时，本动物和实验动物安全检验均符合规定时判定产品安全性检验合格。

3. 用实验动物进行安全性检验　选择一定数目指定日龄或体重的相应级别的实验动物，按规定的接种途径和剂量接种疫苗，疫苗的接种剂量因产品而定。接种后在指定的时间内饲养观察动物的存活情况。不应出现规定条件以外的其他不良反应或异常。

4. 本动物或实验动物任选其一的安全性检验　有些产品可采用本动物或实验动物任选其一检验方法进行疫苗的安全性检验，安全检验结果根据规定的标准判定。一般情况下，实验动物检验无结论或可疑时，可以用本动物进行重检；但本动物检验不合格时，则产品判为不安全。

（四）效力检验

由于多数灭活疫苗的有效活性成分不能直接检测，使用动物进行灭活疫苗的效力检验是最通用的检测方法。但由于生物安全以及动物福利的要求，研究灭活疫苗的体外替代检测方法已成为疫苗检测技术研究的重点。根据产品的不同，灭活疫苗的效力检验方法主要包括如下几个方面。

1. 免疫攻毒法

（1）本动物免疫攻毒法

1）定量免疫定量强毒攻击法　将一定剂量的疫苗经规定途径接种动物，经2～3周或更长时间后，用一定剂量的强毒攻击，在一定的观察期内，根据免疫动物的存活，或不发病，或不受感染的情况来判定疫苗的效力，这是灭活疫苗中最普遍使用的效力检验方法。

2）变量免疫定量强毒攻击法　本方法也称之为 PD_{50} 法，即将疫苗以不同剂量各免疫一定数量动物，免疫后经一定时间，各免疫组动物连同对照动物用同一剂量强毒攻击，观察一定时间后，根据动物存活数和死亡数（或发病数，依攻毒病原对本动物的致病性特征而定）进行统计学分析，计算出50%的保护剂量，以 PD_{50} 表示。不同产品所要求的每一使用剂量（0.5mL）所含 PD_{50} 不同，例如，ND疫苗一般要求每羽份含50个 PD_{50}，而口蹄疫疫苗要求每头份不小于3个 PD_{50}。

（2）实验动物免疫攻毒法

1）定量免疫变量强毒攻击法　这种方法是把动物分为两大组，一为免疫组，一为对照组，两大组又各分为相等的若干小组，每小组的动物数相等。免疫动物均用同一剂量的制品接种免疫，经一定时间后，与对照组同时用不同稀释倍数强毒攻击，比较免疫组与对照组的存活率。按 LD_{50} 计算，如对照组攻 10^{-5} 稀释毒有50%的动物死亡，而免疫组攻 10^{-3} 稀释毒死亡50%，即免疫组对强毒的耐受力比对照组高100倍，亦即免疫组有100个 LD_{50} 的保护力。狂犬病灭活疫苗的效力即按此法检验。

2）定量免疫定量强毒攻击法　将一定剂量的疫苗经规定途径接种实验动物，免疫一定时间后，用规定剂量的强毒攻击，在观察期内，根据免疫攻毒动物的存活，或不发病，或不受感染的情况来判定疫苗的效力。

2. 血清学检验法

（1）血清学标准确定

1）本动物免疫血清学检验标准的确定　用不同剂量的疫苗免疫接种靶动物，免疫一定时间后，将会获得具有不同抗体水平的动物。根据抗体水平的高低，将动物分为若干组，用已经选定的强毒株按照预定剂量进行攻毒。对抗体水平与攻毒保护率之间的关系进行分析，确定效力检验的血清学标准。

2）实验动物血清学检验标准的确定　将不同剂量的疫苗分别免疫本动物和实验动物，一定时间后采用适当强毒对两种动物进行攻击，根据本动物与敏感小动物免疫攻毒保护相关性的试验研究，确定用小动物替代本动物的攻毒检验标准，然后再根据符合攻毒效力检验标准的小动物的血清抗体效价，制订实验动物血清学检验标准。

（2）血清学效力检验方法

1）中和试验　中和试验是疫苗效力检验中最常用的血清学方法，对于以体液免疫为主的疫苗制品，血清中和试验是除免疫攻毒外最直接的效力检验方法。

2）血凝抑制试验（HI）　依据免疫后动物的HI抗体效价来评估疫苗的免疫效力。许多具有血凝活性的病毒类产品皆采用此方法进行效力检验。

3）ELISA试验　可采用商品化的抗体检测ELISA诊断试剂盒进行。根据ELISA效价的高低来判定疫苗的效力。

4）凝集试验　一些细菌类制品采用本方法进行疫苗的效力检验。

5）抗毒素单位的测定　抗毒素血清中所含的抗毒素抗体，国际上都采用“单位”来表示它的效价。例如，破伤风抗毒素单位的测定，是将被检血清不同倍数稀释与定量标准毒素中和，同时以标准血清与定量标准毒素作对照，用小鼠来测定，以与对照动物死亡时间相近的最高稀释度数的一半，即为待检血清的抗毒素单位。

6）与参考疫苗免疫动物的血清效价比较　多采用 ELISA 方法进行血清效价比较。将已经本动物攻毒试验检验合格的疫苗作为参考品，与待检疫苗同时免疫实验动物。根据参考疫苗免疫动物的血清学为基准，进行疫苗的效力评价。

3. 抗原含量测定法

（1）抗原含量效力检验标准的确定　将不同抗原浓度的疫苗制品免疫本动物进行攻毒试验，根据抗原含量与攻毒保护之间的试验数据，确定效力检验的抗原含量标准。

（2）抗原含量测定方法

1）相对抗原含量测定　多采用 ELISA 方法进行检测，即根据 ELISA 试验测定的疫苗中有效抗原的相对效价，根据已绘制的标准曲线计算出疫苗的含量，评价疫苗的效力。

2）抗原含量直接测定　用物理或化学方法，直接测定疫苗中有效抗原含量的浓度，根据已绘制的标准曲线计算出疫苗的含量，评价疫苗的效力。

虽然目前国内外仅有少数疫苗制品采用抗原含量测定方法进行疫苗的效力检验，但该方法将是灭活疫苗效力检验技术的发展方向。

（蒋桃珍）

第八节　实验动物在兽用疫苗研制和质量检测中的应用

实验动物是指经人工饲养、繁育，对其携带的微生物及寄生虫实行控制，遗传背景明确或来源清楚，用于科学研究、教学、生产和检验以及其他科学实验的动物。实验动物学（Laboratory Animal Science）是在现代科学带动下新崛起的一门综合性独立的新兴学科。它涉及医学、生物学、兽医学、兽用疫苗学、生物制品学、水产学、动物学、植物学、化学、物理学、畜牧学、遗传学、生理学、病理学、营养学、建筑学、机械工程学、生态学、农学、环境保护、气象学以及药物评价和航天、军事等。众所周知，在生命科学研究领域中，所有科学试验都需要具备最基本的研究条件——实验动物（animal）、设备（equipment）、信息（information）和试剂（reagent）四个基本支撑条件，通常称 AEIR 要素，而实验动物居首位。人们期望借助于实验动物科学来探索生命的起源，揭示遗传的奥秘，研究各种疾病的发生机制，攻克各种疑难病症。而实验动物总是作为“替身”（有时还作为人的替身）去承受生物医学、药物学、毒理学、兽医学、兽用疫苗学和生物制品学等种种试验，甚至是一些致命性的试验。只有实验动物义无反顾地去当“替身”，为人类及动物的健康和科学发展而献身。没有实验动物，人类就不能研制出具有划时代意义的天花、狂犬病、牛瘟、猪瘟、禽流感、口蹄疫等疫苗。总之，一切研究课题的确立，研究过程的科学性及成果的鉴定，都取决于实验动物的质量。在符合标准的动物设施中，使用高质量的实验动物进行生命科学研究及药品、兽用生物制品质量检测，研究、检测结果才能真实、可信，研究成果才能硕果累累；反之，在不符合标准的动物设施中使用不合格的实验动物，一切科学试验就不能在时间、空间和研究者之间进行比较，科研成果、论文与检测结果就变成建立在沙丘上的大厦，不予承认，甚至是一堆废纸。

实验动物科学的发展和应用程度是衡量一个国家和地区科学水平高低的重要标志之一，同时在国际科学技术交流和经济贸易中也对实验动物科学提出了更高的要求。因此，实验动物科学备受世界各国政府的重视和科学家的关注，经济发达国家不惜投入大量的人力、物力和资金，推动实验动物科学地发展。1983 年，美国实验动物专家仅有 64 人，美国政府规定，没有实验动物专家管理，其生产的动物不能用于生产和研究，其研究成果和生产的生物制品及化妆品等就不予认可。目前，世界经济发达国家实验动物已逐步实现了管理法制化、生产产业化、供应社会化、使用商品化，实验动物的质量标准正在逐步提高。

1981 年，全国人民代表大会和全国政治协商会议代表大会上提出关于实验动物问题的提案以来，实验动物学发展较快，逐步建立了各种实验动物模型，提升了医学，特别是病理学的研究水平。农业系统由于建立了 SPF 鸭群、SPF 鸡群，兽用疫苗的研究和质量检测，特别是禽用疫苗的研究和质量检测水平明显提高。据统计，2000 年全国 7 家 SPF 鸡生产企业共生产 SPF 鸡蛋 534.6 万枚，占禽类活疫苗所用原材料的 20%～25%；2005 年共生产 SPF 鸡蛋 625 万枚，占禽类活疫苗所用原材料的 25%～28%；2006 年共生产 SPF 鸡蛋约 1 000万枚，占禽类活疫苗所用原材料的 45%左右；2007 年共生产 SPF 鸡蛋约 1 295 万枚，占禽类活疫苗所用原材料的 58%左右；2009 年调查统计，2008 年全国 12 家 SPF 鸡生产企业共生产 SPF 鸡胚约 1 467 万枚；2010 年调查统计，2009 年全国 16 家 SPF 鸡生产企业共生产 SPF 鸡胚约 2 396.6 万枚；2010 年按现有存栏鸡数量推测，全国 17 家 SPF 鸡生产企业共生产 SPF 鸡胚约 3 630 万枚；2012 年调查统计，2011 年全国 22 家 SPF 鸡生产企业共生产 SPF 鸡胚约 4 500 万枚；2013 年调查统计，2012 年全国 22 家 SPF 鸡生产企业共生产 SPF 鸡胚约 5 050 万枚，基本达到供需平衡，部分出口东南亚及韩国。2014 年，山东某公司与美国吉胚公司（GEEP LLC）合资正在建立中国的 SPF 鸡祖代种群，以解决中国 SPF 鸡种源问题，将有利于禽用活疫苗质量的进一步提高。SPF 鸡的使用量也逐年提高，由于《中国兽药典》规定禽用疫苗出厂检验必须使用 SPF 鸡，根据全国每年生产的禽用疫苗批数进行测算，中国各企业每年用于兽用生物制品出厂检验的 SPF 鸡数量约为 240 000 只。正负压 SPF 鸡隔离器的数量也明显增多（据不完全统计，2001 年为 96 台，2007 年为 1 232 台，2016 年超过 2 000 台），SPF 鸡蛋、SPF 鸡的生产和销售正向产业化、专业化迈进。虽然建立了 SPF 鸡群、SPF 鸭群，中国农业科学院哈尔滨兽医研究所从加拿大引进 SPF 种猪，正在建立 SPF 猪群，但相比之下，中国实验动物事业的发展与国外仍存在较大的差距，中国政府制定了一系列实验动物法规及标准，但贯彻不坚决，落实不彻底。各地区、各行业发展很不平衡。农业系统的差距尤其明显。由于目前猪、羊、牛等大动物还没有国家标准（属等外品），不能获得实验动物生产许可证和实验动物使用许可证，但这一问题可望在不久的将来得以解决，在实验动物专家的推动下，将实验用猪、牛、羊地方标准研究列为北京市科委 2015—2016 年科研软课题并已发布实施。

一、实验动物、动物试验设施的选择与应用

在兽用疫苗的动物试验中，怎样才能在最短的时间内，用最少的人力、物力获得明确、重复性好的结果，首先碰到的问题是如何选择实验动物。

兽用疫苗的研究和质量检测中，实验动物、动物试验设施的选择应根据试验的目的和具体要求进行选择。

（一）实验动物的选择与应用

1. 按“3R”要求选择实验动物 用于兽用生物制品研究、生产和检验的实验动物，全世界每年至少有几百万只之多，其中20%用于研发新产品（安全和保护试验）；80%用于常规检验（安全和效力检验）。可想而知，全世界每年实验动物的使用量有多少。面对动物保护主义者的围堵，实验动物工作者们并不泄气，一方面由于动物试验本身需要善对动物，确保试验质量，另一方面动物资源毕竟有限，亦要提高质量，减少用量。科学家及科研工作者进行动物试验前应先做动物福利伦理审查。

西方发达国家普遍开展了以替代（replacement）、减少（reduction）和优化（refinement）为核心的“3R”研究。

1968年，由美国科学家Dr Levin和F. Bang建立鲎试验（Limulue test）法。世界各国对鲎试剂的生产和应用研究，在1991年以后得以迅速发展。1980年，美国药典USPXX版，首先收载（未涉及任何品种）该方法。1995年，美国药典USPXXIII版已规定471种药品使用细菌内毒素检查法代替家兔法检查热原。欧洲药典、日本药局方等都已相继收载。《中华人民共和国药典（1995年版）》（二部附录）正式收载了细菌内毒素检查法。由于鲎试剂的生物学特异性好、标准化程度高、操作简便、成本低廉等特点，而深受广大药品检验工作者的欢迎。“3R”研究［以生命系统（离体培养的器官、组织和细胞）、物理、化学方法和用电脑代替动物］，其主要内容是采用其他试验手段代替动物试验或用离体培养的细胞、组织、器官等半替代动物试验，这在单克隆抗体生产、病毒疫苗制备、效力和安全试验、细胞膜研究等项目中已广泛应用。兽用生物制品工作者，为减少动物的使用量和减少动物的痛苦，常研究建立抗原量和保护的关系以及抗原量和免疫反应的相关性后，用抗原定量检测法来代替动物攻毒试验；建立抗体效价与攻毒保护平行关系后，用中和试验、血凝抑制试验、ELISA试验等检测法来代替动物攻毒试验；建立国家标准参照品来代替动物攻毒试验；狂犬病灭活疫苗效力检验用NIH试验法（即用小鼠攻毒试验）替代本动物攻毒试验；建立PCR检测法来进行制苗用毒种和活疫苗的外源病毒检测。也有用低等动物，例如，用果蝇代替小鼠研究致畸致突变，用海洋无脊椎动物代替蟾蜍、犬研究神经生理学，用微生物代替动物进行Ames（艾母氏）试验，用物理方法代替动物研究心肺复活等病理过程，用免疫化学方法代替动物来搜寻抗原或鉴定毒素的存在。电脑模拟已有曙光，电脑毒理学已出现，用软件运算测出新药毒价，前途远大。国外有很多实验室用光纤、导线、导管、激光来远程控制，甚至不保定动物，尽量减少对动物的刺激，避免应激反应，以提高试验的准确性。过去需要处死大量动物以获取组织样本分析曲线，现在有人用核磁共振（MRI），只需用1只动物，而且不需处死动物；用导管进入装置（vascular access device）就能在1个动物体内重复取得样品或反复注射。总之，目的是通过改进和完善试验程序，减少动物的使用，减轻或减少给动物造成的疼痛和不安。1992年，欧洲议会通过了有关化妆品法令76/768号修正法令，规定凡是含有“经动物试验合格的化学药物”的化妆品原料自1998年1月1日起将不得再上市。1999年，英国停止用实验动物进行化妆品试验。1991年，日本、美国等国家同意放弃以半数致死量（LD_{50}）作为急性毒性试验的必要手段。

近年来，利用鱼类做动物模型越来越受到关注，其原因多种多样。首先一个重要因素是鱼类属于卵生动物，可产生大量的卵，这些卵比较透明，容易观察。可用于早期监测各种化学成分和刺激物的危害，因此可用于研究严格限定环境中鱼类畸形的机制。其次，鱼类单个群体可生产大量的后代，资源比较丰富。在环境毒理学方面，因水环境污染问题，各种工业用水、生活污水而引起的水域生态的严重破坏和生态资源的衰竭。以鱼类为代表的水生实验动物的研究和应用，对于水环境污染的研究与检测监控是必不可少的。日本等国家已将鱼类作为农药毒性、水环境污染检测的重要试验材料。在发育生物学研究中，斑马鱼（*Danio rerio*）、青鳉（*Oryzias latipes*）、金鱼（*Carassius auratus*）、鲤（*Cyprinus carpio*）等常被作为试验材料。其中斑马鱼作为国际标准试验鱼种在化学品毒性鉴定、生态毒理学和发育毒理学研究、分子生物学和医学上有广泛的应用，也作为脊椎动物发育生物学的模型动物。斑马鱼由于个体小，养殖花费少，能大规模繁殖，且具有透明等许多优点，在胚胎发育分子机制研究、基因研究等多个领域成为研究者的宠儿，被誉为“脊椎动物中的果蝇”，斑马鱼的细胞标记技术、组织移植技术、突变技术、单胚体育种技术、转基因技术和基因活性抑制技术等已经成熟，以斑马鱼作为试验材料，德国的全基因组突变斑马鱼实验动物库和美国俄勒冈州立大学的斑马鱼国际资源中心两家实验室在曾被认为在脊椎动物中不可呈现的饱和诱变突变体筛选上取得了突破性进展，Science 和 Nature 分别以“Catch of the Decade”和“Zebra Fish Hit the Big Time”为题发表讨论，认为斑马鱼已具备作为脊椎动物分子发育生物学甚至人类基因组计划模式种的条件，最近在免疫学、生理学和神经科学方面也有重要进展，在化学品毒性鉴定方面检测技术的标准化达到了很高的水平。斑马鱼、黑头软口鲦（*Pimephales promelas*）、蓝鳃（*Lepomis macrochirus*）、虹鳟（*Salmogairdneri*）和青鳉是国际标准化组织（ISO）20 世纪 80 年代推荐的毒性试验用动物模型。在实验鱼品系培育方面，目前国际上已培育成纯系的鱼类有虹鳟、亚马孙花鳉、新月鱼、青鳉和斑马鱼等。新加坡国立大学利用转荧光基因斑马鱼检测环境激素，展示了斑马鱼基因标记技术的良好应用前景。用于人类疾病研究的鱼类动物模型也陆续问世，如鲤营养性糖尿病模型、金鱼白化病模型等。总之，斑马鱼、剑尾鱼等水生实验动物广泛用于水环境监测、水产药物安全评价、化学品检测等。

中国利用低等动物鱼类进行替代研究做了许多工作。国家环保局化学品登记中心沈英娃研究员开展了剑尾鱼对壬基苯酚的环境雌激素效应以及酚类、烷基苯类、硝基苯类化合物和环境水样的毒性监测应用研究；广东省实验动物监测所黄韧所长用剑尾鱼进行石油开发污染物的毒性监测；中国水产科学研究院珠江水产研究所研究员、所长吴淑勤用剑尾鱼对敌百虫、马拉硫磷、甲胺磷 3 种有机磷农药和铬、铜、铅、汞 4 种重金属进行毒性试验；华南师范大学生命科学院研究了氯联苯暴露对剑尾鱼肝脏、卵巢及鳃组织中 Na^+/K^+－ATPase 活性的影响；中国环境科学研究院用剑尾鱼、稀有𬶋鲫对 DDT、重铬酸钾、苯酚化合物进行急性毒性试验；中国稀有𬶋鲫是水生态毒理学研究中一种理想的鱼类实验模型动物，可用于评价环境中小剂量类雌激素暴露的毒性效应；上海市环境监测中心利用斑马鱼对苏州河河水进行急性毒性试验；南京农业大学利用剑尾鱼对二氯海因、二溴海因、溴氯海因等消毒剂进行安全性评价。

2. 按微生物、寄生虫学等级标准选择实验动物 实验动物按对微生物及寄生虫实行控制的程度分类分为普通动物（conventional animal，CV）；清洁动物（cleaning animal，CL）；无特定病原体动物（specific pathogen free animal，SPF）；无菌动物（germ free animal，GF）和悉生动物（gnotobiotic animal，GN）或称已知生物体动物（gnotophoric animal，GNP）五个等级，其中无菌动物、SPF 动物及普通动物优缺点比较见表 3-17。

表 3-17 无菌动物、SPF 动物及普通动物的优缺点比较

类别	无菌动物	SPF 动物	普通动物
传染病	无	无	有或可能有
寄生虫	无	无	有或可能有
试验结果	明确	明确	有疑问
应用动物数	少量	少量	多或大量
统计价值	很好	可能好	不准确
长期试验	可能好	可能好	困难
死亡率	很少	少	高
长期试验存活率	约 100%	约 90%	约 40%
试验标准设计	可能	可能	不可能
试验结果的讨论价值	很高	高	有疑问

（1）普通动物　此种动物饲养在普通环境中，是指不明确所携带微生物，但不携带人畜共患病病原体及寄生虫的动物。

（2）清洁动物　国外称为最低疾病动物（minimal disease animal），此种动物在 2001 年前，中国规定饲养在亚屏障设施内，之后规定饲养在屏障设施内，它是不带有在动物之间传染的病原体的动物，也是把疾病控制到最低程度的一种动物。

（3）无特定病原体动物　是指动物体内无特定的病原微生物和寄生虫，但其他的微生物和寄生虫允许存在，实际上就是指无传染病的健康动物；此种动物来源于无菌动物和悉生动物，即从隔离器转移到屏障设施中繁育饲养的动物。

（4）无菌动物　实际上无菌动物在自然界是不存在的，必须用人为的方法培育出，该动物是在无菌屏障设施中剖腹取出胎儿，将其在隔离器中饲养，人不直接接触动物，通过隔离器上的橡皮手套接触，此种动物应检不出可检的任何微生物及寄生虫。

（5）悉生动物或称已知生物体动物　是机体内带着已知微生物的动物。此种动物原是无菌动物，系人为地将指定的微生物从接种于无菌动物体内定居；已知生物体动物一般分为单菌（monoxenie）、双菌（dixenie）、三菌（trixenie）和多菌（polyxenie）动物；已知生物体动物也饲养在隔离器中，饲养方法与无菌动物相同；由于这种动物是有菌的，所以隔离器内也有定居的微生物及其代谢产物，它比无菌动物生活能力强，饲养管理也比较容易，在多种试验研究中可以代替无菌动物使用；对已知生物体动物的质量检测，除检测是否污染外，还应检测接种的微生物是否定居，对未能定居的菌株还应补充接种。

农业部将《生产检验用动物标准》收载于《中华人民共和国兽药典（2005 年版）》中，正式纳入国家标准。明确规定：用于兽用生物制品菌、毒、虫种制备与鉴定，制品生产与检验的实验动物中，兔、豚鼠、仓鼠应符合国家普通级动物标准；大、小鼠应符合国家清洁级动物标准；用于禽类制品菌、毒种的制备与鉴定，病毒活疫苗生产与检验，灭活疫苗的检验，用鸡、鸡胚应符合国家无特定病原体（SPF 鸡）动物标准。至于猪、犬、羊、牛、马等大动物也有相应的规定。

中华人民共和国农业部公告第683号《兽用生物制品菌（毒、虫）种毒力返强试验技术指导原则》中规定，试验所用动物应为SPF级（如鸡）或健康易感靶动物。试验时动物日龄应对被检微生物最易感，动物数量应根据动物种类而定，但每次传代时一般应使用2～5头（只）。在正式试验前，应测定试验动物对被测试菌（毒、虫）种的敏感性，以确保菌（毒、虫）种能在动物体内正常增殖。

3. 按遗传学的观点选择实验动物 实验动物按遗传学控制分类可分为近交系，即纯系动物（inbred strain）、突变系动物（mutant strain）、封闭群动物（closed colony）、杂交一代动物（hybrid）等四大类。

（1）纯系动物 又称近交系动物，指兄妹或亲子连续交配20代以上。20代是人为规定的世代数，其血缘系数（个体间遗传基因组合近似程度）达99.6%；近交系数（基因位点近似程度）达98.6%。近交系动物由于遗传基因高度纯合，个体差异小，品系内差异不明显，特性稳定，试验反应趋于一致，试验结果处理容易，越来越广泛应用于生物和医学领域。

（2）突变系动物 是由突变所产生的具有突变基因，并显示出突变性状，淘汰不具备突变性状，选择具有突变性状并加以维持的品系。不规则交配方式，但必须以保持突变性状为目的。

（3）封闭群动物 也称远交群动物，不从外部导入基因，在种群内部随机交配繁殖达5年以上。可来源于近交系或非近交系。起源于近交系的封闭群，其遗传性状均一，可认为准近交系。起源于非近交系的封闭群，其遗传性状不均一，要采用大种群繁育，以避免近亲繁殖。封闭群具有遗传杂合性而差异较大，但由于封闭状态和随机交配，使得基因频率得以稳定，在一定范围内保持相对的遗传特征。封闭群具有类似于人类群体遗传的性质、较强的繁殖力和生命力，有利于进行大规模生产供应，广泛应用于预试验、教学和一般试验。

（4）杂交一代动物 是指近交系间、近交系与封闭群间、封闭群与封闭群间进行杂交繁殖的第一代群体。近交系间的杂交群第一代，其近交系数为0，血缘系数几乎是100%。尽管杂交第一代群体携带有许多杂合位点，但其在遗传上是均一的。杂交一代动物具有杂交优势，生命力强，特别适用于繁殖力低下的近交系种群。杂交第一代，基因型相同，表现型变异低，具有两系双亲的特性，试验反应均一，广泛应用于各类试验。

实际上，按遗传学的观点选择实验动物就是从分子生物学角度来选择实验动物。选择所用近交系、突变系、杂交系、封闭群及转基因动物进行动物试验。近交系动物由于遗传基因高度纯合，个体差异小，品系内差异不明显，特性稳定，试验反应趋于一致，试验结果处理容易，越来越被广泛应用。中华人民共和国农业部公告第683号《兽用生物制品生产用细胞系试验技术指导原则》中规定，致瘤性检验用突变系的无胸腺小鼠至少10只，各皮下或肌内注射10^7个待检细胞，同时用Hela细胞或Hep-2细胞或其他适宜细胞系皮下或肌内注射无胸腺小鼠，每只10^6个细胞，用适宜细胞作为阴性对照。

4. 按动物的种类选择实验动物数量 中华人民共和国农业部公告第683号《兽用生物制品实验室安全性试验技术指导原则》和《兽用生物制品实验室效力试验技术指导原则》中规定，实验室安全试验中所用实验动物应是普通级或清洁级易感动物，必要时应使用SPF级动物。禽类制品的实验室安全试验多使用本动物，其他制品的实验室安全试验中除使用靶动物外，还须用敏感的小型实验动物（如啮齿类）进行试验。试验中应使用敏感性最高的品系，应使用最小使用日龄的动物进行试验。

每批制品的实验室安全试验中所用动物应不少于10只（头），来源困难或经济价值高的动物应不少于5只（头），鱼、虾应不少于50尾。

实验室效力试验中所用实验动物应是普通级或清洁级易感动物，必要时应使用SPF级动物。实验室效力试验应使用靶动物进行。如果在规模化生产的每批产品出厂时的效力检验中使用小型实验动物（如啮齿类动物）替代靶动物进行，则在实验室效力试验中除使用靶动物以外，还应使用这种替代动物进行。

每批制品的实验室效力试验中所用动物应不少于10只（头），来源困难或经济价值高的动物应不少于5只（头），鱼、虾应不少于50尾。

《兽药试验技术规范汇编》中（治疗药物试验）规定，实验动物数量必须达到规定的要求，每组动物的数量：大、中家畜不少于10头，小家畜及家禽不少于30只。

5. 从敏感性上选择实验动物 家兔对热源物质反应敏感，常被选择用于检测制品的热源性；家兔对抗原刺激机体后体液免疫应答反应强烈，因此，常被选择用于制备高效价、高特异性免疫血清。豚鼠体内不能合成维生素C，常被选择用于维生素C的研究及变态反应。裸鼠由于缺乏T淋巴细胞，常被选择用于细胞的致瘤试验。

6. 从效果上选择实验动物 其效果有两种：一种是阳性效果，另一种是阴性效果。有时要选择一种以上实验动物进行试验以说明其阳性存在的普遍性。阳性效果必须具有说服力，有理论依据。阳性的结果要经得起反复推敲，是偶然的还是必然的，需要验证或重复试验进一步证实。选择阴性是以反差的方法证明其特异性，并从中找到阴性存在的机制，这也是很重要的科学探索。

7. 不能忽视的一些具体因素 如动物的性别、年龄、体重、个体差异、营养状况、饲养环境、饲养人员的素质和责任心等。

（二）动物试验设施的选择与应用

研究、检测工作者进行动物试验时首先考虑的应该是生物安全问题。选择动物试验设施时，应考虑检测或研究中使用的微生物的生物安全级别应与生物安全控制的动物试验设施级别相一致；使用的实验动物级别应与动物微生物质量控制动物试验设施的级别相一致。总之，动物试验设施的选择既要考虑实验动物级别，又要考虑生物安全级别。

1. 按动物微生物质量控制标准选择动物试验设施 按动物微生物质量控制，动物试验设施可分为普通环境（conventional facility）、屏障环境（barrier facility）和隔离环境（isolation facility）三大类。进行动物试验选择动物试验设施的原则是：普通动物饲养在普通环境设施内，清洁级动物、SPF动物饲养在屏障环境设施内（SPF鸡饲养在隔离器内），无菌动物或悉生动物饲养在隔离环境设施内。

2. 按微生物生物安全控制程度分类选择动物试验设施 按微生物生物安全控制程度，动物实验设施可分为生物安全一级动物实验室（Animal Biosafety Laboratory－1，ABSL－1）、生物安全二级动物实验室（Animal Biosafety Laboratory－2，ABSL－2）、生物安全三级动物实验室（Animal Biosafety Laboratory－3，ABSL－3）、生物安全四级动物实验室（Animal Biosafety Laboratory－4，ABSL－4）四个等级。生物性危险的防护主要依靠物理学隔离原理。在气密性结构内采用负压通风达到防止有害气溶胶扩散的目的。负压方式包括负压净化生物安全柜直到整个建筑物的负压净化。生物性危害和生物安全防护应引起高度重视，对于引起人畜共患病的微生物，人们的重视程度相对好一些，而对于仅引起动物致病的微生物，人们的重视程度就做得比较差，特别是对环境的危害意识很差，有个别研究，质量检测者将死亡的实验动物随便用手提来提去，死亡动物的分泌物、皮毛污染环境，更有甚者，死亡动物不做任何无害化处理。

进行动物感染试验选择动物试验设施，除按所用动物微生物控制级别选择相应级别的动物试验设施外，还应按所感染的微生物生物安全等级选择相应生物安全等级的动物试验设施。ABSL－1 可进行低个体危害、低群体危害、不太可能引起人或动物致病的微生物的动物试验；ABSL－2 可进行中等个体危害、有限群体危害，对人体、动物或环境具有中等危害或具有潜在危险的致病因子，对人、动物或环境不会造成严重危害，具有有效的预防措施和治疗措施的微生物动物试验；ABSL－3 可进行高个体危害、低群体危害，对人体、动物或环境具有高度危害性，通过直接接触或气溶胶使人传染上严重的甚至是致命的致病因子，通常具有有效的预防措施和治疗措施的微生物动物试验；ABSL－4 可进行高个体危害、高群体危害，对人体、动物或环境具有高度危害性，通过气溶胶途径传播或传播途径不明或未知的高度危险的致病因子，没有预防措施和治疗措施的微生物的动物试验。ABSL－4，通常一个国家只建 1 个。其防护的严密程度、从选址到建筑物构成、工作人员防护和工作管理诸方面都有特定要求。

二、生物安全三级动物实验室

生物安全三级动物实验室（ABSL－3）比生物安全三级实验室要求要严格得多，因为实验动物的尸体、粪便进行无害化处理与实验室相比更困难。饲养大动物的 ABSL－3 比饲养小动物的 ABSL－3 对动物尸体、粪便进行无害化处理更为困难。

（一）生物安全三级动物实验室设施

1. 动物设施 建筑物中的动物设施与人员活动应区分开。

2. 人流与物流 进入 ABSL－3 设施的门要安装闭门器。外门可由门禁系统控制，除淋浴更衣室外，均应安装摄像监控并与计算机联网，并设置通信设备。进入后为一更室（清洁区），其后是二更室（半污染区）。传递窗（室）和双扉高压灭菌器设置在清洁区与半污染区之间，为试验用品、设备和废弃物进出提供安全通道。从二更室进入动物室（污染区）经过自动互连锁门的缓冲室，进入动物房的门要向外开。

3. 设施的设计 ABSL－3 一般不设采光窗，设采光窗必须牢固、双层密封玻璃。建筑物应有能抗强震的能力，并能防鼠、防虫、防盗。设施内必须负压，并设警报系统与值班室计算机联网。工作人员出设施，必须淋浴、更衣。ABSL－3 的感染动物应在二级以上生物安全设备中（负压隔离器）饲养。不能在隔离器中饲养的大动物，而且进行的是人畜共患病原微生物试验时，工作人员应戴防护面具和穿防护服。所有操作应在二级以上生物安全柜内进行。任何物品均须经在位灭菌（动物尸体、粪便经高压灭菌，病料需装入密封容器经药液渡槽，污水经不锈钢管道流入地下高压灭菌锅灭菌）后方可移出，空气经高效过滤器过滤后方可排出。设施的设计、结构要便于打扫和保持卫生。内表面（墙、地面、顶面）应防水、耐腐。穿过墙、地面、顶面的穿孔要密封，管道开口周围要密封，门和门框间也要密封。每个动物室靠近出口处设置一个非手动洗手池，每次使用后，洗手池水封处应用适合的消毒剂充满。设施内的附属配件，如灯架、气道和功能管道排列尽可能整齐，减少水平表面积。若设有窗户，所有窗户都要牢固、密封。设施内应有装置和技术对动物笼具进行清洁和可靠消毒。动物饲养间内应配备便携式局部消毒装置。所有地漏的水封始终充满适合的消毒剂。气流方向始终保证由清洁区流向污染区，由低污染区流向高污染区。区与区之间应设缓冲间，特别是动物饲养间属于核心工作区，如果有入口和出口，均必须设置缓冲间。动物饲养间的缓冲间应为气锁，并具备对动物饲养间的防护服或传递物品的表面进行消毒的条件。动物饲养间尽可能设置在整个设施的中心部位，不应直接与其他公共区域相邻。压力梯度，动物饲养间的气压（负压）与室外大气压的压差值应不小于 80Pa，与相邻区域的压差（负压）应不小于 25Pa。空调系统应安装压力无关装置，以保证压力平衡，排风应采用一用一备自动切换系统。发生紧急情况时，应可关闭送风系统，维持排风，保证动物实验室内安全负压。新鲜空气进入需经高效（HEPA）过滤，排出的气体必须经过两级 HEPA 过滤，不允许在任何区域循环使用。室内洁净度应高于万级。ABSL－3 送风口应安装在一侧的屋顶，排风口应安装在对面墙体的下部，以保持单向气流。动物实验室门口应安装可视装置，能够确切表明进入动物实验室的气流方向。动物隔离器和生物安全柜的排风要通过动物实验室总排风系统排出。动物隔离器应在位（在动物室内），灭菌后拆卸、清洗、组装、灭菌后再使用。感染性废弃物从设施拿出之前必须高压灭菌。有真空（抽气）管道的，每一个管道连接应安装液体消毒罐和 HEPA，安装在靠近使用点或靠近开关处。过滤器安装应易于消毒更换。照明应适应所有的活动和动物生长，不反射耀眼。ABSL－3 的验收和年检应参考 ISO10648 标准检测方法进行密封性测试，其检测压力不低于 250Pa，半小时的泄漏率不超过 10%，以保证维护结构的可靠性。新设施必须经验收合格后方可使用。运行中的设施，每年进行一次检测确认。

4. ABSL－3 建设 ABSL－3 建设需要周密设计，高质量施工，不仅关系内部试验的开展，而且涉及动物实验室内部安全和外部环境保护，其建筑既复杂又要求高。加拿大在动工建设前，专门建立一个模型来研究，施工过程中还不断修改完善。因此，在中国尚无生物安全动物实验室建设先例的情况下，更需要周密设计，高质量施工，才能保证建设质量。

5. 进行不同的病原微生物试验，其 ABSL－3 的要求是不同的 作者通过对美国、加拿大 ABSL－3 的考察，了解到美国、加拿大对 ABSL－3 的建设有个基本的要求，但对于进行不同的病原微生物试验有不同的要求。对进行人畜感染的病原微生物试验及动物试验的要求高一些，特别是动物试验，动物容易产生气溶胶，试验人员要穿防护服，ABSL－3 由于需要对动物尸体和粪便进行处理，因此，建筑的要求更高、投资更多。

6. ABSL－3 的设计应科学化、人性化 美国、加拿大的 ABSL－3 的设计均为三层。下方的尸体、污物处理层和上方的设备层及中间的动物实验室层。设计比较科学、人性化，其高度均达 6m 以上。上方的设备层装有纯水处理设备、压缩空气设备、空调设备、排风机组、大量的排风过滤器箱等，并将每间动物实验室及每个过滤器、压力调节阀、温湿度调节阀的位置都标明得清清楚楚，风机、通风管道、净化、恒温、恒湿设备立体排列，设备安装后，存在大量日常设备检测、维护工作，空间均按照工程维护人员可便于进入操作的空间尺度设计。中间的动物实验室层，动物房、走廊、解剖室的上方均配备有索道和电葫芦，以供动物移动使用；解剖间的电动解剖台可按电钮升降调节解剖台的高度，解剖室地面留有 1 个较大的有盖通道（1头整牛可放入）与地下室内的尸体处理设施相连。下方的尸体、污物处理层高度约6m，安装一台带搅拌器和粉碎器的尸体处理器（图3-5）和3个5 000L容量的污水处理器（图3-6），动物尸体从解剖室地面的通道口进入尸体处理设备后，经高压、粉碎、干燥成肉馅状颗粒（预热升温1h，150℃高压灭菌2h，降温1h）；动物的粪便及污水收集在3个5 000L容量可高压灭菌污水处理器（1个处理器装满，关闭截门，让污水流入第2个处理器，装满污水的处理器121℃灭菌1h）中高压灭菌处理。

图3-5　尸体处理器

图3-6　污水处理器

7. ABSL－3 的施工要求 美国、加拿大 ABSL－3 的施工、设计要求特别严格。加拿大人类及动物健康科学中心于 1987 年成立，开始筹备生物安全三级动物实验室，经多次专家论证，并专门建立一个模型；1992 年动工建设，为了防止裂缝和泄漏，加拿大对建筑物的地基要挖到岩石层，建筑物基础打桩后沉降一年，混凝土浇筑后沉降一年，然后再开始全面施工；1999 年竣工投入使用。

8. ABSL－3 的灭菌 美国、加拿大 ABSL－3 的灭菌采用环保的过氧化氢消毒设备（图 3－7）替代常规的甲醛溶液熏蒸，虽然成本高一些（如美国生产的 STERIS 牌 $200m^3$ 的过氧化氢消毒设备），但过氧化氢消毒后分解成水，对工作人员和环境不构成危害。

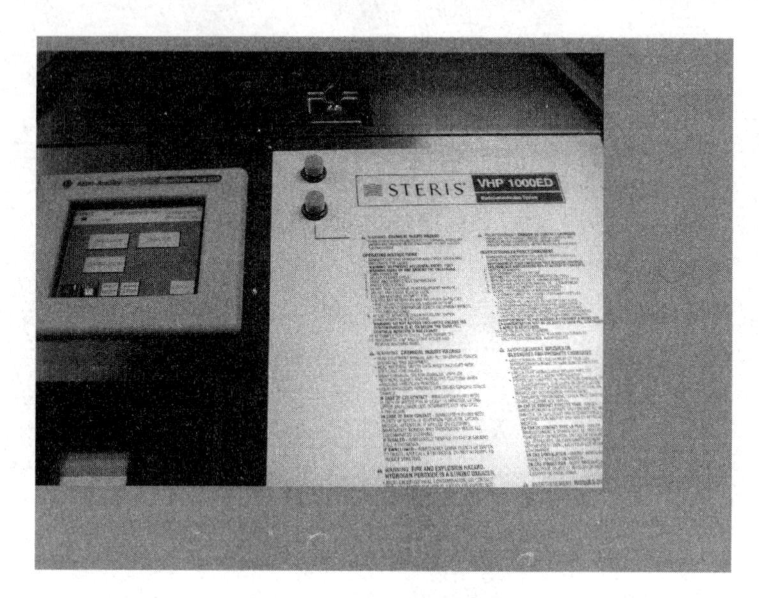

图 3－7 过氧化氢消毒设备

9. ABSL－3 的网络监控 ABSL－3 实行网络监控，监控室除监控动物实验室的压力梯度、温度、湿度、工作人员的工作状况外，还能与国内其他单位乃至国际同行实时联络。

10. ABSL－3 日常管理 美国、加拿大 ABSL－3 的日常管理特别严格，人员参观除严格登记和讲解员领着参观外，还有保安监督；对空气的排放要求特别严格，对每个过滤器、空气调节阀和设施实行定期或不定期检漏或维修；加拿大人类及动物卫生科学中心（CSCHAH）共有 400 名工作人员，可维修管理人员达 58 人之多，相比之下，中国的维修管理人员无论在数量上还是在技术水平上相差甚远，应加强培训。

（二）生物安全三级动物实验室标准操作

（1）ABSL－3 工作人员须经专业培训，取得实验动物上岗证以后方可进入。第一次进入 ABSL－3，应由熟练的工作人员带领。

（2）制订安全手册，制订紧急情况下的标准安全对策、操作程序和规章制度及根据实际需要制订特殊适用的对策。

（3）限制对工作不熟悉的人员进入 ABSL－3，因工作必须进入者，需告知工作中潜在的危险。

（4）ABSL－3 应有合适的医疗监督，根据试验微生物或潜在微生物的危害程度，决定是否对试验及饲养人员进行免疫接种或检验（如接种狂犬病灭活疫苗），如有必要，应进行血清监测。

（5）不允许在 ABSL－3 内吃、喝、抽烟、处理隐形眼镜和使用化妆品，不允许将食品带入 ABSL－3 内。

（6）所有试验操作及饲喂动物过程中均须十分小心，以减少气溶胶的产生和防止外溢。

（7）操作传染性材料以后，所有设备表面和工作台面应用适当的消毒剂进行常规消毒。

（8）所有 ABSL－3 的废弃物（包括动物的组织、尸体、污染的垫料、污染的饲料、锐利物及其垃圾）放入密闭的容器内并加盖，容器外表面消毒后进行高压灭菌传出。

（9）对锐利物进行安全操作。

（10）工作人员进行人畜共患病原微生物动物试验时应戴防护面具和穿防护服，工作完毕必须洗手，离开设施之前，脱掉工作服或防护面具和防护服，必须强制淋浴。

（11）ABSL－3 的入口处必须有生物危险的标志。危险标志应说明使用病原微生物的种类、负责人的名单和电话号码，特别要指出对进入 ABSL－3 人员的要求。

（12）所有收集的样品应存放于能够防止微生物传播的传递容器内，并贴上标签。

（13）进入 ABSL－3 的工作人员还须经过与工作有关的潜在危害防护的针对性培训。

（14）建立评估暴露的方法，避免暴露。

（15）严格执行菌（毒、虫）种保管和使用制度。

（16）对工作人员进行的上岗专业培训及针对性培训的培训记录均需归档。

（程水生）

参 考 文 献

曹瑞兵，周国栋，陈溥言，2009. 猪 α 干扰素对猪圆环病毒 2 型亚单位疫苗免疫效果的影响 [J]. 畜牧兽医学报，40（6）：867－872.

陈天寿，1995. 微生物培养基的制造与应用 [M]. 北京：中国农业出版社.

程水生，崔保安，陈光华，2012. 兽医实验动物学 [M]. 北京：中国农业出版社.

程水生，王泰健，夏业才，等，2007. 美国、加拿大生物安全三级动物实验室考察报告 [J]. 中国兽药杂志，41（10）：47—49.

华泽钊，2006. 冷冻干燥新技术 [M]. 北京：科学出版社.

姜平，2015. 兽医生物制品学 [M]. 北京：中国农业出版社.

李津，余咏霆，董德祥，2003. 生物制药设备和分离纯化技术 [M]. 北京：化学工业出版社.

卢锦汉，1995. 医学生物制品学 [M]. 北京：人民卫生出版社.

陆承平，2001. 兽医微生物学（第三版）[M]. 北京：中国农业出版社.

马闻天，1987. 兽医生物制品 [M]. 北京：中国畜牧兽医学会生物制品研究会。

宁宜宝，2003. 中国兽用生物制品技术的现状与展望 [J]. 中国禽业导刊，3：9－14.

农业部兽医局，2006. 兽医实验室生物安全指南 [M]. 北京：中国农业出版社.

农业部兽用生物制品规程委员会，2000. 中华人民共和国兽用生物制品规程 [M]. 北京：化学工业出版社.

潘李珍，1996. 实用动物细胞培养技术 [M]. 北京：世界图书出版公司.

王明俊，1997. 兽医生物制品学 [M]. 北京：中国农业出版社.

王世若，1990. 兽医微生物学及免疫学 [M]. 长春：吉林科学技术出版社.

王忠海，2009. 干扰素在狂犬病疫苗中的佐剂作用 [J]. 中国药业，18 (24)：17-19.

吴淑勤，2005. 水生实验动物 [M]. 北京：中国农业出版社.

吴梧桐，2006. 生物制药工艺学 [M]. 北京：中国医药科技出版社.

邢钊，2000. 兽医生物制品实用技术 [M]. 北京：中国农业出版社.

叶丽萍，王春凤，2012. 细胞因子免疫佐剂效应机制及其在兽医临床中的应用 [J]. 中国畜牧兽医，39 (11)：190-193.

殷震，刘景华，1997. 动物病毒学（第二版）[M]. 北京：科学出版社.

张延龄，张晖，2006. 疫苗学 [M]. 北京：科学出版社.

张振兴，姜平，1994. 实用兽医生物制品技术 [M]. 江苏省畜牧兽医学会.

中国兽药典委员会，2005. 中华人民共和国兽药典 [M]. 北京：中国农业出版社.

中国兽药典委员会，2016. 中华人民共和国兽药典 [M]. 北京：中国农业出版社.

中华人民共和国农业部，2006. 中华人民共和国农业部公告（第 683 号）.

周东坡，赵凯，马玺，2007. 生物制品学 [M]. 北京：化学工业出版社.

朱善元，2006. 兽医生物制品生产与检验 [M]. 北京：中国环境科学出版社.

Chang Chia-Jung，Sun BJ，Robertsen B，2015. Adjuvant activity of fish type Ⅰ interferon shown in a virus DNA vaccination model [J]. Vaccine，33：2442-2448.

Chen Z，Luo G，Wanga Q，et al，2015. Muscovy duck reovirus infection rapidly activates host innate immune signaling and induces an effective antiviral immune response involving critical interferons [J]. Veterinary Microbiology，175：232—243.

Cheng G，Zhao X，Yan WY，et al，2007. Alpha interferon is a powerful adjuvant for a recombinant protein vaccine against foot-and-mouth disease virus in swine，and an effective stimulus of in vivo immune response [J]. Vaccine. 25：5199-5208.

Consuelo M.，Lopez dePadilla，Timothy B Niewold，2016. The type Ⅰ interferons：Basic concepts and clinical relevance in immune-mediated inflammatory disease [J]. Gene，576：14-21.

Freshney R I，1987. Culture of Animal Cells：A Manual of Basic Technique，2nd edn. Alan R. Liss，New York.

Friborg J，Ross-Macdonald P，Cao J，et al，2015. Impairment of Type I but Not Type Ⅲ IFN Signaling by Hepatitis C Virus Infection Influences Antiviral Responses in Primary Human Hepatocytes [J]. PLoS ONE，10 (3)：e0121734.

Hay R J，1992. ATCC Quality Control Methods for Cell Lines，2nd edn. Rockville，MD.

Ioannidis I，Ye F，McNally B，et al，2013. Toll-like receptor expression and induction of type I and type Ⅲ interferons in primary airway epithelial cells [J]. J Virol，87：3261-3270.

John R Teijaro，2016. Type Ⅰ interferons in viral control and immune regulation [J]. Current opinion in Virology，16：31-40.

Jonathan，Y. Richmond，Robert W，1999. Mckinney. Biosafety in Microbiological and Biomedical Laboratories (BMBL) 4th Edition. Washington，US Government Printing Office.

Kim SM，Park JH，Lee KN，et al，2015. Virus in Swine by Combination Treatment with Recombinant Adenoviruses Expressing Porcine Alpha and Gamma Interferons and Multiple Small Interfering RNAs [J]. Journal of Virology，89：8267-8279.

Mahon BP，Moore A，Johnson PA，et al，1998. Approaches to new vaccines [J]. Critical Reviews in Biotechnology，18：257-282.

Morein B，Villacres-Eriksson M，Sjolander A，et al，1996. Novel adjuvants and vaccine delivery systems [J]. Vet Immunol Immunopathol, 54: 373 - 384.

O' Hagon D, 1997. Recent advances in vaccine adjuvants for systemic and mucosal administration. [J]. Pharm Pharmacol, 49: 1 - 10.

Prchal M, Pilz A, Simma O, et al, 2009. Type Ⅰ interferons as mediators of immune adjuvants for T - and B cell - dependent acquired immunity [J]. Vaccine. 27S: G17 - G20.

Prokunina - Olsson L, Muchmore B, Tang W, et al, 2013. A variant upstream of IFNL3 (IL28B) creating a new interferon gene IFNL4 is associated with impaired clearance of hepatitis C virus [J]. Nat Genet, 45: 164 - 171.

Richmond, JY, RW McKinney, 1995. Primary Containment forBiohazards: Selection, Installation and Use of Biological Safety Cabinets. US Department of Health and Human Services, CDC/NIH. US Government Printing Office, Washington, DC.

Su S, Huang S, Fu C, et al, 2016. Identification of the IFN - β bresponse in H3N2 canine influenza virus infection [J]. Journal of General Virology, 97: 18 - 26.

Toporovski R, Morrow MP, Weiner DB, 2010. Interfereons as potential adjuvants in prophylactic Vaccines [J]. Expert Opin. Biol. Ther. , 10 (10): 1489 - 1500.

Wu Duojiao, Sanin DE, Everts B, et al, 2016, Type 1 Interforons Induce Changes in Core Metabolism that Are Critical for Immune Function [J]. Immunity, 44: 1325 - 1336.

Yamanouchi K, Barret T, Kai C, 1998. New approaches to the development of virus vaccines for veterinary use [J]. Rev Sci Tech Off Int Epiz, 17: 641 - 653.

Yang L, Xu L, Li Y, et al, 2013. Molecular and Functional Characterization of Canine interferon - Epsilon [J]. Journal of Interferon & Cytokine Research, 33 (12): 760 - 768.

Zhang R, Fang L, Wu W, et al, 2016. Porcinebocavirus NP1 protein suppresses type I IFN production by interfering with IRF3 DNA - binding activity [J]. Virus Genes, 52: 797 - 805.

第四章　病毒性疾病和疫苗

一、猪瘟

（一）概述

猪瘟（Classical swine fever，CSF）是由猪瘟病毒（Classical swine fever virus，CSFV）引起的猪的一种危害严重的烈性传染病，其特征为小血管的变性，导致组织器官多发性出血、坏死和梗死。近年来，猪瘟的流行特点发生了很大的变化，多以非典型性、慢性及隐性形式出现，特别是不表现临床症状带毒母猪的垂直传播及猪群中水平传播是造成目前猪瘟持续感染的根本原因。

猪瘟病毒属于黄病毒科（Flaviviridae）瘟病毒属（*Pestivirus*）。病毒为球形，有囊膜，大小为40～60nm，二十面体的核衣壳被3种结构蛋白形成的液态膜所包裹。病毒基因组为单股正链RNA，长约为12.3kb。目前已有多株猪瘟病毒全序完成了测定。病毒基因组由5′-非编码区（5′-UTR）、一个大的开放读码框（ORF）和3′-非编码区（3′-UTR）三部分组成。CSFV基因组编码一个由3 989个氨基酸组成的多聚蛋白，之后被蛋白酶在信号肽处切割成4种结构蛋白（C、E0、E1和E2），由丝氨酸蛋白酶介导切割成8种非结构蛋白（N^{pro}、P7、NS2、NS3、NS4A、NS4B、NS5A、NS5B）。猪瘟病毒的感染性克隆目前已成功制备，其可用于病毒的复制、致弱以及致病机制等的研究。

猪感染猪瘟病毒能产生一系列临床症状，感染的过程多种多样：急性、亚急性、亚临床、慢性以及迟发性。潜伏期为2～14d，这个时期的猪开始排毒。仔猪的死亡率比成年猪高，架子猪的病毒血症持续期比仔猪短。自然条件下口鼻接种是最易感的途径。扁桃体是猪瘟病毒感染后最初的复制场所。感染康复后的猪产生的抗体能持续终身，康复猪血清中和抗体出现在感染后14～28d。自然感染猪血清抗体主要是针对结构蛋白E2、E0以及非结构蛋白p80。针对E2囊膜蛋白的抗体在体外能中和猪瘟病毒。而猪利用E0蛋白进行免疫则不能产生可检测的中和性抗体，但是针对强毒猪瘟病毒攻击却能提供部分保护。

（二）疫苗研究进展

1. 传统疫苗　猪瘟疫苗的发展经历了早期的灭活苗、弱毒苗到现在的基因工程疫苗。灭活苗因其免疫效果较差只在20世纪50—60年代使用，目前广泛使用的是弱毒疫苗。中国批准使用的弱毒疫苗是由中国兽医药品监察所研制的猪瘟兔化弱毒疫苗。猪瘟兔化弱毒疫苗是目前世界上应用最为广泛的疫苗。包括组织苗（淋脾苗）和细胞苗，二者均用于预防猪瘟。

中国1954年成功培育出猪瘟兔化弱毒株并制成疫苗（CLS），也叫“C株”或“K株”。疫苗病毒的复制主要在淋巴样组织，特别是扁桃体，但有时能从肾脏检查出疫苗毒抗原。该疫苗毒株不能通过怀孕猪的胎盘屏障感染胎儿。猪瘟兔化弱毒株毒力不返强，在猪体内连续传代后仍保持原弱毒的特性。对乳猪和种猪无残余毒性。接种各年龄的各品种猪，不产生猪瘟临床症状，仅出现轻微病毒血症，免疫后4～32d内，免疫猪不从尿中排毒，免疫猪与非免疫猪同圈饲养60d，不发生接触感染。检查免疫猪脏器带毒情况，证明免疫后7d的猪脾及血中尚存微量毒，17d以后，免疫猪的血液、脾及骨髓中已均无病毒存在。免疫10～14日龄哺乳仔猪，不影响发育，怀孕1～3月母猪注射，不引起流产、死胎。

中国在1957年开始推广兔化弱毒组织苗，最初提倡就地制苗，就地使用。继而真空冷冻干燥技术研制成功，冻干苗便于保存，成为中国防制猪瘟的有力工具。并开始采用家兔淋脾组织制苗，每只家兔所制疫苗可供300头猪免疫。1964年将兔化弱毒接种乳兔，研制成功乳兔苗，每只乳兔制苗可供1 500头猪使用，大大提高了产量，降低了成本，1965年在全国推广使用。接着又将猪瘟兔化弱毒接种牛，病毒可在牛体内繁殖，淋脾毒价可达到乳兔水平，便于就地制苗或生产厂制冻干苗。1974年，黑龙江兽医研究所用原代猪肾细胞培养兔化弱毒制苗，获得成功。1975年，开始由中国兽医药品监察所组织全国兽医药品厂进行病毒型疫苗转入细胞培养制苗的技术革新，将兔化弱毒接种原代肾细胞进行工厂化制苗。1978—1980年有13个兽药厂生产猪肾细胞苗，并用细胞毒配制猪瘟、猪丹毒、猪肺疫三联冻干苗，在全国大量使用。为了避免用同源细胞生产疫苗有污染强毒的危险，1980年研制成功绵羊肾细胞苗，1982年奶山羊肾细胞苗和1985年犊牛睾丸细胞苗研制成功，为猪瘟疫苗生产开辟了一条新的道路。羊肾和犊牛睾丸细胞苗接种猪后3d可产生免疫力，5d可产生坚强的免疫力，免疫期1年。1999年，王栋等发明了耐热冻干保护剂，并将此项技术推广运用于猪瘟兔化弱毒疫苗的生产中，从而使中国猪瘟耐热冻干苗的产品质量又提高了一步。猪瘟传代细胞苗是采用猪睾丸传代细胞系（ST细胞系）生产的猪瘟疫苗。猪睾丸传代细胞系（ST细胞系）与猪同源，适合猪瘟病毒增殖，有效提高病毒滴度。研究证明，ST细胞系比牛睾丸原代细胞生产的疫苗病毒滴度提高了20多倍。猪睾丸传代细胞系（ST细胞系）可以建立细胞库控制细胞质量，生产工艺稳定，有效解决了疫苗中BVDV外源病毒污染的问题。利用ST传代细胞系生产的猪瘟兔化弱毒活疫苗已经在国内多家兽用疫苗企业生产和销售，据2016年统计，全国80%以上规模化猪场使用了传代细胞源猪瘟活疫苗，猪群猪瘟野毒带毒率显著降低，90%的猪场已检测不到猪瘟野毒。目前所采用的生产工艺既有传统的转瓶生产工艺，也有企业开始使用生物反应器生产。除中国猪瘟兔化弱毒苗（C株）以外，日本的细胞弱毒苗（GPE⁻株）和法国的细胞弱毒苗（Thiverval株）也曾被广泛使用。

2. 基因工程亚单位疫苗　基因工程亚单位疫苗是采用DNA重组技术，利用真核细胞高效表达系统来表达猪瘟病毒免疫蛋白，并以此表达产物为抗原制造疫苗。这种抗原是病毒粒子的一部分，不含有核酸，比较安全。杆状病毒（baculovirus）-昆虫细胞系统可高水平表达外源蛋白，昆虫细胞对蛋白的加工和运转过程与哺乳动物类似，所表达的蛋白“仿真”程度较高。因此，Hulst等将Brescia株*E2*基因置于PRV的*gX*基因信号肽之后，构入杆状病毒AcNPV多角体启动子p10调控序列之下，构建了能表达E2蛋白的重组杆状病毒BacE1±（即pAcAS3gXE1±TMR），并在昆虫细胞sf21中成功表达。将感染sf21细胞后表达纯化的20ug E2蛋白免疫猪，能很快产生很高的抗体效价，且能完全抵抗$100LD_{50}$的CSFV Brescia

强毒株的攻击，其诱导出的中和抗体效价（Neutralizing peroxidase - linked antibody，NPLA）大于1∶3 000，远高于CSFV弱毒疫苗C株诱导的NPLA（NPLA不低于1∶50即可使猪得免疫保护）。Van Rijn等利用杆状病毒表达系统表达了两种分别缺失了B/C抗原单位和A抗原单位的突变E2蛋白，其免疫猪后进行攻毒试验，结果表明，E2蛋白上的一个结构抗原单位诱导的免疫反应就能够保护猪抵抗CSFV的攻击。Van Rijn PA等将*E2*基因N端含A和BC抗原表位而不含TMR的部分构入杆状病毒，用其表达产物进行免疫试验，证明无TMR的E2表达产物能保护同源病毒的攻击，单一A或BC区也能保护。杆状病毒表达体系表达E2蛋白，可望成为一个新的最为安全有效的亚单位疫苗。

3. 活载体疫苗 重组活载体疫苗是用基因工程技术将保护性抗原基因转移到载体中，使之表达而制成的疫苗。以无致病力或低毒力的痘苗病病毒（VAC）和伪狂犬病病毒（PRV）或腺病毒为载体，将猪瘟病毒*E2*基因与之重组研制出的基因重组疫苗，免疫动物后可对两种病毒产生良好的保护力。

痘苗病毒拥有广泛的宿主范围，且毒性低，是较早作为病毒基因载体和生产基因重组疫苗的途径之一。Rumenapf等将编码猪瘟病毒结构蛋白*Npro*、*E0*、*E1*和*E2*基因插入痘苗病毒的*TK*基因中，获得了重组痘苗病毒VACcore（含Npro和C）、VAC3.8（NproCE0E1E2）、VAC3.8*（NproCE0E1及E2 N端40个aa），免疫猪后，VAC3.8和VAC3.8*组能产生中和抗体，并能获得对致死剂量强毒攻击的免疫保护。只是VAC3.8*比VAC3.8组保护力差一些。随后Alfort株的结构蛋白基因也被分别插入痘苗病毒中，获得了重组病毒VAC-Npro/C、VACE0、VACE1、VACE2、VACE1/E2。免疫猪后，VACE0、VACE1/E2、VACE2组获得对抗原基因同源毒株的免疫保护，VACE0、VACE1/E2对异源强毒株Eystrup只能获得部分保护。近期Hahn J等将*E2*基因和伪狂犬病病毒gX信号肽序列置于猪痘病毒P11启动子之下，构建了表达E2的重组猪痘病毒（recombinant swinepox virus），该重组病毒表达的E2蛋白以二聚体的形式分泌到感染细胞的胞浆中。

伪狂犬病病毒（PRV）是另一个发展猪瘟病毒基因重组疫苗的重要候选活病毒载体，其基因组为线性DNA分子，长约为1.5×10^5bp，外源基因可稳定地插入其DNA。Van Zi jl等将伪狂犬病病毒糖蛋白（gI）与胸苷激酶（*TK*）基因失活，使其毒力弱化，并将*E2*基因插入*TK*基因中，获得了3种重组病毒M303（无TMR）、M304（1个TMR）、M305（3个TMR）。动物试验表明，接种M303的4头猪产生的中和抗体滴度较低，出现CSF症状，但均未死亡，接种M304和M305的猪能产生高水平的中和抗体，并获得完全保护。因此，用PRV生产基因重组疫苗，可获得对伪狂犬病及猪瘟的双重保护，但是产生完全保护需要E2 C端疏水区域的存在，但C端疏水区域这种功能的作用机制尚不清楚。随后Mulder等证实，将猪瘟病毒的*E2*基因插入伪狂犬病的*gX*基因位点，既不会改变伪狂犬病病毒的细胞或宿主嗜性，也不会使伪狂犬病病毒的毒力发生变化，这为用伪狂犬病病毒作载体研制能预防伪狂犬病和猪瘟两种病毒病的二联活载体疫苗提供了初步安全的证据。Hooft等将CSFV *E2*基因插入PRV的糖蛋白*gE*基因位点，并分别置于不同启动子控制之下，比较了这些启动子对表达水平的影响，发现用人巨细胞病毒的立即早期基因启动子的效果最好，用它构建的E2重组疫苗对猪的免疫效果最好。为了使研制的猪瘟病毒活载体更安全，最近Peeter等利用伪狂犬病病毒囊膜糖蛋白gD具有病毒侵入宿主细胞所必需但并不为病毒在细胞内的扩散所必需的特性。构建了能表达猪瘟病毒E2蛋白的gD/gE双缺失的伪狂犬病病毒重组疫苗，免疫接种试验表明，该活载体疫苗能使猪获得对伪狂犬病和猪瘟的双重保护。因此，目前国内外在运用 PRV 作为活病毒载体疫苗的研究比较活跃。

另外，还有人进行了用腺病毒表达 E2 蛋白的尝试。Hammond JM 等将 CSFV Weybrdge 株的 *E2* 基因插入 PAV 血清型 3 的基因组中，置于主要晚期启动子的调控之下，构建了含 *E2* 基因的重组腺病毒 rPAV-gp55，并用其进行动物试验，一次接种就能使猪得到良好的保护，皮下免疫可获得 100%的保护。且免疫攻毒猪无临床症状，剖检无病变。

4. 核酸疫苗 病毒核酸疫苗是由编码能引起保护性免疫反应抗原的基因片段和载体构建而成。DNA 疫苗可以诱导体液免疫，又可诱导细胞免疫，通过初步田间试验，已经显示了较好的免疫力。Hammond JM 等在构建含 *E2* 基因的重组腺病毒（rPAV-gp55）后，又构建了一株含 *E2* 基因的裸质粒 DNA（naked plasmid DNA）疫苗，并用其作基础免疫后再用 rPAV-gp55 作二次免疫，然后再用强毒攻击，保护效果比单用 rPAV-gp55 免疫好，单用 rPAV-gp55 后攻毒有轻微体温反应，而联用无体温反应，脾、淋巴结剖检无病变。国内王宁等构建了真核表达质粒 pRCSE2，免疫小鼠后能产生抗 CSFV 的特异抗体。余兴龙、涂长春等也用 pIRESlneo 构建了一株含 *E2* 基因的真核表达质粒 pcDSW，并用其制备了抗 CSFV 的单抗，并用猪瘟 DNA 疫苗成功保护了猪瘟强毒对猪的攻击。但是，Markowska 等用 DNA 疫苗免疫保护试验表明，强毒攻击后体温反应有 2d 高于 40℃，T、B 淋巴细胞活性有轻微上升。尽管如此，以 E2 作为免疫基因构建的 CSFV DNA 疫苗已显示出了诱人的前景。

5. 标记疫苗 在西欧，因为不能用血清学方法区分 C 株疫苗免疫猪和野毒感染株，但 C 株又有良好的疫苗性质，因此近年来西欧开展了标记疫苗（Marker-Vaccine）的研究。即对 C 株 E2 或 E0 蛋白抗原结构域加以改造，而后构建重组体，这样改造后并确知其 E2 所产生的抗体就可以用简单的血清学方法将 C 株免疫与野毒感染产生的抗体加以区别。1996 年，Moormann 等将 CSFV C 株 gp55 的 N 端序列用 Brescia 株相应部分替代，构建了一株杂交病毒株 Flc-h6，用现有的抗 E0 和 E2 的单抗，可把 Flc-h6 与强毒 Brescia 及疫苗 C 株分开。用 Flc-h6 作为疫苗免疫猪，可以方便地将疫苗株与野毒感染株分开。Dewulf J 等做了亚单位标记疫苗的保护试验，对照组有 40%出现死亡并出现临床症状，而免疫组能抵抗强毒攻击。另外的研究又表明，E2 亚单位标记疫苗能使猪获得完全保护。更加完善的研究也正在进行，Widjojoatmodio MN 等构建了 Flc23（缺失 E0 中 215 位 AA）和 Flc22（缺失 E0 中 66 位 AA）两株重组病毒，能在 SK6c26 细胞上增殖，但不能产生感染性病毒，用其免疫猪后能产生抗 E0 的中和性抗体，抵抗 Brescia 强毒株的攻击。随后该组人员又用缺失 *E2* 基因中 B/C 区域（Flc4）或 A 区域（Flc48）的非传播性标记疫苗（non-transmissible marker vaccines）鼻内接种进行免疫，攻毒后可获得全部或部分保护。De Smit AJ 等的研究也表明，E2 亚单位标记疫苗一次免疫就能获得 13 个月的保护期。

（三）疫苗的种类

到目前为止，国内生产和使用的猪瘟疫苗仍然是猪瘟兔化弱毒疫苗，包括组织苗和细胞苗。

（四）疫苗的生产制造

猪瘟兔化弱毒组织苗（脾淋苗）是最早的 C 株疫苗，目前仍然在生产和使用。其生产程序为：以 20～50 倍生理盐水稀释的 C 株脾淋毒冻干毒 1mL 静脉接种敏感家兔，上午、下午各测体温一次，24h 后每隔 6h 测温一次，在接种后 24～48h 体温升高 1℃以上并稽留18～

36h 呈定型热反应，在体温下降到常温后 24h 内剖杀，采取脾脏和淋巴结，称重、剪碎、加入适量保护剂研磨、滤过，按滤过组织量补加保护剂稀释制成脾淋冻干苗。

猪瘟兔化弱毒细胞苗是将猪瘟兔化弱毒 C 株通过敏感的牛睾丸细胞或传代细胞增殖培养制成的一类冻干疫苗。多年来主要是利用牛睾丸原代细胞进行，由于牛体内牛病毒性腹泻病毒（BVDV）感染率非常高，因此，使用无 BVDV 污染并且无 BVDV 抗体的牛睾丸细胞是细胞苗生产的关键，同时在细胞培养过程中所利用的犊牛血清也必须不含 BVDV 抗原和抗体。实际生产中，因为中国牛感染 BVDV 非常普遍，利用牛睾丸原代细胞生产猪瘟活疫苗经常受到 BVDV 污染的威胁，另外，可能是牛睾丸原代细胞本身的特性决定的，利用此类细胞生产的猪瘟疫苗病毒滴度不高，批次之间差异加大，严重影响疫苗质量。由于这些原因，中国猪瘟细胞疫苗的国家标准只有欧洲等发达国家的 1/4。2004 年以来，宁宜宝和林旭野等利用猪的传代细胞系-牛睾丸传代细胞系（ST 细胞系）生产猪瘟疫苗的研究取得重大突破，用传代细胞系生产猪瘟疫苗，不但克服了细胞污染 BVDV、不同批细胞生产的疫苗中病毒滴度的差异问题，而且还大大提高了疫苗的病毒滴度，明显提高了疫苗质量。与用牛睾丸原代细胞生产的疫苗相比，用传代细胞系生产的疫苗可以将疫苗的病毒滴度和免疫效力提高 10 倍以上，超过欧洲的质量标准，2012 年传代细胞源的猪瘟细胞苗已经在国内注册，并生产和销售。该疫苗已在中国各地多个猪场使用，疫苗免疫猪抗体水平显著提高，猪瘟得到了有效控制。疫苗的生产程序为：将 C 株脾淋毒接种到细胞单层上，进行增殖培养，每培养 4～5d 收毒换液一次，可多次收毒，混合毒液的毒价达 50 万倍以上即可加入冻干保护剂经冷冻真空干燥制成冻干疫苗。

（五）疫苗的质量标准与使用

猪瘟兔化弱毒组织苗是以猪瘟兔化弱毒株接种家兔或乳兔，收获感染家兔的脾脏及淋巴结（简称淋脾）或乳兔的肌肉及实质脏器，制成乳剂，加适宜稳定剂，经冷冻真空干燥制成；猪瘟兔化弱毒细胞苗是以猪瘟兔化弱毒株接种易感细胞（包括牛睾丸原代细胞、猪睾丸传代细胞）培养，收获细胞培养物，加适宜稳定剂，经冷冻真空干燥制成。二者均用于预防猪瘟。

从物理性状看猪瘟兔化弱毒组织苗为淡红色海绵状疏松团块，猪瘟兔化弱毒细胞苗为白色海绵状疏松团块，二者均易与瓶壁脱离，加稀释液后迅速溶解，疫苗应无细菌、支原体和外源病毒污染。

做鉴别检验时将疫苗用灭菌生理盐水稀释成每毫升含有 100 个兔的最小感染量的病毒悬液，与等量的抗猪瘟病毒特异血清混合，置 10～15℃中和 1h，其间振摇 2～3 次。同时设立阳性对照组（病毒对照）和阴性对照组（生理盐水）。中和结束后，分别接种家兔 2 只，每只兔耳静脉注射 1mL，家兔接种后，上下午各测体温 1 次，48h 后，每隔 6h 测体温 1 次。除阳性对照组应出现热反应外，其余两组在接种后 120h 内应不出现热反应。

安全检验时，一种方法是用小鼠进行，取 3～5 瓶疫苗按瓶签注明头份，用灭菌生理盐水稀释成每毫升含 5 头份疫苗，皮下注射体重 18～22g 小鼠 5 只，各 0.2mL；肌内注射体重 350～400g 豚鼠 2 只，各 1mL。观察 10d，应全部健活。

另一种方法是用本动物猪进行。应选用符合国家实验动物标准的饲养场或定点猪场，并经中和试验方法检测无猪瘟抗体的健康易感断奶猪（注苗前观察 5～7d，每日上午、下午各测体温一次。挑选体温、精神、食欲正常的使用）。每批冻干疫苗样品或同批各亚批样品等量混合，按瓶签注明头份用灭菌生理盐水稀释成每毫升 6 头份疫苗，肌内注射猪 4 头，每头

5mL（含30个使用剂量）。注苗后每日上下午各测体温观察1次，观察21d。体温、精神、食欲与注苗前相比没有明显变化；或体温升高超过0.5℃，但不超过1℃，稽留不超过2d；或减食不超过1d，疫苗可判为合格。如有1头猪体温超过常温1℃以上，但不超过1.5℃，稽留不超过2个温次，疫苗也可判为合格。如有1头猪的反应超过上述标准；或出现可疑的其他体温反应和其他异常现象时，可用4头猪重检1次。重检的猪仍出现同样反应时，疫苗应判为不合格。也可在猪高温期采血复归猪2头，每头肌内注射可疑猪原血5mL，测温观察16d。如均无反应，疫苗可判为合格。如第一次检验结果已经确定疫苗不安全，则不应进行重检。

效力检验方法有两种，可任选用兔或猪进行检验。用兔进行检验其检验标准为：按瓶签注明头份用生理盐水将每头份疫苗进行稀释，组织苗稀释150倍，细胞苗（含原代和传代细胞）稀释7 500倍。接种体重1.5～3kg家兔2只，每只兔耳静脉注射1mL。家兔接种后，上午、下午各测体温1次，48h后，每隔6h测体温1次，当2只家兔均呈定型热反应，或1只兔呈定型热反应、另一只兔呈轻热反应时，疫苗判为合格。注苗后，当1只家兔呈定型热反应或轻热反应，另一只家兔呈可疑反应；或2只家兔均呈轻热反应时，可在注苗后7～10d进行攻毒（接种新鲜淋脾毒或冻干毒）。攻毒时，加对照兔2只，攻毒剂量为50～100倍乳剂。每兔耳静脉注射1mL。攻毒后，当2只对照兔均呈定型热反应，或1只兔呈定型热反应，另一只兔呈轻热反应，而2只注苗兔均无反应，疫苗判为合格。注苗后，如有1只兔呈定型热反应或轻热反应，另一只兔呈可疑反应，可对可疑反应兔或无反应兔采用剖杀或采心血分离病毒的方法，判明是否隐性感染；或注苗后，2只兔均呈轻热反应，亦可对其中1只兔分离病毒。方法是：接种疫苗后96～120h，将兔剖杀，采取脾脏，用生理盐水制成50倍稀释乳剂，或采取心血（全血），接种2只家兔，每只兔耳静脉注射1mL。凡有1只兔潜伏期24～72h出现定型热反应，疫苗可判为合格。注苗后，出现其他反应情况无法判定时，可重检。用家兔做效检，应不超过3次。

用猪进行检验其检验标准为：组织苗将每头份疫苗稀释150倍，细胞苗（含原代和传代细胞）将每头份疫苗稀释3 000倍，分别肌内注射无猪瘟中和抗体的健康易感猪4头，每头1mL。10～14d后，连同条件相同的对照猪3头，注射猪瘟石门系血毒1mL（$10^{5.0}$最小致死感染量），观察16d。对照猪全部发病，至少死亡2头，免疫猪全部健活或稍有体温反应，但无猪瘟临床症状为合格。如对照死亡不到2头，可重检。

注射疫苗4d后，即可产生坚强的免疫力。断奶后无母源抗体仔猪的免疫期为1年。

接种疫苗时按瓶签注明头份加生理盐水稀释，肌内或皮下注射，大小猪均1mL；在没有猪瘟流行的地区，断奶后无母源抗体的仔猪，注射1次即可。有疫情威胁时，仔猪可在30～35日龄和65日龄左右时各注射1次。

注苗后应注意观察，如出现过敏反应，应及时注射抗过敏药物；疫苗应在8℃以下的冷藏条件下运输；疫苗稀释后如气温在15℃以下，6h内用完，如气温在15～27℃，则应在3h内用完。

（六）展望

疫苗对猪瘟的预防和控制起到了不可替代的作用。就发展而言，新型疫苗的研究和开发需向低成本、高产率、更安全的产业化方向努力。在传统猪瘟细胞苗生产研制中，应用大规模生物反应器将取代传统的转瓶工艺，为猪瘟细胞苗的生产带来新的飞跃，全面推广应用传代细胞源高效猪瘟活疫苗对控制乃至净化猪瘟是非常必要的。猪瘟兔化弱毒疫苗目前最大的问题是无法用准确、实用的方法区别猪瘟疫苗接种猪和野毒感染猪。因此，研制带有诊断标记而又不改变猪瘟兔化弱毒疫苗免疫原性的新型疫苗和亚单位疫苗是今后猪瘟疫苗研制的发展方向，国外已有猪瘟基因工程标记疫苗投入使用的报道。随着兽医学、免疫学及分子生物学的发展，猪瘟疫苗的研究将向着免疫效果更好、区别诊断方法更精确、更简便的方向发展，为猪瘟最终控制和消灭奠定基础。

（赵　耘　宁宜宝）

二、口蹄疫

（一）概述

口蹄疫（Foot and mouth disease，FMD）是由口蹄疫病毒引起，主要侵袭牛、猪、羊等偶蹄动物（包括野生动物）的一种急性高度接触性传染病。其特征是发热、黏膜或皮肤形成水疱，特别是在口腔和蹄叉部位。该病传播方式为接触传染或经空气传播，呼吸道和消化道是重要的侵入门户。处于潜伏期患牛的乳汁和精液中就有病毒存在。病变处含有大量病毒，随着水疱的破裂而污染环境。此外，可混于唾液、呼出的气体中形成飞沫而传播，因此，风速和风向是确定空气传播速度的重要因素。有人感染本病的报道。世界动物卫生组织（OIE，2002）将其列为A类传染病。本病是典型的国际流行病，在非洲、亚洲、南美洲及欧洲的部分国家广泛分布。

口蹄疫病毒（Foot and mouth disease virus，FMDV）属于小RNA病毒科（Picornaviridae）口蹄疫病毒属（*Aphthovirus*）。病毒粒子为二十面体对称结构，呈球形或六角形，直径17～20nm，无囊膜。病毒基因组为单股正链RNA，约由8 500个核苷酸组成。病毒基因组有1个开放性阅读框（ORF）及5′、3′端非编码区（NCR）组成，ORF编码4种结构蛋白（VP1、VP2、VP3及VP4）、RNA聚合酶（3D）、蛋白酶（L、2A和3C）和其他非结构蛋白（如3A等）。口蹄疫病毒衣壳由各60个分子的4种结构蛋白（VP1～VP4）组成，其中VP4位于衣壳内侧，VP1、VP2、VP3位于衣壳表面，构成口蹄疫病毒的主要抗原位点。

口蹄疫病毒包括O、A、C、SAT1、SAT2、SAT3和Asia 1 7种不同的血清型和60余个亚型，但由于亚型的分类越来越复杂，已逐渐由分析基因组遗传衍化关系的基因型所取代，例如，近年来肆虐世界的O型口蹄疫病毒则被联合国粮食与农业组织（FAO）口蹄疫世界参考实验室（英国Pirbright）分为Pan Asia、South East Asia（1）、South East Asia（2）、Cathy 4个基因群。口蹄疫病毒极易发生变异，各主型之间不能交叉免疫，同一主型内的各亚型间交叉免疫力也较微弱。1988年以来，O型为主要的病毒型，几乎取代了以前占优势的A型和Asia 1型。印度有Asia 1、C型、O型和A型的发生且以O型为主。O型在南美的多数地区流行。中国有O型和Asia 1型2种血清型流行，其中以O型为主。

口蹄疫病毒能在乳鼠、乳地鼠、家兔、猫、豚鼠、鸡胚以及组织培养物中繁殖。动物感染口蹄疫耐过后，可产生坚强免疫力，初期抗体为IgM，开始出现于感染后的第9天；IgG抗体出现于感染后10～14d。在试验室条件下，一次免疫后，免疫力持续6～8月，有人报道，最长为18个月。抗体可通过初乳传递给仔畜。

各国对FMD控制政策的选择依赖于自身的FMD状况及其传入的危险性。许多国家的FMD呈地方性流行或大流行趋势，此时采取扑灭政策是不现实的。采用疫苗接种来限制疫病的流行则更有效。从FMD疫苗的整个研究和应用情况看，活毒疫苗由于其自身固有的缺陷，已经被世界许多国家摒弃；新型疫苗虽然取得一些非常有前途的结果，但在免疫效力和经济上目前难与常规疫苗竞争。常规灭活疫苗仍然是当前FMD免疫控制采用的主要的疫苗。

（二）疫苗的研究进展

1. 弱毒疫苗 由于口蹄疫的广泛流行以及防疫上的大规模需要，许多国家都开展了口蹄疫弱毒疫苗的研究。目前仍在应用的有鼠化、兔化、鸡胚化及组织培养细胞驯化弱毒疫苗等几种。早在20世纪60年代以前，科学家就已采用异源非易感动物或细胞连续传代致弱的方法研制弱毒疫苗。1937年，Negel将病毒接种于成年鼠脑内，证明病毒毒力可被致弱。1948年，Fraub和Schneider将豚鼠毒转接于鸡胚，获减毒毒株。Cillespic（1954）和Komorov（1957）将牛源病毒适应于鸡胚和1日龄雏鸡，获得了致弱毒珠。1959年，Gunha和Fichhom也在兔体传代成功。

中国在20世纪50年代育成O型弱毒株及A型弱毒株，并制成乳兔组织毒疫苗，60年代用A型兔化弱毒制苗，70年代选育出OPK弱毒株试制疫苗，并进行A型、O型双价苗组织培养弱毒试验研究，80年代培育出温度敏感毒株，并培育了O型OP4细胞培养弱毒疫苗。

弱毒疫苗价格低廉、成本低、免疫原性好、抗体持续时间较长，但其易引起免疫动物病毒血症，长期带毒、排毒及病毒毒力返强等缺点。尽管世界各国已培育出弱毒疫苗株几十株，至今为止未有一个口蹄疫弱毒疫苗株可以满足所有标准。20世纪80年代研究发现，欧洲发生的多次口蹄疫流行中分离的毒株与以前弱毒疫苗株有密切关系，且新的亚型不断出现及毒株致弱结果和致弱时间都不能确定，因此，弱毒疫苗株不能适应口蹄疫防控的需要。1964年，欧洲口蹄疫防治委员会决定欧洲国家不再使用弱毒疫苗免疫，停止了弱毒疫苗的研究。目前，世界许多国家和地区在口蹄疫的防控几乎均采用灭活疫苗。

2. 灭活疫苗 最早的灭活疫苗在欧洲于20世纪20年代出现，用动物病损组织经氢氧化铝吸附、甲醛灭活制成疫苗。但其成本高、易散毒及有残毒，且免疫力有限，因而未推广应用。20世纪40年代，Schmidt和Waldmann等将口蹄疫病毒接种于健康牛舌皮内，等其发病后，采取病牛舌部的水疱皮和水疱液，经甲醛灭活后制成铝胶苗，获得了较高的免疫保护力。当时将这种疫苗称为Waldmann疫苗或Schmidt-Waldmann疫苗。1947年，Frenkel首次用牛舌皮碎块培养病毒获得成功，使大规模病毒抗原生产技术获得成功，生产了甲醛灭活疫苗。Frenkel疫苗在欧洲FMD的免疫防控上起到了重要作用。1952年，Dulbecco首先用胰蛋白酶消化动物的肾脏皮质获得初代单层肾上皮细胞，用其培养FMDV获得成功。从1948年Sanford成功培育出第一个被称为L株（种系）细胞的传代细胞以来，各国兽医科学家相继用各种传代细胞系来培养FMDV，其中能获得满意滴度及病毒稳定增殖的是PK-15细胞系、IB-RS-2细胞系和BHK-21细胞系。特别是自1962年，BHK-21细胞问世至今，它已成为制备FMD疫苗所需病毒抗原的理想细胞系，广泛应用于FMD疫苗生产。1962年，英国Pirbright的Mowat和Chapman等开始用乳仓鼠肾传代细胞（BHK-21）培养口蹄疫病毒，生产口蹄疫灭活疫苗。1966年，Lapstich和Telling等应用BHK-21细胞深层悬浮培养法制备口蹄疫疫苗。20 世纪 80 年代，用大型发酵罐培养细胞、增殖病毒和制备疫苗获得成功。

人们对单苗的研究虽然取得了很大进展，但在实际生产中每头家畜都要接种多种疫苗，不仅接种次数多，而且易漏接，致使免疫效果受到很大影响。因此，世界各地开始研究联苗。1993 年，Nair 等报道了口蹄疫多价苗与单价苗免疫效果相等。1995 年，杨水钦等报道研制成功口蹄疫灭活二联苗，并取得相当于单价苗的中和抗体滴度。1999 年，王永录等研制的牛 O 型口蹄疫双价灭活疫苗分别完成了安全试验、效力试验和最小免疫剂量试验。经过多年的研究，口蹄疫多价苗在很多国家的门蹄疫防控中起了很大作用。

中国自 20 世纪 60 年代起，研制出多种口蹄疫疫苗，在不同时期对防治本病均起到了不同程度的作用。在 20 世纪 80 年代，韩福祥等用 OPK 弱毒经 AEI 灭活研制出 OPK 弱毒细胞灭活油佐剂苗；况乾惕等用 OKIV 毒株经 AEI 灭活研制成 O 型口蹄疫油佐剂苗；王宗子等用 OR/80 毒株经 BEI 灭活研制出猪 O 型口蹄疫细胞毒 BEI 灭活油佐剂疫苗。而自 1984 年开始正式投产使用“猪 O 型口蹄疫细胞毒 BEI 灭活油佐剂苗”供应全国防疫。经试验证明，该疫苗安全性好，免疫效力达 90%以上，注苗后第 10 天产生免疫力，免疫期可达 9 个月。4～8℃贮存 12 个月有效。该苗主要不足之处是抗强毒攻击的保护力稍低，只能保护约 20 个猪的最小感染量。浓缩苗可以弥补这方面的不足。该苗免疫剂量较常规苗从 3mL 降至 1～2mL，免疫效力较常规苗提高 10～20 倍，达到 200MID 攻毒全保护，并可抗同居感染。在免疫程序方面提倡首免后 15～25d 进行二免。

在灭活剂方面，最早采用甲醛溶液灭活口蹄疫病毒抗原氢氧化铝胶混合物，但该混合物对细胞有毒性，且据报道，在欧美暴发的一些口蹄疫与灭活疫苗中残留活病毒密切相关。后来采用作用于核酸的 AEI 为灭活剂，疫苗抗原性保持较好，但毒性仍较大。后又用毒性更小的 BEI 作为灭活剂。也有用羟胺灭活口蹄疫病毒的报道，但未见推广。口蹄疫疫苗目前有氢氧化铝胶苗和双相矿物油佐剂疫苗，用于免疫牛、羊可获得 3～6 个月免疫持续期，但对猪免疫力不强。近年，很多专家提出 206 油佐剂可提高猪灭活疫苗的效力。

3. 合成肽疫苗 化学合成肽疫苗是口蹄疫疫苗研究的第五代疫苗。口蹄疫合成肽疫苗是一种完全的行列式的氮基酸序列或病原体的抗原表位开发设计的一类疫苗，不存在毒力的反弹或灭活不全等这些问题。根据蛋白质天然氨基酸序列的一级结构，然后通过化学方法人工合成的含有小肽表位，通常包含一个或多个 T 细胞表位和 B 细胞表位，特别是那些不能在体外培养病原微生物从而得到足够数量的抗原，但在免疫病理作用和潜在的致病性病原体等关系到安全性和有效性的问题上有巨大的意义。合成肽疫苗单独的 T 细胞表位和 B 细胞表位的组合是研究合成肽疫苗的最主要的研究方向。

口蹄疫病毒抗原分子表面具有不连续的抗原位点。口蹄疫病毒 VP1 被确认是主要免疫抗原蛋白，它带有重要的中和位点。Bitlle 首次根据 O 型口蹄疫病毒 VP1 序列化学合成了 20 个氨基酸（140～160，B 细胞抗原表位）的肽段，并与载体蛋白相偶联，接种豚鼠产生中和抗体并具有保护作用。在此基础上，当氨基酸肽段增加到 40 个氨基酸，即增加 200～213（T 细胞抗原表位）时，大大提高了豚鼠对单肽的应答水平。1986 年，Dimarchi 等用 VP1 的 2 个免疫原区（141～158 和 200～210）的合成肽疫苗接种牛，大剂量（5mg）免疫 1 次或小剂量（0.2mg）免疫 2 次，5/6 获得保护。徐泉兴等比较了生物合成肽- 20、14 肽- 20 肽和 20 肽- 14 肽- 20 肽 3 种融合蛋白的免疫原性，方法是 3 种生物合成的融合蛋白以相同剂量免疫家兔，2 次免疫后每隔 1 周采血，共采血 4 周，这些家兔抗血清分别做口蹄疫病毒乳鼠保护试验或细胞中和试验。结果表明，20 肽- 14 肽- 20 肽三串联免疫原性最强，保护指数都在 2.0 以上，高的达 4.0。随后他们又对 20 肽- 14 肽- 20 肽的表达产物经初步提纯后，做成油乳剂疫苗。对豚鼠和猪进行免疫效力和安全性试验。豚鼠 2 次免疫，每次肌内注射 400μg，2 次注射的间隔时间 3 周，在第 2 次免疫后 3 周攻击，保护率在 90%以上。猪体以相同方法做效力试验，不过每次免疫剂量为 3.5 mg，攻击后达到 85%以上的保护。这些试验结果表明，生物合成肽疫苗有应用前景。

免疫球蛋白是体液免疫反应的主要成分，Chan EW 等将 VP1 141～160 位和 200～213 位氨基酸残基插入猪 IgG 分子的一条重链恒定区内，构建了一新型嵌合体蛋白，接种猪可产生特异性的中和抗体并诱导淋巴细胞的增生，免疫鼠可耐受 1 000LD_{50}的强毒攻击。随后的合成肽疫苗研制，大多是通过增加 T 细胞和 B 细胞位点个数及其相邻两端的氨基酸位数来提高其免疫原性。Kupriianova MA 等应用 44～66 个氨基酸，即 A22 株 VP1 第 135～159、170～190、197～213 位氨基酸所构建的合成肽疫苗，通过免疫豚鼠和小鼠，证明了相对于含较少氨基酸的合成肽来说，其免疫效果有显著提高。

众所周知，动物机体的氨基酸组成是 L 氨基酸，D 氨基酸组成的蛋白往往不会被动物蛋白酶破坏，在动物体内存活时间长，所以 Briand 等及 Regenmorted 等利用 D 氨基酸合成口蹄疫病毒主要抗原多肽，称之为反转型多肽（Retro - inverso，RI），用其免疫动物发现 RI 多肽不仅能诱导动物产生保护性抗体，而且比普通合成肽诱导的抗体持续时间长、效价高。该抗体与天然抗原或 L 氨基酸合成肽反应性很好。这一发现有希望改进口蹄疫合成肽疫苗的免疫效果。

4. 基因工程疫苗　世界许多实验室都在进行 FMDV 基因工程表达疫苗的研究，分别用大肠杆菌、酵母、杆状病毒、痘病毒、哺乳动物细胞甚至植物表达系统生产口蹄疫病毒部分结构蛋白、全部结构蛋白和空衣壳。FMDV 基因工程多肽疫苗主要是利用各表达系统表达 VP1 蛋白，制成疫苗。Kupper 等（1981）克隆了 FMDV *VP1* 基因，将其插入原核表达载体 P_L启动子的下游，实现了 *VP1* 基因的原核表达，并证实了其表达产物具有抗原性。同年，Kield 等用大肠杆菌表达的 A 型 FMDV VP1 免疫猪和牛，都可诱导中和抗体的产生，用高浓度的 VP1 蛋白重复接种牛，可使牛抵抗 FMDV 强毒的攻击。西班牙学者用拟南芥、阿根廷学者用紫花苜蓿表达口蹄疫 VP1 蛋白，从植物中提取蛋白免疫动物或直接用植物饲喂动物均可诱导免疫应答，而且具有一定的抵抗力。此外，酵母和杆状病毒系统也可用来表达 VP1 蛋白，这两个系统解决了 VP1 蛋白在原核表达系统中不被修饰加工的问题，因此其表达产物可以提高免疫原性。徐泉兴等（2000）对所研制的猪“O”型口蹄疫基因工程苗进行了免疫效力、安全性及抗体消长的研究，结果表明该基因工程疫苗对猪体是安全、有效的。免疫猪抗体乳鼠中和指数在免疫后 4 个月仍可达 2.0，血凝价仍达 $2^{7.5}$。

（三）疫苗的种类

目前中国政府批准用于预防家畜口蹄疫的疫苗包括单价、双价及三价灭活油佐剂疫苗、合成肽疫苗、基因工程疫苗。灭活油佐剂疫苗是中国预防家畜口蹄疫的主要疫苗，包括用于预防家畜口蹄疫的 O 型、亚洲 1 型、A 型单价油佐剂灭活疫苗，预防猪 O 型口蹄疫的双价油佐剂灭活疫苗，预防家畜 O 型、亚洲 1 型、A 型的双价和三价油佐剂灭活疫苗，这些灭活疫苗的生产制造工艺和检验方法大同小异，只是制苗种毒有所不同。猪口蹄疫合成肽疫苗目前均为O型合成肽疫苗，包括二肽和三肽苗。基因工程疫苗是由复旦大学研制，但未能大面积推广使用。随着生产工艺的进步，目前各个口蹄疫疫苗生产企业均已将口蹄疫疫苗的生产工艺变更为细胞悬浮培养工艺，极大地提高了中国口蹄疫疫苗生产能力和质量。为提高口蹄疫灭活疫苗质量，农业部在2014年发布了第2078号公告，规定口蹄疫灭活疫苗内毒素含量应不高于50EU/头份，总蛋白含量应不高于500μg/mL。并且在2016年农业部发布了中国亚洲1型FMD退出免疫监测评估。中国口蹄疫疫苗主要由5家企业定点生产，包括：中牧实业股份有限公司兰州生物药厂、中农威特生物科技股份有限公司（原中国农业科学院兰州兽医研究所下属公司）、金宇集团内蒙古生物药品厂、新疆天康生物药品厂、乾元浩生物股份有限公司保山生物药厂。

（四）疫苗的生产制造

口蹄疫灭活疫苗目前均是细胞悬浮工艺生产。猪口蹄疫灭活疫苗目前批准使用的疫苗主要是单价和双价油佐剂灭活疫苗，目前所用毒株主要有3个，分别是：MYA98/BY/2010株、Mya98/XJ/2010株和GX/09－7株。用于牛、羊口蹄疫的灭活疫苗包括O型、A型和亚洲1型的单价、二价和三价灭活疫苗，目前所用毒株O型的有：MYA98/BY/2010株、OHM/02株、OS株、ONXC株及OJMS株等；A型的有：AF/72株、AKT－III株及Re－A/WH/09株；亚洲1型的有：KZ/03株、JSL/ZK/06株、AKT/03及LC96株等。其生产制造过程如下。

1. 猪口蹄疫O型灭活疫苗（O/MYA98/BY/2010株）

（1）乳鼠毒的制备　猪口蹄疫O型灭活疫苗（O/MYA98/BY/2010株）制苗毒株是O/MYA98/BY/2010株，将含O/MYA98/BY/2010株口蹄疫病毒猪水疱皮称重、研磨，稀释成适宜浓度的组织悬液，2～8℃浸毒，离心，取上清液，颈背部皮下接种2～3日龄乳鼠，每只注射0.2mL，无菌采集发病典型的濒死或死亡乳鼠胴体。每0.2mL病毒含量应$\geqslant 10^{8.0}$ LD_{50}。－70℃以下保存，有效期为24个月。

（2）生产用细胞毒的繁殖　将乳鼠毒制成适宜浓度的组织悬液，接种生长良好的BHK－21细胞单层，37℃培养，当细胞病变达到一定程度时，收获。病毒含量应$\geqslant 10^{7.5}$ $TCID_{50}$/mL；每0.2mL病毒含量应$\geqslant 10^{7.5}$ LD_{50}。置－70℃以下保存，有效期为24个月。应无细菌、霉菌、支原体及外源病毒污染。

（3）制苗用细胞毒液的制备　将所制备的O/MYA98/BY/2010株细胞毒接种生物反应器，当细胞病变率达到一定程度，收获培养物。病毒含量应$\geqslant 10^{7.5}$ $TCID_{50}$/mL；每0.2mL病毒含量应$\geqslant 10^{7.5}$ LD_{50}。置－20℃以下保存，有效期为5个月。应无菌生长，不超过5代。

（4）灭活　在病毒液中加入一定浓度BEI溶液，期间不断搅拌。

（5）配苗　油为Montanide ISA206。水相与油相按一定比例加入，充分乳化。

（6）分装　将乳化好的疫苗无菌定量分装，加塞密封。

2. 猪口蹄疫O型灭活疫苗（O/Mya98/XJ/2010株＋O/GX/09－7株）

（1）乳鼠毒的制备　猪口蹄疫O型灭活疫苗（O/Mya98/XJ/2010株＋O/GX/09－7株）制苗毒株是O/Mya98/XJ /2010株和O/GX/09－7株，为O/Mya98/XJ /2010株和O/GX/09－7株乳鼠毒经BHK－21细胞传代的细胞毒。分别将含O/Mya98/XJ/2010株和O/GX/09－7株口蹄疫病毒猪水疱皮称重、研磨，稀释成一定浓度的组织悬液，2～8℃浸毒一定时间，离心，取上清液，颈背部皮下接种 2～3 日龄乳鼠，每只注射 0.2mL，无菌采集发病典型的濒死或死亡乳鼠胴体。每 0.2mL 病毒含量均应≥$10^{7.0}$ LD_{50}。应无细菌、霉菌、支原体及外源病毒污染。－20℃以下保存，有效期为 12 个月；－70℃以下保存，有效期为 24 个月。

（2）细胞毒的繁殖　将乳鼠毒制成一定浓度组织悬液，分别接种生长良好的BHK－21细胞单层，37℃培养一定时间，收获。用细胞测定，病毒含量均应≥$10^{7.0}$ $TCID_{50}$/mL；用乳鼠测定，病毒含量均应≥$10^{7.0}$ LD_{50}/0.2mL。－20℃以下保存，有效期为 4 个月；－70℃以下保存，有效期为 12 个月。应无细菌、霉菌、支原体及外源病毒污染。

（3）生产用细胞毒的制备

1）转瓶培养　将所制备的 O/GX/09－7 株和 O/Mya98/XJ/2010 株细胞毒分别按一定浓度接种生长良好的 BHK－21 细胞单层，37℃培养，当 85％以上的细胞产生 CPE 时收获。用细胞测定，病毒含量均应≥$10^{7.0}$ $TCID_{50}$/mL；用乳鼠测定，每 0.2mL 病毒含量均应≥$10^{7.0}$ LD_{50}。置－20℃以下保存，有效期为 4 个月。应无菌生长，不超过 5 代。

2）悬浮培养　将所制备的 O/GX/09－7 株和 O/Mya98/XJ/2010 株细胞毒分别接种生物反应器，37℃培养，收获。用细胞测定，病毒含量均应≥$10^{7.0}$ $TCID_{50}$/mL；用乳鼠测定，每 0.2mL 病毒含量均应≥$10^{7.0}$ LD_{50}。置－20℃以下保存，有效期为 4 个月。应无菌生长，不超过 5 代。

（4）制苗用细胞毒液的制备

1）转瓶培养　将所制备的 O/GX/09－7 株和 O/Mya98/XJ/2010 株细胞毒分别接种生长良好的 BHK－21 细胞单层，36～38℃培养，当 85％以上的细胞产生 CPE 时收获。用细胞测定，病毒含量均应≥$10^{7.0}$ $TCID_{50}$/mL；用乳鼠测定，每 0.2mL 病毒液病毒含量均应≥$10^{7.0}$ LD_{50}。应无菌生长。

2）悬浮培养　将所制备的 O/GX/09－7 株和 O/Mya98/XJ/2010 株细胞毒分别接种生物反应器，37℃培养，收获。用细胞测定，病毒含量均应≥$10^{7.0}$ $TCID_{50}$/mL；用乳鼠测定，每 0.2mL 病毒液病毒含量均应≥$10^{7.0}$ LD_{50}。应无菌生长。

（5）灭活　在病毒液中加入一定浓度 BEI 溶液，期间不断搅拌。

（6）配苗　O/GX/09－7 株和 O/Mya98/XJ/2010 株灭活病毒抗原液混合。油为 Montanide ISA206。按一定比例加入水相与油相，充分乳化。

（7）分装　将乳化好的疫苗无菌定量分装，加塞密封。

3. 口蹄疫 O 型、亚洲 1 型二价灭活疫苗（OHM/02 株＋JSL 株）

（1）乳鼠毒的制备　口蹄疫 O 型、亚洲 1 型二价灭活疫苗（OHM/02 株＋JSL 株）制苗毒株是 O 型口蹄疫病毒 OHM/02 株和亚洲 1 型口蹄疫病毒 JSL 株。分别将含 OHM/02 株和 JSL 株含毒乳鼠胴体称重，制成组织悬液，2～8℃浸毒，以 4 000r/min 离心 20min，取上清液，颈背部皮下接种 2～3 日龄乳鼠，每只注射 0.2mL，收获发病死亡乳鼠的胴体。每 0.2mL 病毒含量均应≥$10^{7.5}$ LD_{50}。应无细菌、霉菌、支原体及外源病毒污染。－70℃以下保存，有效期为 24 个月。

（2）生产用细胞毒的制备

1）转瓶培养　将所制备的 OHM/02 株和 JSL 株乳鼠毒分别接种生长良好的 BHK－21 细胞单层，37℃培养，当 75％以上的细胞产生 CPE 时收获。病毒含量均应≥$10^{7.0}$ $TCID_{50}$/mL。

置－20℃以下保存，有效期为3个月。应无细菌、霉菌、支原体及外源病毒污染。应不超过5代。

2）悬浮培养　将所制备的OHM/02株和JSL株乳鼠毒分别接种生物反应器，37℃培养，当90%以上的细胞产生CPE时收获。病毒含量均应≥$10^{7.0}$ $TCID_{50}$/mL。置－20℃以下保存，有效期为3个月。应无细菌、霉菌、支原体及外源病毒污染。

（3）制苗用细胞毒液的制备　将所制备的OHM/02株和JSL株悬浮细胞毒接种生物反应器，37℃培养，当90%以上的细胞产生CPE时收获。用细胞测定，病毒含量应≥$10^{7.0}$ $TCID_{50}$/mL；用乳鼠测定，每0.2mL病毒含量应≥$10^{7.5}$ LD_{50}。应无菌生长。146S含量均应不低于0.9μg/mL。

（4）灭活　在病毒液中加入BEI溶液，期间不断搅拌。

（5）配苗　OHM/02株和JSL株灭活病毒抗原液混合。油为Montanide ISA206。按一定比例加入水相与油相，充分乳化。

（6）分装　将乳化好的疫苗无菌定量分装，加塞密封。

4. 口蹄疫O型、亚洲1型、A型三价灭活疫苗（O/MYA98/BY/2010株＋Asia1/JSL/ZK/06＋Re－A/WH/09株）

（1）乳鼠毒的制备　口蹄疫O型、亚洲1型、A型三价灭活疫苗（O/MYA98/BY/2010株＋Asia1/JSL/ZK/06＋Re－A/WH/09株）制苗毒株是O型口蹄疫病毒O/MYA98/BY/2010株、亚洲1型病毒Asia1/JSL/ZK/06株和重组A型病毒Re－A/WH/09株。分别将含O/MYA98/BY/2010株、Asia1/JSL/ZK/06和Re－A/WH/09株口蹄疫病毒乳鼠毒或舌皮毒称重、研磨，制成的组织悬液，2～8℃浸毒，离心，取上清液，颈背部皮下接种2～3日龄乳鼠，每只注射0.2mL，收获典型发病乳鼠的胴体。O/MYA98/BY/2010株每0.2mL病毒含量应≥$10^{8.0}$ LD_{50}；亚洲1型病毒Asia1/JSL/ZK/06株0.2mL病毒含量应≥$10^{7.5}$ LD_{50}；重组A型病毒Re－A/WH/09株0.2mL病毒含量应≥$10^{8.0}$ LD_{50}。应无细菌、霉菌、支原体及外源病毒污染。－70℃以下保存，有效期为24个月。

（2）生产用毒种的制备

1）一级种子制备　将所制备的O/MYA98/BY/2010株、亚洲1型病毒Asia1/JSL/ZK/06株和重组A型病毒Re－A/WH/09株乳鼠毒分别接种生长良好的BHK－21细胞单层，37℃培养，当75%以上的细胞产生CPE时收获。用细胞测定，O/MYA98/BY/2010株病毒含量应≥$10^{7.5}$ $TCID_{50}$/mL；亚洲1型病毒Asia1/JSL/ZK/06株病毒含量应≥$10^{7.0}$ $TCID_{50}$/mL；重组A型病毒Re－A/WH/09株病毒含量应≥$10^{7.5}$ $TCID_{50}$/mL。用乳鼠测定，O/MYA98/BY/2010株每0.2mL病毒含量应≥$10^{7.5}$ LD_{50}；亚洲1型病毒Asia1/JSL/ZK/06株0.2mL病毒含量应≥$10^{7.0}$ LD_{50}；重组A型病毒Re－A/WH/09株0.2mL病毒含量应≥$10^{7.0}$ LD_{50}。－20℃以下保存，有效期为6个月；－70℃以下保存，有效期为24个月。应无细菌、霉菌、支原体及外源病毒污染。应不超过5代。

2）二级种子制备　将所制备的O/MYA98/BY/2010株、亚洲1型病毒Asia1/JSL/ZK/06株和重组A型病毒Re－A/WH/09株一级种子细胞毒分别接种生物反应器，37℃培养，当90%以上的细胞产生CPE时收获。用细胞测定，O/MYA98/BY/2010株病毒含量应≥$10^{7.5}$ $TCID_{50}$/mL；亚洲1型病毒Asia1/JSL/ZK/06株病毒含量应≥$10^{7.0}$ $TCID_{50}$/mL；重组A型病毒Re－A/WH/09株病毒含量应≥$10^{7.5}$ $TCID_{50}$/mL。用乳鼠测定，O/MYA98/

BY/2010 株每 0.2mL 病毒含量应≥$10^{7.5}$ LD_{50}；亚洲 1 型病毒 Asia1/JSL/ZK/06 株每 0.2mL 病毒液病毒含量应≥$10^{7.0}$ LD_{50}；重组 A 型病毒 Re－A/WH/09 株每 0.2mL 病毒液病毒含量应≥$10^{7.0}$ LD_{50}。－20℃以下保存，有效期为 6 个月；－70℃以下保存，有效期为 24 个月。应无细菌、霉菌、支原体及外源病毒污染。应不超过 5 代。

（3）制苗用细胞毒液的制备　将所制备的 O/MYA98/BY/2010 株、亚洲 1 型病毒 Asia1/JSL/ZK/06 株和重组 A 型病毒 Re－A/WH/09 株二级种子悬浮细胞毒分别接种生物反应器，37℃培养，当 90%以上的细胞产生 CPE 时收获。用细胞测定，O/MYA98/BY/2010 株病毒含量应≥$10^{7.5}$ $TCID_{50}$/mL；亚洲 1 型病毒 Asia1/JSL/ZK/06 株病毒含量应≥$10^{7.0}$ $TCID_{50}$/mL；重组 A 型病毒 Re－A/WH/09 株病毒含量应≥$10^{7.5}$ $TCID_{50}$/mL。用乳鼠测定，O/MYA98/BY/2010 株每 0.2mL 病毒含量应≥$10^{7.5}$ LD_{50}；亚洲 1 型病毒 Asia1/JSL/ZK/06 株 0.2mL 病毒含量应≥$10^{7.0}$ LD_{50}；重组 A 型病毒 Re－A/WH/09 株 0.2mL 病毒含量应≥$10^{7.0}$ LD_{50}。用细胞测定，病毒含量应≥$10^{7.0}$ $TCID_{50}$/mL；用乳鼠测定，每 0.2mL 病毒含量应≥$10^{7.5}$ LD_{50}。应无菌生长。146S 含量各毒株均应不低于 3μg/mL。

（4）灭活　在病毒液中加入 BEI 溶液，期间不断搅拌。

（5）配苗　O/MYA98/BY/2010 株、亚洲 1 型病毒 Asia1/JSL/ZK/06 株和重组 A 型病毒 Re－A/WH/09 株病毒液按一定比例混合。油为 Montanide ISA206。按一定比例加入水相与油相，充分乳化。

（6）分装　将乳化好的疫苗无菌定量分装，加塞密封。

5. 猪口蹄疫 O 型合成肽疫苗（多肽 2600＋2700＋2800）　目前，批准生产的合成肽疫苗只有猪的 O 型合成肽疫苗，分别是二价苗和三价苗。

（1）制苗用免疫原　制苗用免疫原包括合成肽抗原多肽 2600、多肽 2700 和多肽 2800。多肽 2600 根据猪口蹄疫病毒 O 型泛亚毒的 VP1 结构蛋白主要抗原位点氨基酸的序列而设计。多肽 2700 根据口蹄疫病毒（OZK/93 株）VP1 结构蛋白上的主要抗原位点氨基酸的序列设计。多肽 2800 根据口蹄疫病毒（O/MYA98/BY/2010 株）VP1 结构蛋白上的主要抗原位点氨基酸的序列设计。利用 Applied Biosystem 全自动多肽合成仪采用 Merrifield 固相合成法合成，并进行相应的纯化。各合成肽抗原的浓度为 5.0～9.0mg/mL。应无菌生长。－20℃以下保存，有效期为 36 个月。

（2）疫苗的水相制备　用灭菌的注射用水将合成肽抗原稀释至 50 μg/mL。

（3）油相制备　将 SEPPIC Montanide ISA 50V2 油乳剂经 121℃灭菌 15min，备用。

（4）乳化　油相：水相按一定比例混合，搅拌，乳化，使疫苗乳化成油包水型疫苗。

（5）分装　疫苗充分混匀后，在无菌条件下定量分装，封口，并贴签。

6. 猪口蹄疫 O 型基因工程疫苗　目前批准注册的基因工程疫苗只有 1 个，为复旦大学等在 2005 年研制的“猪口蹄疫 O 型基因工程疫苗”。

（1）疫苗生产用种子制备　制造本品用的菌种为大肠杆菌基因工程菌 PXZ500 株，将菌种接种 LB 培养基进行培养，挑选至少 5 个典型菌落进行摇瓶培养，菌液电泳后，抗原融合蛋白占菌体总蛋白量的 15%以上的再接种 LB 斜面培养基，36～37℃培养 14～16h，置 2～8℃保存，应不超过 14d，继代不得超过 7 代。以此培养物接种 LB 培养基，36～37℃培养 14～16h，制成生产用种子。应无细菌和支原体生长。

（2）制苗用菌液的制备　按一定比例接种种子液，36～37℃培养，当 OD_{600nm} 值≥20、

pH 为 7.0 时停止培养。收集菌液，13 000r/min 离心，收集沉淀，按菌液湿重与破壁液适当比例制成菌混液，2～8℃冷却后用高压匀浆泵及超声进行破壁。破壁产物 10 000r/min 离心 20min，收集沉淀物。利用 8mol/L 尿素进行蛋白提纯，最后以 3 000r/min 离心 10min，收集沉淀、称重。蛋白分子量应为 71kU，融合蛋白应占总蛋白量的 35%以上，干重应占湿重的 25%。

（3）配苗及分装　融合蛋白经过变性、复性后，加入甲醛，37℃搅拌作用一定时间，加入适量抗生素和吐温-80，混匀，最后以亚硫酸钠中和甲醛；按油相与水相一定比例进行乳化、分装。

（五）质量标准和使用

1. 猪口蹄疫 O 型灭活疫苗（O/MYA98/BY/2010 株）　本品系用口蹄疫 O 型病毒 O/MYA98/BY/2010 株接种悬浮培养 BHK-21 细胞，收获病毒液，经纯化、浓缩，二乙烯亚胺（BEI）灭活后与 Montanide ISA206 佐剂按比例混合乳化制成。用于预防猪 O 型口蹄疫。

从物理性状看，本品为乳白色略带黏滞性乳状液，剂型为水包油包水型，应无菌生长。

安全检验时，用体重 350～450g 的豚鼠 2 只，每只皮下注射疫苗 2mL；用体重 18～22g 小鼠 5 只每只皮下注射疫苗 0.5mL。观察 7d，均应不出现因注射疫苗引起的死亡或明显的局部反应或全身反应。

用靶动物进行安全检验时，用 30～40 日龄的仔猪（细胞中和抗体效价不高于 1∶8、液相阻断 ELISA 抗体效价不高于 1∶8 或乳鼠中和抗体效价不高于 1∶4）2 头，分别两侧耳根后肌内分点注射疫苗 2 头份，观察 14d，应不得出现由疫苗引起的口蹄疫症状或明显的局部和全身不良反应。

效力检验是用本动物进行注射攻毒试验，用体重 40kg 左右的健康易感猪（细胞中和抗体效价不高于 1∶8、液相阻断 ELISA 抗体效价不高于 1∶8 或乳鼠中和抗体效价不高于 1∶4）15 头，分为 3 组，每组 5 头。将待检疫苗分为 1 头份、1/3 头份、1/9 头份 3 个剂量组，每一剂量组分别于耳根后肌内注射 5 头猪，接种 28d 后，连同条件相同的对照猪 2 头，每头猪耳根后肌内注射的猪口蹄疫 O 型病毒强毒 O/MYA98/BY/2010 株的乳鼠毒 3.0mL（含 1 000 ID_{50}），连续观察 10d。对照猪均应至少一只蹄出现水疱病变。免疫猪出现任何口蹄疫症状即判为不保护。出现发病猪后要及时进行隔离。根据免疫猪的保护数，按 Reed-Muench 法计算被检疫苗的 PD_{50}。每头份疫苗应至少含 6 PD_{50}。

疫苗总蛋白每毫升疫苗应不高于 500pg。每头份疫苗中内毒素含量应不高于 40EU。

耳根后肌内注射。每头注射 2.0mL。疫苗应在 2～8℃保存，有效期为 1 年。

疫苗使用时应注意以下事项：本疫苗仅接种健康猪。对病畜、瘦弱牲畜、怀孕前期和后期母畜、断奶前幼畜及长途运输后的牲畜暂不注射，待牲畜恢复正常后方可注射。疫苗应在 2～8℃冷藏运输。运输和使用过程中避免日光直接照射。使用前应仔细检查疫苗。疫苗中若有异物、瓶体有裂纹或封口不严、破乳、变质、已过有效期或未在规定条件下保存的，均不得使用。使用时应将疫苗恢复至室温并充分摇匀。疫苗瓶开启后限当日用完。严格遵守免疫注射操作规程。注射器具和注射部位应严格消毒，每头动物更换一次针头。曾接触过病畜的人员，在更换衣、帽、鞋和进行必要消毒之后，方可参与疫苗注射。应由经过培训的专业人员进行免疫注射。注射时，入针深度要适中，注射剂量要准确。疫苗对安全区、受威胁区、疫区内的猪均可使用。必须先注射安全区的牲畜，然后注射受威胁区的牲畜，最后再注射疫区内的牲畜。在非疫区，注射疫苗21d后方可移动或调运牲畜。注射疫苗后应注意观察注苗动物的反应，个别动物出现严重过敏反应时，应及时使用肾上腺素等药物进行抢救，同时采用适当的辅助治疗措施。对用过的疫苗瓶、器具和未用完的疫苗应收集后进行无害化处理，不得随意丢弃，避免污染环境。接种疫苗只是预防、控制口蹄疫的重要措施之一，同时还应采取消毒、隔离、封锁等其他综合防治措施。

2. 猪口蹄疫O型灭活疫苗（O/MYA98/XJ/2010株＋O/GX/09－7株） 本品系用猪口蹄疫O型病毒变异毒O/GX/09－7株和东南亚拓扑型缅甸-98谱系O/MYA98/XJ/2010株，分别接种BHK21细胞培养，收获细胞培养物，经纯化、浓缩、二乙烯亚胺（BEI）灭活后，加入矿物油佐剂混合乳化制成。用于预防猪O型口蹄疫。

从物理性状看，本品为淡粉红色或乳白色略带黏滞性乳状液。剂型为水包油包水型。应无菌生长。

安全检验时，用体重350～450g的豚鼠2只，每只皮下注射疫苗2mL；用体重18～22g小鼠5只每只皮下注射疫苗0.5mL。观察7d，均应不出现因注射疫苗引起的死亡或明显的局部反应或全身反应。

用靶动物进行安全检验时，用30～40日龄的仔猪（细胞中和抗体效价不高于1∶8、液相阻断ELISA抗体效价不高于1∶8或乳鼠中和抗体效价不高于1∶4和3ABC抗体检测为阴性）2头，分别两侧耳根后肌内分点注射疫苗4mL（2头份），观察14d，应不得出现由疫苗引起的口蹄疫症状或异常反应。

效力检验是用本动物进行免疫攻毒试验，用体重40kg左右的健康易感猪（细胞中和抗体效价不高于1∶8、液相阻断ELISA抗体效价不高于1∶8或乳鼠中和抗体效价不高于1∶4和3ABC抗体检测为阴性）30头，分为3组，每组10头。将待检疫苗分为1头份（2mL）、1/3头份（0.67mL）、1/9头份（0.22mL）3个剂量组，每一剂量组分别于耳根后肌内注射10头猪，接种后28d，随机分为两个小组，每小组5头，两个攻毒组各设条件相同的对照猪2头，一组每头猪耳根后肌内注射O/GX/09－7乳鼠毒2mL（含$10^{3.0}ID_{50}$）；另一组每头猪耳根后肌内注射O/MYA98/XJ/2010乳鼠毒2mL（含$10^{3.0}ID_{50}$）。连续观察10d，对照猪均应至少有一只蹄出现水疱或溃疡。免疫猪出现任何口蹄疫症状即判为不保护，出现发病猪后要及时进行隔离。根据免疫猪的保护数，按Reed－Muench法计算被检疫苗的PD_{50}。每头份疫苗对猪口蹄疫O型O/GX/09－7株和O/MYA98/XJ/2010株两个毒株的效力均应至少含6个PD_{50}。

体重10～25kg猪，每头1mL（1/2头份）；25kg以上猪，每头2mL（1头份）。耳根后肌内注射。疫苗应在2～8℃保存，有效期为1年。

疫苗使用时应注意以下事项：疫苗应在2～8℃冷藏运输，严禁冻结。运输和使用过程中避免日光直接照射。注射前检查疫苗性状是否正常，并对猪只严格进行体态检查，对于患病、体弱、临产怀孕母猪和长途运输后处于应激状态猪只暂不注射，待其恢复正常后方可再注射。注射器械、吸苗操作及注射部位均应严格消毒，保证一头猪更换一次针头；注射时，入针深度适中，确实注入耳根后肌内（剂量大时应考虑肌肉内多点注射法）。注射工作必须由专业人员进行，防止打飞针。注苗人员要严把三关：猪的体态检查、消毒及注射深度、注后观察。疫苗在疫区使用时，必须遵守先安全区（群），然后受威胁区（群），最后疫区（群）的原则；并在注苗过程中做好环境卫生消毒工作，注苗21d后方可进行调运。注射疫苗前必须对人员予以技术培训，严格遵守操作规程，曾接触过病猪的人员，在更换衣服、鞋、帽和进行必要的消毒之后，方可参与疫苗注射。25kg 以下仔猪注苗时，应提倡肌肉内分点注射法。疫苗在使用过程中做好各项登记记录工作。用过的疫苗瓶、器具和未用完的疫苗等污染物必须进行消毒处理或深埋。免疫注射是预防控制猪口蹄疫措施之一，免疫注射同时还应采取消毒、隔离、封锁等生物安全防范措施。怀孕后期的母畜慎用。发生严重过敏反应时，可用肾上腺素或地塞米松脱敏施救。

3. 口蹄疫O型、亚洲1型二价灭活疫苗（OHM/02 株+JSL 株） 从物理性状看，本品为淡粉红色或乳白色略带黏滞性乳状液。剂型为水包油包水型。应无菌生长。

安全检验时，用体重 350～450g 的豚鼠 2 只，每只皮下注射疫苗 2mL；用体重 18～22g 小鼠 5 只每只皮下注射疫苗 0.5mL。观察 7d，均应不出现因注射疫苗引起的死亡或明显的局部反应或全身反应。

用靶动物进行安全检验时，用至少 6 月龄的健康易感牛（乳鼠中和抗体滴度不高于 1∶4 或细胞中和抗体滴度不高于 1∶8 或 ELISA 抗体效价不高于 1∶16）3 头，每头舌背面皮内分 20 点注射，每点 0.1mL，共 2mL 疫苗，每日观察，连续 4d，之后每头牛颈部肌内接种疫苗 6mL，连续观察 6d。任何牛不得出现口蹄疫症状或由疫苗引起的明显毒性反应。

效力检验时，用至少 6 月龄的健康易感牛（乳鼠中和抗体滴度不高于 1∶4 或细胞中和抗体滴度不高于 1：8 或 ELISA 抗体效价不高于 1∶16）30 头，分为 3 组，每组 10 头。将待检疫苗分为 1 头份、1/3 头份、1/9 头份，3 个剂量组，每一剂量组分别于颈部肌内注射 10 头牛。接种后 21～28d，将 3 个剂量中的牛各随机均分为 O 型组和亚洲 1 型组，分圈饲养。O 型组，连同对照牛 2 头，每头牛舌上表面两侧分两点皮内注射牛源 O 型口蹄疫病毒强毒；亚洲 1 型组，连同对照牛 2 头，每头牛舌上表面两侧分两点皮内注射牛源亚洲 1 型病毒强毒，每点为 0.1mL（共 0.2mL，含 $10^{4.0}ID_{50}$），连续观察 10d，对照牛均应 3 个以上蹄出现病变（水疱或溃疡）。免疫牛仅在舌面出现水疱或溃疡，而其他部位无病变时判为保护，除舌面以外任一部位出现典型口蹄疫病变（水疱或溃疡）时判为不保护。根据免疫牛的保护数，按 Kaber 法计算被检疫苗的 PD_{50}，每头份疫苗应至少含牛口蹄疫 O 型、亚洲 1 型口蹄疫各 3 个 PD_{50}。

肌内注射，牛每头 2mL，羊每只 1mL。免疫期为 4～6 个月。2～8℃保存，有效期为 12 个月。

疫苗使用时应注意以下事项：疫苗应冷藏运输（但不得冻结），并尽快运往使用地点。运输和使用过程中避免日光直接照射。使用前应仔细检查疫苗。疫苗中若有其他异物、瓶体有裂纹或封口不严破乳、变质者不得使用。使用时应将疫苗恢复至室温并充分摇匀。疫苗瓶开启后限当日用完。仅接种健康牛、羊。病畜、瘦弱、怀孕后期母畜及断奶前幼畜慎用。严格遵守操作规程。注射器具和注射部位应严格消毒，每头（只）更换一次针头。曾接触过病畜人员，在更换衣、帽、鞋和进行必要消毒之后，方可参与疫苗注射。疫苗对安全区、受威胁区、疫区牛、羊均可使用。疫苗应从安全区到受威胁区，最后再注射疫区内受威胁畜群。大量使用前，应先小试，在确认安全后，再逐渐扩大使用范围。在非疫区，注苗后 21d 方可移动或调运。在紧急防疫中，除用本品紧急接种外，还应同时采用其他综合防制措施。个别牛出现严重过敏反应时，应及时使用肾上腺素等药物进行抢救，同时采用适当的辅助治疗措施。用过的疫苗瓶、器具和未用完的疫苗等应进行无害化处理。

4. 口蹄疫O型、亚洲1型、A型三价灭活疫苗（O/MYA98/BY/2010株＋Asia1/JSL/ZK/06＋Re－A/WH/09株） 本品系用口蹄疫病毒O型O/MYA98/BY/2010株、亚洲1型Asia1/JSL/ZK/06株、重组A型Re-A/WH/09毒株分别接种BHK-21悬浮细胞，收获细胞培养物，分别经浓缩纯化、二乙烯亚胺（BEI）灭活后与ISA206佐剂按比例混合乳化制成疫苗。用于预防牛、羊O型、亚洲1型、A型口蹄疫。

从物理性状看，本品为乳白色略带黏滞性乳状液。剂型为水包油包水型。应无菌生长。

安全检验时，用体重350～450g的豚鼠2只，每只皮下注射疫苗2mL；用体重18～22g小鼠5只每只皮下注射疫苗0.5mL。观察7d，均应不出现因注射疫苗引起的死亡或明显的局部反应或全身反应。

用靶动物进行安全检验时，用至少6月龄的健康易感牛（乳鼠中和抗体滴度不高于1∶4或细胞中和抗体滴度不高于1∶8或ELISA抗体效价不高于1∶8）3头，每头舌背面皮内分20点注射，每点0.1mL，共2mL疫苗，每日观察，连续4d，之后每头牛颈部肌内接种疫苗6mL，连续观察6d。任何牛不得出现口蹄疫症状或由疫苗引起的明显毒性反应。

效力检验有2种方法，PD_{50}测定法和总146S病毒含量检测方法。前者是用至少6月龄的健康易感牛（细胞中和抗体效价不高于1∶8或ELISA抗体效价不高于1∶8或乳鼠中和抗体效价不高于1∶4）45头，分为3组，每组15头。将待检疫苗分为1头份、1/3头份、1/9头份3个剂量组，每一剂量组分别经部肌内注射15头牛。接种21～28d后，将3个剂量组中牛各随机均分为O型组、亚洲1型组和A型组，分圈饲养。O型组，连同对照牛2头，每头牛舌上表面两侧分两点皮内注射检验用O型口蹄疫病毒强毒O/MYA98/BY/2010株，每点0.1mL（共0.2mL，含$10^{4.0}ID_{50}$）；亚洲1型组，连同对照牛2头，每头牛舌上表面两侧分两点皮内注射检验用亚洲1型口蹄疫病毒强毒Asia1/JSL/GSZY/06株，每点0.1mL（共0.2mL，含$10^{4.0}ID_{50}$）；A型组，连同对照牛2头，每头牛舌上表面两侧分两点皮内注射检验用A型口蹄疫病毒强毒A/WH/09株，每点0.1mL（共0.2mL，含$10^{4.0}ID_{50}$），连续观察10d，对照牛均应至少有3个蹄出现口蹄疫病变（水疱或溃疡）。免疫牛除舌以外的任一部位出现典型口蹄疫水疱或溃疡时，判为不保护；仅在舌面出现水疱或溃疡，而其他部位无病变时，判为保护。按Reed-Muench法计算，每头份疫苗应至少含牛口蹄疫O型、亚洲1型、A型各6个PD_{50}。同时每头份疫苗中146S含量应不低于1.0μg。

肌内注射。每头牛1mL；羊0.5mL。免疫期为6个月。2～8℃保存，有效期为12个月。

疫苗使用时应注意以下事项：疫苗应冷藏运输（但不得冻结），并尽快运往使用地点。运输和使用过程中避免日光直接照射。使用前应仔细检查疫苗。疫苗中若有其他异物、瓶体有裂纹或封口不严破乳、变质者不得使用。使用时应将疫苗恢复至室温并充分摇匀。疫苗瓶开启后限当日用完。仅接种健康牛、羊。病畜、瘦弱、怀孕后期母畜及断奶前幼畜慎用。严格遵守操作规程。注射器具和注射部位应严格消毒，每头（只）更换一次针头。曾接触过病畜人员，在更换衣、帽、鞋和进行必要消毒之后，方可参与疫苗注射。疫苗对安全区、受威胁区、疫区牛、羊均可使用。疫苗应从安全区到受威胁区，最后再注射疫区内受威胁畜群。大量使用前，应先小试，在确认安全后，再逐渐扩大使用范围。在非疫区，注苗后21d方可移动或调运。在紧急防疫中，除用本品紧急接种外，还应同时采用其他综合防制措施。个别牛出现严重过敏反应时，应及时使用肾上腺素等药物进行抢救，同时采用适当的辅助治疗措施。用过的疫苗瓶、器具和未用完的疫苗等应进行无害化处理。

5. 猪口蹄疫O型合成肽疫苗（多肽2600＋2700＋2800） 本品系用固相多肽合成技术，在体外人工合成口蹄疫病毒主要抗原位点并通过赖氨酸连接人工合成的可激活辅助性T细胞的短肽，以此形成的多肽2600、2700、2800作为免疫原，加入矿物油佐剂混合乳化制成。用于预防猪O型口蹄疫。

外观为乳白色略带黏滞性乳状液，剂型为油包水型。疫苗在离心管中以3 000r/min离心15min，水相析出应不得超过0.5mL。疫苗在2～8℃保存，有效期为12个月，有效期内应不出现分层和破乳现象。疫苗应无菌生长。

安全检验时，用体重350～450g豚鼠2只，每只皮下注射疫苗2mL；用体重18～22g的小鼠5只，每只皮下注射疫苗0.5mL。连续观察7d，均不得出现因注射疫苗引起的死亡或明显的局部不良反应或全身反应。用30～40日龄的仔猪（经乳鼠中和试验测定无口蹄疫中和抗体）2头，各两侧耳根后侧肌内注射疫苗2mL（每侧1mL），逐日观察14d。均不得出现口蹄疫症状或明显的因注射疫苗引起的毒性反应。

效力检验时，选用体重40kg左右的猪（细胞中和抗体效价不高于1∶8、ELISA效价不高于1∶8或乳鼠中和抗体效价不高于1∶4）30头，待检疫苗分为1头份，1/3头份，1/9头份3个剂量组，每个剂量组分别于耳根后侧肌内注射10头猪，28d后，每个剂量组分为两小组，每小组5头，两个攻毒组各设条件相同的对照猪2头。一组各耳根后肌内注射猪O型口蹄疫病毒O/ MYA98/BY/2010强毒株（含$10^{3.0}ID_{50}$）；另一组各耳根后肌内注射猪O型口蹄疫病毒OZK/93强毒株（含$10^{3.0}ID_{50}$），连续观察10d。对照猪均应至少一只蹄出现水疱病变。免疫猪出现任何口蹄疫症状即判为不保护。按Reed－Muench法计算，每头份疫苗各应至少含$6PD_{50}$。

使用前应充分摇匀，每头猪耳根后侧肌内深层注射1mL。第一次接种后，间隔4周再接种1次，此后每间隔6个月再加强接种1次。其免疫期为6个月。

使用时应注意以下事项：本品仅用于接种健康猪；使用前应充分摇匀；严禁冻结，使用前应使疫苗达到室温；疫苗开启后，限当日使用；注射疫苗后，个别猪可能出现体温升高、减食或停食1～2d、注射部位肿胀，随着时间延长，症状逐渐减轻，直至消失。用过的疫苗瓶、器具和未用完的疫苗等应进行无害化处理。屠宰前28d内禁止使用。

6. 猪口蹄疫O型基因工程疫苗 本品系用人工构建的、表达O型口蹄疫病毒免疫活性肽的大肠杆菌接种适宜培养基培养，收获培养物，提取抗原，加矿物油佐剂制成。用于预防猪O型口蹄疫。

外观为乳白色乳剂。疫苗在离心管中以3 000r/min离心15min，水相析出应不得超过0.5mL，并有少量沉淀。疫苗在2～8℃保存，有效期为12个月。疫苗应无菌生长。

安全检验时，用体重350～450g豚鼠2只，每只皮下注射疫苗1mL；用体重18～22g的小鼠5只，每只皮下注射疫苗0.5mL。连续观察7d，均不得出现因注射疫苗引起的死亡或明显的局部不良反应或全身反应。用30～40日龄的仔猪（经乳鼠中和试验测定无口蹄疫中和抗体）2头，各两侧耳根后侧肌内注射疫苗2mL（每侧1mL），逐日观察14d。均不得出现口蹄疫症状或明显的因注射疫苗引起的毒性反应。

效力检验时，选用体重40kg左右的猪（经乳鼠中和试验测定无口蹄疫中和抗体）15头，分3组，每组5头。将待检疫苗分为1头份，1/3头份，1/9头份3个剂量组，每个剂量组分别于耳根后侧肌内注射 5 头猪，28d 后，连同对照猪 2 头，每头猪耳根后侧肌内注射 1 000ID_{50}的猪口蹄疫 O 型广西融水系（Osh/87 株）强毒。连续观察 10d。对照猪均应至少 1 只蹄出现水疱病变。免疫猪出现任何口蹄疫症状即判为不保护。根据免疫猪的保护数，按 Read - Muench 法计算被检疫苗的 PD_{50}。每头份疫苗应至少含 3PD_{50}。

注射途径为耳根后肌内注射，每头猪接种 1mL，间隔 21d 后，加强接种 1mL。免疫期为 4 个月。

使用时应注意以下事项：疫苗必须 2～8℃冷藏储运（不可冻结），使用过程中亦应避免日光直射；使用前应仔细检查，如发现苗瓶裂纹或封口不严、无内包装标签或包装标签不清楚、苗中混有杂质、已过失效期或未在规定条件下保存的均不得使用；注射前应充分混匀；猪耳根后肌内注射，切勿注入脂肪层；本疫苗仅用于接种健康猪。怀孕后期（临产前 1 个月）的母猪及断奶仔猪禁用。母猪产后、仔猪断奶后按疫苗用法用量和有关规定及时补注；防疫人员应进行技术培训，严格遵守操作规程。曾接触过病畜的人员，应在更换衣服、鞋、帽和经过必要的消毒之后，方可参与疫苗注射；注射疫苗用具、吸苗操作、注射局部均应严格消毒，做到 1 头猪 1 个针头，注射时，进针要达到一定深度，确保疫苗注入肌肉内；接种前期怀孕母猪时，应避免造成母猪机械性流产；疫苗开瓶后，限当日用完；疫苗对疫区、受威胁区、安全区的猪均可应用。注射疫苗应从安全区到受威胁区，最后再注射疫区内安全群和受威胁区；两次注射疫苗过程中，须有专人做好记录，确保两次免疫时间正确。同时，记录写明省（自治区、直辖市）、县、乡（镇）、村、畜主姓名、家畜种类、品种、大小、性别、疫苗批号、注射剂量等。并注意观察 2～3d，详细记载有关情况。

（六）展望

口蹄疫新型疫苗的研究开始于 20 世纪 80 年代，新型疫苗不需要活的病毒，也不存在病毒灭活不彻底的危险性。这些新型疫苗包括基因工程疫苗、合成肽疫苗以及核酸疫苗，但至今投入使用的新型疫苗寥寥无几。随着现代生物技术的发展，人们对病毒特异性、免疫应答机制的进一步认识，口蹄疫新型疫苗必将有所突破。

（赵　耘）

三、伪狂犬病

（一）概述

伪狂犬病（Pseudorabies，PR）又称 Aujeszky 氏病，是多种家畜、家禽及野生动物的一种以发热、流产、奇痒（除猪外）、脑脊髓炎为主要症状的急性传染病。该病是由伪狂犬病病毒（Pseudorabies virus，PRV）所引起的，该病毒归属于疱疹病毒科（herpesviridae）甲型疱疹病毒亚科（Alphaherpesvirinae of alphavirinae）的猪疱疹病毒Ⅰ（Suid herpesvirus Ⅰ），因此也称猪疱疹病毒Ⅰ型、传染性延髓麻痹病病毒或奇痒症病毒。该病毒的感染谱极广，已表明有 40 种动物可以被感染，猪是该病毒的最重要的储存宿主和带毒者，因而对该病的传播起着重要作用。由于被感染的动物种类极多，病毒可在自然界反复循环存在，属于典型的自然疫源性疾病，也是极难防制的传染病之一。本病 1813 年首次发生于美国，是最早为人们所认识的动物传染病之一。1902年，匈牙利学者Aujeszky首先认定为一种独特的疾病；1910年，Schniedhoffer证实为病毒病；1953年，Shope发现猪对本病的传播具有重要作用。20世纪60年代以后，由于强毒株的出现，猪伪狂犬病在世界范围内频繁暴发，甚至在一些伪狂犬病消失多年的地方（如奥地利等）又重新出现。据报道，该病现已遍及欧洲、东南亚、南美洲、中美洲及非洲等50多个国家和地区，仅芬兰、挪威等少数国家无伪狂犬病的报道。美国和欧洲一些国家已将伪狂犬病列为重点防制的猪病之一。OIE将其列为二类报告动物传染病之一。

伪狂犬病病毒为双股DNA病毒，基因组大小约为145kb。病毒粒子呈椭圆形或圆形，由核心、衣壳和囊膜三部分组成。核芯直径约为75nm，核衣壳直径为105～110nm，包裹囊膜的完整病毒粒子为150～180nm。核衣壳呈立体对称二十面体，由162个壳粒组成，每一壳粒内含亚单位。病毒的囊膜虽然与感染的发生有密切关系，但试验证明，没有囊膜的裸露核衣壳同样具有感染性，但其感染力较带囊膜的成熟病毒粒子约低4倍。

本病毒对乙醚和氯仿等有机溶剂敏感。对酸和碱的抵抗力较强，pH在6～11较稳定。用1%石炭酸15min可杀死病毒，用1%～2%苛性钠溶液可立即杀死。对热有一定抵抗力，44℃ 5h，约30%的病毒保持感染力；56℃15min、70℃5min、100℃1min可使病毒完全灭活。-30℃以下保存，可长期保持毒力，但在-15℃保存12周则完全丧失感染力。胰酶、链酶蛋白酶、磷脂酶C、酸性及碱性磷酸酶均可使其灭活。-70℃以下为其最适保存温度。真空冻干的病毒培养物可保存多年。

PRV只有一个血清型，但在自然条件下，存在不同致病力的病毒株。在补体结合和免疫扩散试验中，本病毒与人疱疹病毒Ⅰ型和马疱疹病毒Ⅰ型有交叉反应。在荧光抗体试验中与人疱疹病毒Ⅰ型和禽疱疹病毒Ⅱ型有交叉反应。本病毒表面无凝聚哺乳动物及禽类红细胞的血凝素。

本病毒能在鸡胚及多种动物细胞培养上生长繁殖，能在牛、羊、犬和猴等的肾细胞，豚鼠、家兔和牛的睾丸细胞、Hela细胞、鸡胚和小鼠的成纤维细胞等多种细胞内增殖，具有泛嗜性，并引起明显的细胞病变（CPE）。细胞肿胀变圆，开始呈散在的灶状，随后逐渐扩展，直至全部细胞圆缩脱落，同时有大量多核巨细胞形成。当病毒接种量大时，细胞病变在18～24h即能看到典型的细胞病变，在病变的细胞内往往还可产生核内包涵体。

患病后康复动物可产生坚强的免疫力，能耐受强毒的攻击。但本病的免疫机制尚未完全了解，可能体液免疫和细胞免疫兼而有之，并且相辅相成。

在中国，1948年由刘永纯首次从猫体中分离出伪狂犬病病毒，此后陆续有关于猪、牛、羊、犬、猫、水貂和进口狐狸等动物感染的报道，并陆续分离出闽A、陕A、AKW、SR、YN、DQ-8401、S、鄂A、BJ、SM等多株伪狂犬病病毒。迄今为止，已有31个省（自治区、直辖市）报道发生本病。其中以对猪的危害最为严重，已成为危害中国养猪业的主要疫病之一。把猪伪狂犬病列为重大动物传染病，通过疫苗研制制订预防和根除规划在中国具有十分重大的意义。

猪发生伪狂犬病以后，其临床症状取决于感染猪的年龄、病毒株的毒力、感染的途径和剂量。成年猪及母猪也有发病，主要表现为呼吸症状，多呈一过性，但成为带毒和排毒的主要来源。怀孕母猪可导致流产、死胎、木乃伊胎和种猪不育等综合征候群。15日龄以内的仔猪发病死亡率高达100%，断奶仔猪发病率可达40%，死亡率是20%左右。擦痒是其他家畜特有的症状，而猪却不明显，但目前出现痒感的仔猪已日益增多，已有1/3的患病猪病程前期呈现擦痒。2011年以来，在中国的大部分地区暴发了一轮猪伪狂犬病疫情，此轮疫情与以往不同的突出特点是断奶仔猪的发病严重，架子猪和育肥猪出现典型呼吸道病症，疫情过后许多曾经的伪狂犬病病毒阴性的猪场重新变为阳性场，对中国养猪业造成了严重的损失。据报道对2008—2014年PR野毒gE抗体阳性检测结果进行统计，发现gE抗体阳性率分别是1.92%、2.01%、1.86%、4.73%、14.53%、25.17%、38.46%，到2015年gE抗体阳性率高达45.52%，说明野毒抗体阳性率逐年上升，且上升很快。对此轮疫情的研究发现，一种毒力显著增强且传染力也很强的流行毒株的出现是主要原因，流行株的主要保护性抗原基因 *gB*、*gC* 和 *gD* 基因，与以前报道的毒株相比发生了基因的插入、缺失及点突变，是一种变异株，被划分为基因Ⅱ型谱系。

值得一提的是，2011年以来中国新出现的变异毒株与国内早期经典毒株Ea株和Fa株存在一定的遗传差异。与经典的伪狂犬病病毒强毒株相比，伪狂犬病病毒变异毒株对小鼠和猪的致病力明显增强。同时，Bartha-k61株诱导的中和抗体对变异毒株的中和能力远低于对Bartha-k61株或经典强毒株的中和能力。而变异毒株诱导的中和抗体对变异毒株和Bartha-k61株都具有较高的中和能力。表明伪狂犬病病毒变异毒株与传统疫苗株及经典强毒株的抗原性存在一定的差异。对于伪狂犬病病毒变异毒株的攻击，猪伪狂犬病活疫苗（Bartha-K61株）对接种羊只能提供50%的保护；而对于经典伪狂犬病病毒强毒株的攻击，则提供了100%的保护。同样，对伪狂犬病变异毒株的攻击，Bartha-K61株对接种猪只能提供部分保护。

（二）疫苗的研究进展

1. 弱毒疫苗 自20世纪60年代以来，许多国家用不同方法培育出不少伪狂犬病弱毒株。有匈牙利的K61株、罗马尼亚的布加勒斯特株、TK200株和Buk株、北爱尔兰的NIA_4株、保加利亚的MK25株、苏联的VGNK-I株、法国的Alfort-26株和南斯拉夫的BKal68株和Govacc株以及中国的C株等弱毒株。目前，已广泛应用的具有代表性的弱毒疫苗株为匈牙利的K61株、罗马尼亚的布加勒斯特株、TK200株、Buk株、C株。

（1）布加勒斯特株　是罗马尼亚加勒斯特兽医研究所用伪狂犬病强毒通过鸡胚尿囊膜培养继代至200代以后改变了致病性培育而成。用鸡胚制成冻干疫苗，此苗仅适用于9日龄以上的仔猪和妊娠2月龄的母猪。对兔、豚鼠和小鼠尚有较强的毒力。

（2）K61株　由匈牙利科学院兽医研究所研制的Bartha株，于1961年用猪源伪狂犬病强毒通过猪肾原代细胞培养继代50代，在37℃培养，然后又转入32℃培养20代，并挑选1～2mm的小蚀斑连续选斑培育而成。制苗时用40代种毒，先传猪肾原代细胞1～2代复壮，挑取小斑，再传鸡胚成纤维细胞制苗。其冻干后对细胞的滴度最低为$10^{3.5\sim4.5}$ $TCID_{50}$/0.2mL。该苗用于猪、牛、羊及犬免疫接种。肌内注射，两次免疫注射才能获得较好的免疫效果，两次免疫间隔3周。本苗在匈牙利应用了20年，效果良好。中国农业科学院哈尔滨兽医研究所自1979年引进了K61弱毒株，改进试制成功了伪狂犬病弱毒冻干疫苗。注苗后第6天产生免疫力，免疫期为12个月。吴文福（2006）等测定了本苗免疫猪后抗体消长规律，结果表明免疫后7d抗体水平开始上升，35d后达到高峰，高水平的免疫抗体维持时间长达2个月以上。

（3）C株　2016年5月农业部批准武汉中博生物股份有限公司等5家单位联合申报的

猪伪狂犬病耐热保护剂活疫苗（C株）在国内注册，这是工艺改进的天然gE缺失弱毒疫苗，其所用细胞系为猪睾丸传代细胞系（ST细胞系），并且冻干保护剂为耐热保护剂。

2. 灭活疫苗 Belagnean等（1975）用福尔马林或戊二醛灭活病毒制成油佐剂苗，其产生的中和抗体效价和攻毒后的保护率均优于铝胶苗；Wittmann等（1980）用氯丙环灭活病毒，以葡萄糖为佐剂制苗，注射3～4周龄的仔猪，能产生较好的免疫力。荷兰学者用乙烯亚胺灭活病毒制成油佐剂苗；美国学者用β丙烯内酯灭活病毒，并加聚合物制成灭活苗。用上述疫苗给猪免疫时，均需注射两次。从效果看，含油佐剂的灭活苗免疫效果较好。但这些疫苗均不能完全控制传染和排毒。Wittman（1983）等报道用灭活疫苗免疫猪，攻毒后6.5个月可从猪体分离到强毒，直到11.5个月后分离才呈阴性；但用强的松处理的猪，直到攻毒后18个月仍能分离到活毒。

中国于1964年研制成功牛、羊伪狂犬病灭活疫苗。其是用“闽A株”伪狂犬病强毒通过原代鸡胚成纤维细胞培养，福尔马林灭活，加氢氧化铝配制而成，该疫苗免疫期为1年，但不能用于猪。华中农业大学自20世纪90年代以来，从湖北发病猪场中分离、鉴定、筛选出猪伪狂犬病病毒鄂A强毒株，以此毒株接种仓鼠肾细胞（BHK-21），制备病毒抗原，经甲醛灭活后制成油乳剂灭活苗。其对初生仔猪、断奶仔猪及妊娠母猪均无不良反应；后备母猪及妊娠母猪血清中和抗体指数于免疫后21d达到316以上，间隔35d加强免疫一次后，中和抗体指数可达1 000以上；断奶仔猪及初生仔猪免疫后对强毒的攻击，保护率分别是100%和90.62%。

3. 基因缺失苗 正确区分疫苗接种和野毒感染动物是对动物传染性疾病最终实现净化根除计划的根本。灭活苗虽然安全，但具有免疫效力不佳、接种剂量大的缺点，而且在接种后24h偶尔出现过敏反应等缺陷。一次接种产生的免疫持续时间较短，常需要进行二次接种，给防疫工作带来麻烦；常规弱毒苗的免疫原性好，但安全性差，有返强的可能性。接种后虽然能预防临床症状的出现，但不能阻止强毒在被感染动物体内复制、排出和形成潜伏感染。潜伏感染的病毒在应激条件下能被激活，形成复发性感染并向外散毒。为此，各国在发展和改进现有常规疫苗的同时，探索研究并推广了基因缺失苗。尤其是新型动物基因工程疫苗问世以来，从技术完全能够克服传统疫苗的缺陷。由于伪狂犬病基因缺失疫苗缺失了目的基因的几百甚至几千个碱基，缺失区域明确，缺失片段大，所以它们返祖的可能性极小；伪狂犬病病毒基因缺失株都缺失一个或几个毒力基因，所以，对猪无毒力或仅有相当低的毒力。且大多数的伪狂犬病基因缺失株都有较强的免疫原性，免疫动物都获得了较强的保护力。攻毒后，免疫猪不出现伪狂犬病临床症状，猪排毒时间大大缩短，排毒量大为降低；大多数伪狂犬病基因缺失株在体内复制和扩散能力大大减弱，不能侵入中枢神经系统，很难形成潜伏感染。且其在三叉神经节的预先定殖能阻止强毒侵入中枢神经组织，也使强毒很难在中枢神经组织形成潜伏；可以把缺失基因表达蛋白作为标志蛋白，然后通过对抗标志蛋白抗体的检测将疫苗免疫动物和野毒感染动物区分开，以便对野毒感染动物采取针对性的防控措施。

伪狂犬病病毒的胸苷激酶（*TK*）基因是病毒的主要毒力基因，缺乏*TK*基因的伪狂犬病病毒突变株能极大地减少对小鼠、鸡、兔和绵羊的亲神经性和毒力，对猪无毒而且显示出较好的免疫原性。

第二代基因缺失苗是在*TK*基因缺失疫苗的基础上发展起来的。它比仅仅缺失*TK*的疫苗更加优越，除了在 *TK* 基因引入了一个缺失外，在非编码必需糖蛋白的基因内引入一个新的缺失，或插入一个报告基因，这样就可以通过血清学方法将免疫接种猪和自然野毒感染猪相区别。

gE 基因缺失疫苗结合 gE-ELISA 鉴别方法现已成为美国和各欧盟成员及中国台湾地区推广伪狂犬病消除计划的理论基础。为了防止不同的疫苗株间发生重组，使疫苗毒株毒力返强，所以，*gE* 基因缺失疫苗是在欧盟成员和北美地区唯一被允许使用的修饰活疫苗。在美国和欧洲的应用实践表明，伪狂犬病基因缺失疫苗的应用对于伪狂犬病的控制和消除是一个突破。没有缺失疫苗伪狂犬病的消除计划是不可行的，尤其是现有疫苗在未能阻止野毒感染和潜伏感染时，gE 缺失株疫苗的使用及以此为基础的消除策略更显得重要。

目前，有双基因缺失苗、三基因缺失苗和四基因缺失苗。Kit 等（1987）和 Marchioli 等（1987）分别构建了 gI^-/tk^-、gX^-/tk^- 的双基因缺失苗，这些疫苗对猪、小鼠、绵羊均不呈现毒性，很低滴度的病毒即可使小鼠和猪建立起很强的免疫力，同时这 2 种疫苗均能通过血清学方法区别疫苗接种猪和野毒自然感染猪。Van Oirschot 等 1991 年构建了 $tk^-/gG^-/gE^-$ 三基因缺失株，具有较好的免疫效果。郭万柱等（1999）构建了三基因缺失株 $tk^-/gI^-/gE^-$，并将其灭活制成猪伪狂犬病基因缺失活疫苗（SA215 株），用此疫苗免疫母猪，结果母猪所产所有仔猪均获得了高水平的母源抗体，在 7 日龄左右平均滴度高达 $2^{8.56}$，以后随着日龄增长抗体水平呈降低趋势，到 60 日龄平均滴度降至 $2^{2.56}$，因此将 SA215 疫苗免疫接种母猪所产仔猪的首免日龄为 30 日龄。同时对妊娠母猪、育肥猪、仔猪进行了田间试验，结果仔猪接种后生长良好，未出现体温升高、呼吸道症状和消化道症状；母猪接种后，能提高产仔成活率；70 日龄商品猪接种后，经过近 100d 育肥，其出栏率增加 20.83%；对发生伪狂犬病的猪场的猪肌内注射本品，48～72h 后能控制疾病的发生。Van Oirschot 等（1991）、Mettenleiter 等（1990）分别构建了 $gG^-/gE^-/gI^-/gC^-$、$gG^-/gE^-/gI^-/gC^-$ 四基因缺失苗，它们对 6 周龄仔猪完全无毒，免疫接种可使猪获得对强毒攻击的保护。近年来，除了进行基因缺失外，很多学者还进行了在基因缺失的基础上插入报告基因，姜淼等将绿色荧光蛋白（GFP）基因插入伪狂犬病病毒基因的缺失部分，构建了含 GFP 的纯化重组病毒。徐高原等构建了带有 *LacZ* 基因的双基因缺失突变株（HB-98 株），以此突变株接种 BALB/C 小鼠，能抵抗致死量的猪伪狂犬病病毒的攻击。何启盖等（2006）对 HB-98 突变株的安全性、稳定性及免疫原性进行了测定，结果表明该毒株具有良好的遗传稳定性和较好的安全性。至此国内以华中农业大学、四川农业大学等单位所建立的伪狂犬病 gE-ELISA、gE-LAT、gG-ELISA 检测技术配套使用相应的基因缺失疫苗，就能轻松实现对伪狂犬病病毒野毒感染和疫苗接种动物的区分，为中国猪伪狂犬病的净化提供坚实的技术支持。

（三）疫苗的种类

用疫苗免疫动物是防治伪狂犬病的重要手段之一。中国现行的疫苗有华中农业大学研制的灭活苗，中国农业科学院哈尔滨兽医研究所、武汉中博生物股份有限公司研制的弱毒苗以及四川农业大学、华中农业大学以及武汉科前生物股份有限公司等研制的三基因和双基因缺失苗。这些疫苗的研制和生产正在为中国猪伪狂犬病的控制和最终消灭奠定了重要的技术保障。

（四）疫苗的生产制造

1. 伪狂犬病弱毒冻干疫苗 其生产程序与匈牙利的方法基本相似。种毒经原代乳兔肾细胞培养1～2代复壮，并挑选1～2mm的小蚀斑，再通过鸡胚成纤维细胞制苗。按7∶1比例向鸡胚细胞培养的病毒液内加保护剂，混合后分装冻干即成疫苗。用鸡胚成纤维细胞测定疫苗的病毒应不低于$10^{4.0}$ $TCID_{50}$/0.1mL。本苗使用时，用中性PBS液20倍稀释。供猪、牛及绵羊免疫接种用。

2. 猪伪狂犬病耐热保护剂活疫苗（C株） 是用猪伪狂犬病病毒C株接种传代细胞系ST细胞进行培养，加入耐热保护剂制成的。可在2～8℃保存24个月。

3. 猪伪狂犬病油乳剂灭活疫苗

（1）生产毒种的制备 将毒种接种于37℃旋转培养24～36h生长旺盛的BHK-21细胞单层，按病毒液与生长液1∶10的接种量接种，37℃旋转吸附1h，加入适量培养基，置37℃培养。接种后12～16h，细胞开始出现特征性的病变，当细胞病变达到80%以上时，终止培养，冻融3次，收取病毒液，病毒含量应≥$10^{6.5}$/0.1mL。－20℃保存不超过2个月；－70℃保存不超过6个月。毒种继代应不超过5代。

（2）病毒液的繁殖 按病毒液与生长液1∶10的接种量接种，37℃旋转吸附1h，加入适量培养基，置37℃培养。接种后24～48h，当细胞病变达到80%以上时，终止培养，冻融3次，收取病毒液，病毒含量应≥$10^{6.5}$/0.1mL。病毒液应无菌生长。

（3）灭活 在病毒液中加入甲醛溶液，边加边搅拌使甲醛最终浓度为0.3%，充分混匀，置37℃作用48h，放室温继续作用12h，每4h振摇一次。灭活后菌液应无菌生长。

（4）配苗 油相是用杭州产10号白油94份加入硬脂酸铝2份，边加边搅拌，至透明为止，再加入6份司本-80，充分混匀，高压灭菌备用；水相是在100份灭活的病毒液中加入4份灭菌吐温-80，充分摇匀至吐温-80完全溶解；取1份油相加入1份水相，充分乳化，终止乳化前加入1%汞溶液，使其终浓度为万分之一。

（5）分装 将乳化好的疫苗无菌定量分装，加塞密封，4～8℃保存。

4. 猪伪狂犬病双基因缺失苗 国内批准注册的是华中农业大学、中牧实业股份有限公司联合申报的猪伪狂犬病活疫苗（HB-98株）（2006）。

（1）生产用毒种制备 本疫苗的毒种是带有*LacZ*基因的伪狂犬病病毒双基因（*TK*、*gG*基因）缺失株HB-98株，将冻干毒种按原培养液10%的量，接种于SPF鸡胚成纤维细胞，37℃培养观察1～2d，细胞病变达80%时收获病毒液，冷冻保存。每0.1mL病毒含量应≥$10^{5.0}$ $TCID_{50}$。应无细菌、霉菌、支原体和外源病毒污染。在－70℃保存，保存期为6个月。毒种继代应不超过5代。

（2）制苗用病毒液的制备 选用9～11日龄生长良好的SPF鸡胚成纤维细胞，按10%接毒量接种细胞，37℃培养，培养1～2d后，待80%以上的细胞出现病变时，即可收毒，－20℃保存，应不超过10d。应无菌生长。每0.1mL病毒含量≥$10^{5.0}$ $TCID_{50}$方可配苗。

（3）配苗及分装 将检验合格的细胞病毒液，经过滤除去细胞碎片后，加入适宜保护剂配苗，定量分装，迅速进行冷冻真空干燥。

5. 伪狂犬病三基因缺失苗 国内批准注册的三基因缺失苗有2个，分别是四川农业大学等研制的猪伪狂犬病活疫苗（2003）和武汉科前生物股份有限公司研制的猪伪狂犬病耐热保护剂活疫苗（HB2000株）（2016）。前者制苗毒株为SA215株，细胞为鸡胚成纤维细胞；后者毒株为HB2000株，细胞为Marc-145细胞，且冻干保护剂为耐热保护剂。

（1）猪伪狂犬病活疫苗（SA215株）

1）生产用毒种制备　本疫苗的毒种是三基因（*TK*、*gI*、*gE* 基因）缺失的伪狂犬病病毒 SA215 株，将毒种按 MOI 为 5 的量接种于 SPF 鸡胚成纤维细胞，37℃培养 1～3d，细胞病变达 75%时收获病毒液，冷冻保存。病毒含量应≥$10^{6.0}$PFU/mL。应无细菌、霉菌、支原体和外源病毒污染。在－70℃保存，保存期为 6 个月；－20℃保存，保存期为 1 个月。毒种继代应不超过 10 代。

2）制苗用病毒液的制备　选用 9～11 日龄生长良好的 SPF 鸡胚成纤维细胞，将毒种按 MOI 为 5 的量接种细胞，37℃培养，培养 1～3d 后，待 75%以上的细胞出现病变时，即可收毒，－20℃保存，应不超过 10d。应无菌生长。每 0.1mL 病毒含量≥$10^{5.0}$ $TCID_{50}$方可配苗。

3）配苗及分装　将检验合格的细胞病毒液，经过滤除去细胞碎片后，加入等量 5% 蔗糖脱脂牛乳保护剂配苗，定量分装。迅速进行冷冻真空干燥。

（2）猪伪狂犬病耐热保护剂活疫苗（HB2000 株）

1）生产用毒种制备　本疫苗的毒种是三基因（*TK*、*gI*、*gE* 基因）缺失的伪狂犬病病毒 HB2000 株，将毒种按 1%（v/v）接种于 Marc－145 细胞单层，细胞病变达 80%时收获毒液，－15℃以下保存。病毒含量应≥$10^{7.0}$ $TCID_{50}$/mL。应无细菌、霉菌、支原体和外源病毒污染。在－15℃以下保存，有效期为 6 个月。毒种继代应不超过 5 代。

2）制苗用病毒液的制备　取生长良好的 Marc－145 单层细胞，按 1.0%（v/v）接种生产用毒种，37℃吸附，加入含 2%胎牛血清的 DMEM 维持液，置 37℃转瓶培养。在细胞病变达 80%左右（约 48h）时置－15℃以下冻融 2 次后收获。应无菌生长。每 0.1mL 病毒含量≥$10^{7.0}$ $TCID_{50}$方可配苗。

3）配苗及分装　将检验合格的细胞病毒液与耐热保护剂按一定比例混合均匀，定量分装。迅速进行冷冻真空干燥。

（五）疫苗的质量标准与使用

1. 伪狂犬病弱毒冻干疫苗　伪狂犬病弱毒冻干疫苗是用猪伪狂犬病病毒弱毒株接种鸡胚成纤维细胞培养，收获细胞培养物，加适宜稳定剂，经冷冻真空干燥制成。且每头份疫苗病毒含量应≥5 000$TCID_{50}$。用于预防猪、牛及绵羊伪狂犬病。

外观为微黄色海绵状疏松团块，加 PBS 液后迅速溶解成均匀混悬液。疫苗应无细菌和支原体生长，无外源病毒污染。

安全检验时，按瓶签注明头份用 PBS 稀释为每 5mL 含 14 头份，肌内注射 6～18 月龄无伪狂犬病病毒中和抗体的绵羊 2 头，每头 5mL，观察 14d，应无临床反应。

效力检验时，按瓶签注明头份用 PBS 稀释为每毫升含 0.2 头份，肌内注射 6～18 月龄无伪狂犬病病毒中和抗体的绵羊 4 头，每头 1mL，14d 后，连同条件相同的对照绵羊 3 头，每头肌内注射强毒 1mL（含 1 000LD_{50}），观察 14d，对照羊至少 2 头发病死亡，免疫羊全部保护为合格。

接种疫苗时，按瓶签注明的头份，用 PBS 稀释为每毫升含 1 头份。注射途径为肌内注射。妊娠母猪及成年猪 2mL；3 月龄以上仔猪及架子猪 1mL；乳猪第一次 0.5mL。断乳后再注射 1mL。1 岁以上牛 3mL；5～12 月龄牛 2mL；2～4 月龄犊牛第一次 1mL，断乳后再注射 2mL。4 月龄以上绵羊 1mL。注苗后第 6 天产生免疫力，免疫期为 12 个月。在－20℃以下贮存有效期为 18 个月，2～8℃贮存有效期为 9 个月。

使用时应注意以下事项：该苗仅限于疫区和周围受威胁区，在疫区、疫点内，除已发病的动物不注射疫苗外，对未发病无临床表现的动物可进行紧急预防注射；妊娠母猪于分娩前21～28d注射为宜，其所生仔猪的母源抗体可持续21～28d，此后乳猪或断奶仔猪仍需注射疫苗；未用本疫苗免疫母猪所生仔猪可在生后7d内注射，并在断乳后再注射一次；疫苗稀释后应当日用完。

2. 猪伪狂犬病耐热保护剂活疫苗（C株） 本疫苗是用猪伪狂犬病病毒C株接种ST细胞进行培养，收获培养物，加适宜耐热保护剂，经冷冻真空干燥制成。其成品病毒含量每头份不低于$10^{6.0}$ $TCID_{50}$。用于预防猪伪狂犬病。

外观为微黄色海绵状疏松团块，加PBS液后迅速溶解，呈均匀混悬液。疫苗应无细菌和支原体生长，无外源病毒污染。

安全检验是用易感仔猪进行，接种10头份疫苗后观察14d，应无异常临床反应。

效力检验是用易感仔猪进行，免疫后攻毒对照猪应全部发病，免疫猪应80%保护。同时还有一种病毒含量测定的方法，其病毒含量每头份不低于$10^{6.0}$ $TCID_{50}$。

接种疫苗时，按瓶签注明头份，用稀释液稀释成1头份/mL。仔猪在3～4周龄免疫1头份；母猪在配种前1个月内免疫1头份；在产前6～7周加强免疫1头份；种公猪每隔6个月免疫1头份。接种途径为颈部肌内注射。免疫期为6个月。2～8℃可保存24个月。

使用时应注意以下事项：本品仅用于接种健康猪。稀释后，限4h内用完。接种时，应做局部消毒处理。在保存及运输过程中，禁忌阳光照射和高热。用过的疫苗瓶、器具和未用完的疫苗等应进行无害化处理。

3. 猪伪狂犬病油乳剂灭活疫苗 本疫苗是用猪伪狂犬病病毒鄂A株接种地鼠细胞（BHK-21）增殖，收获病毒，经甲醛溶液灭活，与油相乳化制成灭活疫苗。用于预防猪伪狂犬病。

本品物理性状为白色乳剂。剂型为油包水型。疫苗在离心管中以3 000r/min离心15min，不出现分层；疫苗置37℃下放置21d，不应有破乳、分层现象。

用黏度计进行黏度测定，应不超过200cps。疫苗应无菌生长。

安全检验时，每批疫苗随机抽取3瓶，等量混合后接种18g左右的小鼠5只，每只皮下注射0.3mL，观察14d，应健活；接种1.5～2kg健康家兔2只，每只臀部皮下注射5mL，观察14d，应健活且无不良反应。

效力检验时，每批疫苗随机抽取3瓶，等量混合后接种体重10～20kg伪狂犬病抗体阴性、健康断奶仔猪4头，各颈部肌内注射疫苗3mL。注苗后28d采血，分离血清，测定中和抗体指数，免疫猪血清中和指数应≥316。

育肥用断奶仔猪断奶时颈部肌内注射2mL/头；种用仔猪断奶时颈部肌内注射2mL/头，间隔4～6周后加强免疫一次（5mL），以后每隔半年注射一次；在有该病流行的地区，妊娠母猪产前一个月加强免疫一次。免疫期为6个月。

疫苗应在4～8℃条件下避光保存，保存期为1年，切勿冻结。

使用时应注意以下事项：使用前摇匀，使疫苗恢复到室温；启用后当日用完；疫苗应在有效期内使用；注射疫苗应采用正确的无菌操作程序；注射疫苗应采用9号针头。

4. 猪伪狂犬病双基因缺失苗 本品系用双基因（*TK*、*gG*基因）缺失的伪狂犬病病毒HB-98株接种SPF鸡胚成纤维细胞培养，收获细胞培养物，加适宜的保护剂，经冷冻真空干燥制成。用于预防猪伪狂犬病。注苗后7d开始产生免疫力，免疫期为6个月。

性状为乳白色或淡黄色海绵状疏松团块，易与瓶壁脱离，加稀释液后迅速溶解。疫苗应无菌、支原体和外源病毒污染。每头份病毒含量应≥$10^{5.0}$ $TCID_{50}$。

鉴别检验时，用200$TCID_{50}$/0.1mL的毒液2mL与等量抗猪伪狂犬病病毒特异性血清混合，进行细胞中和试验，结果试验组和空白对照组应无细胞病变，病毒对照应出现细胞病变（CPE）。

安全检验时，用18～21日龄仔猪（PRV中和抗体效价不高于1∶2）4头，各肌内注射或滴鼻接种疫苗10头份，连续测量体温7d，仔猪应体温正常并无其他不良反应。

效力检验时，用1日龄猪（PRV中和抗体效价不高于1∶2）4头，各肌内注射疫苗1头份，21d后，连同对照猪3头，各滴鼻攻击PRV鄂A株病毒液1mL（含$10^{7.0}$ $TCID_{50}$），观察14d。对照猪应全部发病（体温≥40℃，至少持续2d精神沉郁），免疫猪应全部保护。

疫苗应在2～8℃保存，有效期为6个月；－20℃以下保存，有效期为12个月。使用时按瓶签注明头份，用灭菌生理盐水稀释，各皮下或肌内注射1mL（1头份）。推荐免疫程序为：PRV抗体阴性仔猪在出生后1周内滴鼻或肌内注射；具有PRV母源抗体的仔猪在45日龄左右肌内注射；经产母猪每4个月免疫1次；后备母猪6月龄左右肌内注射免疫1次，间隔1个月后加强免疫1次，产前1个月左右再免疫1次；种公猪每年春、秋季各免疫1次。

使用时应注意以下事项：疫苗在运输、保存、使用过程中应防止高温、消毒剂和阳光照射；应对注射部位进行严格消毒；疫苗稀释后限2h内用完；剩余的疫苗及用具，应经消毒处理后废弃。

5. 猪伪狂犬病活疫苗（SA215株） 本品系用三基因（*TK*、*gI*、*gE*基因）缺失的伪狂犬病病毒SA215株接种SPF鸡胚成纤维细胞培养，收获细胞培养物，加适宜保护剂，经冷冻真空干燥制成。用于预防猪伪狂犬病。

本品外观为微黄色海绵状疏松团块，加稀释液后迅速溶解。疫苗应无细菌和支原体生长，无外源病毒的污染。且每头份疫苗病毒含量应≥10^{5}PFU。

鉴别检验时，将疫苗稀释成10^{4}PFU/mL，与伪狂犬病病毒特异血清（中和指数700～1 000）等量混合，37℃中和1h，同时设病毒对照，分别接种Vero细胞单层，置CO_2培养箱37℃培养3～5d，观察细胞病变（CPE），病毒对照组应出现细胞圆缩、融合形成空斑等细胞病变，中和组应不出现CPE。

安全检验时，用20～22日龄健康易感仔猪（猪伪狂犬病病毒中和抗体效价不高于1∶4）2头，各肌内注射疫苗2头份，观察7d，均应无反应。

效力检验时，用20～22日龄健康易感仔猪（猪伪狂犬病病毒中和抗体效价不高于1∶4）4头，各肌内注射疫苗1头份。28d后，连同条件相同的对照猪4头，分别采血，分离血清，测定血清中和抗体滴度。对照猪中和抗体效价均应不高于1∶4，免疫猪中和抗体效价均应不低于1∶30。或28d后，进行免疫攻毒试验，连同条件相同的对照猪4头，各滴鼻攻击伪狂犬病病毒Fa株病毒液1mL（含$10^{6.0}$PFU），观察7d，对照猪应全部发病并至少死亡2头，免疫猪应全部保护。

接种疫苗时，按瓶签注明的头份，用PBS（pH7.2）稀释后，肌内注射，每头1mL（1头份）。对于母猪，于配种前接种，对于其所产仔猪，可在出生后21～28d接种；对非免疫母猪所产仔猪，可在出生后7d内接种，对种公猪，每年春、秋季各接种1次。主动免疫力在接种后第7天产生，免疫期为112d；被动免疫力的免疫期至仔猪出生后21～28d。在2～8℃下贮存，有效期为1年。

使用疫苗时应注意以下事项：疫苗稀释后应当日用完，剩余的疫苗应在消毒后废弃；使用过程中应注意避免疫苗病毒扩散；应对注射部位进行严格消毒；疫苗在运输、保存、使用过程中应防止高温、消毒剂和阳光照射。

6. 猪伪狂犬病耐热保护剂活疫苗（HB2000株） 本品系用猪伪狂犬病病毒HB2000株（$TK^-/gI^-/gE^-$），接种Marc-145细胞培养，收获细胞培养物，加适宜耐热保护剂，经冷冻真空干燥制成。用于预防猪伪狂犬病。

本品外观为淡黄色或乳白色海绵状疏松团块，加稀释液后迅速溶解。疫苗应无细菌和支原体生长，无外源病毒的污染。且每头份疫苗病毒含量应≥$10^{5.0}$PFU。

鉴别检验有2种方法：中和试验和基因鉴定方法。进行中和试验时，用DMEM生长液（含10%胎牛血清）将疫苗稀释成0.002头份/mL的病毒液。中和组取2.0mL病毒液与等量抗猪伪狂犬病病毒特异性血清混合：病毒对照组取2.0mL病毒液与等量DMEM生长液混合；空白对照组取4.0mL DMEM生长液，均置37℃作用1h。将上述作用后的混合液分别接种Marc-145细胞单层各3瓶（T25cm^2），每瓶1.0mL，37℃吸附1h后补充DMEM维持液至10mL，置37℃、5% CO_2条件培养3d，每日观察2次，对未出现细胞病变者应盲传3代。中和组和空白对照组均应无细胞病变，病毒对照组应出现细胞病变。

进行基因鉴定方法时，根据HB2000株序列，设计特异性引物，对*TK*基因和*gE-gI*基因进行PCR扩增，HB2000株可扩增出748bp *TK*基因片段和514bp *gE-gI*基因片段：亲本株鄂A株可扩增出953bp *TK*基因片段和1761bp *gE-gI*基因片段。

安全检验时，用20～28日龄健康易感仔猪5头，各肌内注射疫苗10头份，观察14d，应不出现由疫苗引起的局部或全身不良反应。

效力检验也有2种方法：病毒含量测定法和免疫攻毒法。前者进行测定时，利用Marc-145细胞进行，按Reed-Muench法计算$TCID_{50}$，每头份病毒含量应≥$10^{5.0}$ $TCID_{50}$。免疫攻毒法进行测定时，用1日龄健康易感仔猪5头，各肌内注射疫苗1头份。接种21d后，连同条件相同的对照猪5头，各滴鼻攻击伪狂犬病病毒鄂A株病毒液1.0mL（$10^{7.0}$ $TCID_{50}$/mL），观察14d，对照猪应至少4头发病，免疫猪应至少4头保护。

接种疫苗时，颈部肌内注射或滴鼻。按瓶签注明头份，用稀释液稀释为1头份/mL，每头猪1.0mL。推荐免疫程序为：PRV抗体阴性猪，在出生后1d内滴鼻或颈部肌内注射：具有PRV母源抗体的仔猪，在45日龄颈部肌内注射；经产母猪产前1个月颈部肌内注射；后备母猪6月龄颈部肌内注射，产前1个月加强免疫1次。免疫期为6个月。2～8℃下保存，有效期为24个月。

使用疫苗时应注意以下事项：本品仅用于接种健康猪。疫苗稀释后限4h内用完。用过的疫苗瓶、器具和未用完的疫苗等应进行无害化处理。

（六）展望

分子生物学的研究已促使针对本病毒基因和其序列的研究取得很大的进展。这无疑有利于对本病诊断和防制的进一步研究。在疫苗方面研制能够完全控制疫苗在接种后不感染强毒的疫苗是今后猪伪狂犬病疫苗研究的关键。同时在诊断方面最重要的研究是隐性带毒猪的诊断方法的研究，因为这种猪在接种疫苗后往往会影响疫苗免疫效果。对于新出现的伪狂犬病病毒变异毒株，国内的研究机构做了大量的工作。对伪狂犬病病毒变异毒株的基因特征、抗原特性以及毒力等生物学特性有了初步的认识，这为疫苗的研制提供了良好的基础。国内的研究机构正在加紧研制猪伪狂犬病基因缺失活疫苗或灭活疫苗，相信在不久的将来，一批优良的疫苗就会从实验室走向市场，为伪狂犬病的控制甚至根除做出贡献。

（赵　耘）

四、猪繁殖与呼吸系统综合征

（一）概述

猪繁殖与呼吸系统综合征（Porcine reproductive and respiratory syndrome，PRRS）是由猪繁殖与呼吸系统综合征病毒（Porcine reproductive and respiratory syndrome virus，PRRSV）引起的一种猪的高度传染性疾病，又称“猪蓝耳病”。本病以妊娠母猪的繁殖障碍（流产、死胎、木乃伊胎）及各种年龄猪特别是仔猪的呼吸道症状为特征。该病 1987 年首先在美国报道，其后在德国、加拿大、日本、荷兰、西班牙、法国、英国等国相继报道。目前，PRRS 已遍布全球的主要养猪国家，给世界养猪业带来了重大的经济损失。中国自 1996 年郭宝清首先报道 PRRS 以来，已有二十多个省市报道此病，特别是在 2006 年夏秋，中国南方数省发生猪“高热病”，随后蔓延至全国，南至海南，北至内蒙古。猪“高热病”能引起不同品种、不同日龄、不同饲养管理模式的保育猪、仔猪和怀孕猪高发病率、高死亡率，给中国的养猪业造成了不可估量的损失。

PRRSV 属于冠状病毒科（Togaviridae），动脉炎病毒属（*Artervirus*）。为单股 RNA 病毒，基因组长约 15kb，含有 9 个开放阅读框（ORF），ORF 1a 和 1b 编码 RNA 聚合酶，ORF 2～6 编码囊膜蛋白，ORF 7 编码衣壳蛋白。病毒主要的结构蛋白有核衣壳蛋白 N（15ku）、基质蛋白 M（18～19ku）、囊膜蛋白 E（25ku）。N 蛋白和 M 蛋白具有很强的免疫原性，病毒感染后机体可产生针对它们的特异抗体，但没有中和活性；E 蛋白能诱导机体产生中和抗体和诱导细胞凋亡。PRRSV 分为两个型，即以 ATCC VR2332 毒株为代表的美洲型和以 LV 株为代表的欧洲型。PRRSV 具有变异性，欧洲和美洲分离毒株之间存在显著的抗原差异性，两者只有很少的交叉反应。中国的 PRRSV 分离株大多属于美洲型。2006 年，中国暴发的猪“高热病”病原是美洲型的变异株，其病毒非结构蛋白 NSP2 编码基因出现长短不等的缺失变异。

PRRSV 病毒的稳定性受 pH 和温度的影响较大，在 pH 小于 5 或大于 7 的条件下，其感染力降低 95%以上；在 pH7.5 的培养液中可于－20℃和－70℃长期保存，在 4℃则缓慢失去感染力；对有机溶剂敏感，对常用的化学消毒剂抵抗力不强。

PRRSV 可在猪原代肺泡巨噬细胞、MA104、Mark－145、HS2H、ATCC CL－2621 及 CRL－11171 等传代细胞上增殖。

（二）疫苗的研究进展

对于 PRRS 的防制，虽然目前尚无十分有效的免疫防制措施，但在群体有 PRRS 感染史或存在 PRRSV 高风险的情况下，疫苗免疫不失为一种有效的预防控制 PRRS 的方法。国外已推出商品化的 PRRS 减毒活疫苗和灭活苗。通常讲，减毒活疫苗免疫效果好一些，但存在一定的安全问题；灭活疫苗不存在散毒和毒力返强的问题，但免疫效果不确定。多年的经验证明，虽然PRRS弱毒疫苗在世界一些国家使用，对疾病的防控发挥了一定的作用，但PRRS减毒疫苗的毒力返祖增强现象和安全性问题日益引起人们的担忧。国外有多起使用减毒疫苗而在猪群中暴发PRRS的报道。而灭活苗虽然其免疫效果有限或不确定，但它具有安全、不散布病毒、不造成PRRS新疫源和返强等优点。

1. 灭活疫苗 PRRS灭活疫苗具有安全、不返强、不干扰母源抗体和易贮存与运输等优点，其缺点是单次免疫剂量大，需多次免疫，且对异源毒株免疫效果不理想。西班牙、荷兰、加拿大、美国和中国都已研制出灭活疫苗并商品化。研究表明PRRS的灭活疫苗接种可以产生保护性免疫反应。Plana Duran 等（1995）、Swenson 等（1995）分别研制成功了PRRS的灭活苗，具有一定的免疫效果。加拿大Rogan等的研究表明，用PRRS灭活苗免疫猪后，可以刺激猪产生针对ORF5、ORF6和ORF7所编码蛋白的抗体，可以减少猪病毒血症的发生。剖检结果表明，接种灭活疫苗后，可有效地阻止肺部病变。De Jong 等应用一种灭活疫苗减少了PRRSV在猪群中的传播，有望用于PRRS的控制。Geldhof等比较了三种欧洲的商品化疫苗和以07V063株、LV株为毒株的两种自制灭活疫苗对抗07V063株野毒株时对仔猪的免疫保护效果，结果发现两种自制灭活疫苗均可诱导机体产生针对07V063株的中和抗体；Karniychuk等利用07V063株自制灭活疫苗免疫怀孕母猪，结果发现该自制疫苗能够轻微地减弱母猪的病毒血症，减少PRRSV从子宫内膜转移到胎盘的数量而提高胎猪的存活率。吴家强等用PRRSV SD毒株制备灭活疫苗，并进行了安全性试验，结果以三个剂量组（常规免疫剂量、3倍量与5倍量）分别免疫3月龄后备母猪和妊娠母猪，未见不良反应。徐涤平等用PRRS灭活疫苗控制母猪繁殖障碍和降低感染仔猪死亡率，结果母猪在实施接种PRRS灭活苗后，平均每窝多获得活仔3.7头，免疫母猪所产后代在哺育阶段健康状况良好，其病死率较以前下降7.2%。哺乳仔猪进入保育阶段，采取接种PRRS灭活疫苗，其病死率分别比试验前和对照猪下降6.4%和2.7%。王君玮等（2005）利用山东某猪场分离的强毒株接种Mark－145细胞，经甲醛灭活后与油乳剂乳化制成油乳剂灭活疫苗，其对出生仔猪、断奶仔猪及妊娠母猪均无不良反应，且具有较好的免疫效果。郭宝清等将国内分离的PRRSV CH－1a毒株制成PRRS油乳剂灭活疫苗。试验表明，该疫苗免疫猪后20d抗体就达到高峰，并可持续6个月左右，具有较长的免疫持续期。

国际上商品化的PRRS疫苗已有多个，包括德国勃林格殷格翰公司的lngelvacR－PRRS（P120株）疫苗、西班牙海博莱公司的Suipravac－PRRS（5710株）疫苗、原法国梅里亚公司的ProgressisR疫苗、捷克Dnytec公司的Suivac PRRS－IN（VD－E1/E2与VD－A1株）疫苗、原美国英特威公司的PRRomiSe™疫苗以及韩国的SuiShotRPRRS疫苗等。国内已经注册的PRRS灭活疫苗包括2005年中国农业科学院哈尔滨兽医研究所研发的经典毒株灭活疫苗、2007年中国动物疾病预防与控制中心与中国兽医药品监察所合作研发的高致病性NVDC－JXA1株灭活疫苗，以及武汉中博生物股份有限公司研发的M－2株灭活疫苗，这些疫苗的研发和使用为PRRS的防控起到了一定的作用。

2. 弱毒疫苗 PRRS弱毒疫苗具有抗体产生快、免疫力强、可体内复制并保持长久免疫力等优点。最早进入中国市场（2005）的PRRS活疫苗是由德国勃林格殷格翰公司生产的，该疫苗是在1995年研发的弱毒疫苗，用美洲型蓝耳病病毒2332株经Marc－145细胞传代致弱后生产，用于3～15周龄猪，疫苗在抗击经典株感染方面有良好的作用。该公司后期又研发了用于仔猪和育肥猪的弱毒疫苗 lngelvac^{R}PRRS ATP（JA－142 株）。目前，国际上商品化的活疫苗还包括：美国默克公司生产的用于母猪和后备母猪的 Porcilis PRRS®（DV 株）弱毒疫苗、西班牙海博莱公司生产的用于仔猪和育肥猪的 Amervac－PRRS®（VP046 株）弱毒疫苗以及西班牙 Syva 公司生产的用于各阶段猪的 Pyrsvac－183®（All－183 株）弱毒疫苗。

中国最早批准投放市场（2007 年批准注册）的活疫苗是中国农业科学院哈尔滨兽医研究所蔡雪辉等研究成功的，他们利用体外低温传代致弱技术，对国内分离毒株 CH－1a 株进行致弱，获得了 1 株理想的致弱株 CH－1R 株，研制成功了猪繁殖与呼吸综合征活疫苗。用该疫苗免疫接种 30 头 3 月龄猪，先后免疫接种 2 次，间隔 20d，在首免第 5 天就可检到抗体，第 28 天抗体达到高峰，第 56 天抗体仍维持较高的水平。该疫苗不但能有效抵抗经典毒株的攻击，而且对高致病性蓝耳病毒株也有一定的免疫保护作用，经 3 000 多万头份的田间使用，显示了良好的安全性和免疫保护作用。2009 年南京农业大学与瑞普（保定）生物药业有限公司共同研发的“猪繁殖与呼吸综合征活疫苗（R98 株）”批准注册。

自 2006 年高致病性猪蓝耳病发生以后，农业部组织中国兽医药品监察所、中国农业科学院哈尔滨兽医研究所、中国动物疫病预防控制中心、华中农业大学、中国农业大学等多家单位开展了高致病性蓝耳病活疫苗的研究，同样是通过细胞传代致弱高致病性蓝耳病变异毒株，然后用毒力致弱株来生产疫苗。初步试验证明，通过细胞传代的方法可以将基因变异毒株的毒力减弱，而且减弱毒株能保持良好的稳定性和免疫原性，目前已批准注册的高致病性猪繁殖与呼吸综合征病毒弱毒疫苗包括中国动物疫病预防控制中心 2009 年研发的“高致病性猪繁殖与呼吸综合征活疫苗（JXA1－R 株）”（2011 年正式批准注册）、中国农业科学院哈尔滨兽医研究所研发的“高致病性猪繁殖与呼吸综合征活疫苗（HuN4－F112 株）”（2011 年批准注册）、中国农业科学院特产研究所等研发的“高致病性猪繁殖与呼吸综合征活疫苗（TJM－F92 株）”（2011 年批准注册），以及 2014 年批准注册的中国兽医药品监察所研发的“高致病性猪繁殖与呼吸综合征活疫苗（GDr180 株）”。

PRRS 弱毒疫苗最大的缺点就是安全性差，Mortensen S 等研究表明，用 PRRS 弱毒苗接种母猪后，会对母猪的繁殖性能造成不利影响，甚至可通过子宫感染胎猪。在国内，安全性也是评价 PRRS 弱毒疫苗的重要指标之一。陈瑞爱等使用高致病性 PRRS（JXA1－R 株）活疫苗对仔猪进行免疫，仔猪无不良临床表现；使用该疫苗对配种前母猪、怀孕 80～90d 母猪、临产前 15d 母猪进行免疫，母猪精神、食欲、体温均正常，并在预产期顺利产仔，表现出良好的安全性。近年来，随着生产工艺以及冻干技术的发展，猪繁殖与呼吸综合征弱毒活疫苗的研发也取得了一定的进展，分别在 2015 年、2016 年由中国动物疫病预防控制中心、华威特（北京）生物科技有限公司研发成功“高致病性猪繁殖与呼吸综合征耐热保护剂活疫苗（JXA1－R 株）”和“高致病性猪繁殖与呼吸综合征活疫苗（TJM－F92 株，悬浮培养）”。这两个疫苗均是采用悬浮培养工艺，冻干保护剂为耐热冻干保护剂，极大地提高了生产效率。

3. 基因工程疫苗 国内外开展基因工程疫苗研究的不乏报道，但到目前为止，尚没有正式批准的基因工程疫苗上市。陈焕春、方六荣等对 PRRSV 的自杀性 DNA 疫苗和以伪狂犬病病毒（PRV）为载体的二价基因工程疫苗进行了研究，后者呈现出了良好的免疫效果；宁宜宝和 Shijun M 等联合研究的蓝耳病经典株与变异株二价基因工程活载体疫苗，三次试验结果表明：该疫苗对猪非常安全，超大剂量感染猪不出现任何临床反应。疫苗免疫猪在2周时100%出现免疫抗体反应，疫苗免疫猪能有效抵抗强毒的攻击，免疫抵抗力可以达到80%以上。

（三）疫苗的种类

目前，国内批准注册的疫苗有10个，其中灭活疫苗2个。灭活疫苗包括：中国农业科学院哈尔滨兽医研究所2005研制的“猪繁殖与呼吸综合征灭活疫苗”、中国动物疫病预防控制中心等2007年研制的“高致病性猪繁殖与呼吸综合征灭活疫苗（NVDC-JXA1株）”。其他均为活疫苗，包括：中国农业科学院哈尔滨兽医研究所等2007年研制的“猪繁殖与呼吸综合征活疫苗（CH-1R株）”、中国动物疫病预防控制中心2009年研制的“高致病性猪繁殖与呼吸综合征活疫苗（JXA1-R株）”（2009年暂行使用，2011年正式批准注册）、南京农业大学等2009年研制的“猪繁殖与呼吸综合征活疫苗（R98株）”、中国农业科学院哈尔滨兽医研究所等2011研制的“高致病性猪繁殖与呼吸综合征活疫苗（HuN4-F112株）”、中国农业科学院特产研究所等2011研制的“高致病性猪繁殖与呼吸综合征活疫苗（TJM-F92株）”、中国兽医药品监察所等2014年研制的“高致病性猪繁殖与呼吸综合征活疫苗（GDr180株）”、中国动物疫病预防控制中心等2015年研制的“高致病性猪繁殖与呼吸综合征耐热保护剂活疫苗（JXA1-R株）”、华威特（北京）生物科技有限公司等2016年研制的“高致病性猪繁殖与呼吸综合征活疫苗（TJM-F92株，悬浮培养）”。

（四）疫苗的生产制造

1. 猪繁殖与呼吸综合征灭活疫苗

（1）生产毒种的制备　猪繁殖与呼吸综合征灭活疫苗制苗毒株是CH-1a株，将毒种（CH-1a株）接种于Marc-145细胞单层，置37℃培养48～72h，当细胞病变达到80%以上时，收获细胞培养物，病毒含量应$\geqslant 2\times10^{7.0}$ $TCID_{50}$/mL。-20℃保存不超过12个月；-70℃保存不超过24个月。毒种继代应不超过5代。

（2）病毒液的繁殖　按1%的接种量接种生长良好的Marc-145细胞单层，37℃培养48～72h，当细胞病变达到80%以上时，收获细胞培养物，病毒含量应$\geqslant 2\times10^{7.0}$ $TCID_{50}$/mL。置-20℃保存，应不超过2个月。

（3）灭活　在病毒液中加入甲醛溶液，边加边搅拌使甲醛最终浓度为0.3%，充分混匀，置37℃作用6～8h，后置2～8℃过夜，加入适量的汞。在2～8℃保存应不超过2周。

（4）配苗　油为医用轻质矿物油，油、司本和吐温的比例是90∶7∶3，分数次加入适量硬脂酸铝，充分混匀，高压灭菌备用；水相与油相的比例是1∶1，充分乳化。

（5）分装　将乳化好的疫苗无菌定量分装，加塞密封。

2. 猪繁殖与呼吸综合征活疫苗（R98株）

（1）生产毒种的制备　制苗用毒株为R98株，将毒种接种于Marc-145细胞单层，置37℃培养，当细胞病变达到75%以上时，收获细胞培养物，病毒含量应$\geqslant 10^{6.0}$ $TCID_{50}$/mL。-20℃保存不超过3个月。毒种继代应不超过3代。

（2）病毒液的繁殖　接种生长良好的Marc-145细胞单层，37℃培养，当细胞病变达到75%以上时，收获细胞培养物，病毒含量应$\geqslant 10^{6.0}$ $TCID_{50}$/mL。

（3）疫苗的配制及冻干　将检验合格的半成品加入适量的冻干保护剂，分装于疫苗瓶中，经冷冻真空干燥制成疫苗。

3. 高致病性猪繁殖与呼吸综合征活疫苗（GDr180 株）

（1）生产毒种的制备　制苗用毒株为 GDr180 株，将毒种接种于 Marc－145 细胞单层，置 37℃培养，当细胞病变达到 70%左右时，收获细胞培养物，病毒含量应≥$10^{6.0}$ $TCID_{50}$/mL。－20℃以下保存，应不超过 6 个月；－70℃以下保存，应不超过 18 个月。毒种继代应不超过 3 代。

（2）病毒液的繁殖　接种生长良好的 Marc－145 细胞单层，37℃培养，当细胞病变达到 70%左右时，收获细胞培养物，病毒含量应≥$10^{7.0}$ $TCID_{50}$/mL。

（3）疫苗的配制及冻干　将检验合格的半成品加入适量的冻干保护剂，分装于疫苗瓶中，经冷冻真空干燥制成疫苗。

4. 高致病性猪繁殖与呼吸综合征活疫苗（TJM－F92 株，悬浮培养）

（1）生产毒种的制备　制苗用毒株为 TJM－F92 株，将毒种接种生物反应器微载体 Marc－145 细胞后，在 37℃条件下培养，当 70%以上细胞出现 CPE 时收获病毒液上清。也可采用转瓶进行培养，将基础毒种接种已长成良好单层的 Marc－145 细胞，在 37℃条件下培养，当 70%以上细胞出现 CPF 时收获病毒液，冻融 2 次。病毒含量应≥$10^{7.0}$ $TCID_{50}$/mL。－70℃以下保存，应不超过 60 个月。毒种继代应不超过 5 代。

（2）病毒液的繁殖　将生产毒种接种生物反应器微载体 Marc－145 细胞后，37℃条件下培养，定时取样观察，当 70%以上细胞出现 CPE 时收获病毒液上清。病毒含量应≥$10^{7.5}$ $TCID_{50}$/mL。

（3）疫苗的配制及冻干　将检验合格的半成品加入适量的耐热冻干保护剂，分装于疫苗瓶中，经冷冻真空干燥制成疫苗。

（五）质量标准和使用

1. 猪繁殖与呼吸综合征灭活疫苗　是用猪繁殖与呼吸综合征病毒 CH－1a 株或变异株接种 Marc－145 细胞进行培养，收获细胞培养物，经甲醛溶液灭活后，与矿物油佐剂乳化制成。用于预防猪繁殖与呼吸综合征和猪高致病性蓝耳病（猪“高热病”）。

外观为乳白色乳剂，剂型为油包水型。取 5mL 疫苗，装于 10～12mL 离心管中，经 3 000r/min离心 15min，应不破乳。疫苗应无菌生长。

CH－1a 株灭活苗安全检验可用母猪或仔猪进行。用母猪进行时，选取怀孕 65～70d 的母猪 3 头，每头颈部肌内注射疫苗 8mL，观察至母猪分娩为止，应无因接种疫苗引起的不良反应，并能产下健康的活仔；用仔猪进行时，选取 28～35 日龄的健康易感仔猪（中和效价低于 1∶4）5 头，每头颈部肌内注射疫苗 4mL，连续观察 14d，应无不良反应。用于预防高致病性蓝耳病（猪“高热病”）的变异株灭活苗安全检验选用 3～4 周龄抗原、抗体阴性猪 5 头，每头耳后部肌内注射疫苗 4mL，观察 21d，应不出现由疫苗引起的局部和全身不良反应。

CH－1a 株灭活苗效力检验可用中和抗体测定法或免疫攻毒法进行。利用中和抗体测定法进行时，选取 28～35 日龄的健康易感仔猪（中和效价低于 1∶4）5 头，每头颈部肌内注射疫苗 2mL。21d 后，连同对照猪 3 头，分别静脉采血，分离血清，检测血清中和抗体效价。对照猪的中和抗体效价均应低于 1∶4；免疫猪应至少有 4 头血清中抗体效价不低于 1∶26。利用免疫攻毒法进行时，选取 28～35 日龄的健康易感仔猪（中和效价低于 1∶4）5 头，每头颈部肌内注射疫苗 2mL。21d 后，连同对照猪 3 头，用 PRRSV VR－2332 株

($10^{5.0}$ $TCID_{50}$/mL)攻击，每头滴鼻2mL，连续观察21d。扑杀剖检，根据临床症状、病理变化和抗原检测进行判定。对照猪应至少有2头发病，免疫猪应至少保护4头。用于预防高致病性蓝耳病（猪“高热病”）的NVDC-JXA1株灭活苗效力检验采用免疫攻毒法进行。选取3～6周龄的PRRSV抗原、抗体阴性猪10头，其中5头耳后部肌内注射疫苗2mL，另5头作为对照，同条件下饲养。28d后，用PRRSV NVDC-JXA1强毒株（$10^{5.0}$ $TCID_{50}$/mL）攻击，每头耳后部肌内注射3mL，每日测温并连续观察21d。对照猪应全部发病，且至少2头死亡，免疫猪应至少4头健活。

本疫苗用于预防猪繁殖与呼吸综合征，免疫期为6个月。免疫途径为颈部肌内注射。母猪在怀孕40d内进行初次免疫接种，间隔20d后进行第2次接种，以后每隔6个月接种1次，每次每头4mL；种公猪初次接种与母猪同时进行，间隔20d后进行第2次接种，以后每隔6个月接种1次，每次每头为4mL；仔猪21日龄接种1次，每头2mL。疫苗在2～8℃保存，有效期为10个月。

使用时应注意以下事项：疫苗使用前应恢复至室温，并摇匀；注射部位应严格消毒；对妊娠母猪进行接种时，要注意保定，避免引起机械性流产；注射疫苗后个别猪会出现局部肿胀，可在21d后基本消失；屠宰前21d不得进行接种；应在兽医的指导下使用。

2. 猪繁殖与呼吸综合征活疫苗（R98株） 本品系用猪繁殖与呼吸综合征病毒（PRRSV）弱毒R98株接种Marc145传代细胞培养，收获细胞培养物，加适宜稳定剂，经冷冻真空干燥制成。用于预防猪繁殖与呼吸综合征（猪蓝耳病）。

本品外观为微黄色海绵状疏松团块，加稀释液后迅速溶解。疫苗应无菌和支原体生长，无外源病毒的污染。

安全检验时，用7d PRRSV抗体阴性的健康易感仔猪3头，各肌内注射疫苗10头份，观察14d，应无异常临床反应。

效力检验有2种方法，分别是病毒含量测定和免疫攻毒法。病毒含量测定的标准是：每头份疫苗病毒含量应≥$10^{5.0}$ $TCID_{50}$。免疫攻毒法是用28～30日龄PRRSV抗体阴性的健康易感仔猪5头，各肌内注射或滴鼻疫苗1头份。30d后，连同条件相同的对照猪3头，分别以滴鼻攻击PRRSV强毒2mL（含$10^{5.0}$ $TCID_{50}$/mL），观察28d，对照猪应至少2头发病，免疫猪应至少保护4头。

接种疫苗时，按瓶签注明的头份，用灭菌生理盐水或适宜稀释液稀释为每头份1mL，7日龄以上仔猪肌内注射或滴鼻，1mL/头；后备母猪和配种前母猪肌内注射，2mL/头。－20℃以下贮存，有效期为15个月。

使用疫苗时应注意以下事项：本品不宜用于PRRS阴性猪场及怀孕30d内母猪和种公猪。发生本病时可进行紧急预防注射。对体质瘦弱和患有其他疾病的猪不应使用。目前尚未进行该疫苗对高致病性猪蓝耳病的免疫效力试验，故尚不能确定该疫苗对高致病性猪蓝耳病的免疫效果。稀释后应放置于冷暗处，限1h内用完。用过的疫苗瓶、器具和未用完的疫苗等应进行无害化处理。应在8℃以下的冷藏条件下运输。

3. 高致病性猪繁殖与呼吸综合征活疫苗（GDr180株） 本品系用高致病性猪繁殖与呼吸综合征病毒强毒GD株经传代致弱的GDr180株接种Marc-145细胞培养，收获感染细胞培养液，加入适宜稳定剂，经冷冻真空干燥制成。用于预防高致病性猪繁殖与呼吸综合征（即高致病性猪蓝耳病）。

本品外观为淡黄色或灰白色海绵状疏松团块，易与瓶壁脱离，加稀释液后迅速溶解。疫苗应无菌和支原体生长，无外源病毒的污染。

安全检验时，用4～6周龄健康易感仔猪5头，各肌内注射疫苗10头份，观察14d，与接种前相比，体温、精神、食欲应无明显变化，体温升高应不超过1℃，若体温超过基础体温1℃，但不得超过1.5℃，且稽留不超过两个温次，也判为合格。首次检验不合格时，可用相同数量动物重检1次。

效力检验有2种方法，分别是病毒含量测定和免疫攻毒法。病毒含量测定的标准是：每头份疫苗病毒含量应≥$10^{5.0}$ $TCID_{50}$。免疫攻毒法是用4～6周龄健康易感仔猪5头，各肌内注射疫苗1头份。28d后，连同条件相同的对照猪5头，分别以滴鼻攻击PRRSV强毒3mL（含$10^{4.5}$ $TCID_{50}$/mL），观察21d，对照猪均应发病，且至少死亡2头，免疫猪应至少4头保护。

接种疫苗时，按瓶签注明头份用无菌生理盐水稀释，仔猪断奶前后接种，母猪配种前接种，每头1头份。－15℃以下保存，有效期为18个月。

使用疫苗时应注意以下事项：初次应用本品的大型猪场，应先做小群试验。阴性猪群、种公猪和怀孕母猪禁用。本品仅用于接种4周龄以上健康猪。接种用器具应无菌，注射部位应严格消毒。疫苗稀释后应避免高温，限1h内用完。偶尔可能引起过敏反应，可用抗组胺药（肾上腺素等）治疗。

4. 高致病性猪繁殖与呼吸综合征活疫苗（TJM－F92株，悬浮培养） 本品系用高致病性猪繁殖与呼吸综合征病毒强毒TJ株经细胞传代致弱的TJM－F92株接种生物反应器微载体悬浮培养的Marc－145细胞培养，收获感染细胞培养液，加入适宜耐热保护剂，经冷冻真空干燥制成。用于预防高致病性猪繁殖与呼吸综合征（即高致病性猪蓝耳病）。

本品外观为白色海绵状疏松团块，易与瓶壁脱离，加稀释液后迅速溶解。疫苗应无菌和支原体生长，无外源病毒的污染。

安全检验时，用4～6周龄健康易感仔猪5头，各肌内注射疫苗10头份，观察14d，与接种前相比，体温、精神、食欲应无明显变化，体温升高应不超过1℃。若体温超过基础体温1℃，但不得超过1.5℃，且稽留不超过两个温次，也判为合格。首次检验不合格时，可用相同数量动物重检1次。

效力检验有2种方法，分别是病毒含量测定和免疫攻毒法。病毒含量测定的标准是：每头份疫苗病毒含量应≥$10^{5.0}$ $TCID_{50}$。免疫攻毒法是用4～6周龄健康易感仔猪5头，各肌内注射疫苗1头份。28d后，连同条件相同的对照猪5头，分别以滴鼻攻击PRRSV强毒2mL（含$10^{4.0}$～$10^{4.5}$ $TCID_{50}$/mL），观察21d，对照猪均应发病，且至少死亡2头，免疫猪应至少4头保护。

接种疫苗时，按瓶签注明的头份，用灭菌生理盐水将疫苗稀释成1头份/mL，每头颈部肌内接种1.0mL。2～8℃以下保存，有效期为18个月。

使用疫苗时应注意以下事项：本品仅用于接种4周龄以上健康猪。阴性猪群、种猪和怀孕母猪禁用。屠宰前30d禁用。疫苗经稀释后充分摇匀，限一次用完。应使用无菌注射器进行接种。注射部位应严格消毒。使用后的疫苗瓶和相关器具应严格消毒。应在兽医指导下使用。

（六）展望

目前，许多国家已禁止使用弱毒疫苗，转而使用灭活疫苗，但灭活疫苗不仅需多次反复接种，而且效果不稳定，还经常导致免疫失败。可以说，目前使用灭活苗是不得已而为之，因此迫切需要研制出更加安全、有效的疫苗来预防和控制该病的发生和流行。PRRS 新一代基因工程疫苗有望在以下几个方面取得突破：多基因与佐剂分子 DNA 疫苗、多基因与佐剂亚单位疫苗、RNA 疫苗、"自杀性" DNA 疫苗以及活载体疫苗等，这些疫苗的研究和开发必将为 PRRS 在中国的最终控制做出重要的贡献。

（赵　耘　宁宜宝）

五、非洲猪瘟

（一）概述

非洲猪瘟（African swine fever，ASF）是由非洲猪瘟病毒（Africa swine fever virus，ASFV）引起的猪的一种急性、高度致死性传染病。本病自 1921 年在肯尼亚发现以来，一直存在于撒哈拉以南的非洲国家，1975 年本病先后传至西欧和拉美一些国家，多数被及时扑灭，但在葡萄牙、西班牙西南部和意大利的撒丁岛仍有地方流行，并造成巨大的经济损失。本病的临床症状和病理变化与猪瘟相似，表现为发热、皮肤发绀和淋巴结、肾、胃肠黏膜明显出血。出现症状后 48h 内死亡，死亡率高达 98.9%。本病被国际动物卫生组织列为 A 类重点防范传染病。到目前为止，尚未研制出一种有效的疫苗来控制本病的流行。

ASFV 是直径为 175～215nm 的正二十面体病毒，具有囊膜，衣壳内部呈几个同心圆结构。基因组为双股线状 DNA，大小为 170～190kb，末端有颠倒重复。本病毒的结构很复杂，结构蛋白有 28 种。在感染细胞内可检测到 100 种以上病毒诱导的蛋白质。

在非洲和西班牙半岛有几种软蜱是 ASFV 的储藏宿主和媒介。近来发现美洲等地分布广泛的其他蜱种也可传播 ASFV。猪是自然感染 ASFV 的唯一家畜，但野猪对 ASFV 也易感，表现与家猪相似的症状或呈亚临床症状，野猪能直接将病毒传给家猪。ASFV 在软蜱和有些野猪之间形成循环感染，感染野猪虽然在血液和组织中的含毒量低，但足够使蜱传播。这种循环感染使 ASF 在非洲很难消灭。

病毒存在于感染猪的血液、组织液、内脏及所有分泌物和排泄物内，病毒一旦在家猪中建立感染，感染猪就是病毒进一步传播的最主要来源，大多数康复猪都是带毒者。ASFV 对外界环境抵抗力很强，对酸、碱均稳定，脂溶剂和消毒剂都能灭活病毒。消毒剂中以 2%氢氧化钠及 5%福尔马林最有效。在 40℃15d 或 50℃ 33.5h 不能完全灭活病毒；血液中的病毒在 4℃可存储 18 个月；在冷藏猪肉中可存活 1 000d 以上；在加工的肉制品中可存活 5～6 个月。在 60℃经 30min 可灭活病毒。

病毒可直接在猪骨髓细胞、猪白细胞增殖；某些毒株经适应后亦可用猪肾细胞、BHK-21 及 Vero 细胞培养，多数毒株在感染细胞能形成细胞病变、合胞体等，病毒无血凝作用。

（二）疫苗与免疫

非洲猪瘟的免疫仍不十分清楚。康复动物血清可测出补体结合抗体和沉淀抗体，但不见有中和抗体，也不能证明抗体能中和病毒。耐过猪长时期带毒的同时，在血液中存在短暂性的抗体，对同源毒株有短暂免疫力。同时注射高免血清及病毒而存活下来的少数猪，经过192d与同源病毒接触，表现有抵抗力，经过283d就失去抵抗力。

目前，尚无有效的疫苗可用于本病的免疫预防。葡萄牙曾用1960年流行中分离的一毒株通过骨髓细胞在33℃传代89代后用作疫苗，接种猪可产生抗体，但同时带毒，实际上其促成该地区1962年亚急性和慢性感染增多。因此由于不安全而停止使用。

（三）展望

2018年8月该病传入中国，已给中国养猪业造成了极其严重的经济损失。要严防该病流行，除严格扑杀、封锁和消毒外，还要严禁从ASF国家进口动物及其动物产品，在国际机场和港口，从飞机和船舶来的食物废料及加工的肉制品均应焚毁。开展ASF的诊断和检疫技术的研究十分重要，但在国内从事任何接触ASF活毒都是危险的，可通过构建ASFV重组表达抗原建立ELISA方法、PCR方法等，建立快速诊断方法和制订疫情应急预案。

中国已开展了非洲猪瘟疫苗的研究工作。

（赵　耘）

六、猪流行性腹泻

（一）概述

猪流行性腹泻（Porcine epidemic diarrhea，PED）是由猪流行性腹泻病毒（Porcine epidemic diarrhea virus，PEDV）引起的猪的一种急性、接触性肠道传染病，以呕吐、腹泻、食欲下降和脱水为基本特征，各种年龄的猪均易感。本病的临诊症状和病理变化都与猪传染性胃肠炎（Transmissible gastroenteritis of pigs，TGE）十分相似，但哺乳仔猪死亡率较低，在猪群中的传播速度相对缓慢。通过仔猪接种、直接免疫荧光、免疫电镜和中和试验，证明与TGE在抗原性上有明显差异。

1971年，首次在英国发现，主要引起架子猪和育肥猪急性腹泻，当时称为猪流行性病毒性腹泻（Epidemic viral diarrhea，EVD）。1982年，将该病统一命名为“猪流行性腹泻”（PED）。该病在许多国家，如比利时、荷兰、德国、法国、瑞士、保加利亚、匈牙利、苏联及日本等均有发生。中国自20世纪80年代以来陆续有本病发生的报道，并分离到病毒。PEDV为冠状病毒科（Coronaviridae）冠状病毒属（*Coronavirus*）的成员。病毒粒子略呈球形，在粪便中的病毒粒子常呈多形态，直径为95～190nm，有囊膜，囊膜上有花瓣状纤突，长12～24nm，由核心向四周放射，呈皇冠状。病毒核酸为线状单股正链RNA，具有侵染性。其5′端有一帽子结构，3′端有PolyA尾，基因组包括4个开放阅读框，分别编码结构蛋白N、sM、M及一未知功能的蛋白。

PEDV对乙醚和氯仿敏感，不能凝集家兔、小鼠、豚鼠、猪、牛、羊、马、雏鸡和人的红细胞。一般消毒药物都可将其杀灭。病毒在60℃30min可失去感染力，但在50℃条件下相对稳定。病毒在4℃pH5.0～9.0或在37℃pH6.5～7.5时稳定。

由于在细胞培养液中加入犊牛血清会抑制PEDV与细胞受体的结合，故该病毒适应细胞的很长一段时间内未获得成功。国外学者对本病毒曾试用9种猪体细胞、2种胎猪器官培养物以及用胰酶处理细胞或病毒等方法做离体培养，均未成功。1984 年，长春兽医大学应用猪胎肠组织原代单层细胞培养物进行了本病毒“吉毒株”培养与传代试验获得成功。1988 年瑞典学者和 1991 年中国李树根等都报道在 Vero 传代细胞培养液中加入胰酶可适应传代细胞培养，随后 PEDV 可转入 PK 和 ST 细胞中增殖，并可产生明显的 CPE。

（二）疫苗的研究进展

1. 灭活疫苗 1993 年，王明等将 PEDV 的沪毒株（S 株）接种 3～9 日龄仔猪，待典型发病后，采集发病仔猪小肠组织及内容物，制备出了猪流行性腹泻组织灭活苗，填补了国内猪流行性腹泻疫苗的空白。1994 年，马思奇等采用在病毒培养液中加入适量胰酶的培养方法，在 Vero 细胞上将 PEDV CV7777 传代至第 28 代，制备出了氢氧化铝胶灭活苗，通过对仔猪的后海穴接种，可产生保护性免疫反应。李伟杰等研制了猪流行性腹泻氢氧化铝胶灭活苗，接种疫苗后 15d 开始产生免疫力，母猪免疫持续期为 1 年。

中国用于预防和控制流行性腹泻的疫苗主要是流行性腹泻和传染性胃肠炎 PED - TGE 二联苗。由于 PEDV 和 TGEV 同属于冠状病毒科，而且致病机制非常相似，并且组织嗜性相同，因此研制联苗是可行的。二联疫苗的特点是毒价高，一次成功接种即可达到预期免疫保护力，用于临床生产中省时、省力，且保护效率高。

姚新军等（1997）用 PED 和 TGE 灭活二联苗进行母猪产前免疫注射，结果大大降低了哺乳仔猪发病率。还红华等（2002）进行了 PED 和 TGE 二联油乳剂灭活疫苗的田间试验，结果可以看出免疫接种的 1 906 头猪中，1 734 头完全得到保护，保护率达 91%；轻度发病和无效的 172 头，占 9%；非免疫对照组 5 850 头猪中，发病率 72.7%；死亡 157 头，占 2.7%；免疫母猪所产仔猪发病率仅为 1.1%（40/3 680），而对照组中，发病率达 84.8%（950/1 120），死亡率 27.7%；母猪保护率达 98.4%（315/320），而对照母猪发病率达 35%（35/100）。

2. 弱毒疫苗 PEDV 对仔猪的感染试验 20 世纪 80 年代初已有报道。1983 年首次以人工感染仔猪的肠组织研制灭活苗。宣华等于 1984 年应用猪胎肠单层细胞培养 PEDV 获得成功。以后有在细胞培养液中加胰酶使 PEDV 适应于 Vero 细胞的报道。马思奇等（1994）利用加胰酶的方法使 PEDV CV777 毒株适应 Vero 细胞，并传 45 代，利用 28 代毒制备氢氧化铝胶灭活疫苗，结果主动免疫组 85.9%保护，被动免疫组 85%保护。Bernasconi 等（1995）报道适应细胞的 CV777 毒株，其基因序列明显改变，对剖宫产新生仔猪的致病力很低，21 头仔猪中仅有 5 头于接种后 40h 出现轻微腹泻，组织学病变明显减轻。Kweon（1996）等用分离到的野毒株（命名为 KPEDV - 9），使之适应 Vero 细胞并连续传代至 93 代，接种妊娠母猪，结果母猪免疫应答水平大幅度提高，且新生仔猪可抵抗 PEDV 野毒感染。Park 等将 PEDV 经 Vero 细胞致弱后的毒株 DR13 通过口服和肌内注射两种途径免疫晚期妊娠母猪，结果口服免疫组的发病率（13%）远低于肌内注射免疫组（60%），且口服免疫组仔猪抗 PEDV 的 SIgA 的含量高于肌内注射免疫组。童昆周等（1996）进行了猪流行性腹泻弱毒疫苗的研究，其利用广东分离株 G1 株适应 Vero 细胞，用其 83 代毒制成弱毒疫苗，用其免疫 8～10 日龄小猪，结果其总免疫效力达 94.6%。

李树根等（2000）利用弱毒疫苗株 PEDV - G1P83 和猪传染性胃肠炎弱毒疫苗株 TGEV - AG1 株制成 PED 和 TGE 弱毒二联疫苗，结果表明该弱毒疫苗能安全地对妊娠母猪和哺乳仔猪进行免疫，免疫后能有效地保护初生仔猪、断奶猪和育肥猪抵抗 PEDV 和 TGEV 强毒的攻击。并在区域试验中能明显降低猪病毒性腹泻的发病率和死亡率。周仲芳等（2002）进行了PED和TGE二联疫苗免疫抗体的研究，结果免疫母猪所产仔猪通过初乳获得了较高的抗体水平，在出生后7d接近母体的抗体水平，并随日龄增大而下降；免疫的10日龄仔猪在免疫后21d（TGE）或第28天（PED）达到最高值，但抗体下降缓慢，在免疫后5个月，免疫猪血清中仍能检测出抗体。佟有恩等（1999）进行了猪传染性胃肠炎与猪流行性腹泻二联弱毒疫苗的研究，该疫苗主动免疫和被动免疫的保护率分别为97.7%和98%。免疫期为6个月。此疫苗的研制目前已推广进行大生产。

PEDV、TGEV和轮状病毒（RV）三联灭活苗同样普遍用于临床预防和控制病毒性腹泻。上海农业科学院畜牧兽医研究所钱永清等采用PEDV、TGEV和猪RV细胞培养物制备了三联灭活疫苗并用于免疫接种试验。结果表明，免疫接种后的妊娠母猪和育肥猪15d左右便可以达到较高的免疫水平，免疫期超过6个月，妊娠母猪所产仔猪可获得高水平的被动免疫保护。

3. 基因工程疫苗　鉴于PEDV为肠道致病微生物，且主要存在于肠道黏膜表面，因此肠道黏膜表面的分泌型免疫球蛋白A对PED的预防具有重要作用。S蛋白是位于PEDV病毒粒子表面的纤突糖蛋白，与细胞表面受体结合后，病毒通过膜融合方式侵入宿主细胞，并在诱导中和抗体产生的过程中发挥重要的作用，PEDV S蛋白作为刺激机体产生抗体的主要蛋白，常用于PEDV基因工程疫苗的研制。

PEDV作为肠道病毒，开发可口服的黏膜免疫疫苗对预防PED至关重要。抗原到达肠道后，肠壁淋巴结中产生的特异性IgA前体B细胞迁移至乳腺并分化成IgA浆细胞，这种“肠-乳腺”的迁移是设计黏膜疫苗的一个重要概念。因此，研究人员选择使用活载体（如乳酸菌、减毒鼠伤寒沙门氏菌和腺病毒等）制备重组活载体疫苗，以期达到产生黏膜免疫的作用。

减毒鼠伤寒沙门氏菌经口服到达肠道后，可被肠道黏膜抗原递呈细胞捕获进而释放外源DNA。徐丽丽等构建了可表达PEDV S蛋白COE区域、SD区域的减毒沙门氏菌重组疫苗：C501－COE、C501－SD。免疫小鼠可产生显著的体液抗体和黏膜抗体，对发病猪场仔猪口服免疫试验，证明其可有效降低仔猪发病率及死亡率。梁恩涛等将PEDV *S1*（1～789aa）基因连接于真核表达质粒，构建了重组减毒鼠伤寒沙门菌株，研究发现该菌株具有较高的质粒稳定性及安全性，且口服后能够在小鼠肠道组织中进行转录，为进一步研制新型口服疫苗提供了科学依据。韦显凯等利用RT－PCR技术把S基因克隆至腺病毒表达载体系统中，构建了3个重组腺病毒，对小鼠进行免疫特性研究结果显示，3个重组病毒免疫的小鼠血清中均能检测到一定水平的特异性抗体。

乳酸菌为动物胃肠道常在菌，将其作为载体系统来表达外源蛋白有着不可替代的优点，通过其定植于肠道可有效发挥表达抗原的黏膜免疫效果，这逐渐引起研究人员的重视并加以发展。Ge JW等构建了可分泌表达及菌体表面表达PEDV S蛋白COE区域、COE区域与大肠杆菌不耐热毒素LTB融合蛋白、PEDV N蛋白、PEDV纤突蛋白S1区域的干酪乳酸菌重组疫苗，对小鼠的免疫试验结果表明，重组疫苗可同时诱导产生体液免疫和黏膜免疫；且PEDV N蛋白可加强S蛋白的免疫效果。

随着植物基因工程技术的迅速发展，利用植物反应器生产疫苗已经成为一个热门的研究领域。转基因植物疫苗具有安全、生产成本低、使用方便等优点，并且可以通过口服途径免疫动物，具有不可替代的优势。目前，PEDV-*S* 基因抗原区域已转入烟草、水稻、莴笋中，饲喂动物后发现可诱导产生特异性抗体，噬斑减少试验证明产生的抗体具有中和病毒的能力。韩国研究人员将 PEDV *COE* 基因首先在烟草中得到了表达，1 g 烟草叶片中含 10μg 目的蛋白，饲喂小鼠后诱发了黏膜免疫和系统性免疫应答，而后将目的蛋白表达量提高到了 5～10μg。相比较以上结果，PEDV *COE* 基因通过优化密码子，在以烟草花叶病毒为载体的烟草中得到了高效表达，1g 烟草叶片中目的蛋白可高达 130μg，促进了转基因植物疫苗的发展。

中国目前尚无批准注册、使用的猪流行性腹泻的基因工程疫苗。

（三）疫苗的种类

目前临床上对于 PEDV 的防控，主要是采用传统疫苗，包括组织灭活苗、细胞灭活苗及弱毒疫苗，这些疫苗在 PEDV 的防治中起着重要的作用。中国目前批准注册的疫苗主要有 4 个，分别是由中国农业科学院哈尔滨兽医研究所研制的"猪传染性胃肠炎、猪流行性腹泻二联灭活疫苗"（1999）、"猪传染性胃肠炎、猪流行性腹泻二联活疫苗"（2003）、"猪传染性胃肠炎、猪流行性腹泻、猪轮状病毒（G5 型）三联活疫苗（弱毒华毒株＋弱毒 CV777 株＋NX 株）"（2014），以及北京大北农科技集团股份有限公司等研制的"猪传染性胃肠炎、猪流行性腹泻二联活疫苗（HB08 株＋ZJ08 株）"（2015）。

（四）疫苗的生产制造

1. 猪流行性腹泻和传染性胃肠炎弱毒二联灭活疫苗

（1）毒种制备及繁殖　制造本品用猪传染性胃肠炎毒株为经胎猪肾细胞传至 83 代转 PK15 细胞系传代后的华毒株，猪流行性腹泻毒株为 CV777 毒株适应 Vero 细胞系获得传代毒。培养毒种的培养液均不含犊牛血清。TGEV 接种 PK15 细胞或仔猪肾原代细胞（PK），PEDV 接种 Vero 细胞，病毒液的含量均应≥$10^{7.0}$ $TCID_{50}$/mL，且无细菌及支原体生长。

（2）制苗细胞毒液的繁殖　TGEV 的繁殖选用生长良好的 PK15 或 PK 细胞，按 5％比例接种病毒，接毒后 48～72h 细胞病变达 80％以上时收获，冻融 3 次，－40℃保存备用；PEDV 的繁殖选用生长良好的 Vero 细胞，按 5％比例接毒，于接毒后 48～72h 细胞病变达 80％以上时收获，冻融 3 次，－40℃保存备用；二者均应无菌及支原体生长，且病毒液的含量均应≥$10^{7.0}$ $TCID_{50}$/mL。

（3）灭活　TGEV 和 PEDV 病毒液按 1∶1 的比例混合成疫苗批，加入最终含量为 0.2％的甲醛溶液，充分振荡，置 37℃灭活 24h，灭活结束后加 5％的灭菌亚硫酸钠终止灭活。

（4）配苗　将灭活检验合格的病毒液与等量的含量为 20％的灭菌氢氧化铝胶盐水稀释液均匀混合，在室温下沉淀 24h，吸出 2/5 上清液，即按全量浓缩至 3/5，加入终含量 1/1.5 万～1/3 万汞溶液，充分混合，即为制成的二联灭活苗。

2. 猪流行性腹泻和传染性胃肠炎弱毒二联弱毒疫苗

（1）种毒制备及繁殖　PED 毒株为适应于 Vero 细胞后转仔猪肾原代细胞培养的 PED CV777 克隆弱毒株，试验用代次为 29～46 代毒；TGE 毒株为适应于胎猪肾细胞的 TGE 华毒弱毒株，试验用代次为 157～161 代毒。PEDV 和 TGEV 分别接种仔猪肾原代细胞（PK 细胞），病毒液的含量均应≥$10^{7.0}$ $TCID_{50}$/mL，且无菌及支原体生长。

（2）制苗细胞毒液的繁殖　PEDV 和 TGEV 的繁殖选用生长良好的 PK 细胞，按 5％比例分别接种病毒，接毒后48～72h细胞病变达80%以上时收获，冻融3次，－40℃保存备用，二者均应无菌及支原体生长，且病毒液的含量均应≥$10^{7.0}$ $TCID_{50}$/mL。

（3）配苗　PEDV和TGEV按1∶1配比制备，冻干保护剂为明胶蔗糖，与病毒液的配比为1∶7。混匀后分装、冻干及密封。

3. 猪传染性胃肠炎、猪流行性腹泻、猪轮状病毒（G5型）**三联活疫苗**（弱毒华毒株＋弱毒CV777株＋NX株）

（1）种毒制备及繁殖　PED制苗毒株为适应于Vero细胞后转仔猪肾原代细胞培养的PED CV777克隆弱毒株，试验用代次为115～124代毒；TGE制苗毒株为适应于胎猪肾细胞的TGE华毒弱毒株，试验用代次为146～155代毒；猪轮状病毒制苗用毒株为NX株。PEDV、TGEV和RV分别接种ST细胞、Vero细胞和Marc－145细胞，37℃培养，当CPE达到80%以上时收获。病毒液的含量均应≥$10^{6.0}$ $TCID_{50}$/mL，均应无菌、无支原体、无外源病毒污染。

（2）制苗细胞毒液的繁殖　PEDV、TGEV和RV的繁殖分别选用生长良好的ST细胞、Vero细胞和Marc－145细胞单层，分别接种病毒，细胞病变达80%以上时收获，－20℃保存备用，三者均应无菌生长，且病毒液的含量均应≥$10^{6.0}$ $TCID_{50}$/mL。

（3）配苗　将检验合格的3种病毒液混合，再与明胶保护剂按一定比例混合配苗，分装后，迅速进行冷冻真空干燥。

4. 猪传染性胃肠炎、猪流行性腹泻二联活疫苗（HB08株＋ZJ08株）

（1）种毒制备及繁殖　猪传染性胃肠炎制苗毒株为HB08株，基础种子代次为145～154代毒；猪流行性腹泻制苗毒株ZJ08株，基础种子代次为125～134代毒。PEDV和TGEV分别接种ST细胞和Vero细胞，出现80%以上病变时收获。病毒液的含量均应≥$10^{6.0}$ $TCID_{50}$/mL，应无细菌、霉菌、支原体生长及外源病毒污染。

（2）制苗细胞毒液的繁殖　PEDV和TGEV的繁殖选用生长良好的ST细胞和Vero细胞单层，分别接种病毒，细胞病变达80%以上时收获。－70℃保存备用，二者均应无细菌、霉菌、支原体及外源病毒污染，且病毒液的含量均应≥$10^{6.0}$ $TCID_{50}$/mL。

（3）配苗　将检验合格PEDV和TGEV按一定比例配比混合，冻干保护剂为明胶蔗糖，与病毒液的配比为1∶7。混匀后分装、冻干及密封。

（五）质量标准与使用

1. 猪流行性腹泻和传染性胃肠炎弱毒二联灭活疫苗　本品系用猪传染性胃肠炎与猪流行性腹泻病毒细胞培养液，经甲醛溶液灭活后，等量混合加氢氧化铝胶浓缩制成，用于预防猪传染性胃肠炎和猪流行性腹泻两种病毒引起的猪只腹泻症。

本品物理性状为粉红色均匀混悬液，静置后上层为红色澄清液体，下层为淡灰色沉淀，经振荡即恢复原状，不应有摇不散的大块或凝集块。应无菌生长。

安全检验时，用经检验猪传染性胃肠炎、猪流行性腹泻抗体阴性母猪产3日龄哺乳仔猪10头，其中接种倍量免疫剂量（2mL）2头，接种免疫剂量（1mL）8头，观察14d，均应无异常临床反应。

效力检验时，用经检验猪传染性胃肠炎、猪流行性腹泻抗体阴性母猪产3日龄哺乳仔猪10头，接种疫苗1mL，于免疫后2周，用中和试验法检验血清中和抗体，8头仔猪应至少7头仔猪阳性，猪传染性胃肠炎及猪流行性腹泻中和抗体效价均不低于1∶32。或用免疫攻毒试验进行，即免疫 2 周后，分 2 组（各半），连同未接种疫苗的同龄仔猪 8 头（也分两组），以 10 000 稀释的猪传染性胃肠炎及猪流行性腹泻强毒分别口服攻毒，攻毒后免疫仔猪应分别有 3/4 保护，对照仔猪则 4/4 发病，或免疫仔猪 4/4 保护，对照仔猪 3/4 发病。

本疫苗主要是用于妊娠母猪的被动免疫以保护仔猪，也用于主动免疫以保护不同年龄的猪只，主动免疫接种后 2 周产生免疫力，免疫持续期为 6 个月。仔猪被动免疫的免疫期是哺乳期至断奶后 1 周。妊娠母猪的被动免疫于产仔前 20～30d 接种 4mL；对其所产仔猪于断奶后 1 周内接种，每头 1mL；25kg 以下仔猪 1mL；25～50kg 的育成猪 2mL；50kg 以上成猪 4mL。4～8℃保存，有效期为 1 年。

使用疫苗时应注意以下事项：运输过程中应防止高温和阳光照射，在免疫接种前应充分振摇后再行接种；对妊娠母猪接种疫苗时要适当保定，以免引起机械性流产；后海穴位即尾根与肛门中间凹陷的小窝部位，接种疫苗的进针深度按猪龄大小从 0.5～4cm，3 日龄仔猪为 0.5cm，随猪龄增大则进针深度增加，成猪为 4cm，进针时保持与直肠平行或偏上；效力检验采取对仔猪做免疫攻毒试验时，对猪传染性胃肠炎和猪流行性腹泻发病的判定标准为：厌食、黄色或浅黄色水样腹泻、部分仔猪伴有呕吐、寒战、脱水等症状，在临床观察的 5～6d 内可能有部分仔猪脱水后死亡，发病程度可能轻重不同，但判定发病最基本的也是最不可少的条件是腹泻。

2. 猪流行性腹泻和传染性胃肠炎弱毒二联弱毒疫苗 本品系用猪传染性胃肠炎弱毒华毒株及猪流行性腹泻病毒 CV777 株分别接种 PK 原代细胞培养，收取细胞培养物，加适宜稳定剂，经冷冻真空干燥制成，用于预防猪传染性胃肠炎和猪流行性腹泻。

本品外观为黄白色海绵状疏松团块，易与瓶壁脱离，加稀释液后迅速溶解，无异物。疫苗应无细菌和支原体生长，同时符合外源病毒检测的相关标准。且每头份疫苗病毒含量应≥$10^{5.0}$ $TCID_{50}$。

鉴别检验时，用 RPMI 1640 液将疫苗 1 000 倍稀释，与等量 TGE、PED 特异血清（各半）混合，置 37℃中和 1h 后，接种 PK 细胞培养，观察 4d，应不产生 CPE。

安全检验时，用 3～5 日龄健康易感（TGE、PED 中和抗体效价不高于 1∶4）仔猪 4 头，后海穴位接种疫苗，每头 2mL，观察 14d，均应无反应。同时还要选用符合国家实验动物标准的饲养场或定点猪场供应，并经中和试验方法检测无猪瘟抗体的健康易感断奶仔猪（注苗前观察 5～7d，每日上、下午各测体温一次，挑选体温、精神、食欲正常的使用），每批冻干疫苗样品或同批各亚批样品等量混合，按瓶签注明的使用剂量用灭菌生理盐水稀释，肌内注射猪 4 头，每头 5mL，注苗后，每日上、下午各测体温观察一次，观察 21d。体温、精神、食欲与注苗前相比没有明显变化；或体温升高超过 0.5℃，但不超过 1℃，稽留不超过 2d；或减食不超过 1d，疫苗可判为合格。如有一头猪体温超过常温 1℃以上，但不超过 1.5℃，稽留不超过 2 个温次，疫苗也可判为合格。如有一头猪的反应超过上述标准，或出现可疑的其他体温反应和其他异常现象时，可用 4 头猪重检一次，重检的猪仍出现同样反应，疫苗应判为不合格。也可在猪高温期采血复归猪 2 头，每头肌内注射可疑猪原血 5mL，测温观察 16d，如均无反应，疫苗可判合格，如第 1 次检验结果已经确证疫苗不安全，则不应进行重检。

效力检验时，用 3～5 日龄的健康易感（TGE、PED 中和抗体效价不高于 1∶4）仔猪 8 头，后海穴位注射疫苗，每头 0.2mL，14d 后，连同条件相同的对照猪 2 头，采血，用中和试验方法检测血清中和抗体，8 头仔猪中应至少有 7 头发生血清阳转，TGE 和 PED 中和抗体效价均应不低于 1∶64，2 头对照仔猪 TGE、PED 中和抗体效价均应不高于 1∶4。或用免疫攻毒试验进行，即 14d 后，连同条件相同的对照仔猪 8 头，均分为 2 组，1 组口服 TGEV 强毒华毒，每头 1mL（含 1 000 个最小全数发病量），另 1 组口服 PEDV 强毒沪毒（含 1 000 个最小全数发病量），观察 7d，对照组全部发病时，免疫组应至少保护 3 头；对照组 3 头发病时，免疫组应全部保护。

接种疫苗时，后海穴位注射。对妊娠母猪，于产仔前 20～30d 接种，每头 1.5mL；对其所产仔猪，于断奶前 7～10d 接种，每头 0.5mL；对未免疫母猪所产 3 日龄内仔猪，每头 0.2mL；对体重 25～50kg 的育成猪，每头接种 1mL；对体重 50kg 以上成猪，每头接种 1.5mL。主动免疫接种后 7d 产生免疫力，免疫期为 6 个月，仔猪被动免疫的免疫期至断奶后 7d。在－20℃以下贮存有效期为 2 年，2～8℃为 1 年。

使用疫苗时应注意以下事项：运输过程中应防止高温和阳光照射；对妊娠母猪接种疫苗时，要适当保定，以免引起机械性流产；疫苗稀释后，限 1h 内用完；接种时，针头应保持与脊柱平行或稍偏上的方向，以免将疫苗注入直肠内。

3. 猪传染性胃肠炎、猪流行性腹泻、猪轮状病毒（G5 型）**三联活疫苗**（弱毒华毒株＋弱毒 CV777 株＋NX 株） 本品系用猪传染性胃肠炎病毒弱毒华毒株、猪流行性腹泻病毒弱毒 CV777 株及猪轮状病毒 NX 株（G5 型），分别接种 ST、Vero、Marc－145 细胞培养，收获细胞培养物，按一定比例混匀，加入适当的冻干稳定剂，经冷冻真空干燥制成。用于预防猪传染性胃肠炎病毒、猪流行性腹泻病毒和猪轮状病毒（G5 型）感染引起的猪腹泻。

本品外观为黄白色或微粉色海绵状疏松团块，易与瓶壁脱离，加稀释液后迅速溶解。疫苗应无菌和支原体生长，同时符合外源病毒检测的相关标准。

安全检验时，用 3～5 日龄健康易感仔猪 4 头，后海穴位接种疫苗 10 头份，连续观察 14d，均应无不良反应。

效力检验有两种方法，一种是病毒含量测定，分别用相应的特异血清中和后进行测定，每头份疫苗病毒含量应≥$10^{5.0}$ $TCID_{50}$。

另一种方法是免疫攻毒法，用 3～5 日龄的健康易感仔猪 12 头，分成 3 组，每组 4 头，分别于后海穴位注射疫苗 1 头份，免疫后 21d，连同条件相同的对照组猪，分别口服猪传染性胃肠炎强毒华毒株、猪流行性腹泻病毒沪毒株、猪轮状病毒 OSU 株（G5 型）均 1mL（均含 1 000MID），连续观察 7d。对照猪应全部发病，免疫猪应至少保护 3 头；或对照猪应至少 3 头发病，免疫猪应全部保护。

接种疫苗时，后海穴位注射。按瓶签注明头份，用无菌生理盐水将疫苗稀释成 1mL/头份，经后海穴位接种，3 日龄仔猪进针深度为 0.5cm，随猪龄增大而加深，成猪为 4cm。妊娠母猪于产仔前 40d 接种，20d 后二免，每次 1mL；免疫母猪所生仔猪于断奶后 7～10d 接种疫苗 1mL；未免疫母猪所产仔猪 3 日龄接种 1mL。免疫期为 6 个月，仔猪被动免疫的免疫期至断奶后 7d。－20℃以下保存，有效期为 24 个月。

使用疫苗时应注意以下事项：本品仅用于预防猪传染性胃肠炎病毒、猪流行性腹泻病毒和猪轮状病毒三种病毒引起的猪只腹泻，对于细菌、寄生虫和其他因素引起的腹泻无效。免疫前进行抗体监测，尽量在抗体水平较低［TGE、PED 中和抗体效价不高于 1∶4，猪轮状病毒（PoRV）中和抗体效价不高于 1∶8］的情况下使用。疫苗运输过程中应防止高温和阳光照射。妊娠母猪接种疫苗时要适当保定，以免引起机械性流产。疫苗稀释后，限 1h 内用完。后海穴位接种时，针头保持与脊柱平行或稍偏上，以免将疫苗注入直肠内。

4. 猪传染性胃肠炎、猪流行性腹泻二联活疫苗（HB08 株+ZJ08 株） 本品系用猪传染性胃肠炎病毒 HB08 株接种 ST 细胞培养，猪流行性腹泻病毒 ZJ08 株接种 Vero 细胞培养，分别收获细胞培养物，按照一定比例混合，加适宜稳定剂，经冷冻真空干燥制成。用于预防由猪传染性胃肠炎病毒和猪流行性腹泻病毒感染引起的猪腹泻。

本品外观为淡黄色或淡粉色海绵状疏松团块，易与瓶壁脱离，加稀释液后迅速溶解。疫苗应无菌及支原体生长，同时符合外源病毒检测的相关标准。

安全检验时，用健康易感母猪所产 3～5 日龄健康易感仔猪 2 头，肌内接种疫苗 10 头份，连续观察 14d，均应无不良反应。

效力检验有两种方法，一种是病毒含量测定，分别用相应的特异血清中和后进行测定，每头份疫苗病毒含量应≥$10^{5.0}$ $TCID_{50}$。

另一种方法是免疫攻毒法，是用健康易感母猪所产 3～5 日龄的健康易感仔猪 10 头，各肌内注射疫苗 1 头份，14d 后，将 10 头仔猪分成 2 组，每组 5 头，其中 1 组免疫仔猪，连同条件相同的对照猪 5 头，分别口服 1 000 MID 猪传染性胃肠炎病毒组织强毒 V-HB08 株，每头 1.0mL，连续观察 7d，对照仔猪应至少 4 头发病，免疫仔猪应至少 4 头保护；另 1 组免疫仔猪，连同条件相同的对照仔猪 5 头，分别口服 1 000 MID 猪流行性腹泻病毒组织强毒 V-ZJ08 株，每头 1.0mL，连续观察 7d，对照仔猪应至少 4 头发病，免疫仔猪应至少 4 头保护。

接种疫苗时，按瓶签注明头份，用无菌生理盐水将疫苗稀释成 1mL/头份。妊娠母猪于产仔前 3～4 周，肌内注射疫苗 2 头份（2.0mL/头）；免疫母猪所产的仔猪，于断奶后 1 周内肌内注射疫苗 1 头份（1.0mL/头）；未免疫母猪所产的仔猪，于 3～5 日龄肌内注射疫苗 1 头份（1.0mL/头）。免疫期为 6 个月，仔猪被动免疫的免疫期持续至出生后 35d。－20℃以下保存，有效期为 18 个月。

使用疫苗时应注意以下事项：本品须冷藏运输与保存。疫苗稀释后应立即使用。免疫所用器具均应使用前消毒，用过的疫苗瓶及器具应及时消毒处理。

（六）展望

在养猪业的生产实践中，人们对疫苗的要求往往是希望方便使用，联合疫苗是疫苗发展的方向。TGE 和 PED 在猪场的流行已经相当普遍，混合感染的比例很大，因此，TGE 和 PED 二联疫苗应是发展方向。目前，TGE 和 PED 二联灭活疫苗往往不能诱导肠道免疫，而二联弱毒疫苗需要较大剂量才能诱导肠道免疫，故而研制能够诱导高效肠道免疫、免疫效力高而又相互不干扰的联苗应是今后猪流行性腹泻疫苗研究的重点。随着分子生物学技术的发展，利用转基因植物生产人或动物基因工程疫苗已成为植物基因工程的一个新兴研究领域，与传统疫苗相比，口服植物疫苗能诱导黏膜免疫，且成本低廉，国内外已有关于 PEDV 及 TGEV 转基因植物疫苗的研究报道，但仍处于实验室研究阶段。同时核酸疫苗、乳酸杆菌疫苗等也将是今后 PED 疫苗研究的方向。

（赵 耘）

七、猪传染性胃肠炎

（一）概述

猪传染性胃肠炎（Transmissible gastroenteritis of pigs，TGE）是由猪传染性胃肠炎病毒（Transmissible gastroenteritis virus，TGEV）引起猪的一种高度接触性肠道传染病，以引起2周龄以下仔猪呕吐、严重腹泻、脱水和高死亡率（通常100%）为主要特征。各种年龄的猪均可感染，但5周龄以上的猪病死率较低，较大或成年猪几乎没有死亡。1933年，美国有本病的记载，此后在美国流行。1946年，确定病毒为本病的病原体。20世纪50年代后，欧亚许多国家相继发生本病，成为世界性疾病。20世纪60年代末期后，中国许多省、市都有本病流行。

猪传染性胃肠炎病毒（TGEV）属于冠状病毒科（Coronaviridae）冠状病毒属（*Coronavirus*），是一种单股RNA病毒，病毒粒子呈圆形、椭圆形和多边形，直径为60～160nm，有囊膜，囊膜上有花瓣状突起，长为12～25nm。病毒对乙醚、氯仿和去氧胆酸钠敏感，所有对囊膜病毒有效的消毒剂对其均有效。对胰酶有一定的抵抗力，对0.9%胰酶能抵抗1h。病毒在冷冻储存条件下非常稳定，−20℃存放6～18个月未见滴度下降，但在室温或室温以上不稳定，37℃每24h病毒下降一个对数滴度。病毒对光敏感，紫外线能使病毒迅速失活。病毒在pH4～8稳定，pH2.5则被灭活。

本病毒只有一种血清型，与猪呼吸道冠状病毒（PRCV）、犬冠状病毒（CCV）、猫传染性腹膜炎病毒（FIPV）、猫肠道冠状病毒（FECV）具有抗原相关性，与猪流行性腹泻病毒（PEDV）无抗原交叉性。

本病毒可在猪原代和次代猪肾细胞、猪唾液腺原代细胞、猪甲状腺原代、猪睾丸细胞系（ST）、猪肾传代细胞系上生长，其中以ST细胞最敏感。在细胞质中生长，不产生包涵体。细胞病变包括细胞肿胀、变圆、空泡变性、颗粒变性，有的崩解、脱落，形成网眼状。初次分离的野毒株可能没有明显的细胞病变（CPE），需连续传代才出现明显的CPE。有血凝性，用原代猪肾细胞培养增殖的病毒能凝集鸡、豚鼠和牛的红细胞，不凝集小鼠和鹅的红细胞。

病猪及带毒猪是主要的传染源，其他动物经口服感染病毒也不发病，但口服病毒后的猫、犬（7～14d）、狐狸、燕八哥（32h）的粪便中可回收到病毒，是间接的传染源。主要经消化道、呼吸道传染给易感猪，病毒也可通过乳汁传给仔猪。本病的流行呈明显的季节性，多集中发生于晚秋至早春的寒冷季节，夏季发病较少，产仔旺季发病较多。中国以每年12月至次年的4月为高发期。本病的流行主要有两种流行方式，在新疫区主要呈流行性发生，老疫区则呈地方流行性发生。

（二）疫苗的研究进展

有关猪传染性胃肠炎的疫苗，国内外都做了大量的研究。人类从发现本病就开始研究免疫控制技术，大致经历了4个阶段：人工感染强毒、灭活苗、弱毒苗以及基因工程疫苗。人工感染强毒，可以使仔猪得到明显保护，但这种方法易造成环境污染，使本病反复发作；灭活苗安全性好，但其免疫后肠道局部的IgA产生较少，主动免疫的免疫效力不如弱毒疫苗；弱毒苗具有激发肠内IgA应答的能力，完全致弱的活疫苗是TGE疫苗的发展趋势。

1. 灭活疫苗 TGEV灭活疫苗分为组织灭活苗和细胞灭活苗。曹军平等采集急性发病且具有典型症状的病猪空肠（包括肠内容物）及肠系膜淋巴结，通过冻融、灭活、乳化制成组织灭活苗，经实验室和野外试验证实该苗安全可靠、保护率较高。马思齐等用TGE华毒株人工感染1日龄未吃初乳新生猪，适时剖杀收获小肠组织毒，使之适应原代胎猪肾细胞。用低代次毒的仔猪肾细胞培养物经甲醛灭活后，加氢氧化铝佐剂制成TGE灭活苗。而猪传染性胃肠炎-猪流行性腹泻二联灭活疫苗主动免疫保护率为96%，被动免疫保护率为85.1%。免疫期为6个月，仔猪被动免疫期是哺乳期至断奶后1周，免疫后14d产生免疫力。灭活苗不污染环境，但其免疫应答产生较慢，不能激发产生黏膜免疫反应，且制苗成本昂贵。

2. 弱毒疫苗 毒株主要有美国的TGE-Vac株、匈牙利的CKP株和日本的TO-163株等。中国的TGE华毒株是在原代胎猪肾细胞上经165次传代致弱，期间又经5次克隆纯化筛选获得。100代以后的毒价为$10^{4.67}$～$10^{6.0}$ $TCID_{50}$/0.3mL，疫苗毒价$10^{5.0}$ $TCID_{50}$/0.3mL以上。对妊娠母猪于产前45d及15d左右进行肌内、鼻内接种1mL，被动免疫的保护率达95%以上，接种母猪对胎儿无侵袭力。对3日龄哺乳仔猪主动免疫的安全性为90%以上。国外学者将TGEV突变株188-SC致弱后分别通过口服、肌内注射、眼结膜途径免疫妊娠母猪，从而使哺乳仔猪得到保护。而猪传染性胃肠炎-猪流行性腹泻二联活疫苗主动免疫保护率为97.7%，被动免疫保护率为98%。免疫期为6个月，仔猪被动免疫期是哺乳期至断奶后1周。免疫后7d产生坚强的保护。

3. 基因工程疫苗 完整的TGEV包含4种结构蛋白，纤突蛋白（S）、小膜（sM）蛋白、膜（M）蛋白和核衣壳（N）。纤突蛋白（S）和N蛋白是目前TGE基因工程疫苗研究的靶点。

由于TGEV的S蛋白具有良好的免疫原性和肠道内较强的抗降解能力。因此，它成为发展哺乳动物肠道病原体口服疫苗非常好的模型。2004年Streatfield等以谷物为载体表达TEGV S蛋白，制备的亚单位疫苗可有效提高母猪血清以及初乳的中和抗体水平，提高了免疫效果。秦志华等将*S*基因上A、B、C、D 4个位点进行RT-PCR扩增，构建重组质粒pET30a-S，将纯化的蛋白免疫小鼠可诱导产生特异性的体液免疫。

转基因植物疫苗是通过基因工程技术与机体免疫机制相结合，将免疫原性基因导入植物中，从而获得有免疫原性蛋白表达基因疫苗植株，将转基因植物组织饲喂给动物，转基因植物表达的抗原呈递到动物的肠道淋巴组织，被其表面特异受体特别是M细胞所识别，产生黏膜免疫反应和体液免疫反应。

核酸疫苗又称为基因疫苗，是将编码某种抗原蛋白的外源基因克隆到真核质粒表达载体上并导入动物体细胞内，通过宿主细胞的表达系统合成抗原蛋白，诱导宿主产生对该抗原蛋白的免疫应答。宋振辉等将TGEV的*M*和*N*结构蛋白基因分别克隆到FastBac Dual载体，经转化DH10Bac感受态细胞和转染昆虫细胞sf9，获得重组杆状病毒，通过口服免疫小鼠，结果显示该重组杆状病毒可诱导小鼠产生黏膜免疫应答和体液免疫应答。

中国目前尚无批准注册、使用的猪传染性胃肠炎的基因工程疫苗。

（三）疫苗的种类

目前中国批准注册的疫苗主要有4个，分别是由中国农业科学院哈尔滨兽医研究所研制的“猪传染性胃肠炎、猪流行性腹泻二联灭活疫苗”（1999）、“猪传染性胃肠炎、猪流行性腹泻二联活疫苗”（2003）、“猪传染性胃肠炎、猪流行性腹泻、猪轮状病毒（G5型）三联活疫苗（弱毒华毒株+弱毒CV777株+NX株）”（2014），以及北京大北农科技集团股份有限公司等研制的“猪传染性胃肠炎、猪流行性腹泻二联活疫苗（HB08 株+ZJ08 株）”（2015）。

（四）疫苗的生产制造、质量标准与使用

有关疫苗的生产制造、质量标准与使用等参见猪流行性腹泻相关内容。

（五）展望

灭活苗和弱毒苗都存在不同程度的缺点。因此研究者们在努力探索能更加有效地防治该病的新型疫苗。基因工程疫苗的出现为该病防治的研究提供了新的思路。这些新型疫苗包括亚单位疫苗、活载体疫苗、核酸疫苗、转基因植物疫苗、乳酸杆菌疫苗等。同时更加有效联苗的研制也是十分必要的。

（赵　耘）

八、猪水泡病

（一）概述

猪水泡病（Swine vesicular disease，SVD）是由猪水泡病病毒（Swine vesicular disease virus，SVDV）引起的一种猪的急性传染病。本病流行性强、发病率高，在临床上以蹄部、口部、鼻端和腹部乳头周围皮肤发生水疱为特征。其症状与口蹄疫极为相似，但牛、羊等家畜不发病。世界动物卫生组织将本病列为 A 类传染病。

SVDV 属于小核糖核酸病毒科（Picornaviridae）的肠道病毒属（*Enterovirus*）。病毒粒子在电镜下观察为近球形，无囊膜，在超薄切片中直径 22～23nm，用磷钨酸负染法测定为 28～30nm，用沉降法测定为 28.6nm。沉降系数为 150S 左右，浮密度为 1.32～1.34g/mL。病毒抗酸性，在 pH7.0 条件下可于 4℃存放 160d 病毒滴度不变，在 pH5.0、4.0、3.0 的缓冲液中保存 1h，活力不变。但在 pH 低于 2.88 和高于 10.76 时，则在 164d 后失去感染性。对有机溶剂抵抗力较强，病毒可在乙醚中于 4℃下保存 10～12h。病毒对环境和消毒剂有较强抵抗力，在 50℃30min 仍不失感染力，60℃30min 和 80℃1min 可以灭活病毒，在低温中可长期保存。病毒在污染的猪舍内可存活 8 周以上，病猪的肌肉、皮肤、肾脏保存于－20℃经 11 个月，病毒滴度未见显著下降。病猪肉腌制后 3 个月仍可检出病毒。3%氢氧化钠溶液在 33℃ 24h 能杀死水疱中病毒，1%过氧乙酸 60℃可杀死病毒。

猪和人是已知的 SVDV 的自然宿主，人感染后症状与人肠道病毒属柯萨奇病毒引起的症状相似。奶牛、水牛、黄羊、绵羊、山羊、马、驴和鸡等均不发病。2 日龄的吮乳小鼠和 1～2 日龄的吮乳仓鼠、大鼠可人工感染发病，7 日龄以上的小鼠具有抵抗力。成年小鼠、仓鼠、兔和豚鼠虽不发病，但能产生中和抗体，可制备抗血清。本病毒能在猪肾、猪睾丸、仓鼠肾等原代细胞和猪肾传代细胞（PK15、IBRS 2）上适应。细胞病变的主要表现为细胞变圆、丛集，最后脱落崩解。病毒在细胞上培养经长期传代后对猪的毒力减弱。

（二）疫苗的种类

中国自 20 世纪 70 年代开始，全国各地有关部门先后研制出多种猪水泡病疫苗。其中在一些地区试用的，主要是鼠化弱毒疫苗和细胞培养弱毒疫苗，但目前已基本停用。近年来推广应用的主要是灭活疫苗。中国目前尚无正式批准生产的灭活苗。

(三) 疫苗的研究进展

猪在感染猪水泡病毒后7d左右血清中出现中和抗体，28d左右达到高峰。用疫苗和高免血清对本病的控制均具有较好效果，免疫期可达1个月以上。灭活疫苗主要有地鼠组织灭活疫苗和细胞培养灭活疫苗。地鼠组织灭活苗是将免疫原性良好的强毒株先用2～3日龄的地鼠连续传代，当引起规律性感染死亡时，逐渐增加感染动物日龄，最后取7～9代地鼠肌肉毒（$10^{8.0}$ LD_{50}/0.1mL）制成1∶5悬液，用0.3%甲醛溶液灭活制成灭活疫苗。原代仔猪肾细胞、地鼠肾细胞或IBRS-2传代细胞均可用于疫苗生产。细胞培养物的病毒滴度（$TCID_{50}$）为$10^{-7.5}$左右，最后用0.1%的甲醛、0.06%的丙内酯或0.05%的乙酰乙烯亚胺灭活制成灭活疫苗。1974年，英国的Pirbright动物研究所Mowat GN最早报道进行了本病灭活疫苗的试制和对猪的免疫原性测定的研究。1975年，法国Gourreau JM等也报道了进行本病灭活疫苗研究。中国农业科学院兰州兽医研究所于1987年开始研制猪水泡病灭活疫苗，对仓鼠肾上皮原代细胞和IBRS-2传代细胞毒用甲醛、氮三环、二乙烯亚胺（BEI）等灭活，以矿物油为佐剂进行了研究。结果表明，甲醛、氮三环灭活疫苗效力不够理想，BEI灭活疫苗安全有效。灭活苗对成年猪一次注射产生坚强免疫力，尤其是每年两次注苗猪（种猪）抗体效价较高；对仔猪，尤其是免疫猪所产仔猪应在第一次注苗后2个月进行一次加强免疫注射，以保证免疫效果。中国目前尚无正式批准生产的灭活疫苗产品。

中国自20世纪70年代开始，先后研制出几种猪水泡病弱毒疫苗，主要有鼠化弱毒疫苗和细胞弱毒疫苗。鼠化弱毒疫苗因其成本高、产量低，难以进行大生产。细胞弱毒疫苗一般采用乳鼠与细胞连续传代制弱。现普遍采用IBRS-2传代细胞或猪肾原代单层及地鼠细胞培养。细胞弱毒疫苗的免疫保护率多在80%以上，免疫期可达4～5个月。早在1978年就经中国兽医药品监察所研制成功了猪水泡病猪肾传代细胞弱毒疫苗，此疫苗是利用上海龙华四系鼠化弱毒30～60代作毒种，接种IBRS-2猪肾传代细胞，收获培养液制成弱毒疫苗。注苗后7～10d产生免疫力。免疫保护力在80%以上。注射后4个月仍有坚强的免疫力。弱毒疫苗在实际应用过程中暴露了许多弊病，如毒力返强、免疫效果降低等，因此目前已基本停用。

(四) 展望

新型高效的猪水泡病灭活疫苗应是目前本病疫苗研究的重点，同时新型基因工程疫苗如亚单位疫苗、合成肽疫苗以及核酸疫苗等的研制也应是猪水泡病疫苗研究的热点。

（赵　耘）

九、猪细小病毒感染

(一) 概述

猪细小病毒感染（Porcine parvovirus infection）是由猪细小病毒（Porcine parvovirus，PPV）导致易感母猪发生繁殖障碍的主要传染病之一，主要表现为受感染的母猪，特别是初产母猪及血清学阴性，经产母猪发生流产，产死胎、畸形胎、木乃伊胎、弱胎及屡配不孕等，母猪本身无明显症状，其他年龄的猪感染后一般也不表现明显的临床症状。而且，PPV感染后主要危害妊娠早期的胎儿，对胎儿的危害及表现的症状与妊娠阶段存在相关性。目前，该病在世界范围内广泛分布，在大多数感染猪场呈地方性流行，猪群感染后很难净化，从而造成了持续的经济损失，严重地阻碍了全球养猪业的健康发展。

猪细小病毒属于细小病毒科（Parvoviridae）细小病毒属（*Parvovrius*）。病毒粒子外观呈六角形或圆形，无囊膜，直径 20～23nm，二十面体等轴立体对称，衣壳由 32 个壳粒组成。病毒基因组为单股线状副链 DNA，分子量为 5.0kb 左右，其两端均有发夹结构，3′端为 Y 形结构，5′端为 U 形结构。基因组含有两个互不重叠的主要开放阅读框（Open Reading Frame，ORF），主要编码 3 种结构蛋白（VP1、VP2、VP3）和 3 种非结构蛋白（NS1、NS2、NS3）。PPV 是 1966 年由 Mayr 等在培养猪瘟病毒时首次发现，1967 年 Cartwright 等在进行猪繁殖障碍病因学调查时，从临床病料中分离到了该病毒，并证实其致病作用，随后在许多国家先后报道了该病的发生。中国已先后在北京、上海、吉林、黑龙江、四川和浙江等地分离到了 PPV，血清学调查的阳性率为 80％。

PPV 血清型单一，很少发生变异。本病毒耐热性强，对温度、酸碱度有较强的抵抗力，在 56℃48h、70℃2h、80℃5min 才失去感染力和血凝活性；pH 在 3.0～9.0 稳定；能抗乙醚、氯仿等脂溶剂；但 0.5％漂白粉或氢氧化钠溶液 5min 即可杀灭病毒。PPV 能凝聚豚鼠、大鼠、猴、小鼠、鸡、猫和人 O 型的红细胞，不能凝集牛、绵羊、仓鼠和猪的红细胞。

PPV 只能在来源于猪的细胞（包括原代猪肾、猪睾丸细胞和传代系 PK15）和人的某些传代细胞（如 Hela、KB、HEp－2、Lu132 等）中培养增殖，其中以原代猪肾细胞较为常用。本病毒一般只能在生长旺盛的细胞上增殖，细胞病变表现为细胞隆起、变圆、核固缩和溶解，最后许多细胞碎片黏附在一起使受感染的细胞外形不整，呈“破布条状”。

由于 PPV 目前尚无有效的药物治疗方法，因此，该病的免疫预防就显得更为重要。近年来，公认使用疫苗是预防 PPV、提高母猪繁殖率的唯一方法。

（二）疫苗的种类

可应用的疫苗有猪细小病毒灭活苗和弱毒疫苗，目前在国内广泛应用的是灭活疫苗。国内已经批准注册的猪细小病毒病疫苗均为灭活疫苗，共有 7 个，包括：1994 年上海农业科学院畜牧兽医研究所研制的“猪细小病毒病油乳剂灭活疫苗”、2006 年武汉中博生物股份有限公司研制的“猪细小病毒病灭活疫苗（CP－99 株）”、2006 年华中农业大学等研制的“猪细小病毒病灭活疫苗（WH－1 株）”、2010 年哈药集团生物疫苗有限公司等研制的“猪细小病毒病灭活疫苗（L 株）”、2011 年青岛易邦生物工程有限公司研制的“猪细小病毒灭活疫苗（YBF01 株）”、2012 年扬州优邦生物制药有限责任公司等研制的“猪细小病毒灭活疫苗（BJ－2）”和 2016 年国家兽用生物制品工程技术研究中心研制的“猪细小病毒病灭活疫苗（NJ 株）”。

（三）疫苗的研究进展

1. 灭活疫苗 细胞培养的病毒用 β－丙内酯、福尔马林、乙酰乙烯亚胺（AEI）以及二乙烯亚胺（BEI）灭活，加入佐剂如氢氧化铝胶制成灭活疫苗。自 1976 年国外就有关于 PPV 灭活疫苗的研究报道，并于 20 世纪 80 年代在美国、法国等国家普遍应用。Suzuki 和 Fujisaki（1976）用福尔马林灭活病毒接种动物，诱导产生了高滴度的抗体，但保护效果不理想。潘雪珠等应用 PPV 的猪睾丸细胞培养物，以 AEI 灭活，制成油佐剂疫苗，两次注射的免疫应答可持续 7 个月以上，并证实了 AEI 优于福尔马林。Joo 等用 β－丙内酯灭活疫苗，其可使猪产生的抗体至少持续 4 个月以上。免疫佐剂是影响 PPV 灭活疫苗效果的重要因素，Moliter 等比较了 13 种不同佐剂用于 PPV 灭活疫苗的效果，结果发现 50％氢氧化铝胶、顺丁烯乙酰（EMA）、CP-20961（Avridin）、油水乳剂（DDA）作佐剂的疫苗，均可诱导产生高滴度的抗体；而用油佐剂、SDS、L-121、氢氧化铝胶和油乳剂混合物、SDS和氢氧化铝胶混合物作佐剂的疫苗产生的抗体滴度均较低。近年来，中国也开展了相关的研究，韩孝成等（2001）用细小病毒浙江分离株接种猪肾原代细胞，培养物经甲醛灭活后，配以20%氢氧化铝胶制成灭活疫苗，小剂量注射豚鼠和猪均能诱导明显的免疫反应；疫苗对豚鼠接种两次HI抗体效价可达1∶320，对猪接种1次或2次，HI抗体效价可达1∶20～1∶320；疫苗对胎儿的保护率可达98.7%。叶向阳等（2002）用AEI灭活病毒培养物制成灭活油乳剂苗，以此疫苗每次2mL免疫阴性猪或母源抗体HI抗体效价不低于1∶64的猪均具有良好的免疫力，免疫后备母猪能产生良好的免疫力，母猪怀孕后能抵抗PPV强毒经胎盘感染，且免疫期可持续6个月。

在早期的研究报告中，猪细小病毒疫苗的免疫均为间隔2～3周二次注射，随着疫苗生产工艺的改进，许多学者发现一次免疫注射也能达到良好的免疫效果。但在生产实际中，中国头胎母猪发生流产、死胎、木乃伊胎情况较为严重，经济损失较大，因此推荐在5月龄免疫一次，间隔1个月后再加强一次，效果比较好。Paul（1987）等报道，母源抗体对疫苗接种后产生主动免疫应答有干扰作用，而猪细小病毒母源抗体可持续20～24周，因此，疫苗的接种时间应选择在20周龄左右，即在母猪配种前1个月进行免疫接种。

2. 弱毒疫苗 目前弱毒疫苗株主要有NADL-2株、HT株、HT-SK-C株和N株，这些弱毒疫苗主要在国外应用。最早应用于临床的是NADL-2弱毒株，该毒株是猪细小病毒强毒株在细胞上连续传50代以上致弱的。该毒株的*VP2*基因比强毒株NADL-8少300bp碱基。将本疫苗对怀孕小母猪进行免疫保护试验，剖杀试验用猪，发现免疫组有59头活胎、2头死胎，所有免疫组胎儿中都未检测到PPV和抗体；对照组有25头活胎、29头死胎，其中所有死胎和9头活胎可分离到PPV，所有PPV感染的胎儿均可在肺中检测到PPV抗原，在7头感染的活胎儿中检出HI抗体。发现经口鼻接种PPV致弱苗，不能经胎盘感染胎儿。但在子宫内接种PPV致弱苗，可感染胎儿导致其死亡。日本学者Fujisakl等将猪细小病毒野毒株在猪肾细胞上低温（30℃）连续传54代，产生了HT变异株，该毒株接种猪后能诱导机体产生高滴度的抗体和较强的免疫力，并且不产生病毒血症。AkilAkihiro等又将HT株在猪肾细胞上培养，并用紫外线照射后继续传代，得到了安全性更好的HT-SK-C株。尽管已有多株弱毒疫苗在临床上应用。但是由于PPV强毒株的大量存在，人们对病毒重组及弱毒返强的担心使弱毒疫苗的应用受到一定的限制。

3. 基因工程疫苗 目前，猪细小病毒病基因工程疫苗的研究主要集中在亚单位疫苗、活载体疫苗和核酸疫苗三个方面。

Martinez等最先将猪细小病毒的主要免疫原性基因*VP2*克隆到杆状病毒表达系统中，并成功地在昆虫细胞中高效表达，表达产物能诱导产生免疫应答。表达的VP2多肽能自我装配成类病毒粒子（virus like particles，VLPs），用其免疫母猪能诱导产生免疫应答。*VP2*基因在体外表达的蛋白能自我包装成类病毒粒子的特性，为重组多价亚单位疫苗的研究打下了基础。吴丹将猪细小病毒*VP2*基因及干扰素基因同时克隆到真核表达载体中，构建了共同表达*VP2*和干扰素基因表达质粒，用此表达质粒单独或加入脂质体接种小鼠，结果表明，脂质体可以加强表达质粒接种小鼠的免疫应答水平。吕建强等将猪细小病毒的*VP2*基因插入猪伪狂犬病病毒载体中，有望研制出猪细小病毒-猪伪狂犬病病毒二联重组基因工程疫苗。

活病毒载体疫苗与弱毒疫苗相似，能诱导强而持久的免疫反应，而且作为载体的活病毒已经过改造，其安全性较传统弱毒疫苗大为提高。但其生产技术复杂，成本较高，目前仍多处于实验室研究阶段。吕建强等应用猪伪狂犬病病毒基因缺失株 TK^-/gG^-/LacZ 作为活病毒载体成功构建了表达猪细小病毒 *VP2* 基因的重组伪狂犬病病毒，表达的 *VP2* 蛋白可以与猪细小病毒阳性血清反应，而且可以自行装配成病毒样颗粒。*VP2* 基因的插入不影响重组病毒的增殖特性，其毒力与亲本株相当，为研制 PPV 活病毒载体疫苗奠定了基础。

赵俊龙等用猪细小病毒的 *VP1* 基因和 *VP2* 基因分别构建了猪细小病毒的核酸疫苗，结果表明，这两种疫苗均能诱导产生较高水平的体液免疫和细胞免疫。

（四）疫苗的生产制造

国内目前批准注册的猪细小病毒病疫苗均为灭活疫苗，其生产工艺、质量标准等大同小异，不同之处在于毒种的不同。7 个批准注册的灭活疫苗制苗毒株分别是：PPVs－1 株、CP－99 株、WH－1 株、L 株、YBF01 株、BJ－2 株和 NJ 株。制苗用细胞主要有：胎猪睾丸原代细胞、猪睾丸传代细胞（ST 细胞）、猪肾传代细胞（PK15 细胞）和 IBRS－2 细胞等。

1. 猪细小病毒病灭活疫苗（WH－1 株）

（1）生产用毒种制备　本疫苗的毒种为猪细小病毒强毒（WH－1 株），制苗用细胞为 ST 细胞。将毒种同步接种法接种于 ST 细胞，置 37℃培养，当细胞病变（CPE）达到 80%以上时收获病毒液。每毫升病毒含量应≥$10^{7.0}$ $TCID_{50}$。将检验合格的病毒液混合，定量分装，－20℃保存，保存期为 6 个月。毒种继代应不超过 5 代。应无细菌、霉菌、支原体和外源病毒污染。

（2）制苗用病毒液的制备　采用同步接种法将符合标准的生产用种毒接种于 ST 细胞单层，置 37℃培养，当 CPE 达到 80%以上时（接种后 60～80h）收获病毒液，置－20℃保存，病毒的 $TCID_{50}$应不低于 $10^{-7.0}$/mL 或血凝效价不低于 2^9。

（3）灭活　在检测合格的病毒液中加入适量 AEI 或甲醛溶液，充分搅拌，灭活。

（4）乳化、分装　油相和水相按一定比例乳化，将乳化好的疫苗定量分装，加盖密封。

2. 猪细小病毒病灭活疫苗（YBF01 株）

（1）生产用毒种制备　本疫苗的毒种为猪细小病毒 YBF01 株，制苗用细胞为 ST 细胞。将毒种接种于生长良好的 ST 细胞单层，置 37℃培养，当细胞病变（CPE）达到 80%以上时收获病毒液。每毫升病毒含量应≥$10^{6.0}$ $TCID_{50}$。将检验合格的病毒液混合，定量分装，－20℃保存，保存期为 24 个月。毒种继代应不超过 5 代。应无细菌、霉菌、支原体和外源病毒污染。

（2）制苗用病毒液的制备　将生产毒种接种生长良好的细胞单层，置 37℃培养，当 CPE 达到 80%以上时收获病毒液，置－20℃以下保存。每毫升病毒含量应≥$10^{6.0}$ $TCID_{50}$，或血凝效价不低于 1∶256。

（3）灭活　在检测合格的病毒液中加入终浓度为 0.1%的甲醛溶液，充分搅拌，灭活。

（4）乳化、分装　油相和水相按一定比例乳化，将乳化好的疫苗定量分装，加盖密封。

3. 猪细小病毒病灭活疫苗（NJ 株）

（1）生产用毒种制备　本疫苗的毒种为猪细小病毒 NJ 株，制苗用细胞为 ST 细胞。将毒种接种于一定生长密度的 ST 细胞单层，置 37℃培养，当细胞病变（CPE）达到 75%时收获病毒液。每毫升病毒含量应≥$10^{7.0}$ $TCID_{50}$。将检验合格的病毒液混合，定量分装，−15℃以下保存，保存期为24个月。毒种继代应不超过5代。应无细菌、霉菌、支原体和外源病毒污染。

（2）制苗用病毒液的制备 将生产毒种接种于一定生长密度的ST细胞单层，置37℃培养，当CPE达到75%以上时收获病毒液，置−15℃以下保存。每毫升病毒含量应≥$10^{7.0}$ $TCID_{50}$，或血凝效价不低于1∶256。

（3）灭活 在检测合格的病毒液中加入终浓度为0.1%的甲醛溶液，充分搅拌，灭活。

（4）乳化、分装 油相和水相按一定的比例乳化，将乳化好的疫苗定量分装，加盖密封。

（五）疫苗的质量标准与使用

1. 猪细小病毒病灭活疫苗（WH-1株） 本品系用猪细小病毒WH-1株接种ST细胞培养，收获细胞培养物，经AEI灭活后，加油佐剂混合制成。用于预防猪细小病毒病。

本品外观为乳白色乳状液，剂型为油包水型。疫苗在离心管中以3 000r/min离心15min，有分层，应不出现破乳。疫苗应无菌生长。

安全检验时，用猪细小病毒HI抗体阴性猪2头，各颈部肌内注射疫苗4mL，观察14d，应无不良临床反应；同时用2～4日龄同窝乳鼠至少5只，各皮下注射疫苗0.1mL，观察7d，应健活。如有死亡，可重检一次。

效力检验时，用体重350g以上HI抗体阴性豚鼠4只，各肌内注射疫苗0.5mL。28d后，连同条件相同的对照豚鼠2只，采血，测定抗体。对照豚鼠应为阴性，注苗豚鼠应有3只出现抗体反应，其HI抗体效价应不低于1∶64。如果达不到上述要求，可复检一次。

也可用猪进行效检。选用猪细小病毒HI抗体阴性猪4头，各肌内注射疫苗2mL。28d后，连同对照猪2头，采血，分离血清，测定抗体效仿，对照猪应为阴性，免疫猪应全部出现抗体反应，其HI抗体效价应不低于1∶64。

疫苗免疫期为6个月，免疫途径为肌内注射，每头2mL。2～8℃贮藏，有效期为12个月。

使用时应注意以下事项：疫苗使用前应认真检查，如出现破乳、变色、玻瓶有裂纹等均不可使用；疫苗应在标明的有效期内使用，使用前必须摇匀，疫苗一旦开启应限当日用完；切忌冻结和高温。本疫苗在疫区或非疫区均可使用，不受季节限制。在阳性猪场，对5月龄至配种前14d的后备母猪、后备公猪均可使用；在阴性猪场，配种前母猪任何时候均可免疫。怀孕母猪不宜使用；应对注射部位进行严格消毒；剩余的疫苗及用具，应经消毒处理后废弃。

2. 猪细小病毒病灭活疫苗（YBF01株） 本品系用猪细小病毒YBF01株接种ST细胞培养，收获细胞培养物，经甲醛溶液灭活后，加油佐剂混合制成。用于预防猪细小病毒病。

本品外观为乳白色乳状液，剂型为油包水型。疫苗在离心管中以3 000r/min离心15min，管底析出的水相应不超过0.5mL。疫苗应无菌生长。

安全检验时，用猪细小病毒HI抗体阴性猪4头，各颈部肌内注射疫苗4mL，观察14d，应不出现由疫苗引起的不良反应或死亡。

效力检验有2种方法，用豚鼠检验和用猪检验。用豚鼠检验时，用体重350～400gHI抗体阴性豚鼠4只，各肌内注射疫苗0.5mL。28d后，连同条件相同的对照豚鼠2只，采血，测定 HI 抗体效价。免疫豚鼠 HI 抗体效价均应不低于 1∶64，对照豚鼠 HI 抗体效价均应不高于 1∶8。

用猪进行检验时，用 4～6 周龄健康易感仔猪（猪细小病毒 HI 抗体效价不高于 1∶8）4 头，各颈部肌内注射疫苗 2.0mL。28d 后，连同对照仔猪 4 头，采血，分离血清，测定 HI 抗体效价。免疫猪 HI 抗体效价均应不低于 1∶128，对照猪 HI 抗体效价均应不高于 1∶8。

疫苗免疫期为 6 个月，免疫途径为肌内注射，母猪于配种前 4～6 周首次免疫，3 周后加强免疫 1 次，2mL/头/次；种公猪初次免疫同母猪，以后每隔 6 个月免疫 1 次，2mL/头/次。2～8℃保存，有效期为 24 个月。

使用时应注意以下事项：本品如发现破损、破乳分层等异常现象，切勿使用。使用前应将疫苗恢复至室温并充分摇匀。疫苗启封后，限 4h 内用完。严禁冻结和高温。注射器械用前应无菌，注射部位应严格消毒。用过的疫苗瓶、器具和启封后的疫苗等应进行消毒处理。本品仅对由猪细小病毒引起的母猪繁殖障碍有效，对由其他疾病引起的母猪繁殖障碍没有预防作用。

3. 猪细小病毒病灭活疫苗（NJ 株） 本品系用猪细小病毒 NJ 株接种 ST 细胞培养，收获细胞培养物，经甲醛溶液灭活后，加油佐剂混合制成。用于预防猪细小病毒病。

本品外观为乳白色均匀乳剂，剂型为油包水型。疫苗在离心管中以 3 000r/min 离心 15min，管底析出的水相应不超过 0.5mL。疫苗应无菌生长。

安全检验有 2 种方法，分别用小鼠和猪进行检验。用小鼠进行检验时，用体重 18～22g 小鼠 10 只，各皮下注射疫苗 0.2mL（含 0.1 头份），连续观察 10d，应全部健活。

用猪进行检验时，用 30～45 日龄健康易感仔猪 2 头，各颈部肌内注射疫苗 4mL（含 2 头份）。连续观察 14d，应不出现疫苗引起的异常反应。第 14 天采血，分离血清进行 PPV PCR 检测，应为阴性。

效力检验时，用体重 350～400g 健康豚鼠 5 只，各肌内注射疫苗 0.5mL。28d 后，连同条件相同的对照豚鼠 3 只，采血分离血清，检测 PPV HI 抗体效价。对照豚鼠 HI 抗体效价均应不高于 1∶8，免疫豚鼠应至少 4 只 HI 抗体效价不低于 1∶64。

疫苗免疫期为 6 个月，免疫途径为颈部肌内注射，后备母猪在配种前 1 个月（6～7 月龄）接种 1 次，经产母猪每次配种前 3～4 周接种一次，种公猪每年接种 2 次。

使用时应注意以下事项：本品仅供健康猪使用；疫苗严禁冻结，应避免高温或阳光直射；疫苗使用前应认真检查，如出现破乳、变色、疫苗瓶有裂纹等均不可使用；使用前疫苗恢复至室温并摇匀，疫苗一旦开启应限当日用完；怀孕母猪不宜使用；使用后的疫苗瓶、器具和未用完的疫苗应进行无害化处理。

（六）展望

近年来，出现了许多有关新型疫苗研究的报道，这些疫苗包括：病毒载体多价疫苗、亚单位疫苗以及和核酸疫苗等。如病毒载体多价疫苗是以良好的猪伪狂犬病病毒活疫苗株作为载体，表达 PPV 的免疫原性抗原，从而达到一针两防的目的。这些疫苗的研究和开发对猪细小病毒病的控制和最终消灭具有重要的意义。

（赵 耘）

十、猪流行性乙型脑炎

（一）概述

流行性乙型脑炎（Swine epidemic encephalitis B）又称日本脑炎（Japanese encephalitis B），是一种由嗜神经性虫媒病毒所引起的人畜共患传染病。临床上表现从隐性感染到急性感染。急性感染的表现为高热、狂暴和沉郁等神经特征；猪感染后常引起早产、流产或死产、公猪睾丸炎等繁殖障碍症。其他家畜（牛、羊等）和家禽大多为隐性感染。本病由蚊虫传播，具有明显的季节性和一定的地理分布，每年夏秋季多发。本病分布很广，1871 年首次在日本发现，1934 年分离到病毒。主要在亚洲各国发生，中国大部分地区时有发生。它是世界上流行广、危害人类健康最严重的一种虫媒性病毒疾病，被世界卫生组织列为需要重点控制的传染病。

流行性乙型脑炎病毒属于黄病毒科（Flavividae）、黄病毒属（*Flavivirus*）。该病毒含有单股 RNA，病毒呈球形，直径 30～40nm，由核芯、囊膜和纤突组成，纤突具有血凝活性，能凝集鹅、鸽、绵羊和雏鸡的红细胞，但不同毒株的血凝滴度有明显差异。

病毒对外界抵抗力不强，56℃经 30min，70℃经 10min，100℃经 2min 可灭活病毒。对低温及干燥抵抗力较强，在 0℃保存 3 周左右，－20℃保存 1 年，－70℃保存数年。病毒存活时间和所用稀释液种类有关，用生理盐水稀释病毒很快被灭活，但用含脱脂奶、正常兔或牛血清或水解乳蛋白的稀释剂稀释时，病毒比较稳定。在 50％中性甘油中在 4℃可存活 6 个月。对氯仿、乙醚、丙酮、甲醛等有机溶剂敏感，常用的消毒药有良好的消毒作用。

本病毒能在多种细胞上培养繁殖。可在鸡胚卵黄囊内繁殖，在鸡胚成纤维细胞、猪肾细胞、仓鼠肾细胞、牛胚肾细胞以及 BHK－21、PK15、Hela、Vero 等传代细胞中增殖，并产生细胞病变和形成蚀斑。

马、牛、羊、猪和鸡都有相当高的隐性感染率，病毒在感染动物血液内存留时间很短，主要存在于脑、脑脊髓液和死产胎儿的脑组织，以及血液、脾、肿胀的睾丸。实验动物中各种年龄的小鼠都有高度的易感性，是常用来分离和繁殖病毒的实验动物，其中以 1～3 日龄的乳鼠最易感。

（二）疫苗的种类

乙脑病毒可产生坚强持久的免疫力，并且乙脑病毒抗原变异不明显，这些为乙脑疫苗用于预防提供了良好基础。目前应用的主要是弱毒疫苗和湖北省农业科学院畜牧兽医研究所研制的灭活疫苗。

（三）疫苗的研究进展

1. 弱毒疫苗 美国和日本先后获得了几个弱毒疫苗株，并且成功地用于田间试验中（Hsu 等，1972；Fujisaki 等，1975；Kwon 等，1976）。中国在弱毒疫苗研究方面也做了大量工作，培育出了一些弱毒株。

（1）5－3 株 是用乙型脑炎强毒 SA14 株经驯化筛选后获得的弱毒疫苗株。该弱毒株在仓鼠肾细胞传代致弱后经蚀斑纯化选育出来。具有下列生物学特性：能在仓鼠肾细胞内增殖，并产生明显的细胞病变，在琼脂覆盖下的鸡胚成纤维细胞可形成蚀斑；脑内接种 3 周龄小鼠和体重 2～3kg 恒河猴，不引起死亡，但对乳鼠有一定的致病力；对于 3 周龄小鼠皮下注射，病毒不侵入脑组织；在小鼠脑内连续传代3～5代，毒力未见回升。该疫苗用于马和猪获得了良好的免疫效果。但有报道该疫苗免疫不同孕期母马，有个别病例出现先天畸形。目前该疫苗采用仓鼠肾细胞培养。

（2）2-8株　是用SA14变异株经紫外线进一步减毒，再经乳鼠皮下接种，提高其皮下增殖力和免疫原性而育成的弱毒疫苗株。该病毒株接种2～3日龄乳鼠显示较低致病力，脑内接种死亡率为70%，皮下为50%。脑内接种3周龄小鼠，基本不引起死亡，经连续脑内传代，毒力未见明显回升。大规模马群免疫试验证明安全，马匹免疫后，血清阳转率为85%，保护率为86.7%。该疫苗免疫孕马，未发现胎儿畸形。目前通常用仓鼠肾细胞培养制成弱毒活疫苗。

（3）14-2株　是在上述研究的基础上，以不同途径选出毒力大大减弱而免疫原性良好的弱毒株。接种仓鼠肾细胞培养，制成活疫苗，用于人、马、猪均收到良好的免疫效果。用14-2毒株在BHK-21细胞培养，制成弱毒疫苗。用该疫苗免疫妊娠母猪，免疫后抗体阳转率为80%～100%，死产率显著下降。

2. 灭活疫苗　根据制苗原材料的不同，可分为以下三种灭活疫苗。但经证明灭活苗效果不是很好，现在已较少使用。

（1）鼠脑灭活苗　1943年，美国Sabin开始用鼠脑研制灭活苗。采用免疫原性良好的强毒株，脑内接种8～12g小鼠，一般取接种后3～4d出现症状或濒死小鼠脑组织制成10%悬液，取离心上清液加入10%甲醛溶液灭活，使甲醛溶液的终浓度为0.2%，置4℃冰箱内灭活21d，灭活后再加入pH7.8～8.0的磷酸盐缓冲液（PBS）。该疫苗用于马、骡时皮下注射5mL，间隔10d第2次注射。该苗易引起过敏反应。

（2）鸡胚灭活苗　是用鸡胚适应毒接种鸡胚卵黄囊，接种后64～68h收获胚体，用pH7.8～8.0 PBS制成20%悬液，离心上清用0.2%终浓度甲醛溶液灭活，4℃灭活21d。马、骡皮下注射10mL，间隔10d再注射一次。鸡胚苗免疫效果较差。

（3）仓鼠肾免疫细胞灭活苗　接种强毒于仓鼠肾细胞培养，接种后30～40h，细胞出现病变时收获，加入甲醛溶液灭活（终浓度为0.2%），即为灭活苗。该苗效价及免疫效果都优于鸡胚苗。

（四）疫苗的生产制造

1. 弱毒疫苗

（1）毒种制备　将毒种用PBS（0.015mol/L，pH7.4～7.6）稀释成含$10^{3.7\sim4.7}$ $TCID_{50}$/mL，接种地鼠肾细胞，置35～36℃培养，在细胞病变达75%时，收获病毒液。每毫升病毒含量≥$10^{6.7}$ $TCID_{50}$。毒株对小鼠的最小免疫剂量应≤$10^{3.5}$ $TCID_{50}$。应无细菌、霉菌、支原体和外源病毒污染。

（2）制苗病毒液的繁殖　选择生长良好的单层地鼠肾细胞，弃去培养液。加入适量的维持液。病毒的接种量为维持液含$10^{3.7\sim4.7}$ $TCID_{50}$/mL，置35～36℃培养，在细胞病变达75%时，收获病毒液。每毫升病毒含量≥$10^{7.5}$ $TCID_{50}$。应无细菌、霉菌、支原体和外源病毒污染。

（3）配苗及分装冻干　将检验合格的病毒原液合并后，加入适宜保护剂，同时加入适宜的抗生素，充分混匀，分装，然后迅速进行冷冻真空干燥。

2. 灭活疫苗　乙型脑炎病毒HW1株对7～8g小鼠脑内感染的毒力$10^{7.5}$ LD_{50}/0.04mL，

毒种无细菌、霉菌、支原体、衣原体及外源性病毒污染，以此毒种悬液脑内感染7～10g小鼠，收获接种后3～5d出现典型脑炎综合征的鼠脑组织，以pH7.4 PBS制成悬液，按容量加入甲醛灭活后制成油乳剂灭活苗。

（五）疫苗的质量标准和使用

1. 弱毒疫苗 是用流行性乙型脑炎病毒SA14-14-2株接种地鼠肾细胞培养，收获培养液，加适宜稳定剂，经冷冻真空干燥制成。用于预防乙型脑炎。

性状为淡黄色疏松团块，加入稀释液后迅速溶解为橘红色透明液体。应无细菌、霉菌、支原体和外原病毒污染。

鉴别检验时，用PBS（0.015mol/L，pH7.4～7.6）将毒种稀释为每0.1mL含有$2\times10^{2.0}TCID_{50}$，与乙型脑炎特异性抗血清等量混合，在37℃下中和90min后，接种地鼠肾原代细胞，置37℃培养，观察7d，判定结果。对照细胞应出现特征性的细胞病变，被检细胞应无细胞病变。

安全检验方法有4种，其中用乳猪检验为必检项，其他任选其一。乳猪检验时，用4～8日龄健康易感（猪乙型脑炎HI抗体效价不高于1：4）乳猪4头，各肌内注射疫苗2mL（含10头份），连续观察21d，应无因接种疫苗而出现局部或全身不良反应。进行脑内致病力试验时，选用体重12～14g清洁级小鼠10只，各脑内接种疫苗0.03mL（含0.15头份）。接种后72h内出现的非特异死亡小鼠应不超过2只。其余小鼠继续观察至接种后14d，应全部健活。进行皮下感染入脑试验时，选用体重10～12g清洁级小鼠10只，各皮下注射疫苗0.1mL（含0.5头份），同时右侧脑内穿刺，连续观察14d，应全部健活。进行毒性试验时，选用体重12～14g清洁级小鼠4只，各腹腔注射疫苗0.5mL（含2.5头份），观察30min，应无异常反应，继续观察至接种后3d，应全部健活。若出现非特异性死亡，可重检一次。重检后，应符合上述标准，否则判为不合格。

效力检验时，按瓶签注明的头份，将疫苗用PBS（0.015mol/L，pH7.4～7.6）稀释至每头份1mL。再做10倍系列稀释，取10^{-5}、10^{-6}、10^{-7} 3个稀释度，分别接种地鼠肾细胞，每个稀释度接种4瓶。同时设立同批对照4瓶。置36～37℃培养7d，观察细胞病变，计算病毒滴度。每头份应$\geq10^{5.7}TCID_{50}$。

疫苗使用时，按瓶签注明的头份，用PBS（0.015mol/L，pH7.4～7.6）稀释成每头份1mL。注射途径是肌内注射。后备母猪和后备公猪在配种前20～30d注射，每头1mL，以后每年注射1次。经产母猪和成年种公猪，每年注射1次，每头1mL。在乙型脑炎重灾区，其他类型猪群也应接种。免疫期为12个月。疫苗在－15℃以下保存，有效期为18个月；在2～8℃保存，有效期为9个月。

疫苗使用时应注意以下事项：疫苗须冷藏保存与运输；应现用现配，稀释液使用前最好置2～8℃预冷；疫苗接种最好选择在4—5月份（蚊蝇滋生季节前）；接种猪要求健康无病，注射器要严格消毒。

2. 灭活疫苗 是用猪乙型脑炎病毒HW1株脑内接种小鼠，收获感染的小鼠脑组织制成悬液，经甲醛灭活后，加油佐剂混合乳化制成。用于预防猪乙型脑炎。

外观为白色均匀乳剂，37℃下放置21d，应无破乳现象。剂型为油包水型。疫苗应无菌生长。

安全检验时，用体重18～20g小鼠5只，各皮下注射疫苗0.2mL，观察14d。小鼠应全部健活。

效力检验时，可选用小鼠免疫剂量测定法或豚鼠免疫试验法。小鼠免疫剂量测定法的做法是：按0.2mL、0.02mL和0.002mL 3个免疫剂量进行测定，即用PBS（pH7.8）将疫苗稀释成1∶5、1∶50、1∶500 3个稀释度，各腹腔注射体重6～7g小鼠10只，做两次免疫（间隔3d），每次每只0.5mL。第二次免疫后5d，连同条件相同的对照鼠10只，用肉汤做腹腔刺激，并每只脑内注射0.04mL，然后再以10^{-5}稀释的P3株强毒腹腔注射，每只0.3mL。观察21d，判定结果（3d内死亡不计）。对照组小鼠应全部出现脑炎症状，且至少死亡8只，免疫组PD_{50}应≤0.02mL（即半数保护时的疫苗稀释度应高于1∶50）。豚鼠免疫试验法是用HI抗体阴性、体重400g左右的豚鼠3只，各大腿内侧肌内注射疫苗0.5mL。14d后，连同条件相同的对照豚鼠3只，采血，测定其血清中的HI抗体效价，对照豚鼠应无抗体反应，免疫组应至少有2只豚鼠的血清HI抗体效价不低于1∶40。

种猪于6～7月龄（配种前）或蚊虫出现前20～30d注射疫苗两次（间隔10～15d），经产母猪及成年公猪每年注射1次，每次2mL。在乙型脑炎重疫区，为了提高防疫密度，切断传染锁链，对其他类型猪群也应进行预防接种。接种途径为肌内注射，免疫期为10个月。2～8℃贮藏时，有效期为1年。

疫苗使用前应摇匀，启封后须当天用完。

（六）展望

用重组干扰素治疗人的乙型脑炎在临床上已经取得了很好的效果。但用这种治疗方法来治疗猪的乙型脑炎目前还不成熟。近年来，有人试图研制基因工程疫苗，但仍无商品化的产品可以应用。一些研究表明，乙型脑炎病毒囊膜E表位的单克隆抗体可以阻止小鼠乙型脑炎的感染（Kimura-Kuroda和Yasui，1988），然而，将这种方法用于猪还需进一步研究。

（赵　耘）

十一、仔猪断奶多系统综合征

（一）概述

仔猪断奶多系统综合征（Postweaning multisystemic wasting syndrome，PMWS）是由猪圆环病毒2型（Porcine circovirus type 2，PCV2）引起的以断奶仔猪呼吸急促或困难、腹泻、贫血、明显的淋巴组织病变和进行性消瘦为主要特征的疾病。本病严重影响猪的生长发育，造成了巨大的经济损失。本病1991年最早发生于加拿大北部地区，1997年分离到PCV2，随后许多国家先后报道发生本病。中国2000年通过血清学方法证实北京、河北、天津、江苏、上海等地猪群中存在PCV2抗体，2001年与PCV2感染相关的PMWS开始在南方地区流行，2002年全国各地规模化猪场暴发PMWS，给中国养猪业造成了相当大的经济损失。

PMWS主要影响哺乳期和保育期的仔猪，尤其是5～12周龄的仔猪，很少影响母猪。一般于断奶后2～3d或1周发病，急性发病猪群中，病死率可达10%，据报道在一些猪群中，断奶猪的发病率和死亡率之比为50%。PMWS发病猪群常常由于并发或继发其他疾病而使死亡率大大增加，有时可高达 50% 以上。

PMWS 的病原是 PCV2，PCV2 属圆环病毒科（Circovirdae）圆环病毒属（*Circovirus*）。其是一种无囊膜、二十面体、共价闭合、环状的单股 DNA 病毒。病毒粒子直径平均为 17nm，CsCl 中的浮密度为 1.33～1.34g/cm^3，对酸性环境（pH3.0）、氯仿或高温（56℃和 70℃）有抵抗作用。不凝集牛、羊、猪、鸡等多种动物和人的红细胞。病毒基因组大小为 1 768bp。各分离株之间序列的同源性大于 96%。包含 ORF1 和 ORF2 两个主要的开放阅读框（open reading frame，ORF）。ORF1 称为 *Rep* 基因，编码由 314（PCV1）、312（PCV2）个氨基酸组成、大小为 35.7ku 的蛋白质，与病毒复制有关；ORF2 称为 *cap* 基因，编码由 233 个氨基酸组成、大小为 27.8ku 的衣壳蛋白，是病毒主要的免疫原性蛋白。与 PCV2 特异性中和抗体产生密切相关，是研制针对 PCV2 新一代疫苗的研究热点。除了 ORF1 和 ORF2，研究发现 ORF3 表达的蛋白虽然不是病毒在细胞中复制时所必需的，但与病毒引发细胞凋亡、机体发病有关。

PCV2 可在 PK15 细胞上生长良好，但不产生细胞病变。也可在其他猪源细胞上生长，同样不产生细胞病变。用 300mM 的 D-氨基葡萄糖处理接种 PCV2 后的细胞培养物 30min，能够促进病毒的增殖。病毒在原代猪肾细胞、恒河猴肾细胞、BHK-21 细胞上不能生长。

近年来，至少鉴别出了 3 种有明显区别的 PCV2 基因型，PCV-2a、PCV-2b 和 PCV-2c。PCV-2a 和 PCV-2b 都不同程度地与 PCV 感染的发生相关；PCV-2c 仅在丹麦的一些无临床症状的猪群中有过报道；2003 年以前，欧洲和中国都出现过 PCV-2a 和 PCV-2b，美国和加拿大只出现过 PCV-2a。自 2003 年以来，伴随着 PCV 感染临床症状越来越严重，商品化猪群中的优势亚型逐渐变成了 PCV-2b。PCV-2a 和 PCV-2b 序列上的差异主要存在于 *cap* 基因上，包括一个“特征性氨基酸模体”区域。尽管还没有识别 PCV-2a 和 PCV-2b 的抗原结构，但目前基于 PCV-2a 的疫苗都能够提供针对 PCV-2b 的交叉保护。就针对田间 PCV-2b 野毒株的保护力来说，现在还不确定基于 PCV-2b 的新型疫苗是否能提供比目前基于 PCV-2a 的疫苗更高的保护力。

（二）疫苗研究进展

1. 灭活疫苗 PCV2 灭活疫苗是将 PCV2 感染的细胞培养物通过理化方法处理，使其丧失感染性但仍保持良好免疫原性、然后加入佐剂乳化制备而成。该类疫苗具有使用安全、易于保存、性能稳定等优点。

国外学者较早投入 PCV2 灭活疫苗的研究工作，早在 2004 年，第一个商品化的 PCV2 疫苗在法国和德国面世。目前市场上用于预防猪群中 PCV 感染发生的商品化疫苗共有 5 种，其分别是梅里亚（Merial）的 Circovac®、勃林格殷格翰（Bochringer Ingelheim）的 Ingelvac CircoFLEX®、英特威（Intervet）的 Circumvent®、先灵葆雅（Schcring-Plough）的 Porcilis®PCV、富道（Pfizer）的 Fostera™ PCV（Suvaxn®PCV-2 One Dose®升级版），这些都是基于 PCV-2a 基因型而生产的。

Circovac®（梅里亚）是用灭活的 PCV-2a 全病毒生产而成的，可以用于免疫大于 3 周龄的健康仔猪，也可以用于免疫健康经产母猪。用 Circovac®免疫仔猪一般需要一次肌内注射，免疫后备母猪或者经产母猪一般需要在交配前 3～4 周免疫 2 次，分娩前 2～4 周加强免疫 1 次。Kurmann 等用该疫苗免疫 PCV2 亚临床感染的母猪，共分 3 次免疫，首免和二免分别在妊娠前 4 周和 2 周进行，三免在妊娠期第 12 周进行，结果发现免疫母猪的血清抗体水平比未免疫母猪的血清抗体水平提高了 3～9 倍，新生仔猪的血清抗体水平也随之增加，并能提高仔猪平均日重率，缩短仔猪育肥期。2006 年 4 月法国大约有 400 000 头母猪接种了这种疫苗，结果断奶仔猪的死亡率从 4.4%降到了 2.5%，肥育猪的死亡率从 6.6%降到了 5.1%。除此之外，PMWS 临床发病率也下降了。德国也获得了同样的正面结果。

Ingelvac CircoFLEX®（勃林格殷格翰）、Circumvent®（英特威）、Porcilis® PCV（先灵葆雅）都是基于杆状病毒表达的 PCV-2a Cap 蛋白生产的亚单位疫苗，都可用于免疫大于 3 周龄的健康仔猪。Fostera™ PCV（Suvaxn® PCV-2 One Dose® 升级版）（富道）是 Suvaxyn® PCV-2 One Dose™的升级版，Fostera™ PCV 疫苗是灭活的减毒嵌合病毒，其是将 PCV-2a 的 *cap* 基因克隆到无致病性 PCV1 基因组骨架中，用 Fostera™ PCV 免疫大于 3 周龄的仔猪只要一次肌内注射，就能预防 PCV-2 感染和其引起的毒血症。

在国内，中国农业科学院哈尔滨兽医研究所刘长明研究员也成功研制出中国首例 PCV2 全病毒灭活疫苗（LG 株），该疫苗具有抗原含量高、免疫原性强、安全性好、抗母源抗体干扰及免疫效果好等优点。临床试验结果表明，疫苗接种猪群与空白对照组对比，主动免疫仔猪发病率下降 15.1%，死淘率下降 3.6%；被动免疫母猪结果显示，出生时死胎率下降 2.3%，初生仔猪成活率提高 7.6%，断奶时成活率提高 7.5%。目前，国内已有 20 余家企业获得 PCV-2 全病毒灭活疫苗新兽药证书，毒株包括 LG 株、SH 株、DBN-SX07 株、ZJ/C 株、WH 株和 YZ 株，这些疫苗的成功研制和应用对中国防控 PCV-2 感染发挥了重大的作用。

2. 弱毒疫苗 国内外对 PCV2 弱毒疫苗研究的报道较少，目前还没有商品化的 PCV2 弱毒疫苗，主要原因可能与病毒毒力易返强、致弱毒株毒力评价困难等因素有关。Fenaux 等将 PCV2 分离株在 PK15 细胞上连续传代培养，结果发现第 120 代病毒（VP120）滴度约为第 1 代病毒（VP1）滴度的 10 倍，VP120 感染的仔猪出现病毒血症的发生率明显低于 VP1 感染的仔猪，并且感染仔猪的血清中 PCV2 DNA 拷贝数更低，眼观和病理组织表明体外传代可促进 PCV2 在细胞内的繁殖能力，并能减弱其致病力，这为研制 PCV2 弱毒疫苗提供了科学依据。

3. 亚单位疫苗 Cap 蛋白是 PCV2 的主要结构蛋白和免疫保护性抗原，能刺激动物机体产生针对 PCV2 的特异性免疫应答，是研制 PCV2 基因工程亚单位疫苗的理想靶抗原。常用于 PCV2 亚单位疫苗生产的表达系统主要是昆虫细胞/杆状病毒表达系统。国外已有 3 种 PCV2 亚单位疫苗注册上市，分别是勃林格殷格翰公司研制的 Ingelvac CircoFLEX®、英特威公司研制 Circumven® 以及先灵葆雅公司研制的 Porcilis® PCV，这 3 种疫苗均为杆状病毒表达的 Cap 蛋白亚单位疫苗。Fort 等研究了单剂量 Porcilis® PCV 对不同地区、不同基因型 PCV2 感染的免疫保护效果，结果发现该疫苗对来自不同地区、不同基因型的 PCV2 感染具有良好的免疫保护力，既能诱导免疫仔猪产生针对 PCV2 的特异性体液免疫应答，又能诱导产生细胞免疫应答，能显著减轻病毒血症，减少鼻腔和排泄物中 PCV2 的排出量，降低各组织器官中 PCV2 的病毒载量。先灵葆雅公司研制的 Porcilis® PCV 2014 年已在中国批准注册。

在国内，已有 2 家单位研制的亚单位疫苗批准注册，分别是青岛易邦生物工程有限公司研制的“猪圆环病毒 2 型基因工程亚单位疫苗”以及武汉中博生物股份有限公司研制的“猪圆环病毒 2 型杆状病毒载体灭活疫苗（CP08 株）”，前者是利用原核表达系统，后者是利用杆状病毒表达系统。此外，国内科研人员在 PCV-2 亚单位疫苗研发方面开展了许多工作，刘长明等采用昆虫杆状病毒表达系统成功表达 PCV2 Cap 蛋白，Western - blot 检测结果显示重组蛋白与 PCV2 阳性血清发生特异性反应，证实该重组蛋白具有良好的免疫活性反应。张家明采用 Bac - to - Bac 杆状病毒表达系统成功表达 PCV2 Cap 蛋白。由 Cap 蛋白制备的亚单位疫苗免疫小鼠后能诱导产生抗 PCV2 的特异性抗体，表明表达的 Cap 蛋白具有良好的免疫原性。

4. 活载体疫苗 目前，用于 PCV 活载体疫苗研究的载体主要有腺病毒 5 型（Human adenovirus 5，HAd5）、猪腺病毒 3 型（Porcine adenovirus 3，PAV3）、猪伪狂犬病病毒（PRV）和杆状病毒（Baculovirus）等。

Wang 等成功构建了表达 PCV2 *ORF2* 基因的重组腺病毒 rAd - Cap，然后通过动物免疫保护试验评价 rAd - Cap 对仔猪的免疫保护效果，结果发现，在首免后 37d 即能检测到抗 PCV2 的高水平 ELISA 抗体和病毒中和抗体，免疫仔猪的相对日增重显著高于攻毒对照组，而组织损伤程度和病毒血症的发生率却明显低于攻毒对照组。腺病毒载体由于不能整合到靶细胞的基因组 DNA 中，因此，不能形成外源基因的稳定表达；腺病毒的靶向性差；腺病毒颗粒可被肝脏的 Kupffer 细胞非特异性吸收。因此，只有对腺病毒载体不断进行改进和完善，才能充分发挥其潜在的应用价值。

Ju 等成功构建了表达 PV2 ORF1 - *ORF2* 融合蛋白的重组伪狂犬病病毒 PRV - PCV2，Western blot 试验证实 ORF1 - *ORF2* 融合蛋白在重组病毒中正确表达，用 PRV - PCV2 免疫小鼠后，能在小鼠体内诱导产生抗 PRV 和 PCV2 的特异性抗体，保护小鼠抵抗 PRV Fa 强毒株攻击；而且，仔猪免疫试验也证实 PRV - PCV2 能诱导仔猪产生针对 PRV 和 PCV2 的特异性免疫应答。Song 等将 PCV2 *ORF2* 基因插入 pIEC - MV 质粒中。并同伪狂犬病病毒 TK^-/gE^-/LacZ+基因组共转染 IBRS - 2 细胞，通过同源重组成功构建了 TK^-/gE^-/ORF2 重组病毒，Western - blot 和间接免疫荧光试验证实 PCV2 *ORF2* 基因在重组病毒中正确表达。4 周龄仔猪接种 TK^-/gE^-/ORF2 后，PRV - ELISA、PRV -中和试验、ORF2 - ELISA 和 ORF2 特异性淋巴细胞增殖试验证实重组病毒具有良好的免疫原性，能产生针对 PRV 和 PCV2 的特异性免疫应答。与重组腺病毒对比，重组伪狂犬病病毒能在猪体内很好地繁殖，因此，PRV - PCV2 二联活载体疫苗研制方面具有巨大的潜力和应用价值。

Fan 等成功构建了一种杆状病毒 BV - G - CMV，随后，Fan 等将 PCV2 *ORF2* 基因定向插入 BV - G - CMV - IE 启动子下游，转染 Sf9 昆虫细胞后获得了重组杆状病毒 BV - G - ORF2，Western - blot 与流式细胞检测结果显示 BV - G - ORF2 能在 PK15 细胞中高效表达 Cap 蛋白，能诱导小鼠产生抗 PCV2 特异性 ELISA 抗体、中和抗体及细胞免疫应答，展现出比 PCV2 DNA 疫苗更强的免疫原性。BV - G - CMV 作为基因转移载体具有操作简单、病毒易培养、无毒性、免疫原性强及宿主体内不存在抗杆状病毒抗体等优点，因此，杆状病毒可用于新型 PCV2 活载体疫苗的研究。

除了以上提到的研究较多的重组 PCV2 活载体疫苗外，目前研究较热的还有猪瘟病毒载体疫苗、猪繁殖与呼吸综合征病毒载体疫苗、噬菌体载体疫苗、乳酸菌口服活载体疫苗、博氏菌载体疫苗和酵母表达系统疫苗，这些载体极大地丰富了重组 PCV2 活载体疫苗的种类。

5. 嵌合疫苗 嵌合疫苗是应用基因工程手段来构建的一类新型疫苗，尽管主要的表型不同，无致病性的 PCV1 和与 PCV 感染相关的 PCV2 是遗传学上非常接近的病毒，有着相似的基因组结构，而且有报道显示 PCV1 和 PCV2 的复制基因（*rep*）是可以互换的。Liu

等将 PCV2 *ORF2* 基因克隆到缺失 PCV1 *ORF2* 的 pSK－PCV1△ORF2 中，形成嵌合病毒（PCV1－2）分子克隆（pSK－sPCV1－2），经不完全酶切，将 PCV1－2 嵌合体全基因组串联入 pSK 载体中，得到含串联双拷贝的嵌合型 PCV1－2 感染性克隆，接种 Balb/c 小鼠，14d 后即有部分小鼠产生了针对 PCV－2 Cap 蛋白的特异性抗体，表明该感染性分子克隆能够对易感动物产生良好的免疫保护。

美国富道公司已经研发出商品化的 PCV1－2 嵌合疫苗，其原理是用 PCV2 *ORF2* 基因置换无致病性的 PCV1 *ORF2* 基因。构建 PCV1－2 嵌合病毒，然后将其灭活制备而成。免疫后猪群的临床症状明显减轻，血液和淋巴组织中 PCV1 的病毒载体量、免疫猪死亡率以及发生 PMWS 的概率下降，并且在母源抗体存在的情况下也可以达到很好的保护效果。目前该疫苗已在美国、加拿大、墨西哥、丹麦、菲律宾及新西兰等国注册和使用。

（三）疫苗的种类

目前，国内批准注册的圆环病毒疫苗均为圆环病毒 2 型疫苗，共有 9 个，其中 7 个为圆环病毒 2 型全病毒灭活疫苗（涉及 6 个毒株），分别是：南京农业大学等在 2010 年研制的“猪圆环病毒 2 型灭活疫苗（SH 株）”、中国农业科学院哈尔滨兽医研究所在 2010 年研制的“猪圆环病毒 2 型灭活疫苗（LG 株）”、福州大北农生物技术有限公司等在 2011 年研制的“猪圆环病毒 2 型灭活疫苗（DBN－SX07 株）”、华中农业大学等在 2012 年研制的“猪圆环病毒 2 型灭活疫苗（WH 株）”、浙江大学等在 2013 年研制的“猪圆环病毒 2 型灭活疫苗（ZJ/C 株）”、扬州优邦生物药品有限公司等在 2016 年研制的“猪圆环病毒 2 型灭活疫苗（YZ 株）”和江苏南农高科技股份有限公司在 2016 年研制的水佐剂疫苗“猪圆环病毒 2 型灭活疫苗（SH 株，Ⅱ）”。2 个为亚单位疫苗，分别是青岛易邦生物工程有限公司在 2014 年研制的“猪圆环病毒基因工程亚单位疫苗”和武汉中博生物股份有限公司等在 2014 年研制的“猪圆环病毒 2 型杆状病毒载体灭活疫苗（CP08 株）”，前者为大肠杆菌原核表达圆环病毒 2 型 Cap 蛋白，后者为杆状病毒真核表达 Cap 蛋白。

（四）疫苗的生产制造

1. 猪圆环病毒 2 型灭活疫苗（WH 株）

（1）生产用毒种制备　本疫苗的毒种为猪圆环病毒 2 型 WH 株，制苗用细胞为 PK15 细胞。采用同步接种法将毒种接种于 PK 细胞，置 37℃培养，48h 收获病毒液。每毫升病毒含量应 $\geq 10^{7.0}$ $TCID_{50}$。将检验合格的病毒液混合，定量分装，－20℃保存，保存期为 6 个月。毒种继代应不超过 5 代。应无细菌、霉菌、支原体和外源病毒污染。

（2）制苗用病毒液的制备　采用同步接种法将符合标准的生产用种毒接种于 PK 细胞，置 37℃培养，48h 收获病毒液。每毫升病毒含量应 $\geq 10^{7.0}$ $TCID_{50}$。置－20℃以下保存。

（3）灭活　在检测合格的病毒液中加入适量 BEI，充分搅拌，灭活。

（4）乳化、分装　油相和水相按一定比例乳化，将乳化好的疫苗定量分装，加盖密封。

2. 猪圆环病毒 2 型灭活疫苗（ZJ/C 株）

（1）生产用毒种制备　本疫苗的毒种为猪圆环病毒 2 型 ZJ/C 株，制苗用细胞为 PK15－ZJU 细胞。采用同步接种法将毒种接种于 PK15－ZJU 细胞，置 37℃培养 84～96h，收获病毒液。每毫升病毒含量应 $\geq 10^{7.0}$ $TCID_{50}$。将检验合格的病毒液混合，定量分装，－20℃以下保存，保存期为 6 个月。毒种继代应不超过 5 代。应无细菌、霉菌、支原体和外源病毒污染。

（2）制苗用病毒液的制备　采用同步接种法将符合标准的生产用种毒接种于 PK15－ZJU 细胞，置 37℃培养 84～96h，收获病毒液。每毫升病毒含量应≥$10^{7.3}$ $TCID_{50}$。置－20℃以下保存。

（3）灭活　在检测合格的病毒液中加入适量β-内内酯，充分搅拌，灭活。

（4）乳化、分装　油相和水相按一定比例乳化，将乳化好的疫苗定量分装，加盖密封。

3. 猪圆环病毒 2 型灭活疫苗（SH 株，Ⅱ）

（1）生产用毒种制备　本疫苗的毒种为猪圆环病毒 2 型 SH 株，制苗用细胞为 PK15－B1 细胞。将毒种接种于 PK15－B1 细胞单层，置 37℃培养 96h，收获病毒液。每毫升病毒含量应≥$10^{6.0}$ $TCID_{50}$。将检验合格的病毒液混合，定量分装，－20℃以下保存，保存期为 6 个月。毒种继代应不超过 10 代。应无细菌、霉菌、支原体和外源病毒污染。

（2）制苗用病毒液的制备　将符合标准的生产用种毒接种于 PK15－B1 细胞单层，置 37℃培养 96h，收获病毒液。每毫升病毒含量应≥$10^{6.0}$ $TCID_{50}$。置－20℃以下保存。

（3）灭活　在检测合格的病毒液中加入适量β-丙酰内酯，充分搅拌，灭活。

（4）乳化、分装　水佐剂与病毒液按适当的比例混合，充分搅拌，加盖密封。

4. 猪圆环病毒基因工程亚单位疫苗

（1）生产用菌种制备　本疫苗的菌种为 *E. coli*. BL21/pET28a PCV2 MNd X Cap，制苗用培养基为 LB 培养基。将菌划线接种于 LB 固体培养基上，置 35～36℃培养 20～24h，作为一级种子。2～8℃保存，应不超过 14d。在培养基上传代应不超过 4 代。取一级种子接种于 LB 液体培养基上，置 35～36℃培养 20～24h，作为二级种子。2～8℃保存，应不超过 3d。应纯粹。

（2）制苗用抗原液制备　将符合标准的生产用二级种子接种于装有 LB 培养基的发酵罐中，35～36℃培养 2.5h 后，加入α-乳糖溶液诱导表达，收获菌液。每毫升菌液中含活菌数应不低于 $10^{9.0}$ CFU。离心收集菌体，按一定体积重悬菌体。超声波破菌，离心，收集上清。利用硫酸铵二次分级沉淀，离心，收集沉淀，称重后按适当比例加入灭菌生理盐水复溶。置 2～8℃保存，应不超过 7d。

（3）灭活　取收集的上清液加入终浓度 0.5%的甲醛溶液，充分搅拌，灭活。PCV2 Cap 蛋白含量应不低于 1 000μg/mL，琼扩效价应不低于 1∶32。

（4）乳化、分装　铝胶与蛋白液按一定的比例混合，分装时随时搅拌，轧盖，贴签。

5. 猪圆环病毒 2 型杆状病毒载体灭活疫苗（CP08 株）

（1）生产用毒种制备　本疫苗的毒种为表达猪圆环病毒 2 型 *ORF2* 基因的重组杆状病毒 CP08 株，制苗用细胞为 sf9 细胞。将毒种接种于 sf9 细胞，置 27℃培养，当 75%以上的细胞出现细胞病变时收获培养物，离心，取上清。每毫升病毒含量应≥$10^{7.0}$ $TCID_{50}$。－40℃以下保存，保存期为 6 个月。毒种继代应不超过 5 代，应无细菌、霉菌、支原体和外源病毒污染。

（2）制苗用抗原液的制备　将符合标准的生产用种毒接种于装有 sf9 细胞的生物反应器中，当 75%以上的细胞出现细胞病变时即可收获。离心，去除细胞碎片，收集上清。置 2～8℃保存，应不超过 30d。

（3）灭活　在病毒液中加入终浓度为 0.005mol/L 的 BEI，充分搅拌，灭活。PCV2 Cap 蛋白含量应不低于 10μg/mL。

(4) 乳化、分装　水佐剂与抗原液按适当的比例混合，充分搅拌，加盖密封。

(五) 疫苗的质量标准与使用

1. 猪圆环病毒2型灭活疫苗（WH株）　本品系用猪圆环病毒2型WH株接种PK-15细胞培养，收获细胞培养物，经二乙烯亚胺（BEI）灭活后，与矿物油佐剂混合乳化制成。用于预防由猪圆环病毒2型感染引起的疾病。

性状为乳白色乳剂。剂型为油包水型。应无菌生长。

安全检验时，用21～28日龄健康易感仔猪5头，每头颈部肌内注射疫苗4mL，连续观察14d，接种猪均应无不良反应，且全部健活。

效力检验有2种方法，分别是抗体检测法和免疫攻毒法。抗体检测法是用21～28日龄健康易感仔猪10头，分为2组，每组5头，其中一组为免疫组，另一组为对照组。免疫组仔猪耳根后肌内注射疫苗2mL，28d后，免疫仔猪和对照仔猪同时采血，分离血清，采用ELISA方法检测2组仔猪的PCV2血清抗体。免疫组5头仔猪中，至少应有4头仔猪的PCV2抗体不低于1∶320，对照仔猪血清PCV2抗体应全部低于1∶40。

免疫攻毒法是用21～28日龄健康易感仔猪15头，分为3组，每组5头，两组为攻毒组（其中一组为免疫攻毒组，另一组为非免疫攻毒组），另一组为空白对照组（非免疫、非攻毒）。免疫攻毒组仔猪耳根后肌内注射疫苗2mL，免疫后28d，对免疫攻毒组和非免疫攻毒组仔猪同时进行攻毒，每头猪均经滴鼻和肌内接种各2.5mL猪圆环病毒2型WH株（病毒含量为$10^{7.0}$ $TCID_{50}$/mL）。于攻毒当日，称量所有仔猪体重。并于攻毒前3d（即免疫后25d）和攻毒后3d、6d，所有攻毒组仔猪均注射免疫刺激材料（费氏不完全佐剂制备的多孔血蓝蛋白乳剂），每次每头肌内注射4mL。攻毒后28d，再次称量所有仔猪体重；采集所有仔猪血液、分离血清，用猪圆环病毒2型特异性PCR检测病毒血症；剖杀所有仔猪，取腹股沟淋巴结和肠系膜淋巴结，进行组织学及免疫组织化学检测。攻毒对照组仔猪应至少4头发病，免疫攻毒组仔猪应至少4头保护。

疫苗使用的免疫途径是颈部肌内注射，剂量是每次每头2mL。推荐免疫程序为：仔猪在21～28日龄免疫，颈部肌内注射，2mL/头。免疫期为3个月。2～8℃保存，有效期为12个月。

疫苗使用时应注意以下事项：本品仅用于健康猪。疫苗贮藏及运输过程中切勿冻结，长时间暴露在高温下会影响疫苗效力，使用前使疫苗平衡至室温并充分摇匀。使用前应仔细检查包装，如发现破损、残缺、文字模糊、过期失效等，则禁止使用。注射器具应严格消毒，每头猪更换1次针头，接种部位严格消毒后进行深部肌内注射，若消毒不严或注入皮下易形成永久性肿包，并影响免疫效果。禁止与其他疫苗合用，接种同时不影响其他抗病毒类和抗生素类使用。启封后应在8h内用完。屠宰前1个月禁用。

2. 猪圆环病毒2型灭活疫苗（ZJ/C株）　本品系用猪圆环病毒2型ZJ/C株接种PK15-ZJU克隆细胞培养，收获细胞培养物，经β-丙内酯灭活后，与矿物油佐剂按一定比例混合乳化制成。用于预防由猪圆环病毒2型感染引起的疾病。

性状为淡粉红色或淡黄色乳状液。剂型为水包油型。应无菌生长。

安全检验时，用14～21日龄的健康易感仔猪5头，各颈部肌内注射疫苗4.0mL，连续观察14d，应不出现由疫苗引起的全身或局部不良反应。

效力检验有2种方法，分别是仔猪免疫攻毒法和小鼠免疫攻毒法。仔猪免疫攻毒法是用

14～21日龄的健康易感仔猪5头，各颈部肌内注射2.0mL疫苗，免疫后21d，连同对照猪5头，用PCV2－ZJ/C株检验用毒（≥$10^{7.0}$ $TCID_{50}$/mL）攻击，每头滴鼻1.0mL、颈部肌内注射2.0mL。攻毒后14d，扑杀，取肺脏和腹股沟淋巴结分别进行病毒分离，肺脏和腹股沟淋巴结两者任一组织分离到病毒即判为感染。对照猪应至少4头病毒分离阳性，免疫猪应至少4头病毒分离阴性。

小鼠免疫攻毒法是用6～8周龄的健康Balb/C小鼠10只，各腹腔注射疫苗0.2mL，免疫后21d，连同对照小鼠10只，用PCV2－ZJ/C株检验用毒（≥$10^{7.0}$ $TCID_{50}$/mL）攻击，每只小鼠腹腔注射0.45mL。攻毒后21d，扑杀，取脾脏进行病毒分离，分离到病毒即判为病毒分离阳性。对照小鼠应至少7只病毒分离阳性，免疫小鼠应至少7只病毒分离阴性。

14日龄以上猪，每头颈部肌内注射2.0mL。免疫期为4个月。2～8℃保存，有效期为12个月。

疫苗使用时应注意以下事项：本品仅适用于健康猪群预防接种。用前应使疫苗温度升至室温，应充分摇匀。疫苗瓶开启后限当日用完。严禁冻结，破乳后切勿使用。疫苗瓶及剩余的疫苗应以燃烧或煮沸方式做无害化处理。猪只接种过程中出现过敏反应，可用肾上腺素救治。

3. 猪圆环病毒2型灭活疫苗（SH株，Ⅱ） 本品系用猪圆环病毒2型（PCV2）SH株接种PK15－B1克隆细胞培养，收获细胞培养物，经β-丙酰内酯灭活后，与缓释聚合物佐剂混合制成的水溶性灭活疫苗，用于预防由猪圆环病毒2型感染引起的疾病。

性状为淡红色或灰白色均匀混悬液。应无菌生长。

安全检验时是用14～21日龄健康易感仔猪3头，每头肌内注射疫苗4mL，连续观察14d，应不出现由疫苗引起的局部或全身不良反应。

效力检验有2种方法，分别是仔猪免疫攻毒法和小鼠免疫法。仔猪免疫攻毒法是用14～21日龄PRRSV ELISA抗体阴性健康易感仔猪15头，分成3组，每组5头，第1组每头颈部肌内注射疫苗1mL，3周后按相同途径和剂量进行第2次接种，第2组作非免疫攻毒对照，第3组作空白对照（非免疫、非攻毒），均隔离饲养观察。首免后5周对所有猪称重，第1、2组各用PCV2 SH株（含$10^{6.0}$ $TCID_{50}$/mL）滴鼻1mL、肌内注射2mL，隔离饲养。攻毒后第4、7天，分别在每头猪的两侧腋下及两侧臀部共4个点对所有猪接种用弗氏不完全佐剂乳化的钥匙孔血蓝蛋白（KLH/ICFA，0.5mg/mL），每个点接种1mL（4mL/头），同时腹腔接种巯基乙酸培养基，10mL/头：攻毒后第11天和第19天再次分别腹腔接种巯基乙酸培养基，10mL/头。攻毒后连续观察25d，于第25天称重后扑杀，剖检。根据体温、相对日增重和病毒抗原检测结果进行判定。攻毒猪应至少4头发病，免疫猪应至少4头保护。

小鼠免疫试验法是用5～6周龄健康雌性清洁级Balb/c小鼠15只，分成3组，每组5只。第1组和第2组分别皮下接种参考疫苗和待检疫苗，每只0.2mL，3周后按相同途径和剂量进行第2次接种；第3不接种，作空白对照。各组小鼠均隔离饲养观察。首免后5周采血，分离血清，测定血清中PCV2 ELISA抗体。对照小鼠抗体效价均应不高于1∶50，待检疫苗免疫小鼠抗体效价算术平均值应不低于参考疫苗免疫小鼠抗体效价算术平均值，参考疫苗免疫小鼠抗体效价算术平均值应不低于1∶800。

14～21日龄仔猪首免，1mL/头，间隔3周后以同样剂量加强免疫1次。母猪分娩前

40～45d首免，4mL/头，间隔3周后以同样剂量加强免疫1次。接种途径为颈部肌内注射。免疫期为4个月。2～8℃保存，有效期为16个月。

疫苗使用时应注意以下事项：使用前和使用中应充分摇匀。使用前应使疫苗温度升至室温。一经开瓶启用，应尽快用完。仅供健康猪只预防接种。接种工作完毕，应立即洗净双手并消毒，疫苗瓶及剩余的疫苗，应以燃烧或煮沸方法做无害化处理。

4. 猪圆环病毒基因工程亚单位疫苗 本品系用经剪接和修饰后的编码猪圆环病毒2型Cap蛋白基因，通过基因工程技术构建能表达Cap蛋白的大肠杆菌工程菌*E. coli*. BL21/pET28a PCV2 MNd X Cap，经发酵培养、诱导表达、菌体破碎、可溶性抗原蛋白分离纯化、甲醛溶液灭活后，加氢氧化铝胶制成。用于预防由猪圆环病毒2型感染引起的疾病。

本品静置后上层为无色透明液体，下层为灰白色沉淀，振荡后呈灰白色均匀混悬液。应无菌生长。

安全检验时，用14～28日龄健康易感仔猪5头，各颈部肌内注射疫苗4.0mL（左右各2.0mL），连续观察14d。应不出现因注射疫苗引起的全身和局部不良反应。

效力检验可采用抗原含量检测和仔猪免疫攻毒法进行。抗原含量测定有2种方法：琼扩效价测定和Cap蛋白含量测定。琼扩效价测定是取摇匀的疫苗5.0mL，加入0.25g解离剂CPG-odn（人工合成的寡聚核苷酸），放入摇床（200r/min）37℃解离1h，再以5 000r/min离心10min，取上清，与猪圆环病毒2型阳性血清进行琼扩效价测定。琼扩效价应不低于1∶2。

Cap蛋白含量测定采用商品化的试剂盒的方法进行，标准是PCV2 Cap蛋白含量应不低于100μg/mL。

仔猪免疫攻毒检验是用14～28日龄健康易感仔猪5头，各颈部肌内注射疫苗，2.0mL/头；对照猪5头，各颈部肌内注射灭菌生理盐水，2.0mL/头，隔离饲养。免疫后35d，用猪圆环病毒2型川株（病毒含量为$10^{6.25}$ $TCID_{50}$/mL）攻毒，每头滴鼻1.0mL、肌内注射2.0mL，隔离饲养。攻毒后28d，扑杀，取腹股沟淋巴结进行免疫组化检测，免疫猪应至少4头为阴性，对照猪应至少4头为阳性。

仔猪：2～4周龄免疫，2mL/头；母猪：配种前免疫，2mL/头；种公猪：每4个月免疫1次，2mL/头/次。接种途径为颈部肌内注射。免疫期为4个月。2～8℃保存，有效期为18个月。

疫苗使用时应注意以下事项：本品仅用于接种健康猪群。疫苗使用前应恢复至室温，充分摇匀后使用。疫苗启封后，限当日用完。疫苗严禁冻结。接种时，应执行常规无菌操作。疫苗瓶、器具和未用完的疫苗等应进行无害化处理。本品应在兽医指导下使用。

5. 猪圆环病毒2型杆状病毒载体灭活疫苗（CP08株） 本品系用表达猪圆环病毒2型（PCV2）*ORF2*基因的重组杆状病毒CP08株，接种Sf9细胞，收获细胞培养物，经二乙烯亚胺（BEI）灭活后，加入适宜水溶性佐剂混合制成。用于预防由猪圆环病毒2型感染引起的疾病。

性状为淡黄色或浅白色混悬液。应无菌生长。

安全检验时，用14～21日龄健康易感仔猪4头，每头颈部肌内注射疫苗2.0mL，连续观察14d。应无异常临床反应。

效力检验可采用相对效力检验的方法，与符合参考疫苗质量标准的参考疫苗相比，待检疫苗的相对效力（RP值）应≥1.0。

免疫攻毒法是用14～21日龄健康易感仔猪15头，随机分为3组，每组5头。第1组为免疫组，每头仔猪耳后根肌内注射疫苗1.0mL，第2组为攻毒对照组（非免疫），第3组为空白对照组（非免疫、非攻毒），均隔离饲养观察。免疫后28d对所有猪称重，第1、第2组各用PCV2 TM-I株（病毒含量为$10^{7.0}$ $TCID_{50}$/mL）肌内注射3.0mL、滴鼻2.0mL，隔离饲养。攻毒后第4、第7天，分别对所有猪（空白对照组除外）接种用弗氏不完全佐剂乳化的钥匙孔血蓝蛋白（KLH/ICFA，1mg/mL），在每头猪的两侧腋下及两侧臀部共4个点，每个点接种0.5mL。攻毒后连续观察28d，第28天称重，采血分离血清，按PCV2病毒PCR检测法检测血清中PCV2病毒核酸；扑杀所有试验猪，取腹股沟淋巴结，按淋巴结中PCV2抗原免疫组化检测法检测PCV2抗原。按仔猪发病判定标准进行判定，攻毒对照猪应至少4头发病，免疫猪应至少4头保护，空白对照猪均应正常。

仔猪在2～3周龄免疫1次；母猪配种前3～4周免疫1次，产前35～40d加强免疫1次。颈部肌内注射。每次每头1.0mL。免疫期为4个月。2～8℃保存，有效期为24个月。

疫苗使用时应注意以下事项：本品仅用于接种健康猪。注意避光保存。使用前应仔细检查包装，如发现破损、残缺、疫苗瓶有裂纹等均不可使用。用前应将疫苗恢复至室温，并充分摇匀。疫苗瓶一旦开启后，限4h内用完。接种用器具应无菌，注射部位应严格消毒。剩余疫苗及空瓶不得任意丢弃，须经加热或消毒等无害化处理后方可废弃。

（六）展望

诸多PCV2疫苗效能试验已证实目前商品化的PCV2疫苗在一定程度上可以有效防控PCV2感染，能显著降低PCV2感染猪群的临床症状，提高猪的生长性能，然而疫苗免疫并不能完全阻断PCV2传播，也不能完全清除体内已感染的病毒。因此，研制高效、低廉的新型疫苗是今后的必然趋势。

PCV2疫苗研究总体呈现出良好的发展态势，在国内外研究人员的不懈努力下，相继研制出PCV2全病毒灭活疫苗、PCV1-2嵌合病毒疫苗及基于Cap蛋白的PCV2亚单位疫苗。随着分子生物学技术和基因工程技术的发展，活载体疫苗、核酸疫苗及标记疫苗等PCV2新型基因工程疫苗正在研究中，展现出良好的应用前景。

（赵　耘）

十二、猪流行性感冒

（一）概述

猪流行性感冒（Swine influenza，SI）是由猪流感病毒（Swine influenza virus，SIV）引起的猪的一种急性、高度接触性呼吸道传染病。其特征是突然发病、咳嗽、呼吸困难、发热、衰竭及迅速康复。病情在短时间内可以波及全群。早在1918年，猪流感在美国大流行，此后几乎每年都有发生，很快蔓延至许多国家。1931年分离到第一株猪流感病毒。迄今SI已遍及欧洲、美洲、非洲、澳洲等世界各地。据流行病学调查，SI在中国猪群中感染十分普遍，且时有暴发。

SIV属正黏病毒科的A型流感病毒。病毒呈多形态，中等大小，直径为80～120nm。有囊膜，囊膜表面有糖蛋白的纤突，是主要的表面抗原，由血凝素（HA）和神经氨酸酶

（NA）组成。血凝素中含有中和抗体所作用的主要表位，并与病毒吸附红细胞的功能有关，还可以诱导病毒囊膜与细胞膜的融合。神经氨酸酶则有助于新的病毒粒子从细胞中释放出来。病毒亚型的分类取决于 HA 和 NA 两种表面糖蛋白的抗原特性。迄今所有 A 型流感病毒中已鉴定有 15 种血凝素亚类（H1～H15）和 9 种神经氨酸酶亚类（N1 - N9）。在猪中广泛流行的 3 个最常见的流感亚型是“古典”的 H1N1、类禽源 H1N1 和类人源 H3N2。此外还存在 H1N2、H4N6、H1N7 及 H3N6。近年来，有猪感染禽流感病毒 H9N2、H5N1 的报道。

SIV 基因组为单股副链 RNA，分为 8 个片段，长约为 13.6kb，共编码 10 种病毒蛋白，分别是：PB1、PB2、PA、HA、NP、NA、M1、M2、NS1 和 NS2。SIV 能凝集多种动物及人的红细胞。对干燥和低温有抵抗力，冻存或－70℃可保存很长时间。60℃20min 即可灭活。对环境抵抗力不强，一般的消毒药都能将其杀死。

SI 的流行具有明显的季节性，大多发生在天气骤变的深秋、早春以及寒冷的冬季，往往 2～3d 内全群发病，常呈电光性流行或大流行，病程较短，可在 7～10d 内康复。

猪在流感痊愈后，产生坚强持久的免疫力，极少发生第二次感染，但康复猪却可能成为较长期的带毒者和排毒者。疫苗免疫接种是预防猪流感的有效手段。

研究发现，猪的呼吸道上皮细胞表面同时具有人流感和禽流感病毒受体。这一特征决定了 SIV 能感染人和禽，猪也能被人流感病毒和禽流感病毒感染。猪可以成为人流感和禽流感病毒发生基因重排、重组的重要场所。基因重排和重组的可能结果便是产生新的具有跨宿主传播能力的流行毒株，在人畜禽群中流行。这引起人们对动物流感病毒沿“人-猪-禽”链条进行传播和变异的担心。因此，做好猪流感的防控对阻击流感全球大流行也有重要意义。

（二）疫苗的研究进展

1. 灭活疫苗 世界 SI 防治经验表明，疫苗免疫是预防和控制 SI 暴发的有效措施和主动性战略。灭活疫苗仍然是有效、实用、应用最广泛的疫苗。在已研制的猪流感疫苗中，技术最成熟并用于生产的主要是 H1N1 亚型和 H3N2 亚型单价或双价猪流感全病毒灭活疫苗。目前，这类疫苗在欧美多个国家已实现商品化，例如，Intervet 公司的 End - FLUencc（with Imugen）和 End - FLLJence 2（with Micrcsol Diluvac Forte），Pfizer 公司的 FluSure，Schering - Plough 动物保健公司的 MaxiVac - Flu、MaxiVac Excell 3 等。

Woods 和 Mansfied（1976、1978、1980），Pirtle（1977）等先后研制了 SI 的灭活疫苗，但接种后的抗体反应和抗感染的保护力差别非常大。但 Ruben 等（1987）报道灭活疫苗可使发病率减少 30%～70%，死亡率减少 60%～87%。此外，疫苗佐剂和抗原接种量是影响疫苗免疫效果的主要因素。Haesebrouck 等（1986）证实 H1N1 灭活苗免疫 1 次只能对攻毒产生部分保护力，但是间隔一段时间后进行二免，则可提供抵抗病毒的完全保护。在欧洲，普遍实施抗 SIV 的免疫接种，欧美商品化的 SI 疫苗有 H1N1 型猪流感灭活疫苗、猪伪狂犬病四基因缺失苗- H1N1 亚型猪流感疫苗、H1N1 亚型猪流感-猪肺炎支原体灭活疫苗、H1N1 - H3N2 亚型猪流感二价联苗等。

在中国，已有很多学者致力于这方面的研究。中国农业科学院哈尔滨兽医研究所李海燕等（2003）研制出了 H1、H3 亚型单价和 H1、H3 双价灭活苗。其是由 H1 或/和 H3 亚型猪流感流行病毒株分别经非免疫鸡胚增殖培养、灭活，加入适量免疫增强剂和油乳剂乳化制成。其能有效预防 H1 和/或 H3 亚型猪流感病毒引起的猪流感，对仔猪、育肥猪和母猪均具有免疫保护。徐军等（2007）进行了 H1 亚型猪流感灭活疫苗免疫的抗体变化动态研究，结果表明经 1 次免疫后 3～8 周，HI 抗体效价高于 1∶160，免疫后 4 周，HI 抗体效价达到峰值，均高于 1∶400，之后抗体水平开始下降，但至免疫后 12 周，仍均保持在 1∶100，说明猪群接种 H 1亚型猪流感灭活苗后，产生了良好的免疫效果。

猪流感全病毒灭活疫苗虽然具有安全、高效、生产成本低、有效抗体持续期长等优点，但也存在产生抗体较慢、诱导细胞免疫的能力弱、应激反应强等不足。特别是疫苗种毒大多来自流行毒株，一旦疫苗制备过程中发生病毒泄漏，容易造成环境污染，诱发新的疫情。同时，活疫苗的接种会对免疫猪与自然感染猪的鉴别诊断造成障碍，影响疫病的监测，并且对异源和异型病毒不能提供有效保护。灭活疫苗很难有效控制抗原性多变的猪流感病毒在猪群中的感染与传播。为此，不断探索开发新型猪流感疫苗有着十分重要的意义。

2. 弱毒疫苗 研究表明，SIV 各亚型内的遗传和抗原异质性可能降低疫苗的效力。为适应猪流感病毒抗原的多变性，需要开发能诱导不同亚型和毒株间交叉保护的猪流感疫苗。感染 H1N1 亚型 SIV 的猪能部分抵抗 H3N2 SIV 的攻击。攻毒后，发热和排毒比正常对照猪明显降低，病毒不能传播给同群的非攻毒猪，并且未能检测到排毒。H1N1、H3N2 和 H1N2 亚型 *HA* 基因是异源的，用 H1N1 或 H3N2 亚型疫苗鼻内接种，虽不能保护免疫猪不发病，但是免疫猪能对 H1N2 SIV 攻毒表现出部分保护，与对照猪相比鼻内排毒减少 2d，病毒复制明显减少，而且同时感染 H1N1 和 H3N2 的免疫猪对 H1N2 获得了完全保护，在肺和鼻分泌物中检测不到 H1N2 SIV，即使检测到，其含量大大下降。然而，商品化 H1N1 和 H3N2 双价灭活疫苗经肌内接种，不能保护猪免受 H1N2 攻击。这些结果说明活的 SIV 接种可提供不同毒株间的交叉保护。但是目前还未能获得安全的 SIV 减毒疫苗株。

Viricent 等根据人用的修改过的或病毒流感疫苗，对重组的 H3N2 猪流感病毒的 *NS1* 基因的 3′端进行 126 个氨基酸的缺失，使重组的病毒致弱，研制成弱毒疫苗对健康的无感染猪流感病毒和猪繁殖与呼吸综合征病毒的 2 周龄商品猪进行黏膜免疫，用野毒 A/SW/TX/4199-2/98（H3N2）（TX98）、异源的 A/SW/C0/23619/99（H3N2）（C099）和异源亚型 A/SW/IA/00239/2004（rH1N1）（IA04）毒株进行攻毒。结果表明，用 ELASA 方法检测在猪体内有大量的 IgA 和 IgG 的抗体来抵御野毒株 TX98H3N2 和异源毒株 C099H3N2，但是对异源亚型毒株 IA04 rH1N1 则无相应的 IgA 和 IgG 产生，只对于用 IA04 rH1N1 攻毒的猪起到了微弱的保护作用。

目前，世界上研究的重组 SIV 弱毒疫苗主要是用反向遗传操作技术构建的弱毒疫苗。杨鹏辉等以 A/AA/6/60 做病毒骨架，将其 6 个内部基因（*PB1*、*PB2*、*NP*、*NA*、*M*、*NS*）及 H1N1 亚型 A/California/07/09（H1N1）流感病毒 *HA*、*NA* 基因分别构建到双向表达载体 pAD3000 上，共转染 MDCK、COS1 细胞，得到温度敏感的 rH1N1 弱毒株。该病毒制成的弱毒疫苗对小鼠无致病力，且能刺激小鼠产生有效的体液免疫、细胞免疫及黏膜免疫，对同亚型病毒免疫保护效果良好。Watanabe 等将病毒的 NS2 蛋白缺失，使病毒能在细胞内表达病毒蛋白，但不能形成有感染力的病毒粒子，用此弱毒株接种机体能诱导较强的细胞免疫，产生保护性抗体。在小鼠攻毒试验中，可以抵抗致死性流感病毒。重组 SIV 弱毒疫苗诱导机体产生综合免疫力，抗体在体内维持较长时间，也提供一定的交叉保护性，而且接种途径多样，成本低廉，操作方便。但是易出现毒力返强，造成新的流感毒株出现。所以其安全性必须慎重考虑并加以验证。

3. 活载体疫苗 这是被人们寄予较大希望、并有可能实现商品化的疫苗。被用作载体的包括人腺病毒5型（HAd5）、猪腺病毒3型（PAV3）、猪伪狂犬病病毒（PRV）、杆状病毒等。其中研究比较成熟的是以腺病毒为载体的猪流感活载体疫苗。

Wesley等用H3N2亚型SIV的*HA*和*NP*基因连接到缺陷的腺病毒上做成疫苗，对3周龄的仔猪肌内注射，4周后采集血清做HI试验，结果显示表达的HA和NP蛋白刺激机体产生了免疫反应，对免疫后的猪群进行攻毒试验能产生良好的保护力，并且不会干扰仔猪的母源抗体。Epstein等用人腺病毒5型作为载体表达A型流感病毒的保守NP蛋白，对Balb/C小鼠进行疫苗接种，并用不同亚型的毒株攻毒，经检测发现该疫苗可诱导机体产生高滴度抗体和大量细胞因子抵抗病毒攻击。重要的是该疫苗对H5N1亚型流感病毒也有保护效力。

郑宝亮和Tian等分别用猪伪狂犬病病毒为载体成功构建了表达H3N2亚型*HA*基因的重组病毒，用此毒分别对仔猪和小鼠进行免疫，结果显示动物体内可以产生高效价的抗病毒抗体，动物体没有明显病理变化。

4. 亚单位疫苗 构建猪流感病毒亚单位基因工程疫苗的方法有多种，其中报道较多的是利用原核表达系统（大肠杆菌系统）或真核表达系统（杆状病毒、酵母系统）在体外表达猪流感病毒流行毒株的*HA*基因和*NA*基因，然后收获、浓缩和纯化目的蛋白，再进一步制苗免疫。这种方法的优点是制备过程简单、目的蛋白产量大、主要成分可以定量配置。但体外表达的蛋白难以维持或恢复天然蛋白的空间结构，蛋白纯化过程复杂、成本高，而且总体免疫效果尚不及传统的全病毒灭活疫苗，因此对这类疫苗从工艺方面还需进一步改进。万和春等将H1亚型SIV的*HA*基因克隆到pFastBacGP67 A载体上，经过转化、筛选后获得重组杆状病毒穿梭载体，在脂质体介导下转染sf9昆虫细胞，获得表达*HA*基因的重组杆状病毒，经感染细胞后超声破碎获取HA蛋白。ELISA检测结果显示与H1亚型SIV抗血清反应的OD值为1.081，与H3亚型SIV抗血清反应的OD值为0.181。表明制备的HA蛋白具有良好的免疫原性和型特异性。Johansson等将*NA*基因构建到杆状病毒表达系统中，用纯后的蛋白免疫小鼠后，小鼠体内抗体水平比传统灭活苗高，而且能抑制同种亚型及部分相关亚型病毒的感染。

（三）疫苗的种类

目前，国内批准注册的疫苗只有1个，是华中农业大学等在2015年研制的“猪流感病毒H1N1亚型灭活疫苗（TJ株）”。

（四）疫苗的生产制造

（1）生产用毒种制备　本疫苗的毒种为猪流感H1N1亚型A/Swine/Tianjin/01/2004（H1N1）株（简称TJ株）。将基础毒种经尿囊腔接种于9～11日龄SPF鸡胚，置33～35℃孵育，弃去24h内死亡鸡胚，72h收获鸡胚尿囊液。HA效价应不低于1∶256。将检验合格的病毒液混合，−80℃以下保存，保存期为36个月。毒种继代应不超过4代。应无细菌、霉菌、支原体和外源病毒污染。

（2）制苗用病毒液的制备　将生产毒种经尿囊腔接种于9～11日龄SPF鸡胚，置33～35℃孵育，弃去24h内死亡鸡胚，72h收获鸡胚尿囊液。HA效价应不低于1∶256。将检验合格的病毒液混合，定量分装，置2～8℃保存。血凝效价不低于1∶256。

（3）灭活　在检测合格的病毒液中加入终浓度为0.2%的甲醛溶液，充分搅拌，灭活。

（4）乳化、分装　油相和水相按适当的比例乳化，将乳化好的疫苗定量分装，加盖密封。

（五）疫苗的质量标准与使用

本品系用猪流感病毒 H1N1 亚型 A/Swine/Tianjin/01/2004（H1N1）株（简称 TJ 株）接种易感鸡胚培养，收获感染鸡胚液，经甲醛溶液灭活后，与油佐剂混合乳化制成。用于预防由流感病毒 H1N1 亚型引起的猪流感。

本品性状为乳白色或淡粉红色均匀乳状液，油包水型，应无菌生长。

安全检验时，用 25～30 日龄健康易感仔猪 5 头，各颈部肌内注射疫苗 4mL（2 头份），逐日观察 14d，应无不良反应，且全部健活。

效力检验有 2 种方法：血清学方法和免疫攻毒法。血清学方法是用 25～30 日龄健康易感仔猪 5 头，各颈部肌内注射疫苗 2mL。免疫后 28d，连同不免疫对照猪 5 头，分别采血，分离血清，测定 HI 抗体效价。免疫猪 HI 抗体效价几何平均值（GMT）应不低于 1∶64，对照猪应均为阴性（HI 抗体效价应不高于 1∶8）。

免疫攻毒法是用 25～30 日龄健康易感仔猪 5 头，各颈部肌内注射疫苗 2mL。免疫后 28d，连同不免疫对照猪 5 头，用 TJ 株病毒液进行气管内接种攻毒，每头 2mL（每 0.2mL 病毒含量应$\geqslant 10^{6.0} EID_{50}$），攻毒后每日观察，记录临床症状和监测体温反应。第 3 天采集鼻拭子样品进行病毒分离，攻毒后第 10 天扑杀所有仔猪，观察肺部病理变化。免疫猪应至少 4 头保护，对照猪应至少 4 头发病。

疫苗的接种途径为颈部肌内注射，免疫剂量为每头 2mL（1 头份）。推荐免疫程序：商品猪在 25～30 日龄时免疫，根据实际情况 1 个月后可加强免疫 1 次。种公猪每年春、秋两季各免疫 1 次；初产母猪在产前 8～9 周首免，4 周后二次免疫，以后每胎产前 4～5 周免疫 1 次。免疫期为 4 个月。2～8℃保存，有效期为 12 个月。

使用疫苗时应注意以下事项：本品仅用于接种健康猪。用前须仔细检查包装，如发现破损、残缺、文字模糊、过期失效等，均不得使用。疫苗启封后应限 8h 内用完。禁止与其他疫苗合用，接种同时不影响其他抗病毒类和抗生素类药物的使用。疫苗贮藏及运输过程中切勿冻结，严禁长时间暴露在高温下，使用前使疫苗平衡至室温并充分摇匀。注射器具应严格消毒，每头猪更换 1 次针头，接种部位应严格消毒后进行深部肌内注射，若消毒不严或注入皮下易形成永久性肿包，并影响免疫效果。屠宰前 1 个月禁用。

（六）展望

虽然灭活疫苗的免疫效果显著，但其也存在缺点：会受到母源抗体的影响导致免疫失败；病毒在鸡体内传代容易引发变异，导致免疫效力下降、偶尔的过敏反应及副作用等。因此，新型疫苗的研制就显得十分必要，亚单位疫苗、基因疫苗以及病毒活载体疫苗等新型疫苗的研究对猪流感的免疫防控无疑具有重要的意义。其中重组活载体疫苗（如伪狂犬病病毒）具有特别诱人的应用前景，其不仅可诱导产生高水平的中和抗体和 HI 抗体，而且可产生细胞免疫反应，从而起到抵抗同种亚型的异源病毒攻击的保护效果。

（赵　耘）

十三、牛瘟

(一) 概述

牛瘟(Rinderpest, RP)是由牛瘟病毒(Rinderpest virus, RPV)引起的牛、水牛等偶蹄动物的病毒性传染病,其主要表现为发热、黏膜坏死等特征。该病的发病率和死亡率很高,可达95%以上。在所有牛瘟流行的地区(非洲、中东、印度次大陆),这种病造成了无休止的社会悲剧,使经济来源干涸。据估计,1980—1984年尼日利亚连续不断的牛瘟直接及间接造成的损失达200万美元。中国在1949年前,牛瘟几乎遍及全国各省、自治区,每隔三五年或十年左右发生一次大流行,死亡的牛只多达数十万头。后由于防御体制的健全完善,针对不同地区疫苗的研制开发,使该病得以有效控制。OIE提出过2010年消灭牛瘟的计划。

回顾历史,RP曾广泛分布于欧洲、非洲、亚洲,但从未在美洲或澳大利亚和新西兰立足。目前,正试图在非洲、西亚和印度次大陆扑灭此病。因此,其分布状况变化很快。在非洲,过去十年,该病广泛分布在北纬16°线以南,并向南延伸至加蓬、刚果和扎伊尔的森林地带。作为非洲牛瘟战役的工作结果,在西非扑灭了该病。目前,把残留的疫点限制在苏丹南部和埃塞俄比亚的部分地区。近几年来,该病在阿拉伯半岛国家中出现,并向北蔓延到伊拉克、以色列、黎巴嫩、土耳其和叙利亚。但作为西亚牛瘟根除战役的结果,实际上该病已在这个地区被全部消灭。在亚洲其他地区,该病毒在巴基斯坦和斯里兰卡仍呈地方流行。与中国比邻的尼泊尔(1995)、苏联(1991)也先后暴发此病,对中国造成威胁。目前,该病仅限于非洲赤道以北、中东和印度次大陆等很少的地区。

(二) 病原学研究进展

1. RPV一般生物学特征 RPV是引起牛瘟的病原体。RPV与小反刍兽疫、犬瘟热、麻疹等疾病的病毒同为副黏病毒科麻疹病毒属的成员。相互之间有交叉免疫性。RPV只有一个血清型。但从地理分布及分子生物学角度将其分为三个型,即亚洲型、非洲1型和非洲2型。牛瘟病毒非常脆弱,在常规的环境条件如太阳光的照射、腐败、温度、化学物质下都表现得非常敏感,离开动物体数小时就会马上失活。RPV为单链负股无节段RNA病毒。病毒基因组全长16 000bp。形态为多形性,完整的病毒粒子近圆形,也有丝状的,直径一般为150~300nm。病毒的外壳饰以放射状的物质,主要是融合蛋白F和血凝蛋白H。RPV从3′至5′编码的蛋白依次为核衣壳蛋白(N)、多聚酶蛋白(P)、基质蛋白(M)、融合蛋白(F)、血凝蛋白(H)和大蛋白(L)。*P*基因除编码P蛋白外,还编码另外两种非结构蛋白C和V。

2. RPV的主要蛋白结构与功能

(1)F蛋白 F蛋白除介导病毒与细胞及感染细胞相互间的融合外,同时也是宿主产生保护性抗体的主要成分。1986年,Norrby等用纯化的F蛋白免疫家犬,并获得相应的免疫;继而,在制作重组疫苗研究时发现,如果疫苗不能诱导机体产生抗F抗体,即使有抗H中和抗体产生,也不能阻止病毒在细胞与细胞之间扩散,继而引起动物的亚临床症状。牛瘟病毒*F*基因全长约2 400bp。*F*基因3′端与5′端均有一段长的基因非编码区,富含GC碱基对,在形成精细的二级结构中起到重要作用。S. A. Evans对非编码区研究发现,在体内5′的存在能加速病毒蛋白的形成,而在体外的结果却恰恰相反。牛瘟病毒*F*基因有两个

AUG起始位点，目前认为主要起始于第二位点（位置大约在第584或第587核苷酸处），编码约546个氨基酸无生物学活性的F0蛋白。对疫苗株RBOK病毒的氨基酸分析表明，在第104～108氨基酸之间为碱性氨基酸区，宿主胰蛋白酶对此高度敏感，并在此形成由二硫键连接的F1/F2活性蛋白。通过对不同株病毒的氨基酸分析表明，该位点不是决定病毒毒株强弱的标准。这与新城疫病毒完全不同。F1蛋白有0～1个糖基化位点，而F2一般有3个。牛瘟病毒与其他副黏病毒相同，F1的N端为富含亲水氨基酸的亲水区，其序列高度保守，在介导病毒融合过程中发挥重要作用。对于F蛋白抗原表位的定位，目前还不清楚。而利用各种病毒作载体对F片段进行基因克隆表达制作基因工程疫苗，已获得了可喜的成绩。

（2）H蛋白　Seth S等（2001）在研究F蛋白融合过程中发现，RPV的F蛋白介导的融合只有在与H蛋白共同存在下才能发生。在构建重组疫苗免疫动物时也发现，将*F*基因与*H*基因构建在同一载体上共表达时，所产生的中和抗体滴度为最高。因而认为二者间具有免疫协同作用。H蛋白抗原表位的研究是现在研究的热点。Sugiyama M等（2002）利用单克隆抗体对H蛋白中和位点的研究时发现位于蛋白第383～387、第587～592位点间的氨基酸是蛋白的抗原表位，其他中和位点的研究仍在进行中。抗原表位的研究为成功制备基因工程苗提供便利。

（三）疫苗的研究进展

人们起初用发病动物口鼻分泌物进行牛瘟的免疫，但免疫的同时也造成疾病的传播。1897年，Robert Koch对以上方法做了改进，用发病动物的胆汁成功地对南非200万头牛进行了免疫。由于不同地区，动物对不同疫苗的易感性差异显著，因而针对不同地方的疫苗如雨后春笋般孕育而生。

组织培养弱毒疫苗是前东非兽医研究组织用牛瘟强毒株经过连续传代研制成功的疫苗，对不同年龄的牛、水牛、绵羊和山羊均安全，并可获得终生免疫，是动物疫苗的珍品。山羊化弱毒疫苗方法首先由Edwards提出，1932年Steiling用此法成功对印度牛群进行了接种，虽然该方法对数百万头牛进行了免疫，但似乎只在南亚受到关注；而在东非，这种疫苗对当地的动物毒力太强，其致死率有时可达25%。1938年，Naka-mura等将在兔子体内连续传代100次的牛瘟病毒接种至牛体内，结果发现它能对免疫动物实现完全保护，从而研制出了兔化弱毒疫苗。1945年，日本中村稕治在朝鲜釜山兽医血清制造所培育出三系牛瘟兔化病毒，前南京中央畜牧实验所接受并在中国各省推广，通过几年的使用，证明疫苗确实有效，除对纯种奶牛、牦牛及犏牛反应稍强外，对于黄牛及水牛反应轻微。但中村三系兔化牛瘟弱毒保存期太短，在兔体内继代是唯一的保存办法，因此疫苗产量太少且需购买大量兔子。1948年4月，前南京中央畜牧实验所继Grosse Isle培育出“南京鸡胚化牛瘟种毒”，并改进兔化牛瘟弱毒疫苗，将接种牛瘟病毒兔的血、脾及肠淋巴结经真空冻干处理，4℃保存期可延长到105d。1948年11月，FAO在Kenya的Nairobl召开牛瘟会议，中国代表提出论文《鸡胚化牛瘟疫苗在中国之研制与应用》及《兔化牛瘟病毒疫苗》，引起国际兽医界对中国牛瘟疫苗研究的重视，并从南京中央畜牧实验所索取种毒，在开罗、中国香港等地试用。

常规疫苗在整个世界消灭牛瘟的过程中发挥了难以估量的作用，然而它们也同时存在着许多的不足。如制备繁琐，生产困难，需专门技术人员进行，成本高，运输困难，难于在高热潮湿地区田间实施等诸多麻烦。此外，自然感染株与疫苗株的同时并存，给诊断带来很大的困难。Verardi pH等（2002）用重组痘苗病毒对牛瘟病毒也做了同样的试验，并获得了相似的结果。此外，鸡痘病毒、杆状病毒等病毒也用于牛瘟病毒 *F* 基因、*N* 基因的表达研究。为了有效地监控和消灭牛瘟，必须采取有效的方法将自然感染与疫苗免疫动物加以区分。Ed-mund P 等（2000）将绿色荧光蛋白基因（*GFP*）插入 RBOK 疫苗株的适当位点，在免疫动物时，机体除产生保护性抗体外，还产生 GFP 抗体，通过血清学检查，就能将自然株与疫苗株病毒加以区别。从而成功地研制出了基因标记苗，在消灭牛瘟计划中将具有重大的现实意义。

（四）疫苗的质量标准与使用

1. 牛瘟兔化弱毒活疫苗 本品系用牛瘟病毒兔化弱毒接种家兔，采集含毒组织制成乳剂，加适宜稳定剂，经冷冻真空干燥制成。

物理性状：为暗红色海绵状疏松团块，易于瓶壁脱离，加稀释液可完全溶解。

无菌检验：应无菌生长。

支原体检验：应无支原体生长。

鉴别检验：将冻干毒按含毒组织量用生理盐水做 10 倍系列稀释，取 10^{-2}、10^{-3}、10^{-4} 三个稀释度，各皮下或肌内注射健康易感牛 2 头，每头 1mL。14d 后，注射牛瘟强毒，冻干毒对牛的最小免疫量应≤10^{-2}。

安全检验：按瓶签注明头份，用生理盐水稀释为 1mL 含 1 个使用剂量，皮下注射体重 18～20g 小鼠 5 只，每只 0.2mL；肌内注射豚鼠 2 只，每只 1mL，观察 10d，均应健活。

效力检验：按瓶签注明头份，用生理盐水稀释为 1mL 含 0.01 个使用剂量，经耳静脉注射体重 1.5～2kg 家兔 4 只，每只 1mL。应出现典型牛瘟兔化弱毒的临床反应和病理变化。

作用与用途：用于预防牛瘟。牛注射疫苗后 14d 产生免疫力，免疫期为 1 年。

用法与用量：注射前按瓶签注明头份，用生理盐水稀释为每头份 1mL，皮下或肌内注射 1mL。

注意事项：牦牛、朝鲜品种黄牛不宜使用；个别地区有易感性强的牛种，应先做小范围试验，证明疫苗安全有效后，方可在该地区推广使用；临产前 1 个月的孕牛和分娩后尚未康复的母牛不宜注射。

2. 牛瘟山羊/绵羊化弱毒活疫苗 本品系用牛瘟病毒山羊/绵羊化弱毒分别接种山羊或绵羊，采集含毒组织制成乳剂，加适宜稳定剂，经冷冻真空干燥制成。

物理性状：为暗红色海绵状疏松团块，易于由瓶壁脱离，加稀释液后，用蔗糖脱脂奶作稳定剂的疫苗，应在 5min 内溶解成均匀的悬液。用血液作稳定剂的疫苗，应在 10～20min 内完全溶解。

鉴别检验：将毒种按含毒组织量用生理盐水稀释 100 倍，与等量抗牛瘟特异性血清混合，在 10～11℃中和 3h 后，经颈静脉注射 1～2 月龄健康易感山羊或绵羊各 3 只，每只 10mL。注射后的羊应不出现热反应和特征病变。

安全检验：按瓶签注明头份，用生理盐水稀释为 1mL 含 1 个使用剂量，经皮下注射体重 18～20g 小鼠 5 只，每只 0.2mL；经肌内注射豚鼠 2 只，每只 1mL，观察 10d，均应健活。

效力检验：按瓶签注明头份，用生理盐水稀释为 1mL 含 0.01 个使用剂量，山羊化疫苗经颈静脉注射山羊 3 只，每只 5mL；绵羊化疫苗经颈静脉注射绵羊 3 只，每只 5mL。注苗后，每日测温 3 次，观察体温反应，若 2 只或 2 只以上羊只出现定型热反应；或 1 只羊出现定型热反应，另1只羊为轻热反应，疫苗判为合格；若仅1只羊出现定型热反应，可将另2只羊于注苗后4～5d分别采血，用原血10mL，经颈静脉注射山羊或绵羊1～2只，只有1只出现定型热反应，疫苗判为合格；对非定型热反应羊，亦可用血清中和试验法，证明是否感染。结果可疑，可重检1次。

作用与用途：山羊化疫苗用于预防蒙古黄牛牛瘟；绵羊化疫苗用于预防牦牛、犏牛、朝鲜品种黄牛的牛瘟。免疫期为1年。

用法与用量：注射前按瓶签注明头份，用生理盐水稀释为每头份1mL，经皮下或肌内注射1mL。

（李　宁　支海兵）

十四、牛病毒性腹泻病

（一）概述

牛病毒性腹泻病（Bovine viral diarrhea，BVD），亦称牛病毒性腹泻-黏膜病（BVD-MD），为中国三类动物疫病。本病最早于1946年在美国的奶牛中发现（Olafson等），临床上以腹泻为主。同年，在发病肉牛中分离到两株病毒（Priflard），定名为病毒性腹泻（Virus diarrhea）。1953年，Ramsey和Chivere又观察到一种以消化道黏膜出现糜烂和溃疡为特征，与牛病毒性腹泻症状极为相似的疾病，称为黏膜病（Mucosa Disease）。1961年，Gillespie等的血清学和免疫学研究结果表明，引起牛黏膜病和牛病毒性腹泻的两种病原性质相同，从而认为它们是由同一种病原引起的两种不同临床表现。之后，不同研究者所做的大量工作及世界各国的文献也都证明如此。1971年，美国兽医学会将这两种病统一命名为牛病毒性腹泻-黏膜病。

本病呈世界性分布，在欧美各国的牛群中广为流行。在亚洲、大洋洲和非洲一些养牛发达国家也普遍存在。中国有关本病的报道是在1981年以后。首先是中国兽医药品监察所和国家动物进出口检疫机构，从新西兰进口的绵羊和自西德、丹麦、荷兰、美国、日本引进的奶牛中检测出BVD-MD抗体。随后，从进口奶牛中分离到病毒。之后，在国内的奶牛和牦牛血清中检出到抗体。同时，中国兽医药品监察所等单位还先后从中国牦牛中分离到了BVD-MD病毒。从笔者近几年对牛场血清抗体检测情况表明，本病已在中国流行，而且血清抗体阳性率在有的牛场中已高达60%或更高。

在自然条件下，只有牛感染本病才会出现临床症状，尤其是犊牛。牛呈急性感染的表现为：高热（40～42℃），白细胞减少，沉郁，停止反刍，减食或废食，腹泻，大量流涎，结膜炎，口黏膜充血或发生溃疡；奶牛产奶量下降或停止；孕牛流产或致胎儿发育不全；新生犊牛常发生致死性腹泻。虽然本病急性感染的发病率通常不高，但死亡率却很高。尸检病变主要在消化系统。特征性病变是肠黏膜培氏淋巴的溃疡、坏死。牛的慢性感染，相对于急性感染而言，高热反应不明显，但可见鼻镜有烂斑，双目有浆性分泌物及蹄冠炎引起的跛行等。此外，也有不见临床症状却能检出抗体的隐性感染。牛的慢性感染和隐性感染具有发病率高、死亡少的特点。牛病毒性腹泻-黏膜病慢性感染和隐性感染是牛群感染本病后难于根除的主要原因。

除牛外，绵羊、猪、鹿也可感染本病，但多无症状，只产生抗体。有报道，人工接种山羊、羚羊和家兔可感染本病。

牛病毒性腹泻-黏膜病病毒，为 RNA 病毒。属黄病毒科瘟病毒属。与猪瘟病毒和绵羊边界病毒同属，且与猪瘟病毒有着极为密切的抗原关系。该病毒没有血清型的区别，但不同病毒株的抗原性有一定差异。

牛病毒性腹泻-黏膜病病毒在畜间既可通过接触感染引起水平传播，也可通过胎盘屏障，引起垂直感染。特别是后者，怀孕 120d 以内的健康母牛，感染本病毒后，会使胎儿产生免疫抑制，出现病毒血症。如果胎儿正常分娩，则小牛的病毒血症将会持续到成年。这种牛不产生抗体，临床表现正常，但却是危险的传染源。

牛病毒性腹泻-黏膜病病毒，可以在牛源的原（次）代或传代细胞上生长繁殖，如犊牛肾及睾丸原（次）代细胞和牛鼻甲骨传代细胞。有的毒株还可在猪和绵羊的细胞中繁殖。多数毒株无致细胞病变（CPE）作用。如 1954 年 Baker 等分离的 NY－1 毒株和中国从牦牛分离的毒株，都不产生 CPE。而 1960 年 Gillespie 等分离的 Oregon C_{24}V 毒株，则可在牛肾等多种细胞上产生病变。

（二）疫苗的种类

目前，国外已有多种商品化的弱毒活疫苗和灭活疫苗。弱毒活疫苗主要用于 6～8 月龄犊牛，而不用于怀孕母牛和种公牛。灭活疫苗则无此类限制。弱毒活疫苗和灭活疫苗，又各有单苗和混合苗。

1. 弱毒活疫苗

（1）疫苗研究进展　为了控制和扑灭牛病毒性腹泻-黏膜病，国外学者对疫苗的研究做过很多工作。1954 年，Baker 等用 NY－1 病毒株，经牛、兔交替连传 75 代后，得以致弱，对易感牛已无致病力。1963 年，Dritcra 等用 NY－1、Indiana 和 Oregon C_{24}V 毒株免疫牛，在 12～16 个月内攻击强毒，均可获得保护。1965 年，Gillespie 等分别将 NY－1 毒株和 Oregon C_{24}V 毒株，通过胎牛肾细胞传代致弱。结果，前者传至 100 代，未能减轻对犊牛的致病力。而后者，传至 32 代时，接种犊牛即不再引起接触传染。该毒株经过后来多年大量的试验及野外工作，表明是理想的疫苗毒株。随后，Oregon C_{24}V 毒株被国际公认为标准毒株，并用其生产商品化疫苗至今。日本学者用 NO12 株弱毒接种豚鼠睾丸细胞制苗也获得成功。

在中国，中国兽医药品监察所曾于 1980—1981 年用 Oregon C_{24}V 弱毒株研制弱毒疫苗。结果表明，该毒株在犊牛肾细胞培养中生长良好，72h 内细胞可产生典型病变。病毒含量可达 $10^{5.0}$ $TCID_{50}$/mL 以上。将病毒培养物制成冻干疫苗 6 批，物理性状良好，病毒含量无明显变化。用该疫苗肌内接种不同品种和不同年龄牛，除接种后可有白细胞减少或一过性热反应外，无其他症状。也不引起同居感染和怀孕母牛的死胎或流产。牛注射疫苗后 8d 可检测到抗体，14d 抗体可达 1∶16～1∶64。免疫后 18 个月，抗体水平仍可在 1∶32 以上。在原成都药械厂试生产冻干疫苗 3 批，均符合规定。冻干疫苗曾在青海省某牛场和其他牛场批量试用，均取得满意效果。

弱毒活疫苗能够产生广泛而持久的免疫力，其缺点是有的疫苗株有可能存在导致免疫损伤和胎儿疾病的缺陷。

（2）疫苗的生产制造　活疫苗的生产，通常采用能使细胞产生肉眼可见病变、免疫原性又好的弱毒株作为毒种，接种适当细胞培养，收获细胞培养物制成液体疫苗，或加入适当稳定剂，经冷冻真空干燥制成冻干疫苗。毒种的安全性、免疫原性和生物学特性会直接影响疫苗的质量和产量。生产用细胞，宜选用牛源原（次）代细胞。若选用传代细胞，则应证明其无致癌性。病毒的培养条件和要求（如接毒量、培养方法、培养环境），通常要依制苗毒株和细胞决定。弱毒活疫苗可制成单苗或多价混合疫苗。

（3）质量标准与使用　本品系用牛病毒性腹泻-黏膜病病毒接种细胞的培养物制成，用于预防牛病毒性腹泻-黏膜病。液体疫苗应呈粉红色或微黄色澄清液体；冻干疫苗应呈微红色或淡黄色海绵样疏松团块，且易与瓶壁脱离，加稀释液后迅速溶解。

按美国联邦法规生产的疫苗，应无细菌、霉菌、支原体和外源病毒污染；安全检验时，脑内接种小鼠 8 只，每只 0.03mL，腹腔接种小鼠 8 只，每只 0.5mL，分别观察 7d，如有不良反应鼠，均不得超过 2 只；同时，还应按瓶签注明途径接种犊牛 2 头，每头 10 头剂，观察 21d，应无不良反应；疫苗的病毒含量应≥$10^{2.5}$ $TCID_{50}$/头份；如为冻干疫苗，残水含量应≤4.0%。

疫苗的使用，按瓶签注明的方法、剂量进行，主要用于 6～7 月龄犊牛。怀孕牛一般不用。

匈牙利冻干活疫苗的主要质量标准是：病毒含量应≥$10^{4.0}$ $TCID_{50}$/mL；安全检验时，颈静脉注射犊牛 3 头，每头 20 万 $TCID_{50}$，除可有一过性白细胞减少和热反应外，应无其他不良反应；效力检验时，每批疫苗肌内注射犊牛 3 头，每头 2 万 $TCID_{50}$，注苗后 2 周，每头牛的 BVD 血清中和抗体均应≥1∶8。

2. 灭活疫苗

（1）疫苗研究进展　由于弱毒活疫苗对怀孕牛不够安全，所以研究灭活疫苗就成了必然。早在 20 世纪 70 年代即有研究。1971 年，L. Fernelius 等将 NADL 毒株牛肾细胞培养物经氯仿灭活，再用氯化铯梯度离心，研制可溶性抗原疫苗，获得成功。免疫期 6 个月以上。如采用该疫苗两次接种，效果更好。随后，L. Fernelius 在该疫苗中加入氢氧化铝佐剂，使用效果更为明显。1972 年，Joseph. R. Kolos 等将牛病毒性腹泻-黏膜病病毒、牛鼻气管炎病毒和牛副流感 3 型病毒，分别接种牛气管细胞培养，收获细胞培养物，用 0.4% 福尔马林 4℃灭活 7d 后等量混合，制成了三价灭活疫苗。1973 年，他又在这种疫苗中加入等量藻胶酸钠作佐剂后，接种怀孕母牛，取得满意结果。中国于 2016 年针对国内流行病学情况，开发成功了牛病毒性腹泻/黏膜病灭活疫苗（1 型，NM01 株），目前已在市场推广。

在美国，生产此灭活疫苗的厂家较多。生产毒种主要有 New York 株和 Singer 株，或两株同时使用。多用牛源或猪源细胞培养病毒。产品多为混合多价疫苗。

（2）疫苗的生产制造　灭活疫苗多采用病毒细胞培养物，用福尔马林、氯仿、丙酸内脂等灭活剂灭活后，加入适当佐剂制成液体疫苗。其病毒细胞培养物的培养，基本与活疫苗相似。灭活疫苗有单价疫苗和多价混合疫苗两种。

（3）质量标准与使用　按照美国联邦法规生产的疫苗，应无细菌、霉菌污染。效力检验，可采用检测抗体和攻毒两种办法。即免疫易感犊牛 5 头，每头接种疫苗 1 头剂，同时设非免对照牛 3 头。接种疫苗后 21d 采血，测定每头牛的血清中和抗体（中和病毒量为 500～3 000$TCID_{50}$）。其标准是：非免对照牛应为 1∶2，免疫接种牛应≥1∶8。当血清中和抗体不合格时，可将 8 头犊牛进行攻毒。攻毒后观察 14d，若对照牛有 2/3 头以上出现高热

(40.3℃)及临床反应，则免疫接种牛应有4/5头以上无高热(40.3℃)及临床反应。安全检验时，用小鼠和豚鼠进行的检验与活疫苗相同；对5头效力检验免疫牛的观察，14d内应无不良反应。

接种疫苗时，按瓶签注明的剂量和方法进行。不受牛的品种、年龄和怀孕与否限制。但该疫苗的免疫效果可能要差一些(据西德Liess介绍，在抗体阴性牛群接种灭活苗，保护率仅为60%左右)。因此，使用灭活疫苗，最好要进行加强免疫。

(三)展望

牛病毒性腹泻-黏膜病，对养牛业，特别是奶牛业的发展影响较大。采取接种疫苗，同时加强饲养管理、改善卫生条件，可以达到控制和净化本病。目前，国内进出口动物已实施了对本病的检疫、监测。随着中国养牛规模化程度的不断提高，对该病的防控也越来越重视。

(江焕贤)

十五、牛传染性鼻气管炎

(一)概述

传染性牛鼻气管炎(Infectious bovine rhinotracheitis，IBR)，是牛的一种急性的、发热性、呼吸道接触性传染病。临床表现为发热、上呼吸道黏膜发炎、水肿甚至形成坏死斑点，并有大量分泌物，是中国的二类动物疫病。本病最早于1940年在美国加罗达洲发现。1950年曾在美国西部肉牛群中流行。后来，又在奶牛群中出现。1956年，Madin从患牛呼吸道分离到病原，称为传染性牛鼻气管炎病毒(Infectious bovine rhinotracheitis virus，IBRV)。

后来，欧、美陆续发现一种能导致母牛发生传染性、脓疱性阴户、阴道炎(IPV)的病原也与IBRV相同。由此，公认IBRV对牛能引起两种病患，即IBR和IPV。实际上，该病毒还可引起牛的传染性龟头包皮炎、眼结膜炎、角膜炎、子宫颈炎、流产及不孕、乳腺炎、肠炎和小牛脑膜炎等多种病患。

本病所有病患类型，在美国、澳大利亚、新西兰、荷兰、英格兰、苏格兰、比利时和日本等国均有报道，对牛的生长发育、产奶量和繁殖力等生产性能影响很大。本病通常表现为隐性感染。有的牛长期带毒，并可反复发作，难以根除。有资料称，美国的牛群抗体检出率为10%～35%；新西兰北岛则为36%～81.2%(Durham，1975)。

中国历史上未曾有此类呼吸道疾病的记载。有资料显示，本病在中国的发现和传播，与1980年3月首次从新西兰引进种牛有关。通过送检血样的对牛IBR血清抗体检测的结果表明，中国奶牛的感染已呈上升态势。有的奶牛场，IBR抗体检出率可高至90%以上。

牛鼻气管炎病毒为双链DNA病毒，属疱疹病毒，具有同类型疱疹病毒的理化学、免疫学和病毒学特性。病毒通过呼吸道、空气、分泌物及生殖道等接触传播。在自然条件下，牛是主要感染动物和带毒动物。但猪、山羊及水牛等也可感染。由于IBR病毒是细胞结合性的，尤其对上皮细胞具有亲和性，因而，动物常有潜伏感染，而使本病难以控制和消灭。此外，有试验表明IBRV有致癌性。1970年有报道称，在患眼癌的病牛眼中，既能分离出IBRV，也能检测出鳞状癌瘤细胞。1975年，美籍华人熊菊贞博士也证实，将IBR接种田鼠细胞，可使细胞发生恶性转化。IBRV 可在多种动物细胞上生长、繁殖，并产生明显的细胞病变（CPE）。

（二）疫苗的种类

国外商品化的 IBR 疫苗很多，包括常规弱毒苗和灭活苗、低温适应弱毒疫苗、基因缺失弱毒苗和灭活苗、亚单位疫苗等。虽然所有疫苗均具有较好的临床保护效果，但还没有一种疫苗能有效阻断强毒感染，因此，实施牛群净化仍是控制该病最有效的措施。针对目前中国牛病毒性腹泻-黏膜病、牛传染性鼻气管炎两种病多发的情况，于 2016 年开发成功了牛病毒性腹泻-黏膜病、传染性鼻气管炎二联灭活疫苗，目前正在进行推广使用。

1. 弱毒活疫苗

（1）疫苗研究进展　美国是世界上最早发现本病的国家，也是最早研制、使用弱毒活疫苗的国家。美国最早研制使用的用于肌内注射的疫苗，因在 1971 年曾发生注苗犊牛散毒，造成孕牛流产，而限定不能用于妊娠母牛。此外，美国还采用毒力较上述疫苗株更弱的毒株研制鼻内接种疫苗，也获成功，并在 1969 年开始使用。其优点是，对孕牛安全和不受母源抗体干扰。因而，得到广泛认可。

匈牙利兽医科学研究所 Bartha. A 博士用 Bartha - Nu/67 热稳定致弱毒株研制的肌内注射疫苗接种犊牛不排毒，对犊牛使用安全。间隔 4 周进行 2 次注射，免疫期可达 6 个月。但为避免孕牛发生带毒流产或公牛血清及精液带毒的危险，仍然主张孕牛和种公牛不要接种该疫苗。

苏联研制的 KT - A（BHB）B_2 冻干的皮下注射疫苗，皮下接种犊牛反应轻微，间隔 14d，免疫 2 次，保护率可达 80%。与罗马尼亚和前捷克斯洛伐克的弱毒疫苗相比，反应更轻，免疫效力更好。

日本采用猪肾细胞在 30℃低温培育的细胞疫苗，安全性较好，孕牛、犊牛均可使用。该苗既可肌内接种，也可鼻腔接种。

1971 年 Todd 等报告，用兔肾细胞培育成功的弱毒株鼻内接种牛 2mL，无不良反应，7～10d 出现抗体。接种后 40～70h，鼻内分泌物可出现大量干扰素，并能持续 10d。该疫苗产生免疫效应快，不会引起流产。

1978 年 Kucera 等报道，连续通过牛或异种动物细胞传代培育出的 IBR 无毒温度敏感株，只能在温度较低的鼻腔内，而不能在动物体内繁殖，无毒、安全，还能封闭病毒的自然感染门户。因而，被认为是一种理想的疫苗。

目前，很多国家都将传染性牛鼻气管炎弱毒与牛病毒性腹泻-黏膜病弱毒和牛副流感弱毒制成混合疫苗使用。

1980 年，中国兽医药品监察所周泰冲等用 1978 年从匈牙利引进的 Bartha - Nu/67 弱毒株，在实验室接种犊牛肾或犊牛睾丸原（次）代细胞培养，试制冻干活疫苗获得成功。该疫苗病毒含量≥10^6 $TCID_{50}$/0.1mL。肌内接种 10 日龄以上犊牛，无不良反应，也不排毒；接种怀孕母牛不引起流产。牛接种疫苗后 10～14d 可产生中和抗体，其滴度≥1∶8。如做 2 次免疫（间隔 4 周），免疫期可达 6 个月。

1992—1994 年，在北京某农场用该疫苗进行 IBR 的综合防治研究，取得了明显的效果。

（2）疫苗的生产制造　IBR 弱毒活疫苗的生产，采用通常的细胞培养工艺。选用的种毒应该是可致细胞病变的弱毒株。适宜细胞，可以是健康牛源的原（次）代细胞（如犊牛肾或犊牛睾丸细胞），也可以是传代细胞。若选用传代细胞，则必须排除该细胞对动物无致瘤性和致癌性。另外，考虑到原代细胞的生长特性和传代细胞无限传代可能增强其致瘤性，因此，无论原代细胞还是传代细胞，都要规定使用代数。一般生产用细胞传代代数不宜超过5代。疫苗可以是液体的，也可以是真空冻干的。

（3）质量标准与使用　IBR弱毒活疫苗，系用适当细胞培养物制成，用于预防传染性牛鼻气管炎病。目前，不少国家都在生产此类疫苗。但其质量标准与使用规定，则因不同毒株和不同国家而不尽一致。按照美国联邦法规生产的疫苗，应无细菌、霉菌、支原体和外源病毒污染；每头份疫苗的病毒含量应≥$10^{2.5}$ $TCID_{50}$；脑内接种成年小鼠8只，每只0.03mL，腹腔注射成年小鼠8只，每只0.5mL，两者观察7d，如有不良反应鼠，均不得超过2只；按瓶签注明途径，接种犊牛2头，每头10头份，观察21d，应无不良反应。

匈牙利冻干疫苗的主要标准是：安全检验，每头牛肌内接种疫苗20万$TCID_{50}$，应无明显不良反应和不排毒；病毒含量应≥$10^{6.0}$ $TCID_{50}$/mL；免疫剂量为2万$TCID_{50}$/2mL，免疫后14d的血清中和抗体应≥1∶8。接种疫苗时，按瓶签注明的用法、用量和推荐的免疫程序进行。一般需做两次免疫，免疫期可达6个月。目前，许多国家多将本疫苗与牛病毒性腹泻-黏膜病活疫苗和牛3型副流感活疫苗混合使用。应该指出的是，如果在用活疫苗免疫前先行注射灭活疫苗，这可能是预防牛传染性鼻气管炎病毒重新排泄、阻止病毒传播的有效措施。

2. 灭活疫苗

（1）疫苗研究进展　由于IBR弱毒活疫苗存在某些不足，因此，研制和使用IBR灭活疫苗成为必然。如在美国，不同厂家生产的IBR灭活疫苗就各不相同。法国Boger Bellon公司将IBR病毒的牛肾传代细胞（MDBK）培养物，用戊二醛灭活，制成油佐剂灭活疫苗，用于犊牛的皮下或肌内接种。15日龄时注射，每牛2mL，1个月后加强免疫1次。如需要，可每年注射。匈牙利将IBR强毒用甲醛灭活，经氢氧化铝胶浓缩，制成灭活疫苗，用于怀孕母牛和种公牛的皮下免疫。每牛5～10mL，6个月后再免1次。孕牛于产前8周免疫。20世纪80年代初，美国Lupton H. W等从牛肺细胞（BLO）培养的IBR病毒液中制取裂解的IBR抗原，加入弗氏不完全佐剂制成一种亚单位灭活疫苗，能使犊牛产生高滴度血清中和抗体，可抵抗经鼻道攻击毒的感染。

（2）疫苗的生产制造　IBR灭活疫苗，通常采用病毒细胞培养物经适当灭活剂灭活制成。病毒细胞培养物的培养，基本与弱毒活疫苗相似。为了提高灭活疫苗质量，配苗前可将病毒细胞培养物进行某种处理（如裂解、纯化、浓缩等），也可选用适当佐剂（如氢氧化铝胶或矿物油类等）混合制苗。

（3）质量标准与使用　本品系用IBR病毒细胞培养物经灭活剂灭活后，加入适当佐剂制成的液体疫苗，用于预防传染性牛鼻气管炎病毒引起的各种病患。不同毒株和不同国家生产的疫苗，其质量标准及使用规定可能有差异。按美国联邦法规生产的疫苗，应无细菌、霉菌和支原体污染。

效力检验时，共用8头易感犊牛。其中5头按瓶签规定接种疫苗，每牛1头剂。若接种两次，则应按瓶签规定的间隔时间进行。另3头用作对照。8头牛，于最后一次接种疫苗14d后，分别采血，测定血清中和抗体。对照牛血清抗体应<1∶2，免疫牛至少应有4/5头≥1∶8。若攻毒，观察14d，对照牛应2/3以上有高温（40.3℃）和临床反应，免疫牛应5/5无高温和

临床反应。

安全检验，观察效检免疫牛5d，应无不良反应。

如果病毒灭活剂为甲醛，则疫苗的甲醛含量应不得超过0.2%。

疫苗使用：美国不同厂家生产的灭活疫苗，不尽相同。单苗一般肌内注射2mL，免疫后14～28d再加强免疫一次。犊牛产后2个月前不接种。6月龄前接种小牛，在6月龄或断奶时再接种一次。联苗一般肌内接种5mL。联苗病毒部分的免疫程序与单苗相同。

其他国家的灭活疫苗，按瓶签注明的用法、用量和推荐免疫程序进行。一般需做2次免疫。

（三）展望

传染性牛鼻气管炎病对养牛业的影响较大。中国是养牛大国，随着中国养牛业整体水平的逐渐提高，防控本病定会成为中国广大业内人士的共识。

（江焕贤）

十六、牛白血病

（一）概述

牛白血病（Bovine leukemia，BL）是由牛白血病病毒（Bovine leukemia virus，BLV）引起的牛的一种慢性肿瘤性疾病。其特征为造血器官的淋巴细胞异常增殖、全身淋巴结肿大和恶性肿瘤，临床表现为持续性淋巴增多症（PL）和淋巴肉瘤（LS）。BLV感染后可长期、甚至终身带毒。1968年国际白血病委员会根据临床病理学将牛白血病分成犊牛多中心型、胸腺型、成年多中心型和皮肤型四种。其他少数情况列为非典型白血病。按病原学分地方性流行型白血病和散发型白血病。此病早在19世纪末就被发现，但直到1969年才由美国的Miller从病牛外周血液淋巴细胞中分离到病毒。目前，此病几乎遍及全世界各养牛国家，特别是在欧美，如德国、波兰、匈牙利、保加利亚、罗马尼亚、丹麦、瑞典、俄罗斯、美国、古巴和加拿大等国流行较甚；亚洲的日本发生也较多。

1974年，此病在中国首次发现于上海，继而在安徽、江苏、陕西、新疆、北京、黑龙江、辽宁、云南、湖南和江西等省（自治区、直辖市）均有发生，且有逐渐扩大蔓延的趋势。在某些牛群中血清阳性率已达30%～50%，已成为牛的重要传染病之一。中国牛群中发现的病理类型，目前所见到的几乎都是流行性牛白血病。

1. 流行性牛白血病的病原特性

（1）病原特性　BLV属于反转录病毒科牛白血病-人嗜T细胞反转录病毒属，含单股RNA，该属病毒与C型病毒的形态和装配方式十分相似。BLV呈球状，直径为80～100μm，有囊膜，囊膜上有纤突，核衣壳呈二十面体对称，内为螺旋状结构的类核体，核内携带反转录酶（reverse transcriptase）。BLV蔗糖密度梯度中的浮密度为1.16～1.17g/cm^3，沉淀系数为60～70S。前病毒DNA基因组全长约为8.7kb，复制过程中以脯氨酸tRNA为引物。病毒蛋白质主要为：基质蛋白（MA，15ku）、核衣壳蛋白（CA，24ku）、核蛋白（NC，12ku）、反转录酶（RT，70ku）、穿膜蛋白（TM，30ku）、囊膜糖蛋白（SU，51ku）及两个调节蛋白Tax（38ku）和Rex（18ku），另有一种10ku的蛋白质也来自Gag的蛋白前体。病毒抗原主要是囊膜糖蛋白抗原（gp51）和内部结构蛋白抗原（p24）。用这两种蛋白作为抗原进行血清学试验，可以检出特异性抗体。其中抗 gp51 抗体不但具有沉淀试验、补体结合试验等抗体活性，而且还有中和病毒感染性的能力；而 P24 抗体虽然也有沉淀抗体的活性，但却不能中和病毒。

据研究，BLV 的自然宿主仅仅是牛，其他动物一般不发生自然源性感染，而且白血病的发生与牛的品种无关，通常多是老龄牛易发。Paulsen 等（1974）从绵羊分离到的白血病病毒和 BLV 之间在抗原性、形态学和生物学的性状方面未见有差异。因此认为是来源于牛的 BLV 感染绵羊所致。大量研究证明，BLV 易在牛源或羊源的原代细胞上生长并传代，也可在来源于犬、蝙蝠细胞培养物上增殖，但是不形成蚀斑。将感染本病毒的细胞与牛、羊、人、猴等细胞共同培养，可使后者形成合胞体（多核巨细胞）。合胞体的形成可被特异性抗 BLV 血清所抑制。一般认为从合胞体形成，大致可表示病毒的反应量；以合胞体形成为指标可检出 BLV 和测定感染价。合胞体的形成，没有本质上的不同，但有两种形式：一种是从细胞的外部融合，另一种是从细胞的内部融合。Onuma M 等在细胞培养中接种大量 BLV 时，接种后从第 2 小时起，就可见有合胞体的形成；而用少量 BLV 接种时，直到接种后 30 h 左右才发现有合胞体的形成。

（2）基因组结构　BLV 基因组为正向线状单股 RNA，由两个完全相同的单体组成的二聚体，在 5′端由氢键倒置连接起来，每一单体的分子量约为 3×10^6。基因组除含有 *gag*－*pro*－*pol*－*env* 基因外，还含有 *tax* 和 *rex* 两个辅助基因。由 5′端开始依次为以下结构：群特异性抗原基因（*gag*）、聚合酶基因（*pol*）、囊膜基因（*env*）及共有序列（U3）。

2. 牛白血病病毒的流行及传播　早期研究白血病传播的试验设计是用血液学检索诊断可疑的病原因素，而血液学检索对 60%以上感染 BLV 的牛不能检出，所以这些研究所获得的资料是不精确的。现在已知虽然是从无病史牛群中来的牛，而很多这样的牛群仍会是感染病毒的牛。早期或最近的报道，关于牛白血病的传播阐释中的另外一个问题，就是实验动物不保持一定距离，这种疏忽使试验不能区别接触性感染还是通过其他途径。Olson 等（1976）观察到感染 BLV 母畜后代有较高的 BLV 感染发生率，而未感染母畜的后代和水平传播是相同的。因此，所观察到的差异很容易归于接触性暴露程度不同的原因。Gross 曾将致癌病毒传播的自然模式分为垂直型或水平型。BLV 的这一传播模式至今仍然被接受，只是在水平传播方面还有一定的分歧。

（1）BLV 的垂直传播　垂直传播多是指病毒从母代通过胎盘而传到新生代的传播，即为一种遗传性传播。白血病病毒的垂直传播主要包括子宫内传播和胚胎移植传播。感染母牛通过胎盘将病毒传至胎儿的垂直传播也可能发生，但在感染的怀孕母牛中发生率可能不到 10%。据认为，感染淋巴细胞比病毒颗粒对犊牛更有感染力。在多发病群的所生犊牛于初生时和初次吮吸初乳前平均只有 18%是阳性，但到 3 岁后几乎都已感染 BLV。所以，有人认为绝大多数牛是在出生后才感染；但胎内传播也有试验根据，Straub（1976）等报道由健康群生下的犊牛生前感染率不到 20%，而由病牛群生下的犊牛，其感染率远高于 20%。

（2）BLV 的水平传播　水平传播一般是指病毒在动物间的传播。BLV 水平传播的途径很多，常见的传播一般为多种因素的综合。

1）血源性传播　通常是医源性的，即饲养人员和兽医重复使用相同的注射器、去角器、打耳号机、去势工具、采血针头、静脉穿刺针头、输血设备和鼻环等，结核菌素皮内试验也可能导致水平传播。给牛采血也易传染白血病病毒，尤其是采完白血病病毒阳性牛后，再用同一针头采易感牛的血就更危险。

2）分泌物性传播　许多人对各种分泌物的传染性进行了研究，认为阳性牛和阴性牛在一起舍饲时会传播感染。通过对鼻腔分泌物、唾液、支气管-肺泡洗出物、尿液、粪便、子宫冲洗液和精液的检查，结果发现含细胞多的分泌物的传染性比含细胞少的分泌物高。分泌物中的可溶性部分很少有传染性，因为病毒存在于细胞内。但有人在对牛白血病病毒阳性牛尿液的研究中，发现所检查的牛中多数牛的尿液可溶性部分中有 BLV 抗原。呼吸道分泌物含有感染细胞，但这些分泌物自然散播感染的危险很小。这可能与呼吸道分泌物中的细胞成分主要是黏膜上皮，而瘤变性淋巴细胞很少有关。大量研究证明，相对血源性传播而言，分泌物的传染性较低，但由此引起密集舍饲牛群或高密度牛群中白血病感染率增高的现象不能得到完全解释。

3）寄生昆虫的传播　寄生昆虫能否传播白血病一直受到人们的关注。一些试验已证明牛白血病的发病率在夏季较高，这很易使人联想到昆虫媒介物的作用。因为寄生昆虫在吮吸病牛血后，很有可能将感染的淋巴细胞传染给其他的健康牛。Bech · Mielsen 等曾让厩蝇吮食一头 BLV 阳性母牛的血，从蝇的肠道能发现感染 BLV 的淋巴细胞。还曾在高发病群中注意到有 70%牛感染一种非致病性的泰氏锥虫。杜念兴等（1982）从 4 头确诊为白血病的病牛淋巴细胞培养物和 3 头淋巴肉瘤组织培养物中，分离到 5 株非致病性锥虫，其形态和培养特性完全一致，表明为同一种锥虫；又对 276 头乳牛血清样品进行白血病和泰氏锥虫平行检查，结果表明，白血病琼脂扩散试验阳性牛的泰氏锥虫感染率较琼脂扩散试验阴性牛高 20%～59%。这说明泰氏锥虫感染与白血病感染之间可能存在着某种相关性。Olson 等曾报道北欧使用巴贝斯虫感染牛的血液制造疫苗后，导致白血病大流行。

4）精液性传播　据认为，精源性传播在 BLV 的感染中机会很小。Van der Maaten M. J. 等曾报道母牛经子宫内接种感染的淋巴细胞可引起白血病。最近，Alfarrah A. H. 等报道淋巴瘤细胞可侵入子宫、子宫颈和阴道，但在感染公牛的精液内却未检出 BLV。大量试验证明，在多数正常的公牛精液中是不带毒的，因此，也不可能由此而造成 BLV 的传播。

5）乳源性传播　在未发现 BLV 前，曾证明牛造白细胞组织增生是通过乳传播的，Dutchers（1964）报道在一个多发病牛群的牛乳内用电镜观察到 C 型病毒颗粒。然而白血病病毒阳性牛的初乳除了含有感染的淋巴细胞外，还含有抗白血病病毒的抗体，而这种抗体可以防止感染。因此，多数学者认为在自然条件下 BLV 通过初乳或乳传播与接触传播是比较少见的。这主要是与乳汁中病毒中和抗体的保护效应有关。这种抗体是所有犊牛在接受感染母牛护理时从初乳中获得的，并可在血清中保持 6 个月之久。实际上，牛奶中的淋巴细胞是潜在的病毒来源，也是重要的病毒来源。犊牛食入含白血病抗体的初乳或食入不含白血病抗体的初乳都有感染危险。

（二）疫苗

近年来，许多学者试用培养的弱毒或灭活病毒制成的疫苗来预防本病，但均未获得成功。

灭活 BLV、固定感染 FLK 细胞和纯化 gp51 接种动物仅能产生短期保护力。产生这种保护力的可能是与肿瘤相关的一种移植抗原（Thelien G. H.，1982）。绵羊细胞仅合成 env

基因产物 gp51、gp30 和主要结构抗原 p24，但必须反复接种这种细胞才能保护牛。一种表达 BLV gp51 的重组疫苗接种绵羊可产生保护力，但检测不出中和抗体，Portetelle、潘耀谦等通过试验证明牛患白血病的免疫状态可随机体所处时机的不同有所改变。病轻时，体液免疫的 B 细胞和细胞免疫的 T 细胞均较多，但随着病程的发展，B 细胞逐渐减少，甚至消失，而 T 细胞则明显增多，而且有克隆状增生的变化。这说明细胞免疫在牛白血病过程中起着重要作用，而体液免疫随着病程的进展而被抑制。虽然近年来关于 BLV 的免疫性质的了解已有所进展，但现在仍然没有合适的商品化疫苗来控制 BLV。

（李　宁　支海兵）

十七、牛流行热

（一）概述

牛流行热（Bovine ephemeral fever，BEF）又名牛暂时热、牛三日热、僵硬病、牛流行性感冒，是由弹状病毒科暂时热病毒属牛暂时热病毒（Bovine ephemeral fever virus，BEFV）引起牛的一种急性、热性的免疫病理性传染病。感染牛表现为急性发热、呼吸道和消化道机能障碍及跛行和肢体僵直。发病率高，死亡率低，但可造成较严重的经济损失。种公牛感染后，精子畸形率可能高达 70%以上；奶牛的产奶量降低，牛乳质量下降，甚至长期不能恢复正常，役用牛多因跛行或瘫痪而不能使役。护理和治疗不当时，死亡率上升。

19 世纪中期，本病首先报道于东非，后来肯尼亚、南非、印度、埃及、澳大利亚相继报道，1949 年日本发生该病。西半球及欧洲未曾有报道。据记载，中国自 1938 年就有本病流行，但直到 1976 年才得到证实，并分离到病毒。血清学调查表明，新西兰、太平洋岛屿没有该病。目前该病在南非、印度、日本、澳大利亚、中国呈地方流行。

1. 病原　BEFV 呈子弹状或圆锥形。成熟病毒粒子 O 为 80×（120～140）nm。病毒粒子有囊膜，囊膜厚 10～12nm，表面具有纤细的突起。除典型的子弹形病毒粒子外，通常可看到 T 粒子，特别是在高浓度病毒传代的细胞培养物内。超薄切片上可看到以出芽方式从胞膜或胞浆空泡膜向细胞外或胞浆空泡内释放的病毒粒子。宿主细胞质内有毒浆结构，胞浆内的结构变化显著，出现大量微管和微纤结构。用柠檬酸盐抗凝剂收集 BEFV 感染牛全血在 pH 2.0 以下、pH 12.0 以上时 10min，56℃ 10min 或 37℃ 18 h，BEFV 失去感染性。Kaneko 等（1986）报道牛暂时热病毒具有血凝抗原。Tortilla Flat 病毒株能够凝集鹅、鸽、马、仓鼠、小鼠及豚鼠红细胞，这种凝集作用可被特异性抗血清抑制。

由澳大利亚、日本、南非（阿扎尼亚）分离到的毒株虽然有暂时热、流行热、三日热和僵硬病病毒等名称，但在血清学上没有明显区分。近年来，从这些地区的健康牛和昆虫体内分离到一些血清学相关病毒。在牛暂时热病毒糖蛋白上，至少有 3 个抗原位点，其中第一个位点为牛暂时热病毒所特有，第 2、第 3 个位点与相关病毒具有交叉反应性。

BEFV 可在仓鼠肾传代细胞 BHK 21中生长，并能产生明显的细胞病变。近年来又将其适应于猴肾传代细胞 Ms，可在接种后 48h 产生细胞病变。细胞变圆，胞浆呈颗粒状，随后由瓶壁脱落。于 Vero 细胞中，在接毒后 2～4d 出现针尖大的蚀斑，蚀斑直径在 6～8d 后增大至1～1.5mm。转瓶培养有利于病毒增殖和细胞病变的产生。该病毒还可在按蚊细胞上生长，用于病毒分离。将感染牛白细胞脑内接种1～3日龄乳鼠、乳仓鼠、大鼠，可用于病毒分离，传6代后可稳定引起小鼠死亡（2～3d后），但失去对牛的感染性。BEFV通过乳仓鼠传代有利于病毒的分离培养。BEFV几乎不在牛源细胞上生长，用鼠脑或白细胞悬液接种BHK 21细胞，BEFV生长良好，BEFV也可在牛肾、仓鼠肺、Vero细胞、按蚊细胞和仓鼠肺组织中生长。

BEFV在结构上与哺乳动物其他弹状病毒相似，属单股负链RNA病毒，分子量3.5×10^6，基因组长11kb左右，占病毒粒子总重的2%。BEFV有5种结构蛋白：L（180ku）、G（81ku）、N43（52ku）、M1（43ku）、M2（29ku）。N蛋白为BEFV的结构组分，主要参与核衣壳装配、调节转录和翻译。用非离子去污剂处理可除去BEF病毒的膜糖蛋白G。氨基酸序列分析表明，G蛋白中央为一亲水性核心，极性端接近蛋白酶切割位点，BEFV G蛋白的+13、+18位有两个赖氨酸残基为多肽切割位点，位于539～554位亲水性的氨基酸残基构成一个BEFV G蛋白的转膜决定簇，此区域可与碱性残基（R、K）结合。除81ku G蛋白外，病毒感染细胞可产生一个90ku的Gns非结构性糖蛋白，但在病毒粒子上检测不到。此Gns蛋白具有弹状病毒的结构特征，包括一个单个表位亲水性转膜蛋白和8个潜在性N-糖基化位点。Gns蛋白的功能不详。定位于BEFV *N*基因下游1.65kb区域有3 789个核苷酸序列，包含2个ORF，第一个ORF编码G蛋白，位于*G*、*L*基因之间编码Gns蛋白。将G蛋白、Gns蛋白基因重组插入痘病毒，其表达产物分子量为79ku，但仍可与中和性单克隆抗体反应，重组的Gns蛋白（90ku）分子量与天然蛋白一致，但不与抗G蛋白单抗或多抗反应。G蛋白、Gns蛋白可在内质网-高尔基体复合体上检测到，但仅G蛋白可通过出芽方式增殖表达在成熟病毒粒子上。重组G蛋白接种牛、兔可产生高水平的中和抗体，重组Gns蛋白接种兔、牛不能产生中和抗体，攻毒后60%以上的牛可分离到病毒。

2. 致病性 本病的病理过程复杂，感染牛释放淋巴因子介导动物的炎症过程，导致疾病发生，但并不引起广泛的组织损伤。牛在自然条件下的潜伏期为2～4d。静脉接种大量病牛血液，可使潜伏期缩短。以病牛发热期的血液做静脉接种，仅0.002mL即可引起感染。病毒似乎结合于白细胞，用病牛的白细胞悬液做感染试验，毒力比血清和红细胞高很多。不同种的牛易感性不同，黄牛和奶牛易感性高，水牛易感性低。发病率经常超过50%，但死亡率一般不超过5%。各种年龄的牛都能感染发病，犊牛的病情更为严重，死亡率稍高些。病牛白细胞，特别是中性白细胞幼稚型杆状核细胞异常增多。高热期血浆纤维蛋白含量超出正常值1～3倍，血钙含量下降20%～25%。重症牛血浆碱性磷酸酶下降，同时肌酸激酶水平升高。血管上皮是病毒最适于增殖的场所。由于血管损伤，病牛关节机能发生障碍，水肿和气肿则引起呼吸困难。脑内或腹腔内接种新生6日龄乳仓鼠，可使其发病死亡。连续传代后可使这些实验动物规律地于接种后2～3d麻痹死亡。但成年鼠一般不死亡。取急性病牛的血液接种绵羊和鹿，呈现病毒血症，不出现临床症状，但可产生中和抗体。病毒对人、马、山羊、骆驼、兔、豚鼠均不引起感染。

（二）疫苗

感染BEF的牛可获得长期免疫，激励着人们对该病疫苗的研究。病毒在组织培养细胞或实验动物体内连续传代后迅速丧失其对牛的病原性，但其免疫原性也常逐渐减弱，直至消失。在鼠组织疫苗中加入佐剂可增强其免疫原性。弗氏不完全佐剂、$Al(OH)_3$、Quil A等都可增强疫苗的免疫原性。在对该疫苗的不同佐剂进行比较时发现弗氏完全佐剂疫苗接种后局部反应及发热反应严重，白油佐剂次之，Quil A 佐剂无不良接种反应，但 Quil A 佐剂诱导的血清中和抗体出现晚于白油佐剂。日本曾用有明显发热症状病牛的脱纤血制成结晶紫灭活苗，证明具有一定的免疫原性。另一种为甲醛灭活的铝佐剂疫苗，Inaba 等将仓鼠肺细胞 HmLu-1 传代的弱毒株制成福尔马林灭活的磷酸铝佐剂疫苗，肌内注射后 2～4 周再注射 50 000$TCID_{50}$活毒疫苗。应用这种灭活-弱毒疫苗联合免疫的方法，可获得良好的免疫保护力，且对妊娠母牛和犊牛都较安全。

白文彬等利用引进的 YHL 弱毒疫苗株复制后对牛进行两次接种，试验证明其安全性和保护性均较好。利用强毒株制造的灭活疫苗，免疫效果较好，但有一定的接种反应。Uren 等（1994）对提纯病毒裂解，用裂解产物中的糖蛋白作为亚单位疫苗，免疫 2 次，免疫期可达 12 个月。白文彬等用 Triton X-100 裂解细胞培养病毒，超速离心后取上清液，加白油制成亚单位疫苗应用，结果表明，亚单位疫苗和灭活疫苗对小牛是安全有效的，但是约有 50%牛于接种部位出现鸽卵至鹅卵大肿块。20%接种牛出现短暂的一过性热反应，奶牛在接种后 3～5d 内产奶量减少。

（三）展望

BEF 是一种尚未完全了解的疾病，它和其他弹状病毒的关系也需进一步研究。同时 BEF 严重威胁着国家间的动物贸易。BEF 在非洲、亚洲和澳大利亚等亚热带地区为何得以广泛流行，尚需进行深入研究。BEF 对牛产生的危害也难以评估。目前尚缺乏便宜、有效、为短期内 BEF 暴发做准备的灭活苗，仍需进一步研究弱毒、重组疫苗或 DNA 疫苗以代替目前的疫苗。此外，BEF 呈现明显的周期性，因此要进一步对保毒者及保护性免疫应答动态变化规律进行研究。

（李　宁　支海兵）

十八、非洲马瘟

（一）概述

非洲马瘟（African horse sickness，AHS）是马属动物的一种急性或亚急性虫媒传染病，呈地方性和季节性流行，以发热、皮下结缔组织和肺水肿以及内脏出血为特征，病原是非洲马瘟病毒（African horse sickness virus，AHSV）。虽然斑马和驴感染后几乎不表现出临床症状，但是本病对马属动物的危害很大，致死率超过 90%。OIE 将其列为 A 类疫病。在南非 Onder-stepoort 的兽医研究所是 OIE 指定的 AHS 的参考实验室。

1. 病原 非洲马瘟病毒（AHSV）是呼肠孤病毒科（Reoviridae）环状病毒属（*Orbivirus*）的成员，在形态结构上与其他环状病毒如反刍兽的蓝舌病病毒（Blue tongue virus，BTV）和马脑炎病毒（Equine encephalitis virus，EEV）很相似。病毒粒子无囊膜，直径约为 75nm，有两层二十面体衣壳，呈立体对称，由 32 个壳粒组成。基因组为 10 个大小不等的双链 RNA 片段，3 个大的，名为 L1～L3，3 个中等的，M4～M6，以及 4 个小的，S7～S10，每一个片段至少编码一个多肽。内衣壳由 2 个主要蛋白 VP3 和 VP7 以及 3 个微量蛋白 VP1、VP4 和 VP6 构成。这些蛋白共同形成群特异性抗原表位。外衣壳由两个蛋白 VP2

和 VP5 构成。VP2 是抗原性变异最大的蛋白。此外，至少还有 3 个非结构蛋白（NS1、NS2 和 NS3/3A）存在于受感染的细胞中。病毒有 9 个抗原性不同的血清型。虽然在野外没有发现任何型内变异的证据，但通常认为血清型之间有某些交叉的亲缘关系，尤其是在 AHSV-1 和 AHSV-2，AHSV-3 和 AHSV-7，AHSV-5 和 AHSV-8，以及 AHSV-6 和 AHSV-9 之间。AHSV-1 至 AHSV-8 只存在于撒哈拉沙漠以南的有限地区，而 AHSV-9 的分布非常广泛，它是在非洲之外流行的血清型，唯一的例外是 1987—1990 年暴发在西班牙和葡萄牙的 AHS，是由 AHSV-4 引起的。

2. 流行病学

（1）流行现状和地理分布　目前，AHSV 在撒哈拉沙漠南部的非洲热带和亚热带地区呈地方性流行，范围很广，西边从塞内加尔至埃塞俄比亚，东至索马里，并且向南扩展至南非北部。撒哈拉沙漠是一道难以逾越的地理屏障，挡住病毒向非洲北部扩散。病毒也可能在非洲之外的某个地方呈地方性流行，如阿拉伯半岛的也门，但是它在此地区的流行病学情况到目前为止还不很清楚。

（2）易感动物和传播途径　斑马是 AHSV 的自然脊椎动物宿主和贮存宿主。斑马很少表现出感染的临床症状。所有其他的马属动物和其杂交种也对病毒易感。AHSV 通过昆虫的叮咬在易感动物之间传播。它的传播媒介是库蠓（*Culicoides*），其中拟蚊库蠓（*Culicoides imicola*）是最重要的传播媒介。

（3）发病机制　病毒进入脊椎动物宿主体内后，在局部的淋巴结增殖，然后通过血液散布到体内（初级病毒血症，primary viraemia）并感染靶器官和细胞，即肺、脾和其他淋巴组织，以及某些内皮细胞。病毒在这些组织和器官内增殖发生次级病毒血症（secondary viraemia），此时病毒血症的持续期和病毒滴度可变。虽然试验性感染的潜伏期在 2～21d 变动，但是自然状况下，在次级病毒血症发生之前，潜伏期少于 9d。虽然在马匹中记录到的病毒滴度可以高达 $10^{5.0}$ $TCID_{50}$/mL，但是病毒血症通常只持续 4～8d，且超过 21d 就检测不到了。驴和斑马的病毒血症水平（$<10^{3.0}$ $TCID_{50}$/mL）比马的要低，但是可能持续长达 4 周。Wohlsein 等发现极急性型试验性感染马的病毒多聚集在心血管和淋巴系统内，较少散布于全身。在患有马瘟的动物体内，病毒聚集在脾中，其他地方数量较少。病毒主要存在于内皮细胞和脾脏红髓的大细胞上，说明这些细胞是病毒主要的靶细胞。病毒存在于大单核细胞、类吞噬细胞和外周淋巴滤泡中，说明这些细胞可能与病毒的复制和病毒蛋白向淋巴滤泡的运输有关。

（二）疫苗

AHS 疫苗一般是用以 Vero 细胞培养筛选的遗传稳定的蚀斑纯化的多价或单价弱毒活疫苗，在商业上，已经生产出利用病毒纯化和甲醛灭活制成的单价 AHS 疫苗（4 型）。

1. 活疫苗

1）疫苗研究进展　多价弱毒疫苗可从南非的 Onderstepoort Biological Products（OPB）购买。早期的疫苗是多次乳鼠脑内传代致弱的病毒株制备的。它们能产生稳定的免疫力，但偶尔会有严重的不良反应，包括马和驴的脑炎的致死病例，尤其是在初次接种后。以细胞培养传代进一步致弱的疫苗株能解决这些问题。这些适应了细胞培养的病毒仍然是现在 OPB 疫苗的制作基础。当前南非使用的疫苗是由 OPB 提供的两种多价疫苗，各自含有 AHSV 血清型 1、3、4 和 2、6、7、8。由于 AHSV 血清型 5 对某些动物免疫时发生了严重的不良反应甚至死亡，已于1993年10月停止使用。不含AHSV血清型9是因为血清型6与它有强烈的交叉保护性，而且血清型9在南非几乎不存在，并被看作是低毒力的毒株。而AHSV血清型9的单价弱毒疫苗（National Laboratory，Senegal）在非洲西部应用广泛。单价疫苗在非洲撒哈拉沙漠以南之外地区的应用也很成功。按照疫苗的使用规定，1～2岁的动物，每年免疫两次，以后每年免疫一次。理论上疫苗中的抗原成分可诱导相应抗体产生，但Coetzer J. A. W. 发现各血清型之间会相互干扰，因此免疫后不能完全保护。Erasmus B. J.，Laegreid W. W.，McIntosh B. M. 均发现有些毒株的免疫原性很弱，可尝试不同免疫途径。在1955—1956年，南非和西班牙；1959－1961年，中东、阿拉伯、印度和巴基斯坦；1987—1991年，西班牙马瘟的暴发与流行中，AHS弱毒活疫苗发挥了巨大作用。尽管弱毒苗在部分国家和地区使用获得成功，但使用时还要注意以下事项：

① 目前世界上仅南非有商品化疫苗，但欧洲市场未允许使用。

② 南非仅能提供两种标准的多价弱毒疫苗，如果暴发特殊血清型的马瘟，新疫苗从生产到使用需要几周至数月，无法满足疫病暴发的需要。

③ 该疫苗可能导致胎儿畸形，建议怀孕母马不要使用。

④ 该疫苗毒株来源于南非，在没有该毒株的地区使用，可能会有引入新毒株的危险。

⑤ 该疫苗可能引发部分免疫马的病毒血症。

⑥ AHSV有10个血清型，疫苗株和野毒株之间会发生重组。

⑦ 目前尚不清楚库蚊是否从免疫马身上吸血，从而传播疫苗毒，导致毒力返强。

2）疫苗的生产制造　将低代AHSV以Vero增殖，选择遗传稳定、形成大蚀斑的病毒作种毒，蚀斑突变株经Vero细胞连续传3代增殖，冻干后于－20℃保存作为种毒。无菌收获的每种血清型病毒，接种Vero细胞计算病毒感染率，最低效价应不低于1×10^6PFU/mL。将等体积的1、3、4、5血清型或者2、6、7、8血清型病毒混合，加入适当的稳定剂后，分装至玻璃瓶中，冻干可制成两种四价苗，也可制成单价苗。

3）质量标准

① 安全检验：将疫苗复制后，经腹腔接种小鼠，0.25mL/只；经腹腔接种豚鼠，1.0mL/只；经皮下接种马，0.25mL/匹，每天观察，至接种后第14天。每天直肠测量马的体温2次，应不超过39℃。

② 效力检验：效力主要取决于疫苗的病毒浓度和对免疫接种的血清学应答。每种血清型的最低免疫剂量约为1×10^3PFU/头份，以Vero细胞的蚀斑形成滴度测定终产品的感染滴度，最低效价应不少于1×10^5PFU/头份。安全检验所用马可用来测定疫苗的免疫原性。分别于免疫当天和免疫后21d采血，检测中和抗体水平，AHSV四价苗中至少3种血清型的中和抗体滴度不低于20。

③ 免疫期：已知免疫期至少可维持4年。由于四价苗中各血清型间可能存在相互干扰，因此，疫区内提倡每年免疫。单价苗接种后可产生终身免疫。

④ 稳定性：冻干苗于4～8℃保存，通常有效期为2年。

2. 灭活疫苗

1）疫苗研究进展　灭活疫苗的优点是它们不含活的、有潜在危险的病原。但是，它们的生产成本较高，需要复杂的接种程序以引发并维持高水平的保护性免疫力。此外，确保疫苗完全灭活也比较困难。

虽然已研制出此类疫苗，但市面上目前还没有 AHSV 灭活疫苗出售。1987—1991 年 AHS 在西班牙、葡萄牙和摩洛哥大流行期间，使用了一种福尔马林灭活疫苗，此疫苗虽然效果较好，但是将 AHS 从欧洲清除后就马上停止了生产，并再也没有用过。

2）疫苗的制造　种毒为非洲和南欧广泛在田间应用的弱毒疫苗株（AHSV 血清学 4 型），种毒可从 OIE 参考实验室（Onderstepoort）获得，取新生鼠颅内接种病毒，连续传 10 代致弱，然后接种 BHK 21细胞，以转瓶培养连续传 10 代，取大蚀斑（4～6mm），接种 Vero 细胞，蚀斑纯化 3 次，最后的蚀斑纯化病毒以新生鼠脑传 1 代，以 Vero 细胞传 4 代。将病毒冻干，作为原始种毒。

当典型的 CPE 完全出现后，收获病毒，以无血清 Stoker's 培养基悬浮细胞于 37℃培养病毒，观察病毒生长情况，达到最佳生长期时，将发酵罐培养温度降至 4℃，无菌收获培养物。将收获的病毒液过滤，以 0.1%甲醛灭活，将悬浮液转移至另一容器中，于 4℃轻微振荡 10d 以上，确保病毒灭活。灭活后，超滤浓缩，以环氧乙烷和二价阳离子复合物沉淀并纯化。

3）质量标准

①安全检验：以 1 倍或 2 倍剂量的疫苗经肌内或皮下注射敏感马匹，观察 14d，每日记录温度，应无异常。或取豚鼠 5 只，按马用剂量肌内注射。21d 后采血用中和试验测定抗体水平。

②效力检验：攻毒方法，将试验用马匹分两组，一组免疫 1 倍剂量，另一组免疫 2 倍剂量。初次免疫 77d 后静脉接种病毒。在免疫时和免疫后 21d 血清，检查中和抗体和分离病毒。

③ 免疫期：免疫期为 1 年，每年追加一次免疫。

④ 稳定性：灭活苗为最新研制的产品，关于其稳定性还无太多资料，已获得的资料表明疫苗的稳定期超过 3 年。

3. 亚单位疫苗　AHS 的亚单位疫苗到目前为止还没有进入商品化研制 Roy 和 Sutton 描述了用杆状病毒表达系统来制备 AHSV - 4 外衣壳蛋白 VP2 和 VP5，它们一起使用或 VP2 单独使用，可作为试验性 AHS 疫苗的基础。接种这两种疫苗的动物在免疫接种 6 个月后能产生针对同源病毒的中和抗体且保护作用明显。非洲马瘟病毒 VP7 蛋白是有免疫原性的群特异性抗原，在病毒的 9 个血清型中高度保守。Chuma 等用重组杆状病毒在昆虫细胞中表达 AHSV - 4 的 VP7 蛋白，并证明了此重组蛋白与病毒自身表达的 VP7 蛋白在生化和抗原性方面是一样的，可作为非洲马瘟的群特异性诊断试剂。Wade - Evans 等用 AHSV - 9 感染 BHK 细胞，从中提纯 VP7 晶体免疫小鼠，然后用 AHSV - 7 进行攻毒，证明用 VP7 免疫有很好的保护作用。

（三）展望

AHS 是马类疾病中致死率最高的一种疾病，库蠓属的某些叮咬昆虫是该病传播的主要媒介。但目前对媒介昆虫的控制措施很少，而唯一能得到的疫苗为弱毒活苗制品，但在欧洲不允许使用，为此必须进一步改进对媒介昆虫的控制措施，研制有效的、安全的灭活疫苗。在中国目前没有此病的发生，还未建立非洲马瘟的一些检测方法，因此，结合该病的流行病学以及病原学特征加强 AHS 的预防与检测十分重要。

（李　宁　支海兵）

十九、马流行性感冒

(一) 概述

马流行性感冒（Equine influenza，EI）简称马流感，是由正黏病毒科（Orthomyxoviridae）流感病毒属（*Influenzavirus*）马 A 型流感病毒引起马属动物的一种急性、暴发式流行的传染病。马流感为高度接触性、呼吸道传染病。该病的临诊特征为发热、结膜潮红、咳嗽、流浆液性鼻液-脓性鼻漏、母马流产等为主要症状。病理学变化为急性支气管炎、细支气管炎、间质性肺炎与继发性支气管肺炎。该病广泛存在世界许多国家，并在很早就有报道，但在 1955 年以前，由于缺乏对一群呼吸道感染病原学的研究，因此，当时报道的马流感，还包括马传染性鼻肺炎、马病毒性动脉炎、马传染性支气管炎和鼻病毒感染等在内的一类疾病。近年来，随着病原学和免疫学研究进展，其结果表明，1956 年 Sovi - nova 等在布拉格从流感病马体内分离到的病毒为甲型流感病毒，命名为 A/马/1/布拉格/1/56（马甲 1 型），1963 年 Waddell 等在美国的迈阿密州从马体分离出的一株在抗原性上与马甲 1 型流感病毒不同的甲型流感病毒，命名为 A/马/2/迈阿密/1/63（马甲 2 型）。到目前为止，马流感病毒只有这两个在抗原性上不同的亚型，这两个亚型病毒具有甲型流感病毒共有的补体结合性抗原，但血凝抑制试验和病毒中和试验有区别。由这两株病毒引起的马流行性感冒，广泛分布于世界各地。近年来，中国西北、东北等地区马流感发生间隔时间缩短，危害愈趋严重，给中国养马业造成很大的经济损失。

1. 病原

（1）马流感病毒特征　马流感病毒属于正黏病毒科 A 型流感病毒，典型的病毒粒子呈多形态，多为球型，直径为 80～120nm。病毒具有脂质双层囊膜，其表面有致密排列的纤突，其中 90％为血凝素（haemagglutinin，H），其余 10％为神经氨酸酶（neuraminidase，N），二者构成病毒的主要表面抗原。国际上根据流感病毒的 H 和 N 的不同，将 H 分成 15 个亚型，N 分为 8 个亚型。马甲 1 型和马甲 2 型分别属于 H7N7 和 H3N8 亚型。最近，在迪拜举行的国际马流行感冒监测研讨会上，有些科学家根据与疫苗毒株的交叉反应性，将马流感病毒分为欧洲样毒株和美洲样毒株。

马流感病毒可在鸡胚中繁殖，也可在鸡胚成纤维细胞、仓鼠肾细胞、猴肾细胞、犬肾细胞、牛肾细胞、仓鼠肺传代细胞等细胞中生长，但效果不如鸡胚培养。马流感病毒对外界的抵抗力较弱，56℃数分钟即可使其丧失感染力。对紫外线、甲醛、稀酸等敏感，脂溶剂、肥皂、氧化剂等一般的消毒剂均可使其灭活。

（2）马流感病毒分子结构及功能　马流感病毒核酸为单股负链 RNA，本身不具有感染性，可分为 8 个相对分子质量不同的节段。血凝素（HA）由 RNA 节段 4 编码，是马流感病毒主要表面抗原，负责病毒粒子和宿主细胞的连接。HA 分子在成熟过程形成同源三聚体，马流感 HA 完整三聚体的三维结构已清楚，与其他流感病毒一样，每个 HA 分子在杆上有一个球头，球头是由大部分的 HA 1 构成，包括有受体连接部位和抗原位点，HA 的杆包括所有的 HA 2 和部分 HA 1，在 HA 2 的 C 末端存在有疏水的跨膜序列。核蛋白（NP）是由 RNA 节段 5 编码的，它被转运到感染细胞的细胞核，连接并包裹病毒。目前认为 NP 在病毒 RNA 聚合酶活性（从 mRNA 的合成到 cRNA 和 vRNA 合成转换）中起作用，NP

在感染细胞中可大量合成。神经氨酸酶（NA）由 RNA 节段 6 编码，是马流感病毒另一个主要表面抗原，其成分为整体膜糖蛋白，主要功能是将唾液酸从糖蛋白和糖脂上切下，使病毒粒子从宿主细胞受体解脱下来。基质蛋白（M1）由 RNA 节段 7 编码，是病毒粒子中最丰富的蛋白质，基质蛋白形成包裹病毒核衣壳的外壳，在病毒囊膜之下。在感染细胞中 M1 既存在于细胞质中又存在于细胞核中，现在认为 M1 不具有酶活性，可能在前病毒装配起始中起作用。非结构蛋白（NS1、NS2）是由病毒 RNA 节段 8 编码，这两种蛋白，尤其是 NS1，在感染细胞中大量存在，但不嵌入前病毒，这两种蛋白在病毒复制中起作用。

2. 流行病学 自然条件下，只有马属动物具易感性，没有年龄、性别和品种差别。病马咳嗽喷出含有病毒的飞沫，经呼吸道传染是本病主要的传染方式。试验证明，此病可通过空气感染，也可通过污染的饲料、饮水经口感染。因为病毒在康复马匹的精液中存在很久，配种尤其是本交也是此病的一种重要传播方式。本病传播极为迅速，引进易感畜群，呈暴发性流行，经 1 周或稍多些时间，所有易感马都感染发病。由于病马感染后能获得长时间的免疫，因此，3 岁以上的马匹都带有大量的抗体，所以在流行时发病的多是 2 岁以下的幼龄马。另外，由于两个亚型毒株之间交叉免疫保护力甚小，当它们在同时或相继在同一马群流行时，就会出现一再发生的波浪式流行。本病一年四季均可发生，中国北方地区以春秋多发。有些地区则多发生于冬末春初，而另一些地区则流行于夏季。

（二）疫苗

马流感病毒灭活疫苗，包括有 H7N7 和 H3N8 两个亚型代表毒株的全病毒灭活苗（通过鸡胚或组织培养增殖后，经浓缩、纯化、加福尔马林或β-丙内酯灭活而制成的）和亚单位疫苗。疫苗接种后能诱导产生 HA 抗体而获得保护，通常的免疫程序是免疫一次后，过 3～6 周进行第二次免疫，国外的疫苗生产商建议，此后间隔 6～12 个月加强免疫。在一些欧美国家对赛马进行每年一次的强制免疫接种，据统计，有 70%的马群需要进行免疫接种以防止马流感发生，在防制 H7N7 亚型马流感，疫苗免疫是非常成功的；而针对 H3N8 亚型马流感疫苗免疫失败的报道时有出现，很可能由于不恰当的免疫程序、疫苗效力不足及抗原漂移等原因导致。

1. 灭活疫苗

（1）疫苗研究进展 灭活的全病毒疫苗安全性好，抗原成分齐全，免疫原性强，不会出现毒力返强和变异的危险。20 世纪 70 年代，中国研制的马流感灭活疫苗有以下 3 种，但没有大面积应用，一旦马流感发生，主要采取一些对症治疗措施。马甲 1 型单苗，制苗毒株采用京防-74 株，基础血凝滴度（HA）分为高价苗（HA 640×）和低价苗（HA 320×）两种。马流感二价灭活疫苗，是将马甲 1 型与马甲 2 型原苗灭活后按一定比例配合，加入豆油佐剂制成。1992 年，Nelson KM 等证明了传统马流感灭活疫苗（A/马/肯塔基/1/81）免疫后仅能产生短期活性的 IgG（T）抗体。众所周知，IgG（T）抗体可中和细菌毒素并参与肠道寄生虫免疫。但 IgG（T）抗体不可结合补体，并能阻止补体与其他 IgG 型抗体结合，从而导致传统流感灭活疫苗免疫失败，于是马流感灭活疫苗中添加佐剂和免疫途径的研究成为关注的焦点。Hannant D. 等发现添加磷酸铝盐和氢氧化铝的马流感灭活疫苗不能刺激特异性 CTL 活性。Vogel FR 等研究发现添加铝胶佐剂的流感灭活苗注射小鼠，可刺激 IL-4 合成和活化 Th2 细胞，产生 IgG 和 IgE。Hannant D 等将霍乱毒素 B 添加到流感灭活疫苗中通过鼻腔内接种可导致局部免疫反应，合成 IgA 抗体，保护马匹不受感染。2001 年，日本化学及血清疗法研究所生产的马流感-日本脑炎-破伤风三联灭活疫苗中，将马流感病毒 A/equine/Newmarket/1/77（H7N7）株、A/equine/Kentuky/1/81（H3N8）株、A/equine/L2 Plata/93（H3N8）株以一定比例混合后灭活制备，并已通过日本农林水产省（部）认可。

（2）疫苗的生产制造　在疫苗毒株特性鉴定确认合格的种毒体系基础上进行生产。各毒株应分别接种 9～11 日龄 SPF 鸡胚尿囊腔中，孵育 2～3d，收集尿囊液，用 40%福尔马林或β-丙内酯灭活，浓度一定不要超过 0.1%，将收集的尿囊液置于 4℃保存，而且要在 5d 内完成灭活。疫苗应被充分灭活，检验方法如下：取 0.2mL 灭活的未稀释的单价病毒和经 10 倍、100 倍稀释的病毒接种鸡胚尿囊腔，每个稀释度接种 10 枚，于 37℃孵育 3d，在每个剂量水平上至少有 8/10 的鸡胚存活。收集存活胚的尿囊液，再接种一次。灭活前，应收集样品进行无菌检验。

（3）质量标准

1）安全性检验　试验至少用两匹马，经肌内接种生产厂家规定的疫苗剂量，分两点注射，4 周后再接种一次，第二次注射后观察 10d。实验马应无局部或全身的不良反应。若疫苗用于怀孕母马，按疫苗推荐的间隔期在 3 个月内注射两次。

2）效力检验　取 10 只无特异性抗体的豚鼠，按产品标签注射规定剂量。21d 后采血分离血清，56℃加热灭活 30min。每份被检血清做系列倍比稀释，每个稀释度取 0.025mL，分别加入 0.025mL 经乙醚/吐温-80 处理过的含 4 个 HA 单位的抗原悬液，(22±2)℃放置 30min，加入 0.05mL 0.5%的鸡红细胞悬液，(22±2)℃放置 60min，记录结果。

用血细胞凝集抑制试验（HI）或单向辐射溶血试验（SRH test—Single radial haemolysis test）分别检测血清中 A/马/1 和 A/马/2 病毒的抗体水平。HI 试验和 SRH 试验在不同实验室敏感性不同，待检血清必须与标准血清平行试验，以确保试验的敏感性。标准血清应取自 OIE 参考实验室，或者使用标准疫苗进行平行试验。

3）疫苗相关毒株的提供　欧洲药品评价机构兽医药品委员会建立了疫苗毒株更新的快速通道认可系统，以方便厂家快速了解新疫苗毒株的更换。

4）注意事项　打开的疫苗应在开启后 1h 内用完，马匹必须在健康状态下免疫，如免疫后出现暂时性局部或全身反应，需要让马匹休息 24～48h。给赛马免疫，最好每 4～6 个月接种一次。马流感的发生不呈现典型的季节性，而是往往发生在不同国家或地区间的马匹接触时，因而，在赛马或交易之前，进行一次免疫是十分必要的。怀孕母马的免疫在妊娠晚期进行，但不迟于分娩前 2 周，以保证乳中含有大量的抗体，幼驹在有母源抗体的情况下不建议进行免疫，在幼驹出生后 4～6 个月，当抗体滴度下降到可以忽略时进行免疫（Daly 等，2000）。

2. 疫苗研究进展　对马流感疫苗的研究主要有亚单位疫苗、基因疫苗和弱毒疫苗。Christopher 等（1997）用杆状病毒作载体制成马流感病毒血凝素基因亚单位疫苗，同时将血凝素基因克隆到 pWRG 质粒上构成基因疫苗，分别对小鼠进行免疫。结果发现，杆状病毒体外表达的 HA 蛋白不能诱发机体产生中和抗体，进一步使用霍乱全毒素作为佐剂不仅不能增强免疫效果，而且会起到相反作用；基因疫苗在使用时，两次免疫间隔 9 周才会获得良好的免疫效果。弱毒苗毒株的制备，是将病毒连续在含有正常马血清的鸡胚尿囊腔中继代致弱的。采用鼻内接种具有良好的保护力。弱毒疫苗可诱发更强大的免疫应答，包括细胞免疫。但必须考虑弱毒返祖成为强毒的可能性，这也是弱毒苗没有广泛应用的原因之一。

（1）亚单位疫苗　亚单位疫苗是指将马流感病毒中的 HA 和 NA 蛋白纯化后添加 Quil

A 佐剂或免疫刺激复合物 ISCOMs™（由 Quil A、磷脂和胆固醇组成）。上述佐剂可以与膜蛋白结合，从而保持了抗原的稳定性。由 ISCOM 为佐剂包含 A/马/Solvalla/79（H3N8）HA 抗原的亚单位疫苗最早见于 20 世纪 80 年代末，该疫苗接种后可在马的气管和鼻腔中检测到 IgGa 型和 IgGb 型抗体，可维持 25 周之久。20 世纪 90 年代，Mumford JA 使用一种包含 A/马/Newmarket/77（H7N7）和 A/马/Brentwood/79（H3N8）HA 抗原的 ISCOM 亚单位疫苗免疫矮种马，共免疫 3 次，一免、二免肌内注射，间隔 6 周，二免后 5 个月加强免疫 1 次，免疫后 15 周用 A/马/Sussex/89（H3N8）攻毒，免疫马几乎全部保护。该试验证明 ISCOM 亚单位疫苗与全病毒灭活苗相比，更有效地提高 SRH 抗体水平。一种包含 A/马/Newmarket/77（H7N7）A/马/Borlänge/91（H3N8）和 A/马/Kentukey/98（H3N8）HA 抗原的 ISCOM 亚单位疫苗被证明具有很好的保护性，试验选用矮种马，经肌内注射途径免疫两次，间隔 6 周，二免 4 周后攻 A/马/New market/1/93 毒，结果表明马在一免后外周血中 SRH 抗体水平开始上升，二免后仍保持上升趋势，抗体主要为 IgGa 和 IgGb 型。二免后 IgGc 和 IgG（T）增加，鼻腔分泌物中仅检出病毒特异性 IgG。免疫马攻毒后全部保护，但 43%排毒（Crouch CF），Hannant D 的研究也证明亚单位疫苗存在局限性，以 Quil A 为佐剂的亚单位疫苗不能刺激特异性细胞毒性 T 细胞（CTL）的活性。

（2）DNA 疫苗和弱毒疫苗　由 DNA 质粒构成的不同类型的疫苗已经在小鼠、水貂、鸡上进行过试验。DNA 疫苗在动物体内表达抗原蛋白，进而导致体液免疫和细胞免疫反应。DNA 疫苗与全病毒灭活疫苗和亚单位疫苗相比具有明显的优势。从技术层面上讲，DNA 质粒生产成本低，有良好的稳定性，冻干后可长期保存。Olsen 等将编码 A/马/Kentucky/1/81（H3N8）HA 蛋白的 DNA 质粒通过基因枪注入小鼠体内，可使机体产生病毒中和（VN）抗体，在血清中产生特异性 IgG 和 IgA，以此来抵抗病毒的感染。将该疫苗用基因枪注射矮种马的皮肤和肌肉进行进一步的研究，共免疫 3 次，每次分 60 个点注射，时间间隔为 60d。三免 30d 后用同毒株的流感病毒攻毒，部分马不表现任何临床症状，不排毒。DNA 疫苗诱导产生 IgGa 和 IgGb 参与免疫应答，但不能诱导产生 IgA。三免后病毒特异性淋巴细胞增殖，IFN－γmRNA 呈现上升趋势。从本试验可以推断，血清中 IgGa/IgGb 和黏膜中 IgG 抗体对抗感染免疫起到至关重要的作用，而 IgA 却不是必要的。但 IgA 在自然感染免疫中发挥的作用却是不容忽视的。因此，DNA 疫苗被改进以期产生 IgA 免疫应答。

有研究表明，Soboll G 将编码 HA 的 DNA 质粒加入 CTB，不仅可以刺激体液免疫和细胞免疫，也可以提高 IgA 的水平。这种疫苗可以使得部分马受到保护在攻毒后不发病不排毒。试验中发现有些马的血清抗体虽然很低，但攻毒后不发病。

（三）展望

由于马流感呈暴发流行，传播迅速，加之抗原变异程度较大，给防制带来较大困难。中国香港 1992 年暴发马流感过程中，有 75%的注苗马不能抵抗感染。此外，英国和瑞士也有类似报道。可见由于病毒的抗原漂移或变异，原有疫苗往往不能提供良好的保护力（Mumford 等，1998）。造成病毒抗原变异的根本原因在于免疫选择压力，新变异株的出现必然要逃避原有宿主的免疫压力，这也是马流感防制过程中需要克服的主要困难。

（李　宁　支海兵）

二十、马鼻肺炎

（一）概述

马鼻肺炎（Equine rhinopneumonitis，ER）是由马鼻肺炎病毒（Equine rhinopneumonitis virus，ERV）引起的马属动物的一种急性热性传染病。以发热、白细胞减少、呼吸道卡他、妊娠马继发性流产为特征。马鼻肺炎是OIE规定的通报疫病。

马鼻肺炎病毒属于疱疹病毒科甲疱疹病毒亚科水痘病毒属成员。它包括两个亲缘关系密切的疱疹病毒：马疱疹病毒1型（EHV-1）和马疱疹病毒4型（EHV-4）。EHV-1又称为马流产病毒（Equine absortion virus），EHV-4又称为呼吸道感染病毒（Respiratory infection virus）。马疱疹病毒1基因组全长149 430～150 224bp，马疱疹病毒4基因组全长145 597bp。病毒对外界环境抵抗力较弱，不能在宿主体外长时间存活，能被很多表面活性剂灭活，0.35%的甲醛溶液可迅速灭活病毒。

该病的传染源为病马和带毒马，经消化道和呼吸道感染。仅马属动物感染，疫区以1～2岁马多发，3岁以上马呈隐性感染。本病在易感马群中有高度传染性，一般常呈地方流行性，幼驹断乳期多发。不同来源的马群混合饲养时，均能够观察到该病的周期性发生或复发。

病畜表现为发热、呼吸道卡他、流鼻液、结膜充血、水肿。无继发感染，1～2周可痊愈。有的继发肺炎、咽炎、肠炎、屈腱炎及腱鞘炎。病马的临床表现分为两种类型。鼻腔肺炎型多发生于幼龄马，潜伏期为2～3d，发热，结膜充血、浮肿。下颌淋巴结肿大，流鼻液，伴有中性粒细胞减少，无继发感染，1周可痊愈，如并发肺炎、咽炎、肠炎，可引起死亡；流产型见于妊娠母马，潜伏期长，多在感染1～4个月后发生流产，少数足月生下的幼驹，多因异常衰弱、重度呼吸困难及黄疸，于2～3d内死亡。

病畜鼻腔鼻炎，患驹上呼吸道黏膜炎性充血和糜烂，肺脏充血、水肿，肝脏、肾脏及心脏实质变性，脾脏及淋巴结肿胀、出血。

流产胎儿以可视黏膜黄染、肝包膜下灶性坏死和检出细胞核内包涵体为主要病理特征。胎儿体表外观新鲜，皮下常有不同程度的水肿和出血，可视黏膜黄染。心肌出血，肺水肿和胸水、腹水增量，肝包膜下散在针尖大到粟粒大灰黄色坏死灶。组织学检查可在坏死灶周围细胞、小叶间胆管上皮细胞和肺细支气管上皮内发现嗜酸性核内包涵体，肺脏可见支气管上皮细胞坏死，肺泡上皮细胞核内有包涵体，脱落的支气管上皮细胞使很多细支气管堵塞，脾淋巴组织呈现以细胞核破裂为特征的坏死，类似变化也见于淋巴结和胸腺。

该病根据临床症状和病理变化可做出初步诊断，确诊需进一步做实验室诊断。

病原检查：抹片镜检（取鼻黏膜细胞，制成抹片，做HE染色，检查嗜酸性核内包涵体）；细胞培养分离（采鼻咽样品用马胎肾细胞或马真皮或肺组织的成纤维细胞培养）；直接免疫荧光法（可直接检查流产马胎儿组织中的特异性抗原）；也可采用PCR方法扩增病毒的特异性基因，虽然马疱疹病毒1型和马疱疹病毒4型具有若干共同抗原，但是采用马疱疹病毒1型糖蛋白G的C末端可变区的重组抗原检测抗体，可以区别马疱疹病毒1型和马疱疹病毒4型的野毒感染或疫苗接种。

血清学检查：病毒中和试验。

病料采集：鼻咽分泌物（鼻拭子，应在发热期尽早采集），流产胎儿的肝、肺、胸腺和脾，于4℃保存，及时送检，不能尽快处理的样品应置－70℃保存。

血清学检查应采取双份血样，第一份血样于发病初期（急性期）采集，第二份血样于发病后3～4周（恢复期）采集。因本病毒到处存在，马群检测血清阳率很高，应通过双份血清检测均出现效价增高，才能说明该马群感染了本病。

该病的防治按照一般性卫生防疫措施进行，加强妊娠马的饲养管理，不与流产母马、胎儿和鼻肺炎患畜接触。对流产母马要及时隔离（至少6周）防止接触传播。流产的排泄物、胎儿污染的场地、用具要严格消毒。

（二）疫苗

预防本病时可采用马疱疹病毒1型和马疱疹病毒4型的二价灭活疫苗。近年来，有人采用马疱疹病毒作为活病毒载体表达其他病毒的保护性抗原，并取得了较好的进展。

1. 马鼻肺炎疫苗 目前，世界上已经有多种商品化的灭活疫苗和弱毒活疫苗用于预防马鼻肺炎。使用这些疫苗能够有效降低母马的流产率，并能显著缓解马的临床呼吸症状。但是没有一种疫苗能够完全预防马鼻肺炎。疫苗的使用方法按照厂家的说明书以及不同疫苗所制订的免疫程序进行。目前一些生产商已经研制出新型的马鼻肺炎疫苗，如表达的EHV-1抗原的活载体疫苗和缺失一个或多个毒力基因的EHV-1突变株标记疫苗。

制备灭活疫苗和弱毒活疫苗的种毒必须将EHV-1和/或EHV-4毒株在适合的宿主细胞上繁殖制备而得。疫苗生产的种毒最多是第五代毒，而且在细胞上也只能最多传代20次。研究人员应用马流产胎儿组织制备成的福尔马林灭活疫苗以及应用人工感染仓鼠肝制成的福尔马林灭活疫苗的免疫效果都很不理想。Thomson等证实福尔马林灭活的疫苗和佐剂一起使用能够刺激机体产生很好的针对EHV-1的体液免疫，但不能产生针对EHV-4的免疫反应。1962年，Doll等应用适应于仓鼠的EHV-1毒株制备成弱毒疫苗，分两次接种能够显著降低马的流产率，但这种疫苗存在一定的致病性，因此，推荐在马怀孕的早期进行免疫接种，在研制出新的组织灭活疫苗和弱毒活疫苗之前得到了广泛的应用。研究人员于1968年开始先后用猪肾、猪睾丸、牛肾等原代细胞以及Vero细胞系等长期传代制备成弱毒疫苗。其中效果最好的是Mayr等用猪肾传代细胞长期传代（250～300代）致弱的RAC-H疫苗株，都取得了很好的免疫预防效果。分子病原学分析表明该疫苗株致弱主要是由于缺失了基因67。Jessett等又对此疫苗进行了改进，使得其在德国应用了很多年，但预防的效果却很少见到报道。应用Vero细胞传代致弱的EHV-1弱毒活疫苗由于在免疫后能够引起脑脊髓炎没有在市场上广泛使用。近年来，有人研制出EHV-1温度敏感的突变株制备的活疫苗，正在进行免疫攻毒试验。

理想的马鼻肺炎疫苗应是能够有效预防EHV的感染，并能防止发生感染后产生的病毒血症。只针对体液免疫反应的疫苗不能完全预防EHV的感染。因此，研制疫苗时必须研究其对机体黏膜免疫和细胞免疫的特性。最新研制的基因重组疫苗，包括基因缺失疫苗、活载体疫苗以及DNA疫苗有望产生这种类型的免疫反应，而且有的试验已经证实能够有效预防马鼻肺炎的感染。Matsumura T等研制的一种EHV-1中gE/gI基因缺失的疫苗对马十分安全，但只能够部分保护EHV-1的感染。还有人研制出的胸腺激酶（TK）缺失的疫苗突变株疫苗虽然有效，但是在免疫后攻毒时不能阻止病毒血症的发生。应用痘病毒重组的包括gB、gC和gD基因的疫苗在免疫攻毒后能显著减少病毒分泌，但是也有一定的病毒血症发生。随着研究的不断深入，人们一定能研制出最为理想的马鼻肺炎疫苗。

目前，正在使用的马鼻肺炎疫苗有灭活疫苗和有弱毒活疫苗。在美国已经有 6 种产品，在欧洲也已经生产了多种疫苗产品。这些疫苗免疫期都较短，通常都要在一定的时间后加强免疫一次。

2. 马鼻肺炎弱毒活疫苗（Rhinomune）

（1）产品概述　Rhinomune 疫苗用于 3 月龄以上的健康马，可预防 EHV－1 感染引起的呼吸道疾病。本品是通过收获 EHV－1 致弱疫苗株在马细胞系上繁殖的培养物，加入适当的冻干保护剂冷冻干燥制备而成的。无菌稀释液用于疫苗冻干组分的重悬。

（2）安全性和有效性　在大量的实验室试验和田间试验中，免疫马（包括青年马、小马驹和孕马）都无副反应报道。在怀孕后 2 月时免疫母马，临床表现正常，生产的马驹也健康正常。免疫攻毒试验中，用 EHV－1 攻毒，免疫组得到很好的保护。

（3）使用说明

1）推荐对所有马匹进行免疫，以提高马的群体免疫力。用所提供的无菌稀释液将疫苗在无菌条件下进行重悬，充分摇匀，肌内注射 1mL。建议在注射点处进行适当的处理，以防止细菌等感染。

2）初次免疫　3 月龄以上的健康马应免疫两次，中间间隔 3～4 周。小马驹在母源抗体下降时（通常在 3 个月时）进行免疫，如果免疫较早，要在 3 月龄后再免疫两次。怀孕母马在怀孕 2 个月时进行免疫。

3）加强免疫　每隔 3 个月用 1 个剂量加强免疫一次。

4）加强饲养管理。

（印春生）

二十一、马传染性贫血

（一）概述

马传染性贫血（Equine infectious anaemia，EIA）（简称“马传贫”）是由马传染性贫血病毒引起的马属动物的一种传染病。临床特征以发热（稽留热或间歇热）为主，并伴有贫血、出血、黄疸、心机能紊乱、浮肿和消瘦等症状。发热期间症状明显，无热期（间歇期）则症状消失。病变特征是肝、脾、淋巴结等网状内皮细胞变性、增生和铁代谢障碍等。

1. 病原学　马传染性贫血病毒是反转录病毒科慢病毒属成员，病毒粒子呈球形，有囊膜，病毒颗粒直径为 90～120nm，囊膜厚约 9nm，囊膜外有表面纤突。病毒粒子存在于感染细胞的胞浆、细胞表面和细胞间隙，主要在胞浆膜上以出芽的方式成熟和释放。病毒基因组长 8 249bp。

马传贫病毒对外界的抵抗力较强。在粪便中能生存两个半月，将粪便堆积发酵时，经 30min 即可死亡。2%～4%氢氧化钠和福尔马林均可在 5～10min 内将其杀死，3%来苏儿可在 20min 内将其杀死。日光照射 1～4h 死亡。在－20℃左右病毒可保存毒力达 6～24 个月。病毒对热的抵抗力较弱，煮沸立即死亡。

2. 流行病学　病马和带毒马是传染源，其血液、肝、脾、淋巴结等均有病毒存在，发热期病马的分泌物和排泄物也含有病毒。

传播途径主要通过吸血昆虫（如虻类、蚊类、苍蝇及蠓类等）叮咬而传染，也可经消化道、呼吸道、交配、胎盘传染。

仅马属动物易感，其中以马最易感，驴、骡次之，且无品种、年龄和性别差异。其他家畜及野生动物均无自然感染的报道。

本病发生无严格的季节性，但以吸血昆虫活动的夏秋季节（7—9 月）及森林、沼泽地带多发。主要呈地方性流行或散发。新疫区多呈急性经过，在老疫区主要呈慢性或隐性感染。

3. 临床症状 自然感染潜伏期一般为 20～40d，人工感染平均为 10～30d，短的 5d，长的达 90d。

以发热、贫血、出血、黄疸、浮肿、心机能紊乱、血象变化和进行性消瘦为特征。

发热：发热类型有稽留热、间歇热和不规则热。稽留热表现为体温升高至 40℃以上，稽留 3～5d，有时达 10d 以上，直到死亡。间歇热表现有热期与无热期交替出现，多见于亚急性及部分慢性病例。慢性病例以不规则热为主，常有上午体温高、下午体温低的逆温差现象。

贫血、出血和黄疸：发热初期，可视黏膜潮红，随着病情加重，表现为苍白或黄染。在眼结膜、舌底面、口腔、鼻腔、阴道等黏膜等处，常见鲜红色或暗红色出血点（斑）。

心机能紊乱：心搏亢进，节律不齐，心音混浊或分裂，缩期杂音，脉搏增数。

浮肿：常在四肢下端、胸前、腹下、包皮、阴囊、乳房等处出现无热、无痛的浮肿。

血象变化：红细胞显著减少，血红蛋白降低，血沉加速。白细胞减少，丙种球蛋白增高，外周血液中出现吞铁细胞。在发热期，嗜酸粒细胞减少或消失，退热后，淋巴细胞增多。

根据临诊表现，可分为急性、亚急性、慢性和隐性 4 种病型。

急性型多见于新疫区流行初期，主要呈高热稽留，病程短，病死率高。

亚急性型多见于流行中期，特征为反复发作的间歇热，有的还出现逆温差现象。

慢性型和隐性型常见于老疫区，病程较长，其特征与亚急性型相似，但逆温差现象更明显。

4. 病理变化 急性型呈现全身败血变化。浆膜、黏膜、淋巴结和实质脏器有弥漫性出血点（斑）。脾急性肿大，暗红或紫红色，红髓软化，白髓增生，切面呈颗粒状。肝肿大，呈黄褐色或紫红色，肝细胞索变性与中央静脉、窦状隙瘀血交织，使肝切面形成豆蔻状或槟榔状花纹，故有“豆蔻肝”或“槟榔肝”之称。亚急性和慢性病例以贫血、黄染和网状内皮系统增生为主，全身败血变化较轻。

5. 诊断

（1）根据典型临床症状和病理变化可做出初步诊断，确诊需进一步做实验室诊断。

（2）实验室诊断 在国际贸易中，指定诊断方法为琼脂凝胶免疫扩散试验（AGID），替代诊断方法为酶联免疫吸附试验。

病原分离与鉴定：将可疑马的血液接种易感马或用其制备的白细胞培养物，分离病毒。通过免疫扩散试验、免疫荧光试验进行鉴定。

血清学检查：可采用琼脂凝胶免疫扩散试验、酶联免疫吸附试验（需经 AGID 证实）、补体结合试验、荧光抗体试验。

病料采集：采集可疑马的血液备用。

（3）鉴别诊断 应注意与马梨形虫病、马伊氏锥虫病、马钩端螺旋体病、营养性贫血鉴别诊断。

6. 防治 为预防和消灭马传贫，必须按《中华人民共和国动物防疫法》和农业农村部颁发的《马传染性贫血病防制试行办法》的规定，采取严格控制、扑灭措施。平时加强饲养管理，提高马群的抗病能力。搞好马厩及其周围的环境卫生，消灭蚊、虻，防止蚊、虻等吸血昆虫侵袭马匹。发现患病马匹立即上报疫情，严格隔离、扑杀病畜，病死马尸体等一律深埋或焚烧。污染场地、用具等严格消毒，粪便、垫草等应堆积发酵消毒。经检疫证实的健康马、假定健康马，紧急接种马传贫驴白细胞弱毒疫苗。不从疫区购进马匹，必须购买时，须隔离观察1个月以上，经过临床综合诊断和2次血液学检查，确认健康者，方准合群。

（二）疫苗

1. 马传染性贫血活疫苗（Ⅰ）

（1）主要成分 本品系用马传染性贫血弱毒株接种于驴白细胞培养，收获细胞培养物，加适宜稳定剂，经冷冻真空干燥制成。用于预防马传贫。

（2）作用与用途 用于预防马、驴、骡的传染性贫血。注苗后，马需3个月，驴、骡需2个月才能产生免疫力，免疫期为2年。

（3）用法与用量 皮下注射。按瓶签注明头份，用PBS稀释，每匹2mL。

（4）保存 液体苗在－20℃以下，有效期为1年；冻干苗在－20℃以下，有效期为2年；在2～8℃，有效期为6个月。

（5）注意事项 ① 个别家畜注苗后可能出现过敏反应（其症状如头部浮肿、嘴肿、流涎、疝痛及微热反应等），一般不需治疗。重者可注射肾上腺素。② 体质极度瘦弱和有严重疾病的家畜，不予注苗。③ 用前宜先做小区试验，证明安全后再行注射。④ 液体疫苗在贮藏和运输时，应保持冻结状态。

2. 马传染性贫血活疫苗（Ⅱ）

（1）主要成分 本品系用免疫原性良好的马传染性贫血驴胎皮肤细胞弱毒株接种于驴胎皮肤细胞培养，收获细胞培养物，经冻融制成液体苗，或加适宜稳定剂，经冷冻真空干燥制成冻干疫苗。用于预防马传贫。

（2）作用与用途 用于预防马、驴、骡的传染性贫血。注苗后，马需3个月，驴、骡需2个月才能产生免疫力，免疫期为2年。

（3）用法与用量 皮下注射。将疫苗用生理盐水做10倍稀释，不论品种、年龄（不足3个月幼驹除外）、性别，每匹马、骡、驴2mL（1头份）。新注苗地区马匹，应连续注射3年，3年后可隔年注射1次。

（4）保存 液体苗在－40℃以下，有效期为1年6个月；在－25～－20℃为1年。在上述有效期内的疫苗出厂后，在2～8℃，有效期为28d。冻干苗在－20℃以下，有效期为2年；在2～8℃，有效期为6个月。

（5）注意事项 ① 第一次注射疫苗的马匹在注苗前必须做好临床和血清学检查，重复注苗的马匹只做临床检查。对血检为马传贫阳性或临床有高温的马传贫病马以及有其他严重疾病的马属动物不予注射。② 个别家畜注苗后可能出现过敏反应（其症状如头部浮肿、嘴肿、流涎、疝痛及微热反应等），一般不需治疗。重者可注射肾上腺素。

（印春生）

二十二、马西尼罗脑炎

（一）概述

西尼罗脑炎（West nile encephalitis，WNE）又名西尼罗热，是由西尼罗病毒引起的一种人畜共患病。该病毒是在1937年首次从非洲乌干达西尼罗地区一名发热妇女的血液中分离到。最初，人们只认为它是非洲的一种地方病，直到1957年，以色列西尼罗病毒性脑膜炎流行后人们才认识到这种病毒的危害。后来，20世纪60年代在法国，20世纪70年代在南非也相继发生了西尼罗病毒感染的流行。20世纪90年代以来，感染暴发的地区明显增加，1994年，在阿尔及利亚西发生了50例有症状的西尼罗病毒的感染，并造成8人死亡；1996年，罗马尼亚共有352人发生了西尼罗病毒性脑膜炎；1997年捷克共和国、1998年刚果和1999年俄罗斯先后出现了西尼罗病毒感染的流行。1999年，西尼罗病毒传入美国，造成25人发病，7人死亡的结果。并在纽约有马感染的报道。1999—2006年美国已确诊24 841例马西尼罗热病例。此后，美国每年都有西尼罗病毒感染的病例。因此，该病已在亚洲、欧洲、非洲广泛分布，也引起了全世界的关注。

1. 病原学 西尼罗病毒与日本乙型脑炎病毒、圣路易斯脑炎病毒一样，是一种通过虫媒传播的病毒，同属于黄病毒科、黄病毒属，最显著的特点是能够引起人和动物的脑炎和出血热。该病毒粒子呈球形，二十面体对称，有囊膜和包膜突起，毒粒大小约为40nm，在CsCl中的浮密度为1.22～1.24 g/cm^3。对乙醚、酸及去氧胆酸盐敏感，56℃加热15min灭活，最适pH范围为8～8.5，pH 10.7以上使其灭活，在胰酶中感染性丧失。可以在含葡萄糖酸和柠檬酸盐的培养基中生长的绿猴肾细胞中进行纯培养，生长期是35 d。

该病毒的核酸是不分节段的单股正链RNA，大小为10.5kb左右，3′端无PolyA尾巴，5′端有Ⅰ型帽子结构，有一段核苷酸序列比较保守的长的开放阅读框，能够形成稳定的发夹结构。该单链病毒的RNA依赖的RNA聚合酶是复制其RNA必需的酶。近年来，通过RT-PCR技术将病毒RNA反转录成全长的cDNA，并把它克隆在PBR322质粒中，在T7启动子的控制下使它在*E. Coli* HB101中扩增，发现克隆的转录产物对细胞具有高度的感染性，它导致子代病毒的滴度在10^5 PFU/mL。经核苷酸序列分析发现，该病毒的*E*、*NS*53和*NSS*基因具有致病性。消除基因产物3′末端的199个核苷酸则会丧失其感染性。病毒囊膜中有两种蛋白，一种是7～8ku的M蛋白，另一种是包膜糖蛋白，即E蛋白，大小在51～60ku，它们是一种剧毒蛋白，会引起感染的细胞自行凋亡。

2. 流行病学 西尼罗热的主要传染源包括处于病毒血症期的病人和该病的自然宿主——野生鸟类。尤其病鸟是主要的传染源和储存宿主。病毒在鸟体内高浓度循环，产生高浓度的病毒血症，使大批蚊子感染。因此，鸟在传播中起着重要作用。成年鸡、马、驴虽然也是该病毒的宿主，但它们产生低水平的病毒血症不易成为重要的扩散宿主。

库蚊是主要的传播媒介。病毒通过鸟—蚊—鸟、人（动物）使西尼罗病毒在鸟和库蚊之间形成传播，蚊叮咬感染的鸟后，病毒在蚊体内大量增殖，它的唾液腺可通过血脑屏障到达脑，干扰正常的中枢神经系统的功能引起脑炎。

该病毒可感染蚊、猴、马、犬、猫、乌鸦、鹅、鸡、鸽、鼠、家兔。对西尼罗热感染的易感人群在不同地区有所不同。在西尼罗热呈地方性流行的地区，60%的青壮年中均有该病毒的特异性抗体存在，说明人群中西尼罗热的隐性感染很常见，但在其他地区人群对该病毒的感染可能普遍易感。以中枢神经系统损害为主要表现的西尼罗热感染流行是近几年才报道的。

3. 临床症状 不同动物感染该病毒的临床症状表现不一。人类感染西尼罗病毒后并不互相传播，通常为隐性感染。对于健康的人来说不会引起严重的症状或只是轻度的表现为发热、头痛、全身疼痛、淋巴结肿大、偶尔有皮疹。对于免疫力差的人则表现为明显头痛、高热、颈硬、昏迷、方向障碍、震颤、惊厥、瘫痪，甚至死亡。一般病程为3～5d，重症病人可延至数周到数月不等，感染后可终身免疫。西尼罗病毒引起的马病在埃及称为近东马脑炎，表现为发热、弥漫性脑脊髓炎，严重的共济失调，不能站立，死亡率高。而在其他哺乳动物中，绵羊表现为发热、怀孕母羊流产；猪、犬表现为共济失调；兔子、成年大鼠、豚鼠等可发生致死性脑炎；猴类表现为发热、共济失调、虚脱，有时出现脑炎、四肢震颤或瘫痪，严重的死亡，存活者可长期带毒。鸟类感染后不表现临床症状，有时引起脑炎，死亡或长期带毒。

4. 病理变化 主要表现为脑脊髓液增多，软脑膜和实质出血、充血和水肿，并已在灰质和白质中形成胶质性小结节；神经细胞变性坏死，形成软化灶，周围有致密的淋巴细胞浸润和胶质增生形成血管套。

5. 发病机制 在西尼罗热感染脐静脉内皮细胞后30min，内皮选择蛋白（E-selection）在该细胞表面的表达显著增多；感染2h后细胞间黏附因子-I（ICAM-I，即CD_{54}）和血管细胞黏附分子-I（VCAM-I，即CD_{106}）的表达也显著增多。从而标志着炎症反应的开始和进行，而且比肿瘤坏死因子（TNF）和白细胞介素-1（IL-1）引起的反应出现的早，研究还表明前述表达活动的上调现象并不受能中和TNF、IL-1、α或β干扰素的抗体的影响，说明西尼罗病毒感染细胞后出现的炎症反应是由该病毒直接造成的现象。以上机制对病毒在体内最初的传播有重要意义，也表明该病毒既有直接的病理损伤作用，也有间接的作用。

6. 诊断 目前对该病的诊断有多种方法。根据临床症状以及病理变化做出初步诊断，然后通过特异性诊断如血清学诊断、分子生物学诊断进一步确诊。

7. 防治 目前尚无针对马西尼罗热的特效药物。治疗该病的关键原则是加强护理，增强抵抗力，避免继发感染，同时辅以适当的对症治疗，如降低颅内压、降低体温、保持动物镇静等。加强环境保护，消灭蚊子滋生地，有效控制鸟类的迁移。

（二）疫苗

目前，人们已经研制出几种针对人和动物的西尼罗热疫苗。在美国有3种批准的商品化疫苗，西尼罗灭活佐剂疫苗、西尼罗-金丝雀重组佐剂疫苗和西尼罗黄热病毒嵌合疫苗。美国约有600万匹马，2006年市售疫苗达410万头剂。2001年美国西尼罗热流行高峰期率先批准西尼罗灭活佐剂疫苗，2003年原梅里亚（Merial）公司研制生产的马西尼罗热重组基因工程疫苗（RECOMBITEK）获得美国农业部的批准注册。美国卫生部疾病预防与控制中心和美国富道动物保健品公司联合研制西尼罗热DNA疫苗，美国农业部于2005年8月给该疫苗发许可证。该疫苗的优点是能够快速产生免疫反应，包括体液免疫和细胞免疫，对动物本身安全。2006年9月，美国农业部已经批准英特威（Intervet）公司生产的马西尼罗热疫苗（PreveNile™），它是美国第一个批准使用的弱毒活疫苗。

（印春生）

二十三、绵羊进行性肺炎

绵羊进行性肺炎（Ovine progressive pneumonia，OPP）是一种慢性传染性疾病，也称为梅迪-维斯纳病，是由梅迪-维斯纳病毒（Madedi/visna virus，MVV）引起成年绵羊的慢性接触性传染病。以病程缓慢、进行性消瘦和呼吸困难，以及中枢神经系统、肺和流向这些组织的淋巴结的单核细胞浸润为特征。1923 年在加拿大首次发现梅迪病，1933 年在冰岛的绵羊中大流行，其后发现维斯纳病。现在已知德国、英国、美国、法国、丹麦、荷兰、肯尼亚、印度、挪威、瑞典等许多国家都已经发生 OPP。中国在 20 世纪 70 年代发现了可疑病例，其症状及病理变化与梅迪病相似。1984 年在澳大利亚和新西兰引进的绵羊中检测到抗体，并于 1985 年分离出病毒。OIE 将其列为 B 类疫病，中国将其列为二类动物传染病。

梅迪-维斯纳病毒是反录病毒科慢病毒属成员。病毒呈球形，直径为 90～100nm。病毒在感染细胞的细胞膜上以出芽的方式释放。病毒基因序列分析表明，基因组全长有 9 202 个核苷酸，整个病毒基因包括 5′- gag - pol - Q - env - 3′，其中 *gag* 基因编码核心蛋白，*pol* 基因编码病毒核蛋白酶、反转录酶和核酸内切酶或整合酶。病毒在 pH 为 7.2～7.9 最稳定，在 pH4.2 或以下易于灭活，在 56℃经 10min 可被灭活。4℃条件下可存活 4 个月。该病毒可被 0.04%甲醛或 4%酚及 50%乙醇灭活。对乙醚、胰蛋白酶及过碘酸盐敏感。

病羊及带毒羊为主要传染源，病羊及潜伏期带毒羊脑、脑脊髓液、肺、唾液腺、乳腺、白细胞中均带有病毒。病毒可长期存在并不断排毒。本病能通过多种途径传播，可通过吸入带病毒的飞沫经呼吸道感染，或通过采食含有病毒的乳汁、饲料、饮水等感染。易感动物主要侵害羊，以绵羊最为易感，并且多见于 2 岁以上的绵羊。本病多呈散发，但不同地方可呈地方性流行，在老疫区由于动物适应性变异，产生了一定程度的抵抗力，感染率和发病率均大大降低，危害也随之减轻。

绵羊进行性肺炎的临床症状可分为梅迪病（呼吸道型）和维斯纳病（神经型）两型。

梅迪病（呼吸道型）：又称为进行性肺炎。病程数月或数年。患病早期出现体重减轻和掉群，行动时呼吸浅表且快速。病重时出现呼吸困难和干咳。终因肺功能衰竭导致缺氧而死亡。剖开胸腔可见肺不塌陷，肺各叶之间以及肺和胸壁有时发生粘连。病肺体积增大，重量增加，呈淡灰黄色或暗红色，触感橡皮样，切面干燥。支气管淋巴结肿大，切面间质发白。组织学检查为间质性肺炎变化。

维斯纳病（神经型）：病程可长达几个月或 1 年以上。多发生于 2 岁以上的绵羊，病初体重减轻，经常掉群，后肢步态异常，随病情加重而出现偏瘫或完全麻痹。病程很长的病例可见后肢肌肉萎缩，少数病例的脑膜充血，白质切面有黄色小斑点。组织学检查脑膜下和脑室膜下出现淋巴细胞和小胶质细胞浸润和增生。重病的脑、脑干、脑桥、延髓和脊髓的白质广泛遭受损害，由胶质细胞构成的小浸润灶可融合成大片浸润区，并趋于形成坏死和空洞。

本病的诊断根据流行病学、临床症状和病理变化可做出初步诊断，确诊需进一步做实验室诊断。国外已经建立了 OPP 的琼脂免疫扩散（AGID）、酶联免疫吸附试验（ELISA）、间接免疫荧光试验（IFA）、补体结合试验（CF）以及中和试验（NT）、聚合酶链式反应（PCR）等实验室诊断方法。在国际贸易中，指定诊断方法为琼脂凝胶免疫扩散试验（AGID），替代诊断方法为酶联免疫吸附试验。

防治本病主要依靠严格执行检疫、淘汰病畜等综合防治措施。目前本病尚无疫苗，这是由于慢病毒的特性研制传统的疫苗十分困难。Cutlip 等 1987 年通过甲醛灭活制备的慢病毒疫苗证实免疫失败，在某些情况下还加重了免疫动物的反应。自从发现 AIDS 的病原是慢病毒以来，人们在研制各种各样的疫苗，这也可能会有助于研制 OPP 的疫苗。猫白血病的亚单位疫苗已经商品化，牛的白血病基因工程疫苗也已经研制成功都增加了研制 OPP 疫苗的希望。Gonzalez B 等采用基因枪的方法将表达 MVV 的 *env* 糖蛋白基因质粒载体制备的 DNA 疫苗对绵羊进行黏膜免疫，结果表明此疫苗能够显著保护。Petursson G 等采用 MVV 弱毒株对绵羊进行黏膜免疫，结果虽然免疫组不能保护 MVV 的攻毒感染，但是对照组的血液中比免疫组的血液中更容易分离出病毒，而且对照组的肺中分离到病毒的概率是免疫组的 10 倍，说明疫苗有部分保护的作用。尽管如此，由于经济因素和实际困难等方面的原因，在短期内研制出 OPP 的基因工程疫苗还很不现实。

（印春生）

二十四、山羊传染性脓疱皮炎

（一）概述

羊传染性脓疱皮炎（Contagious pustular dermatitis，CPD）俗称羊口疮（Orf），是由羊接触传染性脓疱性皮炎病毒（Contagious pustular dermatitis virus，CPDV）引起的绵羊和山羊的一种接触性、嗜上皮性传染病。以口唇等处皮肤和黏膜丘疹、脓疱、溃疡并结成疣状厚痂为特征。本病最早发生于欧洲，现在已经广泛分布于全世界，中国的新疆、甘肃、内蒙古等主要养羊地区都有发生。

传染性脓疱病毒属于痘病毒科副痘病毒属成员之一。病毒粒子长为 250～280nm，宽为 170～200nm，呈椭圆形。该病毒具有抗原多型性，在补体结合试验和琼脂扩散试验中，该病毒与其他副痘病毒（如假牛痘病毒、牛丘疹性口炎病毒等）具有明显的抗原交叉反应。病毒的基因组很大，编码的蛋白种类很多，是动物病毒中体积最大、结构最复杂的病毒之一。CPDV 的线性双股 DNA 长为 135～139kb，基因两端是环状的发夹结构。

病毒对外界抵抗力很强，并对干燥有极高的耐受力。干燥痂皮中的病毒可以存活几个月甚至几年，在 7℃条件下能够存活 23 年之久，但病毒对高温及乙醚和氯仿敏感，60℃ 30min 或煮沸 3min 就可杀死。病毒对大多数消毒药敏感。

本病主要通过接触传染，经接触黏膜或皮肤伤口感染。健康羊接触病羊以及受污染的器具、栏舍、牧场、饮水均可感染。感染动物以绵羊和山羊易感，尤以 3～6 月龄羔羊最易感。本病无明显的季节性，但以春夏季多发。一旦发生，常呈流行性；成年羊发病较少，呈散发。由于病毒抵抗力较强，羊群一旦被污染不易清除，可连续危害多年。

本病潜伏期为 4～7d。临床上分为头型、蹄型与乳房型。

（1）头型　为常见病型。在唇、口角、鼻和眼睑出现小而散在的红斑，很快形成芝麻大的结节，继而成为水疱和脓疱，后者破溃后结成黄色或棕褐色的疣状硬痂，经 10～14d 脱落而痊愈。口腔黏膜也常受害。在唇内、齿龈、颊内、舌和软腭上，发生灰白色水疱，其外绕以红晕，继而变成脓疱和烂斑；或愈合而康复，或因继发感染而形成溃疡，发生深部组织坏死，少数病例可因继发细菌性肺炎而死亡。

(2) 蹄型　只发生于绵羊，多单独发生，偶呈混合型。在蹄冠、蹄叉和系部皮肤上形成丘疹、水疱、脓疱、溃疡，若有继发性细菌感染即成腐蹄病。

(3) 乳房型　母羊乳头和乳房的皮肤上发生丘疹、水疱、脓疱、烂斑和痂垢（多因羔羊吃奶而传染）。

公羊的阴鞘肿胀，阴鞘和阴茎上发生小脓疱和溃疡。

本病根据流行病学、临床症状和病理变化可做出初步诊断，确诊需进一步做实验室诊断。

本病主要由创伤感染，所以要防止黏膜和皮肤发生损伤，在羔羊出牙期喂给嫩草、拣出垫草中的芒刺；加喂适量食盐，以减少啃土啃墙；不要从疫区引进羊只和购买畜产品。发生本病时，对病羊进行隔离治疗或淘汰处理，对污染的环境，特别是厩舍、管理用具、病羊体表和患部，要进行严格的消毒。在流行地区可接种弱毒疫苗进行预防。

CPDV感染后机体的体液免疫水平下降，而主要靠细胞免疫。自然感染后痊愈的羊具有持久的坚强免疫。在国外将采集病羊的痂皮，磨细后悬浮于50%的甘油盐水中制成1%的浓度，用力涂抹在羊体的无毛部位，经过7d左右，接种部位即可发生结痂，痂皮脱落后即可达到免疫的效果，免疫期可达1年左右。但这种方法存在散毒的危险。在中国，已有商品化的羊传染性脓疱皮炎活疫苗的生产。薛双虎等研制了细胞的弱毒疫苗安全有效、毒力稳定，试验研究效果较好。即从分离得到的多株病毒强毒株中先选育出毒力强、免疫原性好的HCE毒株，再通过犊牛睾丸细胞连续传代，诱导变异，进行毒力致弱，培育出HCE犊牛睾丸细胞弱毒株，制备成功弱毒疫苗。按照常规的方法制作犊牛睾丸细胞，培育于37℃温箱中，3～4d后待细胞长成单层后去除营养液，按10%的接毒量加入制备的生产种毒，吸附10min后再加入维持液继续培育，至细胞病变达到75%以上时收获病毒，置于−20℃冰箱中备检。检验合格后，加入明胶-蔗糖-脱脂奶保护剂进行真空冻干制备成疫苗。疫苗的效价标准不低于$10^{4.5}$ $TCID_{50}$/0.1mL。疫苗采用下唇黏膜划痕接种的方法进行免疫。免疫保护力能够达到80%以上，免疫保护期达5个月左右。

（二）疫苗

(1) 主要成分　本品系用羊传染性脓疱皮炎HCE或GO-BT弱毒株接种于牛睾丸细胞，收获细胞培养物，加适宜稳定剂，经冷冻真空干燥制成。用于预防羊传染性脓疱皮炎。

(2) 作用与用途　用于预防绵羊及山羊传染性脓疱皮炎。GO-BT冻干苗免疫期为5个月，HCE冻干苗为3个月。

(3) 用法与用量　注射前按瓶签注明头份用生理盐水稀释为每0.2mL含1头份，HCE冻干苗在下唇黏膜划痕接种；GO-BT冻干苗在口唇黏膜内注射。适用于各种年龄的绵羊、山羊，剂量均为0.2mL。对于有本病流行的羊群，均可用本疫苗股内侧划痕接种，剂量为0.2mL。

(4) 保存　在−10℃以下保存，有效期为10个月；在2～8℃保存，有效期为5个月。

（印春生）

二十五、山羊关节炎-脑炎

山羊关节炎-脑炎（Caprine anthritis - encephalitis，CAE）是由山羊关节炎-脑炎病毒（caprine anthritis - encephalitis virus，CAEV）引起的山羊持续性感染，是一种慢病毒传染病。临床症状以山羊羔脑脊髓炎和成年山羊多发性关节炎为特征，也可表现为肺炎和脑脊髓炎等。OIE 将其列为法定报告的疫病。该病最早出现在瑞士，后来在欧洲、美洲和澳大利亚等许多国家及地区都有流行，现在已经呈世界流行。中国首先在 1987 年发现此病，到目前已经有 11 个省出现流行。

山羊关节炎-脑炎病毒属于反转录病毒科慢病毒属。其形态结构和生物学特性与绵羊梅迪-维斯纳病毒或进行性肺炎病毒颇为相似，而且核酸序列也有很高的同源性。本病毒对外界环境抵抗力不强，pH 在 7.2～7.9 稳定，pH4.2 以下很快被灭活；56℃1h 可以完全灭活奶和初乳中的病毒，但在 4℃条件下则可存活 4 个月左右。对多种消毒剂如甲醛、苯酚、乙醇溶液等敏感。

本病呈地方流行性，传染源为病山羊和潜伏感染山羊。易感动物为山羊，自然情况下不感染绵羊，易感性无年龄、性别和品系差异。带毒母羊所生羔羊，当年发病率为 16%～19%，病死率 80%以上。主要通过乳汁，其次是感染羊排泄物（如阴道分泌物、呼吸道分泌物、唾液和粪便等）经消化道感染。群内水平传播需相互接触 12 个月以上。

山羊关节炎-脑炎在临床上可分四型：脑脊髓炎型、关节炎型、间质性肺炎型和硬结性乳腺炎型。

（1）脑脊髓炎型　主要见于 2～4 月龄羔羊，发病有明显季节性，多于 3—8 月发生。潜伏期 53～151d，患羊精神沉郁、跛行、后肢不收，进而四肢僵硬、共济失调、一肢或数肢麻痹、横卧不起、四肢划动。有的病例眼球震颤、惊恐、角弓反张、头颈歪斜和转圈运动，经半月到 1 年后死亡，有的终生留有后遗症。少数病例兼有肺炎或关节炎症状。

（2）关节炎型　主要发生在 1 周岁以上成年山羊，病程 1～3 年。典型症状是关节肿大和跛行，即所谓“大膝病”。膝关节和跗关节也不例外，病情渐进性加重或突然发生，病初关节周围软组织水肿、湿热、波动、疼痛及轻重不一的跛行，进而关节肿大如拳，活动受限，常见前肢跪地行走。有时病羊肩前淋巴结和腘淋巴结肿大。个别病例环枕关节囊和脊椎关节囊高度扩张。透视检查，关节囊腔扩大，周围软组织水肿，严重者关节骨骼密度降低，关节软骨及周围软组织坏死、纤维化或钙化。滑液浑浊呈黄色或粉红色。

（3）间质性肺炎型　比较少见，无年龄差异，病程 3～6 个月。患羊进行性消瘦、咳嗽、呼吸困难，胸部叩诊有浊音，听诊有湿啰音。

（4）硬结性乳腺炎型　这种症状主要发生在奶山羊，也称为“硬乳房病”，它不影响羊奶的质量，但是产奶量显著降低。

本病可根据病史、临床症状和病理变化做出初步诊断，确诊需进一步做实验室诊断。在国际贸易中，诊断方法为琼脂凝胶免疫扩散试验（AGID），替代诊断方法为酶联免疫吸附试验、间接酶联免疫吸附试验、免疫印迹和免疫沉淀试验。奶山羊群可采用奶抗体测定进行检测。病原分离与鉴定：取有临床或亚临床症状病例的外周血液或乳中白细胞与适当的绵羊或山羊细胞混合培养分离病毒。也可取感染组织来分离病毒。用免疫标记、核酸探针和电镜可对病毒进行鉴定。

目前，本病无特效疗法，也无疫苗，主要通过加强饲养管理和定期血清学检查进行控制。对患病动物应按有关规定扑杀病畜。许多研究人员试图用传统的方法来研制疫苗，但试验结果表明这类疫苗不能对山羊起到很好的保护作用。如有人用牛痘病毒表达 CAEV 重组 GP135 囊膜糖蛋白制成的亚单位疫苗对感染 CAEV 的山羊没有保护力，由其产生的抗体也没有中和病毒的作用。目前人们正在研究 CAEV 的核酸疫苗。在美国 J C Beyer 等研究表明编码 CAEV 蛋白的 DNA 疫苗能够诱导针对该病毒的特异性体液免疫反应和细胞免疫反应。但是 CAEV 的核酸疫苗的保护效果还不明确，还不能应用该技术生产出有效的疫苗。

（印春生）

二十六、蓝舌病

（一）概述

蓝舌病（Blue tongue，BT）是由蓝舌病病毒（Blue tongue virus，BTV）引起的病毒性传染病，最早发生在 18 世纪的南非。在 19 世纪后期美利奴羊引入南非后，出现致死性蓝舌病。进入 20 世纪后，本病在世界各地陆续发生，已有报道的是：埃及（1907）、肯尼亚（1909）、西非（1927）、塞浦路斯、巴勒斯坦、土耳其、叙利亚（1943—1949）、美国（1952）、摩洛哥、葡萄牙、西班牙（1956）、巴基斯坦（1958）、印度（1960）、澳大利亚（1979）。中国从 1979 年云南省师宗县发生本病以来，先后在湖北（1983）、安徽（1985）、四川（1989）及山西（1993）四省发生本病。因此本病引起了全世界大多数国家的特别关注。该病的特征是颊黏膜和胃肠道黏膜出现严重的卡他性炎症。病羊发热，大量流涎，并由鼻孔流出多量浆液性或黏液性鼻涕。干涸后结痂于鼻孔周围。舌、板、齿龈和颊黏膜充血肿胀，并出现瘀点，此后变为青紫色而得名，蓝舌病是 OIE 列出的法定必报的烈性传染病之一，在中国被列为一类动物传染病。

蓝舌病病毒（BTV）属于呼肠孤病毒科（Reoviridae）环状病毒属（*Orbivirus*），病毒核衣壳的直径为 53～60nm，外包一层绒毛状外层，结构模糊，使病毒粒子直径提高到 70～80nm。内衣壳由 32 个大型环状颗粒组成，直径为 8～11nm，呈环状结构。衣壳由一个主要蛋白 VP3 组成。内核包着 3 个小蛋白（VP1、VP4 及 VP6）及 10 个双股 RNA 基因片段。内壳及内部结构合起来称为核。内核的表面有一个蛋白为 VP7，是病毒的群特异性抗原。外壳由两个主要蛋白 VP2 及 VP5 组成，其中的 VP2 蛋白与血凝活性有关，可凝集绵羊及人的 O 型红细胞，是病毒的型特异性抗原。蓝舌病病毒有 27 个血清型，各型病毒在免疫学上有区别，各血清型之间无交叉、中和作用。病毒核衣壳内含有 10 个双股 RNA 片段，按其大小分为：L1～3、M4～6、S7～10，其中除 S10 外，其他 9 个基因片段都可翻译一个病毒多肽，其中 L2、L3、M5 及 S7 编码病毒的 4 个主要结构蛋白 VP2、VP3、VP5 及 VP7。

蓝舌病是由昆虫（库蠓）传播的一种非接触性虫媒病毒病，多呈地方流行性，并有明显的季节性。蓝舌病病毒主要感染绵羊，特别是羔羊，也能感染其他反刍动物，但症状较轻，死亡率也低。蓝舌病的诊断主要根据症状、流行病学和病理剖检进行初步诊断，再依靠病毒分离、血清学方法进行确诊。

（二）疫苗

1. 疫苗研究 接种疫苗是防治本病的有效方法。弱毒疫苗是将分离得到的病毒株通过组织细胞传代或鸡胚传代培养致弱获得的，分为单价疫苗和多价疫苗，可根据各地流行的血清型选用相应的疫苗。疫苗的生产是将疫苗病毒接种鸡胚或 BHK21 细胞，收获病毒液加适当的保护剂冻干制得。疫苗的免疫期可达 1 年左右。研究表明，BTV 的致弱主要与编码 VP2 及 VP5 蛋白的 *L2* 和 *M5* 基因片段的变异有关。目前普遍应用的是鸡胚化弱毒冻干疫苗，弱毒苗的优点是易生产、价格便宜、单剂量、效果好，缺点是免疫后的羊可产生毒血症，经昆虫叮咬可感染媒介昆虫，在昆虫体内恢复毒力产生致病性，另外据澳大利亚研究人员的试验报道，羊在怀孕期间免疫活苗可产生致畸胎作用，虽然胎儿体内未能检测出病毒，但 13%胎儿发生了严重畸形死亡，因此鸡胚化疫苗不能用于妊娠母羊。

20 世纪 70—80 年代研究人员对灭活疫苗进行了大量的研究。Parker 等应用 BHK21 细胞培养的蓝舌病病毒，经过 β-丙内酯灭活，制备成细胞培养的灭活疫苗，试用于羊能够产生很好的抗体反应。中国也有用羟胺灭活疫苗进行免疫预防的试验，效果较好。总之灭活疫苗的优点是安全性好，在野外也不能传播，在实验室条件下也是有效的。但灭活疫苗的成本明显要高，免疫剂量较大，在大量的田间试验中，总的免疫效果不是十分理想，因此均未进行商品化的生产。

利用合成肽抗原和 DNA 重组克隆技术制备的亚单位苗，可克服弱毒苗及灭活苗存在的不足，目前正在研究中，还没有商品化疫苗的出售。亚单位疫苗和重组疫苗主要目标是针对 BTV 的 4 个主要结构蛋白：VP2、VP5 及 VP3、VP7。Johnson（1995）应用 BTV-1 及 BTV-23 型重组 BTV 外壳蛋白（VP2、VP5），病毒样粒子 VLPs（含有 VP2、VP5、VP3 及 VP7）及核芯样颗粒 CLPs（含有 VP3 及 VP7）3 种重组疫苗进行了比较试验。结果表明，外壳蛋白 VP2 及 VP5 在 21d 的间隙中产生了群特异性及同源中和抗体（60%），第二次免疫后 2 周能对同源强毒产生抵抗力，但对于异源病毒的致病性基本无抵抗力。CLPs 指出了强的群特异抗体反应，但未产生中和抗体。二次免疫后能对同源及异源病毒（Blu1、Blu16、Blu23）产生抵抗力。但 Lobato（1997）研究认为 VP2、VP5、VP7 进行单重组（VP2 或 VP5）、双重组（VP2＋VP5）或三重组（VP2＋VP5＋VP7）均可产生抗体，仅是 VP2 免疫原性差一些，如与 VP5 同时进行重组，保护作用持久。重组疫苗的应用还有一些问题尚待解决，如疫苗诱导的免疫持续时间及对异源性病毒的保护效果都需要进一步的研究证实。

2. 蓝舌病弱毒活疫苗 最初人们研制 BTV 弱毒活疫苗时，是将野外的 BTV 分离株通过鸡胚连续传代得到致弱的毒株。现在的研究发现通过细胞培养经过大约 40 次传代也能够使 BTV 的毒力致弱。用于生产弱毒疫苗的毒种必须无菌、无外源病毒特别是无瘟病毒污染。在安全性方面要求生产用毒种接种血清阴性绵羊后观察 28d，每日测定两次体温，不得出现任何临床症状及局部或全身性反应，在接种后 4～14d 采集全血测定病毒滴度，血液中的病毒滴度不得高于 10^3。在效力方面最好的毒种是毒价较低但能够产生很好的免疫反应。对于生产用毒种，要求用最高代次生产毒种生产的疫苗免疫绵羊后 21～28d，用同源强毒进行攻击，对照羊应出现 BT 的临床症状，对于用不易出现症状的强毒攻击时，对照羊攻毒后的体温应比攻毒前高 1.7℃。免疫后 21～28d 采血测定中和抗体，抗体滴度应等于或高于国际标准疫苗的标准。对于毒种代次，从单个蚀斑克隆的初代算起不要超过 3 代。用于生产疫苗的细胞有原代牛胎细胞、羔羊细胞、胎羔肾细胞或 BHK 细胞，不论哪种细胞均应进行外源病毒检验特别是瘟病毒检验。疫苗生产是将生产毒种接种在以上细胞单层上，待细胞病变达到75%～80%时，收获细胞病毒悬液，裂解后加入适当的冻干保护剂冷冻干燥制成。每批疫苗产品必须进行无菌、无支原体、无外源病毒检验，安全性检验，效力检验，剩余水分测定和真空度测定。

（印春生）

二十七、小反刍兽疫

（一）概述

小反刍兽疫（Peste des petits ruminants，PPR）也称为小反刍兽伪牛瘟，卡他、肺肠炎以及口肺肠炎综合征，是由小反刍兽疫病毒（PPRV）引起的小反刍兽一种急性传染病。FAO和OIE都将此病列为法定必报的烈性传染病之一，在中国该病也被列为一类动物传染病。

1942年，世界上首次在西非的科特迪瓦报道发生小反刍兽疫。随后的几年里，在尼日利亚、塞尔维亚和加纳等非洲国家都报道发生此病。近几年来，小反刍兽疫又有进一步蔓延发展的趋势，并且流行形势日益严峻。到目前为止，中非、东非、西亚以及南亚的许多国家都报道发生过小反刍兽疫。世界各国对此病都予以高度重视，美国、韩国、印度等国家都在积极进行相关方面的研究工作。中国在2007年7月首次在西藏阿里地区报道发生小反刍兽疫，给中国的养羊业造成了重大的损失，2013年PPR再次传入国内，针对突发疫情，将中国新研制的小反刍兽疫活疫苗在全国推广使用，迅速控制PPR疫情。

小反刍兽疫病毒属于副黏病毒科麻疹病毒属。病毒粒子多呈圆形或椭圆形，直径为130～390nm。病毒颗粒的外层有8.5～14.5nm厚的囊膜，囊膜上有8～15nm长的纤突，病毒的纤突中只有血凝素（H）蛋白，而没有神经氨酸酶；病毒的核衣壳总长度约为1 000nm，呈螺旋对称，螺旋直径约为18nm，螺距在5～6nm，核衣壳缠绕成团。病毒粒子虽然含有血凝素蛋白（H），但是不能对猴、牛、绵羊、山羊、马、猪、犬、豚鼠等大多数的哺乳动物和禽的红细胞具有凝集性。病毒粒子的基因组结构为单股负链、无节段RNA。目前，PPRV的许多毒株基因组序列已经测序完毕，其RNA链的3′端至5′端依次分布着N-P-M-F-H-L，共6个基因，分别编码各自对应的6种结构蛋白，即核蛋白（N）、磷蛋白（P）、多聚酶大蛋白（L）、基质蛋白（M）、融合蛋白（F）和血凝素蛋白（H），其中N、P和L 3种蛋白构成病毒的核衣壳。

PPRV主要感染山羊和绵羊等小反刍兽，但是不同品种的羊敏感性有显著差别。山羊比绵羊更易感，其中欧洲品系的山羊更为易感。幼龄动物易感性较高，但是哺乳期的动物抵抗力较强。另外，猪和牛也可以感染PPR，但是通常无临床症状，也不能够将其传染给其他动物。在非洲的流行病学研究中也发现某些野生动物也可以感染PPR，如骆驼、努比亚野山羊、南非大羚羊以及美洲白色长尾鹿等野生动物。PPR主要以直接接触的方式传播，但间接方式也可以传播。病畜的眼、鼻和口腔分泌物以及排泄的粪便等都是传染源。例如，病畜的口腔或鼻腔的分泌物可以通过咳嗽或喷嚏向空气中释放病毒，当其他健康动物吸入污染的空气就会引起感染。被污染的饲料、饮水和垫料等也是十分重要的传播媒介。感染动物的精液或胚胎中也发现存在病毒，因此，通过受精或胚胎移植等方法也会引起PPR传播。

PPR一般多发生在雨季以及干燥寒冷的季节。山羊的发病率可以达到100%，死亡率在20%～90%，严重暴发时死亡率也能够达到100%。

PPR的临床症状与RP的症状十分相似。感染的潜伏期多为4～6d，最长的达到21d。动物发病时体温迅速升高至40～41℃，在持续高温5～8d后体温开始下降。病畜的精神沉郁、反应迟缓、食欲减退、被毛凌乱、唾液分泌增多，但大都不会导致流涎。病畜在发病1～2d后，口腔和眼睛黏膜潮红，齿龈、小腭和嘴唇等部位的黏膜易坏死，并常出现弥散性灰色坏死区。发病晚期常出现腹泻，开始粪便变软，然后发展为水样腹泻，并伴有难闻的恶臭气味。此时病畜多呼吸困难、鼻孔开张、舌伸出，伴有咳嗽，出现肺炎症状，眼球凹陷。发病5～10d后，病畜脱水衰竭死亡。耐过动物经过一段时间可以恢复健康。

PPRV感染的病畜肺部出现暗红色或紫色区域，触摸手感较硬，支气管炎。这些症状也可能由于继发其他细菌感染而引起的。口腔黏膜和胃肠道出现大面积坏死，但瘤胃、网胃和瓣胃却很少有损伤，皱胃常出现有规则的出血坏死糜烂。回肠、盲-瓣区、盲肠-结肠交界处以及直肠表面有严重出血。盲肠-结肠交界处表现为特征性的线状条带出血。鼻腔黏膜、鼻甲骨、喉和气管等处可见小的瘀血点。PPRV对淋巴细胞和上皮细胞有着特殊的亲和性，能够在上皮细胞和多核巨细胞中形成特征性的嗜伊红胞浆包涵体。淋巴细胞和上皮细胞坏死，脾脏肿大、坏死等病理变化在诊断上有重要意义。

（二）疫苗的种类

研究表明，山羊在感染PPR后的四年时仍能够检测到抗体。防制PPR的主要措施就是进行疫苗免疫接种。由于PPRV和RPV之间的抗原相关性很强，可用RP组织培养的牛瘟活疫苗对绵羊、山羊进行免疫，并获得了很好的免疫保护效果，但是这种疫苗不利于在全球牛瘟消灭计划的实施，主要在非洲一些少数国家和地区有所使用。目前OIE在发生小反刍兽疫的国家和地区推荐使用的疫苗是PPR 75/1毒株的生产的弱毒活疫苗。有研究人员还利用基因反向遗传技术研究成功PPRV/RPV的嵌合体疫苗，即利用PPRV的糖蛋白基因取代RPV表面的相应糖蛋白基因。利用这种方法构建的疫苗，对PPRV能够产生良好的免疫原性。此外，G. Berhe等将小反刍兽疫的*F*基因克隆到山羊痘病毒中构建了基因重组疫苗，能够抵抗小反刍兽疫强毒的感染，但是还没有应用到临床生产实践中。中国已研制成功小反刍兽疫与羊痘二联活疫苗，并获得新兽药证书，能够同时预防小反刍兽疫和羊痘，免疫期为12个月。

（三）疫苗的研究进展

小反刍兽疫活疫苗是由1975年，从尼日利亚分离到的PPRV毒株（PPR 75/1株）经过Vero细胞培养，连续传代达70代以后致弱获得的疫苗毒株。目前OIE参考实验室已经传代至120代，病毒仍然保持一定的免疫保护力。毒株在细胞上繁殖以后以冻干的形式−20℃条件下保存。

（四）疫苗的生产制造

将在Vero细胞上传代致弱的第70代种毒（PPRV 75/1 LK6 BK2 Vero 60）用2mL无血清的细胞培养液悬浮。在Vero细胞单层上按每个细胞接种0.001$TCID_{50}$的量进行接毒。观察细胞生长状况，每隔2d更换一次细胞培养液。在细胞出现40%～50%病变时进行第一次收获病毒液，然后接着培养，每2d再收获一次，知道细胞达到70%～80%病变时全部收获。收获的病毒液保存在−70℃。将冻存的病毒液反复冻融，并测定病毒效价，一般效价最小要达到$10^5 TCID_{50}$/mL才能够用于疫苗生产的种毒。在大规模的疫苗生产时，可以用大剂量的病毒接种感染细胞（如 0.01$TCID_{50}$），将不同时间收获的病毒液冻融 2 次以后混合，进行中间监测，检测合格后进行冻干。冻干保护剂为含有 2.5%（w/v）的乳清蛋白、5%（w/v）的蔗糖和1%（w/v）的谷氨酸钠 pH7.2 的水溶液。冻干时将病毒悬液和冻干保护剂等量混合，将混合液保持在低温环境下，匀浆，然后分装冻干。

（五）疫苗的质量标准与使用

疫苗是用小反刍兽疫 75/1 株弱毒接种 Vero 或羔羊肾细胞，收获细胞培养物，加入适宜的冻干保护剂，经冷冻真空干燥后制备而成用于预防山羊和绵羊的小反刍兽疫。

在性状上，疫苗为乳白色或微黄色海面状疏松团块，易与瓶壁脱离，加稀释液后能够迅速溶解。疫苗应无细菌、真菌、支原体污染，无外源病毒污染，剩余水分和真空度都需符合规定。

疫苗的安全检验使用将疫苗按瓶签注明头份用稀释液稀释成每毫升含 10 头份，颈部皮下接种 1 岁龄以上山羊和绵羊各 3 只，每日测定体温，连续观察 14d，应无体温升高及异常临床反应。

疫苗的鉴别检验将疫苗用无血清细胞培养液稀释成每毫升含 1 000 个 $TCID_{50}$，加入等体积小反刍兽疫阳性血清，37℃作用 1h，接种 48 孔细胞板，接种 10 孔，每孔 0.1mL，加入 0.2mL 细胞浓度为 50 万/mL 细胞悬液，37℃5%CO_2培养箱培养，期间可传代 2～3 次，传代细胞形成单层后，换 2%牛血清细胞培养液，以后每 2 天更换一次培养液，培养 10～15d，期间每天观察细胞病变，不得出现细胞病变。采用小反刍兽疫免疫捕获 ELISA 方法测定，病毒液效价不低于 1∶16。

病毒含量测定按瓶签注明头份用无血清细胞培养液稀释到每毫升含 1 头份，再做 10 倍系列稀释，取 10^{-3}、10^{-4}、10^{-5} 3 个稀释度。接种 Vero 或羔羊肾细胞单层培养瓶，每稀释度接种 5 瓶，每瓶 1mL，37℃吸附 1h，再加入 2%牛血清细胞培养液。37℃培养 2～3d，将接种细胞用 0.25%胰酶分散传代，根据传代细胞病变情况确定传代 2～3 次，传代细胞形成单层后，每 2d 更换一次培养液，培养 5～6d，期间每天观察细胞病变，根据继代细胞出现病变的原始细胞瓶数计算 $TCID_{50}$，每头份含有的 $TCID_{50}$应不低于 10^3。

疫苗的效力检验有两种方法，可任选其一。方法一，用小反刍动物进行检验。试验中需将 5 瓶疫苗用生理盐水悬浮后混合，配制成 100 头份，0.1 头份/mL。试验中还需要无牛瘟和小反刍兽疫抗体的山羊和绵羊各 6 只，以及经测定的对山羊的 LD_{50}在 10^3的 PPRV 强毒。试验时首先对 2 只山羊和 2 只绵羊进行皮下注射 100 头份/只免疫，再皮下注射免疫 0.1 头份/只的山羊和绵羊各 2 只，剩余 2 头山羊和 2 头绵羊作为对照，连续观察 3 周，每天测量一次体温。观察结束后采血分离血清。再将所有动物皮下注射 1mL PPRV 毒液（10^3 个 LD_{50}），再连续观察 2 周，每天测量体温一次。如果免疫组的所有动物都能够抵抗感染，而对照组至少 1 只有 PPR 症状就判定疫苗效检合格。方法二，将疫苗用稀释液稀释成每毫升含有 $10^{2.5}$ $TCID_{50}$，颈部皮下接种 5 只山羊。每只 1mL，接种后 21d 采血测定中和抗体，5 只免疫羊血清中和抗体滴度应不低于 1∶10。

疫苗的免疫持续期至少为 3 年。冻干疫苗的保存期为 1 年。免疫接种时每头山羊或绵羊皮下注射 1 头份即可。

（六）展望

小反刍兽疫活疫苗虽然已经被 OIE 推荐使用，但是由于活疫苗仍然存在一定的风险性。

因此新型的疫苗正在研制，如小反刍兽疫灭活疫苗、小反刍兽疫-羊痘二联活疫苗、PPR/RP嵌合体疫苗、山羊痘重组疫苗已经初步取得成功，都有可能在不远的将来得到临床应用。

（印春生）

二十八、鸡新城疫

（一）概述

新城疫（Newcastle disease，ND）是由新城疫病毒（Newcastle disease virus，NDV）引起的鸡、鸽和火鸡急性高度接触性传染病，在未经疫苗预防的鸡群，常呈败血经过。主要是呼吸困难、下痢、神经紊乱、黏膜和浆膜出血。近年来发现，鸭、鹅等水禽感染该病后也会造成严重病理变化。

本病1926年首次发现于印度尼西亚，同年发现于英国新城，根据发现地名而命名为新城疫。本病分布于世界各地，在没有免疫的易感鸡群，发病率和死亡率都很高，是严重危害养鸡业的重要疾病之一，造成很大经济损失。

鸡新城疫病毒在分类上是属于副黏病毒科（Paramyxoviridae）副黏病毒亚科，禽腮腺炎病毒属。新城疫病毒与从火鸡和其他鸟类分离的病毒PMV-3有交叉反应。目前未发现新城疫有不同血清型。但不同地区病毒的抗原性是有差异的。

近年来，在中国屡有发现新城疫免疫鸡群仍发生新城疫的流行。发病率、死亡率可高达85%，其主要原因是疫苗接种时母源抗体过高；疫苗质量和保存不当；免疫接种的程序不合理；其他疫病的干扰以及新城疫强毒株毒力不同，因而造成鸡群免疫状态的差异，低抗体水平的免疫鸡不能抵抗强毒的侵袭，引起本病的传播。

病鸡是本病的主要传染源，鸡感染后临床症状出现前24h，其口、鼻分泌物和粪便就有病毒排出。病毒存在于病鸡的所有组织器官、体液、分泌物和排泄物中。在流行间歇期的带毒鸡，也是本病的传染源。鸟类也是重要的传播者。

病毒可经消化道、呼吸道，也可经眼结膜、受伤的皮肤和泄殖腔黏膜侵入机体。本病一年四季均可发生，但以春秋季较多。鸡场内的鸡一旦发生本病，可于4～5d内波及全群。

（二）疫苗种类

中国目前生产和使用的鸡新城疫疫苗有两大类，即活疫苗和灭活疫苗。

1. 活疫苗　中国现行使用于鸡新城疫免疫的活疫苗种类很多，不同种类的活疫苗其免疫性能不一样，免疫的方法也不完全相同。中国使用的活疫苗有两种类型，一类是属于中等毒力的Ⅰ系疫苗（亦称印度系，Mukteswer系）及其克隆株（CS2株），另一类属于低毒力类弱毒，主要有Ⅱ系、Ⅲ系、Ⅳ系及其克隆株（N79株）、VG/GA株、ZM10株及CHR株等弱毒疫苗。

（1）Ⅰ系疫苗（Mukteswer株）及其CS2株活疫苗　是Haddow和Idnani用强毒株通过鸡胚获得。该毒株于1945年引进中国，经过各种试验证明对中国各品种2月龄鸡均安全。它的特点是，毒力较其他弱毒苗强，特别是对雏鸡毒力强，可引起死亡，因此不能用于雏鸡免疫。不过，它的免疫原性好，2月龄鸡免疫后，能产生坚强的免疫力，而且免疫持续时间可达1年以上。此疫苗可供肌内注射和刺种，免疫后3～4d产生免疫力。实际使用免疫剂量按说明书规定。

中国兽医药品监察所从新城疫Ⅰ系病毒中筛选到了一克隆株——CS2株，用CS2株免疫后10d HI达到1∶64～1∶362，具有良好的免疫效果。

1）疫苗的生产制造　生产用种毒为鸡新城疫病毒中等毒力Mukteswer株或CS2株，接种SPF鸡胚或鸡胚成纤维细胞培养。收获鸡胚毒液或细胞毒液，按规定羽份加一定比例的5%蔗糖脱脂牛奶做稳定剂，充分混合后定量分装，经冷冻真空干燥制成。

2）质量标准与使用　从物理性状上看，冻干疫苗为淡黄色海绵状疏松团块，易于瓶壁脱离，加稀释剂后行速溶解，应纯粹无杂菌和支原体生长。此外，按照附录十二进行外源病毒检验，结果应符合规定。

安全检验时，用2～8月龄SPF鸡4只，每只肌内注射10个使用剂量的疫苗，观察10～14d，允许有轻反应，但须在14d内恢复，疫苗判为合格。如有1只鸡出现腿麻痹，不能恢复时，允许用8只SPF鸡重检1次，重检结果如有1只出现上述同样反应，疫苗应判为不合格。

效力检验时，下列方法任选其一：①用鸡胚检验，按瓶签注明羽份，用灭菌生理盐水稀释至1羽份/0.1mL，再作10倍系列稀释，取3个适宜的稀释度如10^{-4}、10^{-5}、10^{-6}分别尿囊腔内接种10日龄SPF鸡胚5个，每胚0.1mL，置37℃孵育。观察24～72h，记录鸡胚死亡情况，死亡胎儿应有明显病痕，计算ELD_{50}，每羽份应≥$10^{5.0}$ ELD_{50}，疫苗判为合格。②用鸡检验，用2～8个月龄的SPF鸡4只，每只肌内注射1/100使用剂量的疫苗1mL，10～14d后，连同条件的未免疫对照鸡3只，各肌内注射鸡新城疫强毒北京株1mL（含$10^{5.0}$ ELD_{50}），观察10～14d，对照鸡应全部发病并至少死亡2只，免疫鸡全部健活，疫苗判为合格。

接种疫苗时，按疫苗瓶签标明的羽份，用无菌生理盐水或适宜的稀释液稀释，皮下或胸部肌内注射1mL，点眼为0.05～0.1mL，也可刺种和饮水免疫。

使用疫苗时应注意以下事项：①本疫苗系专供已经鸡新城疫低毒力活疫苗免疫过的2月龄以上的鸡使用，不得用于初生雏鸡。②本疫苗对纯种鸡反应较强，产蛋鸡在接种后两周内产蛋可能减少或产软壳蛋，因此，最好在产蛋前或休产期进行免疫。③对未经低毒力活疫苗免疫过的2月龄以上的土种鸡可以使用，但有时亦可引起少数鸡减食和个别鸡神经麻痹或死亡。④在育成鸡和雏鸡的饲养场，使用本疫苗时，应注意消毒隔离，避免疫苗毒的传播，引起雏鸡死亡。⑤疫苗加水稀释后，应放冷暗处，必须在4h内用完。

由于Ⅰ系使用后存在毒力返强和散毒的风险，国外大部分国家已停止使用。我国农业部公告第2294号要求，从2016年1月1日起，停止生产鸡新城疫中等毒力活疫苗（Mukteswer株），2017年1月1日起，停止经营、使用该疫苗。

（2）鸡新城疫弱毒活疫苗　鸡新城疫病毒低毒力毒株包括HB1、F、La Sota株、LaSota克隆株（N79株）、Clone30、VG/GA株、ZM10株、CHR株等。

用鸡新城疫病毒低毒力毒株制备的疫苗毒力比较弱，安全性好，主要适用雏鸡免疫。该疫苗适用于滴鼻或点眼免疫，雏鸡滴鼻免疫后，HI抗体上升较快，但是HI抗体下降也较快。在雏鸡母源抗体高的情况下，仅进行一次免疫其免疫持续时间不长。

克隆化N79型弱毒疫苗是La Sota毒株经空斑技术克隆后选育出的一种弱毒疫苗。1981年从国外引进，南京农业大学在实验室和田间试验结果证明，该疫苗的特点是安全性和免疫原性好，其毒力介于Ⅱ系疫苗毒和Ⅳ系疫苗毒之间，免疫力和免疫持续期以及 HI 抗体效价均优于Ⅱ系和Ⅲ系疫苗。

1）疫苗的生产制造　本疫苗系用鸡新城疫病毒低毒力毒株接种 SPF 鸡胚培养，收获感染鸡胚液制成的液体苗，或加适宜稳定剂，经冷冻真空干燥制成冻干苗。

2）质量标准与使用　从物理性状上看，液体苗为淡黄色的澄明液体，静置后底部可能有少量沉淀；冻干苗为微黄色，海绵状疏松团块，易与瓶壁脱离，加稀释液后迅速溶解。无菌检验时，液体疫苗应无细菌生长；冻干苗，如有细菌生长，应作杂菌记数，并作病原性鉴定和禽沙门氏菌检验，应符合规定，每羽份的非病原菌应不超过 1 个。支原体检验时应无支原体生长。此外，按照附录十二进行外源病毒检验，结果应符合规定。

① 鉴别检验　将疫苗稀释至 $10^{5.0}$ EID_{50}/0.1mL，用抗鸡新城疫病毒特异性血清中和后，接种 SPF 鸡胚 10 枚，在 24～120h 内不引起死亡且至少存活 8 枚，鸡胚液做红细胞凝集试验，应为阴性。

② 安全检验　2～7 日龄 SPF 鸡 20 只，分成 2 组，第 1 组 10 只，每只滴鼻接种 0.05mL（含 10 个使用剂量）；第 2 组 10 只，不接种作为对照，两组在同样条件下分别饲养管理，观察 10d，应无不正常反应，如有非特异性死亡，免疫组与对照组均不应超过 1 只。

③ 效力检验　下列方法任择其一。方法一：按瓶签注明羽份，疫苗用灭菌生理盐水稀释至 1 羽份/0.1mL，再做 10 倍稀释，取 3 个稀释度分别尿囊腔内接种 10 日龄 SPF 鸡胚 5 个，每胚 0.1mL，置 37℃孵育，48h 以前死亡的鸡胚弃去不计。计算半数感染量，每羽份应≥$10^{6.0}$ EID_{50}，疫苗判为合格。方法二：用鸡检验，用 1～2 月龄的 SPF 鸡 10 只，每只滴鼻接种 1/100 羽份，14d 后，连同条件相同的未免疫对照鸡 3 只，各肌内注射 $10^{4.0}$ ELD_{50} 的北京株鸡新城疫强毒 1mL，观察 14d，对照鸡应全部发病死亡，免疫鸡至少保护 9 只，疫苗判为合格。

④ 用法与用量　使用时，按瓶签注明羽份，用生理盐水或适宜的稀释液适当稀释，滴鼻或点眼免疫，每只 0.05mL，饮水或喷雾免疫，剂量加倍。

使用疫苗时应注意以下事项：有支原体感染的鸡群，禁止使用喷雾免疫。疫苗加水稀释后，应放冷暗处，必须在 4h 内用完。

2. 灭活疫苗　20 世纪 40 年代中国开始研究新城疫灭活疫苗，应用病死鸡肝、脾和脑脊髓的乳剂试制甘油福尔马林灭活苗，因用作抗原的组织含病毒量很不规律，所以这种疫苗免疫效力极不稳定，未能应用于防疫实践。后来改用鸡胚液经福尔马林灭活加氢氧化铝制成灭活苗，对鸡进行了免疫接种，可获得稳定免疫力。

（1）新城疫氢氧化铝吸附灭活疫苗　Traub（1944）首先研制出了一定实用价值的疫苗。他利用鸡胚培养的 NDV 作为制苗材料，以甲醛溶液灭活，加氢氧化铝胶吸附。据称，用这种疫苗接种鸡后，10～14d 开始获得保护，免疫力可持续 8 个月。Dedie 和 Starke（1952）用绒毛尿膜和尿囊液代替全胚，同时减少氢氧化铝胶量和甲醛溶液量，提高了疫苗效力。其后，市售的氢氧化铝吸附灭活疫苗（简称铝胶苗）绝大多数都是用类似方法制造的。

1）疫苗的生产制造　一般是用含 2%氢氧化铝悬液 1 份加等量灭活的含毒鸡胚液，摇匀即可。关于灭活剂，有人使用 β-丙内酯（BPL），也有人使用甲醛溶液。虽然有人认为 BPL 灭活疫苗比甲醛灭活疫苗好，但已经试验证明甲醛溶液灭活疫苗不比 BPL 灭活疫苗效力差。

2）质量标准与使用　铝胶苗的使用剂量，多数研究人员认为是 1mL。免疫持续期一般为 3～6 个月。一般来说，注射一次不能获得坚强持久的免疫力，注射两次可获得良好的免疫效果。这种疫苗可用于各种年龄鸡，但是鸡的年龄越大免疫力越好。

因为铝胶苗不如弱毒疫苗经济，免疫持续期较短，未推广应用。

（2）新城疫油乳剂灭活疫苗　为了提高灭活疫苗的效力，许多人进行了油乳剂灭活疫苗的研究。到 20 世纪 70 年代初，一些兽医工作者相继证明油乳剂灭活疫苗可引起比铝胶苗更高的 HI 抗体，并且持续时间长。Box 和 Furminger（1975）报道，以油乳剂灭活疫苗免疫 6 周龄鸡，于 20 周龄时攻毒，100%保护。Stone 等（1980）报道，以油乳剂灭活疫苗免疫 4 周龄鸡，引起的 HI 抗体效价比铝胶苗高 4～8 倍。Nakay - Rones 和 Levy（1973），以油乳剂灭活疫苗免疫 5 日龄无母源抗体和有母源抗体的雏鸡，结果前者有高滴度的 HI 抗体，可维持 3 个月；后者 HI 抗体较低。说明母源抗体干扰免疫。Alan（1974）也证明有母源抗体的雏鸡对油乳剂灭活疫苗应答较弱。许多研究人员证实同时接种弱毒活疫苗和油乳剂灭活疫苗效果良好。

中国兽医药品监察所马闻天研究员在国内首次采用 NDV La Sota 株，研究成功鸡新城疫油乳剂灭活疫苗，与 La Sota 株活疫苗同时免疫雏鸡，免疫期可达 70～120d。

1）疫苗的生产制造　用鸡新城疫弱毒 Lasota 株或 Clone 30 株接种易感鸡胚，经培养，收获感染鸡胚液，经甲醛溶液灭活，加油乳剂乳化制成。

用白油加司本- 80 作油相，以福尔马林灭活的鸡胚毒加吐温- 80 作为水相，研制成油佐剂灭活苗。不同量的乳化剂、不同水相-油相比和不同抗原浓度会影响疫苗效力。中国鸡新城疫油乳剂灭活疫苗有单相和复相两种。单相苗是用矿物油（10 号白油）94 份加司本- 80 6 份混合后再加硬脂酸铝 2 份作为油相；吐温- 80 4 份和灭活鸡胚液 96 份作为水相；以油相 3 份和水相 1 份混合，搅拌乳化，并加 0.01%汞制成。复相苗的水相和油相的配制同单相苗。取油相 2 份加水相 1 份先制成油包水单相苗，然后再取灭活鸡胚液 1 份加入上述油包水单相苗，混合搅拌乳化，最后加 0.01%汞即成。

接种灭活苗，病毒不会增殖，免疫时灭活苗所需抗原量远大于活苗。因此，生产灭活疫苗时获得高产病毒极为重要，Ulster2 - C 株即具有这种特性。原梅里亚公司用新城疫病毒 Ulster2 - C 株尿囊腔接种鸡胚培养，收获感染尿囊液，经 β -丙内酯（BPL）灭活后，加矿物油佐剂混合乳化制成新城疫灭活疫苗。

2）质量标准与使用　外观为乳白色乳剂，剂型为油包水型。吸取疫苗 10mL 加入离心管，以 3 000r/min 离心 15min，管底析出的水相应不多于 0.5mL。黏度按附录二十四进行，应不超过 200cP。

按附录六进行检验，应无菌生长。

安全检验时，用 30～60 日龄 SPF 鸡 6 只，各肌内或颈背部皮下注射疫苗 1mL，观察 14d。应不出现由疫苗引起的局部和全身不良反应。

效力检验时，用 30～60 日龄 SPF 鸡 15 只，其中 10 只各皮下或肌内注射疫苗 20μL（含 1/25 羽份），另 5 只不免疫作为对照。免疫后 21～28d，每只鸡采血，分离血清，免疫组 HI 抗体效价几何平均值应不低于 1∶16，未免疫对照组 HI 抗体效价均应不高于 1∶4。若血清学检验结果不符合规定时，则采用免疫攻毒法进行检验，免疫后 21～28d，每只鸡肌内注射

NDV 北京株（CVCC AV1611）强毒 $10^{5.0}$ ELD_{50}，观察 14d。对照鸡应全部死亡，免疫组应至少保护 7 只。

油乳剂苗成本较高，还必须逐只注射，在使用上受到一定限制。不过，由于它安全可靠，尤其是免疫期较长，引起的 HI 抗体效价特别高，所以仍然很受欢迎。在国外，多用于开产前的蛋鸡和种鸡，于 18～20 周龄时注射，一次可保护整个产卵期。中国许多鸡场除用于开产前的蛋鸡外，还常用于免疫幼雏。对 1 周龄内雏鸡，同时用油乳剂苗和弱毒活苗接种作首免，于 10 周龄左右用 LaSota 苗作二免，到开产前再用油乳剂苗免疫一次，一共三次即可使整个饲养期不受感染。如果能延至 10～14 日龄时首免，用灭活苗和弱毒活苗同时接种，可保护至开产前，再用油乳剂苗免疫一次。

油乳剂苗保存性能良好，20℃可保存 8～12 个月，适合交通不便，尤其是没有冷藏条件的地方使用。油乳剂苗的使用剂量，一般成年鸡 0.5mL，雏鸡 0.1～0.2mL。颈部皮下注射。

中国普遍使用的疫苗株 La Sota 株为基因Ⅱ型，于 20 世纪 40 年代分离。近 70 年来，NDV 出现了多个基因型，流行株与疫苗株的遗传距离相差较大，这被认为是免疫鸡群中发生 NDV 强毒感染的一个重要原因。扬州大学刘秀梵院士通过反向遗传技术成功构建了基因 VⅡ型 NDV 弱毒株 A－VII，该毒株在鸡胚中具有很好的繁殖性能。试验结果表明，与常规疫苗株 La Sota 株相比，A－VII 株诱导产生的抗体的速度更快，不仅能有效降低攻毒实验动物的排毒率，且能显著减少喉气管和泄殖腔中的病毒含量（10～100 倍）。该重组 NDV 灭活疫苗已注册上市。效力检验时，用 21～35 日龄 SPF 鸡 15 只，其中 10 只各皮下或肌内注射疫苗 20μL（含 1/25 羽份），另 5 只不免疫作为对照。免疫后 21～28d，每只鸡采血，分离血清，用 NDV A－VII 株抗原测定 HI 抗体，免疫组 HI 抗体效价几何平均值应不低于 1∶64，未免疫对照组 HI 抗体效价均应不高于 1∶4。若血清学检验结果不符合规定，则采用免疫攻毒法进行检验，免疫后 21～28d，每只鸡肌内注射 NDV JS02/06 株强毒 $10^{5.0}$ ELD_{50}，观察 14d。对照鸡应全部死亡，免疫组应至少保护 9 只不出现新城疫的临床症状。攻毒后 5d 采集泄殖腔拭子进行病毒分离，病毒分离阴性的样品，应盲传一次后再判定，免疫组应至少 7 只病毒分离阴性。

3. 以 NDV 作为载体的重组活疫苗 随着分子生物学的发展，研究人员正在尝试用 NDV 作为载体表达其他外源抗原，研制多联活疫苗。

Huang Z 以新城疫 LaSota 弱毒疫苗株为载体，构建了表达 IBDV VP2 的重组病毒 rLaSota/VP2，此重组病毒遗传性稳定，免疫 2 日龄 SPF 鸡，3 周后 90％的鸡能抵抗 NDV 和 IBDV。

中国农业科学院哈尔滨兽医研究所国家禽流感参考实验室的科研人员以新城疫 LaSota 株为载体，利用负链 RNA 病毒的反向基因操作技术，研制出了世界首个禽流感-新城疫重组二联活疫苗，2005 年 12 月被农业部批准生产。

（三）展望

随着分子生物学的发展，已研制出多种新型疫苗。如 Meulemans 等（1988）构建了表达新城疫融合糖蛋白的重组牛痘苗病毒，用此重组病毒免疫鸡可抗强毒攻击。扬州大学吴艳涛等（2000）以鸡痘病毒为载体，构建了表达 NDV *F* 基因的重组鸡痘病毒用 rFPV NDF，免疫 SPF 鸡对 NDV 强毒攻击的保护率达 96.3％。

Nllkura 等（1991）构建了含编码 NDV 血凝素-神经氨酸苷酶（HN）的 cDNA 的重组杆状病毒，以此重组病毒感染草地贪夜蛾细胞，可产生大量与真正的 HN 相类似的 HN 糖蛋白。以感染重组病毒的细胞接种鸡产生血凝素抑制和病毒中和抗体，并能完全保护 NDV 强毒攻击。

Sonoda K 等（2000）构建了表达 *NDV* 融合蛋白基因的重组马立克氏病病毒 1 型 rMDV1－US10P（F），含有母源抗体的商品鸡免疫后完全能抵抗 NDV 的攻击，高水平的 NDV 融合蛋白抗体能维持 80 周，抵抗马立克氏病病毒 1 型超强毒的保护力与亲本毒株、马立克氏病商业疫苗相同。

Loke CF 等（2005）构建了含编码 NDV 血凝素-神经氨酸苷酶（HN）的 DNA 质粒，两次注射后能诱导高水平的保护抗体，抵抗 NDV 攻击。

以上这些基因工程疫苗虽然都有一定的免疫力，但由于现有的 ND 活毒疫苗效力优良，生产方法简便，成本低廉，单一 ND 的基因工程疫苗，如果没有超过现有常规疫苗的优点，在实践应用上似无多大前途。构建多价鸡病的基因工程疫苗将是发展方向。

（杨承槐）

二十九、鸡马立克氏病

（一）概述

鸡马立克氏病（Marek's disease，MD）是由马立克氏病病毒（Marek's disease virus，MDV）引起鸡的一种最常见的淋巴细胞增生性疾病，以外周神经、虹膜、皮肤、肌肉和各内脏器官的淋巴样细胞浸润、增生和肿瘤形成为特征。

本病早在 1907 年由匈牙利的兽医病理学家马立克首先发现，并在 1961 年命名为马立克氏病。现在世界各主要养鸡国家和地区均有流行，在中国也是经济意义上最重要的禽病之一，对中国养鸡生产造成严重威胁和巨大的经济损失。

马立克氏病病毒属于细胞结合性疱疹病毒 B 群。病毒有两种存在形式，即裸体粒子（核衣壳）和有囊膜的完整病毒粒子。前者病毒核衣壳呈六角形，直径为 85～100nm，有严格的细胞结合性，离开细胞致病性即显著下降和丧失，在外界环境中生存活力很低，主要见于肾小管、法氏囊、神经组织和肿瘤组织中。大多数裸体病毒粒子存在于细胞核中，偶见于细胞质或细胞外液中。后者主要存在于细胞核膜附近或者核空泡中，直径为 130～170nm，主要见于羽毛囊角化层中，多数是有囊膜的完整病毒粒子，非细胞结合性，可脱离细胞而存在，对外界环境抵抗力强，在本病的传播方面起重要作用。

1975 年，Bulow 和 Biggs 采用间接免疫荧光试验、琼脂凝胶免疫沉淀反应及病毒中和试验，把 MDV 和相关病毒（HVT）分为 3 种血清型：禽疱疹病毒 2 型（血清 1 型）、禽疱疹病毒 3 型（血清 2 型）和火鸡疱疹病毒 1 型（血清 3 型），随后这种分类方法由 Lee 所建立的 MDV 型特异性单克隆抗体所证实。血清 1 型 MDV 是这群病毒群的原型毒株，除另有说明外，MDV 一般是指血清 1 型病毒。根据毒力的不同，血清 1 型病毒进一步分成温和型 MDV（mMDV）、强毒型 MDV（vMDV）、超强毒型 MDV（vvMDV）和特超强毒型 MDV（vv＋MDV）。

本病具有传播速度快、传播面积广、潜伏期长（1～6 个月不等）等特点。鸡马立克氏病病毒不经蛋内传染，主要经呼吸道传染，当成熟型的病毒从羽毛囊上皮细胞及脱落皮屑中散落到鸡舍后，常同尘土、粉尘混合在一起，在空气中到处传播。

（二）疫苗的种类

MDV 有 1、2、3 型 3 种血清型，利用这 3 种血清型制成疫苗，3 种血清型疫苗既可单独使用，也可混合使用。研究发现，疫苗毒之间存在协同作用。

1. 血清 1 型疫苗 MDV 1 型包括了所有致病性毒株，有特超强毒株（如 648）、超强毒株（如 Md/5、Md/11）、强毒株（如 HPRS-16、JM）、中等毒力毒株（如 HPRS-B14、ConnA）和弱毒株（如 CVI988）。这些毒株可经细胞传代致弱，丧失致病性，但仍保持免疫原性，可用作疫苗株。

荷兰学者 Rispens 等在 1969 年用低毒力的 MDV 毒株经鸭胚和鸡胚成纤维细胞交替传代培养致弱，并研制成的 CVI988 疫苗。该疫苗对鸡不仅安全有效，并具有同源性及良好免疫原性，无返强现象，是血清 1 型中最有效的疫苗毒株，也是目前中国及世界养鸡发达国家普通应用的疫苗。

美国将超强毒株 Md/5 株致弱，研制出疫苗，用于预防超强毒株引起的急性型 MD。

中国农业科学院哈尔滨兽医研究所于 20 世纪 80 年代用鸡马立克氏病自然弱毒 K 株，经过人工培育，研制了鸡马立克氏病 814 株弱毒疫苗。利用该疫苗免疫 1 日龄雏鸡，每只雏鸡肌内注射 0.2mL（含 1 000 个蚀斑单位），10～14d 产生免疫力，免疫期达 18 个月，效果良好。

目前，英国的 HRPS-16/att 株、荷兰的 CVI988 株和中国的 814 株等疫苗毒获得批准生产，应用于 MD 的防控。

由血清Ⅰ型毒株制备的疫苗为细胞结合毒苗，必须在液氮中保存。

（1）疫苗的生产制造 用低毒力的马立克氏病弱毒株（如 814 株）在鸡胚成纤维细胞上培养，待 70%以上细胞出现典型 CPE 时，弃营养液；用胰酶消化液消化细胞，使细胞全部脱离瓶壁，离心收集感染细胞，加入适当冷冻保护液，均匀分散细胞，定量分装，放入液氮中保存。

（2）质量标准与使用 从物理性状上看，为淡红色的细胞悬液。按附录六、八、十二进行检验，应无菌和支原体生长，外源病毒检验应符合规定。

安全检验时，用 1～3 日龄 SPF 鸡 20 只，其中 10 只各肌内或皮下注射 0.2mL（含 10 个使用剂量的病毒），观察 14d，对照组至少存活 8 只，免疫组非特异死亡数不得超过对照组，疫苗判合格。

蚀斑（PFU）计数。每批疫苗抽样 3 瓶，用 37℃温水溶解后，按瓶签注明羽份，分别用配套稀释，取适当稀释度，每个滴度接种到 3 个已长成良好单层的鸡胚成纤维细胞瓶（25cm^2），每瓶接 0.2mL，在 37℃吸附 60min，加入含 2%牛血清 199 营养液，继续培养 24h，弃去营养液，覆盖含 5%牛血清的 E-MEM 或 199 营养琼脂（糖），待凝固后，将瓶倒置，继续培养 5～7d，进行蚀斑计数。蚀斑应典型、清晰，形态规则，边缘整齐，直径为 0.5～1.5mm，呈乳白色，与同时设立的参照品蚀斑一致。计数时，计算同一稀释度 3 瓶细胞的平均蚀斑数，再计算每瓶疫苗所含蚀斑数。以 3 瓶疫苗各稀释度中的最低平均数核定该批疫苗每羽份中所含蚀斑数，应不低于 2 000PFU。

按瓶签注明的羽份，用稀释液稀释，每只1日龄雏鸡肌内或皮下注射0.2mL（至少含2 000PFU）。注射疫苗后8d可产生免疫力，免疫持续期18个月。

疫苗使用过程中必须注意以下几点：①疫苗必须在液氮中保存及运输。②疫苗从液氮中取出后，应迅速放于37℃温水中，待完全融化后再取出，加稀释液稀释，否则影响疫苗效力。③稀释好的疫苗必须在1h内用完。在免疫注射期间，应经常摇动疫苗瓶，使其均匀。

2. 血清2型疫苗 血清2型MDV是天然非致病性的毒株，如SB-1、HPRS-24301B/1，广泛分布于鸡群中。血清2型疫苗是由自然非致病毒株制成的细胞结合性疫苗，单独使用就能产生广泛的保护力，但对超强毒株抵抗力不太强，多数情况下作为多价苗的构成成分而使用。

国外已有SB-1株、301B/1株制成商业化疫苗，可与HVT制成双价疫苗，预防超强毒株的感染。国内有扬州大学的Z4株疫苗，对鸡无致瘤性，毒力稳定，具有良好免疫原性，并均已获准MD血清2型+3型二价疫苗的生产。但本疫苗对一些品种的鸡有诱发淋巴白血病的报道，从而影响其推广应用。

3. 血清3型疫苗 此类疫苗是用火鸡疱疹病毒（HVT）制备的疫苗，其代表毒株Fc-126是由美国学者Writter博士于1970年从火鸡群中分离出来的一株无毒力品系，对鸡和火鸡均不致病，在鸡群内不传播；接种这种疫苗的鸡体，细胞中的HVT能使机体产生抗体，但不能中和MDV。该疫苗具有干扰作用，它先于MDV侵入鸡体细胞，能诱发阻止肿瘤形成的抗体，防止肿瘤的形成和发展。HVT-FC126疫苗已成为预防MD的经典疫苗。这种疫苗广泛应用，可有效抵抗强毒。既有细胞结合性活疫苗，又有易于储存、运输的冻干苗，目前正在使用的疫苗有：HVT-Fc-126和PB-THV1C4。

近年的研究结果证实，由于本疫苗为异源性，受母源抗体干扰严重，产生免疫保护至少需2周以上，又不能有效抵抗超强毒感染，1日龄雏鸡接种后马立克氏病的预防减少率为70%～80%。因此，目前在养鸡发达的国家，已经很少应用。

（1）疫苗的生产制造 用火鸡疱疹病毒接种鸡胚成纤维细胞培养，待70%以上细胞出现典型CPE时，弃营养液；用适量胰酶-EDTA消化液消化细胞，使细胞全部脱离瓶壁，离心收集感染细胞，加入疫苗冷冻保护液后，制成冷冻活疫苗，或加入稳定剂后，经超声波裂解释放病毒，纱布过滤，冷冻、真空干燥。

（2）质量标准与使用

物理性状：冷冻疫苗为淡橙色，冻干疫苗为乳白色疏松团块，易于瓶壁脱离，加稀释液后迅速溶解。

无菌检验、支原体检验和外源病毒检验：按附录六、八、十二进行，应符合规定。

鉴别检验：以100PFU的病毒液与抗火鸡疱疹病毒特异血清等量混合后，18～22℃中和30min，接种细胞，蚀斑减少率应在95%以上。

安全检验和蚀斑计数方法与血清1型疫苗相同。

按瓶签注明羽份，加配套稀释液稀释，适用于注射各种品种的1日龄雏鸡，每只鸡肌内或皮下注射0.2mL（含2 000PFU），用于预防鸡马立克氏病。疫苗使用过程中应注意以下两点：① 已发生过马立克氏病的鸡场，雏鸡应在出壳后立即进行预防接种。② 疫苗应随配随用，用专用稀释液稀释疫苗。疫苗稀释后放入盛有冰块的容器中，必须在1h内用完。

近年来，以HVT为载体的重组病毒疫苗研究成为热点。原梅里亚公司生产的表达鸡传染性法氏囊病病毒VP2重组火鸡疱疹病毒vHVT-013-69株已在国内注册，用于预防鸡马立克氏病和传染性法氏囊病，临床效果较好。

4. 鸡马立克氏病双价/三价（多价）活疫苗 自20世纪80年代开始，由于MDV毒力出现了超强毒，世界某些地区单价苗免疫失败屡屡发生，因此有些学者提出多价苗战略，先后研制出二价苗和三价苗。Witter R. L报道了3种血清型疫苗单独使用和合用时抵抗强毒和超强毒MDV株感染的试验比较，证实了多价苗的效力，多价苗比HVT或其他单价苗更能抵抗强毒株的攻击。同时发现二价苗中只需要少量的BS-1蚀斑数（1 500～2 000PFU）即可获得极好的免疫效果。

世界各国研究了血清1型毒株与血清2型毒株，血清1型毒株与血清3型毒株，血清2型毒株与血清3型毒株的各种组合的二价苗。在美国主要使用2型和3型组成的疫苗，即SB-1或301B/12＋HVT-Fc-126，西欧则使用1型和3型组成的疫苗CVI988＋HVT-Fc-126。中国使用的二价苗有1型＋3型，如814＋HVT-Fc-126、CVI988＋HVT-Fc-126，也有2型＋3型，如SB-1＋HVT-Fc-126及Z4＋HVT-Fc-126。中国还研制了1型＋2型＋3型三价疫苗，利用几种血清型病毒协同保护作用，使MD造成的损失得以降低，但多价苗只能用液氮保存和运输，成本很高。

（1）鸡马立克氏病二价疫苗（CVI988/Rispens株＋ HVT Fc-126株） 本品系用鸡马立克氏病1型（CVI988/Rispens株）、3型（HVT Fc-126株）毒株分别接种于鸡胚成纤维细胞（CEF）培养，经消化收获感染细胞，加入适量的细胞冻存保护液而制成，用于预防各种1日龄雏鸡的马立克氏病。

质量标准与使用：

物理性状：淡红色均一的细胞悬液。

无菌检验、支原体检验和外源病毒检验，按附录六、八、十二进行，应符合规定。

蚀斑计数。每批疫苗抽样3瓶，用配套稀释液稀释，每瓶疫苗接种10个已长成单层的鸡胚成纤维细胞培养皿，培养5～7d。

HVT Fc-126株蚀斑计数：培养5d后，取出5个培养皿，在倒置显微镜下直接计数每个细胞培养皿中由HVT Fc-126株形成的蚀斑，并核算每羽份疫苗所含的HVT Fc-126株蚀斑数，每羽份应不低于1 500PFU。

CVI988/Rispens株蚀斑计数：培养6d后，另取5个培养皿，弃去培养皿内的培养液，用灭菌PBS轻洗细胞单层，弃去PBS，每个培养皿中加入80%丙酮约1.5mL，置4℃作用20min，除去丙酮，在空气中干燥20min，加入CVI988/Rispens株单克隆抗体，置37℃作用30min，弃去单克隆抗体，用PBS洗2次，每个平皿中加入羊抗鼠荧光抗体，置37℃作用45min，弃去荧光抗体，用PBS洗1次，再用去离子水洗1次，在空气中干燥后，于荧光显微镜下计数由CVI988/Rispens株形成的蚀斑，并核算每羽份疫苗所含的CVI988/Rispens株蚀斑数，每羽份应不低于1 500PFU。

安全检验。1日龄SPF鸡10只，各皮下注射10羽份，观察42d，应不出现由疫苗引起的任何病变或死亡，且由非疫苗原因引起的死亡数不超过2只。

使用该疫苗时应注意的事项：①防止早期强毒感染，本疫苗注射1周后产生免疫力，应采取有效措施防止孵化室和育雏室内发生早期强毒感染。②在疫苗运输或保存过程中，如液氮容器中液氮意外蒸发完，则疫苗失效，应予废弃。疫苗生产厂家和使用单位应指定专人检验补充液氮，以防意外事故。③从液氮瓶中取出本品时应戴手套，以防冻伤，取出的疫苗应立即放入37℃温水中速溶（不超过30s）。④疫苗现配现用，稀释后应在1h内用完，注射过程中应经常轻摇稀释的疫苗，使细胞悬浮均匀。

（2）鸡马立克氏病1型（CVI988/Rispens/B5株）、2型（HCV2/B5株）、3型（HVT Fc-126/B5株）三价疫苗　本品系用鸡马立克氏病病毒1型（CVI988/Rispens/B5株）、2型（HCV2/B5株）、3型（HVT Fc-126/B5株）毒株分别接种于鸡胚成纤维细胞（CEF）培养，收获感染细胞，按比例混合后，加入适量的细胞冻存保护液而制成，用于预防各种1日龄雏鸡的马立克氏病。

物理性状，融化后为淡黄色或淡粉红色细胞悬液。

无菌检验、支原体检验和外源病毒检验，按附录六、八、十二进行，应符合规定。

安全检验。1日龄SPF鸡10只，各皮下注射10羽份，观察14d，应无异常反应。

蚀斑计数。每批疫苗抽样3瓶，用维持液稀释成10^{-3}、10^{-4}，接种3块24孔板鸡胚成纤维细胞单层，每孔0.2mL，每板接种3个样品，每个样品每个稀释度重复3孔，吸附1h后每孔加入维持液1mL，培养4～6d；除去细胞培养液，用PBS洗2次，每孔加冷甲醇（-30℃）0.2mL，固定10min，除去甲醇后用PBS洗3次；在孔中分别加入工作浓度的MDV型特异单抗。3块板分别加入MDV共型单抗BD8、MDV 1型单抗BA4、MDV 2型单抗Y5或MDV 3型单抗L78。在37℃作用60min。用含0.05%吐温PBS洗3次，然后加工作浓度的兔抗小鼠IgG荧光标记物0.2mL，37℃孵育30min，再用0.05%吐温PBS洗3次，干燥后在荧光显微镜下计数蚀斑。每羽份中的CVI988/Rispens/B5株病毒不低于1 000PFU，HCV2/B5株病毒不低于500PFU，HVT Fc-126/B5株病毒不低于1 000PFU。

5. 基因工程疫苗　MDV分子生物学和MDV基因结构和功能方面的研究，使基因工程苗的研制成为可能。重组活病毒载体基因工程苗是目前研究较多且最有希望的基因工程疫苗之一。抗MD重组活病毒载体疫苗主要是以鸡痘病毒（FPV）和HVT为载体研究抗MD基因工程疫苗。

Nazerian等（1992）以FPV为载体构建了能表达MDV的*gB*基因的rFPV。rFPV接种雏鸡可使鸡产生抵抗强毒攻击的免疫力。免疫效果与细胞结合HVT疫苗水平相当，是具有开发前景的非细胞结合型MD基因工程重组疫苗。刘秀梵等将表达CVI988 *gB*基因的重组FPV在不同品种鸡进行免疫攻毒保护试验，结果表明，rFPV-gB对MD疫苗母源抗体阳性鸡和阴性鸡均提供免疫保护作用，且在某些品种鸡中与HVT液氮苗和HVT冻干苗存在免疫保护协同作用，保护效力接近或达到HVT+Z4双价苗和CVI988疫苗，rFPV-gB+HVT是目前防制MD最好的冻干制品。但rFPV和FPV一样，7日龄前免疫存在不良反应，对个别品系的SPF鸡可引起少量死亡，而所有的SPF鸡和部分商品鸡免疫后会表现增重减缓，因此这是制约重组鸡痘病毒作为疫苗用于早期免疫的一个重要因素之一。

以HVT为载体构建插入MDV的*gB*基因的重组病毒，在理论上具有MDV-HVT二价苗的优点。要比二价疫苗更易保存且应用安全。目前多个实验室正在开发利用HVT作为载体构建MDV重组疫苗的研究工作。1993年，Ross等用HVT的*TK*基因作为插入位点，表达了MDV的gB蛋白，所得到的rHVT是安全的，免疫效果与HTV相当。

近年来，MDV的细菌人工染色体（BAC）研究取得了很大进展。Lawrence Petherbridge等（2003）克隆了CVI988株的基因组作为一稳定感染性BAC，BAC营救的病毒能提供完全保护，抵抗 MDV 强毒株攻击，与父母代病毒 CVI988 株具有相似的保护效力。以 BAC 克隆为 DNA 疫苗，能诱导 6/20 鸡产生保护。

Cui X 等（2005）构建了 vIL－8 缺失突变 MDV 株 rMd5/delta vIL－8。该毒株毒力温和，与常用疫苗 CVI988 株相比，能保护更高母源抗体水平的易感动物。崔治中教授构建了肿瘤基因 *Meq* 缺失性 MD 疫苗 SC9－1（GX0101 ΔMeq ΔKal），具有良好的安全性和免疫原性。

（三）展望

常规 MD 疫苗的使用大大降低了 MD 的发生，但疫苗的使用，特别是多苗联用会引起临时性 B 淋巴细胞机能障碍和鸡抗感染力的降低，并且 MDV 与细胞结合形成感染性细胞或细胞碎片极不稳定。MDV 分子生物学的研究和 MDV 一些重要基因的结构和功能方面的研究，促进了 MD 基因工程疫苗的研究和开发。但是，MD 基因工程疫苗大多尚处于实验室研究阶段，一些在免疫试验中效果较好的基因工程疫苗仍然存在着局限性。如重组活载体苗多次使用时，由于机体对载体的免疫而产生免疫排斥。

总之，MDV 是一个特殊的病毒，只有将疫苗、生物安全、遗传和饲养管理看作是一个系统工程，才能更加有效地控制马立克氏病。

（杨承槐）

三十、鸡传染性支气管炎

（一）概述

传染性支气管炎（Infectious bronchitis，IB）是鸡的一种急性、高度接触性的呼吸道疾病。以咳嗽，喷嚏，雏鸡流鼻液，产蛋鸡产蛋量减少，呼吸道黏膜呈浆液性、卡他性炎症为特征。

传染性支气管炎病毒（Infectious bronchitis virus，IBV）属于冠状病毒科、冠状病毒属的病毒。该病毒具有多形性，但多数呈圆形，大小为 80～120nm。病毒有囊膜，表面有杆状纤突，长约为 20nm，在蔗糖溶液中的浮密度 1.15～1.18g/mL。

病毒粒子含有 3 种病毒特异性蛋白：衣壳蛋白（N）、膜蛋白（M）和纤突蛋白（S）。S 蛋白位于病毒粒子表面，是由等摩尔的 S1 和 S2 两部分组成，S1 为形成突起的主要部分。S1 糖蛋白能诱导机体产生特异性中和抗体、血凝抑制抗体，并与病毒的组织嗜性有关。由于 *S1* 基因易通过点突变、插入、缺失和基因重组等途径发生变异，而产生新的血清型的病毒，所以传染性支气管炎病毒血清型较多，并且新的血清型和变异株不断出现，各血清型之间仅有部分或完全没有交叉保护作用，给本病的防治带来很大的困难。通过 *S1* 基因序列分析，可将病毒株分为不同类群，目前中国主要流行 QX 型、TW－Ⅰ型、HN－08 型、Mass 型、CH Ⅵ型和 4/91 型等。

病毒能在 10～11 胚龄的鸡胚中生长，自然病例病毒初次接种鸡胚，多数鸡胚能存活，少数生长迟缓。但随着继代次数的增加，对鸡胚的毒力增强，至第 10 代时，可在接种后的第 10 天引起 80％的鸡胚死亡。

鸡传染性支气管炎临诊上分为呼吸型、肾型、肠型等。幼龄母鸡感染呼吸型鸡传染性支气管炎病毒后可引起输卵管永久性退化，性成熟后丧失产蛋能力。

（二）疫苗的种类

IBV 疫苗分弱毒疫苗和灭活疫苗两类。中国常用的为 Mass 型的 H120 株和 H52 株、W93 株。单一血清型疫苗只能对同型 IBV 感染产生免疫力，对异型病毒只能提供部分保护或根本不保护，各地应根据当地流行的血清型选择疫苗。疫苗株应避免过多地传代，以防其免疫原性降低。

1. 鸡传染性支气管炎灭活苗 Gough 等 1977 年报道了用油乳剂灭活苗有效控制 IB，但是 IB 血清型的多样性，单价灭活苗并没有阻止 IBV 变异株引起的 IB 暴发。美国从 1983 年开始投入商业生产，日本用鸡胚或鸡肾细胞制成灭活佐剂苗，德国则用 H52 株制备灭活苗。中国用 IBV M41 株进行了灭活苗研制。

（1）疫苗的生产制造 种毒经尿囊腔接种 9～11 日龄的鸡胚培养，收获尿囊液，加甲醛或 β-丙内酯灭活，加矿物油佐剂混合乳化制成灭活疫苗。

（2）质量标准与使用 物理性状检验，应为乳白色的乳剂；无菌检验，培养应无菌生长；安全检验，取 4 周龄 SPF 鸡 10 只，每只鸡肌内注射疫苗 1mL（含 2 羽份），观察 14d 后，临床表现均应无异常反应；效力检验，用 3～4 周龄 SPF 鸡 10 只，点眼或滴鼻接种鸡传染性支气管炎活疫苗 1 羽份，21d 后，分别采血，各肌内注射灭活疫苗 1 羽份，21～28d 后，分别采血。将两次血清分别做 HI 试验，若二免血清的 HI 几何平均滴度比首免血清 HI 几何平均滴度高 3 倍或 4 倍以上，则疫苗合格。

原英特威、梅里亚等公司生产鸡传染性支气管炎灭活疫苗，免疫 1 个剂量 35d 后采血分离血清，免疫鸡 HI 抗体效价的几何平均效价应≥1∶64。

疫苗于 2～8℃保存，不可冻结，有效期 12 个月。1 月龄内雏鸡注射 0.3mL，成鸡注射 0.5mL，胸部或大腿肌内注射，免疫期为 4 个月。

鸡传染性支气管炎通常与其他病毒制成二联或多联灭活疫苗，如新城疫-传染性支气管炎二联灭活疫苗、新城疫-传染性支气管炎-减蛋综合征三联灭活疫苗、新城疫-传染性支气管炎-禽流感三联灭活疫苗等。

2. 鸡传染性支气管炎活疫苗 H 株为最早的 IB 弱毒疫苗。全世界应用最广泛的弱毒疫苗为 H120，中国目前采用的主要是 H120 和 H52 株弱毒疫苗。另外，有肾型传染性支气管炎弱毒活疫苗、B48 株活疫苗和 Ma5 株活疫苗。

（1）鸡传染性支气管炎活疫苗（H120 株或 H52 株）

1）疫苗的生产制造 用灭菌生理盐水将 H120 或 H52 毒种稀释 10～100 倍，以 0.1mL 接种 10～11 日龄的 SPF 鸡胚尿囊腔，37℃孵化 30～36h，弃死胚，置 2～8℃ 4～24h，收获鸡胚液做无菌检验并冷冻保存。经检验合格的鸡胚液加等量灭菌 5%蔗糖脱脂乳混匀过滤后，加青霉素和链霉素充分混匀，定量分装，冻干。

2）质量标准与使用 本品物理性状为淡黄或微红色海绵状疏松团块，易与瓶壁脱离，加稀释液后迅速溶解。

按附录六、八、十二进行检验，应无菌和支原体生长，外源病毒检验应符合规定。

安全检验：H120 疫苗，用 4～7 日龄 SPF 鸡 10 只，每只鸡滴鼻接种疫苗 10 羽份，另设同批空白对照鸡 10 只，两组鸡在同条件下饲养管理，观察 10d，全部健活，应无呼吸异常及神经症状。如有非特异性死亡，任何一组雏鸡应不超过 1 只，否则应重检一次。

H52疫苗，用25～35日龄的SPF鸡10只，每只鸡滴鼻接种疫苗10羽份，观察14d，应不出现任何症状。

效力检验：H120疫苗，每批疫苗抽样1瓶，用生理盐水做10倍系列稀释，取3个稀释度各接种10日龄SPF鸡胚5个，每胚尿囊腔接种0.1mL，置37℃继续孵化，24h以前死亡的鸡胚弃去不计，按接种后24～144h死胚及144h仍生存的活胚，但其胚儿具有失水、卷缩、发育小等特异性病痕的胚数，计算其EID_{50}，每羽份≥$10^{3.5}$ EID_{50}，判为合格。或用1～3日龄SPF鸡10只，每只鸡滴鼻接种疫苗1羽份，10d后连同对照鸡10只，用10倍稀释的M41强毒滴鼻，每只1～2滴，观察10d，免疫鸡至少保护8只，对照鸡发病不少于8只，疫苗判为合格。

H52疫苗，用鸡胚效检同H120疫苗。或用21日龄SPF鸡10只，每只鸡滴鼻接种或气管注射疫苗1羽份，10d后采血，分离血清，至少抽检5只，分别测中和抗体效价，应不低于1∶8。

冻干疫苗在－15℃以下保存，有效期为12个月。

H120疫苗用于初生雏鸡，不同品种鸡均可使用，雏鸡用H120疫苗免疫后，至1～2月龄时，须用H52疫苗进行加强免疫。H52疫苗专供1月龄以上的鸡使用，初生雏鸡不能使用。

（2）鸡传染性支气管炎活疫苗（W93株） 用鸡传染性支气管炎弱毒W93株接种SPF鸡胚，培养收获感染鸡胚液，加入适当的稳定剂，经冷冻真空干燥制成疫苗。用于预防嗜肾性鸡传染性支气管炎病毒感染。

本品物理性状为乳白色海绵状疏松团块，易与瓶壁脱离，加稀释液后迅速溶解。

按附录六、八、十二进行检验，应无菌和支原体生长，外源病毒检验应符合规定。

鉴别检验。用生理盐水将疫苗稀释成$10^{4.0\sim5.0}$ EID_{50}/mL，与等量特异性抗血清混合后，在20～25℃作用60min后尿囊腔接种9～10日龄SPF鸡胚10枚，各0.2mL，37℃孵化144h，应正常存活80%以上（接种后24h内死亡不计）。

安全检验：用3～10日龄SPF鸡20只，分成两组，每组10只，第一组每只鸡以10羽份滴鼻，第二组不接种作为对照，两组在同条件下分别饲养，观察28d，接种鸡应健活；或仅1只表现一过性反应，2～3d恢复，剖检，肾脏无肉眼可见病变。任何一组鸡应不超过1只非特异性死亡，否则应重检一次。

效力检验：下列方法任择其一：① 用无菌生理盐水做10倍系列稀释，取适宜稀释液，尿囊腔接种9～10日龄SPF鸡胚，计算病毒含量，每羽份应≥$10^{4.7}$ EID_{50}。

② 用7～14日龄SPF鸡20只，分成两组，其中10只滴鼻接种1/10羽份，另外10只不接种作为对照，分开隔离饲养，14d后，两组均用X株强毒滴鼻点眼，各5万～10万EID_{50}，观察28d，免疫组应保护8/10以上，对照组应8/10以上发病。

（3）鸡传染性支气管炎活疫苗（LDT3A株） 用鸡传染性支气管炎弱毒LDT3－A株接种SPF鸡胚，培养收获感染鸡胚液，加入适当的稳定剂，经冷冻真空干燥制成疫苗。用于鸡传染性支气管炎。

物理性状为乳白色或黄白色海绵状疏松团块，易与瓶壁脱离，加稀释液后迅速溶解。

按附录六、八、十二进行检验，应无菌和支原体生长，外源病毒检验应符合规定。

安全检验：用3日龄SPF鸡10只，各滴鼻接种10羽份疫苗，观察14d，应不出现由疫苗引起的不良反应，或仅 1 只鸡精神欠佳，并在 2～3d 内恢复；观察结束时，将所有鸡扑杀、剖检，均应无肾脏病变。

效力检验：下列方法任择其一：

① 病毒含量测定：用无菌生理盐水做 10 倍系列稀释，取适宜稀释液，尿囊腔接种 9～10 日龄 SPF 鸡胚，计算病毒含量，每羽份应≥$10^{3.5}$ EID_{50}。

② 免疫攻毒：取 3 日龄 SPF 鸡 10 只，各滴鼻接种 1 羽份疫苗，接种后 14d，连同对照 10 只，各滴鼻接种鸡传染性支气管炎病毒 tl/CH/LDT3/03 株强毒，每只 0.1mL（约含 $10^{6.0}$ EID_{50}），观察 14d。对照组应至少 8 只发病或死亡，免疫组应至少 8 只健活。

发病鸡判定标准：①精神不佳、被毛松乱，不食或少食；②肾脏出现肿大或者“花斑肾”的病理变化；③气管和鼻窦内有浆液性或卡他性分泌物。符合上述任何两条，判为发病。

（4）鸡传染性支气管炎活疫苗（B48 株） 原梅里亚动物保健公司利用鸡传染性支气管炎 B48 株制备了鸡传染性支气管炎活疫苗（B48 株）。

安全检验：用 3～10 日龄 SPF 鸡 25 只，每只鸡以 10 羽份滴鼻，观察 14d，接种鸡至少 23 只应健活。

效力检验：用无菌生理盐水做 10 倍系列稀释，取适宜稀释液，尿囊腔接种 9～10 日龄 SPF 鸡胚，计算病毒含量，每羽份应≥$10^{2.6}$ EID_{50}。

（5）鸡传染性支气管炎活疫苗（Ma5 株） 原英特威公司用鸡传染性支气管炎病毒 Ma5 株（血清型为 Massachusetts）接种 SPF 鸡胚培养，收获感染鸡胚液，加稳定剂和硫酸庆大霉素，经冷冻干燥制成疫苗。

安全检验：用 1 日龄 SPF 鸡 10 只，每只鸡点眼 10 羽份，观察 21d，应全部健活，或与疫苗无关的原因引起的死亡鸡数量不超过 2 只。

效力检验：用无菌生理盐水做 10 倍系列稀释，取适宜稀释液，尿囊腔接种 9～10 日龄 SPF 鸡胚，计算病毒含量，每羽份应≥$10^{3.5}$ EID_{50}。

此外，目前在生产中常使用联苗，如新城疫-传染性支气管炎二联活疫苗（La Sota 或 HB1 株＋H120 或 H52 株），这些联苗的使用在防治传染性支气管炎及相关疾病方面也起到了重要作用。

3. 鸡传染性支气管炎基因工程疫苗 经过近年来对 IBV 的分析表明，病毒纤突蛋白能刺激机体产生保护性免疫力，并已知道编码病毒纤突的基因序列。Wang X 等（2002）用重组鸡痘病毒表达了 Mass 41 株的 *S1* 基因，免疫鸡受到部分保护，并且试验结果显示，翅下免疫接种效果更好。用禽腺病毒表达 Vic S 株 IBV *S1* 基因，对 1 日龄或 6 日龄雏鸡口腔免疫且在 35 日龄攻毒，试验结果显示，接种后的第 6 天，对于 IBV 同源和异源毒株在支气管的保护率达到 90%～100%。

Song CS 等（1998）证实，用杆状病毒表达的 IBV 糖蛋白 S1 能诱导保护性免疫应答。

此外，用转基因植物来生产 IB 疫苗也是一个未来发展方向。Zhou JY 等（2004）用表达 IBV S 蛋白的转基因土豆口服和肌内注射免疫的雏鸡能产生中和抗体，并能抵抗强毒 IBV 的攻击。

（三）展望

IBV 变异较快，至少有数十种血清型或基因型，给养禽业和疫苗研发者带来了挑战。临床上可选用的疫苗种类较少，必须依靠良好的管理措施。反向遗传操作系统给我们带来了新的希望，可能开发出更加精确和稳定的疫苗，用于IB防控。

（杨承槐）

三十一、禽流感

（一）概述

禽流感（Avian influenza，AI）是禽流行性感冒的简称，是由A型流感病毒（Avian influenza Virus type A）引起的一种禽类传染病。禽流感病毒感染后可以表现为轻度的呼吸道症状、消化道症状，死亡率较低；或表现为较为严重的全身性、出血性和败血性症状，死亡率较高。根据病毒致病性和毒力不同，在临床上可分为高致病性禽流感和低致病性禽流感。

流感病毒属正黏病毒科（Orthomyxoviridae family）、流感病毒属。病毒基因组由8个负链的单股RNA片段组成。根据抗原性不同，可分为A、B、C三型，禽流感是由A型流感病毒引起的。禽流感病毒粒子一般为球形，直径为80～120nm，但也常有同样直径的丝状形式，长短不一。病毒粒子表面有长10～12nm的密集钉状物或纤突覆盖，病毒囊膜内有螺旋形核衣壳。两种不同形状的表面钉状物是血凝素（HA）和神经氨酸酶（NA）。HA和NA是病毒表面的主要糖蛋白，具有种（亚型）的特异性和多变性，在病毒感染过程中起着重要作用。HA是决定病毒致病性的主要抗原成分，能诱发感染宿主产生具有保护作用的中和抗体，而NA诱发的对应抗体无病毒中和作用，但可减少病毒增殖和改变病程。流感病毒的基因组极易发生变异，其中以编码HA基因的突变率最高，次为NA基因。迄今已知有17种HA和10种NA，不同的HA和NA之间可能发生不同形式的随机组合，从而构成许多不同亚型。据报道，现已发现的流感病毒亚型至少有80多种，其中绝大多数属非致病性或低致病性，高致病性亚型主要是含H5和H7的毒株。所有毒株均易在鸡胚以及鸡和猴的肾组织培养中生长，有些毒株也能在家兔、公牛和人的细胞培养中生长。在组织培养中能引起血细胞吸附，并常产生病变。大多数毒株能在鸡胚成纤维细胞培养中产生蚀斑。有些毒株在鸡、鸽或人的细胞培养中培养之后，对鸡的毒力减弱。

病毒子在不同基质中的密度为1.19～1.25g/mL。通常在56℃经30min灭活；某些毒株需要50min才能灭活；对脂溶剂敏感。加入鱼精蛋白、明矾、磷酸钙在－5℃用25％～35％甲醇处理使其沉淀后，仍保持活性。甲醛可破坏病毒的活性；肥皂、去污剂和氧化剂也能破坏其活性。冻干后在－70℃可存活2年。感染的组织置50％甘油盐水中在0℃可保存活性数月。在干燥的灰尘中可保存活性14d。

禽流感在家禽中以鸡和火鸡的易感性最高，其次是珍珠鸡、野鸡和孔雀。鸭、鹅、鸽、鹧鸪也能感染。禽流感也是人畜共患病，H5N1亚型禽流感病毒感染人后可导致人死亡。

感染禽从呼吸道、结膜和粪便中排出病毒。因此，可能的传播方式有感染禽和易感禽的直接接触和包括气溶胶或暴露于病毒污染的间接接触两种，一般认为粪口途径是禽类的主要感染传播途径。因为感染禽能从粪便中排出大量病毒，所以被病毒污染的任何物品，如鸟粪和哺乳动物、饲料、水、设备、物资、笼具、衣物、运输车辆和昆虫等，都易传播疾病。本病一年四季均能发生，但冬春季节多发，夏秋季节零星发生。气候突变、冷刺激以及饲料中营养物质缺乏均能促进该病的发生。本病能否垂直传播，现在还没有充分的证据证实，但当母鸡感染后，鸡蛋的内部和表面可存有病毒。人工感染母鸡，在感染后3～4d几乎所产的全部鸡蛋都含有病毒。

（二）疫苗

1. 疫苗的研究

中国普遍使用的禽流感疫苗有灭活疫苗和活载体疫苗。

（1）灭活疫苗　灭活疫苗安全，免疫后不存在毒力返强或变异的危险，便于生产和大量贮存，也不存在向外界排毒的危险。目前，H5和H9亚型禽流感灭活疫苗已经在中国研制成功，并在全国广泛推广使用。试验表明，仔鸡免疫接种H5亚型重组灭活苗后10d可产生良好的免疫保护力，21d血凝抑制（HI）抗体达到高峰，免疫鸡能有效抵抗AIV H5亚型强毒攻击。在H9亚型株制作的油乳剂灭活疫苗研究方面，应用流行株制作疫苗可获得良好的免疫效果。用H9亚型油乳剂灭活疫苗免疫SPF鸡1周后即可产生HI抗体，21～28d抗体可达高峰，免疫鸡能抵抗同亚型病毒的攻击，目前已批准的毒株有SS、WD、NJ01、F、LG1和SD696等毒株。中国农业科学院哈尔滨兽医研究所采用基因反向遗传操作技术构建了H5N1亚型重组禽流感病毒。H5N1亚型重组禽流感病毒灭活疫苗，对禽类和哺乳动物高度安全，免疫效力高，对鸡的有效免疫保护期长达10个月以上。该疫苗已被农业部批准生产、使用。同时被农业部批准使用的还有禽流感H5-H9、H5-H7二价灭活疫苗。

（2）基因工程活载体疫苗　中国已研究成功的禽流感基因工程疫苗主要有鸡痘病毒重组禽流感活载体疫苗和新城疫病毒重组禽流感活载体疫苗。

近年来，中国在禽流感基因重组活载体疫苗方面取得重大突破，利用基因工程的方法，将禽流感血凝素基因插入对禽类致病性很弱的痘苗病毒或新城疫疫苗病毒。制成了鸡痘病毒重组禽流感活载体疫苗和新城疫病毒重组禽流感活载体疫苗。用此重组疫苗对动物进行免疫，由于重组病毒可在动物体内复制，并不断表达出免疫病毒原性蛋白质，从而诱导禽类产生对目标病原的免疫保护力。

禽痘病毒表达系统是继痘苗病毒以后的一种动物病毒载体，以它作载体具有与痘苗病毒相同的优点，如基因组结构庞大，含有多个复制非必需区，可在其感染的细胞中进行修饰，外源基因的表达产物可以诱导机体产生持续时间较长的体液与细胞免疫反应，严格的胞浆内复制，从而消除了重组病毒的应用对人类造成的潜在威胁。最重要的是因为表达产物具有天然蛋白质的活性，并且保留了其相应的抗原性、免疫源性及功能。它不仅可以用来研制禽类的基因工程活载体疫苗，而且可以作为非复制型病毒载体研制哺乳动物基因工程活载体疫苗，用于禽类以外的动物疾病的防制。

乔传玲等（2003）构建了能同时表达H5N1亚型HA基因和NA的重组禽痘病毒rFPV-HA-NA活载体疫苗，用此重组病毒对1日龄SPF鸡进行免疫接种，4周后能够产生对H5N1高致死性AIV的致死性攻击。并可有效阻止病毒在泄殖腔的排出。这种疫苗是一种安全、有效的基因工程疫苗。步志高等利用新城疫LaSota疫苗株作载体插入禽流感病毒H5N1亚型HA基因构建的禽流感-新城疫活载体疫苗免疫SPF能产生良好的免疫保护力，既能保护新城疫，又能预防H5N1型禽流感，在肉鸡的禽流感防疫中也发挥了良好的作用。农业部已批准此两种疫苗生产和使用。

（3）基因工程亚单位疫苗　禽流感亚单位疫苗是提取禽流感具有免疫原性的蛋白，加入佐剂而制成。这种疫苗安全性好，能刺激机体产生足够的免疫力，只是抗体时间较短，成本高。由于重组 DNA 及分子克隆技术的发展，可以将 *HA* 基因连接到载体质粒，然后导入表达系统中，经诱导可获得大量表达的免疫原性蛋白，提取所表达的特定多肽，加入佐剂即可制成基因工程亚单位疫苗，这样可大大降低成本。

谢快乐等用中国台湾分离株 H8N4 的外膜蛋白（血凝素 HA 和神经胺酸酶 NA）制作了免疫复合物亚单位疫苗，同时制作了 H8N4 的灭活油佐剂苗，用血凝抑制试验作为评估两种疫苗的标准，结果表明差别不明显。只是在加强免疫时亚单位疫苗抗体升高比灭活油佐剂苗明显。Kodihalli S 等研制了火鸡 H5N2 病毒 HA 和核蛋白（NP）复合亚单位疫苗，可以对同源和异源亚型病毒的攻击产生保护作用。John Crawford 等利用杆状病毒表达系统表达了 H5、H7 亚型 AIV 的 HA 佐剂疫苗，用这两种疫苗分别免疫 3 周龄 Rock 鸡，对高致病性强毒的攻击均能产生 100%的保护。

基因工程亚单位疫苗不能产生针对病毒内蛋白的免疫应答，所以不会干扰禽流感田间自然感染的流行病学调查。并且不存在毒力返强、散毒和环境污染的问题。由于该种疫苗易于规模化生产，而且经济方便。因此，用杆状病毒生产重组 HA 佐剂疫苗来防治禽流感，前景非常乐观。

（4）核酸疫苗　核酸疫苗是将可表达保护性免疫原基因的质粒 DNA 直接导入机体细胞内，使抗原性蛋白经过内源性表达并提呈给免疫系统，使机体产生特异性免疫作用。用于直接注射的 DNA 即称为核酸疫苗。

1993 年 Ulmer 等首先报道了基因免疫用于流感病毒的结果，他们将 A/PR/8/34（H1N1）流感株 *NP* 基因插入表达质粒，注射入小鼠体内，不仅产生抗 NP 的特异性 IgG 抗体，而且诱导 CTL 反应。攻毒结果，免疫组小鼠能抵抗同型流感病毒株的攻击。用基因枪免疫小鼠，可以使其产生长期的 B 细胞应答反应，免疫 1 年后可在骨髓和脾脏中检测到 HA 蛋白特异的 B 细胞存在。

Robinson 等用禽白血病病毒的启动子构建 AIV *HA* 基因表达质粒，通过皮下、腹膜内和静脉内三种接种途径对鸡进行首免，1 个月后进行第二次加强免疫，剂量为 100μg/羽，在第二次免疫 2～3 周后用致死性强毒攻击，在攻毒前，虽然在首免和第二次加强免疫后的 HI 抗体和中和抗体滴度都很低，但在攻毒后抗体滴度明显上升，可对致死性攻击产生 100%的保护。

姜永萍等（2005）构建了 H5 亚型禽流感 DNA 疫苗质粒 pCA GGoptiHA5，并对其免疫效果进行了研究。结果表明，10μg 剂量 pCA GGoptiHA5 一次免疫可对免疫鸡形成 100%的保护（不发病、不致死），pCA GGoptiHA5 作为疫苗效果良好、成本低廉。

虽然核酸疫苗具有很多优点，但 DNA 疫苗本身仍存在着安全性问题。一是转入体内的外源 DNA 有可能整合到宿主染色体基因组 DNA 上，使宿主细胞转化为癌细胞。二是少量抗原长期表达，很可能引起针对该抗原的免疫耐受，在遭遇病原体后反而会引起严重感染。

（5）反向遗传操作基因工程疫苗　目前，在禽流感研究中所采用的反向遗传基因操作技术被称为 RNA pol Ⅰ/Ⅱ系统，其技术原理为：在 CMV 启动子和 poly A 信号间正向插入流感病毒基因组 cDNA，然后在两端反向加入 RNA pol Ⅰ启动子和终止子。这样，一种质粒可表达病毒蛋白质的同时大量转录病毒负链 RNA，共需 8 种质粒转染细胞即可，从而达到拯救流感病毒粒子的目的。

反向遗传基因操作技术一建立，就开始应用于流感病毒疫苗，基因突变及结构与功能方面研究。Li 等将 A/WSN/33（H1N1）毒株 HA 蛋白分子上抗原决定簇 B 位点上的 6 个氨基酸分别用 A/Japan/57（H2N2）毒株的所替代，制备出 W（H1）- H3 的转染子。血清学分析表明，无论用红细胞凝集抑制试验，还是中和方法测定，W（H1）- H3 转染子都能与 WSN 和 HK 的抗血清起反应。用 W（H1）- H3 转染子免疫小鼠，既可产生抗 WSN，又能产生抗 H3 病毒的抗体。这些结果表明，反向遗传基因操作技术同样有可能用于流感病毒多价疫苗的制备。

李泽君等（2005）建立了禽流感病毒 A/goose/Guangdong/1/96（GSGD/1/96）株的 8 质粒反向基因操作系统，并通过细胞转染成功拯救了该病毒（R - GSGD/1/96）。R - GSGD/1/96 在对 SPF 鸡和 Balb/c 小鼠的致病性方面保持了与亲本野毒（W - GSGD/1/96）一致的生物学特性。应用反向遗传操作技术，将 R - GSGD/1/96 的 HA 裂解位点上与毒力有关的多个碱性氨基酸（RERRRKKR，GLF）突变成 RETR、GLF，获得一株低毒力、免疫原性好的疫苗株，即重组禽流感病毒（H5N1 亚型）灭活疫苗（Re - 1 株）。随后，根据国内 H5 亚型禽流感变异流行情况，构建了针对流行毒株的不同重组病毒疫苗：Re - 1 株、Re - 2 株、Re -4 株、Re - 5 株、Re - 6 株、Re - 7 株、Re - 8 株、Re - 10 株、Re - 11 株、Re - 12 株等。

2. 中国批准使用的禽流感病毒疫苗

（1）禽流感重组鸡痘病毒载体活疫苗（H5 亚型）　本品系用表达禽流感病毒 HA 和 NA 蛋白的重组鸡痘病毒 rFPV - HA - NA 株接种鸡胚成纤维细胞培养，收获培养物，加适宜稳定剂，经冷冻真空干燥制成。用于预防 H5 亚型禽流感病毒引起的禽流感。

疫苗的物理性状为黄色或微红色海绵状疏松冻干团块，易与瓶壁脱离，加稀释液后迅速溶解。

质量标准和使用方法：

安全检验：取 1 日龄 SPF 鸡 15 只，其中 10 只分别于翅膀内侧无血管处皮下刺种疫苗 0.05mL（10 羽份疫苗），另 5 只不接种作为对照。观察 14d，均应健活，且不出现由疫苗引起的全身不良反应。如有非特异性死亡，对照组和免疫组均不得超过 1 只，而且免疫组的死亡数不得多于对照组。

效力检验标准为：在下列方法中任择其一。

1）病毒含量测定　用 2mL 灭菌生理盐水将疫苗溶解，做 10 倍系列稀释，取 10^{-4}、10^{-5}、10^{-6}和 10^{-7}4 个稀释度分别接种于生长良好的鸡胚成纤维细胞单层（CEF）（50mL 细胞培养瓶）3 瓶，每瓶 0.2mL，37℃吸附 2h 后弃去病毒液，然后用含 5%犊牛血清的 DMEM 营养琼脂覆盖，每瓶 4mL，待凝固后将瓶倒置，37℃培养，待出现 75%以上细胞病变（CPE）时再用含 0.01%中性红的营养琼脂覆盖，每瓶 2mL，待凝固后将瓶倒置，37℃培养 24h，记录蚀斑数，计算平均值，每羽份病毒含量应≥2×10^3PFU。

2）用鸡检验　用 14～28 日龄 SPF 鸡 15 只，其中 10 只各翅膀内侧无血管处皮下刺种 0.05mL，5 只不接种作为对照，21d 后，各鼻腔接种 A 型禽流感 GD/1/96（H5N1）株病毒液 0.1mL（含 100LD_{50}），观察 14d，对照鸡应全部死亡，免疫鸡应全部存活。攻毒后第 4 天采集泄殖腔棉拭子，进行病毒分离，免疫组应至少 9 只鸡为阴性，对照鸡病毒分离均应为阳性。

该疫苗的作用是预防由 H5 亚型禽流感病毒引起的禽流感。

使用方法是用灭菌生理盐水或其他适宜稀释液，稀释为 50mL 用蘸水笔尖，或稀释为 6mL 用刺种针，在翅膀内侧无血管处皮下刺种 2 周龄以上鸡，剂量是每只鸡接种 1 羽份。

在接种后 3d，注射部位可能出现轻微肿胀的不良反应，一般在 2 周内完全消失。

使用时的注意事项为：①仅用于接种健康鸡，体质瘦弱、有疾病或接触过鸡痘病毒的鸡不能使用。②应冷藏运输。③疫苗瓶破损、有异物或无瓶签的疫苗，切勿使用。④疫苗应现用现配，稀释后的疫苗限当日用完。⑤禁止疫苗与消毒剂接触。⑥使用过的器具应进行消毒。

－15℃以下保存，有效期为 24 个月。

（2）重组禽流感病毒灭活疫苗（H5N1 亚型，Re－6 株） 本品系用免疫原性良好的重组禽流感病毒 H5N1 亚型 Re－6 株接种易感鸡胚培养，收获感染胚液，经甲醛溶液灭活后，加油佐剂混合乳化制成。用于预防 H5 亚型禽流感病毒引起的鸡、鸭、鹅的禽流感。

质量标准和使用方法：

安全检验：用 3～4 周龄 SPF 鸡 10 只，各肌内注射疫苗 2.0mL，观察 14d，应全部健活，且不出现因疫苗引起的局部和全身不良反应。

效力检验：可用下列任一方法检验。

1）血清学方法 用 3～4 周龄 SPF 鸡 15 只，其中 10 只鸡每只肌内注射疫苗 0.3mL，5 只鸡不接种作为对照。接种后 21d，连同对照鸡 5 只，分别采血，分离血清，用禽流感病毒 H5 亚型抗原测定 HI 抗体。免疫鸡 HI 抗体平均滴度（GMT）应≥1∶64，对照鸡均应不高于 1∶4。

2）免疫攻毒法 用 3～4 周龄 SPF 鸡 15 只，其中 10 只鸡每只肌内注射疫苗 0.3mL，5 只鸡不接种作为对照。接种后 21d，连同对照鸡各鼻腔接种 A 型禽流感病毒液 0.1mL（含 $100LD_{50}$），观察 10d，对照鸡应全部死亡，免疫鸡应全部保护。攻毒后第 5 天采集泄殖腔棉拭子，进行病毒分离，免疫组应全部为阴性，对照鸡病毒分离均应为阳性。

该疫苗用于预防 H5 亚型禽流感病毒引起的鸡、鸭、鹅的禽流感。接种后 14d 产生免疫力，鸡免疫期为 6 个月；鸭、鹅加强接种 1 次，免疫期为 4 个月。

接种方法是颈部皮下或胸部肌内注射。用量为：2～5 周龄鸡，每只 0.3mL；5 周龄以上鸡，每只 0.5mL；2～5 周龄鸭和鹅，每只 0.5mL；5 周龄以上鸭，每只 1.0mL；5 周龄以上鹅，每只 1.5mL。

使用时的注意事项有：①禽流感病毒感染鸡或健康状况异常的鸡切忌使用本品。②本品严禁冻结。③本品若出现破损、异物或破乳分层等异常现象，切勿使用。④使用前应将疫苗恢复至常温，并充分摇匀。⑤接种时应使用灭菌器械，及时更换针头，最好 1 只鸡 1 个针头。⑥疫苗启封后，限当日用完。

疫苗在 2～8℃保存，有效期为 12 个月。

（3）重组禽流感病毒 H5 亚型二价灭活疫苗（H5N1，Re－6 株＋Re－8 株） 本品系用重组禽流感病毒 H5N1 亚型 Re－6 株和 Re－8 株分别接种易感鸡胚培养，收获感染鸡胚液，经甲醛灭活后，加油佐剂混合乳化制成。用于预防由 H5 亚型禽流感病毒引起的禽流感。

质量标准和使用方法：

安全检验：用 3～4 周龄 SPF 鸡 10 只，各颈部皮下或胸部肌内注射疫苗 2.0mL，观察

14d，应全部健活，且不出现因疫苗引起的局部或全身不良反应。

效力检验标准：可采取下列两种方法的其中一种。

1）血清学方法　取3～4周龄SPF鸡10只，每只肌内注射疫苗0.3mL。21d后，连同对照鸡5只，分别采血，分离血清，用国家禽流感参考实验室提供的针对禽流感病毒Re-6株和Re-8株免疫抗体的2种H5亚型抗原测定HI抗体。免疫鸡Re-6株和Re-8株HI抗体几何平均滴度（GMT）均应≥1∶64，对照鸡均应不高于1∶4。

2）免疫攻毒法　取3～4周龄SPF鸡20只，每只肌内注射疫苗0.3mL，另设对照鸡10只。接种后21d，同时进行下列检验：

取10只免疫鸡，连同对照鸡5只，各滴鼻接种A型禽流感病毒DK/GD/S1322/2010（H5N1）株病毒液0.1mL（含100LD_{50}），观察10d，免疫鸡应全部健活，对照鸡应全部死亡。攻毒后第5天，采集每只免疫鸡泄殖腔棉拭子，进行病毒分离，应全部为阴性。

取10只免疫鸡，连同对照鸡5只，各滴鼻接种A型禽流感病毒CK/GZ/4/13（H5N1）株病毒液0.1mL（含100LD_{50}），观察10d，免疫鸡应全部健活，对照鸡应全部死亡。攻毒后第5天，采集每只免疫鸡泄殖腔棉拭子，进行病毒分离，应全部为阴性。

本疫苗用于预防由H5亚型禽流感病毒引起的禽流感。使用方法是胸部肌内或颈部皮下注射。使用剂量为：2～5周龄鸡，每只0.3mL；5周龄以上鸡，每只0.5mL。

使用注意事项和保存条件同重组禽流感灭活疫苗。

（4）重组禽流感病毒H5亚型二价灭活疫苗（H5N1，Re-6株+Re-7株+Re-8株）

本品系用重组禽流感病毒H5N1亚型Re-6株、Re-7株和Re-8株分别接种易感鸡胚培养，收获感染鸡胚液，经甲醛灭活后，加油佐剂混合乳化制成。用于预防由H5亚型禽流感病毒引起的禽流感。

质量标准和使用方法：

安全检验：用3～4周龄SPF鸡10只，各颈部皮下或胸部肌内注射疫苗2.0mL，观察14d，应全部健活，且不出现因疫苗引起的局部或全身不良反应。

效力检验标准：可采取下列两种方法的其中一种。

1）血清学方法　取3～4周龄SPF鸡10只，每只肌内注射疫苗0.3mL。21d后，连同对照鸡5只，分别采血，分离血清，用国家禽流感参考实验室提供的针对禽流感病毒Re-6株、Re-7株和Re-8株免疫抗体的2种H5亚型抗原测定HI抗体。免疫鸡Re-6株、Re-7株和Re-8株HI抗体几何平均滴度（GMT）均应≥1∶64，对照鸡均应不高于1∶4。

2）免疫攻毒法　取3～4周龄SPF鸡30只，每只肌内注射疫苗0.3mL，另设对照鸡15只。接种后21d，同时进行下列检验：

取10只免疫鸡，连同对照鸡5只，各滴鼻接种A型禽流感病毒DK/GD/S1322/2010（H5N1）株病毒液0.1mL（含100LD_{50}），观察10d，免疫鸡应全部健活，对照鸡应全部死亡。攻毒后第5天，采集每只免疫鸡泄殖腔棉拭子，进行病毒分离，应全部为阴性。

取10只免疫鸡，连同对照鸡5只，各滴鼻接种A型禽流感病毒CK/LN/S4092/11（H5N1）株病毒液0.1mL（含100LD_{50}），观察10d，免疫鸡应全部健活，对照鸡应全部死亡。攻毒后第5天，采集每只免疫鸡泄殖腔棉拭子，进行病毒分离，应全部为阴性。

取10只免疫鸡，连同对照鸡5只，各滴鼻接种A型禽流感病毒CK/GZ/4/13（H5N1）

株病毒液 0.1mL（含 100LD_{50}），观察 10d，免疫鸡应全部健活，对照鸡应全部死亡。攻毒后第 5 天，采集每只免疫鸡泄殖腔棉拭子，进行病毒分离，应全部为阴性。

（5）禽流感灭活疫苗（H9 亚型，SD696 株） 本品系用重组禽流感病毒 H9 亚型 SD696 株接种易感鸡胚培养，收获感染鸡胚液，经甲醛灭活后，加油佐剂混合乳化制成。疫苗为乳白色乳剂，油包水型。

质量标准和使用方法：

疫苗主要成分为灭活的禽流感病毒 A/Chicken/Shandong/6/96（H9N2）株（简称 SD696 株），灭活前的病毒含量≥$10^{8.0}$ EID_{50}/0.2mL。

安全检验标准：用 3～4 周龄 SPF 鸡 10 只，各肌内注射疫苗 2.0mL，观察 14d，应全部健活，且不出现因疫苗引起的局部和全身不良反应。

该疫苗用于预防 H9 亚型禽流感病毒引起的禽流感。接种后 14d 产生免疫力，免疫期为 5 个月。

疫苗接种方法是采取颈部皮下或胸部肌内注射。使用剂量为 2～5 周龄鸡，每只 0.3mL；5 周龄以上鸡，每只 0.5mL。

使用注意事项和保存条件同重组禽流感灭活疫苗。

疫苗在 2～8℃保存，有效期为 12 个月。

（6）禽流感（H5＋H9）二价灭活疫苗（H5N1 Re－6＋H9N2 Re－2 株） 本品系用重组禽流感病毒 H5N1 亚型 Re－6 株和 H9N2 亚型 Re－2 株分别接种易感鸡胚培养，收获感染鸡胚液，经甲醛灭活后，加油佐剂混合乳化制成。疫苗为乳白色乳剂，油包水型。

质量标准和使用方法：

安全检验：用 3～4 周龄 SPF 鸡 10 只，各颈部皮下或胸部肌内注射疫苗 2.0mL，观察 14d，应全部健活，且不出现因疫苗引起的局部或全身不良反应。

效力检验标准：按下列方法任择其一。

1）抗体检测 取 3～4 周龄 SPF 鸡 10 只，每只肌内注射疫苗 0.3mL。21d 后，连同对照鸡 5 只，分别采血，分离血清，用国家禽流感参考实验室提供的禽流感病毒 H5 和 H9 亚型抗原测定 HI 抗体。免疫鸡 H5 和 H9 亚型 HI 抗体几何平均滴度（GMT）均应≥1∶64，对照鸡均应不高于 1∶4。

2）攻毒检验 取 3～4 周龄 SPF 鸡 20 只，每只肌内注射疫苗 0.3mL，另设对照鸡 10 只。接种后 21d，同时进行下列检验：

① H5 亚型部分 取 10 只免疫鸡，连同对照鸡 5 只，各滴鼻接种 A 型禽流感病毒 DK/GD/S1322/2010（H5N1）株病毒液 0.1mL（含 100LD_{50}），观察 10d，免疫鸡应全部健活，对照鸡应全部死亡。攻毒后第 5 天，采集每只免疫鸡泄殖腔棉拭子，进行病毒分离，应全部为阴性。

② H9 亚型部分 取 10 只免疫鸡，连同对照鸡 5 只，各滴鼻接种 A 型禽流感病毒 SH/10/01（H9N2）株病毒液 0.1mL（含 10^{6} EID_{50}）。攻毒后第 5 天，采集每只鸡喉头和泄殖腔棉拭子，并将两者混合后经尿囊腔接种 10 日龄 SPF 鸡胚 5 枚，每胚 0.1mL。孵育至 72h，测定所有鸡胚 HA 效价。每份棉拭子样品接种鸡胚中只要有 1 枚鸡胚液 HA 效价≥4log2，即判为病毒分离阳性。对病毒分离阴性的样品，应盲传 1 代后再进行判定。免疫鸡应至少有 9 只病毒分离阴性，对照鸡应至少有 4 只病毒分离阳性。

该疫苗的作用是用于预防由 H5 和 H9 亚型禽流感病毒引起的禽流感，免疫期为 5 个月。

接种方法为胸部肌内或颈部皮下注射。接种剂量为 2～5 周龄鸡，每只 0.3mL；5 周龄以上鸡，每只 0.5mL。

使用注意事项和保存条件同重组禽流感灭活疫苗。

（7）禽流感、新城疫重组二联活疫苗（rLH5－8 株） 本品系用表达 H5 亚型禽流感病毒 *HA* 基因的重组新城疫病毒 rLH5－8 株接种 SPF 鸡胚培养，收获感染鸡胚尿囊液，加适宜稳定剂，经冷冻真空干燥制成。用于预防鸡的 H5 亚型禽流感和新城疫。

质量标准和使用方法：

疫苗的物理性状为：微黄色海绵状疏松团块，易与瓶壁脱离，加稀释液后迅速溶解。

疫苗中含禽流感重组新城疫病毒 rLH5－8 株至少 $10^{6.0}EID_{50}$/羽。

鉴别检验方法和标准：将疫苗用灭菌生理盐水稀释至 $10^{3.0}EID_{50}$，与 10 倍稀释并经 56℃30min 灭活的抗鸡新城疫病毒单因子高免血清等量混合，在 24～30℃中和 1h，尿囊腔内接种 10 日龄 SPF 鸡胚 10 枚，每胚 0.2mL，置 37℃观察 120h。应不引起特异性死亡及病变，并应至少有 8 个鸡胚健活，鸡胚尿囊液作红细胞凝集试验，应为阴性。

同时进行 H5 亚型禽流感 HA 抗原蛋白表达的免疫荧光检测，结果应符合规定。

安全检验标准：将疫苗用生理盐水做适当稀释，滴鼻接种 2～7 日龄 SPF 鸡 10 只，每只 0.05mL（含 10 羽份），连同对照鸡 10 只，观察 14d，应无异常反应。如有非特异性死亡，免疫组与对照组均不应超过 1 只。

效力检验标准：

1）鸡新城疫部分 下列方法任择其一。

① 用鸡胚检验：按瓶签注明羽份，将疫苗用无菌生理盐水稀释至每 1mL 含 1 羽份，再进行 10 倍系列稀释，取 3 个适宜稀释度，分别尿囊腔内接种 10 日龄 SPF 鸡胚 5 枚，每胚 0.1mL，置 37℃继续孵育 120h。48h 内死亡的鸡胚弃去不计，在 48～120h 内死亡的鸡胚，随时取出，收获鸡胚液，将同一稀释度的鸡胚液等量混合，分别测定红细胞凝集价。至 120h，取出所有活胚，逐个收获鸡胚液，分别测定红细胞凝集价。凝集价不低于 1∶160（微量法 1∶128）者判为感染，计算 EID_{50}。每羽份病毒含量应不低于 $10^{6.0}EID_{50}$。

② 用鸡检验：用 30～60 日龄 SPF 鸡 13 只，10 只各滴鼻接种疫苗 0.01 羽份，另 3 只作为对照。接种后 14d，每只鸡各肌内注射鸡新城疫病毒强毒北京株（CVCC AV1611 株）$10^{5.0}ELD_{50}$，观察 14d。对照鸡应全部发病死亡，免疫鸡应至少保护 9 只。

2）H5 亚型禽流感部分 采用血清学方法进行检验，结果不符合规定时，可采用免疫攻毒法进行检验。

① 血清学方法：用 1～2 月龄 SPF 鸡 10 只，每只滴鼻接种疫苗 0.05mL（含 1/10 羽份），接种后 3 周，连同对照鸡 5 只，分别采血，分离血清，用禽流感病毒 H5 亚型抗原测定血凝抑制（HI）抗体。对照鸡 HI 抗体全部阴性（HI≤1∶2），免疫鸡 HI 抗体几何平均滴度（GMT）≥1∶16，且 7/10 以上 HI 抗体滴度大于 1∶16。

② 免疫攻毒法：用 1～2 月龄 SPF 鸡 10 只，每只滴鼻接种疫苗 0.05mL（含 1/10 羽份），接种 3 周后，连同对照鸡 5 只，分别鼻腔接种禽流感 GZ/4/13（H5N1）株病毒液

0.1mL（含 $100LD_{50}$），观察 14d，对照鸡应全部发病死亡，免疫鸡应全部健活。

用法与用量：滴鼻、点眼、肌内注射或饮水。首免建议用点眼、滴鼻或肌内注射，按瓶签注明的羽份，用生理盐水或其他稀释液适当稀释。每只点眼、滴鼻接种 0.05mL（含 1 羽份）或腿部肌内注射 0.2mL（含 1 羽份）。二免后加强免疫如采用饮水免疫途径，剂量应加倍。

推荐的免疫程序为：新城疫母源抗体 HI 滴度降至 1∶16 以下或 2～3 周龄时首免（肉雏鸡可提前至 10～14d），首免 3 周后加强免疫。以后每间隔 8～10 周或新城疫 HI 抗体滴度降至 4log2 以下，肌内注射、点眼或饮水加强免疫一次。

使用时注意事项：a. 保存与运输时应低温、避光；疫苗稀释后，放冷暗处，应在 2h 内用完，且不能与任何消毒剂接触；剩余的稀释疫苗消毒后废弃。b. 滴鼻、点眼免疫时应确保足够 1 羽份疫苗液被吸收；肌内注射免疫应采用 7 号以下规格针头，以免回针时液体流出；饮水免疫时，忌用金属容器，饮用前应至少停水 4h。c. 被免疫雏鸡应处于健康状态。如不能确保上呼吸道及消化道黏膜无其他病原感染或炎症反应，应在滴鼻、点眼免疫同时采用肌内注射免疫，每只鸡接种总量为 1 羽份。d. 本疫苗接种之前及接种后 2 周内，应绝对避免其他任何形式新城疫疫苗的使用；与鸡传染性法氏囊病、传染性支气管炎等其他活疫苗的使用应相隔 5～7d，以免影响免疫效果。

在－20℃以下保存，有效期为 12 个月。

（三）展望

禽流感的大范围流行，不仅给养禽业造成了巨大的经济损失，而且由于禽流感可直接感染人并导致死亡，故对人类健康也带来严重的威胁。疫苗免疫仍然是防止禽流感暴发的主要措施，但禽流感病毒变异性强，血清型众多，给疫苗的研究带来极大困难。农业部批准生产的 H5 亚型禽流感疫苗有：重组禽流感 H5N1 亚型灭活疫苗，已从 Re-1 发展到 Re-8 株，制苗株已更新了多代。随着病毒株的变异，还需要不断更新制苗毒株。由于母源抗体的影响，禽流感重组鸡痘病毒载体活疫苗（H5 亚型）、禽流感重组新城疫活载体疫苗的免疫效果还需进一步提高。近几年，在 H5 亚型禽流感疫苗方面的研究进展较快，随着禽流感疫苗研究技术的突破，会带动 H9、H7 亚型及其他亚型的禽流感疫苗的研究更进一步。

（宁宜宝　杨承槐）

三十二、鸡传染性法氏囊病

（一）概述

鸡传染性法氏囊病（Chicken infectious bursal disease，IBD）是由传染性法氏囊病病毒（Chicken infectious bursal disease virus，IBDV）引起的一种主要危害雏鸡的免疫抑制性传染病。本病最早是 Cosgrove 于 1957 年在美国特拉华州甘布啰（Gumboro）地区的肉鸡群中发现的，故又称甘布啰病。根据本病有肾小管变性等严重的肾脏病变，曾命名为“禽肾病”。1970 年 Hitchner 提议，为避免一病多名引起的混乱，统一称之为鸡传染性法氏囊病。

鸡传染性法氏囊病病毒为双 RNA 病毒科。电镜观察表明 IBDV 有两种不同大小的颗粒，大颗粒约为 60nm，小颗粒约为 20nm，均为二十面体立体对称结构。病毒粒子无囊膜，仅由核酸和衣壳组成。核酸为双股双节段 RNA，衣壳由一层 32 个壳粒按 5∶3∶2 对称形式排列构成。

病鸡舍中的病毒可存活 100d 以上。病毒耐热，耐阳光及紫外线照射。56℃加热 5h 仍存活，60℃可存活 0.5h，70℃则迅速灭活。病毒耐酸不耐碱，pH2.0 经 1h 不被灭活，pH12 则受抑制。病毒对乙醚和氯仿不敏感。3%的煤酚皂溶液、0.2%的过氧乙酸、2%次氯酸钠、5%的漂白粉、3%的石炭酸、3%福尔马林、0.1%的升汞溶液可在 30min 内灭活病毒。

IBDV 的自然宿主仅为雏鸡和火鸡。从鸡分离的 IBDV 只感染鸡，感染火鸡不发病，但能引起抗体产生。同样，从火鸡分离的病毒仅能使火鸡感染，而不感染鸡。不同品种的鸡均有易感性。IBD 母源抗体阴性的鸡可于 1 周龄内感染发病，有母源抗体的鸡多在母源抗体下降至较低水平时感染发病。3～6 周龄的鸡最易感。也有 15 周龄以上鸡发病的报道。本病全年均可发生，无明显季节性。

病鸡的粪便中含有大量病毒，病鸡是主要传染源。鸡可通过直接接触和与污染了 IBDV 的饲料、饮水、垫料、尘埃、用具、车辆、人员、衣物等间接传播，鼠和甲虫等也可间接接触传播。有人从蚊子体内分离出一株病毒，被认为是一株 IBDV 自然弱毒，由此说明媒介昆虫可能参与本病的传播。本病毒不仅可通过消化道和呼吸道感染，还可通过污染了病毒的蛋壳传播，但未有证据表明经卵传播。另外，经眼结膜也可传播。

本病一般发病率高（可达 100%）而死亡率不高（多为 5%左右，也可达 20%～30%），卫生条件差而伴发其他疾病时，死亡率可升至 40%以上，雏鸡甚至可达 80%以上。

本病的另一流行病学特点是发生本病的鸡场常出现新城疫、马立克氏病等疫苗接种的免疫失败，这种免疫抑制现象常使发病率和死亡率急剧上升。IBD 产生的免疫抑制程度随感染鸡的日龄不同而异，初生雏鸡感染 IBDV 最为严重，可使法氏囊发生坏死性的不可逆病变。1 周龄后或 IBD 母源抗体消失后而感染 IBDV 的鸡，其影响有所减轻。

（二）疫苗

目前使用的疫苗主要有灭活苗和活苗两类。疫苗接种途径有注射、滴鼻、点眼、饮水等多种免疫方法，可根据疫苗的种类、性质、鸡龄、饲养管理等情况进行具体选择。免疫程序的制订应根据琼脂扩散试验或 ELISA 方法对鸡群的母源抗体、免疫后抗体水平进行监测，以便选择合适的免疫时间。如用标准抗原作 AGP 测定母源抗体水平，若 1 日龄阳性率<80%，可在 10～17 日龄首免；若阳性率≥80%，应在 7～10 日龄再检测后确定首免日龄；若阳性率<50%，应在 14～21 日龄首免；若阳性率≥50%，应在 17～24 日龄首免。如用间接 ELISA 测定抗体水平，雏鸡抵抗感染的母源抗体水平应为 ET≥350。如果未做抗体水平检测，一般种鸡采用 2 周龄较大剂量中毒型弱毒疫苗首免，4～5 周龄加强免疫一次，产蛋前（18～20 周龄）和 38 周龄时各注射油佐剂灭活苗一次，一般可保持较高的母源抗体水平。肉用雏鸡和蛋鸡视抗体水平多在 2 周龄和 4～5 周龄时进行两次弱毒苗免疫。

1. 灭活苗 具有不受母源抗体干扰、无免疫抑制风险、能大幅度提高基础免疫的效果等优点。灭活疫苗通常用于活苗进行过基础免疫或经野毒感染的产蛋鸡，使用灭活苗对已接种活苗的鸡效果好，并使母源抗体保护雏鸡长达 4～5 周。

（1）组织毒油乳剂灭活疫苗　周蛟等（1984）用 IBD CJ801 株经鸡体传代，以 15～20

代毒接种 7～8 周龄敏感鸡 72h 后，剖杀病鸡取病变法氏囊制备组织毒灭活疫苗。范坤晓等（1992）用 HN914 超强毒株以及李德山等（1993）用 HBC3 超强毒株感染鸡制备组织毒获得了满意的效果。临床发病鸡囊组织也可用于制备组织毒灭活疫苗。

1）疫苗的生产制造　用强毒株感染鸡后，剖杀病鸡取病变法氏囊加入适量 PBS 液后匀浆，然后反复冻融数次或裂解，离心，取上清液加入 0.1%甲醛充分灭活。灭活毒液中加入 4%吐温-80 作为水相，再将油相（10 号白油 94%、司本-80 4%、硬脂酸铝 2%）和水相以 3∶1 或 7∶3 搅拌混匀，制成油包水型疫苗。

2）使用　此苗适用于通过 2 次 IBD 活疫苗免疫过的 18～20 周龄种母鸡，颈部背侧皮下或肌内注射，每只 1mL，3 周后中和抗体效价达 1∶4 096 以上，此母源抗体可经蛋传递给子代，雏鸡 3～4 周龄内保护率达 80%～100%。一次接种 IBD 油乳剂灭活苗，种母鸡在连产 1 年的种蛋中都可传递 IBD 母源抗体，保护 3 周龄的鸡不发生 IBD。疫苗于 4～10℃下保存，有效期 6 个月以上；37℃保存期为 6d。

（2）细胞毒灭活疫苗　日本大潼与三郎（1982）将适应于鸡胚成纤维细胞的 I.Q 株种毒进行培养，毒价达到 $10^{7.0}$PFU/mL 即可作为制苗毒液，经福尔马林灭活后，再加入氢氧化铝胶后即成疫苗。李汉秋等（1985）将培育的 IBD - CJ801 株 BKF 细胞毒（4～5 代毒）接种 CEF 细胞进行增殖，收获感染细胞作为制苗毒液。

1）鸡传染性法氏囊病灭活疫苗（CJ - 801 - BKF 株）

① 疫苗的生产制造：用鸡传染性法氏囊病 CJ - 801 - BKF 毒株接种 SPF 鸡胚成纤维细胞，收获培养物，经甲醛溶液灭活，与油佐剂混合乳化制成了鸡传染性法氏囊病灭活疫苗。

② 质量标准与使用：物理性状上看，本品为乳白色乳剂。应无菌生长。

安全检验。用 20～30 日龄 SPF 鸡 20 只，10 只各颈背皮下注射疫苗 2 羽份，另 10 只做对照，同条件饲养，观察 15d 后扑杀。检查疫苗接种部位的肌肉组织、法氏囊和各脏器有无病理变化。两组鸡均应无肉眼可见异常变化。每组非特异性死亡不超过 2 只，则疫苗判为合格。

效力检验。下列方法任择其一：

A. 用 20～30 日龄 SPF 鸡 20 只，10 只各颈背皮下注射疫苗 1 羽份，另 10 只做对照，接种后 30d，检测 IBDV 中和抗体，免疫鸡 IBDV 中和抗体效价几何平均值应不低于 5 000。

B. 用 20～30 日龄 SPF 鸡 20 只，10 只各颈背皮下注射疫苗 1 羽份，另 10 只做对照，接种后 30d，用 10 倍稀释的 IBDV CJ801 株 19～24 代病毒液经口攻毒，每只 0.2mL，72h 后全部扑杀，检查法氏囊病变，对照组中应至少 8 只有病变，免疫组均应无异常。

用法用量：本疫苗应与鸡传染性法氏囊病活疫苗配套使用。种母鸡应在 10～15 日龄和 28～35 日龄时各做一次鸡传染性法氏囊病活疫苗基础免疫。

种母鸡经活疫苗两次基础免疫和一次油佐剂灭活疫苗的加强免疫后，在开产后的第 12 个月内的种蛋所孵子代，14d 内能抵抗野毒感染。

2）鸡传染性法氏囊病灭活疫苗（G 株）

① 疫苗的生产制造：本疫苗系用鸡传染性法氏囊病病毒超强毒 G 株接种 SPF 鸡胚成纤维细胞，收获细胞培养物，经甲醛溶液灭活，与油佐剂混合乳化制成。

② 质量标准与使用：从物理性状上看，本品为乳白色黏滞性乳状液。应无菌生长。

安全检验。用 9～11 日龄 SPF 鸡 10 只，各两侧胸肌注射疫苗 0.6mL，连同条件相同的对照鸡10只，观察21d，应不出现因接种疫苗而引起的局部或全身反应；剖检，疫苗接种部位的肌肉组织、法氏囊、各脏器应无病理变化。

效力检验。用9～11日龄SPF鸡10只，各两侧胸肌注射疫苗0.3mL，连同条件相同的对照鸡10只，各滴鼻、点眼接种vvIBDV-GX病毒液0.2mL（含4×10^4 EID_{50}），观察7d，对照鸡应全部发病且至少死亡7只，免疫组均应全部健活。

3）鸡传染性法氏囊病灭活疫苗（HQ株）

① 疫苗的生产制造：本疫苗系用鸡传染性法氏囊病病毒HQ株接种DF1细胞，收获细胞培养物，经浓缩、甲醛溶液灭活，与新城疫病毒、传染性支气管炎病毒等混合制备油佐剂灭活疫苗。

② 质量标准（传染性法氏囊病部分）：效力检验。下列方法任择其一：

A. 用28～35日龄SPF鸡10只，各肌内或皮下注射疫苗0.5mL，30d后，连同条件相同的对照鸡10只，分别采血，分离血清，测定中和抗体，免疫鸡几何平均效价应不低于1∶10 000，对照鸡应不高于1∶8。

B. 用28～35日龄SPF鸡10只，各肌内或皮下注射疫苗0.5mL，30d后，连同条件相同的对照鸡10只，经口接种鸡传染性法氏囊病病毒BD6/85株强毒，每只0.2mL（含10^4 BID），72h后全部扑杀，检查法氏囊病变，对照组中应至少有9只病变，免疫组应至少有9只保护。

（3）鸡胚毒灭活疫苗　1980年，美国缅因州生物实验室将适应鸡胚的IBDV接种鸡胚，去死胚胚体和绒毛膜，匀浆反复冻融3次，用甲醛灭活制成油乳剂苗，外观呈褐红色，静止时分为两层，使用前要求充分摇匀，对18～20周龄的种母鸡肌内注射1mL，可保护子代雏鸡在2～3周龄不被野毒感染。国内用矿物油佐剂制成的苗呈灰乳白色，不分层。

2. 活疫苗　IBD活疫苗是将IBDV经过全部或部分致弱而制造的疫苗，有低毒力型、中等毒力型和中等偏强毒力型3种。

低毒力型或中等毒力型常用于鸡临近产蛋期时用灭活疫苗接种前的基础免疫。这种疫苗对母源抗体特别敏感，因此必须待母源抗体完全消失后才能使用。

中等毒力或中等偏强毒力的疫苗通常用于肉仔鸡和商品蛋鸡的免疫，也常用于有强度感染危险的青年鸡群的免疫。中等毒力的疫苗同样受母源抗体的干扰，但常在1日龄时喷雾免疫，目的是保护鸡群中没有母源抗体或母源抗体水平很低的雏鸡免受IBDV的侵袭，同时由于鸡群中散播了疫苗毒，当雏鸡母源抗体消失后，重新感染从而获得免疫。如果鸡群面临强毒感染的危险，应进行二免或三免。

（1）低毒力型疫苗　本疫苗系用鸡传染性法氏囊病低毒力毒A80株，接种易感鸡胚或鸡胚成纤维细胞培养，收获感染鸡胚或细胞培养液，加适宜保护剂，经冷冻真空干燥制成。

质量标准：本品物理性状为海绵状疏松粉红色团块，易与瓶壁脱离，加稀释液后，迅速溶解。

按附录六、八、十二进行检验，应无菌和支原体生长，外源病毒检验应符合规定。

安全检验：用1～7日龄SPF鸡20只，其中10只，每只点眼或滴鼻10羽份疫苗，另10只不接种作为对照，两组分别饲养。观察14d，均应健活。试验结束后，剖检，和对照组鸡相比，免疫组法氏囊应无肉眼可见病变。

效力检验：用1～7日龄SPF鸡20只，其中10只，每只点眼或滴鼻10羽份疫苗，另

10 只不接种作为对照，两组分别饲养。21d 后，用 50 个发病量的 BC6－85 株强毒点眼，72h 后剖杀所有鸡，检查法氏囊，攻毒对照组法氏囊应全部出现病变，免疫组应至少 6 只法氏囊无病变。

用于早期预防雏鸡传染性法氏囊病。疫苗稀释后，用于无母源抗体雏鸡首次免疫，对有母源抗体的鸡免疫效果较差。可点眼、滴鼻、肌内注射或饮水免疫，每只鸡免疫剂量应不低于 1 000 个半数鸡胚致死量。

低毒力型的活苗还有 D78、PBG98、LKT、LZD228 株等，这类活苗对法氏囊没有任何损害，但接种雏鸡后抗体产生较迟，抗体效价也较低，免疫保护效果不高，中和母源抗体的能力差。

（2）鸡传染性法氏囊病中等毒力株活疫苗（B87 株） 本疫苗系用鸡传染性法氏囊病中等毒力 B87 株，接种 SPF 鸡胚，收获感染鸡胚组织，研磨，加适宜保护剂，经冷冻真空干燥制成。

质量标准与使用：

物理性状：本品为微红色海绵状疏松团块，易于瓶壁脱离，加稀释液后迅速溶解。按附录六、八、十二进行检验，应无菌和支原体生长，外源病毒检验应符合规定。

鉴别检验：将疫苗用生理盐水稀释至 $10^{3.0}$ELD/0.1mL，与等量抗鸡传染性法氏囊病特异性血清混合，经室温或 37℃中和 60min，以绒毛尿囊膜途径接种 10～12 日龄 SPF 鸡胚 5 个，每胚接种 0.2mL；同时设病毒对照 5 个，每胚接种 0.1mL 含 $10^{3.0}$ELD/0.1mL，同条件培养观察 168h。中和组鸡胚应全部健活，对照组鸡胚应 3/5 以上死亡，鸡胚尿液对鸡红细胞凝集试验（HA）阴性。

安全检验：用 7～14 日龄 SPF 鸡 20 只，其中 10 只，每只点眼或口服 10 个使用剂量的病毒，另 10 只不接种作为对照，两组分别饲养。观察 14d，均应健活。试验结束后，剖检免疫组和对照组鸡，法氏囊应无明显变化，如有非特异性死亡，两组总和不应超过 3 只，且免疫组死亡数应不超过对照组。

效力检验，下列方法任选其一：

1）病毒含量测定，每羽份病毒含量应＞$10^{3.0}$ ELD_{50}。

2）对鸡检验，用 2～4 周龄的 SPF 鸡 20 只，每只点眼或口服 1/5 个使用剂量的疫苗，另 10 只作为对照，两组分别饲养。20d 后，取全部免疫鸡连同 5 只对照鸡，每只点眼接种 BC6－85 株（含 10 个 BID），72h 后剖杀所有鸡，攻毒对照组至少有 4 只法氏囊出现病变，免疫组法氏囊应至少有 8 只无病变，健康对照组 5 只法氏囊不应有任何变化。

用法与用量：可用于各种雏鸡，根据抗体水平，宜在 14～28 日龄使用。按瓶签注明羽份，可采用点眼、口服、注射途径接种。

使用该疫苗应注意的事项：①接种对象必须为健康雏鸡。②饮水免疫时，其水质必须不含氯等消毒剂，饮水要清洁，忌用金属容器。③饮前应视地区、季节、饲料等情况，停水 4～8h。饮水器应置于不受日光照射的凉爽地方，应在 1h 内饮完。④严防散毒，用过的疫苗瓶、器具等应消毒处理，不要使疫苗污染到其他地方或人身上。

鸡传染性法氏囊病中等毒力疫苗还有 BJ836、J87、K85、B87、NF8 毒株。

此类疫苗接种雏鸡后，对法氏囊有轻度可逆性损伤，雏鸡首免后 5d 产生中和抗体，7d 达到较高水平，经二次免疫后，对Ⅰ型强毒的攻击接种鸡的保护率为 85%～95%。

中等毒力株弱毒活疫苗，供各种有母源抗体的鸡使用，可点眼、口服、注射。饮水免疫，剂量应加倍。

（3）中等偏强毒力型活疫苗　中强毒力型的活疫苗有低代次的 W2512 毒株、J－1 株、KS96 株、HOT 株等，此类疫苗对雏鸡有一定的致病力和免疫抑制力。中等偏强毒力疫苗可突破母源抗体，对超强毒有较好的免疫效果，但对法氏囊损害较严重，建议在污染严重或连续发病的鸡场使用。

安全检验：1 日龄 SPF 鸡 25 只，各皮下注射 10 羽份，观察 14d，应全部健活。

效力检验：每羽份病毒含量不低于 $10^{2.03}$ EID_{50}。

3. 鸡传染性法氏囊病复合冻干疫苗　本品系用鸡传染性法氏囊病病毒 W2512G－61 株接种 SPF 鸡胚培养，收获含毒鸡胚组织，按规定比例加入鸡传染性法氏囊病抗血清，混合，加入适宜稳定剂，经冷冻真空干燥制成。用于预防鸡传染性法氏囊病。

效力检验：用 1 日龄 SPF 鸡 20 只，分别皮下注射疫苗 0.1mL（含 1/65 羽份），14d 后，采集血清，测定 IBDV 中和抗体效价。所有鸡均应发生抗体阳转（IBD 中和抗体效价不低于 1∶5），且抗体效价的几何平均值应不低于 1∶100。

4. 鸡传染性法氏囊病基因工程亚单位疫苗　各国学者对 IBDV 分子病毒学进行了深入研究，证实病毒结构蛋白 VP2 是主要的宿主保护性抗原蛋白，人们试图通过表达载体表达 VP2 蛋白来制备重组疫苗。Pitcovski J 等（2003）在 Pichia pastoris 酵母中表达了 VP2，用表达产物制备成油乳剂疫苗，所有免疫鸡均获得了保护，还可与 NDV 灭活疫苗制成联苗，该亚单位疫苗已在以色列免疫家禽超过了 2.5 亿只。Bayliss 等（1991）构建了含 VP2 的重组鸡痘病毒，重组鸡痘病毒能够诱导 VP2 抗体并提供保护，但不能抵抗 IBDV 对法氏囊的损害。曹永长等（2005）用 T4 噬菌体展示技术构建了重组 T4－VP2 噬菌体，此重组噬菌体免疫 SPF 鸡能抵抗 $100LD_{50}$ 强毒 HK46 的攻击。

Wu H 等（2004）用转基因拟南芥表达了 IBDV VP2 蛋白，在第 1 周和第 3 周用转基因植物表达的 VP2 蛋白口服免疫 SPF 鸡，在第 4 周 80％能提供保护抵抗感染；而在第 1 周和第 3 周用商业化疫苗免疫的鸡 78％提供保护，结果表明转基因植物表达的 VP2 能作为疫苗抵抗 IBD。

用表达鸡传染性法氏囊病病毒 VP2 蛋白的大肠杆菌基因工程菌 *E. Coli* BL21/pET28a－VP2 经过发酵培养、诱导表达、菌体破碎、离心去除菌体碎片、甲醛溶液灭活残留细菌后，加矿物油佐剂混合乳化，制成鸡传染性法氏囊病基因工程亚单位疫苗。

质量标准：本品物理性状为乳白色乳剂，应无菌生长。

安全检验：取 3～8 周龄 SPF 鸡 100 只，各肌内或颈部皮下注射疫苗 1.0mL，观察 14d，应不出现任何明显局部反应或全身反应。

效力检验，下列方法任择其一：

（1）血清学方法　取 3～8 周龄 SPF 鸡 20 只，其中 10 只肌内或颈部皮下注射疫苗 0.25mL，另 10 只不接种作为对照。接种后 21d，采血，分离血清，用琼脂扩散试验检测 IBD 抗体水平，免疫鸡应至少有 8 只琼扩效价≥1∶8。对照鸡应全部阴性。观察 14d，应不出现任何明显局部反应或全身反应。

（2）免疫攻毒法　取 3～8 周龄 SPF 鸡 20 只，其中 10 只肌内或颈部皮下注射疫苗 0.25mL，另 10 只不接种作为对照。接种后 21d，每只鸡点眼接种适当稀释的 IBDV BC6－

85 株毒液 0.1mL（约含 100 个 BID）。攻毒后每日观察鸡的临床表现，记录发病和死亡鸡数。72～96h 扑杀存活鸡，剖检，观察法氏囊病理变化。免疫组法氏囊应至少有 8 只无病变，对照组应至少有 8 只发病，或有明显的法氏囊病变。

（三）展望

随着分子生物学的发展，欧洲和美国的几家实验室应用反向遗传操作技术，现已建立了修饰经典型毒株、抗原变异性毒株，甚至 IBDV 超强毒株基因组的方法。将 IBDV 基因工程毒株作为活疫苗使用，不同的实验室和疫苗公司已报道了初步试验结果。

另外一条 IBDV 疫苗研究思路是将 IBDV 的基因物质导入其他禽病毒的基因组中，如马立克氏病病毒（MDV）、火鸡疱疹病毒（HVT）和禽痘病毒（FPV）。Tsukamoto 等（1999）证实用表达 IBDV VP2 的重组 MDV 免疫的鸡能抵抗 IBDV 超强毒株的攻击，不表现临床症状。这类基因工程疫苗的潜在优势在于能同时诱导抗载体（即 MDV、HVT 或 FPV）、抗 IBDV 的适度免疫应答。原梅里亚公司使用 HVT 作为表达 IBDV *VP2* 基因的良好载体。

此外，许多实验室也正在研究亚单位疫苗和 DNA 疫苗。

这些基因重组疫苗，尤其是具有主动交叉保护性的嵌合体重组疫苗的研制成功，在 IBD 的防治中必将具有广泛的应用前景。

（杨承槐）

三十三、鸡痘

（一）概述

鸡痘（Fowl pox，FP）是由鸡痘病毒（Avian pox virus，APV）引起的急性、高度接触性传染病，鸡、火鸡、鸽等禽类均易感。临床上分为皮肤型、白喉型和混合型。皮肤型表现为冠、肉垂、眼睑和身体其他无毛部位结节性病灶，初期为白色，很快增大变黄形成结痂。白喉型表现为口腔、食道或气管黏膜溃疡或白喉样黄白色病灶，形成假膜，病变出现于气管时还可伴发鼻炎样呼吸道症状。

该病一年四季都能发生，以夏、秋季节发病率最高，鸡舍拥挤、通风不良、氨气过多、阴暗、潮湿时可促进本病的发生。健康禽与病禽接触，或蚊虫叮咬是传播该病的主要途径。病鸡主要表现为衰弱、增重不良，蛋鸡出现一过性产蛋下降。成鸡对该病的发病率高但死亡率较低，主要死亡于白喉型。雏鸡的病情较成鸡严重、死亡率也较高。火鸡死亡率较低，若有葡萄球菌病、传染性鼻炎和慢性呼吸道病等并发感染时，可加重病情，死亡率增加到 50%。鹌鹑一旦发病，死亡率会相当高。

APV 属痘病毒科、痘病毒属，鸡痘是禽痘病毒属的代表，较一般病毒大，主要由蛋白质、双股 DNA 和脂质组成，与其他痘科病毒一样具有相同的形态结构。电子显微镜观察痘病毒呈砖形、直径为 250～354nm，病毒分子量为 0.2×10^6ku。Muller H. K. 等用限制性内切酶消化 APV 和痘苗病毒，获得的电泳图谱不同，表明基因组不一样。但核苷酸序列与痘苗病毒有 60%同源性，编码氨基酸与痘苗病毒同源，但不在同一位点上。对 APV、鹌鹑痘病毒和痘苗病毒 *TK* 基因进行定位和测序，在 DNA 序列上有一段含 183 个密码子的开放阅读框，Boyle D. B. 等发现 APV 和痘苗病毒的 DNA 序列同源，Schnitzlein W M. 等发现 APV 与鹌鹑痘病毒中等同源。所有痘病毒都具有一种共同的核蛋白沉淀抗原，Mockett 等检测到 APV 有 30 多种结构多肽，其中大多数具有免疫原性。各毒株之间的抗原性和免疫性有差异，但存在一定程度的交叉保护。

APV 对干燥的抵抗力极强，上皮细胞屑中的病毒在完全干燥和阳光照射下能存活数月或数年。对热的抵抗力也较强，60℃ 3h 才能灭活。冻干病毒在－15℃以下能存活 10 年以上。病毒对乙醚、氯仿和消毒剂较敏感，1%烧碱、1%醋酸、0.1%升汞 5min 内可将其灭活。

（二）疫苗的种类

已应用于市场的疫苗有鸡痘鹌鹑化弱毒疫苗、鸡痘鸡胚化弱毒疫苗和鸽痘疫苗。疫苗均具有良好免疫原性，鸡群一旦使用便能产生良好免疫原性。

鸡痘鹌鹑化弱毒疫苗是根据用异源动物传代可致弱病毒的原理，20 世纪 70 年代中期，由中国兽医药品监察所用 APV102 野毒株，在鹌鹑上反复传代致弱而研制成功。该疫苗具有良好免疫原性，用鸡胚繁殖时，在鸡胚上传代代次不能太高，应在 8 代以内。鸡痘鸡胚化弱毒疫苗是在 20 世纪 60 年代汕头兽医防治站用 APV 在鸡胚上连续传代培育而成，开始一直使用湿苗，直至 1987 年由吕渭纶报道冻干苗研制成功。这种疫苗免疫原性较好，免疫期在 6 个月以上，但对幼鸡毒力较强。鸽痘疫苗是异源疫苗，1986 年由广东生物药厂王卓明等研制成功，对鸡和火鸡安全，免疫期为 6 个月左右。但若使用不当，对鸽会引起较严重的不良反应。

（三）疫苗的生产制造

疫苗采用鸡胚或鸡胚成纤维细胞培养的方法，将病毒接种于鸡胚绒毛尿囊膜或鸡胚成纤维细胞，37℃培养，收获 96～120h 感染鸡胚或 75%以上病变的鸡胚成纤维细胞，加入适当保护剂经冷冻真空干燥制成。用于预防鸡痘。

（四）疫苗的质量标准与使用

从物理性状来看，疫苗为浅红色海绵状疏松团块，易与瓶壁脱离，加稀释剂后迅速溶解，疫苗应纯粹，无杂菌生长。

在安全检验时，取疫苗 3～5 瓶，按标签注明的羽份用无菌生理盐水溶解后，接种于7～14 日龄 SPF 鸡 10 只，每只注射 0.2mL（10 个使用剂量），观察 10d，应安全，无不良反应。

效力检验方法是在 11～12 日龄鸡胚绒毛尿囊膜上接种 1 羽份/0.2mL，接种 37℃孵育 96～120h，10 个鸡胚的绒毛尿囊膜上均出现水肿增厚或痘斑，判为合格。鸡痘活疫苗（鹌鹑化弱毒株）还可选用以下效力检验方法：将疫苗用生理盐水稀释成 1 羽份/0.2mL，再继续做 10 倍系列稀释，取 3 个适宜的稀释度，每个稀释度接种 11～12 日龄 SPF 鸡胚绒毛尿囊膜 5 枚，每枚接种 0.2mL，接种后 37℃孵育 96～120h，鸡胚的绒毛尿囊膜上出现水肿增厚或痘斑判为感染，计算 EID_{50}，每羽份病毒含量应不低于 $10^{3.0}$ EID_{50}，判为合格。雏鸡免疫期为 2 个月，成鸡免疫期为 4～5 个月。疫苗在 2～8℃保存期为 6 个月，－15℃以下能保存 18 个月，效力不改变。

使用时按瓶签注明的羽份，用生理盐水稀释，用鸡痘刺种针挑取稀释的疫苗于鸡翅膀内侧无血管处皮下刺种，20～30 日龄雏鸡刺 1 针，1 月龄以上雏鸡刺 2 针。接种后 3～4d 刺种部位出现轻微红肿、结痂，2～3 周后痂块脱落。后备种鸡首免后 60d 再加强免疫一次。

疫苗使用时应注意以下事项：①稀释后应放于暗处，4h 内用完。②用过的疫苗瓶、器具、用剩的疫苗必须经过消毒处理。③鸡群刺种后 1 周应逐个检查，刺部无反应者应重新补刺。

（五）展望

20 世纪 90 年代以后生物工程技术快速发展，鸡痘以低毒力、基因组结构庞大、有双股 DNA、含有多个复制非必需区、可供多种免疫源基因插入、易培养、表达能力强和不感染非禽类的特性，成为重组疫苗的优选活载体，广泛应用于制备家禽重组活疫苗。2005 年，由中国农业科学院哈尔滨兽医研究所首次研究成功 H5 亚型禽痘病毒活载体疫苗，在美国，以禽痘病毒作为载体表达鸡新城疫病毒和 H5 亚型禽流感病毒的重组活载体疫苗已获得了生产许可证。研究较为成功的鸡痘活载体疫苗还有：能表达鸡新城疫病毒血凝素或融合蛋白的重组禽痘病毒、能表达马立克氏病病毒（MDV）糖蛋白 B 抗原的重组禽痘病毒等。病毒活载体疫苗具有广泛应用前景，生产成本低，便于免疫接种，类似于常规弱毒疫苗，除能真实地再现外源基因的抗原性，还具有鸡痘本身的抗原性，能全方位地激发机体对 2 种病毒的免疫应答反应，免疫接种与自然感染可以应用特异性诊断试剂鉴别。

（宋　立）

三十四、鸡传染性喉气管炎

（一）概述

鸡传染性喉气管炎（Avian infectious laryngotracheitis，ILT）是一种由疱疹病毒引起的鸡的接触性呼吸道传染病，临床上表现为呼吸困难、喘气、咳出血样黏液、流泪、血性结膜炎、产蛋量下降。剖检可见病鸡喉部黏膜上黏附着浅黄色凝固物，喉头和气管黏膜肿胀、出血并形成糜烂，严重时气管内形成血块，炎症可向下延伸到肺和气囊。本病可感染不同年龄的鸡，2 月龄以上成鸡发病较常见，症状典型。目前发病年龄有提前的趋势，最早可见 20 日龄的鸡群发病，呈地方性流行，发病率高达 90%～100%，死亡率达 10%～40%，是养禽业危害严重的疾病之一。

本病病原为喉气管炎病毒（ILTV），属疱疹病毒科的 α-疱疹病毒亚科，具有由 162 长壳粒组成的六边形二十面体对称核衣壳，直径为 80～100nm，核衣壳的外周包裹着不规则的囊膜，表面有由病毒糖蛋白纤突构成的细小突起，完整病毒直径为 195～250nm。ILTV 只有一个血清型，核酸为双股 DNA，与其他 α-疱疹病毒有同源性。Youk 等报道分子量为 205ku、160ku、115ku、90ku 和 60ku 的 5 种主要囊膜糖蛋白是主要免疫原。Cover，M. S. 等报道不同毒株的 ILTV 对鸡和鸡胚的毒力不同，细胞培养形成的蚀斑大小和形态也不一致。但通过病毒中和试验、免疫荧光试验和交叉保护试验证明，抗原性似乎一致。ILTV 在 55℃只能存活 10～15min，37℃能存活 22～24h，在－60～－20℃中能长期存活。气管组织中的病毒 37℃可存活 44h，绒毛尿囊膜中的病毒 25℃条件下，5h 即能被破坏。3%苯酚和 1%氢氧化钠极易杀死该病毒。

（二）疫苗种类

目前应用于市场的疫苗主要为致弱的弱毒活疫苗、灭活疫苗以及 20 世纪 90 年代以后研制成功的基因工程疫苗。

1. 弱毒活疫苗

（1）研究进展　从20世纪50年代开始对该病的弱毒疫苗进行研究，主要是通过用鸡胚或鸡胚成纤维细胞连续传代的方式，达到致弱病毒的目的。1947年，Molgar和Cavett等报道通过毛囊接种致弱病毒后，被接种鸡能获得免疫力；1958年，Benton等报道了一种滴鼻用的弱毒疫苗；Shibley G P等1962年报道使用减弱的活病毒经眶下窦免疫能获得保护；1965年，Churchill等介绍了一种点眼用的弱毒疫苗；SamLege等（1971）和Hayles等（1974）报道了一种饮水用的弱毒疫苗。目前鸡喉气管炎弱毒疫苗已在世界范围内广泛运用。日本幸田祐一等用鸡肾细胞将病毒传至99代，培育出一株弱毒疫苗并已正式投产使用。80年代初期，中国广东生物药品厂和河南省农业科学院畜牧兽医研究所分别采用国外弱毒株试制成功了弱毒疫苗。该疫苗具有免疫效果好、免疫期长和使用方便的优点，点眼后7d攻毒保护率可达100%，对2.5月龄鸡的免疫期可达7.5个月。但存在一系列不良反应，包括散毒、减毒不完全、产生带毒鸡等。Guy等在1989—1991年报道了由于减毒疫苗造成野外感染的证据，认为减毒疫苗毒力返强是由于生物安全措施不当及饮水免疫时传给了非接种鸡群导致在鸡体内连续传代而造成。所以疫苗毒种的代次应有严格规定，国外一些国家已开始限制使用弱毒疫苗，提倡使用灭活疫苗和基因工程疫苗。

（2）疫苗的生产制造　将ILT弱毒接种于10～11日龄SPF鸡胚或鸡胚成纤维细胞，经37℃培养后，收获感染鸡胚的绒毛尿囊膜或感染细胞混合制成乳剂，加适当保护剂经冷冻真空干燥制成。用于预防鸡ILT。

（3）质量标准与使用　从物理性状来看，疫苗为浅红色海绵状疏松团块，易与瓶壁脱离，加稀释剂后迅速溶解，疫苗应纯粹，无杂菌生长。

安全检验：取疫苗3～5瓶，按标签注明的羽份用无菌生理盐水溶解后，接种于21～35日龄易感雏鸡5只，每只点眼或滴鼻0.1mL/10个使用剂量，观察14d，应安全，无不良反应，或有轻度眼炎、轻微咳嗽，2～3d恢复正常。

效力检验：可用2种方法进行，一种是用鸡胚检验的方法：按瓶签注明的羽份，用生理盐水稀释疫苗，测定对10～11日龄易感鸡胚的半数感染量，每羽份疫苗的感染滴度应≥$10^{2.7}EID_{50}$。另一种方法是用鸡检验，生理灭菌盐水稀释后点眼或滴鼻接种35～56日龄SPF鸡5只，按每只滴鼻点眼2滴/0.2个使用剂量，21d后连同对照4只攻击鸡喉气管炎强毒，每只气管内注射喉气管炎强毒0.2mL（含$10^{4.0}EID_{50}$），观察10d，免疫鸡应全部无症状，对照鸡应3/4出现眼炎和呼吸道症状。疫苗在－15℃以下有效期为12个月。

疫苗主要适用于5周龄以上的鸡，免疫期为6个月。蛋鸡可在3周龄第一次接种后，产蛋前再接种一次。

疫苗使用时应注意以下事项：①稀释后应放于暗处，3h内用完。②5周龄以下的鸡接种时，免疫效果较差，3周后需进行二次免疫，免疫之前应先做小群试验，无重反应时再扩大使用。③只限于疫区使用。鸡群发生严重呼吸道病（如传染性鼻炎、支原体感染）时不能使用。接种前后做好鸡舍卫生管理和消毒工作，减低空气中的细菌密度，可减轻眼部感染。

2. 灭活疫苗和基因工程苗

（1）研究进展　1981年，李东报道了用鸡胚绒毛尿囊膜或尿液制备鸡ILT灭活疫苗，并通过免疫攻毒试验证实对11～15日龄雏鸡的保护率为95.2%，对20～35日龄雏鸡的保护率为84.6%，对成鸡的保护率为69.7%，免疫期和保存期均为6个月。Fahey等（1983）和Barhoom等（1986）用灭活的全病毒制备灭活疫苗，能够不同程度地刺激鸡群产生免疫反应和免疫保护。灭活疫苗制作简单、易随时制备，且安全、不受母源抗体的干扰。但因在体内不能复制，免疫需要的病毒毒量较大，免疫时需采用注射免疫，而且免疫时往往需要佐剂，因而免疫成本很高，抗体存在的时间短，且诱发细胞免疫的作用不强。所以几乎不用于大规模免疫。

由于灭活疫苗存在上述免疫效果差、成本高等方面的缺陷，20世纪90年代初开始研制基因工程疫苗，这种基因工程疫苗不但能部分或全部克服常规疫苗的缺点，而且容易同野毒株鉴别，还有利于诊断和清群。L. Uschow等2001年将禽流感H5基因片段成功地插入了鸡喉气管炎UL 50区，用表达H5的缺失UL 50的重组病毒免疫鸡后，可从鸡体中检出低滴度的抗喉气管炎和禽流感HA抗体。可以抵抗致死喉气管炎毒株和禽流感强毒的攻击。Guo等1994年将β-半乳糖苷酶标记基因插入ILTV开放阅读框，并证明重组病毒可以稳定遗传。Saif等报道了利用含有鸡喉气管炎基因的重组火鸡疱疹病毒免疫鸡，能够对这两种病产生保护力。Fuchs等2005年通过研究*gJ*基因缺失的重组ILTV发现，缺失*gJ*基因后的病毒毒力极显著降低，为研究基因缺失致弱疫苗奠定了基础。2005年，中国农业科学院哈尔滨兽医研究所研制的鸡ILT*gB*基因与鸡痘重组活载体疫苗已通过农业部兽药审评委员会的评审，在市场上广泛应用。重组疫苗和基因缺失疫苗是近年来开发研究的一个活跃领域，其突出优点是疫苗株不易返祖而重新获得毒力，苗株病毒的复制能力与其母本相当，所产生的免疫应答又不低于常规的弱毒疫苗。因此具有广阔的应用前景。

（2）疫苗的生产和制造　灭活疫苗制苗病毒液的培养与活疫苗相同，制苗时须将抗原浓缩和灭活，加入乳化剂和油佐剂混合乳化而制成。

基因工程疫苗病毒液的繁殖与母本相同，繁殖得到的毒液应无细菌、支原体等外源病原污染，并要求严格的代次控制。

（3）质量标准与使用　灭活疫苗外观应为乳白色，剂型为水包油包水或油包水。疫苗应无细菌污染。在离心管中以3 000r/min离心15min，应不出现分层。在2～8℃保存时有效期内应不出现分层和破乳。用1mL吸管（出口内径为1.2mm）吸取25℃左右的疫苗做黏稠度检测，垂直自然流出0.4mL所需时间在5s以内为合格。

灭活疫苗安全检验时，用3～5周龄的易感鸡6只，每只肌内或皮下注射疫苗1mL，观察14d，应不发生因注苗引起的局部或全身反应。效力检验用3～5周龄的SPF鸡免疫后攻击强毒，免疫鸡应得到保护，对照鸡应3/4发病。

基因工程弱毒疫苗应为浅黄色疏松团块，易与瓶壁脱离，加稀释液后立即溶解成粉红色液体。疫苗质量标准，应无细菌、支原体和其他外源病原污染。安全、效力应与鸡喉气管炎活疫苗相同，除此之外，重组疫苗常与另外一个禽类弱毒疫苗病毒重组，如以鸡痘作为活载体的重组疫苗或与火鸡疱疹病毒的重组疫苗，其效力应分别达到重组的2种活疫苗的效力标准。

接种疫苗时应注意以下事项：①体质瘦弱或接触过APV的鸡不能使用，否则影响免疫效果。②使用前应仔细检查，如发现疫苗瓶破裂、无瓶签、苗中混有杂质等，均不能使用。③稀释后的疫苗应放冷暗处，限4h内用完。

（三）展望

由于鸡ILT弱毒疫苗在研究和使用中其减毒的程度难以控制，在体外存在毒力不稳定的问题，有时弱毒疫苗能够返强感染未免疫鸡，构成新的传染源，引起疫病流行。灭活疫苗的成本很高，抗体存在时间短，且诱发细胞免疫的作用不强。但基因疫苗能够克服上述两种疫苗的不足，发挥独特的优势，可作为常规疫苗使用。因此，毒力基因缺失疫苗和重组弱毒疫苗的研制和使用将成为预防鸡 ILT 的新起点。

（宋　立）

三十五、禽脑脊髓炎

（一）概述

禽脑脊髓炎（Avian encephalomyelitis，AE）是由禽脑脊髓炎病毒（Avian encephalomyelitis virus，AEV）引起的以侵害幼禽中枢神经系统为主要特征的传染病，鸡、火鸡、野鸡和鹌鹑均可感染本病。临床特征为病禽共济失调、震颤和非化脓性脑脊髓炎。

该病 1930 年首先发现于美国罗德岛（Rhode island），后传至美国新英格兰地区，故又被称为“新英格兰病”。1932 年，又根据发病雏鸡特征性头颈震颤，称为“禽流行性震颤”。1938 年，Van Rockel 等根据试验性分类，将其定名为“禽脑脊髓炎”。该病现已遍及世界大多数国家，中国 1980 年以来，先后在广东、江苏、辽宁、黑龙江、河北、内蒙古、福建、上海等省（自治区、直辖市）发生。AEV 主要侵害 1～4 周龄雏鸡，6 周龄以上的鸡感染后一般不表现临床症状。该病可通过蛋传递，也可在感染鸡和易感鸡之间传递，一年四季均可发生。主要造成的经济损失是雏鸡的病残和死亡以及成鸡产蛋量下降。

AEV 为小 RNA 病毒科肠道病毒属成员，但最近有研究提示其与甲肝病毒属较近。病毒具有六边形轮廓，无囊膜，平均直径为（26.1±0.4）nm；氯化铯浮密度为 1.31～1.33g/mL。目前仅有两株 AEV 全基因组序列被测定，病毒基因组全长为 7 058bp 或 7 059bp，拥有一个开放阅读框，编码一个大多聚蛋白，多聚蛋白经病毒蛋白酶加工剪接成为成熟蛋白。和其他的小 RNA 病毒科成员一样，AEV 蛋白也包括有基因组 P1 区的 4 个结构蛋白（VP4 - VP2 - VP3 - VP1）和 P2、P3 区的 7 个非结构蛋白（2A～2C 和 3A～3D），其中结构蛋白 VP4 和 VP2 由前体蛋白 VP0 切割而来，非结构蛋白分别编码病毒的蛋白酶、病毒 RNA 聚合酶、病毒合成的引物 Vpg 以及与病毒复制有关的蛋白成分。最近有研究证明，结构蛋白 VP3、非结构蛋白 2C 皆能诱导细胞的凋亡，非结构蛋白 3A 还与膜的相互作用有关。Tannock 和 Shafren 用放射免疫沉淀分析比较得出，临床分离的野毒株和鸡胚适应株 Van Roekel 株没有差异。病毒的物理、化学、血清学特征也是一致的。

虽然野毒株和鸡胚适应株在血清学上无差异，但在致病性上却存在病理差异。自然分离株为嗜肠道型，经粪-口感染，经粪排出，一般不致病，除非易感雏鸡经垂直感染或早期水平感染可引起神经症状。鸡胚适应株具有高度嗜神经性，非肠道接种可引起严重神经症状，一般不经消化道传播，不能经水平传播。如在脑内反复接种而获得的 Van Rockel 株，经非肠道接种后可引起所有年龄的鸡出现严重神经症状。鸡脑脊髓炎病毒在无抗体的鸡胚上多次传代后，可适应鸡胚。

鸡脑脊髓炎病毒对环境有较强的抵抗力，可长期保持感染性。一旦进入鸡群内，会在鸡群之间迅速传播。垂直传播也是该病传播的一种重要方式，能造成种蛋孵化率减低和雏鸡发病。

（二）疫苗

目前市场上使用的有鸡脑脊髓炎活疫苗和灭活疫苗，活疫苗一般适用于 14 周龄以上的鸡，灭活疫苗可用于各种年龄鸡群。

1. 弱毒活疫苗 Calnek，B. W 博士 1961 年报道了从发病鸡脑中分离出来的通过敏感母鸡和鸡胚传代致弱而研制成功的 1 143 株鸡脑脊髓炎活疫苗。该株病毒是一个温和的毒株，制备过程中应采取严格的代次限制，否则一旦适应鸡胚就失去了口服疫苗的效果，同时由其他部位接种会引起临床疾病。在种鸡育成期或产蛋前接种疫苗，能控制鸡群成熟后不发生感染，预防由蛋传途径引起病毒的扩散，同时母源抗体能保护雏鸡抵抗病毒感染。商品产蛋鸡群也可以进行免疫接种，以防由鸡脑脊髓炎病毒引起的一过性产蛋下降。该疫苗临床使用免疫效果很好，所以至今商品疫苗厂家一直将该株病毒用作活疫苗的生产。由于该疫苗的接种方式和免疫时期与鸡痘疫苗相同，一些疫苗厂家，如原英特威国际有限公司，将该病毒与鸡痘弱毒联合制成二联活疫苗。一般家禽只需要一次接种就可保证整个生产过程中的免疫效果。

（1）疫苗的生产制造　疫苗通常采用鸡胚培养，将病毒接种于 5～7 日龄 SPF 鸡胚卵黄囊中，37℃继续培养 10d，收获感染胚体，磨碎过滤后加适当保护剂经冷冻真空干燥制成。

（2）质量标准与使用　从物理性状来看，冻干疫苗应为淡红色海绵状疏松团块，易与瓶壁脱离，加稀释液后迅速溶解，应无细菌、真菌等外源病原污染。

安全检验：取疫苗 3～5 瓶按瓶签注明的羽份用无菌生理盐水溶解后，接种 25 只 6～10 周龄 SPF 鸡，每只 10 个使用剂量，观察 21d，应不出现由疫苗引起的局部或全身反应。

效力检验：测定疫苗病毒含量，疫苗病毒含量应大于该疫苗免疫原性要求，以保证有效期内产品的确切效果，即每羽份病毒滴度应≥$10^{2.5}$ EID_{50}。必要时也可采取攻毒的方法来判定结果，用 1 头份的量免疫 2～4 周龄的易感雏鸡 10 只，免疫后 3～4 周，与 10 只对照鸡同时攻击脑脊髓炎强毒，观察 7～20d，免疫组至少 8 只鸡保护，对照组至少 8 只出现脑脊髓炎症状，疫苗判为合格。疫苗在－15℃以下可保存 2 年。

接种疫苗时按瓶签标明的羽份，用无菌生理盐水稀释溶解后，皮下刺种或饮水免疫。

2. 灭活疫苗 灭活疫苗一般用毒价较高的鸡胚适应株或细胞适应株制备，应具备较高的病毒滴度，10^{-6} EID_{50}/0.1mL，经甲醛或β-丙烯内酯灭活后，与油乳剂混合乳化制成灭活疫苗。

灭活疫苗外观应为乳白色，剂型为水包油包水或油包水。疫苗应无细菌污染，在离心管中以 3 000r/min 离心 15min，应不出现分层。在 2～8℃保存时，有效期内应不出现分层和破乳。用 1mL 吸管（出口内径为 1.2mm）吸取 25℃左右的疫苗做黏稠度检测，垂直自然流出 0.4mL 所需时间在 5s 以内为合格。

灭活疫苗安全检验时，用 3～5 周龄的易感鸡 6 只，每只肌内或皮下注射疫苗 1mL，观察 14d 应不发生因注苗引起的局部或全身反应。效力检验用 4 周龄的 SPF 鸡，免疫 28d 后攻击强毒，观察 21d，免疫鸡应有 8/10 得到保护，对照鸡应 8/10 发病，疫苗判为合格。

接种疫苗时应注意：使用前应仔细检查，如发现疫苗瓶破裂、无瓶签、苗中混有杂质等，均不能使用，注射前将疫苗恢复到室温。

（宋　立）

三十六、禽白血病

（一）概述

禽白血病（Avian leucosis，AL）又称为禽白细胞增生症，是由禽白血病/肉瘤病毒群病毒引起的禽类各种良性和恶性肿瘤的一群疾病。包括淋巴细胞性白血病（大肝病）、成红细胞性白血病、成髓细胞性白血病、骨髓细胞瘤、血管瘤、内皮瘤、肾真性瘤、纤维肉瘤和骨化石症等。本病在自然情况下只有鸡能感染，肉瘤病毒人工接种野鸡、珍珠鸡、鸽、鹌鹑、火鸡和鹧鸪也可引起肿瘤。不同品种或品系的鸡对病毒感染和肿瘤发生的抵抗力差异很大。母鸡的易感性比公鸡高，多发生在18周龄以上，呈慢性经过，病死率为5%～6%。传染源是病鸡和带毒鸡，在自然条件下，本病主要以垂直传播方式进行传播，也可水平传播，但比较缓慢，多数情况下接触传播被认为是不重要的。本病的感染虽很广泛，但临床病例的发生率相当低，一般多为散发。饲料中维生素缺乏、内分泌失调等因素可促进本病的发生。

淋巴细胞性白血病的自然病例多见于14周龄以上的鸡，鸡冠苍白、腹部膨大，肝、法氏囊和肾肿大，羽毛有时有尿酸盐和胆色素玷污的斑。剖检可见肝、脾和法氏囊等器官呈结节状、粟粒状或弥漫性灰白色肿瘤，肝弥散性肿瘤呈均匀肿大、颜色灰白，俗称“大肝病”。成红细胞性白血病比较少见，通常发生于6周龄以上的高产鸡，临床上分为两种病型：增生型和贫血型，增生型主要特征是血液中存在大量的成红细胞，贫血型在血液中仅有少量未成熟细胞，两种病型的早期症状为全身衰弱、嗜睡、鸡冠苍白或发绀、病鸡消瘦、下痢，剖检时见两种病型皆表现全身性贫血，皮下、肌肉和内脏有点状出血。增生型的特征性肉眼病变是肝、脾、肾呈弥漫性肿大，贫血型病鸡的内脏常萎缩，尤以脾为甚，骨髓色淡呈胶冻样。成髓细胞性白血病是在非自然条件下发生的一种传染性肿瘤疾病，其临床表现为嗜睡、贫血、消瘦、毛囊出血，剖检时见骨髓坚实、红灰色至灰色，组织学检查见大量成髓细胞于血管内外积聚，外周血液中常出现大量的成髓细胞，总数可占全部血组织的75%。骨髓细胞瘤特征病变是骨骼上长有暗黄、白色、柔软、脆弱或呈干酪状的骨髓细胞瘤，常发生于肋骨与肋软骨连接处、胸骨后部、下颌骨和鼻腔软骨处，也见于头骨的扁骨，一般两侧对称。血管瘤见于皮肤或内脏表面，血管腔高度扩大形成“血疱”，“血疱”破裂可引起病禽严重失血而死。

禽白血病/肉瘤病毒属反录病毒科甲型反录病毒属的禽C型反录病毒群。根据不同遗传型在鸡胚成纤维细胞上的宿主范围、相同或不同亚型成员的干扰谱模式、病毒-血清中和试验的病毒囊膜抗原，分为A、B、C、D、E和J 6个亚群。A和B亚群是常见的野外病毒，C和D亚群的野外报道很少，E群包括普遍的内源性低致病力白血病病毒，J群病毒是从肉鸡中分离到的。同一亚群病毒之间有不同程度交叉中和反应，不同亚群之间没有交叉。但B、D群例外，它们之间有不同程度交叉中和反应。同源的抗血清中和作用比异源抗血清中和作用更为强烈，同一亚型的不同病毒诱发的免疫耐受性不同，表明亚群内存在不同的抗原型。

病毒粒子近似球形，直径为80～145nm，由外部的囊膜、中层膜和内核组成，内核直径为35～45nm。病毒内RNA主要为60～70SRNA和4～5SRNA，前者为病毒基因组，后者为宿主tRNA。与其他反转录病毒一样，禽白血病/肉瘤病毒的复制特征是在反转录酶的指导下，合成DNA前病毒，前病毒以线性形式整合入宿主细胞基因组，然后前病毒基因转录出病毒RNA，经翻译产生前体蛋白和成熟蛋白并组成病毒粒子。囊膜外有放射状突起，病毒粒子形成后以出芽方式从胞膜释放。急性转化病毒带有不同的V-*onc*基因（来源于正常细胞），可引起早期发生肿瘤性转化。慢性转化病毒不具有V-*onc*基因，但可以通过活化细胞的C-*onc*基因而间接地转化细胞。禽白血病/肉瘤病毒对乙醚和氯仿敏感，对热不稳定，56℃ 30min可灭活，50℃条件下半衰期为9min，60℃半衰期为40s，在低于－60℃条件下才能保存数年而不失去感染力。在pH 5～9较稳定，但超出此范围灭活率显著上升，由于病毒囊膜上有很多脂质成分，故对脂溶性溶剂敏感，乙醚可破坏其感染性，去污剂十二烷基硫酸钠可裂解病毒粒子释放出RNA和核心蛋白。病毒对紫外线有较强抵抗力。

该病至今没有有效的疫苗用于防疫，尽管用过多种方法研究疫苗，培育弱毒疫苗的方法没有成功。使用强毒制备灭活疫苗时，Burmester发现病毒在灭活的同时，其诱导抗体的能力几乎全被破坏。通过用病毒感染的细胞作抗原，进行免疫试验后，对鸡抵抗白血病有一定抵抗力。对于先天感染的鸡具有免疫耐受性，即使使用疫苗也不能产生免疫作用，这种鸡不仅构成病毒传播的主要来源，而且最有可能发生肿瘤。

该病的预防控制主要通过净化从鸡群中清除带毒鸡。根据Spencer等提出的方法，1977年以来有些养殖场从鸡群中根除白血病病毒，取得了较好的结果。建立无白血病鸡群，必须在隔离条件下孵化、饲养，种蛋必须来自无白血病的母鸡。选择种鸡时应注意：①抗体滴度高不排毒。②不带抗体也不带毒排毒，表明从未感染过。③不论有无抗体，但没有病毒血症。

从鸡群中根除LLV的程序是：①从阴道拭子或蛋清试验阴性的母鸡选择受精蛋。②在隔离状态下出雏，避免用公用针头防疫注射，避免病毒传播。③通过血清学检测雏鸡LLV，淘汰阳性雏和接触雏。④在隔离状态下饲养无白血病鸡群。

（二）展望

在疫苗的研究方面，Wright S E等构建成功一种表达A亚群囊膜糖蛋白重组白血病病毒，对今后的疫苗研制可能具有推进作用。

近年来研究者们制订了适合某些鸡群使用的、以减少或消除感染为目的的控制措施。鉴于雏鸡在出壳后对白血病病毒感染最敏感，所以孵化器、出雏器、育雏室和所有设备每次使用之间都应彻底清洁消毒，每个鸡场最好只饲养同一批次的鸡，不同来源的雏鸡和种蛋不要混在一起，在隔离条件下分开饲养和孵化，防止鸡群的交叉感染。

另外就是培育抗病品系，编码对外源性白血病/肉瘤病毒感染易感性的等位基因，在鸡群各品系之间频率差异很大，通过人工选育选择高抗病力的品系，特别是重点培育抵抗A亚群病毒的品系。近年来转基因育种技术已用于该领域，如美国Crittenden和Salter（1988）成功地将A亚群LLV的囊膜基因插入鸡的基因组，得到的转基因鸡无论是个体还是鸡体细胞都对A亚群LLV的感染有高度的抵抗力。这一工作不仅在抗白血病育种方面开辟了一条新路，而且对其他病毒性疾病的抗病育种也有普遍意义，为抗病育种带来光明的前景。

（宋　立）

三十七、禽病毒性关节炎

（一）概述

禽病毒性关节炎（Avian viral arthitis，AVA）是一种由呼肠孤病毒引起的主要发生于肉鸡或兼用型鸡的传染病。病毒主要侵害关节滑膜、腱鞘和心肌，引起足部关节肿胀，腱鞘发炎，继而使腓肠腱断裂。病鸡关节肿胀、发炎，行动不便，不愿走动或跛行，采食困难，生长停滞。各日龄、品种的鸡均易感，日龄越小越容易感染，4～6周龄的肉鸡最容易发病。1954年，由Fahey和Crawley首次分离到病毒。1972年，Walker等确定该病毒为呼肠孤病毒。该病呈世界性分布，可从许多种鸟类体内分离到病毒。但是鸡和火鸡是目前已知可被引起发病的动物。病毒在鸡中的传播有两种方式：水平传播和垂直传播。病毒感染鸡之后，呼吸道和消化道复制后进入血液，24～48h后出现病毒血症，随后即向体内各组织器官扩散，但以关节腱鞘及消化道的含毒量较高。排毒途径主要是经过消化道。在急性发病鸡群中，特别是种鸡群，常因生长缓慢或停滞、饲养利用率低以及死淘率高等带来巨大的经济损失。

病毒性关节炎病毒（avian viral arthritis virus，AVAV）属于呼肠孤病毒科呼肠孤病毒属，无囊膜，由一个核心和一个核衣壳构成。在感染细胞质内呈结晶状排列。核芯直径为45mm，衣壳直径约为75mm，在氯化铯中的浮密度为1.36～1.37g/mL。禽呼肠孤病毒对热有一定的抵抗能力，能耐受60℃达8～10h，37℃ 15～16周，22℃ 48～51周，4℃ 3年以上，－20℃ 4年以上，－63℃ 10年以上。在氯化镁存在条件下，加热处理可使病毒的毒价增高。AVAV对乙醚不敏感，对H_2O_2、2%来苏儿、3%福尔马林和pH3条件下均有抵抗力。用70%乙醇和0.5%有机碘可以灭活病毒。

AVAV存在血清型的差异，Kawa－mura等对来源于粪便、泄殖腔拭子和气管的77株病毒进行鉴定，得出5种不同的血清型。Robertson和Wilcox把10个澳大利亚分离物分为3个有很大交叉反应的群，经蚀斑克隆纯化特性相似的病毒抗原，接种SPF鸡后在致病性和病毒持续时间上，毒株之间均有明显差异。但琼扩试验证明AVAV有一个群特异性抗原，虽然抗体对不同群之间的保护作用有待进一步研究，但母源抗体对1日龄雏鸡的保护作用是很明显的。

（二）疫苗

目前用于免疫接种的AVA疫苗有弱毒疫苗和灭活疫苗，弱毒疫苗通常使用S_{1133}株制备，用于1日龄雏鸡的免疫。灭活疫苗常用2种强毒制备，用于育成鸡和种鸡的加强免疫。

1. 弱毒疫苗 1971年，由Johnson D C和Vander Heide等分离、致弱的鸡呼肠孤病毒，命名为UMO_{207}。1983年由Vauder Heide博士又致弱了一株，称为S1133株，这两株病毒均可制备成弱毒疫苗用于雏鸡的免疫，也可用于成鸡的免疫。雏鸡免疫后产生免疫抗体，可有效地抵抗呼肠孤病毒的感染。疫苗的应用效果得到市场广泛认可，至今仍为预防病毒性关节炎的主要疫苗品种。但应与鸡马立克氏病疫苗分开使用，该疫苗会干扰马立克氏病疫苗的免疫效果。

（1）疫苗的生产制造 疫苗的生产通常采用细胞培养，制苗毒株在鸡胚成纤维细胞上生长良好。接种后37℃培养，48～120h产生细胞病变，收获感染细胞液加入适当保护剂，经冷冻真空干燥制成。用于预防鸡病毒性关节炎。

（2）质量标准与使用　从物理性状上看，疫苗为浅红色海绵状疏松团块，易与瓶壁脱离，加稀释剂后迅速溶解，疫苗应纯粹无杂菌生长。

安全检验：取疫苗3～5瓶，按标签注明的羽份用无菌生理盐水溶解后，接种于1日龄易感雏鸡10只，每只10个使用剂量，观察21d应安全无不良反应。

效力检验：通过测定病毒对鸡胚成纤维细胞的半数感染量，将病毒按10倍系列稀释，取10^{-8}～10^{-5}稀释度分别接种于鸡胚成纤维细胞，37～39℃培养4～7d，观察细胞病变，计算$TCID_{50}$，每羽份病毒含量应≥$10^{3.5}$ $TCID_{50}$。免疫期为2～5个月。

免疫接种时按瓶签注明的羽份用生理盐水稀释，颈部皮下注射0.2mL/只。一般1～7日龄首免，5～7周龄进行二免。

使用疫苗时应注意：①疫苗仅用于健康鸡，在其他疾病存在时可能引起复合症。②在种鸡开产前2周和产蛋期间不能进行免疫。③不能与马立克氏病疫苗和鸡法氏囊病疫苗同时使用。

2. 灭活疫苗　灭活疫苗是用鸡呼肠弧病毒1733、2048和1133等毒株繁殖，灭活前病毒含量应达到10^5～10^6 $TCID_{50}$。灭活后作为水相抗原，加油佐剂混合乳化后制成。疫苗的外观、物理性状、应达到禽类常规灭活疫苗标准。

灭活疫苗安全检验时，用3～5周龄的易感鸡10只，每只肌内或皮下注射疫苗1mL，观察14d应不发生因注苗引起的局部或全身反应。效力检验用4周龄的SPF鸡10只和不免疫对照鸡10只，免疫组免疫21～28d后与对照组同时脚垫攻击强毒，观察14d，对照鸡平均脚垫肿应为免疫鸡的2倍，疫苗判为合格。免疫期为6个月。

疫苗使用时为颈部皮下注射，每只0.5mL。用于在4周前接种过呼肠孤病毒活疫苗的16～20周龄种鸡和后备种鸡的加强接种。4～6周后再进行1次加强接种。若鸡在第二年继续饲养，在换羽期再进行1次加强接种。

疫苗使用时应注意：①仅用于接种健康鸡。②使用前应将疫苗放至室温（15～25℃）。③接种前应摇匀。④应使用无菌注射器械进行接种。⑤疫苗瓶开启后应在3h内用完。⑥本疫苗不得与其他疫苗混合使用。⑦疫苗不能结冻保存。

（宋　立）

三十八、鸡产蛋下降综合征

（一）概述

产蛋下降综合征（Egg drop syndrome，EDS_{76}）是20世纪70年代后期发现的一种使商品蛋鸡和种母鸡产蛋率下降、蛋壳异常、蛋体畸形、蛋质低劣等症状为特征的病毒性传染病。鸡群感染病毒后不死亡，产蛋前不出现临床症状。母鸡产蛋后产蛋率达到50%以上时，表现出产蛋量突然下降，连续2～3周下降幅度达到30%～50%，造成很大经济损失。

产蛋下降综合征病毒（EDS_{76}V）属腺病毒科禽腺病毒属的禽腺病毒Ⅲ群成员，其特性与哺乳动物腺病毒属及禽腺病毒均有差异，目前暂列在禽腺病毒属之内。EDS_{76}V直径为［(76～80)±5］nm，由每边带有6个壳粒的三角面组成，从每一顶点突出一条25nm的纤突。EDS_{76} V在氯化铯中的浮密度报道不一，这可能与病毒的培养和提纯方法有关。Todd和McNulty报道浮密度为1.32g/mL和1.30g/mL的病毒颗粒具有传染性。EDS_{76} V的DNA分子量在22.6×10^6ku，有13条多肽，其中7条与腺病毒Ⅰ型相同。EDS_{76} V在细胞内复制，在感染细胞培养物中和感染鸡输卵管分泌腺中，经苏木精-伊红染色后可见核内包涵体。

EDS_{76} V对外界环境的抵抗力比较强，对pH适应范围为pH 3～10，耐乙醚、氯仿等有机溶剂，4℃能存活2年以上，56℃ 3h可存活，60℃ 30min可被灭活。0.5%甲醛和强碱对其有较好的消毒效果。

EDS_{76} V在鸭胚上生长良好，尿囊液中的血凝效价可高达1∶10 240，也可在鸡胚肝细胞和鹅细胞培养物中生长，并产生包涵体。在鸡胚肾、成纤维细胞等多种细胞上生长不良。EDS_{76} V只有一个血清型，各毒株之间没有毒力的差别。

1976年，由荷兰学者Van Eck分离到该病毒。本病传染源为病鸡和带毒鸡，传播途径主要通过被感染的精液和种蛋垂直传染，在鸡群产蛋达到高峰之前，病毒保持潜伏状态，当产蛋量达到50%以上高峰期，开始排毒和产生HI抗体，鸡群HI抗体很高时，仍能排毒。EDS_{76} V也可水平传播，Cook等的研究表明EDS_{76}在鸡群中的水平传播速度取决于该鸡群中已感染鸡所占的百分数，当把12只感染鸡与6只易感鸡混养在一起时，最早在4d后就可从易感鸡中分离出病毒，然而当12只易感鸡与1只感染鸡混养时，则不能从易感鸡中分离出病毒。不同年龄的鸡均易感，不论在哪个时期，鸡只要感染了EDS_{76} V，以后必将影响整个产蛋期的生产。火鸡、野鸡、珍珠鸡、鹌鹑、鸭、鹅也可感染，大量的血清学调查表明，在多种禽类中都存在EDS_{76}抗体，这些禽类包括蛋鸡、鸭、野鹅、鹅、鸽、麻雀、肉鸡等，并且已从蛋鸡、鸭、鹅分离到了EDS_{76} V，但主要是产蛋鸡发病。EDS_{76} V对成年鸭也有致病性，可引起产蛋下降和蛋壳变粗糙、变薄。自然发病的结果分析和血清学调查表明：不同品种的鸡对该病的易感性有一定的差异，肉鸡和产褐壳蛋的重型鸡较产白壳蛋的鸡发病严重，Rhee等对产褐壳蛋的鸡和产白壳蛋的鸡进行攻毒，结果两个品种鸡都表现出典型的产蛋下降，但产褐壳蛋的鸡需6周才能恢复，而产白壳蛋的鸡恢复仅需2周时间。

该病传入中国的时间较晚，1990年，中国兽医药品监察所首次在北京分离到EDS_{76} V并命名为BS株，此后在北京地区的不同鸡场以及中国不同地区陆续报道了该病的暴发和EDS_{76} V的分离。

（二）疫苗

由于该病毒没有毒力强弱之分，目前已有的疫苗为EDS_{76}灭活疫苗，除了国外进口疫苗外，中国兽医药品监察所已于1993年研制成功该种疫苗。

1. 疫苗研究进展 Baxendale和Cook等在20世纪80年代初期研制成功EDS_{76}灭活疫苗，该疫苗对预防EDS_{76}病起到良好效果，种鸡或蛋鸡在开产前4周（14～16周龄）进行免疫，非感染鸡群免疫后HI抗体可达到8log2～9log2以上，免疫期为1年，一次免疫后可保证鸡群在一个产蛋周期中抵抗EDS_{76} V感染。中国1991年由中国兽医药品监察所首先研制该疫苗，用京911作为制苗用毒株，其免疫原性和其他质量标准均不低于国外疫苗标准，免疫期可达到1年，1993年获得农业部颁发的新兽药证书，该疫苗运用于养殖场以来，对该病起到良好作用预防，避免了蛋鸡发生该病，使用至今几乎未见到EDS_{76}病发生的报道。目前已有许多学者将其与鸡新城疫病毒、传染性支气管炎病毒、禽流感病毒等结合，制成二联、三联或四联灭活疫苗。

2. 疫苗的生产制造 京911株病毒在鸭胚成纤维细胞和鸡胚肝细胞中生长良好，毒价可达$10^{8.0}$ $TCID_{50}$/mL，制备疫苗时将其接种于8～10日龄易感鸭胚，10^{-2}稀释每胚接种0.2mL，接种后放37℃继续孵育，弃去72h前的死胚，收获72～120h死亡的和120h感染的活胚胚液，用10%甲醛灭活，使甲醛在胚液里的终浓度应达到0.1%，放在37℃作用，当灭活胚液温度升至37℃后继续作用24h。灭活前胚液的血凝价应≥1∶20 000。制苗前应将灭活胚液进行灭活检验，确保病毒100%被灭活。配苗时，用灭活抗原液作为水相，要求每羽份抗原含量达到2 000个HA单位，与乳化剂和油佐剂按适当比例乳化，制成灭活疫苗。

3. 质量标准与使用 灭活疫苗外观应为乳白色，剂型为水包油包水或油包水。疫苗应无细菌污染。在离心管中以3 000r/min离心15min，应不出现分层。在2～8℃保存时有效期内应不出现分层和破乳。用1mL吸管（出口内径为1.2mm）吸取25℃左右的疫苗做黏稠度检测，垂直自然流出0.4mL所需时间在5s以内为合格。

灭活疫苗安全检验：用3～6周龄的SPF鸡10只，每只肌内或皮下注射疫苗1mL，观察14d，应不发生因注苗引起的局部或全身反应。

效力检验：用3～6周龄的SPF鸡20只，其中10只为不免疫对照。肌内或皮下免疫10只免疫组鸡，每只0.5mL，免疫后21～35d检测HI抗体，免疫组EDS_{76} HI抗体几何平均值应≥1∶128，对照鸡应≤1∶4，疫苗判为合格。疫苗免疫期为1年，开产前4周免疫注射1次，2周后可产生HI抗体，4周后抗体达到高峰，可使母鸡在一个产蛋周期内起到免疫保护作用。疫苗可在4～8℃保存12个月。

疫苗使用时应注意：①仅用于接种后备健康母鸡。②使用前应将疫苗放至室温（15～25℃）。③接种前应摇匀。④应使用无菌注射器械进行接种。⑤疫苗瓶开启后应在3h内用完。⑥本疫苗不得与其他疫苗混合使用。⑦疫苗不能结冻保存。

（三）展望

良好的饲养管理措施对本病的根除起到有效作用，将水禽与鸡群分开饲养，将健康鸡群与带毒鸡群分开饲养，可避免病毒的水平传播。在北爱尔兰的一个种鸡场已成功地清除EDS_{76}，其清除方法就是将原种鸡群用铁丝隔开，分小群饲养，40周龄时按10%～25%比例进行HI抗体检查，除去阳性反应者，并对阳性鸡所在小群定期检查，如果发现阳性比例较高或一直持续存在时，就将其整群除掉。

（宋　立）

三十九、鸡传染性贫血

（一）概述

鸡传染性贫血（Chicken infectious anemia，CIA）是由鸡传染性贫血病毒（Chicken infectious anemia virus，CIAV）引起的以再生障碍性贫血和全身淋巴组织萎缩为主要特征的一种免疫抑制疾病，感染的鸡群表现为免疫机能障碍即免疫抑制，进而对其他病原的易感性增高和疫苗的免疫应答下降。该病也被称为出血性综合征、出血性再生不良性贫血综合征、贫血性皮炎综合征和蓝翅病等。

CIAV 属圆环病毒科、圆环病毒属，该病毒科是所有已知动物病毒中最小的。

CIAV 的基因组为单股 DNA，经过纯化的病毒在电镜下呈球形或六角形，病毒粒子无囊膜，平均直径为 19～25nm，病毒在氯化铯中的浮密度为 1.35～1.36g/mL。基因组的全长约为 2 300bp。被多数研究者证明由 3 个主要阅读框架（ORF）组成，分别编码分子量依次为 5 116ku、24ku 和 1 316ku 的 3 种蛋白质，即 VP1、VP2 和 VP3。众多科学家通过对不同分离株序列的研究，发现 CIAV 基因组具有高度的保守性，CIAV 分离株 DNA 序列彼此间极其相似。VP1 为病毒的衣壳蛋白，VP2 为病毒组装过程中的一种支架蛋白，VP3 又称为凋亡蛋白，是鸡胸腺细胞、成淋巴样细胞系和人的恶性成淋巴样细胞、骨肉瘤细胞凋亡的诱导剂。CIAV 只有一个血清型，各地分离的 CIAV 在抗原上没有差异，但毒株之间在致病性上有差异。

CIAV 能在肿瘤淋巴细胞系 MDCC - MSB1、MDCC - JP2、LSCC - 1104B1 中生长，最常用的细胞系是 MDCC - MSB1 细胞系。将高滴度的 CIAV 接种于 MSB1 细胞系中，出现细胞病变，感染细胞死亡。以低滴度的 CIAV 接种 MSB1 细胞系，需 6～8 代才能出现细胞病变，病毒在 MSB1 细胞中增殖缓慢。CIAV 感染细胞的病变特征为细胞肿大，破碎以后死亡。

CIAV 对理化因子的抵抗力很强，对丙酮、氯仿、乙醚等脂溶性有机溶剂均有抵抗力，也能在 pH3 条件下能保持活性。对热的抵抗力较强，56℃或 70℃作用 60min 和 80℃作用 15min 仍有活性，但 80℃ 30min 可使其部分失活，100℃ 15min 使其完全失活。多数消毒剂如 5%的季铵盐类化合物、中性皂、磷二氯苯溶液在 37℃下作用 2h，不能使其完全灭活。病毒对酚敏感，用 50%酚处理 5min 即可使其丧失活性。

1979 年，日本学者 Yuasa 等首次报道该病，此后英国、德国、加拿大、美国等养鸡发达国家都相继分离到 CIAV，病原分离和血清学调查结果表明鸡传染性贫血呈世界性分布，几乎所有的养禽国家和地区，如澳大利亚、欧洲各国、非洲和亚洲等均有 CIAV 感染的血清学证据。中国学者李孝欣等于 1992 年从发病鸡群中分离到 CIAV，并证实本病在中国的存在。2000—2001 年，高宏雷、王笑梅等利用 PCR 方法和间接 ELISA 对东北三省 109 个鸡场进行 CIA 的流行病学调查发现：被检祖代、父母代、商品代鸡的阳性率分别为 50%、80%和 93.7%，呈现逐渐加重的趋势，可见该病垂直传播的严重。

鸡是 CIAV 已知的唯一自然宿主，各品种、年龄的鸡均易感，肉鸡比蛋鸡易感，公鸡比母鸡易感，但以 2～4 周龄的雏鸡最易感。本病具有明显的日龄抵抗性，单独感染时随着日龄的增长其易感性、发病率和死亡率逐渐降低。人工感染试验表明 1 周龄雏鸡感染后会发生贫血但不死亡，2 周龄雏鸡感染后体内能分离到病毒，但不表现临床症状。自然情况下 CIAV 感染率较高，可达 100%，但发病率变化较大，一般为 20%～60%，死亡率一般为 5%～20%，亦可达 60%，存活鸡可逐渐康复。该病既可垂直传播，也可水平传播。种蛋的垂直传播是本病最主要的传播途径，其致病性与鸡的年龄和母源抗体密切相关，母源抗体高的雏鸡对该病有完全保护作用，但这种母源抗体只能维持 3 周左右，大多数鸡在 2～18 周龄因母源抗体消失后发生水平感染，再次出现抗体阳性。成年鸡通常为亚临床感染。

本病常和病毒细菌合并感染，当鸡群受到法氏囊病病毒等免疫抑制性病毒的合并感染时，被动免疫力降低，发病率和死亡率会升高。Bulow 等和 OfaKi 等证明 CIAV 和马立克氏病毒双重感染可导致早期死亡。雏鸡在 13～14 日龄时死亡率达到 80%。目前认为 CIAV 感染是导致马立克氏病疫苗免疫失败的原因之一。野外病例多发生于雏鸡和中鸡，多为经卵垂直传递和出壳后早期水平传递。中鸡主要是与法氏囊病毒等免疫抑制性病毒混合感染所致。发病鸡表现为精神沉郁、虚弱、苍白。解剖可见肌肉苍白、水样血液、骨髓呈淡黄色，胸腺和法氏囊萎缩、肝脏肿大和局部皮下出血。

病鸡肝组织的病毒含量较高，可取病鸡肝做成乳剂加入双抗70℃水浴5min后，再用氯仿处理去掉可能存在的污染物。肌内或腹腔注射1日龄无母源抗体的雏鸡，饲养于隔离器中14～16d后采血测定血细胞比容值和观察骨髓病变，当有鸡只出现血细胞比容值低于27%并出现骨髓病变，即可判为阳性。也可经卵黄囊接种5～7日龄的SPF鸡胚，10～14d后毒价最高，但不致死鸡胚，直至雏鸡出壳后，14～15日龄时发生贫血而死亡。CIAV的诊断还可将处理好的病料接种MDCC-MSB1细胞，阳性病料经数次传代后方能出现细胞病变。

采用血清学鉴定，目前已建立了血清中和试验、间接免疫荧光抗体试验、酶联免疫吸附试验等检测感染鸡的血清抗体。免疫荧光抗体和免疫过氧化物酶试验、DNA探针和聚合酶链式反应可检测鸡组织或细胞培养物中的病毒。

（二）防治

禁止引进感染CIAV的种蛋，切断传染源及传播途径，做好鸡马立克氏病、传染性法氏囊病等免疫抑制病的预防接种工作，增强鸡体的抵抗力。由于本病的主要危害是引起免疫抑制，导致其他疾病的混合感染或继发感染。因此，在发病后用抗生素预防继发感染在一定程度上可降低损失。另外对种鸡进行预防接种是预防本病的有效措施，市场上有两种商品活疫苗，一是Bulow和Witt研制的用鸡胚生产的有毒力的CIA活疫苗，通过饮水免疫种鸡，使子代雏鸡产生母源抗体，该疫苗应在产蛋前4周使用，避免通过蛋传递的危险。二是减毒的活疫苗，对12～14周龄的种鸡饮水免疫，4周后产生免疫力，并能维持到整个产蛋周期结束。如果在后备种鸡中已检测到CIAV抗体，则可以不进行免疫接种。

（三）展望

Koch等和Noteborn等研究表明，只有把蛋白VP1和VP2结合在一起才能起到有效的免疫原性，并且预言，由杆状病毒载体系统表达的CIAV VP1和VP2重组蛋白可能成为预防CIAV感染的亚单位疫苗。

（宋　立）

四十、鸡网状内皮组织增生病

（一）概述

鸡网状内皮组织增生病（Reticuloendotheliosis，RE）是由网状内皮组织增生病毒（Reticuloendotheliosis virus，REV）群的一种反转录病毒（Retrovirus）引起的一群病理综合征，包括急性网状细胞肿瘤形成、矮小综合征、淋巴组织和其他组织的慢性肿瘤形成。对火鸡和鸭偶尔引起大量死亡和废弃损失。病毒污染禽用疫苗可造成严重疾病传播，REV侵害机体免疫系统，可导致免疫力下降而继发其他疾病。

网状内皮增生病病毒属于反转录病毒科肿瘤病毒亚科的禽C型肿瘤病毒群。病毒有囊膜，病毒粒子直径为100nm，表面有长约6nm的突起，在蔗糖密度梯度中的浮密度为

1.16～1.18g/mL。病毒基因组为单股RNA，由含有2个30～40S RNA亚单位的复合体组成。完全复制的基因组大约为5.7kb，不完全复制的基因组仅有约5.7kb。不完全复制基因组的env区含有一个0.8～1.5kb具有转化基因作用的替代片段，称V-*rel*基因，在完全复制的REV中和其他反转录病毒中，不存在V-*rel*基因，通过试验已证实不完全复制病毒的V-*rel*为致病基因。

REV能在许多禽类细胞中生长，如鸡、火鸡和鹌鹑的成纤维细胞，在D17犬肉瘤细胞、Cf2Th全胸腺细胞、正常大鼠肾细胞中也能高滴度增殖，但需要一个适应过程。REV还能整合到宿主细胞基因组中，这是病毒复制的必需过程。REV与马立克氏病病毒共同培养时，还能与马立克氏病病毒整合，能引起其他病毒突变。不完全复制病毒株在复制过程中需要一个完全复制RE辅助病毒，在体内传代和在感染的造血细胞中培养，可保持其致瘤性，但在鸡胚成纤维细胞上传代，会很快丧失致瘤性。

不同的REV分离株抗原性一致，属于单一血清型。但各毒株之间的致病性有差异，根据病毒中和试验等方法，将REV分成不同的抗原亚型，即Ⅰ、Ⅱ和Ⅲ亚型。病毒对乙醚和热敏感，不耐酸，对外界抵抗力不强，37℃30min传染力失活50%，1h失活99%。4℃比较稳定，－70℃下可长期保存。在pH5.6～6.5的范围外快速失活，但对紫外线有较强的抵抗力。

火鸡、鸡、鸭、鹅、雉、鹌鹑和多种禽类均易感，其中火鸡发病最常见。REV可以垂直传播、水平传播。垂直传播在鸡和火鸡中均有报道，但传播率很低。水平传播以接触性传播为主，昆虫叮咬以及注射了REV污染的疫苗也可发生水平传播。

感染禽生长发育明显受阻、瘦弱，耗料大，有些鸡羽毛发育异常，翼羽的羽支黏附到局部的毛干上，是由于感染REV后早期诱导的羽毛形成细胞坏死，即使有肉眼神经病变也很少出现跛行和麻痹。神经病变常发生在没有其他肿瘤的情况下。末梢神经病变无论以何种毒株接种，以慢性经过的病例才会出现，一般以病毒接种3周以后，才能形成末梢神经的肿大。病鸡胸腺和法氏囊萎缩、腺胃炎、肠炎、贫血和肝脾坏死，同时常伴有细胞免疫和体液免疫应答低下。

REV进入靶细胞后，就会严重影响免疫系统的功能，诱发明显的细胞免疫和体液免疫抑制，降低机体对其他病原的免疫应答。免疫抑制可能是REV感染引起的最重要的经济问题，多数感染鸡不表现典型症状，与其他病毒或细菌混合感染时疾病严重，继发性感染显著增加。

（二）防治

目前没有有效的疫苗用于养禽业，加强饲养管理限制REV的环境感染和进行病毒分离、鉴定和抗体检测，及时淘汰阳性鸡是控制该病的主要途径。同时严禁使用污染该病毒的弱毒疫苗，可避免因接种了污染的疫苗而造成的感染发病。

（三）展望

Cakvert J G等和Meyers等报道，用表达REV *env*基因的重组痘病毒和转染的QT35鹌鹑细胞产生的REV空病毒粒子对鸡进行免疫接种，可产生对鸡矮小病的保护作用，为研究RE病疫苗提供了线索。

（宋　立）

四十一、鸡包涵体肝炎

（一）概述

鸡包涵体肝炎（Inclusion body hepatitis，IBH）是由禽腺病毒Ⅰ群引起的鸡的一种急性传染病，以雏鸡死亡突然增多，严重贫血、黄疸，肝脏肿大、出血、坏死和肝细胞核内包涵体为特征。本病1963年由美国Halmboldt和Frazier首次报道，随后流行于欧美，目前已流行于全世界，中国也有该病发生的报道。许多研究已表明IBH与免疫抑制病有关，如鸡传染性法氏囊病可以强化腺病毒的致病性，鸡贫血因子的存在则能提高包涵体肝炎的发病和死亡。

腺病毒Ⅰ群属双股DNA病毒，粒子直径为70～90nm，没有囊膜，呈二十面立体对称。病毒在鸡细胞核内复制，病毒DNA首先转移到鸡细胞核内，通过转录而成早期基因，进而转译为后期蛋白质，产生结构蛋白，呈现为核内包涵体。腺病毒Ⅰ群病毒共有12种不同的血清型，F1～F10血清型病毒均可引起包涵体肝炎，但致病力方面有所差异。一般认为F2、F3、F5、F6、F7、F8血清型的毒株致病性较强。F1血清型的毒株能凝集大鼠红细胞。

垂直传播是本病最重要的传播方式。腺病毒通过种蛋垂直传递，带毒种蛋孵出的鸡雏早期死亡率突然升高，并表现出包涵体肝炎的典型症状。腺病毒也可以水平传播，以随鼻、气管黏液、尿液及精液对外排毒，但绝大部分的病毒是从粪便中排出，因此，患鸡粪便是最重要的传染源。

自然感染的鸡潜伏期1～2d，一般不超过4d，初期不见任何症状死亡，2～3d后少数病鸡精神沉郁、嗜睡，肉髯褪色，皮肤呈黄色，皮下有出血，偶尔有水样稀粪，3～5d达死亡高峰，死亡率达10%，持续3～5d后，逐渐停止，鸡群如果有其他传染源污染，如传染性支气管炎病毒、支原体、大肠杆菌、沙门氏菌等，可使死亡率增加到30%。蛋鸡可出现产蛋下降。

腺病毒的对外排放通常出现在感染后的第3周，第5～8周呈现排毒高峰。资料表明，腺病毒常在产蛋高峰前后出现第二次排毒高峰，这与生殖生理期的强应激有关。在此期间产出的鸡雏，带毒率较高，临床上雏鸡疾病表现也最为突出。表现健康的家禽体内也能够分离出不同血清型的腺病毒，说明禽腺病毒Ⅰ群是鸡的一种具有潜在致病性的常在性病原体。

禽腺病毒能在鸡肾细胞和鸡肝细胞上生长，在鸡肾细胞上形成蚀斑。鸡胚成纤维细胞和鸭胚成纤维细胞也用于病毒增殖。禽腺病毒接种鸡胚，可使鸡胚发育迟缓、卷缩、肝炎、脾肿大、充血、出血和死亡。在肝细胞中可检查到核内包涵体。

（二）防治

自然感染腺病毒Ⅰ群的鸡群一般在感染后迅速产生中和抗体，4～6周后建立抵抗力，可局部抵抗同一血清型病毒的再感染，局部免疫可保持8周。8周后再次感染，仅限于局部黏膜，而不会侵害全身器官。二次感染会刺激机体的二次保护反应，并很快产生中和抗体和沉淀抗体。IBH的母源抗体可以防止腹腔内注射感染，但不能完全保护自然感染。灭活疫苗诱导的血清中和抗体减少了咽部排毒，但不能阻止粪便排毒，循环抗体仅能防止病毒侵入内脏器官。

腺病毒Ⅰ群病毒的致病性存在一定条件性，具有潜在的致病力。当鸡群遭遇严重应激，特别是发生免疫抑制性疾病时，IBH可能随之发生。鸡传染性贫血、马立克氏病、网状内皮增生症等免疫抑制病会明显增加本病的发病率。

目前尚未研制出良好的商业疫苗，多数学者已在研究不同血清型的疫苗，如禽腺病毒Ⅰ群4型病毒疫苗可有效预防肝炎和心包积水综合征，但不能保护包涵体肝炎的发生。不同血清型之间的保护效果有待进一步研究。

（宋　立）

四十二、小鹅瘟

（一）概述

小鹅瘟（Gosling plague，GP）是由鹅细小病毒引起的雏鹅急性或亚急性败血性传染病，主要侵害3～20日龄的雏鹅病，急性型可导致雏鹅100%死亡，在自然条件下，成年鹅感染无症状，但可通过卵将病毒传给子代。目前已知自然宿主只有鹅和番鸭。

该病1956年由中国方定一等首次发现，1961年证实本病病原与新城疫和鸭肝炎无关，命名为小鹅瘟。用成年鹅制备出高免血清，对母鹅和小鹅进行接种，有效地控制了本病的发生。随后苏联、德国、匈牙利、荷兰、法国、英国、意大利、以色列、南斯拉夫和越南等国陆续报道了该病的发生，匈牙利用鹅胚分离到该病毒，但误认为“鹅流感”。1971年，Schettler确定该病是由一种细小病毒引起，建议把这种病称为鹅细小病毒感染。

小鹅瘟病毒（Gosling plaque virus，GPV）属细小病毒科，与鸡和哺乳动物细小病毒无抗原相关性。病毒粒子无囊膜，呈二十面体，核衣壳由32个壳粒组成，直径为20～22nm，核酸为单股DNA。在细胞核内复制，各毒株之间有着密切的抗原相关性。GPV基因组中有两个主要的阅读框。5′-ORF（LORF）编码非结构蛋白（NS），3′-ORF（RORF）编码3种结构蛋白VP1、VP2和VP3，其中VP2和VP3是主要结构蛋白。结构蛋白VP1含有组成VP2、VP3的全部氨基酸序列。VP1氨基末端的独特区内富含碱性氨基酸残基，这是许多DNA结合蛋白的一个显著特征。VP2是GPV的结构蛋白之一，具有抗原性，能够刺激机体产生中和抗体，VP3是病毒的主要衣壳蛋白，具有高度的保守性，也能诱导机体产生中和抗体，是GPV主要的免疫保护性抗原。

GPV存在于病鹅各内脏组织、肠、脑及血液中，能在鹅胚中生长，不能凝集鸭、鸡、鹅、羊、兔、小鼠等动物的红细胞，但能凝集黄牛精子。对外界抵抗力较强，65℃处理30min和pH3.0条件下37℃处理1h滴度不受影响，对各种化学试剂的稳定性试验，未发现明显的活力丧失。−20℃以下存活至少2年。

GPV仅自然感染1月龄以内的雏鹅、雏番鸭，鹅和番鸭是唯一可以自然感染本病的禽类。其他的家禽可以抵抗人工或者天然感染。雏鹅10日龄以内的雏鹅发病率和死亡率可高达70%～100%。雏鹅10日龄死亡率一般不超过60%，20日龄发病率很低，而1月龄以上则极少发病。发病雏鹅从粪便中排出大量的病毒，可通过直接或者间接接触而迅速传播，但严重的发病多见于垂直传播。康复和经过隐性感染的成年鹅均能产生较高的抗体水平，还能产生母源抗体，使孵出的雏鹅免于发病。所以同一地区该病的流行往往会出现周期性。

（二）疫苗的种类

目前用于市场的疫苗主要为小鹅瘟鸭胚化弱毒疫苗。

(三) 疫苗研究进展

1961 年，由方定一首次提出用全病毒鸭胚培养物作为疫苗，对成年鹅进行免疫接种，头年免疫 1～2 次，产生母源抗体，次年在整个产蛋期内能使其后代产生免疫力，强毒攻击，雏鹅保护率达到 95%以上。随后将病毒用鹅胚长期继代后发现，15 代以后病毒丧失对雏鹅的致死能力。广东佛山兽医专科学校陈伯伦等 1980 年用鸭胚对 GPV 强毒进行传代，培育出一株小鹅瘟鸭胚化弱毒疫苗，该疫苗接种母鹅安全，免疫后产生的母源抗体能使小鹅产生良好免疫力，抵抗 GPV 强毒的感染。中国彭万强 1993 年报道，用一株野外分离的强毒，通过鸭胚传代致弱后育成了一株对雏鹅无致病性、毒力稳定、免疫原性良好的鸭胚化弱毒株。在广东地区对 20 万只雏鹅进行田间使用，接种后均安全、无不良反应，免疫后 9～12d 的雏鹅，攻击 GPV 强毒，可获得 100%保护。国外 Gough R E 1982 年也报道了用鸭胚致弱的 GPV 制备弱毒疫苗，对雏鹅和种母鹅能诱导产生良好免疫应答。Kaleta E F 等用鹅胚和番鸭胚细胞培养的方法，成功研制出 GP 弱毒疫苗，田间使用能产生良好免疫应答。

(四) 疫苗的生产制造

小鹅瘟弱毒疫苗系用小鹅瘟病毒鸭胚化弱毒株接种 8 日龄易感鸭胚，37℃孵化 216h，取 96～216h 死亡鸭胚，收获感染胚液加适当保护剂，经冷冻真空干燥制成。

(五) 疫苗的质量标准与使用说明

冻干疫苗应为淡红色海绵状疏松团块，易与瓶壁脱离，加稀释液后迅速溶解，应无细菌、真菌等外源病原污染。每羽份含原胚液 0.01mL。

安全检验时，取疫苗 3～5 瓶，按瓶签注明的羽份用无菌生理盐水溶解为 1mL 含 10 个使用剂量，肌内注射 4～12 月龄易感母鹅 4 只，每只 10 个使用剂量，观察 14d，应不出现由疫苗引起的局部或全身反应。

效力检验时，可用 8 日龄易感鸭胚测定疫苗病毒含量，计算 ELD_{50}，疫苗病毒含量应大于该疫苗免疫原性要求，以保证有效期内产品的确切效果，即每羽份病毒滴度应≥10^3 ELD_{50}。可采取检测免疫后血清中和效价的办法，4～12 月龄鹅采血提取血清后，每只免疫 1 头份使用剂量，免疫后 21～28d，再采血提取血清，与小鹅瘟病毒在鸭胚中做中和试验，2 次 ELD_{50} 对数值之差应≥2 判为合格。

免疫接种时，在母鹅产蛋前 20～30d 注射，按瓶签注明的羽份稀释，每只注射 1mL。

使用疫苗时应注意：①稀释后应在暗处保存，4h 内用完。②疫苗禁止用于雏鹅。

(六) 展望

由于 GPV 的 VP2 表达的蛋白是 GPV 的结构蛋白之一，具有抗原性，能够刺激机体产生中和抗体；VP3 具有高度的保守性，同样能诱导机体产生中和抗体，是 GPV 主要的免疫保护性抗原。已有学者将 *VP2－VP3* 基因克隆到 pIRES1neo 质粒载体上，构建了核酸疫苗重组质粒 pIGVP1 和 pIMVP，通过脂质体转染法分别将重组质粒转染到鹅胚成纤维细胞和番鸭胚成纤维细胞中，转染后收取细胞经裂解，可检测到其表达产物的特异性反应带，证明表达产物具有很好的反应原性。也有学者构建了含有 *VP3* 基因的重组禽痘病毒转移载体，与鸡痘病毒重组，为 GPV 基因工程疫苗的研制奠定了基础。

（宋　立）

四十三、鸭瘟

（一）概述

鸭瘟（Duck plague，DP）又称鸭病毒性肠炎，是由鸭瘟病毒（Duck plague virus，DPV）引起的一种感染鸭、鹅及多种雁形目动物高死亡率的急性败血性传染病。本病的主要特征是头颈肿大、高热、流泪、下痢、粪便呈灰绿色、两腿麻痹无力，血管、组织出血，消化道黏膜糜烂，实质器官退行性病变。发病后期体温降低至正常体温以下，最后衰竭死亡。该病1923年由Baudet在荷兰首次报道，但一直误认为是鸡瘟，直到1942年Bos等进一步证实该病是由一种新的鸭病毒引起，才建议用鸭瘟这一名词。该病在世界范围内流行，法国、比利时、英国、加拿大、印度、泰国、美国等不同国家均有报道。

DPV属于疱疹病毒科α-疱疹病毒亚科。其核酸结构为线状双股DNA，衣壳为二十面体对称，有囊膜，大小约为150kb，两端为末端重复序列，中间有内部重复序列。疱疹病毒的囊膜蛋白主要有糖蛋白B（glycoprotein B，gB）、gC、gD、gE、gI等。病毒无血凝性。DPV对热敏感，56℃ 10min和50℃ 90～120min可破坏病毒感染性，室温3d也能丧失感染性。－10～15℃环境中能存活12个月以上。对一般浓度的常用消毒药较敏感，3％的烧碱溶液、5％甲醛溶液、10％的漂白粉混悬液等均能很快将其灭活。

DPV能在鸭胚和鸭胚成纤维细胞中生长，也能在鸭胚肝细胞和肾细胞中生长，在细胞培养物中能出现蚀斑。鸭胚适应毒株也能在鸡胚细胞中培养，但初代分离效果不佳。在鸡胚中培养，经过多次传代后毒力逐渐减弱，最终适应鸡胚，失去对鸭的致病能力。

DP的主要传染源是病鸭和带毒鸭，其分泌物和排泄物及羽毛等均含有病毒，带毒的水禽、飞鸟之类也可能成为本病病毒的传递者。通过消化道和呼吸道感染健康水禽。鸭瘟对不同日龄、不同品种的鸭均可感染，但以番鸭和麻鸭最易感，北京鸭次之。在自然感染条件下，成年鸭发病率和死亡率较高，30日龄以内的雏鸭却较少发病，但在人工感染时，雏鸭却较成年鸭容易发病，且死亡率也高。本病的发生和流行无明显的季节性，但以春、秋鸭群的运销旺季最易发病流行。发病高峰时死亡率可达90％以上，经济损失惨重。

（二）疫苗

目前使用的主要为DP弱毒疫苗，中国原农业部南京药械厂1965年培育成功一株DP鸡胚化弱毒，研制出了DP弱毒鸡胚化疫苗。原湖南生物药厂研制成功DP鸡胚成纤维细胞培养弱毒疫苗。早期曾使用的灭活疫苗也能起到保护作用，但效果不如弱毒疫苗。

1. 弱毒疫苗

（1）疫苗研究进展　1965年，由原农业部南京药械厂培育成功C-KCE弱毒株，它是将DPV通过鸭胚传9代后，再在鸡胚上传28代，对鸭具有良好的安全性和免疫原性。该疫苗既能用于雏鸭也能用于成鸭。1963年，中国徐为燕采用DPV广东株经鸭胚传10代、鹅胚传7代后，又在鸡胚成纤维细胞上传60代，培育出DPV鸡胚成纤维细胞适应株64株，对雏鸡接种安全有效。随后，原湖南兽医生物药品厂又将DPV鸡胚化弱毒株适应鸡胚成纤维细胞，培育出鸡胚成纤维细胞弱毒株，制备出细胞弱毒疫苗，通过了新兽药申报，成为目前规模生产的细胞弱毒疫苗。苏联、匈牙利和印度等国家也先后研制出鸡胚成纤维细胞弱毒疫苗。1983年，Lin等在美国加州一次小规模鸭瘟暴发中，用鸭胚成纤维细胞从濒死鸭中分离到一株DPV，该株病毒对易感鸭没有致病作用，具有良好的安全性和免疫作用，最小免疫剂量≤10TCID$_{50}$，免疫持续期在2个月以上。Balla等1986年将鸭瘟弱毒接种鹅胚，经连续传代至90代后，培育出一株对鹅具有良好保护性能的鹅胚适应株。目前已有不同毒株的DP弱毒疫苗应用于鸭、鹅等水禽，对预防鸭瘟病起到良好作用。

（2）疫苗的生产制造　采用鸡胚或鸡胚成纤维细胞培养的方法，将病毒接种于SPF鸡胚绒毛尿囊膜或鸡胚成纤维细胞，37℃培养，收获48～120h感染死亡的鸡胚或75%以上病变的鸡胚成纤维细胞，加入适当保护剂经冷冻真空干燥制成。用于预防DP。

（3）质量标准和使用说明　从物理性状来看，疫苗为浅红色海绵状疏松团块，易与瓶壁脱离，加稀释剂后迅速溶解，疫苗应纯粹，无杂菌生长。

在安全检验时，取疫苗3～5瓶，按标签注明的羽份用无菌生理盐水溶解后，接种2～12月龄健康易感鸭5只，每只肌内注射1mL（含10个使用剂量），观察14d，应安全，无因疫苗引起的任何局部或全身不良反应，如有轻微反应，在14d内恢复。

效力检验可用2种方法任选其一进行。一是用鸡胚检验，用无菌生理盐水稀释成1羽份/0.2mL，再继续做10倍系列稀释，取3个适合的稀释度，各绒毛尿囊膜接种9～10日龄SPF鸡胚，每胚0.2mL。37℃培养168h，根据24～168h的死胚计算ELD$_{50}$，每羽份病毒含量应不低于10^3ELD$_{50}$。二是用鸭检验，将冻干产品用无菌生理盐水复原后，接种于2～12月龄健康易感鸭4只，每只肌内注射1/50个使用剂量（1mL），4d后与对照鸭3只同时攻击DP强毒1mL/10^3ELD，观察14d，免疫组应全部健活，如有轻微反应，在2～3d内恢复；对照组应全部发病，且至少死亡2只。疫苗对雏鸭免疫期是1个月，对成年鸭免疫期可达9个月。疫苗在－15℃以下可保存5年。

使用疫苗时按瓶签注明的羽份，用生理盐水稀释后，成年鸭注射1mL，雏鸭注射0.25mL，均为1羽份。

疫苗使用时应注意以下事项：①稀释后应放于暗处，4h内用完。②用过的疫苗瓶、器具、用剩的疫苗必须经过消毒处理。

2. 灭活疫苗　20世纪60年代早期，中国曾用DP强毒接种易感鸭，收获发病死亡后的鸭肝、脾、脑等组织，经磨碎过滤后加甲醛灭活，制备灭活疫苗，这种疫苗安全性良好，免疫效率可达90%以上，但免疫期短，产量低成本高，并且容易散毒。后来采用鸭胚适应毒制备灭活疫苗，将DPV接种于12日龄左右鸭胚，37℃培养，收获72～96h死亡鸭胚，经磨碎过滤后加甲醛灭活，用氢氧化铝胶作为佐剂制备灭活疫苗，该疫苗效力好于脏器灭活疫苗，免疫期可达5个月。Butterfield等用荷兰鸡胚适应弱毒株，接种鸡胚，收获绒毛尿囊膜和尿囊液，制备灭活疫苗，达到良好的安全性和免疫原性。

（三）展望

目前在α-疱疹病毒中，伪狂犬病的基因工程疫苗研究、开发最为成功，在亚单位疫苗、DNA疫苗、基因工程缺失苗和活载体疫苗等研究方面都取得了一系列成绩。参考PRV等α-疱疹病毒的基因工程疫苗的研制，中国苏兵等用鸭瘟病毒*UL24*基因（DPV *UL24*）作为靶基因，以减毒沙门氏菌为载体，以大肠杆菌不耐热肠毒素B亚单位（*E. coli* LTB）基因为基因佐剂，进行了DPV基因疫苗的构建与免疫原性研究，结果显示鸭瘟病毒*UL24*基因疫苗具有良好的免疫原性，LTB基因具有良好的佐剂效应，口服免疫组存活率较对照组显著提高。可以推测，不远的将来新一代鸭瘟基因工程疫苗的研制将取得成功。

（宋　立）

四十四、鸭病毒性肝炎

(一) 概述

鸭病毒性肝炎(Duck viral hepatitis,DVH)是由鸭肝炎病毒引起的急性传染病,该病传播迅速、高度致死,主要危害25日龄以内的雏鸭,死亡率高达90%以上,表现角弓反张、肝脏肿大、血斑,是养鸭业危害最严重的疾病之一。1945年,Levine和Hofstad首次在美国报道该病,此后英国、德国、加拿大等不同国家均有报道,中国1963年由黄均健首次报道在上海某些鸭场发生该病,随后在福州、河南、广东等地均有发生。目前该病已成世界性分布,而且不断有新的流行发生。

DVH病原为鸭肝炎病毒(Duck hepatitis virus,DHV),有3种血清型,即Ⅰ型、Ⅱ型和Ⅲ型,各型之间无交叉免疫性。Ⅰ型DHV属小RNA病毒科,肠道病毒属。大小为20~40nm,无囊膜,核衣壳呈二十面立体对称。Ⅱ型DHV有囊膜,不属于小RNA病毒群,是一种星状病毒样病毒。由Ⅱ型DHV引起的鸭肝炎只有英格兰某些地区报道过。Ⅲ型DHV含RNA,直径为30nm,目前只有美国报道过由Ⅲ型DHV引起的鸭肝炎。

Ⅰ型DHV不能凝集禽和哺乳动物红细胞。不能与人和犬的病毒性肝炎的康复血清发生中和反应,与鸭乙型肝炎病毒也没有亲缘关系。对外界的抵抗力很强,对氯仿、乙醚、胰蛋白酶和pH3.0都有抵抗力,在56℃加热60min仍可存活,但加热至62℃,30min可以灭活,在阴湿处粪便中存活37d以上,在4℃存活2年以上,在-20℃则可长达9年。能抵抗2%来苏儿作用1h和0.1%福尔马林8h,病毒在1%福尔马林或2%氢氧化钠中2h,2%的漂白粉溶液中3h,5%酚、碘制剂中均可失活。

Ⅰ型DHV能在鸡胚和鸭胚中生长,Hwang用鸡胚连续传代的方法,培育出一株能致死鸡胚的毒株,连续传63代后可使鸡胚100%死亡。在鸡胚尿囊液中的含量为$10^{6.75}$ EID_{50}/mL,而在鸭胚尿囊液中的病毒含量可高达$10^{8.20}$ EID_{50}/mL。1969年,Toth发现第80代鸡胚适应毒在接种后53h毒价最高,可用于制备活疫苗。1972年,Mason报道,鸡胚化弱毒接种鸡胚后48h毒价达到高峰,为$10^{8.0}$ EID_{50}/mL。中国张卫红等1992年报道,第80代鸡胚毒接种后48h毒价可达$10^{11.4}$ EID_{50}/mL。Ⅰ型DHV弱毒株可在鹅、火鸡、鹌鹑、雉鸡、珍珠鸡和鸡胚细胞培养物上生长,而强毒只能在珍珠鸡、鹌鹑和火鸡胚细胞中不同程度地生长。

自然条件下本病主要发生于3周龄以下雏鸭,成年鸭可感染而不发病,但可通过粪便排毒,污染环境而感染易感雏鸭。人工感染1日龄和1周龄的雏火鸡、雏鹅,能够产生本病的症状、病理变化和血清中和抗体,并从雏火鸡肝脏中分离到病毒。

DHV主要通过水平传播,与病鸭和被DHV污染的饲料、垫料、饮水等接触,经消化道和呼吸道途径感染。DHV具有极强的传染性,可迅速传给鸭群中的全部易感雏鸭。野生水禽可能成为带毒者,病愈鸭可通过粪便排毒1~2个月。目前尚无证据表明本病毒可经蛋传递。在出雏机内污染本病毒,可使雏鸭在出壳后24h内就发生死亡。本病的死亡率因年龄而有较大差异,1周龄内雏鸭的病死率可达95%,2~3周的雏鸭病死率不到30%~70%,4周龄以上的雏鸭发病率和死亡率都很低。本病潜伏期短,仅1~2d。雏鸭均为突然发病。起初精神萎靡、缩颈、翅下垂,不能随群走动,眼睛半闭,共济失调。半日到一日,全身性抽搐，身体倒向一侧，两脚痉挛性反复踢蹬，十几分钟死亡。本病一年四季均可发生，饲养管理不当、鸭舍内温度过高、密度太大、卫生条件差、缺乏维生素和矿物质都能促使本病的发生。

（二）疫苗

目前广泛使用高免血清、卵黄抗体作为被动免疫，用鸭病毒性肝炎弱毒疫苗作为主动免疫，有的学者对灭活疫苗进行了研制，也起到良好保护效果。

1. 高免抗体的制备和使用 1969年，Rispens报道用弱毒疫苗对种鸭进行免疫，将高免鸭的卵黄用生理盐水稀释后注射雏鸭，能得到良好的被动免疫效果。中国郭玉璞等1984年报道，用弱毒或强毒免疫鸡后，选择能中和≥$10^{4.5\sim5.0}$ ELD_{50}/0.1mL病毒的卵黄液，用生理盐水做5倍稀释后，加入0.2%福尔马林，雏鸭发病时对其进行注射，能起到良好的保护效果。

2. 弱毒疫苗研究进展 1958年，Asplin采用鸡胚化弱毒免疫种鸭，使雏鸭获得母源抗体，从而避免DVH的发生。随后Reuss和Ripens发现给种鸭两次重复注射弱毒疫苗，雏鸭才能获得足够的母源抗体抵抗强毒的攻击。之后又有科学家证明，为了保证后代有足够的抗体水平，种鸭必须进行2～3次弱毒疫苗免疫。Goroshko和Malinovskaya在1984年报道，免疫后3个月的种鸭，血清中和抗体滴度为1∶32，方能保护后代免受强毒攻击。1980年，中国的潘石文等用DHV北京分离强毒株经鸡胚传54代后获得弱毒疫苗，免疫产蛋前母鸭可使雏鸭得到良好母源抗体的保护。

Asplin曾经研究过用弱毒疫苗刺种鸭蹼的方法免疫雏鸭，1959年Russ也报道了用弱毒疫苗免疫雏鸭的试验。Hwang1972年比较了肌内注射、口服、刺蹼和点眼4种方法，结果肌内注射产生免疫力最快且免疫效果最佳，免疫后3d就可抵抗强毒攻击。Cribhton、Woolcock和Gazdzinske等在20世纪70年代也报道了鸡胚化弱毒经肌内注射免疫雏鸭，取得良好免疫效果。1990年，中国的黄建方等用DVH FC34弱毒株免疫雏鸭，取得良好免疫效果，张红卫1992年用鸡胚传至54代的DHV北京株又继续传至81代，培育出BAU-1弱毒疫苗，对1日龄雏鸭进行颈部皮下注射，2d可产生抗体，5d可达到抗体高峰，抗体滴度可持续5～8周以上。张大丙等1993年证实，DVH弱毒疫苗经颈部皮下肌内注射1～3日龄雏鸭，可产生良好免疫力，保护雏鸭度过易感期。

3. 灭活疫苗研究进展 1981年，Gough和Spackman等用RipensH53弱毒株接种鸡胚，收获感染胚液，尿囊液病毒含量达到$10^{6.75}$ ELD_{50}/mL，经灭活和浓缩后加入弗氏不完全佐剂制备灭活疫苗，经弱毒疫苗免疫后的后备鸭，再用该灭活疫苗免疫，可使免疫应答达到更高水平，免疫后的种鸭可产生较高的母源抗体。1993年，中国的范文明等用DHV ATCC株接种鸭胚，用死胚全组织灭活后，免疫雏鸭经强毒攻击保护率可达90.4%，产生良好免疫。2000年，胡建华等用DH鸡胚适应毒接种鸡胚，收获48～72h死亡胚的胚液，经灭活后，用油佐剂乳化制成灭活疫苗，免疫1日龄雏鸭，5d后攻击DVH强毒，保护率可达40%～60%，7日龄攻击保护率可达100%。

（三）展望

随着基因工程疫苗研究的迅速发展，国内外学者在不断探索鸭肝炎病毒基因工程疫苗。中国的付玉志等将鸭肝炎*VP1*基因插入甲病毒复制子p SCA1载体中，获得重组表达质粒p SCA1 /VP1，构建Ⅰ型鸭肝炎病毒*VP1*基因的自杀性DNA疫苗，并对其在细胞中的表达和对雏鸭的免疫保护效果进行研究。结果表明，p SCA1 / VP1不仅可以明显诱导雏鸭淋巴细胞增殖，而且可以诱导雏鸭产生较高滴度的DHV特异性抗体，对雏鸭有良好的免疫保护作用。张婧等将鸭瘟病毒 *TK* 基因缺失转移载体（p Blue SK－TK－EGFP）进行改造，在其绿色荧光表达盒内插入Ⅰ型鸭肝炎病毒 *VP1* 基因，构建含有Ⅰ型鸭肝炎病毒 *VP1* 基因的重组鸭瘟病毒，并初步证实该重组病毒能够在真核细胞中正确表达 DHV－Ⅰ－R *VP1* 基因和绿色荧光蛋白的融合蛋白，为构建鸭瘟和鸭病毒性肝炎二价基因工程疫苗的研究奠定了基础。

（宋　立）

四十五、狂犬病

（一）概述

狂犬病（Rabies）俗称疯狗病，也称恐水病，是人类认识较早的传染病之一。中国早在2 500多年前，欧洲也在公元前500年，即有记载。到公元100年时，Celsus 认识到了人的恐水病与狂犬病的关系。1927年，国际狂犬病专家委员会确定，预防狂犬病的主要措施，是对犬进行免疫。

狂犬病，是由狂犬病病毒（Rabies virus）引起的人畜中枢神经系统感染的共患病。人和几乎所有温血动物均易感，且通常是致死性的。蝙蝠是狂犬病病毒的天然宿主。狂犬病病毒通过破损的肌肤或黏膜，侵入人或动物机体而造成感染。至今，人和动物一旦感染狂犬病，尚无特效治疗手段，致死率几乎100%。在中国，患病犬是狂犬病的主要传染源。因此，做好犬的狂犬病免疫接种，是有效控制本病的关键。

狂犬病病毒为RNA病毒，系弹状病毒科狂犬病病毒属成员。弹状病毒，因其病毒粒子外形呈子弹状而得名。该病毒对自溶和腐败有很强的抵抗力，但对温度敏感。煮沸2min或置56℃ 15～30min，可破坏病毒；反复冻融可使病毒失活。病毒在紫外线照射，以及蛋白水解酶和酸性环境可降低其传染性。乙醚、石炭酸、氯仿、福尔马林、升汞和β-丙内酯等均可灭活病毒。

狂犬病病毒囊膜上的糖蛋白，是唯一能诱导动物产生中和抗体，使动物获得免疫的蛋白。不同地区或不同动物体分离的狂犬病病毒株，可能存在抗原差异。交叉保护试验结果显示，狂犬病病毒可分为6个血清型。但这种抗原差异，对免疫保护力的影响不大。

狂犬病病毒可以在鸡胚、动物和细胞上进行传代、培养。实验动物（如家兔和小鼠）脑内直接接种，是很常用的方法。采用细胞、小鼠、仓鼠、兔、犬及人的原代或传代细胞培养，通常不产生细胞病变（CPE）。

狂犬病病毒具有别于其他任何病毒的特定称谓——“街毒”和“固定毒”。1884年，巴斯德将以自然界分离到的狂犬病病毒株，统称为“街毒”。而将“街毒”通过兔脑连续传代后，潜伏期缩短并相对固定，在脑组织中不再产生涅格里氏小体，且一定程度上丧失了可沿神经纤维转移的能力和唾液腺中不再增殖的特定代数范围的病毒，称为“固定毒”，用以区别所谓的“街毒”。顾名思义，“固定毒”即为毒力固定的病毒。由于“固定毒”对其他动物，包括人的毒力已大为降低，因此被广泛用于制造灭活疫苗。

（二）疫苗

狂犬病传统疫苗，有灭活疫苗和弱毒疫苗。两者又有单苗和联苗之分。随着生物技术的发展，狂犬病亚单位疫苗和基因重组疫苗已见报道。在国外，狂犬病灭活疫苗的使用较为广泛；狂犬病弱毒活疫苗，则多用于野生动物的免疫。2017 年 7 月 1 日，中国已经停止使用弱毒活疫苗。目前只有灭活疫苗在生产和使用。

1. 灭活疫苗

（1）疫苗研究进展　狂犬病灭活疫苗的研究，已有一个多世纪。1879 年 Victor Galtier 和 1884 年 Louis Pasteur 分别发表了动物抗狂犬病的预防免疫报告。1881 年，巴斯德将固定毒感染家兔的脊髓，经氢氧化钾在室温中干燥减毒后，制成减弱程度不同的系列疫苗。他于 1884 年免疫 23 只犬，获得成功，并于 1885 年首次成功用于一个被患犬咬伤的俄国男孩。

1908 年 Fermi 和 1911 年 Semple，先后用石炭酸灭活感染狂犬固定毒的羊脑组织，制成灭活疫苗。1925 年，Hempt 用乙醚和石炭酸，Kelser 用氯仿，分别灭活羊脑组织，制成灭活疫苗。此后，便在全世界出现了各种改良的 Fermi（或 Semple）型疫苗。

直到 1948 年，世界各国所生产的狂犬病灭活疫苗（包括人用和兽用），都是用感染固定毒的成年动物（绵、山羊和家兔）的脑脊髓灭活制成的。虽然这些灭活疫苗的免疫效果是肯定的。但是，由于疫苗中含有较大量的脑组织（人用通常为 5%，兽用则更高），而脑组织中又存在与髓磷脂有关的致脑炎因子，对多次注射疫苗的人或动物有可能引发变态反应性脑脊髓炎而造成死亡、终身麻痹及截瘫等不良后果。于是，伴随狂犬病弱毒株的培育及狂犬病弱毒活疫苗的研制成功，世界各国狂犬病灭活疫苗的研制便逐渐转向了用狂犬病弱毒细胞培养物替代脑组织。这种方法制备的疫苗克服了各种 Fermi 型疫苗的不足，大大提高了狂犬病灭活疫苗的安全性。

此外，采用病毒浓缩、提纯工艺，以及用于疫苗效力检验的 NIH 试验方法（含对其的改良）的建立，使得狂犬病灭活疫苗的生产和检验更为科学。

中国从 1965 年开始生产和使用一种属于改良型的 Sernple 疫苗，即“狂犬巴黎株固定毒绵羊脑组织灭活疫苗”。1980 年年底，狂犬病 Flury 株（LHP）弱毒活疫苗正式投产后，该疫苗便停止了生产。

（2）疫苗的生产制造　因为制苗病毒株和繁殖病毒的基质及病毒灭活剂的不同，狂犬病灭活疫苗的生产大体可分为两类。

1）狂犬病固定毒/动物脑组织灭活疫苗　此类疫苗系用狂犬病固定毒脑内接种动物，待动物发病、濒死时剖杀，取脑，灭活病毒后制成的液体疫苗。常用成年动物有绵羊、山羊、家兔、大鼠、小鼠；常用新生动物有山羊、兔、大鼠；常用幼年动物通常为小鼠。一般情况下，幼年或新生动物脑组织的病毒含量要比成年动物高 10～100 倍。病毒灭活剂多用苯酚，但也曾有用紫外线或热力灭活的。

中国曾经生产的狂犬病灭活疫苗，是用狂犬病病毒巴黎株固定毒接种兔脑组织为种毒，脑内或硬脑膜下接种成年绵羊，濒死时取脑，经检验合格后，用含 60%甘油和 1%苯酚的蒸馏水制成 5 倍稀释脑乳剂，取其滤液，置 36℃脱毒 7d 制成的液体疫苗。由于动物脑组织灭活疫苗生产过程不易控制，且成品疫苗不良反应大，目前已不再生产使用该类疫苗。

2）狂犬病病毒细胞培养灭活疫苗　此类疫苗用狂犬病病毒接种适宜细胞培养，收获细胞培养物，经灭活病毒后制成。既有液体疫苗，也有冻干疫苗。制苗毒株，除 Flury 株及其克隆株（Delcavac－RV675）外，大多也是巴斯德株的派生株，如 CVS、Pitman－Moore、Kissling 等。常用细胞有地鼠肾细胞（细胞系或二倍体）、鸡胚成纤维细胞和犬肾、猪肾、牛肾细胞等。灭活疫苗通常还要加入免疫佐剂（如氢氧化铝、石竹苷等），以提高免疫效力。

中国目前生产和使用多种狂犬病灭活疫苗。包括由中国兽医药品监察所等单位研发的狂犬病灭活疫苗（Flury LEP株）、辽宁成大动物药业有限公司研发的狂犬病灭活疫苗（PV2061株）、辽宁益康生物股份有限公司研发的狂犬病灭活疫苗（Flury株）、解放军军事医学科学院研发的狂犬病灭活疫苗（CVS-11株）、唐山怡安生物工程有限公司等单位研发的狂犬病灭活疫苗（CTN-1株）、常州同泰生物药业科技股份有限公司等单位研发的狂犬病灭活疫苗（SAD株）、华南农业大学等单位研发的狂犬病灭活疫苗（dG株）等。

（3）质量标准与使用　疫苗的物理性状，应符合制品的标准要求；疫苗应纯净。但不同国家，其检验方法可能会有些差异。

灭活检验，先将疫苗稀释至1头份/mL、0.1头份/mL，分别脑内接种小鼠10只（体重、日龄、数量因制品不同有异），每只0.03mL，观察21d。有的还需皮下接种小鼠，每只0.5mL，观察7～14d。要求上述所有小鼠均应健活，且皮下接种小鼠不得在注射部位出现任何反应。

安全检验，需要皮下或肌内注射至少2只最易感且血清抗体阴性的疫苗靶动物（通常是对疫苗反应比较敏感的小型犬，如比格犬），每只2头份；同时使用小鼠（18～22g）、豚鼠（250～350g）皮下接种2头份疫苗，观察21d，应全部健活。

效力检验，现时最常用的是源于美国国家卫生研究所（NIH）的方法（简称NIH效检）。该方法是用同一剂量的狂犬病病毒（如CVS株），分别攻击两次腹腔注射不同稀释度待检疫苗和国际标准（参考）疫苗的小鼠，依据两者的PD_{50}值，计算待检疫苗相对于国际标准（参考）疫苗的国际单位数。美国联邦法规的标准是每头份疫苗应≥1IU。

欧洲药典对NIH法有一点修改，即疫苗只作一次免疫。同时，也将每头份疫苗的标准提高为≥2IU。中国的标准大多在2.5IU以上。

传统的效检方法——“Habel试验”，即用不同剂量病毒攻击免疫和不免疫小鼠，计算待检疫苗小鼠保护指数（应≥1∶1 000）的方法，已逐渐被放弃。

如果疫苗是冻干的或含有防腐剂（如福尔马林和汞等），则应做剩余水分、真空度和防腐剂含量测定。其标准应符合疫苗国家的规定。

狂犬病灭活疫苗，适用于3月龄以上的犬。免疫期一般在12个月，一般在30～60d后再加强免疫1次。不含佐剂的灭活疫苗，用于肌内注射；含佐剂的灭活疫苗，则宜做皮下注射。注射剂量，以使用说明书为准。

狂犬病灭活疫苗在国外应用广泛，特别是在发达国家。有的发达国家甚至认为“Fermi”型疫苗仍有残留毒力，不应视为灭活疫苗。狂犬病灭活疫苗近年在中国生产和使用越来越多已经安全取代活疫苗的使用。

2. 弱毒活疫苗

（1）疫苗研究进展　与狂犬病灭活疫苗相比，狂犬病弱毒活疫苗的研制和使用要晚20～30年。1948—1955年，Koprowski和CoX等将Johnson1939年从一患病幼女Flury身上分离培育的狂犬病Flury固定毒，通过1日龄雏鸡脑内传138代，再经7日龄鸡胚卵黄囊传50代，培育成用于犬的Flury鸡胚低代毒（low egg passage，LEP）。用该病毒卵黄囊接种6～7日龄鸡胚，培养9d后收获胎儿，制成33%的乳剂，以3 mL一次肌内注射犬，免疫期达3年以上。Flury LEP毒株肌内注射小鼠、田鼠和豚鼠均有致病性，但对犬和家兔则比较安全。经制成疫苗，大量用于犬，未发现不良反应。但也曾有报道，Flury LEP疫苗对牛群免疫无效，并认为牛对狂犬病高度敏感，接种活疫苗有可能引起牛的苗源性狂犬病。于是，又将 Flury LEP 病毒在鸡胚上追加传代 130 代，获得用于牛的 Flury 鸡胚高代毒（high egg passage，HEP）。HEP 的毒力较 LEP 显著减弱，脑内接种幼鼠已不再致病。制成 33%乳剂，肌内注射成年牛 3mL，可获得坚强免疫力。此后，Flury 毒株就成了兽用疫苗毒株（LEP 用于犬、猫；HEP 用于牛）。至今，Flury 毒株仍在不少国家应用。

1935 年，分离自 Alabama 一狂犬病死亡犬的 Street Alabama Dufferin（SAD）狂犬病病毒株，经过小鼠、地鼠肾细胞、鸡胚和猪肾细胞等多系列传代，培育而成的狂犬固定毒，也被许多国家用于制造疫苗（用地鼠、犬、牛、猪肾细胞培养）。

Feaje 等从 1960 年开始，将 SAD 病毒株经过地鼠肾和猪肾细胞多次传代后，培育成一株细胞适应弱毒株——ERA 毒株（为纪念 E Gaynor、Rokitniki et Abelseth）。ERA 毒株可免疫除猪外的各种动物，并自 20 世纪 70 年代起，即被世界各国广泛应用。例如，1971 年 Bear 等将 ERA 疫苗液滴入狐狸口腔，获得良好的免疫应答。在瑞士，Fronteek 将含有 ERA 疫苗的鸡投于野外，引诱狐狸采食后获得免疫成功。后来，用 ERA 疫苗进行各种试验的报道日益增多。

除 ERA 株外，源自 SAD 的疫苗株还有不少。例如，SAD 株猪细胞高代毒、SAD 株犬细胞高代毒、SAD 株牛肾细胞高代毒、Kissling 株、Kelev 株、Vnukovo32 株（苏联温度敏感变异株）等。

随着基因工程技术的发展，早在 1983 年就曾有研制狂犬病亚单位疫苗的报道，成功地把狂犬病病毒表达糖蛋白的基因插入大肠杆菌，表达病毒糖蛋白。1984 年，Wiktor 等报道过有关牛痘病毒-狂犬病糖蛋白基因重组疫苗情况。

在中国，狂犬病活疫苗始用于 1980 年。1977 年，中国兽医药品监察所将狂犬病 Flury 鸡胚低代毒（LEP）适应在 BHK_{21} 细胞系增殖。细胞繁殖结果毒价稳定，每 0.03mL 病毒含量均在 $10^{4.0}$ $TCID_{50}$ 以上。制成冻干疫苗后，肌内注射 3 月龄犬和家兔均无不良反应。一次肌内注射家犬，免疫期在 12 个月以上。该疫苗自 1980 年获准生产、使用，多年未见不良反应，效果良好。

1983 年，中国兽医药品监察所又从国外引进狂犬病病毒 ERA 株。经 BHK_{21} 细胞和猪肾原代细胞复制病毒，并进行生物学特性鉴定，各项结果均与 ERA 毒株的资料记载一致。该毒株免疫原性良好，接种犬、牛、羊等动物均无不良反应。在 BHK_{21} 细胞上繁殖传代毒价稳定，病毒含量可达 10^5 $TCID_{50}$/0.03mL 以上。用 BHK_{21} 细胞制成冻干疫苗，以不同剂量分别免疫犬、马、牛、羊等，免疫期均在 12 个月以上（抗体几何平均滴度为 1∶25）。该疫苗在 13 个省份，400 余县市试用，无不良反映。抽样调查 200 余县市，用户反映安全、有效。ERA 毒株与 Flury 毒株相比，具有毒株本身安全性更好，适用靶动物更多的优点。

与此同时，中国兽医药品监察所等还用该疫苗进行了大量犬的口服免疫试验。用不同剂量的疫苗和投喂方式，分别免疫家犬，安全性良好。免疫后不同期（3、6、9 个月）抽样、采血，检测狂犬病血清中和抗体，阳转（1∶8）率为 40%～50%。

随后，中国兽医药品监察所与多家生物制品生产企业合作，进行狂犬 ERA 株原代细胞活疫苗的研制，先后用过地鼠、驴、羊、猪、牛等多种不同源动物的原代细胞。结果，以牛睾丸原代细胞接种 ERA 毒株的适应性最好，产毒量较高，毒力较为稳定。进而，培育出了狂犬病病毒 ERA/BT 细胞适应毒株。随即，用牛睾丸原代细胞制苗，获得成功。目前，使用狂犬 ERA 株制备的狂犬病细胞培养活疫苗尚未上市。

1999 年年底，原中国人民解放军农牧大学研制成功的狂犬病、犬瘟热、犬副流感、犬腺病毒与犬细小病毒五联活疫苗上市。

（2）疫苗的生产制造　中国的狂犬病活疫苗采用 BHK_{21} 细胞培养繁殖病毒，经真空冷冻干燥制成。接毒 BHK_{21} 细胞是经过检验，符合规定的细胞。接毒量为维持液的 1/200～1/100。接毒时，可先行吸附，再加入维持液；也可将毒种直接加入细胞维持液，一次完成。细胞维持液中的犊牛血清含量为 3%；pH 为 7.2。接毒细胞可采用静置培养或转瓶培养。培养温度宜为 34～36℃。一般培养 5～6d，即可收获。冻干时，将检验合格并已除去细胞碎片的细胞毒液与等量 5%蔗糖脱脂牛奶混合，按每头份至少含毒 0.2mL 进行定量分装，冻干。

原中国人民解放军农牧大学“犬五联”活疫苗中的狂犬病病毒抗原组分系采用 Vero 细胞同步接毒生产的。其接毒量为 1%；37℃培养 24h 后换液，置 35℃培养 5d 收获。

（3）质量标准与使用　中国生产的狂犬病活疫苗（Flury 株），系冻干疫苗。外观为乳白色或微红色疏松团块，加入疫苗稀释液后，应立即融化成均一悬液。疫苗应无细菌、霉菌、支原体和外源病毒污染。剩余水分和真空度应符合规定。

安全检验时，肌内注射 1.5～2.0kg 家兔 4 只，每只 2.5 头份，观察 21～28d，应健活，不出现任何狂犬病症状；肌内注射 3 月龄以上无狂犬病抗体犬 2 只，每只 10 头份，观察 21～28d，应健活。

效力检验时，先将疫苗用 PBS 恢复为 5 头份/mL 将疫苗做 10 倍递进稀释，按常规方法，脑内注射 11～13g 小鼠 4 只，每只 0.03mL，测定病毒含量。观察 14d，每 0.03mL 病毒含量应 $\geq 10^{4.0} LD_{50}$。

特异性检验，在测定 LD_{50} 的同时，用 10^{-2} 疫苗稀释液与等量狂犬病病毒阳性血清（中和指数 1 000 以上）混合，置 37℃水浴中和 1h 后，脑内接种 11～13g 小鼠 4 只，每只 0.03mL，观察 21d 应健活。

该疫苗仅用于预防犬的狂犬病。供 2 月龄以上的犬使用，肌内注射，每犬 1 头份，免疫期为 12 个月。

原中国人民解放军农牧大学“犬五联”活疫苗为冻干疫苗。其物理性状、纯净和特异性检验，大体与狂犬病病毒活疫苗单苗相同；安全性检验，注射 2～3 月龄犬 5 只，10 头份/只，观察 21d，应无不良反应；效力检验，肌内注射 2～3 月龄犬 5 只，1 头份/只，免疫后 21d 采血，分离血清，进行小鼠中和试验，测定每只犬的血清中和抗体，均应≥1∶10；外源病毒检验，采用安检犬免后 21d 的血清，进行病毒中和试验，检测伪狂犬病和牛病毒性腹泻的血清中和抗体，均应＜1∶2。

该疫苗供肌内注射用。断乳幼犬注射 3 次，间隔 3 周，每次 1 头份；成年犬每年注射 2 次，间隔 3 周，每次 1 头份。

该疫苗只能用于非食用犬的正常免疫，不能用于紧急预防和治疗，孕犬禁用。如发生过敏反应，应立即注射肾上腺素 0.5～1.0mL 进行解救。

该疫苗在－20℃以下保存，有效期为 1 年；在 2～8℃保存有效期为 9 个月。

（三）展望

由于一些学者仍在担心和质疑狂犬病活疫苗用于宠物犬可能存在对人的安全风险。中国目前狂犬病疫苗研究多集中在灭活疫苗，在研的狂犬病疫苗有犬瘟热、犬细小病毒病、犬腺病毒病、犬副流感、狂犬病（灭活）五联疫苗，犬狂犬病灭活疫苗（PV/BHK21株），狂犬病灭活疫苗（r3G株）等，有望不久后上市。在中国，已有学者进行狂犬病口服疫苗的研究。近20年来，发达国家多在致力于研究野生动物的狂犬病免疫，并有不少相关报道，也取得了某些阶段性成果。如能推广使用，则可从源头上有效控制狂犬病。

（江焕贤　王乐元）

四十六、犬瘟热

（一）概述

犬瘟热（Canine distemper，CD）是由犬瘟热病毒（Canine distemper virus，CDV）引起，以呼吸道、胃肠道和中枢神经系统病变为主的一种高度接触性、急性或亚急性、发热性传染病。早在16世纪中叶，欧洲即有本病的记载。但中国起于何时则无从考察。本病主要侵害幼犬，潜伏期3～5d。患犬首先表现发热和眼、鼻流出分泌物，继而，可能发生呕吐、下痢、呼吸道卡他性炎症，或发展为肺炎。本病死亡率为20％～80％。感染犬的症状变化较大。有时症状轻微，呈亚临床感染。

本病可感染的动物种类较多。除犬外，狼、狐、貂、貉等均可自然感染，并有明显症状。潜伏期约为10d，特征性症状是口腔周围出现水疱和眼、鼻、排出分泌物。水貂和雪貂感染本病后，通常死亡率极高。

本病的流行有一定的季节性和周期性。通常冬季发病率较高，且认为每隔2～3年可能会流行一次。关于犬瘟热的病原，1905年，Carreé认为是一种病毒。1927年，Dunlin和Laidlaw首次详细报道了本病，并证实了Carreé的观点。在Canfen分离、报道了一些病毒株后，Ote等通过交叉保护试验和琼脂扩散试验，证明所有分离毒株同为一个抗原型。对此，至今未见不同报道。

犬瘟热病毒，属副黏病毒科麻疹病毒属成员，单股RNA病毒。该病毒对热敏感，55℃ 60min，或60℃30min可使病毒失活。在0℃以上保存，其传染性可很快失去。在－70℃或冻干状态下则可长期保存。病毒在pH3环境下不稳定；当环境pH≥4.5时则较稳定；当环境pH为7.0左右时则最为稳定。0.1％福尔马林或1％来苏儿，可使病毒在几小时内灭活。

犬瘟热病毒的免疫原性良好。患病康复后，具有牢固的持久免疫力。接种疫苗的动物，大多能产生良好的免疫力。犬瘟热病毒可适应于乳鼠、幼龄仓鼠和家兔，也可在鸡胚绒毛尿囊膜上生长。人和猴的各种细胞，犊牛肾原代细胞和犬、貂的肾、脾、肺、淋巴、睾丸等细胞，均可用于犬瘟热病毒的培养。

（二）疫苗

国外对犬瘟热病的防治颇为重视，已研制出为数众多的各类疫苗。美国、德国、法国、俄罗斯、日本等国都在大量生产犬用或各种鼬科动物用犬瘟热疫苗。犬瘟热疫苗有灭活疫苗和弱毒活疫苗两类。弱毒活疫苗，既有单苗又有联苗。联苗通常由多种弱毒冻干疫苗或由弱毒冻干疫苗与灭活液体（佐剂）疫苗组成。联苗中的液体疫苗同时又是冻干疫苗的稀释液。常用联苗的组合有：犬瘟热病毒（CDV）、犬肝炎病毒（CAV_2）、犬副流感病毒

(CPIV)、犬病毒性肠炎病毒（CPV）活疫苗；病毒腹泻（CCV）灭活疫苗、犬钩端螺旋体灭活疫苗、犬出血性黄疸钩端螺旋体灭活疫苗和肉毒梭菌类毒素等。在中国主要使用的是活疫苗。

1. 灭活疫苗

（1）疫苗研究进展　1924 年，Puntoni 采用犬瘟热患病犬的脑组织，用福尔马林或石炭酸处理后，制成犬用脑组织灭活疫苗；1926 年 Dunkin、1928 年 Laidlow 用犬瘟热病毒感染雪貂的脾脏，用福尔马林处理后制成犬用雪貂脾组织灭活疫苗。为提高疫苗产量，他们改用感染犬的肝、脾和淋巴结，按同法制苗。该疫苗一次免疫犬，2 周后攻击小剂量强毒，获得坚强保护，保护率可达 90%。在此基础上，West 等 1929 年向此类组织悬液加入氢氧化铝和油类，制成含有佐剂的灭活疫苗。据报道，这类疫苗特别适于狐狸的免疫。

最初，犬瘟热灭活疫苗均做一次免疫。但 1930 年以后，一次免疫法被多次免疫法所替代。后者曾是美国 1930—1950 年，有效控制犬瘟热病的主要免疫方法。

国外的犬瘟热病灭活疫苗，有用各种感染动物组织制造，也有用接种犬瘟热病毒的细胞培养物制造。用于制苗的犬瘟热病毒株则很多。

中国对犬瘟热病的免疫研究，起步较晚。目前，还没有犬瘟热病灭活疫苗的生产。

（2）疫苗的生产制造　犬瘟热病灭活疫苗可用动物组织（如脑、肝、脾、淋巴结、鸡胚等）或细胞（如犬肾细胞、鸡胚成纤维细胞等）培养物生产。用动物组织生产时，可直接用含有一定量灭活剂的适当溶液，按比例制成组织悬液；也可先制成组织悬液后，再加入灭活剂。用细胞培养物制苗时，则直接加入灭活剂。常用灭活剂为 0.1%福尔马林。病毒的灭活，通常在 37℃24h 或 20℃48h 完成。为保证病毒的完全灭活，灭活结束时，应抽样进行灭活性检验，合格者方可用于制苗。否则，应重新灭活。

如果生产佐剂或油乳剂灭活疫苗，则在灭活病毒液中加入适当比例的佐剂或油乳剂，制成不同剂型的灭活疫苗。

（3）质量标准与使用　疫苗的物理性状，应符合其剂型要求。疫苗应无菌，甲醛含量应不超过生产所在国的规定。检验安全时，需接种对犬瘟热病毒最易感的雪貂进行灭活性检验。具体方法是皮下或肌内接种仔貂 2 只，每只 1 个犬用剂量，观察 21d，应无疫苗所致不良反应。同时，应对疫苗效检犬进行攻毒前的观察。观察期内不得出现疫苗所致不良反应。

效力检验：按瓶签注明的剂量、方法和免疫间隔，接种易感犬 5 只，于最后一次免疫接种后 21d，连同条件相同的对照犬 5 只，分别鼻内攻击犬瘟热强毒（毒株各国可有不同，美国用 Synder Hill 株）。攻毒后观察 21d，对照犬应全部发病。而免疫犬不得出现任何犬瘟热症状。

接种疫苗时，按瓶签注明的使用对象，剂量，免疫途径和免疫程序进行。但要注意接种佐剂疫苗，特别是油乳剂疫苗可能发生的过敏反应。

2. 弱毒活疫苗

（1）疫苗研究进展　1945 年，Green 将犬瘟热病毒通过雪貂连续传代，制成了第一个弱毒疫苗。但该疫苗有时仍能引起幼犬发病。1948 年，Haig 将犬瘟热病毒适应于鸡胚绒毛尿囊膜上，为弱毒苗的研制迈出了可喜的一步。1949 年，Cabasso 和 Cox 按 Haig 的方法，将病毒接种鸡胚传至 28 代，证明该毒对雪貂不再致病，且仍能保持对犬的良好免疫力不变。现广为使用的弱毒疫苗株，是通过细胞培养获得的。而最先将犬瘟热病毒用于细胞培养的是

Rockborn（1958）。

1939—1945 年，Green 培育成犬瘟热雪貂弱毒株。该毒株对银狐和犬无致病性，且能刺激产生高度免疫力。随后，用其接种雪貂制成雪貂组织弱毒疫苗，用于犬和银狐的免疫。

之后，Haig 和 Cabasso 等将雪貂弱毒接种在 7 日龄鸡胚绒毛尿囊膜上，传代驯化、培育成鸡胚弱毒株。用该弱毒株接种鸡胚尿囊膜，18h 出现水肿，72h 产生灰白色斑点，96h 增厚，168h 病毒繁殖达到高峰时收获制苗。用该疫苗接种犬和雪貂，无致病性，免疫效果良好。1958 年，Rockborn 将犬瘟热鸡胚弱毒接种 3～5 日龄犬的原代肾细胞，置 37℃培养，当细胞病变（CPE）达 75%以上时收毒，经 3 次冻融，离心取上清，制成冻干疫苗。用该疫苗接种 9 周龄犬，接种剂量为 $10^{3.5}$ $TCID_{50}$以上，效果良好。

接着，Cabasso 等将犬瘟热鸡胚弱毒，再适应于鸡胚成纤维细胞，制成鸡胚纤维细胞弱毒疫苗，用于水貂，获得成功。而后，美、法等国使用此法大量生产犬瘟热单价或双价疫苗，供给欧美各国，预防水貂犬瘟热病。

1972—1979 年，中国辽宁、黑龙江、山东、江苏等地断断续续暴发貂瘟和犬瘟。中国农业科学院特产研究所和中国农业科学院哈尔滨兽医研究所于 1979 年分别进行了有关犬瘟热的研究。前者，从貂瘟、犬瘟自然病例中分离到貂源病毒 2 株（HMDV、JMDV），犬源病毒 1 株（LCDV）。经鉴定，这 3 个毒株均为犬瘟热病毒，且与美国犬瘟热 Disternink TC 株（犬用疫苗株）和法国犬瘟热弱毒株（貂用疫苗株）的形态类似。同时，进行了美、法鸡胚成纤维细胞弱毒疫苗（液体疫苗）的复制，获得成功。后者，用辽宁庄河病貂脏器毒接种貉，分离、培育到一株犬瘟热貉源强毒（RDV），并证明该毒株的抗原性与日本中野-Ⅱ株一致。同时，进行水貂犬瘟热鸡胚组织培养弱毒（Distemink TC 株）冻干疫苗的研制，也获得了成功（1988 年 10 月）。

但是，以上疫苗仅在一定范围的貂场使用，而未进入市场。直到 1979 年年末，原中国人民解放军农牧大学的狂犬病病毒、犬瘟热病毒、犬副流感病毒、犬腺病毒与犬细小病毒五联活疫苗上市，中国才有了商品化的犬瘟热病疫苗（联苗）。目前，在中国上市的还有齐鲁动物保健品有限公司研制和生产的犬瘟热活疫苗（CDV-11 株）、中国农业科学院特产研究所研制和生产的水貂犬瘟热活疫苗（CDV3-CL 株）。

（2）疫苗的生产制造　犬瘟热组织弱毒疫苗的生产，可将含有犬瘟热弱毒的各种动物组织（如肝、脾、淋巴结）或鸡胚尿囊膜，用含有适当抗生素的溶液制成一定比例的乳剂，取其悬液或上清液，或直接分装，制成液体疫苗；或加入适当稳定剂后，分装冻干，制成冻干疫苗。

犬瘟热细胞弱毒疫苗的生产，可将接种犬瘟热弱毒的细胞培养物，或直接分装制成液体疫苗，或加入适当稳定剂制成冻干疫苗。

犬瘟热多价疫苗的生产，则先分别制备各疫苗组分的病毒抗原，然后按一定比例混合，或冻干，或不冻干，组合成多价疫苗。

原中国人民解放军农牧大学犬五联苗中，犬瘟热组分的抗原生产，采用 Vero 细胞，按细胞维持液 2%同步接毒，33℃转瓶培养，致细胞病变（CPE）达 75%以上时收获。配苗时，以每头份疫苗含病毒液 0.5mL 与其他抗原组分混合，按 7：1 加入蔗糖明胶稳定剂，即行分装冻干。

齐鲁动物保健品有限公司研制和生产的犬瘟热活疫苗（CDV-11 株），以及中国农业科学院特产研究所研制和生产的水貂犬瘟热活疫苗（CDV3－CL株）也都是接种Vero细胞培养，收获培育物，加入适宜稳定剂，经冷冻干燥制成。

（3）质量标准与使用　美国的犬瘟热疫苗，如为雪貂强毒力株疫苗，除应无细菌、霉菌、支原体污染外，还须作外源病毒检验、安全检验和病毒含量测定；若是雪貂无毒力株疫苗，除应无细菌、霉菌、支原体污染外，则只做安全检验和病毒含量测定。外源病毒的检验，通过原代犬肾细胞或Vero细胞单层，观察CPE、血吸附试验（人"O"型红细胞、豚鼠和鸡红细胞）及荧光抗体检查。应无外源病毒污染。安全检验，用幼犬2只，按瓶签注明途径，各注射疫苗10头份，观察21d，应无不良反应；同时，脑内、腹腔各注射成年小鼠8只（脑内0.03mL，腹腔0.5mL），观察7d，应无不良反应。疫苗的病毒含量标准，其病毒滴度应比免疫原性测定中所用的病毒滴度高$10^{0.7}$，且不得低于$10^{2.5}$。

与美国的疫苗相比，欧洲国家的疫苗标准略有不同。即安全检验犬的注苗量为2头剂；病毒含量为每头份≥$10^{3.5}$ $TCID_{50}$。

原解放军农牧大学的犬五联苗，呈微黄白色海绵状疏松团块，易与瓶壁脱离，加注射用水溶解后，呈粉红色透明液体。疫苗无细菌、霉菌、支原体和外源病毒污染；鉴别检验，剩余水分和真空度应符合规定；安全检验时，肌内注射2～3月龄犬5只，每只10头份，观察21d，应无不良反应；效力检验时，肌内注射2～3月龄犬5只，每只1头份，21d后，分别测定犬瘟热血清中和抗体，均应≥1∶50。

该疫苗用于预防犬瘟热病，免疫期为12个月。注苗时，每瓶疫苗（1头份）用2mL注射用水溶解后，肌内注射。断奶幼犬连续注射3次，间隔3周，每次1头份；成年犬每年注射2次，间隔3周，每次1头份。

该疫苗只能用于非食用健康犬的免疫，不能用于紧急预防与治疗；孕犬禁用。注苗后如发生过敏反应，应立即肌内注射盐酸肾上腺素0.5～1.0mL。

疫苗在－20℃以下保存，有效期为12个月；在2～8℃保存，有效期为9个月。

齐鲁动物保健品有限公司研制和生产的犬瘟热活疫苗（CDV－11株），呈微黄白色海绵状疏松团块，易与瓶壁脱离，加稀释液后迅速溶解；疫苗应无细菌、支原体和外源病毒污染；鉴别检验，剩余水分和真空度应符合规定；安全检验时，肌内注射2～3月龄健康易感犬或易感狐狸5只，每只10头份，观察21d，应无不良反应；效力检验时，测定犬瘟热病毒的$TCID_{50}$，每头份疫苗病毒含量应≥$10^{4.5}$ $TCID_{50}$。

该疫苗用于预防狐狸犬瘟热病，免疫期为6个月。注苗时，将疫苗（1头份）用1mL生理盐水溶解后，肌内注射。新生狐狸初次免疫1个月后需加强免疫1次。

疫苗在－15℃以下保存，有效期为18个月。

中国农业科学院特产研究所研制和生产的水貂犬瘟热活疫苗（CDV3－CL株），呈微黄白色海绵状疏松团块，易与瓶壁脱离，加稀释液后迅速溶解；疫苗应无细菌、支原体和外源病毒污染；鉴别检验，剩余水分和真空度应符合规定；安全检验时，肌内注射2～10月龄健康易感水貂和狐狸各5只，水貂每只10头份，狐狸每只30头份，观察14d，所有接种水貂和狐狸的精神、食欲、体温、粪便均应正常；效力检验时，测定犬瘟热病毒的$TCID_{50}$，或测定犬瘟热病毒中和抗体效价，每头份疫苗病毒含量应≥$10^{3.5}$ $TCID_{50}$。水貂和狐狸的犬瘟热病毒中和抗体效价均应不低于1∶46。

该疫苗用于预防水貂、狐狸犬瘟热，免疫期为6个月。注苗时，用灭菌注射用水或适宜的稀释液将疫苗稀释为每头份 1mL，皮下注射。水貂、狐狸在断乳 14～21d 后，种畜在配种前 30～60d 接种，水貂每只 1mL，狐狸每只 3mL。

疫苗在－20℃以下保存，有效期为 12 个月。

（三）展望

国外学者在犬瘟热疫苗接种免疫方面已积累了许多经验，也研制出了为数众多的各类疫苗，特别是多价疫苗的应用越来越受欢迎。中国目前已经批准的犬瘟热疫苗有犬瘟热、犬细小病毒病、犬腺病毒病、犬副流感、狂犬病（灭活）五联疫苗，犬瘟热、犬细小病毒病、狂犬病（灭活）三联疫苗，水貂病毒性肠炎、犬瘟热二联活疫苗（JLM 株＋JTM 株）等，水貂犬瘟热活疫苗（QN－1 株）等产品正在研发阶段。

（江焕贤　王乐元）

四十七、犬传染性肝炎

（一）概述

犬传染性肝炎（Infectious canine hapatitis，ICH）是由犬腺病毒（Canine adeno virus，CAV）引起的高度接触性传染病。该病可感染任何年龄的犬，年龄越大，症状越不明显。乳犬极易感，且死亡率很高。成年犬多无明显症状。自然感染犬的潜伏期，因病毒株的不同，而有所不同。短则 2～5d，长则10～14d，平均为 6～9d。临床有急性和亚急性两种表现。急性表现常为突然发病，衰弱并伴有剧烈腹痛，呕吐和下痢，12～14h 内死亡。呕吐物及粪便中带血是临近死亡的指征。亚急性表现为高热、精神委顿、皮下水肿、扁桃体和下颌淋巴结肿大，角膜先水肿，而后混浊，并多有间歇性呕吐和下痢，死亡率为 10％～15％。

除犬外，狐也易感染本病，且多预后不良。其特征为急性脑炎。初时，为发热、流涕、轻度腹泻、眼球震颤。继而出现中枢神经症。表现惊厥，继之瘫痪、昏厥，常于 24h 内死亡。死亡率可达 50％以上。

本病曾在英国广为流行，继之在欧洲和北美发生，现已流行于世界诸多国家。有关本病的最早描述是 1928 年 Green 等在美国报道的一次狐狸脑炎流行。初时，犬肝炎曾与犬瘟热相混淆。1947 年，Rubarth 在瑞典确认犬传染性肝炎是犬的一种独立传染病。1949 年，有学者通过免疫学方法，鉴定犬传染性肝炎的病原与狐狸脑炎病原是同一种病毒。直到 1959 年和 1961 年，有学者证明犬传染性肝炎病毒与哺乳动物腺病毒具有共同的补体结合抗原和典型的腺病毒形态，人们才得以确定，犬传染性肝炎病毒的归属是腺病毒（CAV）。

犬腺病毒为 DNA 病毒。对温度和酸的作用不敏感。病毒在室温、pH3～9 的环境中能存活 30min；在常温下可存活 3～11d；在细胞培养中可存活 10～16 周；在 4℃可存活 6 个月。其感染性不受酯类溶剂，包括乙醚和胆盐等作用的影响。

病毒可在 0.2％石炭酸中存活数日，但用 0.2％福尔马林，24h 被灭活。犬腺病毒对环境的抵抗力要大于犬瘟热病毒。

犬腺病毒易在犬和其他犬属动物的肾细胞和睾丸细胞上生长繁殖。也能在猪、雪貂和豚鼠肾细胞和睾丸细胞上生长。细胞病变主要为细胞变圆、增大（有时能增大至原来的 2 倍），并形成核内包涵体。接种该病毒的细胞单层，易形成空斑。

犬腺病毒有CAV-1和CAV-2两个型。1959年，Kapsenbery分离到CAV-1；1962年，Ditchfiel等分离到主要引起犬喉头气管炎的腺病毒CAV-2型（A-26株）。CAV-1型可引起犬肝炎及眼角膜浑浊和狐的致死性脑炎。CAV-2型可引起犬的呼吸道疾病，但不会引起犬肝炎及眼角膜浑浊和狐脑炎。有研究表明，CAV-1和CAV-2虽在血清型、毒力和可溶性抗原结构上有些差异，但均产生相同的免疫力。用CAV-2经非肠道途径接种犬，该犬不发病，但却可同时抵抗CAV-1和CAV-2病毒的攻击。这就表明，CAV-2可以预防犬传染性肝炎、犬呼吸道疾病和狐致死性脑炎。

（二）疫苗

犬传染性肝炎疫苗，有灭活疫苗和弱毒疫苗。既有单（价）苗，也有多价（联）苗。灭活苗最早用感染犬组织制苗，现多用细胞培养物。初始制造弱毒疫苗用CAV1病毒株，现已多被CAV-2毒株替代。

1. 灭活疫苗

（1）疫苗研究进展　1954年，Baker等首先倡导使用灭活疫苗。此后，许多国家先后制出了各自的灭活疫苗。那一时期的灭活疫苗，几乎全部是采用CAV-1毒株感染犬的组织，经福尔马林灭活制成。该疫苗安全、可靠，无任何不良反应，接种后14d可生产免疫力。但免疫力最多为6个月。后来，在犬传染性肝炎细胞弱毒疫苗成功问世后，多数灭活疫苗也改用了细胞培养物制苗。

在中国，犬传染性肝炎灭活疫苗的研制比较缓慢，没有产品上市。

（2）疫苗的生产制造　通常是以CAV-1毒株静脉接种健康犬，待其发病3～5d，即剖杀，取肝、脾等组织，用磷酸盐水（PBS）制成20%乳剂，再加入0.1%～0.2%福尔马林，经37℃灭活24h制成。

犬传染性肝炎灭活疫苗，也可用犬肾细胞培养物，经福尔马林灭活制成。灭活剂的用量及灭活温度、灭活时间等，则与犬组织灭活疫苗相同。

（3）质量标准与使用　疫苗应无细菌、霉菌污染。

安全检验时，分别脑内和腹腔各接种体重15g的健康鼷鼠5只，脑内接种疫苗0.03mL，腹腔接种疫苗0.5mL；或腹腔接种体重300g的土拨鼠2只，每只接种疫苗5mL；各观察10d，应无异常。同时，皮下接种敏感犬3只，每只接种疫苗5mL，观察21d，应无异常。

效力检验时，系将安全检验观察结束后的3只犬，连同同条件的2只未接种疫苗健康犬一并攻毒，观察14d。疫苗接种犬应无任何反应，而对照犬则应出现严重症状，且至少应有1只犬死亡。

本疫苗供皮下注射，用于预防犬传染性肝炎。注射剂量为：3kg以下犬，3mL；3kg以上犬，5mL。

2. 弱毒活疫苗

（1）疫苗研究进展　1954年，Cabasso、Fiedsteel与Emery等首先将CAV-1病毒适应于细胞培养。后来，他们将病毒通过犬肾和猪肾细胞传代致弱，制成细胞弱毒疫苗。用该疫苗免疫犬，除偶尔引起角膜浑浊外，无其他临床症状，并能抵抗CAV-1的攻击，且其免疫力能长期持续。

在此后的相当长时期，许多国家都在生产和使用 CAV－1 细胞弱毒活疫苗。有资料表明，该弱毒疫苗的免疫效果极佳。给犬接种一个免疫剂量的疫苗，即可终生免疫。但也有资料表明，CAV－1 弱毒能导致接种犬发生轻度亚临床间质性肾炎；同时，约有 0.4%的犬肌内或皮下接种 CAV－1 弱毒疫苗后，病毒会出现在前眼色素层，而呈现角膜浑浊。

与此同时，国外学者根据 CAV－2 与 CAV－1 间的密切关系，也在进行 CAV－2 弱毒疫苗的研制。有资料表明，用 CAV－2 病毒经非肠道接种犬，无不良反应，且可抵抗CAV－1和 CAV－2 病毒的攻击。给犬肌内或皮下接种 CAV－2 弱毒疫苗，其产生的 CAV－2 抗体能抵御 CAV－1 病毒感染。而且，接种犬不会引起眼疾和肾病。于是，CAV－2 细胞弱毒苗很快便在国外问世。

大约在 1990 年（或更早些时候），CAV－2 弱毒疫苗在国外被广泛应用。这一措施，大大降低了疫苗接种犬眼角膜浑浊的发生率。

在伴随犬传染性肝炎弱毒疫苗成功使用的同时，美、德等国率先在犬传染性肝炎单价疫苗基础上，先后研制成功犬瘟热、犬传染性肝炎和钩端螺旋体等多价疫苗。现在，此类多价疫苗已在广泛应用。

在中国，原中国人民解放军农牧大学 1997 年年末首先推出的犬狂犬病、犬瘟热、犬副流感、犬腺病毒与犬细小病毒五联苗，成为中国第一个犬传染性肝炎弱毒活疫苗。该疫苗的犬传染性肝炎病毒 YCA18 株为系 CAV－2 病毒。中国农业科学院特产研究所 2009 年研制成功狐狸脑炎活疫苗（CAV－2C 株）。

（2）疫苗的生产制造　国外犬传染性肝炎弱毒活疫苗，不论是 CAV－1 病毒株，还是 CAV－2 毒株，通常均用其犬肾细胞培养物制成，但也有用其他细胞的。细胞培养物的制备，则以常规的细胞培养方法进行。如为液体疫苗，则将检验合格的病毒细胞培养物直接定量分装；若为冻干疫苗，则应在病毒细胞培养物中加入适宜稳定剂，混匀后，再行分装，冻干。

多价疫苗的生产，需先分别制备各疫苗组分的病毒抗原，然后按一定比例，将各抗原混合，或冻干，或不冻干，组合成多价疫苗。

在原中国人民解放军农牧大学的犬五联活疫苗中，犬传染性肝炎组分的抗原生产系采用 MDCK（犬肾）细胞单层，按细胞维持液的 1%接种病毒，置 37℃培养 24h 后换液。当致细胞病变（CPE）达 75%以上时，即行收获。配苗时，按每头份疫苗取本抗原 0.1mL，与其他抗原组分混匀后，按 7∶1 加入蔗糖明胶稳定剂，即行分装，冻干。

中国农业科学院特产研究所研制的狐狸脑炎活疫苗（CAV－2C 株），采用犬腺病毒-Ⅱ型弱毒 CAV－2C 株，经过犬肾传代细胞（MDCK）培养，加入保护剂经真空冷冻干燥制成。

（3）质量标准与使用　美国的犬传染性肝炎弱毒疫苗，应无细菌、霉菌、支原体和外源病毒污染；外源病毒检验，则通过在犬肾细胞和 Vero 细胞单层上观察 CPE，血吸附试验（0.02%人“O”型红细胞，豚鼠和鸡红细胞）及荧光抗体检查，应无外源病毒污染。安全检验，用幼犬 2 只，按瓶签注明途径，各注射疫苗 10 头份，观察 21d，应无不良反应；同时，脑内和腹腔各注射成年小鼠 8 只（脑内 0.03mL，腹腔 0.5mL），观察 7d，应无不良反应。病毒含量标准是每头份疫苗的病毒滴度应比免疫原性测定中所用病毒滴度高 $10^{0.7}$，且不得低于 $10^{2.5}$。若为冻干疫苗，则真空度和剩余水分应符合规定。

疫苗的使用，须按使用说明书进行。肌内或皮下注射时，要防止疫苗形成气溶胶而导致的呼吸道反应、咳嗽和扁桃体肿大。

原中国人民解放军农牧大学的犬五联活疫苗，应呈微黄白色海绵状疏松团块，易与瓶壁脱离，加稀释液后迅速溶解成粉红色澄清液体；疫苗应无细菌、霉菌、支原体和外源病毒污染；鉴别检验、剩余水分和真空度测定，应符合规定；安全检验时，肌内注射 2～3 月龄犬 5 只，每只 10 头份，观察 21d 后，分别测定犬腺病毒血清中和抗体，均应≥1∶10。

该疫苗用于预防犬传染病肝炎，免疫期为 1 年。注苗时，每瓶疫苗（1 头份）用 2mL 注射用水溶解后，肌内注射。断奶幼犬连续注射 3 次，每次 1 头份，注射间隔为 3 周；成年犬每年注苗 2 次，每次 1 头份，注射间隔 3 周。

该疫苗只能用于非食用健康犬的免疫，不能用于紧急预防与治疗；孕犬禁用。注苗后如有过敏反应，应立即肌内注射盐酸肾上腺素 0.5～1.0mL。

疫苗在－20℃以下，保存有效期为 1 年；在 2～8℃保存有效期为 9 个月。

中国农业科学院特产研究所研制的狐狸脑炎活疫苗（CAV－2C 株），呈微黄白色海绵状疏松团块，易与瓶壁脱离，稀释后为粉红色液体；疫苗应无细菌、霉菌、支原体和外源病毒污染；鉴别检验、剩余水分和真空度测定，应符合规定；安全检验时，皮下注射 2～10 月龄健康易感狐狸 5 只，每只 5 头份，观察 14d，接种动物精神、食欲、体温、粪便应无异常变化；效力检验采用病毒含量测定，或中和抗体效价测定，每头份病毒含量应≥$10^{4.50}$ $TCID_{50}$，中和抗体效价（GMT）应≥1∶27。

该疫苗用于预防狐狸脑炎，免疫期为 6 个月。仔狐断乳 21d 后或种狐配种前 30～60d 皮下接种 1 头份疫苗。

疫苗在－20℃以下，保存有效期为 12 个月。

（三）展望

现今的犬传染病肝炎弱毒疫苗，以 CAV－2 病毒株代替 CAV－1 病毒株，以及用多价疫苗的态势必然会持续下去。然而，CAV－2 可通过呼吸道排毒是一个问题。该问题在于 CAV－2 病毒株对犬以外的其他宿主动物可能有致癌性。因此，如何才能克服这一问题，将有许多工作要做。

（江焕贤　王乐元）

四十八、水貂病毒性肠炎

（一）概述

水貂病毒性肠炎（Mink enteritis，ME）是由水貂肠炎病毒（Mink enteritia virus，MEV）引起，以剧烈下痢为特征的高度接触性传染病。自然条件下，水貂病毒性肠炎病仅侵袭水貂，通常呈地方性流行。任何品种、年龄、性别的水貂均易感，尤为当年生水貂。其中，6～8 周龄水貂为最易感。幼龄貂群发病率为 50%～60%，死亡率可达 90%。

本病于 1947 年首先在加拿大安大略威廉姆地区的貂场发现。1949 年，Schofield 等研究证实该病为病毒性传染病。

1952年，Wills用血清保护试验，证实美国有该病流行。此后，丹麦、瑞典、荷兰、英国、日本和苏联等国，相继有本病流行的报道。

中国也有本病流行。高文、于永仁等率先做了不少有关病原分离、鉴定和疫苗的研制工作。

水貂肠炎病毒为单股DNA病毒，属细小病毒群成员。病毒粒子呈圆形，无囊膜，直径约为25nm。该病毒在自然界的抵抗力较强。Pridham证实，被该病毒污染的笼具在存放12个月后，仍可感染健康水貂。水貂肠炎病毒免疫原性尚好。有资料表明，患病水貂康复后可获得较强的免疫力，而且免疫持续期长。

自1952年Wills提出本病与猫泛白细胞减少症相似以来，曾有过许多学者进行了比较研究。一些学者研究认为，水貂病毒性肠炎病毒和犬肠炎细小病毒，均属于猫泛白细胞减少症病毒。一些学者研究也发现，它们的致病性虽然并不相同，但其彼此之间确有密切的亲缘关系。由此，便有了用猫泛白细胞减少症疫苗免疫犬病毒性肠炎病的实践。

水貂病毒性肠炎病毒可在多种动物细胞上培养。1967年，Johnson报告，用猫、虎、貂和雪貂组织细胞培养该病毒时，引起的细胞病变与猫泛白细胞减少症病毒引起的细胞病变相似。有资料显示，最适宜于培养水貂病毒性肠炎病毒的动物细胞是心、脾及肾细胞。

（二）疫苗

自20世纪50年代以来，国外已有灭活疫苗、弱毒活疫苗和多价疫苗。而中国，目前还只有灭活疫苗。

1. 灭活疫苗

（1）疫苗研究进展　1952年，Wills首先试制成功水貂同源组织灭活苗，用于美国当时流行区发病貂场的紧急接种，曾收到良好的效果。

1956年，Wills等又研制成猫泛白细胞减少症异源脏器（肝、脾等）组织灭活疫苗。免疫水貂，获得较好免疫力。

1965年，水貂病毒性肠炎弱毒活疫苗问世后，许多国家采用猫肾细胞培养病毒。然后，用细胞培养物制成灭活疫苗控制本病，也都收到一定效果。

后来，国外又先后研制出了多种含有水貂病毒性肠炎灭活疫苗的多价疫苗，供水貂场选用。如水貂同源组织灭活疫苗与肉毒梭菌二联疫苗和猫泛白细胞减少症灭活疫苗与肉毒梭菌类毒素二联苗等。

中国高云等曾于1983年研制成水貂病毒性肠炎同源组织灭活疫苗，应用效果良好。

（2）疫苗的生产制造　如前所述，制造水貂病毒性肠炎灭活疫苗的材料有两类。一类是发病动物的脏器组织，包括水貂（同源）和猫（异源）的脏器组织；另一类则为病毒细胞培养物（通常为猫肾细胞）。制苗工艺较为经典而简单。病毒灭活剂几乎均为甲醛。

中国的早期同源组织灭活疫苗，是用SMPV－11株水貂病毒性肠炎病毒人工感染水貂的脏器乳悬液，经甲醛灭活后，加入2%氢氧化铝胶制成。

中国目前上市的疫苗有齐鲁动物保健品有限公司研制的水貂病毒性肠炎灭活疫苗（MEV－RC1株），中国农业科学院特产研究所、吉林特研生物技术有限责任公司研制的水貂病毒性肠炎灭活疫苗（MEVB株）。现行生产的灭活疫苗，是将不同的水貂病毒性肠炎病毒弱毒株，接种猫肾传代细胞（F81或CRFK）培养，收获细胞培养物，经甲醛灭活后，加入适量氢氧化铝胶制成。

(3) 质量标准与使用　国外，按美国联邦法规生产的灭活疫苗，应无菌；甲醛含量应不超过 0.2%。

安全检验时，需脑内和腹腔各注射小鼠 8 只（脑内 0.03mL/只，腹腔 0.5mL/只）；皮下或肌内注射豚鼠 2 只（2mL/只）。均观察 7d，应无不良反应。同时，还须对效力检验攻毒前的水貂，进行观察，应无不良反应。

效力检验时，先按疫苗的瓶签说明，免疫水貂 5 只，每只 1 个使用剂量，观察 14d。然后，于末次免疫接种后 14d，连同条件的健康对照水貂 5 只，口服犬病毒性肠炎病毒的含毒组织，观察 12d。对照水貂应至少发病 4 只；免疫水貂应至少保护 4 只。

齐鲁动物保健品有限公司研制的水貂病毒性肠炎灭活疫苗（MEV - RC1 株），外观为均匀混悬液，静置后，上层为粉红色澄清液体，下层为淡粉红色沉淀。疫苗应无菌；甲醛、汞类防腐剂残留量检测方法按附录二十五、三十一进行。

安全检验时，肌内注射 2～10 月龄健康易感水貂 5 只，每只注射 5mL，观察 10d，精神、食欲、体温、粪便应无异常。

效力检验可通过血清抗体测定，或免疫攻毒。用 2～10 月龄健康易感水貂 5 只，每只肌内接种疫苗 1mL，21d 后免疫组水貂 HI 抗体效价均应≥1∶32；如果进行免疫攻毒，对照水貂应全部发病，免疫水貂应全部健活。

该疫苗用于预防水貂病毒性肠炎，免疫期为 6 个月，保存期 2～8℃为 10 个月。

免疫时采用肌内注射。出生后 50～70 日龄的仔貂与母貂同时接种，种貂配种前 30～60d 接种，每只 1mL。

中国农业科学院特产研究所、吉林特研生物技术有限责任公司研制的水貂病毒性肠炎灭活疫苗（MEVB 株），静置后上层为粉红色液体，下层为淡粉红色沉淀，震摇后呈均匀混悬液。疫苗应无菌；甲醛、汞类防腐剂残留量应符合规定。

安全检验时，肌内注射 2～10 月龄健康易感水貂 5 只，每只皮下注射 3mL，观察 10d，应全部健活。

效力检验也通过血清抗体测定，或免疫攻毒。用 2～10 月龄健康易感水貂 5 只，每只皮下接种疫苗 1mL，14d 后免疫组水貂 HI 抗体效价均应≥1∶32；如果进行免疫攻毒，对照水貂应全部发病，免疫水貂应全部健活。

该疫苗用于预防水貂病毒性肠炎，免疫期为 6 个月，保存期（2～8℃）为 9 个月。

免疫时采用皮下注射。分窝后 2～3 周每只水貂接种 1mL；种貂配种前 3 周加强免疫 1 次，每只 1mL。

2. 弱毒活疫苗　1965 年，Gorham 等将猫肠炎病毒接种猫肾细胞连续传代，培育成弱毒株。之后，用该弱毒制成猫肾细胞弱毒疫苗，用于免疫水貂。结果，水貂接种疫苗后 3d 产生免疫力，保护率为 100%。

此后，有关水貂病毒性肠炎活疫苗的文献较少见。然而，水貂病毒性肠炎活疫苗有许多国家在生产和使用。且多以联苗的形式上市，如水貂犬瘟热、病毒性肠炎、C 型肉毒梭菌类毒素三联疫苗等。

在中国，尚无上市的水貂病毒性肠炎活疫苗。

（三）展望

水貂病毒性肠炎是水貂的三大疫病之一，至今仍无特效治疗药物。因此，接种疫苗预防本病极为重要。鉴于该病与猫泛白细胞减少症和犬细小病毒病之间具有一定的亲缘关系，因此，在免疫实践中，除了用水貂病毒性肠炎疫苗外，若采用猫泛白细胞减少症疫苗或犬细小病毒疫苗，也许有效。目前，中国在研的产品有水貂病毒性肠炎、犬瘟热二联活疫苗（JLM株+JTM株），并已获得临床批准开展临床试验，如果成功上市，可以进一步丰富中国相关产品的品种。

（江焕贤　王乐元）

四十九、水貂阿留申病

水貂阿留申病（Aleution disease，AD）是由阿留申病毒引起的水貂接触性、慢性传染病。主要侵害网状内皮系统。本病的特征为患病动物浆细胞增多，血液丙种球蛋白增高，持续性病毒血症，免疫复合物介导的肾小球肾炎和肝炎，坏死性动脉炎，出血性素质，贫血及进行性衰竭。本病广泛流行于世界各养貂国家。在中国各饲养场均有此病发生，发病率为70%左右，死亡率也很高，毛皮质量降低，母貂空怀、流产及传染子代，成活率降低，公貂配种能力差，精液质量低劣。每年都造成巨大的经济损失，严重阻碍了养貂业的发展。该病被公认为世界养貂业的三大疫病之一。

水貂阿留申病的流行原因主要是前几年没有研制出有效的疫苗来预防本病，仅是依靠淘汰阳性貂的方式，无法彻底清除水貂阿留申病。近几年研制出的水貂阿留申病灭活疫苗尚处于中试阶段，有待于进一步推广应用。

水貂阿留申病的综合防制措施是平时要加强饲养管理，以提高水貂的抗病能力。建立健全貂场的兽医卫生防疫制度是防止本病蔓延流行的有效措施。在引进种貂时应长期隔离观察，阴性者方可混群。建立定期检疫制度是净化貂群、消灭阿留申病的最好途径。应用对流免疫电泳方法，结合冬季取皮进行水貂阿留申病检疫，严格淘汰阳性病貂，才能收到切实的效果。这样坚持3～5年，就可基本消灭本病，逐步建立起无阿留申病貂场。进一步推广应用水貂阿留申病灭活疫苗，可有效控制和清除水貂阿留申病。

（秦玉明）

五十、兔黏液瘤病

（一）概述

兔黏液瘤病（Rabbit myxomatosis，RM）是由黏液瘤病毒引起的一种高度接触性、致死性传染病。其特征是全身皮下，尤其是颜面部和天然孔周围皮下发生黏液瘤性肿胀。黏液瘤病毒，属于痘病毒科属第五亚群，形态上与牛痘病毒十分相似，但是它们之间没有主要抗原关系。通过琼脂扩散微量试验表明，该病毒的抗原性与野兔纤维瘤病毒、兔纤维瘤病毒有较大相关性。

病毒在50℃ 1h、55～60℃ 15min均可被灭活。在室温的50%甘油盐水中可存活4个月，潮湿的环境中8～10℃可存活3个月，26～30℃可存活10d。病毒对干燥有较强的抵抗力，病毒在干燥的黏液瘤结节中可存活3周；常温下，病毒在病兔的皮下数月不死。对乙醚敏感，但对石炭酸、硼酸和高锰酸钾有较强的抵抗力，在0.5%～2.0%的福尔马林1h可以灭活，消毒应用3%的溶液。该病毒可在鸡胚的绒毛尿囊膜上繁殖并出现增生状痘样病变，鸡胚的头部和颈部发生水肿。病毒还可在兔睾丸、肾和兔胚单层细胞生长繁殖并出现细胞病变。病毒存在于病兔全身各处的体液和脏器中，尤其是在眼垢和病变皮肤的渗出液中病毒含量最高。病兔康复后14d，体内出现较高的抗体，并可维持5个月之久。

到目前为止，已经分离出很多毒株，有代表性的是南美毒株、欧洲毒株和加利福尼亚毒株。不同的毒株在毒力和抗原性上各有差异，死亡率为30%～90%不等，可分为速发型、中发型和缓发型三种。强毒株可引起仔兔全部死亡，并无明显的皮肤病变，弱毒株则可以导致较严重的病理变化。不同的毒株造成的痘样病变大小也不同，南美株造成的痘较大，加利福尼亚株则较小。各毒株形成的空斑大小也有明显的差异，如南美株产生的空斑比加利福尼亚株大。

在自然情况下，本病只侵害野兔科的动物，本病的主要传播方式是直接与病兔以及排泄物接触或污染有病毒的饲料、饮水和笼具。自然界中的节肢动物如蚊子和跳蚤是主要的媒介。

1. 病理变化 大体样病变：最突出的大体样变化是皮肤肿瘤和皮肤及皮下，尤其是颜面和天然孔周围明显水肿。患病部位的皮下组织聚集大量淡黄色、澄清的胶样液体。皮肤可见出血，胃肠道的浆膜下层有出血点，加利福尼亚株尤为明显。有些毒株还能引起脾脏肿大和淋巴结肿大、出血。

2. 显微镜变化 根据感染毒株的不同，皮肤病变主要是细胞肿大、空泡样变。皮肤的肿瘤由未分化的实质细胞原发性增生所致，这种实质细胞变为大的星型细胞，成为黏液瘤细胞。该细胞的细胞质内出现包涵体，姬姆萨染色呈现紫色，维多利亚染色呈现蓝色。肺泡上皮细胞和淋巴结及脾脏的网状细胞也有类似皮肤增生样变化。皮肤、肾脏、淋巴结、睾丸、心脏等可能有间质性出血。

3. 实验室诊断

（1）包涵体检查 病毒存在于全身的体液和脏器中，尤其是眼垢和病变皮肤的渗出液中病毒含量最高。病变组织切片姬姆萨染色，细胞质可见到紫色包涵体，维多利亚染色呈现蓝色。

（2）动物接种试验 将病料研磨后加入含有青霉素、链霉素的生理盐水1∶5稀释，3 000r/min离心10min，取上清液接种动物。幼兔皮下注射0.5～1.0mL，1日龄小鼠背部皮下注射0.1mL。接种动物7d后可见到特异性病理变化，并可检到包涵体。

（3）鸡胚接种 黏液瘤病毒容易在35℃孵化的鸡胚绒毛尿囊膜上繁殖，并呈现上皮增生痘样病变，鸡胚的头部和颈部发生水肿。一般接种后72h发生绒毛尿囊膜发生小痘样病理变化，4～6d痘样病变明显。

（4）细胞培养 黏液瘤病毒能在兔睾丸、肾和兔胚单层细胞内繁殖并产生致细胞病变（细胞质内形成包涵体，细胞核内出现空泡变）。

（5）血清学检验 本病毒虽然在形态上与牛痘病毒十分相似，应用细胞中和试验、琼脂扩散试验和交互免疫保护试验等均可以与牛痘病毒相区分，但是与野兔纤维瘤病毒、兔纤维瘤病毒在抗原性密切相关。病兔康复后14d，体内出现较高的中和抗体，并可维持5个月之久。

（6）细胞中和试验 将已知的抗血清做1∶5稀释，与1∶（50～500）细胞传代毒株稀释的细胞液作等量混合，37℃作用1h或室温作用2h后感染兔肾原代细胞。观察3d，如果中和组细胞正常，而对照组出现典型的细胞病变，可认为兔黏液病毒阳性。

（7）鸡胚中和试验　将已知的抗血清做1∶5稀释，加入等量的1∶（50～500）鸡胚绒毛尿囊膜稀释的病毒悬液，混匀后于37℃作用1h或室温作用2h，接种于10～12日龄的鸡胚绒毛尿囊膜，0.2mL/枚，观察4～6d。如果中和组鸡胚存活，绒毛尿囊膜无痘样病变，而对照组鸡胚死亡，绒毛尿囊膜有痘样病变，可认为兔黏液病毒阳性。

（8）动物中和试验　将已知的抗血清作1∶5稀释，加入等量的1∶（50～500）鸡胚绒毛尿囊膜病毒悬液，或者1∶（50～500）兔传代组织病毒稀释悬液，或者1∶（50～500）稀释的病料悬液，混合后于37℃作用1h或室温作用2h，皮下接种仔兔，0.1～1.0mL/只，观察7d。如果仔兔注射部位没有病变或死亡，而对照组注射部位出现典型的病理变化或死亡，则可认为兔黏液病毒阳性。

（9）血清保护试验　将已知的抗血清皮下注射1～2mL，6～12h后再注射1∶（50～500）稀释的被检病料0.1～0.2mL，观察7d。判定方法同上。

（10）琼脂扩散试验　用0.01 mol/L的PBS（pH7.2）配成1%的琼脂溶液，加热溶化，冷却凝固后打孔。加入抗原与抗血清，分别设立对照组，4℃冰箱过夜后观察即可。

（二）预防

兔黏液瘤病毒是一种高致病性传染病，中国目前无此病的报道，因此严禁从疫区国家引进种兔和未经消毒的兔皮及相关产品。国外一般采用免疫接种、控制传播媒介和扑杀病兔等综合防治措施。英国采用肖扑氏（Shope）纤维瘤病毒（兔纤维瘤病毒）制成灭活疫苗。该疫苗接种后4d开始产生抗体，免疫力最高可达到1年，但是其产生的免疫力不稳定，免疫期不一致，而且接种部位仍可产生良性的纤维肿瘤。国外也有用经兔肾细胞传代人工致弱的MSD/B弱毒株制成活疫苗，该疫苗安全可靠，免疫持久。苏联也有兔黏液瘤B-82弱毒株疫苗。该疫苗接种后第9天可以产生免疫力，免疫期可达9个月。其免疫程序为：幼兔，1.5月龄时皮内注射50个免疫剂量或肌内注射100个免疫剂量，3个月后加强免疫；成兔，肌内注射100～200个免疫剂量；母兔可在怀孕期接种疫苗。此外，也有人将兔黏液瘤病毒接种鸡胚或细胞，制成灭活疫苗。

（秦玉明）

五十一、兔病毒性出血症

（一）概述

兔病毒性出血症（Rabbit haemorrhagic disease，RHD）俗称兔瘟、兔出血热，是由兔病毒性出血热病毒（RHDV）引起家兔的一种急性、烈性传染病。3月龄以上的家兔发病率和致死率高达95%以上，是养兔业危害最大的疾病。

RHDV为一单股正链RNA病毒，由7 437个核苷酸组成，有两个开放阅读框（ORF），编码衣壳蛋白VP_{60}和结构蛋白VP_{10}。RHDV只有一个血清型。RHDV除与欧洲野兔综合征病毒（EBHSV）抗原相关外，与其他杯状病毒属的病毒无交叉反应。RHDV对人、绵羊和鸡红细胞有凝集作用，尤其是人“O”型红细胞敏感。

本病首先于1984年2月在中国江苏省无锡市和江阴市发现，1986年则在亚洲、欧洲、北美洲等40余个国家相继发现此病。自然感染只发生与家兔，不分品种与性别。毛用兔比肉用兔易感，3月龄以上的非疫区的家兔发病率和死亡率高达90%～100%，1月龄以内的幼兔极少发病。来自疫区的家兔发病率和死亡率则显著下降。

本病经很多途径均可传染，包括呼吸道、消化道、皮下、肌肉、静脉、腹腔和眼结膜等。病兔的内脏、肌肉、皮毛、排泄物和分泌物均可带毒，可通过直接接触传播，也可通过被其污染的饲料、饮水、工具等间接传播。内脏中以肝脏的病毒含量最高，其次是肺、脾脏、肾脏等。

本病的发生无明显的季节性，通常与传染源和易感兔的密度有关。在新疫区呈暴发性流行，成年兔、肥壮兔和良种兔的发病率和死亡率高达90%～95%，甚至100%，一般一个兔场经过8～10d可全群发病死亡。

（二）疫苗

本病传染性极强，免疫性高。RHD组织灭活疫苗接种后3～4d即可产生坚强的免疫力。中国最初研究成功兔病毒性出血症灭活疫苗，2005年以后又陆续研究成功兔病毒性出血症、多杀性巴氏杆菌病二联灭活疫苗和兔病毒性出血症、多杀性巴氏杆菌病、产气荚膜梭菌病（A型）三联灭活疫苗等可以预防本病的发生。

效力检验：用体重1.5～3kg的兔8只，4只皮下注射疫苗0.5mL，另4只作为对照。接种14d后，每只兔各皮下注射10倍稀释的检验用强毒（肝、脾毒）1.0mL，观察7d，对照组至少死亡3只，免疫组应全部健活。免疫期6个月，2～8℃保存期可达到18个月。用法与用量：皮下注射，45日龄以上家兔，每只1mL。必要时，未断奶乳兔每只1mL，断奶后再次注射一次。由于本病组织灭活疫苗长时间保存后易出现组织结块、堵塞针管的现象，用兔子肝脏生产的抗原产量有限且性状不稳定等缺点。因此，改变抗原的制备方法和乳化工艺是一种新的研究方向。目前，国内外学者就主要结构蛋白VP60的基因工程疫苗做了较多的研究。其中，在真核表达载体研究中发现表达的衣壳蛋白具有自我装配成类病毒样粒子（virus-like particles，VLPs），具有研发新型诊断试剂和疫苗的潜力。

（秦玉明）

五十二、猫泛白细胞减少症

（一）概述

猫泛白细胞减少症（Feline panleukopenia，FP）又称猫传染性肠炎或猫瘟热。本病是由猫泛白细胞减少症病毒引起的猫和其他猫科动物的一种急性、高度接触性传染病。临床表现为高热（体温超过40℃）、腹泻（带血的水样便）和呕吐。病猫采血化验，可见明显的白细胞数减少（感染后4～6d降至4 000～5000/mL以下）。该病毒的传染性极高，一般以直接接触传染为主，也可经由吸血类寄生虫传染。疫苗接种不全或未接种的猫容易得猫瘟，尤以3～5月龄的幼猫最多。母猫如果在怀孕期感染，会造成死胎、流产和初生小猫出现神经症状。猫感染后，在病猫的呕吐物、粪、尿、唾液、鼻和眼分泌物中含有大量病毒。甚至病猫康复后数周至一年以上仍能从粪、尿中排出病毒。这些排泄物和分泌物污染了饲料、饮水、用具或周围环境，就可把疾病扩大传播。病程超过 5～7d 且无致命性并发症发生，往往能复原；白细胞数目在超过病程 24～48h 内会恢复正常。

猫泛白细胞减少症病毒（Feline panleukopenia virus，FPV）属于细小病毒科，具有细小病毒典型的理化特征。在抗原性方面很难与水貂肠炎病毒区分开。核酸限制性内切酶图谱与浣熊细小病毒无区别，但是与犬细小病毒、水貂肠炎病毒不同。

治疗方法主要以非经胃道给予输液以补充电解质及营养并矫正脱水，改善呕吐症状和给予广谱抗生素预防二次细菌感染为重点，如发生严重贫血时，应考虑给予全血或血浆输血治疗。

病猫由于腹泻，严重脱水，所以，发病的早期要及时而果断地输液，以调节体液电解质的平衡与纠正机体酸中毒。输液量应根据病情特别是脱水的程度而定，一般是每千克体重 50mL 左右。其次，进行抗菌消炎，各类抗菌药物对猫细小病毒是无任何医疗作用的，主要用以预防继发感染。除此之外，可采用一些辅助疗法，如给以止血药、10%葡萄糖注射液、维生素类药物等。幼猫的发病死亡率可高达 50%～90%。只有当呕吐和腹泻停止，食欲和体温恢复正常，白细胞开始增多才预示着预后良好。当然预防总是优于治疗，所以事先给予疫苗注射以保护猫才是最佳办法。

（二）疫苗

目前，报道有两种疫苗预防该病，一种是活疫苗，一种是灭活疫苗。幼龄猫在 12 周龄时接种疫苗，可以克服母源抗体的干扰。常规的免疫程序是 8～9 周龄首次免疫，然后每隔 2～4 周免疫一次，一直到 12～14 周龄。活疫苗每年至少免疫 2 次，灭活疫苗每年至少免疫 3 次，以后每年加强免疫一次。怀孕的母猫和 4 周龄以下的幼猫，只能使用灭活疫苗。围产期接种弱毒疫苗可感染新生猫的小脑。但是中国目前没有正式注册的疫苗。

（秦玉明）

五十三、草鱼出血病

（一）概述

草鱼出血病（Grass carp hemorrhage，GCH）是一种病毒性疾病，其病原是呼肠孤病毒，主要危害鱼种。防治技术的关键是预防和控制病毒的传播，必须做好免疫接种和水质调控。

1. 病害诊断 病鱼的口腔、上下颌、头顶部、眼眶周围、鳃盖、鳃及鳍条基部有不同程度的充血、出血，眼球突出。剥除鱼的皮肤，可见肌肉点状或块状充血、出血；严重时全身肌肉呈鲜红色、鳃呈现“白鳃”。肠壁充血、鲜亮、具韧性，肠内无食物，肠系膜周围无脂肪。鳔、胆囊、肝、脾、肾也有出血点或血丝，个别病鱼的鳔和胆囊呈紫红色。由于病鱼大量出血而导致严重贫血，血红蛋白、白细胞数量减少，血液颜色变淡，血量减少。

2. 流行与危害 草鱼出血病是在草鱼鱼种培育阶段一种广泛流行、危害性大的病害。当养殖水质恶化，水中溶氧量降低，水体中总氮和有机耗氧量增高时，鱼体抵抗力下降，病毒乘虚而入。主要危害对象是 25～35cm 大小的草鱼鱼种，水温在 20～33℃ 时易发生、流行。

3. 防治方法 ①清除池底过多的淤泥，并用200mg/L生石灰或20mg/L漂白粉进行池塘消毒，消除病原。②鱼种下塘前，用60mg/L浓度的聚乙烯氮戊环酮碘剂药浴25min。③人工免疫疫苗接种。主要是接种草鱼出血病疫苗。疫苗的接种方法：浸浴和注射法。对于当年繁殖孵化的苗（乌仔头苗）可用浸泡法，1龄鱼种多采用注射法，少数地方也有采用浸泡，但对于1龄鱼种疫苗采用注射的方法效果优于浸泡的方法。对接种后疫苗的安全和效力（保护率）应进行验证。

4. 适用范围 全国各草鱼养殖地区。

5. 注意事项 制备组织灭活疫苗后，一定要进行安全和效力试验，只有确定安全的疫苗才能使用。

（二）疫苗

1. 草鱼出血病灭活疫苗 本品用草鱼出血病病毒接种草鱼吻端组织细胞株或草鱼胚胎细胞株进行悬浮培养，收集病毒培养物，经甲醛和热灭活处理，加氢氧化铝胶和L-精氨酸制成。

物理性状：本品静置后，上层为橘红色澄明液体，底层有少量白色沉淀，振摇后呈混悬液。

安全检验：用13cm左右健康草鱼20尾，各肌内或腹腔注射疫苗0.5mL。25～28℃水中饲养15d，全部鱼应正常。

效力检验：将疫苗用无菌生理盐水稀释10倍，肌内或腹腔注射13cm左右健康草鱼20尾，每尾0.5mL，置25～28℃水中饲养15d，连同条件相同的对照草鱼20尾，各注射病毒液0.3～0.5mL（100LD_{50}/mL），25～28℃水中饲养15d，每日观察并记录各组的死亡鱼数。其中，对照组的草鱼至少死亡10尾，计算各组死亡率后，按下列公式计算免疫保护率，免疫保护率在80%以上为合格。

疫苗在2～8℃保存，有效期10个月，免疫期12个月。

免疫保护率=（对照组鱼的死亡率－免疫组的死亡率）/对照组鱼的死亡率×100%

用法与用量：①浸泡法 3cm左右的草鱼采用尼龙袋充氧泡法。浸泡时疫苗的浓度为0.05%，每升浸泡液体加入10mg，充氧浸泡3h。②注射法 10cm左右的草鱼采用注射法。先将疫苗用无菌生理盐水稀释10倍，肌内或腹腔注射，0.3～0.5mL/尾。

注意事项：疫苗使用时应避免阳光直射，气温在20℃以上时，开瓶后的疫苗应在12h内用完。

2. 活疫苗 中国水产科学研究院珠江水产研究所在2010年成功研究成功草鱼出血病活疫苗。本品用草鱼出血病病毒GCHV-892株接种草鱼吻端成纤维细胞（PSE），经28℃培养，收集细胞培养物，加适宜稳定剂，经冷冻真空干燥制成。

安全检验：按瓶签标明的尾份数，用灭菌的生理盐水将疫苗稀释成每0.2mL含10个使用剂量，经腹腔注射4月龄（体长10～12cm）健康易感草鱼50尾，每尾0.2mL。在28℃左右的水体中饲养21d，每日观察2次。应不出现由疫苗引起的任何症状或死亡。

效力试验：效力试验采用下列方法任选其一。

（1）病毒含量测定 按瓶签标明的尾份数，用灭菌生理盐水将疫苗稀释成每毫升含1尾份。再用灭菌生理盐水做10倍系列稀释，取10^{-3}、10^{-4}和10^{-5}稀释度，每个稀释度接种草鱼肾细胞（CIK）6瓶（约3×6cm^2），每瓶1mL，吸附1h后，倒掉病毒液，加入维持液，置

28℃下培养观察 6～8d，记录细胞病变。根据 Reed－Muench 法计算 $TCID_{50}$。每尾份病毒含量应不小于 $10^{4.2}$ $TCID_{50}$。

（2）免疫攻毒　按瓶签标明的尾份数，用灭菌生理盐水将疫苗稀释成每 0.2mL 含 1 尾份。经腹腔注射 4 月龄（体长 10～12cm）健康易感草鱼 50 尾，每尾 0.2mL。在 28℃左右的水体中饲养 15d 后，连同条件相同的对照非免疫草鱼 50 尾，分别用检验用种毒（草鱼出血病毒 GCHV－901 株）腹腔注射，每尾 $10^{3.2}$ LD_{50}/0.2mL，在 28℃左右的水体中观察 15d，每日观察并记录各组的死亡鱼数。对照组应全部发病（出现草鱼出血病症状），且应至少死亡 45 尾，免疫组应至少保护（健活）46 尾。

（秦玉明）

参 考 文 献

陈建君，张毓金，杨增岐，等，2003. 鸭瘟病毒的分子生物学研究进展 [J]. 动物医学进展，24 (6)：25－28.

范文明，张菊英，罗函禄，1993. 鸭病毒性肝炎灭活疫苗研究 [J]. 畜牧兽医学报，24 (4)：354－359.

方定一，徐为燕，1984. 兽医病毒学 [M]. 南京：江苏科学技术出版社.

胡建华，孙凤萍，刘洪云，等，2000. 鸭病毒性肝炎油佐剂灭活疫苗研究 [J]. 上海畜牧兽医通讯 6：16－17.

华国荫，刘鼎新，吴英平，等，1980. 水貂犬瘟热免疫的研究—Ⅰ. 复制鸡胚组织培养弱毒疫苗的研究 [J]. 家畜传染病 4：30－35.

华国荫，刘鼎新，吴英平，等，1983. 水貂犬瘟热免疫的研究—Ⅱ. 制苗工艺、免疫、毒价、保存期试验 [J]. 家畜传染病 2：23－28.

华国荫，刘鼎新，吴英平，等，1983. 水貂犬瘟热鸡胚组织弱毒疫苗的研究—Ⅲ. 疫苗安全性和预防效果的现地观察 [J]. 家畜传染病 4：28－30＋39.

姜永萍，张洪波，李呈军，等，2005. H5 亚型禽流感 DNA 疫苗质粒 pCAGGoptiHA5 对高致病力禽流感病毒攻击的免疫保护 [J]. 畜牧兽医学报，36 (11)：1178－1182.

靳艳玲，罗薇，2005. 禽白血病研究进展 [J]. 西南民族大学学报・自然科学版：83－89.

李文涛，王宏伟，韩少杰，2005. 鸡传染性贫血病 [J]. 养禽与禽病防治 10：36－38.

李泽君，焦培荣，于康震，等，2005. H5N1 亚型高致病性禽流感病毒 A/goose/Guangdong/1/96 株反向基因操作系统的建立 [J]. 中国农业科学，38 (8)：1686－1690.

乔传玲，姜永萍，李呈军，等，2003. 禽流感重组禽痘病毒 rFPV－HANA 活载体疫苗的研究 [J]. 免疫学杂志，19 (1)：46－49.

乔传玲，姜永萍，于康震，等，2004. 共表达禽流感病毒 HA 和 NA 基因的重组禽痘病毒在 SPF 鸡的免疫效力试验 [J]. 中国农业科学，37 (4)：605－608.

唐秀英，田国斌，于康震，等，1999. 禽流感油乳剂灭活疫苗的研究 [J]. 微生物学杂志，19 (3)：47－48.

王明俊，1996. 兽医生物制品学 [M]. 北京：中国农业出版社.

王永坤，2002. 兔病诊断与防治手册 [M]. 上海：上海科学技术出版社.

张婧，董嘉文，罗永文，等，2011. Ⅰ型鸭肝炎病毒 VP1 基因重组鸭瘟病毒载体的构建 [J]. 华南农业大学学报 (04)：101－104.

张振兴，1994. 实用兽医生物制品技术 [M]. 南京：江苏省畜牧兽医学会.

郑海洲，苏钢，于秀俊，等．2003．鸡喉气管炎病毒病原学和基因工程疫苗的研究进展［J］．中国兽药杂志，37（3）：42－45．

郑世军，宋清明，2013．现代动物传染病学［M］．北京：中国农业出版社．

中国兽药典委员会，2016．中华人民共和国兽约典（三部）［M］．北京：中国农业出版社．

中国兽药典委员会，2011．中华人民共和国兽药典（三部）二〇一〇版．［M］．北京：中国农业出版社．

中华人民共和国农业部，2001．中华人民共和国兽用生物制品质量标准［S］．北京：中国农业科技出版社．

中华人民共和国农业部公告 1525 号．

Asplin F D，1961. Note on epidemiology and vaccination for virus hepatitis of ducks [J]. Off Int Epizoot Bull，56：793－800.

Baudet A E R F，1923. Mortality in ducks in the Netherlands caused by a filterable virus：fowl plague [J]. Tijdschr Diergeneeskd，50：455－459.

W. Baxendale，D. Lutticken，R. Hein，et al，1980. The results of field trials conducted with an inactivated vaccine against the egg drop syndrome 1976（EDS－76）[J]. Avian Potjol，9：77－91.

Bulow V V，M. 1986. Witt. Vermehrung des Erregers der aviarers infektiosen Anamie（CAA）in enbryonierten Huhnereiem [J]. J Vet Med B，33：664－669.

Chen P Y，Z. Cui，L F Lee，et al，1987. Serologic differences among nondefective reticuloendotheliosis viruses [J]. Arch Virol，93：233－246.

Christensin. N. H，Md. Saifuddin，1989. A primary epidemic of inclusion body hepatitis in broilers [J]. Avian Dis，33：622－630.

Cook J. K. A，J. W. Peters，1980. Epidemiological studies with egg drop syndrome 1976（EDS－76）virus [J]. Avian Pathol，9：437－443.

Fadly. A. M，B. J. Riegle，K. Nazerian，et al，1980. Some observations on an adenovirus isolated from specific pathogen－free chickens [J]. Poult Sei，59：21－27.

Fahey J. E.，J. F. Crawley，1954. Studies on chronic respiratory disease of chickens. Ⅲ solation of a virus [J]. Can J Comp Med，18：13－21.

Fang D. y，Y. K. wang，1981. Studies on the etiology and specific control of goosr parvovirus infection [J]. Sci Agric Sin，4：1－8.

Fu Y，Chen Z，Li C，et al，2012. Protective immune responses in ducklings induced by a suicidal DNA vaccine of the VP1 gene of duck hepatitis virus type 1 [J]. Vet Microbiol，160（3 /4）：314－318.

Fuchs W，D W iesner，J. Veits，et al，2005. In Vitro and In Vivo Relevance of Infectious Laryngotracheitis Virus gJ Proteins That Are Expressed from Spliced and Nonspliced mRNAs [J]. Journal of Virology，79（2）：705－716.

Gough. R. E，Spackman，1981. Studies with inactivated duck virus hepatitis vaccines in vreeder ducks [J]. Avian Pothol，10：471－479.

Gough. R. E.，D. Spackman，1982. Studies with a duck embryo adapted goose parvovirus [J]. Avian Pothol，11：503－510.

Grines. T. M，D. J. King，O. J. fletcher，et al，1978. Serologic and pathogenicity studies of avian adenovirus isolated from chickens with inclusion body hepatitis [J]. Avian Dis，22：177－180.

Guo. P，. E. Scholz，B. Maloney，et al，Construction of recombinant avian infectious laryngotracheites virus expressing the B－galactosidase gene and DNA sequencing of insertion region [J]. Virology，202：771－781.

Hwang. J，1965. A chicken－embryo－lethal strain of duck hepatitis virus [J]. Avian Dis，9：417－422.

IN Wickramasinghe，RP de Vries，A M Eggent，et al，2015. Host tissue and glycan binding specificities of avian viral attachment proteins using novel avian tissue microarrays [J]. Journal of Virol, 10 (6): 1288 - 1293.

Jansen. J. , 1963. Duck plague [J]. Br Vet J, 117: 349 - 356.

Johnson M A, Pooley C, 2003. A recombinant fowl adenovirus expressing the S1 gene of infectious bronchitis virus protects against challenge with infectious bronchitis virus [J]. Vaccine, 2003, 21 (21 - 22): 2730 - 2736.

Kaleta. E. F. , 1985. Immunisation of geese and Muscovy ducks against parvovirus hepatitis. Report of a field trial with the attenuated live vaccine "Palmivax." Dtsch tierarztl Wochenschr. 92: 303 - 305.

Kawanura, H. , Tsubahara, H. , 1966. Common antigenicity of avian reviruses [J]. Natl Inst Anim Health Q (Tokyo), 6: 187 - 193.

Kodihalli S, Sivanandan V, Nagaraja K. V, et al, 1994. Atype - sPecificavian influenza virus subunit vaccine for turkeys: induction of Protective immunity to challenge infection [J]. Vacction, 12 (15): 1467 - 1472.

Lin. W Q, Lam, K. M. , Clark, W. E. , et al, 1984. Active and passive immunization of ducks against viral enteritis [J]. Avian Dis, 28 (4): 968 - 973.

Awad M, Nassif, S. A. Nagdia, Y. E. , et al, 2008. Comparative genetic characterization between isolated pox virus from dove and some avian pox strains [J]. Vet Med J Giza, 4, 333 - 342

Macleod, A J, 1965. Vaccination against avian encephalomyelitis with a betapropialactone inactivated caccine [J]. Vet Rec, 77: 335 - 558.

Maldonado. R. L, H. R. Bose, 1971. Separation of reticuloendotheliosis virus from avian tumor viruses [J]. J Virol, 8: 813 - 815.

H. K. Muller, A. Menna, et al, 1977. Comparison of five poxvirus genomes by analysis with restriction endonucleases Hind Ⅲ, BamH Ⅰ and EcoR Ⅰ [J]. J Gen Virol, 38: 135 - 147.

Reuss. U, 1959. Versuche zur aktiven und passiven Immunisierung bei der Virushepatitis der Entenkuken [J]. Zentralbl Veterinaermed, 6: 808 - 815.

Rispens B. H, 1969. Some aspects of control of infectious hepatitis in ducklings [J]. Avian Diseases, 13: 417 - 426.

Schettler. C. H, 1973. Virus hepatitis of geese. Ⅲ. Properties of the causal agent [J]. Avian Pothol, 2: 179 - 193.

W. M Schnitzlein. , N. Ghidyal, D. N. Tripathy, 1988. A rapid method for identifying the thymidine kinase genes of avipoxviruses [J]. J Virol Methods, 20: 341 - 352.

Spencer, J L, 1984. Progress towards eradication of lymphoid leucosis viruses - a review [J]. Avian Pathol, 13: 599 - 619.

Tannock. G. A, D. R. Shafren, 1985. A rapid procedure for the purification od avian encephalomyelitis viruses [J]. Avian Dis, 29: 312 - 321.

Todd, D F. D, J. L. Creelan, et al, 1990. Purification and biochemical characterization of chicken anaemia agent [J]. J Gen Virol, 71: 819 - 823.

Toth. T. F. E, 1969. Chicken - embryo - adapted duck hepatitis virus growth curve in embryonated chicken eggs [J]. Avian Dis, 13: 535 - 539.

Wang X, Schnitzlein W. M, 2002. Construction and immunogenidty studies of recombinant fowl poxvirus containing the S1 gene of Massachusetts 41 strain of infectious bronchitis virus [J]. Avian Dis, 46 (4): 831 - 838.

Wilhelmsen. K. C, K. E. Eggleton, H. M. Temin, 1984. Nucleic acid sequences if the oncogene v - rel in reticuloendotheliosis virus strain T and its cellular homolog the proto - oncogene crel [J]. Virol, 52: 172 -

182.

Wright, S. E. , D. D. Bennett, 1992. Avian retroviral recombinant expressing foreign envelope delays tumour formation od ASV - A - induced sarcoma [J]. Vaccine, 10: 375 - 378.

Yates. V. J, Y. O. Rhee, D. E. Fry, 1977. Serological response of chickens exposed to a type 1 acian adenovirus alone or in combination with the adeno - associated virus [J]. Avian Dis, 21: 146 - 152.

Yuasa. N, T. Tanigucni, I. Yoshida, 1979. Isolation and some characteristics of an agent inducing anemia in chicks [J]. Avian Diseases, 23: 366 - 385.

Zhou JY, Cheng LQ, Zheng XJ, et al, 2004. Generation of the transgenic potato expressing full - length spike protein of infectious bronchitis virus [J]. J Biotechnol, 111 (2): 121 - 130.

第五章　细菌疾病和疫苗

一、炭疽

（一）概述

炭疽（Anthrax）是由炭植杆菌引起动物的一种传染病。炭疽杆菌（*Bacillus anthraci*）属于需氧芽孢杆菌属，能引起羊、牛、马等动物及人类的炭疽病。

本菌专性需氧，在普通培养基中易繁殖。最适温度为37℃，最适 pH 范围为 7.2～7.4，在琼脂平板培养24h，长成直径2～4mm的粗糙菌落。菌落呈毛玻璃状，边缘不整齐，呈卷发状，有一个或数个小尾突起，这是本菌向外伸延繁殖所致。在5%～10%绵羊血液琼脂平板上，菌落周围无明显的溶血环，但培养较久后可出现轻度溶血。菌落特征出现最佳时间为12～15h。菌落有黏性，用接种针钩取可拉成丝，称为"拉丝"现象。在普通肉汤培养18～24h，管底有絮状沉淀生长，无菌膜，菌液清亮。有的菌株在碳酸氢钠平板，20% CO_2培养下，形成黏液状菌落（有荚膜），而无毒株则为粗糙状。

炭疽杆菌菌体粗大，两端平截或凹陷。排列似竹节状，无鞭毛、无动力，革兰氏染色阳性，本菌在氧气充足、温度适宜（25～30℃）的条件下易形成芽孢。在活体或未经解剖的尸体内，则不能形成芽孢。芽孢呈椭圆形，位于菌体中央，其宽度小于菌体的宽度。在人和动物体内能形成圆膜，在含血清和碳酸氢钠的培养基中，孵育于CO_2环境下，也能形成荚膜。形成荚膜是毒性的特征。

炭疽杆菌受低浓度青霉素作用，菌体可肿大形成圆珠状，称为"串珠反应"。这也是炭疽杆菌特有的反应。

炭疽杆菌的抗原结构有3种：

（1）荚膜多肽抗原　由D-谷氨酸多肽组成，抗原性单一，若以高效价抗荚膜血清与有荚膜的炭疽杆菌作用，在其周边外发生抗体的特异性沉淀反应，镜下可见荚膜肿胀。

（2）菌体多糖抗原　由等分子量的乙酰基葡萄糖胺和D-半乳糖组成，能耐热，与毒力无关。这种抗原没有特异性，能与其他需氧芽孢杆菌、肺炎球菌14型及人类A血型物质发生交叉反应。

（3）外毒素复合物　炭疽杆菌具有外毒素，包含水肿因子、保护性抗原（因子）及致死因子。3种成分均具有抗原性，不耐热，是致病的物质基础之一。

所有已知的毒力因子由芽孢发芽产生的繁殖体表达，芽孢进入体内后，被吞噬细胞吞噬，而携带进入局部淋巴结，在细胞内发芽成为繁殖体，然后从吞噬细胞内释放，在淋巴结内增殖，进入血液循环，可达10^7～10^8CFU/mL，引起败血症。尚无证据表明繁殖体从吞噬细胞释放后出现初始免疫反应，繁殖体表达毒力因子，包括毒素和荚膜，其所致的毒血症具有全身作用，导致宿主死亡。炭疽杆菌的主要毒力因子在两个毒力质粒上编码，pXO1和pXO2。pXO1为184.5kb大小的质粒，编码分泌外毒素的基因；pXO2为表达荚膜的小质粒，95.3kb大小。所有已知毒力因子的表达由宿主特异性因素调节，如温度、CO_2浓度及血清成分的存在。毒素和荚膜基因表达的调节由AtxA介导，其活性受环境条件影响，荚膜基因的表达是必需的，失去任何一个都可使毒力减弱。毒素由3种成分构成：水肿因子（edema factor，EF）、保护性抗原（protective antigen，PA）、致死因子（lethal factor，LF），此三种成分单独对动物没有毒性作用，若将前两种成分混合注射家兔或豚鼠皮下，可引起皮肤水肿；后两种成分混合注射可引起肺部出血水肿，并使豚鼠致死；3种成分混合注射可出现炭疽典型中毒症状。毒素的产生受毒素基因的控制，失去基因，毒素不能产生。

（二）疫苗

1. 兽用炭疽油乳剂疫苗 最早研制成功的疫苗是1881年Pasteur及其学生通过42～43℃高温培养减毒后的炭疽杆菌。Pasteur给24只绵羊、1只山羊和6头奶牛注射了这种炭疽杆菌的低毒培养物，保护效果良好，使炭疽成为可通过接种预防的第一种细菌性疾病。1883年，俄国的钱柯夫斯基也培育了高温致弱毒株。中国在20世纪40年代开始采用Pasteur Ⅰ号苗和Ⅱ号苗预防家畜炭疽病，这两种活疫苗对山羊和马有严重的不良反应。

用荚膜炭疽减毒菌株，接种适宜培养基，滤过除菌，加油佐剂乳化制成油乳剂疫苗，用于预防山羊的炭疽，6个月以上的山羊，颈部皮下注射2mL，免疫期为6个月。疫苗在2～8℃保存，有效期为12个月。

2. 无荚膜炭疽芽孢苗（无毒炭疽芽孢苗） 南非的Sterne于1937年成功研制出失去荚膜合成能力的减毒菌株——Sterne菌苗；英国改良后编号为34/F2。1948年中国又从印度引进了Sterne菌株（称为印度系）用于生产无毒炭疽芽孢苗。Sterne疫苗必须注射，在家畜使用很不方便，有一定的副作用，曾多次报道过引起山羊和马的不良反应的情况。

用无荚膜炭疽弱毒菌株接种普通琼脂或2%蛋白胨水培养，形成芽孢后，悬浮于灭菌的甘油蒸馏水（简称为甘油苗）或铝胶馏水（简称为铝胶苗）中制成，用于预防马、牛、绵羊、猪的炭疽病。使用时，1岁以上的马、牛皮下注射1mL，绵羊、猪皮下注射0.5mL，免疫期为12个月。疫苗在2～8℃保存，有效期为24个月。

从物理性状上看，甘油苗静置后为透明液体，瓶底有少量灰白色沉淀，震荡后呈均匀混悬液；铝胶苗静置后，上层为透明液体，下层为灰白色的沉淀，振荡后呈均匀的混悬液。

芽孢数检验，每瓶芽孢苗用蒸馏水稀释，用普通琼脂平板培养计数，每瓶芽孢苗每毫升的活芽孢数，甘油苗应在1 500万～2 500万个，铝胶苗在2 500万～3 500万个。

荚膜检查，用体重18～22kg小鼠2只，各皮下注射无毒炭疽芽孢苗0.5mL，死后剖检，取脾脏或肝脏涂片，染色，镜检，菌体应无荚膜。

运动性检查，用pH 7.2～7.4马丁肉汤或普通肉汤小管，接种无毒炭疽芽孢苗0.2mL，于36～37℃培养18～24h，取培养液做悬滴检查，应无运动性。

安全检验，用1.5～2kg的家兔4只，各皮下注射无毒炭疽芽孢苗1mL，观察10d不应死亡，如有1只死亡，可重检1次，但需加绵羊1只，皮下注射10mL，如绵羊健活，家兔仍有1只死亡，亦认为合格。

苯酚含量测定，按附录进行，应符合规定。

牛、马1岁以上皮下注射1mL；1岁以下皮下注射0.5mL。绵羊、猪皮下注射0.5mL。

使用前充分摇匀，山羊忌用，马慎用。宜秋季使用，在牲畜春乏或气候骤变时，不应使用。在2～8℃保存，有效期为24个月。

3. Ⅱ号炭疽芽孢苗 用荚膜炭疽Ⅱ号弱毒菌株接种普通琼脂或2%蛋白胨水培养，形成芽孢后，悬浮于灭菌的甘油蒸馏水（简称为甘油苗）或铝胶馏水（简称为铝胶苗）中制成，用于预防大动物、绵羊、山羊、猪的炭疽病。使用时，多种动物皮下注射1mL，或皮内注射0.2mL，山羊的免疫期为6个月，其他动物的免疫期为12个月。疫苗在2～8℃保存，有效期为24个月。

从物理性状上看，甘油苗静置后为透明液体，瓶底有少量灰白色沉淀，振荡后呈均匀混悬液；铝胶苗静置后，上层为透明液体，下层为灰白色的沉淀，振荡后呈均匀的混悬液。

芽孢数检验，每瓶芽孢苗用蒸馏水稀释，用普通琼脂平板培养计数，每瓶芽孢苗每毫升的活芽孢数，甘油苗应在1 300万～2 000万个，铝胶苗在2 000万～3 000万个。

荚膜检查，用体重200～250g豚鼠2只，各皮下注射Ⅱ号炭疽芽孢苗0.5mL，死后剖检，取脾脏或肝脏涂片，染色，镜检，菌体应有荚膜。

运动性检查，用pH 7.2～7.4马丁肉汤或普通肉汤小管，接种Ⅱ号炭疽芽孢苗0.2mL，于36～37℃培养18～24h，取培养液做悬滴检查，应无运动性。

安全检验，用1.5～2kg的家兔4只，各皮下注射Ⅱ号炭疽芽孢苗1mL，观察10d，应全部健活。

使用前充分摇匀，山羊忌用，马慎用。宜秋季使用，在牲畜春乏或气候骤变时，不应使用。在2～8℃保存，有效期为24个月。

4. 新一代疫苗

（1）无荚膜、无致死因子和水肿因子的炭疽菌株 最初的努力从改造Sterne菌株开始，从该菌株中进一步使致死因子和水肿因子失活，创造出只表达无毒性的保护性抗原，即无荚膜、无致死因子和水肿因子的炭疽菌株。一种途径是首先将一个来自载体的片段插入*cya*基因，将EF与PA结合的部分与其羧基端区段隔断。另一条途径是由无荚膜、无毒素的炭疽菌株出发，导入表达PA的重组质粒。用豚鼠检查这种菌株的保护效果，表明保护效果与它们引起的抗PA抗体滴度相符合。

（2）PA重组质粒疫苗 Vodkin将PA有效基因片段通过PBR322插入大肠杆菌HB101，克隆得到PSE24和PSE36。Ivins用穿梭质粒PUB110将PA基因转入无芽孢枯草杆菌IS53株，得到PA1、PA2两个重组菌株，可作为疫苗候选株。

（3）DNA炭疽疫苗 最近美国Ohio大学的研究人员证明，单独用DNA疫苗免疫即能保护小抵抗致死量炭疽毒素的攻击。

Vical公司正在研制一种DNA炭疽疫苗，该疫苗为二联（二价）疫苗，由表达炭疽杆菌保护性抗原及致死因子的灭活形式的两种质粒组成。动物试验表明，该疫苗在家兔身上可以引起有效的免疫反应，并为家兔提供长期的保护作用，使其经受住致死剂量的雾化炭疽杆菌孢子的攻击。此次试验的家兔在第0天、第28天和第56天分3次接受该疫苗免疫，在接受免疫剂量2～3次后，所有家兔经炭疽菌攻击后都继续存活；在最后一次免疫结束7个多月以后，再次以致死剂量的炭疽菌攻击，10 只家兔全部存活，而 3 只未经免疫的家兔在攻击后两天内死亡。

（三）展望

长期以来科学界一直没有获得过令人满意的疫苗，现有的疫苗不但免疫期时间短，而且有许多毒副作用。根据现代研究对炭疽感染与免疫机制的认识，新疫苗的设计应具有抗菌、抗荚膜和抗毒素的全方位免疫效果。现用炭疽活疫苗进入体内量不足，或繁殖不利，未形成足够的 PA 抗原，免疫效果不佳。若芽孢繁殖充分，在体内会同时产生 PA、LF、EF，将引起水肿反应，特别对山羊和马有接种反应，应予以改进。对此，应认真评价 PA 苗对不同家畜的免疫效果。

（魏财文）

二、猪、牛巴氏杆菌病

（一）概述

猪、牛多杀性巴氏杆菌病（Swine，Bovine pasteurellosis）是由多杀性巴氏杆菌引起猪、牛的一种接触性传染病。

多杀性巴氏菌属于巴斯德氏菌属，Rosenbusch 和 Merchant（1939）将畜禽的巴氏菌病的病原菌统称为多杀性巴斯德氏菌或称为多杀性巴氏杆菌。多杀性巴斯德氏菌是巴斯德氏菌属的模式种。

多杀性巴氏杆菌是一种两端钝圆、中央微突的短杆菌或球杆菌，长为 0.6～2.5μm.，宽为 0.25～0.6μm，不形成芽孢，不运动，无鞭毛，常散在，偶见成双排列，革兰氏染色阴性，病料涂片用瑞氏、美蓝或姬姆萨氏法染色镜检可见菌体多呈卵圆形，两端浓染，中央部分着色较浅，呈两极染色。此菌的 DNA 中 G+C 含量为 40.8～43.2%。

多杀性巴氏杆菌为需氧或兼性厌氧菌，生长最适温度是 37℃，pH 为 7.2～7.4。对营养要求较严格，在普通培养基上可以生长，但不丰盛。在有胆盐的培养基及麦康凯琼脂上不生长。加入蛋白胨、酪蛋白的水解物、血液、血清或微量血红素时则可促进生长。但有些动物的血清或血液可抑制本菌的生长。本菌在血清琼脂平板上，培养 24h 后，生长出边缘整齐、淡灰白色、表面光滑并有荧光的露珠样小菌落。

血液琼脂平板上可长成湿润而黏稠的水滴样小菌落，菌落周围不溶血。血清肉汤或 1% 胰蛋白胨肉汤中培养，呈均匀混浊，后出现黏性沉淀，表面形成菲薄的附壁菌膜。明胶穿刺培养，沿穿刺孔呈线状生长，上粗下细。不同来源的菌株因荚膜所含物质的差异，在加血清和血红蛋白培养基上 37℃培养 18～24h，45°折射光下检查，菌落呈明显的荧光反应。荧光呈蓝绿色而带金光，边缘有狭窄的红黄光带的称为 Fg 型，对猪、牛等家畜是强毒菌，对鸡等禽类毒力弱。荧光橘红而带金色，边缘有乳白光带的称为 Fo 型，它的菌落大，有水样的湿润感，略带乳白色，不及 Fg 型透明。Fo 型对鸡等禽类是强毒菌，而对猪、牛、羊家畜的毒力则很微弱。还有一种无荧光也无毒力的 Nf 型。

本菌的抗原结构复杂，主要有荚膜抗原和菌体抗原，荚膜抗原有群的特异性及免疫原性。荚膜抗原的性质也不相同，A 群菌株的荚膜主要为透明质酸，B 群和 E 群菌株的荚膜为酸性多糖，A群和D群的荚膜抗原为半抗原。根据荚膜抗原可分为A、B、D、E和F 5个血清群，根据菌体抗原可分为1～16种血清型。

动物发病后常呈急性、亚急性及慢性经过。急性型呈败血症变化，黏膜和浆膜下组织血管扩张、破裂出血等；亚急性型以黏膜和关节部位呈现出血和浆膜-纤维素性炎症等变化；慢性型表现为皮下组织、关节、各脏器的局限性化脓性炎症。

（二）疫苗

中国目前生产和使用的多杀性巴氏杆菌病疫苗有两大类，即弱毒活疫苗和灭活苗。

1. 弱毒活疫苗 在《中华人民共和国兽用生物制品质量标准》（2001版）上有5个猪多杀性巴氏杆菌病活疫苗产品，这5个产品的生产工艺、过程基本相同，不同的是生产用菌株不同和质量标准不同，生产用弱毒菌株分别为679－230株、EO630株、C20株、TA53株和CA株。

（1）猪多杀性巴氏杆菌病活疫苗（679－230弱毒株）

1）疫苗的生产制造 多杀性巴氏杆菌679－230弱毒株是内蒙古生药厂用多杀性巴氏杆菌强毒株，经高温培养选育成的弱毒株。疫苗生产时，要在0.1％裂解血细胞全血和4％健康动物血清的改良马丁琼脂平板上挑选典型的Fg型菌落接种鲜血琼脂斜面制备一级种子，然后用鲜血琼脂斜面培养物接种含0.1％裂解血细胞全血马丁汤制备二级种子，经纯粹检验合格后，用于菌液的制备。

培养时采用反应罐通气培养或静止培养均可，生产用培养基为含0.1％裂解血细胞全血马丁汤，按培养基量的1％～2％接种二级种子，37℃培养一定时间后，经纯粹检验和活菌计数，将检验合格的菌液混合于同一容器内，加适量预热至37℃的明胶蔗糖硫脲稳定剂，使明胶含量为2％～3％、蔗糖含量为5％、硫脲含量为1％～2％，充分混合，定量分装。每头份含活菌不少于3.0×10^{8}cFu。冷冻真空干燥，然后进行半成品的纯粹检验和核定头份数。

2）质量标准 从物理性状上看，猪多杀性巴氏杆菌病活疫苗为灰白色海绵状疏松团块，易与瓶壁脱离，加稀释液后，迅速溶解。

按照附录六进行纯粹检验，应纯粹生长；按附录二十六、三十二进行剩余水分、真空度测定，应符合有关规定。

活菌计数时，取疫苗3瓶，按瓶签注明头份，用马丁肉汤稀释，用含0.1％裂解血细胞全血及4％健康动物血清的马丁琼脂平板，按活菌计数方法进行活菌计数，取三瓶疫苗中的最低菌数来核定本批的头份数，每头份含活菌应不少于3亿个。

安全检验时，下列方法任择其二。用体重18～22g小鼠5只，各皮下注射用生理盐水稀释的疫苗0.2mL，含1/30个使用剂量；或用体重300～400g豚鼠2只，各皮下或肌内注射2mL，含15个使用剂量；或用体重15～30kg健康易感猪2头，各口服100个使用剂量，观察10d。应全部健活。

效力检验时，下列方法任择其一。

当用小鼠检验时，按瓶签注明头份，用20％铝胶生理盐水稀释，用体重16～18g小鼠10只，各皮下注射用20％铝胶生理盐水稀释的疫苗0.2mL，含1/150个使用剂量。免疫14d后，连同条件相同的对照鼠3只，各皮下注射C44－1强毒菌液30～40MLD，另用对照鼠3只，各皮下注射1MLD，观察10d。注射30～40MLD对照小鼠全部死亡，注射1MLD对照小鼠至少死亡2只，免疫鼠至少保护8只为合格。

当用猪检验时，用冷开水稀释疫苗，用体重15～30kg健康易感猪4头，各口服1/2个使用剂量。14d后，连同条件相同的对照猪3头，各皮下注射C44－1强毒菌液1～2MLD，观察10d。对照猪全部死亡，免疫猪至少保护3头；或对照猪死亡2头，免疫猪全部保护为合格。

该菌株生产的猪肺疫活疫苗只能口服，不能用于注射，使用时，用冷开水稀释，混于少量饲料内，让猪自由采食，不论猪只大小，一律口服1头份（含3亿个活菌），疫苗稀释后应在4h内用完。用于预防猪多杀性巴氏杆菌病。疫苗在2～8℃保存，有效期为1年，免疫期为10个月。

（2）猪多杀性巴氏杆菌病活疫苗（EO630弱毒株）

1）生产菌株　多杀性巴氏杆菌EO630弱毒株是原成都兽医药械厂用猪源荚膜B群多杀性巴氏杆菌强毒株，通过在含海鸥牌洗涤剂的培养基中连续传代选育而成。

2）质量标准　在进行安全检验时，用体重1.5～2kg家兔2只，每只皮下注射用20％铝胶生理盐水稀释的疫苗1mL，含10个使用剂量，观察10d，应全部健活。

效力检验，下列方法任择其一。

按疫苗瓶签注明头份，用20％铝胶生理盐水稀释。用体重16～18g小鼠10只，各皮下注射0.2mL，含1/30个使用剂量。14d后，连同条件相同的对照小鼠3只，各皮下注射C44－8强毒菌液2MLD，另用对照鼠3只，各皮下注射1MLD，观察10d，攻击2MLD的对照鼠全部死亡，攻击1MLD的对照鼠至少死亡2只，免疫鼠至少保护8只为合格。

或用体重1.5～2kg家兔4只，各皮下注射1mL，含1/3个使用剂量，14d后，连同条件相同的对照兔2只，各皮下注射C44－8强毒菌液80～100个活菌，观察10d。对照兔全部死亡，免疫兔至少保护2只为合格。

或用断奶1个月后，体重约20kg健康易感猪5头，各皮下注射1mL，含1个使用剂量，14d后，连同条件相同的对照猪3头，各皮下注射致死量的C44－1强毒菌液，观察10d。对照猪全部死亡，免疫猪至少保护4头；或对照猪至少死亡2头，免疫猪全部保护为合格。

在使用时，用20％铝胶盐水稀释，皮下注射或肌内注射1mL（含3亿个活菌），免疫期为6个月，该疫苗在2～8℃保存，有效期为6个月，在－15℃保存，有效期为12个月。疫苗稀释后应在4h内用完。

（3）猪多杀性巴氏杆菌病活疫苗（C20弱毒株）

1）生产菌株　多杀性巴氏杆菌C20弱毒株是原黑龙江兽药一厂培育成功的。

2）质量标准　在进行安全检验时，用体重2～2.5kg家兔2只，各皮下注射用生理盐水稀释的疫苗1mL，含1/200个使用剂量；或用体重15～30kg健康易感猪2头，各口服100个使用剂量，观察10d，应全部健活。

效力检验，取体重16～18g小鼠10只，各皮下注射用20％铝胶生理盐水稀释的疫苗0.2mL，含1/250个使用剂量，14d后，连同条件相同的对照鼠3只，各皮下注射C44－1强毒菌液0.2mL（含活菌60～80个），观察10d。对照鼠全部死亡，免疫鼠至少保护8只为合格。

或取体重15～30kg健康易感猪4头，各口服1/5个使用剂量，14d后，连同条件相同的对照猪3头，各皮下注射C44－1强毒菌液1～2MLD，观察10d。对照猪全部死亡，免疫猪至少保护3头；或对照猪死亡2头，免疫猪全部保护为合格。

在使用时，按瓶签注明的头份，将疫苗用冷开水稀释，混于少量饲料内，让猪自由采食，不论猪只大小，一律口服1头份（含5亿个活菌），免疫期为6个月。疫苗在2～8℃保存，有效期为12个月。

（4）猪多杀性巴氏杆菌病活疫苗（TA53弱毒株） 新疆生药厂用多杀性巴氏杆菌TA53弱毒株生产的猪肺疫活疫苗，预防由荚膜B群多杀性巴氏杆菌引起的猪肺疫。在使用时，用20%铝胶盐水稀释，每头猪皮下注射或肌内注射1mL（含5 000万活菌），免疫期为12个月，该疫苗在－15℃保存，有效期为12个月。在2～8℃保存，有效期为6个月。

（5）猪多杀性巴氏杆菌病活疫苗（CA弱毒株）

1）生产菌株 禽源多杀性巴氏杆菌CA弱毒株是原广东省生物药厂研究的用来生产猪肺疫活疫苗的菌株，它主要是预防由荚膜A群多杀性巴氏杆菌引起的猪肺疫。

2）质量标准 在进行产品的安全检验时，按瓶签注明头份，用20%铝胶生理盐水稀释，肌内注射15～30kg的健康易感猪2头，每头60个使用剂量，观察10d。应健活。

效力检验，疫苗按瓶签注明头份，用20%铝胶生理盐水稀释。用体重18～22g小鼠10只，各皮下注射0.2mL（含1/100个使用剂量），14～21d后，连同条件相同的对照鼠10只，各皮下注射P71强毒菌液1～2MLD，观察10d，对照鼠应至少死亡8只，免疫鼠应至少健活7只。

或取体重15～30kg健康易感猪5头，各皮下注射1mL，含2/3个使用剂量，14～21d后，连同条件相同的对照猪4头，各静脉注射P71强毒菌液1～2MLD，观察10～14d。对照猪全部死亡，免疫猪应至少保护4头；或对照猪死亡3头，免疫猪应全保护为合格。

在使用时，用20%铝胶盐水稀释，每头断奶后猪皮下注射或肌内注射1mL（含3亿个活菌），免疫期为6个月，该疫苗在－5℃以下保存，有效期为12个月。在2～8℃保存，有效期为9个月。

2. 灭活苗

（1）牛多杀性巴氏杆菌病灭活疫苗 本品系用免疫原性良好的荚膜B群多杀性巴氏杆菌，接种于适宜培养基培养，将培养物经甲醛溶液灭活后，加氢氧化铝胶制成。用于预防牛多杀性巴氏杆菌病（即牛出血性败血症）。

从物理性状上看，本品静置后，上层为淡黄色澄明液体，下层为灰白色沉淀，振摇后呈均匀混悬液。

无菌检验，按附录六方法进行，应无菌生长。

安全检验，用体重1.5～2kg家兔2只，各皮下注射疫苗5mL；同时用体重18～22g小鼠5只，各皮下注射疫苗0.3mL，观察10d。应全部健活。

效力检验，下列方法任择其一。

用家兔效检：用体重1.5～2kg家兔4只，各皮下或肌内注射疫苗1mL，21d后，连同条件相同的对照兔2只，各皮下注射致死量的C45－2强毒菌液，观察8d。对照兔应全部死亡，免疫兔应至少保护2只。

用牛效检：用体重100kg左右的健康易感牛4头，各皮下或肌内注射疫苗4mL，21d后，连同条件相同的对照牛3头，各皮下或肌内注射10MLD的C45－2强毒菌液，观察14d。对照牛全部死亡，免疫牛应至少保护3头；或对照牛死亡2头，免疫牛应全部保护。

使用时，皮下或肌内注射。体重100kg以下的牛4mL；100kg以上的牛6mL。免疫期为9个月。注射后，个别牛可能出现过敏反应，应注意观察并采取脱敏措施抢救。该疫苗在

2～8℃保存，有效期为 12 个月。

（2）猪-牛多杀性巴氏杆菌病灭活疫苗　本品系用免疫原性良好的 B 群多杀性巴氏杆菌，接种于适宜培养基培养，将培养物经甲醛溶液灭活后，加氢氧化铝胶浓缩制成。用于预防猪和牛多杀性巴氏杆菌病（即猪肺疫和牛出血性败血症）。

从物理性状上看，本品静置后，上层为淡黄色澄明液体，下层为灰白色沉淀，振摇后呈均匀混悬液。

无菌检验，按附录六方法进行，应无菌生长。

安全检验，用体重 1.5～2kg 家兔 2 只，各皮下注射疫苗 2mL；同时用体重 18～22g 小鼠 5 只，各皮下注射疫苗 0.2mL，观察 10d，应全部健活。

效力检验，下列方法任择其一。

取体重 1.5～2kg 家兔 4 只，各皮下注射疫苗 0.8mL，21d 后，连同条件相同的对照兔 2 只，各皮下注射致死量的 C44－1 或 C45－2 强毒菌液，观察 8d。对照兔全部死亡，免疫兔至少保护 2 只为合格。

取体重 15～30kg 健康易感猪 5 头，各皮下或肌内注射疫苗 2mL，21d 后，连同条件相同的对照猪 3 头，各皮下注射致死量的 C44－1 强毒菌液，观察 10d。对照猪全部死亡，免疫猪至少保护 4 头；或对照猪死亡 2 头，免疫猪全部保护为合格。

使用时，皮下或肌内注射。猪 2mL；牛 3mL。免疫期，猪为 6 个月；牛为 9 个月。疫苗在 2～8℃保存，有效期为 12 个月。

（3）猪多杀性巴氏杆菌病灭活疫苗　本品系用免疫原性良好的荚膜 B 群多杀性巴氏杆菌，接种于适宜培养基培养，将培养物经甲醛溶液灭活后，加氢氧化铝胶制成。用于预防猪多杀性巴氏杆菌病（即猪肺疫）。

从物理性状上看，本品静置后，上层为淡黄色澄明液体，下层为灰白色沉淀，振摇后呈均匀混悬液。

无菌检验，按附录六方法进行，应无菌生长。

安全检验，用体重 1.5～2kg 家兔 2 只，各皮下注射疫苗 5mL；同时用体重 18～22g 的小鼠 5 只，各皮下注射疫苗 0.3mL，观察 10d，均应全部健活。

效力检验，下列方法任择其一。

用体重 1.5～2kg 家兔 4 只，各皮下或肌内注射疫苗 2mL，21d 后，连同条件相同的对照兔 2 只，各皮下注射致死量的 C44－1 或 C44－8 强毒菌液（含活菌 80～100 个），观察 8d。对照兔全部死亡，免疫兔至少保护 2 只为合格。

用体重 15～30kg 健康易感猪 5 头，各皮下注射疫苗 5mL，21d 后，连同条件相同的对照猪 3 头，各皮下注射致死量的 C44－1 强毒菌液，观察 10d。对照猪全部死亡，免疫猪至少保护 4 头；或对照猪死亡 2 头，免疫猪全部保护为合格。

使用时，皮下或肌内注射，免疫期为 6 个月。断奶后的猪，不论大小一律 5mL。

疫苗在 2～8℃保存，有效期为 12 个月。

（4）猪丹毒-猪多杀性巴氏杆菌病二联灭活疫苗　本品系用免疫原性良好的猪丹毒杆菌 2 型和猪源多杀性巴氏杆菌 B 群菌株分别接种于适宜培养基培养，将培养物经甲醛溶液灭活后，加氢氧化铝胶浓缩，按适当比例混合制成。用于预防猪丹毒和猪多杀性巴氏杆菌病（即猪肺疫）。

从物理性状上看，本品静置后，上层为橙黄色澄明液体，下层为灰褐色沉淀，振摇后呈均匀混悬液。

无菌检验，按附录六方法进行，应无菌生长。

安全检验，用体重 18～22g 小鼠 5 只，各皮下注射疫苗 0.5mL；用体重 1.5～2kg 家兔 2 只，各皮下注射疫苗 5mL。观察 10d，均应健活。

效力检验，猪丹毒部分同猪丹毒灭活疫苗；猪多杀性巴氏杆菌部分同猪多杀性巴氏杆菌病灭活疫苗。

使用时，皮下或肌内注射，免疫期为 6 个月。体重在 10kg 以上的断奶猪注射 5mL；未断奶的猪注射 3mL，间隔 1 个月后，再注射 3mL。瘦弱、体温或食欲不正常的猪不宜注射；注射后一般无不良反应，但可能于注射处出现硬结，以后会逐渐消失。

疫苗在 2～8℃保存，有效期为 12 个月。

（魏财文）

三、禽霍乱

（一）概述

禽霍乱（Fowl cholera）也称禽多杀性巴氏杆菌病（Avian pasteurellosis），是由禽多杀性巴氏杆菌（*Pasteurella multocid*）引起禽类动物的一种接触性细菌性传染病，又称禽出血性败血症。在多数国家呈散发性或地方性流行，是目前集约化养禽业最常发生的疾病之一。在中国各地均有此病发生。本病常呈现急性败血性症状，剧烈下痢，发病率和死亡率很高，但也常出现慢性或良性经过。由于养殖业药物的滥用，常造成难以控制的局面。

世界各地已有许多不同类型的死菌或活菌疫苗，这些疫苗的应用为防治禽霍乱的发生和流行起到了一定的作用，但因多杀性巴氏杆菌的血清类型较多（已发现 16 种不同的菌体血清型和 5 种不同的荚膜血清型），因此，这些疫苗具有免疫谱窄（只对同型菌株的攻击具有保护作用）、保护周期短（多为 3～4 个月）、免疫效果不稳定等的缺点，致使本菌迄今仍未得到有效的控制。在中国多种家畜、家禽、野生动物和鸟类中均有巴氏杆菌的发生，虽然中国也研制了弱毒菌活疫苗和强毒菌死菌疫苗用于防治禽巴氏杆菌病，但效果不佳，因为不同血清型的巴氏杆菌的致病力有很大差别。有关研究证明，构成荚膜的透明质酸与本菌的毒力和对细胞的附着能力密切相关。但有的科研人员认为鸟类多杀性巴氏杆菌荚膜透明质酸与该菌的毒力和对细胞的附着能力无关，而与之有关的是 39ku 的荚膜蛋白。

禽多杀性巴氏杆菌是两端钝圆，中央微凸的革兰氏阴性短杆菌，不形成芽孢，无运动性。病料组织或体液涂片用瑞氏、姬姆萨氏或美蓝染色镜检，见菌体多呈卵圆形，两端着色深，中央部分着色较浅，很像并列的两个球菌，所以又叫两极杆菌。用培养物所做的涂片，两极着色则不那么明显。用印度墨汁等染料染色时，可看到清晰的荚膜。新分离的细菌荚膜宽厚，经过人工培养而发生变异的弱毒菌，则荚膜狭窄而且不完全。本菌为需氧兼性厌氧菌，普通培养基上均可生长，但不繁茂，如添加少许血液或血清则生长良好。本菌生长于普通肉汤中，初均匀混浊，以后形成黏性沉淀和菲薄的附壁的菌膜。在血琼脂上长出灰白、湿润而黏稠的菌落。在普通琼脂上形成细小透明的露滴状菌落。本菌在加血清和血红蛋白培养基上 37℃培养 18～24h，45°折射光下检查，菌落呈明显的荧光反应。菌落的荧光为橘红而带金色，边缘有乳白光带的 Fo 型，它的菌落大，有水样的湿润感，略带乳白色。Fo 型菌落对鸡等禽类是强毒菌，而对猪、牛、羊家畜的毒力则很微弱。

各种家禽（如鸡、鸭、鹅、火鸡等）对本病都有易感性，但鹅易感性较差，各种野禽（如麻雀、啄木鸟等）也易感。一般是中禽和成禽多发。在鸡多见育成鸡和成年产蛋鸡多发，鸡只营养状况良好、高产鸡易发。病鸡、康复鸡或健康带菌鸡是本病的主要传染来源，尤其是慢性病鸡留在鸡群中，往往是本病复发或新鸡群暴发本病的传染来源。病禽的排泄物和分泌物中含有大量细菌，能污染饲料、饮水、用具和场地，一般通过消化道和呼吸道传染，也可通过吸血昆虫和损伤皮肤、黏膜等而感染。本病的发生一般无明显的季节性，但以冷热交替、气候剧变、闷热、潮湿、多雨的时期发生较多，常呈地方流行性。禽群的饲养管理不良、阴雨潮湿以及禽舍通风不良等因素，能促进本病的发生和流行。该病在常发地区流行缓慢。

（二）疫苗

禽霍乱是一种家禽细菌性传染病，从其被发现以来，世界各国的学者都对它进行了细致深入的研究。首先是微生物学家 Pasteur 成功致弱了其病原禽多杀性巴氏杆菌，培育出了世界上第一个家禽疫苗，此后疫苗得到了空前的发展。目前，世界上的禽霍乱疫苗品种主要有弱毒疫苗、灭活疫苗和亚单位疫苗，这些疫苗都有自身的优势，广泛应用在实际生产中，其中以弱毒疫苗和灭活疫苗应用最为广泛。灭活疫苗中，目前有氢氧化铝佐剂疫苗、油佐剂疫苗和蜂胶佐剂疫苗，其中蜂胶疫苗以其保护率高、保护期长、易于注射等优点已被推广到全国 30 个省、直辖市、自治区应用，成为控制禽霍乱的首选疫苗品种。无论何种灭活疫苗，其制苗菌种的免疫原性都对疫苗的质量有着直接的影响。

中华人民共和国农业部 2001 年颁布的《兽用生物制品质量标准》上的禽霍乱疫苗有：禽多杀性巴氏杆菌病灭活疫苗、禽多杀性巴氏杆菌病油乳剂灭活疫苗、禽多杀性巴氏杆菌病蜂胶灭活疫苗和禽多杀性巴氏杆菌病活疫苗等。主要用于预防鸡、鸭、鹅的多杀性巴氏杆菌病。

1. 灭活疫苗 常规的灭活疫苗是采用禽多杀性巴氏杆菌标准株或从自然病死禽分离鉴定的菌株中筛选出毒力强、免疫原性好的毒株，按常规方法研制成不同佐剂的灭活疫苗。

沈志强等（2004）用禽多杀性巴氏杆菌强毒株（C48－1）与弱毒株（G190E40 和 B_{26}－T_{1200}）制备的蜂胶灭活疫苗的免疫原性对比试验，结果表明，强毒株 C48－1 制备的禽霍乱蜂胶灭活疫苗的免疫效果显著高于弱毒株 G190E40 和 B_{26}－T_{1200}，近期保护率相差 20%～40%，3 个月后相差 40%～80%。强毒株 C48－1 的免疫原性显著高于弱毒株 G190E40 和 B_{26}－T_{1200}，说明禽多杀性巴氏杆菌荚膜上的毒力蛋白可能具有免疫原性。

Heddleston 和 Reber（1971）发现活体培养的多杀性巴氏杆菌具有交叉保护特性，而以普通培养基培养的多杀性巴氏杆菌则不能产生交叉保护。Heddleston 和 Reber 进一步研究表明活体培养的多杀性巴氏杆菌的细胞壁上存在一种交叉保护因子（CPF），该因子的化学成分为蛋白质，能抵抗异源血清型多杀性巴氏杆菌对禽体的攻击。胡占杰等（1995）的研究表明活体培养的 C48－1，其血清型为 5：A，冻融后对异型菌 P1059（血清型为 8：A）的保护率达 100%；生化试验表明，活体培养的巴氏杆菌与肉汤培养的巴氏杆菌其蛋白质与糖含量比不同；SDS－PAGE 分析表明，有一分子量为 19.3ku 的蛋白仅存在于活体培养的巴氏杆菌中。戴鼎震等（1997）用鸡胚接种 C48－1，制备抗原并加入油佐剂制成灭活乳化苗，初步试验表明疫苗可以保护异型菌 P1059 的攻击，鸡和鸭的保护率分别为 93.3％和 100％。刘永德等（1997）筛选抗原性较好的多杀性巴氏杆菌，经禽胚培养，灭活后加入免疫增强剂左旋咪唑和亚硒酸钠维生素 E，制成油乳剂强化苗，免疫鸡群第 4 天产生免疫应答，保护率在第 7 天和第 14 天分别达到 83.3％和 100％。丁建平等（1996）用禽源多杀性巴氏杆菌 C48－1 强毒株接种 1 日龄雏公鸡，取组织脏器捣碎，与 C48－1 肉汤培养物按一定比例混合研制成禽霍乱铝胶灭活苗，经攻毒试验表明该苗对异型菌株 P1059 及从皖中西部地区分离的禽多杀性巴氏杆菌强毒株均获得 100％的保护率。

多杀性巴氏杆菌交叉保护因子（CPF）被认为是将来最为理想的禽霍乱疫苗有效成分之一，试验证明 CPF 只存在于体内生长增殖的菌体而体外培养的菌体则不分泌 CPF。Rebers 等研究证实火鸡抗血清中的 IgG 是 CPF 的主要成分。

以多杀性巴氏杆菌感染火鸡胚制备禽霍乱菌苗，经免疫火鸡可使之获得对各型巴氏杆菌菌株的免疫保护，但由感染鸡胚及感染鸡或小鼠的组织制备的菌苗则不能对异型巴氏杆菌产生交叉保护，火鸡胚和鸡胚菌苗也不能在小鼠体内诱发交叉保护现象，但能诱发对同型巴氏杆菌的免疫力，故认为巴氏杆菌诱发的交叉保护现象具有宿主的特异性。韦强等人也证实了体内繁殖的巴氏杆菌具有交叉保护性，而体外菌则没有。研究证实体内繁殖菌用生理盐水洗涤后其交叉保护特性下降 60％。

灭活苗的发展与新的更有效免疫佐剂的发现和应用有着极为密切的关系。特别是近年来，由于油乳剂和蜂胶免疫佐剂的研制成功，使灭活苗的应用前景更为广阔。如鸡新城疫（ND）、减蛋综合征（EDS76）、传染性支气管炎（IB）等用油苗和蜂胶苗免疫都产生了良好的免疫效果，不仅安全性好，而且保护率高、免疫期长。试验表明：禽霍乱蜂胶灭活疫苗与氢氧化铝苗相比，将保护率由 50％～60％提高到 90％～96.5％，免疫期由 3 个月延长到 6 个月，产生坚强免疫力的时间由 14d 缩短到 5～7d。总之，与国内外普遍应用的油乳剂苗相比，蜂胶疫苗系列产品具有以下特点：①从公共卫生上看，更安全可靠，不影响家禽的生长和产蛋，对人体无副作用，许多国家卫生部门批准蜂胶为保健食品或药品。②从免疫效果上看，更快速、更高效、更持久；免疫后 5d 即可产生坚强的免疫力（与弱毒苗相同或接近）；保护率高达 90％～100％；免疫期长达 6 个月以上。③从运输保存上看，更易于运输和保存；－10℃不结冰，保存 24 个月，2～8℃保存 18 个月，10～20℃保存 12 个月，20～30℃保存 3～6 个月。④从使用上看，更方便，蜂胶疫苗的流动性好，不会因为温度的变化而造成注射困难。⑤从免疫机制上看，蜂胶疫苗能全面启动机体的免疫防卫系统，刺激机体细胞免疫、体液免疫、红细胞免疫和补体系统都能产生免疫应答。

沈志强等（2004）为了比较不同培养工艺制备的禽多杀性巴氏杆菌抗原的免疫原性，对禽多杀性巴氏杆菌标准强毒株 C48－1 株采用固体表面培养法和液体高密度发酵法制备疫苗并进行了免疫对比试验。结果表明，固体表面培养法制备的抗原菌体形态结构较均一，抗原成分稳定一致，并且含有较丰富的荚膜；而液体高密度发酵法制备的抗原形态结构大小不一，抗原成分不够稳定一致，含荚膜也较少。将两种方法制备的抗原按相同工艺制备成禽霍乱蜂胶灭活疫苗，效力检验结果显示二者差异极显著，固体表面培养法制备的疫苗免疫后 14d 和 90d 时保护率均为 80％～100％，平均 93％；液体高密度发酵法制备的疫苗免疫后 14d 和 90d 时保护率分别为 40％～60％和 60％～80％，平均为 53％和 67％。

中国生产使用的禽霍乱灭活疫苗有三类：铝胶苗、油乳剂苗和蜂胶苗。

（1）禽多杀性巴氏杆菌病铝胶灭活疫苗

1）疫苗的生产制造　生产菌株为免疫原性良好的鸡源荚膜A群多杀性巴氏杆菌C48－2强毒株，检验用菌株为鸡源荚膜A群多杀性巴氏杆菌C48－1强毒株。

疫苗生产时，要在0.1%裂解血细胞全血和4%健康动物血清的改良马丁琼脂平板上挑选典型的Fo菌落接种鲜血琼脂斜面制备一级种子，然后用鲜血琼脂斜面培养物接种含0.1%裂解血细胞全血马丁汤制备二级种子，经纯粹检验合格后，用于菌液的制备。

培养时采用反应罐通气培养或静止培养均可，生产用培养基为含0.1%裂解血细胞全血马丁汤，按培养基量的1%～2%接种二级种子，37℃培养一定时间后，经纯粹检验和活菌计数，按菌液总量的0.15%加入甲醛溶液进行灭活，经37℃灭活7～12h，灭活期间要不停搅拌，然后进行灭活检验，应无菌生长。

配苗时，按照菌液5份加灭菌的铝胶1份进行配苗，同时按疫苗总量加入0.005%汞或0.2%苯酚作为防腐剂，充分搅拌。

半成品的无菌检验合格后，定量分装，分装时随时搅拌，使疫苗混合均匀。

2）质量标准与使用　从物理性状上看，铝胶灭活疫苗静置后，上层为淡黄色澄明液体，下层为灰白色沉淀，振摇后呈均匀混悬液。

按照附录六方法进行无菌检验，应无菌生长；进行甲醛、苯酚或汞含量测定，应符合有关规定。

安全检验时，用2～4月龄健康易感鸡4只，各肌内注射疫苗4mL，观察10d，均应健活。

效力检验时，用2～4月龄健康易感鸡或鸭4只，各肌内注射疫苗2mL，21d后，连同条件相同的对照鸡或鸭2只，各肌内注射致死量的C48－1强毒菌液，观察10～14d，对照鸡或鸭全部死亡，免疫鸡或鸭至少保护2只为合格。

使用时，肌内注射2个月龄以上的鸡或鸭2mL，预防禽霍乱，免疫期为3个月，但当用鸭做效力检验合格的疫苗，只用于鸭，不能用于鸡。

疫苗在2～8℃保存，有效期为12个月。

（2）禽多杀性巴氏杆菌病油乳剂灭活疫苗

1）疫苗的生产制造　生产菌株为免疫原性良好的鸡源荚膜A群多杀性巴氏杆菌1502或TJ8强毒株，检验用菌株为鸡源荚膜A群多杀性巴氏杆菌C48－1或TJ8强毒株。

疫苗生产时，种子的制备和菌液的培养以及灭活都与铝胶苗相同。

灭活后菌液要加铝胶（菌液和铝胶比例为5∶1）进行浓缩，静置2～3d后，弃去上清液，浓缩成全量的1/2。

浓缩后经半成品检验合格后，配苗，用矿物油（10号白油）94份加司本-80 6份混合后再加硬脂酸铝2份作为油相；吐温-80 4份和浓缩菌液96份作为水相；以油相1份和水相1份混合，搅拌乳化，并加0.005%汞制成。

2）质量标准与使用　从物理性状上看，油乳剂苗外观为乳白色乳剂。静置后，上层有微量淡黄色液体，下层有少量灰白色沉淀。其剂型为油包水型。其稳定性为疫苗以3 000r/min离心15min，应不出现分层。测定其黏度时用1mL吸管（下口内径1.2mm，上口内径2.7mm），吸取25℃左右的疫苗1mL，令其垂直自然流出0.4mL，所需时间应在10s以内。

无菌检验应无菌生长；测定甲醛、汞含量，应符合有关规定。

安全检验时，用2～4月龄健康易感鸡4只，各颈部皮下注射疫苗2mL，观察14d，注苗局部无严重反应，且全部健活为合格。

效力检验时，用3～6月龄健康易感鸡或鸭5只，各颈部皮下注射疫苗1mL，21～28d后，连同条件相同的对照鸡或鸭3只，各肌内注射致死量检验用强毒菌液，观察14d，对照鸡或鸭全部死亡，免疫鸡或鸭至少保护3只为合格。

使用时，2月龄以上的鸡或鸭颈部皮下注射疫苗1mL，预防禽多杀性巴氏杆菌病。免疫期，鸡为6个月；鸭为9个月。在2～8℃保存，有效期为12个月。

注苗后一般无明显反应，有的1～3d减食。在保存期内的产品，出现微量的油（不超过1/10），经振摇后仍能保持良好的乳化状，可继续使用。用鸡效力检验合格的疫苗，可用于鸡和鸭。但用鸭效力检验合格的疫苗，只能用于鸭，而不能用于鸡。另外，用某些地方株制备的疫苗，在使用上会局限于某些地区使用，如用TJ8株生产的禽霍乱油乳剂苗仅限于天津地区使用。

（3）禽多杀性巴氏杆菌病蜂胶灭活疫苗　本疫苗是山东省滨州地区畜牧兽医研究所沈志强等以免疫原性良好的禽多杀性巴氏杆菌作为生产菌株制取灭活菌液，用蜂胶为佐剂制成蜂胶灭活疫苗。疫苗为黄色或黄褐色混悬液，静置后，底部有沉淀，振摇后呈均匀混悬液。菌苗最终含菌量为100亿CFU/mL，蜂胶干物质含量为10mg/mL左右，2月龄以上鸡、鸭、鹅肌内注射1mL，保护率达80%～100%，免疫持续期6个月。疫苗在－15℃保存，不冻结，有效期为24个月；在2～8℃保存，有效期为18个月。用于预防禽多杀性巴氏杆菌病，同时可提高机体的非特异性免疫力与抗病力。但用鸭、鹅检验合格的疫苗，只能用于鸭、鹅，不能用于鸡。

国外，Solvay公司和Vineland公司等用1、3、4型多杀性巴氏杆菌生产的禽霍乱油乳灭活苗，免疫鸡和火鸡，鸡12周龄首免，火鸡8～10周龄首免，4～5周后二次免疫，颈部皮下注射0.5mL，免疫2次，预防鸡、火鸡霍乱。

2. 弱毒活疫苗　1880年，巴斯德第一个提出用减弱毒力的菌株制造活菌苗来预防禽霍乱，但未成功，主要是减毒后菌种毒力不稳定。Bierer和Eleaxer（1968）等先后介绍了他们的禽霍乱弱毒菌苗试验情况，结果不理想未广泛使用。Bierer等（1972，1977）提出Cu株（Clemson university）弱毒菌制备的菌苗用于火鸡和鸡的饮水免疫，虽然有一定的残余毒力，但在美国是最早广泛使用的一种弱毒菌苗，主要用于火鸡的免疫。Maheswaran等（1973）报告了其他弱毒菌株（如M－2283）的试验结果，认为它可以达到油佐剂免疫所产生的免疫期。

禽霍乱弱毒疫苗是利用自然弱毒株或经人工培养致弱的菌株研制而成。其优点为免疫力产生快，3～5d即可产生坚强免疫力；免疫原性好；近期平均保护率较高可达60%～90%。免疫谱较广，生产成本低。不足之处是免疫期短，约3个月；安全性较差，常引起个别禽死亡或注射部位局部坏死或产蛋率下降。王文科等（1995）筛选的禽霍乱克隆89弱毒株，以一个免疫剂量免疫鸡，24h后用强毒攻击，保护率达80%，125d保护率为60%。刘学贤等（1996）从历年来分离、收集和保存的多株多杀性巴氏杆菌中筛选出既能适应鸡口服免疫，又具有良好免疫原性的自然弱毒株R1－23，安全性好，口服免疫后的近期保护率可达90%以上。宁振华等（1998）从典型霍乱病死鸡、鸭中分离出的强毒株中筛选出毒力较强、免疫原性较好的菌株，通过物理诱变方法致弱，从而获得了B_{26}－T_{1200}弱毒株。

中国现生产的禽霍乱活疫苗有 2 种产品，禽多杀性巴氏杆菌病活疫苗（G190E40 株）和禽多杀性巴氏杆菌病活疫苗（B_{26}－T_{1200}株）。

（1）禽多杀性巴氏杆菌病活疫苗（G190E40 株）

1）疫苗的生产制造　生产菌株为鸡源荚膜 A 群多杀性巴氏杆菌 G190E40 株，检验用菌株为禽多杀性巴氏杆菌 C48－1 株。

生产菌株 G190E40 菌株是原黑龙江兽药一厂（1972）用多杀性巴氏杆菌 C48－1 株在豚鼠上传 190 代和在鸡胚传 40 代后，培育成功的一株弱毒株。对 4 月龄以上的来航鸡皮下或肌内注射 60 亿 CFU 活菌可引起减食、精神沉郁，但不引起死亡。

制造 G190E40 弱毒菌苗，使用 pH7.2～7.4，含 0.1%裂解全血的马丁肉汤，接种菌种种子后，先于 37～38℃静置培养 4h，再进行通气培养 6～10h，pH 达 8.0～8.4 时结束培养。按菌液 5 份加入明胶蔗糖保护剂 1 份（最终使菌液中含 1.2%～1.5%明胶及 5%蔗糖），混合后分装、冻干即成。

2）质量标准与使用　疫苗为淡褐色海绵状疏松团块，易与瓶壁脱离，加马丁汤稀释液后能迅速溶解。

纯粹检验应纯粹。剩余水分和真空度测定应符合有关规定。

鉴别检验时，G190E40 弱毒株在含 0.1%裂解血细胞全血及 4%健康动物血清的改良马丁琼脂平板上，36～37℃培养 16～22h，肉眼观察，菌落表面光滑，微蓝色。在低倍显微镜下，45°折光观察，菌落结构细致，边缘整齐，呈灰蓝色，无荧光。

活菌计数时，按瓶签注明羽份，用马丁汤稀释并进行计数，每羽份活菌数，鸡应不少于 2 000 万个、鸭 6 000 万个、鹅 1 亿个。

安全检验时，按瓶签注明羽份，用 20%铝胶生理盐水稀释为 1mL 含 100 羽份。用 3～4 月龄健康易感鸡 4 只，各肌内注射 1mL，观察 10～14d，应全部健活。

效力检验时，按瓶签注明羽份，用 20%铝胶生理盐水稀释为 1mL 含 1 羽份。用 3～6 月龄健康易感鸡 4 只，各肌内注射 1mL。14d 后，连同条件相同的对照鸡 2 只，各肌内注射致死量的 C48－1 强毒菌液，观察 10～14d，对照鸡全部死亡，免疫鸡至少保护 3 只为合格。

用 G190E40 弱毒菌株生产的禽霍乱活疫苗，主要用于预防 3 月龄以上的鸡、鸭、鹅的多杀性巴氏杆菌病，使用时，将疫苗用 20%铝胶盐水稀释成 0.5mL 含疫苗 1 羽份，各肌内注射 0.5mL，鸡含 2 000 万个活菌，鸭含 6 000 万个活菌，鹅含 1 亿个活菌，免疫期为 3.5 个月。疫苗在 2～8℃保存，有效期为 12 个月。

（2）禽多杀性巴氏杆菌病活疫苗（B_{26}－T_{1200}株）　B_{26}－T_{1200}菌株是广西兽医研究所从 56 株用禽多杀性巴氏杆菌强毒株中选择毒力较强、免疫原性较好的 B25、B26、B27 三个菌株进行人工致弱，其中 B26 株在 0.1%裂解全血中通过物理诱变方法致弱，在传代过程中，把培养温度从 37℃逐步提高到 45℃，每 12h 传一代而成功致弱，当传到 1 200 代时，毒力显著减弱，且保持良好的免疫原性和培养特性，这样经液体、高温、幼龄传代 1 200 次，得到毒力明显减弱，免疫原性良好的禽多杀性巴氏杆菌弱毒菌株。

其疫苗的生产制造与禽多杀性巴氏杆菌病活疫苗（G190E40 株）基本相似。

疫苗的物理性状为乳白色海绵状疏松团块，易与瓶壁脱离，加马丁汤稀释液后迅速溶解。

鉴别检验时，B_{26}－T_{1200}菌株在含 0.1%裂解血细胞全血及 4%健康动物血清的马丁琼脂平板上，36～37℃培养 16～20h，肉眼观察，菌落表面光滑，呈灰白色；在低倍显微镜下，

45°折光观察，菌落结构细致、边缘整齐、橘红色、边缘呈浅蓝色虹彩。

活菌计数时，按瓶签注明羽份，用马丁汤稀释并计数。每羽份活菌数，鸡应不少于 3.0×10^7CFU；鸭应不少于 9.0×10^7CFU。

用 $B_{26}-T_{1200}$ 菌株生产的禽霍乱活疫苗，主要用于预防2月龄以上的鸡和1月龄以上鸭的多杀性巴氏杆菌病，使用时，将疫苗用20%铝胶盐水稀释成0.5mL含疫苗1羽份，各肌内注射0.5mL，鸡含 3.0×10^7CFU活菌，鸭含 9.0×10^7CFU活菌，免疫期为4个月，疫苗在2～8℃保存，有效期为12个月。

3. 禽霍乱731弱毒菌苗 731弱毒菌株是中国农业科学院哈尔滨兽医研究所1979年培育成的，它是一株鹅源强毒菌株的温度敏感突变株。对4月龄以上健康敏感鸡皮下注射 5.0×10^9CFU活菌，观察15d应健活。皮下注射 1.0×10^7CFU活菌免疫健康鸡，攻击致死量强毒菌可保护4/5以上。

制造菌苗用pH7.2～7.4，含0.1%裂解红细胞全血的马丁肉汤进行通气培养。停止培养后以菌液9份加入1份明胶蔗糖保护剂，分装冻干即成。

安全和效力检验均用2～6月龄健康敏感鸡。安全检验以 5.0×10^9CFU活菌注射，观察2周应全部健活。效力检验以 2.5×10^7CFU活菌皮下注射免疫鸡，攻击致死量强毒菌观察15d，可获得75%以上的保护。

本菌苗现地使用时，菌苗以20%氢氧化铝胶盐水稀释，每鸡免疫 5.0×10^7CFU活菌；鸭用 5.0×10^8CFU活菌皮下注射免疫；亦可用5%甘油蒸馏水稀释，对鸡群气雾免疫，每只鸡的免疫量为0.5～10mL（含 5.0×10^8CFU活菌），免疫期为3.5个月。

目前国内还有不少单位研究禽霍乱弱毒菌苗，已选育出10多株弱毒株，但基本与现已生产的两种弱毒苗相似，免疫持续期均较短。更为安全、免疫效力可靠、免疫期更长的较理想的弱毒苗，还有待深入研究。

（三）展望

20世纪80年代以来，随着分子生物学的发展，已研制出多种新型疫苗。

1. 禽霍乱荚膜亚单位疫苗 吴彤等（1981）、卢中达等（1983）、林世棠等（1984）、田晋红等（1988）相继研究了禽霍乱荚膜亚单位疫苗，即用化学方法提取禽多杀性巴氏杆菌荚膜多糖等物质，去掉菌体中引起免疫副反应的有毒成分制成疫苗，故安全性好，不产生任何毒副作用，且不影响产蛋，近期保护率达85%～100%，5～5.5个月有效保护率75%以上。步恒富（1990）发现荚膜抗原中含有P1、P2两种成分，其中P1为保护性抗原，分子量为129ku，且P1至少含分子量为46.7ku、42.6ku、39.8ku的3种亚基。刘金胜（1990）将提取的荚膜多糖与破伤风类毒素以EDS法交联，制成荚膜多糖-蛋白载体疫苗，免疫鸡时，其血清IgM在第2周达到高峰，IgG在第3周达到高峰，且IgG缓慢下降，持续6个月左右，第4周攻毒可100%保护，7个月保护率66.7%。

2. 禽霍乱双型原生质体融合株疫苗 于凤刚等（1996）报道，以禽源多杀性巴氏杆菌标准株P1059和C48－1株为亲本进行了原生质体融合，用筛选获得的表型稳定的融合株进行了禽霍乱双型联合免疫研究，以小鼠为模型，证明以该融合株制备的铝胶灭活苗能抵抗两型标准毒株的攻击，说明用原生质体融合株来进行禽霍乱双型联合免疫是可行的。

3. 禽霍乱基因缺失型疫苗 黄新民等（1998）进行了禽霍乱基因缺陷型疫苗株的筛选及其免疫原性的研究。

4. 基因工程疫苗 姚湘燕等（1992）提取禽源多杀性巴氏杆菌 C48－1 株染色体，用“鸟枪法”将酶解染色体 DNA 片段重组到 PBR322 质粒载体的 PStI 酶切点上，再转化到大肠杆菌 RRI 中，并筛选出了表达力强的两株重组菌，每只小鼠接种 20 亿重组菌，15d 后攻毒，一次免疫获 3/7、2/7 保护，两次免疫获 6/11、5/11 保护，而接种阴性重组菌的对照小鼠无保护力。

（魏财文）

四、猪回肠炎

（一）概述

猪回肠炎（Porcine ileitis），又称增生性肠炎，是由胞内劳森菌（*Lawsonia intracellularis*）引起的一种猪的疾病，常见疾病类型有临床型和亚临床型。临床型回肠炎有两种表现形式即急性和慢性。急性形式包括致命的出血性腹泻，主要发生于育肥晚期的猪群或新引进种猪群的母猪（猪出血性肠病，PHE）；慢性形式（猪肠腺瘤病，PIA）影响生长育肥猪，表现为温和腹泻、体重减轻和体重差异加剧。亚临床型回肠炎，可观察到猪增生性肠病（PPE）的眼观病变和显微病变，但不足以观察到如死亡和腹泻等明显的临床症状，然而其对猪的生长速度、饲料转化率和体重均一度的负面影响却显而易见。

McOrist 等于 1993 年发现胞内劳森菌。尽管具有不同的临床症状和病理变化，但胞内劳森菌是所有回肠炎的唯一致病菌，并将其归于脱硫弧菌科。它具有典型的弧菌外形，菌体杆状，两端尖或圆钝，大小（1.25～1.75）μm×（0.25～0.43）μm。革兰氏染色为阴性，抗酸。未发现鞭毛，无运动力。严格胞内寄生，在 5℃离体环境中可存活 1～2 周。

到目前为止，没有在无细胞培养基或培养液上成功培养胞内劳森菌的报道。因此，成功培养胞内劳森菌需要采用易感真核组织培养细胞，包括鼠肠细胞（IEC－18）、人胎儿肠细胞（Int 407）、鼠结肠腺癌细胞、猪肾细胞、仔猪肠上皮细胞（IPEC－J2）、GPC－16 细胞和鼠纤维原细胞（McCoy）（Knittel 和 Roof，1999）才能生长。培养技术包括使用黏附或混悬组织培养细胞，在减少氧气的环境中最好是在厌氧环境中，在 37℃下，培养胞内劳森氏菌 5～7d。黏附培养物可在 25～150cm^2 组织培养瓶中传代，并需要潮湿罐如含 80%～90%N_2、4%～10%CO_2 和 0～10%O_2 的厌氧气罐或改造的培养器皿中孵育。相反，混悬组织培养细胞不需要特殊的生长罐，并在 250mL 至 3L 可自动调节温度、气体混合、pH 和搅拌功能的旋转烧杯或反应器中传代，此种方法给大量生产疫苗、诊断试剂提供了依据。

优先考虑培养胞内劳森氏菌的组织培养细胞的培养基是含 5%～10%胎牛血清的 DMEM 培养液。经常用 10%（v/v）含有胞内劳森氏菌的接种物感染组织培养液，并每日抽取具有代表性的样本（含有侵蚀或悬浮细胞和细菌的上层液），采用单克隆的抗体染色技术，加上染色技术，即免疫荧光法、免疫金标记法或免疫过氧化物酶法进行检测，观察培养物的感染细胞百分比的升高或胞外菌的增长水平。当达到 80%～100%的感染率时，进行收获、传代或用于接种动物。

（二）疫苗

1. 疫苗的种类 恩特瑞®猪回肠炎活疫苗至今是全球第一和唯一的猪回肠炎活疫苗，有效预防猪所有类型回肠炎（PHE、PIA、NE 和 RI），减少猪肠道疾病综合征（PEDC）所造成的损失，口服一剂能显著提高猪群生长性能，如日增重、饲料转化率提高、生长速度加快、死亡率降低、种猪合格率上升等。

2. 疫苗的生产制造 猪回肠炎活疫苗系用胞内劳森氏菌分离株接种于 McCoy 细胞培养后，收获细胞培养物，加适宜稳定剂，经冷冻真空干燥制成。用于预防由胞内劳森氏菌引起的猪回肠炎（猪增生性肠炎）。

3. 质量标准与使用 从物理性状上看，本品为淡黄色至金色海绵状疏松团块；易与瓶壁脱离，加稀释液后迅速溶解。

无菌检验，按附录六进行，应无菌生长。

支原体检验，按附录八进行，应无支原体生长。

鉴别检验，应与劳森氏菌单抗 VPM53 呈现特异性反应。

安全检验：用 3～5 周龄健康猪 2 头，适应环境 7d 后，各灌服疫苗 2mL（含 10 头份），从试验前 1d 至试验后第 21 天进行一般观察；试验前 1d、试验当日［免疫前及免疫后（4±0.5）h 各一次］、试验后第 1、2、3、4 天每天测直肠体温。在观察期内若有 1 头猪出现全身性反应（连续 5d 或以上出现过量流涎、萎靡不振/昏睡、呼吸困难、呕吐、厌食、腹泻等症状），或有 1 头猪直肠温度连续 2d 超过基础体温 2.5℃以上（基础温度是试验前 1d 和免疫当日免疫之前测定），或有 1 头猪因疫苗原因死亡，则判该批疫苗为不合格；若出现非疫苗因素导致的不良反应或死亡，或结果判定为不确定，判本次检验结果无效，应重检，若不进行重检，则判该批疫苗为不合格。

效力检验：取疫苗及对照品，用间接荧光抗体方法，做适当稀释，接种于 McCoy 工作细胞培养，加入抗胞内劳森氏菌的单克隆抗体 VPM53 反应之后，用抗鼠 IgG-荧光素标记偶联物（FITC）标记，在荧光显微镜下观察，测定效价，疫苗滴度应不少于 $10^{4.9}$ $TCID_{50}$/头份。若对照品的滴度与原先测过的滴度相差 0.7lg 以上，或未感染对照孔有胞内劳森氏菌感染迹象，或试验孔发生任何不正常的试验现象（包括不正常的细胞生长、不正常的 pH、污染以及重复试验间不正常滴度差异值等），则所测结果视为无效；若样品滴度低于规定标准，则应加倍取样重检。

剩余水分测定，按附录二十六进行测定，应不超过 4%。

3 周龄或 3 周龄以上猪，每头猪通过口服或饮水方式服用 1 头份剂量。免疫持续期为 22 周。2～8℃保存，有效期为 36 个月。使用本品时，免疫前后 3d 之内禁用抗生素或消毒剂，以免灭活疫苗或降低效价。

（魏财文）

五、羊链球菌病

（一）概述

羊链球菌病（Ovine streptococcosis）分布广泛，世界各地均有发生，是多种家畜易感的传染病，临床上多见于猪。近年来，随着养羊业快速发展，羊的链球菌病呈明显上升趋势，其症状以败血症、脑膜炎为主，少数以关节炎型为特征，且常与其他病原菌合并感染，发病率、死亡率仅次于猪，给养羊业带来极大危害。国内有关资料对新疆、青海、四川、内蒙古、西藏、河北、北京等地区羊的流行菌型报道以C群为主。C群兽疫链球菌能引起羊急性败血性链球菌病。

（二）疫苗

对败血性羊链球菌病疫苗，国外研究很少，中国青海兽医研究所于1957年首先从流行区分离出链球菌，证明人工感染的耐过羊有免疫力，目前羊链球菌病疫苗有羊败血性链球菌病灭活疫苗和羊败血性链球菌病活疫苗。

1. 羊败血性链球菌病灭活疫苗 采用羊源兽疫链球菌强毒株接种缓冲肉汤，37℃培养16～24h。将培养物经甲醛溶液灭活，加氢氧化铝佐剂制成灭活疫苗，主要用于预防由兽疫链球菌引起的羊败血性链球菌病。使用时，绵羊和山羊不论大小，一律皮下注射5mL，免疫期为6个月。疫苗在2～8℃保存，有效期为18个月。

质量标准：

（1）物理性状 本品静置后，上层为茶褐色或淡黄色澄明液体，下层为黄白色沉淀，振摇后呈均匀混悬液。

（2）安全检验 用体重1.5～2kg家兔2只，各皮下注射疫苗3mL，观察10d，均应健活。

（3）效力检验 用1～3岁健康易感绵羊4只，各皮下注射疫苗5mL，21d后，连同条件相同的对照羊3只，各静脉注射致死量羊链球菌强毒，观察21～30d。对照羊全部死亡，免疫羊至少保护3只；或对照羊死亡2只，免疫羊全部保护为合格。

（4）作用与用途 用于预防绵羊和山羊败血性链球菌病。免疫期为6个月。皮下注射。绵羊和山羊不论大小一律5mL。使用时应充分摇匀；严防冻结。

2. 羊败血性链球菌病活疫苗 采用羊源链球菌弱毒株接种缓冲肉汤，将培养物加入蔗糖明胶稳定剂，经冷冻真空干燥制成活疫苗，主要用于预防由兰氏C群的兽疫链球菌引起的羊败血性链球菌病。使用时，按瓶签注明头份，用生理盐水稀释，6个月以上的羊只，一律尾根皮下注射1mL（含2.0×10^{6}CFU活菌），或气雾免疫（含3.0×10^{7}CFU活菌），免疫期为1年，疫苗在2～8℃保存，有效期为24个月。

质量标准：

（1）物理性状 本品为淡黄色海绵状疏松团块，易与瓶壁脱离，加稀释液后迅速溶解。

（2）活菌计数 按瓶签注明头份进行计数，注射用苗，每头份活菌应不少于200万个；气雾用苗，每头份活菌应不少于3 000万个。

（3）安全检验 将疫苗用缓冲肉汤稀释后，皮下注射体重1.5～2kg的家兔2只，每只20个使用剂量。或用健康易感绵羊2只，各皮下注射200个使用剂量。观察14～21d，均应健活。

（4）效力检验 将疫苗用生理盐水稀释成每毫升含活菌50万个的菌悬液，尾根皮下注射1～2岁健康易感绵羊4只，每只1mL。21d后，连同条件相同的对照羊3只，各静脉注射致死量羊链球菌强毒菌液，观察21d，对照羊全部死亡，免疫羊至少保护3只；或对照羊死亡2只，免疫羊全部保护为合格。

（5）用法与用量 用于预防羊败血性链球菌病。免疫期为12个月。尾根皮下（不得在其他部位）注射。按瓶签注明的头份，用生理盐水稀释。6月龄以上羊，每只1mL（含1个使用剂量）。

（6）注意事项　须采取冷藏运输。疫苗稀释后限6h内用完。特别瘦弱羊和病羊不能使用。注射部位要严格消毒，注射后如有严重反应，可用抗生素治疗。不宜肌内注射。

（魏财文）

六、猪链球菌病

（一）概述

猪链球菌病（Swine streptococcosis）是由链球菌属的细菌所引起猪传染病的总称，是世界各地的常见病，危害严重。自20世纪50年代初期证实猪链球菌是猪脑炎与关节炎的主要病原以来，荷兰、英国、美国、加拿大、澳大利亚、新西兰、比利时、巴西、丹麦、挪威、芬兰、西班牙、德国、爱尔兰、日本及中国（包括台湾省）等先后报道了猪链球菌病。在中国已流行多年。在国内最早由吴硕显（1949）于上海郊区发现本病的散发病例，20世纪70年代发病增加，20世纪80年代后期发病更趋严重，在许多地方呈大群暴发地方流行，迄今已有13个省（自治区、直辖市）报道了链球菌病，并在华南、西南和华东等地区造成大面积的流行，损失惨重，是多年来一直困扰中国养猪业的主要传染病之一。

链球菌是一种重要的猪病原菌并能感染人，它能引起猪的败血症、脑膜炎、肺炎、多发性关节炎和多发性浆膜炎。链球菌属的细菌为革兰氏阳性，无运动性，不形成芽孢，通常呈圆形或卵圆形，有荚膜，单个、成对或链状排列。链球菌细胞壁内含多种氨基酸糖，构成了其群特异性抗原，根据链球菌群特异性抗原的不同，用兰氏（Lance field）血清学分类，可将链球菌分成A、B、C、D、E、F、G、H、K、L、M、N、O、P、Q、R、S、T、U、V20个血清群。引起猪链球菌病的病原多为C群的兽疫链球菌（*S. zooepidemicus*）和类马链球菌（*S. epuisimilis*），R群的猪链球菌（*S. suis*），以及E、L、S、R等群。

猪链球菌呈圆形或椭圆形，常呈链状排列，长短不一，革兰氏染色阳性。根据猪链球菌菌体荚膜抗原特性的不同，可分成35个血清型（1～34型及1/2型），其中以2型流行最广，对猪的致病性亦最强，其次是1型，其他可致猪发病的还有3～5、7～9和11、1/2型等。猪链球菌Ⅱ型，又称猪链球菌血清2型或荚膜2型猪链球菌，分类上属于兰氏分类法的R群。猪链球菌Ⅱ型主要引起断奶仔猪关节炎、脑膜炎、败血症及支气管肺炎，而且健康带菌率达76%，给养猪业造成严重的经济损失，也给公共卫生带来威胁，从而受到各有关方面的高度重视。1998—1999年夏季在中国江苏省部分地区猪群中暴发流行并导致特定人群感染致死的疫病，经鉴定系由猪链球菌2型所致。2005年7月，四川省200多人感染猪链球菌Ⅱ型，38人死亡。它已成为中国人畜共患病的一种重要的病原菌。

（二）疫苗

1. 猪败血性链球菌病活疫苗

（1）疫苗的生产制造　疫苗是用猪源链球菌弱毒株（如ST171株）接种缓冲肉汤，将培养物加入蔗糖明胶稳定剂，经冷冻真空干燥制成活疫苗。

（2）质量标准与使用

1）本品的物理性状为淡棕色海绵状疏松团块，易与瓶壁脱离，加稀释液后迅速溶解。

2）纯粹检验　将疫苗用缓冲肉汤或马丁肉汤稀释，在血琼脂平板上划线，并接种于马丁肉汤中，培养24h后，血琼脂平板上菌落应为黏稠、胶状，周围有β溶血环，应无杂菌生长。马丁肉汤中培养的菌液应一致混浊，不形成菌膜，涂片镜检为革兰氏阳性球菌，呈单个、成对或短链排列。

3）活菌计数　按瓶签注明头份，用缓冲肉汤或马丁肉汤稀释，用含10%鲜血（或血清）马丁琼脂平板，进行活菌计数。注射用疫苗，每头份含活菌应不低于5.0×10^7CFU；口服用疫苗，每头份含活菌应不低于2.0×10^8CFU。

4）安全检验

①用2～4月龄健康易感仔猪2头，各皮下注射100个使用剂量，观察14～21d，除有2～3d体温升高不超过常温1℃和减食1～2d外，应无其他临床症状。

②用体重18～22g小鼠5只，各皮下注射0.2mL，含1/50个使用剂量，观察14d，应全部健活。若有个别死亡，可用加倍数量小鼠重检1次。

5）效力检验　按瓶签注明头份，用20%铝胶生理盐水稀释疫苗，皮下注射2～4月龄健康易感猪4头，每头1/2个使用剂量，14d后，连同条件相同的对照猪4头，各静脉注射致死量强毒菌液，观察14～21d。对照猪全部死亡，免疫猪至少保护3头；或对照猪死亡3头，免疫猪全部保护为合格。

6）用法与用量　用于预防猪败血性链球菌病。免疫期为6个月。皮下注射或口服。按瓶签注明头份，用20%氢氧化铝胶生理盐水或生理盐水稀释疫苗，每头注射1mL，或口服4mL。

7）注意事项　疫苗须采取冷包装运输；稀释后限4h内用完；口服时拌入凉饲料中饲喂，口服前应停食停水3～4h。

2. 猪链球菌病灭活疫苗

（1）猪链球菌病2型灭活疫苗

1）疫苗的生产制造　本品系用免疫原性良好的猪链球菌2型HA9801株接种适宜的培养基，收获培养物，经甲醛溶液灭活后，加入氢氧化铝胶制成。

2）质量标准和使用

物理性状：静置后，下部有灰白色沉淀，上层为澄明液体，摇匀后呈均匀混悬液。

安全检验：将疫苗经肌内注射30日龄左右健康（猪链球菌抗体检测阴性）仔猪3头，每头注射4mL，逐日观察10d。免疫猪均应无不良反应（注射后3d内试验猪体温，不得超过正常体温1℃，减食不超过1d)。应健活。

效力检验：取21～30日龄健康（猪链球菌抗体检测阴性）仔猪5头，各肌内注射疫苗2mL，21d后，连同未免疫的对照猪3头各静脉注射HA9801株1个致死量的强毒菌液，观察15d。对照组至少死亡2头，免疫组至少保护4头，疫苗判为合格。

作用与用途：用于预防由2型猪链球菌引起的猪链球菌病。

用法与用量：肌内注射，每头2mL，首免后14d用同样的剂量再次免疫，免疫期可持续4个月以上。

注意事项：① 未使用过本疫苗的地区，应先小范围使用，观察3～5d，证明安全后才能大量使用。② 紧急预防时，应先在疫区周围使用，然后到疫区使用。③ 疫苗使用前应充分摇匀。④ 体弱有病的猪不能使用。⑤ 注射部位要严格消毒，每头猪一个针头。⑥ 在兽医指导下使用。⑦ 2～8℃保存，有效期为 12 个月。

（2）猪链球菌病灭活疫苗（马链球菌兽疫亚种＋猪链球菌 2 型）

1）疫苗的生产制造　本品系用免疫原性良好的马链球菌兽疫亚种 ATCC35246 株和猪链球菌 2 型 HA9801 株接种适宜培养基，收获培养物，经甲醛溶液灭活后，加入氢氧化铝胶制成。每头份各菌株均至少含 1×10^9 CFU。

2）疫苗质量标准和使用

物理性状：静置后，底部有微黄色或灰白色沉淀，上层为透明液体，摇匀后无结块，呈均匀混悬液。

作用与用途：用于预防 C 群马链球菌兽疫亚种和 R 群猪链球菌 2 型感染引起的猪链球菌病，适用于断奶仔猪、母猪。二次免疫后免疫期为 6 个月。

用法与用量：肌内注射，仔猪每次接种 2mL，母猪每次接种 3mL。仔猪在 21～28 日龄首免，免疫后 20～30d 后按同剂量进行第 2 次免疫。母猪在产前 45d 首免，产前 30d 按同剂量进行第 2 次免疫。

注意事项、贮藏与有效期：同猪链球菌病 2 型灭活疫苗。

（3）猪链球菌病蜂胶灭活疫苗（马链球菌兽疫亚种＋猪链球菌 2 型）

1）疫苗的生产制造　本品系用免疫原性良好的马链球菌兽疫亚种 BHZZ－L1 株和猪链球菌 2 型 BHZZ－L4 株接种适宜培养基，收获培养物，经甲醛溶液灭活后，加入蜂胶佐剂制成。每毫升疫苗含各菌株均至少含 1×10^9 CFU。

2）疫苗质量标准和使用

物理性状：乳黄色混悬液。

作用与用途：用于预防马链球菌兽疫亚种和猪链球菌 2 型感染引起的猪链球菌病，适用于断奶仔猪，免疫期为 6 个月。

用法与用量：颈部肌内注射，1～2 月龄健康仔猪，每次注射 2mL。

（4）猪链球菌病灭活疫苗（马链球菌兽疫亚种＋猪链球菌 2 型＋猪链球菌 7 型）

1）疫苗的生产制造　本品系用免疫原性良好的马链球菌兽疫亚种 XS 株和猪链球菌 2 型 LT 株及猪链球菌 7 型 YZ 株分别接种适宜培养基，收获培养物，经甲醛溶液灭活后，加入油佐剂制成。每头份各菌株均至少含 3.0×10^9 CFU。

2）疫苗质量标准和使用　性状外观为乳白色乳液。

安全检验：将疫苗经肌内注射 28～35 日龄健康易感（猪链球菌 ELISA 抗体检测为阴性）仔猪 5 头，每头注射 4mL，观察 14d。均应无由疫苗引起的全身和局部不良反应。

效力检验：取 28～35 日龄健康易感（猪链球菌 ELISA 抗体检测为阴性）仔猪 15 头，各肌内注射疫苗 2mL，28d 后，取免疫猪 5 头和对照猪 5 头各静脉注射 1 个致死量的马链球菌兽疫亚种 XS 株或猪链球菌 2 型 LT 株或猪链球菌 7 型 YZ 株强毒菌液 2mL，观察 14d。对照组均应至少死亡 4 头，免疫组均应至少保护 4 头，疫苗判为合格。

作用与用途：用于预防马链球菌兽疫亚种、猪链球菌 2 型、猪链球菌 7 型感染引起的猪链球菌病，适用于仔猪、母猪、种公猪。二次免疫后免疫期为 6 个月。

用法与用量：肌内注射，每次接种 2mL。仔猪在 28～35 日龄接种 1 次；后备母猪在产前 8～9 周首免，3 周后二免，以后每胎产前 4～5 周免疫 1 次；种公猪每 6 个月接种 1 次。

（三）展望

猪链球菌病多价、多联苗呈现良好的发展势头。在国外，Oxford 公司用猪副嗜血杆菌和猪源链球菌生产的猪嗜血杆菌-链球菌二联灭活疫苗，每头猪肌内注射 2mL，3 周后再免疫一次，预防副猪嗜血杆菌病和猪链球菌病。另外，Oxford 公司还采用支气管败血波氏杆菌、丹毒杆菌、多杀性巴氏杆菌和猪链球菌生产的波氏杆菌-丹毒杆菌-多杀性巴氏杆菌-猪链球菌病四联灭活疫苗，每头猪肌内注射 2mL，3 周后再免疫一次，预防猪的萎缩性鼻炎、猪丹毒、猪肺疫和猪链球菌病。在中国，猪链球菌病疫苗的研究也呈现良好态势，猪链球菌 2 型疫苗的成功研制，为该病的控制起到了很好的作用，近年来，2 型、C、D、E 多血清型的联苗在中国发展也已取得成功。这对控制多血清型的猪链球菌病来说，将会产生很好的作用。

（魏财文）

七、鸡传染性鼻炎

（一）概述

鸡传染性鼻炎（Avian infectious coryza）是由副鸡嗜血杆菌（*HaemopHilus paragallinanum*，Hpg）引起的一种急性呼吸系统传染病，主要特征为眼和鼻黏膜发生不同程度炎症，发病率很高，可以引起幼鸡生长停滞和蛋鸡产蛋量显著下降。8～12 周龄的鸡和产蛋母鸡最常发生，病鸡和健康带菌鸡是主要传染源。本病由 Beach 首先报道，De Blieck 于 1932 年初次分离到了该病的病原体，最初命名为鸡嗜血红蛋白鼻炎芽孢杆菌。目前本病在世界许多地方都有发生和流行，中国从 1980 年起就有许多疑似本病的病例出现，首先由冯文达于 1987 年在北京分离到副鸡嗜血杆菌。

副鸡嗜血杆菌为细小、形态较规则的革兰氏阴性杆菌，大小为（1～3）μm×（0.4～0.8）μm，美蓝染色时为两极浓染。无鞭毛，不形成芽孢，毒力菌株往往具有荚膜，但这种能力在体外传代时容易丧失。在临床病料及固体培养基上的细菌菌体形态较规则，呈明显的小杆状，而在液体培养或老龄培养物中，本菌会发生形态上的变异。

目前，有关本菌血清分型的方法主要有 4 种，即 Page 的凝集试验分型、Kune 的血凝抑制试验（HI）分型、型特异性单抗分型和琼脂扩散试验分型。1962 年，Page 将 Hpg 分为 A、B、C3 个血清型，但对有些分离物无法定型；A、C 两型均具有不同程度的致病力，而 B 型致病与否因菌株而异；三者的灭活菌体不存在型间交叉免疫，A 型存在型内交叉免疫，B 型似乎存在株间的抗原多样性，株间只存在部分交叉免疫。在中国，从大部分地区分离到的副鸡嗜血杆菌主要是 Page A 型，但也从个别地区分离到了 Page C 型。Kume 将 Hpg 分为Ⅰ、Ⅱ、Ⅲ3 个血清群，分别与 Page 的 A、B、C 型相对应，其中Ⅰ、Ⅱ血清群各有 4 个血清型，Ⅲ群有 1 个型，此种方法可将 PAGE 无法定型的菌株轻易进行分型。

该菌抵抗力不强，一般消毒药都可将其杀死。

（二）疫苗

目前，国内为广泛使用的疫苗均为灭活疫苗。中国生产和使用的鸡传染性鼻炎油乳剂灭活有 C 型单价疫苗和 A、B、C 型三价疫苗及与新城疫组成的二联油乳剂灭活疫苗。

1. 鸡传染性鼻炎灭活疫苗（A、C型）

（1）疫苗的生产制造　用A型副鸡嗜血杆菌HPG-8和/或HPG-668（C型）分别接种适宜培养基，经37℃培养，收获培养菌液，经浓缩后加甲醛溶液灭活，与油佐剂混合乳化后分别制成鸡传染性鼻炎单价和二价灭活疫苗。用于预防鸡传染性鼻炎。

（2）质量标准和使用　从物理性状上看，乳白色乳剂，久置后下层有少量水，呈油包水水包油型。

安全检验：用2～3月龄的健康易感鸡8只，每只皮下注射疫苗1mL，观察14d，应无异常反应。

效力检验：用2～3月龄的健康易感鸡8只，每只皮下注射疫苗0.5mL，1个月后连同条件相同的对照鸡4只，各眶下窦内注射C-Hpg-8和/或HPG-668菌株鸡肉汤16h培养物0.2mL（50万～100万个活菌），观察14d，对照鸡全部发病（面部出现一侧或两侧眶下窦及周围肿胀并有流鼻涕或兼有流泪者），免疫鸡至少保护6只，或对照鸡3只发病，免疫鸡至少保护7只为合格。

42日龄以上鸡胸或颈背皮下注射0.5mL，免疫期为6个月；42日龄以下鸡注射0.25mL，免疫期为3个月；42日龄首免，120日龄二免，免疫期为19个月。疫苗在2～8℃保存，有效期为12个月。

2. 鸡传染性鼻炎（A、B、C型）**灭活疫苗**　Intervet等公司用副鸡嗜血杆菌O83（A型）、Spross（B型）、H-18（C型）菌株生产的鸡传染性鼻炎（A、B、C型）三价灭活苗，预防鸡传染性鼻炎，肌内注射或皮下注射0.5mL，4周后加强免疫一次。

3. 鸡新城疫、传染性鼻炎二联灭活疫苗　见第七章。

（邓　永）

八、副猪嗜血杆菌病

（一）概述

副猪嗜血杆菌（*Haemophilus parasuis*，HPS）能引起猪的多发性浆膜炎和关节炎。副猪嗜血杆菌病（Haemophilus suis）又称为猪革拉斯氏病（Glässer's Disease），曾一度被认为是由应激所引起的散发性疾病，后来被证实是由副猪嗜血杆菌所引起。副猪嗜血杆菌可以影响从2周龄的哺乳仔猪到4月龄的育肥猪，主要在断奶后和保育阶段发病，多见于5～8周龄的猪，发病率一般在10%～15%，严重时死亡率高达50%。主要临床症状表现为咳嗽、呼吸困难、消瘦、跛行和被毛粗乱；主要剖检病变表现为纤维素性胸膜炎、心包炎、腹膜炎、关节炎和脑膜炎等。此外，副猪嗜血杆菌还可引起败血症，并且在急性感染后可能留下后遗症，即母猪流产，公猪慢性跛行。

早在1910年，德国科学家Glässer就发现了副猪嗜血杆菌与猪的多发性浆膜炎和关节炎之间的联系。随着世界养猪业的发展，该病已成为全球范围内影响养猪业的一种重要的细菌性疾病。西方发达国家在大量分离副猪嗜血杆菌的基础上，发现该菌的血清型复杂多样，按Kieletein-Rapp-Gabriedson（KRG）琼脂扩散试验血清分型方法，至少可将副猪嗜血杆菌分为15种血清型，另有20%以上的分离株血清型不可定；根据德国、美国、加拿大、日本和西班牙等国家的血清流行病学调查，以血清型 4、5 和 13 最为流行。

（二）疫苗

目前，国内为广泛使用的疫苗均为灭活疫苗。中国研发、生产和使用的副猪嗜血杆菌病灭活疫苗有副猪嗜血杆菌病 4 型、5 型二价灭活疫苗、副猪嗜血杆菌病 1 型、5 型二价灭活疫苗和副猪嗜血杆菌病 4 型、5 型、12 型、13 型四价灭活疫苗及与猪链球菌 2 型组成的副猪嗜血杆菌（4 型、5 型）、猪链球菌（2 型）二联灭活疫苗，与猪圆环病毒组成的副猪嗜血杆菌（4 型、5 型）、猪圆环病毒 2 型二联灭活疫苗。

1. 副猪嗜血杆菌病 4 型、5 型二价灭活疫苗

（1）疫苗的生产制造　本品系用免疫原性良好的副猪嗜血杆菌血清 4 型 MD 0322 株、血清 5 型 SH0165 株，分别接种适宜培养基，收获培养物经浓缩处理，加甲醛溶液灭活后，与油佐剂混合乳化而制成。用于预防由血清 4 型和 5 型副猪嗜血杆菌引起的副猪嗜血杆菌病。

（2）质量标准和使用　疫苗外观为乳白色乳剂。

安全检验：用 4～5 周龄健康易感猪 5 头，各颈部肌内注射疫苗 4mL（含 2 个使用剂量），观察 14d，应全部健活。

效力检验：用 4～5 周龄健康易感猪 10 头，各颈部肌内注射疫苗 2mL，3 周后二免，每头猪肌内注射 2mL，同时设不免疫的 10 头猪作为对照。二免 14d 后攻毒。

取免疫猪 5 头和对照猪 5 头，各腹腔内注射 MLD 的副猪嗜血杆菌 4 型或 5 型强毒菌液 3mL，观察 14d，各对照组应至少 3 头死亡或 4 头发病，各免疫组应至少 4 头保护。

颈部肌内注射，每次注射 2mL。仔猪 2 周龄首免 2mL，3 周后二免；后备母猪在产前 8～9 周首免，3 周后二免，以后每胎产前 4～5 周免疫 1 次；种公猪每 6 个月接种 1 次。疫苗在 2～8℃保存，有效期为 12 个月。

2. 副猪嗜血杆菌病 4 型、5 型、12 型、13 型四价蜂胶灭活疫苗

（1）疫苗的生产制造　本品系用免疫原性良好的副猪嗜血杆菌血清 4 型 SD02 株、血清 5 型 HN02 株、血清 12 型 GZ01 株和血清 13 型 JX03 株分别接种适宜培养基，收获培养物经浓缩处理，经甲醛溶液灭活，按一定比例与蜂胶佐剂混合乳化制成。用于预防由血清 4 型、5 型、12 型和 13 型副猪嗜血杆菌引起的副猪嗜血杆菌病。

（2）质量标准和使用　疫苗性状为乳黄色混悬液，久置底部有沉淀，振摇后呈均匀混悬液。

安全检验：用 3～5 周龄健康易感猪 5 头，各颈部肌内注射疫苗 4mL（含 2 个使用剂量），观察 14d，应全部健活。

效力检验：

1）抗体效价测定　取 3～5 周龄健康易感猪 5 头，各肌内注射疫苗 2mL，21d 后再用相同剂量进行二免，同时设不免疫的 5 头猪作为对照。二免后 14d，采血分离血清，用间接血凝试验检测副猪嗜血杆菌血清 4 型、5 型、12 型及 13 型抗体效价，对照副猪嗜血杆菌血清 4 型、5 型、12 型及 13 型抗体效价均应≤1∶4，免疫猪至少 4 头抗副猪嗜血杆菌血清 4 型、5 型、12 型及 13 型抗体效价均应≥1∶32。

2）免疫攻毒法　取 3～5 周龄健康易感猪 20 头，各颈部肌内注射疫苗 2mL，21d 后再用相同剂量进行二免，同时设未免疫 20 头猪作为对照。二免后 14d 进行攻毒，取免疫猪 5 头和对照猪 5 头，各腹腔内注射一个最小发病量的血清 4 型 SD02 株、5 型 HN02 株、12 型

GZ01株、13型JX03株攻毒菌液，观察14d，各对照猪应5头发病，各免疫猪应至少保护4头。

颈部肌内注射，每次注射2mL。仔猪3～5周龄首免2mL，3周后二免；怀孕母猪在产前6周首免，3周后二免；种公猪每6个月接种1次。疫苗在2～8℃保存，有效期为12个月。

（邓　永）

九、仔猪水肿病

（一）概述

仔猪水肿病（Piglet edema disease）是指由某些定殖于小肠的产类志贺毒素大肠杆菌引起的传染性肠毒血症，临床上以头部、肠系膜和胃壁浆液性水肿为特征，伴随神经症状、下痢。水肿病是仔猪常见的一种急性致死性传染病，主要由某些特定血清型产志贺毒素大肠杆菌引起。该病多发于断奶后周龄的仔猪，生长快、采食量大、体格健壮的猪最为常见。该病呈地方流行或散发，没有明显的季节性，但中国大部分地区每年的3—5月和8—10月为本病的多发期。其临床特征为全身水肿和神经症状，尤其是胃大弯、肠系膜及头部水肿最为常见。在发病的猪群中发病率低，但病死率很高，给养猪业造成了巨大的经济损失。近年来，该病发病率呈上升趋势，因此采取综合防治措施尤为重要。

1932年，爱尔兰首先报道了水肿病。1950年，Timoney用自然病例肠内容物的上清液静脉注射，复制出了猪水肿病，并推测猪水肿病是一种肠毒血症。1951年，Handson、Shand和Huck等从水肿病病猪的肠道分离出溶血性大肠杆菌，后来研究证明这些大肠杆菌属于少数几个血清型。1956年中国北京首先报道此病，1960年以后各地均有报道。随着世界养猪业的发展，仔猪水肿病引起了世界各国的密切关注，该病成为猪病研究领域的一项重要课题。

导致猪水肿病的根本原因是与产志贺毒素大肠杆菌的两个毒力因子有关，即F18ab（F107）菌毛和志贺毒素Stx2变异体（Stx2e）。大肠杆菌以其菌毛（如F18）黏附于小肠上皮细胞，定居和繁殖的细菌在肠内产生志贺毒素Stx2变异体（Stx2e）并被吸收。由于Stx2e是一种血管毒素，因此当其被肠道吸收后，可在不同部位引起血管内皮细胞损伤，改变血管通透性，导致病猪出现水肿和神经症状。

猪水肿病自首次报道以来，在世界各地的养猪地方多有不同程度发生。引起本病的大肠杆菌常见的血清型有O138型、O139型和O141型等，其中以O139型最多。在中国各地都有报道，各地区流行的血清型不尽相同，所以了解猪水肿病的流行血清型对防制本病非常重要。

（二）疫苗

目前国内使用的疫苗为仔猪水肿病灭活疫苗。

1. 仔猪水肿病灭活疫苗

（1）疫苗的生产制造　本品系免疫原性良好的O138、O139、O141大肠杆菌，分别接种于适宜的培养基，将培养物经浓缩、甲醛溶液灭活后，再与氢氧化铝胶佐剂乳化而成。用于预防由血清O138、O139、O141型大肠杆菌引起的仔猪大肠杆菌病。

（2）质量标准和使用 疫苗性状为棕黄色澄明液体，底部有灰白色沉淀，振摇后呈均匀混悬液。

安全检验：用2周龄健康易感猪4头，各颈部肌内注射疫苗4mL（含2个使用剂量），观察7d，应全部健活。

效力检验：取14～18日龄健康易感猪5头，各颈部肌内注射疫苗2mL，14d后连同条件相同的对照猪5头进行攻毒，各静脉内注射MLD的C83905、C83684、C83527株混合毒素，观察7d，对照猪全部死亡，免疫猪应至少保护4头。

颈部肌内注射，仔猪14～18日龄仔猪注射2mL。

疫苗在2～8℃保存，有效期为12个月。

2. 仔猪大肠杆菌病三价蜂胶灭活疫苗

（1）疫苗的生产制造 本品系免疫原性良好的猪大肠杆菌1476株、2717株、263株，分别接种于适宜的培养基，将培养物经浓缩、甲醛溶液灭活后，再与蜂胶佐剂乳化而成。用于预防由血清O138、O139、O141型大肠杆菌引起的仔猪大肠杆菌病。

（2）质量标准和使用 疫苗外观为乳黄色混悬液，久置后底部有沉淀为正常现象，振摇后即为均匀混悬液。

安全检验：取14～21日龄健康易感仔猪5头，各颈部肌内注射疫苗4.0mL，观察7d，应不出现由疫苗接种引起的全身不良反应和局部反应，全部健活。

效力检验：用14～21日龄健康易感仔猪15头，各颈部肌内注射疫苗2.0mL，21d后，取免疫猪5头和条件相同的对照猪5头各静脉注射1个最小发病量（1MID）的1476株、2717株或263株强毒菌液2mL，观察7d，对照组应至少4头发病，免疫组至少4头保护。

14～21日龄健康仔猪，颈部肌内注射2mL。疫苗在2～8℃保存，有效期为12个月。

（邓 永）

十、猪丹毒

（一）概述

猪丹毒（Swine erysipelas）是由猪丹毒丝菌引起的一种急性、热性人畜共患传染病，临床上表现为急性败血型和亚急性疹块型，还有的病例表现为慢性多发性关节炎或心内膜炎，曾是猪的重要传染病之一。本病广泛分布于世界各地，近年来，本病的发生率呈下降趋势。

猪丹毒丝菌（*Erysipelothrix rhusiopathiae*）是丹毒丝菌属的唯一种，通称猪丹毒杆菌，依据菌体可溶性耐热肽聚糖的抗原性进行分型，目前共有25个血清型和la、lb、2a、2b共4个亚型。从急性败血症分离的菌株多为la型，从亚急性及慢性病例分离的则多为2型。

（二）疫苗

1. 灭活疫苗 Traub（1947）报道，用B型（即2型）菌制成了效力优良的猪丹毒氢氧化铝吸附浓缩疫苗。制造疫苗时必须在培养基中加入马血清，产生出一种糖脂蛋白质（Glyco－Lipoprotein）可溶性抗原。可溶性抗原与菌体吸附在铝胶上，能使接种动物产生良好的免疫力。接种疫苗时以2mL剂量间隔一个月注射2次，免疫期可达4个月以上。国外一般采用灭活疫苗预防猪丹毒，现有多种商品疫苗。世界动物卫生组织（OIE）提出的猪丹毒灭活疫苗的标准为：以干燥菌苗0.8mg接种小鼠，免疫2～3周后，攻击强毒菌，50%以上小鼠获得保护为1个单位，有效菌苗每毫升必须含20个单位，猪接种60个单位以上，免疫期6个月。

中国20世纪50年代用免疫原性良好的猪丹毒杆菌研制成功灭活疫苗，经田间试验和区域试验证明疫苗是安全有效的。猪丹毒灭活疫苗的免疫效果除与制苗用菌株的免疫原性有关外，还与培养基的质量和佐剂的性质有关。

（1）疫苗的生产制造　猪丹毒灭活疫苗的生产工艺：将猪丹毒杆菌的冻干菌种培养繁殖、选菌、扩大培养后制成生产种子液。将种子液接种于肉肝胃消化汤或肉肝胃酶消化汤培养基，37℃培养28h。收获培养物加入甲醛溶液灭活，37℃灭活24h。经无菌检验合格后，按5份菌液加灭菌的氢氧化铝胶1份的比例，充分混合均匀，定量分装。

（2）质量标准与使用　本品是用免疫原性良好的猪丹毒杆菌2型C43－5株接种适宜培养基培养，收获培养物，用甲醛溶液灭活后，加氢氧化铝胶浓缩制成。用于预防猪丹毒。

物理性状：疫苗静置后，上层为澄清液体，下层有少量沉淀，振摇后呈均匀混悬液。

装量检查：应符合规定。

无菌检验：疫苗应无菌生长。

安全检验：用体重18～22g小鼠5只，各皮下注射疫苗0.3mL，观察10d，应全部健活。

效力检验：下列方法任择其一。

用小鼠检验：用体重16～18g小鼠16只，其中将10只分成2组，每组5只，另外6只不接种作为对照。第1组各皮下注射疫苗0.1mL；第2组各皮下注射4倍稀释的疫苗0.2mL（即1份疫苗加3份40%氢氧化铝胶生理盐水的混合液）。接种21d后，用猪丹毒杆菌1型C43－8株（CVCC43008）和2型C43－6株（CVCC43006）的混合菌液进行攻毒，第1组、第2组和3只对照小鼠分别皮下注射1 000MLD；另3只对照小鼠分别皮下注射1MLD。观察10d，注射1 000MLD的对照小鼠应全部死亡，注射1MLD的对照小鼠应死亡至少2只，免疫小鼠应至少保护7只。

用猪检验：用断奶1个月、体重20kg以上的猪10头，5头各皮下或肌内注射疫苗3mL，另5头作为对照。接种21d后，每头猪各静脉注射1MLD猪丹毒杆菌1型C43－8株（CVCC43008）和2型C43－6株（CVCC43006）的混合菌液，观察14d，对照猪至少发病4头，且至少死亡2头，免疫猪应全部存活，且有反应不超过1头。

甲醛、苯酚和汞类防腐剂残留量应符合规定。

用法和用量：皮下或肌内注射。体重在10 kg以上的断乳猪，每头5mL；未断乳仔猪3mL，间隔1个月后，再注射3mL。

疫苗保存：2～8℃保存，有效期为18个月。

注意事项：瘦弱、体温或食欲不正常的猪不宜注射。

2. 弱毒活疫苗　国内外用于制备猪丹毒活疫苗的弱毒菌株很多。如用含锥黄素的培养基连续传代培育成的耐锥黄素的弱毒菌株，有日本的“小金井”株、瑞典的“AV－R”株和中国的“G4T10”株；通过对猪丹毒杆菌不敏感动物培育成的弱毒菌株，有“Kotov”株和中国的“GC42”株；其他方法致弱的有罗马尼亚的“VR2”株、波兰的“A70”株和美国的“EVA”株；加拿大的“C1”株是一株自然弱毒株等。这些菌株在安全性和效力上参差不齐，实际应用的并不多。

中国20世纪40年代开始猪丹毒活疫苗的弱毒菌株的研究，先后培育成功多个弱毒菌株。目前，中国猪丹毒活疫苗生产用菌株是中国农业科学院哈尔滨兽医研究所1969年培育成功的“GC42”株、江苏省农业科学院和原南京兽医生物药品厂20世纪70年代联合研制培育成功的“G4T10”株。用这两株菌种制备的猪丹毒活疫苗经临床试验结果证明，疫苗是安全的，免疫效果良好。

（1）疫苗的生产制造　猪丹毒活疫苗的生产工艺：将猪丹毒活疫苗的生产菌种GC42株或G4T10株的冻干菌种经培养繁殖、选菌、扩大培养后制成生产种子液。将检验合格的种子液按培养基总量的1%～2%接种于肉肝胃（膜）消化汤中，36～37℃培养20～22h，培养过程中需振荡2～3次，或者采用增菌培养方法。可以将培养的菌液经离心后，制成浓缩的菌悬液，用于配苗。现在经生产工艺的改进，可采用通气培养的方法，36～37℃培养8～10h，收获培养物。菌液经纯粹检验合格并活菌计数，然后加入含明胶、蔗糖的稳定剂，充分混合均匀，定量分装，在分装结束后应迅速进行冷冻真空干燥，制成冻干活疫苗。

（2）质量标准与使用　本苗是用猪丹毒杆菌弱毒GC42或G4T10株接种适宜培养基培养，收获培养物，加适宜稳定剂，经冷冻真空干燥制成。用于预防猪丹毒。

物理性状：海绵状疏松团块，易与瓶壁脱离，加稀释液后迅速溶解。

纯粹检验：用马丁琼脂进行检验，应纯粹。

活菌计数：按瓶签标明的头份，将疫苗用马丁肉汤稀释后，用含10%健康动物血清的马丁琼脂平板培养进行活菌计数。每头份疫苗中含G4T10株的活菌数应不低于$5.0\times10^{8.0}$CFU，或含GC42株的活菌数应不低于$7.0\times10^{8.0}$CFU。

鉴别检验：用明胶培养基穿刺培养，置15～18℃，观察3～5d。G4T10菌株有细而短的分支生长，GC42菌株应呈线状生长。

安全检验：下列方法任择其一。

用小鼠检验：按瓶签标明的头份用20%氢氧化铝胶生理盐水稀释，皮下注射体重20～22g小鼠10只，各2头份，观察14d。注射GC42株疫苗的小鼠应全部健活；注射G4T10株疫苗的小鼠应至少8只健活。否则，可用小鼠按上述方法重检1次，如果仍不符合规定，可用猪检验1次。

用猪检验：按瓶签标明的头份用20%氢氧化铝胶生理盐水稀释，皮下注射体重20kg以上的健康断奶仔猪5头，各30头份。注射后每日的上午和下午观察并测体温，观察10d。应不出现猪丹毒症状，允许个别猪有体温反应，但稽留时间应不超过1d，精神、食欲应正常。

效力检验：下列方法任择其一。

用小鼠检验：按瓶签标明的头份，用20%氢氧化铝胶生理盐水将疫苗稀释成0.1头份/mL，皮下注射体重16～18g小鼠10只，各0.2mL（含1/50头份），另取6只同条件小鼠，不接种作为对照。接种14d后，免疫组小鼠和3只对照小鼠各皮下注射1 000MLD猪丹毒杆菌1型和2型强毒菌的混合菌液，另3只对照小鼠各皮下注射1MLD的上述混合菌液，观察10d。注射1 000MLD菌液的对照小鼠应全部死亡，注射1MLD菌液对照小鼠应至少死亡2只，免疫小鼠应至少保护8只。

用猪检验：按瓶签标明的头份，用20%氢氧化铝胶生理盐水将疫苗稀释成1.0mL含1/50头份。用断奶1个月、体重20kg以上的猪10头，其中5头各皮下注射疫苗1.0mL（含1/50头份），另5头不注射作为对照。接种14d后，免疫猪和对照猪各静脉注射1MLD的猪丹毒杆菌1型和2型强毒混合菌液。观察14d，当对照猪头全部死亡，免疫猪应至少保护4头；当对照猪头至少发病4头，且至少死亡2头时，免疫猪免疫猪全部健活。

剩余水分：应符合规定。

真空度：应符合规定。

用法和用量：本疫苗供断奶后的猪使用。按瓶签标明头份数，用20%氢氧化铝胶生理盐水稀释为1mL含1头份；皮下注射每头1mL。用猪丹毒杆菌GC42弱毒株生产的疫苗亦可用于口服免疫，剂量加倍（2头份）；口服时，在免疫前猪应停食4h，用冷水稀释好疫苗拌入少量新鲜凉饲料中，让猪自由采食。

疫苗保存：在－15℃以下保存，有效期为12个月；在2～8℃保存，有效期为9个月。

注意事项：疫苗稀释后限4h内用完。

（三）展望

SpaA是猪丹毒菌血清型1和2菌株常见的保护性抗原，为开发新型疫苗和诊断试剂的有效工具，血清1a型猪丹毒丝菌表面保护抗原（SpaA）就能诱导产生抗1a和2b血清型菌株的攻击（Imada Y，1999）。Cheun HI等（2004）为了开发经济安全和简单的免疫系统，采用乳酸乳球菌生产的SpaA抗原抗丹毒丝菌。方法及结果：将猪丹毒丝菌的表面保护抗原（the surface protective antigen，SpaA）基因插入穿梭质粒pSECE1构建pSECE1.3，在乳酸乳球菌（*Lactococcus lactis*）中生产SpaA。小鼠鼻内和口服接种带pSECE1.3质粒的乳酸乳球菌，检测特异性IgG和IgA，在大腿内侧用100LD_{50}的红斑丹毒丝菌Tama－96攻毒，小鼠全部存活。结果表明：乳酸乳球菌生产的SpaA抗原为有用有效的抗红斑丹毒丝菌的亚单位疫苗。该研究的重要性在于：在该免疫体系中，不需要抗原纯化和注射，降低了生产成本，减少对动物刺激，该乳酸菌疫苗体系将是一种安全有效的多价疫苗载体。

（康　凯）

十一、仔猪副伤寒

（一）概述

仔猪副伤寒（Piglet paratyphoid）是由猪霍乱沙门氏菌（*Salmonella choleraesuis*）引起的急性、亚急性或慢性传染病。它是一种条件性传染病。主要发生于2～4月龄的仔猪，急性病例表现为败血症，慢性病例表现为消瘦和坏死性肠炎。

猪霍乱沙门氏菌在分类上属于肠杆菌科沙门氏菌属。1885年，Salmon和Smith从患猪瘟的猪体中分离到猪霍乱沙门氏菌，当时误认为是猪瘟的病原，后来证实其只是猪瘟的继发感染，并相继证实猪霍乱沙门氏菌能单独导致仔猪副伤寒。根据血清学特性和生化特性的不同，将猪霍乱沙门氏菌分为两个型：一种是西欧型或Kunzendorf型，血清型是6，7：1，5，产生硫化氢；另一种是美国型，血清型是6，7：C：1，5，不产生硫化氢。

猪霍乱沙门氏菌常出现于健康猪的肠道里，当细菌毒力变强、饲养管理不当，如饲料中缺乏维生素和矿物质，饲养环境恶劣，常导致动物机体抵抗力下降而诱发仔猪副伤寒。

（二）疫苗

1. 灭活疫苗 国外很早就使用猪霍乱沙门氏菌病灭活疫苗，目前美国联邦法规 9（9CFR）仍然收载了该疫苗的质量标准，但对灭活疫苗的使用价值有两不同的观点，一种认为有效，另一种认为无效。中国学者在 20 世纪 60 年代也进行了该疫苗的研究，房晓文等曾用多批不同佐剂的猪霍乱沙门氏菌病灭活疫苗进行免疫效力试验，结果获得的保护率均低于 30%；并且用猪霍乱沙门氏菌病灭活疫苗免疫过的仔猪群仍然发生仔猪副伤寒。

2. 弱毒活疫苗 世界各国研究应用情况，从 1968 年英国的 Smith 研究的猪霍乱沙门氏菌弱毒株 V3 和 V6 菌株获得美国专利起，已有多种仔猪副伤寒弱毒活疫苗成为商品疫苗。仔猪副伤寒活疫苗在英国曾广泛地应用了许多年，使仔猪副伤寒减少到可忽略的水平，现已停止使用此疫苗。北美洲引进了猪霍乱沙门氏菌弱毒活疫苗，对猪沙门氏菌病的发生起到了重要的控制作用。20 世纪 60 年代初中国也开展了这方面的研究，中国兽医药品监察所的房晓文等选用抗原性良好的猪霍乱沙门氏菌强毒株在含有醋酸铊的普通肉汤中传代培养，经传数百代后，筛选出一株毒力弱而免疫原性良好的弱毒菌株，命名为猪霍乱沙门氏菌 C500 弱毒株。用 C500 弱毒菌株制成仔猪副伤寒活疫苗，经田间试验和区域试验证明疫苗是安全有效的，疫苗在中国大范围推广使用，使仔猪副伤寒得到了有效控制，取得了可观的经济效益和社会效益。

用 C500 弱毒菌株加耐热保护剂制成仔猪副伤寒耐热保护剂活疫苗已经上市，更利于疫苗的运输和保存。

（1）疫苗的生产制造 仔猪副伤寒活疫苗的生产工艺：将 C500 弱毒菌株的冻干菌种经培养繁殖、选菌、扩大培养后制成生产种子液。固体培养法：将种子液接种于普通琼脂大扁瓶，37℃培养 48h，用含明胶、蔗糖的稳定剂洗下培养物，充分混合均匀，定量分装。液体通气培养法：将种子液按培养基总量的 1%～2%接种于含 1.5%蛋白胨普通肉汤中，37℃通气培养 18～21h，培养结束后立即加入含明胶、蔗糖的稳定剂，充分混合均匀，定量分装。两种方法制造的疫苗在分装结束后应迅速进行冷冻真空干燥，制成冻干活疫苗。在生产过程中应十分注意培养和冻干技术控制，尽可能减少菌的死亡率，保证冻干后的活菌率。如果仔猪副伤寒活疫苗的活菌率低于 50%，由于死亡的菌体裂解释放内毒素，给仔猪注射后反应大，偶尔会出现不安全的情况。

（2）质量标准与使用 本疫苗是用免疫原性良好的猪霍乱沙门氏菌 C500 弱毒株接种适宜培养基培养，收获培养物加适宜稳定剂，经冷冻真空干燥制成。用于预防仔猪副伤寒。

物理性状：疫苗为灰白色海绵状疏松团块，易与瓶壁脱离，加稀释液后迅速溶解。

纯粹检验：用普通琼脂进行检验，应纯粹。

活菌计数：按瓶签标明的头份，加稀释液稀释后，用普通琼脂平板培养进行活菌计数。每头份含活菌数应不少于 $3.0 \times 10^{9.0}$ CFU。

安全检验：按瓶签标明的头份，用普通肉汤或蛋白胨水稀释，皮下注射体重 1.5～2.0kg兔 2 只，各 1.0mL（含 2 头份），观察 21d，应存活。

剩余水分：应符合规定。

真空度：应符合规定。

用法与用量：口服或肌内注射免疫。适用于 1 月龄以上哺乳或断乳健康仔猪。注射免疫，按瓶签标明的头份数，用20%氢氧化铝胶生理盐水稀释疫苗为每头份1mL，每头猪耳后浅层肌内注射1mL。口服免疫，在免疫前猪应停食4h，按瓶签标明头份数，用冷开水稀释疫苗，每头份5～10mL，给猪灌服或拌入少量新鲜凉饲料中饲喂。

注意事项：瓶签注明限于口服的疫苗不能用于注射；疫苗稀释后冷暗处保存，限4h内用完；体弱有病的猪不宜使用；对仔猪副伤寒流行区，为了加强免疫力，可在仔猪断乳前后各免疫一次，间隔21～28d。

注射后个别猪反应较大，出现体温升高、发抖、呕吐和减食等症状，一般2d内自行恢复，重者可注射肾上腺素。

疫苗的保存：在－15℃以下保存，有效期为12个月；在2～8℃保存，有效期为9个月。耐热保护剂活疫苗在2～8℃保存，有效期为24个月。

国内生产和市场情况：仔猪副伤寒活疫苗在中国推广使用近30年来，使猪霍乱沙门氏菌病得到了有效控制。尤其是疫苗口服法的采用，使疫苗的使用更加方便和安全。中国现在有十几家兽用生物制品生产企业生产仔猪副伤寒活疫苗，全国统计数字显示，年总产量几年来一直保持在2亿头份左右。

（康　凯）

十二、鸡白痢和鸡伤寒

（一）概述

鸡白痢（Fowl typhoid）是由鸡白痢沙门氏菌（*Salmonella pullorum*）引起的雏鸡急性败血症，主要侵害2周龄左右的幼雏，日龄较大的雏鸡临床可表现白痢症状。对成年鸡主要感染睾丸和卵巢等生殖器官，呈慢性炎症，导致母鸡产蛋量下降，可经卵垂直传播。

鸡伤寒（Pullorum disease）是由鸡伤寒沙门氏菌（*Salmonella gallinarum* ）引起，常见于育成鸡和成年鸡群，小鸡感染后死率较高，成年母鸡主要表现为卵巢炎症，导致产蛋率下降，孵化率下降。主要发生于鸡和火鸡。

鸡白痢沙门氏菌和鸡伤寒沙门氏菌在分类上属于肠杆菌科、沙门氏菌属，是本属中少数几个不能运动成员之一，按Kaufffman－White体系，属于D血清群。最近，鸡白痢沙门氏菌和鸡伤寒沙门氏菌被归为一个种，即肠道沙门氏菌肠道亚种鸡伤寒-鸡白痢血清型（*Salmonella enterica* subsp. *enterica serovar* Gallinarum－Pullorum），抗原式是1，9，12－：－。

（二）疫苗的研究进展

沙门氏菌是一种兼性细胞内寄生菌，动物机体对沙门氏菌的免疫，细胞介导免疫起重要作用，弱毒活疫苗比灭活疫苗能更有效地刺激机体的免疫应答。Hall等证明各种鸡伤寒沙门氏菌灭活疫苗免疫效果均较差。Smith用鸡伤寒沙门氏菌弱毒9R株研制的活疫苗，9R株菌种是粗糙型菌株，免疫力较差，但菌株的毒力较弱，免疫鸡不产生凝集素，不影响检疫，不影响产蛋率。一些鸡伤寒发生严重的国家，对9R株制备的活疫苗的研究报道较多，欧洲有一种用9R株开发的鸡伤寒沙门氏菌活疫苗Nobilis SG 9R作为商品疫苗销售。中国也有很多学者从事鸡伤寒沙门氏菌活疫苗的研究，并有多篇报道，但还没有一种疫苗获得批准成为商品疫苗。Bouzoubaa等研究发现鸡伤寒沙门氏菌的外膜蛋白制成的油乳剂疫苗产生的保护作用比 9R 株活疫苗更好，并能更大限度地减少鸡伤寒沙门氏菌经卵传递。最近用鸡伤寒沙门氏菌的突变株、一株毒力质粒消除菌株及其他菌株进行免疫试验表明，这些菌株对于鸡伤寒沙门氏菌的攻毒感染有一定的保护作用，具有一定的应用前景。

（三）诊断制剂及应用

由于预防鸡白痢和鸡伤寒尚无理想的疫苗，世界多数国家均采用血清学诊断法检疫种鸡群，淘汰阳性鸡，培育无鸡白痢和鸡伤寒鸡群，以达到净化鸡群消灭鸡白痢和鸡伤寒的目的。世界动物卫生组织（OIE）推荐使用平板凝集抗原，进行鸡白痢和鸡伤寒的检疫。中国研制的鸡白痢鸡伤寒多价染色平板抗原是用国际标准血清标化的，质量达到世界同步水平。

鸡白痢鸡伤寒多价染色平板抗原的生产工艺：将鸡白痢鸡伤寒沙门氏菌的标准型和变异型菌株各一株的冻干菌种经培养繁殖、选菌、扩大培养后制成生产种子，分别接种硫代硫酸钠普通琼脂培养基，37℃培养 48h，用含 2%甲醛溶液的 PBS 培养物灭活。菌液经乙醇处理，配制成适当浓度的菌液，加结晶紫乙醇溶液和甘油搅拌混合制成。用国际标准血清对抗原标化，用标准型和变异型国际标准血清各 0.05mL（含 0.5IU）与等量染色平板抗原做平板凝集试验，抗原 2min 内应出现不低于 50%（++）的凝集；抗原与等量阴性血清混合做平板凝集试验，应不出现凝集反应。

鸡白痢鸡伤寒多价染色平板抗原的使用方法：本抗原适用于 3 月龄以上的鸡。使用时将抗原混匀，取抗原 0.05mL 滴于平板上，采取鸡血 0.05mL 与抗原混合，2min 内判定反应结果，出现不低于 50%的凝集者为阳性，不发生凝集者为阴性，介于两者之间的判为可疑反应。

抗原：在 2~8℃保存，有效期为 36 个月。

（康　凯）

十三、猪传染性萎缩性鼻炎

（一）概述

猪传染性萎缩性鼻炎（Swine infectious atrophic rhinitis）是由产毒素性多杀性巴氏杆菌单独或与支气管败血性波氏杆菌混合感染引起的猪的一种严重的慢性呼吸道传染病。临床上的以浆液性卡他型和化脓性鼻炎、鼻甲骨萎缩、面部变形和生产能力下降为主要特征。本病在世界广泛流行，主要危害是造成病猪生长缓慢、饲料报酬低，常给养猪业造成严重的经济损失，世界动物卫生组织（OIE，2004）将其归为 B 类动物疫病。

该病的病原是支气管败血性波氏杆菌（*Bordetella bronchiseptica*）和产毒素性多杀性巴氏杆菌（*Pasteurella multocida*）。支气管败血性波氏杆菌有 3 个菌相，Ⅰ相菌有荚膜致病性强，Ⅲ相菌属低毒力或无毒菌，Ⅱ相菌是Ⅰ相菌向Ⅲ相菌变异的过渡型。产毒素性多杀性巴氏杆菌为能产生皮肤坏死毒素（dermonecrotic toxin，DNT）的荚膜 D 型，有时为荚膜 A 型，DNT 是一种不耐热的外毒素，能致豚鼠皮肤坏死、小鼠死亡。

（二）疫苗

国外一般采用灭活疫苗预防猪传染性萎缩性鼻炎，现有多种商品疫苗，主要是猪支气管败血性波氏杆菌-D型产毒素性多杀性巴氏杆菌一类毒素菌苗，国内近几年也开展了相关研究，不久会有同类疫苗上市。中国20世纪80年代用免疫原性良好的猪支气管败血性波氏杆菌Ⅰ相菌研制成功油佐剂灭活疫苗，经田间试验和区域试验证明疫苗是安全有效的，疫苗可接种妊娠母猪，通过初乳使仔猪获得被动免疫保护；也可直接接种仔猪，使仔猪产生主动免疫保护。2010年有猪萎缩性鼻炎灭活疫苗（波氏杆菌JB5株）获新兽药注册。

1. 疫苗的生产制造 猪传染性萎缩性鼻炎灭活疫苗的生产工艺：将猪支气管败血波氏杆菌的菌种经培养繁殖、选菌、扩大培养后制成生产种子液。将种子液接种胰大豆蛋白肉汤（TSB）培养，收获培养物，加入甲醛溶液灭活，经灭活检验合格后，加油佐剂混合乳化制成，定量分装。

2. 质量标准与使用 本疫苗是用免疫原性良好的Ⅰ相支气管败血波氏杆菌JB5株接种于适宜培养基培养，培养物经甲醛溶液灭活后，加油佐剂混合乳化制成。用于预防由支气管败血波氏杆菌引起的猪萎缩性鼻炎。

物理性状：疫苗为乳白色乳剂。

无菌检验：应无菌生长。

安全检验：用28～35日龄健康易感仔猪5头，各颈部肌内注射疫苗4mL，观察14d，应无不良反应，且全部健活。

效力检验：用28～35日龄健康易感仔猪10头，分成免疫组和对照组各5头。免疫组每头猪肌内注射疫苗2mL。免疫后28d，连同对照猪5头，各气管注射JB5株菌液2mL（含活菌$2.0\times10^{9.0}$～1.0×10^{10}CFU），每日测定体温，并观察记录临床症状，14d后，扑杀所有仔猪，并检查鼻部和肺部病变。免疫猪应至少保护4头，对照猪应至少发病4头。

甲醛与汞的含量应符合规定要求。

用法和用量：颈部肌内注射。不论猪只大小，每次2mL。推荐免疫程序为：妊娠母猪在分娩前6周和前2周各免疫1次；仔猪在4周龄左右免疫。

疫苗保存：在2～8℃保存，有效期为12个月。

注意事项：防止疫苗冻结。

（康　凯）

十四、猪传染性胸膜肺炎

（一）概述

猪接触传染性胸膜肺炎（Porcine contagious pleuropneumonia）是由胸膜肺炎放线杆菌引起的以急性出血和慢性纤维素性胸膜肺炎为主要特征的呼吸道传染病。本病是通过猪只间的密切接触为主要的传播方式，是国际公认的危害现代养猪业的重要传染病之一。主要发生于6～20周龄的猪，急性暴发病死率高；慢性者常耐过，导致生长受阻、饲料报酬降低，给养猪业造成严重的经济损失。

胸膜肺炎放线杆菌（*Actinobacillus pleuropneumoniae*，APP）公认有2种生物型和15个血清型。生物Ⅱ型中含有13、14两个血清型，主要分布于欧洲，其致病性比生物Ⅰ型弱。

生物Ⅰ型中含有1～12及15血清型，其中，1、5、9和11型毒力最强，3和6型毒力低。据调查，中国流行的主要血清型是1、2、3、5、7型。APP引起猪致病的毒力因子和保护性抗原有多种，包括荚膜脂多糖、LPS、外膜蛋白（OMP）、转铁结合蛋白、蛋白酶、黏附素和外毒素（Apx）等。

（二）疫苗

国内外一般都采用灭活疫苗预防猪接触传染性胸膜肺炎，现有多种商品疫苗，主要有两类：灭活菌苗和亚单位毒素疫苗。国外已有ApxⅠ、ApxⅡ、ApxⅢ和OMP为主要组分的亚单位疫苗上市。中国20世纪末以来，先后用免疫原性良好的胸膜肺炎放线杆菌研制成功多种灭活疫苗，经田间试验和区域试验证明疫苗是安全有效的，目前多种猪胸膜肺炎放线杆菌灭活疫苗通过注册生产，作为商品疫苗销售使用。

1. 疫苗的生产制造 以华中农业大学等单位研制的猪胸膜肺炎放线杆菌三价灭活疫苗（1型JL9901株＋2型XT9904株＋7型GZ9903株）为例。

生产工艺：将猪胸膜肺炎放线杆菌（APP）血清1型JL9901菌株、血清2型XT9904菌株和血清7型GZ9903菌株的冻干菌种分别培养繁殖、选菌、扩大培养后制成生产种子液。将种子液接种于TSB培养基，37℃培养。收获培养物加入甲醛溶液灭活。经无菌检验合格后，将1、2、7型菌液等量混合制成水相，加油佐剂乳化制成，定量分装。

2. 质量标准与使用 本疫苗系用猪胸膜肺炎放线杆菌（APP）血清1型JL9901菌株、血清2型XT9904菌株和血清7型GZ9903菌株，分别接种适宜培养基培养，收获培养物，经甲醛溶液灭活后，与油佐剂混合乳化制成。用于预防1、2、7型猪胸膜肺炎放线杆菌引起的猪传染性胸膜肺炎。

物理性状：疫苗为乳白色乳剂。

无菌检验：应无菌生长。

安全检验：用35～40日龄健康仔猪（APP间接血凝抗体效价≤1∶4）4头，各肌内注射疫苗4mL（2个使用剂量），观察14d，应无不良反应。

效力检验：取35～40日龄健康易感仔猪（APP间接血凝抗体效价≤1∶4）12头，分3组，每组4头，各颈部肌内注射疫苗2mL，免疫28d后，每组连同对照猪4头分别气管内注射1个最小发病剂量的血清1型JL9901菌株（含活菌量约为1×10^{8}CFU）、2型XT9904菌株（含活菌量约为2×10^{8}CFU）、血清7型GZ9903菌株菌液（含活菌量约为2×10^{8}CFU）各2mL进行攻击检验。观察14d，对攻击APP1、2、7血清型的每组免疫猪应至少保护3头，对照猪应全部发病。

甲醛、汞残留量：应符合规定。

疫苗保存：2～8℃保存，有效期为12个月。

附注：发病的判定标准

攻毒猪同时出现如下反应者，判为发病：发病猪出现体温升高（40.5℃以上，持续1～5d）、精神萎靡、嗜睡、厌食、咳嗽、呼吸困难等临床症状，剖检可见肺部散在出血，胸腔和心包积液，后期（攻击7d后）可见胸膜和心包表面有纤维样渗出物。

（康　凯）

十五、牛副伤寒

（一）概述

牛副伤寒（Bovine paratuberculosis）是由沙门氏菌引起的一种牛的传染病，临床上以败血症、出血性肠炎、怀孕母牛多数发生流产为特征，并可以导致病牛死亡。犊牛易感呈急性流行性发生，死亡率有时达50%，病期延长时，表现为关节肿大有时伴有支气管炎或肺炎症状。

引起牛副伤寒的主要病原是鼠伤寒沙门氏菌和都柏林沙门氏菌，其他沙门氏菌占的比例较小。据报道中国西北地区也有病牛沙门氏菌引起的牛副伤寒呈地方流行。鼠伤寒沙门氏菌（*S. typhimurium*）血清型为1，4，5，12：i：1，2；都柏林沙门氏菌（*S. dublin*）血清型为1，4，5，12［Vi］：g，p：-；牛病沙门氏菌（*S. bovismorbificans*）血清型为6，8：r：1，5。

（二）疫苗

1. 灭活疫苗 国外一般采用灭活疫苗预防牛副伤寒，现有多种商品疫苗。中国20世纪80年代初，用免疫原性良好的都柏林沙门氏菌和牛病沙门氏菌研制成功灭活疫苗，经田间试验和区域试验证明疫苗是安全有效的，疫苗在西北地区使用，使牛副伤寒得到了有效控制。

（1）疫苗的生产制造　牛副伤寒灭活疫苗的生产工艺：将都柏林沙门氏菌和牛病沙门氏菌的冻干菌种分别培养繁殖、选菌、扩大培养后制成生产种子液。将种子液接种于肉肝胃消化汤培养基，37℃静止培养6～12d，或通气培养3～4d。当菌液pH达8.0～8.2时，加入甲醛溶液灭活脱毒，37℃灭活3d。用小鼠进行脱毒检验，合格后，按3份菌液加灭菌的氢氧化铝胶1份的比例，充分混合均匀，定量分装。

（2）质量标准与使用　本苗是用免疫原性良好的肠炎沙门氏菌都柏林变种和牛病沙门氏菌接种于适宜培养基培养，培养物经甲醛溶液灭活脱毒后，加氢氧化铝胶制成。用于预防牛副伤寒。

物理性状：静置后，上层为澄清液体，下层有少量沉淀，振摇后呈均匀混悬液。

装量检查：应符合规定。

无菌检验：应无菌生长。

安全检验：①用豚鼠检验：用体重250～350g的豚鼠3只，各皮下注射疫苗3mL（可分两个部位注射），观察10d，全部应健活。②用犊牦牛检验：用6～12月龄的犊牦牛3头，分别肌内注射疫苗3mL、4mL、5mL，观察4h，应无过敏反应。

效力检验：用体重250～350g的豚鼠14只，其中8只豚鼠各皮下注射疫苗1mL，另6只豚鼠作为对照。注射14d后，以4只免疫豚鼠和3只对照豚鼠为一组，第一组豚鼠各皮下注射1MLD都柏林沙门氏菌菌液；第二组豚鼠各皮下注射1MLD牛病沙门氏菌菌液（用37℃培养24h的普通琼脂斜面培养物制备），观察14d。每组对照豚鼠应在3～10d内全部死亡，免疫豚鼠应至少保护3只。

甲醛、苯酚和汞类防腐剂残留量：应符合规定。

用法和用量：肌内注射。1岁以下的犊牛1mL；1岁以上的牛2mL。为增强免疫力，对

1岁以上的牛在第1次注射后10d用相同剂量再免疫1次。在已发生牛副伤寒的畜群中，可对2～10日龄的犊牛进行疫苗注射，每头1mL。对孕牛应在产前45～60d时注射疫苗，所产犊牛应在30～45日龄时再注射疫苗。

疫苗保存：在2～8℃保存，有效期为12个月。

注意事项：瘦弱的牛不宜注射。

2. 弱毒活疫苗 中国甘肃省畜牧兽医研究所研究人员用抗原性良好的都柏林沙门氏菌强毒株在含有醋酸铊的普通肉汤中传代培养，人工致弱，筛选出一株毒力弱而免疫原性良好的弱毒菌株，命名为都柏林沙门氏菌STM8002－550弱毒菌株。用该菌株制成牦牛副伤寒活疫苗经牛体临床试验证明，疫苗是安全的，免疫效果良好。

（1）疫苗的生产制造 牦牛副伤寒活疫苗的生产工艺：将都柏林沙门氏菌STM8002－550弱毒菌株的冻干菌种经培养繁殖、选菌、扩大培养后制成生产种子液。将种子液按培养基总量的1%～2%接种于含1.5%蛋白胨普通肉汤中，37℃通气培养16～20h，培养物经离心后，用生理盐水稀释菌泥成菌液，然后加入含明胶、蔗糖的稳定剂，充分混合均匀，定量分装，在分装结束后应迅速进行冷冻真空干燥，制成冻干活疫苗。在生产过程中应十分注意培养和冻干技术控制，尽可能减少菌的死亡率，保证冻干后的活菌率不低于50%。

（2）质量标准与使用 本苗是用免疫原性良好的都柏林沙门氏菌弱毒株的培养物加适宜稳定剂，经冷冻真空干燥制成。用于预防牦牛副伤寒。

物理性状：海绵状疏松团块，易与瓶壁脱离，加稀释液后迅速溶解。

纯粹检验：应纯粹生长。

活菌计数：按瓶签标明的头份，用普通琼脂平板进行活菌计数。每头份活菌数应不少于$1.5\times10^{9.0}$CFU。

安全检验：按瓶签标明的头份，将疫苗用普通肉汤稀释，皮下注射体重300～400g的豚鼠2只，各1mL（含$8.0\times10^{9.0}$CFU活菌），观察15d，应存活。

效力检验：将疫苗用普通肉汤或20%氢氧化铝胶生理盐水稀释为$5.0\times10^{8.0}$CFU活菌/mL。用体重250～300g的豚鼠7只，4只皮下注射1mL，另3只作为对照。接种15d后，每只豚鼠皮下注射2MLD（约$1.6\times10^{8.0}$CFU）都柏林沙门氏菌强毒菌液，观察15d，对照豚鼠应全部死亡，免疫豚鼠至少保护3只。

剩余水分：应符合规定。

真空度：应符合规定。

用法和用量：臀部或颈部浅层肌内注射。按瓶签标明的头份数，用20%氢氧化铝胶生理盐水稀释疫苗为每1头份/mL，每年5—7月接种，犊牛1mL，成年牛或青年牛2mL。

疫苗保存：在2～8℃保存，有效期为12个月。

注意事项：疫苗现用现稀释，稀释后放阴凉处，限6h内用完。

注射疫苗后，有些牛出现轻微的体温升高、减食和乏力等症状，1～2d后可自行恢复；极个别牛在注苗后20～120min可出现流涎、发抖、喘息、卧地等过敏反应症状，轻微者可自行恢复，较重者应及时注射肾上腺素。

（康 凯）

十六、马沙门氏菌流产

（一）概述

马沙门氏菌流产（Equi salmonalla abortus）又称为马副伤寒，是由马流产沙门氏菌（*Salmonella abortusequi*）引起的马属动物的一种传染病。临床表现为妊娠母马发生流产，幼驹关节肿大、下痢和有时见支气管肺炎，公马、公驴表现为睾丸炎和鬐甲肿。本病多发生于春秋季节，世界各地均有发生。

马流产沙门氏菌在分类上属于肠杆菌科沙门氏菌属，Smith 和 Kilborne 1893 年发现了本病原，后来多位学者对其进行了确认，其血清型是 4，12：-：e，n，x。

（二）疫苗

1. 灭活疫苗 国外一般采用灭活疫苗预防马沙门氏菌流产，国内外的报道表明，灭活疫苗的免疫效果不理想，用灭活疫苗免疫过的马匹仍发生沙门氏菌流产，用减毒或无毒活疫苗免疫马匹，效果明显优于灭活疫苗。

2. 弱毒活疫苗 中国在 20 世纪 60 年代开始沙门氏菌马流产活疫苗的研究，先后培育出多株弱毒菌株。现有两株用于生产疫苗，一株编号为 C355，另一株编号为 C39。

（1）沙门氏菌马流产活疫苗（C355 株） 疫苗的生产菌种是马流产沙门氏菌 C355 弱毒菌株。C355 菌株是中国兽医药品监察所的房晓文等选用免疫原性良好的马流产沙门氏菌强毒株在含有醋酸铊的普通肉汤中连续传代培养，经传数百代后，筛选出一株毒力弱而免疫原性良好的弱毒菌株。C355 菌株具有毒力弱、安全、免疫原性好等特点。用 C355 弱毒菌株制成的活疫苗，100 亿个活菌每年免疫孕马 2 次，防止由沙门氏菌引起马流产保护率达 100%。疫苗经 3 万多匹孕马的临床试验证明，是安全、有效的。

1）疫苗的生产制造 沙门氏菌马流产活疫苗（C355 株）的生产工艺：将 C355 菌株的冻干菌种经培养繁殖、选菌、扩大培养后制成生产种子液。将种子液接种于普通琼脂大扁瓶中，置 37℃先平放培养 6h，然后抬高瓶口做倾斜培养 40h。纯粹检验合格后，用含明胶、蔗糖的稳定剂洗下培养物，充分混合均匀，定量分装，在分装结束后应迅速进行冷冻真空干燥，制成冻干活疫苗。在生产过程中应十分注意培养和冻干技术控制，尽可能减少菌的死亡率，保证冻干后的活菌率。

液体苗：如疫苗的制备不经冷冻真空干燥过程，可直接制成液体苗。但液体苗保存时间短，在 2～8℃保存，有效期为 1 个月左右。

2）质量标准与使用 本疫苗系用马沙门氏菌 C355 株接种适宜培养基，收获培养物，加适宜稳定剂，经冷冻真空干燥制成。用于预防沙门氏菌引起的马流产。

物理性状：海绵状疏松团块，易与瓶壁脱离，加稀释液后迅速溶解。

纯粹检验：应纯粹生长。

鉴别检验：将本疫苗接种于含 1%醋酸铊的普通肉汤中，37℃培养 24h，应呈混浊生长。

活菌计数：按瓶签标明的头份，将疫苗用普通肉汤或马丁肉汤稀释，接种马丁琼脂平板培养做活菌计数。每头份活菌数应不少于 1.0×10^{10}CFU。

安全检验：按瓶签标明的头份，将疫苗用普通肉汤或马丁肉汤稀释，腹腔注射体重18～20g 小鼠 10 只，每只 0.2mL（含 $1.5\times10^{8.0}$ CFU 活菌），观察 14d，应至少存活 8 只。

效力检验：按瓶签标明的头份，将疫苗用普通肉汤或马丁肉汤稀释，用体重18～20g小鼠15只，10只小鼠各腹腔注射0.2mL（含$1.5\times10^{8.0}$ CFU活菌），另外5只小鼠作为对照。接种21d后，每只小鼠各腹腔注射马流产沙门氏菌C77－1强毒株普通肉汤24h培养物0.2～0.3mL（4～5MLD），观察14d，对照鼠应全部死亡，免疫小鼠应至少保护8只。

剩余水分：应符合规定。

真空度：应符合规定。

用法与用量：臀部肌内注射。主要用于受孕1个月以上的母马，也可用于未受孕的母马和公马。使用时，按瓶签标明的头份数，用20%氢氧化铝胶生理盐水或生理盐水将疫苗稀释为每头份1mL，每年接种2次，间隔约4个月，怀孕马接种时间可安排在当年的9—10月和第2年的1—2月各注射1次，每次每匹马接种1头份。

注意事项：疫苗稀释后放阴凉处，限4h内用完；保存和运输过程中，禁忌高热。

疫苗的保存：在2～8℃保存，有效期为12个月。

（2）沙门氏菌马流产活疫苗（C39株） 疫苗的生产菌种是马流产沙门氏菌C39弱毒菌株。C39菌株是中国农业科学院哈尔滨兽医研究所的研究人员选用免疫原性良好的马流产沙门氏菌强毒株通过雏鸡和培养基交替传代培育而成。临床试验表明，用C39弱毒菌株制备的活疫苗，25亿个活菌皮下注射免疫马驹，获得良好的免疫力，在有沙门氏菌引起马流产史的马场使用，免疫马的流产率明显下降。

1）疫苗的生产制造 沙门氏菌马流产活疫苗（C39株）的生产工艺：将C39弱毒菌株的冻干菌种经培养繁殖、选菌、扩大培养后制成生产种子液。将种子液接种于普通肉汤中，置37～38℃通气培养12～16h，收获培养物。纯粹检验合格后，用含明胶、蔗糖的稳定剂洗下培养物，充分混合均匀，定量分装，在分装结束后应迅速进行冷冻真空干燥，制成冻干活疫苗。在通气培养过程中应十分注意控制pH在7.4左右，pH不能超过7.6，并注意控制冻干技术，尽可能减少菌的死亡率，保证冻干后的活菌率。

液体苗：将菌种种子液接种于普通琼脂扁瓶，培养后，纯粹检验合格后，用生理盐水洗下培养物，充分混合均匀，定量分装，制成液体苗。在2～8℃保存，有效期为1个月。

2）质量标准与使用 本疫苗系用马沙门氏杆菌C39菌株接种适宜培养基，收获培养物，加适宜稳定剂，经冷冻真空干燥制成。用于预防沙门氏菌引起的马流产。

物理性状：海绵状疏松团块，易与瓶壁脱离，加稀释液后迅速溶解。

纯粹检验：应纯粹生长。

活菌计数：按瓶签标明的头份，将疫苗用普通肉汤稀释，接种普通琼脂平板进行活菌计数。每头份活菌数应不少于$5.0\times10^{9.0}$CFU。

安全检验：用体重16～18g小鼠10只，疫苗按瓶签标明的头份用普通肉汤稀释，腹腔注射，观察10d。应符合以下标准：用5只小鼠各注射活菌$2.0\times10^{5.0}$ CFU，应全部存活。用5只小鼠各注射活菌$2.0\times10^{6.0}$CFU，应至少存活3只。

效力检验：用体重18～20g小鼠15只，10只各腹腔注射活菌$2.0\times10^{6.0}$CFU，另5只做对照。接种21d后，每只小鼠各腹腔注射马流产沙门氏菌C77－1株强毒菌液0.2mL（含$1.0\times10^{8.0}$CFU活菌），观察15d，对照组鼠应至少死亡4只，免疫鼠至少保护8只。

剩余水分：应符合规定。

真空度：应符合规定。

用法与用量：颈部皮下注射。按瓶签标明的头份数，用生理盐水稀释疫苗为每头份2mL。成年马2mL，于每年8—9月母马配种结束后注射；幼驹于出生后1个月注射，剂量减半（1mL），断奶后，再注射1次。成年马匹每年免疫注射1次，免疫期为12个月。

注意事项：疫苗稀释后限4h内用完；运输过程中需冷藏。

疫苗的保存：在2～8℃保存，有效期为6个月；在－20℃保存，有效期为24个月。

（康　凯）

十七、猪支原体肺炎

（一）概述

猪支原体肺炎（Swine mycoplasmal pneumonia，SMP）又称猪喘气病或猪地方性流行性肺炎（enzootic pneumonia of pigs），是由猪肺炎支原体（*Mycoplasmal hyopneumonia*）引起的一种接触性慢性呼吸道传染病，普遍存在于世界各地。患病猪主要表现为咳嗽和气喘，体质和生产性能显著降低，生长迟缓，饲料转化率低，体温基本正常。解剖时以肺部病变为主，尤以两肺心叶、中间叶和尖叶出现胰样变或肉样变为其特征。猪喘气病呈世界性分布，国外报道发病率一般在50％左右，Pointon等（1990）对明尼苏达州屠宰猪进行肉眼病变调查的结果表明，125个猪场75％的猪被感染。Guerrero等（1990）对7个国家屠宰猪进行调查表明：肺炎的流行范围为38％～100％，同样是他们（1999）也报道了1995年在委内瑞拉进行调查的27个猪场全部感染了猪喘气病。国内统计数据表明，中国猪场猪喘气病的感染率达80％以上，发病率为30％～50％。

带菌猪是本病的主要传染源，病猪和健康猪混群饲养，常引起本病的暴发。

土种猪感染率和发病率均较高，各种年龄的猪都可感染本病，但乳猪和断乳猪一般比成年猪的易感性高，表现出的症状和由此引起的经济损失也最为严重。仔猪对猪肺炎支原体的易感性较高，容易形成早期感染，最早9日龄就可见到明显的症状，但往往直到6周甚至更大才表现出明显的症状，18周龄左右表现最为明显。

在新疫区往往是由于引种时不慎将带菌猪引进，致使健康猪感染而暴发此病。而在老疫区，患病母猪是主要传染源，母猪将病原体传给仔猪，造成仔猪的早期感染发病是猪支原体肺炎在猪群中长期的存在的主要原因。

传播途径：猪肺炎支原体是经呼吸道的飞沫，病猪与健康猪之间直接接触传播的，当病猪与健康猪直接接触，或同圈饲养的病猪咳嗽或气喘时将病原体通过呼吸道排出体外，健康猪吸入病原体而感染。Goodwin证明从患猪喘气病病猪的鼻腔分泌物中能分离出猪肺炎支原体。

一般情况下，本病不易发生间接感染，然而在实践中也经常出现一些原因不明的猪肺炎支原体感染，使一些隔离得很好的猪群发病。猪肺炎支原体不会经胎盘垂直传播。

本病一年四季均可发生，以冬春寒冷季节多发。本病的发生发展与饲养管理有很密切的关系，猪群过分拥挤、饲料营养水平不够、猪舍阴暗潮湿、通风不良、环境卫生条件差的猪场常易发生本病，其发病率、死亡率均高于管理得好的猪场。另外，气候与环境的变化也与本病的发生发展有密切的关系，寒冷潮湿的冬季发病多而严重，而夏季较少发生，症状也不明显。环境的突然改变，如仔猪断奶、车船运输等造成猪只过度疲劳，易使本病加重。本病的另一特征是潜伏期长，流行一般以慢性为主，在新疫区（场），开始可呈急性暴发或区域流行，而后转为慢性。在老疫区，多呈慢性流行或隐性感染。

猪肺炎支原体可单独引起发病，但通常与其他病原体混合感染，与猪繁殖与呼吸综合征病毒混合感染，可导致严重的呼吸综合征；与圆环病毒混合感染，可加重生长障碍和免疫抑制；与副猪嗜血杆菌、巴氏杆菌、胸膜肺炎放线杆菌及败血波氏杆菌等细菌性病原混合感染，可导致呼吸道病情加重和死亡率明显增加。

调查表明，患病猪体质下降，生产性能显著降低，饲料转化率降低15%～30%，生长率降低15%～20%，育肥猪出栏延迟1～2周。Pointan等1985年通过试验发现，与感染猪喘气病的母猪接触的猪生长率降低15.9%，饲料利用率降低13.8%。中国近年调查表明：每头发病猪的直接经济损失达50元以上。

一些药物对本病有一定的疗效，对减轻发病猪的症状有一定的作用，一旦猪场有猪喘气病发生，药物治疗通常是应急的手段，很难将其彻底治愈。而长期低剂量用药易造成支原体耐药株的产生，症状消失但未完全康复的猪或用药物治疗但未完全治愈的猪体内仍然带菌，可传播本病。

猪肺炎支原体菌体直径为300～800nm，由于缺乏细胞壁，因而菌体常呈多种形态，以点状、环形菌体为主。在做固体培养时，典型的菌落为圆形，边缘整齐，灰白色，半透明，中间凸起呈乳头状，表面常有许多小的颗粒，菌落大小为100～300μm。

猪肺炎支原体的毒力与免疫原性密切相关，一般情况下，菌株的毒力越强，则免疫原性越好。在培养基传代过程中，往往是毒力减弱了，免疫原性也变弱。不同的菌株毒力也不完全一样。

猪肺炎支原体对培养基的营养条件要求非常苛刻，在一般的培养基中很难生长，是动物支原体中较难培养的一种。从猪体内进行支原体分离往往是非常困难的事。常用的培养基有牛肉消化汤、猪肺消化汤和成品支原体肉汤，在培养基中须加入20%的健康猪血清和10%的酵母浸出液，pH一般调至7.8左右。盛装液体培养基的容器一定要加胶塞，密闭培养。培养温度通常为37℃，既可静止培养，也可振荡培养。猪肺炎支原体的生长状况是通过液体培养基的颜色变化而进行判断的，这是因为它在生长过程中可以代谢发酵葡萄糖产酸，使培养基的pH下降而通过酚红指示剂使培养基颜色发生变化。大多数实验室保存的猪肺炎支原体菌株接种培养基后，3～7d就可使培养基的pH从7.8左右降到6.8，颜色也由红变黄，颜色变化时间长短依菌株的不同、接种量多少和培养基的不同而异。多数菌株不适宜在pH6.7以下生存，因此在传代过程中要认真观察，把握时机，在pH达到6.8时就要收获或往下继代。培养物除颜色发生变化以外，难见到液体浑浊，只有培养时间长的培养物才可见到极其轻微的浑浊，长时间静置，试管或培养瓶底部可见少量白色沉淀。固体培养时，通常将已适应于液体培养基生长的培养物接种于固体琼脂培养基表面，其培养条件需要含5%～10%CO_2和潮湿的空气，接种的培养物菌体含量不宜过高，必要时将其作适度稀释后再接种，这样就可见到疏密适中的单个菌落。

（二）疫苗

目前，猪喘气病疫苗分为两类，一类是中国兽医药品监察所和江苏省农业科学院分别研究出的猪支原体肺炎弱毒活疫苗，另一类是中国和国外部分企业研究出来的灭活疫苗。

1. 弱毒活疫苗

(1) 疫苗研究进展　在猪喘气病弱毒疫苗方面：国外一些国家在20世纪60年代左右相继开展了猪喘气病疫苗的研究，但均因工作难度大、进展缓慢而放弃了。中国兽医药品监察所和江苏省农业科学院等单位从20世纪中期分别开始猪喘气病弱毒疫苗的研制，中国兽医药品监察所将猪肺炎支原体强毒株在乳兔体内连传近800代，使其毒力减弱，培育出了一株毒力低、免疫原性良好的猪肺炎支原体兔化弱毒疫苗菌株。并用该菌株成功地生产出了安全有效的乳兔肌肉组织冻干疫苗、鸡胚卵黄膜冻干弱毒疫苗，后在此基础上将猪肺炎支原体兔化弱毒株传代适应培养基，利用该实验室研究的适合其生长繁殖的高效培养基，研究成果了培养基活疫苗（RM48株），同时建立了该疫苗经鼻腔喷雾接种的免疫方法。该猪喘气病培养基弱毒疫苗的研究成功，很好地解决了疫苗工厂化大生产和胸腔免疫接种操作困难、副反应大的弊端，同时将使用日龄提前到了3～5日龄，有效解决了预防早期猪肺炎支原体感染的难题。

用猪肺炎支原体兔化株制成弱毒疫苗先后免疫接种过20余个地方品种的土种猪及外来品种的杂交猪，经过X光胸部透视、称重、临床观察及剖检等方法检测，证明该活疫苗安全，对猪无副作用，免疫接种猪与非接种的健康猪同圈饲养，不发生交叉传播感染，不影响猪体增重，经强毒攻击，免疫保护率可达80%，免疫期可达6个月，疫苗保存期可达12个月以上。

(2) 疫苗的生产制造　猪喘气病弱毒鸡胚卵黄膜冻干活疫苗：该疫苗的制造是以猪肺炎支原体兔化弱毒株做种子，将含有猪肺炎支原体的乳兔肺组织研磨或用组织匀浆器匀浆后，接种无支原体感染的鸡胚，收集卵黄膜，制成悬液，加入适当的保护剂，冷冻真空干燥而成。

猪喘气病弱毒乳兔肌肉冻干活疫苗：该疫苗的制造是以猪肺炎支原体兔化弱毒株做种子，将含有猪肺炎支原体的乳兔肺组织研磨或用组织匀浆器匀浆后，接种乳兔肌肉，制成肌肉组织悬液，加入适当的保护剂，冷冻真空干燥而成。

猪喘气病弱毒培养基（Rm48株/168株）冻干活疫苗：将猪肺炎支原体弱毒株接种适宜的培养基，经36～37℃连续传代培养，收获培养物，经检验合格后，加入适当的冻干保护剂经真空冷冻干燥而制成。

作为猪肺炎支原体培养基疫苗生产工艺来说，培养基的好坏直接决定疫苗的产量和质量。猪肺炎支原体对培养基的需求极其苛刻，和其他支原体一样，在生长过程中都需要胆固醇、一些必需的氨基酸和核酸前体。因此，在培养基中需要加入猪血清和酵母液；由于猪肺炎支原体能发酵培养基中的葡萄糖产酸而使pH下降，因此，通常在培养基中加入葡萄糖和酚红指示剂，可以通过观察培养基的颜色变化来判断支原体的生长状况。在做液体培养基培养时，接种前的培养基pH以7.8左右为宜，接种后在一周内培养基的pH应下降到7.0以下，培养好的液体培养物只呈轻度的浑浊；培养基最好是现配现用，配制培养基的水对支原体的生长至关重要，必须使用合乎要求的去离子水。在制造疫苗时，由于支原体在培养基中反复传代容易降低免疫原性，所以控制菌种的制苗代次是非常重要的，为了长期保证疫苗的活菌含量不降低，可以将疫苗经真空冷冻真空干燥后保存。

在猪支原体肺炎活疫苗生产中，相比之下，尽管各种疫苗免疫效力差异不大，但乳兔肌肉组织苗和鸡胚卵黄膜苗生产工艺比较落后，前者制苗材料来源困难，后者疫苗生产产量低，很容易造成污染，质量不容易控制，工厂化大批量生产困难。用培养基生产疫苗生产工艺简便，疫苗质量容易控制，产量高，批量大。为该疫苗的田间大面积推广使用提供了强有力的技术保障。

（3）质量标准与使用　本品系用猪肺炎支原体兔化弱毒株，分别接种鸡胚、乳兔或培养基，经在组织或培养基中生长繁殖，收获制苗鸡胚/乳兔组织或培养物，加入适宜稳定剂，经冷冻真空干燥制成。用于预防猪支原体肺炎（猪喘气病）。

物理性状：鸡胚、乳兔肌肉组织源疫苗：淡红或微红色，海绵状疏松团块，易与瓶壁脱离；培养基活疫苗：淡黄色或灰白色，海绵状疏松团块，易与瓶壁脱离，加稀释液后迅速溶解。

纯粹检验：鸡胚、乳兔肌肉组织源疫苗：接种细菌检验用培养基，不出现细菌生长或不超过规定数量的非致病性细菌生长，非污染细菌的疫苗接种猪肺炎支原体培养基，不出现支原体生长。培养基活疫苗：接种猪肺炎支原体培养基，出现支原体生长。将猪肺炎支原体活疫苗接种细菌检验用培养基，不出现细菌生长。

安全检验：① 小鼠安全检验：用体重18～22g的小鼠5只，各皮下接种以生理盐水稀释的疫苗0.2～0.5mL，观察10d。应全部健活。② 猪安全检验：每批疫苗以10倍的免疫剂量，分别胸腔或鼻腔（RM48株活疫苗）接种30～50日龄健康易感小猪5头，设空白对照5头，观察25d。所有用于安全检验的猪应无体温变化和临床症状。

效力检验：

鸡胚、乳兔肌肉组织源疫苗：兔体免疫反应测定，用体重1.5～2.0kg的大耳白兔5只，各肺内注射1头份疫苗，第30天采血，用间接血凝方法检查血清凝集抗体，应至少3只阳性（血凝价≥10＋＋）为合格。

培养基活疫苗：① 活菌含量测定：按CCU测定方法测定，冻干苗活菌数应在5×10^7CCU/头份（RM48株）或5×10^6CCU/头份（169株）以上为合格。② 猪效力检验：以1头份的免疫剂量疫苗，鼻腔喷雾（RM48株）或胸腔肺内注射（168株）接种30～50日龄健康易感小猪5头，设空白对照5头，观察45d，用强毒经气管攻击。观察肺部病变，免疫猪肺部病变减少率达60%以上，非免疫对照猪4/5以上发病为合格。

作用与用途：用于预防猪支原体肺炎（猪喘气病）。

用法与用量：右胸腔内注射，肩胛骨后缘1～2寸处两肋骨间进针，按瓶签注明头份，每头猪注射1头份。猪支原体肺炎活疫苗（RM48株）除胸腔免疫接种之外，还可以经鼻腔喷雾免疫接种。

注意事项：本疫苗只适用于健康猪，对已患猪喘气病的猪不宜使用。注射疫苗前3d、后15d内应停止使用治疗猪肺炎支原体病的药物。疫苗稀释后应在3h内用完。

贮藏：在－15℃以下，有效期为12个月；猪支原体肺炎活疫苗（RM48株）除了可在－15℃以下保存外，还可在2～8℃保存，有效期为6个月。

2. 灭活疫苗　在灭活疫苗研究中，美国、法国、西班牙和中国等国已有多家公司通过浓缩猪肺炎支原体培养物先后研制成功了猪肺炎支原体灭活苗并已被批准生产、销售。该苗可以用于哺乳仔猪、怀孕母猪和种公猪，肌肉接种，对猪安全，无副作用，与非免疫对照猪相比，免疫猪的肺炎发病程度可下降60%以上；或采用统计学分析，免疫组和非免疫对照组猪肺部病变有显著差异时（$p<0.05$），疫苗判为合格。

该疫苗的生产是将猪肺炎支原体菌种接种适宜的培养基，反复传代扩大培养，浓缩培养物，经适当的灭活剂灭活，加入适当佐剂而成。在该疫苗生产中，高抗原浓度和有效的免疫佐剂是至关重要的。因为猪肺炎支原体是以呼吸道感染为主，细胞免疫和局部黏膜免疫在疾病预防控制中起着非常重要的作用，而灭活疫苗在这方面的作用相对较弱。

质量标准与使用：

本品系用猪肺炎支原体菌株，经培养基培养后收获，经灭活、浓缩，加入适当佐剂乳化而成。用于预防猪支原体肺炎（猪喘气病）。

物理性状：因佐剂类型不同而异，通常为乳白色均匀油乳剂，也有粉红色水性佐剂。

安全检验：① 小鼠安检：用体重18～22g的小鼠8只，每只皮下接种疫苗0.5mL，观察7d。应全部健活。② 猪安检：用健康易感猪5头，各肌内注射疫苗2头份，观察7d。应无明显不良反应。

效力检验：

进口注册疫苗：制订参照疫苗，根据与合格的参照苗比较来判定被检疫苗的免疫效力是否合格。

参照疫苗的制订和检验标准：参照疫苗一般由疫苗生产企业自己根据试验研究时确定的标准制定。用无猪肺炎支原体感染的猪进行检验，免疫后50d左右对免疫猪非免疫对照猪用强毒进行攻击。观察临床症状，并于攻毒后25d将猪剖杀，观察肺部病变，采用统计学分析，免疫组和非免疫对照组猪肺部病变达到规程标准时疫苗判为合格。

用ELISA方法测定猪肺炎支原体灭活疫苗中支原体的抗原含量，其含量达到参照苗的标准疫苗判为合格。

中国疫苗：用无猪肺炎支原体感染的猪进行检验，免疫后50d左右对免疫猪和非免疫对照猪用猪肺炎支原体强毒经气管进行攻击。观察临床症状，并于攻毒后25d将猪剖杀，观察肺部病变，与非免疫对照猪相比，免疫猪的肺炎发病程序下降60%以上疫苗判为合格。

用法与用量：肌内注射，按瓶签注明头份，每头猪注射1头份，多数疫苗需做2次免疫接种。

注意事项：免疫注射疫苗前，应将疫苗从冰箱取出，让其接近室温，并注意避光保存。注射前，应将疫苗摇匀，如果是油佐剂疫苗，出现明显破乳则疫苗不能用。该疫苗只能用于健康猪。

贮藏：在2～8℃以下，有效期为12～24个月。

（宁宜宝）

十八、鸡毒支原体感染

（一）概述

鸡毒支原体感染（Mycoplasma gallisepticum infection，MGI）也称鸡毒支原体病或鸡慢性呼吸道病（CRD），在火鸡则称传染性窦炎，是由病原鸡毒支原体（*Mycoplasma gallisepticum*，MG）感染引起的一类疾病。临床上表现为咳嗽、流鼻涕，严重时呼吸困难或张口呼吸，可清楚地听到湿性啰音。病程长，发展慢。剖检可见到鼻道、气管卡他性渗出物和严重的气囊炎。发病率高，幼雏的淘汰率上升和成年母鸡的产蛋率下降，死亡率低，是造成养鸡业严重经济损失的疾病之一。根据宁宜宝和冀锡霖等对全国 20 个省、直辖市的血清学调查发现，国内鸡个体阳性感染率为 80%，由此可见，此病对中国养鸡业造成的经济损失不可低估。

鸡毒支原体属软膜体纲，支原体目，支原体科，支原体属。早期的支原体统称为类胸膜肺炎微生物（PPLO），1956 年才被正式命名为支原体。鸡毒支原体只有一个血清型，但不同菌株之间基因结构有一定的差异。D. Yogew 等利用 rRNA 探针基因指纹技术研究表明：鸡毒支原体至少存在三种不同的基因型。Naola M. Ferguson 等对来源于不同国家、宿主和时间的鸡毒支原体分离株利用随意扩增多型 DNA 基因测序的比较研究表明：从美国分离到的菌株间以及与疫苗株（6/85、TS－11 和 F）同源性很高，但与实验室以前保存的参考株同源性低。以色列的分离株之间同源性很高，但基因序列既不同于美国株，与澳大利亚分离株相差也大。澳大利亚分离株与美国株同源性相近，而不同于以色列野毒株。结果显示：不同地区间流行株基因结构存在一定差异，但这种差异与疫苗免疫保护之间关系不大。

纯种鸡比杂种鸡对鸡毒支原体更易感，非疫区的鸡比疫区的鸡易感。鹌鹑、鸽、珍珠鸡及一些观赏鸟类也可感染本病。小鸡比成年鸡易感，在感染小鸡，由于生长缓慢，饲料转化率低，尽管死亡率低，但由此造成的淘汰率高。寒冷潮湿的季节，鸡群易发生慢性呼吸道疾病，湿度越大，发病率越高；卫生条件差，通风不良，过于拥挤，往往易激发鸡毒支原体病暴发，病情也趋严重。一些病原的混合感染会使鸡毒支原体病的发病率升高和病情加重。新城疫和传染性支气管炎等呼吸道病毒感染、大肠杆菌的混合感染会使呼吸道病明显加重，即所谓的协同作用。作者等用鸡毒支原体和致病性大肠杆菌分别和混合感染 SPF 鸡，观察其协同作用，结果显示混合感染比单独感染的发病率和死亡率要重得多。

（二）疫苗

中国兽医药品监察所已研究出鸡毒支原体弱毒活疫苗和灭活油佐剂疫苗，前者主要用于商品蛋鸡和肉鸡，也可用于已受鸡毒支原体感染的父母代种鸡，而后者则主要用于蛋鸡和种鸡。

1. 弱毒活疫苗

（1）疫苗研究进展 Van der Heide（1977）报道，青年后备母鸡在转入大型多代次产蛋鸡舍前，使用鸡毒支原体康涅狄格 F 弱毒株接种，可提高感染鸡群产蛋率 10%左右。Kleven 等对 F 株又做了进一步的研究，结果表明，F 株接种对输卵管功能无影响，免疫组较对照组产蛋率高，点眼接种后备母鸡不发生蛋的垂直传播，用 F 株接种 1 次，能将接种前感染的野毒株的经卵垂直传播率从 11.7%降至 1.8%。Leivisohn 等报道 F 株能保护鸡群不发生由鸡毒支原体强毒攻击诱发的气囊炎。长期使用，可取代鸡场中的鸡毒支原体野毒株。但 F 株对火鸡有强致病力。1988 年以来，宁宜宝等对 F 株进行了全面深入研究，考虑到 F 株毒力的问题，对其在人工培养基中进行了 36 代传代减毒培养，培育出的 F－36 株，其毒力比原代次 F 株明显减弱，用 F－36 株经鼻内感染的 30 只鸡只有 1 只出现极其轻度的气囊损伤，而原代次的菌株感染的 30 只鸡有 4 只出现轻度气囊损伤，用 F－36 株培养物以 10 倍的免疫剂量点眼接种无鸡毒支原体、滑液支原体感染的健康小鸡和 SPF 小鸡均不引起临床症状和气囊损伤，用其和新城疫同时或先后免疫接种鸡，均不相互增强致病作用，在野外大面积接种蛋鸡和肉鸡，均不引起不良反应，对鸡安全。经传代进一步致弱的 F－36 株，其免疫原性没有发生变化，用其作为原代种子制作的疫苗免疫接种鸡能产生良好的免疫力，能有效地抵抗强毒菌株的攻击，保护气囊不受损伤。免疫保护率可达80%，免疫持续期达9个月，免疫鸡的体重增加明显高于非免疫对照组。免疫保护效果和传代前的菌株制作的疫苗一样。3日龄、10日龄接种鸡的免疫效果好于1日龄接种鸡。这种疫苗既可用于尚未感染的健康小鸡，也可用于已感染的鸡群，试验证明：对已发生疾病的鸡场，用疫苗紧急预防接种，可使患病鸡在10d左右症状明显减轻，使降低的产蛋率逐步回升到正常水平。在实际应用中，如果能保证在疫苗接种后20d左右不用抗生素和喹诺酮类药物，一次免疫接种就可以了，如果早期由于细菌性病多，须经常用药，宜在停药阶段再接种1次，以增强免疫效果。宁宜宝等的试验表明：小鸡的母源抗体对F-36株疫苗产生免疫效力基本上没有影响。用鸡毒支原体F-36菌株疫苗免疫接种可预防和控制由于鸡毒支原体引起的呼吸道疾病，可明显降低雏鸡的淘汰率，提高产蛋率10%左右。在大肠杆菌发病鸡场，使用该疫苗后可明显减轻发病程度。

（2）疫苗的生产制造　疫苗的生产通常采用培养基培养，培养基的好坏直接决定疫苗的产量和质量。鸡毒支原体对培养基的需求相当苛刻，不同菌株对培养基的要求也不一样，总的来说，几乎所有的菌株在生长过程中都需要胆固醇、一些必需的氨基酸和核酸前体。因此在培养基中需要加入10%～15%灭活的猪、牛或马血清和10%酵母浸出液；由于鸡毒支原体能发酵葡萄糖产酸而使培养基pH下降，因此，通常在培养基中加入葡萄糖和酚红指示剂，可以通过观察培养基的颜色变化来判断支原体的生长状况。常用的培养基有多种，大多由Frey氏培养基改良而来。在做液体培养基培养时，接种前的培养基pH以7.8左右为宜，接种后在24～48h内便能使培养基的pH下降到7.0以下，培养好的液体培养物只呈轻度浑浊；培养基最好是现配现用，水对支原体的生长至关重要，必须使用合乎要求的去离子水。在制造疫苗时，由于支原体在培养基中反复传代容易降低免疫原性，所以控制F-36株制苗代次是非常重要的，为了长期保证疫苗的活菌含量，可以将疫苗冻干后保存。鸡毒支原体的培养温度一般为36～37℃。

（3）质量标准与使用　本品系用鸡毒支原体接种培养基培养结束后，加入适量稳定剂，经冷冻真空干燥而成。用于预防由鸡毒支原体感染引起的慢性呼吸道疾病。

从物理性状上看，冻干疫苗为淡黄色海绵状疏松团块，易于瓶壁脱离，加稀释剂后快速溶解，疫苗应纯粹无杂菌生长。按标签注明羽份加培养基复原后，其活菌数应在10^{8} CCU/mL以上。

在做安全性检验时，按标签注明的羽份用无菌生理盐水或注射用水溶解，并稀释到10羽份/0.05mL后，以10羽份/只接种10～20日龄SPF鸡10只，同时设条件相同对照鸡5只，观察10d，应无临床症状，解剖气囊，应无病理损伤。

效力检验以活菌计数为准，冻干产品加培养基复原后，其活菌数达到$10^{8.0}$ CCU/mL以上为合格，必要时也采取攻毒的方法来判定结果。在实验室条件下，免疫期可达9个月。由于鸡场为了控制其他疾病常使用抗生素而造成对鸡毒支原体活疫苗免疫效力的影响，因此，建议在停药期间做第二次免疫接种。

疫苗可用于1日龄鸡，以8～60日龄接种最佳。接种疫苗时，按疫苗瓶签标明的羽份，用无菌生理盐水或注射用水稀释成20～30羽份/mL后，以1羽份/只点眼接种。

使用疫苗时应注意以下事项　①免疫前2～4d，免疫接种后至少20d内应停用治疗支原体病的药物。疫苗在4℃左右保存，有效期为12个月。②不要同新城疫、传染性支气管炎活疫苗同时使用，两者使用的间隔时间应在5d左右。

2. 灭活疫苗

（1）疫苗研究进展　Yoder博士报道，以鸡毒支原体油佐剂灭活苗对15～30日龄鸡免疫接种，能有效地抵抗强毒株的攻击，但用于10日龄以前的小雏免疫效果不佳。Jiroj等分别于19周及23周对鸡做1次和2次免疫接种，4周后用致病菌株攻击。结果表明：两次免疫接种在控制鸡毒支原体经卵传播方面具有明显的作用。Glisson和Kleven也证实了以上结果。作者（1992）报道了鸡毒支原体灭活油佐剂苗的研究工作，疫苗是用免疫原性良好的鸡毒支原体菌株培养物经浓缩成的菌体沉淀，配成含2%菌体压积的菌悬液，用0.1%的甲醛溶液灭活，经与白油乳化后制成。以0.5mL/只颈部皮下注射7周龄鸡，4周后用鸡毒支原体致病性菌株做气溶胶攻击，免疫组在接种后1、2和3个月时，气管中鸡毒支原体的分离率分别较非免疫对照组降低了78%、71%和39%，气囊炎发病程度较对照组分别降低了93%、86.6%和77.2%。头两个月的体重增加也分别比对照组高183g/只和193.7g/只，接种5.5个月和6.5个月后用强毒菌攻击，免疫组的产蛋率在半个月内较攻毒前分别降低了0.9%和7%，而对照组则分别降低了27.4%和26%。免疫持续期可达6个月以上。宁宜宝后来又对疫苗的制作方法进行了改进，简化了工艺，制出的疫苗具有同样的效果。两次免疫接种的鸡在强毒攻击后，气囊损伤保护率较一次免疫接种鸡的高出10%以上。疫苗在4～8℃条件保存18个月有效。大量的田间试验表明：该疫苗能有效地控制鸡毒支原体病，提高产蛋量，对各品种、各种日龄的鸡接种均无不良反应，在用药频繁的地区该疫苗对蛋、种鸡的鸡毒支原体病控制和防止鸡毒支原体垂直传播方面能起到很好的作用。

（2）疫苗的生产制造　灭活疫苗的抗原培养与活疫苗基本相似。与活疫苗不同的是灭活疫苗必须将抗原进行浓缩和灭活，然后配上油佐剂经乳化而制成。制造疫苗的菌株免疫原性的强弱和疫苗中抗原含量的高低直接影响疫苗的质量，同时，疫苗佐剂和剂型也对疫苗免疫期产生重要影响。

（3）质量标准与使用　本品系用鸡毒支原体接种人工培养基培养，将培养物浓缩经甲醛溶液灭活后，加油佐剂混合乳化制成。用于预防鸡毒支原体病。

外观为乳白色乳剂，剂型为水包油包水型。疫苗在离心管中以3 000r/min离心15min，应不出现分层。在2～8℃保存，有效保存期内应不出现分层和破乳现象。

在25℃左右条件下，用1mL吸管（出口内径1.2mm）吸取疫苗做黏稠度检测，垂直自然流出0.4mL所需时间在5s以内为合格。疫苗应无细菌污染和支原体存活。

安全检验时，用40～60日龄SPF鸡6只，每只肌内或颈背部皮下注射疫苗1mL，观察14d，应不发生因注苗引起的局部或全身不良反应。

效力检验标准为：用40～60日龄SPF鸡8只，每只肌内或颈背部皮下注射疫苗0.5mL，另取6只作为对照，30d后喷雾攻击强毒R株。观察14d后剖检观察气囊病变，对其评分，免疫鸡平均气囊损伤保护率应在60%以上，对照组至少4只鸡气囊出现2分/只以上的病变，疫苗判为合格。免疫期为6个月。

使用疫苗时，宜颈背部皮下注射。40日龄以内的鸡，每只0.25mL，40日龄以上的鸡每只注射0.5mL；通常情况下，建议在第一次免疫注射后30d再接种一次，也可初次免疫利用弱毒疫苗，第二次免疫用灭活疫苗。

在注射疫苗时，应注意以下几个方面：注射前应将疫苗恢复至室温，并充分摇匀；颈部皮下注射时，不得离头部太近，以中下部为宜；注射部位要严格消毒，并勤换针头；疫苗应在2～8℃避光保存，不能结冻。

（三）展望

近年来，澳大利亚和美国分别用鸡毒支原体TS－11弱毒株和6/85弱毒株制作疫苗。这两个弱毒株比F株毒力更弱，免疫接种鸡检测不到鸡毒支原体抗体，对未受到鸡毒支原体感染的鸡有较好的免疫效果，也可用于火鸡的免疫接种。

（宁宜宝）

十九、滑液支原体感染

（一）概述

滑液支原体感染（Mycoplasma synoviae infection，MSI）主要表现为禽类（以鸡和火鸡多见）传染性滑膜囊炎，其中以肉鸡和种鸡最为常见。当全身受到感染时，能引起关节渗出性的滑液囊膜和腱鞘滑膜炎症。滑液支原体也可单独或和鸡毒支原体一起混合感染，引起鸡的慢性呼吸道疾病。1998年的血清学调查表明，血清阳性率在20%左右，近几年来，该病在中国南方部分省市对鸡的侵害呈现明显上升的趋势。除了表现为呼吸道症状外，还表现为关节肿大和行动困难。

滑液支原体（*Mycoplasma synoviae*，*MS*）属软膜体纲，支原体目，支原体科，支原体属。滑液支原体只有一个血清型，虽然各种日龄的鸡均可感染，但小鸡比成年鸡更易感。在感染小鸡，由于生长缓慢，饲料转化率低，尽管死亡率低，但由此造成的淘汰率高。种鸡感染后，由于关节肿胀，站立行走困难，导致配种率下降，从而影响鸡的繁殖性能。寒冷的季节，湿度越大，发病率越高；卫生条件差，通风不良，过于拥挤，都易造成滑液支原体病的发生。

（二）疫苗

目前，国内尚无滑液支原体疫苗，美国有注册的滑液支原体灭活疫苗，澳大利亚通过低温传代，已经培育出温度敏感型弱毒株，用其研究成功了滑液支原体活疫苗，同时也研究成功了灭活疫苗。

1. 疫苗的生产制造 疫苗的生产通常采用培养基培养，培养基的好坏直接决定疫苗的产量和质量。滑液支原体对培养基的需求比较苛刻，不同菌株对培养基的要求也不一样，总的来说，几乎所有的菌株在生长过程中都需要胆固醇、一些必需的氨基酸、核酸前体和辅酶Ⅰ。因此在培养基中需要加入10%～15%猪血清和10%的酵母浸出液，0.01%辅酶Ⅰ；由于滑液支原体能发酵葡萄糖产酸而使培养基pH下降，因此，通常在培养基中加入葡萄糖和酚红指示剂，可以通过观察培养基的颜色变化来判断支原体的生长状况。常用的培养基有多种，大多由Frey氏培养基改良而来。在做液体培养基培养时，接种前的培养基pH以7.8左右为宜，接种后在24～48h内便能使培养基的pH下降到7.0以下，培养好的液体培养物只呈轻度浑浊；培养基最好是现配现用，水对支原体的生长至关重要，配制培养基时必须使用合乎要求的去离子水。在制造疫苗时，由于支原体在培养基中反复传代容易降低免疫原性，所以控制制苗代次是非常重要的。

2. 质量标准与使用

（1）活疫苗　系用滑液支原体温度敏感株接种培养基培养，收获培养物，经检验合格后以液态方式于－70℃以下保存。用于预防滑液支原体病。

安全检验时，用40～60日龄SPF鸡10只，每只接种疫苗10羽份，观察14d，应不发生因接种疫苗引起的局部或全身反应。

效力检验标准为：用40～60日龄SPF鸡10只，每只接种1羽份，另取10只作为对照，免疫后20d攻击强毒。观察14d后剖检观察关节和气囊病变，对其评分，免疫鸡平均保护率应在60%以上，对照组至少8只鸡以上出现关节病变，疫苗判为合格。

在接种疫苗时，应注意以下几个方面：由于本疫苗为液体状态，运输过程需要保持结冻状态，通常需要在液氮条件下保存，本疫苗只可用于滑液支原体抗体检测阴性鸡群。

（2）灭活疫苗　系用滑液支原体接种培养基培养，将培养物浓缩经甲醛溶液灭活后，加佐剂混合乳化制成。用于预防滑液支原体病。

外观为乳白色乳剂，在2～8℃条件下保存，有效期内应不出现分层和破乳现象。

用1mL吸管（出口内径1.2mm）吸取25℃左右的疫苗做黏稠度检测，垂直自然流出0.4mL所需时间在5s以内为合格。

安全检验时，用40～60日龄SPF鸡10只，每只肌内或颈背部皮下注射疫苗1mL，观察14d，应不发生因注苗引起的局部或全身反应。

效力检验标准为：用40～60日龄SPF鸡10只，每只肌内或颈背部皮下注射疫苗0.5mL，另取6只作为对照，30d后攻击强毒。观察14d后剖检观察关节和气囊病变，对其评分，免疫鸡平均保护率应在60%以上，对照组至少8只鸡以上出现关节病变，疫苗判为合格。

使用疫苗时，宜颈背部皮下注射。40日龄以内的鸡，每只0.25mL，40日龄以上的鸡每只注射0.5mL；通常情况下，建议在第一次免疫注射后30d再接种一次，也可初次免疫利用弱毒疫苗，第二次利用灭活疫苗。

在注射疫苗时，应注意以下几个方面：注射前应将疫苗恢复至室温，并充分摇匀；颈部皮下注射时，不得离头部太近，以中下部为宜；注射部位要严格消毒，并勤换针头；疫苗应在2～8℃暗处保存，不能结冻。

（三）展望

除美国、澳大利亚生物资源公司研究出滑液支原体疫苗以外，中国等国家也已开展此类疫苗的研究。由于近几年滑液支原体对鸡的危害呈上升趋势，疫苗的使用将有一定的市场前景。

（宁宜宝）

二十、仔猪大肠杆菌病

（一）概述

仔猪大肠杆菌病（Piglet's colibacillosis）即由致病性大肠杆菌感染仔猪，并表现出一定的临床症状和病理特征的疾病，是仔猪最常见的传染病。根据仔猪的发病日龄、临床表现及病理变化的差异，可将其分为仔猪黄痢、仔猪白痢、断奶仔猪腹泻（PWD）和断奶仔猪水肿病（ED）4 种。仔猪大肠杆菌病在世界各地普遍存在，并造成严重的经济损失。

大肠杆菌为肠杆菌科埃希氏菌属，革兰氏染色呈阴性，无芽孢，有鞭毛，无荚膜，两端钝圆短杆菌。大肠杆菌是人和动物肠道的常住菌，大多数无致病性，也有少数为条件性致病大肠杆菌和致病性大肠杆菌。这些致病性大肠杆菌特别是引起仔猪消化道疾病的大肠杆菌，多能产生毒素，引起仔猪发病。致病性大肠杆菌可分为产肠毒素性大肠杆菌（ETEC）、产Vero细胞毒素性大肠杆菌（VTEC）、肠侵袭性大肠杆菌（EPEC）、肠出血性大肠杆菌（EHEC）和肠集聚性大肠杆菌（EAggEC）等。与动物疫病相关的主要是ETEC和VTEC，前者与仔猪腹泻有关，而后者则是仔猪水肿病的元凶。

依据其主要抗原O抗原（菌体抗原）、K抗原（荚膜抗原）、H抗原（鞭毛抗原）和黏着素抗原的不同可将大肠杆菌分为许多种血清型，据研究目前已知的O抗原已达170多种，K抗原80种、H抗原56种。O抗原中引起仔猪腹泻常见血清型为O_8、O_9、O_{20}、O_{45}、O_{64}、O_{101}、O_{138}、O_{139}、O_{141}、O_{147}、O_{149}、O_{157}等。K抗原中常见的有K_{81}、K_{82}、K_{85}、K_{87}和K_{91}。肠道致病性大肠杆菌的菌毛抗原，过去曾将其归入K抗原，现已将其命名为F抗原，如引起猪腹泻的F抗原有F_{41}、F_{42}等。最新报道表明K_{88}（F_4）和K_{99}（F_5）也为菌毛抗原。此外，还包括F_{18}、987P（F_6）、E8775、CFA/Ⅰ（定居因子Ⅰ型）、CFA/Ⅱ（定居因子Ⅱ型）和CFA/Ⅲ（定居因子Ⅲ型）。大肠杆菌菌株的菌毛抗原与其O抗原有一定的特异性，如K_{88}（F_4）仅存在于O_8、O_{45}、O_{138}、O_{141}、O_{147}、O_{149}和O_{157}菌群中，而CFA/Ⅰ仅存在于O_4、O_7、O_{20}、O_{25}、O_{63}、O_{78}、O_{110}、O_{126}、O_{128}、O_{136}、O_{153}和O_{159}菌群。

根据菌毛亚基的蛋白氨基酸序列的不同可将致病性大肠杆菌菌毛抗原分为两大类，第一类菌毛抗原的亚基分子量较大，相互之间的氨基酸序列同源性较小，几乎存在于所有的大肠杆菌菌株中，包括来自动物的K_{88}、F_{41}、SC31A和来自人类的SC13。第二类菌毛抗原的亚基分子量较小，相互之间的有较高的同源性，主要包括来自人类的CFA/Ⅰ、CS1、CS2、CS4、PCFO166和CS17等。

大肠杆菌产生的毒素主要包括内毒素、肠毒素、致水肿毒素和神经毒素等。其中肠毒素是造成腹泻的主要因素。大肠杆菌产生肠毒素根据其热稳定性分为两种，一种是热敏肠毒素（heat - labile enterotoxin，LT），另一种是热稳定肠毒素（heat - stable enterotoxin，ST），两种肠毒素其实是不同的血清型和不同宿主的大肠杆菌肠毒素的两大家族。热稳定肠毒素（LT）一般大小为73ku，由5个相同的B亚基和一个位于中央A亚基组成，大肠杆菌就是通过热稳定肠毒素的5个B亚基与细胞表面的神经节苷脂的半乳糖残基结合而实现与小肠微绒毛的结合。不同的热稳定肠毒素与神经节苷脂的结合方式也不同。A亚基是一种酶，通过B亚基与细胞膜上的腺苷酸脱氨酶作用在细胞膜上形成一个孔，A亚基进入细胞，使腺苷酸环化酶失去控制而一直保持活化状态。这使得环一磷酸腺苷（cAMP）的水平升高，细胞内的电解质Na^+、Cl^-、HCO^{3-}和水进入肠道。按照热稳定肠毒素（LT）的结构和功能又可分为两大类，即LTⅠ和LTⅡ型热稳定肠毒素，LTⅠ型热稳定肠毒素由大肠杆菌质粒基因编码，而LTⅡ型则是由染色体基因编码。LTⅠ型又可进一步分为LTh-Ⅰ和LTp-Ⅰ型，其中LTh-Ⅰ见于人的致病性大肠杆菌，而LTp-Ⅰ型在曾在于猪的致病性大肠杆菌。而LTⅡ型热稳定肠毒素可分为LTⅡa和LTⅡb型，主要见于猪、牛等家畜，在人类的致病性大肠杆菌中少见。热稳定肠毒素（ST）比较特别，仅由18个氨基酸组成，可分为STa（或称STⅠ）和STb（或称STⅡ）两种类型，二者在结构、功能和免疫原性上没有关系。STa对胰蛋白酶敏感，而 STb 对其不敏感。

根据发病日龄、临床表现及病理变化的差异，可将仔猪大肠杆菌病分为仔猪黄痢、仔猪白痢、断奶仔猪腹泻（PWD）和断奶仔猪水肿病（ED）4 种。

仔猪黄痢，是一种新生仔猪的一种急性、致死性疾病，由肠侵袭性大肠杆菌（ETEC）引起，易发生于1～7 日龄仔猪，多发于初产母猪所产的仔猪，而且仔猪发病情况较经产母猪所产仔猪更为严重。时间上多发于炎夏和寒冬潮湿多雨季节，春、秋温暖季节发病少。猪场卫生条件差、母乳不足、产房温度太低导致仔猪受凉等都会诱发本病的发生。感染仔猪潜伏期短，最早可在出生后 12h 内发病，当第一头仔猪发病后，同窝其他仔猪陆续相继发病，病猪严重脱水，体重迅速下降，可达 30%～40%，精神沉郁，迟钝，眼睛无光，皮肤蓝灰色，质地枯燥，最后昏迷死亡。同窝仔猪的发病率往往高达 80%，死亡率也可达 80%。临床上主要表现为排黄色浆状稀粪，内含凝乳小片，仔猪很快消瘦、昏迷而死，病程一般 3～5d。病死仔猪尸体严重脱水，解剖后可见胃肠道膨胀，其内充满黄色液体内容物和气体，肠黏膜呈急性卡他性炎症变化，小肠壁变薄，其中以十二指肠最为严重，黏膜上皮变性、坏死。肠系膜淋巴结有弥漫性小点出血，有时可见肝、肾有凝固性小坏死灶。引起仔猪黄痢的 ETEC 中，K_{88}（F_4）、K_{99}（F_5）、987P（F_6）和 F_{41} 阳性菌最为常见，也偶见 F_{165}、F_{42} 和 CS1541 阳性菌。猪源性 ETEC 菌株通常只产生一种菌毛，但也可同时表达几种，其组合可能 K_{99}^+ 和 F_{41}^+、$987P^+$ 和 F_{41}^+、K_{88}^+ 和 $987P^+$ 等。大部分 ETEC 菌株同样能产生Ⅰ型菌毛（F_1），但在 ETEC 肠道定植中的作用仍有争议。F_1、K_{88}、K_{99}、987P 和 F_{41} 等菌毛均能与仔猪肠黏膜表面的特异性受体结合，某些仔猪因缺乏 K_{88} 黏附素受体（如隐性纯合子的个体）而表现对 K_{88}^+ 菌感染有抵抗力，但对 K_{99}^+、$987P^+$ 或 F_{41}^+ 菌不存在这种遗传抵抗力，不过有年龄相关的抵抗力。K_{99}^+、$987P^+$ 和/或 F_{41}^+ 菌株主要引起 1 周龄以内的仔猪腹泻，而 K_{88}^+ 菌株则在整个哺乳期都可引起腹泻。

仔猪白痢，是由致病性大肠杆菌引起的一种急性肠道传染病，发生于出生后一周至断奶的哺乳仔猪，发病率中等，死亡率低。四季均可发生，以严冬、早春及炎热季节较多发，气候骤变易诱发。临床上以排便腥臭，呈糨糊状灰白或乳白色稀粪为特征，病程 2～3d，通常不超过一周，较少引起仔猪死亡，大多自行康复，但往往会影响仔猪生长发育，使育肥周期延长。病死仔猪尸体外表苍白、消瘦、脱水，胃黏膜潮红肿胀，以幽门部最明显，上附黏液，少数严重病例有出血点。肠黏膜潮红，肠内容物呈黄白色，稀粥状，有酸臭味，有的肠管空虚或充满气体，肠壁菲薄而透明，严重病例黏膜有出血点及部分黏膜表层脱落。肠系膜淋巴结肿大。肝和胆囊稍肿，肾苍白。病原也是产肠毒素大肠杆菌，其黏附素和毒素等毒力因子特性以及血清型与仔猪黄痢的病原相似。

断奶仔猪腹泻（PWD），是最常见的仔猪疾病之一，常于仔猪断奶后数日内发生，可引起严重的发严重的生长发育迟缓，其病因复杂，与某些种类的大肠杆菌、沙门氏菌、轮状病毒和传染性胃肠炎病毒有直接关系，断奶应激、饲料变化等因素引起肠道内环境的变化是重要的诱发因素，但一般认为产肠毒素性大肠杆菌（ETEC）起着重要作用，其既可是原发病原菌，也可继发感染。引起 PWD 的大部分 ETEC 的毒力因子主要有菌毛和肠毒素（STa 和/或 STb），K_{88}^+ 和 F_{18}^+ 菌株较为常见，也有 K_{99}^+ 和 $987P^+$ 菌株，但不多见。有报道显示导致 PWD 的 ETEC 血清型主要有 O_{149}、O_8、O_{138}、O_{139}、O_{141}、O_{147} 和 O_{157} 等。

猪水肿病（ED）又叫猪肠毒血症，由产 Vero 细胞毒素大肠杆菌（VTEC）引起断奶仔猪的一种急性、致死性的疾病。多发生于 40 kg 以内断奶前后的仔猪。气温骤变（早春或晚秋）、突然改变饲料或转群时容易诱发，发病季节性不明显，传播性不强，一般仅发生于个别猪群，有时呈地方流行性。仔猪通常发病突然，呈急性发生，往往尚未表现出症状即倒地死亡。临床上以全身或局部麻痹、共济失调和眼睑部水肿为主要特征。病程短的数小时，长至 7d 以上，发病率为 5%～30%，死亡率达 90%以上。多表现为突然发病、精神沉郁、食欲减少、口流白沫、病猪静卧、肌肉震颤、抽搐、共济失调或惊厥，病猪眼睑水肿，发呻吟声或嘶哑声，呼吸增快，心率每分钟在 150 次以上，某些病猪可能出现轻度腹泻，但便秘更常见；后期张口呼吸，口流黏液，昏迷倒地，抽搐，四肢划动。病理剖检可见胃壁及肠系膜水肿，胃贲门黏膜水肿增厚可达 2cm 以上，严重时可延伸到黏膜下层组织，水肿液为胶冻状，无色或带茶色或红色，胃底有弥漫性出血。胆囊、小肠、大肠、肠系膜及其淋巴结水肿病变。腹腔、胸腔和心包中有过量渗出物，内含纤维素物质，肺有不同程度水肿，有些病例喉头水肿，心脏内、外膜有瘀血点，内脏有出血，以出血结肠炎最为常见。从病原学上讲，ED 是由特定血清型的致病性大肠杆菌引起，这些菌株几乎全部具有溶血性，血清型有很强的一致性，大多数为 O_{139} 菌株，其次为 O_{138} 和 O_{141}。表达 F_{18} 菌毛的大肠杆菌在体内或体外均能很好地吸附于断奶仔猪肠上皮细胞或刷状缘，此吸附特性不被甘露糖所抑制，是 VTEC 的首要毒力因子之一。Ojeniyi 等和 Ripying 等从 28～49 日龄断奶仔猪腹泻样品中分离到 184 株致病性大肠杆菌，其中 F_{18} 和 F_4 分别占 44%和 36%；Wittig 等从 PWD 和 ED 病例中分离到 380 株大肠杆菌，其中 F_{18}ab 和 F_{18}ac 分别占 40%和 35%，F_4 占 14%。Dobrescu 等研究发现，虽然 ED 大肠杆菌产生的毒素和人源大肠杆菌产生的 VT 密切相关，但又有所区别，故将其列为类志贺氏菌毒素家族。现已明确，类志贺氏菌毒素Ⅱ变异体（Shiga toxin variantsⅡ，Stx2v 或 Stx2e）是 ED 大肠杆菌的最直接毒力因子。Imberechts 等（1992）用 PCR 检测 28 个致 ED 大肠杆菌标准株和分离株 F_{18} 主要亚单位 A 的结构基因（*fedA*）和 *Stx2e* 基因（C stx2e），结果 fedA 阳性 24 株（占 85.7% ），其中 20 株（83.3%）同时含有 Stx2e。鉴于 F_4、F_{18} 黏附素在致 PWD 和 ED 大肠杆菌中的高出现率及与 Stx2e 间较高的相关性，可以认为 F_4、F_{18} 和 Stx2e 是上述大肠杆菌的主要致病因子。

（二）疫苗

仔猪大肠杆菌疫苗，目前使用的主要为 3 种，即仔猪大肠杆菌病三价灭活疫苗和大肠杆菌病 K_{88}、K_{99} 双价基因工程灭活疫苗，还有近几年出现的仔猪大肠杆菌病 K_{88}-K_{99}-987P-F_{41} 四价亚单位疫苗。对产肠毒素性大肠杆菌感染的疫苗研究，从 20 世纪 70 年代以来重点放在纤毛抗原和肠毒素方面，纤毛抗原或肠毒素在一定范围内是致病菌株中所共有的成分。预防仔猪大肠杆菌性腹泻最有效的措施是采用疫苗对怀孕母猪免疫接种，目前国内外已有多种此类疫苗作为商品销售和使用。如大肠杆菌 Gletvax K_{88} 菌苗，K_{88}、K_{99} 基因大肠杆菌菌苗，K_{88}-LT 基因工程苗，以及亚单位苗等。国内对预防仔猪大肠杆菌性腹泻菌苗的研究已有多年历史，樊英远（1985）报道了 K_{88} 抗原基因工程菌苗，郭景煜等（1986）报道了 K_{88} 灭活菌苗，中国军事医学科学院生物工程研究所（1989）研制成功了仔猪大肠杆菌腹泻 K_{88}。

LTB 双价基因工程活疫苗，中国科学院上海生物工程中心（1985）报道研制成功了仔猪腹泻基因工程 K_{88}、K_{99} 双价疫苗。潘松年等（1989）报道，在国内首次研制成功仔猪大肠杆菌病三价灭活疫苗。各种疫苗均用于免疫接种怀孕母猪，通过初乳使新生仔猪获得保护性抗体，为仔猪肠道黏膜提供针对产肠毒素性大肠杆菌的保护性免疫。现在推广使用的疫苗主要有两类，全菌灭活疫苗和基因工程菌苗。

1. 全菌灭活疫苗 此类型疫苗主要采用带有 K_{88}、K_{99}、987P 或 F_{41} 纤毛抗原的菌株培养物，经浓缩提高抗原浓度制成氢氧化铝胶灭能苗。其典型疫苗为仔猪大肠杆菌病三价灭活疫苗，由中国兽医药品监察所研制，采用分别带有 K_{88}、K_{99}、987P 纤毛抗原的大肠杆菌菌种，接种适宜培养基培养，培养物经甲醛溶液灭活后，加氢氧化铝胶制成，用于预防产肠毒素性大肠杆菌引起的新生仔猪腹泻病（仔猪黄痢）。该苗在猪场推广应用证明，疫苗安全有效，能使仔猪发病率和死亡率较大幅度下降。

（1）疫苗的生产制造 三株制苗菌种（分别带有 K_{88}、K_{99}、987P 纤毛抗原）经选菌和扩大培养后，按培养基总量的 3%～5%接种量加到改良 Mirlca 培养基中，控温于 37℃，通气培养 7h 后收获，菌悬液取样纯粹检验，活菌计数和测定抗原单位，再接菌液量的 0.4%加入甲醛溶液灭活，检验无菌后，按照各菌株抗原单位含量的不同比例进行配苗，并按总量的 20%加入氢氧化铝胶制成疫苗。每毫升成品苗中 K_{88} 纤毛抗原含量≥100 个抗原单位，K_{99} 和 987P 两种纤毛抗原含量均≥50 个抗原单位，总菌数≤200 亿。

（2）疫苗的质量标准 该苗静置后分层，上层为白色澄明液体，下层为乳白色沉淀物，振摇混匀呈均一混浊液；应无活菌存在。安全性为用体重 40kg 以上健康猪 4 头各肌内注射疫苗 10mL（使用剂量的 2 倍），观察 7d，无明显不良反应。效力为用反向间接血凝（RIHA）技术测定，疫苗中三种纤毛抗原。RIHA 效价，K_{88} 和 K_{99}≥40，987P≥160。此疫苗置 4～8℃保存，有效期为 12 个月。

（3）疫苗的使用方法 本苗用于免疫怀孕的健康母猪，在母猪产仔前 40d 和 15d 各免疫一次，每次颈部肌内注射疫苗 5mL。

2. 基因工程菌苗 引起仔猪腹泻的产肠毒素性大肠杆菌有三种可用于构建基因工程菌苗的抗原，即 ST、LT 和纤毛抗原。用基因重组技术将编码 K_{88}、K_{99}、*987*P 或 F_{41} 纤毛抗原基因克隆到载体质粒上，转化到不含纤毛抗原和肠毒素的无毒性大肠杆菌中，带有这种质粒的重组菌株即可高效表达相应的纤毛抗原，用于制备纤毛抗原菌苗。LT 含有 A、B 两个亚单位，A 亚单位具有酶活性决定着 LT 的毒性，B 亚单位具有良好免疫原性而无毒性。将编码的 B 亚单位基因克隆到不含 A 亚单位的大肠杆菌中，就可以构建只能合成大量 B 亚单位毒素的菌株。

（1）仔猪大肠菌腹泻 K_{88}-LTB 双价基因工程活疫苗 该苗由中国军事医学科学院生物工程研究所研制成功。

1）疫苗的生产制造 制造疫苗用菌种是重组的大肠菌 K_{88}-LTB 基因构建的工程菌株，菌种经增殖、选菌和扩大培养后制备成生产种子液，按培养基总量的 4%～5%接种于适宜培养基中，控温于 37℃，通气培养，收获菌液，经浓缩后，纯粹检验合格，进行活菌计数，按每头份要求菌数配苗，加入适量的明胶、蔗糖保护剂，经冷冻真空干燥制成。

2）疫苗的质量标准 仔猪大肠菌腹泻 K_{88}-LTB 双价基因工程活疫苗为灰白色海绵状疏松团块，加稀释液后迅速溶解；纯粹无杂菌。抗原检查需用生理盐水溶化疫苗，用玻片凝集法测定 K_{88} 抗原，用协同凝集法测定 LTB 抗原，均呈阳性。每头份菌数为口服苗每头份含 500 亿个活菌，肌内注射每头份含 100 亿个活菌。安全性为家兔皮下注射含 100 亿个活菌疫苗，应健活。质粒检查为将疫苗稀释后涂于麦康凯琼脂平板上，培养后观察红色菌落与无色菌落之比，无色菌落不得超过 5%。效力为产前 3 周的孕母猪口服免疫 500 亿活菌或肌内注射免疫 100 亿活菌，所产仔猪哺乳后用致死量强毒菌攻击，免疫猪的保护率达 80%以上，对照猪死亡率为 60%。剩余水分不超过 4%，每瓶苗均应保持真空。本苗置－15℃保存，有效期为 7 个月；0～4℃保存，有效期 3 个月；18～22℃保存，有效期 1 个月。

3）疫苗的使用方法　按瓶签注明的头份，用灭菌生理盐水稀释。口服免疫每头份 500 亿活菌与 2g 小苏打一起拌入少量精饲料中，喂空腹母猪；肌内注射免疫每头份 100 亿活菌。两种免疫方法均在孕母猪临产前 2～3 周进行，病情严重的猪场可在产前 1 周再加强免疫一次，方法同上。

（2）仔猪腹泻基因工程 K_{88}、K_{99} 双价灭活疫苗　该苗由中国科学院上海生物工程中心研制成功。

1）疫苗的生产制造　本疫苗是用基因工程技术人工构建成功的大肠杆菌 C600/PTK$_{88、99}$菌，接种适宜培养基通气培养，产生不含肠毒素 IT 和 ST 的 K_{88}、K_{99} 两种纤毛抗原，经甲醛溶液灭活后，冻干制成双价灭活疫苗。

2）疫苗的质量标准　本苗为浅黄色疏松团块，加稀释液后易溶解，容易与铝胶形成混合液；应无活菌生长。安全性是用 18～20g 小鼠 10 只，每只腹腔注苗 0.1mL，观察 10d 均应存活。K_{88}、K_{99} 抗原效价检测需用血凝抑制试验法测定，效价应达 2。本苗的保护力为用 1 头份疫苗与 2mL 20%铝胶混匀，注射于产前 3 周怀孕母猪耳根皮下，母猪产仔后检查初乳中 K_{88}、K_{99} 抗体，吮食 1d 初乳后的仔猪用野生型致病性大肠杆菌攻毒，试验组应保护 90%以上，对照组死亡 75%以上。各瓶疫苗应保持真空，剩余水分不超过 4%。本苗在 2～8℃保存，有效期为 12 个月。

3）疫苗的使用方法　使用时每瓶疫苗加 1mL 无菌水溶解与 20%铝胶 2mL 混匀，临产前 21d 左右注射于怀孕母猪的耳根皮下。仔猪通过初乳获得 K_{88}、K_{99} 抗体，为了确保免疫保护效果，尽量使所有仔猪都吃足初乳。

顾大年等（1991）报道了幼畜腹泻双价基因工程疫苗（K_{88}、K_{99}）抗原蛋白的生产工艺，高密度发酵的工程菌（K_{88}、K_{99}）接种 M 培养基，发酵培养后，发酵液经离心除去菌体，上清液部分含发酵液中抗原量的 80 倍，加聚乙二醇沉淀回收全部抗原蛋白，用灭菌生理盐水稀释，分装冻干制成抗原蛋白疫苗。此法制备的双价疫苗不经甲醛处理，保持了抗原蛋白的天然结构，用其免疫怀孕母猪，产仔猪后母猪乳汁中含有较高效价的抗体，能有效地保护哺乳仔猪，免受仔猪黄痢的危害。

（三）展望

仔猪大肠杆菌疫苗目前仍以全菌苗和基因工程疫苗为主，还有的采用自家疫苗。仔猪大肠杆菌病的流行广泛性和其自身的固有生物学特性直接决定了该病在各养殖场只能在一定限度内控制，不可能完全根除。新疫苗和新型抗菌药物的研发进步，对控制该疾病的发生也会起到一定的积极意义。

免疫预防仍不失为控制该病的最佳选择。国内外已有很多防治 ETEC 的试验或商品化仔猪大肠杆菌疫苗，其中大部分选用 O 抗原、黏附素抗原、肠毒素或其中 2～3 个的组合作为免疫原。然而面对 173 种 O 抗原，任何一种疫苗不可能包括完全，为免疫预防留下漏洞。肠毒素虽仅两种，但 LTA 的毒性以及 ST 的半抗原性很大程度上限制了其应用。而包含这三种抗原的两种或三种菌株混合组合的多价联苗，虽然理论上效果是要优于单种抗原苗，而且减少了免疫工作量，方便了用户，然而由于多种抗原的加入很大程度上提高了疫苗中干物质的含量，易造成临床注射困难和加重免疫后的副反应。猪源 ETEC 中发现的黏附素抗原有 K_{88}（F_4）、K_{99}（F_5）、987P（F_6）、F_{41}、F_{42}、F_{165}、F_{17}、F_{18} 等，其中 K_{88}、K_{99}、987P、F_{41} 最为流行，选用 K_{88}、K_{99}、987P、F_{41} 黏附素株免疫可抵挡当前绝大多数流行血清型的攻击。目前国内已有含有黏附素抗原的全菌三价苗（K_{88}，K_{99}，987P）生产。南京农业大学 2004 年成功研制仔猪大肠杆菌病 K_{88} - K_{99} - 987P - F_{41} 四价亚单位，攻毒保护试验和抗体消长规律的结果表明该仔猪大肠杆菌病 K_{88} - K_{99} - 987P - F_{41} 四价亚单位疫苗具有良好的免疫原性，能有效地预防仔猪大肠杆菌病的发生。

陈章水等（1995）根据中兽医理论和经络学说，采用疫苗接种新途径——后海穴接种 K_{88}、K_{99} 双价基因工程疫苗可以增进免疫应答、提高免疫保护率的作用。

中国农业大学（2004）提取和纯化北京地区猪致病性大肠杆菌菌毛及热敏感肠毒素，并研制出了大肠杆菌的菌毛、肠毒素亚单位疫苗，分别在实验室和临床上进行了免疫保护试验。结果表明，疫苗安全性良好，仔猪的发病率、死亡率在免疫组与对照组之间差异极显著（$p<0.01$）。

（沈青春）

二十一、羊大肠杆菌病

（一）概述

羊大肠杆菌病（Ovine colibacillosis）由致病性大肠杆菌引起的一种以败血症和剧烈腹泻为特征的急性传染病，主要侵害 6 周龄以内的羔羊，一年四季均可发生，但多发于冬春舍饲时期，发病急、死亡快，可引起严重的腹泻和败血症，是危害中国养羊业的重要传染病之一。

羊大肠杆菌病病原菌主要为肠致病性大肠杆菌（EPEC）和侵袭性大肠杆菌（EIEC），前者主要引起羊的不同程度的腹泻，后者主要引起羊的急性败血性疾病。羊大肠杆菌分布极为广泛，饲养有家畜、家禽及经济动物的国家和地区时有发生。羊出生后 6d 至 6 周多发，有的 8 月龄育肥羊甚至成年羊也发生本病。患病羊、带菌羊是主要传染源，通过粪便排出病菌，散布于外界，污染水源、饲料以及母畜的乳头和皮肤。当幼畜吮乳、拱舔或饮食时，经消化道感染。冬、春季节多发，常呈地方性流行或散发。

羔羊大肠杆菌病潜伏期为数小时至 1～2d。根据发病症状的不同可将其分为肠型和败血型两种。

（1）肠型　又称大肠杆菌性羔羊痢疾，多发生于 7 日龄内的幼羔，病初体温升高至40～41℃，不久即下痢，体温降至正常或微热。粪便开始呈黄色或灰色半液状，后呈液状，含气泡，有时混有血液和脓液，肛门周围、尾部和臀部皮肤沾污粪便。病羔腹痛，拱背、委顿、虚弱、卧地不起。如救治不及时，可经 30h 死亡，病死率 15%～75%。有的病羔羊发生化脓性纤维素性关节炎。

（2）败血型　主要发生于 2～6 周龄的羔羊。3～5 日龄和 13 周龄羊也有发病的报道，病初体温升高可达 41.5～42℃，病羊精神委顿，结膜潮红，磨牙，四肢僵硬，共济失调，单肢或数肢作划水动作，瘤胃急剧臌胀，口吐白沫，鼻流脓液，有的关节肿胀或发生肺炎而呼吸加快，最后昏迷。很少或不出现腹泻症状。多于发病后 4～12h 死亡。

另外，近年来也有育肥羊和成年羊感染大肠杆菌的报道。有些地区的 3～8 月龄育肥羊发生败血型大肠杆菌病，发病急，死亡快。病原主要是那波里大肠杆菌，其抗原主要 O_{78} 型。成年羊感染大肠杆菌一般以腹泻症状为主，但很少死亡。

对羔羊致病的大肠杆菌（*E. coli*）常见的血清型有 O_2、O_8、O_9、O_{20}、O_{26}、O_{35}、O_{78} 和 O_{101} 等，致病菌株以 O_{78}：K_{80} 最常见。郭景煜等（1982）对中国某些养羊地区从羔羊下痢病畜分离的 212 株大肠杆菌的血清型鉴定结果是 O_8（67 株）、O_4（29 株）、O_3（22 株）、O_{64}（19 株）、O_{101}（16 株）、O_{26}（11 株），并在 O_3 群中检出带有 K_{99} 纤毛抗原的菌株 13 株。

（二）疫苗

羊大肠杆菌疫苗国内共有三种，即羊大肠杆菌全菌灭活疫苗、K_{99}-F_{41} 基因工程亚单位苗和羊大肠杆菌干粉苗，但目前使用最多的是前两种。

1. 灭活疫苗 羊大肠杆菌病灭活疫苗（Ovine escherichia coli vaccine，Inactivated）是中国目前使用最广泛的羊大肠杆菌病疫苗。制苗用菌种是谢昕等从发病死亡羔羊分离的 3 株免疫原性良好的大肠杆菌 C83-1、C83-2 和 C83-3 株，其血清型均为 O_{78}：K_{80}，菌株的毒力较强，可使 3～8 月龄绵羊致死。将菌种接种于适宜培养基培养，将培养物经甲醛溶液灭活后制成或灭活后加氢氧化铝胶制成，用于预防羊大肠杆菌病。免疫过该疫苗的羔羊或豚鼠，14d 后用攻击致死量强毒菌液，保护率均达 75%以上。

（1）疫苗的生产制造　冻干菌种经繁殖后，选菌、扩大培养，接种于含 0.2%蛋白胨的普通肉汤培养基中，静止或通气培养，培养物经检验纯粹后，加入甲醛溶液灭活，菌液经无菌检验合格后，按 5 份菌液加入 1 份灭菌氢氧化铝胶的比例配苗，混合均匀定量分装。

本苗静置后，上层为淡黄色的澄明液体，下层为灰白色沉淀物，振摇后为均匀混浊液。无菌检验应无活菌生长。安全性为 2～8 月龄健康敏感的羔羊皮下注射疫苗 5mL，应健活。效力为 3～8 月龄羔羊 4 只皮下注射疫苗 1mL，14d 后，攻致死量强毒菌液，免疫羊应全保护，未免疫对照羔羊 3 只应死亡 2 只以上。本苗置 2～15℃冷暗处保存有效期为 18 个月。

（2）疫苗的质量标准　疫苗成品的物理性状应表现为：非铝胶苗静置后，上层为浅棕色澄明液体，底部有少量沉淀；铝胶苗静置后，上层为淡黄色澄明液体，下层为灰白色沉淀：振荡后呈均匀混悬液。无菌检验结果应为无菌生长。

安全检验采用用 3～8 月龄健康易感羊 2 只，各皮下注射疫苗 5mL，注射后允许有体温升高、小食及跛行等反应，但必须在 48h 内康复，观察 10d，均应健活。

效力检验可采用的方法为两种，可根据情况任选其一。一种是使用 3～8 月龄健康易感羊 4 只，各皮下注射疫苗 1mL，14d 后，连同条件相同的对照羊 3 只，各皮下注射 1MTD 强毒菌液，观察 10d。对照羊至少死亡 2 只，免疫羊全部保护为合格。另一种效检方法则采用替代动物豚鼠，用体重 300～400g 豚鼠 4 只，各皮下注射疫苗 0.5mL，14d 后，连同条件相同的对照豚鼠 2 只，各腹腔注射 1MTD 强毒菌液，观察 10d。对照豚鼠全部死亡，免疫豚鼠至少保护 3 只为合格。

甲醛、苯酚或汞含量测定，则按照附录二十五、三十三、三十一方法进行，应符合标准要求。

（3）疫苗的使用方法　羊大肠杆菌病灭活疫苗是用于预防羊大肠杆菌病，其免疫保护期为 5 个月。免疫采用皮下注射。3 月龄以上的绵羊或山羊 2mL；3 月龄以下，如需注射则须降低免疫剂量，每只仅皮下注射0.5～1mL。疫苗开启后一次用完。怀孕羊禁用。疫苗共两个规格，即100mL/瓶、250mL/瓶。贮藏温度在2～8℃，有效期为18个月。

2. 基因工程菌苗 中国军事科学院生物工程所和原解放军农牧大学等单位合作，成功地构建了K_{99}-F_{41}基因工程苗株，并制备出了含有K_{99}-F_{41}纤毛蛋白抗原的亚单位疫苗。

黄培堂等（1993）报道了表达K_{99}和F_{41}双价保护性抗原工程菌株MM-7的构建及免疫效果研究。他们从致病野生菌株中分别克隆了编码K_{99}、F_{41}纤毛抗原的基因，并将两种抗原基因组建到同一载体上，表达双价抗原，这就是表达K_{99}和F_{41}双价保护性抗原工程菌株MM-7。将MM-7工程菌株接种于Minca或玉米浆培养基培养，两种抗原获得高水平表达，用ELISA方法测定两种抗原的表达水平。用收获的培养物制成疫苗，免疫健康怀孕绵羊，在产前6周颈部皮下注射含100亿活菌或0.5mg蛋白质的纤毛抗原苗，4周后用同样剂量和方法再免疫一次。用被免疫母羊所产羔羊做人工攻毒保护性试验，试验结果证明吮乳羔羊经口服攻击带有K_{99}和F_{41}纤毛抗原强毒菌株250亿活菌，保护率达95%以上；而未免疫母羊所产羔羊做对照，攻毒后羔羊死亡。应用MM-7工程菌苗，在20多个试验点田间大面积免疫羊群现场免疫效果观察表明，用该苗免疫怀孕母羊，通过初乳被动免疫羔羊，能显著地降低羔羊腹泻的发病率和死亡率。该苗具有良好的安全性，免疫的妊娠母羊无不良反应，所产羔羊健康。

3. 羊大肠杆菌干粉苗 祁文光等（1987）报道成功研制了羊大肠杆菌干粉苗，该苗的制造方法是用2株大肠杆菌菌种，接种于含2%蛋白胨普通肉汤中通气培养，菌液经检验纯粹后，加入甲醛溶液灭活，提取菌液，冷冻干燥制成。试验结果表明，干粉苗的安全性、效力均达到羊大肠杆菌病灭活疫苗的质量标准；而且干粉苗免疫剂量小，免疫期比铝胶苗长约1倍（达10个月）；在0～10℃保存，有效期达36个月以上。通过在牧区近2万只绵羊的安全性区域试验，证明疫苗安全无不良反应。

（三）展望

羊大肠杆菌疫苗在国内外的研究十分有限，这可能与当前疫苗免疫和药物防治即可很好控制羊大肠杆菌病有关。国内羊大肠杆菌疫苗研制的最新报道仍是黄培堂等（1993）报道的工程菌株MM-7的构建及免疫效果研究，通过克隆野毒株的K_{99}、F_{41}纤毛抗原基因，并将两种抗原基因组建到同一表达载体上，表达双价抗原，这就是表达K_{99}和F_{41}双价保护性抗原工程菌株MM-7。将MM-7工程菌株通过扩大培养制备的疫苗可以获得很好的免疫效力。

（沈青春）

二十二、鸡大肠杆菌病

（一）概述

鸡大肠杆菌病（Avian colibacillosis）是一种以大肠杆菌为原发性或继发性病原体引起的一类疾病，是由不同血清型的致病性大肠杆菌引起鸡的急性或慢性疾病的总称。鸡感染致病性大肠杆菌后，根据感染鸡年龄不同、鸡抵抗力的差异、致病性大肠杆菌致病力的强弱、感染途径的不同，可分为许多不同的病型，临床上根据所表现的症状和病变情况，通常将鸡大肠杆菌病分为7种类型。

（1）急性败血症型　小鸡多发，病鸡萎靡，排白色稀便，发病率和死亡率高。剖检心包积液，心包混浊增厚，内有纤维素性渗出物。常伴有肝周炎，肝肿大，包膜肥厚混浊，纤维素沉着，严重被一层纤维素性薄膜包裹。

（2）气囊炎型　常与支原体混合感染。病鸡张口伸颈呼吸，咳嗽，有啰音。胸腹气囊壁灰黄色，增厚混浊，气囊内有纤维素性渗出物和淡黄色干酪样物。

（3）脐炎型　发生于1～5日龄雏鸡，病雏腹部膨大，脐孔闭合不全，脐孔及周围皮肤发红水肿、结痂或脐带残留。

（4）眼炎型　患侧眼睑粘连，眼内有脓液或干酪样物，失明。

（5）大肠杆菌性肉芽肿型　病鸡心、肝、十二指肠、盲肠及肠系膜上有灰白色或黄白色大小不等的肉芽结节。

（6）卵黄性腹膜炎型　多见于产蛋高峰和寒冷季节。病鸡腹部膨大，产蛋量急剧下降。腹腔器官表面覆盖一层淡黄色凝固的纤维素性渗出物，内见蛋黄样物质。输卵管黏膜出血，内有纤维素性或干酪样物质沉着及不能产出的鸡蛋。

（7）关节炎型　关节肿胀，关节腔内有大量黏稠的渗出物，关节骨端常见溃疡。其中最常见的是急性败血症和卵黄性腹膜炎。

随着中国养鸡业集约化程度的不断提高，特别是20世纪80年代以来，鸡大肠杆菌病在各地的流行趋于严重，在受不利的环境因素和其他传染因子应激的鸡群中，大肠杆菌感染居于首位，一般发病率10%～69%，死亡率3.8%～72%，致死率40.2%～90.3%。由本病导致的鸡只死亡、生产能力下降等所造成的直接经济损失巨大。

鸡大肠杆菌病的病原是致病性大肠杆菌。大肠杆菌是家畜、家禽及人肠道中常住菌，大多无致病性菌株，这些菌株对鸡不仅无致病性，而且是有益的，能合成维生素B、维生素K，供寄主利用，同时，对许多病原菌有抑制作用。有的菌株在正常情况下不致病，但当各种应激造成鸡体免疫能力降低，就会发生感染，因此也叫条件性致病菌，所引起的症状称为继发症。致病性大肠杆菌与禽肠道内正常寄居的非致病性大肠杆菌在形态、染色反应、培养特性及生化反应等方面没有区别，但抗原性不同。郝永清（1996）应用透射电镜观察到，致病性大肠杆菌在体外适宜条件下培养可产生菌毛，而非致病性菌株未见菌毛产生。致病菌具有菌毛及不同的血凝活性。在鸡中常见致病性大肠杆菌的血清型有十余种，如血清型O_1、O_2、O_3、O_{15}、O_{35}、O_{36}及O_{78}等。

（二）疫苗

鸡大肠杆菌疫苗主要包括两大类，即菌体灭活疫苗和纤毛亚单位苗，但前者制造工艺简单，造价低廉，使用也更为广泛。

1. 灭活疫苗　目前的鸡大肠杆菌疫苗仍以灭活疫苗为主，而且以多价苗或与其他鸡病疫苗组常的联苗居多。多价苗通常是采用多个血清型不同的菌株，经培养、收获和灭活后，加入佐剂乳化而成。使用的佐剂有油佐剂、氢氧化铝胶佐剂和蜂胶佐剂等。

应用较早的鸡大肠杆菌病灭活疫苗是从广东地区分离的免疫原性良好的鸡大肠杆菌，血清型为O_{78}、O_2、O_{111}、O_5、O_{15}等不同型菌株，接种适宜培养基经通气培养，收获培养物加入甲醛溶液充分灭活后，加氯氧化铝胶佐剂制成。由山西省生物制品厂研制的鸡大肠杆菌油乳剂灭活疫苗则选用O_4、O_{26}、O_{71}、O_{78}、O_{138}、O_{139}共6个血清型的菌株，经扩大培养后，收获灭活制成油乳剂疫苗，经攻毒试验证明该疫苗能获得很好的保护力。此外，还有河北、山东等地的研究单位也分别研制出了各自的大肠杆菌多价灭活疫苗。

当前使用最为广泛的仍为鸡大肠杆菌灭活疫苗，以广东省生物药品厂研制的“鸡大肠杆菌病灭活疫苗”为例，该疫苗采用的免疫佐剂为氢氧化铝佐剂，疫苗质量标准：静置后上层为浅黄色澄明液体，下层为灰白色沉淀物，振摇后呈均匀混浊液；无菌检验应无菌生长；安全性为用1月龄健康易感鸡5只，各颈部皮下或肌内注射疫苗2mL，观察14d，均多应健活；效力为用1月龄的健康易感鸡8只，各颈部皮下注射疫苗0.5mL，21d后连同条件相同对照鸡3只，各肌内或腹腔注射血清型为O_{78}、O_2、O_{111}、O_5、O_{15}强毒菌株混合菌液0.5mL（含5亿左右活菌），观察14d，对照鸡应全部发病或死亡，免疫鸡应保护6只以上。

鸡大肠杆菌病灭活疫苗用于预防鸡大肠杆菌病，免疫期为4个月。在2～15℃冷暗处保存有效期为12个月，16～28℃保存有效期为6个月。疫苗适用于1月龄以上鸡，使用时将疫苗振摇混匀，于鸡的颈背侧皮下注射疫苗0.5mL。

2. 纤毛亚单位苗 经研究证明鸡源大肠杆菌致病性血清型均带有纤毛，是大肠杆菌的一个重要致病因子，在致病过程上起重要作用。

致病性大肠杆菌，借助于这些纤毛黏附在鸡呼吸道黏膜上皮细胞上，完成了感染的第一步定居。A. suwanich等对常见致病性血清型O_1、O_{78}、O_2的纤毛生物学和免疫学特性研究表明，每种血清型只表达一种类型的纤毛，血清型O_{78}的纤毛属于1型纤毛，而血清型O_1、O_2还有不同于1型纤毛的纤毛。纤毛是由蛋白质组成的，具有良好的抗原性和免疫原性。据文献报道，在哺乳动物已有多种纤毛亚单位苗，这类苗能有效地保护动物免受带有相同纤毛致病性大肠杆菌的感染。

鸡致病性大肠杆菌纤毛亚单位苗的研究，国内外均有文献报道。J. E. Gyimah等利用粗提血清型O_1菌株的纤毛制成油佐剂苗，纤毛蛋白含量为116μg/mL，鸡经两次免疫后攻毒，与对照鸡比较，免疫鸡获得显著保护（$p<0.05$）。J. E. Gyimah等又用血清型O_1、O_2、O_{78}的菌株制成多价纤毛油佐剂苗，纤毛的蛋白含量O_1和O_{78}为180μg/mL，O_2为170μg/mL，鸡经两次免疫后，分别用O_1、O_2、O_{78}强毒菌株攻毒，剖检观察特征性病变并计分。试验结果，对O_1保护率为78.5%，对O_2保护率为73.6%，对O_{78}保护率为90%。由此可见，上述两种苗都能保护相同血清型大肠杆菌通过呼吸道对鸡的攻毒，并证明纤毛具有良好的免疫原性。在国内，戴鼎震报道，用血清型O_{50}、O_{78}、O_{88}三个菌株的纤毛制成多价纤毛亚单位油佐剂苗，免疫雏鸡后，连同未免疫对照组一起用三种血清型强毒菌株攻毒，免疫组获得较好的保护。同时用血清型O_{50}、O_{78}、O_{88}菌株的纤毛分别制成单价油佐剂苗，作交互免疫试验，结果证明，疫苗可保护鸡抵抗同血清型强毒菌株的攻击，而对不同血清型强毒菌株的攻击无显著保护作用。

J. E. Gyimah等对血清型O_1、O_2、O_{78}菌株纤毛亚单位的保护作用机制的研究发现，纤毛亚单位苗免疫鸡后产生的纤毛抗体封闭了位于黏膜上皮细胞上的菌株纤毛的黏附受体，三种纤毛抗体显著地抑制了相应纤毛对支气管上皮细胞的黏附作用，使致病性大肠杆菌不能在上皮细胞黏附定居，从而起到保护作用。并证实，同型纤毛抗体仅能抑制同型纤毛，而不同型抗纤毛抗体之间无交互抑制性，这与纤毛亚单位苗的保护作用一致。

（三）展望

近年来国内外学者的研究表明，Ⅰ型菌毛是禽大肠杆菌的重要致病因子。它能使禽致病性*E. coli*在局部黏膜吸附并定居繁殖，进而侵入体内，这是细菌发挥其致病作用的关键一步。Ⅰ型菌毛由染色体编码，并且具有特异性。Dozois 等证明，表达Ⅰ型菌毛的菌株可以吸附于气管上皮，使致病性 *E. coli* 在呼吸道定居。日本 Sekizaki 等报道了鸡致病性大肠杆菌分离株 O_{78}的Ⅰ型菌毛结构基因 DNA 序列。本研究利用 TD－PCR 技术，从鸡致病性大肠杆菌分离株 O_1、O_2 和 O_{78}中分别扩增出了Ⅰ型菌毛结构基因，并进行了克隆、DNA 测序以及基因间同源性分析，为下一步 piliA 的分子生物学研究提供了良好的基因材料及理论依据。

（沈青春）

二十三、牛传染性胸膜肺炎

（一）概述

牛传染性胸膜肺炎（Contanions bovine pleuropneumonia，CBPP）又称牛肺疫，是一种由丝状支原体丝状亚种小菌落生物型（*Mycoplasma mycoides* subsp. *Mycoides* Small－colony type，Mmm SC 型）引起的牛传染病，呈高发病率、中度死亡率，病程为亚急性或慢性，其病理特征表现为纤维素性肺炎和胸膜炎症状。

牛传染性胸膜肺炎最早发生是在 1713 年的瑞典和德国，后来传播到世界各产牛国，Houshaymi 等（1997）报道该病在非洲牛群中造成的经济损失超过牛瘟，成为非洲最为严重的动物疫病之一，死亡率高达 30%～80%，被 OIE 列入了 A 类疾病。中国最早 1919 年在上海的一个奶牛场发生，是从澳大利亚引进奶牛时被传入的。1931 年上海再次暴发此病，并迅速波及邻近地区。该病在中国西北、东北、内蒙古和西藏部分地区曾有过流行，造成很大损失。目前在亚洲、非洲和拉丁美洲仍有流行。

牛传染性胸膜肺炎的病原是丝状支原体丝状亚种 SC 型，由 Nocard 和 Roux（1898）首次成功分离，是人类历史上分离的第一个支原体种。国际标准株为 PG_1株。丝状支原体在已知的支原体中是对培养基要求较低的一种，在含 10%马（牛）血清的马丁氏肉汤培养基中生长良好，呈轻度混浊带乳色样彗星状、线状或纤细菌丝状生长。无菌膜、沉淀或颗粒悬浮。在固体培养基中形成细小的半透明菌落，中心颗粒致密、边缘疏松、呈微黄褐色的荷包蛋状。能代谢葡萄糖，不水解精氨酸和尿素，膜斑试验阴性，洋地黄皂苷敏感，日光、干燥和热力均不利于牛肺疫丝状支原体的生存；对苯胺染料和青霉素具有抵抗力。但 1%来苏儿、5%漂白粉、1%～2%氢氧化钠或 0.2%升汞均能迅速将其杀死。0.001%的汞，0.001%的“九一四”或每毫升含 2 万～10 万 U 的链霉素，均能抑制本菌。

支原体属丝状支原体簇共有 8 个亚种，其中与牛羊疾病相关的亚种有 6 个，即丝状支原体丝状亚种 LC 型（大菌落生物型）（*Mycoplasma mycoides* subsp. *Mycoides* large－colony type，MmmLC）、丝状支原体丝状亚种 SC 型（小菌落生物型）（*Mycoplasma mycoides* subsp. Mycoides small－colony type，MmmSC）、山羊支原体肺炎亚种（*Mycoplasma capricolum* subsp. *Capripneumoniae*，Mccp）、丝状支原体山羊亚种（*Mycoplasma mycoides* subsp. Capri，Mmc）、羊支原体山羊亚种（*M. capricolum* subsp. Capricolum，Mcc）和牛支原体血清学 7 群亚种（*Mycoplasma* sp. bovine serogroup 7）。

自然条件下，丝状支原体丝状亚种 SC 型主要侵害牛类，包括黄牛、牦牛、犏牛和奶牛等，其中3～7岁多发，犊牛少见，病原主要通过呼吸道感染，也可经消化道或生殖道感染。本病多呈散发性流行，常年可发生，但以冬、春两季多发。牛只感染上牛传染性胸膜肺炎后常呈亚急性表现或无临床症状，而且康复的牛还可成为长期带菌者，故本病的控制或消灭比较困难，给许多国家的养牛业造成重大经济损失。非疫区常因引进带菌牛而呈暴发性流行；老疫区因牛对本病具有不同程度的抵抗力，发病缓慢，通常呈亚急性或慢性经过，往往呈散发性。但在病程上表现为超急性、急性、慢性和亚临床感染的渐进过程。试验复制本病比较困难，但气管插管或汽溶胶气管内接种丝状支原体丝状亚种低代次培养物能够复制出与自然感染相同的病例。自然感染的潜伏期可能在5～207d范围内，也有报道说潜伏期更短。

急性期：疾病的早期阶段一般表现为胸膜炎导致的严重肺炎，无特征性病状。由于中等程度发热使动物表现为呆滞、厌食、不规则反刍。咳嗽病程很长，轻咳或干咳。肺脏病变随着咳嗽次数的增加而更加明显，动物衰竭或呈弓形站立，头前伸和肘外展。

超急性期：临床症状上表现为急性期的加速。特征性病理学症状为胸膜粘连并伴随心包渗出。感染动物几周后死于典型的呼吸系统疾病。

亚急性或慢性期：在亚急性症状可能局限于轻微的咳嗽，仅在运动的动物中表现明显。非洲流行期死亡率在10%～70%，CBPP在欧洲与非洲有不同的病因，它的特点是低致病性和低的或不存在死亡率，感染大多数牛表现为慢性病变，呈地方性疾病特征。

CBPP的病理学变化主要局限于胸腔和肺脏，而且通常是单侧发生。Nunes Petisca（1990）对葡萄牙556个CBPP感染的肺脏进行研究发现，其中高达95%的病变是单侧发生，对照组的溶血性巴氏杆菌感染病变通常为双侧。不同阶段炎性病变导致的琥珀色液体的分散而使肺脏呈现出红色、灰白色、黄色肝变样。肺脏的实质变化为出现特有的大理石样外观，有些时候伴随胸腔和胸壁的粘连。在慢性和长期病例中肺脏还发生坏死。在间叶的中膈中出现的血管周围机化灶或机化中心被认为是CBPP的证病性病变。

（二）疫苗

1. 疫苗的研究进展 当前国内外所使用的牛传染性胸膜肺炎疫苗均为弱毒活疫苗，尚未有使用的灭活疫苗的报道。牛肺疫弱毒活疫苗，主要有V5、T1、KH3J兔化弱毒疫苗及其绵羊、藏羊适应系列疫苗等。

V5疫苗是由Vs菌株在人工培养基上繁殖制备的。在澳大利亚使用30多年，于1973年消灭了牛肺疫。T1苗是自坦噶尼喀自然病例分离的弱毒菌株，在肉汤培养基中培养制成的弱毒苗，菌苗的活菌数不少于10^7CCU/mL。尼日利亚使用T1苗后控制了牛肺疫的流行。KH3J苗系通过鸡胚50代的弱毒菌株，毒力较T1苗弱，安全性良好，在非洲乍得、苏丹等国普遍使用。

兔化弱毒菌苗，由吴庭训等（1959）培育成功，在中国河南、新疆等17个省、自治区使用，控制了牛肺疫的流行，取得了较大的成功。本弱毒株是用从东北自然发病的黄牛肺组织分离的牛肺疫强毒菌种，在含有10%兔血清的马丁汤中传2代，再接种兔肺，经兔和培养基交替传代，菌株对牛的毒力随着传代代次的增加而逐渐减弱。到169～359代毒力趋于稳定，但保持了良好的免疫原性。到400代以后，免疫原性下降。制苗菌种控制在第320～359代，将接种兔胸水用铝胶生理盐水做500倍稀释制成铝胶苗；或用生理盐水做100倍稀释制成盐水苗。铝胶苗臀部注射，盐水苗在尾端皮下注射，每头1mL。免疫期约为12个月。疫苗在0～4℃可保存10d。疫苗专用于黄牛，在疫区不经检疫，连年预防注射可以控制牛肺疫流行。但对牦牛、犊牛、黑白花乳牛不安全，不能使用。对某些地区黄牛也不甚安全。

兔化绵羊适应弱毒菌苗，是将兔化弱毒株适用于绵羊制成的，其中Ⅰ系兔化绵羊适应弱毒苗是以兔化菌种第85代的培养物注射绵羊胸腔，取胸水连续在绵羊体内传代，随传代代次的增加，对牛毒力逐渐减弱。制苗菌种控制在33～55代。以接种的绵羊胸水作为疫苗使用，用于内蒙古黄牛。Ⅱ系兔化绵羊适应弱毒苗，是以黄牛分离的牛肺疫强毒菌种，在培养基上传54代后，接种兔胸腔，并在兔体中连续传代，取兔体内传76代次作为种子接种绵羊，取羊体内传代17～30代次接种的绵羊胸水作为疫苗，用于牦牛、犏牛及中国关中黄牛。

兔化株藏系绵羊化弱毒冻干苗，李崇华等（1959）将兔化弱毒株157代兔胸水接种藏系绵羊胸腔，并在藏系绵羊体内连续传代，以其75～150代制苗。适用于接种黄牛、牦牛、犏牛和奶牛。

黄昌炳（1982）将兔化藏系绵羊化胸水作种子，接种10％马血清的马丁汤中，制成冻干菌苗。免疫保护率95.6％，在－15～－10℃保存期为24个月，免疫期12个月。注射牦牛、黄牛、杂交牛、奶牛、纯种牛均安全。其优点为工艺简单，生产成本低，菌苗纯粹。

2. 疫苗的生产制造 牛传染性胸膜肺炎活疫苗（bovine contagious pleuropneumonia vaccine，live），系用丝状支原体丝状亚种（兔化弱毒或兔化绵羊化弱毒株）接种兔或绵羊，收获胸水，加适宜稳定剂，经冷冻真空干燥制成。用于预防牛传染性胸膜肺炎（牛肺疫）。

3. 质量标准与使用 疫苗物理性状为微白或微黄色海绵状疏松团块。易与瓶壁脱离，加稀释液后迅速溶解。按附录六进行无菌检验应无菌生长，按附录八进行支原体检验应无异源支原体生长。

将疫苗用生理盐水做适当稀释，接种于含10％马血清的马丁肉汤和马丁琼脂，37℃培养72h左右，马丁肉汤应可见乳光混浊，马丁琼脂上应可见中央乳头状突起或突起不太明显的菌落。

取疫苗3瓶，每瓶按原胸水分装量加含10％血清的马丁肉汤，充分溶解后，再做10倍系列稀释，置37℃培养7d。活菌数应不低于10^8CCU/mL。

将疫苗用生理盐水做10倍稀释，肌内注射体重350～450g豚鼠和1.5～2.0kg兔各2只，各1.0mL，观察10d，应全部健活。臀部肌内注射成年牛4头（用于牦牛的疫苗，应用牦牛做安全检验），每头2.0mL，观察30d，应无反应，或只出现局部轻微肿胀。按附录二十六、三十二进行剩余水分和真空度测定，结果应符合相关规定。

疫苗规格为50头份/瓶，2～8℃保存，有效期为12个月；15℃以下保存，有效期为21个月。疫苗使用时，有时可见动物出现不良反应。根据反应的症状和严重程度可见其分为：

重反应（＋＋＋），接种部位肿胀，蔓延至整个臀部、腹部、后肢、多发性（两肢以上）关节炎，高热稽留，全身瘫痪，卧地不起，甚至死亡。

中反应（＋＋），接种部位严重肿胀（注射侧臀部全部或1/2以上肿胀，尾肿胀）、溃烂断尾。一肢出现关节炎，高热稽留，在15d内未自愈。

轻反应（＋），接种部位稍有肿胀，脱毛或步态稍僵硬，未有精神沉郁、食欲减退、一过性体温升高等症状，并均在10d内康复。

无反应（－），无任何可见反应。

安全检验时出现轻反应、无反应为安全，重反应、中反应为不安全。

（三）展望

国内近些年来在牛传染性胸膜肺炎及其新疫苗方面的研究工作比较少。国外牛传染性胸膜肺炎疫苗仅用于非洲和包括阿萨姆邦在内的部分亚洲地区。这种疫苗是从 KH3J 或是T1-44 株中衍生的一种疫苗，这两种菌株均是含有抗链霉变异菌株，这两种菌株一般认为不能产生 12 个月以上的免疫力，更令人担忧的是在免疫过的牛群中也可暴发牛传染性胸膜肺炎。

OIE 推荐使用的 T1-44 牛传染性胸膜肺炎疫苗是自然弱毒株经鸡胚传 44 代后所制，对瘤牛完全无毒但可导致 Bostaurus 牛出现严重免疫反应。Windsor 和 Masiga（1977）研究表明若在第一次接种后的 15 个月的第二次接种采用内脏接种法，那么不论第一次接种是采取尾部末梢或是经皮下接种均可产生稳定的免疫力。因此仅有 1/4 经皮肤接种此疫苗的牛在肺部出现机化灶。在此之后，Garba 等（1989）研究表明 T1-44 疫苗经尾部末梢接种要比以脖子接种使机体产生更高的抗体滴度，并能起到良好的保护作用。

Joakim Westberg 等（2004）首次完成了丝状支原体丝状亚种，国际标准株为 PG1T 株的基因组的全序列分析，其基因组全长1 211 703bp，G+C 含量很低，仅为 24%，是当前已知生物基因组中 G+C 含量最低的；富含重复序列，共计占基因组总大小的 29%，其中插入序列占基因组总大小的 13%，也是当前已知生物基因组中插入序列最为密集的。经推断基因组共含有 985 个基因，其中 72 个位于插入序列并编码转座酶。牛丝状支原体丝状亚种国际标准株 PG1T 株基因组全序列的测序完成，将对牛传染性胸膜肺炎新型疫苗的研究及防控有着十分重要的意义。

（沈青春）

二十四、山羊传染性胸膜肺炎

（一）概述

山羊传染性胸膜肺炎（Contagious caprine pleuropneumonia，CCPP）又称山羊支原体肺炎，俗称“烂肺病”，是山羊支原体肺炎亚种（*Mycoplasma capricolum* subsp. *Capripneumoniae*，Mccp）引起的山羊的一种高度接触性传染病。在地中海区域、非洲、亚洲、墨西哥、欧洲、中亚、西亚和印度都有发生。病程呈急性，有时呈慢性经过，其特征是高热，咳嗽，肺实质、小叶间质及胸膜发生浆液性和纤维素性炎；肺膨隆高度水肿并有明显的肝样病变，通常肺炎常成单侧发生。

支原体属丝状支原体簇与牛羊疾病相关的亚种有 6 个，包括和丝状支原体丝状亚种 LC 型（MmmLC）、丝状支原体丝状亚种 SC 型（MmmSC）、山羊支原体肺炎亚种（Mccp）、丝状支原体山羊亚种（Mmc）、羊支原体山羊亚种（*Mcc*）和牛支原体血清学 7 群亚种（*Mycoplasma* sp. bovine serogroup 7）。除了羊支原体肺炎亚种可引起山羊传染性胸膜肺炎外，丝状支原体山羊亚种（Mmc）或丝状支原体丝状亚种 LC 型（MmmLC）也可引起山羊与 CCPP 几乎相同的胸膜肺炎症状，而且通常也将其称为传染性胸膜肺炎。

2003 年，墨西哥的杜兰戈州（Durango）的一个有 2 000 头奶山羊的农场发生山羊传染性胸膜肺炎，9 月开始出现第一个病例，12 月达到发病高峰。疫情开始后 15d 内即死亡 200

头，随后的6个月内羊群死亡率高达40%。死亡动物无年龄大小之分，1周龄内的羊羔从出现症状到死亡不超过1周，而成年羊最长可达2个月。通过PCR诊断出该次疫情的病原为丝状支原体山羊亚种，而最初怀疑的并非羊支原体肺炎亚种。F. Tardy等（2006）从法国暴发严重的羊传染性胸膜肺炎疫情是由丝状支原体丝状亚种LC型（大菌落生物型）引起，但同时又在健康羊的耳道中和羊奶中成功分离到相同的丝状支原体丝状亚种LC型菌株，为了确定丝状支原体丝状亚种LC型在发病羊和不表现任何症状羊间是达到一种平衡的，进一步的研究表明不同的丝状支原体丝状亚种LC型分离菌株的毒力可能不同。

山羊传染性胸膜肺炎主要发生在山羊较为集中、山场放牧负荷较重，且有自外地引进的山羊的羊群。本病一年四季中均可发生和流行，但于早春、秋末、冬初寒冷、潮湿的季节较为多见。其主要的传播方式是直接接触和飞沫传播。群体内山羊不论品种、年龄、性别均可会感染，其特征是高热、高致病性和高死亡率，死亡率可达40%以上。潜伏期一般为5～20d，也有长达30～40d的。病羊呼吸困难，眼睑肿胀、流泪或有脓性分泌物，高热，体温升高至39～40.5℃，精神沉郁、食欲减退，随即咳嗽，流浆液性鼻液，3～5d后鼻液呈黏脓性，常黏附于鼻孔、上唇，呈铁锈色。病理变化主要集中在呼吸系统，其次是消化系统。气管、支气管有大量的泡沫性黏液，淋巴结肿大，胸腔、胸膜与肺发生粘连，肺部分变硬，严重萎缩。胸腔有淡黄色渗出液。肝脏肿大，多处质地变硬。肠系膜淋巴结肿大，小肠积稀粪，大肠出现便秘。在自然情况下，该病只感染山羊，以3岁以下的山羊最易感。

山羊传染性胸膜肺炎的病原是山羊支原体肺炎亚种（Mccp），其国际模式株为F38。山羊支原体肺炎亚种的分离有一定的困难，据J. B. March（2000）报道，在已报告的发生CCPP的38个国家中，只有11个国家成功分离到山羊支原体肺炎亚种。

除了山羊支原体肺炎亚种（Mccp）外，丝状支原体山羊亚种和丝状支原体丝状亚种LC型也能引起山羊传染性胸膜肺炎，而且症状及病理变化上基本无法区别。

丝状支原体山羊亚种（*Mycoplasma mycoides* subsp. *Capri*），最早是由Longtey（1951）、朱晓屏与Beveride（1951）分别从尼日利亚和土耳其的病羊中分离出来，后者所分离的PG3株，已成为模式株。该菌株对营养要求不十分严格，在含10%～15%马血清的马丁肉汤中呈带乳光的浑浊液，产生菌丝，无菌膜及沉淀。固体培养基上呈典型的煎蛋样菌落，直径可达1.5～2.5 mm。在人工培养基上传代极易失去毒力。Mcmtartin等（1980）从苏丹发生的山羊传染性胸膜肺炎病肺中分离到一株不同于丝状支原体山羊亚种的致病力强大的F38菌株，Am-试验感染山羊发病。以后又有学者分离到与此相似的菌株。目前一般认为F38菌株也是山羊传染性胸膜肺炎的病原。F38菌株可在山羊血清的特殊培养基中生长。在氧气含量低的条件（如蜡烛罐中）生长最好，形成中心脐菌落。发酵葡萄糖、不水解精氨酸和尿素。病原对理化作用的抵抗力较弱，在腐败材料中只可保存3d，在50℃ 40min死亡。病原体在低温条件下可生存数月。常用消毒剂可在数分钟内杀死。

Marie-Pierre Monnerat等（1999）通过对丝状支原体丝状亚种LC型Y-goat株和丝状支原体山羊亚种PG3株的LppA膜蛋白进行克隆和序列分析，发现二者的核酸序列和蛋白质氨基酸序列具有非常高的同源性，进一步对来自两种不同支原体的LppA膜蛋白进行血清学分析发现二者几乎具有相同的抗原性，而相比丝状支原体的其他亚种却差异明显，丝状支原体丝状亚种LC型与丝状支原体山羊亚种LppA膜蛋白间的相似程度明显高于其与SC型（小菌落型），由此说明丝状支原体丝状亚种LC型和丝状支原体山羊亚种具有非常近的亲缘关系。Vilei E. M. 等（2006）通过对 31 个反刍动物的支原体的编码 RNA 聚合酶 β 亚单位的 *rpoB* 基因进行了克隆分析，证明丝状支原体丝状亚种 LC 型和丝状支原体山羊亚种从 *rpoB* 基因上完全不能区分，而与其他种区别明显，综合以前学者的发现，建议将这两个丝状支原体亚种合并为一种，并提议合称为丝状支原体山羊亚种。

（二）疫苗

山羊传染性胸膜肺炎（CCPP）病因相比非常复杂，丝状支原体的 6 个亚种中 3 个均可引起该疾病的发生，而且相互之间症状和病理变化基本相同，难以区分。

1. 灭活疫苗

（1）肺组织灭活菌苗　Polkovnikova 等（1952）制出氢氧化铝组织菌苗，免疫效果良好。国内房晓文等（1958）研制成功氢氧化铝组织苗，用于防疫，收到良好效果。本组织菌苗是采用人工感染发病 4～6d 的病羊肺组织和纵隔淋巴腺，按 1∶1 用缓冲溶液制成乳悬液，再加入 50%氢氧化铝胶，用 0.1%福尔马林灭活，制成山羊传染性胸膜肺炎氢氧化铝菌苗。给山羊皮下注射 6mL 的剂量，保护率达 75%～100%。菌苗在 2～8℃冷暗处保存，有效期 18 个月，免疫期为 12 个月。

（2）人工培养物灭活菌苗　黄昌炳等（1979）将山羊传染性胸膜肺炎强毒菌种通过鸡胚传代后，接种于 Goodwin 氏猪肺炎支原体培养基上或者 10%～15%马血清、2%鲜酵母浸出液的复合马丁汤上，活菌数达 10^9CCU/mL，用 5d 培养物加 20%氢氧化铝胶吸附，弃去 1/2上清，制成福尔马林灭活浓缩苗。可以保护 90%以上的山羊抵抗强致病菌株的攻击。在此基础上，新疆兽医生物药品厂改用通气培养的方法繁殖生产疫苗，收到相似的效果。

在人工无细胞培养基中繁殖菌种制造疫苗的关键之处，在于繁殖菌种的培养基质量，只有高质量的培养基，才能繁殖出高含菌量和高抗原含量的培养液，从而生产出具有高保护作用的菌苗。

2. 弱毒活疫苗　房晓文等（1964）曾将山羊传染性胸膜肺炎强毒菌种在鸡胚中传代致弱，接种山羊可以产生相当的保护力，但由于能引起怀孕山羊流产，而未推广使用。Arisey（1978）报道用 Roj 菌株制成弱毒冻干疫苗，免疫接种后，在 9 个月内有较好的免疫保护力。

疫苗的质量标准与使用　中国目前使用的山羊传染性胸膜肺炎灭活疫苗（caprine infectious pleumpneunlonia vaccine，inactivated），系用丝状支原体山羊亚种强毒株 C87－1（CVCC 87001 株），接种健康易感山羊，无菌采集病羊肺及胸腔渗出物，制成乳剂，经甲醛溶液灭活后，加氢氧化铝胶制成。用于预防山羊传染性胸膜肺炎。

本品静置后，上层为淡棕色澄明液体，下层为灰白色沉淀，振摇后呈均匀混悬液。无菌检验，应为无菌生长或每克组织不超过 10 000 个非病原菌的杂菌。安全检验采用体重 350～450g 豚鼠和体重 1.5～2kg 家兔各 2 只，每只肌内注射疫苗 2mL，观察 10d，均应健活。用体重 20kg 以上 1～3 岁的健康易感山羊 4 只，各皮下或肌内注射疫苗 5mL。14～21d 后，连同条件相同的对照羊 3 只，各气管注射 10～25 个发病量的强毒组织乳剂 5～10mL，观察 25～30d。对照羊全部发病，免疫羊至少保护 3 只；或对照羊 2 只发病，免疫羊全部保护为效力检验符合规定。甲醛含量测定按照附录二十五进行，应符合规定。

山羊传染性胸膜肺炎灭活疫苗用于预防山羊传染性胸膜肺炎，免疫期为 12 个月。疫苗为氢氧化铝胶佐剂灭活疫苗，2～8℃保存，请勿冻结，有效期为 18 个月。采用皮下或肌内注射，使用时须充分摇匀，成年羊 5mL，6 月龄以下羔羊 3mL。

（三）展望

山羊传染性胸膜肺炎（CCPP）病因相比非常复杂，丝状支原体的6个亚种中3个均可引起该疾病的发生，而且相互之间症状和病理变化基本相同，难以区分。Vilei EM等（2006）通过对31个反刍动物的支原体进行分类研究，并总结以前的研究结果，提出合并丝状支原体丝状亚种LC型和丝状支原体山羊亚种为一个亚种，合称为丝状支原体山羊亚种。这使得山羊传染性胸膜肺炎的病因就缩小为2个亚种，为今后疫苗的研制提供了方便。Joakim Westberg等（2004）首次完成了丝状支原体丝状亚种，国际标准株为PG1T株的基因组的全序列分析，成为首个已知全基因组序列的丝状支原体，为包括山羊传染性胸膜肺炎病原在内的其他亚种的研究提供了重要的参考，对CCPP新型疫苗的研究及防控对策有着十分重要的意义。

（沈青春）

二十五、羊支原体肺炎

（一）概述

羊支原体肺炎（Ovine mycoplasmal pneumonia）是由绵羊肺炎支原体（*Mycoplasmal Ovipneumonia*）引起的羊的一种慢性呼吸道传染病。主要感染绵羊、山羊，特别是羔羊。主要是侵害肺脏，引起肺膈细胞增生、血管和气管周围淋巴网状细胞增生，肺小叶呈肉样变或虾肉样变的增生性间质性肺炎。病程多为亚急性和慢性。

羊支原体肺炎的病原为绵羊肺炎支原体（*Mycoplasmal Ovipneumonia*），Mackay（1963）首次分离到羊肺炎支原体。Cottew（1971）于澳大利亚绵羊中发现并由Carmich（1972）命名为*M. ovipneumomas*，国际标准株Y-98。主要危害3～10周龄的羔羊和部分成年羊。症状以咳嗽、流鼻涕、呼吸急促为主，体温升高（39.9～40.4℃），精神沉郁，食欲减少。病程可达数月或数年，病羔消瘦、贫血、生长发育缓慢，出栏率、毛质、毛量下降，造成大量工时和饲料的浪费，而成年羊往往不表现出明显症状。病羊常继发其他疾病，如溶血性巴氏杆菌感染等而死亡。

绵羊肺炎支原体对培养基要求比较严格，在含20%马血清、2%鲜酵母浸出液、0.5%胰蛋白胨、1%新鲜猪肺提取物、0.5%水解乳蛋白及无机盐类的培养基中生长良好。在液体培养基中，37℃培养5～7d，培养液由红变黄（pH下降0.5以下），无菌膜、沉淀或颗粒悬浮，呈微乳光色。菌体涂片经美蓝染色，呈现淡红色或紫色，呈球形、空泡、梨形等多形态。菌体大小为200～500nm，在固体培养基中形成细小的半透明菌落，无中心脐。代谢葡萄糖、不水解精氨酸、不分解尿素、不还原四唑氮，膜斑试验阳性、洋地黄皂苷敏感。经ELISA和斑点免疫试验证明羊肺炎支原体与猪肺炎支原体、相异支原体、絮状支原体之间存在交叉反应抗原，在诊断方面具有非常重要的意义。

（二）疫苗

1. 疫苗研究进展 国内外在羊肺炎支原体疫苗上的报道很少，国外未见保护性良好的疫苗。国内中国兽医药品监察所1987—1995年研制成功的羊肺炎支原体超滤浓缩灭活疫苗，保护率可达95%。该疫苗的投入使用，对控制中国羊肺炎支原体病的流行起到了很好的作用。

王栋等（1987—1995）从10个省（自治区）分离、鉴定出羊肺炎支原体28株，进行了超滤浓缩灭活菌苗的研究。

为了保持菌株良好的毒力和抗原性，菌株严格控制在分离后传8代以内的代次。在培养基中生长活菌滴度可达10^9CCU/mL。以84h培养物气管注射2mL，可使接种羊几乎全部发病。采用浅层培养，收获120h培养物，并用分子的相对质量40 000的内压式中空纤维超滤器浓缩至原培养物的1/10。加0.1%福尔马林灭活。按5份灭活菌液加1份灭菌的pH 8.1～8.3氢氧化铝胶缓冲液，充分振荡后在2～8℃吸附7d，每天振摇2次，制成羊肺炎支原体超滤浓缩灭活菌苗。

该苗可保护95%以上的接种羊抵抗羊肺炎支原体的攻击。接种羊无任何不良反应，疫苗在2～8℃中可保存15个月不影响免疫效力。免疫期为12个月。

2. 疫苗生产制造 绵羊支原体肺炎灭活疫苗（ovline mycoplasma pneumonia vaccine，inactivated）系采用绵羊肺炎支原体菌种，接种于适宜培养基培养，将培养物浓缩，经甲醛溶液灭活后，加氢氧化铝胶制成。用于预防山羊、绵羊支原体肺炎。

3. 质量标准与使用 疫苗成品为淡黄色均匀混悬液。静置后，上层为淡黄色澄明液体，底部为黄白色疏松沉淀物。

无菌检验：按附录六进行，应无菌生长。异种支原体检验取样接种KM，液体培养基（培养基每管装量为5mL，接入样品量为0.2mL），在37℃培养7～10d，应无支原体生长。

安全检验：共有两种方法，任选其一。一种是用体重450g左右豚鼠2只，各肌内注射疫苗1mL；用体重1.5～2.0kg家兔2只，各肌内注射疫苗2mL，观察14d，均应健活。另一种是用健康易感山羊（或绵羊）2只，各颈侧皮下注射疫苗8mL，临床观察30d，应无不良反应。

效力检验：采用1～2岁、体重20kg左右、羊肺炎支原体抗体阴性的绵羊（或山羊）4只，各颈侧皮下注射疫苗5mL，30d后，连同条件相同的对照羊3只，以强毒菌株液体培养物制成的5倍浓缩液，每只气管注射5mL，临床观察25～30d，剖检观察肺部特征病变，并进行攻毒支原体的重分离。对照羊2只发病，免疫羊应全部保护；或对照羊全部发病，免疫羊至少保护3只为合格。

甲醛含量测定：按附录二十五进行，应符合相关规定。

绵羊支原体肺炎灭活疫苗用于预防由绵羊支原体引起的绵羊或山羊肺炎。疫苗规格为100mL/瓶，免疫期为18个月。采用颈部皮下注射，注射剂量为成年羊5mL，半岁以下羔羊3mL。使用前应充分摇匀。疫苗贮藏中切忌冻结，运输和使用中应避免高温和直射阳光曝晒。疫苗存放于2～8℃阴冷环境下，有效期为12个月。

（三）展望

绵羊肺炎支原体在国内外研究均较少，这主要是与其发病不明显，常呈非进行慢性肺炎有关。Ionas G等（1991）假设来自同群患有非进行慢性肺炎绵羊或同一个肺脏分离的绵羊肺炎支原体分离株可能不同，如是便从新西兰的6付患病羊肺脏中分离了30个绵羊肺炎支原体分离株，使用SDS-PAGE和酶切分析（restriction endonuclease analysis，REA）对其进行验证。然后从中选取4个来自同一肺脏的分离株继续进行REA分析，结果证明其假设的正确，即来自相同的同一种病原存在多个不同的菌株。Parham K等（2006）对英国境内的绵羊肺炎支原体分离株的变异能力进行评估。绵羊肺炎支原体是当前英国仅有的两种小反刍动物支原体之一，将其 2002 年和 2004 年的分离株使用随机扩增多态性 DNA（Random Amplified Polymorphic DNA，RAPD）、脉冲场电泳（Pulsed Field Gel Electrophoresis，PFGE）、SDS－PAGE 和 Western－blot 进行了分析，最终将 43 个分离菌株分为 10 个群，DNA 的可变性反映出了可变蛋白质的表达。同一个农场存在不同的变异株表明存在动物的流动和无症状的病原携带动物的引入。

中国羊养殖量较大，绵羊肺炎支原体也大量存在，而对其研究投入十分有限，对其认识程度相对较低，开展绵羊肺炎支原体的基础研究工作，研制与开发高效和安全的新型绵羊肺炎支原体疫苗和新的防控措施的前景十分广阔。

（沈青春）

二十六、气肿疽

（一）概述

气肿疽（Gangraena emphysematosa）是由气肿疽梭菌（*Clostridium chauvoei*）引起的反刍动物的一种急性败血性传染病。临床上表现为在肌肉丰满部位发生气性炎性水肿，按压患部常有捻发音，病畜早期有跛行，后期皮肤发黑故又称“爬腿瘊”“黑腿病（Black Leg）”“鸣疽”。剖检可见局部呈黑色，肌肉干燥呈海绵样，病变肌肉和正常肌肉相间，局部骨骼肌的出血坏死性炎、皮下和肌间结缔组织黏液出血性炎，并在其中产生气体等表现。病变多发生在股部、臀部、腰部、肩部、颈部及胸部等肌肉丰满的部位。

本病分布于世界各地，最初由 Bollinger（1875）和 Feser（1876）发现。中国在 1950 年以前缺乏记载。新中国成立初期在中原地区曾有过较大的流行，经采用气肿疽疫苗预防接种后，该疫病得到了控制，并在相当长的时间内没有该病发生。但分别在宝鸡（1986 年 10 月）和延边（1991 年 9 月）某地暴发此病，后又在局部地区呈地方性流行，目前仅个别地区偶有少数病例发生。虽然该疾病可采用注射特异性抗血清进行紧急治疗，但是由于气肿疽发病急、死亡快、治疗的效果不显著，因此，采用气肿疽疫苗预防接种是控制本病的主要措施。

气肿疽梭菌（*C. chauvoei*）音译为肖氏梭菌，又名费氏梭菌（*C. feseri*），属细菌纲，芽孢杆菌科，梭菌属，为专性厌氧菌。本菌各菌株都有一个共同的 O 抗原，而按 H 抗原又分成 2 个型。多数菌株具有相同的芽孢、菌体及鞭毛抗原，抗原式为 A：3：f。此菌在适宜培养基中生长，可产生 4 种毒素，分别为 α 毒素（耐氧的溶血素）、β 毒素（脱氧核糖核酸酶）、γ 毒素（透明质酸酶）和 δ 毒素（不耐氧溶血素）。此菌的菌体具有良好的免疫原性，其通过适宜培养基培养后所产毒素也具有良好的免疫原性，因此采用全细菌液体疫苗可诱导产生良好的抗细菌和抗毒素免疫。

气肿疽主要感染反刍动物，牛对气肿疽梭菌更易感，如黄牛、奶牛、耕牛、牦牛、水牛均可感染，羊、鹿、猪等也可感染本病。6 月龄至 2 岁的牛最易感，小于 6 月龄的犊牛有抵抗力，成年牛较少发病。本菌可通过消化道、外伤和吸血昆虫叮咬等途径进行传播。多数由于患病动物及处理不当的尸体或其排泄物、分泌物中的细菌芽孢污染土壤后，病原菌长期在土壤中存活，进而污染饲料和饮水等，使健康动物通过饮水或采食感染该病。该病多为散发，有一定的地区性和季节性，多发于天气炎热的多雨季节以及洪水泛滥时。夏季干旱酷热，昆虫活动时也易发生。

（二）疫苗

中国兽医药品监察所和原郑州兽医生物药品厂已共同研究出气肿疽灭活疫苗（包括甲醛苗和明矾苗），主要用于牛、羊。

1. 疫苗研究进展 该疫苗的生产用菌株为气肿疽梭菌 C54－1 株和 C54－2 株。经过实验室试验和田间试验表明，这 2 个菌株均具有良好的免疫原性；由这 2 个菌株制备的疫苗对各种年龄的牛、羊均有良好的免疫保护作用。但是，由于 6 月龄以下的犊牛免疫应答机制不够完善，因此要在其 6 月龄时再加强接种 1 次。目前，由中国兽医药品监察所和原郑州兽医生物药品厂共同提出的规程已经使用多年，并经过 6 次修订完善。按照该规程进行生产，完全能够保证该疫苗的质量。

2. 疫苗的生产制造 疫苗的生产通常采用培养基在厌氧条件下培养，培养基的好坏和氧气的多少直接决定疫苗的产量和质量。气肿疽梭菌在生长过程中一般需要加入肉、肝、蛋白胨、葡萄糖等。由于气肿疽梭菌仅在严格厌氧的条件下才能生长，因此，通常在培养基中加入液体石蜡，以便隔离空气中的氧气。常用的培养基为厌气肉肝汤和蛋白胨肉肝汤，培养基最好是现配现用，如采用配制时间比较长的培养基，应将装有培养基的容器在沸水中煮沸 15min 左右，以达到排出培养基中溶解氧的目的。制苗时，一般将气肿疽梭菌在 37～38℃培养 36～48h，并严格控制基础种子代数在 10 代以内。

3. 质量标准与使用 本品系用气肿疽梭状芽孢菌接种于适宜培养基培养，收获培养物，用甲醛溶液灭活后制成，或灭活后加钾明矾制成。用于预防牛、羊气肿疽。

从物理性状上看，疫苗静置后，上层为澄清液体，下层有少量沉淀，振摇后，呈均匀混悬液。疫苗装量，甲醛和汞类防腐剂残留量等均应符合规定，且应无菌生长。

在做安全性检验时，取疫苗 3 瓶，混合后用体重 350～450g 豚鼠 2 只，各皮下注射疫苗 2.0mL，观察 10d，应全部健活。

效力检验取疫苗 1 瓶，用体重 350～450g 豚鼠 6 只，4 只各肌内注射疫苗 1.0mL，另 2 只作为对照。注射 21d 后，每只豚鼠各肌内注射培养 24h 的气肿疽梭菌强毒菌液至少 0.2mL，观察 10d。对照豚鼠应于 72h 内全部死亡，免疫豚鼠应至少保护 3 只。

接种疫苗时，按疫苗瓶签标明的头份，不论年龄大小，每头牛皮下注射 5.0mL，羊皮下注射 1.0mL。6 月龄以下的犊牛接种后，到 6 月龄时，应再接种 1 次。疫苗接种后，一般在第 14 天产生免疫力，免疫期通常为 7 个月。

使用疫苗时应注意以下事项：①被接种的动物需健康，如体质瘦弱、有病、发热或天气突变时均不宜注射。接种后 7d 内不宜使役，并需加强饲养管理。②接种前，应将疫苗恢复至室温，并充分摇匀。③接种时，应做局部消毒处理，并按照无菌操作方法进行接种。④用过的疫苗瓶、器具和未用完的疫苗等应进行无害化处理。⑤对怀孕母畜免疫时注意保胎，注射时动作应轻柔，以免影响胎儿，防止因粗暴地抓逮而导致流产。⑥接种后，可能有少数动物出现局部肿胀反应、减食或体温升高等，一般 2～4d 可恢复正常。⑦疫苗在 2～8℃保存，切忌冻结，冻结过的疫苗严禁使用。⑧疫苗的有效期为 24 个月，应在有效期内使用疫苗。

（三）展望

原内蒙古生物药品厂着手研究气肿疽干粉灭活疫苗，进行了试生产，并进行了最小免疫量的测定等研究。不久的将来这种有利于保存和运输的干粉疫苗会被广泛应用。此外，延边大学正在着手进行气肿疽融合基因核酸疫苗和单基因亚单位疫苗的研究工作，已完成制备和免疫效果评价工作，如可申请注册为新兽用生物制品，则疫苗的生产能力将大大提升，且可以极大地减少成本和防止散毒，气肿疽疫苗将会迈向一个新的里程碑。

（杨京岚）

二十七、肉毒梭菌中毒症

（一）概述

肉毒梭菌中毒症（Botulism）是由肉毒梭菌（*Clostridium botulinium*）产生的毒素进入机体后引起的人和多种动物的一种以运动神经麻痹为特征的中毒性疾病。其作用机制主要是由于肉毒毒素是一种嗜神经毒素，经肠道吸收后进入血液，作用于脑神经核、神经接头处以及植物神经末梢，阻止乙酰胆碱的释放，妨碍神经冲动的传导而引起肌肉松弛性麻痹。与典型的外毒素不同，肉毒毒素并非由活的细菌直接释放，而是在细菌细胞内产生无毒的前体毒素，即神经毒素和血凝素或非血凝活性蛋白的复合体，待细菌死亡自溶后游离出来，经肠道中的胰蛋白酶或细菌产生的蛋白激酶作用后方有毒性，且该毒素能够抵抗胃酸和消化酶的破坏。

该病在全世界广泛存在，各种动物肉毒梭菌毒素中毒的临床表现基本相似，均主要为运动神经麻痹所致的运动麻痹、肌肉软弱、头颈软弱下垂、共济失调、行走迟缓或出现跛行甚至卧地不起等症状。动物死后剖检多无明显的病变，个别动物有时可见胃肠黏膜卡他性炎症和小点出血，心内膜偶见小点出血，肺可能有充血和水肿变化。

肉毒梭菌（*C. botulinum*）属细菌纲，芽孢杆菌科，梭菌属。根据毒素的血清学特异性肉毒梭菌有A、B、C、D、E、F、G 7个血清型，其中C型又可分为2个亚型（C_α亚型和C_β亚型），而毒素与这个菌的培养特性无必然关系。A、B、E、F型可引起人类的肉毒梭菌中毒症；C型可引起多种禽类、牛、羊、马、骆驼、水貂等动物中毒；此外，禽类中毒还能由A型或E型引起；马的肉毒梭菌毒素中毒可能由D型或B型引起；牛和绵羊肉毒梭菌毒素中毒也可由D型引起。各型（或亚型）毒素或类毒素免疫动物后，只能获得中和相应型（或亚型）毒素的特异性抗毒素，仅在亚型间存在部分交叉现象（如C_α亚型毒素只能被本亚型抗毒素中和，C_β亚型毒素则既可被C_β抗毒素中和，又可被C_α抗毒素中和）。因此，在利用肉毒梭菌制苗时，若假定预防的毒素型别已经确定，则应采用产生同型毒素的菌株进行。

各种动物和人均可发生肉毒梭菌中毒症，其中马最易感，牛、鸡、鸭、水貂等也很多见，绵羊、山羊、骆驼次之，猪、犬、猫少见；实验动物中家兔、豚鼠和小鼠也很敏感。

（二）疫苗

原青海畜牧兽医研究所已研究出肉毒梭菌中毒症C型灭活疫苗（包括普通培养苗和透析培养苗），主要用于牛、羊、骆驼和水貂。

1. 疫苗研究进展 肉毒梭菌中毒症疫苗的研究离不开对肉毒梭菌毒素的研究。肉毒毒素的研究大致可以分为3个阶段。20世纪70—80年代，对肉毒毒素结构的研究已经有了较大的进展，尤其是对毒素前体毒素的组成、肉毒梭菌及毒素的分型和各型的特点有了深入的研究，基本了解了毒素的结构和特性。20世纪90年代，对肉毒毒素的研究已深入到分子水平，着重于毒素的基因结构和分子组成的研究，逐渐明确了各型肉毒毒素的基因序列、同源性和三维结构及毒素作用的本质和机制。进入21世纪后，国际上对肉毒毒素的检测和预防的研究备受关注，同时加强了对肉毒毒素疫苗的探索和研究。

目前，该疫苗的生产用菌株为肉毒梭菌C62－4株和C62－6株。经过实验室试验和田间试验表明，这两个菌株均具有良好的免疫原性；由这两个菌株制备的疫苗对各种年龄的牛、羊、骆驼、水貂等均有良好的免疫保护作用。但是，由于各种动物对该疫苗的免疫应答效果不同，因此对各种动物免疫接种的量也有所差异，一般对骆驼的接种量最多，其次是牛、羊，水貂的接种量最少。目前，由原青海畜牧兽医研究所提出的规程已经使用多年，并经过3次修订完善。按照该规程进行生产，完全能够保证该疫苗的质量。

2. 疫苗的生产制造 疫苗的生产通常采用培养基在厌氧条件下培养，培养基的好坏和氧气的多少直接决定疫苗的产量和质量。肉毒梭菌在生长过程中一般需要加入肉、肝、蛋白胨、葡萄糖等。由于肉毒梭菌仅在严格厌氧的条件下才能生长，因此，通常在培养基中加入液体石蜡，以便隔离空气中的氧气。常用的培养基为肉肝胃酶消化汤，并需在培养基中加入新鲜生肝块。培养基最好是现配现用，如采用配制时间比较长的培养基，应将装有培养基的容器在沸水中水中煮沸15min左右，以达到排出培养基中溶解氧的目的。制备普通培养苗时，一般将肉毒梭菌在30～35℃培养5～7d；制备透析培养苗时，一般将肉毒梭菌在34～36℃培养6～8d。制苗时应严格控制基础种子代数在10代以内。

3. 质量标准与使用 本品系用C型肉毒梭菌接种适宜培养基培养或采用透析培养法培养，收获培养物，用甲醛溶液灭活后，加氢氧化铝胶制成。用于预防牛、羊、骆驼及水貂的C型肉毒梭菌中毒症。

从物理性状上看，疫苗静置后，上层为澄清液体，下层有少量沉淀，振摇后呈均匀混悬液。疫苗装量，甲醛和汞类防腐剂残留量等均应符合规定，且应无菌生长。

在做安全性检验时，取疫苗3瓶，混合后用体重300～350g豚鼠4只，各皮下注射疫苗4.0mL，观察21d，应全部健活。

效力检验取疫苗1瓶，可选择下列任一方法。

（1）血清中和法 测定免疫动物血清效价进行效力检验，取1～3岁、体重相近的绵羊4只或体重1.5～2.0kg家兔4只。每只动物皮下注射疫苗，绵羊每只注射4.0mL，兔每只注射1.0mL。注射14d后，分别采血，分离血清，将4只动物的血清等量混合，取混合血清0.4mL与C型肉毒梭菌毒素0.8mL（含4个小鼠MLD）混合，置37℃作用40min，然后静脉注射体重16～20g小鼠各2只，0.3mL/只，同时各用同批小鼠2只，分别注射1MLD相同的毒素作为对照。观察4～5d判定结果。如对照小鼠全部死亡，血清中和效价对肉毒中毒症达到1（0.1mL血清中和至少1MLD毒素）即判为合格。如不合格，可用同批免疫动物血清，重复检验1次。如在采血时仅剩3只，可用每只动物血清单独进行中和试验，如每只动物血清中和效价均达上述标准，亦为合格。

（2）免疫攻毒法 常规疫苗用体重1.5～2.0kg家兔4只，各皮下注射1.0mL，21d后连同条件相同的对照兔2只，各静脉注射10MLD的C型毒素，观察14d，对照兔应全部死亡，免疫兔应至少保护3只；或者，用1～3岁、体重相近的绵羊4只，各皮下注射疫苗4.0mL，21d后，连同条件相同的对照绵羊2只，各静脉注射10 MLD的C型肉毒梭菌毒素，观察14d，对照绵羊应全部死亡，免疫绵羊应至少保护3只。

透析培养苗在进行效力检验时，方法同上，但绵羊免疫剂量为1.0mL，家兔免疫剂量为5倍稀释的疫苗1.0mL。攻毒后，绵羊至少保护3只，家兔全保护为合格。

如按照所选方法进行效力检验，结果不合格时，可重检1次，但应按照首次选定的方法进行。如重检仍不合格，则判疫苗为不符合规定。

使用本疫苗应采用皮下注射途径接种，常规疫苗：每只羊4.0mL；每头牛10mL；每头骆驼20mL；每只水貂2.0mL。透析培养疫苗：每只羊1.0mL；每头牛2.5mL。免疫期为12个月。

使用疫苗时应注意以下事项：①使用前，应将疫苗恢复至室温，并充分摇匀。②接种时，应做局部消毒处理，并按照无菌操作方法进行接种。③用过的疫苗瓶、器具和未用完的疫苗等应进行无害化处理。④疫苗在2～8℃保存，切忌冻结，冻结过的疫苗严禁使用。⑤疫苗的有效期为36个月，应在有效期内使用疫苗。

（三）展望

原兽医大学军事兽医研究所和中国农业科学院特产研究所正分别着手进行水貂犬瘟热、肉毒梭菌二联苗及水貂犬瘟热、病毒性肠炎和肉毒梭菌中毒症三联苗的研究，均进行了试生产，并进行了部分实验室试验和临床试验研究工作。此外，中国农业科学院特产研究所和中国兽药监察所共同研制了肉毒梭菌C型干粉疫苗；原成都军区联勤部军事医学研究所、公安部昆明警犬基地、云南省军区军犬训练队、解放军军犬繁育训练中心和昆明医学院共同研制了犬产气荚膜梭菌与肉毒梭菌二联灭活疫苗，均已进入临床试验阶段。而美国在“9·11事件”后，已研究出肉毒毒素的五价类毒素疫苗，且正在大力开展毒素的亚单位疫苗和DNA疫苗的研究，并已取得阶段性进展。中国军事医学科学院生物工程研究所和中国人民解放军军事医学科学院研制的四价肉毒毒素亚单位疫苗和肉毒毒素及炭疽SFV复制子核酸疫苗等也已完成部分实验室试验。

（杨京岚）

二十八、破伤风

（一）概述

破伤风（Tetanus）又名“强直症”“锁口风”是由破伤风梭菌（*Clostridium tetani*）产生的破伤风毒素引起的一种严重的痉挛性疾病。临床上以骨骼肌发生强直性痉挛为特征，主要表现为两耳竖立、鼻孔开大、瞬膜外露、头颈伸直、牙关紧闭、流涎、腹部紧缩、尾根翘起、四肢强直、状如木马等。一般患病动物神志清楚，对外界刺激反射兴奋性增高，体温一般正常，仅在临死前体温上升达42℃以上。剖检时一般看不到该病明显的病理变化，仅在黏膜、浆膜及脊髓等处可见有小出血点，肺脏充血、水肿、骨骼肌变性或具有坏死灶，以及肌间结缔组织水肿等非特异变化。本病分布于世界各地，并在人类和各种动物中广泛存在，破伤风的治疗相当困难，在发病早期可用破伤风抗毒素作紧急预防，但当患病动物出现破伤风明显症状时，再使用破伤风抗毒素基本上是无效的。因此，目前大多数国家采用对动物接种破伤风类毒素疫苗作为预防该病的基本措施。

破伤风梭菌（*C. tetani*）又名强直梭菌，属细菌纲，芽孢杆菌科，梭菌属，为专性厌氧菌。其具有不耐热的鞭毛抗原，用凝集试验可分为10个菌型，中国最常见的是Ⅴ型。各型细菌均具有一个共同的耐热性菌体抗原，而Ⅱ、Ⅳ、Ⅴ和Ⅸ型还有共同的第二菌体抗原。各型细菌均产生抗原性相同的外毒素，能被任何一个型的抗毒素所中和。因此，破伤风类毒素疫苗免疫原性的好坏与采用何种型的破伤风梭菌制苗无直接关系，而与该种破伤风梭菌产生毒素的强弱有直接关系。

破伤风可以感染多种动物，除人以外，马属动物最易感，其次是牛、猪、羊、犬等，猫可间或发病，禽类和冷血动物不敏感。幼龄动物比成年动物更易感。实验动物中家兔、小鼠、大鼠、豚鼠和猴子也很敏感。

（二）疫苗

原郑州生物药品厂已研究出破伤风类毒素疫苗，主要用于马、骡、驴、鹿、绵羊和山羊。

1. 疫苗研究进展 由于破伤风梭菌可感染人类，严重危害人的生命安全，因此，早在1884年，Nico larier 就开始对破伤风进行了研究，并通过动物试验发现了破伤风与泥土中的细菌有关。1889年，Kitasato 分离出纯的病原体。1890年，Kund Faber 证明了给动物注射培养物的滤液而产生破伤风的症状，是因为有一种毒素的存在。同年，Von Behring 和 kitasato 用减弱的毒素免疫家兔制备出破伤风抗毒素。最初试图用抗毒素治疗人的破伤风，证明对有明显破伤风症状的患者，基本上是无效的。抗毒素仅能用作应急预防，有效预防时间短，且反复大量地使用马血清可能引起血清病。1923年，Ramon 报告用甲醛和热处理毒素的方法，制备出了有抗原性的类毒素。1926年，Ramon 和 Zeoller 用破伤风类毒素成功地给人进行了免疫，从而开创了类毒素预防免疫的方法。

最初普遍使用的是原制破伤风类毒素，这种原制的类毒素免疫效果是好的，但接种后的副反应很大，甚至有过敏性休克死亡的事例。这主要是由于原制类毒素中存在着大量的培养基中的无关蛋白成分，引起过敏反应。以后注意了培养基的成分，但收效甚微。为了减轻接种的副反应，之后对原制类毒素进行了精制提纯，制备出了精制的破伤风类毒素。经过使用观察，精制破伤风类毒素的接种反应比原制类毒素的接种反应显著地减少，但免疫学效果不如原制的类毒素。为了提高精制破伤风类毒素的免疫效果，人们开展了佐剂疫苗的研究。1940年，Holt 用磷酸铝吸附精制的类毒素，既降低了接种的副反应，又提高了免疫学效果。经过不断的改进，直到今天世界各国基本上都采用铝佐剂吸附精制破伤风类毒素制剂。目前，人用的精制破伤风类毒素的生产工艺主要有两种：①先脱毒后精制；②先精制后脱毒。据认为第一种工艺生产的类毒素稳定性一般较好，但是原制毒素中含有大量的培养基成分，在脱毒过程中，容易通过甲醛与毒素分子交联，提纯比较困难。此外，脱毒的体积大，操作不便。第二种工艺生产的精制破伤风类毒素纯度高，脱毒体积小，便于操作，且没有发现毒性逆转的现象，更适合大罐培养后的生产。因此，国外专家推荐采用第二种工艺。中国从1978年以来，人用精制破伤风类毒素一直采用第二种工艺进行生产。

由于动物对培养基中的杂蛋白的反应性相对较小，为保证良好的免疫原性，目前兽用破伤风类毒素多为原制破伤风类毒素。其生产用菌株为破伤风梭菌 C66－1 株、C66－2 株和 C66－6 株。经过实验室试验和田间试验表明，这些菌株均具有良好的免疫原性；由这些菌株制备的疫苗对各种家畜均有良好的免疫保护作用。目前由原郑州兽医生物药品厂提出的规程已经使用多年，并经过 4 次修订完善。按照该规程进行生产，完全能够保证该疫苗的质量。

2. 疫苗的生产制造 疫苗的生产通常采用培养基在厌氧条件下培养，培养基的好坏、培养温度和氧气的多少直接决定疫苗的产量和质量。破伤风梭菌在生长过程中一般需要加入肉、肝、蛋白胨、葡萄糖等。由于破伤风梭菌仅在严格厌氧的条件下才能生长，因此，通常在培养基中加入液体石蜡，以便隔离空气中的氧气。常用的培养基为 8%甘油冰醋酸肉汤或破伤风培养基，培养基最好是现配现用，灭菌后迅速冷却至 45～50℃，并按培养基量的 0.2%～0.3%接种二级种子液，在 34～35℃培养 5～7d。严格控制基础种子代数在 10 代以内。

3. 质量标准与使用 本品系用破伤风梭菌接种适宜培养基培养，生产的外毒素用甲醛溶液灭活脱毒、滤过除菌后，加钾明矾制成。用于预防家畜破伤风。

从物理性状上看，疫苗静置后，上层为澄清液体，下层有少量沉淀，振摇后呈均匀混悬液。疫苗装量，甲醛和汞类防腐剂残留量等均应符合规定，且应无菌生长。

在做安全性检验时，取疫苗 3 瓶，混合后用体重 300～380g 豚鼠 2 只，分别于后肢一侧皮下注射本品 1.0mL，对侧皮下注射 4.0mL，观察 21d。应无破伤风症状并全部健活。在注射 1.0mL 的一侧局部允许有小硬结，注射 4.0mL 一侧允许有小的溃疡，但须在 21d 内痊愈。

效力检验取疫苗 1 瓶，用体重 300～380 g 豚鼠 6 只，4 只各皮下注射 0.2mL，另 2 只作为对照。接种后 15～30d，免疫豚鼠各皮下注射至少 300MLD 的破伤风毒素，对照豚鼠各皮下注射 1MLD 的破伤风毒素。对照豚鼠应出现典型的破伤风症状，并于 4～6d 全部死亡；免疫豚鼠在 10d 内应无症状，且全部健活。

接种疫苗时，采用皮下途径注射。马、骡、驴、鹿，每头 1.0mL；幼畜，每头 0.5mL，6 个月后再注射 1 次；绵羊、山羊，每只注射 0.5mL。接种后 1 个月可产生免疫力，免疫期为 12 个月。第 2 年再注射 1.0mL，免疫期为 48 个月。

使用疫苗时应注意以下事项：①使用前，应将疫苗恢复至室温，并充分摇匀。②接种时，应作局部消毒处理，并按照无菌操作方法进行接种。③用过的疫苗瓶、器具和未用完的疫苗等应进行无害化处理。④疫苗在 2～8℃保存，切忌冻结，冻结过的疫苗严禁使用。⑤接种后，个别家畜可能出现过敏反应，应注意观察，必要时采取注射肾上腺素等脱敏措施抢救。⑥疫苗的有效期为 36 个月，应在有效期内使用疫苗。

（三）展望

为了减少原制类毒素疫苗在接种后引起的不良反应，减少高毒性破伤风梭菌在生产过程中的危险性，减少甲醛处理类毒素造成污染，以及化学处理后的类毒素可能发生毒性逆转等缺陷。很多医学工作者正努力采用其他方法制备新型的类毒素，以减少甚至避免上述制苗的缺陷。主要的方法包括：①采用并进一步改进精制方法，制备出高纯度的精制破伤风类毒素，以便减少培养基中杂蛋白对机体的不良反应。②制备采用非注射途径接种的类毒素疫苗，如用聚乳酸/聚甘醇微球研制出的口服疫苗和美国 Chiron 公司正在开发的鼻腔疫苗。

③改进破伤风毒素的类毒化的工艺，使类毒素的类毒化完全，且不可逆，以保证类毒素不会发生毒性逆转，增强了疫苗的安全性。④利用基因工程技术制备疫苗，如利用破伤风毒素C片段基因克隆表达产物制备亚单位疫苗等。

（杨京岚）

二十九、羊梭菌病

（一）概述

羊梭菌病（Clostridiosis of sheep）是由梭状芽孢杆菌（*Clostridium*）引起羊的一组传染病，包括羊的肉毒梭菌中毒症、破伤风、黑疫、快疫、猝狙、羔羊痢疾、肠毒血症等，其特点是发病快，病程短，死亡率高，对羊的危害性比较大。

根据上述传染病可知，引起羊梭菌病的病原包括：肉毒梭菌（*C. botulinum*）、破伤风梭菌（*C. tetani*）、诺维氏梭菌（*C. novyi*）、腐败梭菌（*C. septicum*）、C型（或B型）产气荚膜梭菌（*C. perfringens* type C or B）和D型产气荚膜梭菌（*C. perfringens* type D）。各个菌株的特点和各种疾病的流行病学、临床表现和组织学病理变化分别见肉毒梭菌中毒症、破伤风、羊黑疫、羊快疫、羔羊痢疾、羊肠毒血症等。

（二）疫苗

目前已批准生产的疫苗有：中国兽医药品监察所研究的羊梭菌病多联干粉灭活疫苗；原兰州和原新疆兽医生物制品厂共同研究的羊快疫、猝狙、肠毒血症三联灭活疫苗和羊快疫、猝狙、羔羊痢疾、肠毒血症三联四防灭活疫苗；中国兽医药品监察所和原杭州生药厂共同研究的羊黑疫、快疫二联灭活疫苗，均用于羊。

1. 羊梭菌病多联干粉灭活疫苗

（1）疫苗研究进展　该疫苗的生产用菌株为腐败梭菌C55－1株、产气荚膜梭菌B型C58－2株、产气荚膜梭菌C型C59－2株、产气荚膜梭菌D型C60－2株、诺维氏梭菌C61－4株、肉毒梭菌C62－4株和破伤风梭菌C66－1株等。经过实验室试验和田间试验表明，这些菌株均具有良好的免疫原性，且由这些菌株制备的疫苗对羊均有良好的免疫保护作用。目前由中国兽医药品监察所提出的规程已经使用多年，并经过2次修订完善。按照该规程进行生产，完全能够保证该疫苗的质量。

（2）疫苗的生产制造　疫苗的生产通常采用培养基培养，一般条件下，制苗用培养基腐败梭菌用胰酶消化牛肉汤；产气荚膜梭菌、诺维氏梭菌用肉肝胃酶消化汤或鱼肝肉胃酶消化汤；肉毒梭菌用鱼（或牛）肉胃酶消化肉肝汤；破伤风梭菌用8%甘油冰醋酸肉汤或破伤风培养基。分别用培养罐或玻璃瓶静止培养，按容量装入适量（70%左右）培养基，灭菌后迅速冷却，除破伤风梭菌在45～50℃时接种外，其余均在37～38℃接种，培养基如经存放，应于接种前煮沸驱氧，待冷至上述温度时接种。接种时，以培养基量计算，腐败梭菌按2%、产气荚膜梭菌按1%、诺维氏梭菌按5%、肉毒梭菌按1%～2%、破伤风梭菌按0.2%～0.3%接种。接种后置34～35℃培养，腐败梭菌36～48h、产气荚膜梭菌16～24h、诺维氏梭菌60～72h、肉毒梭菌和破伤风梭菌5～7d。

（3）质量标准与使用　本品系用腐败梭菌，B型、C型、D型产气荚膜梭菌，诺维氏梭菌，C型肉毒梭菌，破伤风梭菌分别接种于适宜培养基培养，收获培养物，用甲醛溶液灭活脱毒后，用硫酸铵提取，经冷冻真空干燥或雾化干燥制成单苗，或再按适当比例制成不同的多联苗（疫苗可根据需要含1～7种组分及其任意组合）[①]。用于预防羊快疫和/或猝狙和/或羔羊痢疾和/或肠毒血症和/或黑疫和/或肉毒梭菌中毒症和/或破伤风。

从物理性状上看，疫苗为粉末状，在加入20%氢氧化铝胶生理盐水后振摇，应于20min内充分溶解，并呈均匀混悬液。剩余水分、甲醛和汞类防腐剂残留量等均应符合规定。本品可有杂菌生长，但应对生长的杂菌做病原性鉴定，并进行杂菌计数，每1头份的非病原菌应不超过100个，且疫苗不得含有病原菌。

对于重量差异限度，取10份本品，除去包装，分别称定重量，每份重量与标示重量相比较，差异限度不得超过±5%。超过重量差异限度的不得多于2份，并不得有1份超过重量差异限度1倍。

在做安全性检验时，取疫苗3瓶，混合后用20%氢氧化铝胶生理盐水稀释成5个使用剂量/2.0mL，肌内注射体重1.5～2.0kg家兔4只，2.0mL/只，观察10d，应全部健活，且注射部位无坏死。

效力检验取疫苗1瓶，用20%氢氧化铝胶生理盐水稀释后，可选择下列任一方法。

血清中和法：每批疫苗用体重1.5～2.0kg家兔4只或6～12月龄、体重30～40kg的绵羊4只。每只兔肌内注射1.0mL（含0.6个使用剂量）；羊1.0mL（含1个使用剂量）。注射14～21d后采血，分离血清，将4只动物血清等量混合，取混合血清0.4mL，分别与被检疫苗所含成分相应的毒素0.8mL（腐败梭菌毒素、B型产气荚膜梭菌毒素、C型产气荚膜梭菌毒素和C型肉毒梭菌毒素分别含4个小鼠MLD，D型产气荚膜梭菌毒素含12个小鼠MLD，诺维氏梭菌毒素含20个小鼠MLD，破伤风毒素含8个小鼠MLD）混合，置37℃作用40min，然后注射（除破伤风毒素-血清混合物为皮下注射外，其余均为静脉注射）体重16～20g小鼠各2只，0.3mL/只。同时各用同批小鼠2只，分别注射1MLD相同的毒素作为对照。检测肉毒梭菌和破伤风梭菌抗体效价的小鼠观察4～5d；检测快疫、黑疫抗体效价的小鼠观察3d；检测羔羊痢疾、猝狙和肠毒血症抗体效价的小鼠观察1d，判定结果。如对照小鼠全部死亡，血清中和效价对腐败梭菌毒素、B型产气荚膜梭菌毒素、C型产气荚膜梭菌毒素和C型肉毒梭菌毒素达到1（0.1mL免疫动物血清中和1MLD毒素）；对D型产气荚膜梭菌毒素达到3（0.1mL免疫动物血清中和3MLD毒素）；对诺维氏梭菌毒素达到5（0.1mL免疫动物血清中和5MLD毒素）；对破伤风毒素达到2（0.1mL免疫动物血清中和2MLD毒素），即判为合格。如免疫动物只剩3只时，可用每只动物血清单独进行中和试验，如每只动物血清中和效价均达上述标准，亦为合格。

免疫攻毒法：每种成分各肌内注射体重1.5～2.0kg家兔4只，每只1.0mL（含0.6个使用剂量），或注射健康易感绵羊4只，每只1.0mL（含1个使用剂量）。14～21d后，连同条件相同的对照兔或羊各2只一起注射强毒。快疫、羔羊痢疾、猝狙、肠毒血症免疫组及对

---

① 备注：本品可根据实际需要对成分进行拆分组合。不同组合后，生产企业会根据实际情况编制相应的质量标准和说明书。并对制品名称、效力检验、作用与用途等内容进行调整。例如，若仅选用腐败梭菌和破伤风梭菌进行制苗，则疫苗的名称应调整为羊快疫、破伤风二联干粉灭活疫苗；效力检验中仅需针对腐败梭菌和破伤风进行检查；作用与用途等也需做相应调整。

照动物，每只静脉注射 1MLD 毒素，观察 3～5d；黑疫免疫组及对照动物，每只家兔皮下注射 50MLD，每只绵羊皮下注射 2MLD 毒素，观察 3～5d；肉毒梭菌免疫组及对照动物，每只静脉注射 10MLD 毒素，观察 10d；破伤风免疫组及对照动物，皮下注射 10MLD 毒素，观察 10d。对照动物全部死亡，免疫动物至少保护 3 只为合格。

如按照所选方法进行效力检验，结果不合格时，可重检 1 次，但应按照首次选定的方法进行。如重检仍不合格，则判疫苗为不符合规定。

接种疫苗时，采用肌内或皮下途径注射。按瓶签注明头份，临用时用 20%氢氧化铝胶生理盐水溶液溶解成 1.0mL/头份，充分摇匀后，不论羊的年龄大小，每只均接种 1.0mL。免疫期一般为 12 个月。

使用疫苗时应注意以下事项：①接种时，应做局部消毒处理，并按照无菌操作方法进行接种。②用过的疫苗瓶、器具和未用完的疫苗等应进行无害化处理。③疫苗在 2～8℃保存，有效期为 60 个月，应在有效期内使用疫苗。

2. 羊快疫、猝狙、羔羊痢疾、肠毒血症三联四防灭活疫苗

（1）疫苗研究进展　该疫苗的生产用菌株为腐败梭菌 C55－1 株和 C55－2 株、B 型产气荚膜梭菌 C58－2 株和 C58－2 株、D 型产气荚膜梭菌 C60－2 株和 C60－3 株。经过实验室试验和田间试验表明，这些菌株均具有良好的免疫原性，且由这些菌株制备的疫苗对羊均有良好的免疫保护作用。目前由原兰州和原新疆兽医生物药品厂提出的规程已经使用多年，并经过 2 次修订完善。按照该规程进行生产，完全能够保证该疫苗的质量。

（2）疫苗的生产制造　疫苗的生产通常采用培养基培养，一般条件下，为便于生产使用，菌种可用多蛋白胨牛心汤半固体或无糖厌气肉肝汤继代，置 2～8℃保存，每月移植 1 次，但最多不得超过 3 代。制苗用菌液用培养罐或玻璃瓶静止培养，按培养罐（或瓶）容量装入适量（70%左右）肉肝胃酶消化汤培养基（腐败梭菌用厌气肉肝汤或胰酶消化牛肉汤），亦可加铝胶培养，即培养基 5 份加氢氧化铝胶 1 份，培养基或铝胶培养基高压灭菌后，冷却至 38℃左右立即接种。培养基如经存放，应在临用前煮沸驱氧，待冷至 38℃左右再接种。按培养基总量计算接种量，腐败梭菌为 2%，B 型、D 型产气荚膜梭菌为 1%。腐败梭菌置 37℃培养 20～24h（如用胰酶消化牛肉汤培养基，置 35℃培养 36～48h）；B 型、D 型产气荚膜梭菌置 35℃培养，B 型产气荚膜梭菌培养 10～20h；D 型产气荚膜梭菌培养 16～24h。

根据配苗时先将检验合格的腐败梭菌，B 型、D 型产气荚膜梭菌的脱毒菌液分别按菌液 5 份加铝胶 1 份的比例，加入灭菌的氢氧化铝胶，并按各成分容量的 0.004%～0.01%加入汞，制成单苗。再按 B 型产气荚膜梭菌疫苗 2 份，D 型产气荚膜梭菌疫苗 1 份和腐败梭菌疫苗 1 份的比例，充分混合配成联苗。

（3）质量标准与使用　本品系用腐败梭菌、B 型产气荚膜梭菌和 D 型产气荚膜梭菌接种于适宜培养基培养，收获培养物，用甲醛溶液灭活脱毒后，加氢氧化铝胶制成。用于预防羊快疫、猝狙、羔羊痢疾和肠毒血症。

从物理性状上看，疫苗静置后，上层为澄清液体，下层有少量沉淀（腐败梭菌部分如用胰酶消化牛肉汤生产，可允许有活性炭成分），振摇后呈均匀混悬液。疫苗装量，甲醛、苯酚和汞类防腐剂残留量等均应符合规定，且应无菌生长。

在做安全性检验时，取疫苗 3 瓶，混合后接种体重 1.5～2.0kg 家兔 4 只，各肌内或皮下注射疫苗 5.0mL，观察 10d，应全部健活，且注射部位不应发生坏死。

效力检验取疫苗 1 瓶，可选择下列任一方法。

血清中和法：用体重 1.5～2.0kg 兔或 6～12 月龄的绵羊 4 只，每只动物皮下或肌内注射疫苗，兔 3.0mL/只，绵羊 5.0mL/只。接种后 14～21d，采血，分离血清，将 4 只免疫动物的血清等量混合，取混合血清 0.4mL 分别与 0.8mL 的腐败梭菌毒素（含 4 个小鼠 MLD)、C 型产气荚膜梭菌毒素（含 4 个小鼠 MLD)、B 型产气荚膜梭菌毒素（含 4 个小鼠 MLD）和 D 型产气荚膜梭菌毒素（含 12 个小鼠 MLD)，置 37℃作用 40min，然后静脉注射 16～20g 小鼠 2 只，0.3mL/只。同时各用同批小鼠 2 只，分别注射 1MLD 与毒素血清混合物相同的毒素作为对照。检测腐败梭菌毒素中和效价的小鼠观察 3d，检测其他毒素抗体效价的小鼠观察 1d，判定结果。对照鼠全部死亡，血清中和效价对腐败梭菌毒素、B 型产气荚膜梭菌毒素、C 型产气荚膜梭菌毒素的效价达到 1（0.1mL 免疫动物血清中和 1MLD 毒素)，D 型产气荚膜梭菌毒素达到 3（0.1mL 免疫动物血清中和 3MLD 毒素)，即判为合格。如采血时只剩 3 只免疫动物，则分别对每只动物的血清单独按照上述方法进行检验，每只动物的血清中和效价均达到上述标准，亦为合格。

免疫攻毒法：用体重 1.5～2.0kg 兔或 1～3 岁的绵羊 24 只，分成 4 组，每组 6 只，其中每组的 4 只动物皮下或肌内注射疫苗，兔 3.0mL/只，绵羊 5.0mL/只，另 2 只作为对照。免疫 14～21d，每只动物各注射强毒菌液或毒素。对照兔或羊应全部死亡，免疫动物至少保护 3 只。

第 1 组肌内注射 1 MLD 的腐败梭菌强毒菌液，观察 14d（用胰酶消化牛肉汤生产的疫苗，可静脉注射 1MLD 的腐败梭菌毒素，观察 3～5d)。第 2、3 和 4 组分别静脉注射 1MLD 的 C 型、B 型和 D 型产气荚膜梭菌毒素，观察 3～5d。

如按照所选方法进行效力检验，结果不合格时，可重检 1 次，但应按照首次选定的方法进行。如重检仍不合格，则判疫苗为不符合规定。

接种疫苗时，采用肌内或皮下途径注射。按疫苗瓶签标明的头份，不论羊只年龄大小，每只 5.0mL。预防快疫、羔羊痢疾和猝狙的免疫期为 12 个月，预防肠毒血症的免疫期为 6 个月。

使用疫苗时应注意以下事项：①使用前，应将疫苗恢复至室温，并充分摇匀。②接种时，应做局部消毒处理，并按照无菌操作方法进行接种。③用过的疫苗瓶、器具和未用完的疫苗等应进行无害化处理。④注射疫苗后，一般无不良反应，个别羊可能于注射部位形成硬结，但以后会逐渐消失。⑤疫苗在 2～8℃保存，切忌冻结，冻结过的疫苗严禁使用。⑥疫苗的有效期为 24 个月（用豆肝汤培养基制造的疫苗，有效期为 12 个月)，应在有效期内使用疫苗。

3. 羊快疫、猝狙、肠毒血症三联灭活疫苗

（1）疫苗研究进展　该疫苗的生产用菌株与羊快疫、猝狙、羔羊痢疾、肠毒血症三联四防灭活疫苗基本相同，只是用 C 型产气荚膜梭菌 C59－2 株和 C59－2 株替代了 B 型产气荚膜梭菌 C58－2 株和 C58－2 株。

（2）疫苗的生产制造　疫苗的生产也与羊快疫、猝狙、羔羊痢疾、肠毒血症三联四防灭活疫苗基本相同，其中 C 型产气荚膜梭菌的培养方法等也同 B 型产气荚膜梭菌。

根据配苗时将三种脱毒菌液等量混合后，按混合脱毒菌液 5 份加铝胶 1 份的比例加入氢氧化铝胶（加铝胶培养的脱毒菌液可直接等量混合），并按总量的 0.004%～0.01%加入汞或按 0.2%加入苯酚，充分搅拌或振荡均匀配成联苗。

（3）质量标准与使用 本品系用腐败梭菌和C型、D型产气荚膜梭菌接种于适宜培养基培养，收获培养物，用甲醛溶液灭活脱毒后，加氢氧化铝胶制成。用于预防羊快疫、猝狙、肠毒血症。

从物理性状上看，疫苗静置后，上层为澄清液体，下层有少量沉淀（腐败梭菌部分如用胰酶消化牛肉汤生产，可允许有活性炭成分），振摇后呈均匀混悬液。疫苗装量，甲醛、苯酚和汞类防腐剂残留量等均应符合规定，且应无菌生长。

在做安全性检验时，取疫苗 3 瓶，混合后接种体重 1.5～2.0kg 家兔 4 只，各肌内或皮下注射疫苗 5.0mL，观察 10d，应全部健活，且注射部位不应发生坏死。

效力检验取疫苗 1 瓶，可选择下列任一方法。

血清中和法：用体重 1.5～2.0kg 兔或 6～12 月龄的绵羊 4 只，每只动物皮下或肌内注射疫苗，兔 3.0mL/只，绵羊 5.0mL/只。接种后 14～21d，分别采取免疫动物血清，4 只动物血清等量混合，取混合血清 0.4mL 分别与 0.8mL 的腐败梭菌毒素（含 4 个小鼠 MLD)、C型产气荚膜梭菌毒素（含 4 个小鼠 MLD）和 D型产气荚膜梭菌毒素（含 12 个小鼠 MLD)，置 37℃作用 40min，然后静脉注射 16～20g 小鼠 2 只，0.3mL/只。同时各用同批小鼠 2 只，分别注射 1MLD 与毒素血清混合物相同的毒素作为对照。检测腐败梭菌毒素中和效价的小鼠观察 3d，检测其他毒素抗体效价的小鼠观察 1d，判定结果。

对照鼠全部死亡，血清中和效价对腐败梭菌毒素、C型产气荚膜梭菌毒素达到 1（0.1mL 免疫动物血清中和 1MLD 毒素），对 D型产气荚膜梭菌毒素达到 3（0.1mL 免疫动物血清中和 3MLD 毒素），即判为合格。如果免疫动物只剩 3 只，可用每只动物血清单独进行中和试验，如果每只动物血清中和抗体效价均达上述标准，亦为合格。

免疫攻毒法：用体重 1.5～2.0kg 兔或 1～3 岁的绵羊 18 只，分成 3 组，每组 6 只，其中每组 4 只，每只动物皮下或肌内注射疫苗，兔 3.0mL/只，绵羊 5.0mL/只，另 2 只作为对照。接种后 14～21d，每只动物各注射强毒菌液或毒素。对照兔或羊全部死亡，免疫动物至少保护 3 只为合格。

第 1 组肌内注射 1MLD 的腐败梭菌强毒菌液，观察 14d（用胰酶消化牛肉汤生产的疫苗，可静脉注射 1MLD 的腐败梭菌毒素，观察 3～5d)。第 2、3 组分别静脉注射 1MLD 的C型、D型产气荚膜梭菌毒素，观察 3～5d。

如按照所选方法进行效力检验，结果不合格时，可重检 1 次，但应按照首次选定的方法进行。如果重检仍不合格，则判疫苗为不符合规定。

接种疫苗时，采用肌内或皮下途径注射。按疫苗瓶签标明的头份，不论羊只年龄大小，每只 5.0mL。免疫期为 6 个月。

使用疫苗时应注意以下事项：①使用前，应将疫苗恢复至室温，并充分摇匀。②接种时，应做局部消毒处理，并按照无菌操作方法进行接种。③用过的疫苗瓶、器具和未用完的疫苗等应进行无害化处理。④注射疫苗后，一般无不良反应，个别羊可能于注射部位形成硬结，但以后会逐渐消失。⑤疫苗在 2～8℃保存，切忌冻结，冻结过的疫苗严禁使用。⑥疫苗的有效期为 24 个月（用豆肝汤培养基制造的疫苗，有效期为 12 个月），应在有效期内使用疫苗。

4. 羊快疫、猝狙（或羔羊痢疾）、**肠毒血症**（复合培养基）**三联灭活疫苗** 除生产菌落用复合培养基培养增殖外，本疫苗的生产制造等均与羊快疫、猝狙、羔羊痢疾、肠毒血症三联四防灭活疫苗（使用B型产气荚膜梭菌）或羊快疫、猝狙、肠毒血症三联灭活疫苗（使用C型产气荚膜梭菌）相同，疫苗的检验方法也与相应的标准完全一致。

5. 羊黑疫、快疫二联灭活疫苗 见羊黑疫。

（三）展望

近年来，许多研究人员对羊梭菌病疫苗进行了进一步研究，其研究方向主要着手于四个方面：

首先，从提升培养基质量和浓缩方法入手，提高疫苗的效力（单位体积内免疫原性物质增多）、减少疫苗的不良反应（接种剂量相对较少，引起不良反应的物质也相对减少）。以原兰州生物药厂为代表，他们着手研究了产气荚膜梭菌病多联浓缩灭活疫苗，该疫苗新启用了A型产气荚膜梭菌C57－1株进行疫苗的制备。目前，原兰州生药厂已经对该制品进行了试生产和制品的实验室试验、田间试验等研究。试验结果表明A型产气荚膜梭菌C57－1株具有良好的免疫原性，且浓缩疫苗接种剂量小，动物的不良反应小，而疫苗的效力仍达到《兽用生物制品规程》规定的水平。

其次，从增加抗原物质入手，制备多联疫苗，可减少接种次数，从而减少接种疫苗时人工的消耗，减少抓羊时对羊产生的应激反应等。甘肃省畜牧兽医研究所和青海省黄南藏族自治州畜牧兽医科学研究所共同研制了羊快疫、羔羊痢疾、猝狙、肠毒血症、黑疫、大肠杆菌六联灭活疫苗，并完成了培养基的选定、疫苗配制、安全和效力试验、免疫期试验、区域性效力试验等，将大肠杆菌病的预防与羊梭菌病的预防完美地结合起来，减少了对羊的接种次数，节省了人力的同时减少了抓羊时产生的应激反应等。

再次，从扩大靶动物的范围入手，原兰州生药厂将研制的浓缩苗用于牛，并对牛进行了田间免疫试验，并经过改良后，研制了专门用于牛的牛产气荚膜梭菌病三价浓缩灭活疫苗。结果表明，这两种浓缩苗对C型、D型产气荚膜梭菌病具有良好的预防作用，且对A型产气荚膜梭菌病具有部分预防作用。

最后，从分子生物学方面入手，重组或克隆上述制苗用的毒素。例如，河北师范大学和中国兽医药品监察所分别完成了腐败梭菌α毒素基因克隆、表达及其免疫原性的研究。结果表明，经重组大肠杆菌表达的腐败梭菌毒素具有良好的免疫原性。如果将该技术用于疫苗的生产，则可简化腐败梭菌毒素的生产工艺，从而极大地提高疫苗的生产效率。

（杨京岚）

三十、羊黑疫

（一）概述

羊黑疫（Black diseases）又名“传染性坏死性肝炎”，是由B型诺维氏梭菌（*Clostridium novyi* type B）引起的羊的一种急性高度致死性毒血症。临床上表现为病程急促、突然死亡（1～2d内死亡，一般不超过3d）。病羊精神沉郁、食欲减退甚至废绝、呼吸困难，进而死亡。因病死羊皮下血管充血，以致皮肤发黑，俗称黑疫。剖检可见肝脏实质发生坏死性病灶并发生自溶（羊黑疫肝脏的这种坏死变化具有重要诊断意义），脾脏、肾及淋巴结的组织切片检查均可见不同程度的自溶现象。腹腔和心包多积血，肺充血、水肿等。

诺维氏梭菌（*C. novyi*）属细菌纲，芽孢杆菌科，梭菌属，为专性厌氧革兰氏阳性大杆菌。本菌严格厌氧，可形成芽孢，不产生荚膜，具有周身鞭毛，能运动。根据本菌产生的外毒素，通常分为 A、B、C 3 个菌型。A 型菌主要产生 α、γ、δ、ε 4 种外毒素；B 型菌主要产生 α、β、η、ξ 4 种外毒素；C 型菌产生少量的 γ 毒素。羊黑疫是由 B 型诺维氏梭菌引起的。

B 型诺维氏梭菌广泛存在于土壤和草食动物的肠道中。感染反刍动物，1 岁以上的绵羊最易感，以 2～4 岁体格健壮的绵羊多发，山羊和牛也可感染，有报道猪、马也可感染本菌。本菌多通过诺维氏梭菌芽孢污染的饲料感染易感动物，多发生在春夏肝片吸虫流行的低洼潮湿地区。

（二）疫苗

目前已批准生产的疫苗有：中国兽医药品监察所研究的羊梭菌病多联干粉灭活疫苗；原兰州和原新疆兽医生物制品厂共同研制的羊快疫、猝狙、肠毒血症三联灭活疫苗和羊快疫、猝狙、羔羊痢疾、肠毒血症三联四防灭活疫苗；中国兽医药品监察所和原杭州生药厂共同研制的羊黑疫、快疫二联灭活疫苗。均用于羊。

1. 羊黑疫、快疫二联灭活疫苗

（1）疫苗研究进展　该疫苗的生产用菌株为诺维氏梭菌 C61－4 株或 C61－5 株、腐败梭菌 C55－1 株、C55－2 株或 C55－16 株。经过实验室试验和田间试验表明，这些菌株均具有良好的免疫原性，且由这些菌株制备的疫苗对羊均有良好的免疫保护作用。目前，由中国兽医药品监察所和原杭州生药厂提出的规程已经使用多年，并经过 2 次修订完善。按照该规程进行生产，完全能够保证该疫苗的质量。

（2）疫苗的生产制造　疫苗的生产通常采用培养基在厌氧条件下培养，培养基的好坏和氧气的多少直接决定疫苗的产量和质量。诺维氏梭菌和腐败梭菌在生长过程中一般需要加入肉、肝、蛋白胨、葡萄糖等。由于诺维氏梭菌对培养条件要求极为苛刻，除严格厌氧外，在没有二硫苏糖醇还原剂的条件下，即使使用含有半胱氨酸的葡萄糖鲜血琼脂平板，也不易生长。B 型诺维氏梭菌常用的培养基为加入铁钉的肉肝胃酶消化汤、多蛋白胨牛心汤半固体、无糖厌气肉肝汤；腐败梭菌在厌气肉肝汤中即可生长迅速。培养基最好是现配现用，如采用配制时间比较长的培养基，应将装有培养基的容器在沸水中水中煮沸 15min 左右，以达到排出培养基中溶解氧的目的。制苗时，一般将诺维氏梭菌在 36～37℃培养 60～72h，将腐败梭菌在 36～37℃培养 24～48h，并严格控制基础种子代数 B 型诺维氏梭菌在 6 代以内，腐败梭菌在 10 代以内。

（3）质量标准与使用　本品系用免疫原性良好的诺维氏梭菌和腐败梭菌，分别接种于适宜培养基培养，将培养物经甲醛溶液灭活脱毒后，按比例混合，加氢氧化铝胶制成。用于预防羊黑疫和羊快疫。

从物理性状上看，疫苗静置后，上层为澄清液体，下层有少量沉淀（腐败梭菌部分如用胰酶消化汤生产，可允许有活性炭成分），振荡后呈均匀的混悬液。疫苗装量、甲醛残留量等均应符合规定，且应无菌生长。

在做安全性检验时，取疫苗 3 瓶，混合后用 1.5～2.0kg 的家兔 2 只，各肌内注射疫苗 5.0mL，观察 21d，均应健活，且注射部位不应有坏死。

效力检验取疫苗 1 瓶，可选择下列任一方法。

血清中和法：用体重 1.5～2.0kg 兔 4 只或 6～12 月龄、体重 30～40kg 的绵羊 4 只，肌内注射疫苗，兔 3.0mL/只，羊 5.0mL/只。接种后 14～21d，采血，分离血清，将 4 只免疫动物的血清等量混合，取混合血清 0.4mL，分别与 0.8mL 的相应毒素混合（腐败梭菌毒素含 4 个小鼠 MLD，诺维氏梭菌毒素含 20 个小鼠 MLD），置 37℃作用 40min，然后静脉注射 16～20g 小鼠 2 只，0.3mL/只。同时各用同批小鼠 2 只，每只注射 1MLD 与毒素血清混合物相同的毒素作为对照，观察 3d 判定结果。

如果对照鼠全部死亡，血清中和效价对腐败梭菌毒素达到 1（0.1mL 免疫动物血清中和 1MLD 毒素），诺维氏梭菌毒素达到 5（0.1mL 免疫动物血清中和 5MLD 毒素），即判为合格。如果免疫动物只剩 3 只，可用每只动物血清单独进行中和试验，如果每只动物血清中和抗体效价均达上述标准，亦为合格。

免疫攻毒法：用体重 1.5～2.0kg 兔或用 1～3 岁的绵羊 12 只，分为 2 组，每组 6 只，其中每组的 4 只动物肌内注射疫苗，兔 3.0mL/只，绵羊 5.0mL/只，另 2 只作为对照。接种 14～21d，每只动物各注射强毒菌液或毒素。

第 1 组每只肌内注射 1MLD 的腐败梭菌菌液，观察 14d（用胰酶消化汤生产的疫苗，可静脉注射 1MLD 的腐败梭菌毒素，观察 3～5d）；第 2 组皮下注射至少 50MLD 的诺维氏梭菌毒素，观察 3～5d。各组对照兔应全部死亡，第 1 组免疫动物至少保护 3 只为合格，第 2 组全部保护为合格。也可轮换攻毒，判定标准同上。

如果使用 2 株抗原性不同（无交互免疫力）的腐败梭菌生产疫苗，检验快疫部分的效力时，需多接种 1 组兔或绵羊，分别用 2 株腐败梭菌菌液或毒素按效力检验方法各接种 4 只免疫动物和 2 只对照动物。判定标准相同。

如按照所选方法进行效力检验，结果不合格时，可重检 1 次，但应按照首次选定的方法进行。如重检仍不合格，则判疫苗为不符合规定。

接种疫苗时，采用肌内或皮下途径注射。按疫苗瓶签标明的头份，不论年龄大小，每只 5.0mL。免疫期为 12 个月。

使用疫苗时应注意以下事项：①使用前，应将疫苗恢复至室温，并充分摇匀。②接种时，应作局部消毒处理，并按照无菌操作方法进行接种。③用过的疫苗瓶、器具和未用完的疫苗等应进行无害化处理。④疫苗在 2～8℃保存，切忌冻结，冻结过的疫苗严禁使用。⑤疫苗的有效期为 24 个月，应在有效期内使用疫苗。

2. 羊快疫、猝狙、肠毒血症三联灭活疫苗 见羊梭菌病。

3. 羊快疫、猝狙、羔羊痢疾、肠毒血症三联四防灭活疫苗 见羊梭菌病。

4. 羊梭菌病多联干粉灭活疫苗 见羊梭菌病。

（三）展望

近年来，羊黑疫疫苗主要向多联疫苗的方向发展，其发展情况见羊梭菌病。

（杨京岚）

三十一、羊快疫

（一）概述

羊快疫（Braxy；Bradsot）是由腐败梭菌（*Clostridium septicum*）引起的羊的一种急性高度致死性传染病。临床上表现为发病突然、病程急促（未见到临床症状就突然死亡）。病羊离群独处、精神沉郁、卧地、不愿走动、食欲减退甚至废绝、腹部膨胀、最后极度衰竭、昏迷，口吐带血泡沫后死亡。病羊死后尸体迅速腐败膨胀，剖检可见黏膜充血呈暗紫色，真胃及十二指肠黏膜有明显的充血、出血，黏膜下组织水肿甚至形成溃疡；胸腔、腹腔、心包大量积液，暴露于空气易于凝固；心内膜和外膜点状出血；肝脏肿大质脆等。

腐败梭菌（*C. septicum*）属细菌纲，芽孢杆菌科，梭菌属，为专性厌氧的革兰氏阳性直或弯曲的大杆菌，动物体内的尤其是在肝被膜和腹膜上的菌体可形成微弯曲的长丝状。本菌严格厌氧，可形成芽孢，可产生 4 种外毒素（α、β、γ、δ）。本菌用凝集试验可划分为不同的型，按 O 抗原可分为 4 个型，再按 H 抗原可分为 5 个亚型，但没有毒素型的区分。

腐败梭菌常以芽孢的形式广泛存在于自然界，尤其是潮湿、低洼以及沼泽地带。主要感染绵羊，尤其是 6～8 月龄、营养中等以上的绵羊；山羊和鹿也可感染本菌。本菌多通过腐败梭菌芽孢污染的饲料感染易感动物，并在动物的消化道内寄存，当外界存在不良的诱因时（如气候骤变、动物受寒或采食冰冻草料等），动物机体遭受刺激，抵抗力降低，腐败梭菌大量繁殖，产生外毒素，致使动物发病死亡。

（二）疫苗

目前已批准生产的疫苗有：中国兽医药品监察所研究的羊梭菌病多联干粉灭活疫苗；原兰州和原新疆兽医生物制品厂共同研究的羊快疫、猝狙、肠毒血症三联灭活疫苗和羊快疫、猝狙、羔羊痢疾、肠毒血症三联四防灭活疫苗；中国兽医药品监察所和原杭州生药厂共同研究的羊黑疫、快疫二联灭活疫苗。均用于羊。

1. 羊梭菌病多联干粉灭活疫苗　见羊梭菌病。

2. 羊快疫、猝狙、肠毒血症三联灭活疫苗　见羊梭菌病。

3. 羊快疫、猝狙、羔羊痢疾、肠毒血症三联四防灭活疫苗　见羊梭菌病。

4. 羊黑疫、快疫二联灭活疫苗　见羊黑疫。

（三）展望

近年来，羊快疫疫苗主要向多联疫苗的方向发展，其发展情况见羊梭菌病。

（杨京岚）

三十二、羔羊痢疾

（一）概述

羔羊痢疾（Lamb dysentery）是由 B 型产气荚膜梭菌（*Clostridium perfringens* type B）引起的初生羔羊的一种急性毒血症，临床上表现为羔羊大批发生疾病，且发病羔羊精神沉郁，厌食，剧烈腹泻，粪便恶臭并常带有血液、黏液和气泡等，随后很快死亡。部分发病羔羊不下痢或只排少量稀粪，其主要表现为腹部胀满和神经症状（四肢瘫痪、卧地不起、呼吸急促、口吐白沫等），最后昏迷，体温下降至常温以下后死亡。剖检可见真胃内有未消化的乳凝块；小肠黏膜充血发红或发生溃疡，肠内容物常常带有血液；肠系膜淋巴结肿胀充血或出血；心包积液，心内膜可见出血点；肺常有充血区和瘀斑。由于羔羊痢疾发病急，死亡快，治疗难于收效，因而采用羔羊痢疾疫苗预防接种是控制本病的主要措施。

产气荚膜梭菌（*C. perfringens*），旧称魏氏梭菌（*C. welchii*），是英国医生 Welchii 和 Nuttad（1982）首先从腐败的人尸体的血管中分离得到的，并以 Welchii 命名。该菌是一种革兰氏阳性梭状芽孢杆菌，广泛分布于自然界，世界各地均有分离到该菌的报道，在正常的人和动物的肠道中都可能有该菌的存在，但并不致病，在外界条件发生变化，或自身免疫力降低，或有其他细菌或病毒感染的情况下，可能会大量繁殖从而致病，所以它是一种条件性致病菌。它的致病因子主要是胞外肠毒素和胞内肠毒素，其中备受关注的是它的胞外肠毒素，也称外毒素，在菌体内合成后分泌到胞外；胞内肠毒素是在形成芽孢的过程中合成的，在菌体裂解的时候释放，目前国内外主要研究的是外毒素，已发现的外毒素多达 12 种，分别是 α、ε、η、κ、λ、μ、ι、γ、θ、λ、β、δ，但主要致病的是 α、β、ε、ι 4 种外毒素。根据产气荚膜梭菌产生的不同外毒素，习惯上根据毒素-抗毒素中和试验把它分为 A、B、C、D、E5 个毒素型，A 型以 α 毒素为主要致病因子；B 型菌产生 3 种毒素，即 α、β、ε；C 型菌产生 α、β 毒素；D 型菌产生 α、ε 毒素；E 型菌产生 α、ι 毒素。各型均产生 α 毒素，但产生 α 毒素的量有所不同，A 型菌的产量为最高，α 毒素是目前研究最多、了解最为清楚的一种外毒素。β 毒素是 B 型、C 型菌的主要致病因子，目前还不太清楚其细胞毒性的作用机制。Gibert（1997）从仔猪坏死性肠炎病例中分离到了一株 C 型产气荚膜梭菌，并从培养物的上清中发现了一种新毒素，为了区别以前的 β 毒素命名为 β_2，而原先的 β 毒素称为 β_1，现在对这两种毒素的研究日渐增多。ε 毒素是 D 型菌的主要致病因子，可导致动物的坏死性肠炎，被肠道中的蛋白水解酶作用后，切除了信号肽，成为有活性的成熟肽，从而破坏肠道的上皮细胞，严重时可以致死，它对皮肤亦有坏死性作用。ι 毒素是目前研究较少的一种毒素，虽然具有坏死性和致死性，但毒性较弱，仅由 E 型菌分泌。羔羊痢疾是由 B 型产气荚膜梭菌引起的，因此采用免疫原性良好的 B 型产气荚膜梭菌通过适宜培养基培养后，采用全细菌液体疫苗可诱导产生良好的抗细菌和抗毒素免疫。

羔羊痢疾本菌可通过消化道、外伤和脐带等途径感染羔羊。主要感染 7 日龄以下的羔羊（尤以 2～3 日龄羔羊多发），7 日龄以上的羔羊很少患病。该病多为地方性流行，当母羊孕期营养不良，羔羊体质瘦弱，加之气候骤变、寒冷袭击、哺乳不当、饥饱不均或卫生不良时容易诱发该病。

（二）疫苗

目前已批准生产的疫苗有：中国兽医药品监察所研制的羊梭菌病多联干粉灭活疫苗；原兰州和原新疆兽医生物制品厂共同研制的羊快疫、猝狙、羔羊痢疾、肠毒血症三联四防灭活疫苗。均用于羊。

1. 羊梭菌病多联干粉灭活疫苗 见羊梭菌病。

2. 羊快疫、猝狙、羔羊痢疾、肠毒血症三联四防灭活疫苗 见羊梭菌病。

（三）展望

近年来，羔羊痢疾疫苗主要向多联疫苗的方向发展，其发展情况见羊梭菌病。

（杨京岚）

三十三、羊肠毒血症

（一）概述

羊肠毒血症（Enterotoxaemia）又称软肾病、类快疫，由D型产气荚膜梭菌（*Clostridium Perfringens* type D）引起的羊的一种急性毒血症，临床上表现为腹泻、惊厥、麻痹和突然死亡等。其主要分两种类型，一类以抽搐为主要特征，倒毙前四肢出现强烈的划动，肌肉抽搐，眼球转动，磨牙，口水过多，随后头颈显著抽搐，往往2～4h内死亡；另一类以昏迷和静静的死亡为主要特征，病程不太急，早期为步态不稳，部分病羊发生腹泻，常在3～4h安静死亡。剖检可见肠道（尤其是小肠）黏膜充血、出血，严重者整个肠壁呈血红色，有时出现溃疡；胸腔、腹腔、心包等有多量渗出液，易凝固；心外膜、腹膜、隔膜有出血点；肺充血、水肿；肝肿大；胆囊增大1～3倍；胸腺有出血点；全身淋巴结肿大、出血；肾脏软化如泥样，稍加触压即碎烂。由于羊肠毒血症发病急，死亡快，治疗难于收效，因而采用羊肠毒血症疫苗预防接种是控制本病的主要措施。

产气荚膜梭菌的特性详见“羔羊痢疾”，本病病原为D型产气荚膜梭菌，因此采用免疫原性良好的D型产气荚膜梭菌通过适宜培养基培养后，采用全细菌液体疫苗可诱导产生良好的抗细菌和抗毒素免疫。

（二）疫苗

目前已批准生产的疫苗有：中国兽医药品监察所研究的羊梭菌病多联干粉灭活疫苗；原兰州和原新疆兽医生物制品厂共同研究的羊快疫、猝狙、肠毒血症三联灭活疫苗和羊快疫、猝狙、羔羊痢疾、肠毒血症三联四防灭活疫苗。均用于羊。

1. 羊梭菌病多联干粉灭活疫苗　见羊梭菌病。

2. 羊快疫、猝狙、肠毒血症三联灭活疫苗　见羊梭菌病。

3. 羊快疫、猝狙、羔羊痢疾、肠毒血症三联四防灭活疫苗　见羊梭菌病。

（三）展望

近年来，羊肠毒血症疫苗主要向多联疫苗的方向发展，其发展情况见羊梭菌病。

（杨京岚）

三十四、猪梭菌性肠炎

（一）概述

猪梭菌性肠炎（Clostridial enteritis of piglet）又名“仔猪红痢”或“猪坏死性肠炎”，是由C型或A型产气荚膜梭菌（*Clostridium Perfringens* type C or A）引起的新生仔猪的肠毒血症（也偶有B型产气荚膜梭菌引起的新生仔猪坏死性肠炎的报道）。1955年，英国Field和Gibson首次报道C型产气荚膜梭菌性肠炎，随后匈牙利、丹麦、美国、德国、日本和荷兰等国相继发生，中国也广泛存在本病。1985年以后A型产气荚膜梭菌性肠炎也逐渐引起了人们的重视。C型产气荚膜梭菌性肠炎发病猪多为1～3日龄的仔猪，临床表现为排出含有灰白色坏死组织碎片的红褐色血样粪便，病猪食欲不振、消瘦、虚弱等，甚至在2～

3d 内死亡。死后剖检可见小肠和肠系膜淋巴结出现充血、出血、坏死等症状，其中空肠病变最为严重。病变肠段为深红色或土黄色，界限分明，肠黏膜坏死，肠黏膜下、肠系膜和肠系膜淋巴结有小气泡。A 型产气荚膜梭菌性肠炎发病猪多为新生仔猪和断奶仔猪，临床表现为排出面糊状或奶油样稀粪或软粪，病猪体况急剧下降等。一般腹泻可持续 5d 以上，但病猪通常不发热，也很少出现死亡。对病猪进行剖检，可见小肠松弛，肠壁增厚，肠内容物呈面糊样，无血液；黏膜有炎症，并黏附有坏死物等。

产气荚膜梭菌（*C. perfringens*）属细菌纲，芽孢杆菌科，梭菌属。根据该菌产生 4 种主要毒素（α、β、ε、ζ）的有无，可分为 A、B、C、D、E 5 个血清型。引起新生仔猪发生梭菌性肠炎的多为 A 型、C 型产气荚膜梭菌。由于 A 型、C 型产气荚膜梭菌免疫动物后，只能诱导动物体产生中和相应型的特异性抗体，因此，在利用 A 型、C 型产气荚膜梭菌制苗时，应根据需要采用不同型的产气荚膜梭菌菌株进行，如制备 A 型苗、C 型苗或 A 型、C 型二价苗。

（二）疫苗

中国兽医药品监察所研制的仔猪红痢灭活疫苗，主要用于免疫妊娠后期母猪，使新生仔猪通过初乳而获得被动免疫。

1. 疫苗研究进展 该疫苗的生产用菌株为产气荚膜梭菌 C 型 C59－2 株、C59－37 株和 C59－38 株。经过实验室试验和田间试验表明，这些菌株均具有良好的免疫原性，且由这些菌株制备的疫苗可通过免疫妊娠母猪后，经初乳使新生仔猪获得良好的被动免疫保护。目前，由中国兽医药品监察所提出的规程已经使用多年，并经过 2 次修订完善。按照该规程进行生产，完全能够保证该疫苗的质量。

2. 疫苗的生产制造 疫苗的生产通常采用培养基在厌氧条件下培养，培养基的好坏和氧气的多少直接决定疫苗的产量和质量。产气荚膜梭菌在生长过程中一般需要加入肉、肝、蛋白胨、葡萄糖等。由于产气荚膜梭菌仅在厌氧的条件下才能生长，因此，通常在培养基中加入液体石蜡，以便隔离空气中的氧气。常用的培养基为厌气肉肝汤和肉肝胃酶消化汤。由于该菌对厌氧条件要求不是很严格，因此其在普通肉汤中亦能生长。制苗时，一般将培养基灭菌后，温度降至 37℃左右，接种产气荚膜梭菌，在 35℃静止培养 16～20h。制苗时应严格控制基础种子代数在 10 代以内。

3. 质量标准与使用 本品系用 C 型产气荚膜梭菌接种于适宜培养基培养，收获培养物，经甲醛溶液灭活脱毒后，加氢氧化铝胶制成。用于预防仔猪红痢。

从物理性状上看，疫苗静置后，上层为澄清液体，下层有少量沉淀，振荡后呈均匀混悬液。疫苗装量，甲醛和汞类防腐剂残留量等均应符合规定，且应无菌生长。

在做安全性检验时，取疫苗 3 瓶，混合后用体重 1.5～2.0kg 家兔 4 只，各肌内注射疫苗 5.0mL，观察 10d，均应健活，注射部位应不发生坏死。

效力检验取疫苗 1 瓶，可选择下列任一方法。

（1）血清中和法 用体重 1.5～2.0kg 兔 4 只，各肌内注射疫苗 1.0mL。注射 14d 后，分别采取免疫动物血清，4 只动物血清等量混合，取混合血清与等量的 C 型产气荚膜梭菌毒素混合，置 37℃作用 40min，然后静脉注射 16～20g 小鼠 2 只，同时用同批小鼠 2 只，各注射 1MLD 的 C 型产气荚膜梭菌毒素。观察 1d，判定结果。对照小鼠全部死亡，血清中和效价达到 1（即 0.1mL 血清中和 1MLD 毒素）即为合格。如采血时只剩 3 只免疫动物，则分别对每只动物的血清单独按照上述方法进行检验，每只动物血清中和效价均达到上述标准，亦为合格。

（2）免疫攻毒法　用体重1.5～2.0kg兔6只，4只各肌内注射疫苗1.0mL，另2只作为对照。注射14d后，每只兔各静脉注射1MLD的C型产气荚膜梭菌毒素，观察3～5d。对照兔应全部死亡，免疫兔应保护至少3只。

如按照所选方法进行效力检验，结果不合格时，可重检1次，但应按照首次选定的方法进行。如重检仍不合格，则判疫苗为不符合规定。

接种疫苗时采用肌内注射途径，母猪在分娩前30d和15d各接种1次，每次5.0～10mL。如前胎已接种过本品，可于分娩前15d左右接种1次即可，剂量为3.0～5.0mL。接种妊娠后期母猪，新生仔猪通过初乳获得预防仔猪红痢的母源抗体。

使用疫苗时应注意以下事项：①使用前，应将疫苗恢复至室温，并充分摇匀。②接种时，应做局部消毒处理，并按照无菌操作方法进行接种。③用过的疫苗瓶、器具和未用完的疫苗等应进行无害化处理。④为了确保免疫效果，应尽量使所有仔猪吃足初乳。⑤疫苗在2～8℃保存，切忌冻结，冻结过的疫苗严禁使用。⑥疫苗的有效期为18个月，应在有效期内使用疫苗。

（三）展望

中国兽医药品监察所正着手进行仔猪产气荚膜梭菌病A型苗、C型苗和A、C型二价苗的研究，已经完成了生产用菌株的筛选、疫苗的生产和检验方法的研究、田间试验、疫苗对本动物的效力试验和保存期试验等。此外，湖北省农业科学院畜牧兽医研究所研制了仔猪红痢、黄痢二联疫苗；原解放军农牧大学军事兽医研究所研制了仔猪三痢多价基因工程疫苗，目前均在试验过程中。有专家对引起仔猪梭菌性肠炎的产气荚膜梭菌α、β毒素的基因进行了克隆与表达，相信在不久的将来，可以研制出相应的基因工程疫苗。

（杨京岚）

三十五、布鲁氏菌病

（一）概述

布鲁氏菌病（Brucellosis）又称布氏菌病或布氏杆菌病，是由布鲁氏菌引起的人畜共患传染病。临床上主要表现为波状热、流产，关节炎等。布鲁氏菌病的危害是严重的，而且是多方面的。布鲁氏菌病不但影响人民健康，摧残劳动力，还严重影响畜牧业发展，尤其是牛、羊、猪等主要家畜感染布鲁氏菌病后，可造成大量流产、不孕、不育、死胎等致使牲畜数量锐减。布鲁氏菌病还影响群众脱贫致富，影响人民日常生活中所需的畜产品供应，家畜感染布鲁氏菌病后影响外贸业的发展。至今，布鲁氏菌病仍是世界范围内严重流行的重要人畜共患传染病，本病一直受到医学和兽医学领域的高度重视。

布鲁氏菌属于古生菌域，变形杆菌门，根瘤菌目，布鲁氏菌科，布鲁氏菌属。共由6个种组成，分别为羊种布鲁氏菌（*B. melitensis*）、牛种布鲁氏菌（*B. abortus*）、猪种布鲁氏菌（*B. suis*）、沙林鼠种布鲁氏菌（*B. neotomae*）、绵羊副睾种布鲁氏菌（*B. ovis*）、犬种布鲁氏菌（*B. canis*）。前4个种正常情况下以光滑型菌落形式存在，而后2个种仅以粗糙型形式存在。20 世纪 90 年代以来，人们又陆续从海洋哺乳动物包括海豹、海豚、小鲸、鲸分离到了特征与上述 6 个不同的布鲁氏菌种，有学者建议将之命名鲸种布鲁氏菌（*B. cetaceae*）和鳍脚种布鲁氏菌（*B. pinnipediae*），以及从红狐狸和土壤中分离到的田鼠型布鲁氏菌（*B. microti*）和湖浪布鲁氏菌（*B. inopinata*）。

布鲁氏菌为革兰氏阴性的球状、球杆状细菌。菌体长 0.6～1.5 μm，宽 0.5～0.7 μm，不形成芽孢和荚膜，无鞭毛，不运动，对营养要求较高，其培养的最大特点是生长繁殖缓慢，尤其是刚从机体或环境中分离的初代菌，有的需 5d，甚至需 20～30d 才能生长。

布鲁氏菌对常用化学消毒药比较敏感，普通消毒剂如 1%～3%石炭酸溶液 3min，2%福尔马林 15min 可将其杀死。3%有效氯的漂白粉溶液、石灰乳（1∶5）、1%氢氧化钠溶液等进行消毒也很有效。

目前，已知有 60 多种家畜、家禽，野生动物是布鲁氏菌的宿主。与人类布鲁氏菌病有关的传染源主要是患病羊、牛。感染动物可长期甚至终身带菌，从乳汁、粪便和尿液中排出病原菌，污染草场、畜舍、饮水、饲料及排水沟等而使病原菌扩散。当患病母畜流产时，大量病菌随着流产胎儿、胎衣和子宫分泌物一起排出，成为最危险的传染源。

布鲁氏菌可从多种途径感染。经口感染是本病的主要传播途径，也可以经皮肤微伤或眼结膜及呼吸道感染。

布鲁氏菌病的潜伏期长短不一，短的可以在半个月内发病，长的可达 6 个月，甚至更长时间，还可能终生潜伏体内而不发病。患布鲁氏菌病的动物临床最明显的症状是流产，流产多发生在妊娠中后期。患病公畜常发生睾丸炎，呈一侧性或两侧性睾丸肿胀、硬固，有热痛，病程长，后期睾丸萎缩，失去配种能力。有些布鲁氏菌病患畜还可发生关节炎及水肿，有时表现跛行。部分病畜可见眼结膜发炎、腱鞘炎、滑液囊炎。

（二）疫苗

1. 疫苗的研究进展 目前，世界范围内广泛应用的布鲁氏菌病疫苗有 2 种，S19 和 Rev. 1。有些国家在用自己研制的疫苗，如中国的 S2、M5 活疫苗；俄罗斯的牛种布鲁氏菌 82、82pn 和 75/79 活疫苗。在美国阿拉斯加州的驯鹿流行猪种布鲁氏菌生物型 4，当地采用猪种布鲁氏菌生物型 4 佐剂灭活苗作为免疫预防用。

还有一些布鲁氏菌病疫苗曾经在较大范围内使用过，但经过一定时间的实际应用后，发现效果不理想，渐渐地就停用了或少用了。这样的疫苗有 H38、45/20 佐剂疫苗。

还有些疫苗经过短时间的实际应用，如 1950 年 Kotlyarova 研制的牛种布鲁氏菌 104M 活疫苗，1960 年 Yuskovets. M. K 等研制的用于绵羊免疫的牛种布鲁氏菌 68 活疫苗，1952 年 Chernrshava 等研制的用于绵羊免疫的猪种布鲁氏菌 B61 活疫苗，1956 年 Maiboroda 研制的用于牛和猪的 U. L. E. V。

曾经有人研究过混合疫苗，Cedro 等（1961）在阿根廷使用活的牛种布鲁氏菌 Viejo 菌株与灭活的猪种布鲁氏菌菌株制备的混合疫苗。

自 20 世纪 50 年代开始，粗糙型布鲁氏菌疫苗一直是布鲁氏菌病疫苗研究的热点之一。报道实验室试验有效的不少于 20 种，从早期 Jones 等研制的 R6、R7 灭活佐剂疫苗，到后来的 45/20 灭活佐剂疫苗。最后都因免疫效果差或不是完全的无凝集原性而停止使用。但在 20 世纪 90 年代，美国研制出了一种粗糙型牛种布鲁氏菌活疫苗 RB51。据报道有相当于 S19 疫苗的免疫效力，同时不干扰常规血清学诊断，在美国已获得政府批准正式使用。

现今，研究新型疫苗大致从以下几方面着手。一是继续筛选免疫原性良好的菌株，二是构建保护性抗原修饰疫苗，再就是DNA疫苗等。其中如何区分疫苗免疫对诊断的干扰也是新型疫苗研究的考虑重点，提高细菌对保护性抗原的表达及消除干扰诊断的抗原表达从技术上来讲已经是可能的了。当然，布鲁氏菌体内免疫是非常复杂的，进一步了解这些免疫机制将有助于新型疫苗的研究开发。

本书中主要介绍目前在中国批准使用的布鲁氏菌病疫苗。

中国境内已批准生产使用的布鲁氏菌病疫苗有3种，羊、牛、猪用的布鲁氏菌病活疫苗（S2株），羊、牛用的布鲁氏菌病活疫苗（M5或M5－90株），牛用的布鲁氏菌病活疫苗（A19株）。对于绵羊副睾种布鲁氏菌病和犬种布鲁氏菌病，国内还没有合适的疫苗可用。

（1）布鲁氏菌病活疫苗（S2株） 中国兽医药品监察所于1952年从猪体分离到一株猪种布鲁氏菌1型菌株，经过多年选育获得一株遗传特性稳定的弱毒布鲁氏菌S2株，由其制成的疫苗，称为布鲁氏菌病活疫苗（S2株），简称S2疫苗。该疫苗免疫谱广，对山羊、绵羊、牛、猪和鹿等动物都有良好免疫力，是目前国际上唯一对猪有效的布鲁氏菌病疫苗。S2可以口服免疫，并且对动物怀孕状态无影响。这一特点，使其比同类的疫苗有更好的安全性和更高的免疫密度。实验室攻毒试验结果表明，S2疫苗皮下或肌内注射保护率可达75%以上，口服免疫保护率可达70%以上。对犊牛、羔羊的免疫期试验结果表明，一次免疫的有效免疫保护期（保护力70%以上）可达3年。自20世纪70年代正式投产以来，在中国的年产量达到约5千万头份，由此产生的年经济效益约达5亿元，因此而产生的对人类保护作用等公共卫生方面的社会效益则更为重要。1987年，FAO、WHO组织了对S2合作研究，其中在利比亚进行的对绵羊的免疫试验取得非常令人满意的效果。

（2）布鲁氏菌病活疫苗（M5株） 中国农业科学院哈尔滨兽医研究所于1964年由羊种布鲁氏菌1型菌株经通过异种动物传代，培育获得一株弱毒羊种布鲁氏菌株，由其制成的疫苗，称为布鲁氏菌病活疫苗（M5株），简称M5疫苗。该疫苗具有免疫剂量小、免疫原性好的特点，对山羊、绵羊和牛有良好免疫力。M5疫苗可以皮下或肌内注射免疫，也可以采用口服免疫，在有条件的地方，还可以采用气雾免疫。但由于动物用布鲁氏菌病疫苗对人有一定的感染力，必需严格做好对人员的防护。M5疫苗对怀孕动物可能会造成流产，所以禁用于怀孕动物。实验室攻毒试验结果表明，M5疫苗皮下或肌内注射，保护率可达75%以上。对羔羊的免疫期试验结果表明，一次免疫的有效免疫保护期（保护力70%以上）可达1.5年。

（3）布鲁氏菌病活疫苗（S19株或称A19株） 中国于1958年对引进的牛种布鲁氏菌1型菌株S19进行了研究和应用。到20世纪60年代末，由于布鲁氏菌病活疫苗M5和S2的应用以及中国以羊种布鲁氏菌病流行为主，使得S19疫苗的应用因此而停止。直至20世纪90年代末，在中国新疆地区又重新开始使用S19疫苗预防牛的布鲁氏菌病，主要用于国外引进高产种牛、纯种奶牛、经济价值较高的改良牛等。

S19疫苗接种反应小，保护期长达6年，成年动物采用低剂量（10亿个活菌）皮下注射可降低疫苗免疫对诊断产生的干扰。

2. 疫苗的生产制造 通常采用培养基扩大培养，培养基的好坏直接决定疫苗的产量和质量。布鲁氏菌对培养基的需求比较苛刻，小分子蛋白（如胰蛋白䏡）有益于布鲁氏菌的生长，常用的培养基有：胰䏡琼脂、马丁肉汤、肉肝汤、马铃薯汤、大豆汤等。在进行液体培养基培养时，接种前的培养基 pH 以 7.2 左右为宜，接种后在 24～48h 内便能使培养基的 pH 下降到 7.0 以下，培养好的液体培养物呈高度浑浊；培养基最好是现配现用。在制造疫苗时，由于布鲁氏菌在培养基中反复传代容易产生变异，所以控制制苗代次是非常重要的。此外，为了保证有效期内疫苗的活菌含量，一方面可以采用优化的冻干工艺，另一方面要注意疫苗制造过程中的培养时间，应在菌体处于活力旺盛的时候收获抗原，不要只顾活菌量而忽略了菌体活力。否则在疫苗保存过程中，活菌数会出现快速下降，从而严重影响疫苗的质量。布鲁氏菌的培养温度一般为 36～37℃，培养时间应根据其生长曲线而定，选择对数生长期末收获，应注意工艺中各种因素对生长曲线的影响，一旦工艺有所变动，如改变培养基等，就应重新测定生长曲线，以确定最适收获时间。

3. 质量标准与使用

（1）疫苗质量标准　布鲁氏菌病活疫苗系用布鲁氏菌接种培养基培养后，加入适量稳定剂，经冷冻真空干燥而成。用于预防由布鲁氏菌病。

物理性状：微黄色海绵状疏松团块，易与瓶壁脱离，加稀释液后迅速溶解。

变异检验：取样，划线接种胰蛋白胨或肝汤琼脂平板，在 37℃培养 72h 以上，用菌落结晶紫染色法检查，粗糙型菌落不得超过 5%。

安全检验：将疫苗稀释成每毫升含活菌 10^9 CFU，皮下注射体重 18～20g 小鼠 5 只，各 0.25mL，观察 6d，应全部健活。

活菌计数：取了瓶疫苗按标签注明头份加无菌生理盐水或灭菌蛋白胨水复原成液体后，将疫苗用蛋白胨水做适当稀释，接种胰蛋白胨琼脂平板进行活菌计数，核定每头份活菌数。

A19 疫苗：按瓶签注明 3～6 月龄犊牛使用剂量来核定每头份活菌数，应不少于 6×10^{10} CFU。

M5（M5-90）疫苗：按瓶签注明羊皮下注射的剂量来核定每头份活菌数，应不少于 1×10^9 CFU。

S2 疫苗：按瓶签注明羊口服免疫的剂量来核定每头份活菌数，应不少于 1×10^{10} CFU。

剩余水分测定：剩余水分应不超过 4%。

真空度测定：用高频火花真空测定器测定密封容器内的真空度，应出现白色或粉色、紫色辉光。

贮藏与有效期：2～8℃保存，有效期为 12 个月。

（2）疫苗使用　A19 疫苗通常用于 3～8 月龄的犊牛，一次皮下注射 1 头份，必要时，可在第一次配种前再接种 1/60 头份，以便降低动物的血清学持续时间和从牛奶中排菌的可能性。

M5（M90）可用于预防牛、羊布鲁氏菌病，免疫期为 36 个月。牛皮下注射 25 头份，山羊和绵羊皮下注射 1 头份、滴鼻 1 头份、口服 25 头份。

S2 疫苗可口服或注射免疫。S2 口服免疫对怀孕母畜无不良影响，畜群每年口服 1 次，持续数年不会造成血清学反应长期不消失的现象。山羊、绵羊不论年龄大小，一律口服 1 头份；牛口服剂量为 5 头份；猪口服 2 头份，间隔 1 个月再次口服 1 次。

S2 注射免疫不可用于怀孕母畜，注射部位可以是皮下，也可以是肌内。山羊注射剂量为 0.25 头份；绵羊注射剂量为 0.5 头份；猪注射剂量为 2 头份，间隔 1 个月再注射 1 次。S2 注射免疫不能用于牛和小尾寒羊。

布鲁氏菌疫苗使用注意事项：①布鲁氏菌疫苗注射法免疫不能用于孕畜。被注射的非怀孕动物一定要健康，体质瘦弱或患有疾病的动物不要注射。有的动物注射后可能出现3～5d的体温反应，但很快恢复，无不良后果。②疫苗稀释后应当日使用，隔夜后不可使用。③拌水饮服时，应注意用凉水。免疫的前后3d，应避免使用抗生素，口服免疫的前后3d，还应避免使用发酵饲料。④布鲁氏菌疫苗对人有一定的致病性，工作人员大量接触疫苗活菌可引起感染。因此，接触疫苗活菌的有关人员要做好个人防护。用过的注射器、针头、疫苗瓶等应煮沸消毒。其他接触疫苗活菌的器具也要进行消毒处理。

（毛开荣）

三十六、副结核病

（一）概述

副结核病（Paratuberculosis）又称副结核性肠炎，是由副结核分支杆菌（*Mycobacterium Paratuberculosis*）引起的主要危害牛、绵羊、山羊、鹿及骆驼等反刍动物的慢性接触性肠炎。本病主要临床症状有顽固性腹泻和进行性消瘦，病理变化为肠黏膜增厚并形成皱襞为特征。感染本菌后，动物多年仍可保持正常状态，有的可终生不发病，但排菌而成为潜在的感染源。在15月龄以下牛很少看到此病。发病高峰在2～5岁，通常在产犊后数周内发病。

副结核分支杆菌属于分支杆菌科，分支杆菌属的成员，为革兰氏阳性短杆菌，大小为（0.5～1.5）μm×（0.2～0.5）μm。在病料和培养基上，镜检呈短杆状成丛排列。无鞭毛，不能运动，无芽孢。用萋-尼氏（Zich－Neelesen）抗酸染色法染色为耐酸阳性菌。本菌对外界环境的抵抗力较强，对消毒药的抵抗力较强。在厩肥和泥土中11个月仍有活力。对青霉素有高度抵抗力。在3%～5%石炭酸溶液中5min可使之灭活，5%克辽林2h、3%来苏儿30min、3%甲醛20min、5%NaOH 2h、10%～30%漂白粉20min可杀死本菌。对湿热抵抗力不强，80℃ 1～5min、63℃ 30min均可杀死此菌。

目前，本病已广泛流行于世界各国，特别是奶牛饲养规模较大、数量较多的一些国家均有发生。中国一些省（自治区、直辖市）的种牛场、牧场、奶牛场均有本病发生，且有日益增多的趋势，严重危害养牛事业的发展。

（二）疫苗

预防副结核病常用的疫苗有弱毒活疫苗、灭活疫苗和亚单位疫苗。但关于副结核疫苗的免疫效力，学术界一直存在争论，其主要原因是，该病是一种慢性传染病，人工感染不易发病，且没有敏感的试验动物模型，使得人们不易评价疫苗的免疫效力。现在比较公认的意见是，菌苗可减少临床病畜出现的数量，可减少感染动物数，使感染动物不易转变为排菌者。

1. 弱毒活疫苗 应用副结核菌苗进行免疫，早在20世纪20年代，法国的Vslee受皮下接种结核菌造病没有成功的启发，用一株未致弱的副结核菌悬浮于液体石蜡-橄榄油中，再加入少许浮石灰制成活菌苗。每头牛肉垂皮下或颈部皮下接种，用此苗接种了35万多头牛，在严重感染的133个畜群中使用，证明有效。

1954年，Dorle用减弱了的副结核分支杆菌制成了同样配方的弱毒活菌苗，接种牛和山羊，安全有效。

目前采用的活菌苗菌株是副结核菌316株，该菌株是一株充分致弱的无毒副结核菌株，原吉林省兽医研究所已引进该菌株，并研制出牛副结核病疫苗，试验结果证实，疫苗免疫效果良好。

（1）疫苗的生产制造　疫苗的生产通常采用培养基培养，培养基的好坏直接决定疫苗的产量和质量。副结核分支杆菌为需氧菌，培养最适温度为37℃，最适pH为6.8～7.2。初次分离培养很困难。在培养基中加入同源性分支杆菌的菌株，可缩短培养时间，提高菌数。37℃培养3～4周，收获菌体，取5mg湿苗悬浮于0.75mL橄榄油和0.75mL液体石蜡中，再加入10mL浮石粉制成疫苗。

（2）质量标准与使用　2～8℃保存，有效期为12个月。疫苗应冷藏运输。在牛胸垂皮下或颈部皮下接种。注射疫苗1个月后，在接种部位形成胡桃大炎性肿块，然后形成纤维干酪化结节。

2. 灭活疫苗

（1）疫苗的生产制造　用副结核菌P18、Tepse和P10菌株接种于适宜培养基，37℃培养2周，将培养物经100℃水浴1h湿热灭活后，浓缩菌体，然后加入石蜡、樟脑油、植物血细胞凝集素等组成的佐剂，制成疫苗。

（2）质量标准与使用　制品为乳白色乳剂，久置后底部有少许沉淀，震荡后呈均匀混悬液。2～8℃保存，有效期为12个月。疫苗应冷藏运输。

3. 亚单位疫苗

（1）疫苗的生产制造　将副结核菌灭活后，用超声玻璃微珠或Ribi压榨装置将其破碎，经差速离心，出去细胞壁，然后加入弗氏不完全佐剂，制成疫苗，使每毫升疫苗含25mg细胞成分。或是用含有3%氢氧化钾的80%乙醇溶液浸泡菌体，60℃加热1h，破坏细胞壁，离心后，收集沉淀，加入弗氏不完全佐剂，使每毫升疫苗含沉淀抗原50mg。

（2）质量标准与使用　本品的使用与弱毒活苗相似，适用于各种年龄、品种的牛，牛胸垂皮下注射，每头0.5mL。

（毛开荣）

三十七、鼻疽

（一）概述

鼻疽（Glanders）是由鼻疽杆菌（*Malleomyes mallei* 或 *Pseudomons mallei* ）引起的马属动物的一种传染病。马多呈慢性经过，骡、驴多为急性经过，人亦可以感染。在马属动物根据临诊症状分为肺鼻疽、鼻腔鼻疽和皮肤鼻疽。

病原为鼻疽杆菌，革兰氏染色阴性。本菌为需氧菌，对外界不利因素的抵抗力不强，在腐败物和水中能生存2～3周，在鼻液中为2周，在尿中40h死亡。干燥1～2周死亡，煮沸几分钟就可杀死。3%来苏儿及1%氢氧化钠等消毒液都能将其杀死。

在自然情况下，马属动物都易感，其中驴最易感。经常接触鼻疽病畜和病料的人，常因消毒不严而发生感染。开放性及活动性鼻疽病畜，是传染的主要来源。病原菌可随鼻液、气管和皮肤溃疡分泌物排出体外，污染各种饲养管理用具、草料、饮水，引起传染。主要经消化道和损伤的皮肤感染。本病无季节性。驴感染后，常取急性经过。由于病菌侵害部位不同，可分为鼻腔鼻疽、皮肤鼻疽和肺鼻疽。一般常以肺鼻疽开始，后继发鼻腔鼻疽或皮肤鼻疽。

（二）疫苗

对本病的预防目前尚未有有效菌苗，数十年前学者们曾经进行过研究，试用过灭活苗、菌体裂解物、弱毒株培养物，甚至接种亚感染量活疫苗等接种免疫实验动物。其中一些在实验动物尚可引起免疫力，但不能使马产生保护性免疫；另外一些甚至都不能刺激实验动物的免疫反应。随着时间的推移与科学进步，世界上马的数量日渐减少，许多发达国家中鼻疽已被消灭或接近于消灭，疫苗已失去其迫切的需要性，因而人们也失去了有关疫苗研究的兴趣。目前，对此病的防治对策主要在于检疫隔离及淘汰病马等措施。

所以应执行严格检疫制度，对马匹定期检疫，对进出口、交易市场的马属动物必须进行检疫。及时检出病马，对鼻疽马应在隔离区内限制使用。目前中国使用的诊断制剂主要有鼻疽菌素（鼻疽菌素有老菌素和提纯菌素）、补体结合试验抗原、补体结合试验阳性血清及鼻疽隐性血清。菌种为鼻疽杆菌 C67001、C67002 株。这里仅介绍鼻疽菌素制造方法及其质量标准。

1. 老鼻疽菌素　菌种划线接种于 4%甘油琼脂平皿，挑选光滑型菌落移植于甘油琼脂扁瓶，37℃培养 2～4d，用生理盐水洗下，纯粹检验合格后作为菌液种子液。将种子液接种于 4%甘油肉汤（含 1%蛋白胨、0.5%氯化钠、4%甘油、pH6.8～7），37℃培养 2～4 个月，然后 121℃灭菌 1.5h，放在 2～8℃冷暗处澄清 2～3 个月。吸取上清液，用塞氏滤器过滤，即为老鼻疽菌素原液。无菌检验、蛋白质测定和效价测定合格后，加入适量灭菌的 4%甘油，定量分装。

2. 提纯鼻疽菌素　将鼻疽菌接种于以天门冬素作为碳源的合成培养基中，培养 2～4 个月后，121℃灭菌 1.5h，过滤，加 40%三氯醋酸于滤液中，三氯醋酸终浓度为 4%，沉淀鼻疽蛋白，用 1%三氯醋酸洗涤蛋白沉淀数次，用 pH7.4 的 PBS 稀释成一定浓度，测定蛋白含量，分装冻干。使用时，加入蒸馏水或生理盐水溶解蛋白；再稀释成每毫升含鼻疽蛋白 1mg 的溶液使用。

3. 质量标准　老鼻疽菌素为黄褐色澄明液体；液体提纯鼻疽菌素为无色或略带淡黄褐色的澄明液体；冻干提纯鼻疽菌素为乳白色或略带淡棕黄色的疏松团块，溶解后呈无色或略带淡棕黄色的澄明液体。用 18～22g 小鼠 5 只，各皮下注射菌素 0.5mL，观察 10d，均应健活。

（三）展望

本病是一种古老的传染病，过去曾广泛传播于世界各地。最近 50 年，由于许多国家采取了严格的检疫防控和扑杀措施，在许多发达国家本病已不常见。中国实行了严格的检验隔离措施，有些地区还实行了扑杀病畜的措施，在预防鼻疽取得了巨大进展。目前鼻疽在马类动物几乎呈零星散在发生，有望在不久的时间内消灭鼻疽。

（毛开荣）

三十八、结核病

（一）概述

结核病（Tuberculosis）是由分支杆菌属的某些病原分支杆菌引起的人和动物共患的一种慢性传染病。以多种组织器官和感染部位形成结节性肉芽肿、干酪样坏死损伤为特征。本病广泛流行于世界各地，对人类健康和动物生产构成严重威胁，特别是奶牛业发达的国家。各国政府历来十分重视结核病防治工作，一些国家也已有效控制了本病。目前，中国主要依靠以检疫扑杀为主要手段的防制策略。

引起人和动物结核病的分支杆菌主要有3个种，包括结核分支杆菌（*mycobacterium tuberculosis*）、牛分支杆菌（*mycobacterium bovis*）和禽分支杆菌（*mycobacterium avian*），一般简称结核杆菌，分类上属于分支杆菌属（*mycobacterium*）。结核杆菌属专性需氧，对营养的要求较为严格，在添加特殊营养物质的培养基上才能生长，且生长缓慢，特别是初代培养，一般需10～30d才能观察到菌落。菌体细长、直或微弯曲，多为棍棒状，间或呈现分枝现象；不产生芽孢，不形成荚膜，不运动；革兰氏染色阳性。

结核病又称为痨病和“白色瘟疫”，是一种古老的传染病，自有人类以来就有结核病。在历史上，它曾在全世界广泛流行，曾经是危害人类的主要杀手，夺去了数亿人的生命。1882年，科霍发现了结核病的病原菌为结核杆菌，但由于没有有效的治疗药物，仍然在全球广泛流行。自20世纪50年代以来，不断发现有效的抗结核药物，使流行得到了一定的控制。但是，近年来，由于不少国家对结核病的忽视，减少了财政投入、再加上人口的增长、流动人口的增加、艾滋病毒感染的传播，使结核病流行下降缓慢，有的国家和地区还有所回升。所以，世界卫生组织于1993年宣布“全球结核病紧急状态”，确定每年3月24日为“世界防治结核病日”。

结核病是因病致贫、因病返贫的主要疾病。结核病还是一种人畜共患传染病。结核病不仅是一个公共卫生问题，也是一个社会经济问题，控制工作任重道远。我们相信只要政府重视，社会配合加大投入、实施现代、科学的控制策略、长期、不间断地与之斗争，结核病是可以治愈和控制的疾病。

（二）疫苗

目前研究最多的、使用最广的是卡介苗，为人类结核病的控制做出了巨大贡献，目前仍在普遍使用。卡介苗系毒力减弱的一株牛型结核菌。犊牛接种卡介苗的田间免疫试验结果还很难评价，而且牛接种卡介苗后产生的抗体会干扰本病的检疫。所以，世界上很多国家禁止使用卡介苗免疫接种牛。

1. 卡介苗

（1）疫苗研究进展　卡介苗（BCG）是目前世界上唯一可应用的抗结核病疫苗，作为世界上最广泛应用的疫苗，它的抗结核病保护效果仍被广泛争议。BCG具有安全、廉价、可有效预防儿童型结核病感染的优点，但不能预防常见的成人型肺结核病。BCG疫苗免疫的效果呈现一个较大的范围（0～80％），而且在不同国家、不同地区其免疫效果也大大不同。同时BCG疫苗接种还面临另外两个的问题。首先，BCG接种可诱导机体产生皮肤迟发型超敏反应。由于这种反应不能同结核杆菌感染相区别，从而影响了结核菌素皮肤试验的诊断和流行病学研究的应用。其次，BCG 作为一种活疫苗，它本身有潜在的致病力，尤其是在免疫损伤或缺陷的个体，因此不能用于所有人群。BCG 通过这么多年的世界范围内的广泛接种，结核病感染率及死亡率仍居高不下，可见其保护效果并不能令人满意。这也许是因其诱导的保护作用无论是数量上还是质量上都是不够的，它也不能诱导足够的免疫记忆力。

（2）疫苗的生产制造　在中国，制造卡介苗的菌种，应由中国食品药品检定研究院分发或经同意。严禁使用通过动物的菌种制造卡介苗。如果采用次代种子批，单批收获培养物的总代数不得超过 12 代（包括在马铃薯培养基上培育的代数与在液体苏通培养基上的代数）。卡介苗制造室必须与其他生物制品部门及实验室分开。所需用具如高压锅、冰箱及玻璃器皿等，均须单独设置并专用。

卡介苗制造、包装及保存过程均须避光。生产用培养基不得含有能使人产生毒性或变态反应的物质。培养基所用的原料应符合《中国生物制品主要原辅材料质控标准》规定。冻干菌种在苏通马铃薯培养基、胆汁马铃薯培养基以及液体苏通培养基上每传一次为一代。马铃薯培养基上培育的菌种放冰箱保存不超过 2 个月。用于生产菌苗的培养物的总代数不超过 12 代。

将菌种收集，用中国食品药品检定研究院发放的冻干卡介苗参考比浊标准，以分光光度法或其他适宜方法测定原液浓度，用保护液将原液稀释成 1.0mg/mL。用同一代菌种同时制造的菌苗为 1 批，稀释为数瓶者，按瓶分亚批。菌苗原液分装后应立即进行冻干。干燥完毕后立即进行真空封口。亦可充氮封口。

（3）质量标准与使用　冻干卡介苗应为白色疏松体或粉末状。加入稀释液后，应于 3min 内完全溶解成均匀悬液。剩余水分不应超过 3%。保存于 2～8℃暗处。自首次活菌计数结束之日起有效期为 1 年。接种方法：先用 75%酒精消毒上臂外侧三角肌中部略下处的皮肤，然后用灭菌的 1mL 蓝心注射器（25～26 号针头）吸取摇匀的菌苗，皮内注射 0.1mL。禁忌：凡患有结核病、急性传染病、肾炎、心脏病、湿疹、免疫缺陷症或其他皮肤病者均不予接种。

2. 亚单位疫苗

亚单位疫苗是去除病原体中与激发保护性免疫无关的甚至有害的成分，不含核酸，保留有效免疫原制成的疫苗。基于所采用的免疫原的不同，现在研究的亚单位疫苗分为蛋白/肽类和非蛋白质疫苗两大类，其中，以前者为主。亚单位疫苗设计策略由三个基本步骤组成：①确定保护性抗原基因；②确定相关的 T 细胞亚群；③设计佐剂来诱导形成 T 细胞活化的环境。理想的亚单位疫苗应当包含针对 MHCⅠ类、MHCⅡ类限制性 T 细胞的抗原，以及由 CD1 分子呈递的糖脂类抗原。目前认为结核杆菌保护性蛋白主要为它的分泌蛋白和细胞外壁蛋白，结核杆菌早期培养渗滤物中含有其主要的保护性抗原。其中所分离的 Ag85 复合物、MPT64 和 ESAT-6 蛋白是目前研究最多的保护性抗原。ESAT-6 蛋白是结核杆菌早期培养渗滤物中的一种 6ku 的低分子量蛋白，它是人类和动物模型的结核病早期阶段细胞介异免疫的一个显性靶位。由于亚单位疫苗仅仅包含保护性免疫所需要的抗原，与死疫苗及减毒活疫苗相比，缺少自我佐剂作用的免疫成分，因而其免疫原性也比较弱，所以选择合适的佐剂来增强亚单位疫苗的免疫效果也是非常必要的。据报道，一个结核杆菌来源的免疫显性抗原融合蛋白 Ag72f+/-Ag85 和另一个多表位的亚单位疫苗/佐剂复合体将准备进入临床安全和免疫效果试验。

（三）展望

虽然人们在抗结核病新疫苗研究方面已取得了很大的进展，但我们必须清楚，对于结核病这个困扰人类多年的疾病，这些还是远远不够的。目前研究的候选疫苗中仅有少数在动物试验中能达到与BCG差不多的免疫保护效果，当然也有一些被证明有比BCG更好效果的疫苗。不过这些仅在动物模型中短期研究的候选疫苗能提供给人类的信息是有限的，其真正效果必须像BCG一样经过长期的实践检验方可定论。

转基因植物疫苗可改变传统的免疫接种途径，使疫苗的接种更加便利，特别易被儿童接受。在过去10多年的研究中，在重组植物系统中表达生物蛋白已显示了很大的潜力，许多细菌或病毒来源的候选疫苗已在转基因植物中表达，并且在用口服转基因植物食品的3个临床试验中，已取得令人兴奋的结果。用结核杆菌保护性抗原插入合适的植物载体来构建疫苗，再由植物来表达结核杆菌分泌蛋白，有可能得到有应用价值的抗结核疫苗。工凌健等已在胡萝卜中成功地表达了MPT－64。张史林等成功地获得了表达ESAT－6的转基因番木瓜。

随着对结核杆菌致病机制的进一步研究和阐明，基因组学和蛋白质组学研究的深入，我们相信，人类终能找到控制这一顽疾的理想疫苗。

（毛开荣）

三十九、钩端螺旋体病

（一）概述

钩端螺旋体病（Leptospirosis）简称钩体病，是一种传染性人畜共患病，至今已有100多年的记载。钩端螺旋体（简称钩体）广泛分布于世界各地，感染近百种动物，包括哺乳类、鸟类、爬行类、两栖类、节肢动物类。家畜中猪、牛、羊、马、鹿、犬等均可感染、发病和传播病原。

钩端螺旋体菌体纤细，长短不一，一般为6～20μm，宽为0.1～0.2μm，具有细密而规则的螺旋，菌体一端或两端弯曲呈钩状，常为“C”“S”或“8”字型等形状。在暗视野显微镜下可见钩端螺旋体像一串发亮的微细珠粒，运动活泼，可屈曲，前后移动或围绕长轴做快速旋转。电镜下钩端螺旋体为圆柱状结构，最外层是鞘膜，由脂多糖和蛋白质组成，其内为胞壁，再内为浆膜，在胞壁与浆膜之间有一根由两条轴丝扭成的中轴，位于菌体一侧。钩端螺旋体革兰氏染色为阴性，不易被碱性染料着色，常用镀银染色法，把菌体染成褐色，但因银粒堆积，其螺旋不能显示出来。

钩端螺旋体对理化因素的抵抗力较其他致病螺旋体为强，在水或湿土中可存活数周至数月，这对本菌的传播有重要意义。病性钩端螺旋体的抗原组成比较复杂，与分型有关的抗原主要有两种：一种是表现抗原（P抗原），另一种是内部抗原（S抗原）；前者存在于螺旋体的表面，为蛋白质多糖的复合物，具有型特异性，是钩端螺旋体分型的依据；而后者存在于螺旋体的内部，是类脂多糖复合物，具有属特异性，为钩端螺旋体分群的依据。目前全世界已发现20个血清群，200多个血清型。中国至少发现了18个血清群，70多个血清型。

（二）疫苗

目前，钩端螺旋体病的疫苗主要有3类，分别为全菌灭活疫苗、亚单位疫苗和基因工程疫苗，但亚单位疫苗和基因工程疫苗目前尚未见到有商品化的疫苗出售。

1. 全菌体灭活疫苗 在钩端螺旋体疫苗研发的初期，中国研究人员（1958年）曾参照苏联的方法将钩端螺旋体杀死，制成灭活的钩端螺旋体疫苗。其中钩端螺旋体外膜的脂多糖是钩体灭活疫苗的主要成分，具有较强的免疫原性和保护性，可以在体内激活巨噬细胞，使TNF的活性增强。但其所含的兔血清导致过敏反应增多，推广受阻。经过不断地改进，特别是解决了钩端螺旋体的培养基问题，现在所用的菌苗已经不再含有动物组织、血清等成分，过敏反应少了很多。

现行的钩端螺旋体全菌体疫苗反应轻微，有一定的预防效果。其有效成分是脂多糖，通过脂多糖可诱发机体产生体液免疫应答而发挥作用。严有望对自1986年以来在荆州地区开展的钩端螺旋体疫苗预防接种的效果进行了评价，认为钩端螺旋体疫苗大面积接种的流行病学效果比较满意，其保护率达85.34%～100%，效果指数（对照组发病率/接种组发病率）达6.82～36.59。在动物试验中发现其虽可预防动物钩端螺旋体病，但不能阻止动物肾脏带菌和尿液排菌。White等认为这是由于在钩端螺旋体菌苗制备过程中使用的杀菌剂能破坏钩端螺旋体表面的外膜抗原，免疫效果低下。不过，钩端螺旋体疫苗的制备比较简单，成本相对较低。

（1）疫苗的生产制造 疫苗的生产通常采用培养基培养，培养基的好坏直接决定疫苗的产量和质量。钩端螺旋体是唯一可用人工培养基培养的螺旋体，最适湿度为8～30℃，pH为7.2～7.5，常用柯索夫（Korthoff ）氏液培养基培养，生长缓慢，接种后3～4d开始繁殖，1～2周后，液体培养基呈半透明去雾状混浊生长。

（2）质量标准与使用 制品为微带乳光的液体，含苯酚防腐剂，不应有摇不散的凝块及异物。皮下注射2次，第一次0.5mL，第二次1mL，每次间隔7d；12个月后再注射2次，剂量同前。

2. 亚单位疫苗 随着对钩端螺旋体结构的认识，发现钩端螺旋体的外膜（outer membrane protein，OMP）在钩端螺旋体黏附、免疫和致病中起着十分重要的作用，因而有人将其作为药物治疗的靶点和疫苗研制的选择成分。

钩端螺旋体的外膜成分很复杂，不同的组分对各种条件的敏感程度又有不同，因此如何提取和纯化这些外膜抗原成分尤为重要。20世纪70年代中国曾参照Auran的方法并加以改进：用不同孔径的微孔滤膜（0.65～1.20μm）收集盐变的菌体细胞并提取和纯化外膜抗原，制成试验性疫苗。20世纪80年代后期，上海生物制品研究所研制成功了C270培养基，明显提高了钩端螺旋体的培养浓度（较原来提高了5～10倍），且抗原性良好。后来又利用中空纤维超滤技术进行浓缩和提纯，并以超滤器反复洗涤技术代替流水透析，简化了工艺，提高了工效，外膜抗原的获得率有了明显提高（5mL菌体抗原可提取600～1400μg的外膜抗原）。

3. 基因工程疫苗 以人抗钩端螺旋体血清和钩端螺旋体做裂解反应，发现与之发生反应的抗原有LPS、鞭毛蛋白和外膜蛋白。鞭毛蛋白FlaB是所有致病性钩体都具有的保守性保护性抗原，其开放阅读框（ORF）为849bp，编码283个氨基酸，相对分子质量为31.3×10^3，等电点为9.065，是目前研究得最多的抗原成分。外膜蛋白OmpL1为孔蛋白（porin），其量的多少与钩端螺旋体毒力相关，钩端螺旋体的毒力越强，其量越少；其编码基因OmpL1 在钩端螺旋体中以单拷贝的形式存在，编码区全长 963bp，编码 320 个氨基酸，相对分子质量大约为 31×10^3。OmpL1 位于钩端螺旋体的外膜，是构建疫苗的理想抗原。但是由于其与 LPS 相互关联，提取与纯化的难度较大。LipL32 是一种脂蛋白质，是含量最丰富的蛋白，保守性也最强，被认为是与钩端螺旋体溶血作用相关的因子；其编码基因全长为 819bp，编码 272 个氨基酸。LipL32 无论是在体外培养还是在感染的宿主体内（如肾脏）均高水平表达。LipL41 是暴露于菌体细胞表面的重要的脂蛋白，具有免疫保护性和保守性；基因编码区为 1 068bp，编码 355 个氨基酸。

江南等将重组钩端螺旋体基因多肽疫苗与中国主要的 7 群不同毒力的致病性钩端螺旋体间的免疫交叉情况做了分析，发现多肽基因疫苗与强毒力株钩端螺旋体（黄疸出血型、秋季热型、澳洲型、巴叶赞型）有良好的免疫交叉反应（效价为 1∶524 288～1∶12 800），其与弱毒株钩端螺旋体（犬型、流感伤寒型、七日热型、波摩拿型）也有良好的免疫交叉反应（效价为 1∶256 000～1∶12 800）。可见，该基因多肽疫苗可能与中国主要流行的 7 群钩端螺旋体感染具有完全交叉免疫保护。

（三）展望

随着对钩端螺旋体研究的深入，钩端螺旋体病疫苗的研制也已日渐成熟。其疫苗产品在免疫学效果的持久性、安全性、简便性都有了进步；尤其是分子生物学技术的长足进步，为钩端螺旋体病疫苗的研制提供了更高的平台。有一点需要指出，就某单一钩端螺旋体群而言，菌体疫苗与外膜蛋白疫苗、亚单位疫苗在免疫效果方面，无统计学差异。基因疫苗在体内的作用及不良反应还不十分清楚，而且，就制备的量和经济效益方面来说，都比不上菌体疫苗和外膜疫苗，需通过进一步研究来评价。

（毛开荣）

四十、衣原体病

（一）概述

动物衣原体病（Chlamydia）是由鹦鹉热衣原体（*Chlamydia psittaci*）、肺炎衣原体（*Chlormydia pneumoniae*）引起的一种传染病。病原可以感染 190 多种鸟类及哺乳动物，也可以感染人。被感染的牛主要症状为流产、早产和死胎；绵羊主要表现为流产和肺炎；山羊为肺炎及多发性关节炎。鸟类以鹦鹉最为易感，其他动物如鸡、鸭、鸽和火鸡等也易感。主要是隐性感染，当条件恶劣时也能暴发疾病而引起死亡。其他如猪、马也有感染的报道。

衣原体不能在人工培养基上生长，只能在寄主细胞内生长，是能通过细胞滤器的微生物，因而长期以来被认为是病毒。但它又有细胞壁结构，借二分裂繁殖，含 DNA 和 RNA 两种核酸，胞浆内有核糖体，对磺胺和多种抗生素敏感，这些特性又类似细菌。1957 年，开始把衣原体归于细菌类，这一主张已获得越来越多的微生物学家的支持。按伯杰氏新的分类，衣原体属立克次体纲衣原体科。

根据寄生的寄主不同，可将衣原体分成三类：第一类以人类为寄主。如沙眼-包涵体结膜炎衣原体、淋巴肉芽肿衣原体、鹦鹉热和鸟疫衣原体，可引起眼、泌尿生殖系和呼吸道疾病。第二类以鸟类为寄主。如鸟疫和鹦鹉热衣原体，可引起人和鸟类的呼吸道及全身感染。

第三类以哺乳动物（除灵长类动物以外）为寄主。如家畜和啮齿类动物衣原体，可引起哺乳动物的呼吸道、胎盘、关节和肠道的疾病。

衣原体在光学显微镜下有两种形态：一种为原体，卵圆形，外周有细胞壁和细胞膜包裹，为衣原体的传染型。另一种为始体，较大，直径为 600～1 200nm，外周亦有细胞壁和细胞膜包裹，为衣原体的繁殖型。衣原体的生活周期是：具有感染性的原体吸附于寄主易感细胞（指对病原体敏感而易受感染的细胞）的表面，随细胞的吞噬作用进入细胞质，形成能繁殖的始体，始体在细胞质空泡中进行多次二分裂。后寄主细胞充满多数的小颗粒（即原体）。随后寄生细胞破裂，原体释出，再侵入新的寄主细胞，完成新的生活周期。

（二）疫苗

衣原体的疫苗包括：灭活苗和弱毒活疫苗。

1. 灭活疫苗 Martinov S 等（1985）对衣原体灭活疫苗进行了研究，用浓缩和纯化的鹦鹉热衣原体灭活疫苗进行了优化试验，给绵羊注射 0.5mL 的灭活疫苗，有 91.4%出现了反应，在第 45 天和第 111 天用补体结合试验进行抗体检测，抗体水平分别为 1∶(8～512) 和 1∶(8 ～256)。Jones G E 等对组织培养的灭活疫苗的效力进行了试验，他们用不同的佐剂加不同剂量的灭活疫苗接种动物，获得了最佳的免疫剂量、免疫佐剂以及免疫途径，为预防鹦鹉热衣原体病提供了有效的方法。为了研制新型疫苗控制绵羊衣原体性流产，Kerr K 等建立小鼠模型，研究致病机制以及特异性免疫细胞的作用，为新疫苗的研制寻找科学的依据。中国学者杨学礼等、帅永玉等在 20 世纪 70 年代首先对羊的鹦鹉热衣原体性流产进行了系统研究，包括流行病学调查、病原特性、诊断方法和免疫研究，在国内首先研制成羊流产衣原体灭活疫苗，并进行了大面积推广应用，有效控制了衣原体病对养羊业的危害。20 世纪 80 年代，中国农业科学院兰州兽医研究所和广西兽医研究所研制成功的猪流产衣原体灭活苗，对预防猪的衣原体病起到了很好的作用。

（1）疫苗的生产制造 以猪鹦鹉热衣原体病灭活疫苗为例，介绍衣原体灭活疫苗的生产。用免疫原性良好的猪流产鹦鹉热衣原体强毒株 CPD_{13} 作为种毒，接种鸡胚卵黄囊培养，收集卵黄囊膜，经捣碎、适度稀释后用甲醛溶液灭活，加油佐剂混合乳化，制成灭活苗。

（2）质量标准与使用 质量标准除按成品检验的通用要求检验外，进行如下试验。

安全检验：将疫苗做 10 倍稀释，卵黄囊接种 7 日龄鸡胚 5 只，各 0.4mL，37℃下孵育 10d，应无死亡。用怀孕 1 个月内的母猪 2 头，各皮下注射疫苗，观察 10d，除注射部位出现 20mm 左右的结节外，应无其他不良反应。

效力检验：用体重 18～20g 小鼠 5 只，各皮注射疫苗 0.4mL，21d 后，连同条件相同的对照小鼠 5 只，各腹腔注射猪流产鹦鹉热衣原体强毒株卵黄囊培养物（10^{-3}）0.4mL。8～10d 后，将免疫小鼠和对照小鼠全部剖杀，取肝、脾、腹水涂片，用吉姆萨氏法染色、镜检。对照小鼠应全部检查到衣原体，免疫小鼠至少 4 只检查不到衣原体，或对照小鼠 4 只检查出衣原体，免疫小鼠全部检查不到衣原体为合格。

使用：在 2～8℃保存，有效期为 1 年。不可冻结以防破乳分层。耳根部皮下注射。每头 2mL。注射疫苗后 18～21d 产生免疫力，免疫期为 1 年。疫苗久置后，上层可有少量油析出，使用前应充分摇匀。

2. 弱毒活疫苗 目前国内尚未见有衣原体弱毒活疫苗的研究报道。国外在 20 世纪 60 年代有人开始进行了这方面的探索，所采用的方法为鸡胚传代致弱。1965 年，Mitscherlich

用羊衣原体有毒株接种鸡胚传至64代制成减毒活疫苗。1969年，Schoop采用同样方法传代130代制成疫苗，对预防牛衣原体性流产有一定效果。但用牛源衣原体通过鸡胚毒力不减弱。美国现在使用的衣原体活疫苗也属于此类疫苗。

（三）展望

尽管灭活疫苗对预防动物衣原体病起到了巨大的作用，但是灭活疫苗对预防禽类衣原体病却受到了阻碍，主要是由于灭活疫苗对禽类免疫效果差，不能预防禽类的衣原体病。虽然目前部分学者对禽的衣原体DNA疫苗进行了研究，也取得了一定的成绩，但是，到目前为止还没有商业化的禽衣原体DNA疫苗。随着对衣原体研究的逐步深入，会研制出更多经济高效的禽衣原体疫苗。

（毛开荣）

四十一、变形杆菌病

（一）概述

变形杆菌病（Proteus）是由变形杆菌引起的疾病。变形杆菌（*Proteus*）属于肠杆菌科成员，现有4个种，包括普通变形杆菌、奇异变形杆菌、莫根变形杆菌、雷极变形杆菌和无恒变形杆菌。其中以普通变形杆菌和奇异变形杆菌与临床关系较密切。特别是奇异变形杆菌可引起败血症，病死率较高。

变形杆菌大小为（0.4～0.6）μm×（1.0～3.0）μm，呈明显的多形性，有球形和丝状形，为周鞭毛菌，运动活泼。在固体培养基上呈扩散生长，形成迁徙生长现象。若在培养基中加入0.1%石炭酸或0.4%硼酸可以抑制其扩散生长，形成一般的单个菌落。在SS平板上可以形成圆形、扁薄、半透明的菌落，易与其他肠道致病菌混淆。培养物有特殊臭味，在血琼脂平板上有溶血现象，能迅速分解尿素。根据菌体抗原分群，再以鞭毛抗原分型。

变形杆菌是一种条件致病菌，是常见的机会致病菌群。夏、秋季节温度高，变形杆菌在被污染的食品中大量繁殖，如食用前未彻底加热，其产生的毒素可引起人中毒、婴儿腹泻、膀胱炎并常与化脓性球菌混合感染，造成创伤继发感染等。同时变形杆菌还能感染多种畜禽，给畜牧养殖业带来一定危害。

（二）疫苗

目前国内外预防变形杆菌的疫苗并不多见，国内市场可见有葡萄球菌、绿脓杆菌和变形杆菌的三联灭活苗。

1. 疫苗的生产制造 疫苗的生产通常采用培养基培养，培养基的好坏直接决定疫苗的产量和质量。将三种细菌接种于适宜培养基，将抗原进行浓缩和灭活，然后配上油佐剂经乳化而制成。制造疫苗的菌株免疫原性的强弱和疫苗中抗原含量的高低直接影响疫苗的质量，同时，疫苗佐剂和剂型也对疫苗免疫期产生重要影响。

2. 质量标准与使用 本品系用葡萄球菌、变形杆菌和绿脓杆菌接种培养基培养，将培养物浓缩经甲醛溶液灭活后，加油佐剂混合乳化制成。外观为乳白色乳剂，剂型为水包油包水型。疫苗在离心管中以3 000r/min离心15min，应不出现分层。在2～8℃保存，有效期内应不出现分层和破乳现象。

使用：在2～8℃保存，有效期为1年。不可冻结，以防破乳分层。皮下注射，每头2mL。疫苗久置后，上层可有少量油析出，使用前应充分摇匀。

（三）展望

由于变形杆菌为条件性致病菌，且主要危害人类健康，因此兽用疫苗研发缓慢。

（毛开荣）

四十二、流行性淋巴管炎

（一）概述

流行性淋巴管炎（Epizootic lymphagitis）又称假性皮疽（Pseudofarey），是由伪皮疽组织胞浆菌引起马属动物的一种慢性、接触性、创伤性的传染病。首次报道见于14世纪，19世纪中期已广泛流行于地中海地区，但在非洲流行最严重，故有非洲鼻疽之称。第一、二次世界大战期间曾流行欧洲、美洲、亚洲，在亚洲以日本流行最剧烈。在中国该病呈散在发生，到了20世纪80年代后期，仅有个别省区有零星发生。

本病的病原为皮疽组织胞浆菌，属半知菌亚门，丝孢菌目，丛梗孢科，组织胞浆菌属。皮疽组织胞浆菌对外界因素抵抗力顽强。病变部位的病原菌在直射阳光作用下能耐受5d，60℃能存活30min；在80℃仅几分钟即可杀死。5%石炭酸1～5h死亡，在0.25%石炭酸、0.1%盐酸溶液中能存活数周。在1个大气压的热压消毒器中10min杀死。病畜厩舍污染本菌经6个月仍能存活。

患畜病灶的排出物是主要传染源，含有本菌的泥土也是传染源。本病通过与病畜脓性分泌物直接或间接通过受伤的皮肤和黏膜等途径传染。也可通过昆虫机械传播，或通过受污染的物体传播本病。本病不能经消化道传染。马、驴、骡易感，骆驼和水牛也可偶然感染。

本病无明显季节性，但以秋末及冬初多发。潮湿地区、洪水泛滥后多发。不分年龄，但以2～6岁的马属动物多发。

（二）疫苗

尚未见到有商品性疫苗出售，国内有灭活苗和活疫苗的试验报道。

1. 弗氏不完全佐剂灭活疫苗 张文涛等应用伪皮疽组织胞浆菌33号菌株在11号琼脂培养基上繁殖，菌液以甲醛溶液灭活，以等量的石蜡油加羊毛脂为佐剂制成，疫苗接种可引起马属动物的一定免疫力。在疾病流行地区使用可以起到防制效果。

2. 弱毒活疫苗 中国农业科学院兰州兽医研究所的科研人员在1986年研制成功马流行性淋巴管炎弱菌苗。该疫苗是将伪皮疽组织胞浆菌株21在高温中传代60～70代后培育成功的。菌落乳白黄色，皱褶矮短粗壮，菌丝显著减少，孢子大量增多。用于免疫接种马可引起明显的保护力。

研究人员将菌株通过高温培养，迫使其毒力减弱。由正常温度开始，随着各代生长适应程度，酌情逐步递增其耐受的温度。总共改变温度14次，移植71代，历经620d，培育出T21号菌株。本菌株对温度敏感，33℃已有不甚适应的表现，35℃生长显著受阻，培养15d才有少数菌落生出。使用高温致弱的T 21号菌株分别用生理盐水制成15%和20%的弱毒菌苗。

（三）展望

目前对该疫苗方面的研究较少，发生本病后，应按《中华人民共和国动物防疫法》规定，采取严格控制、扑灭措施，防止扩散病马应及时隔离、治疗。患病严重的病马予以扑杀，病死马尸体应深埋或焚烧。

（毛开荣）

参 考 文 献

陈建君，张毓金，杨增岐，等，2003. 鸭瘟病毒的分子生物学研究进展［J］. 动物医学进展，24（6）：25－28.

范文明，张菊英，罗函禄，等，1993. 鸭病毒性肝炎灭活疫苗研究［J］. 畜牧兽医学报，24（4）：354－359.

方定一，徐为燕，1984. 兽医病毒学［M］. 南京：江苏科学技术出版社.

胡建华，孙凤萍，刘洪云，等，2000. 鸭病毒性肝炎油佐剂灭活疫苗研制［J］. 上海畜牧兽医通讯，6：16－17.

华国荫，刘鼎新，吴英平，等，1983. 水貂犬瘟热免疫的研究——制苗工艺，免疫毒价保存期试验［J］. 家畜传染病，2：23－28.

华国荫，刘鼎新，吴英平，等，1983. 水貂犬瘟热免疫的研究疫苗安全性和预防效果的现地观察［J］. 家畜传染病，4：28－30.

华国荫，刘鼎新，吴英平，等，1983. 水貂犬瘟热免疫的研究——复制鸡胚组织培养弱毒疫苗的研究［J］. 家畜传染病，4：30－35.

姜永萍，张洪波，李呈军，等，2005. H5 亚型禽流感 DNA 疫苗质粒 pCAGGoptiHA5 对高致病力禽流感病毒攻击的免疫保护［J］. 畜牧兽医学报，36（11）：1178－1182.

靳艳玲，罗薇，2005. 禽白血病研究进展［J］. 西南民族大学学报：自然科学版：83－89.

李文涛，王宏伟，韩少杰，2005. 传染性贫血病［J］. 养禽与禽病防治，10：36－38.

李泽君，焦培荣，于康震，等，2005. H5N1 亚型高致病性禽流感病毒 A/goose/Guangdong/1/96 株反向基因操作系统的建立［J］. 中国农业科学，38（8）：1686－1690.

乔传玲，姜永萍，李呈军，等，2003. 禽流感重组禽痘病毒 rFPV－HANA 活载体疫苗的研究［J］. 免疫学杂志，19（1）46－49.

乔传玲，姜永萍，于康震，等，2004. 共表达禽流感病毒 HA 和 NA 基因的重组禽痘病毒在 SPF 鸡的免疫效力试验［J］. 中国农业科学，37（4）：605－608.

世界动物卫生组织，2004. 陆生动物诊断试验和疫苗标准手册（第 5 版）.

唐秀英，田国斌，于康震，等，1993. 禽流感油乳剂灭活疫苗的研究［J］. 微生物学杂志，19（3）：47－48.

王明俊，等，1997. 兽医生物制品学［M］. 北京：中国农业出版社.

王永坤，2002. 兔病诊断与防治手册［M］. 上海：上海科学技术出版社.

张婧，董嘉文，罗永文，等，2011. Ⅰ型鸭肝炎病毒 VP1 基因重组鸭瘟病毒载体的构建［J］. 华南农业大学学报（4）：101－104.

张振兴，1994. 实用兽医生物制品技术［M］. 江苏省畜牧兽医学会.

郑海洲，苏钢，于秀俊，2003. 鸡喉气管炎病毒病原学和基因工程疫苗的研究进展［J］. 中国兽药杂志，37（3）：42－45.

郑世军，宋清明，2013. 现代动物传染病学［M］. 北京：中国农业出版社.

中国兽药典委员会，2016. 中华人民共和国兽药典 [M]. 北京：中国农业出版社.

中华人民共和国农业部，2001. 中华人民共和国兽用生物制品质量标准 [M]. 北京：中国农业科技出版社.

Asplin. F. D，1961. Note on epidemiology and vaccination for virus hepatitis of ducks [J]. Off Int Epizoot Bull，56：793-800.

Bulow，V. V ，M. Witt，1986. Vermehrung des Erregers der aviarers infektiosen Anamie（CAA）in embryonierten Huhnereiem [J]. J Vet Med B，33：664-669.

B. W. 卡尔尼克，1999. 禽病学 [M]. 第10版. 高福，苏敬良主译. 北京：中国农业出版社.

Chen. P. Y，Z. Cui，L. F. Lee，et al，1987. Serologic differences among nondefective reticuloendotheliosis viruses [J]. Arch Virol，93：233-246.

Christensin. N. H，Md. Saifuddin，1989. A primary epidemic of inclusion body hepatitis in broilers [J]. Avian Dis，33：622-630.

Cook J. K. A，J. W. Peters，1976. Epidemiological studies with egg drop syndrome 1976（EDS-76）virus [J]. Avian Pathol，9：437-443.

Fadly. A. M，B. J. Riegle，K. Nazerian，et al，1980. Some observations on an adenovirus isolated from specific pathogen-free chickens [J]. Poult sci，59：21-27.

Fahey J. E.，J. F. Crawley，1954. Studies on chronic respiratory disease of chickens. Ⅱ Isolation of a virus [J]. Can J Comp Med，18：13-21.

Fang D. y，Y. K. wang，1981. Studies on the etiology and specific control of goosr parvovirus infection [J]. Sci Agric Sin，4：1-8.

Fu Y，Chen Z，Li C，et al，2012. Protective immune responses in ducklings induced by a suicidal DNA vaccine of the VP1 gene of duck hepatitis virus type 1 [J]. Vet Microbiol，160（3/4）：314-318.

Fuchs W，D W iesner，J，2005. Veits，et al. In Vitro and In Vivo Relevance of Infectious Laryngotracheitis Virus gJ Proteins That Are Expressed from Spliced and Nonspliced mRNAs [J]. Journal of Virology，79（2）：705-716.

Gough. R. E，Spackman，1981. Studies with inactivated duck virus hepatitiscaccines in vreeder ducks [J]. Avian Pothol，10：471-479.

Gough. R. E.，D. Spackman，1982. Studies with a duck embryo adapted goose parvovirus [J]. Avian-Pothol，11：503-510.

Grines. T. M，D. J. King，O. J. fletcher，et al，1978. Serologic and pathogenicity studies of avian adenovirus isolated from chickens with inclusion body hepatitis [J]. Avian Dis，22：177-180.

Guo. P，. E. Scholz，B. Maloney，et al，2015. Construction of recombinant avian infectious laryngotracheites virus expressing the B-galactosidase gene and DNA sequencing of insertion region [J]. Virology，202：771-781.

Hwang. J，1965. A chicken-embryo-lethal strain of duck hepatitis virus [J]. Avian Dis，9：417-422.

IN Wickramasinghe，RP de Vries，et al，2015，Host tissue and glycan binding specificities of avian viral attachment proteins using novel avian tissue microarrays [J]. Journal of Virol，10（6）：1288-1293.

Jansen. J，1963. Duck plague [J]. Br Vet J，117：349-356.

Johnson M A，Pooley C.，2003. A recombinant fowl adenovirus expressing the S1 gene of infectious bronchitis virus protects against challenge with infectious bronchitis virus [J]. Vaccine，21（21-22）：2730-2736.

Kaleta. E. F，1985. Immunisation of geese and Muscovy ducks against parvovirus hepatitis [J]. Report of a field trial with the attenuated live vaccine "Palmivax." Dtsch tierarztl Wochenschr, 92: 303 - 305.

Kawanura, H. , Tsubahara, 1966. Common antigenicity of avian reviruses [J]. Natl Inst Anim Health Q (Tokyo), 6: 187 - 193.

Kodihalli S, Sivanandan V, Nagaraja K V, et al, 1994. A type - specific avian influenza virus subunit vaccine for turkeys: induction of Protective immunity to challenge infection [J]. Vacction, 12 (15): 1467 -1472.

Macleod, A J, 1965. Vaccination against avian encephalomyelitis with a betapropialactone inactivated caccine [J]. Vet Rec, 77: 335 - 558

Maldonado. R. L, H. R. Bose, 1971. Separation of reticuloendotheliosis virus from avian tumor viruses [J]. J Virol, 8: 813 - 815.

Spencer, J L, 1984. Progress towards eradication of lymphoid leucosis viruses - a review [J]. Avian Pathol, 13: 599 - 619

Tannock. G. A , D. R. Shafren, 1985. A rapid procedure for the purification od avian encephalomyelitis viruses [J]. Avian Dis, 29: 312 - 321

Todd, D F. D, J. L. Creelan, et al, 1990. Purification and biochemical characterization of chicken anaemia agent [J]. J Gen Virol, 71: 819 - 823.

Toth. T. F. E, 1969. Chicken - embryo - adapted duck hepatitis virus growth curve in embryonated chicken eggs [J]. Avian Dis, 13: 535 - 539.

Wang X, Schnitzlein W M, 2002. Construction and immunogenidty studies of recombinant fowl poxvirus containing the S1 gene of Massachusetts 41 strain of infectious bronchitis virus [J]. Avian Dis, 46 (4): 831 - 838.

Wilhelmsen. K. C, K. E. Eggleton, H. M, 1984. Temin Nucleic acid sequences if the oncogene v - rel in reticuloendotheliosis virus strain T and its cellular homolog the proto - oncogene crel [J]. Virol, 52: 172 -182.

Wright, S E. , D D Bennett, 1992. Avian retroviral recombinant expressing foreign envelope delays tumour formation od ASV - A - induced sarcoma [J]. Vaccine, 10: 375 - 378.

Yates. V. J, Y. O. Rhee, D. E. Fry, 1977. Serological response of chickens exposed to a type 1 acian adenovirus alone or in combination with the adeno - associated virus [J]. Avian Dis, 21: 146 - 152.

Yuasa. N, T. Tanigucni, I. Yoshida, 1979. Isolation and some characteristics of an agent inducing anemia in chicks [J]. Avian Dis , 23: 366 - 385.

Zhou JY, Cheng LQ, Zheng XJ, et al, 2004. Generation of the transgenic potato expressing full - length spike protein of infectious bronchitis virus [J]. J Biotechnol, 111 (2): 121 - 130.

第六章 寄生虫病和疫苗

一、血吸虫病

（一）概述

血吸虫病（Schistosomiasis）是一种重要的人畜共患寄生虫病，严重危害人类的健康，影响社会经济发展，人们称之为“瘟神”。据世界卫生组织（WHO）2014 年 2 月的报告，78 个国家和地区至少 2.49 亿人和大量牲畜被感染，其中适龄入学儿童占 46.4%，而受威胁人口更是逾 7 亿人，每年仅在撒哈拉以南非洲地区就有约 30 万人死于该病。中国血吸虫病防治工作虽已取得瞩目成就，但完全消除该病仍是一项艰巨任务。截至 2013 年年底，中国仍有血吸虫病人 18.49 万例，流行区受感染威胁的牛只数约 96.2 万。

血吸虫病的致病病原体为血吸虫，已公认的有 6 种，分别为曼氏血吸虫（*Schistosomia mansoni*）、埃及血吸虫（*S. heamatobium*）、日本血吸虫（*S. japonicum*）、间插血吸虫（*S. intercalatum*）、马来血吸虫（*S. malayensis*）和湄公血吸虫（*S. mekongi*）。中国境内仅有日本血吸虫一种，该种是唯一可同时感染人和脊椎动物，也是生物学特性最为复杂、危害最严重、防治难度最大的人畜共患虫种。

日本血吸虫的生活史比较复杂，成虫寄生于人和动物的肠系膜静脉、膀胱或盆腔静脉丛中可长达十年，一般为雌雄合抱。雌虫在寄生脏器黏膜下层的静脉末梢中产卵，一部分虫卵随血液进入其他脏器，一部分沉积在小静脉中。虫卵发育成熟后，除随粪便排出污染水源之外，还有一部分沉积在局部组织中逐渐死亡、钙化，引发虫卵肉芽肿。水体中虫卵在适宜条件下孵化出毛蚴，其周身有纤毛可游动，遇到中间宿主钉螺即钻入螺体内进行母胞蚴、子胞蚴发育，形成尾蚴。尾蚴成熟后离开钉螺，是血吸虫唯一具感染性阶段，常分布于水体表层，数秒钟内即可钻入人或动物皮肤，之后在宿主体内脱去尾部，发育为童虫。童虫在宿主体内继续发育至性器官初步分化时，遇到异性童虫便开始合抱，并移行到门静脉或肠系膜静脉寄生，发育为成虫并交配产卵。

人和动物主要是经皮肤感染，多与生产和生活中接触含有尾蚴的水体有关，夏秋季节最易感染。男女老幼均可感染血吸虫病，以青壮年、农民和渔民占多数，该病流行分布与钉螺分布呈一致性，具有地方流行性特点。

人体血吸虫病临床表现可分为 3 种：急性、慢性和晚期。急性病例多见于来自非流行区而新近接触大量尾蚴者，起病较急，先有畏寒，继而发热，一般在 39℃左右，也有腹痛、腹泻、咳嗽和肝脾肿大等症状。多数病例为慢性感染，临床表现主要为腹痛、腹泻、肝脾肿大、贫血和消瘦等。一般在感染5年后，部分患者开始发生晚期病变，表现为巨脾、腹水及侏儒。

家畜血吸虫病的临床症状与畜别、年龄、感染强度以及饲养管理等情况相关。一般黄牛症状较重，水牛、羊和猪症状较轻。黄牛或水牛犊的感染往往呈急性经过，体温升高达40～41℃，腹泻，粪便带有黏液和血液，后期黏膜苍白，水肿，日渐消瘦，最后衰竭死亡。

血吸虫病试验诊断可分三大类，分别为病原学诊断、免疫学诊断和核酸诊断，从粪便中查见虫卵或孵出毛蚴，是确诊的依据。病原诊断方法主要有直接涂片法、改良加藤厚涂片法、尼龙袋集卵法和毛蚴孵化法等。免疫学诊断方法主要有间接红细胞凝集试验（IHA）、酶联免疫吸附试验（ELISA）和胶体染料试纸条法试验（DDIA）等。核酸诊断法主要有聚合酶链反应（PCR）、实时荧光定量PCR和环介导等温扩增技术（LAMP）等。

防治人体血吸虫病基本药物主要包括治疗性药物吡喹酮和奥沙尼喹，预防性药物蒿甲醚和青蒿琥酯。对接触日本血吸虫疫水后25～35d的所有人员，一般按40 mg/kg每日服用吡喹酮片剂，成人60 kg和60 kg以上服12片（200 mg/片），分2～3次半空腹服药，每次间隔4～6h。反复接触疫水人员应于上一次服药后的第25～35天再服12片。对于确诊的日本血吸虫病患者，大多认为应按总量60mg/kg，1d或2d分服。青蒿琥酯的规范使用方法为：接触疫水后7～10d开始服药，成人每次3片（每片含青蒿琥酯100 mg），儿童剂量按6 mg/kg计算，体重大于50kg者，按50kg计算，以后每周1次，停止接触疫水后第7天再加服1次。

对动物可采用硝硫氰胺和吡喹酮进行防治。黄牛、水牛硝硫氰胺的用药剂量为60 mg/kg，一次口服；黄牛、水牛吡喹酮的用药剂量均为30 mg/kg，山羊和犊牛的用药剂量分别为20 mg/kg和25 mg/kg，一次口服；牛体重以400 kg为限，最大剂量为10 g。

（二）疫苗研制情况

目前，中国仍采用药物治疗与生态灭螺相结合方法为主要的血吸虫病防治措施，虽已取得巨大成就，但完全阻断血吸虫病的传播依然困难重重，因此，研制出安全有效、经济方便的血吸虫病疫苗，单独使用或配合化学药物治疗，将是长期、可持续防治血吸虫感染的必要措施之一。血吸虫病疫苗经历了从全虫疫苗到分子疫苗的发展阶段，包括灭活疫苗、活疫苗、核酸疫苗、天然分子疫苗、基因工程疫苗、抗独特性抗体疫苗、合成肽疫苗等。初期的灭活疫苗保护试验多以失败告终；致弱活疫苗（紫外线或Co60致弱）虽被证实可诱导较强的免疫效果，但受虫体来源和潜在危险性的限制，难于推广；为提高疫苗的免疫保护效果，多价复合疫苗、新型佐剂、疫苗递送技术等方法备受研究者重视，并取得初步成就。

鉴于单价疫苗的不完全保护力，多价复合疫苗的联合方式主要有两种：不同的有效抗原肽的联合即双价或多价联合疫苗、不同抗原分子的联合鸡尾酒式混合疫苗。研究发现，pVAX1/SjRPS4·CB、pcDNA3.0/SjRPS4·CB双价疫苗，重组抗原SjPGAM-SjEnol，重组SjTsp2/Sj29ku蛋白疫苗等双价或多价疫苗在抗血吸虫感染的过程中表现出较高减虫率和肝减卵率，具有潜在的研究和开发价值。鸡尾酒式混合疫苗，实质是将不同的有效抗原肽联合进行免疫，如采用Sj26GST DNA疫苗与rSj26GST疫苗混合免疫小鼠、SjPRS4基因及蛋白联合免疫小鼠等的研究发现，免疫效果比单一抗原免疫效果要好。但鸡尾酒式混合疫苗免疫机制比较复杂，可能存在混合疫苗的毒素量相应增加、不同蛋白质相互影响可能降低免疫效果等问题。

佐剂能增强机体针对抗原的免疫应答能力，IL－2、IL－4、IL－10、IL－18、IL－12、IFN－γ等细胞因子都被证实可增强DNA疫苗抗血吸虫感染的能力，选择合适的细胞因子作为疫苗佐剂可有效地提高重组疫苗保护作用。研究报道发现，用Sj31BIN核酸疫苗与IL－12联合免疫小鼠可增强核酸疫苗的保护效果；IL－18可通过显著刺激IFN－γ与IL－2的产量来加强Th_1主导的抗日本血吸虫免疫反应。除细胞因子外，香菇多糖佐剂、香菇多糖和茶叶多糖混合物佐剂、纳米佐剂、免疫刺激复合物佐剂（ISCOM）等均具有成为潜在应用佐剂的能力，为血吸虫病疫苗免疫佐剂的研发带来了希望，也使佐剂成为新的研究热点。

近年来，基因枪、脂质体、微颗粒和体内电穿孔等疫苗递送技术的发展也显著提高了疫苗的递送效率，应用体内电穿孔技术分别作用于SjC23、SjCTPI与Sj（CDR3），结果获得超过45%的减虫率，与鸡尾酒式疫苗联用则有60%以上的减虫率和肝减卵率。此外，以腺病毒为载体构建的重组腺病毒疫苗也表现出卓越的免疫效果，逐渐成为新的研究热点。

血吸虫是雌雄异体的生物，在吸虫中比较罕见，生殖生理方面与其他吸虫之间存在着很大不同，加之长期与宿主共进化产生免疫逃避等原因，致使日本血吸虫病疫苗的研究注定是一个漫长的过程。在筛选出众多疫苗候选分子的基础之上，进行相关免疫增强技术的研究是一条必经之路。血吸虫疫苗的研究目前仍处于试验阶段，离实际应用尚有一定距离，需进一步加强对血吸虫生物学特性、与宿主的相互关系、细胞免疫及佐剂等方面的研究。

（王忠田　张龙现）

二、棘球蚴病

（一）概述

棘球蚴病（Echinococcosis）又称为包虫病（hydatidosis），是一种危害严重的人兽共患慢性寄生虫病，呈世界性分布。棘球蚴病主要影响发展中国家和地区的贫困人群身体健康，也严重影响动物及动物产品国际贸易，被列为全球早期预警系统（global early warning system，GLEWS）优先预测和应急处置的疾病之一。据估计，全球范围内约有5 000万包虫病患者，有些地区人群感染率可达10%，动物每年因包虫病造成的经济损失高达20亿美元。中国是棘球蚴病高发国家之一，主要分布于新疆、甘肃、宁夏、青海、四川、内蒙古和西藏等西部省、自治区，受威胁人口达6 600万，每年造成经济损失逾30亿元。棘球蚴病是中国西部地区农牧民群众“因病致贫”和“因病返贫”的重要原因，已被列为中国《国家中长期动物疫病防治规划》（2012—2020年）优先防治和重点防范的疫病。

目前，公认可引起人体包虫病的棘球绦虫主要有4种，即细粒棘球绦虫（*Echinococcus granulosus*）、多房棘球绦虫（*E. multilocularis*）、少节棘球绦虫（*E. oligarthrus*）和伏氏棘球绦虫（*E. vogeli*）。中国主要是由细粒棘球绦虫（*Echinococcus granulosus*）引起的囊型包虫病（cystic echinococcosis，CE）和由多房棘球绦虫（*Echinococcus multilocularis*）引起的泡型包虫病（alveolar echinococcosis，AE）。

棘球绦虫生活史复杂，需要两个哺乳类动物才能完成其生活史，其发育经历了虫卵、六钩蚴、原头蚴、成虫四个阶段，各发育阶段的虫体形态差异明显，具有独特的生命特征。成虫主要寄生在终末宿主（如狐、狼、犬）的小肠中，虫卵或孕卵节片随粪便排出体外，虫卵中的六钩蚴在其消化道内孵出，钻入肠壁，随血循环至肝、肺等器官，发育成棘球蚴，细粒棘球绦虫的虫卵经由有蹄动物中间宿主（如绵羊、牛、猪、马、骆驼、人等）吞入虫卵发育成细粒棘球蚴，多房棘球绦虫经由啮齿目动物、人等吞入虫卵发育成多房棘球蚴（也称泡球蚴）。终末宿主吞食了含有棘球蚴的脏器而感染，在其肠道内发育为成虫。人因猎食终末宿主或食入被粪便污染的野菜或水源等而被感染。

细粒棘球蚴病呈世界性分布，温带地区流行程度较严重，主要包括南美洲南部、地中海沿岸国家、苏联南部和中部、中亚、中国、澳大利亚和非洲部分地区。欧洲如英国绵羊和犬感染率分别为50%、2%～37%；德国、希腊黄牛、绵羊和犬均普遍感染，感染率分别为29%、54%和24.4%；澳大利亚昆士兰州黄牛感染率高达60%以上，犬成虫感染率达81.8%；乌拉圭牲畜感染率为32%～100%。细粒棘球蚴病在中国广泛流行，其中新疆、宁夏、青海、西藏、甘肃和四川为高发病区，面积占全国的44%。青海绵羊和牦牛感染率分别为11.2%～70.8%和100%；甘肃绵羊50%～85.2%，黄牛50.9%，牦牛33.3%～96%；新疆北部绵羊50%～80%；宁夏绵羊84.6%～93.1%，黄牛80.9%，犬97.0%感染成虫。目前，报道的细粒棘球蚴基因型为G1和G6型，G1型的中间宿主主要为绵羊、牦牛和牛，G6型的中间宿主主要为骆驼和牛，2个基因型主要终末宿主均为犬。

多房棘球蚴病仅流行于北半球，分布于欧洲的中部和东部、俄罗斯的大部分地区、中亚、中国、北美和日本北部。中国是多房棘球蚴病高度流行区，主要流行于3个地区：东北部，包括内蒙古和黑龙江；中西部，包括甘肃、宁夏、四川、青海和西藏5个省（自治区），是中国多房棘球蚴病的重点流行地区；西北部，中国新疆维吾尔自治区与蒙古、俄罗斯、哈萨克斯坦及吉尔吉斯斯坦接壤的地区。据王正寰等（2008）统计，1956—2005年间中国累计报道泡球蚴病超过1 000例，甘肃省定西市漳县本本湾村人群多房棘球蚴病的患病率高达16%，是目前全世界报道该病患病率最高的地方。

包虫病病人早期可无任何临床症状，多在体检中发现。主要的临床表现为棘球蚴囊占位所致压迫、刺激或破裂引起的一系列症状，如有肝区隐痛、上腹饱胀感、消化不良、消瘦、贫血和门静脉高压等。囊型包虫病可发生在全身多个脏器，以肝、肺多见。泡型包虫病原发病灶几乎都位于肝脏，又被称为“虫癌”，是高度致死的疾病，患者不经治疗，10年死亡率可达90%。

棘球蚴感染宿主后，在很长时间不出现临床症状，可通过血清学检查进行包虫病早期诊断。国家卫生部于2006年发布了包虫病诊断标准（WS 261—2006），根据流行病学史、临床表现及实验室检测结果等予以综合诊断包虫病。

目前，主要采用阿苯达唑进行治疗。阿苯达唑片剂：规格为200mg/片，每人每天15mg/kg，根据体重测算药量，早晚各一次，餐后服用，连续服用6～12个月或以上。阿苯达唑乳剂：规格为12.5mg/mL，每人每天0.8～1.0mL/kg（体重超过60kg者，按60kg给药），14岁以下儿童每人每天1.0～1.2mL/kg，早晚2次餐后服用，连续服用6～12个月。

（二）疫苗研制情况

近些年来，中国在棘球蚴病的流行病学调查和防控等方面，取得了巨大成就，然而由于受地域、经济、文化等因素限制，以药物驱治和健康教育等为主的综合性防治实施难度较大，且不能避免棘球蚴的重复感染。采取免疫预防控制棘球蚴病是较为经济、快速和有效的方法，国内外学者多年来在棘球蚴病的免疫学和疫苗研制方面开展了大量工作，经历了灭活疫苗、分子疫苗、合成肽疫苗、DNA 疫苗等。

一般认为，细粒棘球绦虫虫体粉碎物或分泌物作为免疫原，只能引起较低的免疫保护效果。张文宝等（1999）用细粒棘球绦虫原头蚴匀浆可溶性抗原一次接种犬，孕节抑制率为74.1%，3 次接种犬，其孕节抑制率达 100%；经细粒棘球蚴囊液或囊肿膜免疫的羊，用细粒棘球绦虫虫卵攻击感染时，羊的包虫囊数明显减少，显示有一定的免疫效果；徐恒等（1993）用细粒棘球绦虫六钩蚴匀浆物和培养的分泌排泄物免疫绵羊后也获得良好的预防效果，保护率达 90%以上，免疫期可达 6 个月。同样，Heath 等采用多房棘球蚴虫卵、六钩蚴或原头节分泌物或其匀浆免疫小鼠后再用其虫卵口服攻击，发现这些免疫鼠均可产生不同程度的保护力。不管是细粒棘球蚴病还是多房棘球蚴病，均由于抗原难以大批量供应而限制了其广泛应用。

1993 年，Heath 和 Lightowlers 等首次研制成功抗细粒棘球绦虫虫卵感染的基因工程重组抗原疫苗，命名为 Eg95，接种羊可产生 96%～100%的保护力。该基因工程疫苗在中国新疆、青海和四川等地完成了田间和区域试验，试验取得了理想的效果。

2007 年 6 月 1 日农业部公告第 865 号批准中国农业科学院生物制品工程技术中心申报的羊棘球蚴（包虫）病基因工程亚单位疫苗为一类新兽药，证书号：（2007）新兽药证字 19 号。随后，投入生产应用。2009 年，国家科技部和发改委批准重庆澳龙生物制品有限公司承担羊棘球蚴（包虫）病基因工程亚单位疫苗（EG95）高技术产业化项目，纳入国家《包虫病防治行动计划》使用范围。2016 年农业部为贯彻《国家中长期动物疫病防治规划（2012—2016）》，制定印发了《2016 年国家动物疫病强制免疫计划》，其中规定，在布病、包虫病重疫区，由省级畜牧兽医主管部门会同有关部门根据检测情况自主选择布病、包虫病的免疫策略。可见中国对包虫病的重疫区已经纳入国家强制免疫计划。

除 Eg95 蛋白外，EgM 族、抗原 B、EgA31、GST、EF1 等都是具有发展前景的抗包虫病候选疫苗抗原。研究数据显示，EgM 抗原对免疫犬的保护率为 80%～100%，减卵率为74.9%～97.7%，抗原能使免疫小鼠的减蚴率达到 98.3%，GST 和 EF1 抗原对免疫小鼠的保护率分别为 89.4%和 85.6%。林仁勇等构建新疆株全长细粒棘球抗原基因 DNA 疫苗，该疫苗可诱导小鼠产生特异性的体液和细胞免疫应答。周必英等从细粒棘球蚴包囊中分离原头节，以提取的 RNA 为模板，分别扩增 *Eg 95* 和 *EgA31* 抗原编码基因，采用基因拼接法剪接*Eg 95* 和 *EgA31* 获得 *Eg95 - EgA31* 融合基因，将此基因定向克隆到大肠埃希菌- Bb 穿梭表达载体 pGEX - 1λT 中，转化大肠埃希菌 BL21（DE3）感受态细胞，构建重组质粒pGEX - Eg95 - EgA31，电穿孔法转化双歧杆菌，构建细粒棘球绦虫重组 Bb - Eg95 - EgA31 疫苗。此外，Eg - GST 重组疫苗也具有很好的疫苗保护价值。

对多房棘球蚴抗原研究较多的是 Em2、Em29、EmII/3、Em95、Emy162、Em18 等蛋白。Kouguchi 等发现 Emy162 抗原在感染多房棘球蚴虫卵的大鼠体内产生 74.3%的免疫保护作用，且与细粒棘球蚴 Eg95 抗原具有共同的结构特征，表明 Emy162 可作为多房棘球蚴和细粒棘球蚴疫苗的候选抗原。

棘球蚴（包虫）病疫苗的研制已经取得了重大进展，特别是羊棘球蚴（包虫）病基因工程亚单位疫苗的研制成功，已在中国成功注册生产和推广应用，使通过免疫预防的方法控制该病成为现实。然而，该疫苗对已感染细粒棘球蚴并形成包囊的动物并无保护作用，每年新生动物均应进行免疫，才能使整群动物建立起完全的免疫保护力。随着现代分子生物学、生物化学和免疫学新技术的发展，研究出可用于棘球蚴（包虫）病防治的其他新型疫苗，必将在控制棘球蚴病中发挥重要作用。

（王忠田　张龙现）

三、猪囊尾蚴病

（一）概述

猪囊尾蚴病（Cysticercosis cellulosae）是由猪带绦虫（*Taenia solium*）的幼虫——猪囊尾蚴（*Cysticercus cellulosae*）引起的危害严重的人畜共患寄生虫病之一，俗称"囊虫病"。"米猪肉"即是由猪囊尾蚴寄生于猪肌肉组织中所致，不但给养猪业造成巨大的经济损失，而且给食品安全和人类健康构成严重威胁，是市场检疫的必检项目之一。猪囊尾蚴病主要在东南亚、东非、非洲环撒哈拉沙漠的部分国家和拉丁美洲的一些落后国家和地区广泛流行，并且呈地方性流行，多呈慢性经过。在中国，该病依然在西南和东北的一些落后地区广泛流行，估计全国感染人数约 126 万。

囊尾蚴为白色透明或半透明乳白色的囊泡，多呈卵圆形，大小约为 5mm×10mm，囊壁内面有米粒或黄豆大小的白点，它是凹入囊内的头节，头节结构与成虫相似，头节大小为 3.7mm×2.8mm，有一顶突和四个吸盘，顶突上有两圈小钩，内圈和外圈小钩大小分别为 203μm 和 94μm。包囊内有透明液体，主要寄生部位是人和猪的横纹肌、脑、心脏等区域。早在 3 世纪初，中医经典著作《金匮要略》就记载着关于白虫的研究。

人是猪带绦虫唯一终末宿主，寄生于肠道内，幼虫则寄生于人或猪（中间宿主）的脑、眼和肌肉等组织。当人食入含有猪囊尾蚴的不熟猪肉后，在消化液的作用下头节外翻，借助头节上的吸盘和小钩吸附在人体肠壁上并发育为成虫，成虫长度可达 2～4 m，大约 2 个月后，成虫孕节就逐渐成熟，孕节所含虫卵数量约万枚，虫卵随粪便排出，污染周围环境。当人误食被虫卵污染的水或食物后造成新的感染，或猪带绦虫病患者因胃肠道逆蠕动则可造成自体感染。

猪囊尾蚴可寄生于人脑部、脊柱、眼部、肌肉和皮下等组织，引发猪囊尾蚴病，其中寄生于脑部危害最为严重，常导致患者出现癫痫、高颅压、精神障碍等中枢神经系统病症，部分患者终身残废，甚至死亡；寄生于肌肉可导致肌肉酸痛、无力、发胀等症状；寄生于眼部可引起视力障碍，甚至导致失明。体内有成虫寄生的患者主要表现为腹痛、腹泻、消化不良、贫血和消瘦等。

中、轻度感染囊尾蚴的病猪一般无明显症状，严重感染者，多表现营养不良，生长发育停滞，贫血或局部出现水肿；若寄生在舌部会引起麻痹影响采食；寄生脑部则会引起严重的神经紊乱、癫痫、视觉障碍，有时突然倒毙。

一般而言，猪囊尾蚴病多呈散发，其流行情况与当地患猪带绦虫病病人的数量成正比，与自然和社会因素密切相关。在一些山区和偏远农村，饲养生猪采取无圈散放或"连茅圈"方式，猪可以直接采食猪带绦虫患者粪便而感染发病；南方部分少数民族地区有生食猪肉和生食猪血的习俗及在野外大便的习惯，亦造成了该病在当地呈区域性流行。此外，市场检疫不严格，尤其是农村贸易集市，使群众误食含有囊尾蚴的猪肉而导致感染。

猪带绦虫病在人粪便中查获虫卵或节片即可做出诊断。猪囊尾蚴病生前诊断比较困难，确诊只有通过屠宰后检验检疫，商品检验检疫或肉品卫生检验检疫时，如在肌肉中，特别是在心肌、咬肌、舌肌及四肢肌肉中发现囊尾蚴，即可确诊；免疫学诊断可用间接血凝试验、炭末凝集试验、对流免疫电泳试验等方法进行诊断。

猪囊尾蚴病治疗主要采用有化学药物和一些中药。人感染猪囊尾蚴时，吡喹酮按20mg/kg，分2次/日，用药6d；阿苯达唑按体重30mg/kg，1次/日，连用15d，早晨空腹投药，15d一个疗程，间隔15d，共服用3个疗程。人感染猪带绦虫时，氯硝柳胺成人3g，早上空腹，分2次服下。服药后，应检查排出的虫体有无头节，含虫体的粪便进行深埋或烧毁。猪感染猪囊尾蚴时，吡喹酮按40～60 mg/kg喂服，连用3d为一疗程；丙硫咪唑30mg/kg，每隔2d再服1次，3次为一疗程。

（二）疫苗研制情况

采用化学药物治疗人和猪的猪囊尾蚴病存在副作用、药物残留和抗药性等问题，以及猪囊尾蚴病发病隐蔽和治疗时间的要求等情况，难以防止症状表现不明显的感染猪囊尾蚴病猪肉流入消费市场。对该病的预防和治疗情况依然不容乐观，疫苗有望成为控制该病流行的有效工具。

研究猪囊尾蚴病疫苗已有20余年，大体上经历了虫体疫苗、重组抗原疫苗、DNA疫苗、多肽疫苗和重组酵母疫苗等研究阶段。囊尾蚴的全囊虫匀浆抗原、六钩蚴抗原、六钩蚴排泄-分泌抗原、囊尾蚴体外培养的分泌代谢抗原和组织培养的细胞抗原等用于免疫保护性试验，这些抗原作为疫苗均取得了良好的预防效果，可使免疫动物获得抗虫卵攻击感染的抵抗力，多数动物能得到完全保护。但这些抗原都来自虫体本身，不能通过体外繁殖而获得，而且抗原成分复杂，大批量制备抗原限制了其广泛应用的可能。

近年来，随着基因组学、蛋白质组学和免疫学等技术的快速发展，猪囊尾蚴病疫苗研究已取得了突破性进展，候选疫苗的种类已经从最初的虫体疫苗，发展到了亚单位疫苗、基因重组疫苗、合成肽疫苗和核酸疫苗。为进一步提高疫苗的保护效果，将几种候选基因融合，建立复合型的核酸疫苗已显示出良好的应用前景。疫苗的抗原来源从最初的全囊尾蚴抗原、排泄/分泌（E/S）抗原、异源抗原以及六钩蚴抗原，发展到用免疫化学分析方法鉴定宿主保护性抗原及应用重组技术生产疫苗抗原。其中多肽疫苗和重组酵母疫苗诱导的保护力并不理想，而DNA疫苗作为一种新型疫苗已在细菌、病毒和寄生虫等感染性疾病及肿瘤领域的防治中显示出巨大潜力。

在猪带绦虫六钩蚴抗原方面，唐雨德等（2001）从猪带绦虫六钩蚴cDNA文库中筛选目的基因并进行克隆表达，重组抗原用血清学方法和猪体免疫试验进行鉴定，筛选保护性抗原基因。将该基因表达蛋白纯化，并与免疫刺激复合物佐剂结合，制成猪囊虫病基因工程疫苗。在流行区进行的临床试验和区域试验表明，免疫猪无不良反应，囊虫感染率由20%下降为1.1%，取得较好的效果。

*TSOL16*和*TSOL18*基因是猪带绦虫六钩蚴时期重要的免疫原基因，其表达的产物具有较好的免疫保护性，可使免疫动物获得很强的抗虫卵攻击感染抵抗力，但该类抗原来自虫体本身，来源十分有限，用这些抗原制备疫苗远远不能满足免疫预防的需要。Jayashi等（2012）将猪带绦虫六钩蚴的*TSOL16*基因和*TSOL18*基因重组后并进行克隆表达，再用重组疫苗TSOL16/18对猪进行免疫。结果显示，该重组疫苗具有较高的免疫保护作用，提示

用不同发育阶段的基因联合表达，可以大大提高重组诊断疫苗的免疫保护效果。Ding 等（2013）用表达猪带绦虫六钩蚴 TSOL18 重组抗原的减毒鼠伤寒沙门菌活载体疫苗口服免疫小鼠后，可诱导抗 TSOL18 抗体产生，且免疫小鼠的 $CD4^+$、$CD8^+$ T 淋巴细胞数目明显增多，$CD4^+/CD8^+$ T 细胞比值也显著增高，提示重组的活载体疫苗可能通过提高 $CD4^+/CD8^+$ T 细胞比值来发挥其免疫作用。印度全国奶业发展委员会（NDRI）下属国有企业印度免疫制剂有限公司（IIL）正计划 2016 年 12 月之前发布世界上第一个用来预防猪囊虫病的猪疫苗。该疫苗将以 TSOL－18 抗原为基础，由在墨尔本大学研究人员研发并经过动物试验，取得良好效果。

Landa 等（1993）从猪囊尾蚴蛋白分离的副肌球蛋白抗原（又名抗原 B，AgB），其保守性较强，AgB 的抗体能抑制补体 C1，能与胶原连接，可被多种寄生性蠕虫阳性血清识别。Guo 等（2007）将猪囊尾蚴 *AgB* 基因定向克隆于表达质粒 pcDNA3.1 中，构建了重组表达质粒 pcDNA3－B，并将 pcDNA3－B 肌内注射免疫仔猪，发现可使仔猪得到 92.6%的保护率。

中国对猪囊尾蚴疫苗的研制也取得了可喜成绩。孙树汉等（1997）以猪囊尾蚴病患者、病猪血清为探针，从猪囊尾蚴 cDNA 文库中筛选出一个具有高度特异性和敏感性的人、猪共同抗原 cC1，经免疫学检测证实该抗原不仅可作为猪囊尾蚴病诊断用特异性抗原，而且具有一定免疫保护作用。中国天津实验动物中心研制了猪囊尾蚴细胞灭活疫苗（C－97 株）于 2006 年 4 月 4 日经农业部公告第 634 号批准注册为一类新兽药。对中国的猪囊尾蚴病的防控起到了积极作用。

随着基因组学、蛋白质组学、基因芯片等分子生物学技术及免疫学的发展，国内外研究者积极开展对猪带绦虫基因组学、转录组学、蛋白质组学的研究，系统开展病原体与宿主相互作用分子机制的研究，从基因和蛋白水平研究猪带绦虫致病机制、传播规律等，检测新的靶标分子，为更好地控制猪囊尾蚴病打下基础；筛选猪带绦虫免疫高效抗原以及猪带绦虫各个生活阶段的免疫特异性抗原蛋白，将成为未来猪带绦虫疫苗发展的主要趋势。

（王忠田　张龙现）

四、旋毛虫病

（一）概述

旋毛虫病（Trichinosis）是一种重要的人畜共患寄生虫病和自然疫源性疾病，在世界各地广为流行，不仅给畜牧业生产造成重大经济损失，而且严重威胁人畜健康和公共卫生事业。自本病发现 150 多年以来，人们一直努力试图将其控制或消灭，但在过去 20 年内世界上许多地区又出现了本病，世界动物卫生组织（OIE）与国际旋毛虫病委员会（Internationdl commission on trichine llosis，ICT）已将其列入再次出现的疾病（re－emerging disease）。2006 年，旋毛虫病被列入欧盟公布的 15 种重要与再发性人畜共患病病种内，在中国也被作为屠宰动物的首检及强制性检疫疾病。

自 1835 年在伦敦发现旋毛虫以来，已发现有囊包幼虫和无囊包幼虫两大类旋毛虫，其中包括 9 个种，即旋毛形线虫（*Trichinella spiralis*，T1）、乡土旋毛虫（*Trichinella nativa*，T2）、布氏旋毛虫（*Trichinella britovi*，T3）、伪旋毛虫（*Trichinella pseudospiralis*，

T4)、米氏旋毛虫（*Trichinella murrelli*，T5)、纳氏旋毛虫（*Trichinella nelsoni*，T7)、巴布亚旋毛虫（*Trichinella papuae*，T10)、津巴布韦旋毛虫（*Trichinella zimbabwensis*，T11)、暂未命名（*Trichinella patagoniousis*，T12）及 3 个分类地位尚未明确的基因型，即 *Trichinella* T6、T8、和 T9。其中，旋毛形线虫有着最广泛的宿主，是引起人和动物旋毛虫病的主要病原体，该种呈世界性分布，在阿根廷、美国、法国、德国、波兰、西班牙、智利、中国、泰国、埃及等都存在着旋毛虫的森林循环模式。

旋毛形线虫成虫细小、白色，肉眼几乎难以辨识，虫体前细后粗，雄虫长 1.4～1.6 mm，直径 0.04～0.05 mm，雌虫长 3～4 mm，直径 0.06 mm。旋毛虫的生活史较为特殊，无体外发育期，成虫与幼虫寄生于同一个宿主，宿主感染时先为终宿主，后为中间宿主。宿主吃了含有旋毛虫包囊幼虫的肌肉而感染，包囊入胃后被溶解释出幼虫，幼虫在十二指肠、空肠内经两昼夜变为成熟的肠旋毛虫。交配多在黏膜内进行，交配后雄虫死去，雌虫钻入肠腺中（部分钻到黏膜下的淋巴间隙中）发育，于感染后第 7～10d 开始产幼虫（1 条雌虫可产 1 000～10 000 条幼虫），雌虫在肠黏膜中寿命仅 5～6 周，幼虫经肠系膜淋巴结入胸导管再到右心，经肺转入体循环（感染后第 12d 血液中出现大量幼虫）而分布到全身。只有进入横纹肌（肋间肌、膈肌、舌肌、嚼肌中较多）纤维内才进一步发育，首先虫体增长，然后盘卷。在感染后 21d 开始形成包囊，到 7～8 周完全形成。每个包囊里有 1 条幼虫，少数 3～4 个，最多 6～7 个，包囊形成后 6～7 个月开始钙化，但钙化不波及幼虫时，幼虫不会死亡。

旋毛虫可寄生于 150 多种哺乳动物体内，甚至还可感染禽类和爬行类动物，除南极洲外，世界各地均有旋毛虫病感染病例的报道。据 20 世纪 70 年代的资料记载，美国大约有 150 万人的肌肉中带有旋毛虫囊包，并且每年增加 15～30 万感染患者，至今仍然是制约着西方畜牧业发展的重要因素。在中国，自 1964 年西藏林芝首次发现人旋毛虫病以来，云南、四川、广西、河南、湖北、辽宁、吉林、黑龙江等省（自治区）多次暴发。在报道发生的旋毛虫病例中，食用猪肉感染者约占 90%以上，其次是因为食用狗肉。在中国，大约有 26 个省（自治区、直辖市）已经证实并且在肉品检验中发现旋毛虫病，猪肉检测结果报告发现感染率较高的省份依次为河南、湖北、云南、辽宁、黑龙江。猪感染的原因多因吞食了未煮熟的带有旋毛虫的碎肉垃圾或带有旋毛虫的尸体（如鼠、蝇蛆、步行虫）以至某些动物排出的含有未被消化的肌纤维和幼虫包囊的粪便物质。

旋毛虫病分为肠型和肌型两种，成虫寄生于肠管，称肠旋毛虫；幼虫寄生于横纹肌，称肌旋毛虫。人患旋毛虫病肠期的主要症状是腹痛、腹泻；肌期的主要症状为肌肉疼痛；而发热症状的出现时间、热型以及持续时间都是不规律的；若幼虫侵及心脏及中枢神经系统，可引起心律失常、心包炎、抽搐和昏迷等严重症状。在囊包逐渐形成后，急性炎症消退，症状缓解，但感染者仍消瘦、乏力，体力恢复约需 4 个月。对猪危害主要是肌型，幼虫进入肌肉，表现为消瘦，体温升高，疼痛、麻痹、运动障碍，声音嘶哑，呼吸、咀嚼与吞咽呈不同程度的障碍，眼睑和四肢水肿。肠型成虫侵入肠黏膜引起食欲减退、呕吐、腹泻、粪中带血。

由于旋毛虫病症状多样且轻重不一，宿主分泌物和排泄物中也不易检查到病原，多以活体诊断比较困难，而且容易误诊。旋毛虫所产生的幼虫不随粪便排出，宿主粪便中虽偶尔有旋毛虫包囊或幼虫，但极难查出，所以粪便检查不适用于本病。目前活体的诊断方法主要是通过免疫学诊断和肌组织活体检验，有关旋毛虫免疫诊断抗原方面的研究较多，各实验室通过 cDNA 文库筛选、蛋白电泳分离、基因重组等多种方法分离有效的诊断抗原，并利用免疫印迹、ELISA 试验、免疫共沉淀等方法探索抗原的免疫学作用，指导诊断试剂的研制。死后的诊断就是检查尸体肌肉中是否存在肌幼虫寄生。中国河南省农业科学院河南省动物免疫学重点实验室利用胶体金标记经单抗亲和层析纯化的猪旋毛虫肌幼虫排泄-分泌抗原，通过特定的生产工艺组装研制而成的猪旋毛虫抗体快速检测试纸条于 2007 年 7 月 4 日经农业部公告第 875 号批准为二类新兽药［证书号：(2007) 新兽药证字 36 号］并得到推广应用。

目前，治疗旋毛虫病较好的药物是噻苯拉挫，具有镇痛、抗炎和退热的作用，同时还能够抑制雌虫产生幼虫，最主要是其能够直接杀死肌纤维中的幼虫及驱除肠道的早期幼虫；丙硫苯咪唑治疗也同样有良好的疗效。

（二）疫苗研制情况

近年来，国内外学者在旋毛虫病流行病学调查、血清学诊断、宰后检验方法以及药物防治等方面做了许多研究，对旋毛虫病的防治起到了积极作用，但由于旋毛虫直接在宿主间进行传播而不接触外界环境，而且其宿主范围广泛，控制和预防该病仍有非常大的困难。为防控旋毛虫病的流行和发生，研制旋毛虫病疫苗经历了活疫苗、减毒活疫苗、灭活疫苗、重组抗原疫苗、核酸疫苗等。此外，国内外研究人员对旋毛虫抗原做了大量研究，旋毛虫的抗原成分多样，根据其解剖部位可分为表面抗原、虫体抗原、排泄分泌抗原（ES 抗原）、杆细胞颗粒相关抗原。研究表明 ES 抗原是旋毛虫的代谢分泌产物，而且在旋毛虫感染过程中直接与宿主的免疫系统接触，是诱导机体产生免疫反应的主要靶器官。

James 等（1977）使用从体外收集旋毛虫新生幼虫，通过静脉注射免疫小鼠，然后使用新生幼虫感染被免疫的小鼠，结果发现新生幼虫可以在宿主体内形成肌幼虫囊包；当使用具有感染性的肌幼虫进行感染时，小鼠可以抵抗感染，肠道成虫的寿命和数量不受其影响。证明宿主感染旋毛虫后可获得特异性免疫而保护宿主机体。

Grencis 证实旋毛虫角皮上的表面抗原具有较强的免疫活性及免疫保护性。Azzouni 用 3mg/剂的表面抗原免疫小鼠，攻击感染后成虫减少 72%，成虫长度减少 61.4%；肌幼虫减少 78.7%，肌幼虫长度减少 32.2%，并且成虫的生殖能力明显减弱。

旋毛虫整个发育阶段分为 3 个时期，即成虫期、新生幼虫期和肌幼虫期，ES 抗原在各期虫体均可产生，在制备的过程中也无太大差异。现在国际上最主要的肌幼虫抗原的制备方法，一般是采用 Gamble 法、Wassom 法或 Marti 法等。ES 抗原由多种蛋白成分组成，非常复杂。Gamble 等通过分析发现，分子量大小为 143ku、49ku 和 53ku 的蛋白是 ES 抗原中最主要特异性蛋白，占其蛋白总量的 50%；李僚等发现肌幼虫 ES 抗原分子量单位在 14～96 ku 的主要蛋白带 48ku、53ku、58 ku 具有较好的诊断特异性，结果也表明可减少肌幼虫的数量、加速成虫从肠道中排出、降低雌虫的生殖力。

在法国、美国、加拿大、墨西哥和中国等国家的研究者均已建立起旋毛形线虫肌幼虫的 cDNA 文库，目前已筛选到的有效抗原表达株主要有 46ku、53ku、49ku、热休克蛋白 Hsp70 及 Hsp65 等。牛廷献等（2005）以从旋毛虫新生幼虫 cDNA 文库中筛选获得的 *T668* 基因表达的重组蛋白为抗原，对小鼠的保护性作用进行了研究，以求寻找保护性强的抗原，为进一步研究旋毛虫病的免疫保护提供试验依据。

路义鑫（2006）曾用 pcDNA3.1－P49－S/EL 作为核酸疫苗免疫家兔并对免疫保护效果进行了评估，结果表明，重组质粒 pcDNA3.1－P49－S/EL 能在家兔体内得到表达，质粒组获得80.25%的成虫减虫率和68.06%的肌幼虫减虫率。杜婧等（2011）构建旋毛虫*T626－55*基因减毒沙门氏菌疫苗，证实了其在小鼠体内的转录和表达，为以减毒沙门氏菌为运载体的旋毛虫核酸疫苗的应用奠定了基础。刘珮等（2012）构建旋毛虫Nudix水解酶（TsNd）DNA疫苗，将pcDNA3.1－TsNd电转化减毒沙门氏菌后经口免疫小鼠或将pcDNA3.1－TsNd肌内注射免疫小鼠，均可诱导特异性的肠道分泌型IgA及Th1/Th2混合型免疫反应。TsNd DNA疫苗口服与肌内注射免疫小鼠均可产生部分免疫保护作用，但口服组的成虫减虫率明显高于肌内注射组，肌幼虫减虫率的差异无统计学意义。庞宇等（2013）构建旋毛虫p43与p53核酸疫苗，并将该疫苗分3次肌内注射免疫3组昆明小鼠，结果表明旋毛虫p43与p53基因的核酸疫苗具有较好的抗旋毛虫的免疫保护效果，且两核酸疫苗对小鼠心肌无损伤。

此外，姜春燕等（2005）筛选出霍乱毒素B亚单位（Cholera toxin B subunit，CT－B）和皂素（Saponin）两种佐剂应用于旋毛虫疫苗。试验中采用高敏感性的RT－PCR技术，在攻击感染后第8d检测小鼠脾细胞对体外旋毛虫肌幼虫可溶性抗原刺激的IL－2、IFN－γ、IL－4及IL－5的基因转录水平。结果表明，各组小鼠的脾细胞在体外旋毛虫肌幼虫抗原诱导下均未能转录IL－2和IFN－γmRNA，但均显示出不同程度的IL－4特异扩增和IL－5特异扩增，提示这两种细胞因子基因的转录与当时体内发生的保护性免疫反应有关。

因旋毛虫生活史的复杂性及其抗原的多态性，亚单位疫苗研究的局限性，常规方法制备疫苗非常困难，目前尚无一种旋毛虫疫苗可在临床上成功地广泛应用于寄生虫病的防治。近些年来，核酸疫苗的安全性一直是学者研究的重要方面之一，筛选有效抗原，构建DNA疫苗质粒，选择最有效的免疫途径，发挥疫苗的最大效用，以期有效地预防人和动物旋毛虫病。

（王忠田　张龙现）

五、弓形虫病

（一）概述

弓形虫病（Toxoplasmosis）是由刚地弓形虫（*Toxoplasma gondii*）引起的一种重要的人畜共患病，世界范围内广泛流行。刚地弓形虫简称弓形虫，又称弓形体，1908年，由法国学者Nicolle和Manceaux在北非突尼斯的啮齿类梳趾鼠的肝脾单核细胞中首先发现，中国于恩庶教授于20世纪50年代首先在福建省的猫、兔等动物体内发现。随着国内外畜禽养殖业的规模化、集约化和商品化程度的加快，使得弓形虫对养殖业的危害变得越发严重。同时也给食品公共卫生安全造成一定的隐患。弓形虫病已成为危害人畜健康和社会经济发展的重要人畜共患寄生虫病之一。

弓形虫病的病原体只有一个种，即刚地弓形虫，但有不同的虫株。弓形虫宿主谱十分广泛，猫和猫科动物是其终宿主兼中间宿主，许多哺乳动物、鸟类和鱼类都可作为其中间宿主。弓形虫有3种具感染性的阶段：子孢子（卵囊内）、速殖子（假包囊内）和缓殖子（中间宿主的包囊内）。弓形虫的子孢子、速殖子和缓殖子都呈新月形，宽为2～6μm，长为4～8μm，虫体顶端具有分泌功能的细胞器，称为顶端复合体，在虫体侵入宿主细胞的过程中起着重要的作用。猫等终末宿主因摄食弓形虫卵囊或含包囊、假包囊的食物而感染，在其小肠上皮细胞内进行无性繁殖和有性生殖，产生未孢子化卵囊，卵囊随粪便排出体外并在适宜环境条件下发育为具有感染力的孢子化卵囊。中间宿主食入被弓形虫卵囊、包囊及假包囊污染的食物，在宿主消化系统的作用下，卵囊、包囊破裂释放出子孢子、滋养体，随血液循环扩散至全身各组织细胞，在有核细胞内进行无性生殖，产生速殖子，形成假包囊，假包囊破裂释放速殖子，后者再次侵入新的细胞并进行无性生殖。

弓形虫感染呈世界性分布，特别集中于温暖、潮湿和低海拔地区，多为隐性感染。弓形虫病可经饮食、污染的水源、接触感染禽畜、胎盘、输血等途径传播，并有家庭聚集现象。动物饲养员、屠宰场工作人员、医务人员、免疫功能低下者（如接受免疫抑制治疗者、肿瘤、器官移植和艾滋病患者等）易感染本病。据血清学调查，人群弓形虫平均感染率为25%～50%，英国20%～40%，美国50%～60%，法国80%～90%，中国则为5%～15%（平均8.5%），这可能与生活和饮食习惯有关。徐详珍等（2006）报道江苏省人体血清弓形虫阳性率为7.2%，有猫、犬等动物接触史者感染率（13.4%）高于无接触史者（6.7%），临床免疫功能低下者阳性率（12.0%）显著高于普通人群（7.0%），不食生肉或蛋者及有良好卫生习惯的人弓形虫阳性率相对较低。弓形虫感染与地域、年龄、职业、文化程度、身体状况等因素有关，男女间感染机会均等。崔平等（2003）报道河北省动物弓形虫血清阳性率平均为31.0%，其中，猪为35.7%（散养猪高达72.5%）、牛26.7%、绵羊25.7%、山羊10.0%、马属动物3.9%。

人类对弓形虫普遍易感，感染通常是无症状的，但感染弓形虫的初孕妇女，可经胎盘血流将弓形虫传播给胎儿。在孕前3个月内感染，可造成流产、早产、畸胎或死胎，畸胎发生率高，如无脑儿、小头畸形、脊柱裂等。免疫功能低下者感染弓形虫后可因虫体侵袭部位和机体的免疫应答程度不同而呈现不同的临床表现，淋巴结肿大是最常见的临床表现，多见于颌下和颈后淋巴结，还可引起脑炎、癫痫和神经异常、视网膜脉络膜炎、心肌炎、心包炎及先天性心血管畸形等。

在送检的标本中检测出弓形虫虫体，则可以确诊。目前确诊的检测方法主要是涂片染色法和动物接种分离法或细胞培养法，作为传统的检测方法，操作简便，但检测周期长，检出率较低也是其主要缺点。影像学诊断方法如B超，X光、磁共振成像及同位素扫描等有利于弓形虫病的诊断和鉴别诊断。免疫学检测方法是最为常用的辅助手段，弥补了其他检查方法的不足，主要有间接红细胞血凝试验（IHA）、放射免疫标记技术（RIA）、ELISA等。随着弓形虫分子生物学的研究，核酸检测技术在弓形虫检测领域得到迅速应用，避免了血清学免疫诊断不适用于免疫抑制患者如器官移植病人及艾滋病并发的弓形虫感染，常用方法有PCR、Q-PCR、核酸分子杂交等。

现阶段控制弓形虫病仍主要依赖于药物治疗，目前国际常用的抗弓形虫药物为磺胺嘧啶钠、乙胺嘧啶、氨苯磺胺，通常添加亚叶酸可防止乙胺嘧啶所致的骨髓抑制，如果不能耐受氨苯磺胺，克林霉素可作为一种替代的选择。另外，阿奇霉素、青蒿素及衍生物、螺旋霉素、大蒜素等也显示出部分疗效。在弓形虫抗体阳性的艾滋病患者中甲氧苄啶/磺胺甲恶唑可防止脑弓形虫病。

（二）疫苗研制情况

目前，弓形虫病的治疗一般采用药物治疗，效果不理想且很容易产生不良反应，免疫接种被认为是弓形虫病防控的重要策略。弓形虫疫苗经历了活疫苗、灭活疫苗、活载体疫苗、

DNA疫苗、亚单位疫苗和基因工程苗等几个阶段，起初的活疫苗由于其生物安全问题已经不再应用，随着在弓形虫疫苗候选抗原分子的鉴定、基因克隆及表达等方面开展的广泛研究，其疫苗研究取得了迅速进展。

针对弓形虫弱毒、减毒活疫苗的研究主要集中在Ts-4株、T-263和S48等弱毒突变株。Ts-4株虽然是活虫，但对宿主无任何致病的影响，即使大剂量接种后小鼠也不会致病，接种2个月后速殖子从宿主体内逐渐消失，存活期较短，且不形成包囊。T-263株能有效防止免疫绵羊流产的发生，且具有抑制猫科动物排泄卵囊的能力。S48株速殖子接种绵羊可治疗由弓形虫引起的流产，有抗致死性攻击感染的保护性。但此类活疫苗作为免疫原具有一定危害性，可经过突变恢复其毒力，使宿主成为传染源，故不适用于人类。

弓形虫灭活疫苗是由致死的虫体或全虫裂解物制备而成的，通过免疫接种动物试验，结果表明其抗感染的能力弱。有研究者曾用弓形虫速殖子灭活疫苗免疫小鼠，结果仅产生微弱的免疫保护性；曾用灭活的弓形虫速殖子添加或不添加弗氏佐剂免疫受孕绵羊，结果显示两者均不能使之免遭弓形虫的感染。

随着弓形虫基因组测序工作的完成，分子水平上遗传操作技术得到了快速发展，研究人员已制备了多种弓形虫基因缺失突变虫株，为疫苗的进一步研制奠定了基础。Fox等(2002)通过中止弓形虫RH虫株中氨甲酰磷酸合成酶II(CPSII)基因得到的突变株被广泛看好，有人推测可能制成免疫效果理想的疫苗。同样，弓形虫表面抗原基因被认为是参与宿主细胞黏附和激活宿主免疫反应的重要蛋白，也常被确定为敲除对象，如*SAG3*基因被敲除后，体外培养结果表明虫体黏附宿主细胞的比例大大降低，SAG3缺失虫株接种BALB/c小鼠后，其死亡率比敲除前降低了80%。

近年来常用于研究弓形虫亚单位疫苗的候选抗原主要有：表面抗原SAG1(P30)、棒状体蛋白ROP1、ROP2、致密颗粒蛋白GRA1及微线体蛋白MIC3等。Liu等(2008)采用重组狂犬病病毒表达的Tg SAG1蛋白免疫BALB/c小鼠，小鼠对弓形虫RH株和狂犬病病毒均产生了较好的免疫性。Ismael等(2003)研究显示MIC3是一种黏附性蛋白，能够成为一种重要的抗弓形虫病的候选疫苗因子。尽管亚单位疫苗安全性要比传统灭活和减毒疫苗免疫效果好，但免疫原性较弱，不能被抗原递呈细胞系统(APCS)有效识别、呈递。

彭高辉等(2010)报道了用弱毒鼠伤寒沙门氏菌为载体研制的细菌活载体疫苗对感染弓形虫的小鼠的免疫保护效果。也有研究者通过真核表达质粒(霍乱毒素含A2和B亚基，能诱导强烈细胞免疫应答)传递给弱毒沙门氏菌疫苗株来表达弓形虫速殖子特定表面抗原SAG1和SAG2蛋白，接种小鼠后进行攻毒，小鼠的存活时间明显延长且最后有40%的小鼠存活，但其能否阻止组织包囊的形成，目前尚不清楚。

核酸疫苗的候选目的基因主要为编码表面抗原(SAG)、棒状体蛋白(ROP)、微线体蛋白(MIC)及致敏颗粒蛋白(GRA)等。弓形虫表面抗原家族庞大，主要包括SAG1、SAG2、SAG3、SAG4等。Shang等(2009)用pVAX/TgSAG1首免，重组病毒rPRV/TgSAG1加强免疫，结果显示免疫组小鼠存活时间明显延长，存活率达40%，而对照组小鼠在11 d内全部死亡。弓形虫棒状体蛋白*ROP1*基因是一个单拷贝基因，ROP2则包括ROP2、ROP3、ROP4、ROP5、ROP7、ROP8、ROP16和ROP18等蛋白。Dziadek等(2009)用大肠杆菌表达的重组ROP2和ROP4免疫C3H/HeJ小鼠，表明两种重组抗原均能够诱导产生系统性Th1和Th2型免疫反应，两者对弱毒DX株弓形虫的攻击感染均能够提供部分保护，免疫组脑组织中包囊数量可减少46%。弓形虫微线体蛋白已知的有15种以上，包括MIC1-MIC12、AMA1、Tg-SUB1、TgSUB2等。以pVAX-MIC6真核重组表达质粒接种小鼠后，可以诱导产生细胞免疫与体液免疫应答，淋巴细胞体外增殖反应的刺激指数和IFN-γ、IL2、IL4及IL10的表达水平均比对照组明显增高，免疫组小鼠存活时间明显延长，表明MIC6具有较强的免疫原性。

复合疫苗是利用多个不同抗原的蛋白疫苗或编码基因构成的核酸疫苗的组合，制成不同形态的多种抗原成分为基础的多肽或多基因疫苗，该疫苗能够有效弥补单价疫苗的不足，增强免疫效果，提高保护率。Wang等（2009）采用SAG1和MIC4制成的多抗原DNA疫苗，能够显著激发BALB/c小鼠体液免疫和细胞免疫，提高小鼠的存活率；Yan等（2011）利用构建的pVAX/PLP1（穿孔素样蛋白）真核表达质粒免疫小鼠，再用弓形虫RH株速殖子感染小鼠，结果显示pVAX/PLP1免疫组和pVAX/PLP1+pVAX/IL-18联合免疫组小鼠可有效地诱导产生体液免疫和细胞免疫反应，小鼠平均存活时间显著延长。

目前，弓形虫疫苗尽管能够诱导宿主产生一定的保护力，但大多数单个抗原疫苗诱导的免疫保护效果十分有限，免疫效果不够理想，同时也存在生产过程复杂，技术难度大及成本高等缺点。因此，在今后弓形虫疫苗的研究中，还应着重于对弓形虫保护性抗原的进一步深入研究，继续筛选相对保守、抗原性更强的疫苗候选分子，从而避免株间的免疫保护差异。此外，合适的分子佐剂、免疫方式、接种以及评估体系的建立也有待进一步探索。

（王忠田　张龙现）

六、牛泰勒虫病

（一）概述

牛泰勒虫病（Bovine theileriosis）是由泰勒虫（*Theileria*）寄生于黄牛、水牛、瘤牛和牦牛的红细胞和淋巴细胞等引起的血液原虫病，多呈急性经过，发病率高，死亡率大，可造成养牛业的巨大经济损失，本病呈明显季节性和地方性流行性。据估计，世界上每年约有2.5亿头牛受该病威胁，严重制约发展中国家养牛业健康发展。OIE将其列为B类疫病，中国将其列为二类疫病。

国内外报道的牛泰勒虫有多种，目前公认的有环形泰勒虫（*Theileria annulata*）、小泰勒虫（*T. parva*）、突变泰勒虫（*T. mutas*）、斑羚泰勒虫（*T. taurotragi*）、附膜泰勒虫（*T. velifera*）、中华泰勒虫（*T. sinensis*），而各国学者对瑟氏泰勒虫（*T. sergenti*）、水牛泰勒虫（*T. buffeli*）和东方泰勒虫（*T. orientalis*）3个种的分类学争议较大，日本和澳大利亚学者常将虫种命名为瑟氏泰勒虫或水牛泰勒虫，而欧洲和其他地区则常命名为东方泰勒虫，尽管有学者提出这3个虫种可能为同一个虫种，但其命名依然无法得到统一，目前以瑟氏/水牛/东方泰勒虫组的名称被广泛接受。中国已报道并被公认的牛泰勒虫主要有3个种，即环形泰勒虫、瑟氏/水牛/东方泰勒虫组（以下简称瑟氏泰勒虫）和中华泰勒虫。

泰勒虫生活史较复杂，包括在宿主体内和蜱体内两个部分。蜱叮咬牛时，泰勒虫子孢子随血液进入牛淋巴细胞以裂殖生殖的方式进行繁殖，形成无性型的大裂殖体和有性型的小裂殖体，大裂殖体成熟后从破裂的淋巴细胞外出，释放大量大裂殖子，大裂殖子侵入新的淋巴细胞进行繁殖。小裂殖体破裂后释放出大量小裂殖子，小裂殖子进入红细胞发育为配子体。配子体在红细胞内不再进行繁殖，在蜱叮咬牛时随血液一起进入蜱胃，红细胞在胃内被消化后配子体被释出，形成大配子和小配子并结合为合子。合子进而变为动合子，进入蜱的肠管和体腔。当蜱蜕皮后，动合子进入蜱唾液腺变为多核的孢子，孢子成熟后释放出子孢子进入唾腺管，在蜱叮咬牛时进入牛体内。

泰勒虫在淋巴细胞内繁殖为裂殖体，也称为柯赫氏体或者石榴体，经姬姆萨染色后呈多核形态。寄生于红细胞内的虫体形态多样，呈圆（环）形、椭圆形、梨子形、杆形、逗点形、边虫形、双球形、三叶形和十字架形，各形虫体的百分率是随着虫体反应期的变化而进行变动。环形泰勒虫以圆环形和卵圆形为主，占总数的70%～80%，重病型病例中环形虫体平均占45.5%，椭圆形占30.3%，梨子形占6.1%，杆形占9.1%，逗点形占5.9%，边虫形占2.7%，双球形占0.3%，三叶形占0.01%，十字架形占0.2%。轻病型病例中环形虫体占51.9%，椭圆形占29.7%，梨子形占4.1%，杆形占7.0%，逗点形占5.0%，边虫形占1.9%，双球形占0.3%，十字架形占0.1%。瑟氏泰勒虫以杆形和梨籽形为主，占总数的67%～90%。中华泰勒虫在人工感染羊时，梨形和针形出现最早，然后是杆形、圆形和椭圆形，最后是三叶形和十字形。

传播媒介蜱的种类在泰勒虫病的鉴定上具有重要意义。环形泰勒虫由璃眼蜱传播，残缘璃眼蜱和小亚璃眼蜱的幼蜱到若蜱，若蜱到成蜱阶段均可以传播该虫；中华泰勒虫经证实可经青海血蜱和日本血蜱传播；瑟氏泰勒虫主要由血蜱属的长角血蜱、青海血蜱、嗜群血蜱和日本血蜱传播。所有泰勒虫的传播方式都是经蜱期间传播而不能经卵传递。

本病流行具有明显季节性，主要与传播媒介相关，成蜱于每年4月或5月初开始出现，7月最多，8月逐渐减少。流行地区发病率一般为3%～7%，个别地区常高达30%，死亡率为26%～38%。发病地点是发生在气候偏暖地区，而高寒地区则无发生。据调查，气候高，蜱活动快，牛易发病，气温低，蜱活动慢，牛发病就少。各年龄段牛对泰勒虫均易感，以1～3岁发病率高，尤其是妊娠母牛和带犊母牛。新引进的牛羊发病率高于本地动物，但本地牛羊在免疫力降低时，可能再感染或并发本病。

泰勒虫病牛主要表现为精神沉郁、食欲减退或废绝、消瘦、可视黏膜苍白、黄染、体表淋巴结肿大，尤以肩前淋巴结明显，触压痛感严重，体温升高（39～42℃），呈稽留热型。牛鼻镜干燥，有的鼻孔流稀薄血液，有的母畜发生流产。晚期体质极度衰弱、四肢麻痹，步态摇摆，发抖，最后卧地不起，衰竭而死。病理变化主要有血液稀薄，血凝不良，全身淋巴结不同程度肿大、充血或出血、肝、脾肿大，质脆呈土黄色，胆囊肿大，充满胆汁；肺脏充血，水肿，肾、心、肝、脾均有明显的出血点，整个内脏器官呈现明显的败血样病变。

泰勒虫病诊断方法大致可分为病原体显微镜检测法、血清学诊断法和分子生物学技术诊断法。泰勒虫病的常规诊断方法是血涂片染色镜检和淋巴结穿刺涂片染色镜检，是目前临床应用常用的方法。不过血涂片镜检技术有不少缺点，在染虫率比较低时，很难看到虫体，而且镜检必须经验丰富的技术人员进行操作。血清学诊断主要有IFAT、乳胶凝集试验（LAT）、ELISA等。分子生物学技术主要是PCR法、反向线性杂交（RLB）和环介导等温扩增技术（LAMP）等。

临床上选用了多种药物进行试验研究发现，用血克星注射液（磷酸伯氨喹啉注射液）、贝尼尔注射液（三氮脒、血虫净）、焦虫净（主要成分为环烯醚萜类），或蒿甲醚注射液（主要成分青蒿素）均有较好的治疗效果，其中以蒿甲醚最好，但该药成本高，不适于推广应用，实际生产中多采用血虫克星和贝尼尔注射液治疗泰勒虫病。在该病流行区开展灭蜱工作也是控制该病传播的有效手段之一。如在蜱虫活动活跃的季节，采用人工灭蜱和药物灭蜱相结合的方法，经常检查牛体表，随时摘除牛体上的蜱；在春夏季节，采用高效低毒、经济实用的灭蜱药物，如长效阿力佳注射液（长效阿维菌素注射液）或灭蜱灵油剂（有效成分为氨基甲酸酯、高效聚酯及缓释剂）灭蜱。此外，应做好牛圈舍的卫生消毒工作，改善饲草单一的状况，增强牛对该病的抵抗力。

（二）疫苗研制情况

泰勒虫病经药物治疗需要相当长时间才能建立有效的保护力，因此，早期人们基于泰勒虫病中痊愈的牛一般对同源的再次攻击具有抵抗力，此种采取强毒疫苗的免疫方法在非洲和其他地区被广泛用于控制泰勒虫病，该原始的接种方式具有直接散播病原的危害。Tsur 等在 1945 年成功地培养了裂殖体感染的组织，这成为用体外培养裂殖体细胞免疫动物的开端。20 世纪 80 年代初，采用不同强度的 γ 射线照射泰勒虫各阶段发育虫体，以致弱虫体，减轻泰勒虫的临床症状和致病力，在大多数情况下，用射线照射过的虫体来免疫牛，能抵抗强毒力的攻击。

牛泰勒虫病曾给中国养牛业造成重大损失，面对疫情，起初从切断传播途径开始，在发病季节发动耗费大量人力、物力、财力对牛体捉蜱，定期对圈舍墙壁、缝隙和牛体喷洒药物灭蜱和定期预先给易感牛注射一些药物进行预防。20 世纪 70 年代初，中国农业科学院兰州兽医研究所成功研制了“牛环形泰勒虫裂殖体胶冻细胞苗”，该疫苗基于牛环形泰勒虫裂殖体体外培养方法，对体外培养的裂殖体的致病性和免疫原性进行了观察，发现当裂殖体传至 15～31 代时，已失去了形成配子体的能力，并保持良好的免疫原性，接种动物可表现为非带虫免疫，对试验性攻击感染的保护率可达 83%以上。尽管细胞培养致弱苗有诸多优点，但并不能诱导完全免疫，长久免疫力需要在接种后进行野外攻击，常导致裂殖子和裂殖体的发育并导致带虫状态，并不能根除泰勒虫病。此外，由于频繁的贸易和养牛业的规模化发展，泰勒虫病的流行区逐渐扩大，特别是该病对外地引进牛、纯种牛和改良杂种牛的危害大，采用药物进行防治治愈率较低，且容易反复。近年来，研究人员开展了一系列的工作，试图寻找适合的疫苗候选基因位点，为本病的防制提供新的方法和途径。

已经鉴定和正在研究的环形泰勒虫表面抗原主要有子孢子表面抗原（SPAG1）、裂殖子表面抗原（Tams，包括 Tams1 和 Tams2）、裂殖体表面抗原（TaSP）及热休克蛋白（HSP70）等。Boulter 等（1995）将环形泰勒虫子孢子表面抗原 SPAG1 的 C－末端片段（SR1）作为融合蛋白在乙肝核心抗原（HBcAg）e1 环上进行表达，这种融合抗原能推迟临床症状的发生，全长 SPAG1 的表达产物与佐剂 RWL 联合或者与免疫刺激复合物（ISCOMs）联合使用均对攻击感染产生部分保护。研究表明，用环形泰勒裂殖子表面抗原 Tams1 和 Tams2 重组抗原免疫牛，可产生部分保护效果。Tams1 抗原可被环形泰勒虫接种的犊牛血清所识别，是优秀的基因工程疫苗的候选基因。

虽然子孢子表面抗原（SPAG1）和裂殖子表面抗原（Tams1）在运用不同的转运系统和佐剂时均表现出部分保护力，但是如果要彻底预防环形泰勒虫就需要鉴定裂殖体抗原，因为裂殖体是致病力最强的感染阶段。Toye PG 等（1995）研究表明，裂殖体表面蛋白的氨基端和羧基端与小泰勒虫的多态性免疫分子（PIM）的同源性可达到 93%，说明裂殖体表面蛋白可能是多态性免疫分子的同源基因。Bakheit MA 等（2004）用环形泰勒虫裂殖体表面蛋白作为抗原，用 ELISA 方法检测血清样品中的特异性抗体，结果表明裂殖体表面蛋白是一种免疫原性很高的膜蛋白。Darghouth 等（2006）通过对环形泰勒虫 Spag1 与被减毒 Tasp 免疫动物后抗体水平的监测发现，当将这两种表面抗原联合免疫时，可以加强免疫保护。

D' oliveira（1999）研制出 2 种环形泰勒虫核酸疫苗，抗原分别为裂殖子表面抗原 Tams－1 和 Tams－2，载体为 SL3261，重组质粒为 pSTams－1 和 pSTams－2。李娟等（2008）构建了牛瑟氏泰勒虫 P33－P23 核酸疫苗，结果表明目的基因在真核细胞内得到正确表达，动物免疫试验 pVAX1－p33－p23 核酸疫苗能够提高小鼠的细胞免疫和体液免疫水平。

迄今为止，牛泰勒虫病并没有特效治疗的药物，弱毒环形泰勒虫疫苗在一定程度上预防了环形泰勒虫病的流行和发生。近年来研究显示，环形泰勒虫的三种表面抗原 Tams1、Spag1 与 Tasp 具有良好的免疫原性，但以单一抗原为基础的方法存在免疫时保护不完全等问题。未来泰勒虫病基因工程疫苗的研究工作仍需更大的努力，朝着安全、高效和经济的方向发展。

（王忠田　张龙现）

七、鸡球虫病

（一）概述

鸡球虫病（Avian coccidiosis）是艾美耳（*Eimeria*）球虫寄生于鸡的肠上皮细胞内所引起的一种原虫病，在世界范围内普遍发生，危害特别严重。10～40 日龄雏鸡最易感染，死亡率可达 80%以上，病愈雏鸡生长发育受阻，成年鸡多为带虫者，增重和产卵能力受到影响，给养鸡业造成巨大的经济损失。全世界每年因鸡球虫病造成高达 30 亿美元经济损失，在美国每年因球虫病造成的直接和间接经济损失约为 6.4 亿美元。据统计，中国每年用于防治鸡球虫病的药物费用达数亿元人民币，占鸡病全部防制费用的近 1/3。

目前，寄生于鸡的球虫公认的有 9 种，柔嫩艾美耳球虫（*Eimeria tenella*）、巨型艾美耳球虫（*E. maxima*）、堆型艾美耳球虫（*E. acervulina*）、和缓艾美耳球虫（*E. mitis*）、早熟艾美耳球虫（*E. praecox*）、毒害艾美耳球虫（*E. necatrix*）、布氏艾美耳球虫（*E. brunetti*）、哈氏艾美耳球虫（*E. hagani*）和变位艾美耳球虫（*E. mivati*），以柔嫩艾美耳球虫和毒害艾美耳球虫致病性最强。9 种球虫在中国均有报道。

鸡球虫生活史只需一个宿主，经历外生性发育（孢子生殖）与内生性发育（裂体生殖和有性生殖）两个阶段。鸡食入感染性卵囊（孢子化卵囊）后，囊壁被消化液所溶解，子孢子逸出，钻入肠上皮细胞，发育为圆形的裂殖体，裂殖体经过裂殖生殖形成许多裂殖子，裂殖子随上皮细胞破裂而逸出，又重新侵入新的未感染的上皮细胞，再次进行裂殖生殖，如此反复，使肠上皮细胞遭受严重破坏，引起疾病发作。鸡球虫可以在肠上皮细胞中进行多达 4 次裂殖生殖，不同虫种裂体生殖代数不同，经过一定代数裂殖生殖后产生的裂殖子进入上皮细胞后不再发育为裂殖体，而发育为配子体进行有性生殖，先形成大配子体和小配子体，继而再形成大配子和小配子。小配子为雄性细胞，大配子为雌性细胞，大小配子发生接合过程融合为合子，合子迅速形成一层被膜，即成为平常粪检时见到的卵囊。卵囊排入外界环境中，在适宜的温度、湿度和有充足氧气条件下，卵囊内形成4个孢子囊，每个孢子囊内有2个子孢子，即成为感染性卵囊（孢子化卵囊）。

球虫孢子化卵囊污染饲料、饮水、用具等导致鸡感染，其他鸟类、家畜、昆虫以及饲养管理人员均可机械性地传播卵囊。发病与品种年龄有关，各种鸡均可感染，但引入品种鸡比土种鸡更为易感，多发生于15～50日龄雏鸡，3月龄以上鸡较少发病，成年鸡几乎不发病。多发生于温暖潮湿季节，在规模化饲养条件下全年均可发生。卵囊对外界不良环境及常用消毒药抵抗力强大，常用消毒药物均不能杀灭卵囊。当鸡舍潮湿、拥挤、饲养管理不当或卫生条件恶劣时，最易发病，往往波及全群。

急性型发病初期，病鸡精神委顿，羽毛杂乱，怕冷，容易扎堆，头颈缩起，双眼紧闭，饮水量增加，食欲减退，泄殖孔周围羽毛被粪便污染；排粪呈水样，有时会混有血丝、气泡，严重时排鲜红色粪便，有时排出的粪便全是血液或血块。发病后期，眼结膜、鸡冠、肉髯发白贫血，两侧翅膀下垂，病鸡站立不稳。一般病鸡发病在2～3d内便可衰竭死亡。死前出现神经症状，如抽搐、甩头、摆翅等，如不及时采取措施，死亡率可达50%～100%。慢性型病程约数日到数周，多发生于4～6月龄的鸡或成年鸡，症状与急性型相似，但不明显，病鸡逐渐消瘦，足翅轻瘫，有间歇性下痢，产卵量减少，死亡的较少。

体内病理变化主要发生在肠管，其程度、性质与病变部位和球虫种类有关。柔嫩艾美耳球虫主要侵害盲肠，一侧或两侧盲肠显著肿大，可为正常的3～5倍，充满凝固或新鲜的暗红色血液，盲肠上皮增厚，有严重的糜烂甚至坏死脱落，与盲肠内容物、血凝块混合，形成坚硬的“肠栓”。毒害艾美耳球虫损害小肠中段，可使肠壁扩张、松弛、肥厚和严重的坏死，肠黏膜上有明显的灰白色斑点状坏死病灶和小出血点相间杂，肠壁深部及肠管中均有凝固的血液，使肠外观上呈淡红色或黑色。堆型艾美耳球虫多在十二指肠和小肠前段，在被损害的部位，可见有大量淡灰白色斑点，汇合成带状横过肠管。巨型艾美耳球虫损害小肠中段，肠壁肥厚，肠管扩大，内容物黏稠，呈淡灰色、淡褐色或淡红色，有时混有很小的血块，肠壁上有溢血点。布氏艾美耳球虫损害小肠下段，通常在卵黄蒂至盲肠连接处。黏膜受损，凝固性坏死，呈干酪样，粪便中出现凝固的血液和黏膜碎片。早熟艾美耳球虫和和缓艾美耳球虫致病力弱，病变一般不明显。

诊断依据是通过粪便检查发现卵囊或肠壁刮取物发现裂殖体/卵囊，然而，成年鸡和雏鸡带虫现象极为普遍，不能仅根据在粪便和肠壁刮取物中发现卵囊就确诊为球虫病，须根据粪便检查、临床症状、流行病学和病理变化等多方面因素综合判断。

自20世纪40年代发现磺胺有抗球虫药作用以来，已报道的抗球虫药有50多种，由于疗效和抗药性等问题，目前仍在使用的抗球虫药有20多种，国内应用的有10多种，大致可分为两大类：化学合成药和聚醚类离子载体抗生素。化学合成类抗球虫药主要有氯羟吡啶、氯苯胍、尼卡巴嗪、二硝托胺、地克珠利、常山酮、氨丙啉等。聚醚类离子载体抗生素主要有马杜拉霉素、莫能菌素、拉沙洛菌素、盐霉素、甲基盐霉素、海南霉素等。然而，常产生耐药虫株，导致药效不佳，迫使药物提前退出市场，中国已经报道有耐药性的药物有氨丙啉、克球粉、氯苯胍、莫能霉素、马杜拉霉素、百球清、盐霉素、拉沙里菌素、马杜拉霉素、常山酮、地克珠利、球痢灵、氯羟吡啶、森杜拉霉素等。

（二）疫苗研制情况

目前，控制鸡球虫病的主要手段是使用药物，虽然鸡球虫病的防治得益于这些药物，但也产生了鸡群的耐药性和药物残留等问题。经过近 60 年国内外寄生虫学者的研究，先后研制出了各种有效的鸡球虫疫苗。球虫活苗是实际生产中唯一可替代抗球虫药物以控制球虫病的手段。鸡在低水平感染球虫时不会发病，经过 3 次左右生活史循环，鸡体可产生较好的保护性免疫力，市面上销售的球虫疫苗就是基于这个原理。世界上目前已注册的球虫苗至少有 4 种：美国的强毒活苗 Coccivac，加拿大的毒活苗 Immucox，二者是中熟系；英国的弱毒活苗 Paracox 和捷克的弱毒活苗 Livacox，属早熟系。

强毒苗是直接从自然发生球虫病鸡的肠道内或粪便中分离出来的虫株，因致病力强且无耐药性，故为药物敏感株。然而，在疫苗接种至产生免疫力期间，不得使用任何抗球虫药，否则可能导致免疫效果不好；由于强毒苗毒力较强，使用不当也可能会引起球虫病的暴发；强毒苗中所含的球虫卵囊在水中沉降较快，易造成免疫不均匀，必须寻找较好的悬浮剂搭配使用；接种强毒球虫苗，可能将强毒球虫引入新鸡场。

弱毒活苗是指通过人为方法减弱艾美耳虫株的致病性所得到的致弱虫株。它可以降低对宿主的危害，并产生足够的免疫力。20 世纪 70 年代，学者们开始进行致弱虫苗的研究。目前，致弱的方法主要有鸡胚传代、早熟选育和理化处理等。与强毒疫苗相比，这一类疫苗致病性较小，并具有较高的抗球虫效力和安全性。

随着现代生物技术的发展，科研人员不断利用生物技术手段构建基因工程疫苗，来克服传统疫苗的弱毒虫苗的不足之处，如在使用期间不能同时使用化学抗球虫药物，存在致弱虫株毒力“返强”的危险性，繁殖力低以及价格昂贵等。吴绍强等（2004）将柔嫩艾美耳球虫 BJ 株的保护性抗原基因 *TA4* 插入载体 pcDNA3.1 中，并在其上游以融合方式插入 *EtlA* 基因构建核酸疫苗，动物保护性试验表明，核酸疫苗间隔多次免疫后，对球虫感染具有明显的保护作用，可显著减轻球虫感染引起的机体增重下降。王秋悦等（2008）利用 DNA 重组技术将柔嫩艾美耳球虫保护性抗原基因 rhomboid 和增强型绿色荧光蛋白 EGFP 基因串连并克隆到 BCG 中，构建 EGFP 标记的重组卡介苗 pMV361 - Rho/EGFP 并免疫雏鸡，结果表明重组卡介苗可刺激机体产生一定的保护力。

潘晓亮等（2002）用柔嫩艾美耳球虫 BJ 株 *EtMIC* 和 *TA4* 两种基因的表达产物免疫鸡，然后用柔嫩艾美耳球虫攻击免疫鸡，通过观察免疫鸡的增重量和卵囊产量，发现两种重组表达产物对柔嫩艾美耳球虫有一定的免疫保护作用。Linehoj 等（2005）通过卵内接种 EtMIC2 纯化蛋白和佐剂因子 IL - 8、IL - 16，可以有效地减少卵囊的排出，增加体重。闫文朝等（2009）研究外源基因的表达对转基因柔嫩艾美耳球虫生物学特性的影响，并对转基因球虫（TE1）和 BJ 株（野生强毒）的发育和致病性进行比较分析。结果说明黄色荧光蛋白和乙胺嘧啶抗性基因表达在一定程度上降低了转基因柔嫩艾美耳球虫致病性和繁殖力。

中国已经批准注册的鸡球虫病疫苗有：2003 年 12 月 3 日农业部公告第 326 号批准北京农学院段嘉树教授研制的鸡球虫病三价活疫苗和鸡球虫病四价活疫苗为二类新兽药；2005 年 1 月 25 日农业部公告第 461 号批准齐鲁动物药品有限公司研制的鸡球虫病三价活疫苗为二类新兽药，证书号为：（2005）新兽药证字 7 号；2007 年 7 月 4 日农业部公告第 875 号批准佛山市正典生物技术有限公司研制的鸡球虫病四价活疫苗（柔嫩艾美耳球虫 PTMZ 株＋毒害艾美耳球虫 PNHZ 株＋巨型艾美耳球虫 PMHY 株＋堆型艾美耳球虫 PAHY 株）为三类新兽药，证书号为：（2007）新兽药证字 33 号；2012 年农业部部公告第 1780 号批准佛山市正典生物技术有限公司研制的鸡球虫病三价活疫苗（柔嫩艾美耳球虫 PTMZ 株＋巨型艾美耳球虫 PMHY 株＋堆型艾美耳球虫 PAHY 株）为三类新兽药，证书号为：（2012）新兽药证字 17 号。这些疫苗的应用，为中国鸡球虫病防治提供了物质基础。

从研究趋势、药物残留、环保意识增强等方面来看，鸡球虫疫苗预防将会逐渐发展为防治鸡球虫病的主要手段。虽然球虫疫苗尤其是基因工程疫苗研制取得了巨大进步，但由于鸡球虫种类较多，基因组较大，保护性抗原的种类繁多，生活史复杂、发育阶段多，而且不同的发育阶段的基因表达情况也不一致等因素，迄今基因工程疫苗由于在免疫保护力方面不足而无法替代传统活苗。因此，未来需要进一步研究球虫虫体与宿主之间的相互作用，进而利用各种手段如基于细胞水平和糖水平的芯片技术、全基因组范围筛查方法等鉴别出各种重要的保护性抗原，研制安全有效的基因工程疫苗，以期为养鸡业的发展带来显著的经济效益、社会效益和生态效益。

（王忠田　张龙现）

八、隐孢子虫病

（一）概述

隐孢子虫病（Crytosporidiosis）是由隐孢子虫引起的一种人畜共患病。隐孢子虫（*Cryptosporidium*）是重要的食源性和水源性人畜共患原虫之一，可感染包括人在内的 260 多种宿主，主要引起人和动物致死性腹泻。联合国粮食及农业组织（FAO）和 WHO 联合专家委员会所列的全球最重要的 24 种食源性寄生虫中，隐孢子虫位列第五。鉴于隐孢子虫介水传播，隐孢子虫已被中国及其他发达国家列为生活饮用水必检病原之一，同时美国疾病控制与预防中心（CDC）和美国国家卫生研究院（NIH）将其列为 B 类生物病原战剂。1993 年，美国威斯康星州密尔沃基市因水源被隐孢子虫卵囊污染，发生了历史上规模最大、危害最严重和持续时间最长的饮水隐孢子虫病，约 40.3 万人发生腹泻，4 400 人住院治疗，69 人死亡。

目前，已命名了 30 个隐孢子虫虫种和 40 多个基因型，人类可感染将近 20 种隐孢子虫虫种/基因型，常见的 8 个虫种分别是人隐孢子虫（*Cryptosporidium hominis*）、微小隐孢子虫（*C. parvum*）、火鸡隐孢子虫（*C. meleagridis*）、犬隐孢子虫（*C. canis*）、猫隐孢子虫（*C. felis*）、兔隐孢子虫（*C. cuniculus*）、泛在隐孢子虫（*C. ubiquitum*）和旅者隐孢子虫（*C. viatorum*），以人隐孢子虫和微小隐孢子虫最为常见。在中国人体主要的感染虫种为人隐孢子虫，也发现有微小隐孢子虫、火鸡隐孢子虫、猫隐孢子虫和安氏隐孢子虫（*C. andersoni*）。

隐孢子虫生活史简单，包括 3 个发育阶段，即裂殖生殖、配子生殖和孢子生殖，均在同一宿主体内完成。宿主经口摄入隐孢子虫卵囊后，在消化道内经消化液作用，囊内 4 个子孢子逸出，侵入消化道（主要在小肠）上皮细胞，被宿主细胞膜包围，发育为具有明显单核的滋养体。滋养体经裂殖生殖引起核分裂发育为Ⅰ型裂殖体，内含 8 个裂殖子，裂殖子侵入新的上皮细胞，发育为Ⅱ型裂殖体，或再次发育为Ⅰ型裂殖体。Ⅱ型裂殖体内含 4 个裂殖子，裂殖子侵入上皮细胞开始有性生殖即配子生殖，分化为大配子母细胞和小配子母细胞，两者交配形成卵囊。成熟的卵囊有厚壁和薄壁两种类型，80%为厚壁型卵囊，20%为薄壁型卵囊。厚壁型卵囊对于隐孢子虫病的传播是非常重要的，其随粪便排出体外即具感染性，可感染人和动物；而薄壁卵囊为自动感染卵囊，在体内脱囊进入新一轮发育，在原宿主体内形成重复感染。隐孢子虫因种类和所寄生宿主不同，在宿主体内生活史周期需 2～13d，因此，隐孢子虫感染可能是短暂的也可能持续几个月。

人体感染隐孢子虫时，主要寄生于宿主小肠上皮细胞引起腹泻，也可寄生于胃、呼吸道、肺、肝脏、扁桃体、胰腺、胆囊和胆管等器官。隐孢子虫病典型症状表现为腹泻，有 3 种类型：免疫功能正常者常见的为自限性腹泻；在发展中国家儿童常引起持续性腹泻，并严重影响儿童的营养吸收和生长发育；免疫功能缺陷或低下者常表现为长期慢性腹泻。

犊牛感染隐孢子虫后主要表现为厌食和腹泻，粪便呈黄乳油状，灰白色或黄褐色，严重感染的呈透明水样含血液粪便，生长发育停滞、极度消瘦，死亡率可达 16%～40%；成年牛多为慢性感染，无明显胃肠道疾病体征，表现为体重下降，产乳量下降约 13%。绵羊和山羊羔羊隐孢子虫病主要临床表现为食欲减少、腹泻，粪便通常呈黄色，软便或者水样便，恶臭，腹泻一般持续 3～5d，严重者可持续 1～2 周。犬、猫感染隐孢子虫后多数不表现临床症状，感染严重者表现为慢性或者间歇性腹泻、厌食和消瘦等肠炎症状。禽类隐孢子虫病临床表现为呼吸道系统疾病、肠炎和肾脏疾病 3 类主要症状，呼吸道感染主要表现为伸颈、咳嗽、甩头、打喷嚏、呼吸困难和体重下降等临床症状；消化道感染主要以食欲下降、消瘦和腹泻常见；寄生于胃内时伴有明显的临床症状，主要是急性腹泻，并具有较高的死亡率。

隐孢子虫病诊断时，粪便中检出卵囊即可确诊，应与其他胃肠道疾病鉴别诊断。检测粪便中卵囊是最常规的检测手段，常用方法有直接涂片法、改良抗酸染色法、金胺-酚染色法、免疫荧光法、PCR 和 LAMP。间接检测虫体的方法主要有 ELISA、蛋白质印迹法（Western - blot）和多重微珠免疫法（MIA）等。

目前，大量治疗方案显示大环内酯类的螺旋霉素和克拉霉素、氨基糖苷类的巴龙霉素、离子载体类药物拉沙里菌素和马杜拉霉素等具有一定疗效，但并不能有效清除虫体。在美国仅有硝唑尼特（NTZ）被美国食品药品监督管理局（FDA ）批准用于人隐孢子虫病的治疗，但并未批准用于 AIDS 病人，已证实该药对感染隐孢子虫的腹泻儿童有较好疗效。国内研究者运用一些中草药制剂（大蒜素、苦参合剂等）治疗人体隐孢子虫病取得一定疗效，但其疗效有待考证。常山酮可用于牛羊隐孢子虫病的预防和治疗，能够减轻症状和降低致死率，而硝唑尼特对牛羊隐孢子虫病的防治效果有限。

（二）疫苗研制情况

隐孢子虫病的治疗与机体免疫状况密切相关，可应用免疫调节剂。随着高效抗反转录病毒疗法（HAART）的应用，可使免疫功能缺陷或低下患者免疫状况改善，腹泻减轻，降低 HIV 携带者/AIDS 病人的隐孢子虫病相关的发病率，然而并而不能治愈该病，且需要长期维持用药。直至现在，尚未发现合适的药物来治疗隐孢子虫病，国内外许多科研人员都在努力尝试着制备高效疫苗用于隐孢子虫防治。有关隐孢子虫疫苗的研究，主要集中于微小隐孢子虫和人隐孢子虫，目前的疫苗主要有核酸疫苗和基因工程亚单位疫苗。

早在 1995 年，Jenkins 等将微小隐孢子虫子孢子表面蛋白 CP15/60 的 cDNA 构建成重组表达质粒 pCMV - CP15/60，并将此双价核酸疫苗注射到分娩前母羊体内，结果发现在母羊体内产生较强的特异性免疫应答。何宏轩等（2002）用 CP15 核酸疫苗通过鼻黏膜接种怀孕山羊，发现试验组比对照组的抗体水平有所升高，同时发现其后代感染微小隐孢子虫后的排卵囊数与时间减少。Ehigiator 等（2007）将编码微小隐孢子虫子孢子 23 ku 表面蛋白 *Cp23* 基因克隆到 pUMVCb4 载体构建成重组质粒 Cp23－DNA 耳皮下免疫鼠，观察其免疫应答情况以及保护效果。研究结果表明该核酸疫苗能够诱导鼠产生显著的抗 Cp23 的 IgG1 和 IgG2a 抗体反应，以及重组 Cp23 与空白小鼠相比较特定的体外脾细胞增殖。胡义彬等（2010）制备了重组 P23、重组 CP41 和重组 CP15/60 亚单位疫苗免疫 BALB/c 小鼠，免疫后小鼠排卵囊量比对照组少，且产生了较高的血清抗体效价，其中保护性最好的是重组 P23。Liu 等（2010）用子孢子表面抗原 Cp15 和 P23 制备的双价核酸疫苗 Cp15－23 免疫小鼠，可产生较高的特异性体液和细胞免疫应答，增强了小鼠抗微小隐孢子虫感染的免疫保护力，且效果强于单价核酸疫苗 Cp23 所产生的免疫保护力。Wang 等（2010）将编码微小隐孢子虫的表面糖蛋白抗原 Cp15 和 P23 插入 pVAX1 表达载体构建 pVAX－15－23 质粒 DNA 免疫 IL－12p40 基因敲除 C57BL/6 小鼠，评估免疫应答的类型以及抗攻击感染的保护性水平，研究结果表明，pVAX－15－23 质粒在抗微小隐孢子虫时能诱导主要以 IgG2a、INF－γ 水平升高和攻击感染后排卵囊数量减少为特征的强大的保护性免疫应答。

近年来，从基因组数据库中获得的数据极大地促进了有关隐孢子虫病的研究，在基因组时代，抗隐孢子虫治疗和疫苗方面的研究相对滞后，同样大多数基因组序列项目中推定的蛋白功能还不清楚，蛋白的功能分析数据还很少，隐孢子虫蛋白质组学和转录组学研究仍处在初期阶段。高通量基因组测序及全基因组序列分析技术的迅猛发展将有助于分子生物学家、寄生虫学家、临床医生和其他公共健康研究人员进一步对隐孢子虫进行深入研究。

（王忠田　张龙现）

九、新孢子虫病

（一）概述

新孢子虫病（Neosporosis）是由犬新孢子虫（*Neospora caninum*）引起的疾病，以母畜流产、死胎及新生胎儿运动神经系统障碍为主要临床特征。1984 年，挪威兽医学家 Bjerkes 在患脑炎和肌炎的幼犬体内首次发现犬新孢子虫。1988 年，美国 Dubey 等对动物医院 40 年间诊断为弓形虫病的 23 条犬的器官标本做回顾性诊断，发现了此原虫，并将其命名为犬新孢子虫。美国加利福尼亚州奶牛因新孢子虫病造成的直接经济损失每年达 3 500 万美元；澳大利亚每年因新孢子虫病造成的奶牛业损失 8 500 万美元，肉牛业损失 2 500 万美元。

新孢子虫的终末宿是犬，狼、山犬和红狐也可作为其终末宿主。中间宿主种类较多，可感染禽类、灵长类、野生动物等多种类型动物，对牛造成的危害是最为严重，主要造成孕畜流产、死胎以及新生犊牛的运动神经系统疾病，给畜牧业带来巨大的经济损失。该病广泛存在于世界上的 70 多个国家和地区，澳大利亚、日本、美国、新西兰、南非等国家和地区牛新孢子虫感染率为 10%～40%，最高可达 82%。近年来中国牛进口数量急剧增加，牛新孢子虫病已成为当前严重危害中国牛养殖业的重要疾病之一。

1993 年，Brindley 等在新孢子虫基因序列方面做了相关研究，结果表明新孢子虫的基因不同于弓形虫与枯氏住肉孢子虫，将其分类为新属种，隶属于原生动物门（Protozoa）、顶复亚门（Apicomplexa）、孢子虫纲（Sporozoa）、球虫亚纲（Coccidomorpha）、真球虫目（Coccidiida）、新孢子虫属（*Neospora*）。

新孢子虫发育阶段包括速殖子、组织包囊、卵囊、裂殖体、裂殖子。速殖子呈卵圆形、圆形或新月形，大小为（4.8～5.3）μm×（1.8～2.3）μm，寄生于感染动物的神经细胞、巨噬细胞、成纤维细胞、血管内皮细胞、肌细胞、肾小管上皮细胞和肝细胞。包囊呈圆形或卵圆形，大小为（15～35）μm×（10～27）μm，主要寄生于脑、脊椎、神经和视网膜中。卵囊存在于犬的粪便中，直径为10～11 μm，孢子化卵囊具有感染性，卵囊的孢子化时间为24h。孢子化卵囊内含2个孢子囊，每个孢子囊内含4个子孢子。

新孢子虫与弓形虫生活史类似，发育过程需要2个宿主，在终末宿主犬体内进行球虫型发育，在中间宿主牛、羊、兔、马、猪、小鼠、大鼠和犬等体内进行肠外期发育。不同国家或地区新孢子虫虫株或分离物的不同其传染能力和途径也不同。在欧洲和美国78%～95%犊牛是经由胎盘感染，而在新西兰经口感染是较为重要的传播途径。一般认为胎盘感染是牛新孢子虫病的主要传播途径，该途径可以在连续的妊娠过程中发生，且先天性感染的母牛又可传给后代。

新孢子虫引起的主要临床症状是母畜流产、死胎、幼畜瘫痪、畸形、共济失调、肌肉萎缩、抽搐或其他运动神经系统疾病症状。一般在新孢子虫寄生的部位都会引起的相关的病理变化，并且可以出现在一处或多处，组织会出现不同程度的坏死，炎症等，主要集中在中枢神经系统、肌肉和肝等组织中，表现为非化脓性脑脊髓炎、多灶性心肌炎、多灶性心内膜炎、坏死性肝炎、化脓性胰腺炎、肉芽肿性肺炎、肾盂肾炎等。

新生动物活组织检查能够确诊，即从肌肉、皮肤脓疱渗出物等活体组织在光学显微镜下可检出新孢子虫速殖子，但需进行免疫组织化学染色，以便区别新孢子虫和弓形虫的速殖子。死后剖检主要检查病变组织中的虫体。血清学检测方法主要包括间接荧光抗体试验、ELISA、凝集试验、免疫印迹技术（IB）等分子生物学方法主要为PCR。

国内外对本病的防治研究多数仍处于动物试验阶段，还未筛选出治疗新孢子虫病的特效药，且用于临床的报告较少，对新孢子虫有一定敏感性的药物有磺胺类、大环内酯类、四环素等，但这些药物均不能彻底清除奶牛新孢子虫感染。

（二）疫苗研制情况

目前，还没有控制新孢子虫病的有效办法，防治方法主要是通过对检测后确定感染及疑似患病的动物进行淘汰，建立无新孢子虫感染的牛群，但是处置造成的损失同样不可估量。世界各国对新孢子虫病的防治研究日益重视，研究方向也从基础免疫入手，开拓化学方法以外的防治途径。现在已经开展研究的新孢子虫疫苗主要有弱毒疫苗、灭活疫苗、基因工程亚单位疫苗、活载体疫苗等。

Lindsay等（1999）进行了新孢子虫弱毒株研究，试验证实它能够作为疫苗预防新孢子虫病；Rojo-Montejoa等（2012）用无毒力Nc-Spain 1H株5×10^5个速殖子免疫小鼠，新生鼠病死率降低为2.4%，并激发Th_1型免疫，表明该弱毒株能够防治新孢子虫病。然而，弱毒苗依赖于体外细胞培养，需要大量的劳动力，成本昂贵，贮藏期短；且弱毒株毒力易恢复，用于预防牛流产的弱毒活疫苗均导致了怀孕母牛流产，对孕畜具有一定的威胁。

1999年，Andrianarivo等研究了灭活的新孢子虫速殖子结合4种不同佐剂接种奶牛后的免疫原性，其中使用佐剂Polygen接种物诱导机体产生了最高的抗体反应和与感染母牛相似的 IFN－γ 水平，但不能阻止免疫奶牛的胎儿感染。Rojo－Montejoa 等（2011）用 3 种不同的佐剂灭活速殖子及 3 种不同虫体的数量来免疫小鼠，发现氢氧化铝与 CpG 寡核苷酸的混合佐剂能够防止新孢子虫病慢性阶段，阻止新孢子虫在大脑中增值。美国农业部批准上市了 Neo－Guard 的 Havlogen 佐剂化的灭活苗，据称该疫苗具有使用安全、注射部位反应小等特点，能显著降低健康初孕母牛的流产率，但不能切断胎儿或胎盘感染。

Lv 等（2015）重组 NcP78 和 NcGRA7 免疫蛋白并对小鼠进行接种，发现能引起 Th_1 和 Th_2 免疫应答，还可以减少新孢子虫在大脑的寄生及繁殖，对小鼠感染新孢子虫具有一定的保护作用。贾立军等（2010）提取新孢子虫表面蛋白基因 Nc－SAG1 进行原核表达，与弗氏佐剂混合制备 Nc－SAG1 基因工程亚单位疫苗，免疫小鼠后发现试验组抗体和 $CD4^+/CD8^+$ T 细胞比值均高于对照组，表明该疫苗具有一定免疫效果。

贾文影（2010）构建新孢子虫核糖体磷蛋白 NcP0 真核表达载体，转染 Vero 细胞，获得大量的 pVAX1－NcP0 质粒并添加佐剂免疫蒙古沙鼠，攻毒后疫苗保护率为 66.7%，对新孢子虫病具有一定预防作用。

郭焕平（2014）构建了含有 *AMA1* 基因的腺病毒载体疫苗及核酸疫苗，免疫小鼠后腺病毒载体疫苗的 IgG、IgG1 及 IgG2a 均高于核酸疫苗，在一定程度上激活机体免疫反应。

目前新孢子虫病的防治尚无特效药物和疫苗，早期准确诊断是有效的控制该病的发生和蔓延的重要手段。虽然已有大量的研究人员对新孢子虫特异性抗原进行筛选并用已知的试验方法测定其免疫原性的制备疫苗，但还未有效的疫苗被投入市场来预防新孢子虫病。新孢子虫感染宿主的免疫机制相当复杂，需进一步深入研究其生物学特性和阐明其诱导宿主产生免疫的机制，以有助于制订相应的预防措施。

（王忠田　张龙现）

参　考　文　献

杜婧，刘攀，唐斌，等，2011. 旋毛虫 T626－55 基因减毒沙门氏菌疫苗的构建及其在小鼠体内表达 [J]. 吉林农业大学学报，33（6）：682－686.

侯俊玲，2014. 猪带绦虫基因组和转录组测序及 Wnt 基因家族的分析研究 [D]. 北京：中国农业科学院.

贾立军，2012. 牛源犬新孢子虫 NcSRS2－NcGRA7 复合基因核酸疫苗与重组腺病毒疫苗的研究 [D]. 延边大学.

简莎娜，艾琳，陈韶红，等，2015. 旋毛虫病免疫诊断抗原的研究进展 [J]. 中国病原生物学杂志，10（4）：384－附页 2.

姜春燕，薛燕萍，黄敏君，2005. 从基因水平对新型佐剂在旋毛虫疫苗中免疫调节作用的探讨 [J]. 中国寄生虫病防治杂志，1：27－30.

李朝晖，董兴齐，2009. 血吸虫病治疗药物研究进展 [J]. 中国血吸虫病防治杂志，21（4）：334－336.

李春雨，2010. 隐孢子虫 Cp2/P30 双价核酸疫苗及亚单位疫苗的研究 [D]. 长春：吉林大学.

李娟，许应天，张西臣，等，2008. 牛瑟氏泰勒虫 P33－P23 核酸疫苗研究 [J]. 中国兽医学报，28（10）：1171－1173.

李冕，尹昆，闫歌，2011. 弓形虫病的诊断技术及其研究进展 [J]. 中国病原生物学杂志，6（12）：

942 - 944.

李祥瑞，2011. 鸡球虫病的防控现状及进展 [J]. 中国家禽，33 (12)：37 - 39.

李玉剑，岳城，董辉，等，2009. 鸡球虫病活疫苗的研究进展 [J]. 中国动物传染病学报，17 (1)：75 - 80.

林宇光，卢明科，洪凌仙，2012. 中国棘球绦虫及棘球蚴病研究进展 [J]. 中国人兽共患病学报，28 (6)：616 - 627.

林雨鑫，孙明明，戴国俊，等，2014. 鸡抗球虫病的研究进展 [J]. 中国畜牧兽医，41 (8)：210 - 214.

蔺红玲，张继瑜，魏小娟，等，2011. 环形泰勒虫主要膜蛋白的研究进展 [J]. 黑龙江畜牧兽医（科技版）(3)：22 - 24.

罗广旭，李文桂，2016. 血吸虫抱雌沟蛋白疫苗研究现状 [J]. 中国病原生物学杂志，1 (7)：672 -674.

马承旭，王宏伟，杨艺萱，2016. 猪带绦虫基因组学及猪囊尾蚴病候选疫苗的研究进展 [J]. 中国寄生虫学与寄生虫病杂志，34 (2)：161 - 165.

欧阳兆克，郭传坤，2015. 中国旋毛虫病流行病学和血清学研究概况 [J]. 中国热带医学，15 (4)：513 - 516.

庞宇，李巍，韩彩霞，等，2013. 旋毛虫 p43 与 p53 核酸疫苗的构建及其免疫保护性 [J]. 中国兽医科学，43 (3)：310 - 314.

齐颜凤，伍卫平，2013. 棘球蚴病流行病学研究进展 [J]. 中国寄生虫学与寄生虫病杂志，31 (2)：143 - 148.

钱根林，李健，樊彦红，等，2013. 鸡球虫疫苗研究进展 [J]. 上海畜牧兽医通讯 (2)：28 - 29.

任方 .2015. 牛环形泰勒虫表面抗原蛋白的串联表达与免疫原性分析 [D]. 乌鲁木齐：新疆农业大学 .

田格如，2016. 陕西部分地区鸡肠道寄生虫感染状况及隐孢子虫核酸疫苗研究 [D]. 西安：西北农林科技大学 .

汪凯，李文超，顾有方，2015. 鸡球虫病疫苗的研究及其临床应用 [J]. 安徽科技学院学报，29 (6)：6 - 10.

王利霞，2011. 泰勒虫新型诊断方法的建立和未定种生物学特性研究 [D]. 武汉：华中农业大学 .

王培园，李结，朱兴全，等，2013. 弓形虫基因工程疫苗研究的新进展 [J]. 中国预防兽医学报，35 (3)：251 - 254.

王雪，孟庆峰，刘新欣，等，2015. 新孢子虫抗原及疫苗研究进展 [J]. 动物医学进展，36 (12)：129 -133.

王雪峰，蔡爱玲，周明莉，2016. 血吸虫病试验诊断的研究现状 [J]. 国际检验医学杂志，37 (13)：1824 - 1826.

王亚书，任科研，苑冬梅，等，2014. 牛新孢子虫病诊断方法的研究进展 [J]. 吉林畜牧兽医 (1)：52 -53.

王跃兵，杨向东，杨国荣，等，2012. 弓形虫病研究概况 [J]. 中国热带医学，12 (4)：497 - 500.

武闯，2015. 日本血吸虫免疫球蛋白结合蛋白质组的研究 [D]. 北京：北京协和医学院 .

邢燕，谷俊朝，2016. 弓形虫病研究新进展 [J]. 中国病原生物学杂志，11 (1)：94 - 96.

曾艳波，朱顺海，韩红玉，等，2011. 抗急性弓形虫病药物疗效的研究 [J]. 中国人兽共患病学报，27 (4)：316 - 324.

张宁，赵博伟，胡晓悦，等，2013. 牛新孢子虫病最新研究进展 [J]. 上海畜牧兽医通讯 (1)：10 -13.

张岐蜀，姜国华，郭军，等，2006. 棘球蚴病疫苗研究进展 [J]. 中国兽药杂志，40 (10)：27 - 30.

张珊珊，张莉，李海龙，等，2016. 旋毛虫种属分布研究进展 [J]. 动物医学进展，37 (4)：82 - 86.

张祖航，周成艳，宰金丽，等，2015. 日本血吸虫病疫苗及免疫增强技术研究进展 [J]. 上海畜牧兽医通讯（6）：15－18.

钟秀琴，杨光友，2014. 细粒棘球绦虫 EG95 疫苗的研究进展［J］. 畜牧兽医学报，45（8）：1207－1212.

周必英，陈雅棠，李文桂，2010. 猪囊尾蚴病 DNA 疫苗研究现状［J］. 中国寄生虫学与寄生虫病杂志，28（2）：148－152.

周必英，2014. 猪带绦虫重组抗原研究进展［J］. 中国人兽共患病学报，30（4）：418－422.

Mead JR，2014. Prospects for immunotherapy and vaccines against Cryptosporidium［J］. Hum Vaccin-Immunother，10（6）：1505－1513.

Ryan U，Fayer R，Xiao L，2014. Cryptosporidium species in humans and animals：current understanding and research needs［J］. Parasitology，141（13）：1667－1685.

第七章　多联多价疫苗

一、鸡新城疫、传染性鼻炎二联灭活疫苗

（一）简介

鸡新城疫（ND）又称亚洲鸡瘟，是一种急性、高度接触性传染病。自从人类认识它以来，已经做了大量的工作，但该病仍时有发生，给养禽业造成严重的经济损失。目前，该病仍是最主要和最危险的禽病之一。

鸡传染性鼻炎（IC）是由副鸡禽杆菌（Hpg）引起的一种鸡的上呼吸道传染病，该病主要影响雏鸡的生长发育、肉鸡的肉质和蛋鸡的产蛋率。所有鸡均可感染，本病单独感染时，鸡群的发病率为25%～50%，死亡率为5%～20%，产蛋下降10%～40%，如果诱发或并发其他传染病，如鸡新城疫、支原体病、鸡传染性支气管炎、传染性喉气管炎等时，可造成更严重的经济损失。目前，中国大部分省份有本病存在。副鸡禽杆菌可分为A、B、C 3个血清型，型与型之间不产生交叉保护。

鸡新城疫和鸡传染性鼻炎有时混合感染，使病程延长，病情加剧，经济损失加重。根据生产实际的需求，研制鸡新城疫、鸡传染性鼻炎二联灭活疫苗，免疫一次即可有效控制这两种疫病的发生与流行。

（二）疫苗的研究进展

国内外于20世纪90年代起开展了鸡传染性鼻炎与鸡新城疫二联油乳剂灭活苗的研制工作。北京市农林科学院张培君等（1996）以副鸡禽杆菌血清型A的菌株Hpg-8、血清型C菌株Hpg-668和鸡新城疫La Sota株为疫苗生产菌毒种，研制出鸡传染性鼻炎（二价）与鸡新城疫二联油佐剂灭活苗。该疫苗对IC的最小免疫剂量是0.2mL，对ND的最小免疫剂量是0.02mL，对IC攻毒保护在70%～100%，对ND保护率达100%。以0.25mL免疫21日龄来航鸡，部分鸡在120日龄时进行第二次免疫0.5mL，结果表明IC-ND二联苗一次免疫后其免疫持续期可长达90～160d，两次免疫后对IC和ND的免疫期分别为9个月和12个月，基本上可保护整个产蛋期。疫苗在4～8℃可保存12个月，在室温（25℃）保存10个月，37℃也能保存5d，更方便实际应用。大量的田间试验表明，该疫苗有效控制了IC和ND的流行与发生，不同品种及不同日龄的鸡未出现不良反应。钱凤芹等（1999）将ND病毒株和IC的A、B、C三个血清型菌株作为疫苗生产用毒（菌）株，以10号白油为佐剂制成IC（三价）与ND二联油乳剂灭活苗。通过对不同日龄鸡群的安全性、免疫性及保存期

测定，灭活苗以双倍以上使用剂量肌内或皮下注射雏鸡安全性良好。疫苗免疫后攻毒，观察14d，对照组鸡用NDV强毒株攻击全部死亡，分别攻击IC（A、B、C）三个血清型强毒菌全部发病。免疫组鸡接种后7～14d即产生免疫力，20～30d达高峰，保护率达100%。保存8个月疫苗效果均很好，ND HI效价均在8 log2以上，免疫期可达12个月，IC可达8个月（保护率80%以上）。免疫效果与ND和IC单苗相同，免疫后IC-AGP抗体阳转率、IC保护率也与单苗基本一致。同时NDV和IC菌不发生相互干扰。鸡群免疫后无ND发生，并可有效抵抗任何血清型IC的发生。

（三）疫苗生产

1. 抗原液的制备

（1）副鸡禽杆菌抗原液的制备　将副鸡禽杆菌冻干菌种划线接种于鸡血清肉汤琼脂平皿上，于37℃厌氧培养16h后，挑荧光性强的典型菌落接种于5～6日龄SPF鸡胚卵黄囊内，37℃继续孵化30～48h，收获鸡胚卵黄液，经纯检后放-80℃保存，即为菌种。再将上述菌种分别划线接种于平皿上，置37℃厌氧培养16～18h，挑选典型菌落接种到鸡血清肉汤培养基中，在相同条件下培养16～18h，经纯检后，即为种子液。将不同种子液按3%～5%的比例接种到培养基中，37℃厌氧培养18～24h。在培养过程中振荡培养瓶2～3次，培养后逐瓶进行纯检，合格者取样进行细菌计数。

（2）鸡新城疫病毒抗原液的制备　将NDV La Sota株在SPF鸡胚尿囊腔内增殖后，其HA效价在2^{10}以上时，置-30℃ 冰箱内作为种子毒备用。以稀释100～1 000倍的毒种0.1mL接种于孵育10日龄发育良好的鸡胚尿囊腔内。弃去接种后72h前死亡鸡胚，收获72～120h内死亡胚和120h后活胚，无菌收获鸡胚尿囊液，观察胎儿病变。对收获的ND抗原液进行检验，凡菌检为阴性、HA价≥1∶512、毒价≥$10^{8.0}$ EID_{50}/0.1mL，可作为制备疫苗ND部分的抗原液。

2. 细菌、病毒抗原液的浓缩与灭活　副鸡禽杆菌菌液通过离心或超滤器将菌液浓缩，以PBS（pH 7.2）调制成每毫升含40亿～50亿个菌落形成单位，然后按体积比（V/V）加入甲醛溶液（使甲醛最终浓度为0.05%），4℃灭活1周或37℃灭活16h以上。用鸡血清肉汤琼脂培养基做无菌检验，应无菌生长。

新城疫病毒液过滤后按体积比（V/V）加入甲醛溶液（使甲醛最终浓度为0.05%），充分混匀后置37℃灭活16h。灭活后的胚液经无菌检验合格后，置4℃冰箱备用。

3. 疫苗的乳化　按10号白油94份和司本-80 6份，硬脂酸铝1.5%（重量比）的比例配置油相。将浓缩灭活完全的IC抗原和ND毒液按2∶3充分混合，再加入汞（使汞最终浓度为0.01%），最后每96份混合抗原加4份灭菌吐温-80配置为水相。将等量的水相和油相用胶体磨、匀浆泵、乳化罐及管线式乳化机等乳化设备制成乳化疫苗。

（四）质量标准与使用

本品系用免疫原性良好的副鸡禽杆菌（A型，或A+C型，或A+B+C型）菌株，接种于适宜培养基培养，收获细菌培养物，将培养物浓缩，经甲醛溶液灭活后与灭活的鸡新城疫鸡胚尿囊液混合，加油佐剂混合乳化制成，用于预防鸡传染性鼻炎和鸡新城疫。

本品外观为白色乳状液，剂型为油包水型；黏度不超过200cP；疫苗的稳定性，取疫苗10.0mL加入离心管中，以3 000r/min离心15min，管底析出的水相应不超过0.5mL；在2～8℃条件下保存，有效期内应不出现分层和破乳现象；无菌检验应无菌生长。

做安全检验时，用20日龄SPF鸡10只，各颈背部皮下注射疫苗1.0mL，观察14d，应无异常反应。

疫苗效力检验标准为：

1. 鸡传染性鼻炎部分 根据二联苗内所含鸡传染性鼻炎菌抗原的成分，可采用以下不同的效检方法。

（1）仅含有鸡传染性鼻炎A型菌的二联苗 用60～90日龄的SPF鸡8只，每只皮下注射疫苗0.5mL（1羽份），另4只作为对照。接种30d后，每只鸡各眶下窦内注射副鸡禽杆菌C-Hpg-8株（CVCC 254）培养物0.2mL（含至少1个发病剂量），观察14d。对照鸡全部发病（面部一侧或两侧眶下窦及周围肿胀或流鼻涕或兼有流泪者）时，免疫鸡应至少保护6只；对照鸡3只发病时，免疫鸡应至少保护7只。

（2）含有鸡传染性鼻炎A型、C型菌的二联苗 用21日龄的SPF鸡20只，10只皮下注射疫苗0.25mL（含1羽份），另10只作为对照，同条件饲养。接种28d后，取免疫鸡和对照鸡各5只，每只鸡眶下窦内注射副鸡禽杆菌C-Hpg-8株（CVCC 254）培养物0.2mL（含至少1个发病剂量），另取免疫鸡和对照鸡各5只，每只鸡眶下窦内注射副鸡禽杆菌Hpg-668株培养物0.2mL（含至少1个发病剂量），观察7 d。对照组应至少发病（面部一侧或两侧眶下窦及周围肿胀或流鼻涕或兼有流泪者）4只，免疫组应至少保护4只。

（3）含有鸡传染性鼻炎A型、B型和C型菌的二联苗 用21～35日龄的SPF鸡30只，每只腿部肌内注射疫苗0.5mL（含1羽份），另30只SPF鸡不接种作为对照。接种28 d后，分别用A型、B型和C型3个血清型的副鸡禽杆菌攻击10只免疫鸡和10只对照鸡，每组鸡同侧眶下窦和鼻腔各接种0.2mL卵黄培养物，观察5 d。每个血清型对照鸡应至少7只发病（面部一侧或两侧眶下窦及周围肿胀或流鼻涕或兼有流泪者），免疫鸡应至少7只保护。

2. 鸡新城疫部分效力检验 采用血清学方法进行检验，结果不符合规定时，可采用免疫攻毒法进行效力检验。

（1）血清学方法 用30～60日龄SPF鸡15只，10只各皮下或肌内注射疫苗20μL（1/25羽份），另5只作为对照。接种后21～28 d，每只鸡分别采血，分离血清，按附录二十进行HI抗体效价测定。对照鸡HI抗体效价均应不高于1∶4，免疫鸡HI抗体效价的几何平均值应≥1∶16。

（2）免疫攻毒法 用不含抗原的矿物油佐剂为稀释液，将疫苗稀释25、50和100倍，用21日龄SPF鸡20只，每个稀释度接种5只鸡，每只鸡0.5mL，另5只作为对照，与免疫鸡同室饲养。接种28 d后，每只鸡各肌内注射鸡新城疫病毒北京株（CVCC AV1611株）强毒0.5mL（含$10^{5.0}$$ELD_{50}$），观察14 d。对照组鸡应全部死亡。根据免疫组中的存活数和不发病数计算PD_{50}，应≥50PD_{50}/羽份。

使用本疫苗时应注意，在注苗前1d取出疫苗放室温，并充分摇匀。切忌冻结，冻结后的疫苗严禁使用。开封后，限当日用完。仅限于接种健康鸡。接种时，应做局部消毒处理。用过的疫苗瓶、器具和未用完的疫苗等应进行无害化处理。用于肉鸡时，屠宰前21d内禁止使用；用于其他鸡时，屠宰前42d内禁止使用。注苗后14～21d产生免疫力。接种1次的免疫期为3～5个月；若21日龄首次免疫，120日龄再次免疫，免疫期为9个月。一般颈部皮下注射免疫效果最好，其次为腿下部、腿肌、胸肌及侧翼。21～42日龄鸡，每只0.25mL；42日龄以上鸡，每只0.5mL。2～8℃条件下保存，有效期为12个月。

（五）展望

2003年，厄瓜多尔等国家报道在免疫了三价IC疫苗鸡场分离到一株属于血清B型的鼻炎菌，用此菌株攻击免疫典型B型疫苗的鸡，结果发现疫苗对此B型分离株保护性很差，推测可能出现了一个新的免疫血清型，而用变异B型制成多价苗免疫8和16周龄的鸡，在25、45和65周时攻毒都具有很好的保护性。因此在研制鸡传染性鼻炎、鸡新城疫二联灭活疫苗时，可加入变异血清型鸡传染性鼻炎菌株。

（章振华　姜北宇）

二、鸡新城疫、传染性法氏囊病二联灭活疫苗

（一）简介

鸡新城疫（ND）是由新城疫病毒引起的主要侵害鸡和火鸡的急性高度致死性的传染病，该病已为兽医工作者熟知，自1926年发现以来，至今仍是危害养鸡业的主要疫病之一。

鸡传染性法氏囊病（IBD）是由鸡传染性法氏囊病毒引起的雏鸡急性、接触性传染病，不仅能使雏鸡发病死亡，而更重要的是鸡使染性法氏囊病病毒破坏雏鸡的免疫中枢器官（法氏囊）未成熟的B淋巴细胞，导致不同程度、甚至长期的免疫抑制，从而降低或丧失对ND、IB、MD等疫苗接种的免疫应答，并增加了对球虫、大肠杆菌、葡萄球菌等的易感性。迄今本病席卷了世界所有的养鸡国家，给养鸡业造成惨重损失。

控制ND及IBD的重要措施之一是进行免疫接种。自20世纪70年代以来，国内外研制出了ND及IBD灭活疫苗单苗，对控制这两种疫病的流行发挥了巨大的作用，为了减少接种次数，便于生产中应用，研制出了ND、IBD二联灭活疫苗，在ND及IBD的防控工作中发挥了巨大的作用。

（二）疫苗的研究进展

20世纪80年代初，国外科技工作者即开始研究ND、IBD二联油佐剂灭活疫苗。1981年Wyeth等用二联灭活疫苗免疫20周龄的父母代肉种鸡，种鸡可以产生高水平且均匀的ND及IBD抗体。1983年Thayer用ND、IBD二联灭活疫苗免疫20周龄种鸡，免疫后40周ND及IBD抗体均很高。上述两试验其子代均可获得IBD母源抗体，可使雏鸡3周龄内获得保护。Giambrone（1986）将ND-IBD二联灭活苗用于1日龄雏鸡，同时用ND、IBD活毒疫苗免疫，取得了良好的效果。

80年代中后期，随着ND、IBD二联灭活疫苗的研制成功，美国、西德、荷兰、意大利、法国等国开始大批量生产销售此疫苗。进口的ND-IBD二联灭活疫苗曾一度占领了中国大部分家禽疫苗市场。为了改变中国养禽业依赖进口疫苗的被动局面，从20世纪90年代起中国兽医科技工作者开始了各种联苗的研制工作。郑世兰等（1990）采用NDV La Sota株接种鸡胚，制备ND抗原液，用IBDV BJQ902株（为IBDV超强毒株培育出的细胞适应毒）接种鸡胚成纤维细胞制备IBDV抗原液，将两种抗原液经甲醛溶液灭活后等量混合，以10号兽用白油为佐剂，司本-80及吐温-80为乳化剂，用高压匀浆泵乳化制成双相（W/O/W）二联灭活疫苗。该疫苗安全、对鸡无任何不良作用；疫苗ND部分效检，每羽份ND效价达71～100PD_{50}，IBD部分效检，1羽份剂量免疫后1个月中和抗体达1：5 000以上，攻

毒100%保护。该疫苗与ND、IBD活毒疫苗同时应用，接种雏鸡，免疫后1个月，ND及IBD抗体明显上升，攻毒均100%保护，可持续100d左右；种鸡开产前免疫，免疫后3～4周ND HI抗体滴度可达1∶（500～1 000）以上，持续12个月，IBD中和抗体1∶（2 048～60 000）以上，其子代雏鸡2周龄攻毒保护率100%，3周龄攻毒保护率70%左右，该疫苗在中国各省（自治区、直辖市）的鸡场应用，取得了良好的免疫效果。

伍富尧等（1994）、单玉和（1995）采用NDV La Sota株接种易感鸡胚，收获尿囊液，制备ND抗原液，用当地典型鸡传染性法氏囊病病鸡的法氏囊，匀浆后提取上清，作为制苗用IBD部分的抗原液，将两种抗原液用甲醛溶液灭活后，与油佐剂乳化制成二联灭活疫苗，经实验室试验及生产中试用，证明二联苗安全、免疫效果好，一针可防两种病，尤其是对于防治肉用仔鸡的ND及IBD效果显著；此外，舒银辉等（2000）、王泽霖等也开展了此苗的研究，制苗用ND部分的种毒均用NDV La Sota株，IBDV种毒是从当地发病鸡分离的IBDV强毒株，经过驯化培育出的CEF细胞适应毒。试验证明，研制出的ND、IBD二联苗具有良好的免疫效力。

随着科学技术水平的不断发展，为了生产效力更高的疫苗，降低疫苗的生产成本，河南农业大学王泽霖（2011）从美国典型菌种保藏中心（ATCC）引进了鸡胚源传代细胞系DF-1细胞，取代CEF生产ND、IBD二联灭活疫苗中IBD抗原。研究证明，用DF-1细胞生产的IBD病毒的毒价比用CEF培养要高10倍左右，从每0.1mL含$10^{6.0\sim6.5}$ $TCID_{50}$提高到$10^{7.5}$ $TCID_{50}$，用其制备的ND、IBD二联灭活疫苗，免疫鸡后可获得非常高的IBD中和抗体效价，达到15～16 log2（1∶32 768～1∶65 536），明显高于用CEF制备出疫苗，并可产生非常好的抵抗IBDV强毒攻击的保护效果，同时降低了疫苗的生产成本。该疫苗不仅可用于种鸡的免疫，还可用于雏鸡的免疫，与IBD活苗相比，ND、IBD二联灭活疫苗不受母源抗体的干扰，抗体产生早、抗体水平高、维持时间长，并克服了使用活苗对法氏囊的损伤及造成环境污染等问题。此外，青岛易邦生物工程有限公司还开展了鸡新城疫、传染性支气管炎、传染性法氏囊病三联灭活疫苗（La Sota株+M41株+S-VP2蛋白）等含有鸡传染性法氏囊病抗原成分的联苗研制工作，构建了表达IBDV VP2蛋白的大肠杆菌基因工程菌*E. coli* BL21/pET28a-VP-2（简称S-VP2蛋白），用其生产IBDV VP2蛋白抗原液，制成疫苗后其免疫保护效果也很好。

（三）疫苗生产

制备ND-IBD二联灭活疫苗ND部分的毒种通常采用常规新城疫病毒La Sota株，用该毒种接种易感鸡胚收获尿囊液作为制苗用抗原液。新城疫病毒抗原液的毒价标准应≥$10^{8.0}$ EID_{50}/0.1mL，制备二联苗IBD部分的毒种通常采用IBDV强毒通过鸡胚及细胞传代而培育出的细胞适应毒，用该毒种接种鸡胚成纤维细胞或DF-1细胞，收获细胞毒液，将两种制苗用病毒液经适当倍数浓缩，用甲醛溶液灭活。IBDV抗原液还可用表达IBDV VP2蛋白的大肠杆菌基因工程菌制备具有良好免疫原性的IBDV VP2蛋白。CEF制备的IBDV抗原液的毒价应≥$10^{6.0}$ $TCID_{50}$/0.1mL，用DF-1细胞制备的IBDV抗原液的毒价应≥$10^{7.5}$ $TCID_{50}$/0.1mL，IBDV VP2蛋白抗原液的琼扩效价应≥1∶64。将两种抗原液按一定比例混合，以兽用白油为佐剂，司本-80及吐温-80为乳化剂，乳化制成油包水型或水包油包水型鸡新城疫与传染性法氏囊病二联灭活疫苗。

（四）质量标准与使用

本疫苗采用鸡新城疫病毒弱毒接种易感鸡胚，收获感染鸡胚液，用鸡传染性法氏囊病病毒接种鸡胚成纤维细胞或 DF－1 细胞，收获感染细胞液，将两种病毒液经超滤浓缩后，用甲醛溶液灭活；IBDV 抗原液的生产或用表达 IBDV VP2 蛋白的大肠杆菌基因工程菌制备 IBDV VP2 蛋白液；将两种抗原液按一定比例混合，与油佐剂乳化制成，用于预防鸡新城疫与传染性法氏囊病。

本疫苗外观为乳白色乳剂；剂型为油包水（W/O）型，或水包油包水（W/O/W）型；稳定性，取疫苗 10.0mL，装于离心管中，以 3 000r/min 离心 15min，管底析出的水相应不超过 0.5mL；黏度不超过 200cP；检查其装量应不低于标示量；无菌检验应无菌生长。

安全性检验，用 2～4 周龄的 SPF 鸡 10 只，各颈背部皮下或肌内注射疫苗 2 羽份，观察 14d 应不出现任何局部与全身不良反应。

效力检验标准为：

1. 鸡新城疫部分　采用血清学方法进行检验，结果不符合规定时，可采用免疫攻毒法进行效力检验。

（1）血清学方法　用 3～5 周龄 SPF 鸡 15 只，其中 10 只各皮下或肌内注射疫苗 20μL（1/25 羽份），另 5 只作为对照。接种后 21～28d，每只鸡分别采血，分离血清，按附录二十进行 HI 抗体效价测定。对照鸡 HI 抗体效价均应不高于 1∶4，免疫鸡 HI 抗体效价的几何平均值应≥1∶16。

（2）免疫攻毒法　用 3～5 周龄 SPF 鸡 15 只，其中 10 只各皮下或肌内注射疫苗 20μL（1/25 羽份），另 5 只作为对照。接种后 21～28d，每只鸡各肌内注射鸡新城疫病毒北京株（CVCC AV1611 株）$10^{5.0}$ ELD_{50}，连续观察 14d。对照鸡应全部死亡，免疫鸡应至少保护 7 只。

2. 鸡传染性法氏囊病部分

（1）IBD 细胞毒灭活苗　下列方法任择其一。

1）血清学方法　用 21 日龄 SPF 鸡 15 只（或 20 只），10 只各皮下或肌内注射疫苗 1 羽份（0.5mL），另 5 只（或 10 只）作为对照。接种 28 日后，每只鸡各采血，分离血清，测定鸡传染性法氏囊病病毒中和抗体。对照鸡中和抗体效价均应≥1∶8，免疫鸡中和抗体效价的几何平均值应不低于 1∶5 000（DF－1 细胞生产的疫苗中和抗体应≥1∶10 000）。

2）免疫攻毒法　用 21 日龄 SPF 鸡 15 只（或 20 只），10 只各皮下或肌内注射疫苗 1 羽份（0.5mL），另 5 只（或 10 只）作为对照。接种 28 日后，用鸡传染性法氏囊病强毒攻击，72h 后全部剖杀，检查法氏囊病变。法氏囊大小正常，外观粉色为保护；法氏囊发黄、有胶冻样浸润、明显肿大或萎缩为不保护。对照鸡应至少有 4 只（或 9 只）出现法氏囊病变，免疫鸡应至少有 9（或 10）只法氏囊正常。

（2）IBD VP2 蛋白灭活苗　下列方法任择其一。

1）血清学方法　用 21～28 日龄 SPF 鸡 20 只，其中 10 只各颈部皮下或肌内注射疫苗 0.2mL，另 10 只不免疫作为对照。接种后 21～28 日，每只鸡分别采血，分离血清，进行鸡传染性法氏囊病琼脂免疫扩散试验。对照鸡应全部阴性，免疫鸡应至少 9 只琼脂扩散试验抗体效价≥1∶8。

2）免疫攻毒法　用 21～28 日龄 SPF 鸡 20 只，其中 10 只各颈部皮下或肌内注射疫苗 0.2mL，另 10 只不免疫作为对照。接种后 21～28d，用鸡传染性法氏囊病强毒攻击，72～96h 后全部剖杀，检查法氏囊病变。法氏囊大小正常，外观粉色为保护；法氏囊发黄、有胶冻样浸润、明显肿大或萎缩为不保护。对照鸡应至少有 9 只出现法氏囊病变，免疫鸡应至少有 9 只法氏囊正常。

甲醛及汞含量测定，按附录二十五、三十一进行，应符合规定。本疫苗适用于雏鸡及种鸡群，推荐的免疫程序，雏鸡 7～14 日龄免疫，于颈背部皮下或肌内注射，免疫剂量 0.2～0.3mL/只，应与 ND 弱毒活疫苗同时或先后使用，免疫期为 3 个月，种鸡应在开产前 1 个月左右使用本疫苗，颈部皮下或肌内注射，0.5mL/只，同时用 ND 弱毒活疫苗免疫，种鸡用本品免疫后可产生高水平的 ND 抗体，保护种鸡免受鸡新城疫病毒强毒的侵袭，并且产生高水平的 IBD 抗体，保护仔代雏鸡在出生后的头几周不发生鸡传染性法氏囊病，种鸡免疫本品后的免疫期为 6 个月以上。

本疫苗使用前应充分摇匀，并使疫苗升至室温，疫苗瓶开启后应于 24h 内用完，只能对健康家禽进行接种，疫苗 2～8℃保存，有效期为 12 个月。

（姜北宇　章振华）

三、鸡新城疫、减蛋综合征二联灭活疫苗

（一）简介

鸡新城疫（ND）是由新城疫病毒引起的鸡的一种急性、高度接触性及致死性的传染病，给养鸡业造成了巨大的经济损失。近年来由于广泛使用 ND 灭活疫苗配合活毒疫苗的共同免疫，该病已初步得到了控制。ND 灭活疫苗已成为预防 ND 必不可少的免疫制剂。

减蛋综合征（EDS_{76}），自 1990 年以来在中国广泛流行，鸡群感染后精神、食欲均无异常，主要表现产蛋鸡群在产蛋高峰期内产蛋量的急剧下降，降蛋幅度为 10%～50%，降蛋期内出现软壳蛋、无壳蛋、薄壳蛋、砂壳蛋、异形蛋、蛋壳褪色（产褐色蛋的鸡往往产粉色蛋或白色蛋），蛋清稀薄如水样、蛋黄颜色变浅，给养鸡生产带来巨大经济损失，预防该病的有效手段是在产蛋鸡开产前一个月左右接种 EDS_{76} 灭活疫苗。

目前，产蛋鸡群在开产前必须要接种 ND 灭活疫苗及 EDS_{76} 灭活疫苗，为了简化免疫程序，减少接种次数，降低对鸡的应激反应，将 NDV 抗原与 EDS_{76}V 抗原组合在一起，按一定的生产工艺制成 ND－EDS_{76} 二联灭活疫苗，免疫一次即可有效预防两种传染病。

（二）疫苗研究进展

自 20 世纪 70 年代以来，荷兰、意大利、法国、美国等发达国家，先后研制成功 ND、EDS_{76} 等灭活疫苗单苗，为了减少接种次数，便于生产中应用，国外于 80 年代中后期研制成功了鸡新城疫、减蛋综合征二联灭活疫苗，并在生产中广泛应用，取得了良好的免疫效果。中国于 20 世纪 90 年代初开始进行鸡新城疫、减蛋综合征二联灭活疫苗的研制工作。中国兽医药品监察所张仲秋（1995）以 NDV La Sota 株和禽凝血性腺病毒京 911 株为种毒，分别接种鸡胚和鸭胚，收获病毒尿囊液，经甲醛溶液灭活后，将两种抗原液按适当配比，与油佐剂混合，乳化制成鸡新城疫、减蛋综合征二联灭活疫苗。该疫苗获农业部新兽药证书。姜平等（1993）、谈建明（1995）、陈少莺等（1995）、郑厚旌等（1995）、王采先等（1997）、钟妮娜等（1997）、张国安等（1999）和康昭风等（1999）也开展了鸡新城疫、减蛋综合征二联灭活疫苗的研究，他们均采用 NDV La Sota 株作为制备二联苗 ND 部分的种毒，生产 NDV 抗原液；采用 EDS_{76}V AV－127 株或地方分离株作为制备二联苗 EDS_{76} 部分的种毒，

生产 EDS_{76} V 抗原液，以兽用 10 号白油为佐剂，司本-80、吐温-80 为乳化剂，硬脂酸铝为稳定剂，乳化制成鸡新城疫、减蛋综合征二联灭活疫苗，试验结果证明，本疫苗安全，免疫后 3～4 周抗体达高峰，免疫期为 9 个月以上，在生产中试用取得良好的免疫效果。

姜平等（1996）将鸭源新城疫（ND）病毒 D1c 株和减蛋综合征（EDS_{76}）病毒 GC2 株于同一鸭胚同时增殖，用甲醛灭活后加入 10 号白油制成鸡新城疫、减蛋综合征异源二联灭活疫苗，经安全性、免疫效力及保存期测定，证明该疫苗与普通二联苗相同，简化了生产工艺，降低了成本，克服了鸡胚苗潜伏带毒的危险。疫苗田间试验表明，该疫苗可有效预防 ND 和 EDS_{76}。

沈志强等（2001）将新城疫病毒克隆-30 株和减蛋综合征病毒 AV-127 株分别接种鸡胚和鸭胚，制备抗原液，抗原液经甲醛灭活后与纯化的天然免疫增强剂蜂胶乳化，制成 ND-EDS_{76}蜂胶二联灭活疫苗。疫苗对 3～6 周龄易感雏鸡以二倍使用剂量肌内注射，安全性良好，对 1 日龄雏鸡接种一个使用剂量进行急性毒性试验，15d 生长曲线表明，对雏鸡无影响；对 6 周龄雏鸡一个使用剂量，免疫后 5～32d，鸡血清 EDS_{76} HI 抗体几何平均滴度为 6.5～11.8log2，ND HI 抗体几何平均滴度为 4.8～9.8log2，每羽份疫苗含 ND 保护效价达 127～131 PD_{50}。

（三）疫苗生产

1. 抗原液的制备

（1）鸡新城疫病毒抗原液的制备　选择发育良好的 9～11 日龄健康鸡胚作为制苗材料。将 NDV 毒种用灭菌生理盐水做 10^{-5}～10^{-2}稀释（毒种的稀释倍数应视鸡胚的 ND 抗体情况而定，对于带有 ND 抗体的普通鸡胚，应将毒种做 10^{-3}～10^{-2}稀释，而对 ND 抗体阴性的鸡胚，毒种稀释倍数应为 10^{-5}～10^{-4}），经尿囊腔途径接种稀释的毒种 0.1mL/胚，接种后放在 37℃继续孵化，定期照蛋，及时取出 48～120h 内死亡鸡胚，收获尿囊液，将接种后 120h 的活胚放 2～8℃过夜后，收获尿囊液，对收获的 ND 抗原液进行检验，凡菌检为阴性，HA 价≥1∶512，毒价≥$10^{8.0}$ EID_{50}/0.1mL，可作为制备疫苗 ND 部分的抗原液。

（2）减蛋综合征病毒抗原液的制备　选择发育良好的 9～10 日龄的易感鸭胚作为制苗材料。将毒种用灭菌生理盐水做 10^{-3}～10^{-2}稀释，经尿囊腔途径接种稀释的毒种 0.1mL/胚，接种后放在 37℃继续孵化，定期照蛋，及时取出 72～120h 内死亡的鸭胚，收获尿囊液，至 120h，将存活的鸭胚取出，放 2～8℃过夜后，收获尿囊液，对收获的 EDS_{76}抗原液进行检验，凡菌检为阴性，HA 价≥1∶10 240，可作为制备疫苗 EDS_{76}部分的抗原液。

2. 病毒抗原液的浓缩　为了充分保证疫苗内有足量的 NDV 及 EDS_{76} V 抗原，应对制苗用抗原液进行浓缩，浓缩采用超滤浓缩法，由于 EDS_{76} V 抗原效价比较高，因此只浓缩 NDV 抗原液即可，将 NDV 抗原液浓缩至原体积的 1/3～1/2，但具体浓缩多少倍，应根据实际情况灵活掌握，保证每羽份 0.5mL 疫苗中含有符合标准的 NDV 灭活抗原原液 0.15～0.2mL，EDS_{76} V 抗原液 1 000～2 000HA 单位。

3. 疫苗抗原液的灭活　将 NDV 及 EDS_{76} V 抗原液加入 10%甲醛溶液，使毒液内含甲醛溶液量为 0.1%～0.2%，充分摇匀，37℃灭活 16h。

4. 疫苗的乳化

（1）油相制备　取注射用白油 94 份，加硬脂酸铝 2 份，边加边搅拌，加温直到完全透明为止，再加入司本-80 6 份，混合后高压灭菌后备用。

（2）水相制备　将灭活的 NDV 及 EDS_{76} V 抗原液按一定配比混合，使每羽份（0.5mL）二联苗内含灭活的 NDV≥$10^{8.3}$ EID_{50}，灭活的 EDS_{76} V 1 000～2 000HA 单位，取混合后的抗原液 96 份加入灭菌的吐温-80 4 份，充分摇匀，直到吐温-80 完全溶解。

（3）乳化　目前的乳化设备主要有胶体磨、匀浆泵、乳化罐及管线式乳化机等，根据实际可采用不同乳化设备及工艺，制成 W/O 型二联灭活疫苗，油水比为 3∶2 或 2∶1 或 7∶3 或 3∶1。乳化后分装，加盖密封，贴标签，在 2～8℃保存。

（四）质量标准与使用

本品采用免疫原性良好的鸡新城疫病毒和禽凝血性腺病毒分别接种易感鸡胚和鸭胚培养，收获感染胚液，经超滤浓缩甲醛溶液灭活后，按一定比例混合，再加油佐剂混合乳化制成。用于预防鸡新城疫和减蛋综合征。

本疫苗外观为乳白色乳剂，剂型为油包水（W/O）型；稳定性，取疫苗 10.0mL，装于离心管中，以 3 000r/min 离心 15min，管底析出的水相应不超过 0.5mL；黏度不超过 200cP；装量检查其装量应不低于标示量；无菌检验应无菌生长。

安全性检验，用 21～42 日龄 SPF 鸡 10 只，各肌内注射疫苗 1mL，观察 14d，应不发生因注射疫苗所致的局部和全身不良反应。

效力检验标准为：

1. 鸡新城疫部分　采用血清学方法进行检验，结果不符合规定时，可采用免疫攻毒法进行效力检验。

（1）血清学方法　用 3～6 周龄 SPF 鸡 15 只，10 只各皮下或肌内注射疫苗 20μL（1/25 羽份），另 5 只作为对照。接种后 21～28d，每只鸡分别采血，分离血清，按附录二十进行 HI 抗体效价测定。对照鸡 HI 抗体效价均应不高于 1∶4，免疫鸡 HI 抗体效价的几何平均值应不低于 1∶16，疫苗鸡新城疫部分判合格。

（2）免疫攻毒法　用 3～6 周龄 SPF 鸡 15 只，10 只各皮下或肌内注射疫苗 20μL（1/25 羽份），另 5 只作为对照。接种后 21～28d，每只鸡各肌内注射鸡新城疫病毒北京株（CVCC AV1611 株）$10^{5.0}$ ELD_{50}，观察 14d，对照组全部死亡，免疫组至少保护 7 只，疫苗鸡新城疫部分判合格。

2. 减蛋综合征部分　用 3～6 周龄 SPF 鸡 10 只，每只肌内注射疫苗 1 羽份（0.5mL），21～35d 后，连同条件相同的对照鸡 5 只一起采血，检测 EDS_{76} HI 抗体，计算几何平均滴度。对照鸡 HI 抗体效价均应不高于 1∶4；免疫鸡抗体效价的几何平均值应不低于 1∶128。

甲醛及汞含量测定，按附录二十五、三十一进行，应符合规定。

本疫苗用于产蛋鸡群（包括商品产蛋鸡及种鸡），使用本疫苗之后，鸡群可产生高水平的 ND 抗体，保护产蛋鸡群免受鸡新城疫强毒的感染。此外，产生高水平的减蛋综合征抗体，保护鸡群产蛋。通常产蛋鸡群于开产前 2～4 周进行免疫，免疫剂量为 0.5mL/只，肌内或皮下注射，本疫苗 ND 部分的免疫期为 6 个月以上，减蛋综合征部分的免疫期为 12 个月。本疫苗在 2～8℃保存，勿冻结，有效期为 12 个月。

使用本疫苗前应充分摇匀，并使疫苗升至室温，疫苗瓶开启后应于 24h 内用完，在使用本疫苗的同时，应用 ND 弱毒疫苗滴鼻、点眼或气雾免疫。

（姜北宇　章振华）

四、鸡新城疫、传染性支气管炎二联活疫苗

（一）简介

鸡新城疫是由新城疫病毒（NDV）所引起的急性、热性、高度接触性传染病。其主要特征是呼吸困难、下痢、神经机能紊乱，黏膜和浆膜出血，该病自1926年发现以来，至今仍是危害养鸡业的主要疫病之一。

鸡传染性支气管炎（IB）是鸡的一种急性、高度接触传染的病毒性呼吸道和泌尿生殖道疾病。其特征是咳嗽、喷嚏、气管啰音和呼吸道黏膜呈浆液性、卡他性炎症。雏鸡发病后通常表现流鼻液、呼吸困难等呼吸道症状，有时会发生死亡；产蛋鸡则以产蛋量减少和蛋白品质下降较为常见。如果发生肾病变型传染性支气管炎，还会出现病鸡肾肿大、肾小管和输尿管内有尿酸盐沉积等病理变化。鸡传染性支气管炎病于1930年春在美国北达科他州首先发现。1962年Winterfield和Hitchner发现了肾病变型传染性支气管炎（IB－nephrosis form）。目前，该病在世界上大多数养鸡地区都有发现。中国于1972年由邝荣禄教授在广东首先报道了IB的存在。此后北京、上海等地相继有报道，现该病已蔓延至全国大部分地区，给养鸡业造成了巨大的经济损失。鉴于鸡新城疫、鸡传染性支气管炎对养禽业的重大危害，国内外已研制了鸡新城疫、传染性支气管炎二联活疫苗，用于防控此两种疫病的发生和流行。

（二）疫苗研究进展

ND－IB二联活疫苗的研究始于20世纪80年代。Winterfield RW（1984）用鸡新城疫和鸡传染性支气管炎的单苗及二联活苗通过喷雾免疫鸡，观察单苗和联苗诱导鸡产生抗体的免疫应答有何不同影响。试验结果表明，IB单苗仅比联苗稍早诱发鸡产生呼吸道症状，但单苗和联苗诱发呼吸道症状的强弱程度是一致的。通过病毒中和试验以及攻毒试验，证明二联苗中两种病毒并没有互相干扰诱导产生抗体的能力。Cholakova R（1985）用ND（La Sota株）和IB（H120、H52及分离株Th75Vn82）制备二联苗，对不同日龄鸡进行饮水、喷雾和滴鼻免疫，免疫后测定ND HI抗体水平并用强毒攻击，AGP法测定IB抗体水平并做病毒中和试验，最后用IBV攻击。结果表明，二联苗和各个单苗诱导的ND和IB抗体相当，并能抵抗强毒的攻击。

中国兽医药品监察所李扬陇（1984）以同一鸡胚培养NDV及IBV弱毒的方法获得成功，研制出几种不同组合的ND－IB二联活疫苗，并在中国兽医生物制品厂批量生产及全国范围内应用，取得良好效果。

吴志达等（1988）、张继东等（2004）也进行了NDV及IBV两种弱毒在同一鸡胚内共培养制备二联苗的研究，试验证明，将NDV及IBV毒种接种量调整到一个适当的比例，接种鸡胚后，可以同时获得高效价的NDV及IBV疫苗病毒液，同胚接种制备二联苗与单独接种相比，省时、省力，降低了生产成本。

常规ND－IB二联活疫苗需要在－15 ℃以下保存。在疫苗运输过程如果温度升高，经常导致疫苗的免疫效力下降。随着中国对耐热冻干保护剂研究的不断成熟，现已成功研制出ND－IB二联耐热保护剂活疫苗，解决了疫苗保存、运输中温度难于控制的难题，给疫苗的生产和使用带来了更大的便利。

（三）疫苗的生产

疫苗生产通常采用鸡胚培养，有以下两种制备方法。

1. 两种病毒分别培养法 将 NDV、IBV 生产用毒种分别用灭菌生理盐水适当稀释后，分别接种 10～11 日龄 SPF 鸡胚尿囊腔，接种后，分别收获感染鸡胚尿囊液，然后将 NDV 病毒液与 IBV 病毒液按一定配比混合，加入适当冻干保护剂，经过分装，冷冻干燥制成二联苗。

2. 两种病毒在一个鸡胚内共培养法 先用灭菌生理盐水将 NDV、IBV 毒种分别按一定的稀释度作稀释，然后将已稀释好的 NDV 及 IBV 病毒液等量混合，接种 SPF 鸡胚，收获感染鸡胚液，加适宜稳定剂，经冷冻真空干燥制成二联苗。

（四）质量标准与使用

本品系用鸡新城疫和鸡传染性支气管炎弱毒株为种毒，采用单独或混合接种的方法，接种 SPF 鸡胚，收获尿囊液，按一定比例混合后，加入稳定剂，经冷冻真空干燥制成。用于预防鸡新城疫和鸡传染性支气管炎。

本疫苗为微黄或微红色海绵状疏松团块，易与瓶壁脱离，加稀释液后迅速溶解。

无菌检验，按附录六进行，应无菌生长。如有菌生长，应进行杂菌计数，并做病原性鉴定和禽沙门氏菌检验，应符合规定。每羽份非病原菌数应不超过 1 个。

支原体检验，按附录八进行，应无支原体生长。

鉴别检验时，将疫苗用灭菌生理盐水稀释至 1.0mL 含 1 羽份，分别与等量抗鸡新城疫、传染性支气管炎病毒特异性血清混合，置室温作用 60min，尿囊腔内接种 10 日龄 SPF 鸡胚 10 枚，每胚 0.2mL。置 37℃下孵育 144h，24～144h 内，应不引起特异性死亡及鸡胚病变，并至少有 8 枚鸡胚健活，对鸡胚液做红细胞凝集试验，应呈阴性。

外源病毒检验，按附录十二进行检验，应符合规定。

安全检验时，应根据二联苗内所含疫苗毒株成分的不同而采用不同的方法：

1. 鸡新城疫 La Sota（或 HB_1、VG/GA 等弱毒株）**与鸡传染性支气管炎 H_{120}**（或 Ma5、28/86 等弱毒株）二联苗 将疫苗用生理盐水稀释，用 4～7 日龄 SPF 鸡 20 只，10 只各滴鼻接种 0.05mL（含 10 羽份），另 10 只作为对照，观察 14d，应全部健活。如果有非特异性死亡，免疫组与对照组均应不超过 1 只。否则可重检 1 次，重检后，应符合规定。

2. 鸡新城疫 La Sota（或 HB_1 等弱毒株）**与鸡传染性支气管炎 H_{52} 二联苗** 用 21～30 日龄 SPF 鸡 10 只，每只滴鼻接种疫苗 0.05mL（含 10 羽份），观察 14d，应不出现任何临床症状和死亡。

3. 鸡新城疫Ⅰ系与鸡传染性支气管炎 H52 二联苗 用 1～2 月龄 SPF 鸡 4 只，每只肌内注射 10 羽份疫苗，观察 10～14d，允许有轻微反应，但须在 14d 内恢复，疫苗判为合格。如果有 1 只鸡出现腿麻痹，不能恢复时，允许用 8 只鸡重检一次。重检结果中，如果有 1 只鸡出现上述同样反应，疫苗应判为不合格。

效力检验时，也应根据二联苗内所含疫苗毒株成分的不同而采用不同的方法。

（1）鸡新城疫 La Sota（或 HB1、VG/GA 等弱毒株）与鸡传染性支气管炎 H_{120}（或 Ma5、28/86 等弱毒株）二联苗 下列方法任择其一。

1）用鸡胚检验 将疫苗用生理盐水稀释至 1 羽份/0.05mL，分别装入 2 支试管中，每管 1mL。第 1 管加入等量的鸡新城疫抗血清，第 2 管加入等量的鸡传染性支气管炎抗血清。

在室温中和 1 h（中间摇 1 次），此时病毒含量为 1 羽份/0.1mL。将第 1 管（经鸡新城疫抗血清中和后的疫苗病毒液）做 10 倍系列稀释，从 10^{-1} 至 10^{-4}，取 10^{-2}、10^{-3}、10^{-4} 三个稀释度各尿囊腔内接种 10 日龄 SPF 鸡胚 5 个，每胚 0.1mL，于 37℃观察 6d，根据接种后 24～144h 死胚及 6d 时存活的鸡胚中出现失水、蜷缩、发育小（接种胎儿比对照最轻胎儿重量低 2g 以上）等特异性病变胚的总和，计算 EID_{50}，每羽份应不低于 $10^{3.5}EID_{50}$，鸡传染性支气管炎部分判为合格。将第 2 管（经鸡传染性支气管炎抗血清中和后的疫苗病毒液）作 10 倍系列稀释，从 10^{-1} 至 10^{-7}，取 10^{-5}、10^{-6}、10^{-7} 三个稀释度各接种 10 日龄 SPF 鸡胚 5 个，每胚 0.1mL，48h 以前死亡的鸡胚不计，随时取出 48～120h 死亡的鸡胚，收获鸡胚液，同稀释度等量混合，至 120h 取出活胚，逐个收获胚液，分别测定血凝价，不低于 1∶128 判为感染，计算 EID_{50}，每羽份应不低于 $10^{6.0}EID_{50}$，鸡新城疫部分判为合格。

2）用鸡检验

① 鸡新城疫部分：用 30～60 日龄 SPF 鸡 15 只，10 只各滴鼻接种疫苗 0.01 羽份，另 5 只作为对照。接种 14d 后，每只鸡各肌肉注射鸡新城疫强毒北京株（CVCC AV1611）$10^{4.0}$ EID_{50}，观察 14d。对照鸡应全部死亡，免疫鸡至少保护 9 只。

② 鸡传染性支气管炎部分：用 1～3 日龄 SPF 鸡 10 只，每只滴鼻 1 羽份，接种后 10～14d，连同对照鸡 10 只，用 10 倍稀释的鸡传染性支气管炎 M_{41}（CVCC AV1511）滴鼻，每只鸡 1～2 滴，连续观察 10d。对照鸡应至少发病 8 只，免疫鸡至少保护 8 只。

（2）鸡新城疫 La Sota（或 HB_1 等弱毒株）与鸡传染性支气管炎 H_{52} 二联苗　下列方法任择其一。

1）用鸡胚检验　按（1）的 1）项进行和判定。

2）用鸡检验

① 鸡新城疫部分：按（1）的 2）中①项进行和判定。

② 鸡传染性支气管炎部分：用 21 日龄 SPF 鸡 10 只，各滴鼻或气管注射 1 羽份，14～21d 后分离血清，至少抽检 5 只鸡，分别测其中和抗体效价，应不低于 1∶8。

（3）鸡新城疫Ⅰ系与鸡传染性支气管炎 H_{52} 二联苗　下列方法任择其一。

1）用鸡胚检验　将疫苗用生理盐水稀释至 1 羽份/0.05mL，分别放入 2 支试管中，每管 1mL，第 1 管加入等量鸡新城疫抗血清，第 2 管加入等量鸡传染性支气管炎病抗血清，于室温中和 1h（中间摇 1 次），此时病毒含量为 1 羽份/0.1mL。第 1 管按上述（1）的 1）项方法测定鸡传染性支气管炎病毒价，每羽份应不低于 $10^{3.5}EID_{50}$。第 2 管做 10 倍系列稀释至 10^{-6}，取 10^{-4}、10^{-5}、10^{-6} 三个稀释度，各尿囊腔内接种 10 日龄 SPF 鸡胚 5 个，每胚 0.1mL，于 37℃培养。观察 24～72h，记录鸡胚死亡情况，胎儿应有明显病痕，混合的鸡胚液对 1% 鸡红细胞的凝集价在不低于 1∶64，判为感染，计算 EID_{50}，每羽份不低于 $10^{5.0}EID_{50}$。

2）用鸡检验

① 鸡新城疫部分　用 2～8 个月龄 SPF 鸡 4 只，每只肌内注射 0.01 羽份的疫苗 1mL，10～14d 后，连同条件的未免疫对照鸡 3 只，各肌内注射 $10^{5.0}ELD_{50}$ 的鸡新城疫强毒北京株（CVCC AV1611）1mL，观察 14d，对照鸡应全部发病死亡，免疫鸡全部健活，疫苗判为合格。

② 鸡传染性支气管炎部分　按（2）的 2）中②项进行和判定。

剩余水分测定，按附录二十六进行测定，应符合规定。

真空度测定，按附录三十二进行测定，应符合规定。

本疫苗用于预防鸡新城疫和鸡传染性支气管炎。使用时采用滴鼻点眼、饮水或气雾方式免疫。HB_1 - H_{120}二联苗适用于1日龄以上鸡；La Sota - H_{120}二联苗适用于7日龄以上鸡；La Sota（或HB_1）- H_{52}二联苗适用于21日龄以上鸡。按瓶签注明羽份用生理盐水、蒸馏水或水质良好的冷开水稀释疫苗。滴鼻免疫，每只鸡滴鼻1滴（0.03～0.05mL）。饮水及气雾免疫剂量加倍，其饮水量根据鸡龄大小而定。一般5～10日龄每只5～10mL；20～30日龄每只10～20mL；成鸡每只20～30mL。Ⅰ系- H_{52}二联苗，系用中等毒力病毒株制成，适用于经低毒力活疫苗免疫后2月龄以上的鸡饮水免疫，不能用于雏鸡。疫苗稀释后，应放冷暗处，必须在4h内用完。饮水免疫忌用金属容器，饮用前至少停水4 h。本疫苗在－15℃以下保存，有效期为18个月；进口疫苗及国产耐热冻干保护保护剂疫苗在2～8℃保存，有效期为24个月。

（章振华　姜北宇）

五、鸡新城疫、鸡传染性支气管炎和鸡痘三联活疫苗

（一）简介

鸡新城疫是由新城疫病毒（NDV）引起的急性、热性、高度接触性传染病。其主要特征是呼吸困难、下痢、神经机能紊乱，黏膜和浆膜出血。

鸡传染性支气管炎（IB）是鸡的一种急性、高度接触传染的病毒性呼吸道和泌尿生殖道疾病。其特征是咳嗽、喷嚏、气管啰音和呼吸道黏膜呈浆液性、卡他性炎症。

鸡痘（AP）是由禽痘病毒（Avipox virus）引起的家禽和鸟类（鸡、火鸡、鸽等）的一种高度接触性传染病。该病传播较慢，以体表无羽毛部位出现散在的、结节状的增生性皮肤病灶为特征（皮肤型），也可表现为上呼吸道、口腔和食管部黏膜的纤维素性、坏死性增生病灶（白喉型），两者皆有的称为混合型。

鸡新城疫（ND）、鸡传染性支气管炎（IB）、鸡痘（AP）三种禽病均具有高度的传染性，鸡单独或混合感染后，出现生长发育受阻，饲料消耗增加，产蛋量下降，死亡淘汰率增加，给养鸡业带来很大危害，其造成的经济损失是巨大的。过去对这三种疫病预防用的疫苗，都是单独制造，在使用时需几次免疫接种，浪费很多人力物力。根据生产上存在的问题和需求，研制鸡新城疫、传染性支气管炎和鸡痘三联活疫苗，免疫一次即可有效预防三种疫病。

（二）疫苗研究进展

鸡新城疫、传染性支气管炎和鸡痘三联活疫苗的研究始于20世纪80年代。梁圣译等（1990）用鸡新城疫B_1毒株与鸡痘鹌鹑化弱毒株混合接种鸡胚，用鸡传染性支气管炎H_{120}毒株单独接种鸡胚，分别收获鸡胚液及尿囊膜，然后按一定比例混合，加入适当保护剂，研制出三联活疫苗。经对不同年龄、性别的肉用、蛋用、商品和祖代种鸡实际应用，证明100%安全，对IB保护率在85%以上，对AP保护率为100%，对ND保护率为94.4%以上，效果确实。

韦家槐等（1992）通过调整鸡新城疫、传染性支气管炎、鸡痘3种弱毒株的接种量及接种方法，将3种病毒混合接种同一鸡胚，繁殖生产病毒液，研制出ND、IB、AP三联活疫苗，试验证明，生产出的三联弱毒苗中各病毒的毒价均达到部颁规程要求，制成的三联苗对1周龄不同品种的鸡安全，无不良反应。制成的三联苗以1∶10稀释，滴鼻可获得对3种病的免疫力，免疫后15～68d，ND HI抗体几何平均值为1∶30.3至1∶60.6，免疫后14d，NDV强毒攻毒保护率达100%。对鸡痘的免疫力观察，免疫后15d，以痘病毒刺种皮肤，85%不出现痘病变，滴鼻后15d，将雏鸡放在患痘的鸡群中，连续观察3个月，均未见出痘。对IBV强毒攻击的保护率达80%以上。该疫苗在广西、广东等省（自治区）应用，免疫效果良好。

刘晓红等（1996）用三联活苗对1～3日龄雏鸡进行喷雾免疫，6～16d后分别攻击3种强毒，对免疫鸡保护率100%（每组10只），ND对照鸡全部发病，死亡3只以上；AP对照组全部发病，死亡7只；IB发病率80%以上。免疫试验结果均能达到现行质量标准。对1～3日龄雏鸡进行喷雾免疫方式简化了免疫方法，适应群体饲养的雏鸡使用，安全有效，并提高雏鸡成活率。李维义等（2004）开展了鸡新城疫、传染性支气管炎和鸡痘三联活毒油苗的研究，将三联冻干弱毒疫苗加入适量灭菌生理盐水溶解稀释，即成为制备活毒油苗所用的抗原，再加入油佐剂，制成三联弱毒油苗。

（三）疫苗生产

将NDV、IBV、APV毒种分别接种9～11日龄SPF鸡胚，按其单苗制造方法，分别收获尿囊液和绒毛尿囊膜，再按一定比例混合，加入稳定剂，冻干，或将三种病毒按一定比例混合后，接种于同一鸡胚，收获尿囊液和绒毛尿囊膜，加入稳定剂后冻干，或将NDV和鸡痘弱毒株混合接种同一鸡胚，IBV弱毒单独接种，分别收获鸡胚尿囊液和绒毛尿囊膜，按一定比例混合后加入稳定剂冻干。

（四）质量标准与使用

本品系用鸡新城疫、鸡传染性支气管炎和鸡痘弱毒株为种毒，采用单独或混合接种的方法，接种SPF鸡胚，收获尿囊液及尿囊膜，按一定比例混合后，加入稳定剂，经冷冻真空干燥制成。用于预防雏鸡新城疫、鸡传染性支气管炎和鸡痘。

本品为微黄或微红色海绵状疏松团块，易与瓶壁脱离，加稀释液后迅速溶解。

按附录六进行无菌检验，应无菌生长。如果有菌生长，应进行杂菌计数，并作病原性鉴定和禽沙门氏菌检验，每羽份含非病原菌应不超过1个。

支原体检验，按附录八进行，应无支原体生长。

鉴别检验时，将疫苗用生理盐水做适当稀释，与抗鸡新城疫、传染性支气管炎、鸡痘病毒特异性血清混合，在24～30℃中和1h，尿囊腔内接种10日龄SPF鸡胚10个，每胚0.2mL。置37℃观察24～144h，应不引起死亡及鸡胚病变。

外源病毒检验，按附录十二进行，应符合规定。

安全检验时，将疫苗用生理盐水还原，做5倍稀释后点眼并在翅膜皮肤划痕接种7日龄SPF鸡10只，每只鸡约0.2mL（含10羽份），连同条件相同的对照鸡10只，观察14d。接种后，鸡应无不良反应，或至多2只鸡出现非特异性死亡，判为合格。如有3只以上的鸡非特异死亡，应重检。

效力检验的方法和标准是：

1. 用雏鸡检验 将疫苗用生理盐水还原，并 100 倍稀释，以 0.1mL 皮下翅膜接种 7～10 日龄 SPF 鸡 10 只，10～14d 后，连同条件相同的对照鸡 3 只，各肌内注射 $10^{4.0}$ ELD_{50} 的鸡新城疫强毒北京株（CVCC AV1611）1mL，攻毒后，观察 14d，对照鸡应全部死亡，免疫鸡应全部健活，疫苗的鸡新城疫部分判为合格。

同时用以上剂量的疫苗免疫 1～3 日龄 SPF 鸡 10 只，10～14d 后，连同条件相同的对照鸡 10 只，用 10 倍稀释的 M_{41} 强毒滴鼻，每只鸡 1～2 滴，观察 10d，对照鸡发病至少 8 只，免疫鸡至少保护 8 只，疫苗的鸡传染性支气管炎部分判为合格。

同时用以上剂量的疫苗免疫 7～14 日龄 SPF 鸡至少 5 只，10～14d 后，连同条件相同的对照鸡 2 只，各肌内注射鸡痘病毒强毒绒毛尿囊膜滤液 1 万～5 万倍的稀释液 1mL，并毛囊涂擦，观察 10～14d，对照组发全经过型强痘，免疫组不发全身痘，疫苗的鸡痘部分判为合格。

2. 用鸡胚检验 将疫苗用无菌生理盐水还原后，做 10^{-3} 稀释，分别放入 3 支试管中，每管 1mL，第 1 管加入等量抗鸡传染性支气管炎和鸡新城疫高免血清，第 2 管加入等量抗鸡新城疫和鸡痘高免血清，第 3 管加入等量抗鸡传染性支气管炎和鸡痘高免血清，置 24～37℃中和 1h 后，中间摇 2 次。

第 1 管继续稀释至 10^{-5}，绒毛尿囊膜接种 11～12 日龄 SPF 鸡胚 10 个，各 0.3mL（其中实含鸡痘弱毒 0.1mL），接种 144h 后判定，全部鸡胚绒毛尿囊膜有水肿、增厚或痘斑，疫苗的鸡痘部分判为合格。

第 2 管继续稀释至 10^{-6}，尿囊腔内接种 10 日龄 SPF 鸡胚 10 个，各 0.3mL，观察 144h，接种鸡胚应在 48～144h 死亡一部分，或至 6d 时存活的鸡胚中部分出现胎儿失水、蜷缩、发育小（接种胎儿比对照最轻胎儿重量低 2g 以上，作为参考数据）、死胚数和胎儿出现特异性病痕的总和应在 50%以上，则鸡传染性支气管炎部分判为合格。

第 3 管继续做 10^{-6}、10^{-7}、10^{-8} 稀释，每个稀释度尿囊腔内接种 SPF 鸡胚 10 个，各 0.3mL，48h 前死亡的鸡胚小计，随时取出 48～144h 死亡鸡胚，收获鸡胚液，同一稀释度的死胚液等量混合，至 144h 取出的活胚逐个收获鸡胚液，分别测红细胞凝集价，不低于 1∶128 判为感染，计算 EID_{50}。病毒含量不低于 $10^{7.0}$ EID_{50}/0.1mL，鸡新城疫部分判为合格。

以上 3 种成分效检应设同条件对照鸡胚 10 个，随同效检鸡胚在 37℃孵育 144h，剖检观察胎儿发育情况，并逐个称重，最后观察绒毛尿囊膜，以便对比。

本品适用于 7 日龄以上健康雏鸡。按瓶签注明羽份用生理盐水（注射用水或冷开水）稀释，在翅膀皮下无血管处注射 0.1mL；或每羽点眼 2 滴，并在翅膀内侧无血管处刺种 2 针。为了加强免疫，第 1 次接种后，隔 20d 按以上使用方法补种 1 次。

本品在－15℃以下保存，有效期为 18 个月；在 2～8℃保存，有效期为 12 个月。在运输和使用时，气温在 10℃以上必须放在装有冰块的冷藏容器内，气温在 10℃以下可用普通包装运送；严禁阳光照射和接触高温。在使用前应仔细检查，如发现玻瓶破裂，没有瓶签或瓶签不清楚，苗中混有杂质，已过有效期或未在规定条件下保存者，都不能使用。本品在接种前应了解当地确无疫病流行，被接种的鸡群应健康，体质瘦弱、患有疾病的鸡，都不应使用。本品应随用随稀释，稀释后的疫苗应放冷暗处，并限 2h 内用完。接种用具，用前须经消毒。接种后剩余疫苗、空瓶、稀释液和接种用具等应消毒处理。

（章振华　姜北宇）

六、鸡新城疫、鸡传染性支气管炎和减蛋综合征三联灭活疫苗

（一）简介

鸡新城疫（ND）、传染性支气管炎（IB）和减蛋综合征（EDS_{76}）是危害种鸡和商品蛋鸡的三种主要病毒性传染病，给养鸡业造成了巨大的经济损失。为了控制这些疫病的流行和减少鸡只反复接种所造成的应激，根据养鸡生产的需求，将 NDV、IBV、EDS_{76}V 三种抗原组合在一起，研制 ND－IB－EDS_{76} 三联灭活疫苗，免疫一次即可有效预防 ND、IB、EDS_{76} 三种疫病，减少免疫接种次数，简化了免疫程序，方便养鸡生产者的使用。

（二）疫苗研究进展

自 20 世纪 70 年代以来，荷兰、意大利、法国、美国等发达国家，先后研制成功 ND、IB、EDS_{76} 等灭活疫苗单苗，为了减少接种次数，便于生产中应用，国外于 80 年代中后期研制成功了 ND－IB－EDS_{76} 三联灭活疫苗，并在生产中广泛应用，取得了良好的免疫效果。

中国于 20 世纪 90 年代中后期开始进行 ND－IB－EDS_{76} 三联灭活疫苗的研制工作。吴延功等（1994）用新城疫病毒克隆 79 株、减蛋综合征病毒 NE_4 株和传染性支气管炎 M_{41} 株分别接种鸡胚和鸭胚，收获鸡胚、鸭胚尿囊液，经甲醛灭活后，按一定比例配比，以矿物油为佐剂，制成三联油佐剂灭活疫苗，将该疫苗接种于产蛋后备鸡，免疫后 7d 产生免疫应答，免疫后 30d 保护率达 90%～100%，免疫后 6 个月攻毒，ND 和 IB 保护率为 100%，EDS_{76} 为 95%。该疫苗在一些省份应用取得满意效果。艾武等（1995）用鸡城疫病毒 La Sota 株、鸡传染性支气管炎病毒 M_{41} 株、肾型传染性支气管炎病毒 KIBV－SD 株、减蛋综合征病毒 AV－127 株为种毒，分别接种鸡胚或鸭胚，收获感染胚液，经甲醛溶液灭活后，用中空纤维超滤设备浓缩，按一定比例混合，与油佐剂乳化制成三联苗，经大量实验室试验和野外田间试验证明，该疫苗具有良好的免疫效力，该疫苗获农业部新兽药证书。王泽霖等以 NDV La Sota 株、IBV M_{41} 株及 EDS_{76}V 株为种毒，分别接种鸡胚或鸭胚，制备抗原液，经超滤浓缩后，按一定配比与油佐剂乳化制成三联苗，该疫苗获农业部新兽药证书。

此外，朱国强等（1996）、薛树山等（1998）、宋立芹等（1999）、张国安等（2000）、乔忠等（2001）、陈晓清等（2002）也进行了三联苗的研制，他们使用的制苗用毒株，ND 采用 NDV La Sota 株等弱毒株，IB 采用 IBV M_{41} 株及当地分离的肾型传染性支气管炎强毒株，EDS_{76} 采用 AV－127 株或自己分离株，接种鸡胚或鸭胚制备抗原液，灭活后与油佐剂乳化制成三联灭活疫苗。

（三）疫苗生产

1. 抗原液的制备

（1）鸡新城疫病毒抗原液的制备 选择发育良好的 9～11 日龄健康鸡胚作为制苗材料。将毒种用灭菌生理盐水做 10^{-5}～10^{-2} 稀释（毒种的稀释倍数应视鸡胚的 ND 抗体水平而定，对于带有 ND 抗体的普通鸡胚，应将毒种做 10^{-3}～10^{-2} 稀释，而对 ND 抗体阴性的鸡胚，毒种稀释倍数应为 10^{-5}～10^{-4}），经尿囊腔途径接种稀释的毒种 0.1mL/胚，接种后放在 37℃ 继续孵化，定期照蛋，及时取出 48～120h 内死亡的鸡胚，收获尿囊液，将接种后 120h 活胚，放 2～8℃ 过夜，收获尿囊液。对收获的 ND 抗原液进行检验，凡菌检为阴性，HA 价≥1∶512，毒价≥$10^{8.0}$ EID_{50}/0.1mL，可作为制备疫苗 ND 部分的抗原液。

（2）鸡传染性支气管炎病毒抗原液的制备　选择发育良好的9～11日龄IB抗体阴性的鸡胚作为制苗材料。将IBV毒种用灭菌生理盐水做100～10 000倍稀释，经尿囊腔途径接种稀释后毒种，每胚0.1mL，接种后放37℃继续孵化，定期照蛋，收获24～40h死亡鸡胚尿囊液，将40h活胚放2～8℃过夜，收获尿囊液，对收获的病毒尿囊液进行检验，凡菌检为阴性，毒价≥$10^{6.0}$ EID_{50}/0.1mL，可作为制备疫苗IB部分的抗原液。

（3）减蛋综合征病毒抗原液的制备　选择发育良好的9～10日龄的易感鸭胚作为制苗材料，将毒种用灭菌生理盐水做10^{-3}～10^{-2}稀释，经尿囊腔途径接种稀释的毒种0.1mL/胚，接种后放在37℃继续孵化，定期照蛋，及时取出72～120h内死亡的鸭胚，收获尿囊液，至120h将存活的鸭胚取出，放2～8℃过夜，收获尿囊液，对收获的EDS_{76}病毒抗原液进行检验，凡菌检为阴性、HA价≥1∶10 240，可作为制备疫苗EDS_{76}部分的抗原液。

2. 病毒抗原液的浓缩　为了充分保证ND-IB-EDS_{76}三联灭活疫苗内有足量的NDV、IBV及EDS_{76} V抗原，应对制苗用抗原液进行浓缩，浓缩采用超滤浓缩法，将NDV、IBV、EDS_{76} V三种抗原液均浓缩至原体积的1/3左右，应保证每羽份0.5mL疫苗中含有符合标准的NDV灭活抗原原液0.15～0.2mL，IBV灭活抗原原液0.15～0.2mL，EDS_{76} V抗原液1 000～2 000HA单位。

3. 疫苗抗原液的灭活　将浓缩的NDV、IBV及EDS_{76} V抗原液，加入10%甲醛溶液，使毒液含甲醛溶液原液浓度的0.1%～0.2%，充分摇匀，至37℃灭活16h。

4. 疫苗的乳化

（1）油相制备　取注射用白油94份，加硬脂酸铝2份，边加边搅拌，加温直到完全透明为止，再加入司本-80 6份，混合，高压灭菌后备用。

（2）水相制备　将浓缩灭活的NDV、IBV及EDS_{76} V抗原液按一定配比混合，使每羽份（0.5mL）三联苗内含灭活的NDV≥$10^{8.3}$ EID_{50}，浓缩灭活的IBV抗原液≥$10^{6.3}$ EID_{50}，灭活的EDS_{76} V 1 000～2 000HA单位，取混合后的抗原液96份加入灭菌的吐温-80 4份，充分摇匀，直到吐温-80完全溶解。

（3）乳化　目前的乳化设备主要有胶体磨、匀浆泵、乳化罐及管线式乳化机等，根据实际可采用不同乳化设备及工艺，制成W/O型三联灭活疫苗，油水比为2∶1或3∶1或7∶3。乳化后分装，加盖密封，贴标签，在2～8℃保存。

（四）质量标准与使用

本疫苗采用免疫原性良好的鸡新城疫病毒株、传染性支气管炎病毒株和禽凝血性腺病毒株分别接种易感鸡胚或鸭胚培养，收获感染胚液，经超滤浓缩后，用甲醛溶液灭活，按一定比例混合，再加油佐剂乳化制成。用于预防鸡新城疫、鸡传染性支气管炎和减蛋综合征。

本疫苗外观为乳白色乳剂，剂型为油包水（W/O）型；稳定性，取疫苗10.0mL，装于离心管中，以3 000r/min离心15min，管底析出的水相应不超过0.5mL；黏度不超过200cP；检查其装量应不低于标示量；无菌检验应无菌生长。

安全性检验，用21～42日龄SPF鸡10只，肌内注射疫苗2羽份（1mL），观察14d，应不发生因注射疫苗所致的局部和全身不良反应。

效力检验标准为：

1. 鸡新城疫部分　采用血清学方法进行检验，结果不符合规定时，可采用免疫攻毒法进行效力检验。

（1）血清学方法　用 3～6 周龄 SPF 鸡 15 只，10 只各皮下或肌内注射疫苗 20μL（1/25 羽份），另 5 只作为对照。接种后 21～28d，每只鸡分别采血，分离血清，按《中国兽药典》进行 HI 抗体效价测定。免疫组 HI 抗体效价的几何平均值应不低于 1∶16，未免疫对照组 HI 抗体效价均应不大于 1∶4，疫苗鸡新城疫部分判合格。

（2）免疫攻毒法　用 3～6 周龄 SPF 鸡 15 只，10 只各皮下或肌内注射疫苗 20μL（1/25 羽份），另 5 只作为对照。接种后 21～28d，每只鸡各肌内注射鸡新城疫病毒北京株（CVCC AV1611 株）$10^{5.0}ELD_{50}$，观察 14d，对照组全部死亡，免疫组至少保护 7 只，疫苗鸡新城疫部分判合格。

2. 传染性支气管炎部分　IB 灭活苗的效检方法主要有以下几种。

（1）IB 活疫苗作基础免疫、灭活苗加强免疫抗体测定法　用 2～6 周龄 SPF 鸡 10～20 只，各点眼接种活疫苗 1 羽份（0.5mL）。3～4 周后，分别采血。采血后再接种该疫苗 1 羽份，3～4 周后再分别采血。将两次血清分别做 HI 试验。若二免血清的 HI 几何平均滴度（GMT）较首免血清 HI 价几何平均滴度高 3 倍以上；或首免血清 GMT 高于 1∶100，二免血清最低 HI 价在 1∶200 以上，且 GMT 为首免血清的 2 倍以上判合格。

（2）灭活苗免疫血清抗体检测法　用 3～6 周龄 SPF 鸡或健康易感（IB HI 抗体阴性）鸡 8 只，每只肌内注射疫苗 1 羽份（0.5mL），21～35d 后，与条件相同的对照鸡 4 只一并进行采血，检测 IB HI 抗体，计算几何平均滴度。对照鸡抗体效价应为阴性，免疫鸡抗体效价应不低于1∶64。

（3）免疫攻毒保护力测定法　用 1 月龄 SPF 鸡 8 只，各肌内注射疫苗 1 羽份，观察 21d，连同对照鸡 4 只，同时攻强毒，每只气管滴入含毒尿囊液 0.2mL，观察 10d，对照鸡全部发病，免疫鸡保护 6～8 只以上，或对照鸡发病 3～4 只，免疫鸡全部保护，疫苗传染性支气管炎部分判合格。

（4）免疫攻毒观察气管纤毛活性法　用于预防呼吸道型 IBV 灭活疫苗的效力试验方法如下：用 4 周龄 SPF 鸡 20 只，按使用说明书推荐的方法接种疫苗。另取 20 只不免疫作为对照组，混群饲养。4 周后采血检测抗体，对照组应不出现抗体反应。同时所有的鸡都接种 $10^{5.0}EID_{50}$的病毒做攻毒试验，攻毒后 4～7d，捕杀实验鸡，取气管制备气管环，检查纤毛的活力。对照组应至少有 80%的鸡气管纤毛运动停滞，而免疫组应有 80%的鸡气管纤毛运动正常。

（5）灭活疫苗对产蛋鸡的免疫效力试验　取至少 30 只 SPF 鸡，按使用说明书所允许的最小日龄进行免疫。如果实验鸡已进行过活疫苗基础免疫，应再设一组只进行过弱毒苗基础免疫的试验组，基础免疫时间不要超过 3 周龄。灭活疫苗在活疫苗基础免疫后 4～6 周免疫。另取 30 只不做任何免疫的作为对照组。各组鸡都隔离饲养，至产蛋高峰前第 4 周再混养，监测每只鸡的产蛋量，一旦产蛋量稳定后，对所有的鸡均进行攻毒试验，再统计攻毒后 4 周内产蛋的数量。攻毒试验所用的病毒应保证 3 周内能引起感染鸡产蛋下降。对照组攻毒后产蛋下降至少 67%，免疫活苗后接种灭活苗的试验组应不引起产蛋下降。而仅进行过基础免疫的对照组产蛋下降的幅度介于以上两组之间。分别于疫苗免疫后 4 周和攻毒试验前采集所有鸡的血清检测抗体滴度，对照组抗体滴度不应有变化。

上述 IB 灭活苗的效力检验方法均是由国内外 IB 灭活疫苗质量标准中所提供的标准方法。笔者通过研究试验证明，第 1 种方法——即用 IB 活疫苗作基础免疫，灭活苗加强免疫的方法可操作性强，是 IB 灭活苗效检首选的方法；第 2 种方法——灭活苗免疫血清抗体测定法，即用 IB 灭活苗免疫 3～5 周后，免疫鸡 IB HI 抗体效价应≥1：64，但笔者采用 IB M_{41}株灭活苗免疫 SPF 鸡后，IB HI 抗体滴度通常在 5～6log2，要想每批疫苗均达≥6log2 的抗体水平很难，尤其是疫苗保存了一段时间后更是如此。第 3 种及第 4 种方法——免疫攻毒后观察临床保护力或观察气管纤毛活性，笔者采用 M_{41}株制备的 IB 灭活苗免疫后，采用这两种方法，结果免疫鸡保护效果达不到标准，而观察气管纤毛活性的结果与观察鸡临床症状结果几乎是相同的。第 5 种方法——灭活苗对产蛋鸡的免疫效力试验，虽然可行，但需要将鸡从雏鸡养到产蛋高峰期，试验周期长，条件高，花费大，一般只能在研究过程中使用此方法，而作为常规 IB 灭活苗效检方法，可操作性较差。

上述 5 种 IB 灭活苗的效力检验方法中，第 1 种是首选的方法；而第 2、第 3 和第 4 种方法是否可行，还有待深入研究，但至少可以说对 IB M_{41}株灭活苗不适用。

3. 减蛋综合征部分的效检 用 3～6 周龄 SPF 鸡 10 只，每只肌内注射疫苗 1 羽份（0.5mL），21～35 日后，连同条件相同的对照鸡 5 只一起采血，检测 EDS_{76} HI 抗体，计算几何平均滴度。对照鸡 HI 抗体效价应≤1：4，免疫鸡 HI 抗体效价的几何平均值应≥1：128。

甲醛及汞测定按附录二十五、三十一进行，应符合规定。

本疫苗用于产蛋鸡群（包括商品产蛋鸡及种鸡），使用本疫苗之后，鸡群可产生高水平的 ND 和 IB 抗体，保护产蛋鸡群免受 ND 病毒和 IB 病毒强毒的感染，此外，产生高水平的 EDS_{76}抗体，保护鸡群产蛋。通常产蛋鸡群于开产前 2～4 周进行免疫，免疫剂量为 0.5mL/只，肌内或皮下注射。本疫苗 ND 及 IB 部分的免疫期为 6 个月以上，EDS_{76}部分的免疫期为 12 个月。本疫苗在 2～8℃保存，勿冻结，有效期为 12 个月。

使用本疫苗前应充分摇匀，并使疫苗升至室温，疫苗瓶开启后应于 24h 内用完，在使用本疫苗的同时，应用 ND 及 IB 弱毒疫苗滴鼻、点眼或气雾免疫。

（姜北宇　章振华）

七、鸡新城疫、减蛋综合征和传染性法氏囊病三联灭活疫苗

（一）简介

鸡新城疫（ND）、减蛋综合征（EDS_{76}）和传染性法氏囊病（IBD）是目前危害养鸡业的主要病毒性传染病。新城疫对各日龄鸡均危害较大，鸡传染性法氏囊病主要感染幼龄鸡，减蛋综合征造成产蛋鸡减蛋。对上述三种疫病的预防，目前仍主要采取疫苗接种的方法。为有效控制此三种疫病的发生，简化免疫程序，提高免疫效果，开展了 ND－EDS_{76}－IBD 三联灭活疫苗的研究，研制出三联灭活疫苗，免疫一次即可有效控制三种疫病的流行。

（二）疫苗研究进展

自 20 世纪 80 年代以来，随着各种油乳剂灭活疫苗单苗的研制成功，并在生产中应用，油乳剂灭活疫苗以其安全、免疫效力高、免疫持续期长等特点，备受养禽生产者的青睐，油乳剂灭活疫苗已成为预防家禽传染病不可缺少的免疫制剂。由于家禽的传染病种类繁多，并且新的疫病、变异株及超强毒的不断出现，家禽一生中需多次接种多种疫苗，不但费时、费

力，而且还会使鸡出现严重的应激反应，在生产实际中是难以接受的。为了简化免疫程序，减少免疫接种次数，从 20 世纪 80 年代中后期国内外开展了各种联苗的研制工作，研制出各种不同组合的二联苗、三联苗及四联苗。ND－EDS_{76}－IBD 三联灭活疫苗是根据养鸡生产的需求而组成的一种联苗组合。

Franchini A 将维生素 E 代替矿物油添加到鸡新城疫、减蛋综合征和传染性法氏囊病三联灭活疫苗中，发现维生素 E 代替了 20%或 30%矿物油含量时，能快速诱导鸡对三种病毒产生更高水平的抗体。

马增军等用 ND La Sota 弱毒株接种鸡胚，EDS_{76}毒株接种鸭胚，收集尿囊液；IBD 地方分离株 JD2 及 D78 株通过本动物囊组织扩繁和鸡胚增殖，收集囊组织、绒毛尿囊膜、尿囊液及胚体，制备各种病毒抗原，灭活后按一定比例混合，再加入含硒免疫增强剂，与白油佐剂乳化成油包水型三联乳剂疫苗。用此三联苗接种无母源抗体鸡，2～3 周后产生免疫保护，NDV 和 IBDV 攻毒保护率为 100%。免疫抗体试验证明，其中，IBD AGP 抗体效价达 7.42log2，ND HI 抗体效价为 9.24 log2，EDS_{76} HI 抗体效价达 9.18 log2。种鸡注苗后 8 周测定 1 日龄雏鸡 IBD AGP 抗体阳性率为 96.35%。

（三）疫苗生产

1. 抗原液的制备

（1）鸡新城疫病毒抗原液的制备　选择发育良好的 9～11 日龄健康鸡胚作为制苗材料。将毒种用灭菌生理盐水做 10^{-5}～10^{-2}稀释（毒种的稀释倍数应视鸡胚的 ND 抗体水平而定，对于带有 ND 抗体的普通鸡胚，应将毒种做 10^{-3}～10^{-2}稀释，而对 ND 抗体阴性的鸡胚，毒种稀释倍数应为 10^{-5}～10^{-4}），经尿囊腔途径接种稀释的毒种 0.1mL/胚，接种后放在 37℃继续孵化，定期照蛋，及时取出 48～120h 内死亡的鸡胚，收获尿囊液，将接种后 120h 活胚放 2～8℃过夜，收获尿囊液。对收获的 ND 抗原液进行检验，凡菌检为阴性，HA 效价≥1∶512，毒价≥$10^{8.0}$ EID_{50}/0.1mL，可作为制备疫苗 ND 部分的抗原液。

（2）减蛋综合征病毒抗原液的制备　选择发育良好的 9～10 日龄的易感鸭胚作为制苗材料，将毒种用灭菌生理盐水做 10^{-3}～10^{-2}稀释，经尿囊腔途径接种稀释的毒种 0.1mL/胚，接种后放在 37℃继续孵化，定期照蛋，及时取出 72～120h 内死亡的鸭胚，收获尿囊液，至 120h 将存活的鸭胚取出，放 2～8℃过夜，收获尿囊液，对收获的 EDS_{76}抗原液进行检验，凡菌检为阴性、HA 效价≥1∶10 240，可作为制备疫苗 EDS_{76}部分的抗原液。

（3）传染性法氏囊病病毒抗原液的制备　根据 IBDV 抗原液的种类，其制备方法不同，主要有以下 3 种方法。

1）IBDV CEF 细胞适应毒抗原液的制备　取 9～11 日龄发育良好的鸡胚，用强力碘（原液）消毒卵壳，以无菌手术取出胎儿，去眼、脑、四肢、内脏放入消毒管内，剪成 $1mm^3$的小块，用 Earle 液清洗一次，再加 0.25%胰蛋白酶溶液，调 pH 至 7.4～7.6，在 37～38℃水浴消化 45min，吸出胰蛋白酶溶液，用 Earle 液清洗两次。再用 EL 液清洗一次后，加适量 EL 液吹打分散细胞，吹打后用 4～6 层纱布过滤，细胞计数后以 EL 液稀释成每毫升含细胞数 100 万～120 万，加入犊牛血清、双抗，调 pH 至 7.0～7.2。使营养液组成为 EL 占 94%，犊牛血清 5%，双抗 1%，按细胞液总量的 0.1%接种毒种，37℃培养。接毒后观察细胞病变，24h 长满单层同时出现 30%细胞病变，48h 50%～75%细胞出现细胞病变，72h 75%以上细胞出现病变，并有大量脱落的圆形细胞，将细胞培养瓶冻存。细胞病变呈圆形，折光性强，均匀分布，细胞间隙加大，培养液内有大量脱落的圆球形细胞。将病变达75%以上的培养瓶，经两次冻融后分装于灭菌容器内，留样并做菌检，应为阴性。以微量细胞培养法滴定细胞毒价应≥$10^{7.0}$ $TCID_{50}$/mL。

2）IBDV 鸡胚毒抗原液的制备　取生产用 IBDV 鸡胚适应毒，用灭菌生理盐水作适当稀释，经尿囊腔（或尿囊膜）途径接种稀释种毒 0.1～0.2mL，接种后继续孵化，定期照蛋，及时取出 48～168h 内死亡鸡胚，在 2～8℃冷却 4～24h，收取鸡胚胎儿（去眼、喙及脚趾）和尿囊膜，匀浆后，加入适量 PBS，反复冻融 2～3 次，取上清，作为制苗抗原液。

3）鸡传染性法氏囊病囊毒抗原液的制备　用 IBDV 强毒感染 IBD 抗体阴性的雏鸡，72～96h 剖杀鸡，取病变法氏囊，匀浆后，加适量生理盐水，提取上清，作为制苗用抗原液。

2. 病毒抗原液的浓缩　为了充分保证 ND-EDS_{76}-IBD 三联灭活疫苗内有足量的 NDV、EDS_{76}V 和 IBDV 抗原，应对制苗用抗原液进行浓缩，保证每羽份 0.5mL 疫苗中含有符合标准的 NDV 灭活抗原原液 0.15～0.2mL，IBDV CEF 灭活抗原灭活前病毒含量≥$10^{7.0}$ $TCID_{50}$，EDS_{76}V 抗原液 1 000～2 000HA 单位。

3. 疫苗抗原液的灭活　将浓缩的 NDV、EDS_{76} 及 IBDV 抗原液，加入 10%甲醛溶液，使毒液含甲醛溶液原液浓度的 0.1%～0.2%，充分摇匀，在 37℃灭活 16h。

4. 疫苗的乳化

（1）油相制备　取注射用白油 94 份，加硬脂酸铝 2 份，边加边搅拌，加温直到完全透明为止，在加入司本-80 6 份，混合，高压灭菌后备用。

（2）水相制备　将浓缩灭活的 NDV、EDS_{76}V 及 IBDV 抗原液按一定配比混合，使每羽份（0.5mL）三联苗内含灭活的 NDV≥$10^{8.3}$ $TCID_{50}$，灭活的 EDS_{76}V 1 000～2 000HA 单位，浓缩灭活的 IBDV 抗原液病毒含量应≥$10^{7.0}$ $TCID_{50}$。取混合后的抗原液 96 份加入灭菌的吐温-80 4 份，充分摇匀，直到吐温-80 完全溶解。

（3）乳化　所使用的乳化设备主要有胶体磨、匀浆泵、乳化罐及管线式乳化机等，根据实际可采用不同乳化设备及工艺，制成 W/O 型三联灭活疫苗，油水比为 2∶1 或 3∶1 或 7∶3。乳化后分装，加盖密封，贴标签，置 2～8℃保存。

（四）质量标准与使用

本品采用免疫原性良好的鸡新城疫病毒株接种易感鸡胚、禽凝血性腺病毒株分别接种易感鸭胚培养，收获感染胚液；采用免疫原性良好的鸡传染性法氏囊病病毒接种鸡胚成纤维细胞培养，收获病毒液，将三种病毒液经超滤浓缩后，用甲醛溶液灭活；将三种抗原液按一定比例混合，再加油佐剂乳化制成。用于预防鸡新城疫、减蛋综合征和鸡传染性法氏囊病。

本疫苗外观为乳白色乳剂；剂型为油包水（W/O）型；稳定性，取疫苗 10.0mL，装于离心管中，以 3 000r/min 离心 15min，管底析出的水相应不超过 0.5mL；黏度不超过 200cP；装量检查其装量应不低于标示量；无菌检验应无菌生长。

安全性检验，用 2～4 周龄的 SPF 鸡 10 只，各颈背部皮下或肌内注射疫苗 2 羽份，观察 14d 应不出现任何局部与全身不良反应。

效力检验标准为：

1. 鸡新城疫部分　采用血清学方法进行检验，结果不符合规定时，可采用免疫攻毒法进行效力检验。

（1）血清学方法 用3～6周龄SPF鸡15只，10只各皮下或肌内注射疫苗20μL（1/25羽份），另5只作为对照。接种后21～28d，每只鸡分别采血，分离血清，按附录二十进行HI抗体效价测定。免疫组HI抗体效价的几何平均值应≥1∶16，未免疫对照组HI抗体效价均应≤1∶4，疫苗鸡新城疫部分判合格。

（2）免疫攻毒法 用3～6周龄SPF鸡15只，10只各皮下或肌内注射疫苗20μL（1/25羽份），另5只作为对照。接种后21～28d，每只鸡各肌内注射鸡新城疫病毒北京株（CVCC AV1611株）$10^{5.0}EID_{50}$，观察14d，对照组全部死亡，免疫组至少保护7只，疫苗鸡新城疫部分判合格。

2. 减蛋综合征部分的效检 用3～6周龄SPF鸡10只，每只肌内注射疫苗1羽份（0.5mL），21～35d后，连同条件相同的对照鸡5只一起采血，检测EDS_{76} HI抗体，计算几何平均滴度。对照鸡抗体效价均应≤1∶4，免疫鸡抗体效价的几何平均值应≥1∶128。

3. 鸡传染性法氏囊病部分 IBD细胞毒灭活苗 下列方法任择其一。

（1）血清学方法 用21日龄SPF鸡15只，10只各皮下或肌内注射疫苗1羽份（0.5mL），另5只作为对照。接种28d后，每只鸡各采血，分离血清，测定鸡传染性法氏囊病毒中和抗体。对照鸡中和抗体效价均应≤1∶8，免疫鸡中和抗体效价的几何平均值应≥1∶5 000。

（2）免疫攻毒法 用21日龄SPF鸡15只，10只各皮下或肌内注射疫苗1羽份（0.5mL），另5只作为对照。接种28d后，用鸡传染性法氏囊病强毒攻击，72h后全部剖杀，检查法氏囊病变。法氏囊大小正常，外观粉色为保护；法氏囊发黄、有胶冻样浸润、明显肿大或萎缩为不保护。对照鸡应至少有4只出现法氏囊病变，免疫鸡应至少有9只法氏囊正常。

甲醛及汞测定按附录二十五、三十一进行，应符合规定。

本疫苗适用于种鸡，鸡群使用本疫苗之后可产生高水平的ND、EDS_{76}和IBD抗体，保护种鸡群免受鸡新城疫病毒强毒和减蛋综合征病毒强毒的感染，保护鸡群产蛋；此外，产生高水平的IBD抗体，保护仔代雏鸡在出生后的头几周不发生鸡传染性法氏囊病。通常种鸡群于开产前2～4周进行免疫，免疫剂量为0.5mL/只，肌内或皮下注射，本疫苗ND及IBD部分的免疫期为6个月以上，减蛋综合征部分的免疫期为12个月。本疫苗在2～8℃保存，勿冻结，有效期为12～24个月。

使用本疫苗前应充分摇匀，并使疫苗升至室温，疫苗瓶开启后应于24h内用完，在使用本疫苗的同时，应用ND弱毒疫苗滴鼻、点眼或气雾免疫。

（姜北宇 章振华）

八、鸡新城疫、传染性支气管炎和传染性法氏囊病三联活疫苗

（一）简介

鸡新城疫（ND）、鸡传染性支气管炎（IB）和传染性法氏囊病（IBD）是危害养鸡业的三大疫病，虽然已有相应的单苗进行预防接种，但在使用时需多次接种，费时、费力，很不方便；且常因三者的免疫程序不当而导致免疫失败。在已研制成功的鸡新城疫、鸡传染性支气管炎等二联活苗基础上，研究者根据生产实际的需要，从三种疫苗的免疫时间和免疫途径

等方面的合理角度考虑，进一步研制了鸡新城疫、传染性支气管炎和传染性法氏囊病三联活疫苗。该疫苗安全可靠，效价稳定，免疫确实，免疫一次可防三种疫病。

（二）疫苗研究进展

鸡新城疫、传染性支气管炎和传染性法氏囊病三联活疫苗的研究始于 20 世纪 90 年代。曹春景等（1992）将 NDV La Sota、IBV H_{120}及 IBDV－D_{73}三株单苗按一定比例制成混合苗免疫雏鸡，结果证明，三联混合苗对雏鸡安全性良好，三株弱毒的混合对鸡新城疫疫苗无明显干扰作用，雏鸡对新城疫疫苗毒具有正常免疫应答。

刘文蕙等（1996）用鸡新城疫（ND）La Sota、传染性支气管炎（IB）H_{120}和传染性法氏囊病（IBD）Cu－IM 弱毒株适当稀释后等量混合同时接种于鸡全胚细胞，当出现典型病变后收毒制成三联苗。用 10 个免疫剂量接种 5～15 日龄雏鸡，无任何不良反应。以常规剂量滴鼻，点眼或饮水后 7～10d 产生抗体，免疫后 ND HI 值均有明显上升，IBD AGP 的阳转率与单独使用 IBD 苗的效果基本一致。免疫后 15d 分别用 NDV F48E6、IB M41E5 和 IBD J1C7 标准强毒攻击，测定保护率分别为 96.96%、86.25%及 84.08%。无论抗体监测或强毒攻击，其结果均表明三联苗对该三大疫病都有较理想的免疫效果。对 15 日龄鸡首次免疫，其免疫期至少为 30d，35～40 日龄时再作二次免疫可维持至 65 日龄以上。湿苗在－15℃保存期达 6 个月以上，4℃为 1 个月。

哈尔滨兽医研究所（2000）采用鸡新城疫（ND）V_4 株、鸡传染性支气管炎（IB）H_{52}株、鸡传染性法氏囊病（IBD）CT 株的含毒鸡胚和尿囊液研制了三联苗，疫苗以 10 个使用剂量免疫雏鸡均不引起 ND、IB、IBD 临床症状，安全性好。用三联苗与各自单苗做同步免疫试验，分别在免疫后 21d 测定血清抗体，并同时攻毒，结果显示无显著差异。接种 7～15 日龄鸡，7d 产生保护抗体，14～21d 达高峰，免疫期 6 个月，保护率 94%以上。保存期试验表明，该三联苗在－20℃能保存 18 个月，2～8℃保存期 6 个月，25～37℃保存期 10d。疫苗先后在黑龙江、辽宁、广东等省几十个鸡场应用，免疫效果良好。

李大山等（2002）将鸡新城疫（ND）La Sota、传染性支气管炎（IB）H_{120}和传染性法氏囊病（IBD）B_{87}弱毒株适当稀释后等量混合，经 10 日龄 SPF 鸡胚同胚接种联合培养，收获含毒鸡胚液和胎儿混合制成 ND、IB、IBD 三联活疫苗。用该三联苗免疫 7～14 日龄 SPF 雏鸡，7d 产生抗体，14～21d 达到高峰，免疫期 70d 以上。雏鸡免疫 7d 后分别用 ND 强毒株 F48E9、IB M41、IBDV BC6－85 攻击，攻毒保护率在 80%以上，14～21d 攻毒保护率可达到 90%～100%。同时以不同批次疫苗采用大剂量（含 10 个使用剂量）免疫 7 日龄 SPF 雏鸡，观察 2 周，无 ND、IB、IBD 临床症状和剖检变化，免疫接种鸡全部健活，安全可靠。其安全性和效力检验均达到相应单苗的标准要求，并且在鸡体内可同时产生抗体，不存在免疫抑制现象。

康文彪等（2009）用鸡新城疫 La Sota 株和传染性支气管炎 H_{120}（或 H_{52}）株分别接种鸡胚，收获含毒鸡胚尿囊液，用传染性法氏囊弱毒接种鸡胚成纤维细胞增殖后收获培养液，以适当比例混合三种弱毒，用蔗糖脱脂乳作保护剂，经真空冷冻干燥制成三联弱毒疫苗。通过三批疫苗室内外各项指标的测试，表明该三联疫苗安全性能可靠，免疫效果确实，使用方法简便。在实验室进行的物理性状检验、无菌检验、支原体检验、剩余水分检验、真空度检查等检验项目均符合国家标准；用 10 羽份接种 15 日龄雏鸡无任何不良反应；以常规剂量颈部皮下接种免疫鸡后，7d 产生免疫力，免疫后 14d 抗鸡新城疫、鸡传染性支气管炎、鸡传染性法氏囊病三株强毒攻击的保护率均为 100%；对 15 日龄雏鸡首次免疫，其免疫期至少为 30d，在－25℃保存期为 12 个月。

（三）疫苗的生产

三联苗生产常采用以下方法：

1. NDV、IBV 及 IBDV 三种病毒单独培养法 将生产用 NDV 及 IBV 毒种用灭菌生理盐水做适当稀释，分别接种 SPF 鸡胚，培养病毒，分别收获 NDV 及 IBV 病毒尿囊液；用生理盐水（或细胞培养液）稀释 IBDV 毒种，接种于 SPF 鸡胚（或鸡胚成纤维细胞），收获鸡胚胎儿及/或绒毛尿囊膜制成匀浆（或收获感染后的细胞毒液）。三种病毒抗原液经检验合格后，按一定配比混合，加适宜稳定剂，经冷冻干燥制成 ND－IB－IBD 三联活疫苗。

2. NDV、IBV 及 IBDV 三种病毒同胚接种联合培养法 将生产用 NDV、IBV 及 IBDV 毒种适当稀释后等量混合，接种于 10 日龄 SPF 鸡胚，同胚接种联合培养三种病毒，收获含毒鸡胚液、绒毛尿囊膜和胎儿，匀浆后制成 NDV、IBV 及 IBDV 混合病毒液，经检验合格后，加适宜稳定剂，经冷冻干燥制成三联活疫苗。

3. NDV、IBV、IBDV 三种病毒同胚细胞混合培养法 根据某些不同类型的病毒能感染同一宿主细胞不同部位，并产生各自特征性病变和独立复制的原理，将 NDV、IBV 及 IBDV 三株弱毒以不同的接种量、接种比例和接种程序，接种鸡全胚细胞，在同一宿主细胞上共同增殖 3 株病毒，制备 NDV、IBV 及 IBDV 混合抗原液，加适宜稳定剂，经冷冻真空干燥制成三联苗。

（四）质量标准与使用

本疫苗系用鸡新城疫与鸡传染性支气管炎弱毒株、鸡传染性法氏囊中等毒力毒株为种毒，采用单独接种或混合接种的方法，接种 SPF 鸡胚或 SPF 鸡全胚细胞，收获感染胚液或细胞培养液，加入适宜稳定剂，经冷冻真空干燥制成。用于预防鸡新城疫、鸡传染性支气管炎和鸡传染性法氏囊病。

本品为微黄或微红色海绵状疏松团块，易与瓶壁脱离，加稀释液后迅速溶解。

无菌检验时，按附录六进行检验，应无菌生长。如果有菌生长，应进行杂菌计数，并作病原性鉴定和禽沙门氏菌检验，应符合规定。每羽份非病原菌数应不超过 1 个。

支原体检验，按附录八进行检验，应无支原体生长。

鉴别检验时，将疫苗用生理盐水做适当稀释，与抗鸡新城疫、传染性支气管炎、鸡传染性法氏囊病特异性血清混合，在 24～30℃中和 1h，尿囊腔内接种 10 日龄 SPF 鸡胚 10 个，每胚 0.2mL，置 37℃观察 24～144h，应不引起特异性死亡及鸡胚病变，并至少有 8 个鸡胚健活，鸡胚液对鸡红细胞凝集应呈阴性。

外源病毒检验，按附录十二进行检验，应符合规定。

安全检验时，将疫苗用生理盐水做适当稀释，滴鼻点眼接种 10 只 7～10 日龄 SPF 鸡，每只鸡约 0.2mL（含 10 羽份），另外 10 只同条件的 SPF 鸡作为对照，两组分别隔离饲养，观察 14d，均应健活。剖检，免疫组与对照组鸡，法氏囊应无明显变化（颜色、弹性及大小等），其他脏器应无病变。若有非特异性死亡，两组总和应不超过 3 只，且免疫组死亡数应不超过对照组，判为合格。如果有 3 只以上的鸡非特异死亡，应重新检验。

效力检验的标准是：

1. 鸡检验法

（1）鸡新城疫部分 用 30～60 日龄 SPF 鸡 10 只，每只滴鼻接种 0.01 羽份，10～14d

后，连同条件相同的对照鸡 3 只，各肌内注射鸡新城疫北京株强毒 $10^{4.0}$ EID_{50}，观察 10～14d，对照鸡全部发病死亡，免疫鸡至少保护 9 只为合格。

（2）鸡传染性支气管炎部分　用 7～10 日龄 SPF 鸡 10 只，每只滴鼻 1 羽份，10～14d 后，连同条件相同的对照鸡 10 只，用 10 倍稀释的 M41 株强毒滴鼻，每只鸡 1～2 滴，观察 10d，对照鸡发病至少 8 只，免疫鸡至少保护 8 只，判为合格。

（3）鸡传染性法氏囊病部分

1）免疫攻毒法　用 7～10 日龄 SPF 鸡 20 只，其中 10 只各点眼或口服疫苗 0.2 羽份，另 10 只作为对照，隔离饲养。20d 后，取全部免疫鸡连同对照鸡 5 只，每只点眼接种 $BC_{6/85}$ 强毒株（含 10BID），72h 后剖杀所有鸡，检查法氏囊，攻毒对照组应至少有 4 只鸡法氏囊发生病变，免疫组应至少有 8 只鸡法氏囊无病变，健康对照组 5 只鸡法氏囊应无任何变化。

2）抗体测定法　用 7～10 日龄 SPF 鸡 20 只，其中 10 只，每只点眼或口服接种 0.2 羽份疫苗，另 10 只作为对照，分别隔离饲养，免疫后 20d 采血，测定血清中和抗体效价。免疫组每只鸡的中和抗体效价应不低于 1∶256，对照组中和抗体效价应不高于 1∶16。

2. 用鸡胚检验　将疫苗用无菌生理盐水（或细胞培养液）稀释成 1 羽份/0.1mL，分别放入 3 支试管中，每管 1mL，第 1 管加入等量抗鸡传染性支气管炎和鸡新城疫高免血清，第 2 管加入等量抗鸡新城疫和鸡传染性法氏囊病高免血清，第 3 管加入等量抗鸡传染性支气管炎和鸡传染性法氏囊病高免血清，放 24～30℃中和 1h 后，中间摇 2 次。

取第 1 管病毒液（用 IBV 及 NDV 高免血清中和后的疫苗病毒混合液）做 10 倍递进稀释，取 3 个适宜稀释度，各绒毛尿囊膜接种 10～11 日龄 SPF 鸡胚 10 个，每胚 0.3mL，于 37℃观察 7d。接种胚应在 24～168h 死亡，而且死亡鸡胚表现皮下水肿、充血，在羽毛囊、趾关节和大脑有瘀点或瘀斑性出血、发育不良、肝坏死等。计算 ELD_{50}，每羽份应不低于 $10^{3.0}$ ELD_{50}，可判定三联苗内鸡传染性法氏囊病部分效力为合格；如果三联苗内鸡传染性法氏囊病毒株成分为细胞培养物，应使用细胞培养液对第 1 管病毒液做 10 倍递进稀释，取 3 个适宜稀释度，接种鸡胚成纤维细胞，测定病毒含量；细胞苗每羽份含毒量应不低于5 000 $TCID_{50}$，可判定三联苗内鸡传染性法氏囊病部分效力为合格。

取第 2 管病毒液（用 NDV 及 IBDV 高免血清中和后的疫苗病毒混合液）做 10 倍递进稀释，取 3 个适宜稀释度，各尿囊腔内接种 10 日龄 SPF 鸡胚 10 个，各 0.3mL，观察 6d。接种鸡胚应在 2～6d 死亡一部分，或至 6d 时存活的鸡胚中部分出现胎儿失水、蜷缩、发育小（接种胎儿比对照中的最轻胎儿重量低 2g 以上，作为参考数据）、死胚数和胎儿出现特异性病痕的总和，计算 EID_{50}，每羽份不低于 $10^{3.5}$ EID_{50}，鸡传染性支气管炎部分判定为合格。

取第 3 管病毒液（用 IBV 及 IBDV 高免血清中和后的疫苗病毒混合液）作 10 倍递进稀释，取 3 个适宜稀释度，每个稀释度尿囊腔内接种 SPF 鸡胚 10 个，各 0.3mL，48h 前死亡的鸡胚不计，随时取出 48～144h 内死亡鸡胚，收获鸡胚液，同一稀释度的死胚液等量混合，至 144h 取出的活胚逐个收获鸡胚液，分别测红细胞凝集价，不低于 1∶128 判定为感染，计算 EID_{50}。每羽份病毒含量应不低于 10^{6} EID_{50}，鸡新城疫部分判为合格。

以上 3 种成分效检应设同条件对照鸡胚 10 个，随同效检鸡胚在 37℃孵育 6d，剖检观察胎儿发育情况，并逐个称重，最后观察绒毛尿囊膜，以便对比。

剩余水分测定，按附录二十六进行测定，应符合规定。

真空度测定，按附录三十二进行测定，应符合规定。

本疫苗用于预防鸡新城疫、鸡传染性支气管炎和鸡传染性法氏囊病。使用时采用滴鼻、点眼或饮水方式免疫，适用于7日龄以上鸡。按瓶签注明羽份用生理盐水、蒸馏水或水质良好的冷开水稀释疫苗。滴鼻、点眼免疫，每只鸡滴鼻或点眼1～2滴（0.03～0.05mL）。饮水免疫剂量加倍，其饮水量根据鸡龄大小而定。一般5～10日龄每只5～10mL；20～30日龄每只10～20mL；成鸡每只20～30mL。疫苗稀释后，应放冷暗处，必须在4h内用完。饮水免疫忌用金属容器，饮用前至少停水4h。本疫苗在－15℃以下贮藏，有效期为18个月；进口疫苗及国产耐热冻干保护剂疫苗在2～8℃贮藏，有效期为24个月。

（章振华　姜北宇）

九、猪丹毒、猪多杀性巴氏杆菌病二联灭活疫苗

（一）简介

猪丹毒是由猪丹毒丝菌（*Erysipelothix rhusiopathiae*）引起的一种传染病，多发生于猪，其他动物较少发生。其特征主要表现为急性败血症和亚急性疹块型，部分慢性病例表现为多发性关节炎或心内膜炎，在养猪的国家中猪丹毒仍是一种重要的传染病。人类也可以被感染，称为类丹毒，常在皮肤形成局部性红肿。Kuesera（1975）提出用阿拉伯数字标记菌株的血清型，以小写的英文字母标记菌株的血清型亚型，如1a、1b、2a、2b……迄今为止，已定出24个血清型和不能定型的N，其中1a型主要分离自败血症病例，2型分离自疹块型病例。在中国，从猪丹毒病死猪中分离的菌株80%～90%为1a型，其次为2型。

猪巴氏杆菌病又称猪肺疫，便是由多杀性巴氏杆菌引起的猪的一种急性、热性传染病。其特征是最急性型呈败血症和咽喉炎，急性型呈纤维素性胸膜炎，慢性型较少见，主要表现为慢性肺炎。该病有流行性和散发性两种，前者由B型菌引起，主要是急性出血性败血症，死亡率达100%，以咽喉部病变显著；A型或D型菌引起散发性猪肺疫，表现以肺部病变显著，病期较长，延至1～2周之久才死亡，少数呈急性经过。而产毒多杀性巴氏杆菌则引起猪进行性萎缩性鼻炎。

（二）疫苗的研究

猪丹毒疫苗有灭活疫苗和弱毒活疫苗两类，猪丹毒灭活疫苗的免疫效果与制苗用菌株的免疫原性、培养基种类、佐剂种类有关。中国于1954年引进了B型（血清2型）猪丹毒杆菌，需在培养基中添加马血清，使其产生可溶性糖蛋白，并用制备的氢氧化铝胶吸附灭活疫苗，1次注射5mL，免疫期可达6～8个月，后期又将培养基改为肉肝胃酶消化汤，所制疫苗效力不减，安全，效力可靠。2014年欧洲药品管理局通过了猪丹毒灭活疫苗Eryseng，该疫苗组分包括灭活猪丹毒R32E11菌株、氢氧化铝胶、DEAE-葡聚糖和人参，实验室研究显示，该疫苗二次免疫60头猪，免疫间隔3周，末次免疫后22d，可产生针对猪丹毒杆菌血清1和2型的免疫保护，保护率分别为（27/30）和（28/30），对照组80%以上猪发生猪丹毒，产生特定的皮肤病变，该疫苗免疫保护期可达6个月。

国内外也有培育猪丹毒弱毒菌株的报道，如Koganei-NVAL（日本）、AV-R（瑞典）、G4T10（中国）、GC42（中国）、C1（加拿大）。中国曾于1954年选出免疫原性好的猪丹毒杆菌E4615，但菌种毒力不稳定，未进一步推广。1974年由江苏省农业科学院兽医研

究所和南京兽药厂协作，用豚鼠致弱的猪丹毒杆菌 G370，通过含 0.01%锥黄素的血琼脂培养基传代 40 次，再提高锥黄素浓度为 0.04%，继续传 10 代培育出 G4T10 弱毒菌株，以此制备弱毒活疫苗，免疫保护率为 96.43%，免疫保护期可达 6 个月，1979 年经农业部批准在国内 10 个兽医生物药厂生产，有良好的防疫效果。减毒菌株 GC42 由强毒菌株通过豚鼠传代 370 代次，在通过雏鸡传代 42 次而成。上述两种弱毒菌株是目前中国主要的猪丹毒活疫苗制苗菌株，并载入了 2015 年版《中国兽药典》。

猪的巴氏杆菌病（又称猪肺疫）有流行性和散发性两种，前者由 B 型菌引起，主要是急性出血性败血症，死亡率达 100%，以咽喉部病变显著；A 型或 D 型菌引起散发性猪肺疫，以肺部病变显著，病期较长，延至 1～2 周之久才死亡，也有呈急性经过的。

中国曾经使用的猪巴氏杆菌病灭活疫苗有：猪肺疫氢氧化铝菌苗（荚膜 B 群多杀性巴氏杆菌 C44－1 株制备）、猪多杀性巴氏杆菌病二价灭活疫苗（荚膜 A 群和荚膜 B 群多杀性巴氏杆菌制备）。弱毒活疫苗的毒株包括：679－230 株、EO630 株、C20 株、TA53 株和 CA 株。

猪丹毒和猪肺疫是猪的常见病，使用联合疫苗可以简化注射手续，单苗已较少使用。中国兽医药品监察所曾会同华东农业科学研究所、哈尔滨兽医研究所及南京、成都、郑州、兰州等生药厂（1974—1978）研制成功了猪丹毒、猪肺疫二联疫苗。联合疫苗中所用的菌、毒株为猪丹毒 GC42（或 G4T10）和猪肺疫 EO630。两种菌液按一定比例混合后，以苗量 7 份加明胶蔗糖保护剂 1 份，混匀后分装冻干而成。也可根据实际防疫需要配制二联苗。亦可采用浓缩液配苗以提高每瓶冻干苗的出厂头份。

联苗接种免疫猪所产生的抗各个病原的免疫力，与各个单苗接种引起的免疫力在强度上基本一致，说明两者之间无相互干扰现象。抗猪瘟免疫期 8 个月以上，抗猪丹毒和猪肺疫免疫期为 6 个月。

（三）生产及质量标准、使用

本品系用免疫原性良好的猪丹毒杆菌 2 型和猪源多杀性巴氏杆菌 B 群菌株分别接种于适宜培养基培养，将培养物经甲醛溶液灭活后，加氢氧化铝胶浓缩，按适当比例混合制成。用于预防猪丹毒和猪多杀性巴氏杆菌病（即猪肺疫）。

物理性状：本品静置后，上层为橙黄色澄明液体，下层为灰褐色沉淀，振摇后呈均匀混悬液。

安全检验：用体重 18～22g 小鼠 5 只，各皮下注射疫苗 0.5mL；用体重 1.5～2kg 家兔 2 只，各皮下注射疫苗 5mL。观察 10d，均应健活。

效力检验：猪丹毒部分同“猪丹毒灭活苗”，猪多杀性巴氏杆菌部分同“猪多杀性巴氏杆菌灭活疫苗”。

作用与用途：用于预防猪丹毒和猪多杀性巴氏杆菌病。免疫期为 6 个月。

用法与用量：皮下或肌内注射。体重在 10kg 以上的断奶猪 5mL；未断奶的猪 3mL，间隔 1 个月后，再注射 3mL。

注意事项：①瘦弱、体温或食欲不正常的猪不注射。②注射后一般无不良反应，但可能于注射处出现硬结，以后会逐渐消失。

（范学政）

十、猪瘟、猪丹毒、猪多杀性巴氏杆菌病三联活疫苗

（一）简介

猪瘟是由猪瘟病毒引起的一种高度接触性传染病，也是世界粮食与农业组织和各国政府密切关注的主要传染病之一。OIE国际委员会制定的《国际卫生法典》中，猪瘟被列为A类法定报告传染病之一，在中国也被列为一类传染病。

猪丹毒是由猪丹毒丝菌引起的一种传染病，多发生于猪，其他动物较少发生，其特征主要表现为急性败血症和亚急性疹块型，部分慢性病例表现为多发性关节炎和心内膜炎，在养猪的国家里猪丹毒仍是一种重要的传染病。Kuesera（1975）提出用阿拉伯数字标记菌株的血清型，以小写的英文字母标记菌株的血清型亚型，如1a、1b、2a、2b……迄今为止，已定出24个血清型和不能定型的N，其中1a型主要分离自败血症病例，2型分离自疹块型病例。在中国，从猪丹毒病死猪中分离的菌株80%～90%为1a型，其次为2型。

猪巴氏杆菌病又称猪肺疫，是由多杀性巴氏杆菌引起的猪的一种急性、热性传染病。其特征是最急性型呈败血症和咽喉炎，急性型呈纤维素性胸膜炎，慢性型较少见，主要表现为慢性肺炎。该病有流行性和散发性两种，前者由B型菌引起，主要是急性出血性败血症，死亡率达100%，以咽喉部病变显著；A型或D型菌引起散发性猪肺疫，表现以肺部病变显著，病期较长，延至1～2周之久才死亡，少数呈急性经过。

（二）联合疫苗的研制和应用

为了简化多次疫苗注射，在中国兽医药品监察所主持下，华东农业科学研究所，哈尔滨兽医研究所，南京、成都、郑州和兰州等生物制药厂（1974—1978）共同参与研制成功了猪瘟、猪丹毒、猪肺疫三联活疫苗。联合疫苗中所用的菌、毒株为猪丹毒GC42（或G4T10）、猪肺疫EO-630及猪瘟兔化弱毒。三种菌、毒液按一定比例混合后，以苗量7份加明胶蔗糖保护剂1份，混匀后分装冻干而成。也可根据实际防疫需要配制二联苗。亦可采用浓缩液配苗，以提高每瓶冻干苗的出厂头份。

联苗接种免疫猪所产生的抗各个病原的免疫力，与各个单苗接种引起的免疫力在强度上基本一致，说明三者之间无相互干扰现象。抗猪瘟免疫期8个月以上，抗猪丹毒和猪肺疫免疫为6个月。

为了开发新的免疫佐剂以提高传统疫苗的免疫反应，Wu M等（2004）用试验研究了猪IL-6基因和CpG域作为分子佐剂与猪瘟、猪巴氏杆菌病和猪丹毒三价苗一起注射对鼠免疫反应的调节效果。将合成的含CpG域的寡核苷酸连入pUC18，构建了重组pUC18-CpG质粒。构建猪IL-6的原核表达质粒VPIL-6作为分子佐剂，与三价苗一起使用，试图增强三价苗在鼠体内的免疫水平。通过系统分析细胞和体液免疫，表明白细胞、单核细胞、粒细胞和淋巴细胞比对照组显著增加，三价苗的血清中，IgG含量和特异性抗体在VPIL-6组升高显著，诱导IL-2的活性显著提高。与pUC18-CpG一起免疫后，上述免疫反应比pUC18质粒要强。表明寡核苷酸CpG的免疫刺激效果与CpG的数量密切相关。这些结果表明，猪IL-6基因和CpG可能是有效的免疫佐剂来提高传统疫苗的免疫效果。

(三)疫苗的生产制造

本品系用猪瘟兔化弱毒株，接种乳兔或易感细胞，收获含毒乳兔组织或细胞培养病毒液，以适当比例和猪丹毒杆菌弱毒菌液、猪源多杀性巴氏杆菌弱毒菌液混合，加适宜稳定剂，经冷冻干燥制成。用于预防猪瘟、猪丹毒和猪多杀性巴氏杆菌病（猪肺疫）。

(四)质量标准及使用

物理性状：本品为海绵状疏松团块，易与瓶壁脱离，加稀释液后迅速溶解。

纯粹检验：按附录六进行，用细胞毒配制的疫苗应纯粹生长。用组织毒配制的联苗，如果有杂菌生长，应进行杂菌计数，并做病原性鉴定，每头份疫苗含非病原菌应不超过75个。

支原体检验：按附录六进行，应无支原体生长。

活菌计数：按附录七进行猪丹毒杆菌和猪多杀性巴氏杆菌活菌计数。按瓶签注明头份将疫苗稀释后接种于含0.1%裂解血细胞全血及10%健康动物血清马丁琼脂平板中，每头份三联苗中，猪丹毒G4T10应不少于5×10^8CFU个活菌或GC42应不少于7×10^8CFU个活菌，猪多杀性巴氏杆菌E0630应不少于3×10^8CFU活菌。

安全检验：按瓶签注明头份，用生理盐水稀释后接种小鼠、家兔、豚鼠和无猪瘟母源抗体的猪进行检验，应符合以下各项要求。

(1) 取体重18～22g小鼠5只，各皮下注射疫苗0.5mL（含1头份）；

(2) 取体重1.5～2kg家兔2只，各肌内注射疫苗1mL（含2头份）；

(3) 取体重300～400g豚鼠2只，各肌内注射疫苗1mL（含2头份）（本项目只用于以乳兔组织毒配制的联苗）；

以上动物注射后观察10d，除用G4T10菌株配制的疫苗允许小鼠有1只死亡外，其他动物均应健活。

(4) 按瓶签注明头份，将疫苗稀释成每毫升含6头份，肌内注射猪4头，各5mL（含30个使用剂量），注射后按《标准》“猪瘟活疫苗（Ⅰ）”测温、观察和判定。

效力检验：

(1) 猪瘟部分　用乳兔组织毒配制的三联苗同“猪瘟活疫苗（Ⅰ）”，用细胞培养病毒液配制的三联苗同“猪瘟活疫苗（Ⅱ）”。

(2) 猪丹毒部分　同“猪丹毒活疫苗”。

(3) 猪肺疫部分　同“猪多杀性巴氏杆菌病活疫苗（Ⅱ）”。

剩余水分测定：按附录二十六进行，应符合规定。

真空度测定：按附录三十二进行，应符合规定。

作用与用途：用于预防猪瘟、猪丹毒、猪多杀性巴氏杆菌病（猪肺疫）。猪瘟免疫期为12个月，猪丹毒和猪肺疫免疫期为6个月。

用法与用量：

(1) 稀释液　猪三联疫苗和含猪瘟的二联疫苗均用生理盐水；猪丹毒、猪肺疫二联疫苗用20%的铝胶生理盐水。

(2) 断奶半个月以上猪，按瓶签注明头份，不论猪大小，每头1mL。

(3) 断奶半个月以前，仔猪可以注射，但必须在断奶2个月左右再注苗一次。

(4) 初生仔猪、体弱、有病猪均不应注射联苗。

注意事项：

（1）注苗后可能出现过敏反应，应注意观察。
（2）应冷藏运输与贮藏。
（3）疫苗稀释后，应在4h内用完。
（4）免疫前7d、后10d内均不应喂含任何抗生素的饲料。

（范学政）

十一、猪传染性胃肠炎、猪流行性腹泻二联灭活疫苗

（一）简介

猪传染性胃肠炎（TGE）是由猪传染性胃肠炎病毒（TGEV）引起的一种急性、高度接触性传染性肠道疾病，发病急，传播快，各种年龄的猪都可以感染，以引起7～10日龄以内仔猪呕吐、严重腹泻和高死亡率为特征。周龄较大或成年猪虽然几乎没有死亡，但是掉膘、降低饲料报酬，增加药物和人力等费用。本病病原为冠状病毒属成员，最早于1933年报道发生于美国，直到1946年美国学者Doly和Hutchings首次确定本病的病原体为病毒，并进行了相关的研究。之后英国、日本在1958年报道发生了TGE。20世纪80—90年代，本病在全球广泛流行，给各国的养猪业造成了很大的损失。中国最早于1956年报道广州有本病发生，此后在全国大部分省份均有本病的发生。直到1973年，中国开始进行了猪传染性胃肠炎病毒的分离，对本病进行了系统研究。由于该病毒传播途径较多，在－20℃条件下病毒较为稳定，初期症状易被忽视等原因，使许多猪场在每年11月至翌年4月间均流行该病，而无有效治疗方法，造成巨大的经济损失。

猪流行性腹泻（PED）是由猪流行性腹泻病毒（PEDV）引起的一种高度接触性肠道传染病。以腹泻、呕吐、脱水和哺乳仔猪高致死率为主要特征。PEDV与猪传染性胃肠炎病毒（TGEV）同为冠状病毒属成员，二者的致病机制及引起的临床症状均极为相似，给各国的养猪业带来严重危害。该病通常以污染猪的粪便传播，其明显症状是腹泻，其发病率和死亡率差异很大。在有的猪场，所有年龄的猪都污染发病，发病率高达100％。此时该病与TGE极为相似，只是其传播速度慢，哺乳仔猪死亡率稍低，1周龄仔猪病死率为50％～80％，日龄较大的仔猪1周后康复；在有的猪场，多渠道来源的架子猪和育肥猪暴发急性PED临床表现，几乎在1周内均腹泻，食欲稍减退，精神沉郁，粪便水样，有的死亡率高达100％。而新生仔猪不发生或仅发生轻微腹泻，发病率很低。TGE和PED在病毒抗原形态、临床症状、流行病学方面极其相似，只有免疫学和血清学相互没有交叉反应。实验室诊断可采取猪小肠黏膜作为抹片，进行荧光抗体染色，发病猪小肠各段可发现多量的荧光细胞。成猪经3～7d腹泻后，可逐步康复。

猪传染性胃肠炎与猪流行性腹泻病的混合感染率在逐年上升，经哈尔滨兽医研究所统计，1990年为2.12％，随后几年的调查已上升到30.77％及44.15％。尽管是局部地区或猪场的血清学调查统计，但说明了本病对养猪业的危害是相当严重的。

（二）疫苗研究进展

传染性胃肠炎弱毒活疫苗

（1）羽田株弱毒活疫苗，日本研制。为猪肾细胞克隆疫苗（母猪产前5周及2周皮下注

射 2mL/头。保护率可达 80%。

（2）H－5 株弱毒活疫苗，日本研制。亦为细胞克隆疫苗。免疫采用“活/死苗异步接种法”。即第 1 次使用活疫苗 1mL 对妊娠 6 周内的母猪通过鼻内喷雾法接种，第 2 次于产前 2～3 周肌内注射灭活疫苗 1mL。

（3）华毒株疫苗，哈尔滨兽医研究所研制。为细胞克隆疫苗。妊娠母猪于产前 45d 与 15d 左右进行肌内注射、鼻内接种各 1mL。被动免疫保护率达 95%以上。

（4）163 弱毒株疫苗，日本研制。主要用于新生仔猪的主动免疫。该疫苗的免疫效果受初乳和环境温度的影响较大，气温越低，产生的抗体效价越高，31～34℃条件下接种，猪不产生免疫反应，在 21～22℃时，疫苗毒在消化道的增殖受摄取初乳的抑制，而在 35～36℃与 10～11℃条件下疫苗不受初乳的影响，机制不清。该疫苗可用于未接种 TGE 疫苗但受本病威胁地区猪群中 1～2 日龄初生仔猪的主动免疫。口服 0.5mL/头，接种后 4～5d 产生免疫力。另外，还有德国的 BI－300 疫苗株、匈牙利的 CKP 弱毒疫苗、美国的 TGE－Vac、保加利亚的 TGE 弱毒疫苗株等也有使用。

猪传染性腹泻病毒的细胞培养相对要困难一些，在一定程度上制约了 PEDV 弱毒疫苗的研制。中国李估民等在 1978 年用猪体分离到病毒的同时，尝试用猪胎肾、猪甲状腺细胞进行病毒培养试验，但未获成功，然而对接毒的猪胎小肠器官培养物通过荧光抗体追踪，先后 5 次发现有荧光细胞。后来，万遂如（1980）将吉毒株在猪胎小肠器官培养物上培养传代成功，但也未找到适应该毒株增殖的单层细胞。到 1982 年宣华等终于在肠组织原代细胞上培养传代成功。目前，猪传染性腹泻预防主要是采用哈尔滨兽医研究所研制的甲醛氢氧化铝灭活疫苗（单苗），保护率为 85%。

鉴于 TGE 和 PED 临床表现极相似，临床诊断很难区分，并有混合感染的可能。根据猪流行性腹泻和传染性胃肠炎的发病免疫机制，中国农业科学院哈尔滨兽医研究所在单苗试验研究的基础上，研制成功了“猪传染性胃肠炎-流行性腹泻二联灭活疫苗”。该疫苗在 4 个试验点进行的田间试验表明：4 个试验点总保护率为 83.7%～96.35%。在疫苗的区域试验中，共预防接种 7 000 余头母猪及 4 000 头仔猪、架子猪及成猪，免疫效果良好。该成果解决了 PED 病毒适应细胞及提高毒价的技术关键。探索出了最佳的免疫途径，即采用后海穴位免疫接种。该免疫方法增进了免疫应答，提高了免疫保护率。经国内外联机检索查新，证明该疫苗达到了国际同类研究的领先水平。该成果于 1995 年 12 月通过农业部组织的专家鉴定，获得农业部新兽药证书和生产批准文号。近年来，北京大北农科技集团股份有限公司对生产工艺进行了升级，开发了猪传染性胃肠炎、猪流行性腹泻二联活疫苗（HB08 株＋ZJ08 株），于 2015 年获得三类新兽药证书（农业部公告第 2323 号）。

另外，猪传染性胃肠炎、流行性腹泻和猪轮状病毒为三种引起猪腹泻的主要传染病。近年来针对三种病的三联疫苗的研究也比较成功，哈尔滨兽医研究所牵头研制的猪传染性胃肠炎、猪流行性腹泻、猪轮状病毒（G5 型）三联活疫苗（弱毒华毒株＋弱毒 CV777 株＋NX 株）于 2014 年获得三类新兽药证书（农业部公告号 2200 号）。

（三）生产

本品系用猪传染性胃肠炎和猪流行性腹泻病毒分别接种 PK15 和 Vero 细胞培养，收获感染细胞液，经甲醛溶液灭活后，等量混合，加氢氧化铝胶浓缩制成。用于预防猪传染性胃肠炎和猪流行性腹泻。

(四) 质量标准

1. 物理性状 本品为粉红色均匀混悬液。静置后，上层为红色澄清液体，下层为淡灰色沉淀，振摇后，即成均匀混悬液。

2. 无菌检验 按附录六进行，应无菌生长。

3. 安全检验 用猪传染性胃肠炎、猪流行性腹泻抗体阴性母猪所产 3 日龄哺乳仔猪 10 头，于后海穴注射疫苗，其中 2 头，各注射 2 头份；其余 8 头，各注射 1 头份，观察 14d。均应无异常临床反应。

4. 效力检验 下列方法任择其一。

（1）检测血清中和抗体 用猪传染性胃肠炎、猪流行性腹泻抗体阴性母猪所产 3 日龄哺乳仔猪 8 头，于后海穴注射疫苗 1 头份，于免疫后 14d 采血，用中和试验法检测血清中和抗体。8 头仔猪应至少 7 头血清阳转，猪传染性及猪流行性腹泻中和抗体效价 GMT 均应≥32。

（2）免疫攻毒 上述 8 头免疫仔猪，于免疫 14d 后，连同条件相同的对照仔猪 8 头，各均分为 2 组，以 10^{-4} 稀释的猪传染性胃肠炎及猪流行性腹泻强毒分别口服攻毒，观察 7d。对照组全部发病，免疫组至少保护 3 头；或对照组 3 头发病，免疫组全部保护为合格。

甲醛含量测定：按附录二十五进行，应符合规定。

(五) 使用

1. 作用与用途 用于预防猪传染性胃肠炎和猪流行性腹泻。主要用于妊娠母猪的接种，使其所产仔猪获得被动免疫；也用于主动免疫保护不同年龄的猪。用于主动免疫时接种后 14d 产生免疫力，免疫期为 6 个月。仔猪被动免疫的免疫期为哺乳期至断奶后 7d。二联灭活苗适用于疫情稳定的猪场，特别是种猪场。

2. 用法与用量 后海穴（即尾根与肛门中间凹陷的小窝部位）注射。注射疫苗的进针深度按猪龄大小为 0.5～4cm，3 日龄仔猪为 0.5cm，随猪龄增大，进针深度加大，成猪为 4cm，进针时保持与直肠平行或稍偏上。妊娠母猪于产仔前 20～30d 注射疫苗 4mL；使其所生仔猪于断奶后 7d 内注射疫苗 1mL；体重 25kg 以下仔猪每头 1mL；25～50kg 以上猪 4mL。

3. 注意事项

（1）疫苗在运输过程中，应防止高温和阳光照射，在免疫接种前应充分振摇。

（2）给妊娠母猪接种时，要进行适当保定，以避免引起机械性流产。

附注：

（1）猪传染性胃肠炎和猪流行性腹泻发病的判定标准 厌食，通常黄色或浅黄色水样腹泻，部分仔猪伴有呕吐、寒战、脱水等症状，在临床观察的 5～6d 之内可能有部分仔猪脱水死亡。发病程度可能轻重不同，但判定发病最基本的条件是腹泻。

（2）效力检验 可用安全检验注射 1 头份疫苗的仔猪进行。

（范学政）

十二、牛口蹄疫O型、A型双价灭活疫苗

（一）简介

FMDV是小RNA病毒科（Picornaviridae）、口蹄疫病毒属（*Aphthovirus*）的成员。FMD有7个血清型，即A、O、C、SAT Ⅰ、SAT Ⅱ、SAT Ⅲ，Asia Ⅰ，血清型间无血清交叉和交叉免疫现象。这7个血清型的FMDV在长期感染动物的流行过程中，产生了许多变异毒株，这就给防制和消灭口蹄疫带来一系列艰巨而复杂的问题。

（二）口蹄疫疫苗研究概况

1. 传统疫苗 FMD传统疫苗包括弱毒疫苗和灭活疫苗。弱毒疫苗能诱导较强的免疫反应，免疫持续时间长，疫苗接种量少，20世纪50—60年代，许多学者应用不同的毒株进行了各种途径的传代驯化以及克隆病毒的筛选。到70年代初，先后培育出了十几个弱毒疫苗株，但实践证明，弱毒疫苗存在散毒和毒力返祖现象，现已很少使用。灭活疫苗是以细胞培养的全病毒经提纯灭活后作抗原，加以适当佐剂制备而成，具有良好的免疫原性，免疫动物后产生良好的体液免疫，并伴随有细胞免疫应答，具有良好的保护作用。但灭活疫苗也有热稳定性差、需要低温保存、免疫持续期短、抗病毒谱有限、不能区分注射疫苗动物和自然感染动物，同时存在病毒灭活不彻底而散毒的可能性等缺点。

2. 亚单位疫苗 是将具有免疫原性抗原决定簇的基因片段插入细菌、酵母、昆虫或哺乳动物细胞基因组内，用基因工程技术生产出大量目的蛋白。蛋白质亚单位疫苗由于只含有病毒衣壳蛋白，不含有核酸，没有感染性，因而具有很高的安全性。研究表明，VP1片段是FMDV的主要抗原位点，能诱导机体产生保护性的中和抗体，并能产生部分保护作用。因此，分离纯化完全的VP1片段或其C端1/2部分就成为人们制备FMDV蛋白质亚单位疫苗的目标。利用基因工程的方法克隆和表达VP1编码基因的报道很多，用大肠杆菌等得到的原核表达产物尽管表达量高，但免疫原性较低，免疫动物后不足以产生完全的保护力。但有研究表明，将猪的免疫球蛋白重链稳定区*scIgG*基因与FMDV的VP1蛋白上的141～160和200～213位残基的基因片段构建嵌合体，再在*E. coli*中表达，表达产物能诱导猪产生高水平的病毒中和抗体和T细胞增殖反应。ScIgG是一种很有前景的表位载体，不仅能够增强短肽的分子质量，而且能作为一种有效的抗原释放系统，有助于保护病毒表位的免疫原性。

真核表达系统如杆状病毒-昆虫细胞表达系统和哺乳动物细胞表达系统所表达的蛋白因分泌和加工修饰等类似于天然蛋白，且能形成正确的构象，所以具有较高的生物学活性。Viswanathan S等证实，用杆状病毒在昆虫细胞表达FMDV *VP1*基因，表达产物免疫原性比*E. coli*中的表达产物免疫原性好，能诱导产生中和抗体。近几年利用转基因植物生产亚单位可饲疫苗的研究引起了人们的广泛关注。VP1在转基因烟草和苜蓿中表达的研究表明，用烟草和苜蓿的叶提取物或在饲料中拌入新鲜收获的叶片免疫小鼠均可获得对FMDV特异性的免疫保护反应。这一结果给可饲疫苗的研究开发带来了曙光。

3. 合成肽疫苗 FMDV抗原结构的研究为合成肽疫苗的研制提供了理论依据。早期大多数工作是根据病毒衣壳表面的B细胞表位来设计合成肽疫苗。VP1的G-H环是最主要的B细胞表位，用来自不同血清型病毒的G-H环肽段免疫豚鼠后可产生中和抗体，并对猪具有保护作用。FMDV的免疫保护与中和抗体的水平和亲和力有关，要产生高效价的中和

抗体，还需要有T细胞，尤其是CD4^{+} T细胞的协同作用。因此，在研制合成肽疫苗时加上适当的T细胞位点是很重要的，并且T细胞表位必须能被T细胞上的MHC Ⅱ类抗原所识别。由于MHC Ⅱ类抗原的多态性，简单的合成肽疫苗难以产生像完整病毒粒子那样的免疫反应。FMDV合成肽疫苗在牛群的大面积免疫效果检测表明，不同的合成肽疫苗只能产生23%～39%的保护作用，免疫后仍发病的牛中有41%从其咽、食道分泌物中分离出了FMDV的突变株，其在G-H环处发生了氨基酸的替换。合成肽由于其分子较小，空间构象简单，因而对免疫系统的刺激强度和识别信号不够，不仅难以产生针对高度变异的小RNA病毒的保护作用，相反还有利于抗原变异株的选择性适应。有效合成肽疫苗的研制还需对FMDV的免疫机制做深入的研究。

Dimarch等合成了O1K病毒VP1 141～158和200～213位氨基酸残基，并将2个片段用Pro Ser连接起来形成了一个具有一定立体结构的40肽段，可以大大提高其免疫原性。另外，在VP1 140～160肽上加上适宜的T细胞表位，如卵白蛋白223～339肽段，鲸鱼精肌红蛋白132～148肽段及用软酯酰基衍生物修饰等均可提高合成肽疫苗的保护作用。通过改进合成肽疫苗的B细胞表位，添加FMDV结构蛋白和非结构蛋白中的T细胞表位来合成多肽复合体，以模拟与FMDV中和抗体产生有关的形态表位，或者应用尽可能覆盖所有变异株的多肽复合物，称为“混合表位”来免疫动物，或许可以减少变异株的产生，提高合成肽疫苗的免疫效果。

4. 活病毒载体疫苗 将FMDV的主要抗原基因插入某种病毒的基因组中构建成重组病毒，这种病毒可感染哺乳动物细胞并在细胞内表达FMDV的抗原蛋白，刺激机体产生免疫反应。Berinstein A等将带有FMD VP1区基因的重组痘苗病毒免疫试验小鼠后可保护同源病毒的攻击，而Sanz-Parra A等将仅带有*P1*基因的重组腺病毒免疫猪后能产生细胞免疫，尽管没有检测到体液免疫反应，但也获得了部分保护。目前FMDV腺病毒活载体疫苗的研究已取得了较大的进展，有望在不久后用于FMDV防制。Mayr GA等将核衣壳、*P1-2A*、*3C*基因同时插入复制缺陷性腺病毒5型，构建成重组病毒，这种重组病毒侵染293细胞，可大量增殖表达FMDV的VP0、VP1、VP3结构蛋白，并有少量空衣壳产生，免疫猪后可产生较高水平的中和抗体，试验猪一次注射1剂该疫苗后7、14、42d用同型病毒攻击能够得到完全的保护。许多学者对活载体疫苗寄予了很大的希望，希望通过共表达一些T细胞位点和细胞因子而使活载体疫苗的免疫效力进一步提高。

5. 基因缺失疫苗 在DNA或cDNA水平上将与病原有关的基因缺失，可使毒力减弱或缺失，是发展活疫苗的理想途径。FMDV的L蛋白酶是一种毒力因子，Almeida MR等用基因工程手段将该蛋白缺失后，构建的新病毒对牛和猪无毒力，可作为一种新型的活病毒疫苗。另外，FMDV VP1蛋白上的RGD序列是病毒与细胞吸附所必需的，McKenna TS等构建了缺失FMDV RGD受体结合位点的致弱病毒，也可诱导宿主产生保护性免疫反应，而不产生临床症状。但这种疫苗的稳定性和致病性尚待进一步研究。

6. DNA疫苗 用裸DNA免疫动物能够激发体液免疫和细胞免疫反应，并具有很好的保护作用。Wong HT等构建了含有FMDV VP1 141～160和200～213位氨基酸残基编码区和宿主自身IgG编码区基因的表达质粒pCEIM和pCEIS，用这两种质粒DNA疫苗分别免疫小鼠和猪，均可产生细胞免疫和体液免疫反应，具有较好的免疫效果。Chinsangaram J等开发了两种不同类型的FMDV DNA疫苗，其中一种DNA疫苗含有编码衣壳蛋白P1和非结构蛋白3C的基因，通过3C基因的突变研究表明，衣壳的组装对产生保护性的中和抗体是必需的；另一种DNA疫苗含有整个FMDV的基因组，包括3D聚合酶基因，但是在细胞受体结合位点有一个突变，从而保证重组DNA免疫动物后，可以复制产生完整的病毒粒子，但不能致病，这种DNA疫苗经肌内、皮内或基因枪注射等方法免疫猪后可获得部分保护。

7. FMD多价疫苗 因FMDV有多个血清型，不同血清型之间交叉免疫保护弱或没有交叉保护，因此，开发针对不同血清型的多价疫苗就显得非常有意义。FMDV多价疫苗现在主要有OA双价疫苗、OC双价疫苗、AC双价疫苗和OAC三价疫苗等。Nair SP等研究发现，FMDV AsiaⅠ和O型铝胶二价疫苗与单价疫苗相比，在山羊上应用具有相等的免疫效果。FMD多价灭活疫苗已被成功应用，特别是FMD在欧洲的控制和扑灭，其中部分应归功于O、A、C型FMD三价灭活疫苗的有效应用，中国目前已研究成功了FMDO－A双价灭活疫苗、O－AsiaⅠ双价灭活疫苗、O－A－AsiaⅠ三价灭活疫苗，在防制FMD中发挥了巨大作用。

（三）牛口蹄疫O型、A型双价灭活疫苗生产和质量控制

本品系用口蹄疫O型、A型牛源病毒接种BHK－21细胞培养，收获细胞培养物，经二乙烯亚胺（BEI）灭活后，加油佐剂混合乳化制成。

1. 物理性状

（1）外观　为乳白色或淡粉红色的黏滞性乳状液。

（2）剂型　为双相油乳剂（W/O/W）。取一清洁吸管，吸取少许疫苗滴于清洁冷水表面，应呈云雾状扩散。

（3）黏度　用1mL吸管（出口内径1.2mm）吸取25℃左右的疫苗1mL，令其垂直自然流出0.4mL，所需时间应在3～8s。

（4）稳定性　吸取疫苗10mL加入离心管中，以3 000r/min离心15min，水相析出不超过0.5mL。

2. 无菌检验 按附录六进行。应无菌生长。

3. 安全检验

（1）用体重350～450g的豚鼠2只，每只皮下注射疫苗2mL；用体重18～22g小鼠5只，每只皮下注射疫苗0.5mL。连续观察7d，均不得出现因注射疫苗引起的死亡或明显的局部不良反应或全身反应。

（2）用至少6月龄的健康易感牛（细胞中和抗体滴度≤1∶8或乳鼠中和抗体≤1∶4）3头，每头舌背面注射20个点，每点0.1mL疫苗，逐日观察至少4d。之后，每头牛按推荐的接种途径接种3头份疫苗，继续逐日观察6d。均不得出现口蹄疫症状或明显的因注射疫苗引起的毒性反应。

4. 效力检验 用至少6月龄的健康易感牛（细胞中和抗体滴度≤1∶8或乳鼠中和抗体≤1∶4）30头，分为3组，每组10头。将待检疫苗分为1头份、1/3头份、1/9头份3个剂量组，每一剂量组分别于颈部肌内注射10头牛。接种21d后，将各剂量组免疫牛随机分为O型组和A型组，分圈饲养。O型攻毒组，连同对照牛2头，每头牛舌上表面两侧分两点皮内注射牛源口蹄疫O型病毒强毒，每点均为0.1mL（共0.2mL，含104ID_{50}）；A型攻毒组，连同对照牛2头，每头牛舌上表面两侧分两点皮内注射牛口蹄疫A型病毒强毒，每点均为0.1mL（共0.2mL，含104ID_{50}）连续观察10d。对照牛均应至少3蹄出现水疱或溃

疡。免疫牛仅在舌面出现水疱或溃疡，而其他部位无病变时判为保护，除舌面以外任一部位出现典型口蹄疫水疱或溃疡时判为不保护。根据免疫牛的保护数，按 Reed－Muench 法计算被检疫苗的 PD_{50}，每头份应至少含 O 型和 A 型疫苗各 6 个 PD_{50}。

5. 作用与用途 用于预防牛、羊 O 型和 A 型口蹄疫。免疫期为 6 个月。

6. 用法与用量 肌内注射。6 月龄以上的牛，每头 4.0mL；6 月龄以下牛，每头 2.0mL；成年羊，每只 2.0mL；1 岁以下羊，每只 1.0mL。

7. 注意事项 本品应在冷藏条件下保存和运输，防止冻结；使用前应充分摇匀。

8. 贮藏与有效期 2～8℃储存，有效期为 12 个月。

9. 规格 20mL/瓶、50mL/瓶和 100mL/瓶。

（范学政　王忠田）

十三、家兔多杀性巴氏杆菌病、支气管败血波氏杆菌感染二联灭活疫苗

（一）简介

家兔多杀性巴氏杆菌病（Pasteurellosis in rabbit）是家兔一种常见的、危害性很大的呼吸道传染病，又称兔出血性败血症。本病一年四季均可发生，各种年龄、品种的家兔都易感染，尤以2～6 月龄兔发病率和死亡率较高。临床上以鼻炎、地方性流行性肺炎、败血症、中耳炎、结膜炎、生殖器官感染严重及局部脓肿等为特征，本病多呈地方性流行或散发，分布广泛，危害性大。病原多为 A 型多杀性巴氏杆菌，以血清型 7：A 为主，其次为 5：A。

家兔支气管败血波氏杆菌感染（brodetellosis of rabbit）是由支气管败血波氏杆菌（*B. bronchiseptica*）引起的家兔的呼吸道传染病，临床上以发生慢性鼻炎、支气管肺炎等为特征。早在 1896 年 Galli－Valerio 从犬热性病的病犬肺脏中分离到博代氏菌。1911 年 McGowon 从兔体内分离出支气管败血博代氏菌。1930 年 Franque 报道“喷嚏性疾病”。

（二）疫苗研究进展

1976—1986 年，中国农业科学院哈尔滨兽医研究所研制成功了家兔巴氏杆菌、波氏杆菌灭活油佐剂二联苗，用该疫苗免疫兔，安全性良好，免疫保护率达 92%以上，免疫 14d 后即可获得保护，持续期可达 6～9 个月。该疫苗 1～5mL 肌内注射易感兔 115 只，除注射后次日稍减食外，在 20～40d 的观察期中，未见异常反应。用 83 只易感兔进行免疫试验，每只肌内注射二联苗 1mL，于免疫接种 15d 后，攻击强毒，免疫兔对同源巴氏杆菌、波氏杆菌强毒攻击的保护率分别为 96.6%、92.8%，健康对照兔死亡率分别为 85.6%和 71.3%。将 16 只免疫兔在强毒攻击 10d 后剖杀，取内脏材料，回收攻击细菌，均为阴性。证明二联苗安全、有效，并能抵抗攻击菌在免疫兔体寄居与增殖。疫苗最小免疫剂量为 0.5mL，免疫产生期是 7～10d，免疫期 6 个月。二联苗免疫兔的血清中两种抗体阳转率，在注苗后第 14d、20d、27d 检查，分别为 66.7%和 50%；76.7%和 68.3%；100%和 100%。在全国 10 个省（自治区）现地应用注射家兔近 40 万只，无不良反应，妊娠兔正常分娩，乳兔生长发育正常，控制疫病流行效果明显。疫苗在 4℃放置 12 个月

仍然有效。1995年农牧函（1995）27号文公告，中国农业科学院哈尔滨兽医研究所申报“家兔多杀性巴氏杆菌病、支气管败血博代氏菌感染二联灭活疫苗”的新生物制品获得批准。

江苏省农业科学院的王启明等从兔源巴氏杆菌中分离到A型多杀性巴氏杆菌1株，将其作为制苗菌株制成疫苗，免疫试验结果显示该苗对兔产生较好的免疫效果，在6个月时，保护率为73.07%，该疫苗已获得农业部颁发的新兽药证书。随后北京、郑州、兰州、广东、福建、山东、四川、山西等地的兽医研究单位也相继开展了对该病疫苗的研究，其中大部分是研究灭活疫苗，通过在原巴氏杆菌疫苗中加入铝胶佐剂，其免疫效力获得了大量提高。仅有少数单位研制弱毒疫苗。1992年由江苏省农业科学院畜牧兽医研究所和南京药械厂历经十余年合作研制的兔禽两用多杀性巴氏杆菌灭活疫苗获得农业部颁布的疫苗制造及检验试行规程和新兽药证书（〔1992〕农牧字第38号）。

1997年蔡葵蒸等进行了兔瘟、巴氏杆菌、波氏杆菌三联苗的生产工艺和免疫效果的研究。试验兔用该苗1mL免疫后，在第5、7、120、195天能抵抗致死量兔瘟强毒的攻击，保护率为100%，对巴氏杆菌和波氏杆菌，免疫后10d能产生较强的免疫力，近期保护率分别为83.3%和87.9%，免疫后195d保护率分别为72.7%和76.9%。该疫苗有效保存期（6～22℃）为180d，在2～8℃冰箱内保存期为365d。

2006年黄艳艳等报道，以免疫原性良好的兔多杀性巴氏杆菌Pm90株以及兔支气管败血波氏杆菌Bb82株作为菌种，选择蜂胶乙醇提取液的水溶物作为佐剂，研制兔巴氏杆菌-波氏杆菌二联蜂胶灭活苗，并进行了该疫苗的安全试验和效力试验：经不同日龄家兔的单剂量单次免疫、单剂量重复免疫以及大剂量单次免疫试验，表明本疫苗安全无毒副作用，适用于30日龄以上的家兔使用。实验室生产的4批疫苗对巴氏杆菌和波氏杆菌的攻毒保护率均在90%以上。

2011年孙德君等报道，通过试验对兔巴氏杆菌C51－2株的荚膜采用物理方法进行粗提，制备荚膜疫苗，分别进行了荚膜疫苗和常规疫苗的安全性、免疫效力及免疫期试验。试验结果表明，该荚膜疫苗免疫家兔安全性良好，免疫效果理想，攻毒保护率为60%，较常规疫苗免疫效力偏低，但安全性好于常规疫苗。

（三）疫苗的生产

家兔多杀性巴氏杆菌病-支气管败血波氏杆菌感染二联灭活疫苗制苗用菌种为兔源多杀性巴氏杆菌A型菌株C51－1（或C51－3）和Ⅰ相支气管败血波氏杆菌菌株Bb122、Bb46或Bb178。兔多杀性巴氏杆菌菌种使用代次3～5代，支气管败血波氏杆菌种使用代次3～5代。将多杀性巴氏杆菌生产种子移植于马丁琼脂培养基37℃培养20～24h。将支气管败血波氏杆菌生产用种子接种于改良鲍-姜氏培养基，置潮湿温箱中，37℃培养40～41h。用适量灭菌PBS分别洗下两种菌苔，分别混匀。经纯检、计数，两种菌悬液的含菌量均应高于400亿个/mL。将两种菌悬液分别用灭菌PPS稀释，使其菌数分别为400亿个/mL，加入甲醛液使甲醛的终浓度为0.15%，置37℃灭活14～18h，期间定时振荡数次。将两种灭活检验合格的菌悬液按1∶1比例混合，加入4%灭菌的吐温80作为水相。取白油90%、10%司本-80，混合均匀，115.6℃高压灭菌15min冷却后作为油相。按1∶1比例，将水相滴入磁力搅拌器上的油相内，以2 000r/min搅拌均匀后，倒入组织捣碎机中，以8 000r/min搅拌2～3min，共搅拌2次，乳化均匀，加入0.01%汞溶液。混匀，定量分装，贴签。

（四）质量标准与使用

本品系用家兔荚膜A型多杀性巴氏杆菌菌液和家兔Ⅰ相支气管败血波氏杆菌菌液混合，经甲醛溶液灭活后，加油佐剂混合乳化制成。用于预防家兔A型多杀性巴氏杆菌病和家兔支气管败血波氏杆菌感染。

1. 物理性状 外观为乳白色均匀乳剂。剂型为油包水型。

黏度用1mL管（下口内径1.2mm，上口内径2.7mm），吸取25℃左右的疫苗1mL，令其垂直自然流出，记录流出0.4mL所需时间，应不超过8s为合格。稳定性以3 000r/min离心20min，应不出现分层。

2. 无菌检验 按照附录六规定的方法进行，应无菌生长。

3. 安全检验 用琼脂糖免疫双扩散法检查血清沉淀抗体为阴性、体重1.5～2kg的家兔4只，各颈部肌内注射疫苗5mL，观察10d，均应健活。

4. 效力检验 用体重1.5～2kg家兔8只，各颈部肌内注射疫苗1mL，14d后，加强免疫1次，14～21d后，连同条件相同的对照兔8只，按下述方法进行强毒攻击试验。

（1）取免疫兔4只，连同对照兔4只，各皮下注射1个致死量多杀性巴氏杆菌强毒，观察8d，对照兔应至少死亡3只，免疫兔应至少保护3只；

（2）取免疫兔4只，连同对照兔4只，各静脉注射1个致死量同源支气管败血博代氏菌强毒，观察10d，对照兔至少死亡3只，免疫兔应至少保护3只。

5. 甲醛、汞类防腐剂残留量测定 分别按照附录二十五、三十一规定的方法进行，应符合《制品检验的有关规定》。

6. 作用与用途 用于预防家兔多杀性巴氏杆菌病和家兔支气管败血波氏杆菌感染。免疫期为6个月。

7. 用法与用量 颈部肌内注射。用12～16号注射针头，成年兔，每只1d。初次使用本品的兔场，首免14d后，用相同剂量再注射1次。

8. 注意事项

（1）避免阳光直射与高温。

（2）注射前应将疫苗振荡均匀。

（3）注射器材与注射部位必须彻底消毒。

（4）注射时，每只兔换1个针头，防止疫病通过针头传播。

9. 贮藏与有效期 2～8℃保存，有效期为12个月。

（郑杰）

十四、兔病毒性出血症、多杀性巴氏杆菌病二联干粉灭活疫苗

（一）简介

兔病毒性出血症（Rabbit hemorrhagic disease，RHD）俗称兔瘟，是由兔出血症病毒（RHDV）引起的一种急性致死性、高度接触性传染病。该病的特点为传染性强、发病急、病程短、发病率和死亡率极高；在临床上，病兔常常突然倒地，抽搐，惊叫，经过数分钟后即行死亡；病理变化以呼吸系统出血、实质器官水肿、瘀血以及出血性变化为特征，对养兔

业危害甚大。

1984 年刘胜江等在中国江苏省首次发现本病，1986 年朝鲜开始出现本病流行的报道，1987 年韩国开始流行，之后相继在欧洲一些国家发生本病。

兔多杀性巴氏杆菌病是家兔一种常见的、危害性很大的呼吸道传染病，又称兔出血性败血症。家兔鼻腔黏膜和扁桃体内带有此病菌，故家兔在各种应激因素刺激下（如过分拥挤、通风不良、长途运输、气候突变、突然更换饲料、饲养及卫生状况不良和其他致病菌的协同作用下），均可使兔体抵抗力降低而诱发此病。各种年龄、品种的家兔都易感染，尤以 2～6 月龄兔发病率和死亡率较高。本病常呈散发或地方性流行。临床上以全身性败血症、鼻炎、结膜炎、子宫积脓、睾丸炎等为特征。

（二）疫苗研究进展

1991 年于光海等报道了兔出血症-多杀性巴杆菌二联灭活苗对 RHD 的免疫力，6 个月时免疫保护率为 100%，10 个月时，免疫保护率为 87.5%。1991 年还有人报道制备兔出血症-巴氏杆菌二联灭活菌所用的 RHDV 原毒毒价能达到 10^{-1}mL 或 12 500 倍稀释毒，1mL 注射给兔，分别使 80%和 75%的兔在接种后 16～60h 死亡，病毒血凝价≥4 096，在－20℃保存 6 个月病毒毒价下降。制成灭活苗后，在 25℃或 4～5℃保存 6 个月或 12 个月，疫苗的效力不变，其免疫保护率均为 100%。1991 年黄昌炳等报道其制备的兔病毒性出血症-多杀性巴氏杆菌-兔肠毒血症三联灭活苗免疫兔后，对三种疾病的免疫保护率分别为 98.2%、63.9%和 75.5%。除灭活苗外，1988 年还有人报道了用 MAIM 细胞培养传代使 RHDV 致弱而培育出 RHD 弱毒苗，其免疫期为 3.5 个月。

1994 年农牧函〔1994〕6 号文发布公告，青海省兽医生物药品厂获得兔病毒性出血症、兔多杀性巴氏杆菌病二联干粉灭活疫苗的新生物制品审批。该疫苗系用兔病毒性出血症病毒接种易感兔，收获感染兔的肝、脾、肾等脏器，制成乳剂，经甲醛溶液灭活，制成干粉；用 A 型多杀性巴氏杆菌接种适宜培养基培养，收获培养物，经甲醛溶液灭活，用硫酸铵提取，制成干粉后，按比例配制而成。

1995 年许兰菊从患兔瘟的肝、脾、肾中采取含毒病料，从患急性巴氏杆菌病和魏氏梭菌性肠炎的病例中分离细菌，研制成氢氧化铝甲蜂胶灭活疫苗（简称兔三联苗）。经试用，免疫后 7d 至 8 个月内不同时期均能有效地控制本病。对免疫兔进行免疫效力及免疫期的测定，结果表明，在 7d、50d、100d 和 180d 内均能抵抗致死量兔瘟强毒的攻击；在免疫后 20d 时全部能抵抗 10 个最小致死量的兔巴氏杆菌培养物的攻击，经 75d 后也有 100%的保护率，在免疫后 45d 用魏氏梭菌培养物攻击，其保护率为 100%，免疫后 120d 分别用兔巴氏杆菌与魏氏梭菌培养物攻击，其保护率均为 75%。

1998 年王克领等通过对兔病毒性出血症（RHD）、魏氏梭菌病（CWD）和巴氏杆菌病（PMD）三联氢氧化铝甲醛灭活疫苗（兔三联苗）的研究，制备出了安全有效的兔三联苗。用 2mL/只免疫试验兔，4d 后对 RHD 和 CWD、14d 后对 PMD 均产生良好的免疫效果；21d 后测定，疫苗的平均保护率 RHD 为 97%、CWD 为 86.12%、PMD 为 65.12%；6 个月后测定，平均保护率为 RHD100%、CWD80%、PMD58.8%。该疫苗 8～10℃保存期为 8 个月。

2002 年徐为中等通过对抗原的浓缩，试制成功兔病毒性出血症、多杀性巴氏杆菌病、产气荚膜梭菌病（A 型）三联氢氧化铝浓缩灭活疫苗。将该三联疫苗按每只 1mL 的剂量免疫家兔，21d 后效力试验结果表明，对兔病毒性出血症的保护率为 100%；对兔巴氏杆菌病、产气荚膜梭菌病（A型）的保护率均达80%以上，且对上述3种病的免疫期为180～210d（即6～7个月）。该疫苗4～8℃保存150 d（5个月）后保护力几乎没有下降。

2004年薛家宾等报道，通过多年的研究，选择了具有免疫原性良好的菌毒株，经适宜的培养基培养或敏感动物传代，灭活后适当浓缩，按一定比例配制成兔病毒性出血症、多杀性巴氏杆菌病、产气荚膜梭菌病三联灭活疫苗。对5批兔病毒性出血症、多杀性巴氏杆菌病、产气荚膜梭菌病三联灭活疫苗进行了动物试验，结果表明该疫苗安全有效。效检对兔病毒性出血症的保护率为100%，对兔多杀性巴氏杆菌病保护率为92%，对产气荚膜梭菌病（A）型保护率为88%。在免疫期试验中，免疫6个月后，对兔病毒性出血症保护率为100%，对多杀性巴氏杆菌病的保护率为79%，对产气荚膜梭菌病（A）型的保护率为88%。在保存期试验中，4～8℃保存12个月仍有效。

2004年朱战波等报道应用兔出血症病毒（RHDV）和巴氏杆菌（Pm）联合研制而成的蜂胶佐剂灭活苗，用1mL免疫试验兔，免疫后第5天，对RHDV保护率达100%（5/5）；免疫后第14天，对巴氏杆菌的保护率达100%（4/4），第7天即产生较强的免疫力。T细胞总玫瑰花环形成率（Et率）、活性玫瑰花环形成率（Ea率）的测定结果表明：蜂胶具有提高机体细胞免疫功能的作用；通过HI法监测兔病毒性出血症抗体水平，结果表明：蜂胶苗产生抗体时间较早，第7天抗体效价可达到较高水平$2^{6.8}$，第21天达到高峰$2^{8.8}$。

2006年农业部第717号公告，中牧实业股份有限公司获得兔病毒性出血症、多杀性巴氏杆菌病二联灭活疫苗的新兽药证书，该疫苗系用兔病毒性出血症病毒CD85-2株和兔源荚膜A型多杀性巴氏杆菌分别接种易感兔和适宜培养基培养，收获感染兔的肝、脾、肾等脏器和培养物，经甲醛溶液灭活后，再向兔多杀性巴氏杆菌灭活菌液中加入氢氧化铝胶佐剂并浓缩，然后按照适当比例混合制成。

2010年姜力等报道，利用实验室试制了3批兔病毒性出血症、多杀性巴氏杆菌病、产气荚膜梭菌病三联铝胶灭活疫苗，并进行无菌检验、安全性检验、效力检验、免疫期试验、疫苗的保存期试验，结果表明该疫苗安全有效，效检对兔病毒性出血症的保护率为100%，对兔多杀性巴氏杆菌病、产气荚膜梭菌病（A）型保护率为80%以上，免疫期为6个月。在保存期试验中，在4～8℃保存12个月后，经检验各项指标均合格。

2013年王晓丽等报道，试研制5批兔病毒性出血症、多杀性巴氏杆菌病二联蜂胶灭活疫苗，共计16.3万头份。疫苗安检、菌检均合格，效力检验试验对兔病毒性出血症总保护率为100%，对兔多杀性巴氏杆菌病的总保护率为84%，疫苗分派山东多家养兔单位应用，反馈信息表明，疫苗安全、有效，能有效预防兔病毒性出血症和兔多杀性巴氏杆菌病。

2016年于新友等报道，以具有良好免疫原性的兔病毒性出血症病毒野毒WF株和兔多杀性巴氏杆菌C51-17株作为种子，研制出了兔病毒性出血症、多杀性巴氏杆菌二联蜂胶灭活苗，并对疫苗进行了免疫剂量、免疫产生期、免疫保护期、保存期等试验，确定出二联苗免疫剂量1.0mL，二联苗在免疫后5d对兔病毒性出血症强毒的保护率达到100%，免疫后10d对兔多杀性巴氏杆菌的保护率均达到80%，二联苗分别在免疫后6个月用兔病毒性出血症强毒攻击仍产生100%保护，在6个月用1个MLD的兔多杀性巴氏杆菌攻击保护率可达80%以上，二联苗4～8℃条件下保存期为18个月。

（三）疫苗的生产

制苗用毒种为兔病毒性出血症西宁系病毒。兔病毒性出血症对人“O”型红细胞凝集价应达到 122 560，兔病毒性出血症基础种子代数控制在 5～10 代，兔 A 型多杀性巴氏杆菌基础种子代数控制在 1～10 代。将兔病毒出血症病毒的种子毒，用无菌生理盐水 10 倍稀释，接种体重 1.5kg 家兔，每只皮下注射 2mL，将 24～96h 内濒死或刚死的兔，以无菌手术采取有明显病变的肝、肾和心脏，剪去结缔组织，加 pH7.2 的 PBS 研磨成 1∶3 乳剂，经 5 号筛滤过，再加入 0.4%甲醛溶液，密封后置 37℃灭活 48h，检验合格后加适当保护剂，冷冻干燥制成干粉。将 C513、C513 种子液等量混合，接种于装有马丁肉汤培养基罐内，并按 0.1%加入裂解血细胞全血及消泡剂，通气培养，接种 1%～2%种子，先搅 5min，静置 4h，逐步加大通气量，36～37℃培养 12～16h，抽样纯检、计数，应在 150 亿个/mL 以上。在检验合格菌液中加入 0.1%～0.15%甲醛溶液，36～37℃灭活 10～12h，按菌液总量加入 0.005%汞或 0.2%苯酚，振荡均匀。按灭活菌液 100mL 加硫酸盐 60g，提取出菌体，冷冻干燥制成干粉。将兔病毒性出血症干粉与兔多杀性巴氏杆菌干粉分别在无菌条件下粉碎 后通过 2 号筛，精确称重，按每头份兔病毒性出血症干粉 13mg 与多杀性巴氏杆菌干粉 50mg 的比例混合成二联干粉苗充分混匀后分装。

(四) 质量标准与使用

1. 物理性状 本品为黄褐色粉末。加入稀释液，振摇后迅速溶解，呈均匀褐色混 悬液。

2. 重量差异限度 取本品 10 份，除去包装，分别称定重量，每份重量与标示量相比较，差异限度不得超过±5%。超过重量差异限度的不得多于 2 份，并不得有 1 份超过重量差异限度 1 倍。

3. 无菌检验 将本品加入 20%铝胶生理盐水稀释液溶解后，应无菌生长。

4. 安全检验 本品用 20%铝胶生理盐水稀释后，肌内或皮下注射体重 1.5～2kg 家兔 2 只，各 5mL 时（含 5 头份），观察 10d，均应健活。

5. 效力检验 用体重 1.5～2kg 家兔 8 只，各皮下或肌内注射用 20%铝胶生理盐水稀释的疫苗 1mL（含 1 头份），14～21d 后，连同条件相同的对照兔一起进行攻毒。兔病毒性出血症部分用免疫兔 4 只与对照兔 4 只，各皮下注射 10 倍稀释的兔病毒性出血症强毒，观察 7d，对照兔应至少死亡 3 只，免疫兔应全部健活。兔多杀性巴氏杆菌部分用免疫兔 4 只与对照兔 2 只，各皮下注射多杀性巴氏杆菌致死量强毒 1mL（3 个菌以上），观察 8d，对照兔应全部死亡，免疫兔应至少保护 2 只。

6. 作用与用途 用于预防兔病毒性出血症和多杀性巴氏杆菌病。免疫期为 6 个月。

7. 用法与用量 肌内或皮下注射。按瓶签注明的头份，用 20%铝胶生理盐水稀释，成兔每只 1mL，45 日龄左右仔兔每只 0.5mL。

8. 贮藏与有效期 2～8℃保存，有效期为 24 个月。

注意：①为保证安全，在大面积预防注射前，选择不同年龄的兔群，注射后观察 1 周左右。若无任何反应，可全面开展预防注射。②对体质特别瘦弱或已发病的兔群暂时不注射，以免造成严重的免疫反应和试用时的错误判定。③稀释干粉苗时，由稀释液 20%铝胶盐水瓶中抽出适量铝胶盐水，注入干粉苗小瓶中，充分摇匀后吸出此浓干粉浑浊液，注回原铝胶盐水中，充分摇匀，使每毫升铝胶盐水含干粉苗 1 头份。④为了进一步观察干粉苗效果，请将免疫兔群在 6 个月之内发生兔病毒性出血症和兔出败病的情况详细记载，以便总结经验。

（郑　杰）

十五、羊快疫、羔羊痢疾、羊肠毒血症三联灭活疫苗

（一）简介

羊梭菌性疾病（Clostridiosis of sheep）是由梭菌属中多种梭菌引起的羊的一类传染病，对养羊业威胁比较严重。主要包括羊肠毒血症、羊快疫、羔羊痢疾等疾病，其中肠毒血症及羔羊痢疾分布较为广泛。这些疾病具有急性地方流行性、发病急、死亡快和病程短等特点，对养羊业危害很大。而羊肠毒血症、羊快疫、羊猝狙、羊黑疫 4 种病，从临床症状难以区别，而且在一个地方往往同时发生两种或两种以上的梭菌性疫病，甚至发生混合感染，必须通过血清学诊断和病原菌分离才能确诊。

羊快疫（Braxy）是由腐败梭菌引起的绵羊的一种传染病，以突然发病、多呈急性死亡、真胃发生出血性炎症为临床特征。在百余年前，本病在北欧一些养羊国家流行，现在已经在世界各国发生与流行。中国于 20 世纪 50 年代在内蒙古、青海、新疆和西藏等地区发生。

羔羊痢疾（Lamb dysentery）是出生羔羊的一种急性毒血症，是一种复杂的、与多种因素有关的疾病，包括动物、环境、营养以及传染性病原。该病以剧烈腹泻和小肠发生溃疡为特征。尽管在动物饲养管理、预防和治疗方案上已经有较大的进步，但是腹泻仍然是威胁新生反刍动物生命的重要疾病之一。

羊肠毒血症（Enterotoxaemia）是羊的一种急性传染病，绵羊最易发生，该病的发生是由魏氏梭菌在羊肠道内大量繁殖并产生毒素所引起的，以肠道出血为特征，并见死后肾组织多半软化，在临床上常见急性死亡。

病原性梭菌在羊引起的疾病大多属于非接触性传染病，本质上为毒血症或致死性毒血症。病原梭菌产生的外毒素和一些酶类往往毒力强大，是主要的致病因素。病原梭菌中有些菌株既存在菌体抗原和芽孢抗原，又存在毒素抗原和荚膜抗原，具有较好的免疫原性，多数均能产生特异的中和抗体。一般而言，梭菌产生的毒素毒力越强，制成的类毒素免疫原性越好。即使一些菌体本身是重要的免疫原，也要筛选产生外毒素良好的菌株作为制苗用菌种，使疫苗中含有菌体抗原和类毒素抗原。

（二）疫苗研究进展

免疫接种是预防本病的根本措施。一般而言，羊梭菌性病疫苗免疫效果都较为理想，这为梭菌病的防制奠定了基础。梭菌性疾病疫苗的制备，一是要筛选免疫原性良好且产生外毒素强的菌种：疫苗生产中产气荚膜梭菌 B 型菌选用毒力较强的 C58－2 菌株，肠毒血症和腐败梭菌选用免疫原性较好的 C60－2 和 C55－1 菌株，均具有较好的免疫效果。生产菌种的保存期越短，效果越好。二是要选择适宜的培养基：为了提高细菌毒素产量，复合培养基中加入一定量的 $ZnSO_4$ 和精氨酸等具有一定的效果。三是掌握好培养温度、培养时间和培养基的 pH：不同的培养基和不同的菌种需要的培养条件有差异。四是做好脱毒灭菌工作，不同的菌种和培养基在脱毒工程中需要控制一定的时间。脱毒不彻底，接种动物后会发生严重反应，甚至发生死亡。全菌疫苗既含有菌体抗原，又含有类毒素抗原。梭菌性疾病的免疫预防，起初多研制和使用单价苗，如羔羊痢疾疫苗、肠毒血症疫苗等。由于梭菌性疾病特别是羊梭菌性病临床上往往不易做出确诊，加之混合感染的情况较为普遍，为便于免疫接种，相继出现了羊黑疫、羊快疫二联苗，羊快疫-猝狙-肠毒血症三联苗，羊快疫-黑疫-猝狙-肠毒

血症-羔羊痢疾五联苗等。这些联苗在预防上发挥了很好的作用。在剂型上，除传统湿苗（即液体苗）外，还研制开发了多联干粉疫苗。多联干粉疫苗既可作为单苗使用，又可根据疫情配制成多联苗使用，具有因地制宜配苗、剂量小等优点，使用上非常方便。梭菌病疫苗的制造程序基本相同。目前广泛使用的多是灭活疫苗，包括羊黑疫、羊快疫二联灭活疫苗，羊快疫、猝狙（或羔羊痢疾）、肠毒血症三联灭活疫苗，羊快疫、羊猝狙、羊黑疫、肠毒血症和羔羊痢疾五联灭活疫苗，羊梭菌性病多联干粉灭活疫苗等。

1982 年文希喆报道研制了羊快疫、羊猝狙、肠毒血症用三联干粉疫苗，在三联干粉菌苗中，这三种成分对家兔和绵羊的免疫剂量分别为 2.5mg、0.5mg、0.5mg 和 8mg、2mg、2mg，比相同的三联液体菌苗剂量大为减少，效力显著提高。在三联菌苗中，羊快疫、羊猝狙和肠毒血症各种菌苗对绵羊的免疫剂量分别为对家兔免疫剂量的 3.2、4 和 4 倍。在生药厂大批量试产成功，主要原材料成本比相同的液体菌苗节省 70%～80%，经济效益显著。经大剂量安全试验和一般剂量区域试验，未观察到不良反应，防疫效果较好。绵羊于注射菌苗后 7 个月仍具有良好的免疫力，再长的免疫期在继续试验中。研制成功的羊梭菌多联干粉疫苗，免疫效果非常好，保存期长且便于贮存，是细菌性灭活疫苗制造的一个大的突破。1996 年农业部发布农牧函〔1996〕19 号文，中国兽医药品监察所获得羊快疫、羔羊痢疾、肠毒血症（复合培养基）三联灭活疫苗的新兽药证书。

1983 年文希喆报道研制了羊快疫、羔羊痢疾、羊猝狙、肠毒血症、羊黑疫、肉毒中毒和破伤风七联干粉苗。七联苗中，羊快疫、羔羊痢疾、羊猝狙、肠毒血症、羊黑疫、肉毒中毒和破伤风菌苗的免疫剂量对家兔分别为 2.5mg、2mg、1～2mg、0.25mg、0.5mg、0.5mg 和 0.05～0.1mg；对绵羊分别为 10mg、2mg、2mg、2.5mg、⩽8mg、20mg 和⩽4mg。在七联苗中，羊快疫、羔羊痢疾、羊猝狙、肠毒血症、羊黑疫、肉毒中毒和破伤风菌苗对绵羊的免疫剂量分别为家兔免疫剂量的 4、1、2、10、⩽16、40 和⩽40 倍。将七联苗免疫羊血清等量混合，0.1mL 能分别中和羊快疫、羔羊痢疾、羊猝狙、肠毒血症、羊黑疫、肉毒中毒和破伤风毒素 1、1、1、3、50、1 和 1MLD，即可达到与免疫动物攻毒相符合的有效标准。看来这种标准可以用于检验菌苗的效力，以简化多联菌苗的效检方法。

20 世纪 90 年代马乐英等又研制了产气荚膜梭菌病浓缩灭活疫苗。1997 年柳晓冰报道，他们研制的羊快疫、羔羊痢疾、肠毒血症三联四防菌苗，自 1981 年投产，生产的 434 批合格率 100%，取其中三批疫苗保存 4 年后进行效力检验，B 型、C 型、D 型用血清中和试验，羊快疫使用本动物攻毒法，B 型和 C 型用一个致死剂量，D 型用 3 个致死剂量进行效力检验；羊快疫 4/4 保护，其他均符合《中国兽用生物制品规程》的要求。羊三联四防菌苗在平均温度 16℃条件下保存 2 年、3 年、4 年后进行效力试验，结果和原来的效力检验一样，均符合规程要求的 2～8℃保存 2 年的效力标准。

2007 年于晓霞报道，利用产气荚膜梭菌标准株和分离株接种营养肉汤进行增菌培养，然后再接种 Gordon 汤，43℃厌氧振荡培养 6～7h。所得培养物经低温高速离心后，上清液即为产气荚膜梭菌粗制外毒素。经测定其对小鼠的 LD_{50} 分别为 0.00316 和 0.001。该外毒素用 0.3%甲醛，分别灭活 8h、16h、32h、64h、128h，加入铝胶佐剂浓缩制得产气荚膜梭菌类毒素疫苗。对该疫苗分别进行了安全性检验、免疫效力试验。结果表明用 0.3%甲醛灭活 32h 可将产气荚膜梭菌外毒素完全灭活，制备的类毒素疫苗安全性高。

（三）疫苗的生产

用培养罐或玻璃瓶静止培养，按培养罐（或瓶）容量加入适量的肉肝胃酶消化汤培养基（腐败梭菌用厌气肉肝汤或胰酶消化牛肉汤），亦可加入铝胶培养，即培养基 5 份加入氢氧化铝胶 1 份，培养基或铝胶培养基经过高压灭菌后，冷却至 38℃左右立即接种。培养基如果经过存放后，应在临用前煮沸驱氧，在冷却至 38℃左右时再接种。按照培养基总量计算接种量，腐败梭菌的接种量为 2%，B 型、C 型、D 型产气荚膜梭菌的接种量为 1%。腐败梭菌置 37℃培养 20～24h（如果采用胰酶消化牛肉汤，置 35℃条件下培养 36～48h），B 型、C 型、D 型产气荚膜梭菌置于 35℃条件下培养，B 型、C 型产气荚膜梭菌培养 10～20h，D 型产气荚膜梭菌培养 16～24h。

在各菌液培养完成后，分别取样做纯粹检查，方法为：将菌种分别接种于厌气肉肝汤中，在 35～37℃条件下培养，腐败梭菌培养 24h，B 型、C 型产气荚膜梭菌培养 10～20h，D 型产气荚膜梭菌培养 16～24h，然后使用普通琼脂斜面、普通肉汤、厌气肉肝汤和石蕊牛奶各 2 管，每管接种种子液 0.2mL，至少培养 48h，证明纯粹后方可使用。

毒素测定：各菌液经过培养、纯粹检验合格后，加氢氧化铝胶培养的菌液进行毒素的测定。取各制苗菌液离心上清，静脉注射体重 16～20g 小鼠，其最小致死量应该不低于下列标准：B 型产气荚膜梭菌 0.001～0.002mL；C 型产气荚膜梭菌 0.001～0.0025mL；D 型产气荚膜梭菌（用胰酶活化后）0.0005～0.00075mL；腐败梭菌 0.005～0.01mL（也可以肌内注射 0.01mL）。

培养物经过上述测定验证合格后，将培养物经甲醛灭活脱毒后，按照一定的比例进行混合，加入氢氧化铝胶制成疫苗。

（四）质量标准与使用

1. 物理性状 本品静止后，上层为黄褐色澄明液体，下层为灰白色沉淀，振荡后呈均匀混悬液。

2. 无菌检验 按照附录六规定的方法进行，应无菌生长。

3. 安全检验 用体重 15～2kg 家兔 4 只，各肌内或皮下注射疫苗 5mL，观察 10 d，均应健活，注射部位不应发生坏死。

4. 效力检验 用体重 1.5～2kg 家兔或 1～3 岁体重相近的健康易感绵羊，分组免疫，每组 4 只，皮下或肌内注射疫苗，家兔 3mL，绵羊 5mL。14～21d 后，连同条件相 同的对照兔或羊 2 只，注射强毒，对照兔或羊全部死亡，各组免疫兔或羊至少保护 3 只为合格。

（1）羊快疫、猝狙、肠毒血症三联苗　免疫家兔或绵羊 12 只，分成 3 组，每组 4 只。免疫后，第 1 组肌内注射致死量的腐败梭菌菌液，观察 14d，如用腐败梭菌制苗时，其上清毒素毒力 0.01mL 时，可静脉注射致死量的腐败梭菌毒素，观察 3～5d。第 2、3 组分别静脉注射致死量的 C 型和 D 型产气荚膜梭菌毒素，观察 3～5d。

（2）羊快疫、羔羊痢疾、肠毒血症三联苗　免疫家兔或绵羊 16 只，分成 4 组，每组 4 只。免疫后，第 1、2、3 组攻毒和观察方法同 1 项。第 4 组静脉注射致死量的 B 型产气荚膜梭菌毒素，观察 3～5d。

上述两种联苗亦可用轮换攻毒的方法，以减少免疫用羊只数。具体做法是，先选免疫羊 4 只，静脉注射致死量的 C 型产气荚膜梭菌毒素，观察 3～5d，然后再静脉注射致死量的 D 型毒素（如注射 C 型毒素后有死亡，可用剩余的免疫羊补充）。也可用中和试验方法测定免疫动物血清效价。

用体重1.5～2kg的健康家兔或1～3岁的条件相同的健康易感绵羊，各种疫苗均皮下或肌内注射一次，免疫21d后注射强毒。三联苗免疫用12只动物，家兔每只注射3mL，或绵羊每只注射5mL，免疫完成后，不论家兔或绵羊均分成3组，每组4只。第1组肌内注射致死量的腐败梭菌强毒菌液或静脉注射致死量的毒素；第2组和第3组分别静脉注射致死量C型和D型产气荚膜梭菌毒素。第1组注射强毒菌液后，观察14d。如注射毒素，与第2、3组相同，均观察3～5d。

三联苗免疫用16只动物，家兔每只注射3mL，或绵羊每只注射5mL，免疫完成后分成4组，每组4只。第1、2、3组攻毒和观察方法与三联苗Ⅰ相同，第4组静脉注射致死量的B型产气荚膜梭菌毒素，观察3～5d。

羊黑疫、羊快疫二联疫苗免疫用8只动物，家兔或绵羊每只均注射8mL，免疫完成后，分为2组，每组4只，第1组与三联苗Ⅰ第1组攻毒和观察方法相同，第2组注射诺维氏梭菌毒素，家兔皮下注射50～100MLD，绵羊静脉注射2MLD，观察3～5d。攻毒时各用2只条件相同的未免疫动物作为对照，对照动物全死。羊黑疫疫苗全保护，其他疫苗至少保护3只为合格。

5. 甲醛、苯酚或汞含量测定 分别按照附录二十五、三十三、三十一规定的相应的检测方法进行，应符合《制品检验的有关规定》。

6. 作用与用途 用于预防羊快疫、猝狙、肠毒血症。如用B型产气荚膜梭菌代替C型产气荚膜梭菌制苗，还可预防羔羊痢疾。免疫期为6个月。

7. 用法与用量 皮下或肌内注射。不论羊的年龄大小一律5.0mL。用时充分摇匀。

8. 注意事项 本疫苗不能冻结。注射疫苗后，一般无不良反应。个别羊可能于注射部位形成硬结，但以后会逐渐消失。

9. 贮藏与有效期 2～8℃保存，有效期为24个月。

（郑　杰）

十六、犬瘟热、犬副流感、犬腺病毒和犬细小病毒病四联活疫苗

（一）简介

犬瘟热（Canine distemper）是由犬瘟热病毒引起的一种高度接触传染性、致死性传染病。早期表现为双相体温热、急性鼻卡他、结膜炎，随后以支气管炎、卡他性肺炎、严重的胃肠炎和神经症状为主。少数病例出现鼻部和四肢脚垫高度角化。该病幼犬多发，18世纪末流行于欧洲，1905年Garre报道了犬瘟热，1973年黑龙江发生此病之后，吉林、辽宁、陕西、河南、河北等省份均报道有本病的发生。目前本病在全世界普遍存在，已经成为犬的重要疫病之一。

犬副流感病毒感染（Canine porainfluenza virus）是由副流感病毒5型引起的犬的一种传染病。以突然发热、卡他性鼻气管炎和支气管炎为临床特征。1967年，Bim等首次从患呼吸道病犬中用犬肾细胞培养分离出副流感病毒5型。近年来，Evermann等（1980）从患后躯麻痹和运动失调的脑脊髓炎病犬中分离到副流感病毒。

犬腺病毒Ⅰ型感染是犬的一种急性、接触败血性传染病，又称犬传染性肝炎（Infectious canine hapatitis）。该病以发热、黄疸、血液白细胞数明显减少和出血性肝小叶中心坏死、肝实质细胞和皮质细胞核内出现包涵体为特征。1947 年 Rubarth 在瑞典最先描述了犬的传染性肝炎并确定为独立的疾病，1959 年 Kepsehberg 分离获得病毒，称为犬传染性肝炎病毒。该病分布于全世界，犬传染性肝炎病毒对刚离乳到 1 岁以内的幼犬的感染率、致死率最高，给养犬业带来了严重的危害，其经济损失很大。

犬细小病毒病（Canine parvovirus disease）是由犬细小病毒（Canine parvovirus）引起的以出血性肠炎或非化脓性心肌炎为主要特征的急性传染病。幼犬多发，本病传播快，死亡率高，是危害养犬业较为严重的病毒性传染病之一。1977 年 Eugester 在美国首次从患出血性肠炎病犬的粪便中发现了犬细小病毒。以后许多国家和中国（1980）均报道了该病的发生与流行。

（二）疫苗研究进展

狂犬病、犬瘟热、犬副流感、犬腺病毒病和犬细小病毒病是危害犬科动物较严重的传染性疫病，幼犬的发病致死率可达 100%。随着特种养殖业的发展以及家养犬猫等宠物的大量增加，几种疫病的发生呈逐年稳步上升趋势，注射疫苗是有效防治的关键。1954 年 Baker 等首先倡导使用抗血清和灭活疫苗以来，许多国家先后制出各自的灭活疫苗和弱毒疫苗，进而研制了以犬瘟热和犬传染性肝炎为主体的多价疫苗和多联疫苗。1996 年李六金报道，从国外引进的犬瘟热病毒（CDV）、犬细小病毒（CPV）、犬腺病毒-2 型（CAV2）和犬副流感病毒（CPIV）四联弱毒样品中，分离筛选出增殖性良好的 CPV-XN1 株、CAV2-XN3 株和 CPIV-XN4 株。另外，通过离体异种细胞交叉传代，获得了 CDV-XN12 弱毒株；从狂犬病（RV-ERA）株疫苗样品中筛选出 ERA836 株。经试验证明，这五株病毒在 5 代以内可以作为制苗用的种毒。采用静置和旋转培养法高滴度扩增这 5 株弱毒，必要时还采用低温培养和物理浓缩的方法进一步提高病毒滴度。5 株弱毒细胞培养物与保护剂按适当比例混合，制成犬五联弱毒疫苗，给 8 周龄以上的血清抗体阴性犬每只注射 2mL，在 15d 内产生针对犬五大疫病的坚强免疫力，免疫期不低于 9 个月；－20℃保存期不低于 24 个月，2～8℃保存不低于 9 个月，室温（18～22℃）保存不低于 60d，各种弱毒的滴度无明显降低，保护率达到 100%。给 5 000 多只幼犬分别于 2 月龄和 3 月龄时各注射 1 个剂量（2mL）五联苗，9 个月内进行追踪观测，未发现不良反应。500 余只免疫犬的血清学检测证明本联苗免疫力确实。

1999 年农业部发布农牧发〔1999〕27 号文，中国人民解放军农牧大学获得狂犬病、犬瘟热、犬副流感、犬腺病毒病和细小病毒病五联活疫苗的新兽药证书。中国农业科学院哈尔滨兽医研究所的科研人员对从美国引进的犬瘟热单苗、猫用三联苗、犬用五联苗进行分离、纯化、鉴定，培养出纯净的 CAV-A 株、FPV 株、CAVI 株弱毒株。用适合弱毒生长的鸡胚成纤维细胞、CRFK、MDCK 细胞进行增殖。再配以明胶蔗糖保护剂，经真空干燥制成 CDV、FPV、CAV 三联弱毒疫苗。经实验室、田间及区域试验，证明三联弱毒疫苗具有免疫效果优良、安全、使用方便等特点。适合断乳幼兽及成兽免疫，而且该苗不影响孕兽的妊娠过程。三联弱毒疫苗保护率在 87%以上，达到了当时国内同类研究的领先水平。

2002 年丛丽报道，用 CDV 弱毒、CPV 弱毒、CAV-2 型弱毒和 ERA 弱毒研制成功了犬用四联疫苗。该四联疫苗安全可靠，免疫原性强，免疫期 6 个月以上。室温可保存 1d，

4℃可保存2周，-20℃可保存6个月。该四联疫苗免疫剂量为3mL/只，CDV、CPV、CAV-2型和ERA弱毒疫苗效价为$10^{6.0}$～$10^{7.5}$，现场应用30万只犬，抗体阳转率90%。

2008年农业部发布第1049号公告，杨凌绿方生物工程公司获得狂犬病、犬瘟热、犬副流感、犬腺病毒病和细小病毒病五联活疫苗的新兽药证书。该疫苗系用犬狂犬病病毒ERA株、犬瘟热病毒XN112株、副流感病毒XN4株、犬腺病毒2型XN3株和细小病毒XN1株分别接种易感细胞培养，收获病毒培养物，按比例混合后加入适宜稳定剂，经冷冻真空干燥制成。

2008年农业部发布公告第1120号批准进口生物制品犬瘟热、腺病毒病、细小病毒病、副流感病毒2型呼吸道感染四联活疫苗-犬钩端螺旋体病、黄疸出血钩端螺旋体病二联灭活疫苗获得进口兽药注册证书。

2009年农业部发布公告第1175号批准进口生物制品犬瘟热、腺病毒病2型、细小病毒病、副流感病毒四联活疫苗-犬冠状病毒病灭活疫苗获得进口兽药注册证书。

2011年农业部发布公告第1595号批准进口生物制品犬瘟热、腺病毒病2型、细小病毒病、副流感病毒四联活疫苗-犬钩端螺旋体病（犬型、黄疸）二价灭活疫苗-犬冠状病毒病灭活疫苗获得进口兽药注册证书。

2017年7月1日起，中国停止使用狂犬病活疫苗（包括多联活疫苗）（农业部公告第2514号），犬狂犬病抗原也从五联疫苗中去除。

（三）疫苗的生产

犬瘟热、犬副流感、犬腺病毒病、犬细小病毒病四联活疫苗制造用的毒种为犬瘟热弱毒CDV/R-20/8株、犬副流感弱毒CPIV/A-20/8株、犬腺病毒弱毒YCA18株和犬细小病毒CR86106株。犬瘟热弱毒CDV/R-20/8株接种Vero细胞，产生融合性CPE；犬副流感弱毒CPIV/A-20/8株接种MDCK细胞，产生融合性CPE；犬腺病毒弱毒YCA18株接种MDCK细胞，产生葡萄串状CPE；犬细小病毒弱毒CR86106株接种F81细胞，产生拉网样CPE。犬瘟热弱毒CDV/R-20/8株，每0.1mL应含病毒≥$10^{5.5}$ $TCID_{50}$，犬副流感弱毒CPIV/A-20/8株，每0.1mL应含病毒≥$10^{5.5}$ $TCID_{50}$；犬腺病毒弱毒YCA18株，每0.1mL应含病毒≥$10^{6.0}$ $TCID_{50}$；犬细小病毒弱毒CR86106株，每0.1mL应含病毒≥$10^{5.5}$ $TCID_{50}$。各种毒基础种子代数应在6～10代，生产种毒继代不超过5代。制苗用细胞选择生长良好的非洲绿猴肾传代细胞系Vero、犬肾传代细胞系MDCK和猫肾传代细胞系F81为制苗材料。基础种子细胞代次：Vero细胞为126～130代，MDCK细胞为61～66代，F81细胞为49～53代。生产用细胞最高传代代次：Vero细胞为150代，MDCK细胞为90代，F81细胞为80代。将犬瘟热弱毒CDV/R-20/8毒种用E-MEM培养液稀释，按2%接种量同步接种Vero细胞，37℃培养24h，换维持液，于33℃培养，当细胞病变达75%以上时，冻融收毒，放-30℃保存；将犬副流感弱毒CPIV/A-20/8毒种用M-MEM培养液稀释，按2%接种量同步接种MDCK细胞，37℃培养24h，换维持液，于33℃培养，当细胞病变达75%以上时，冻融收毒，放-30℃保存；将犬腺病毒弱毒YCA18毒种用E-MEM培养液稀释，按1%接种量接种已长成单层的MDCK细胞，37℃培养24h，换维持液，继续37℃培养，当细胞病变达75%以上时，冻融收毒，放-30℃保存；将犬细小病毒弱毒CR86106种毒用EMEM稀释液稀释，按5%接种量同步接种F81细胞，37℃培养24h，换维持液，继续于37℃培养，当细胞病变达75%以上时，冻融收毒，放-30℃保存。取样作无菌和病毒含量测定，犬瘟热弱毒 CDV/R－20/8 株每 0.1mL 应含病毒≥$10^{5.0}$ $TCID_{50}$，犬副流感 CPIV/A－20/8 株每 0.1mL 应含病毒≥$10^{4.5}$ $TCID_{50}$，犬腺病毒弱毒 YCA18 株每 0.1mL 应含病毒≥$10^{5.0}$/$TCID_{50}$，犬细小病毒弱毒 CR86106 株每 0.1mL 应含病毒≥$10^{4.5}$ $TCID_{50}$。按每头份 1.4mL 病毒液中含 CDV/R－20/8 毒液 0.5mL，CPIV/A－20/8 毒液 0.5mL，YCA18 毒液 0.1mL，CR86106 毒液 0.2mL 的比例置于同一灭菌容器内混合均匀，按每 7 份病毒液加明胶蔗糖 1 份，加入明胶蔗糖，同时加入适宜抗生素，充分摇匀，定量分装，冻干，加塞，封口，贴签。

（四）质量标准与使用

本品系用犬瘟热病毒、犬副流感病毒、犬腺病毒和犬细小病毒弱毒株，接种易感细胞培养，收获细胞培养物，按比例混合后加适宜稳定剂，经冷冻真空干燥制成。用于预防犬瘟热、犬副流感、犬腺病毒和犬细小病毒病。

1. 物理性状 本品呈微黄白色海绵状疏松团块，易与瓶壁脱离。加稀释液后迅速溶解成粉红色澄清液体。

2. 无菌检验 按照附录六规定的方法进行，应无菌生长。

3. 支原体检验 按照附录八规定的方法进行，应无支原体生长。

4. 鉴别检验 用注射用水稀释后，加等量 4 种病毒的特异性血清，37℃中和 1h，脑内接种体重 11～13g 小鼠 5 只，每只 0.03mL，观察 21d，应无死亡。同时分别接种微量细胞培养板培养的 Vero、MDCK 和 F81 单层细胞各 4 孔，每孔 0.1mL，观察 6d，应不出现细胞病变。

5. 外源病毒检验 按附录十二进行检验，应符合规定。

6. 安全检验 将疫苗用注射用水稀释，肌内注射对 4 种病毒的中和抗体效价均＜2 的 2～3 月龄健康易感犬 5 只，每犬接种 10 头份，隔离观察 21d，精神、食欲、体温与粪便均应正常。

7. 效力检验 将疫苗用注射用水稀释至 1 头份/mL，取对 4 种病毒中和抗体效价均＜1∶2 的 2～3 月龄健康易感犬 5 只，各肌内注射疫苗 1 头份，隔离饲养 21d，均应正常；并按附录十五分别检测各试验犬血清中各病毒的中和抗体效价，应达到如下标准：所有试验犬的抗犬瘟热中和抗体效价≥1∶50、抗犬副流感中和抗体效价≥1∶4、抗犬腺病毒中和抗体效价≥1∶10、抗犬细小病毒中和抗体效价≥1∶16 为合格。

8. 剩余水分测定 按照附录二十六规定的方法进行测定，应符合规定。

9. 真空度测定 按照附录三十二规定的方法进行测定，应符合规定。

10. 作用与用途 用于预防犬瘟热、犬副流感、犬腺病毒病与犬细小病毒病。免疫期为 12 个月。

11. 用法与用量 肌内注射。用注射用水稀释成 2mL（含 1 头份），断奶幼犬以 21d 的间隔，连续免疫 3 次，每次 2d；成犬每年免疫 2 次，间隔 21d，每次 2mL。

12. 注意事项

（1）本品只能用于非食用犬的预防注射，不能用于已发生疫情时的紧急预防与治疗。孕犬禁用。

（2）使用过免疫血清的犬，需隔 7～14d 后再使用本疫苗。

（3）注射器具需经煮沸消毒。本品溶解后，应立即注射。

（4）注苗期间应避免调动、运输和饲养管理条件骤变，并禁止与病犬接触。

（5）注射本疫苗后如发生过敏反应，应立即肌内注射盐酸肾上腺素注射液0.5～1mL。

13. 贮藏与有效期 －20℃以下保存，有效期为12个月；2～8℃保存，有效期为9个月。

（郑 杰）

附录　兽用生物制品生产检验的方法、标准和规定

一、生产和检验用菌（毒、虫）种管理规定

1　用于兽用生物制品生产和检验的菌（毒、虫）种须经国务院兽医主管部门批准。

2　兽用生物制品的生产用菌（毒、虫）种应实行种子批和分级管理制度。种子分三级：原始种子、基础种子和生产种子，各级种子均应建立种子批，组成种子批系统。

2.1　原始种子批必须按原始种子自身特性进行全面、系统检定，如培养特性、生化特性、血清学特性、毒力、免疫原性和纯粹（净）性检验等，应符合规定；分装容器上应标明名称、代号、代次和冻存日期等；同时应详细记录其背景，如名称、时间、地点、来源、代次、菌（毒、虫）株代号和历史等。

2.2　基础种子批必须按菌（毒、虫）种检定标准进行全面、系统检定，如培养特性、生化特性、血清学特性、毒力、免疫原性和纯粹（净）性检验等，应符合规定；分装容器上应标明名称、批号（代次）识别标志、冻存日期等；并应规定限制使用代次、保存期限和推荐的繁殖方式。同时应详细记录名称、代次、来源、库存量和存放位置等。

2.3　生产种子批必须根据特定生产种子批的检定标准逐项［一般应包括纯粹（净）性检验、特异性检验和含量测定等］进行检定，合格后方可用于生产。生产种子批应达到一定规模，并含有足量活细菌（或病毒、虫），以确保用生产种子复苏、传代增殖后细菌（或病毒、虫）培养物的数量能满足生产一批或一个亚批制品。

生产种子批由生产企业用基础种子繁殖、制备并检定，应符合其标准规定；同时应详细记录繁殖方式、代次、识别标志、冻存日期、库存量和存放位置等。用生产种子增殖获得的培养物（菌液或病毒、虫培养液），不得再作为生产种子批使用。

3　检验用菌（毒、虫）种应建立基础种子批，并按检定标准进行全面系统检定，如培养特性、血清学特性、毒力和纯粹（净）性检验等，应符合规定。

4　凡经国务院兽医主管部门批准核发生产文号的制品，其生产与检验所需菌（毒、虫）种的基础种子均由国务院兽医主管部门指定的保藏机构和受委托保藏单位负责制备、检定和供应；供应的菌（毒、虫）种均应符合其标准规定。

5　用于菌（毒、虫）种制备和检定的实验动物、细胞和有关原材料，应符合国家相关规定。

6　生产用菌（毒、虫）种的制备和检定，应在与其微生物类别相适应的生物安全实验室和动物生物安全实验室内进行。不同菌（毒、虫）种不得在同一实验室内同时操作；同种的强毒、弱毒应分别在不同实验室内进行。凡属于一、二类动物病原微生物菌（毒、虫）种

的操作应在规定生物安全级别的实验室或动物实验室内进行；操作人畜共患传染病的病原微生物菌（毒、虫）种时，应注意操作人员的防护。

7 菌（毒、虫）种的保藏与管理

7.1 保藏机构和生产企业对生产、检验菌（毒、虫）种的保管必须有专人负责；菌（毒、虫）种应分类存放，保存于规定的条件下；应当设专库保藏一、二类菌（毒、虫）种设专柜保藏三、四类菌（毒、虫）种；应实行双人双锁管理。

7.2 各级菌（毒、虫）种的保管应有严密的登记制度，建立总账及分类账；并有详细的菌（毒、虫）种登记卡片和档案。

7.3 在申报新生物制品注册时，申报单位应同时将生产检验用菌（毒、虫）的基础种子一份（至少5个最小包装）送交国务院兽医主管部门指定的保藏机构保藏。

7.4 基础种子的保存期，除另有规定外，均为冻干菌（毒）种的保存期。

8 菌（毒、虫）种的供应

8.1 生产企业获取生产用基础菌（毒、虫）种时，有制品生产批准文号者，持企业介绍信直接到国务院兽医主管部门指定的保藏机构和受委托保藏单位获取并保管。

8.2 新建、无制品生产批准文号企业获取生产基础菌（毒、虫）种子时，须填写兽医微生物菌（毒、虫）种申请表，经国务院兽医主管部门审核批准后，持企业介绍信和审核批件直接向国务院兽医主管部门指定的保藏机构和受委托保藏单位获取并保管。

8.3 生产企业与菌（毒、虫）种知识产权持有者达成转让协议的，可直接向保藏单位获取菌（毒、虫）种。

8.4 运输菌（毒、虫）种时，应按国家有关部门的规定办理。

9 生产企业内部应按照规定程序领取、使用生产菌（毒、虫）种，及时记录菌（毒、虫）种的使用情况，在使用完毕时要对废弃物进行有效的无害化处理并填写记录，确保生物安全。

二、生产、检验用动物标准

1 用于兽用生物制品菌（毒、虫）种的制备与检定、制品生产与检验的实验动物中，兔、豚鼠、仓鼠、犬应符合国家普通级动物标准，大、小鼠应符合国家清洁级动物标准。

2 用于禽类制品菌（毒、虫）种的制备与检定、病毒活疫苗生产与检验、灭活疫苗检验的鸡和鸡胚应符合国家无特定病原体（SPF）级动物标准。

3 所有制品生产与检验用动物，除符合以上各项规定外，还应无本制品的特异性病原和抗体，并符合该制品规程和质量标准规定的有关动物标准的要求。

4 除另有规定外，病毒毒种的制备、制品的生产用猪、羊、牛、马的标准和推荐方法见表1-1。检验用动物的标准和检测方法应符合制品标准规定。

表1-1 猪、羊、牛、马微生物检测项目与方法

检测项目	动物种类				检测方法
	猪	羊	牛	马	
猪瘟病毒	Δ				FAT ELISA VNT RT-PCR
猪细小病毒	Δ				VNT HA HI PCR

（续）

检测项目	动物种类				检测方法
	猪	羊	牛	马	
猪繁殖与呼吸综合征病毒	Δ				ELISA RT-PCR FAT
伪狂犬病病毒	Δ				FAT SN ELISA
口蹄疫病毒	Δ	Δ	Δ		RIHA SN ELISA RT-PCR
猪链球菌 2 型	Δ				SPA TA PCR
山羊/绵羊痘病毒		Δ			临床检查 SN
小反刍兽疫病毒		Δ			SN ELISA RT-PCR
蓝舌病病毒		Δ	Δ		AGP AGID ELISA RT-PCR SN
布鲁氏菌		Δ	Δ		SPA TA CF
梨形虫			Δ	Δ	镜检
伊氏锥虫				Δ	镜检
牛病毒性腹泻-黏膜病病毒			Δ		FAT SN ELISA
牛疱疹病毒 1 型			Δ		SN ELISA
牛型结核分支杆菌			Δ		变态反应结核菌素试验
牛白血病病毒			Δ		AGP
马传染性贫血病毒				Δ	AGP
马鼻疽伯氏菌				Δ	马来因试验 CF
皮肤真菌		Δ	Δ		真菌培养鉴定
体外寄生虫	Δ	Δ	Δ	Δ	逆毛刷虫 肉眼检查 镜检

注：Δ=检测，AGP=琼脂扩散试验，CF=补体结合试验，ELISA=酶联免疫吸附试验，FAT=免疫荧光试验，HA=血凝试验，HI=血凝抑制试验，PCR=聚合酶链反应，RIHA=反向间接血凝试验，SN=血清中和试验，SPA=血清平板凝集试验，TA=试管凝集试验，RT-PCR=反转录聚合酶链反应，VNT=病毒中和试验。

5 各等级的啮齿类动物和 SPF 鸡的质量检测，按照相应实验动物的国家标准进行。

6 饲喂实验动物的配合饲料应符合相应实验动物饲料国家标准。

7 实验动物生产和动物试验的环境设施应符合国家实验动物环境和设施标准。

8 引入生产和检验实验动物时，应进行必要的隔离观察，检疫合格后，才能用于生产和检验。治疗后的动物不得用于生产和检验。

三、生产用细胞标准

1 禽源原代细胞

生产用禽源原代细胞应来自健康家禽（鸡为 SPF 级）的正常组织。每批细胞均应按下列各项要求进行检验，任何一项不合格者，不得用于生产，已用于生产者，产品应予以销毁。

1.1 无菌检验 按附录六进行检验，应无菌生长。

1.2　支原体检验　按附录八进行检验，应无支原体生长。

1.3　外源病毒检验　每批细胞至少取 75cm^2 的单层，按附录十二进行检验，应无外源病毒污染。

2　非禽源原代细胞

生产用非禽源原代细胞应来自健康动物的正常组织。每批细胞应进行下列各项检验，任何一项不合格者，不得用于生产，已用于生产的，产品应予销毁。

2.1　无菌检验　按附录六进行检验，应无菌生长。

2.2　支原体检验　按附录八进行检验，应无支原体生长。

2.3　外源病毒检验　每批细胞至少取 75cm^2 的单层，按附录十二进行检验，应无外源病毒污染。

3　细胞系

生产用细胞系一般由人或动物肿瘤组织或发生突变的正常细胞传代转化而来；或者是通过选择或克隆培养，从原代培养物或细胞系中获得的具有特殊遗传、生化性质或特异标记的细胞群。

3.1　一般要求

3.1.1　应保存细胞系的完整记录，如果细胞来源、传代史、培养基等。

3.1.2　按规定制造的各代细胞至少各冻结保留 3 瓶，以便随时进行检验。

3.1.3　应对每批细胞的可见特征进行监测，如镜检特征、生长速度、产酸等。

3.2　按下列各项要求进行检验，任何一项不合格的细胞系不能用于生产，已用于生产的，产品应予销毁。

3.2.1　无菌检验　按附录六进行检验，应无菌生长。

3.2.2　支原体检验　按附录八进行检验，应无支原体生长。

3.2.3　外源病毒检验　每批细胞至少取 75cm^2 的单层，按附录十二进行检验检验，应无外源病毒污染。

3.2.4　胞核学检验　从基础细胞库细胞和生产中所用最高代次的细胞，各取 50 个处于有丝分裂中的细胞进行检查。在基础细胞库中存在的染色体标志，在最高代次细胞中也应找到。这些细胞的染色体模式数不得比基础细胞库高 15%。核型必须相同。如果模式数超过所述标准，最高代次细胞中未发现染色体标志或发现核型不同，则该细胞系不得用于生物制品生产。

3.2.5　致瘤性检验　对基础细胞库细胞和生产中所用最高代次的细胞进行检验。下列方法，任择其一。

3.2.5.1　用无胸腺小鼠至少 10 只，各皮下或肌肉注射 107 个被检细胞；同时用 Hela 或 Hep－2 细胞或其他适宜细胞系作为阳性对照细胞，每只小鼠各注射 106 个细胞；用二倍体细胞株或其他适宜细胞作为阴性对照细胞。

3.2.5.2　用 3～5 日龄乳鼠或体重为 8.0～10g 小鼠 6 只，用抗胸腺血清处理后，各皮下接种 107 个被检细胞，并按 3.2.5.1 设立对照。

对 3.2.5.1 或 3.2.5.2 中的动物观察 14d，检查有无结节或肿瘤形成。如果有结节或可疑病灶，应继续观察至少 1～2 周，然后解剖，进行病理组织学检查，应无肿瘤形成。对未发生结节的动物，取其中半数，观察 21d，对另外半数动物观察 12 周，对接种部位进行解剖和病理学检查，观察各淋巴结和各器官中有无结节形成，如果有怀疑，应进行病理组织学检查，不应有转移瘤形成。

阳性对照组观察 21d，应出现明显的肿瘤。阴性对照组观察 21d，应为阴性。

四、生物制品生产和检验用牛血清质量标准

用于生物制品生产和检验的新生牛血清为从出生 14h 内未进食初乳的新生小牛采血，分离血清，经滤过除菌制成；胎牛血清为经心脏采集 230～240 日龄的胎牛全血，分离血清，经滤过除菌制成。主要用于细胞培养。

1　**性状**　澄清稍黏稠的液体，无溶血或异物。

2　**无菌检验**　按附录六进行检验，应无菌生长。

3　**支原体检验**　按附录八进行检验，应无支原体生长。

4　**外源病毒检验**　取被检血清样品 10mL，3 000r/min 离心 10min，取上清液，按附录十二进行检验，应无外源病毒污染。

5　**特异性抗体测定**　根据血清的用途确定测定的抗体种类，采用血清学方法进行检验，应符合规定。

6　**细菌内毒素测定**　按现行《中国兽药典》附录进行检验，每毫升血清的内毒素含量应低于 10EU。

7　**细胞增殖试验**　取生长良好的 Sp2/0 小鼠骨髓瘤细胞，弃营养液，用无血清 MEM 配成每毫升 30 万～50 万个细胞的悬液，计数细胞后，用无血清 MEM 在 96 孔细胞板上做 1∶200、1∶400、1∶800、1∶1 600 稀释，每稀释度加 8 孔，每孔 0.1mL，每孔再分别补加 0.1mL 含 20%参考血清或 20%被检血清 MEM 营养液，置 5%CO_2 培养箱 37℃培养 48h，倒置显微镜下计数，取每孔克隆数均在 30～50 的稀释度的 8 个孔，求和计为总克隆数。计算被检血清和参考血清的绝对克隆形成率和相对克隆形成率。

$$\text{绝对克隆形成率}=\frac{\text{该稀释度形成的细胞克隆总数}}{\text{该稀释度接种 Sp2/0 悬液细胞总数}}\times 100\%$$

$$\text{相对克隆形成率}=\frac{\text{胎牛血清（或新生牛血清）的绝对克隆形成率}}{\text{参考血清的绝对克隆形成率}}\times 100\%$$

判定标准：参考血清的绝对克隆形成率应不低于 20%；

胎牛血清的相对克隆形成率应不低于 80%；

新生牛血清相对克隆形成率应不低于 50%。

五、细胞单层制备法

1　鸡胚成纤维细胞（CEF）单层的制备

选择 9～10 日龄发育良好的 SPF 鸡胚，先用碘酒棉消毒蛋壳气室部位，再用酒精棉脱

碘，无菌取出鸡胚，去除头、四肢和内脏，放入灭菌的玻璃器皿内，用汉氏液洗涤胚体，用灭菌的剪刀剪成米粒大小的组织块，再用汉氏液洗 2～3 次，然后加 0.25%胰酶溶液（每个鸡胚约加 4.0mL），置 38℃水浴中消化 20～30min，吸出胰酶溶液，用汉氏液洗 2～3 次，再加入适量的营养液（用含 5%～10%犊牛血清乳汉液，加适宜的抗生素适量）吹打，用多层纱布（或 80～100 目尼龙网）滤过，制成每 1.0ml 中含活细胞 100 万～150 万个的细胞悬液，分装于培养瓶中，进行培养。形成单层后备用。

2 鸡胚皮肤细胞单层的制备

方法（1） 选择 12～13 日龄发育良好的 SPF 鸡胚，先用碘酒棉消毒蛋壳气室部位，再用酒精棉脱碘，无菌取出鸡胚，放入灭菌的玻璃器皿内，用汉氏液洗涤胚体，再用灭菌的眼科镊子将皮肤轻轻地扒下，并将其放入灭菌的广口离心瓶中，用剪刀在广口离心瓶中剪碎，用汉氏液洗 2 次后，用 0.25%胰酶溶液（每个鸡胚约加 4.0mL）置 38℃水浴中消化20～25min，然后吸出胰酶溶液，加入适量的营养液吹打，用多层纱布（或 80～100 目尼龙网）滤过，制成每 1.0mL 中含活细胞数约 100 万个的细胞悬液，分装于培养瓶中（1 000mL 克氏瓶中加入细胞悬液 120mL），置 30℃温箱中培养。形成单层后即可进行病毒接种（一般在培养后 24h 内应用）。

方法（2） 选择 12～13 日龄发育良好的 SPF 鸡胚，先用碘酒棉消毒蛋壳气室部位，再用酒精棉脱碘，无菌取出鸡胚，置灭菌的烧杯中，用汉氏液洗涤胚体，再用灭菌的镊子将胚夹入另一个放有磁棒的灭菌三角瓶中，加 37℃的 0.25%胰酶溶液（每个鸡胚 8.0～10mL），置在磁力搅拌器上以低速搅拌消化 20～25min，取出，加入适量含血清的汉氏液中止消化。将胰酶及消化下来的细胞（即鸡胚皮肤细胞）液倒出，底部液用一层纱布（或 30 目尼龙网）滤过。以 1 000r/min 离心 10min，吸去上清液，加入适量培养液，吹打分散细胞，用多层纱布（或 80～100 目尼龙网）滤过。根据细胞数加入所需的营养液，制成每 1.0mL 中含活细胞约 100 万个的细胞悬液，分装于培养瓶中（1 000mL 克氏瓶加入细胞悬液 120mL），置 30℃温箱中培养。形成单层后即可进行病毒接种（一般在培养后 24h 内应用）。

3 鸡胚肝细胞单层的制备

取 14～16 日龄发育良好的 SPF 鸡胚，先用碘酒棉再用酒精棉消毒蛋壳气室部位。无菌取出胎儿肝脏放置在含有 PBS（pH 7.2～7.4，0.01mol/L）的灭菌玻璃器皿内，并用 PBS 润洗肝脏组织 2～3 次，然后用无菌剪刀将肝脏剪至 2.0mm^3的碎块，放置于含有 EDTA-胰蛋白酶溶液（含胰酶 0.05%，10mL/胚）的灭菌玻璃器皿内，加无菌的磁力搅拌棒后置 37℃水浴磁力搅拌 5min，静止 1min 后，弃去上清液。

肝组织中再加入 EDTA-胰蛋白酶溶液，置 37℃搅拌 5min 后，静止 1min 后，将上清液倒入或用无菌吸管吸至冰浴的无菌玻璃器皿中，加约 20%的胎牛血清或新生牛血清。可根据肝组织消化情况，重复用 EDTA-胰蛋白酶溶液消化 2～3 次。

收集的上清液用多层纱布过滤后，2～8℃条件下，以 2 000r/min 离心 10min，弃上清，细胞沉淀用培养基（M-199，10%胎牛血清或新生牛血清，适量双抗，7.5%碳酸氢钠调 pH 至 7.0）恢复至适宜浓度后进行细胞计数。

根据细胞计数结果，用培养基将细胞悬液的浓度调整至 1.0×10^6～1.4×10^6个/mL，加入细胞培养瓶或细胞板中置 37℃培养。

4 仓鼠或乳兔肾细胞单层的制备

选择10～20日龄仓鼠或乳兔，放血致死后，无菌采取肾脏，将其皮质部组织剪成1～2mm小块，用汉氏液洗2～3次后，按组织重量的5倍加入0.25%胰酶汉氏液（pH 7.4～7.6），置37℃水浴消化30～40min，除去胰酶溶液后，用细胞生长液制成每1.0mL中含60万～80万个细胞的悬液。将细胞置37℃培养，2～4d后形成单层。

六、无菌检验或纯粹检验法

除另有规定外，无菌检验或纯粹检验按照下列方法进行。

1 抽样

应随机抽样并注意代表性。

1.1 制造疫苗用的各种原菌液、毒液和其他配苗组织乳剂、稳定剂及半成品的无菌或纯粹检验，应每瓶（罐）分别抽样进行，抽样量为2～10mL。

1.2 成品的无菌检验或纯粹检验应按每批或每个亚批进行，每批按瓶数的1%抽样，但不应少于5瓶，最多不超过10瓶，每瓶分别进行检验。

2 检验用培养基

2.1 无菌检验

2.1.1 培养基及配方 硫乙醇酸盐流体培养基（Fluid Thioglycollate Medium，简称TG）用于厌氧菌的检查，同时也可以用于检查需氧菌。胰酪大豆胨液体培养基（Trypticase Soy Broth，简称TSB；亦称大豆酪蛋白消化物培养基Soybean - Casein Digest Medium）用于真菌和需氧菌的检查。

2.1.1.1 硫乙醇酸盐流体培养基

胰酪蛋白胨	15g
酵母浸出粉	5.0g
无水葡萄糖	5.0g
硫乙醇酸钠	0.5g
（或硫乙醇酸）	（或0.3mL）
L-半胱氨酸盐酸盐（或L-胱氨酸）	0.5g
氯化钠	2.5g
新配制的0.1%刃天青溶液	1.0mL
琼脂	0.75g
纯化水	加至1 000mL

（灭菌后pH为6.9～7.3）

除葡萄糖和0.1%刃天青溶液外，将上述成分混合，加热溶解，然后加入葡萄糖和0.1%刃天青溶液，摇匀，将加热的培养基放至室温，用1.0mol/L氢氧化钠溶液调整pH，使灭菌后的培养基pH为6.9～7.3，分装，116℃灭菌30min。若培养基氧化层（粉红色）

的高度超过培养基深度的1/3，需用水浴或自由流动的蒸汽加热驱氧，至粉红色消失后，迅速冷却，只限加热1次，并防止污染。

2.1.1.2　胰酪大豆胨液体培养基

葡萄糖（含1个结晶水）	2.5g
胰酪蛋白胨	17g
大豆粉木瓜蛋白酶消化物（大豆胨）	3.0g
磷酸氢二钾（含3个结晶水）	2.5g
氯化钠	5.0g
纯化水	加至1 000mL

（灭菌后pH为7.1～7.5）

将上述成分混合，微热溶解，将培养基放至室温，调节pH，使灭菌后的培养基pH为7.1～7.5，分装，116℃灭菌30min。

2.1.2　培养基的质量控制　使用的培养基应符合以下检查规定，可与制品的检验平行操作，也可提前进行该检测。

2.1.2.1　性状

a. 硫乙醇酸盐流体培养基：流体，氧化层的高度（上层粉红色）不超过培养基深度的1/3。

b. 胰酪大豆胨液体培养基：澄清液体。

2.1.2.2　pH

a. 硫乙醇酸盐流体培养基的pH为6.9～7.3。

b. 胰酪大豆胨液体培养基的pH为7.1～7.5。

2.1.2.3　无菌检验：每批培养基随机抽取10支（瓶），5支（瓶）置35～37℃，另5支（瓶）置23～25℃，均培养7d，逐日观察。培养基10/10无菌生长，判该培养基无菌检验符合规定。

2.1.2.4　微生物促生长试验：质控菌种见表6-1。

表6-1　质控菌种

需氧菌（*Aerobic bacteria*）		
金黄色葡萄球菌（*Staphylococcus aureus*）	CVCC2086	ATCC6538
铜绿假单胞菌（*Pseudomonas aeruginosa*）	CVCC2000	/
厌氧菌（*Anaerobic bacteria*）		
生孢梭菌（*Clostridium sporogenes*）	CVCC1180	CMCC（B）64941
真菌（*Fungi*）		
白假丝酵母（亦称白色念珠菌）（*Candida albicans*）	CVCC3597	ATCC10231
巴西曲霉（黑曲霉）[*Aspergillus brasiliensis*（*Aspergillus niger*）]	CVCC3596	ATCC16404

a. 培养基接种：用0.1%蛋白胨水将金黄色葡萄球菌、铜绿假单胞菌、生孢梭菌、白假丝酵母的新鲜培养物制成每1.0mL含菌数小于50CFU的菌悬液；用0.1%蛋白胨水将巴西曲霉的新鲜培养物制成每1.0mL含菌数小于50CFU的孢子悬液。取每管装量为9.0mL的硫乙醇酸盐流体培养基10支，分别接种1.0mL含菌数小于50CFU/mL金黄色葡萄球菌、

铜绿假单胞菌和生孢梭菌，每个菌种接种 3 支，另 1 支不接种，作为阴性对照，置 35～37℃培养 3d；取每管装量为 7.0mL 的胰酪大豆胨液体培养基 7 支，分别接种 1.0mL 含菌数小于 50CFU/mL 白假丝酵母、巴西曲霉，每个菌种接种 3 支，另 1 支不接种，作为阴性对照，置 23～25℃培养 5d，逐日观察结果。

b. 结果判定：接种管 3/3 有菌生长，阴性对照管无菌生长，判该培养基微生物促生长试验符合规定。

2.2 活菌纯粹检验　用适于本菌生长的培养基。

3　检验方法及结果判定

3.1　半成品的检验

3.1.1　细菌原液（种子液）**、细菌活疫苗半成品的纯粹检验**　取供试品接种 TG 小管及适宜于本菌生长的其他培养基斜面各 2 管，每支 0.2mL，1 支置 35～37℃培养，1 支置 23～25℃培养，观察 3～5d，应纯粹。

3.1.2　病毒原液和其他配苗组织乳剂、稳定剂及半成品的无菌检验　取供试品接种 TG 小管 2 支，每支 0.2mL，1 支置 35～37℃培养，1 支置 23～25℃培养，另取 0.2mL，接种 1 支 TSB 小管，置 23～25℃培养，均培养 7d，应无菌生长。

3.1.3　灭活抗原的无菌检验

3.1.3.1　灭活细菌菌液的无菌检验：细菌灭活后，用适于本菌生长的培养基 2 支，各接种 0.2mL，置 35～37℃培养 7d，应无菌生长。

3.1.3.2　灭活病毒液的无菌检验：病毒液灭活后，接种 TG 小管 2 支，每支 0.2mL，1 支置 35～37℃培养，1 支置 23～25℃培养，另取 0.2mL，接种 1 支 TSB 小管，置 23～25℃培养，均培养 7d，应无菌生长。

3.1.3.3　类毒素的无菌检验：毒素脱毒过滤后，接种 TG 小管 2 支，每支 0.2mL，1 支置35～37℃培养，1 支置 23～25℃培养，另取 0.2mL，接种 1 支 TSB 小管，置 23～25℃培养，均培养 7d，应无菌生长。

3.2　成品检验

3.2.1　无菌检验

3.2.1.1　样品的处理

a. 液体制品样品的处理：当样品装量大于 1.0mL 时，不做处理，直接取样进行检验；当样品的装量小于 1.0mL 时，其内容物全部取出，用于检验。

b. 冻干制品样品的处理：当样品的原装量大于 1.0mL 时，用适宜的稀释液恢复至原量，取样进行检验；当样品的原装量小于 1.0mL 时，用适宜的稀释液复溶后，全部取出用于检验。

3.2.1.2　检验：样品（原）装量大于 1.0mL 的，取处理好的样品 1.0mL，样品（原）装量小于 1.0mL 的，取其处理好的样品的全部内容物，接种 50mL TG 培养基，置 35～37℃培养，3d 后吸取培养物，接种 TG 小管 2 支，每支 0.2mL，1 支置 35～37℃培养，1 支置 23～25℃培养，另取 0.2mL，接种 1 支 TSB 小管，置 23～25℃培养，均培养 7d，应无菌生长。

如果允许制品中含有一定数量的非病原菌，应进一步做杂菌计数和病原性鉴定。

3.2.2　纯粹检验

3.2.2.1　样品的处理

a. 液体制品样品的处理：当样品装量大于 1.5mL 时，不做处理，直接取样进行检验；当样品的装量小于 1.5mL 时，适宜的稀释液稀释 1.5mL。

b. 冻干制品样品的处理：当样品的原装量大于 1.5mL 时，用适宜的稀释液恢复至原量，取样进行检验；当样品的原装量小于 1.5mL 时，用适宜的稀释液复溶至 1.5mL，取样进行检验。

3.2.2.2 检验：取处理好的样品，接种 TG 小管和适于本菌生长的其他培养基各 2 支，每支 0.2mL，1 支置 35～37℃培养，1 支置 23～25℃培养，另用 1 支 TSB 小管，接种 0.2mL，置 23～25℃培养，均培养 5d，应纯粹。

4 结果的判定

每批抽检的样品必须全部无菌或纯粹生长。如果纯粹检验发现个别瓶有杂菌生长或无菌检验发现个别瓶有菌生长或结果可疑，应抽取加倍数量的样品重检，如果仍有杂菌生长或有菌生长，则作为污染杂菌处理。如果允许制品中含有一定数量非病原菌，应进一步做杂菌计数和病原性鉴定。

七、杂菌计数和病原性鉴定法

1 杂菌计数及病原性鉴定用培养基

1.1 杂菌计数 用含 4%血清及 0.1%裂解血细胞全血的马丁琼脂培养基。

1.1 病原性鉴定 用 TG 培养基、马丁汤、厌气肉肝汤或其他适宜培养基。

2 杂菌计数方法及判定

每批有杂菌污染的制品至少抽样 3 瓶，用普通肉汤或蛋白胨水分别按头（羽）份数作适当稀释，接种含 4%血清及 0.1%裂解血细胞全血的马丁琼脂培养基平皿上，每个样品接种平皿 4 个，每个平皿接种 0.1mL（禽苗的接种量不少于 10 羽份，其他产品的接种量按各自的质量标准），置 37℃培养 48h 后，再移至 25℃放置 24h，数杂菌菌落，然后分别计算杂菌数。如果污染霉菌，亦作为杂菌计算。任何 1 瓶制品每头（羽）份（或每克组织）的杂菌应不超过规定。超过规定时，判该批制品不合格。

3 病原性鉴定

3.1 检查需氧性细菌时，将所有污染需氧性杂菌的液体培养管的培养物等量混合后，移植 1 支 TG 管或马丁汤，置相同条件下培养 24h，取培养物，用蛋白胨水稀释 100 倍，皮下注射体重 18～22g 小鼠 3 只，各 0.2mL，观察 10d。

3.2 检查厌氧性细菌时，将所有液体杂菌管延长培养时间至 96h，取出置 65℃水浴加温 30min 后等量混合，移植 TG 管或厌气肉肝汤 1 支，在相同条件下培养 24～72h。如果有细菌生长，将培养物接种体重 350～450g 豚鼠 2 只，各肌内注射 1.0mL，观察 10d。

3.3 如果发现制品同时污染需氧性及厌氧性细菌，则按上述要求同时注射小鼠及豚鼠。

3.4 判定 小鼠、豚鼠应全部健活。如果有死亡或局部化脓、坏死，则证明有病原菌污染，判该批制品不合格。

八、支原体检验法

1 培养基

1.1 培养基及配方 改良 Frey 氏液体培养基和改良 Frey 氏固体培养基用于禽源性支原体检验，支原体液体培养基和支原体固体培养基用于非禽源性支原体检验，无血清支原体培养基用于血清检验。

1.1.1 改良 Frey 氏液体培养基

氯化钠	5.0g
氯化钾	0.4g
硫酸镁（含 7 个结晶水）	0.2g
磷酸氢二钠（含 12 个结晶水）	1.6g
无水磷酸二氢钾	0.2g
葡萄糖（含 1 个结晶水）	10g
乳蛋白水解物	5.0g
酵母浸出粉	5.0g
（或 25%酵母浸出液）	100mL
1% 辅酶 I	10mL
1% L-半胱氨酸溶液	10mL
2% 精氨酸溶液	20mL
猪（或马）血清	100mL
1% 酚红溶液	1.0mL
8 万 IU/mL 青霉素	10mL
注射用水	加至 1 000mL

将上述成分混合溶解，用 1.0mol/L 氢氧化钠溶液调节 pH 至 7.6～7.8，滤过除菌，定量分装，置－20℃以下保存。

1.1.2 改良 Frey 氏固体培养基

固体培养基基础成分

氯化钠	5.0g
氯化钾	0.4g
硫酸镁（含 7 个结晶水）	0.2g
磷酸氢二钠（含 12 个结晶水）	1.6g
无水磷酸二氢钾	0.2g
葡萄糖（含 1 个结晶水）	10g
乳蛋白水解物	5.0g
酵母浸出粉	5.0g
（或 25%酵母浸出液）	100mL

琼脂　　15g

注射用水　　加至 1 000mL

上述成分混合后加热溶解，用 1.0mol/L 氢氧化钠溶液调节 pH 至 7.6～7.8，定量分装，以 116℃灭菌 20min 后，置 2～8℃保存。使用前将 100mL 固体培养基加热溶解，当温度降到 60℃左右时，添加辅助成分。

注：辅助培养基成分

猪（或马）血清　　10mL

2%精氨酸溶液　　2.0mL

1%辅酶Ⅰ溶液　　1.0mL

1% L-半胱氨酸溶液　　1.0mL

8 万 IU/mL 青霉素　　1.0mL

上述成分混合后，滤过除菌，定量分装，置－20℃以下保存。

1.1.3　支原体液体培养基

PPLO 肉汤粉　　21g

葡萄糖（含 1 个结晶水）　　5.0g

10%精氨酸溶液　　10mL

10 倍浓缩 MEM 培养液　　10mL

酵母浸出粉　　5.0g

（或 25%酵母浸出液）　　100mL

8 万 IU/mL 青霉素　　10mL

猪（或马）血清　　100mL

1% 酚红溶液　　1.0mL

注射用水　　加至 1 000mL

将上述成分混合溶解，用 1.0mol/L 氢氧化钠溶液调节 pH 至 7.6～7.8，滤过除菌，定量分装，置－20℃以下保存。

1.1.4　支原体固体培养基

固体培养基基础成分

PPLO 肉汤粉　　21g

葡萄糖（含 1 个结晶水）　　5.0g

酵母浸出粉　　5.0g

（或 25%酵母浸出液）　　100mL

琼脂　　15g

注射用水　　加至 1 000mL

上述成分混合后加热溶解，用 1.0mol/L 氢氧化钠溶液调节 pH 至 7.6～7.8，定量分装，以 116℃灭菌 20min 后，置 2～8℃保存。使用前将 100mL 固体培养基加热溶解，当温度降到 60℃左右时，添加辅助成分。

注：辅助培养基成分

血清　　10mL

10% 精氨酸溶液　　1.0mL

10 倍浓缩 MEM 培养液　1.0mL
8 万 IU/mL 青霉素　1.0mL
上述成分混合后，滤过除菌，置−20℃以下保存。

1.1.5　无血清支原体培养基

PPLO 肉汤粉　21g
葡萄糖（含 1 个结晶水）　5.0g
10%精氨酸溶液　10mL
10 倍浓缩 MEM 培养液　10mL
酵母浸出粉　5.0g
（或 25%酵母浸出液 100mL）
8 万 IU/mL 青霉素　10mL
1% 酚红溶液　1.0mL
注射用水　加至 1 000mL

上述成分混合溶解，用 1.0mol/L 氢氧化钠溶液调节 pH 至 7.6～7.8，滤过除菌，定量分装，置−20℃以下保存。

1.2　培养基的质量控制

1.2.1　性状

1.2.1.1　改良 Frey 氏液体培养基：澄清、无杂质，呈玫瑰红色的液体。

1.2.1.2　改良 Frey 氏固体培养基：基础成分呈淡黄色，加热溶解后无絮状物或沉淀。

1.2.1.3　支原体液体培养基：澄清、无杂质，呈玫瑰红色的液体。

1.2.1.4　支原体固体培养基：基础成分呈淡黄色，加热溶解后无絮状物或沉淀。

1.2.1.5　无血清支原体培养基：澄清、无杂质，呈玫瑰红色的液体。

1.2.2　pH

1.2.2.1　改良 Frey 氏液体培养基的 pH 为 7.6～7.8。

1.2.2.2　改良 Frey 氏固体培养基的 pH 为 7.6～7.8。

1.2.2.3　支原体液体培养基的 pH 为 7.6～7.8。

1.2.2.4　支原体固体培养基的 pH 为 7.6～7.8。

1.2.2.5　无血清支原体培养基的 pH 为 7.6～7.8。

1.2.3　无菌检验　按附录六进行检验，应无菌生长。

1.2.4　灵敏度检查和微生物促生长试验

1.2.4.1　质控菌种及培养基：见表 8-1。

表 8-1　质控菌种及培养基

质控菌种	CVCC 菌种编号	ATCC 菌种编号	培养基
滑液支原体（*Mycoplasma synoviae*）	CVCC2960	/	改良 Frey 氏液体培养基 改良 Frey 氏固体培养基
猪鼻支原体（*Mycoplasma hyorhinis*）	CVCC361	ATCC17981	支原体液体培养基 支原体固体培养基 无血清支原体培养基

1.2.4.2 灵敏度检查：改良 Frey 氏液体培养基、支原体液体培养基、无血清支原体培养基采用灵敏度试验进行质量控制试验。将质控菌种恢复原量后接种待检的液体培养基小管2组，每组做 10 倍系列稀释至 10^{-10}，同时设 2 支未接种的液体培养基小管作为阴性对照，置 35～37℃培养 5～7d。以液体培养基呈现生长变色的最高稀释度作为其灵敏度，如果 2 组液体培养基灵敏度均达到 10^{-8} 及以上，且阴性对照不变色，判定该液体培养基灵敏度试验符合规定，其他情况判为不符合规定。

1.2.4.3 微生物促生长试验：改良 Frey 氏固体培养基和支原体固体培养基采用微生物促生长试验进行质量控制试验。将不大于 50 CFU/0.2mL 质控菌液培养物接种 2 个待检的固体培养基平板，同时设 2 个未接种的固体培养基平板作为阴性对照，均置 35～37℃、含 5%CO_2 培养箱中培养 5～7d。如果接种的固体培养基平板上有支原体菌落生长且个数在 1～50 个，且阴性对照没有任何菌落生长，判定该固体培养基微生物促生长试验符合规定，其他情况判为不符合规定。

2 检查法

2.1 样品处理 每批制品（毒种）取样 5 瓶。液体制品混合后备用；冻干制品，则加液体培养基或生理盐水复原成混悬液后混合；检测血清时，用血清直接接种。

2.2 疫苗与毒种的检测

2.2.1 接种与观察 每个样品需同时用以下两种方法检测。

2.2.1.1 液体培养基培养：将样品混合物 5.0mL 接种装有 20mL 液体培养基的小瓶，摇匀后，再从小瓶中取 0.4mL 移植到含有 1.8mL 培养基的 2 支小管（1.0cm×10cm），每支各接种 0.2mL，将小瓶与小管置 35～37℃培养，分别于接种后 5d、10d、15d 从小瓶中取 0.2mL 培养物移植到小管液体培养基内，每日观察培养物有无颜色变黄或变红，如果无变化，则在最后一次移植小管培养、观察 14d 后停止观察。在观察期内，如果发现小瓶或任何一支小管培养物颜色出现明显变化，在原 pH 变化达±0.5 时，应立即将小瓶中的培养物移植于小管液体培养基和固体培养基，观察在液体培养基中是否出现恒定的 pH 变化，及固体上有无典型的“煎蛋”状支原体菌落。

2.2.1.2 琼脂固体平板培养：在每次液体培养物移植小管培养的同时，取培养物 0.1～0.2mL 接种琼脂平板，置含 5%～10%二氧化碳、潮湿的环境、35～37℃下培养。在液体培养基颜色出现变化，在原 pH 变化达±0.5 时，也同时接种琼脂平板。每 3～5d，在低倍显微镜下，观察检查各琼脂平板上有无支原体菌落出现，经 14d 观察，仍无菌落时，停止观察。

2.2.2 每次检查需同时设阴、阳性对照，在同条件下培养观察。检测禽类疫苗时用滑液支原体作为对照，检测其他疫苗时用猪鼻支原体作为对照。

2.2.3 血清的检测 取被检血清 10mL 接种 90mL 的无血清支原体培养基，将培养基稀释、移植、培养，观察小管培养基的 pH 变化情况和琼脂平板上有无菌落。

3 结果判定

3.1 接种样品的任何一个琼脂平板上出现支原体菌落时，判不符合规定。

3.2 阳性对照中至少有一个平板出现支原体菌落，而阴性对照中无支原体生长，则检验有效。

九、禽白血病病毒检验法

1. 细胞制备

鸡胚成纤维细胞制备，按附录五进行。

2 样品的处理及接种

2.1 毒种和疫苗样品的处理 除另有规定外，每批毒种或病毒性活疫苗均用无血清M-199培养基复原，2～8℃，以10 000～12 000r/min离心10～15min，取上清备用。

2.1.1 含鸡新城疫病毒（低毒力弱毒株）的制品 取0.8mL（含200羽份）疫苗，加入等体积的鸡新城疫病毒特异性抗血清置37℃左右中和60min，全部接种到CEF单层。

2.1.2 含鸡马立克氏病细胞结合毒的制品 取1 000（或以上）羽份制品，加无菌注射用水，使每4.0mL溶液中含500羽份制品；置2～8℃1h，冻融3次；按10%体积加10倍浓度的M-199浓缩培养液；2～8℃，5 000g离心10min，取上清液经0.22μm滤器过滤1次，取滤液4.0mL接种CEF单层。如果含有鸡马立克氏病火鸡疱疹病毒时，取滤液与等体积的鸡马立克氏病火鸡疱疹病毒特异性抗血清混匀，置37℃作用60min，全部接种于CEF单层。

2.1.3 含鸡马立克氏病火鸡疱疹病毒的制品 取1 000（或以上）羽份制品，用4.0mL（或适量）不含血清的M-199培养液溶解，使最终为500羽份/2.0mL；2～8℃，10 000g离心15min；上清液经0.45μm滤器过滤1次，0.22μm滤器过滤2次，取滤液2.0mL与等体积的鸡马立克氏病火鸡疱疹病毒特异性抗血清混匀，置37℃作用60min，全部接种于CEF单层。

2.1.4 含鸡痘病毒的制品 取1 000（或以上）羽份制品，用4.0mL（或适量）不含血清的M-199培养液溶解，使最终为500羽份/2.0mL；2～8℃，12 000g离心15min；上清液经0.8μm、0.45μm、0.22μm和0.1μm滤器各过滤1次，取滤液2.0mL接种于CEF单层。

2.1.5 含鸡传染性法氏囊病病毒的制品 取1 000（或以上）羽份制品，用4.0mL（或适量）不含血清的M-199培养液溶解，使最终为500羽份/2.0mL；2～8℃，10 000g离心10min；取上清液2.0mL与等体积的鸡传染性法氏囊病病毒特异性抗血清混匀，置37℃作用60min，全部接种于CEF单层。

2.1.6 含禽脑脊髓炎病毒的制品 取稀释的疫苗2.0mL（含500羽份），加入等体积的禽脑脊髓炎病毒特异性抗血清进行中和（禽脑脊髓炎病毒—鸡痘病毒二联苗，则先按含鸡痘病毒的制品进行滤过处理），接种于CEF单层。

2.1.7 鸡传染性支气管炎病毒和传染性喉气管炎病毒的制品 不中和，直接取稀释后的制品2.0mL（含500羽份）接种于CEF单层。

2.1.8 含呼肠孤病毒的制品 取1 000（或以上）羽份制品，用4.0mL（或适量）不含血清的M-199培养液溶解，使最终为500羽份/2.0mL；2～8℃，10 000g离心10min；取上清液经0.45μm滤器过滤，取2.0mL滤液与等体积的鸡呼肠孤病毒特异性抗血清混匀，置37℃作用60min，全部接种于CEF单层。

2.1.9 含重组病毒的活疫苗 按疫苗载体病毒方法进行处理。

2.1.10 细胞液 取最后的细胞悬液5.0mL，反复冻融3次；2～8℃，5 000g离心10min，取上清液用于接种CEF。

2.2 接种与培养 处理好的样品接种2个25cm^{2}左右的CEF单层，置37℃吸附45～60min，弃去接种液，加入细胞生长液，次日换成维持液。同时设立正常细胞作为对照。

3 细胞培养的传代与处理

3.1 待细胞培养5～7d后，按常规方法消化、收获细胞，将其中1/2细胞，置－60℃以下检验用（P_1），其余细胞分散到2个瓶中。培养5～7d后，按同样方法收获细胞，留样（P_2）。如此继续传第3代，收获（P_3）。所有对照组按相同方法处理。

3.2 处理 将P_1、P_2和P_3的细胞培养物（包括样品和所有对照组）冻融3次，5 000g离心3min，待用。

4 病毒对照

去掉细胞生长液，分别加入RAV_1和RAV_2 0.5ml，置37℃下吸附45～60min，直接加入培养液，同样品连传3代，传代时病毒对照应在最后进行。

5 样品检测

所有样品用COFAL试验或ELISA试验进行禽白血病病毒检测。

5.1 COFAL试验（两日试验）

5.1.1 第一日试验 见表9-1。

表9-1 第一日试验（96孔板）反应术式

		1	2	3	4	5	6	7	8	9	10	11	12
A	1∶2	NC P_1	NC P_2	NC P_3	S_1P_1	S_1P_2	S_1P_3	S_2P_1	S_2P_2	S_2P_3			
B	1∶4	↓	↓	↓	↓	↓	↓	↓	↓	↓			
C	1∶8										标准比色板孔		其他对照孔
D	1∶2	↓	↓	↓	↓	↓	↓	↓	↓	↓			
E	1∶2	S_3P_1	S_3P_2	S_3P_3	RAV_1P_1	RAV_1P_2	RAV_1P_3	RAV_2P_1	RAV_2P_2	RAV_2P_3			
F	1∶4												
G	1∶8	↓	↓	↓	↓	↓	↓	↓	↓	↓			
H	1∶2												

注：NC，代表正常细胞对照。P_1、P_2、P_3，分别代表第1代、第2代、第3代。S_1、S_2、S_3，分别代表样品1、样品2、样品3。

5.1.1.1 在96孔微量板中，按下表所示加入缓冲液0.025mL，对照孔A、B各0.025mL，C、D、E各0.05mL，F加0.1mL。

5.1.1.2 样品的加入与稀释在A、D、E和H各孔中分别加入0.025mL样品，并用微量吸管从A→B→C和E→F→G进行连续稀释，最后C孔和G孔中弃去0.025mL，D和H孔中混合后弃去0.025mL；其他对照孔中B、G各加病毒对照0.025mL。

5.1.1.3 在D和H排各孔中加入缓冲液0.025mL。

5.1.1.4 在A、B、C和E、F、G排各孔中加入灭活抗血清0.025mL，其他对照孔中A、G各加入0.025mL，混匀包板后，置室温下作用30～45min（其间配制补体）。

5.1.1.5 所有孔中均加入适当浓度的补体（全量）0.05mL，对照孔中A、B、C、G各加入0.05mL（全量）补体，D孔加0.05mL（1/2浓度）的补体，E孔加入0.05mL（1/4浓度）的补体，轻摇平板，混匀密封后，置2～8℃过夜。

5.1.2 第二日试验 见表9-2。

表9-2 第二日试验反应术式 单位：mL

试管号	1	2	3	4	5	6	7	8	9	10	11	12
溶血率（%）	0	10	20	30	40	50	60	70	80	90	100	—
溶解红细胞液	0	0.1	0.2	0.3	0.4	0.5	0.6	0.7	0.8	0.9	1.0	—
0.28%绵羊红细胞悬液	1.0	0.9	0.8	0.7	0.6	0.5	0.4	0.3	0.5	0.1	0	—
缓冲液	—	—	—	—	—	—	—	—	—	—	—	1.0

5.1.2.1 配制2.8%绵羊红细胞悬液。

5.1.2.2 致敏红细胞悬液的制备：在2.8%的绵羊红细胞悬液中缓缓加入等量经适当稀释（如1∶2 000）的溶血素，磁力搅拌混合10min后，置37℃水浴30min，其间搅动2～3次。

5.1.2.3 制备标准比色板

将2.8%绵羊红细胞悬液用缓冲液稀释成0.28%绵羊红细胞悬液。

取2.8%绵羊红细胞悬液1.0mL，加无菌纯化水7.0mL，再加5×缓冲液2.0mL，即为溶解红细胞液。

按表9-2术式的顺序加入下列试剂，第12管只加缓冲液1.0mL。

在标准比色板中，从0溶血率开始，在11列的A→H和10列的H→F相应孔内加入上述红细胞悬液0.125mL。

5.1.2.4 其余各孔内加入致敏红细胞悬液0.025mL，并用胶带密封好，置37℃水浴30min，再以1500r/min离心5min，或置2～8℃ 3～6h。

5.1.2.5 判定：以50%为反应终点，任何孔溶血率高于50%时判为阴性，低于50%时判为阳性。

5.2 ELISA试验

5.2.1 加样 每孔加100μL被检样品，设阳性、阴性对照孔，每个样品加两孔，用封口膜封板后，放置37℃作用1h。

5.2.2 洗涤 弃去样品，每孔加300μL洗涤液，放置1min，弃去洗涤液，同法洗涤4～5次。

5.2.3 加酶标抗体 每孔100μL，用封口膜封板后，放置37℃作用60min。

5.2.4 洗涤 同5.2.2。

5.2.5 加显色液 每孔加100μL显色液，室温避光作用10min。

5.2.6 加终止液 每孔加100μL。

5.2.7　读数　置酶联读数仪读取各孔 OD_{650nm} 值。

5.2.8　结果判断

5.2.8.1　当阴性对照 OD_{650nm} 值小于 0.2，阳性对照 OD_{650nm} 值大于 0.4 时，ELISA 试验结果成立。

5.2.8.2　当正常细胞对照 OD_{650nm} 值小于 0.3，病毒对照 OD_{650nm} 值均高于 0.5 时，检验结果成立。

5.2.8.3　被检样品 OD_{650nm} 值大于或等于 0.3 判为阳性，OD_{650nm} 值小于 0.3 判为阴性。

十、禽网状内皮组织增生症病毒检验法

1　细胞制备

按附录二十二制备鸡胚成纤维细胞（CEF）。

2　样品的处理及接种

2.1　样品的处理同附录九。

2.2　接种与培养　处理好的样品接种 1 个 $25cm^2$ 左右的 CEF 单层，置 37℃ 吸附 60min，弃去接种液，用含 3%牛血清的 M－199 培养液洗 CEF 单层 2 次，2.0mL/次，每瓶细胞加 7.0～8.0mL 含 3%牛血清的 M－199 培养液，37℃培养 7d。同时设立正常细胞为阴性对照。

3　病毒对照

将鸡网状内皮组织增生症病毒（REV）稀释至 10 $TCID_{50}$/mL，取 1.0mL 接种至 CEF 作为阳性对照。

4　细胞培养的传代

细胞培养 7d 后，按常规方法消化、收获细胞，将其中 1/10 的细胞用 2.0mL 含 3%牛血清的 M－199 细胞培养液悬浮，接种 4 孔 48 孔板，每孔接种 0.5mL。剩余细胞置－15℃以下保存备用。接种细胞的 48 孔板置 5%CO_2，37℃培养 5d，然后进行荧光染色。

5　荧光染色

5.1　固定　弃去 48 孔板的细胞培养液，每孔约加 0.5mL PBS（pH7.2，下同）轻洗细胞表面 1 次，尽量弃尽 PBS，然后每孔加入 0.3mL 冷甲醇，置室温固定 10～15min，弃去甲醇，自然晾干 2～5min。

5.2　加鸡 REV 特异性抗体　自然晾干后，用 PBS 洗细胞面 1 次，然后每孔加入 0.1mL 用 PBS（pH7.2～7.4）进行适当稀释的鸡 REV 特异性抗体，置 37℃作用 1h。

5.3　洗涤　弃去鸡 REV 特异性抗体，先用含 0.05%吐温－20 的 PBS 洗 3 次，每次每孔加入洗液 0.5mL，轻微振荡洗涤 1min。然后用 PBS 以同样的方法洗 2 次。

5.4　荧光二抗染色　尽量弃尽洗液，每孔加入 0.1mL 用 PBS 进行适当稀释的 FITC 标

记的兔抗鸡 IgG，置 37℃作用 1h。

5.5 洗涤方法同 5.3。

6 观察

在倒置荧光显微镜下用蓝色激发光（波长 490nm）观察。被感染的 CEF 细胞呈现绿色荧光，有完整的细胞形态，周围未被感染的细胞不着色，视野发暗。

7 结果判定

7.1 当阳性对照接种的 4 个孔中全部出现特异性绿色荧光，阴性对照接种孔均未出现特异性绿色荧光时，检验结果成立。

7.2 被检样品接种的 4 个孔中，只要有 1 孔出现特异性绿色荧光，即判定该样品中 REV 阳性。

十一、布鲁氏菌菌落结晶紫染色法

将布鲁氏菌划线或 10 倍系列稀释，取适宜稀释度，接种胰蛋白胨琼脂平板培养基上，置 37℃培养 72～96h，长出菌落后，用稀释的染色液覆盖全部菌落表面，染色 15～20s 后，弃去染色液后，立即用放大镜或显微镜检查菌落。

光滑型菌落不着色，边缘整齐、圆润，呈黄绿色；粗糙型菌落被染成红、蓝或紫等不同颜色，边缘不整齐，粗糙，有时有裂纹。

结晶紫原液配制：

A 液　结晶紫 2g 溶于无水乙醇 20mL 中。

B 液　草酸铵 0.8g 溶于 80mL 纯化水或蒸馏水中。

将 A 液和 B 液混合即为原液。使用前，用纯化水成蒸馏水将原液做 40 倍稀释。

十二、外源病毒检验法

1 禽源制品及其细胞的检验

除另有规定外，禽源制品及其细胞的检验按照下列方法进行。通常情况下，可采用鸡胚检查法和细胞检查法进行，如果检验无结果或结果可疑时，用鸡检查法进行检验。也可直接用鸡检查法进行检验。

1.1 样品处理 取样品至少 2 瓶，对种毒按所生产疫苗推荐羽份稀释，对活疫苗按瓶签注明羽份稀释后，混合，用相应的特异性抗血清中和后作为检品（除另有规定外），如待检疫苗毒在检验用细胞上不增殖，可不进行中和；对细胞进行检验时，经 3 次冻融后混合作为检品；用鸡检查法检验时，样品不处理。

1.2 鸡胚检查法

1.2.1 选 9～11 日龄 SPF 鸡胚 20 个，分成 2 组，第 1 组 10 枚鸡胚，经尿囊腔内接种 0.1～0.2mL（除另有规定外，至少含 10 羽份），第 2 组 10 枚鸡胚，经绒毛尿囊膜接种

0.1～0.2mL（除另有规定外，至少含10羽份），置37℃下培养7d。弃去接种后24小时内死亡的鸡胚，但每组鸡胚应至少存活8只，试验方可成立。

1.2.2 判定胎儿应发育正常，绒毛尿囊膜应无病变。取鸡胚液作血凝试验，应为阴性。

1.3 细胞检查法

1.3.1 细胞观察 取2个已长成良好鸡胚成纤维细胞单层的（培养24h左右）细胞培养瓶（面积不小于25cm²），接种处理过的样品0.1～0.2mL（2～20羽份），培养5～7d，观察细胞，应不出现CPE。

1.3.2 红细胞吸附试验 取上述培养的细胞，弃去培养液，用PBS洗涤细胞面3次，加入0.1%（v/v）鸡红细胞悬液覆盖细胞面，置2～8℃ 60min后，用PBS轻轻洗涤细胞1～2次，在显微镜下检查红细胞吸附情况。应不出现由外源病毒所致的红细胞吸附现象。

1.3.3 禽白血病病毒检验 采用COFAL试验或ELISA试验进行，具体方法见附录九。

1.3.4 禽网状内皮组织增生症病毒检验 采用间接免疫荧光试验（IFA）进行，具体方法见附录十。

1.4 鸡检查法 除另有规定外，用适于接种本疫苗日龄的SPF鸡20只，每只同时点眼、滴鼻接种10羽份疫苗，肌内注射100羽份疫苗，21d后，按上述方法和剂量重复接种1次。第1次接种后42d采血，进行有关病原（表12-1）的血清抗体检测。在42d内，不应有疫苗引起的局部或全身症状或死亡。如果有死亡，应进行病理学检查，以证明是否由疫苗所致。进行血清抗体检测时，除本疫苗所产生的特异性抗体外，不应有其他病原的抗体存在。

表12-1 用鸡检查法检验外源病毒时检查的病原及其检验方法

病　原	检验方法
鸡传染性支气管炎病毒	HI/ELISA
鸡新城疫病毒	HI
禽腺病毒（有血凝性）	HI
禽A型流感病毒	AGP/HI
鸡传染性喉气管炎病毒	中和抗体/ELISA
禽呼肠孤病毒	AGP/ELISA
鸡传染性法氏囊病病毒	AGP/ELISA
禽网状内皮组织增生症病毒	IFA/ELISA
鸡马立克氏病病毒	AGP
禽白血病病毒	ELISA
禽脑脊髓炎病毒	ELISA
鸡痘病毒	AGP/临床观察

2 非禽源制品及其细胞的检验

除另有规定外，非禽源制品及其细胞的检验按照下列方法进行。

2.1 样品处理

活疫苗 除另有规定外，取至少2瓶样品，按瓶签注明头份稀释、混合，以2 000～3 000g离心10min，取上清液，用相应特异性抗血清中和后作为检品。如待检疫苗毒在检验用细胞上不增殖，可不进行中和。

毒种 除另有规定外，取至少2支（瓶）毒种原液（冻干制品恢复至冻干前装量即为原液）按所生产疫苗推荐头份稀释后，混合，2 000～3 000g离心10min，取上清液，用相应的特异性抗血清中和后作为检品。如待检病毒在检验用细胞上不增殖，可不进行中和。

细胞 经3次冻融后，2 000～3 000g离心10min，取上清液作为检品，无须进行中和。

2.2 细胞的选择与样品的培养

2.2.1 细胞的选择（应至少包括下列细胞）

2.2.1.1 猪用活疫苗、毒种和细胞检查用细胞

2.2.1.1.1 致细胞病变检查和红细胞吸附性检查用细胞：Vero细胞、PK－15（或ST）细胞。

2.2.1.1.2 荧光抗体检查用细胞：检查牛病毒性腹泻/黏膜病病毒（BVDV/MDV）用MDBK（或牛睾丸）细胞；检查猪瘟病毒（CSFV）用PK－15（或ST）细胞；检查猪圆环病毒2型（PCV2）用PK－15细胞。

2.2.1.2 牛用活疫苗、毒种和细胞检查用细胞

2.2.1.2.1 致细胞病变检查和红细胞吸附性检查用细胞：Vero细胞、MDBK（或牛睾丸）细胞。

2.2.1.2.2 荧光抗体检查牛病毒性腹泻/黏膜病病毒（BVDV/MDV）用MDBK（或牛睾丸）细胞。

2.2.1.3 绵羊和山羊用活疫苗、毒种和细胞检查用细胞

2.2.1.3.1 致细胞病变检查和红细胞吸附性检查用细胞：Vero细胞、羊睾丸（或羊肾）细胞。

2.2.1.3.2 荧光抗体检查牛病毒性腹泻/黏膜病病毒（BVDV/MDV）用MDBK（或牛睾丸）细胞。

2.2.1.4 犬科、猫科或鼬科动物用活疫苗、毒种和细胞检查用细胞

2.2.1.4.1 致细胞病变检查和红细胞吸附性检查用细胞：Vero细胞、MDCK细胞、CRFK（或F81）细胞。

2.2.1.4.2 荧光抗体检查用细胞：检查牛病毒性腹泻/黏膜病病毒（BVDV/MDV）用MDBK（或牛睾丸）细胞；检查狂犬病病毒（RV）用Vero（或BHK21）细胞；检查犬细小病毒（CPV）用CRFK（或F81）细胞。

2.2.1.5 马用活疫苗、毒种和细胞检查用细胞

2.2.1.5.1 致细胞病变检查和红细胞吸附性检查用细胞：Vero细胞。

2.2.1.5.2 荧光抗体检查用细胞：检查牛病毒性腹泻/黏膜病病毒（BVDV/MDV）用MDBK（或牛睾丸）细胞。

2.2.2 样品的接种与培养

取处理好的样品2.0mL（除另有规定外，至少含10头份。如10头份不能被完全中和，应至少含1头份），接种到已长成良好单层（或同步接种）的所选细胞上，另至少设一瓶正

常细胞对照，培养3～5d，继代至少2代。最后一次继代（至少为第3代）的培养物作为外源病毒检验的被检材料。

如样品传代培养期间，任何一代培养细胞出现细胞病变，而正常细胞未出现病变，则判为不符合规定。当被检样品判为不符合规定时，可不再进行其他项目检验。

2.3　检查方法

2.3.1　致细胞病变检查法　将最后一次继代（至少为第3代）的培养物培养3～5d，显微镜下观察细胞病变情况，至少观察$6cm^2$的细胞面积。若未观察到明显的细胞病变，再用适宜染色液对细胞单层进行染色。观察细胞单层，检查包涵体、巨细胞或其他由外源病毒引起的CPE的出现情况。当正常对照细胞未出现CPE，而被检样品出现外源病毒所致的CPE，则判为不符合规定。

当致细胞病变检查法检查结果判为不符合规定时，可不再进行其他项目的检验。

2.3.2　红细胞吸附性外源病毒检测　将最后一次继代（至少为第3代）的培养物培养3～5d后直接进行检验。用PBS洗涤细胞单层2～3次。加入适量0.2%的豚鼠红细胞和鸡红细胞的等量混合悬液，以覆盖整个单层表面为准。选2个细胞单层，分别在2～8℃和20～25℃放置30min，用PBS洗涤，检查红细胞吸附情况，至少观察$6cm^2$的细胞面积。当正常对照细胞不出现红细胞吸附现象，而被检样品出现外源病毒所致的红细胞吸附现象，则判为不符合规定。

当红细胞吸附性检查结果判为不符合规定时，可不再进行其他项目的检验。

2.3.3　荧光抗体检查法　将最后一次继代（至少为第3代）的培养物冻融3次，3000g离心10min，取适量培养物的上清液（一般取培养量的10%）接种已长成良好单层（或同步接种）的所选细胞，培养3～5日后用于荧光抗体检查。对每一种特定外源病毒的检测应至少包含3组细胞单层：（1）被检样品细胞培养物；（2）接种适量（一般为100～300 FA－TCID50）特定病毒的阳性对照；（3）正常细胞对照。每组细胞单层检查面积应不小于$6.0cm^2$。

细胞单层样品经80%丙酮固定后，用适宜的荧光抗体进行染色，检查每一组单层是否存在特定外源病毒的荧光。当阳性对照出现特异性荧光，正常细胞无荧光，而被检样品出现外源性病毒特异性荧光，则判为不符合规定。如果阳性对照未出现特异性荧光，或者正常细胞出现特异性荧光，则判为无结果，应重检。

当荧光抗体法检查结果判为不符合规定时，可不再进行其他项目的检验。

十三、半数保护量（PD_{50}）测定法

将样品按适宜的倍数进行倍比稀释，取至少3个剂量组，按产品推荐的使用途径，每个剂量组接种1组动物，同时设1组动物作为对照。接种一定时间后，连同对照动物，每头（只）攻击一定剂量的强毒，观察一定时间。记录各组动物的发病情况，动物发病即判为不保护。计算各剂量组免疫动物保护的百分率。对照动物的发病率应符合规定。按Reed－Muench法计算PD_{50}。

计算公式为：

$\lg PD_{50}$＝高于或等于50%保护时的稀释倍数＋距离比例×稀释系数的对数

表 13-1 口蹄疫灭活疫苗的试验示例

疫苗接种剂量	观察结果			累计结果		
	发病数	保护数	保护比例	发病数	保护数	保护率（%）
1 头份	0	5	5/5	0	9	100
1/3 头份	2	3	3/5	2	4	67
1/9 头份	4	1	1/5	6	1	14

高于或等于 50%保护时（上例中为 67%）疫苗接种剂量（1/3 头份）的对数值为 −0.48。

稀释系数（1/3）的对数为−0.48。

$$距离比例=\frac{高于或等于50\%-50\%}{高于或等于50\%-低于50\%}=\frac{67\%-50\%}{67\%-14\%}=0.32$$

$$\lg PD_{50}=-0.48+0.32\times(-0.48)=-0.63$$

则：$PD_{50}=10^{-0.63}$头份，即疫苗的一个 PD_{50} 为 0.23 头份，表示该疫苗接种 0.23 头份可以使 50%的动物获得保护。每头份疫苗合 4.3PD_{50}。

十四、病毒半数致死、感染量（LD_{50}、ELD_{50}、ID_{50}、EID_{50}、$TCID_{50}$）的测定

将病毒悬液作 10 倍系列稀释，取适宜稀释度，定量接种实验动物、胚或细胞。由最高稀释度开始接种，每个稀释度接种 4～6 只（枚、管、瓶、孔），观察记录实验动物、胚或细胞的死亡数或病变情况，计算各稀释度死亡或出现病变的实验动物（胚、细胞）的百分率。按 Reed - Muench 法计算半数致死（感染）量（LD_{50}、ELD_{50}、ID_{50}、EID_{50}、$TCID_{50}$）。

计算公式为：

$$\lg TCID_{50}=高于或等于50\%的病毒稀释度的对数+距离比例\times稀释系数的对数$$

表 14-1 试验举例（以 $TCID_{50}$ 为例），接种量为 0.1mL

病毒稀释度	观察结果			累计结果		
	CPE 数	无 CPE 数	CPE（%）	CPE 数	无 CPE 数	CPE（%）
10^{-4}	6	0	100	13	0	100
10^{-5}	5	1	83	7	1	88
10^{-6}	2	4	33	2	5	29
10^{-7}	0	6	0	0	11	0

高于或等于 50%感染时（上例中为 88%），病毒稀释度（10^{-5}）的对数值为−5。

稀释系数（1/10）的对数为−1。

$$距离比例=\frac{高于或等于50\%-50\%}{高于或等于50\%-低于50\%}=\frac{88\%-50\%}{88\%-29\%}=0.64$$

$$\lg TCID_{50} = -5 + 0.64 \times (-1) = -5.64$$

则：$TCID_{50} = 10^{-5.64}/0.1mL$。表示该病毒悬液作 $10^{-5.64}$ 稀释后，每孔（瓶）细胞接种 0.1mL，可以使 50%的细胞产生细胞病变（CPE）。

十五、中和试验法

1 固定病毒稀释血清法

将病毒稀释成每单位剂量含 200 或 100 LD_{50}（EID_{50}、$TCID_{50}$），与等量的 2 倍系列稀释的被检血清混合，置 37℃下作用 60min（除另有规定外）。每一稀释度接种 3～6 只（枚、管、瓶、孔）实验动物、胚或细胞。接种后，记录每组实验动物、胚或细胞的存活数和死亡数或感染数或有无 CPE 的细胞瓶或孔数，按 Reed－Muench 法计算其半数保护量（PD_{50}），然后计算该血清的中和价。该法用于测定血清的中和效价。

$\lg PD_{50}$＝高于或等于 50%保护率的血清稀释度的对数＋距离比×稀释系数的对数

表 15－1 中和试验结果示例

血清稀释度（病毒定量）	死亡比例（CPE）	死亡数（CPE）	存活数（无 CPE）	累计结果			
				死亡数（CPE）↓	存活数（无 CPE）↑	死亡比例	保护率（%）
1∶4（$10^{-0.6}$）	0/4	0	4	0	9	0/9	100
1∶16（$10^{-1.2}$）	1/4	1	3	1	5	1/6	83
1∶64（$10^{-1.8}$）	2/4	2	2	3	2	3/5	40
1∶256（$10^{-2.4}$）	4/4	4	0	7	0	7/7	0
1∶1024（$10^{-3.0}$）	4/4	4	0	11	0	11/11	0

高于或等于 50%保护时（上例中为 83%）血清稀释度（$10^{-1.2}$）的对数值为－1.2。

稀释系数（1/4）的对数为－0.60。

$$距离比例 = \frac{高于或等于50\% - 50\%}{高于或等于50\% - 低于50\%} = \frac{83\% - 50\%}{83\% - 40\%} = 0.77$$

$$\lg PD_{50} = -1.2 + 0.77 \times (-0.60) = -1.66。$$

则：该血清的中和效价为 $10^{-1.66}$（1∶45.9），表明该血清在 1∶45.9 稀释时可保护 50%的实验动物、胚或细胞免于死亡或感染或不出现 CPE。

2 固定血清稀释病毒法

将病毒原液做 10 倍系列稀释，分装到 2 列无菌试管中，第 1 列加等量阴性血清（对照组），第 2 列加被检血清（试验组），混合后置 37℃下作用 60min（除另有规定外），然后每组分别接种 3～6 只（枚、管、瓶、孔）实验动物、胚或细胞，记录每组实验动物、胚或细胞死亡数或感染数或出现 CPE 数，按 Reed－Muench 法分别计算 2 组的 LD_{50}（EID_{50}、$TCID_{50}$），最后计算中和指数。

表 15-2 试验示例

病毒稀释度	10^{-1}	10^{-2}	10^{-3}	10^{-4}	10^{-5}	10^{-6}	10^{-7}	LD_{50}	中和指数
对照血清组				4/4	3/4	1/4	0/4	$10^{-5.5}$	$10^{3.3}=1995$
待检血清组	4/4	2/4	1/4	0/4	0/4	0/4	0/4	$10^{-2.2}$	

$$中和指数=\frac{试验组\ LD_{50}}{对照组\ LD_{50}}=\frac{10^{-2.2}}{10^{-5.5}}=10^{3.3}=1995$$

十六、鸡胚最小致死量的平均致死时间（MDT/MLD）的测定

用无菌生理盐水将新收获的含毒尿囊液做 10 倍系列稀释，取 10^{-7}、10^{-8}、10^{-9}3 个稀释度，分别接种 10 日龄鸡胚，上午 8：00 每个稀释度接种 5 个鸡胚，每胚尿囊内注射 0.1mL，做记号“A”。接种后剩余的病毒稀释液放 2～8℃保存，下午 17：00 每个稀释度分别再接种剩余的 5 个鸡胚，做记号“B”。接种后，每日上午 8：00，下午 17：00，A、B 组各照蛋 1 次，记录每一鸡胚的死亡时间，并测定每胚血凝（HA）活性。

观察 7d 后，将所有活胚冷却，测定每胚 HA 活性。

上午和下午接种的鸡胚全部死亡的最高稀释度即为最小致死量。然后计算最小致死量的平均死亡时间。

十七、脑内致病指数（ICPI）的测定

取 1 日龄 SPF 雏鸡 10 只，各脑内注射 10^{-1}稀释的新鲜含毒尿液 0.05mL（接种针头直径 0.45mm，长 5mm）。另取 2 只以同样方法注射稀释病毒用的生理盐水各 0.05mL。

接种后，每天在相应接种的时间观察，记录雏鸡的情况，分正常（活动灵活，行动无共济失调现象）、发病（包括麻痹、卧地不起，但不包括只表现迟钝的鸡）和死亡。

观察 8d，计算正常、发病、死亡鸡的总数，根据不同的权值（正常为 0、发病为 1，死亡为 2）累计总分数。

ICPI 为累计总分除以正常、发病和死亡鸡的累计总数的平均值。见表 17-1。

表 17-1 脑内致病指数测定

接种鸡状态	观察日数								总和	权值	总分
	1	2	3	4	5	6	7	8			
正常	10	9	9	6	6	6	6	6	58	0	0
发病	0	1	0	3	0	0	0	0	4	1	4
死亡	0	0	1	1	4	4	4	4	18	2	36
总和	10	10	10	10	10	10	10	10	80		40

$$ICPI=\frac{40}{80}=0.5$$

十八、静脉致病指数（IVPI）的测定

取 6 周龄 SPF 鸡 10 只，静脉接种 10^{-1}稀释的含毒尿液 0.1mL，另取 2 只接种生理盐水作为对照。每天在接种的相应时间观察，记录接种鸡情况，分正常、发病（鸡只缩在一起不愿运动，不愿采食或饮水，但无明显的翅、腿麻痹表现）、麻痹（翅、腿明显不协调，翅膀下垂）和死亡。

观察 10d 后，累计正常、发病、麻痹和死亡动物数，根据不同权值（正常为 0，发病为 1，麻痹为 2，死亡为 3）累计总分数。

IVPI 为累计总分除以正常、发病、麻痹和死亡动物的累计总数，见表 18－1。

表 18－1　静脉致病指数测定表

接种鸡状态	观察日数										总和	权值	总分
	1	2	3	4	5	6	7	8	9	10			
正常	10	0	0	0	0	0	0	0	0	0	10	0	0
发病	0	0	0	0	0	0	0	0	0	0	0	1	0
麻痹	0	8	0	0	0	0	0	0	0	0	8	2	16
死亡	0	2	10	10	10	10	10	10	10	10	82	3	246
总和	10	10	10	10	10	10	10	10	10	10	100		262

$$\text{IVPI}=\frac{262}{100}=2.62$$

十九、红细胞凝集试验法

1　50 孔板或试管法

按下表用 PBS（0.1mol/L，pH 7.0～7.2，下同）将被检样品稀释成不同的倍数，加入1%鸡红细胞悬液，置室温 20～40min 或置 2～8℃ 40～60min，当对照孔中的红细胞呈显著纽扣状时判定结果，以使红细胞完全凝集的最高稀释度作为判定终点。

表 19－1　红细胞凝集试验术式　　单价：mL

孔或管号	1	2	3	4	5	6	7	8……	对照
血凝素稀释倍数	10	20	40	80	160	320	640	1280	
PBS	0.9	0.5	0.5	0.5	0.5	0.5	0.5	0.5	0.5
	}↘	}↘	}↘	}↘	}↘	}↘	}↘	}↘弃 0.25	0.25
样品（病毒原液）	0.1	0.5	0.5	0.5	0.5	0.5	0.5	0.5	—
1%鸡红细胞悬液	0.5	0.5	0.5	0.5	0.5	0.5	0.5	0.5	0.5

2 96孔微量板法

2.1 在微量板上，从第1孔至12孔或所需之倍数孔，用移液器每孔加入PBS 0.025mL，用移液器吸取被检样品0.025mL，从第1孔起，依次作2倍系列稀释，至最后1个孔，弃去移液器内0.025mL液体（稀释倍数依次为2、4、8、16、32、…4 096）。

2.2 每孔加入1%鸡红细胞悬液0.025mL，并设不加样品的红细胞对照孔，立即在微量板振摇器上摇匀，置室温20～40min或置2～8℃ 40～60min，当对照孔中的红细胞呈显著纽扣状时判定结果。

2.3 以使红细胞完全凝集的最高稀释度作为判定终点。

二十、红细胞凝集抑制试验

1 血凝素工作液配制

1.1 血凝素凝集价测定 50孔板或试管法按表20-1，96孔微量板法按表20-2术式进行。用PBS（0.1mol/L，pH 7.0～7.2，下同）将血凝素稀释成不同倍数，加入与抑制试验中血清量等量的PBS，再加入1%鸡红细胞悬液。将50孔板或试管前后左右摇匀，将96孔微量板在振摇器上摇匀，置室温20～40min或置2～8℃ 40～60min，当对照孔中的红细胞呈显著纽扣状时判定结果。以使红细胞完全凝集的最高稀释度作为判定终点。

表20-1 血凝素凝集价测定（50孔板或试管法）**术式** 单价：mL

孔或管号	1	2	3	4	5	6	7	8……	对照
血凝素稀释倍数	5	10	20	40	80	160	320	640……	
生理盐水	0.4	0.25	0.25	0.25	0.25	0.25	0.25	0.25	0.25
	}↘	}↘	}↘	}↘	}↘	}↘	}↘	}↘弃0.25	
血凝素	0.1	0.25	0.25	0.25	0.25	0.25	0.25	0.25	
PBS	0.25	0.25	0.25	0.25	0.25	0.25	0.25	0.25	0.25
1%鸡红细胞悬液	0.25	0.25	0.25	0.25	0.25	0.25	0.25	0.25	0.25

表20-2 血凝素凝集价测定（96孔板或试管法）**术式** 单价：mL

孔或管号	1	2	3	4	5	6	7	8……	对照
稀释倍数	2	4	8	16	32	64	128	256	
生理盐水	0.025	0.025	0.025	0.025	0.025	0.025	0.025	0.025	0.025
	}↘	}↘	}↘	}↘	}↘	}↘	}↘	}↘弃0.025	
血凝素	0.025	0.025	0.025	0.025	0.025	0.025	0.025	0.025	
PBS	0.025	0.025	0.025	0.025	0.025	0.025	0.025	0.025	0.025
1%鸡红细胞悬液	0.025	0.025	0.025	0.025	0.025	0.025	0.025	0.025	0.025

1.2 血凝素工作液配制及检验

1.2.1 4 HAU血凝素的配制 如果血凝素凝集价测定结果为1∶1024（举例），4个血凝单位（即4 HAU）＝1024/4＝256（即1∶256）。取PBS 9.0mL，加血凝素1.0mL，即成1∶10稀释，将1∶10稀释液1.0mL加入24.6mL PBS中，使最终浓度为1∶256。

1.2.2 检验 检查4 HAU的血凝价是否准确，应将配制的1∶256稀释液分别以1.0mL的量加入PBS 1.0mL、2.0mL、3.0mL、4.0mL、5.0mL和6.0mL中，使最终稀释度为1∶2、1∶3、1∶4、1∶5、1∶6和1∶7。然后，从每一稀释度中取0.25mL，加入PBS 0.25mL，再加入1%鸡红细胞悬液0.25mL，混匀。

如果用微量板，方式相同。即从每一稀释度中取0.025mL，加入PBS 0.025mL，再加入1%鸡红细胞悬液0.025mL，混匀。

将血凝板置室温20～40min或置2～8℃ 40～60min，如果配制的抗原液为4 HAU，则1∶4稀释度将给出凝集终点；如果4 HAU高于4个单位，可能1∶5或1∶6为终点；如果较低，可能1∶2或1∶3为终点。应根据检验结果将血凝素稀释度做适当调整，使工作液确为4 HAU。

2 血凝抑制试验（HI）

2.1 50孔板法或试管法 按表20-3用PBS将本血清做2倍系列稀释，加入含4 HAU的血凝素液，并设PBS和血凝素对照，充分振摇后，置室温下至少20min或在2～8℃下至少60min，再加入1%鸡红细胞悬液，置室温20～40min或置2～8℃ 40～60min，当对照孔中的红细胞呈显著纽扣状时判定结果。以使红细胞凝集被完全抑制的血清最高稀释度作为判定终点。

表20-3 血凝抑制试验（50孔板或试管法）术式 单位：mL

孔或管号	1	2	3	4	5	6	7……	病毒对照	红细胞对照
稀释倍数	5	10	20	40	80	160	320		
PBS	0.4	0.25	0.25	0.25	0.25	0.25	0.25	0.25	0.50
	}↘	}↘	}↘	}↘	}↘	}↘	}↘弃0.25		
本血清	0.1	0.25	0.25	0.25	0.25	0.25	0.25		
4HAU抗原	0.25	0.25	0.25	0.25	0.25	0.25	0.25	0.25	
1%鸡红细胞悬液	0.25	0.25	0.25	0.25	0.25	0.25	0.25	0.25	0.25

2.2 96孔微量板法 与50孔板法方式相同，各成分量及加样顺序见表20-4。

表20-4 血凝抑制试验（96孔板或试管法）术式 单位：mL

孔或管号	1	2	3	4	5	6	7……	病毒对照	红细胞对照
稀释倍数	2	4	8	16	32	64	128		
PBS	0.025	0.0 25	0.025	0.025	0.025	0.025	0.025	0.025	0.50
	}↘	}↘	}↘	}↘	}↘	}↘	}↘弃0.025		
被检血清	0.025	0.025	0.025	0.025	0.025	0.025	0.025		
4HAU抗原	0.025	0.025	0.025	0.025	0.025	0.025	0.025	0.025	
1%鸡红细胞悬液	0.025	0.025	0.025	0.025	0.025	0.025	0.025	0.025	0.025

附注：1%鸡红细胞悬液的标定

对首次配制的鸡红细胞悬液应进行标定。取配好的红细胞悬液 60mL，自然沉淀后，弃掉上部 PBS 50mL，混匀后装入刻度离心管内，以 10 000r/min 离心 5min，血细胞比容应为 6.0%。

二十一、红细胞悬液制备法

1 1%鸡红细胞悬液的配制

采取 2～4 只 2～6 月龄 SPF 鸡的血液，与等量阿氏液混合，然后用 PBS（0.1mol/L，pH 7.0～7.2，下同）洗涤 3～4 次，每次以 1 500r/min 离心 5～10min，将沉积的红细胞用 PBS 配制成 1%悬液。

2 豚鼠红细胞悬液的配制

采取豚鼠血液，与阿氏液等量混合，用乳依液或乳汉液 PBS 反复洗涤 3 次，每次以 1 500r/min离心 10min，最后将沉积的红细胞配成 0.5%红细胞悬液。

3 绵羊红细胞悬液的配制

采取公绵羊血液，脱纤后，用 PBS 洗涤 3 次，每次以 2 000r/min 离心 10min，最后取沉积的红细胞，配成 2.5%或 2.8%红细胞悬液。

二十二、注射用白油（轻质矿物油）标准

本品系自石油中制得的多种液状烃的混合物。

1 性状

无色透明、无臭、无味的油状液体，在日光下不显荧光。

1.1 相对密度 本品的相对密度应为 0.818～0.880。

1.2 黏度 在 40℃时，本品的运动黏度（附录二十四，毛细管内径为 1.0mm）应为 4～13mm^2/s。

2 酸度

取本品 5.0mL，加中性乙醇 5.0mL，煮沸，溶液遇湿润的石蕊试纸应显中性反应。

3 稠环芳烃

取供试品 25.0mL，置 125mL 分液漏斗中，加正己烷 25mL，混匀（注意：正己烷预先用五分之一体积的二甲亚砜洗涤两次，使用无润滑油无水的塞子，或者使用配备高聚物塞子的分液漏斗）；加二甲亚砜 5.0mL，强力振摇 1min，静置分层；下层分至另一分液漏斗中，再加正己烷 2.0mL，强力振摇使均匀，静止分层，取下层作为供试品溶液，按照紫外－可

见分光光度法，在 260～350 nm 波长范围内测定供试品溶液的吸光度。以 5.0mL 二甲亚砜与 25mL 正己烷置分液漏斗中强力振摇 1min，静置分层后的下层作为空白溶液。其最大吸光度不得超过 0.10。

4 固形石蜡

取本品在 105℃干燥 2h，置干燥器中冷却后，装满于内径约 25mm 的具塞试管中，密塞，在 0℃冰水中冷却 4h，溶液应清亮；如果发生混浊，与同体积的对照溶液［取盐酸滴定液（0.01mol/L）0.15mL，加稀硝酸 6.0mL 与硝酸银试剂 1.0mL，加水至 50mL］比较，不得更浓。

5 易碳化物

取本品 5.0mL，置长约 160mm、内径 25mm 的具塞试管中，加硫酸（含 H_2SO_4 94.5%～95.5%）5.0mL，置沸水浴中，30s 后迅速取出，加塞，用手指按紧，上下强力振摇 3 次，振幅应在 12cm 以上，但时间不得超过 3s，振摇后置回水浴中，每隔 30s 再取出，如果上法振摇，自试管浸入水浴中起，经过 10min 后取出，静置分层，石蜡层不得显色；酸层如果显色，与对照溶液（取比色用重铬酸钾溶液 1.5mL，比色用氯化钴溶液 1.3mL，比色用硫酸铜溶液 0.5mL 与水 1.7mL，加本品 5.0mL 制成）比较，颜色不得更深。

6 重金属

含重金属应不超过百万分之十（附注 1）。

7 铅

含铅应不超过百万分之一（附注 2）。

8 砷

含砷应不超过百万分之一（附注 3）。

附注：

1 重金属含量测定法

取本品 1.0g，置瓷坩埚中，缓缓炽灼至完全炭化，置冷；加硫酸 0.5～1.0mL 使其湿润，低温加热至硫酸蒸气除尽后，在 500～600℃炽灼使完全灰化，置冷，加硝酸 0.5mL，蒸干，至氧化氮蒸气除尽后，置冷，加盐酸 2.0mL，置水浴上蒸干后加水 15mL，滴加氨试液至对酚酞指示液显中性，再加醋酸盐缓冲液（pH 3.0）2.0mL，微热溶解后，移到纳氏比色管甲中，加水稀释成 25mL，另取配制供试品溶液的试剂，置瓷皿中蒸干后，加醋酸盐缓冲液（pH 3.0）2.0mL 与水 15mL，微热溶解后，移置纳氏比色管乙中，加标准铅溶液 1.0mL，再用水稀释成 25mL，在甲乙两管中分别加硫代乙酰胺试液各 2.0mL，摇匀，静置 2min，同置白色背景上。自上而下透视，甲管中显出的颜色与乙管比较，不得更深。

标准铅溶液的制备 称取硝酸铅 0.1598g，置 1 000mL 容量瓶中，加硝酸 5.0mL 与水 50mL 溶解后，用水稀释至刻度，摇匀，作为贮备液。

临用前精密量取贮备液 10mL，置 100mL 量瓶中，加水稀释至刻度，摇匀，即得（每 1.0mL 相当于 10μg 的 Pb）。

2 铅含量测定法

取本品 5.0g 置瓷坩埚中，加入适量硫酸湿润供试品，缓缓炽灼至完全炭化，加 2.0mL 硝酸和 5 滴硫酸，缓缓加热至白色烟雾挥尽，在 550℃炽灼使完全炭化，置冷，加 1.0mL 硝酸溶液（1→2），加热使灰分溶解，并移置 50mL 量瓶中（必要时滤过），并用少量水洗涤坩埚，洗液并入量瓶中，加水至刻度，摇匀。每 10mL 供试液相当于供试品 1.0g。

测定 精密量取供试液 50mL 和标准铅溶液 5.0mL，分别置 125mL 分液漏斗中，各加 1%硝酸 20mL，各加 50%柠檬酸氢二铵溶液 1.0mL、20%盐酸羟胺溶液 1.0mL 和酚红指示液 2 滴，滴加氢氧化铵溶液（1→2）使成红色，再各加 10%氰化钾溶液 2.0mL，摇匀，加双硫腙溶液，强烈振摇 1min，静置使分层，氯仿层经脱脂棉滤过，目视或按紫外一可见分光光度法，在 510 nm 的波长处以氯仿为空白测定吸光度，供试液的颜色或吸光度不得超过标准溶液的颜色或吸光度。

标准铅溶液的制备 取硝酸铅 0.1598g，置 1 000mL 容量瓶中，加硝酸 5.0mL 与水 50mL 溶解后，用水稀释至刻度，摇匀，作为贮备液。

临用前精密量取贮备液 10mL，置 100mL 量瓶中，加水稀释至刻度，摇匀，即得（每 1.0mL 相当于 10μg 的 Pb）。

20%盐酸羟胺溶液制备 取盐酸羟胺 20g，加水 40mL 使溶解，加酚红指示液 2 滴，滴加氢氧化铵溶液（1→2）使溶液由黄色变为红色后再加 2 滴（pH 8.5～9.0），用双硫腙氯仿溶液提取数次，每次 10～20mL，直至氯仿层无绿色，再用氯仿洗涤 2 次，每次 5.0mL，弃去氯仿层，水层加盐酸溶液（1→2）使呈酸性，加水至 100mL，即得。

50%柠檬酸氢二铵制备 取柠檬酸氢二铵 100g，加水 100mL 使溶解，加酚红指示液 2 滴，滴加氢氧化铵溶液（1→2）使溶液由黄色变为红色后再加 2 滴（pH 8.5～9.0），用双硫腙氯仿溶液提取数次，每次 10～20mL，直至氯仿层无绿色，再用氯仿洗涤 2 次，每次 5.0mL，弃去氯仿层，水层加盐酸溶液，加水至 200mL，即得。

双硫腙溶液制备 取 0.05%氯仿溶液作为贮备液（冰箱中保存），必要时按下述方法纯化。

取已研细的双硫腙 0.5g，加氯仿 50mL 使溶解（必要时滤过），置 250mL 分液漏斗中，用氢氧化铵溶液（1→100）提取 3 次，每次 100mL，将提取液用棉花滤过，滤液并入 500mL 分液漏斗中，加盐酸溶液（1→2）使呈酸性，将沉淀出的双硫腙用 222mL、200mL、100mL 氯仿提取 3 次，合并氯仿层即为双硫腙贮备液。

取双硫腙贮备液 1.0mL，加氯仿 9.0mL，混匀，按紫外一可见分光光度法，在 510 nm 的波长处以氯仿为空白测定吸光度（A），用公式（1）算出配制 100mL 双硫腙溶液（70%透光率）所需双硫腙贮备液的体积（V）。

$$V=\frac{10\ (2-\lg 70)}{A}=\frac{1.55}{A}\ (\text{mL}) \tag{1}$$

用前取通过公式（1）计算出的双硫腙贮备液的毫升数，置100mL量瓶中，加氯仿至刻度，摇匀，即得。

3 砷含量测定法

取本品5.0g，置瓷坩埚中，加15%硝酸镁溶液10mL，其上覆盖氧化镁粉末1.0g，混匀，浸泡4小时，置水浴上蒸干，缓缓炽灼至完全炭化，在550℃炽灼使完全灰化，冷却，加适量水湿润灰分，加酚酞指示液1滴，缓缓加入盐酸溶液（1→2）至酚酞红色褪去，定量转移到50mL量瓶中（必要时滤过），并用少量水洗涤坩埚3次，洗液并入量瓶中，加水至刻度，摇匀。每10mL供试品溶液相当于供试品1.0g。

仪器装置 见图22-1。A为100～150mL 19号标准磨口锥形瓶。B为导气管，管口为19号标准口，与锥形瓶A密合时不应漏气，管尖直径0.5～1.0mm，与吸收管C接合部为14号标准口，插入后，管尖距管C底为1.0～2.0mm。C为吸收管，管口为14号标准口，5.0mL刻度，高度不低于8.0cm。吸收管的质料应一致。

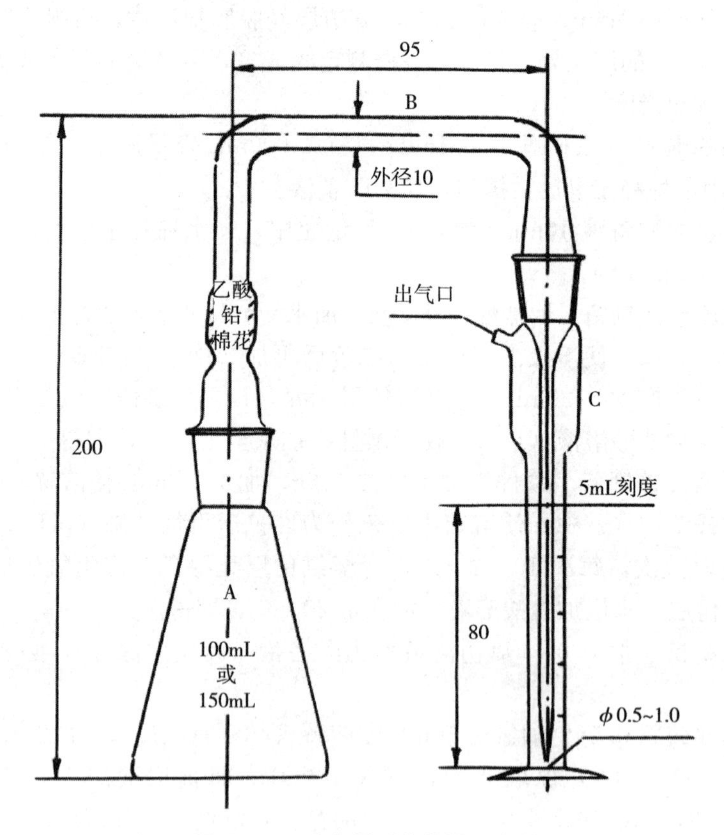

图22-1 砷含量测定装置示意图

测定 精密吸取50mL和标准砷溶液5.0mL，分别置A瓶中，加硫酸至5.0mL，加水至50mL，加15%碘化钾溶液3.0mL，混匀，静置5min。加40%氯化亚锡溶液1.0mL，混匀，静置15min，加入无砷锌粒5.0g，立即塞上装有醋酸铅棉花的导气管B，并使导气管B的尖端插入盛有5.0mL吸收液的吸收管C中，室温置1h，取下吸收管C，用三氯甲烷将吸收液体积补充至 5.0mL。目视或按紫外—可见分光光度法，在 515 nm 的波长处测定吸光度，供试液的颜色或吸光度不得超过标准溶液的颜色或吸光度。

标准砷溶液的制备 称取 0.1320g 于硫酸干燥器中干燥至恒重的三氧化二砷（As_2O_3），置 1 000mL 量瓶中，加氢氧化钠溶液（1→5）5.0mL 溶解后，加 1.0mol/L 硫酸溶液 25mL，用新煮沸的冷水稀释至刻度，摇匀，作为贮备液。

临用前精密量取 10mL 置 1 000mL 量瓶中，加 10mol/L 硫酸溶液 10mL，用新煮沸的冷水稀释至刻度，摇匀，即得（每 10mL 相当于 1.0μg 的 As）。

二十三、氢氧化铝胶质量标准

用于制造兽用生物制品的氢氧化铝胶（简称铝胶），应符合以下标准。

1 性状

为淡灰白色、无臭、细腻的胶体，薄层半透明，静置能析出少量水分，不得含有异物，不应有霉菌生长或变质。

2 胶态

将灭菌后的氢氧化铝胶，用注射用水稀释成 0.4%（按 Al_2O_3 计），取 25mL 装入直径 17mm 的平底量筒或有刻度的平底玻璃管中，置室温下 24h，其沉淀物应不少于 4.0mL。

3 吸附力测定

精密称取灭菌后的铝胶 2.0g，置 1 000mL 磨口具塞三角瓶中，加 0.077%的刚果红溶液 40mL，强烈振摇 5min，用定性滤纸滤过置 50mL 的纳氏比色管中。滤液应透明无色。如果有颜色，其颜色与 1 500 倍稀释的标准管比较，不得更深。刚果红溶液应密封避光保存，使用期不得超过 1 个月。标准管应临用前现制。用直径为 12.5cm 的定性滤纸，过滤前不得用水浸湿，初滤液也不得弃去。

4 pH 测定

取灭菌后的氢氧化铝胶，用新煮沸冷却后的注射用水稀释 5 倍，pH 应为 6.0～7.2。

5 氯化物含量测定

按氯化物检查法（现行《中国兽药典》附录）进行，应不超过 0.3%。

6 硫酸盐含量测定

按硫酸盐检查法（现行《中国兽药典》附录）进行，应不超过 0.4%。

7 含氨量测定

按铵盐检查法（现行《中国兽药典》附录）进行，应不超过万分之一。

8 重金属含量测定

按重金属检查法（现行《中国兽药典》附录）进行，应不超过百万分之五。

9 砷盐含量测定

按砷盐检查法（现行《中国兽药典》附录）进行，应不超过千万分之八。

10 氧化铝含量测定

按氢氧化铝含量测定项下的方法（现行《中国兽药典》附录）进行，按氧化铝含量计，应不超过 3.9%。

二十四、黏度测定法

黏度系指流体对流动的阻抗能力，本法以动力黏度或运动黏度数表示，用于检测注射用白油及疫苗黏度。

流体分牛顿流体和非牛顿流体两类。牛顿流体流动时所需剪应力不随流速的改变而改变，纯液体和低分子物质的溶液属于此类，如生产矿物油佐剂灭活疫苗所使用的注射用白油；非牛顿流体流动时所需剪应力随流速的改变而改变，高聚物的溶液、混悬液、乳剂和表面活性剂的溶液属于此类，如矿物油佐剂灭活疫苗。

液体以 1.0cm/s 的速度流动时，在每 1.0cm^2 平面上所需剪应力的大小，称为动力黏度（η），以 Pa·s 为单位。在相同温度下，液体的动力黏度与其密度（kg/m^3）的比值，再乘 $10^{-6.0}$，即等于该液体的运动黏度（ν），以 mm^2/s 为单位。

黏度的测定用黏度计。黏度计有多种类型，本法采用毛细管式和旋转式两类黏度计。毛细管黏度计因不能调节线速度，不便测定非牛顿流体的黏度，但对高聚物的稀薄溶液或低黏度液体的黏度测定较方便，如检测注射用白油的运动黏度；旋转式黏度计一般适用于非牛顿流体的黏度测定，如检测矿物油佐剂灭活疫苗黏度。

1 本法测定所需仪器用具

1.1 恒温水浴 可选用直径 30cm 以上、高 40cm 以上的玻璃缸或有机玻璃缸，附有电动搅拌器与电热装置，除说明书另有规定外，在（20±0.1℃）测定运动黏度或动力黏度。

1.2 温度计 分度为 0.1℃。

1.3 秒表 分度为 0.2s。

1.4 黏度计

1.4.1 平氏黏度计（图 24－1）可用于注射用白油的检测，根据需要分别选用毛细管内径为（0.8±0.05）mm、（1.0±0.05）mm、（1.2±0.05）mm、（1.5±0.1）mm 或（2.0±0.1）mm 的平氏黏度计。在规定条件下测定供试品在平氏黏度计中的流出时间（s），与该黏度计用已知黏度的标准液测得的黏度计常数（mm^2/s^2）相乘，即得供试品的运动黏度。

1.4.2 旋转式黏度计（图 24－2）通过一个经校验过的合金弹簧带动一个转子在流体中持续旋转，旋转扭矩传感器测得弹簧的扭变程度即扭矩，它与浸入样品中的转子被黏性拖拉形成的阻力成比例，扭矩因而与液体的黏度也成正比。旋转式黏度计测定黏度范围与转子的大小和形状以及转速有关。对于一个黏度已知的液体，弹簧的扭转角会随着转子转动的速度和转子几何尺寸的增加而增加，所以在测定低黏度液体时，使用大体积的转子和高转速组合，相反，测定高黏度液体时，则用细小转子和低转速组合。液体黏度变化取决于测量条件的选择，旋转式黏度计目前多采用液晶显示，显示信息包括黏度、温度、剪切应力/剪切率、扭矩、转子号/转速等，数字显示输出为 cP 或 mPa · s，1cP 相当于 1mPa · s。

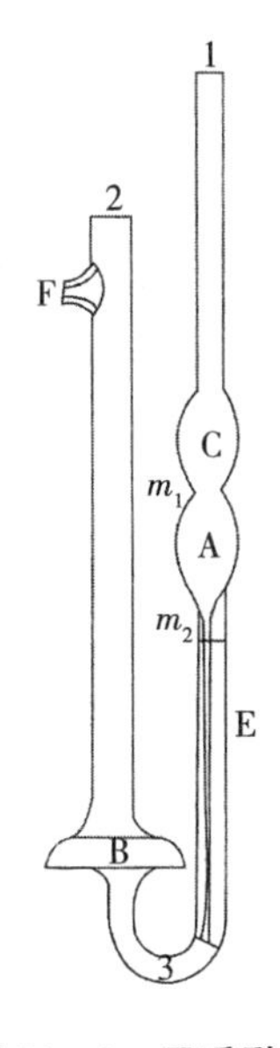

图 24－1　平氏黏度计

1. 主管；2. 宽管；3. 弯管；A. 测定球；B. 储器；C. 缓冲球；E. 毛细管；F. 支管；m_1，m_2. 环形测定线

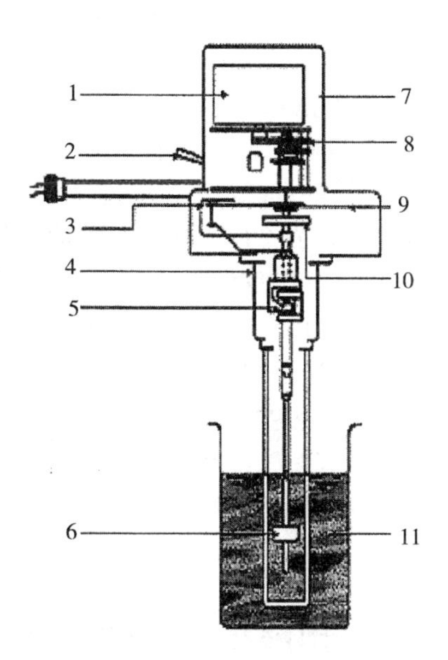

图 24－2　旋转式黏度计

1. 电动机；2. 离合器；3. 指针；4. 轴承外壳；5. 轴承；6. 转子；7. 外壳；8. 变速器；9. 拨号器；10. 校正弹簧；11. 测试样品

2　方法

2.1　第一法（用平氏黏度计测定运动黏度或动力黏度）　选择合适的转子，取毛细管内径符合要求的平氏黏度计 1 支，在支管 F 上连接一橡皮管，用手指堵住管口 2，倒置黏度计，将管口 1 插入供试品（或供试品溶液，下同）中，自橡皮管的另一端抽气，使供试品充满球 C 与 A 并达到测定线 m_2处，提出黏度计并迅速倒转，抹去黏附于管外的供试品，取下橡皮管使连接于管口 1 上，将黏度计垂直固定于恒温水浴中，并使水浴的液面高于球 C 的中部，放置 15min 后，自橡皮管的另一端抽气，使供试品充满球 A 并超过测定线 m_1，开置橡皮管口，使供试品在管内自然下落，用秒表准确记录液面自测定线 m_1下降至测定线 m_2处的流出时间。依法重复测定 3 次以上，每次测定值与平均值的差值不得超过平均值的±5%。另取一份供试品同样操作，并重复测定 3 次以上。以先后两次取样测得的总平均值按下式计算，即为供试品的运动黏度或供试品溶液的动力黏度。

$$v=\mathrm{K}t$$

$$\eta=10^{-6}\cdot Kt\cdot p$$

式中，K 为用已知黏度的标准液测得的黏度计常数，mm^2/s^2；

t 为测得的平均流出时间，s；

p 为供试溶液在相同温度下的密度，kg/m^3。

2.2 第二法（用旋转式黏度计测定动力黏度） 用于测定液体动力黏度旋转式黏度计，通常都是根据在旋转过程中作用于液体介质中的切应力大小来完成测定的，并按下式计算供试品的动力黏度。

$$\eta=K\ (T/\omega)$$

式中，K 为用已知黏度的标准液测得的旋转式黏度计常数；

T 为扭力矩；

ω 为角速度。

2.3 常用的旋转式黏度计有以下几种。

2.3.1 单筒转动黏度计 在单筒类型的黏度计中，将单筒浸入供试品溶液中，并以一定的角速度转动，测量作用在圆筒表面上的扭力矩来计算黏度。

2.3.2 锥板型黏度计 在锥板型黏度计中，供试品注入锥体和平板之间，平板不动，锥体转动，测量作用在锥体或平板上的扭力矩或角速度以计算黏度。

2.3.3 标准转子型旋转黏度计 按品种项下的规定选择合适的转子浸入供试品溶液中，使转子以一定的角速度旋转，测量作用在锥体的扭力矩再计算黏度。

常用的旋转式黏度计有多种类型，可根据供试品的实际情况和黏度范围适当选用。

按照各检验品种项下规定选用所需使用的仪器，并按照仪器说明书操作，测定供试品的动力黏度。

二十五、甲醛残留量测定法

1. 对照品溶液的制备

取已标定的甲醛溶液适量，配成每 1.0mL 含甲醛 1.0mg 的溶液，精密量取 5.0mL 置 50mL 量瓶中，加水至刻度，摇匀，即得。如果被测样品为油乳剂疫苗，则精密量取上述稀释溶液 5.0mL 置 50mL 量瓶中，加 20%吐温－80 乙醇溶液 10mL，再加水至刻度，摇匀，即得。

2 供试品溶液的制备

2.1 油乳剂疫苗 用 5.0mL 刻度吸管量取被检品 5.0mL，置 50mL 量瓶中，用 20%吐温－80 乙醇溶液 10mL，分次洗涤吸管，洗液并入 50mL 量瓶中，摇匀，加水稀释至刻度，强烈振摇，静止分层，下层液如果不澄清，滤过，弃去初滤液，取澄清续滤液，即得。

2.2 其他疫苗 用 5.0mL 刻度吸管量取本品 5.0mL，置 50mL 量瓶中，加水稀释至刻度，摇匀，溶液如果不澄清，滤过，弃去初滤液，取澄清续滤液，即得。

3. 测定法

精密吸取对照品溶液和被检品溶液各 0.5mL，分别加醋酸-醋酸铵缓冲液 10mL，乙酰丙酮试液 10mL，置 60℃恒温水浴 15min，冷水冷却 5min，放置 20min 后，按紫外-可见分光光度法，在 410nm 的波长处测定吸光度，计算即得。

$$甲醛溶液（40\%）含量（g/mL）=0.0025\times\frac{供试品溶液的吸收度}{对照品溶液的吸收度}\times100\%$$

附注：

1 醋酸-醋酸铵缓冲液（pH6.25）的配制

醋酸液　取醋酸（AR）12.9mL，加水至 100mL。

醋酸铵液　取醋酸铵（AR）173.4g，加水至 1 000mL，使溶解。

取醋酸液 40mL，与醋酸铵液 1 000mL 混合，置冷暗处保存。

2 乙酰丙酮试液的配制

乙酰丙酮（AR）7.0mL，加乙醇 14mL 混合，加水至 1 000mL。

3 甲醛溶液含量标定

取甲醛溶液约 1.5mL，精密称定，置锥形瓶中，加水 10mL，与溴麝香草酚蓝指示液 2 滴，滴加氢氧化钠滴定液（1.0mol/L）至溶液呈蓝色，加过氧化氢试液 25mL，再精密加入氢氧化钠滴定液（1.0mol/L）25mL，瓶口置一玻璃小漏斗，在水浴上加热 15min，不时振摇，冷却，用水洗涤漏斗，加溴麝香草酚蓝指示液 2 滴，用盐酸滴定液（1.0mol/L）滴定至溶液显黄色，并将滴定结果用空白试验校正。每 1.0mL 的氢氧化钠滴定液（1.0mol/L）相当于 30.03mg 的甲醛。

二十六、剩余水分测定法

采用真空烘干法。测定前，先将洗净干燥的称量瓶置 150℃干燥箱烘干 2h，放入有适宜干燥剂的干燥器中冷却后称重。迅速打开真空良好的疫苗瓶，将制品倒入称量瓶内盖好，在天平上称重。每批做 4 个样品，每个样品的重量为 100～300mg，称重后立即将称量瓶置于有适宜干燥剂的真空干燥箱中，打开瓶盖，关闭真空干燥箱后，抽真空至 2.67kPa（20mmHg）以下，加热至 60～70℃，干燥 3h。然后通入经过适宜于燥剂吸水的干燥空气，待真空干燥箱温度稍下降后，打开箱门，迅速盖好称量瓶的盖，取出所有称量瓶，移入含有适宜干燥剂的干燥器中，冷却至室温，称重，放回真空干燥箱继续干燥 1h，两次干燥至恒重，减失的重量即为含水量。

$$剩余水分=\frac{样品干燥前重-样品干燥后重}{样品干燥前重}\times100\%$$

二十七、活毒废水灭活效果检测法

根据生产生物制品种类选用下列一种（或多种）动物定期对活毒废水进行检测，注射的动物观察10d，应全部健活。

家兔	体重1.5～2kg	2只	各皮下注射2mL
豚鼠	体重300～400kg	2只	各肌内注射1mL
鸡	2～6月龄	2只	各皮下或肌内注射1mL
小鼠	体重18～22g	2只	各皮下注射0.5mL

二十八、兽用生物制品的贮藏、运输和使用规定

1 各兽用生物制品生产企业和经营、使用单位应严格按各制品的要求进行贮藏、运输和使用。

2 各兽用生物制品生产企业和经营、使用单位应配置相应的冷藏设备，指定专人负责，按各制品的要求条件严格管理，每日检查和记录贮藏温度。

3 生产企业内的各种成品、半成品应分开贮存，并有明显标志，注明品种、批号、规格、数量及生产日期等。

4 有疑问的半成品或成品须加明显标志，注明“保留”字样，待决定后再作处理。

5 检验不合格的成品或半成品，应专区存放，并及时予以销毁。

6 超过规定贮藏时间的半成品或已过有效期的成品，应及时予以销毁。

7 生物制品入库和分发，均应详细登记。

8 运输生物制品时

8.1 应采用最快的运输方法，尽量缩短运输时间。

8.2 凡要求在2～8℃下贮存的兽用生物制品，宜在同样温度下运输。

8.3 凡要求在冷冻条件下贮存的兽用生物制品，应在规定的条件下进行包装和运输。

8.4 运输过程中须严防日光暴晒，如果在夏季运送时，应采用降温设备；在冬季运送液体制品时，则应注意防止制品冻结。

8.5 不符合上述要求运输的制品，不得使用。

9 经销和使用单位收到兽用生物制品后应立即清点，尽快放至规定温度下贮存，并设专人保管和记录，如发现运输条件不符合规定、包装规格不符合要求，货、单不符或者批号不清等异常现象时，应及时与生产企业联系解决。

10 使用兽用生物制品时，应严格执行说明书及瓶签上的各项规定，不得任意改变，并应详细填写使用记录，注明制品的名称、批号、使用方法和剂量等。

11 使用单位应注意生物制品的使用效果。使用中如发现问题，应保留同批产品的样品，并及时与有关生产或经销企业联系。必要时应向当地兽医主管部门报告。

12 细菌性活疫苗接种前7d和接种后10d内，不应饲喂或注射任何抗菌类药物。

13 各种活疫苗应使用规定的稀释液稀释。

14 活疫苗做饮水免疫时，饮水不得使用含氯等消毒剂，忌用对制品活性有危害的容器。

二十九、细胞培养用营养液及溶液配制法

配制细胞培养液和各种溶液时，应使用分析纯级化学药品和注射用水。

1 平衡盐溶液

1.1 汉氏液（Hank's 液）

10 倍浓缩液　每 1 000mL 中含

甲液	氯化钠	80g
	氯化钾	4.0g
	氯化钙	1.4g
	硫酸镁（含 7 个结晶水）	2.0g
乙液	磷酸氢二钠（含 12 个结晶水）	1.52g
	磷酸二氢钾	0.6g
	葡萄糖	10g
	1%酚红溶液	16mL

将甲液与乙液中的各种试剂按顺序分别溶于注射用水 450mL 中，然后将乙液缓缓加入甲液中，边加边搅拌。补注射用水至 1 000mL，用滤纸滤过后，加入氯仿 2.0mL，置 2～8℃保存。使用时，用注射用水稀释 10 倍，经 116℃灭菌 15min。使用前，以 7.5%碳酸氢钠溶液调 pH 至 7.2～7.4。

1.2 依氏液（Earle's 液）

10 倍浓缩液　每 1 000mL 中含

氯化钠	68.5g
氯化钾	4.0g
氯化钙	2.0g
硫酸镁（含 7 个结晶水）	2.0g
磷酸二氢钠（含 1 个结晶水）	1.4g
葡萄糖	10g
1%酚红溶液	20mL

其中，氯化钙应单独用注射用水 100mL 溶解，其他试剂按顺序溶解后，加入氯化钙溶液，然后补足注射用水至 1 000mL。用滤纸滤过后，加入氯仿 2.0mL，置 2～8℃保存。使用时，用注射用水稀释 10 倍，经 116℃灭菌 15min。使用前，以 7.5%碳酸氢钠溶液调 pH 至7.2～7.4。

1.3 0.01mol/L 磷酸盐缓冲盐水

1.3.1 按附录三十，配制 0.2mol/L 磷酸盐缓冲液（母液）。

1.3.2 将上述母液用注射用水稀释 20 倍，并按 0.85%加入氯化钠，即得。

2 7.5%碳酸氢钠溶液

碳酸氢钠	7.5g

注射用水	加至100mL

用微孔或赛氏滤器滤过除菌，分装于小瓶中，冻结保存。

3 指示剂

3.1 1%酚红溶液

3.1.1 1.0mol/L氢氧化钠液的制备 取澄清的氢氧化钠饱和溶液56mL，加新煮沸过的冷注射用水至1 000mL，即得。

3.1.2 称取酚红10g，加入1.0mol/L氢氧化钠溶液20mL，搅拌至溶解，并静置片刻，将已溶解的酚红溶液倒入1 000mL刻度容器内。

3.1.3 向未溶解的酚红中再加入1.0mol/L氢氧化钠溶液20mL，重复上述操作。如果未完全溶解，可再加少量1.0mol/L氢氧化钠溶液，但总量不得超过60mL。

3.1.4 补足注射用水至1 000mL，分装小瓶，经116℃灭菌15min后，置2～8℃保存。

3.2 0.1%中性红溶液

氯化钠	0.85g
中性红	0.1g
注射用水	加至100mL

溶解后，经116℃灭菌15min，置2～8℃保存。

4 细胞分散液

4.1 0.25%胰蛋白酶溶液

氯化钠	8.0g
氯化钾	0.2g
枸橼酸钠（含5个结晶水）	1.12g
磷酸二氢钠（含2个结晶水）	0.056g
碳酸氢钠	1.0g
葡萄糖	1.0g
胰蛋白酶（1∶250）	2.5g
注射用水	加至1 000mL

置2～8℃过夜，待胰酶充分溶解后，用0.2μm的微孔滤膜或G6型玻璃滤器滤过除菌。分装于小瓶中，置−20℃以下保存。

4.2 EDTA-胰蛋白酶分散液

10倍浓缩液 每1 000mL含

氯化钠	80g
氯化钾	4.0g
葡萄糖	10g
碳酸氢钠	5.8g
胰蛋白酶（1∶250）	5.0g
乙二胺四醋酸二钠（EDTA）	2.0g
1%酚红溶液	2.0mL

青霉素溶液（10 万 IU/mL）	10mL
链霉素溶液（10 万 μg/mL）	10mL

将前 6 种成分依次溶解于注射用水 900mL 中，再加入后 3 种溶液。补足注射用水至 1 000mL，用 0.2μm 微孔滤膜或 G6 型玻璃滤器滤过除菌。分装于小瓶中，置－20℃以下保存。

使用时，用注射用水稀释 10 倍，分装于小瓶中，置－20℃以下冻存。

分散细胞前，先将细胞分散液经 37℃预热，用 7.5%碳酸氢钠溶液调 pH 至7.6～8.0。

5 营养液

5.1 0.5%乳汉液

水解乳蛋白	5.0g
汉氏液（Hank's 液）	加至 1 000mL

完全溶解后分装，经 116℃灭菌 15min，置 2～8℃保存。用时，以 7.5%碳酸氢钠溶液调 pH 至 7.2～7.4。

5.2 0.5%乳依液

水解乳蛋白	5.0g
依氏液（Earle's 液）	加至 1 000mL

完全溶解后分装，经 116℃灭菌 15min，置 2～8℃保存。用时，用 7.5%碳酸氢钠溶液调 pH 至 7.2～7.4。

5.3 依氏最低要素培养基（E－MEM）和 M－199 培养基

按商品说明现配现用。

5.4 3%谷氨酰胺溶液

L－谷氨酰胺	3.0g
注射用水	加至 100mL

溶解后，经滤器滤过除菌，分装于小瓶中，置－20℃以下保存。使用时，每 100mL 细胞营养液中加 3%谷氨酰胺溶液 1.0mL。

5.5 5%胰蛋白磷酸盐肉汤

5.5.1 先配制磷酸盐缓冲盐水（PBS）

氯化钠	8.0g
氯化钾	0.2g
磷酸二氢钾	0.12g
磷酸氢二钠	0.91g

按顺序溶于注射用水 1 000mL 中。

5.5.2 称取牛肉浸膏 20.0g，加 PBS 液 500mL。

5.5.3 称取胰蛋白 50.0g，加 PBS 液 400mL。

5.5.4 将 5.5.2 和 5.5.3 两种溶液混合，补足 PBS 至 1 000mL

5.5.5 用普通滤纸滤过，用 1.0mol/L 氢氧化钠溶液调 pH 至 7.2～7.4，分装于小瓶中，经 116℃灭菌 15min。置 2～8℃保存。

三十、缓冲溶液配制

1 0.15mol/L 磷酸缓冲液的配制

甲液 0.15mol/L 磷酸氢二钠溶液

磷酸氢二钠	21.3g
纯化水	加至 1 000mL

乙液 0.15mol/L 磷酸二氢钾溶液

磷酸二氢钾	20.42g
纯化水	加至 1 000mL

如果用含结晶水的磷酸盐，则称量时要按带水的摩尔质量乘以 0.15 称量。

表 30-1 各种 pH 缓冲液的配制比例表（100mL 缓冲液）

pH	甲液（mL）	乙液（mL）	pH	甲液（mL）	乙液（mL）
5.2	1.8	98.2	7.0	61.1	38.9
5.4	3.6	96.4	7.2	72.0	28.0
5.6	5.2	94.8	7.6	87.0	13.0
5.8	8.4	91.6	8.2	97.0	3.0
6.4	27.0	73.0			

配毕，测 pH，以 121℃灭菌 30min，备用。

2 0.15mol/L 磷酸缓冲盐水的配制（以 pH 7.6 为例，参照表 30-1）

甲液	87.0mL
乙液	13.0mL
氯化钠	0.85g

其他 pH 溶液的配制参照此法，配毕，测 pH。以 121℃灭菌 30min，备用。

3 1/15mol/L 磷酸缓冲液的配制

甲液 1/15mol/L 磷酸二氢钾溶液

磷酸二氢钾	9.074g
纯化水	加至 1 000mL

乙液 1/15mol/L 磷酸氢二钠溶液

磷酸氢二钠	9.465g
纯化水	加至 1 000mL

如果用含结晶水的磷酸盐，则称量时要按带水的摩尔质量除以 15 称量。

表 30-2 各种 pH 磷酸缓冲液的配制比例表（100mL 缓冲液）

pH	甲液（mL）	乙液（mL）	pH	甲液（mL）	乙液（mL）
6.2	82.0	18.0	7.4	19.0	81.0
6.4	73.0	27.0	7.6	13.2	86.8
6.6	63.0	37.0	7.8	8.5	91.5
6.8	51.0	49.0	8.0	5.6	94.4
7.0	37.0	63.0	8.2	3.2	93.8
7.2	27.0	73.0	8.4	2.0	98.0

配毕，测 pH，以 121℃灭菌 30min，备用。

4 1/15mol/L 磷酸缓冲盐水的配制（以 pH 8.0 为例，参照表 30-2）

甲液	5.6mL
乙液	94.4mL
氯化钠	0.85g

其他 pH 磷酸缓冲盐水的配制依照此法，配毕，以 121℃灭菌 30min，备用。

5 0.2mol/L 磷酸缓冲液的配制

甲液 0.2mol/L 磷酸氢二钠溶液

磷酸氢二钠	28.4g
纯化水	加至 1 000mL

乙液 0.2mol/L 磷酸二氢钠溶液

磷酸二氢钠	24.0g
纯化水	加至 1 000mL

如果用含结晶水的磷酸盐，则称量时要按带水的摩尔质量乘以 0.2 称量。

表 30-3 各种 pH 磷酸缓冲液的配制比例（100mL 缓冲液）

pH	甲液（mL）	乙液（mL）	pH	甲液（mL）	乙液（mL）
5.8	8.0	92.0	7.0	61.0	39.0
6.0	12.3	87.7	7.2	72.0	28.0
6.2	18.5	81.5	7.4	81.0	19.0
6.4	26.5	73.5	7.6	87.0	13.0
6.6	37.5	62.5	7.8	91.5	8.5
6.8	49.0	51.0	8.0	94.7	5.3

配毕，测 pH，以 121℃灭菌 30min，备用。

6 0.2mol/L 磷酸缓冲盐水的配制（以 pH 7.2 为例，参照表 30-3）

甲液	72.0mL

乙液 28.0mL
氯化钠 0.85g

其他 pH 磷酸缓冲盐水的配制参照此法，配毕，测 pH。以 121℃灭菌 30min，备用。

注：如果需要其他摩尔浓度的磷酸缓冲液和磷酸缓冲盐水，可根据上述 6 种配制方法作不同倍数稀释即可。

7 0.2mol/L 醋酸缓冲液的配制

甲液 0.2mol/L 醋酸钠溶液
醋酸钠（含 3 个结晶水） 27.22g
纯化水 加至 1 000mL
乙液 0.2mol/L 冰醋酸溶液
冰醋酸 11.46mL
纯化水 加至 1 000mL

表 30-4 各种 pH 醋酸缓冲液的配制比例（10mL 缓冲液）

pH	甲液（mL）	乙液（mL）	pH	甲液（mL）	乙液（mL）
3.6	0.75	9.25	4.8	5.90	4.10
3.8	1.20	8.80	5.0	7.00	3.00
4.0	1.80	8.20	5.2	7.90	2.10
4.2	2.65	7.35	5.4	8.60	1.40
4.4	3.70	6.30	5.6	9.60	0.40
4.6	4.90	5.10	5.8	9.40	0.60

配毕，测 pH，以 121℃灭菌 30min，备用，见表 30-4。

8 硼酸缓冲液

甲液 0.05mol/L 硼砂溶液
硼砂（含 10 个结晶水） 19.07g
纯化水 加至 1 000mL
乙液 0.2mol/L 硼酸溶液
硼酸 12.07g
纯化水 加至 1 000mL

表 30-5 各种 pH 硼酸缓冲液的配制比例（10mL 缓冲液）

pH	甲液（mL）	乙液（mL）	pH	甲液（mL）	乙液（mL）
7.4	1.0	9.0	8.2	3.5	6.5
7.6	1.5	8.5	8.4	4.5	5.5
7.8	2.0	8.0	8.7	6.0	4.0
8.0	3.0	7.0	9.0	8.0	2.0

配毕，测 pH，以 121℃灭菌 30min，备用，见表 30－5。

9 0.1mol/L 碳酸盐缓冲液（pH 9.5）

称取无水碳酸钠 3.18g（如果用含 10 个结晶水的碳酸钠，则称取 8.58g），碳酸氢钠 5.88g，加纯化水至 1 000mL。

10 0.02mol/L 碳酸盐缓冲液（pH 9.5）

取 0.1mol/L 碳酸盐缓冲液（pH 9.5）10.0mL，加纯化水至 50.0mL。

11 0.05mol/L Tris 盐酸缓冲液

甲液 0.2mol/L Tris（三羟甲基氨基甲烷）溶液

三羟甲基氨基甲烷 24.23g

纯化水 加至 1 000mL

乙液 0.1mol/L 盐酸溶液

盐酸 8.33mL

纯化水 加至 1 000mL

缓冲液配制 如果配制 0.05mol/L Tris 盐酸缓冲液（pH 8.05，23℃）

甲液 25.0mL

乙液 27.5mL

纯化水 加至 100mL

其他 pH 的 Tris 盐酸缓冲液配制参照此法，各种比例见表 30－6。配毕，测 pH，以 121℃灭菌 30min，备用。

表 30－6 不同温度、各种 pH Tris 缓冲液的配制比例（100mL 缓冲液）

pH		甲液（mL）	乙液（mL）	pH		甲液（mL）	乙液（mL）
23℃	37℃			23℃	37℃		
9.10	8.95	25.0	5	8.05	7.90	25.0	27.5
8.92	8.78	25.0	7.5	7.96	7.82	25.0	30.0
8.74	8.60	25.0	10.0	7.87	7.73	25.0	32.5
8.62	8.48	25.0	12.5	7.77	7.63	25.0	35.0
8.50	8.37	25.0	15.0	7.66	7.52	25.0	37.5
8.40	8.27	25.0	17.5	7.54	7.40	25.0	40.0
8.32	8.18	25.0	20.0	7.36	7.22	25.0	42.5
8.23	8.10	25.0	22.5	7.2	7.05	25.0	45.0
8.14	8.00	25.0	25.0				

12 明胶缓冲液及明胶缓冲盐水

12.1 明胶缓冲液

明胶 2.0g

磷酸氢二钠（含12个结晶水）	9.25g
磷酸二氢钠（含2个结晶水）	8.34g
纯化水	加至1 000mL

12.2 明胶缓冲盐水

明胶	2.0g
磷酸氢二钠（含12个结晶水）	2.4g
磷酸二氢钠（含2个结晶水）	0.7g
氯化钠	6.8g
纯化水	加至1 000mL

将明胶蒸汽溶化后，混合、煮开、滤过，以116℃灭菌30min，备用。

13 磷酸盐缓冲液

13.1 磷酸盐缓冲液（pH 6.0）

磷酸氢二钾	2.0g
磷酸二氢钾	8.0g
纯化水	加至1 000mL

滤过，以116℃灭菌30min，即得。

13.2 磷酸盐缓冲液（pH 7.8）

磷酸氢二钾	5.59g
磷酸二氢钾	0.41g
纯化水	加至1 000mL

滤过，以116℃灭菌30min，即得。

13.3 磷酸盐缓冲液（pH 10.5）

磷酸氢二钾	35.0g
10mol/L氢氧化钾溶液	2.0mL
纯化水	加至1 000mL

滤过，以116℃灭菌30min，即得。

三十一、汞类防腐剂残留量测定法

1 对照品溶液的制备

取置硫酸干燥器中干燥至恒重的二氯化汞0.135 4g，精密称定置100mL量瓶中，加0.5mol/L硫酸液使溶解并稀释至刻度，摇匀，即为对照汞贮备液。

临用前精密量取标准汞贮备液5.0mL置100mL量瓶中，用0.5mol/L硫酸液稀释至刻度，摇匀，即为1.0mL相当于50μg汞的对照汞溶液。

2 测定法

2.1 油乳剂疫苗消化 用经标定的1.0mL注射器（附15cm长针头）正确量取摇匀的

被检品 1.0mL，置 25mL 凯氏烧瓶（瓶口加小漏斗）底，加硫酸 3.0mL、硝酸溶液（1→2）0.5mL，小心加热，待泡沸停止，稍冷，加硝酸溶液（1→2）0.5～1.0mL，再加热消化，如此反复加硝酸溶液（1→2）0.5～1.0mL 消化，加热达白炽化，继续加热 15min 后，溶液与上次加热后的颜色无改变为止，置冷（溶液应无色），加水 20mL，置冷至室温，即得。

2.2 其他疫苗消化 精密量取摇匀的被检品（相当于汞 25～50μg）置 25mL 凯氏烧瓶（瓶口加小漏斗）中，加硫酸 2.0mL、硝酸溶液（1→2）0.5mL，加热沸腾 15min，如果溶液颜色变深，再加硝酸溶液（1→2）0.5～1.0mL，加热沸腾 15min，置冷，加水 20mL，置冷至室温，即得。

2.3 滴定 将上述消化液由凯氏烧瓶转移置 125mL 分液漏斗中，用水分多次洗涤凯氏烧瓶，使总体积为 80mL，加 20%盐酸羟胺试液 5.0mL，摇匀，用 0.001 25%双硫腙滴定液滴定，开始时每次滴加 3.0mL 左右，以后逐渐减少，至每次 0.5mL，最后可减少至 0.2mL，每次加入滴定液后，强烈振摇 10s，静置分层，弃去四氯化碳层，继续滴定，直至双硫腙的绿色不变，即为终点。

2.4 对照品滴定 精密量取对照品溶液 1.0mL（含汞 50μg），置 125mL 分液漏斗中，加硫酸 2.0mL、水 80mL、20%盐酸羟胺溶液 5.0mL，用双硫腙滴定液滴定，操作同 2.3。

2.5 计算

$$汞类含量\%\ (g/mL) = \frac{供试品滴定毫升数}{对照品滴定毫升数} \times \frac{0.000\ 101}{供试品毫升数} \times 100\%$$

以上计算公式用于非油乳剂疫苗，油乳剂疫苗应为上述公式结果再除以 0.6。

附注：溶液的配制

1 0.05%双硫腙浓溶液 取双硫腙 50mg，加氯仿 100mL 使溶解，即得。本品应置棕色瓶内，在冷暗处保存。

2 0.001 25%双硫腙滴定液 取 0.05%双硫腙浓溶液 2.5mL，用四氯化碳稀释至 100mL，即得。

本液应临用前配制。

3 20%盐酸羟胺试液 取盐酸羟胺 1.0g，加水 5.0mL 使溶解，即得。

三十二、真空度测定法

对采用真空密封并用玻璃容器盛装的冻干制品，可以使用高频火花真空测定器进行密封后容器内的真空度测定。测定时，将高频火花真空测定器指向容器内无制品的部位，如果容器内出现白色或粉色或紫色辉光，则判制品为合格。

三十三、苯酚残留量测定法

1 对照品溶液的制备

取苯酚（精制品，见附注 4）适量，精密称定加水制成每 1.0mL 含 0.1mg 的溶液，即得。

2 供试品溶液的制备

取供试品 1.0mL，置 50mL 量瓶中，加水稀释至刻度，摇匀，即得。

3 测定法

分别精密量取对照品溶液和供试品溶液各 5.0mL，置 100mL 量瓶中，加水 30mL，分别加醋酸钠试液 2.0mL，对硝基苯铵、亚硝酸钠混合试液 1.0mL，混合，再加碳酸钠试液 2.0mL，加水至刻度，充分混匀，放置 10min 后，按紫外一可见分光光度法在 550nm 的波长处测定吸光度，计算即得。

$$\text{苯酚含量}\%\ (g/mL) = 0.005 \times \frac{\text{供试品溶液的吸收度}}{\text{对照品溶液的吸收度}} \times 100\%$$

附注：1 碳酸钠试液的配制 取碳酸钠 10.5g，加水 100mL，使溶解。

2 对硝基苯胺、亚硝酸钠混合试液的配制

2.1 取对硝基苯胺 1.5g，加盐酸 40mL，加水至 500mL，加热使溶解。

2.2 取亚硝酸钠 10.0g，加水 100mL，使溶解。

使用时，取 2.1 中溶液 25mL，加 2.2 中溶液 0.75mL 混合。

3 醋酸钠试液的配制 取醋酸钠 25.0g，加水溶解成 100mL，即得。

4 苯酚精制品的制备及其含量标定

4.1 制备 取苯酚，直火蒸馏，弃去初馏液，接收 181～182℃的馏分。

4.2 含量标定 取本品约 0.5g，精密称定，置 500mL 量瓶中，加水适量使溶解并稀释至刻度，摇匀；精密量取 25mL，置碘瓶中，精密加溴滴定液（0.1mol/L）25mL，再加盐酸 5.0mL，立即密塞，振摇 30min，静置 15min 后，注意微开瓶塞，加碘化钾试液 6.0mL，立即密塞，充分振摇后，加氯仿 1.0mL，摇匀，用硫代硫酸钠滴定液（0.1mol/L）滴定，至近终点时，加淀粉指示液，继续滴定至蓝色消失，并将滴定的结果用空白试验校正，即得。每 1.0mL 溴滴定液（0.1mol/L）相当于 1.569mg 的苯酚。